COMPUTER
ARCHITECTURE
A Quantitative Approach

John L. Hennessy ▮ David A. Patterson

ヘネシー ▮ パターソン

コンピュータアーキテクチャ

定量的アプローチ［第6版］

ジョン・L・ヘネシー 、デイビッド・A・パターソン
中條拓伯、天野英晴、鈴木 貢 訳

SiB
access

The edition of *Computer Architecture: A Quantitative Approach*, **6e** by **John L. Hennessy, David A. Patterson (ISBN: 978-0128119051)** are published by arrangement with Elsevier Inc.

[邦題：ヘネシー■パターソン　コンピュータアーキテクチャ：定量的アプローチ［第 6 版］]

Andrea、Linda、および 4 人の我々の息子に捧ぐ

チューリング賞受賞の著者

ジョン・L・ヘネシー（John L. Hennessy）は、1977年からスタンフォード大学のDepartment of Electrical Engineering and Computer Scienceに所属し、2000年から2016年の間、同大学の学長を務め、現在はKnight-Hennessy Fellowshipの理事である。さらにIEEEとACMのフェローであり、全米技術アカデミーとアメリカ芸術科学アカデミーの会員である。2001年にRISC技術への貢献によりEckert-Mauchly Awardを受賞、2001年にSeymour Cray Computer Engineering Awardを受賞、2000年にはJohn von Neumann Awardをデイビッド・パターソンと共同受賞、他数多くの賞を受賞している。また、10の名誉博士を授与されている。

1981年、彼はスタンフォード大学で大学院生とともにMIPSプロジェクトを開始した。1984年、プロジェクトを終わらせた後、1年の研究休暇の間に、MIPS Computer Systemsを共同起業し、最初の商用RISCマイクロプロセッサを開発した。2017年の時点で50億個をこえるMIPSマイクロプロセッサが、ビデオゲームやパームトップコンピュータからレーザープリンタやネットワークスイッチに至る機器に組み込まれている。彼は続いて最初の拡張可能なキャッシュ透過型マルチプロセッサのプロトタイプであるDASH（Director Architecture for Shared Memory）プロジェクトを率いた。このプロジェクトは、現代的なマルチプロセッサで採用されている多くの重要なアイデアを生み出した。技術的な功績や大学での教育に加えて、多くの企業の立ち上げで初期段階のアドバイスや投資を継続して行っている。

[編集補足：ヘネシーは現在Google社持ち株会社Alphabet社の会長で、本書の共著者ディビッド・パターソンと共に、「2017年度チューリング賞」を2018年に受賞している。]

デイビッド・A・パターソン（David A. Patterson）は、カリフォルニア大学（UC）バークレーでの40年にわたる教員活動の後に、2016年にGoogleに移り、Distinguished Engineerに就任した。彼はUCLA卒業後、直ちにUCバークレーの一員となった。彼は現在も1週間のうち1日は、バークレーで計算機科学の名誉教授として生活を送っている。カリフォルニア大学から教育活動に対してDistinguished Teaching Awardを、ACMからKarlstrom Awardを、IEEEからMulligan Education MedalとUndergraduate Teaching Awardを受賞している。パターソンはRISCへの貢献によりIEEE Technical Achievement AwardとACM Eckert-mauchly Awardを、RAID（Redundant Arrays of Inexpensive Disks）に対する貢献によりIEEE Johnson Information Storage Awardを共同受賞している。また、IEEE John von Neumann MedalとC & C賞をヘネシーと共同受賞している。ヘネシーと同じくパターソンは、アメリカ芸術科学アカデミー、コンピュータ歴史博物館 、ACM、およびIEEEのフェローであり、全米技術アカデミー、米国科学アカデミー、およびSilicon Valley Engineering Hall of Fameに選出されている。彼はアメリカ大統領の情報技術についてのアドバイザリコミッティ、USバークレーのEECS学科のCS学科の学科長、Computing Research Associationの委員長、ACM会長を務めた。この功績によってACM、CRA、そしてSIGRCHより、功労賞を受賞した。彼は現在、RISC-V Foundationの取締役副会長である。

USバークレーで、パターソンは最初のVLSI RISCであるRISC Iの設計と実装を指導した。この研究は商用SPARCアーキテクチャの基礎となった（これは現在でもSUN Microsystems、富士通他で用いられている）。彼はRAIDプロジェクトの指導者であり、多くの企業による高信頼性ディスクの開発に結び付いた。彼は、Network of Workstations（NOW）プロジェクトにも参画し、このプロジェクトは、インターネット企業によるクラスタ技術や、のちにクラウドコンピューティングに結び付いた。彼の現在の興味は、機械学習のための領域特化アーキテクチャの設計や、Open RISC-V命令セットアーキテクチャの普及活動、そしてUC Berkeley RISELab（Real-time Intelligent Secure Execution）の支援にある。

[編集補足：2018年、本書共著者ジョン・ヘネシーと共に「2017年度チューリング賞」を受賞している。]

序　文

Norman P. Jouppi、Google

この40年間の計算機の性能向上の多くは、Mooreの法則とDennardスケーリングが牽引した大規模かつ並列度が高いシステムによるコンピュータアーキテクチャの進歩に依っている。Mooreの法則は、集積可能なトランジスタの数が2年で倍になるということである。Dennardスケーリングは、MOSの電源電圧が下がるのと同時に形状も小さくなれば、電力密度はほぼ一定であるということである。10年前にDennardスケーリングが終焉を迎え、Mooreの法則が物理的、あるいは経済的な要因による最近の鈍化を考慮すると、我々の業界における卓越した教科書の第6版ほど、時宜を得たものはないだろう。その理由は以下の通り。

第一の理由は、領域特化アーキテクチャは、過去のMooreの法則とDennardスケーリングにおける3世代分に匹敵する電力と性能の恩恵をもたらし、汎用アーキテクチャの未来の拡張よりも優れた実装を供することにある。そして、計算機応用の領域が多様化している今日、領域特化アーキテクチャによるアーキテクチャ革命の対象となり得る潜在的な領域がたくさん転がっている。

第二の理由は、オープンソースアーキテクチャの上質な実装は、Mooreの法則が鈍化したためにより長い寿命を有するようになったこと。これにより、最適化と改良を継続する機会が増え、そうする価値が生じてきた。

第三の理由は、Mooreの法則が鈍化したために、異なる技術要素がヘテロジニアスに規模拡大してきたこと。さらに、2.5次元積層や、新型の不揮発性メモリ、光学的内部接続のような新しい技術が開発され、Mooreの法則が単体で頑張るのを補うようになったこと。これらの新技術を使い、均質でない規模拡大を効果的に用いるには、最初の原理から設計上の決定を再検討する必要がある。したがって学生、教員、産業界の実務家を問わず、古きから最新に至るアーキテクチャの技術を身に着けることは重要である。結局のところ領域特化アーキテクチャは、コンピュータアーキテクチャ界における、25年前の命令レベル並列性でのゴールドラッシュ以来の、ワクワクドキドキであると信じる。

この版における大きな変更は、領域特化アーキテクチャの章を加えたことである。特別な領域特化アーキテクチャは、汎用プロセッサの実装に比べて、高い性能と、低い消費電力、少ないシリコン面積を達成できることは既知であった。しかし、汎用プロセッサが単一スレッドでの性能を年に40%向上（図1.11を参照）してきた間は、専用アーキテクチャを開発するのに要する余計な時間と、最新の標準マイクロプロセッサの利用が対決すると、専用アーキテクチャの利点を以てしても多くが負けていた。一方で単一コアの性能の伸びがとても鈍くなった今日では、以前とは異なり、最新の汎用プロセッサ技術を以てしても、専用アーキテクチャが陳腐化しない状況が長く続くことを意味する。第7章ではいくつかの領域特化アーキテクチャを取り扱っている。ディープニューラルネットからは最も大量だが低いデータ精度で済む計算の要求がある。この組み合わせは、専用アーキテクチャから大きな恩恵を受けられる。ディープニューラルネットのための2つのアーキテクチャの実装例が示されている。1つ目は推論に最適化されており、2つ目は学習に最適化されている。画像処理はもう1つの領域の例題であり、大量の計算という要求の一方で、低い精度のデータ型という恩恵がある。さらにこの例題はモバイルデバイスで必要とされることが多いので、専用アーキテクチャによる低消費電力化は非常に有益である。最後に、本質的に再プログラミング可能であるので、FPGAに基づくアクセラレータは1つのデバイスで多様な領域特化アーキテクチャを実現するのに使うことができる。これらは、ネット検索のように頻繁に更新される非定型のアプリケーションで利がある。

アーキテクチャという重要な概念は永遠であるので、この版は最も新しく開発された技術やコスト、例題、そして参考文献によって全体的に更新されている。オープンソースのアーキテクチャにおける最近の開発のペースに合わせて、本書ではRISC-V命令セットアーキテクチャを使うように刷新した。

個人的なコメントとして、ヘネシー先生の博士課程の学生として一緒に研究する機会の後に、現在はGoogleでパターソン氏の下で働くという機会を得ている。まあ、なんと素晴らしい上司の組み合わせ！

コンピュータアーキテクチャ：定量的アプローチ［第6版］推薦の言葉

アーキテクチャという重要な概念は永遠であるので、この版は最も新しく開発された技術やコスト、例題、そして参考文献によって全体的に更新されている。オープンソースのアーキテクチャにおける最近の開発のペースに合わせて、本書では RISC-V 命令セットアーキテクチャを使うように刷新した。

—序文から、Norman P. Jouppi、Google

『コンピュータアーキテクチャ：定量的アプローチ』は良質なワインのようにますます美味しくなってきた。最初に買ったのは学部卒業の時で、今でも最も頻繁に見る教科書の１つである。

—James Hamilton、Amazon Web Service

ヘネシーとパターソンが本書の最初の版を著したのは、修士課程の学生が５万トランジスタの計算機を構成するような時であった。今日では、ウェアハウス規模の計算機群は、各々が数ダースの独立したプロセッサと数十億のトランジスタから成る沢山のサーバで構成されている。コンピュータアーキテクチャの進化は急速で半端でない。『コンピュータアーキテクチャ：定量的アプローチ』は出版のペースを保ちつつその各版で、新規に登場した重要なアイデアであってこの業界を盛り上げているものを取り上げ、正確な説明と解析を行っている。

—James Larus、Microsoft Research

旧版に対するもう１つの時宜を得た関連性のある追加内容は、半端でなく興奮させるコンピュータアーキテクチャの進化への１つの窓である！ Moore の法則の鈍化に対するこの版の新しい議論と未来のシステムへの示唆は、コンピュータアーキテクトやシステムの実務家の広範囲に渡って必読である。

—Parthasarathy (Partha) Ranganathan、Google

私は『定量的アプローチ』を取る本を愛する、というのはそれらがエンジニアによるエンジニアのためのものであるからだ。ジョン・ヘネシーとデーブ・パターソンは数学が課す限界と物性物理学がもたらす可能性を示す。彼らは現実の例を使って、アーキテクトが実働システムを構成するのに、どのように解析し、測定し、妥協するのかを教示している。この第６版は、Moore の法則が終焉を迎え、深層学習が前例のないほど計算サイクルを要求しているという、絶妙なタイミングで出版された。領域特化アーキテクチャの章では、いくつかの有望なアプローチを説明し、コンピュータアーキテクチャにおける１つの復興を予想している。ヨーロッパのルネサンスのさなかの学者と同様に、コンピュータアーキテクトは我々の歴史を理解しなければならない。そして、歴史の教訓と新技術を結合し、世界を再構成するのだ。

—Cliff Young、Google

まえがき

我々がこの本を書いた理由

本書の 6 つの版を通じて、我々のゴールは、明日への技術的発展となろう基本的原則を繙くことであった。コンピュータアーキテクチャにおいて、こういった機会をいただいているという興奮は今でも冷めることはなく、初版で この分野について書いたことをもう一度繰り返そう。

> 「これは決して動くことのないペーパーマシンについて語るようなつまらない科学の話ではない。断じて違う！ 切れ味鋭い知的興味に端を発する学問であり、市場からのコスト–性能–消費電力に関する要求圧力に対しバランスをうまく取りながら、結果として、栄誉ある失敗とともに、重要な成功に導いてくれるのである。」

最初の版を書いた時に、我々が主に掲げた目的は、人々がコンピュータアーキテクチャを学び、それについて考える方法を変えることであった。このゴールは依然として変わっておらず、今もなお重要であると感じている。この分野は日進月歩であり、全く現実感のない定義や設計を集めたものではなく、実際の例と現実のコンピュータを用いた測定結果により学ばなければならない。我々は今までに我々と考えを共にする人々は誰でも熱烈に歓迎し、今またこれに加わろうとする人たちを同じように迎え入れている。いずれにせよ、現実のシステムに対して、同じ定量的アプローチと分析ができることを約束しよう。

以前の版と同じように、我々は、新しい版が、先進的コンピュータアーキテクチャと設計の授業で使ってもらえるように、プロの技術者とアーキテクトにとって役に立つようにと努力してきた。最初の版のように、この版は新たなプラットフォーム——パーソナルモバイルデバイスやウェアハウススケールコンピュータ——、および新しいアーキテクチャ——特に領域特化アーキテクチャ——に鮮明な焦点を当てている。以前の版と同じように、この版はコスト–性能–電力のトレードオフと優れた技術的デザインに重点を置いて、コンピュータアーキテクチャを解き明かしている。我々は、この分野が成熟し続け、厳格な定量的基礎に裏打ちされた長く確立された科学技術の学問へと向かうと信じている。

この版について

Moor の法則や Dennard 則が終焉したことは、コンピュータアーキテクチャに対してマルチコアへの切り替えという大きなインパクトになった。本書では引き続き、携帯電話やタブレット等のパーソナルモバイルデバイス（PMD）のクライアントから、クラウドコンピューティングのサーバであるウェアハウススケールコンピュータに至るまでの、コンピューティングのサイズを深掘りする。さらにそれらの中にある別の並列性のテーマである**データレベル並列性**（DLP）については第 1 章と第 4 章で、**命令レベル並列性**（ILP）については第 3 章で、**スレッドレベル並列性**については第 5 章で、そして要**求レベル並列性**（RLP）については第 6 章で詳述する。

この版における最も広範囲な変更は、命令セットを MIPS から RISC-V に切り替えたことである。この現代的でモジュール化されたオープンの命令セットが、情報技術産業に大きな影響を与えるのかは未知数である。このアーキテクチャはオペレーティングシステム界における Linux と同様の重要性を持つようになるかもしれない。

この版で新規に追加したのは第 7 章で、産業界の実際の例をいくつか示しながら、**領域特化アーキテクチャ**を紹介している。

以前と同様に本書の最初の 3 つの付録は、*Computer Organization and Design*† のような本を読んだことがない読者を対象にして、RISC-V 命令セット、メモリ階層、そしてパイプラインについて基礎的な解説を行っている。本書のコストを下げながら興味がある読者を満足させるために、付録を含む補助教材を次の URL からオンラインで取得可能である：https://www.elsevier.com/books-and-journals/book-companion/ 9780128119051。なんと付録のページ数の方が本書のページ数よりも多い！

この版でも引き続き、アイデアの例示を現実の例を使って行うという伝統を守っており、「総合的な実例」の節は一新されている。この版の「総合的な実例」には、ARM Coretex-A53 プロセッサや Intel Core i7 プロセッサのパイプライン構成やメモリ階層、Google ウェアハウスコンピュータの 1 つが含まれている。

話題の選択と構成

従来通り、話題の選択については保守的なアプローチを取っている。というのも、この分野では、基礎的な原則を取り扱うことでそこそこにカバーできるアイデアよりも、もっと興味深いアイデアがたくさんあるからである。我々は、読者が出会うかもしれないアーキテクチャをすべて広範囲に渡って調査することは避けるようにした。その代わりに、どのような新たなマシンにでも見受けられる

† 訳注：デイビッド・A・パターソン、ジョン・L・ヘネシー著、成田光彰訳『コンピュータの構成と設計：ハードウェアとソフトウェアのインタフェース』、日経 BP 社刊

ような、核心となる概念を説明するように心がけた。アイデアを選ぶのに鍵となる基準は、そのアイデアが定量的な点における議論に耐えうるほどに十分に検証され、広く利用されているかどうかである。

我々の意図は、他の情報源から同じ形では利用できないものに極力焦点を当てることである。このため、可能な限り先進的な内容であることを強く訴えて続けている。実際、ここに取り上げているシステムの中には、文献では記述が見当たらないものもある（コンピュータアーキテクチャについてもっと基礎的なことに限って興味がある方々には、前掲の『コンピュータの構成と設計』を読んでいただきたい）。

内容の概観

第1章では、エネルギー、静的な消費電力、動的な消費電力、半導体のコスト、信頼性、可用性に関する公式を示している（これらの公式は、フロントカバーの内側にも記載してある）。これらを他の章においても活用していただきたい。コンピュータ設計や性能計測の定量的原則の古典的なものに加えて、汎用プロセッサの性能向上の鈍化を示し、これが領域特化アーキテクチャの示唆になっている。

我々の見解では、1990年代に比べて、命令セットアーキテクチャの果たす役割は低下しており、このため、この内容については付録Aに移動した。ここではRISC-Vアーキテクチャを用いている（すぐに参照できるように、RISC-Vの命令セット（ISA）を巻末にまとめてある）。ISAフリークのために、付録Kでは10種類のRISCアーキテクチャ、80x86、DEC VAX、IBM360/370について収録している。

それから、第2章ではメモリ階層の話題に移る。というのも、価格性能比（コストパフォーマンス）——消費電力の原則をこれに適用するのが容易であり、メモリは他の章にとってもクリティカルなリソースであるからである。以前の版にあるように、付録Bにはキャッシュの原理の導入的なおさらいを含めており、必要な場合に見てもらうためのものである。

第2章では、10種類のキャッシュの先進的な改良技術について論じている。この章では、保護、ソフトウェア管理、ハードウェア管理において有効に働き、クラウドコンピューティングにおいて重要な役割を果たす仮想マシンについて触れている。この章にはSRAMやDRAM技術を対象とするだけでなく、フラッシュメモリに関する新たな技術資料も含まれている。総合的な実例としては、PMDで用いられているARM Cortex A8やサーバに利用されているIntelのCore i7を取り上げている。

第3章は、高性能プロセッサにおける命令レベル並列性の利用について述べており、スーパースカラ実行、分岐予測、投機実行、動的スケジューリング、同時マルチスレッドが含まれている。以前に述べたように、必要となる場合に備えて、付録Cはパイプラインのおさらいである。第3章においても命令レベル並列性（ILP）の限界についてまとめている。第2章と同様に、総合的な実例は、再度ARM Cortex A53とIntel Core i7を取り上げている。第3版では、ItaniumとVLIWに多くのページを割いたが、この内容については、付録Hに移動し、このアーキテクチャが、以前主張したことに応えなかったといった我々の考えを示した。

ゲームや動画処理といったマルチメディアアプリケーションの重要性が増すことによって、データレベル並列性を利用できるアーキテクチャの重要性も増えることとなった。特に、グラフィック処理ユニット（GPU）を用いる計算に対する興味が増していく中、GPUが実際にどのように動作しているのか理解しているアーキテクトがほとんどいない。我々はコンピュータアーキテクチャのこの新しい方式を明らかにするために重きを置き、新たな章を追加することに決めた。第4章は、ベクタアーキテクチャの導入から始まるが、これはマルチメディア系のSIMD命令セット拡張やGPUを説明する上での基本となる（付録Gでは、ベクタアーキテクチャについて、さらに深く掘り下げている）。この章ではルーフライン性能モデルを導入し、それを用いてIntel Core i7とNVIDIA GTX280 GPU、それにXeon Platinum 8180とNVIDIA P100 GPUとを比較している。この章はPMD用のTegra P1 GPUについても述べている。

第5章は、マルチコアプロセッサについて述べている。構成原則と性能の両方について精査し、対称メモリおよび分散メモリアーキテクチャについて探究している。本章への第一の追加には、マルチコア-マルチレベルのキャッシュ、マルチコアのコヒーレンス方式、そしてオンチップでのマルチコア相互接続が含まれている。同期やメモリコンシステンシモデルについての話は次に示す。例としては、Intel Core i7を取り上げた。オンチップの相互結合ネットワークに興味がある読者は付録Fを読むべきであり、さらに大規模な並列計算機や科学技術アプリケーションに興味がある人には、付録Iを用意してあるので、ぜひ読んでいただきたい。

第6章はウェアハウススケールコンピュータ（WSC）について述べている。この章は、Google社とAmazon Web Services社のエンジニアの助けで大きく改訂された。この章はほとんどアーキテクトが気にすることのなかったWSCの設計、コスト、性能に関する詳細についてまとめたものである。コストを含めて、WSCのアーキテクチャや物理的な実装について述べる前に、現在注目を集めているMapReduceプログラミングモデルから始めている。そのコストからクラウドコンピューティングが出現したことが説明でき、それによって所属するところにあるデータセンターよりも、クラウドコンピューティングでWSCを用いて計算する方がもっと安くつくことになる。総合的実例では、本書で初めて公表することとなったGoogle社のWSCについて述べている。

新規追加の第7章は、領域特化アーキテクチャ（DSA）の必要性が動機になっている。この章では4つのDSAの具体例に基づいてDSAの原理を導き出している。DSAは各々商用機器に配備されたチップに対応している。そしてさらに、単一スレッドの汎用プロセッサの性能がどん詰まりになると、なぜDSAと呼ばれるコンピュータアーキテクチャのルネサンスが期待されるのかを説明している。

これにより付録A～Mを用意することとなった。付録Aは、RISC-V64を含めた命令セットアーキテクチャ（ISA）の原理についてまとめており、付録Kでは、RISC-Vの64ビット版、ARM、MIPS、Power、SPARC、および、これらのマルチメディア拡張について示してある（80x86、VAX、IBM360/370 といった）古典的なアーキテクチャや、（Thumb-2、microMIPS、RISC-V C といった）広く使われている組み込み用命令セットについても示してある。関連する付録 H では、VLIW 命令セットのアーキテクチャや、そのコンパイラについて述べている。

前に述べたように、付録 B と付録 C はキャッシュやパイプラインの基本的なチュートリアルである。キャッシュについて比較的初心者は、第 2 章の前に付録 B を読むようにし、パイプラインについて初めて知る読者は、第 3 章の前に付録 C を読んでいただきたい。

付録 D の「ストレージシステム」では、信頼性と可用性について突っ込んだ議論を展開しており、RAID6 の方式について述べつつ RAID について解説し、実際のシステムの統計的な障害について扱っている。引き続き、待ち行列理論と入出力性能のベンチマークを紹介している。我々は、Internet Archive という実際のクラスタでコスト、性能、信頼性について評価している。「総合的な実例」では、NetApp FAS6000 ファイルサーバを取り上げている。

付録 E は、Thomas M. Conte によるもので、組み込み関係についてまとめている。

付録 F は、相互結合ネットワークに関するもので、Timothy M. Pinkston と José Duato によってまとめられた。付録 G は、元々は Krste Asanović によって書かれ、ベクタプロセッサについて詳説している。これらの 2 つの付録は、知りうる中で最も素晴らしい解説であると思う。

付録 H は VLIW と Itanium のアーキテクチャである EPIC について述べている。

付録 I では、並列処理アプリケーションと大規模共有メモリ型の並列処理のコヒーレンスプロトコルについて述べている。付録 J は、David Goldberg によるもので、コンピュータの演算法を詳説している。

Abhishek Bhattacharjee による付録 L は新規に追加されたもので、仮想マシンや、非常に広大なアドレス空間のアドレス変換の設計に焦点を当てている。クラウドプロセッサが増えるにつれて、これらのアーキテクチャ的な増強はさらに重要性を増す。

付録 M は、それぞれの章の「歴史展望と参考文献」をまとめて 1 つの付録にしたものである。これは、各章におけるいろんなアイデアがまっとうなものであることを示すとともに、こういった発明を取りまく歴史的なセンスを示すという狙いがある。ここで記したことは、コンピュータ設計における人間ドラマをとして楽しむことができる。この付録は、アーキテクチャの学生にとって必要となるような参考文献も掲載している。もし時間があるならば、ここで紹介する、この分野における古典的な論文のいくつか選んで読んでおくことをお勧めする。それは、なかなか楽しいものであり、直接、発案者からアイデアを聞くことができる点で教育面での効果もある。「歴史展望」は、今までの版で最も人気が高かった部分である。

この教科書の読み方

読者のみなさんには第 1 章から読み始めていただきたいところであるが、そうでない場合は、章と付録を読む順番に関して最善の道が 1 つあるわけではない。すべてを読みたくはないのであれば、次のような順番はどうだろう。

- メモリ階層：付録 B、第 2 章、付録 D、付録 M
- 命令レベル並列性：付録 C、第 3 章、付録 H
- データレベル並列性：第 4 章、第 6 章、第 7 章、付録 G
- スレッドレベル並列性：第 5 章、付録 F、付録 I
- 要求レベル並列性：第 6 章
- ISA：付録 A、付録 K

付録 E はいつ読んでも良いが、ISA とキャッシュを読んだ後に読むのが最も学習効果がある。付録 J は算術演算に関する知識が必要になったらいつでも読んで欲しい。各章をを読み終えた後は付録 M の関連するところを読んでみよう。

章構成

それぞれの章に、同じように発展的な記述の枠組みが設けてある。まずそれぞれの章本体でアイデアを説明する。これを「他の章との関連」で、1 つの章で取り上げたアイデアがどのように他の章に影響を与えるかを示している。その次には「総合的な実例」の節がある。この節は、こういったアイデアがどのように組み合わせて実際のマシンで用いられているのかを示している。

その次に続くのは「誤った考えと落とし穴」の節では、他の人が陥りそうな間違いについて学んでもらうためのものである。すなわち、よくある誤解とか、あなたを待ち受けている、分かってはいても陥ってしまうようなアーキテクチャ上の罠について、実例を挙げている。「誤った考えと落とし穴」の節は、この本で最も人気のある節である。そして、それぞれの章は「おわりに」の節でしめくくっている。

ケーススタディと演習問題

各章の終わりには、ケーススタディとそれに伴う演習問題を付けている。このケーススタディは、産業界や大学の専門家によるもので、鍵となる概念を探り、段階的に演習に取り組んでもらうことで理解度を確かめることができる。このケーススタディは、先生らがこれをベースにして、自分の演習問題を作るのに役立つよう、十分に詳細が示されていることが分かるだろう。

各演習問題にある章、節 ⟨*m.n*⟩ は、その問題を解くのにまず必要な本書の関連する節に対応している。これは、読者がまだ読んでいない節に関する問題に手を出すのを避けるとともに、元となる情報の参照を容易にすることを狙っている。演習問題には、読者がその問題を解き終えるのに必要な時間について把握してもらうために、難易度が付けてある。

[10] 5 分以内（読めばすぐ理解できる）

[15] すべて解くのに 5～15 分

[20] すべて解くのに 15～20 分

[25] 完全に解答を書きあげるのに 1 時間

[30] 短いプログラム作成の課題：プログラミングには、まる 1 日を要しない程度

[40] 大掛かりなプログラム作成課題：2 週間くらい必要

[議論] 他の人と議論を要する話題

ケーススタディと演習問題の解法については、`http://textbooks.`

elsevier.comの Web ページに登録すれば参照できるようになっている。

補助的な記述部分

いろいろな教材についてはhttps://www.elsevier.com/books/computer-architecture/hennessy/978-0-12-811905-1において、オンラインで利用可能であり、以下のような内容が含まれている。

- 参考となる付録：いくつかは、そのテーマの専門家によるゲスト著者によるもの、一定の先進的なトピックを扱っている。
- 歴史展望：本書の各章で解説する鍵となるアイデアがどのように発展していったか探ったもの。
- 授業用のパワーポイントスライド
- 本書の図の PDF、JPEG、PPT フォーマット
- 関連する文献の Web へのリンク
- 正誤表

新たな資料や他の有用なものが掲載されている Web へのリンクは、一定の期間毎に付け加える予定である。

本書改善の手助けのお願い

最後に、この本を読んでお小遣いを稼げることができる（コスト性能比について話そう!)。この後の謝辞を読んでいただければ、ミスの訂正に対して延々と連なるリストがあるのがお分かりいただけるだろう。この本は増刷を重ねているため、訂正の機会も多くなる。もし、まだ残っているバグを発見したら、電子メール（ca6bugs@mkp.com）にて出版社まで連絡していただきたい。

我々は本書についてのさまざまなご意見についても受け入れ、もう 1 つのアドレスであるca6comments@mkp.com宛にメールをお送りいただきたい。

おわりに

繰り返すが、本書は真の意味での共著であり、我々二人が半分の章と半分の付録を書いたものであることを伝えておく。かくも長きにわたり、この仕事の半分を分かち合い、作業がうまくいかないような時にはインスピレーションを交換し合い、難しい概念を説明するために鍵となるような見識を持ち合い、週末を費やして本文を査読し合い、他にいろいろある職務の重みがのしかかって、なかなかペンを持つことができないようような時には、心から同情し合った（我々の履歴書が証明するように、この職務は版を重ねるにつれ、指数的に増大していった)。

それゆえ、繰り返すが、これからお読みいただくものに対しては、その非難をも等しく分け合うつもりでいることをもう一度申し上げておこう。

ジョン・ヘネシー ▌デイビッド・パターソン

謝　辞

本書は単に第6版となっているが、実際は、11種類の版を作成した。最初の版については3種類のバージョン（アルファ、ベータ、最終版）があり、第2版、第3版、第4版に対しては、それぞれ2つのバージョン（ベータ、最終版）があるのである。その長い道のりの過程で、何百人もの査読者とユーザの助けをお借りした。皆、本書を良くしたいという思いで助けてくれた。それゆえ、この本のいずれかのバージョンに貢献してくれたすべての方々のリストを付けることにした。

第6版の貢献者

旧版同様、本書は大勢のボランティアの方々を含むコミュニティの努力の成果である。彼らの助けなしには、本版がかくも磨き上げられることはなかった。

査読者

Jason D. Bakos、University of South Carolina；Rajeev Balasubramonian、University of Utah；Jose Delgado-Frias、Washington State University；Diana Franklin, The University of Chicago；Norman P. Jouppi、Google；Hugh C. Lauer、Worcester Polytechnic Institute；Gregory Peterson、University of Tennessee；Bill Pierce, Hood College；Parthasarathy Ranganathan、Google；William H. Robinson、Vanderbilt University；Pat Stakem、Johns Hopkins University；Cliff Young、Google；Amr Zaky、University of Santa Clara；Gerald Zarnett、Ryerson University；Huiyang Zhou、North Carolina State University。

California大学Berkeley校Par研究室とRAD研究室メンバー（第1章、第4章、第6章を何度も査読いただき、GPUとWSCに関する解説を形作ってくれた）：Krste Asanović、Michael Armbrust、Scott Beamer、Sarah Bird、Bryan Catanzaro、Jike Chong、Henry Cook、Derrick Coetzee、Randy Katz、Yunsup Lee、Leo Meyervich、Mark Murphy、Zhangxi Tan、Vasily Volkov、and Andrew Waterman。

付　録

Krste Asanović、University of California, Berkeley（付録G）；Abhishek Bhattacharjee、Rutgers University（付録L）；Thomas M. Conte、North Carolina State University（付録E）；José Duato、Universitat Politècnica de València and Simula（付録F）；David Goldberg、Xerox PARC（付録J）；Timothy M. Pinkston、University of Southern California（付録F）。

Universidad Politècnica de ValenciaのJosé Flichは、付録Fを改訂する上で、重要な貢献をいただいた。

ケーススタディと演習問題

Jason D. Bakos、University of South Carolina（第3章と第4章）；Rajeev Balasubramonian、University of Utah（第2章）；Diana Franklin、University of Chicago（第1章と付録C）；Norman P. Jouppi、Google（第2章）；Naveen Muralimanohar、HP Labs（第2章）；Gregory Peterson、University of Tennessee（付録A）；Parthasarathy Ranganathan、Google（第6章）；Cliff Young、Google（第7章）；Amr Zaky、University of Santa Clara（第5章と付録B）。

Jichuan Chang、Junwhan Ahn、Rama Govindaraju、およびMilad Hashemiは、第6章におけるケーススタディと演習問題を作成したり、チェックするのにお手伝いいただいた。

追加資料

John Nickolls、Steve KecklerとNVIDIAのMichael Toksvig（第4章のNVIDIA GPU）；IntelのVictor Lee（第4章のCore i7とGPUとの比較）；LBNLのJohn Shalf（第4章の最近のベクタアーキテクチャ）；LBNLのSam Williams（第4章のコンピュータのルーフラインモデル）；Australian National UniversityのSteve BlackburnとオースチンにあるUniversity of Texas（オースチン校）のKathryn McKinley（第5章のIntel製プロセッサの性能と消費電力の計測）；GoogleのLuiz Barroso、Urs Hölzle、Jimmy Clidaris、Bob FeldermanとChris Johnson（第6章のGoogle社のWSC）；Amazon Web ServicesのJames Hamilton（第6章の配電とコストモデル）。

University of South CarolinaのJason D. Bakosは、本版の授業用スライドを更新してくれた。

本書は、もちろん出版社なしでは出版することができなかった。すべてのMorgan Kaufmann/Elsevierのスタッフに、その努力とサポートについて感謝したい。この第5版については、特に編集者のNate McFaddenとSteve Merkenには、サーベイを調整し、専門委員会をまとめ、ケーススタディと演習問題を発展させ、グループ、査読結果、付録の更新をまとめてくれたことに対し、特別な感謝を捧げたい。

我々の大学のスタッフであるMargaret RowlandとRoxana Infanteには、数知れない速達の発送とともに、本書のために我々が作業していた間の、Stanford 大学と California 大学 Berkeley 校の留守を守ってくれたことに感謝したい。

最後となるが、早朝から読んだり、考えたり、書いたりする事態がどんどん増えていく状況に耐え忍んでくれた我々の妻たちに、感謝の思いを捧げたい。

旧版の貢献者

査読者

George Adams、Purdue University；Sarita Adve、University of Illinois at Urbana-Champaign；Jim Archibald、Brigham Young University；Krste Asanović 、Massachusetts Institute of Technology；Jean-Loup Baer、University of Washington；Paul Barr、Northeastern University；Rajendra V. Boppana、University of Texas、San Antonio；Mark Brehob、University of Michigan；Doug Burger、University of Texas、Austin；John Burger、SGI；Michael Butler；Thomas Casavant；Rohit Chandra; Peter Chen、University of Michigan；the classes at SUNY Stony Brook、Carnegie Mellon、Stanford、Clemson、and Wisconsin；Tim Coe、Vitesse Semiconductor；Robert P. Colwell；David Cummings；Bill Dally；David Douglas；José Duato、Universitat Politècnica de València and Simula；Anthony Duben, Southeast Missouri State University；Susan Eggers、University of Washington; Joel Emer；Barry Fagin、Dartmouth；Joel Ferguson、University of California、Santa Cruz；Carl Feynman；David Filo；Josh Fisher、Hewlett-Packard Laboratories；Rob Fowler、DIKU；Mark Franklin、Washington University（セントルイス）；Kourosh Gharachorloo; Nikolas Gloy、Harvard University；David Goldberg、Xerox Palo Alto Research Center；Antonio González、Intel and Universitat Politècnica de Catalunya; James Goodman、University of Wisconsin-Madison；Sudhanva Gurumurthi, University of Virginia；David Harris、Harvey Mudd College；John Heinlein；Mark Heinrich、Stanford；Daniel Helman、University of California、Santa Cruz；Mark D. Hill、University of Wisconsin-Madison；Martin Hopkins、IBM；Jerry Huck, Hewlett-Packard Laboratories；Wen-mei Hwu、University of Illinois at Urbana- Champaign；Mary Jane Irwin、Pennsylvania State University；Truman Joe；Norm Jouppi；David Kaeli、Northeastern University；Roger Kieckhafer、University of Nebraska；Lev G. Kirischian、Ryerson University；Earl Killian；Allan Knies、Purdue University；Don Knuth；Jeff Kuskin、Stanford；James R. Larus、Microsoft Research；Corinna Lee、University of Toronto；Hank Levy；Kai Li、Princeton University; Lori Liebrock、University of Alaska、Fairbanks；Mikko Lipasti、University of Wisconsin-Madison；Gyula A. Mago、University of North Carolina、Chapel Hill；Bryan Martin；Norman Matloff；David Meyer；William Michalson、Worcester Polytechnic Institute；James Mooney；Trevor Mudge、University of Michigan; Ramadass Nagarajan、University of Texas at Austin；David Nagle、Carnegie Mellon University；Todd Narter；Victor Nelson；Vojin Oklobdzija、University of California, Berkeley；Kunle Olukotun、Stanford University；Bob Owens, Pennsylvania State University；Greg Papadapoulous、Sun Microsystems；Joseph Pfeiffer；Keshav Pingali、Cornell University；Timothy M. Pinkston、University of Southern California；Bruno Preiss、University of Waterloo；Steven Przybylski；Jim Quinlan；Andras Radics；Kishore Ramachandran、Georgia Institute of Technology；Joseph Rameh、University of Texas、Austin；Anthony Reeves、Cornell University；Richard Reid、Michigan State University；Steve Reinhardt、University of Michigan；David Rennels、University of California、Los Angeles；Arnold L. Rosenberg、University of Massachusetts、Amherst；Kaushik Roy、Purdue Acknowledgments University；Emilio Salgueiro、Unysis；Karthikeyan Sankaralingam、University of Texas at Austin；Peter Schnorf；Margo Seltzer；Behrooz Shirazi、Southern Methodist University；Daniel Siewiorek、Carnegie Mellon University；J. P. Singh、Princeton; Ashok Singhal；Jim Smith、University of Wisconsin-Madison；Mike Smith、Harvard University；Mark Smotherman、Clemson University；Gurindar Sohi、University of Wisconsin-Madison；Arun Somani、University of Washington；Gene Tagliarin、Clemson University；Shyamkumar Thoziyoor、University of Notre Dame；Evan Tick、University of Oregon；Akhilesh Tyagi、University of North Carolina、Chapel Hill；Dan Upton、University of Virginia；Mateo Valero、Universidad Politecnica de Cataluña、Barcelona；Anujan Varma、University of California、Santa Cruz；Thorsten von Eicken、Cornell University；Hank Walker、Texas A&M；Roy Want、Xerox Palo Alto Research Center；David Weaver、Sun Microsystems; Shlomo Weiss、Tel Aviv University；David Wells；Mike Westall、Clemson University; Maurice Wilkes；Eric Williams；Thomas Willis、Purdue University；Malcolm Wing；Larry Wittie、SUNY Stony Brook；Ellen Witte Zegura、Georgia Institute of Technology；Sotirios G. Ziavras、New Jersey Institute of Technology。

付 録

ベクタプロセッサの付録は、マサチューセッツ工科大学の Krste Asanović によって修正していただいた。浮動小数点に関する付録は元々は Xerox 社 PARC の David Goldberg 氏が書かれたものである。

演習問題

George Adams、Purdue University；Todd M. Bezenek、University of Wisconsin. Madison（彼の祖母 Ethel Eshom さんの記念に）；Susan Eggers；Anoop Gupta；David Hayes；Mark Hill；Allan Knies；Ethan L. Miller、University of California、Santa Cruz；Parthasarathy Ranganathan、Compaq Western Research Laboratory；Brandon Schwartz、University of Wisconsin.Madison；Michael Scott；Dan Siewiorek；Mike Smith；Mark Smotherman；Evan Tick；Thomas Willis。

ケーススタディと演習問題

Andrea C. Arpaci-Dusseau、University of Wisconsin-Madison；Remzi H. Arpaci-Dusseau、University of Wisconsin-Madison；Robert P. Colwell、R&E Colwell & Assoc., Inc.；Diana Franklin、California Polytechnic State University、San Luis Obispo；Wen-mei W. Hwu、University of Illinois at Urbana-Champaign；Norman P. Jouppi、HP Labs；John W. Sias、University of Illinois at Urbana-Champaign; David A. Wood、University of Wisconsin-Madison。

特別な謝意

Duane Adams、Defense Advanced Research Projects Agency；Tom Adams；Sarita Adve、University of Illinois at Urbana-Champaign；Anant Agarwal；Dave Albonesi、University of Rochester；Mitch Alsup；Howard Alt；Dave Anderson；Peter Ashenden；David Bailey；Bill Bandy、Defense Advanced Research Projects Agency；Luiz Barroso、Compaq's Western Research Lab；Andy Bechtolsheim；C. Gordon Bell；Fred Berkowitz；John Best、IBM；Dileep Bhandarkar；Jeff Bier、BDTI；Mark Birman；David Black；David Boggs；Jim Brady；Forrest Brewer；Aaron Brown、University of California、Berkeley；E. Bugnion、Compaq's Western Research Lab；Alper Buyuktosunoglu、University of Rochester；Mark Callaghan；Jason F. Cantin；Paul Carrick；Chen-Chung Chang；Lei Chen、University of Rochester；Pete Chen；Nhan Chu；Doug Clark、Princeton University；Bob Cmelik；John Crawford；Zarka Cvetanovic；Mike Dahlin、University of Texas、Austin；Merrick Darley；DEC Western Research Laboratory のスタッフ；John DeRosa；Lloyd Dickman；J. Ding；Susan Eggers、University of Washington；Wael El-Essawy、University of Rochester；Patty Enriquez、Mills；Milos Ercegovac；Robert Garner；K. Gharachorloo、Compaq's Western Research Lab；Garth Gibson；Ronald Greenberg；Ben Hao；John Henning、Compaq；Mark Hill、University of Wisconsin-Madison；Danny Hillis；David Hodges；Urs Hölzle、Google；David Hough；Ed Hudson；Chris Hughes、University of Illinois at Urbana-Champaign；Mark Johnson；Lewis Jordan；Norm Jouppi；William Kahan；Randy Katz；Ed Kelly；Richard Kessler；Les Kohn；John Kowaleski、Compaq Computer Corp；Dan Lambright；Gary Lauterbach、Sun Microsystems；Corinna Lee；Ruby Lee；Don Lewine；Chao-Huang Lin；Paul Losleben、Defense Advanced Research Projects Agency；Yung-Hsiang Lu；Bob Lucas、Defense Advanced Research Projects Agency；Ken Lutz；Alan Mainwaring、Intel Berkeley Research Labs；Al Marston；Rich Martin、Rutgers；John Mashey；Luke McDowell；Sebastian Mirolo、Trimedia Corporation；Ravi Murthy；Biswadeep Nag；Lisa Noordergraaf、Sun Microsystems；Bob Parker、Defense Advanced Research Projects Agency；Vern Paxson、Center for Internet Research；Lawrence Prince；Steven Przybylski；Mark Pullen、Defense Advanced Research Projects Agency；Chris Rowen；Margaret Rowland；Greg Semeraro、University of Rochester；Bill Shannon；Behrooz Shirazi；Robert Shomler；Jim Slager；Mark Smotherman、Clemson University；the SMT research group at the University of Washington；Steve Squires、Defense Advanced Research Projects Agency；Ajay Sreekanth；Darren Staples；Charles Stapper；Jorge Stolfi；Peter Stoll；最初の本書制作時に我慢してくれた Stanford と Berkeley の学生；Bob Supnik；Steve Swanson；Paul Taysom；Shreekant Thakkar；Alexander Thomasian、New Jersey Institute of Technology；John Toole、Defense Advanced Research Projects Agency；Kees A. Vissers、Trimedia Corporation；Willa Walker；David Weaver；Ric Wheeler、EMC；Maurice Wilkes；Richard Zimmerman。

John Hennessy ■ David Patterson

目　次

1

定量的な設計と解析の基礎

iPod, 電話、インターネットモバイル通信装置、これらは３つの別々の装置ではない！ これを我々はiPhoneと呼ぶ。本日Appleは電話を再発明しようとしている。そしてそれはここにある。

Steve Jobs, January 9, 2007

新しい情報通信テクノロジ、特に高速インターネットは、企業がビジネスをする方法を変え、公共サービスを届ける方法を変え、イノベーションをだれにでもできるものにしている。高速インターネット接続の10%の増加が、経済を1.3%押し上げる。

The World Bank, July 28, 2009 Bill Gates

1.1 はじめに

最初の汎用電子計算機が生まれてからおよそ70年の間に、計算機技術は信じられないほどの発展をとげた。1993年には50万ドルしたコンピュータを上回る性能、メインメモリ（主記憶）、ディスク容量を持つモバイルコンピュータを、今では500ドルを下回る値段で手に入れることができる。この急速な進歩は、コンピュータを作る際に用いる実装テクノロジの発達と、コンピュータ設計上の革新の両方によってもたらされた。

実装テクノロジの発展が歴史上いつも着実であったのに比べ、コンピュータアーキテクチャは、一定のペースで発展したわけではなかった。電子計算機の最初の25年は、実装テクノロジと設計の両輪がフル回転し、年間25%の性能向上を果たした。70年代の後半にはマイクロプロセッサが登場した。マイクロプロセッサは、集積回路のテクノロジの進歩をそのまま取り入れることができるので、その性能向上のペースは上がり、年率35%となった。

マイクロプロセッサは、この高い成長率に加え、大量生産が可能でコストが安い利点があった。このため、コンピュータビジネスの中でマイクロプロセッサの占める割合は増加の一途をたどった。さらに、コンピュータの市場で際立った変化が2つ起きたことにより、新しいアーキテクチャが今までより商業的に成功しやすくなった。1つは、アセンブリ言語によるプログラミングが事実上なくなり、オブジェクトコードの互換性の必要が減ったこと。もう1つは、UNIXやそのクローンであるLinuxなどの、ベンダに依存しない標準オペレーティングシステムの登場により、新しいアーキテクチャを導入するコストとリスクが減ったことである。

これらの変化に後押しされて、1980年代のはじめに、単純な命令を持つ新しいアーキテクチャのグループである**RISC**（Reduced Instruction Set Computer）が登場し、成功を収めた。RISCベースのマシンで、エンジニアが重視する性能向上技術が2つあった。1つは、**命令レベル並列性**（**ILP**：Instruction-level parallelism）を利用すること（初期はパイプラインによって、後には命令の同時発行によって）で、もう1つは、キャッシュの利用（初期は単純な形で、後にもっと洗練された構成方式と最適化によって）である。

RISCベースのコンピュータによって、性能のハードルが上がったため、従来型のアーキテクチャはこれに追い付くか、退場するしかなかった。Digital Equipment社のVAXは、性能向上のペースについて行けなかったため、RISCアーキテクチャに取って代わられた。Intel社は、主として80x86命令をRISCライクな命令に内部的に変換し、RISCデザインで開拓された多くの技術を取り入れることで性能向上への挑戦を続けた。1990年代後半、利用可能なトランジスタ数が膨大なものとなったため、複雑なx86アーキテクチャを変換するハードウェアのコストは無視できるようになった。携帯電話などのローエンドの製品にとって、x86命令を変換する電力とシリコン面積におけるオーバーヘッドのもたらすコストは大きく、このため、RISCアーキテクチャの一種、ARMが優勢になった。

図1.1を見ると、アーキテクチャとその構成方式の両方を改善することで、年率50%を越える、コンピュータ業界では例を見ない位の性能向上が、17年間持続したことが分かる。

20世紀における猛烈な成長率は、四重の効果をもたらした。まず、コンピュータユーザの利用可能な能力が広がった。多くの応用分野において、今日の最大性能のマイクロプロセッサは、20年前あるいはもっと最近のスーパーコンピュータの性能を上回っている。

第二に、性能価格比の猛烈な向上は、新しいクラスのコンピュータをもたらした。マイクロプロセッサを用いたパーソナルコンピュータとワークステーションが登場した。過去10年間では、スマートフォンとタブレットコンピュータが発達し、多くの人は、PCに代わってこれらを計算の主要なプラットフォームとして使うよ

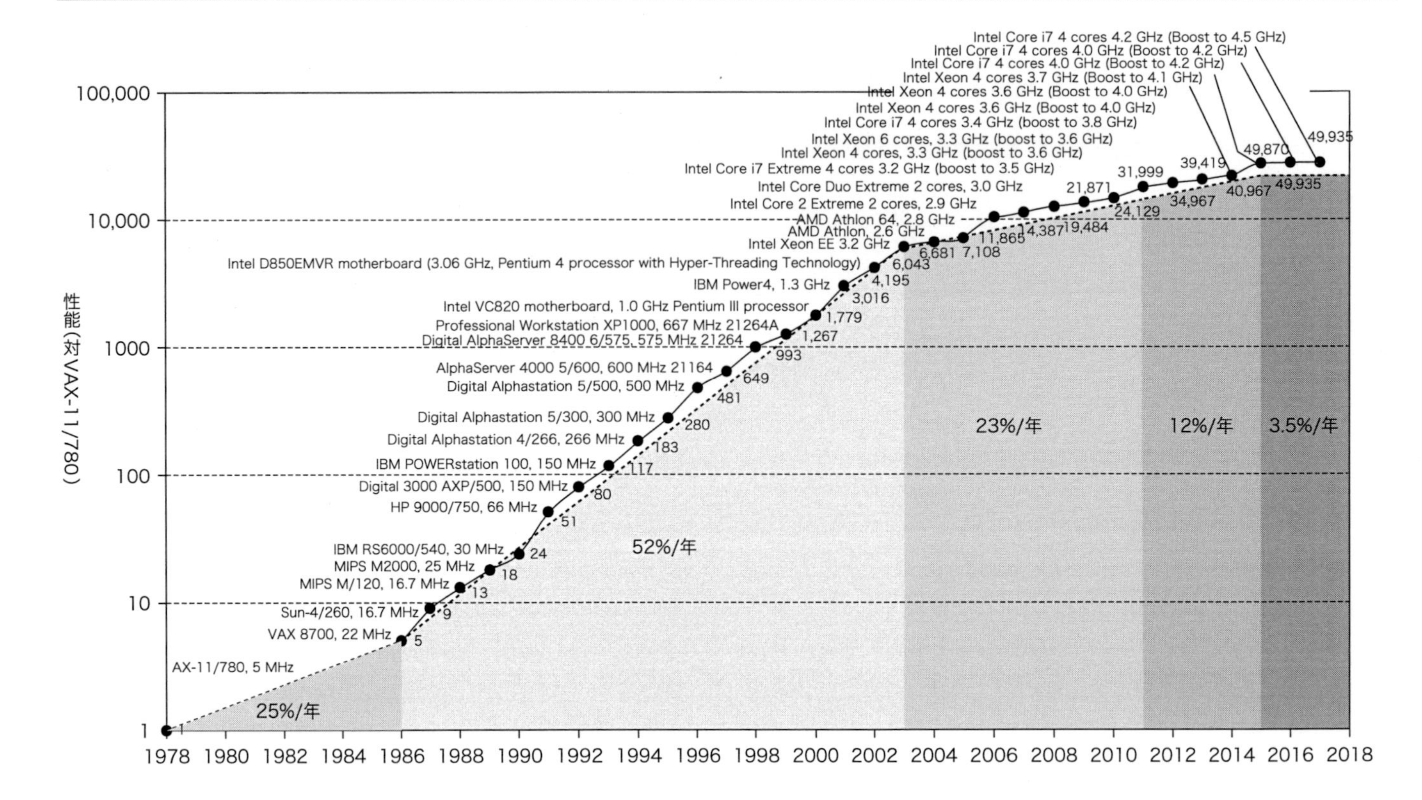

図 1.1　40 年来のプロセッサ性能の向上

この図は、SPEC ベンチマーク（1.8 節を参照）を用い、VAX11/780 との相対性能を示した。1980 年中頃以前は、プロセッサ性能は、テクノロジの成長によるものが大きく、年率 25 %であった。この成長は、それから 52 %に増大する。これは、アーキテクチャ、構成方式に関する高度なアイデアがうまく働いたためである。2003 年までに、年率 25 %であったとした場合の 25 倍の性能向上を達成している。2003 年以降、Denard スケーリングの終息による電力の限界と利用可能な命令レベル並列性が限界に達したため、最近のユニプロセッサの性能向上の割合は、2011 年までは、年率 23%、あるいは 3.5 年間で倍、になった（SPECint に基づく最速の性能は、2007 年以来、自動並列化コンパイラにより最適化された結果を使うようになった。このため、ユニプロセッサのスピードは、測定するのが難しくなった。この結果はチップ当たり 4 コアを使うシングルチップシステムに限定される）。2011 年から 2015 年まで、年間の改善は 12%を下回り、8 年間で倍、になった。これは、Amdahl の法則による並列性の制約が原因である。2015 年以降、Moore の法則の終息により、改善は年間たった 3.5%、20 年間で倍、になった。浮動小数に基づく計算も大体同じ傾向だが、大抵の場合、1%から 2%高い年間成長率を、色が付いた領域それぞれで実現した。図 1.11 は、対応する 3 時代におけるクロック周波数の向上を示している。SPEC は年毎に変わっていくので、新しいマシンの性能は、2 つの違った SPEC の版（すなわち SPEC92、SPEC95、SPEC2000、SPEC2006）の間の相対性能のスケーリング係数を使って見積もってある。SPEC2017 は、プロットするのに十分な結果が得られていない。

うになった。これらのモバイル端末は、インターネットを使って、100,000 サーバを持つウェアハウスにアクセスするようになっている。このような環境は単一の巨大なコンピュータに見えるように設計されている。

第三に、Moore の法則により予想された半導体製造手法の改善により、コンピュータデザインの全分野で、マイクロプロセッサを使った計算機が主流となった。ミニコンピュータは、かつては標準ディジタル IC やゲートアレイでできていたが、マイクロプロセッサを使ったサーバに取って代わられた。メインフレームや高性能のスーパーコンピュータですら、マイクロプロセッサの集合体で作られるようになった。

これらハードウェアの技術革新は、コンピュータの設計に、ルネサンスをもたらした。すなわち、アーキテクチャの技術革新と、実装テクノロジの発展を効果的に利用することの両方が、うまく働くようになった。2003 年までの性能改善率は、この二人三脚によるものであり、高性能マイクロプロセッサは、回路設計における改良も含めた実装テクノロジの進歩だけによる性能向上の 7.5 倍高速化されている。すなわち年率 35%に対して年率 52%になっている。

ハードウェアの大発展によりソフトウェア開発も大きな影響を受けた。これが 4 番目の影響である。プログラマは、1978 年以来の 50,000 倍の性能向上（図 1□1）により、性能よりも生産性を重視できるようになり、その結果、高い性能を実現できる C や C++よりも Java や Scala を用いたプログラミングが行われるようになった。さらに、JavaScript や Python などのさらに生産性の高いスクリプト言語が普及し、AngularJS や Django などのフレームワークも広く使われている。生産性を維持しながら性能とのギャップを埋めるため、just-in-time コンパイラやトレースベースコンパイルが今までのコンパイラとリンカに取って代わろうとしている。同様に、ソフトウェアの配布も変わろうとしている。インターネットを通じて使う**サース**（**SaaS**：Software as a Service）が、ローカルなコンピュータ上にインストールされて走るソフトウェアにとって代わろうとしている。

アプリケーションの性質も変わりつつある。発話、音、画像、ビデオがどんどん重要になってきた。これに伴い、ユーザの実感に影響を与える予測可能な応答時間も重要になってきた。良い例が Google 翻訳である。このアプリケーションは、スマートフォンをかざしてカメラを対象に向け、画像をインターネットでウェアハウスコンピュータ（WSC）に送ると、写真の文字列を認識し、母国語に翻訳してくれる。このアプリケーションに対して話しかけると、別の言語に翻訳して、音声として出力してくれる。90 種類の言語のテキストと、15 種類の言語の音声を翻訳することができる。

しかし悲しいかな、図 1.1 は、この 17 年のルネサンスが終わったことも示している。根本的な原因は、数世代に渡って成立した半導体プロセスの 2 つの性質がもはや成立しなくなったことである。

1974 年、Robert Dennard は、一定のシリコン面積に対する電力密度は、トランジスタの数を増やしても、それぞれのトランジスタのサイズが小さくなることから、一定になることを示した。驚くべきことに、トランジスタは高速になったのに、電力は小さくなった。この **Dennard スケーリング**（比例縮小則）**は**、2004 年に終わってしまった。これは、半導体の信頼性を維持するために、電流と電圧を落とし続けることができなくなったためである。

この変化により、マイクロプロセッサ業界は、単一の非効率なプロセッサに代わって、複数の効率の良いプロセッサあるいはコアを使うようになった。実際、Intel 社は、2004 年に、同社の高性能ユニプロセッサのプロジェクトを取りやめ、今後は、単独のプロセッサを高速にするよりも、チップ上に複数のプロセッサを載せることで高性能を実現していくことを宣言した。すでに IBM や Sun はこの方針を採用しており、Intel 社は、これらの会社と同じ道を歩むこととなった。これは歴史的な転換であった。この転換は、本書の最初の 3 つの版で焦点を当てた命令レベル並列性（ILP）だけに頼るものから、**データレベル並列性**（**DLP**）および**スレッドレベル並列性**（**TLP**）への切り替えである。この 2 つは本書の第 4 版で取り上げ、第 5 版ではさらに拡充した。第 5 版では **WSC** と**要求レベル並列性**（**RLP**：Request-level parallelism）をこれに加え、この版でもさらに拡張している。コンパイラとハードウェアは、手をたずさえて、プログラマが気づかぬうちに ILP を利用するが、DLP、TLP、RLP は明示的な並列性であり、これを利用できるようにアプリケーションの構成を作り直さなければならない。これは簡単な場合もあるが、たいていプログラマにとっての新しい負担になる。

Amdahl の法則（1.9 節）は、チップ毎の利用可能なコア数の実際的限界を規定している。10％のタスクが逐次的ならば、いくらチップ上にコアを詰め込んでも並列性による恩恵は、最大 10 倍である。

2 つ目は、最近終わりを告げた **Moore の法則**である。1965 年 Gordon Moore は、チップ当たりのトランジスタ数は毎年倍になると予測し、1975 年に 2 年で倍になると修正した。この予測は 50 年近く続いたが、もはや成立しない。例えば本書の 2010 年版では、最も新しい Intel のマイクロプロセッサは、1,170,000,000 トランジスタを使っていた。Moore の法則が続いたとしたら、2016 年には 18,720,000,000 トランジスタになっているはずだった。実際は、これに当たる Intel のマイクロプロセッサのトランジスタ数は 1,750,000,000 であり、Moore の法則の予測の 10 分の 1 にもなっていない。

下記の組み合わせにより、プロセッサの性能改善速度は鈍化した。

- トランジスタは Moore の法則が緩やかになって、Dennard スケーリングが終わったことにより、それほどは改善されなくなった。
- マイクロプロセッサの使える電力は変化がなくなった。
- 単一の電力を食うプロセッサが複数のエネルギー効率の良いプロセッサで置き換えられた。
- Amdahl の法則が示す並列処理の限界に達した

1986 年から 2003 年の間は 1.5 年毎に倍になっていた性能向上が、**20 年毎に倍**になるようにペースダウンした（図 1.1 参照）。

エネルギー・性能・コストを改善する残された道は、専用化である。将来のマイクロプロセッサは、単一の領域に特化したコアを複数個持つことになるだろう。このコアは、ただ 1 つのクラスの計算のみを処理するが、汎用コアに比べて劇的に高速である。この版の新しい第 7 章は、**領域特化アーキテクチャ**を紹介している。

本書は、20 世紀に信じがたい性能向上率を可能にしたアーキテクチャ上のアイデアとコンパイラの技法、猛烈な発展の理由、そして 21 世紀におけるアーキテクチャ像とコンパイラへ向けての課題、そして今の時点で有望そうなアプローチについて解説する。中心に据えたのは、コンピュータの設計と解析に対する定量的アプローチある。定量的アプローチは、プログラムに対する経験的な記録、実験、シミュレーションをツールとする。このコンピュータ設計のスタイルとアプローチは、本書のいたるところに反映されている。この章の目的は、これに続く章や付録が基礎とする定量的な土台を示すことである。

本書の目的は、設計スタイルのドキュメントとして利用してもらうだけでなく、読者が進歩の推進に参加しやすくすることにある。このアプローチは、プログラマから見えない形で並列性を利用していたコンピュータに対しては大変うまく働いた。我々は、同じアプローチが、将来のコンピュータでも同様にうまく働くことを信じている。

1.2 コンピュータのクラス

先述した変化により、新しい世紀において、コンピューティング、そのアプリケーション、コンピュータの市場がどのように見えるかが劇的に変わる舞台が整った。パーソナルコンピュータの登場により、コンピュータがどのように見えて、どのように使われるかについて衝撃的に変化して以来のことである。このコンピュータ利用上の変化により、それぞれ異なるアプリケーション、要求、計算技術の上に成り立つ 5 つの広いコンピュータ市場が拓けた。図 1.2 はこのコンピュータの主要なクラスとその重要な特徴を示している。

1.2.1 Internet of Things/組み込みコンピュータ

組み込みコンピュータは、日常的に使うマシン、例えば電子レンジや洗濯機、プリンタやネットワークスイッチ、すべての車に使われている。**Internet of Things**（**モノのインターネット、IoT**）とは、多くの場合、ワイヤレスでインターネットに接続された組み込みコンピュータを指す。センサやアクチュエータを装備している場合、IoT デバイスは、役に立つデータを収集し、物理的な世界と相互作用する。このことで、スマートウォッチ、スマートサーモスタット、スマートスピーカ、スマートカー、スマートグリッド、スマートホームなど「スマート」なアプリケーションが広い領域で拓ける。

組み込みコンピュータの持つ性能とコストの幅は非常に広い。1 ペニーの 8〜32 ビットプロセッサから、車載、ネットワークスイッチ向け 64 ビット高性能プロセッサで 100 ドルするものを含んでいる。組み込みコンピューティング市場における演算性能の範囲は非

特徴	PMD	デスクトップ	サーバ	クラスタ/ウェアハウス スケールコンピュータ	IoT/組み込み
システムの価格（$）	100～1000	300～2500	5000～1000万	10万～2億	10～10万
マイクロプロセッサの価格（$）	10～100	50～500	200～2000	50～250	0.01～100
システム設計で重要な事項	コスト、エネルギー、メディア性能、応答性	性能価格比、エネルギー、グラフィック性能	スループット、可能性、拡張性、エネルギー	価格性能比、スループット、エネルギー、スケールに応じた性能	価格、エネルギー、特定アプリの性能

図1.2 5つの主なコンピュータのクラスとそのシステムの特徴

2015年の売り上げは、PMDが16億台（90%はスマートフォン、携帯電話）、デスクトップPCが2億7千5百万台、サーバが1千5百万台であった。組み込みプロセッサの総合売り上げ数は190億で、ARMベースのチップが総計148億台出荷された。サーバおよび組み込みシステムのシステム価格は大きな広がりがある。組み込みシステムは、USBキーからネットワークルータまでおよぶ。サーバについては高性能トランザクション処理用の巨大マルチプロセッサシステムに対する需要の増加により価格の範囲は広がっている。

常に広いとはいえ、鍵となる要素はコストである。性能に対する要求はもちろん存在する。しかし、主な目標は、最小の価格で要求性能を満足させることであり、高価であっても良いから高い性能を達成することではない。IoTデバイスは、2020年には200億から500億個に達すると予想される。

本書の内容のほとんどは、組み込みプロセッサの設計、利用、性能について、それが単体のマイクロプロセッサであっても、他の特殊ハードウェアと組み込まれたマルチプロセッサのコアであっても、適用することができる。

不幸なことに、他のクラスのコンピュータにおいて定量的な設計と評価を促したデータが、組み込みコンピューティングでは、まだうまく広がっていない（例えば1.8節のEEMBCの課題を参照のこと）。このため、この部分については定性的な記述にとどまり、本書の他の部分とうまく合わない。結果として、組み込みについては、付録Eにまとめることにした。付録を分離することにより、本書のアイデアの流れが見やすくなると共に、組み込みコンピューティングに影響を及ぼす要求が他とは違っている点を読者が理解してくれるようになるだろう。

1.2.2 パーソナルモバイルデバイス

パーソナルモバイルデバイス（**PMD**）は、スマートフォンやタブレットなど無線デバイスにマルチメディアユーザインターフェイスがついた機器についての総称である。製品全体の価格が数百ドルくらいなので、コストについては十分配慮しなければならない。バッテリーを使うため、エネルギー効率の重要さが強調されることが多いが、セラミックではなくコストが安いプラスチックパッケージを使わなければならず、また冷却用のファンもないため、全体の電力消費の制限も重要である。エネルギーと電力の問題は1.5節で扱う。PMDのアプリケーションは多くの場合、Webを使い、メディア依存である。先のGoogle翻訳の例がこれに当たる。エネルギーと寸法に対する要求により、磁気ディスクではなくフラッシュメモリ（第2章を参照）が使われる。

PMDで使われるプロセッサは組み込みコンピュータとして扱われることもあるが、我々はこれを違ったカテゴリと考える。なぜならPMDは外部で開発されたソフトウェアの走るプラットフォームであり、デスクトップコンピュータと特徴を同じくするところが多いからである。組み込みデバイスは、もっとハードウェアが限定されており、ソフトウェアも洗練されていない。組み込みコンピュータかそうでないかの線は、サードパーティのソフトウェアが走る能力を持つかどうかで引くことにする。

メディアアプリケーションの鍵となる性質は応答性と周期性である。**リアルタイム性能**に対する要求とは、あるアプリケーションの1区画の最大実行時間の絶対値が決まっていることだ。例えば、PMD上でビデオを再生している場合、プロセッサは次のフレームを受け取ってすぐに処理しなければならないので、それぞれのビデオフレームの実行時間には制限がある。アプリケーションによってはもっと微妙な要求がある。特定のタスクの平均実行時間と、一定の最大時間を越えた数が制限される。これを**ソフトリアルタイム**と呼ぶ。あるイベントの時間制約を守れなくても、それがあまりたくさんでなければ許される。リアルタイム性能はアプリケーションに依存するところが大きい。

PMDアプリケーションのもう1つの鍵となる性質は、メモリ最適化とエネルギー効率への要求である。エネルギー効率はバッテリーパワーと放熱の両面から必要である。メモリはシステムコストの大きな部分を占めるため、サイズを最適化することは重要である。データサイズはアプリケーションで決まってしまうので、メモリサイズが重要であるということは、コードサイズが重要であると言い換えることができる。

1.2.3 デスクトップコンピューティング

デスクトップコンピューティングは、売り上げ総額という点ではたぶん、依然として最大の市場である。300ドルを下回る低価格ネットブックから2,500ドルくらいの高性能ワークステーションまで広い範囲に渡る。2008年以来、毎年作られるデスクトップコンピュータの半分以上はバッテリ駆動のノートPCである。デスクトップコンピューティングの市場は縮小している。

この価格と能力の範囲で、デスクトップは、製品の**価格性能比**が最も良くなる方向にマーケットからの圧力が掛かる。システムの性能（主に計算性能とグラフィック性能）と価格のバランスは、このマーケットにおいてほとんどの顧客にとって最重要であり、ということはコンピュータのエンジニアにとっても重要である。結果として、いわゆる最新マイクロプロセッサ――最も高い性能を持つものと、最もコストを下げたもの——は、まずデスクトップシステムに使われる（1.6 節のコストに影響を及ぼす事項についての議論参照）。

デスクトップコンピューティングは、Web 中心の対話的なアプリケーションの増加によって性能評価の点で新しい課題が出てきている。そうはいっても、アプリケーションとベンチマーキングの立場からは、まずまずうまくその性能とコストが測定できる傾向にある。

1.2.4 サーバ

1980 年代に、デスクトップコンピューティングへのシフトが起きるにともない、サーバの役割は、より大規模でより信頼性の高いファイルシステムと計算サービスを提供するという点で大きくなっている。このようなサーバは、従来のメインフレームに代って大規模な企業での処理のバックボーンとして使われるようになっている。

サーバにとっては、デスクトップとは違った特徴が重要になる。まず、可用性（availavility）は決定的に重要である（1.7 節の可用性についての議論を参照）。銀行の ATM、航空会社のチケット予約システムで働いているサーバを考えてみよう。これらのサーバシステムは、1 週間のうち 7 日すべて、1 日 24 時間動作しなければならない。このため、その故障は、デスクトップが 1 つ故障するのに比べてはるかに壊滅的である。図 1.3 は故障時間のコストがどの程度の収入に匹敵するかを評価したものである。

アプリケーション	1 時間当たりの故障時間コスト	故障時間の年間コスト 1%（87.6 時間/年）	0.5%（43.8 時間/年）	0.1%（8.8 時間/年）
株式仲買業務	$4,000,000	$350,400,000	$175,200,000	$35,000,000
エネルギー	$1,750,000	$153,300,000	$76,700,000	$15,300,000
通信サービス	$1,250,000	$109,500,000	$54,800,000	$11,000,000
製造業	$1,000,000	$87,600,000	$43,800,000	$8,800,000
小売業	$650,000	$56,900,000	$28,500,000	$5,700,000
ヘルスケア	$400,000	$35,000,000	$17,500,000	$3,500,000
メディア	$50,000	$4,400,000	$2,200,000	$400,000

図 1.3 システムが利用不能になった場合の 100,000 ドルで丸めたコスト。ダウンした時間のコスト（直接の純損失）を分析して示す。可用性として 3 つの違ったレベルを想定し、システムダウン時間は均一に分布していると仮定している

このデータは、[Landstrom, 2014] によっており、Contingency Planning Research により収集および分析されたものである。

サーバシステムの鍵となる第二の特徴は、拡張性である。サーバシステムは、提供するサービスに対する要求の増大や機能的要求の増大にともなって拡張する場合が多い。計算能力、メモリ、ストレージ、I/O バンド幅（帯域幅）をスケールアップする能力はサーバにとって不可欠である。

最後にサーバは、スループットの効率が良くなるように設計される。すなわち、サーバの全体性能——1 分間に処理できるトランザクションの数または 1 秒間に処理できる Web ページ数——が重要である。個々の要求に対する応答性の重要性は残るものの、全体の効率性、あるいはコスト当りの効率性、すなわち一定の時間で扱える要求の数が、多くのサーバにとっての評価基準となる。異なるタイプの計算環境における性能の査定については 1.8 節で検討する。

1.2.5 クラスタ/ウェアハウススケールコンピュータ

Web 検索、ソーシャルネットワーク、ビデオ共有、マルチプレイヤーゲーム、オンラインショッピングなどの**サース**（SaaS）の発展により、**クラスタ**と呼ばれるコンピュータのクラスが発達した。クラスタは、1 つのコンピュータとして動作する、ローカルエリアネットワークで接続されたデスクトップやサーバの集合体である。各ノードでは個々にオペレーティングシステムが稼働し、ノード群はネットワークプロトコルを用いて通信する。

クラスタの中で最大規模のものを**ウェアハウススケールコンピュータ**（**WSC**：Warehouse Scale Computer）と呼ぶ。これは何万ものサーバが 1 つとして機能するように設計されている。第 6 章ではこのクラスの極端に大きいコンピュータについて述べる。

WSC はあまりにも大きいため、価格に対する性能と電力が重要だ。第 6 章で述べるようにウェアハウスコンピュータのコストの多くは電源と建物内部のコンピュータの冷却装置に関連している。コンピュータ自体とネットワーク機器は、2、3 年毎に交換する必要があるため、年間 4000 万ドルかかる。計算力を増強するために出費する場合は、良く考えて賢くやらなければならない。なにせ 10％の性能対価格比の向上は、それぞれの WSC 当たり 400 万ドル（4,000 万ドルの 10％）の節約になり、Amazon などの企業は 100 個くらいは WSC を持っているだろうから。

WSC は可用性が重要な点でサーバと関係が深い。例えば Amazon.com は 2016 年のセールスが 1360 億ドルであった。1 年は 8800 時間に当たるので、1 時間当たりの収入はほぼ 1500 万ドルになる。クリスマスシーズンのピークならば、この損失は何倍にもなるはずだ。第 6 章で説明するように、サーバとの差は、WSC は構成要素としては安価なものを使っていて、このスケールでは当然生じる多数の障害を、ソフトウェアの層で発見して切り離すことで、アプリケーションに要求される可用性を実現している点である。WSC のスケーラビリティはサーバと同様で、コンピュータのハードウェアに組み込むことではなく、ローカルエリアネットワークを使ってコンピュータを繋いでいくことで実現する点に注意されたい。

スーパーコンピュータは WSC と関連があり、同様に高価で何億ドルもする。しかし、スーパーコンピュータは、浮動小数点性能に重点を置いており、巨大でデータ転送量の多いバッチプログラムを 1 回につき何週間も動かし続けられなければならない。この密な結合を実現するため、高速な内部ネットワークを使う。これに対して WSC は対話的なアプリケーション、大規模なストレージ、信頼性、高いインターネットバンド幅に重点を置く。

1.2.6 並列性のクラスと並列アーキテクチャ

複数のレベルの並列性は、いまや 5 つのすべてのクラスのコンピュータを通じて設計における武器となっており、エネルギーとコストが主要な制約となっている。アプリケーションにおいては 2 種類の並列性が存在する。

1. **データレベル並列性**（Data-Level Parallelism, **DLP**）は、同時に演算することのできるデータがたくさん存在することから生じる。

2. **タスクレベル並列性**（Task-Level Parallelism, **TLP**）は、独立かつ大きな単位で並列実行できるタスクが生成されることから生じる。

一方、コンピュータハードウェアは、これらの2種類のアプリケーション上の並列性を主に4つの方法で利用する。

1. **命令レベル並列性**（Instruction-Level Parallelism, **ILP**）は、データレベル並列性を、パイプライン化などのコンパイラの助けを借りた控えめなレベルや、投機的実行などの中くらいのレベルで利用する。
2. **ベクタアーキテクチャ、グラフィック処理ユニット**（**GPU**）、**マルチメディア命令セット**は、単一の命令をデータの集合に対して並列に適用することで、データレベル並列性を利用する。
3. **スレッドレベル並列性**（Thread-Level Parallelism）は、データレベル並列性あるいはタスクレベル並列性を、並列スレッド間での相互作用が可能な密結合されたハードウェアモデル上で利用する。
4. **要求レベル並列性**（Request-Level Parallelism, **RLP**）は、プログラマの記述やOSにより、ほとんど切り離された大きなタスク間の並列性を利用する。

Flynnは、1960年代の並列計算についての試みを調べている際、今でも我々がまだ使っている頭文字による分類を思いついた。対象としているのは、データレベル並列性とタスクレベル並列性である。彼は、マルチプロセッサの最も制約された構成要素において、命令流と、その命令により利用されたデータ流との間に並列性を見出し、すべてのコンピュータを4つのカテゴリに分類した。

1. **Single Instruction stream, single data stream**（**SISD**）：このカテゴリは、ユニプロセッサである。プログラマは、標準的な逐次型のコンピュータと考えることができるが、命令レベル並列性は利用可能である。第3章はこのSISDアーキテクチャを紹介する。これらは、スーパースカラや投機的実行などの命令レベル並列性の技術を用いている。
2. **Single instruction stream, multiple data streams**（**SIMD**）：同じ命令が複数のプロセッサにより違ったデータ流に対して実行される。SIMDコンピュータは、同じ演算を複数のデータに適用することにより、データレベル並列性を利用する。各プロセッサは、それ自身のデータメモリ（すなわち、SIMDのMDの部分）を持つが、単一の命令メモリと制御プロセッサのみで命令をフェッチして分配する。第4章はデータレベル並列性と、これを利用する3つの違ったアーキテクチャ、ベクタアーキテクチャ、標準命令セットに対するマルチメディア拡張、GPUをカバーする。
3. **Multiple instruction streams, single data stream**（**MISD**）：このタイプの商用のマルチプロセッサはまだ作られたことはなく、この単純の分類の中の穴になっている。
4. **Multiple instruction streams, multiple data streams**（**MIMD**）：各プロセッサがそれ自身の命令をフェッチし、それ自身のデータに適用する。タスクレベルを対象としている。一般的に、MIMDはSIMDよりも柔軟であり、より広く適用可能である。しかし、SIMDよりも高くつく傾向にある。例えば、MIMDコンピュータもデータレベル並列性を利用することができるが、オーバーヘッドは、SIMDコンピュータで見られるよりも大きい。このオーバーヘッドにより、並列性を効率的に利用するには、粒度が大きくなければならない。第5章は密結合MIMDアーキテクチャで、複数の協調するスレッドを並列に動かすことにより、スレッドレベル並列性を対象にしているものを扱う。第6章は疎結合のMIMDアーキテクチャを扱い、これはクラスタとウェアハウススケールコンピュータに該当する。これらは、多くの独立したタスクが自然に並列に動作し、データ交換や同期がほとんど不必要な要求レベル並列性を扱う。

この分類は、大まかなモデルである。多くの並列プロセッサは、SISD、SIMD、MIMDのクラスの組み合わせである。とはいえ、この本で見て行くコンピュータのデザインスペースに区切りを付けるという点で役に立つ。

1.3 コンピュータアーキテクチャを設計する

コンピュータ設計者の仕事は複雑である。新しいコンピュータにとって重要なことは何なのかを決め、次にコスト、電力、利用上の制約を満たしつつ、性能とエネルギー効率を最大化する。この仕事は多数の側面を持っている。命令セット設計、機能要素の構成、論理設計、実装である。実装は、集積回路設計、パッケージング、電力、空調を含むかもしれない。設計を最適化するためには、大変広い範囲の技術、コンパイラやOSから論理設計やパッケージまでが必要である。

20〜30年前、**コンピュータアーキテクチャ**という用語は、一般的に命令セット設計のみを指した。コンピュータ設計の他の側面は、**実装**と呼ばれ、あまり面白くなく、挑戦的でもないものとして扱われた。

我々は、このような見方は正しくないと信じている。アーキテクトや設計者の仕事は、命令セット設計をはるかに越えており、プロジェクトにおけるその他の側面の技術的なハードルは、命令セット設計において直面するよりはるかに高いだろう。我々は、コンピュータアーキテクトにとってより挑戦的な課題を述べる前に、命令セットアーキテクチャをざっとおさらいしておこう。

1.3.1 命令セットアーキテクチャ：コンピュータアーキテクチャの表層的な見方

我々は、本書では、**命令セットアーキテクチャ**（**ISA**）という言葉をプログラマから見える実際の命令セットの意味で使う。ISAは、ソフトウェアとハードウェアの境界の役割を果たす。このISAのおさらいは、80x86、ARMv8、RISC-VをISAの7つの軸を説明するのに使う。最も普及しているRISCプロセッサであるARM（Advanced RISC Machine）は、2015年には148億個出荷され、これは80x86プロセッサのおよそ50倍の数にあたる。付録AとKはこの3つのISAの詳細を示す。

RISC-V（リスクファイブ）は、カリフォルニア大学バークレイ校で開発された最近のRISC命令セットであり、産業界の要求に対して自由かつオープンに利用可能である。完全に揃っているソフトウェアスタック（コンパイラ、OS、シミュレータ）に加えて、カスタムチップやFPGAで自由に利用可能なRISC-Vの実装がいくつも用意されている。最初のRISC命令セットから30年後に開発され、RISC-Vは、その先祖の良きアイデア——大きなレジスタセット、パイプライン化しやすい設計、簡単な命令——を受け継ぎ、問題点や設計上の誤りを回避している。RISCアーキテクチャの自由でオープンでエレガントな例であり、このため、60以上の企業がRISC-Vファウンデーションに加わっている。これには、AMD、Google、HP Enterprise、IBM、Microsoft、Nvidia、Qualcomm、Samsung、Western Digitalも含まれている。我々は本書のISAの例にRISC-Vの整数コアのISAを用いる。

1. **ISAのクラス**：今日のISAのほぼすべては汎用レジスタアーキテクチャに属する。これは、演算をレジスタあるいはメモリの番地間で行う。80x86は、16個の汎用レジスタと、16個の浮動小数点用のレジスタを持つ。一方、RISC-Vは32個の汎用レジスタと32個の浮動小数レジスタを持つ（図1.4参照）。このクラスの中で普及したものが2つあり、1つは、80x86など多くの命令でメモリをアクセス可能な**メモリ-レジスタISA**である。もう1つは、ARMv8やRISC-Vなどの**ロード-ストアISA**で、こちらは、ロードとストア命令だけでメモリのアクセスが可能である。1985年以降のISAはすべてがロードストア型である。
2. **メモリアドレッシング**：実際上、80x86、ARMv8、RISC-Vを含むすべてのデスクトップおよびサーバコンピュータは、メモリオペランドにアクセスするためにバイトアドレッシングを使っている。ARMv8などいくつかのアーキテクチャでは、アクセス対象は「**整列**（アライン）」されていなければならない。サイズsバイトの対象は、アドレスAが$A \bmod s = 0$である時に整列されているという（付録Aの図A.5参照）。80x86とRISC-Vは整列を要求しないが、一般的にオペランドが整列した方がアクセスは早くなる。
3. **アドレッシングモード**：レジスタ、定数オペランドおよびメモリの対象のアドレスを指定する方法のこと。RISC-Vのアドレッシングモードは、レジスタ、即値（定数）と、ディスプレースメントを持つ。ディスプレースメントとは、レジスタに加算することでメモリのアドレスを作る定数オフセットである。80x86はこの3つのモードに加えてディスプレースメントのバリエーションを3つ持っている。これはレジスタがないもの（絶対）、2つのレジスタを持つもの（ベース、インデックス付きディスプレースメント）、2つのレジスタを持っていて1つはオペランドのバイト単位のサイズを掛けるもの（ベース、スケールドインデックス付きディスプレースメント）。これに加えて、ディスプレースメントをマイナスする、間接レジスタをプラスする、インデックス付き、ベース、スケールドインデックス付きのモードを持つ。ARMv8は、RISC-Vの3つのアドレッシングモードに加えて、PC相対アドレッシング、2つのレジスタの和、2つのレジスタの和だが片方はオペランドのバイト単位のサイズを掛けたもの、を持っている。さらにオートインクリメント、オートデクリメントアドレッシングを持つ。これを利用すると、アドレスを形成するために使われた片方のレジスタの中身が、インクリメント、デクリメントされたアドレスに置き換わる。
4. **オペランドのタイプとサイズ**：多くのISAと同様、80x86、ARMv8、RISC-Vは、8bit（ASCII文字コード）、16bit（ユニコード文字コード、ハーフワード）、32bit（整数、ワード）、64bit（ダブルワード、長整数）、IEEE754浮動小数点数のうち32bit（単精度）、64bit（倍精度）をサポートする。80x86は80bitの浮動小数点数（拡張倍精度）をサポートする。
5. **演算**：一般的な演算には、データ転送、算術演算、論理演算、制御（次に触れる）、浮動小数演算がある。RISC-Vは、単純でパイライン化が容易な命令セットアーキテクチャで、2017年からRISCの代表として用いている。図1.5は、整数RISC-V ISAをまとめ、図1.6では浮動小数ISAを挙げている。80x86はもっと豊富で大きい命令を一式持っている（付録K）。
6. **制御フロー命令**：この3つを含む実際上すべてのISAは、条件分岐、無条件のジャンプ、手続き呼び出しとリターンを持っている。この3つはすべてPC相対アドレッシングを使っている。これは、分岐アドレスがアドレスフィールドとPCの加算によって指定される方法である。それぞれ若干の違いがある。RISC-Vの条件分岐（BE、BNE他）は、レジスタの中身をテストし、80x86とARMv8は、算術/論理演算の副次的作用によってセットされる条件コードbitをテストする。ARMv8とRISC-Vの手続き呼び出しは、戻り番地のレジスタにしまうのに対して、80x86のcall（CALLF）は戻り番地をメモリ上のスタックにしまう。
7. **ISAのエンコード**：エンコードの選択肢は、**固定長**と**可変長**の

レジスタ	名称	利用法	保存する側
x0	zero	定数0	N.A.
x1	ra	リターンアドレス	呼ぶ側
x2	sp	スタックポインタ	呼ばれる側
x3	gp	グローバルポインタ	—
x4	tp	スレッドポインタ	—
x5–x7	t0–t2	途中結果	呼ぶ側
x8	s0/fp	保存するレジスタ/フレームポインタ	呼ばれる側
x9	s1	保存するレジスタ	呼ばれる側
x10–x11	a0–a1	関数の引数/戻り値	呼ぶ側
x12–x17	a2–a7	関数の引数	呼ぶ側
x18–x27	s2–s11	保存するレジスタ	呼ばれる側
x28–x31	t3–t6	途中結果	呼ぶ側
f0–f7	ft0–ft7	FP途中結果	呼ぶ側
f8–f9	fs0–fs1	FP保存するレジスタ	呼ばれる側
f10–f11	fa0–fa1	FP関数への引数/戻り値	呼ぶ側
f12–f17	fa2–fa7	FP関数の引数	呼ぶ側
f18–f27	fs2–fs11	FP保存するレジスタ	呼ばれる側
f28–f31	ft8–ft11	FP途中結果	呼ぶ側

図1.4 RISC-Vのレジスタ、名称、利用法、便宜的な呼び方

32個の汎用レジスタ（x0〜x31）に加え、32bitの単精度数か64bitの倍精度数を格納することができる32個の浮動小数点レジスタ（f0〜f31）を持つ。手続き呼び出しの際に保存するレジスタは、退避する側の欄に"Callee（呼ばれる側）"と記されている。

命令の種類/オプコード	命令の意味
データ転送	**レジスタとメモリとの間、整数とFPレジスタまたは特殊レジスタとの間のデータの移動：メモリアドレスモードは12ビットのディスプレースメント＋汎用レジスタの中身**
lb、lbu、sb	バイトデータをレジスタに移動（ロード）、符号無バイトをロード、バイトをメモリに移動（ストア）（整数レジスタ）
lh、lhu、sh	ハーフワード（16ビット）データをレジスタにロード、符号無ハーフワードをロード、ハーフワードをメモリにストア（整数レジスタ）
lw、lwu、sw	ワード（32ビット）データをレジスタにロード、符号無ワードをロード、ワードをメモリにストア（整数レジスタ）
ld、sd	ダブルワード（64ビット）データをレジスタにロード、ダブルワードをメモリにストア（整数レジスタ）
flw、fld、fsw、fsd	単精度小数をロード、倍精度小数をロード、単精度小数をストア、倍精度小数をストア
fmv._.x、fmv.x._	整数レジスタと浮動小数レジスタ間を移動、"_"がSならば単精度、Dならば倍精度
csrrw、csrrwi、csrrs、csrrsi、csrrc、csrrci	カウンタの読み出し、ステータスレジスタの書き込み。カウンタはクロック数、時間、リタイアした命令数を含む
算術/論理命令、汎用レジスタの整数または論理データに対して	
add、addi、addw、addiw	加算、即値の加算（すべての即値は12ビット）、32ビットのみ加算、64ビットに符号拡張して加算、32ビットのみ即値加算
sub、subw	減算、32ビットのみ減算
mul、mulw、mulh、mulhsu、mulhu	乗算、32ビットのみ乗算、上位半分の乗算、上位半分の乗算符号付符号無、上位半分の符号無乗算
div、divu、rem、remu	除算、符号無除算、剰余演算、符号無剰余演算
divw、divuw、remw、remuw	除算および剰余演算、下位32ビットのみ除算をし、32ビットの符号拡張結果を生成
and、andi	論理積、即値論理積
or、ori、xor、xori	論理和、即値論理和、排他的論理和、即値排他的論理和
lui	ロードアッパーイミーディエイト、31〜12ビット目に即値を入れて符号拡張する
auipc	即値の31〜12ビット目にゼロを付けてPCの下位ビットと加算。JALR命令と共に使ってすべての32ビットアドレスを指定する
sll、slli、srl、srli、sra、srai	シフトの仲間、左論理シフト、右論理シフト、右算術シフト、シフトビット数は変数および即値による指定
sllw、slliw、srlw、srliw、sraw、sraiw	シフト。前と同様だが、下位32ビットをシフトし、32ビットの符号拡張結果を生成
slt、slti、sltu、sltiu	比較して小さければ1をセット、即値との比較、符号付、符号無
制御命令	**条件分岐とジャンプ、PC相対またはレジスタジャンプ**
beq、bne、blt、bge、bltu、bgeu	汎用レジスタが、等しいかそうでないか、小さいかどうか、大きいか等しいかで分岐、符号付と符号無
jal、jalr	ジャンプアンドリンク。PC＋4を保存し、PC相対（JAL）ジャンプ、レジスタ（JALR）ジャンプ、x0が飛び先レジスタとして指定されると単純なジャンプになる
ecall	実行環境支援要求。通常OSを呼び出す
ebreak	デバッグ環境に制御を戻すためにデバッガが利用
fence、fence.i	メモリアクセスの順序を保証するようにスレッドを同期、命令メモリに命令とデータをストアするための同期

図1.5 RISC-Vの命令のサブセット

RISC-Vは、命令の基本セット（R64I）と拡張オプション：乗除（RVM）、単精度浮動小数（RVF）,倍精度浮動小数（RVD）を持つ。この図はRVMを示し、次の図1.6でRVFとRVDを示す。付録AではRISC-Vの詳細について解説する。

命令の種類/オプコード	命令の意味
浮動小数	**単精度、倍精度の浮動小数命令フォーマット**
fadd.d、fadd.s	倍精度、単精度の加算
fsub.d、fsub.s	倍精度、単精度の減算
fmul.d、fmul.s	倍精度、単精度の乗算
fmadd.d、fmadd.s、fnmadd.d、fnmadd.s	倍精度、単精度の積和、倍精度、単精度の負の積和
fmsub.d、fmsub.s、fnmsub.d、fnmsub.s	倍精度、単精度の積差、倍精度、単精度の負の積差
fdiv.d、fdiv.s	倍精度、単精度の除算
fsqrt.d、fsqrt.s	倍精度、単精度の平方根演算
fmax.d、fmax.s、fmin.d、fmin.s	倍精度、単精度の最大・最小値計算
fcvt._._、fcvt._._u、fcvt._u._	変換命令：fcvt.x.yは型xを型yに変換する。x、yは、L（64ビット整数）、W（32ビット整数）、D（倍精度）、S（単精度）、整数は符号無（U）が可
feq._、flt._,fle._	浮動小数レジスタ間比較命令、ブーリアンの結果がレジスタに格納される。"_"は、Sならば単精度、Dならば倍精度
fclass.d、fclass.s	整数レジスタに浮動小数のクラス（∞、+∞。0、+0、NaNなど）を示す10ビットのマスクを格納
fsgnj._、fsgnjn._、fsgnjx._	符号挿入命令。符号ビットのみを変化する。他から符号ビットをコピー、他から符号ビットを反転してコピー、2つの符号ビットの排他的論理和を取る

図1.6 RISC-Vの浮動小数命令

RISC-Vは、命令の基本セット（R64I）と拡張オプション：単精度浮動小数（RVF）、倍精度浮動小数（RVD）を持つ。SP=単精度、DP=倍精度を指す。

31 25	24 20	19 15	14 12	11 7	6 0	
funct7	rs2	rs1	funct3	rd	opcode	R-type
imm [11:0]		rs1	funct3	rd	opcode	I-type
imm [11:5]	rs2	rs1	funct3	imm [4:0]	opcode	S-type
imm [12] imm [10:5]	rs2	rs1	funct3	imm [4:1|11]	opcode	B-type
imm [31:12]				rd	opcode	U-type
imm [20|10:1|11|19:12]				rd	opcode	J-type

図 1.7　RISC-V の基本命令セットアーキテクチャフォーマット

すべての命令は 32bit 長である。R フォーマットはADD、SUBなどの整数レジスタ対整数レジスタの命令である。I フォーマットは、LDやADDIなどのロード命令と即値命令用である。B フォーマットは分岐用、J フォーマットはジャンプとサブルーチンコール用である。S フォーマットはストア用である。ストア専用のフォーマットを設けることで、3 つのレジスタ指示子（rd、rs1、rs2）が常にフォーマットの同じ位置に置けるようになっている。U フォーマットは長い即値を取る命令（LUI、AUIPC）用である。

2 つである。ARMv8 と RISC-V のすべての命令は 32bit 長であり、命令デコードが簡単になる。図 1.7 は、RISC-V の命令フォーマットを示す。80x86 のエンコードは可変長で、1 から 18 バイトの範囲に渡っている。可変長命令は、固定長命令に比べてスペースを小さくすることができる。このため、80x86 用にコンパイルしたプログラムは、通常 RISC-V 用にコンパイルした同一のプログラムよりも小さい。この選択が、命令がどのようにバイナリ表現にエンコードされるかに影響を与える点に注意されたい。例えば、レジスタ数とアドレッシングモードは、両方共命令サイズに大きな影響を与える。これは、レジスタフィールドやアドレッシングモードフィールドは、1 つの命令に何回も現れることがあるためだ。（ARMv8 と RISC-V は後に Thumb-2 と RV64 という、プログラムサイズを減らすため 16bit と 32bit 命令を混ぜることができる拡張をしている点に注意。これらの RISC アーキテクチャのコンパクト版のコードサイズは 80x86 よりも小さくなる。これについては付録 K を参照されたい。）

命令セット間の差異が少なくなり、アプリケーションの分野が個別に存在する現在、コンピュータアーキテクトの直面する課題は、ISA を越えた部分が特に深刻である。このため、第 4 版以降、この簡単なおさらいを越えた、命令セットに関する膨大な資料を付録に回すことにした（付録 A と K を参照）。

1.3.2　正統的なコンピュータアーキテクチャ：構成とハードウェアを、目標と機能的要求を満足するように設計する

コンピュータの実装には 2 つの要素がある：**構成方式**（organization）と**ハードウェア**である。構成方式という言葉はコンピュータ設計の高いレベルの側面、メモリシステム、メモリ接続、プロセッサや CPU（central processing unit：中央処理装置、算術、論理演算、分岐、データ転送が実装されている所）間の接続の設計を含んでいる。**マイクロアーキテクチャ**という言葉も構成方式の代わりに使われる。例えば、2 つのプロセッサで同じ命令セットアーキテクチャではあるが、違った構成方式を持っているのが、AMD Opteron と Intel Core i7 である。両方のプロセッサ共に 80x86 命令セットを持っているが、全く違ったパイプラインとキャッシュ構成を持っている。

マイクロプロセッサに複数のプロセッサが搭載されるようになったため、**コア**という言葉もプロセッサの意味で使われる。マルチプロセッサマイクロプロセッサと言う代わりに、**マルチコア**と呼ぶ。実質的にすべてのチップが複数のプロセッサを持つようになったため、中央処理装置あるいは CPU という言葉は、一般的な用語としては消えようとしている。

ハードウェアとは、詳細な論理設計とパッケージ技術を含むコンピュータの仕様の意味で使われる。一連のコンピュータのシリーズの中には、同一の命令セットアーキテクチャと良く似ている構成方式を持つが、ハードウェア実装の詳細が違っているものも多い。例えば、Intel Core i7（第 3 章参照）と Intel Xeon E7（第 5 章参照）はほとんどそっくりだが、違ったクロック周波数とメモリシステムを持っていて、Xeon E7 がサーバとしてより効率的な構成になっている。

本書では、「**アーキテクチャ**」という言葉は、コンピュータ設計の 3 つの側面、命令セットアーキテクチャ、構成方式あるいはマイクロアーキテクチャ、ハードウェアをカバーするものとする。

コンピュータアーキテクトは、コンピュータに対する機能面の要求を、価格、電力、性能、可用性の目標と同様に満足させなければならない。図 1.8 は、新しいコンピュータを設計する上で考慮すべき要求をまとめている。アーキテクトが、機能的な要求が何なのかを決める必要もあり、これが主な仕事となることもある。この要求は市場に触発された特定の機能かのかもしれない。アプリケーションソフトウェアにより、通常、コンピュータがどのように使われるかが決まるため、それによって特定の機能面の要求が選択されることも良くある。ソフトウェアの多くが特定の命令セットアーキテクチャを含んでいるならば、アーキテクトは、新しいコンピュータに、既存の命令セットを実装すべきだと決定するかもしれない。特定のクラスのアプリケーションが市場の大きな部分を占める場合、設計者はそのコンピュータが、市場において競争力を高める要求仕様を考慮すべきだろう。後の章では、この多くの要求事項と特質を深く検証していく。

機能面の要求	要求あるいは装備される典型的な機能
応用分野	**対象コンピュータ**
パーソナルモバイルデバイス（PMD）	一定の範囲のタスクに対するリアルタイム性能、グラフィックス、ビデオ、オーディオに対する応答性能（第2〜5、7章、付録A）
汎用デスクトップ	一定のタスクの範囲でバランスの取れた性能、グラフィックス、ビデオ、オーディオの応答性能を含む（第2〜5章、付録A）
サーバ	データベースとトランザクション処理のサポート、信頼性と可用性の強化、スケーラビリティのサポート（第2〜5、7章、付録A、D、F）
クラスタ/ウェアハウススケールコンピュータ	多くの独立したタスクに対するスループット性能、メモリに対するエラー訂正、エネルギー比例性（第2〜6、7章、付録F）
IoT/組み込みコンピューティング	グラフィックス、ビデオ（あるいは他のアプリケーションに特化した拡張）がしばしば必要。電力制限があり、電力制御が必要、リアルタイム制約（第2、3、5、7章、付録A、E）
ソフトウェア互換性のレベル	**現存するソフトウェアの総数を決定する**
プログラミング言語レベル	設計者にとっては柔軟で、新しいコンパイラが必要（第3、5、7章、付録A）
オブジェクトコード、バイナリ互換性	命令セットアーキテクチャが完全に決まっていて、ほとんど変える余地はない。しかしソフトウェアやプログラムの移植に出費が必要ない
OSの要求	**選択したOSに必要な機能を装備する（第2章、付録B）**
アドレス空間の大きさ	非常に重要な制約（2章）、アプリケーションを制約する可能性有
メモリ管理	現在のOSでは必要：ページあるいはセグメント（第2章）
保護	さまざまなOSやアプリケーションで必要：ページ対セグメント、仮想マシン（第2章）
標準	**一定の標準を装備することが市場で要求されるかもしれない**
浮動小数点	IEEE754標準（付録J）フォーマットと演算、グラフィックスあるいは信号処理用の特殊な演算
I/Oインターフェイス	I/Oデバイス：シリアルATA、シリアルSCSI,PCI Express（付録D、F）
OS	UNIX、Windows、Linux、CISCO IOS
ネットワーク	必要とされる各種ネットワークを装備：Ethernet、Infiniband（付録F）
プログラミング言語	言語（ANSI C、C++、Java、Fortran）は命令セットに影響を与える（付録A）

図1.8　アーキテクトが直面する最も重要な機能面での要求のまとめ
左の欄は要求のクラスを示し、右の欄は具体的な例を示す。右の欄には具体的な項目を扱っている章と付録の参照も含んでいる。

アーキテクトは、重要なテクノロジの傾向と、コンピュータの利用法についても、常に意識していなければならない。このような傾向は、将来のコストにだけではなく、そのアーキテクチャの寿命を延ばせるかどうかに影響するからだ。

1.4 テクノロジのトレンド

命令セットアーキテクチャが良く用いられるためには、コンピュータテクノロジの急速な変化に耐えて生き残るものでなければならない。成功した新しい命令セットアーキテクチャは、結局の所、何十年もの間、生き残ってきた。例えばIBMメインフレームのコアは50年以上使われた。アーキテクトは、うまく行ったコンピュータの寿命を延ばせるように、テクノロジーの変化を考えて計画しなければならない。

コンピュータの進化を考える場合、設計者は実装テクノロジの急速の変化に関心を持たなければならない。最近の実装にとって重要な5つのテクノロジを紹介しよう。どれも猛烈なペースで変化している。

- **半導体ロジックテクノロジ**：歴史的には、トランジスタの実装密度は年間35%増加し、4年で倍になった。ダイのサイズはこれよりも予測が難しく、より穏やかであり、年間10%から20%といったところだ。組み合わさった効果により、チップ上のトランジスタ数は年間40〜55%増加、あるいは18か月から24か月で倍になった。このトレンドはMooreの法則として広く知られている。後に議論するようにデバイスの動作速度はもっとゆっくり成長する。ショッキングだが、Mooreの法則はもう成立しない。チップ内のデバイスの数は依然として大きくなっているが、その成長率は下がっている。Mooreの法則が成立した時代と違って、それぞれのテクノロジの1世代先に進むことを期待するには、倍の時間が掛かるようになっている。
- **半導体DRAM**（Dynamic random-access memory）：このテクノロジはメインメモリの基本であり、第2章で議論する。DRAMの成長は、かつては3年で4倍になっていたのだが、急速に減速している。2014年には8Gbit DRAMが出荷されたが、16Gbit DRAMは2019年には間に合わず、32Gbit DRAMは出ないのではないか[Kim, 2005]。第2章ではDRAMが容量の壁に突き当たった時の代替テクノロジについて述べている。
- **半導体フラッシュ**（電気的に消去可能なプログラマブルなROM：read-only memory）：この不揮発性半導体メモリは、PMDにおける標準的なストレージデバイスであり、容量が急激に増加するため、急速に利用範囲を広げている。最近の数年、フラッシュチップの容量は年間50〜60%大きくなり、2年毎に倍になる。現在、フラッシュメモリは、DRAMよりbit単価が8〜10倍安い。フラッシュメモリについては第2章で述べる。
- **磁気ディスクテクノロジ**：1990年以前、記憶密度は年間30%増加し、3年で倍になった。その後、年間60%に上がり、1996年には年間100%まで増えた。2004年から2011年の間、年間40%に落ち、2年毎に倍になった。最近は、ディスクの容量向上はゆっくりとなり、年間5%を下回った。ディスク容量を向上する方法の1つは、同一空間密度において円盤の数を増やすことだが、既に1インチの深さで3.5インチのディスクを7枚搭載するに至っている。あと1つか2つくらいしか円盤を加える余地はない。実質的に密度向上をするための最後の望みは、それぞれのディスクの読み書きを行うヘッドに小さなレーザーを装備し、30nmの点を400℃に熱することで、それが冷める前に磁気的に書きこみを行うことである。とはいえ、この熱補助式磁気記録（HAMR：Heat Assisted Magnetic Recording）が経済的に製造可能で、信頼性が十分かどうかは不明である。SeagateはHAMRを2018年に限定された生産量で出荷する計画である。ハードディスクドライブの、面積密度は、現在フラッシュの8～10倍、DRAMの200～300倍安い。HAMRはこの向上を持続する最後のチャンスである。このテクノロジは、サーバとウェアハウススケールのストレージの中心であり、そのトレンドの詳細を付録Dで取り上げる。

- **ネットワークテクノロジ**：ネットワークの性能は、スイッチとそれらを繋ぐ接続システムの性能の両方に依存する。このトレンドについては付録Fに述べる。

コンピュータを構成する今までに述べたテクノロジは、急激に変化し、そのスピードと技術面の進歩により、コンピュータのライフタイムは、3年から5年になっている。フラッシュメモリなど鍵となるテクノロジは、急激に変化するので、設計者はこの変化を計画に入れておかなければならない。実際、設計者は、その製品がいつ大量に出荷されるかを考え、その時に、最もコストが安くなり、あるいは最も性能が有利となる次世代技術に基づいた設計を行うことになる。今までの傾向としては、コストは、密度が上がるのと同じ率で下がる。

テクノロジの改善が一定の率であっても、新しい能力を可能にすることができる一定のしきい値に達すると、その影響が飛躍的に大きくなることがある。例えば、MOSテクノロジは1980年代のはじめに25000から50000トランジスタを1チップに収めることができる線に達し、シングルチップの32ビットマイクロコンピュータを作ることが可能になった。1980年代の終わりごろ、1次キャッシュがチップに入るようになった。プロセッサ内、プロセッサとキャッシュの通信がすべてチップ内に入るようになり、価格性能比と電力性能比が劇的に改善された。この設計は、単にテクノロジが一定の線に達するまでは実用化できなかったのである。マルチコアマイクロプロセッサのコア数が世代毎に増えているため、サーバコンピュータでさえ、すべてのプロセッサを単一チップに入れる方式に向かっている。このようなテクノロジの閾値は稀なことではなく、さまざまな設計上の決定にあたって広い範囲で大きなインパクトを与える。

1.4.1 性能のトレンド：レイテンシを上回るバンド幅

1.8節で見るとおり、**バンド幅**または**スループット**は与えられた時間で行う仕事の総計である。ディスクにおける1秒当たりの転送Mbyte量などが、これに当たる。これに対して、**レイテンシ**または**応答時間**は、ある処理が始まってから終わるまでの時間である。

例えばディスクアクセスにかかるミリ秒数がこれに当たる。図1.9は、マイクロプロセッサ、メモリ、ネットワーク、ディスクの実

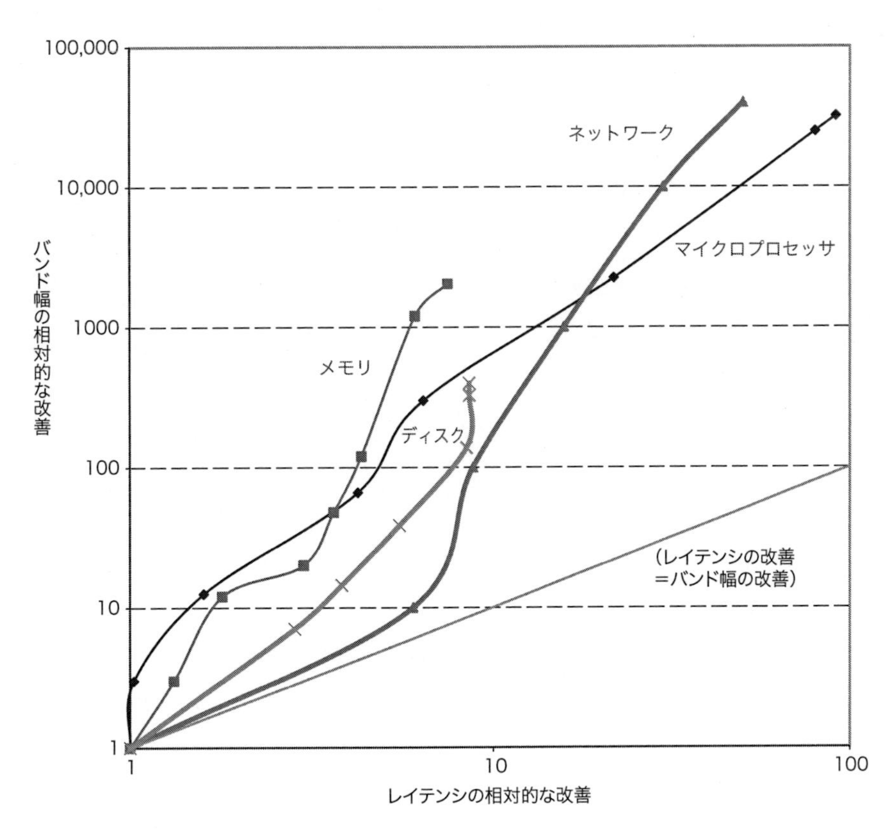

図1.9 図1.10に示すマイルストーンのバンド幅とレイテンシを、最初のマイルストーンを1として両対数で示したグラフ
レイテンシが8～91倍になる間に、バンド幅が400倍から32,000倍になっている点に注目されたい。ネットワーキングを除いた3つのテクノロジの、本書の前の版からの6年間におけるレイテンシとバンド幅の向上は、控えめなものになっており、レイテンシでは0～23%、バンド幅では23～70%である。Patterson, D., 2004 Latency lags bandwidth, Commun. ACM 47(10), 71-75を基に改訂。

マイクロプロセッサ	16ビット アドレス/ バス、 マイクロコード 制御	32ビット アドレス/ バス、 マイクロコード 制御	5段 パイプライン、 オンチップ命令と データキャッシュ FPU	2-ウェイ スーパースカラ、 64ビットバス	アウトオブオーダ 3-ウェイ スーパースカラ	アウトオブオーダ スーパーパイプライン、 オンチップL2 キャッシュ	マルチコア OOO 4-ウェイ オンチップL3 キャッシュ。 ターボ付き
製品名	**Intel 80286**	**Intel 80386**	**Intel 80486**	**Intel Pentium**	**Intel Pentium Pro**	**Intel Pentium 4**	**Intel Core i7**
年	1982	1985	1989	1993	1997	2001	2015
ダイサイズ（mm^2）	47	43	81	90	308	217	122
トランジスタ数	134,000	275,000	1,200,000	3,100,000	5,500,000	42,000,000	1,750,000,000
プロセッサ/チップ	1	1	1	1	1	1	4
ピン数	68	132	168	273	387	423	1400
レイテンシ（クロック数）	6	5	5	5	10	22	14
バス幅（ビット数）	16	32	32	64	64	64	196
クロック周波数（MHz）	12.5	16	25	66	200	1500	4000
バンド幅（MIPS）	2	6	25	132	600	4500	64,000
レイテンシ（ns）	320	313	200	76	50	15	4
メモリモジュール	**DRAM**	**Page mode DRAM**	**Fast page mode DRAM**	**Fast page mode DRAM**	**Synchronous DRAM**	**Double data rate SDRAM**	**DDR4 SDRAM**
モジュール幅（ビット数）	16	16	32	64	64	64	64
年	1980	1983	1986	1993	1997	2000	2016
Mbits/DRAM チップ	0.06	0.25	1	16	64	256	4096
ダイサイズ（mm^2）	35	45	70	130	170	204	50
チップ当たりのピン数	16	16	18	20	54	66	134
バンド幅（MByte/s）	13	40	160	267	640	1600	27,000
レイテンシ（ns）	225	170	125	75	62	52	30
ローカルエリア ネットワーク	**Ethernet**	**Fast Ethernet**	**Gigabit Ethernet**	**10 Gigabit Ethernet**	**100 Gigabit Ethernet**	**400 Gigabit Ethernet**	
IEEE 標準	802.3	803.3u	802.3ab	802.3ac	802.3ba	802.3bs	
年	1978	1995	1999	2003	2010	2017	
バンド幅（Mbit/s）	10	100	1000	10,000	100,000	400,000	
レイテンシ（μs）	3000	500	340	190	100	60	
ハードディスク	**3600 RPM**	**5400 RPM**	**7200 RPM**	**10,000 RPM**	**15,000 RPM**	**15,000 RPM**	
製品名	CDC WrenI 94145-36	Seagate ST41600	Seagate ST15150	Seagate ST39102	Seagate ST373453	Seagate ST600MX0062	
年	1983	1990	1994	1998	2003	2016	
容量（GiB）	0.03	1.4	4.3	9.1	73.4	600	
ディスク形成係数	5.25in.	5.25in.	3.5in.	3.5in.	3.5in.	3.5in.	
メディア直径	5.25in.	5.25in.	3.5in.	3.0in.	2.5in.	2.5in.	
インターフェイス	ST-412	SCSI	SCSI	SCSI	SCSI	SAS	
バンド幅（MByte/s）	0.6	4	9	24	86	250	
レイテンシ (ms)	48.3	17.1	12.7	8.8	5.7	3.6	

図 1.10　マイクロプロセッサ、メモリ、ネットワーク、ディスクにおける 25 年から 40 年の間の性能マイルストーン

マイクロプロセッサのマイルストーンは、IA-32 プロセッサの数世代すなわち、16 ビットバスでマイクロコードを使っていた 80286 から、64 ビットバス、マルチコア、アウトオブオーダ実行、スーパーパイプラインの Core i7 までである。メモリモジュールのマイルストーンは、16 ビット幅の普通の DRAM から 64 ビット幅の両エッジ転送の同期 DRAM の第 3 世代までである。Ethernet は、10 Mb/sec から 400 Gb/sec まで発展した。ディスクのマイルストーンは、回転スピードに基づいており、3600RPM から 15000RPM まで改良された。各々の場合について、最大のバンド幅と衝突なしの単純な操作を行った時のレイテンシを示す。Patterson, D., 2004 Latency lags bandwidth, Commun. ACM 47(10), 71-75 を基に改訂。

装テクノロジのマイルストーンにおけるバンド幅とレイテンシの相対的向上率のグラフである。図 1.10 はこのマイルストーンの例をより詳細に示している。

性能は、マイクロプロセッサとネットワークでは製品差別化の主要素である。このため、この 2 つには、最も大きな向上率、バンド幅において 32000〜40000 倍、レイテンシにおいて 50〜90 倍、が見られる。メモリとディスクでは一般的には容量が最も重要である。とはいえ、そのバンド幅の進歩は 400〜2400 倍で、レイテンシの 8〜9 倍に比べてはるかに大きい。

明らかにバンド幅は、これらのテクノロジではレイテンシを上回る進歩を示しており、これは続くであろう。目安としては、バンド幅の進歩はレイテンシの進歩の 2 乗である。コンピュータの設計者はこれに従ってプランを立てる必要がある。

1.4.2 トランジスタ性能と配線のスケーリング

半導体プロセスは、プロセスサイズ、すなわちとトランジスタまたは配線における x または y 方向の最小サイズによって**特徴付けられる**。プロセスサイズは、1971 年には 10 ミクロンだったものが 2017 年には 0.016 ミクロンに縮小した。実際、われわれは単位を切り替え、2017 年での最先端プロセスを 16 ナノメータと呼び、7 ナノメータが準備中である。単位面積当たりのトランジスタ数は、トランジスタの表面積で決まるため、トランジスタ密度は、プロセスサイズの縮小割合の 2 乗のオーダで増加する。

しかし、トランジスタ性能の向上はより複雑である。プロセスサイズが小さくなると、デバイスは平面方向と垂直方向の両方で小さくなるため、プロセスサイズの縮小の 2 乗で効く。垂直方向を縮小すると、トランジスタの正しい動作と信頼性を維持するためには、動作電圧を下げる必要がある。このサイズ縮小の要素の組み合わせにより、トランジスタ性能とプロセスサイズの間の関係は複雑になる。1次近似としては、トランジスタの性能はプロセスサイズが小さくなるのに比例して向上する。

コンピュータアーキテクトにとって、トランジスタ数が2乗のオーダで増え、トランジスタの性能が直線的に改善されることは、利用すべきチャンスであると共に、効率的に利用しなければならないという課題にもなった。マイクロプロセッサの草創期、実装密度の向上率が急速であったため、4ビットから8ビット、16ビット、32ビット、64ビットマイクロプロセッサへの急速な移行に利用することができた。最近は、実装密度の向上により、1チップにマルチプロセッサが実装できるようになり、SIMDユニットは大規模となり、投機的実行やキャッシュにおける多くの発明を取り入れることができるようになった。これらの技術については第2～5章に示す。

一般的に、トランジスタの性能は、プロセスサイズが縮小するにつれて向上するが、半導体における配線はそうではない。特に、配線上での信号遅延は、抵抗とコンデンサの積に比例して大きくなる。もちろん、プロセスサイズが縮小すると、配線の長さは短くなる。しかし、単位長当たりの抵抗とコンデンサは大きくなる。抵抗とコンデンサは両方とも、ワイヤの形状、負荷、他の部分との距離などプロセスの詳細に依存しているため、この関係は複雑である。銅配線の利用による遅延の一時的な改善など、プロセス上の進歩も時には見られる。

しかし、一般的には、配線遅延は、トランジスタの性能に比べて改善のされかたが貧弱で、このことは設計者にとっての課題となっている。配線遅延は、消費電力の限界と共に、大規模な半導体における設計上の主要な制約となっており、時にはトランジスタのスイッチング遅延より重要になっている。配線上を信号が伝搬する時間がクロックサイクルに占める割合はどんどん大きくなっている。しかし、電力はこの配線遅延よりも重要な役割を果たすようになっている。

1.5 半導体の電力とエネルギーのトレンド

今日、エネルギーは、ほとんどすべてのクラスのコンピュータで、設計者が直面する最大の課題となっている。まず、電力は、チップに送り込まれて、分配されなければならず、このため、最近のマイクロプロセッサは、何百というピンと複数の接続レイヤを電源とグランドのためだけに使っている。次に、電力は熱として消費され、取り除かれなければならない。

1.5.1 電力とエネルギー：システム面

システムアーキテクトやユーザは性能、電力、エネルギーについてどのように考えれば良いのだろうか。システム設計者の立場からは考えなければならない大きなことが3つある。

まず、プロセッサの要求する最大電力とは何だろうか。この要求は、正しい動作を保証するために重要になり得る。例えば、プロセッサが、電源が供給するよりも大きな電力を（システムが供給可能なよりも大きな電流を流すことで）消費しようとしたら、結果として電圧低下を招き、デバイスは誤動作するかもしれない。現代のプロセッサは最大の消費電流に対する電力消費を広範囲に変えることができる。つまり、プロセッサをスローダウンさせ電源のマージンを広くすることのできる電源制御手法を持っている。もちろん、これをやると性能が落ちる。

第二に、持続的な消費電力とは何だろうか。この指標は、冷却仕様を決めることになることから、**熱設計時電力**（**TDP**：thermal design power）と呼ばれる。TDPは時に1.5倍にもなるピーク電力ではなく、与えられた計算の間に消費されるであろう平均電力とも違っている。平均電力はもっと小さくなる。システムの電源は普通、TDPを越えるように設計され、冷却システムはTDPに適合するか、これを超えるように設計される。空冷装置がうまく行かないと、プロセッサのジャンクション温度が最大値を超えてしまい、デバイス故障やもしかすると完全な破壊をもたらしてしまう。最大電力（および熱と温度上昇）は、TDPの平均を長時間超える可能性があるため、現在のプロセッサは、熱を制御する方法を2つ備えている。1つは、熱がジャンクション温度の限界に近づくと、回路はクロック周波数を落とし、このことで電力を落とす。この方法がうまく行かないと2番目の方法であるシステムの熱停止が起きて、チップの電源を切る。

設計者とユーザが考えなければならない3つ目の要素は、エネルギーとエネルギー効率である。電力は単純に単位時間当たりのエネルギー：1ワット＝1ジュール/sであることを思い出そう。プロセッサを比較する正しい指標は電力とエネルギーのどちらであろうか。一般的にはエネルギーが常に良い目安である。これは、一定のタスクとそのタスクに必要な時間と結び付いているからだ。特に、あるワークロードを実行するエネルギーは、そのワークロードの実行時間と平均電力の積に等しくなる。

このため、我々が2つのプロセッサのどちらが与えられたタスクに対して効率的なのかを知りたい場合、我々はそのタスクを実行した際のエネルギー（電力ではない）を比較すべきである。例えばプロセッサAがプロセッサBの消費電力よりも平均で20%大きいとする。しかしAはタスクをBの70%の時間で実行できるならば、エネルギー消費は$1.2 \times 0.7 = 0.84$となり、明らかにBよりも優れている。

大きなサーバやクラウドは、ワークロードは∞なので、平均電力を考えるだけで十分ではないか、と考える人が居るかもしれない。しかし、これは間違いを招き易い。我々のクラウドがプロセッサAではなくBで構成されていれば消費できるエネルギーが同じであれば、より少ない仕事しかできないことになる。エネルギーを比較に用いれば、この落とし穴にはまることはない。一定のワークロードを持っていれば、ウェアハウスサイズのクラウドであろうが、スマートフォンであろうが、プロセッサを比較する正しい方法はエネルギーを比較することである。クラウドに対する電気代もスマートフォンのバッテリー持続時間もエネルギー消費によって決まる。

電力消費が役に立つ指標となるのはいつだろうか。制約条件として使うのがまずは正当な使い方だろう。例えばあるチップが空冷で用いる場合に100Wに制限されるなどである。これはワークロードが固定ならば指標として使える。しかし、これは正しい指標であるタスク当たりのエネルギーのバリエーションに過ぎない。

1.5.2 マイクロプロセッサのエネルギーと電力

CMOSチップのエネルギー消費は、今までは**動的電力**（ダイナミック）とも呼ばれるトランジスタのスイッチングによるものが大部分を占めていた。トランジスタ当りのエネルギーは、トランジスタの容量負荷と電圧の2乗、スイッチング周波数の積に比例する。

$$エネルギー_{動的} \propto 容量負荷 \times 電圧^2$$

この式は論理回路の変化0→1→0または1→0→1のパルスのエネルギーである。したがって、1回の変化（0→1または1→0）は、

$$エネルギー_{動的} \propto 1/2 \times 容量負荷 \times 電圧^2$$

トランジスタ当たりの要求電力は、単に1回の変化のエネルギーと変化の頻度の積になる。

$$電力_{動的} \propto 1/2 \times 容量負荷 \times 電圧^2 \times スイッチ周波数$$

タスクが決まっていれば、クロック周波数を下げると電力は下がるがエネルギーは小さくならない。

当然ながら、動的電力とエネルギーは電圧を下げることで大きく削減できる。このため、電圧は20年間で5Vから1Vまで落ちた。容量負荷は、出力に接続されたトランジスタの数と実装テクノロジによって決まる。実装テクノロジによって配線とトランジスタの容量は決定される。

例題1.1

現在のマイクロプロセッサのあるものは、電圧が調整できるように設計されている。この時15%の電圧降下により15%の周波数低下となる。動的エネルギーと動的電力にはどのように影響を及ぼすか。

解答

容量は変化しないので、エネルギーは、電圧に比例する。

$$\frac{エネルギ_{新}}{エネルギー_{元}} = \frac{(電圧 \times 0.85)^2}{電圧^2} = 0.85^2 = 0.72$$

このため、エネルギーは元の72%に減る。電力については周波数についても考える。

$$\frac{電力_{新}}{電力_{元}} = 0.72 \times \frac{(スイッチの頻度 \times 0.85)}{スイッチの頻度} = 0.61$$

以上により、電力は元の約61%となる。

あるプロセスから次に移るたびに、スイッチするトランジスタ数とスイッチする周波数の増加は、容量負荷と電圧の低下を上回り、消費電力とエネルギーは全体として増加し続けた。最初のマイクロプロセッサは、1Wより少ない電力しか消費せず、最初の32bitマイクロプロセッサ（Intel 80386など）は、2Wだった。これに対して4.0GH zのIntel Core i7-6700Kは、95Wを消費する。この熱は、約1.5cm角のチップで消費されなければならないため、空冷の限界に達している。この辺が、我々は10年間近く停滞している所である。

先の式で分かるように、電圧を下げることができない限りクロック周波数を上げると電力が増える。図1.11は、最大性能のマイクロプロセッサを示しているが、これがまさしく2003年以来の状態であることを示している。このクロックが増えなくなった時期は、図1.1の性能改善が遅くなった時期と一致している。

電力を拡散し、熱を除去し、熱の集中を防ぐことは、益々難しい課題となっている。電力は、かつてのシリコン面積の限界に代わって、いまやトランジスタ利用上の主要な制約になっている。このた

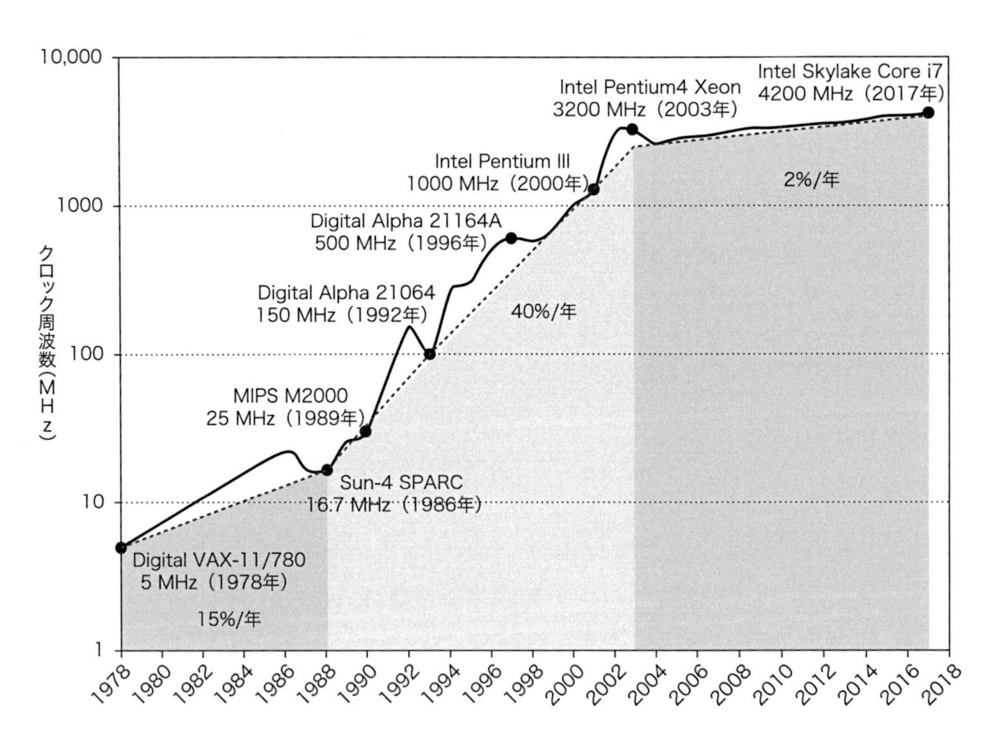

図1.11　図1.1に示すマイクロプロセッサのクロック周波数の向上

1978年から1986年まで、クロック周波数の成長は年率15%より小さかった。しかし性能は年率25%で増えた。1986年から2003年までの大発展期には性能向上は年率52%であり、クロック周波数も年率40%で跳ね上がった。それ以降、クロック周波数は、ほとんど増えず、成長率は年率2%を切った。この間シングルプロセッサの性能の成長率は年率3.5%に過ぎない。

め、現在のマイクロプロセッサは、クロック周波数が同じで、供給電圧が一定でも、エネルギー効率の改善を試みるテクニックを数多く提供している。

1. **何もしないに限る**：多くのマイクロプロセッサは、エネルギーと動的電力を節約するために動いていないモジュールのクロックを止めてしまう。例えば、浮動小数点命令が実行されないならば、浮動少数演算ユニットのクロックを止める。コアのうちいくつかが使われていなければ、そのクロックを止めてしまう。
2. **電源、周波数の動的変更（DVFS）**：2つ目のテクニックは、前の式から直接来ている。PMD、ラップトップ、サーバでさえもあまり利用されていない時間があり、ここでは最大クロック周波数と電源電圧で動かす必要はない。現在のマイクロプロセッサの多くは、2、3種類のクロック周波数と電圧を持っていて、これを電力とエネルギーを下げるために使う。図1.12はあるサーバがDVFSで3種類のクロック周波数：2.4GHz、1.8GHz、1GHzで使った際の電力削減の可能性を示している。全体のサーバの電力は2回の切り替えのそれぞれで10%から15%削減されている。

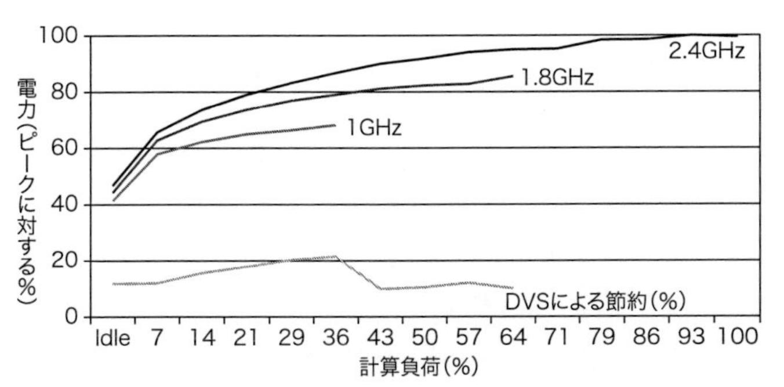

図1.12　AMD Opteron、DRAM、ATAディスクを用いたサーバのエネルギー削減

サーバは、1.8 GHzだと、サービスレベル違反を起こさずに扱うことができるのはワークロードの2/3でしかない。1.0 GHzでは、ワークロードのたった1/3しか扱うことができない（[Barroso and Hölzle, 2009]、図5.11）。

3. **典型的な場合に対して設計せよ**：PMDやラップトップは使っていない時が往々にしてあり、メモリやストレージはエネルギーを節約するためにローパワーモードを持っている。例えばDRAMはPMDやラップトップのバッテリが上がるまでの時間を延ばすため、少しずつローパワーになっていく一連のモードを持っている。ディスクについても、回転速度を落として電力を節約するモードが提案されている。とはいえ、これらのモードではDRAMやディスクにアクセスすることはできないので、読み書きをする場合、そのアクセス時間に関わらず、全開モードに戻さなければならない。前にも述べたが、PC用のマイクロプロセッサは、高い温度で激しく利用しないように、過熱を防ぐために動作速度を自動的に落とすべき時を検出するため、温度を測るオンチップセンサを持っている。この「緊急時スローダウン」により、製作者は、典型的な場合を想定して設計ができる。誰かが本当にこれより大きいパワーを使うプログラムを動かした際にもこれに頼って安全性を保証することができる。
4. **オーバークロック**：Intelは**ターボモード**を2008年に使い始めた。これは、チップが、コアの2、3個について、温度が上がるまでの少しの時間ならばクロックを上げて走っても大丈夫、と判断する機能である。例えば、3.3GHzのCore i7は少しの間なら3.6GHzで走ることができる。実際、図1.1に示す2008年以降の最大性能プロセッサは、すべて通常のクロック周波数よりも10%ほど高いオーバークロックを可能としている。単一スレッドのコードでは、これらのマルチプロセッサは、1つを除いたすべてのコアの電源を切ってしまって、それだけをさらに高いクロック周波数で動かす。OSはターボモードをオフにすることができるが、これがひとたび利用可能になると何も通知がないことに注意しよう。このため、プログラマは部屋の温度でプログラムの性能が変化するのでびっくりするかもしれない。

動的電力はCMOSの電力消費の主な要因であるが、**静的**（スタティック）電力も、重要な要因になりつつある。すなわち、洩れ電流はトランジスタをオフにしても流れるためである。

$$電力_{静的} \propto 電流_{静的} \times 電圧$$

また、静的電力はデバイスの数に比例して増える。トランジスタ数が増加すれば、それらがオフになっているとしても電力が増える。そして漏れ電流はトランジスタのサイズが小さいプロセスほど増える。結果として超低消費電力システムは、漏れ電流による損失をなくするため、使っていないモジュールの供給電源を切ってしまう（**パワーゲーティング**）。2011年には、洩れ電流の消費電流全体に占める割合の目標は25%であったが、高性能の設計においてはこの目標をはるかに越えてしまっている。このようなチップでは漏れ電流は時に50%を越える。これは巨大なSRAMキャッシュが、データを覚えておくために電力を必要としてしまうためだ（SRAMのSはStatic（静的）のSだ）。漏れ電流を止める唯一の望みは、チップの一部に対する電力供給を止めることである。

最後に、プロセッサはシステム全体のエネルギーの一部を占めるに過ぎないので、より高速だが、エネルギー効率が良くないプロセッサを使って、残りの部分がスリープモードに入れるようにするという方法は理に適っている。この戦略は**競合停止**（Race-to-halt）として知られている。

電力とエネルギーの重要性により、効率改善のための技術革新はきちんと検証されるようになった。このため、現在は、かつて使われたシリコンのmm^2当たりの性能に代わって、ジュール当たりのタスクあるいはタスク数またはワット当たりの性能で評価される。この新しい指標は並列性へのアプローチに影響を与える。これについては第4章と第5章に触れる。

1.5.3 エネルギーの限界によるコンピュータアーキテクチャの移り変わり

トランジスタの改善が減速するにつれ、コンピュータアーキテクトは、エネルギー効率を改善するために別の方法を探さなければならなくなった。実際、現在は、トランジスタの数が多すぎて、与えられたエネルギー供給量では、すべてを同時に動かすことができないマイクロプロセッサが簡単に設計できてしまう。この現象は**ダー**

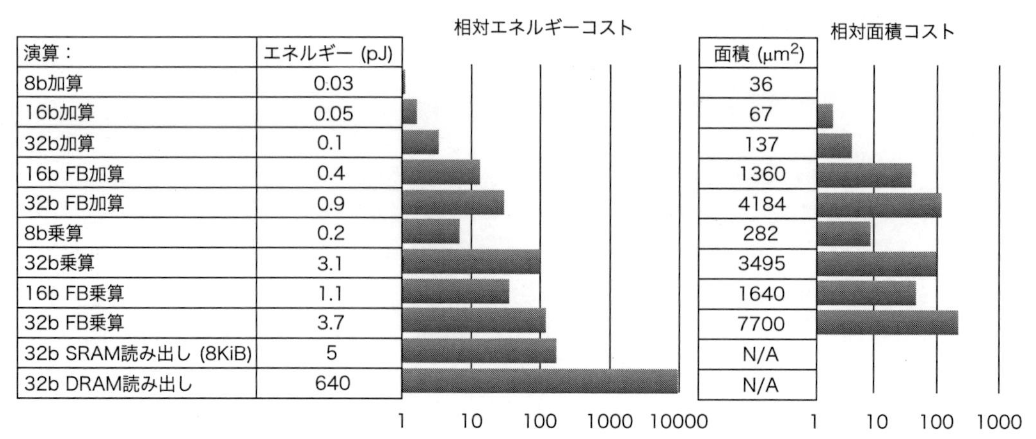

演算：	エネルギー (pJ)	面積 (μm²)
8b加算	0.03	36
16b加算	0.05	67
32b加算	0.1	137
16b FB加算	0.4	1360
32b FB加算	0.9	4184
8b乗算	0.2	282
32b乗算	3.1	3495
16b FB乗算	1.1	1640
32b FB乗算	3.7	7700
32b SRAM読み出し (8KiB)	5	N/A
32b DRAM読み出し	640	N/A

図 1.13　算術演算のエネルギーとダイ面積の SRAM と DRAM アクセスのエネルギーコスト［Azizi］［Dally］
面積は TSMC45nm テクノロジーに基づく。

クシリコンと呼ばれている。温度の制約により、どのような瞬間でもチップの多くの部分が使われない（ダーク）状態になってしまうのだ。このことにより、アーキテクトは、プロセッサ設計の基本をもっとエネルギーコスト性能を大きくすることを追究するように迫られている。

図 1.13 は最近のコンピュータの構成要素のエネルギーコストと面積コストを示しているが、その比率にはびっくりさせられる。例えば 32bit の浮動小数点加算器は 8bit の整数加算器の 30 倍も消費するのだ。面積の差はもっと大きく、60 倍になる。とはいえ、大きな違いはメモリに出てくる。32bitDRAM アクセスは 8bit 加算の 20000 倍のエネルギーを消費する。小さな SRAM は DRAM に比べて 125 倍もエネルギー効率が高い。これにより、キャッシュとメモリバッファの利用を注意深く行うことの重要性が分かる。

タスク毎のエネルギーを最小化する設計方針は、図 1.13 の相対エネルギーと面積コストと共に、第 7 章に紹介するコンピュータアーキテクチャを新しい方向へと駆り立てている。領域特化（Domain-Specific）プロセッサは広い bit 幅の浮動小数演算を減らすと共に、特殊目的用メモリを持つことで DRAM へのアクセスを減らしている。これらのマシンは、従来のプロセッサに比べ 10～100 倍多くの（低精度の）整数演算ユニットを使っている。限られたタスクでしか使えないとはいえ、これらのマシンは、汎用プロセッサに比べ驚くほど高速かつエネルギー効率良く実行できる。

一般開業医と専門医師が居る病院のように、エネルギー効率の良いコンピュータは、すべてのタスクを実行できる汎用コアと、数少ない事を極端にうまくかつ安価にやってのける特殊目的コアのコンビから構成されることになるだろう。

1.6 コストのトレンド

コンピュータの設計では、コストがあまり重要でないスーパーコンピュータのような分野もあるとはいえ、コスト重視の設計はますます重要になっている。実際、過去 35 年の間、低コスト化は、性能の向上と同じく、コンピュータ業界の主要なテーマであった。

教科書はコスト性能比の半分に当るのにも関わらずコストを無視する傾向がある。コストは、本を書く時代によって変化するし、微妙であり、業界によって違うためである。しかし、コストとその要素についての理解は、設計者にとって、設計にコストが関連する新しい特徴が含まれていてもいなくても重要である。（鉄筋やコンクリートのコストの情報を持たずに超高層ビルを建てる建築家が想像できるだろうか！）

この節では、コンピュータのコストに影響する主な要素と、それらがどのように時間と共に変化するかを議論する。

1.6.1 時間、量、標準部品化のインパクト

コンピュータの構成要素は、基本的な実装技術について大きな改善が行われなくても、その製造コストが時間と共に減少する。コストダウンを裏打ちするのは、**習熟曲線**（learning curve）であり、製造コストの時間に伴う減少を示す。習熟曲線自体を測るのに最も良いのは、**歩留まり**、すなわち、製造したデバイスがテストを経て良品と判定される割合の変化である。チップ、ボード、システムに関わらず、歩留まりを 2 倍にする設計をすればコストは半分になる。

習熟曲線が歩留まりをどのように改善するかを理解することは、ライフタイムのある時点に来た時の製造コストを推し量るために重要である。例として、DRAM のメガバイトあたりの価格は長期に渡り下落してきた。DRAM の価格は、コストに密接に関連しているため、品薄や製造過多の時を除いて、価格はコストをぴったり追いかける。

マイクロプロセッサの価格は時間と共に落ちる。しかし、DRAM ほど標準化されていないため、価格とコストの関係はより複雑になる。マイクロプロセッサのベンダは、赤字覚悟で売ることは滅多にないとはいえ、激しい競争の期間には、価格はコストにぴったりと追従する。

量は、コストを支配する第 2 の要素である。量の増大はコストに複数の経路で影響を与える。まず、習熟曲線は、製造されるシステム（またはチップ）数に部分的に比例して下がる特徴を持つため、これが下がる時間が短くなる。次に製造と販売の効率化によりコストが減る。設計者たちは、目安として、量が倍になると 10% コストが下がると見積もっている。さらに、量が出れば各マシンで償却しなければならない開発費が減る。このことで、コストが売り値に近

付く。

標準部品とは、複数のベンダが大量に売っている基本的には同じ製品である。標準DRAM、フラッシュメモリ、モニタ、キーボードなどPCショップでばら売りしている商品のほとんどすべては標準部品である。過去30年の間、ローエンドのコンピュータビジネスは、Microsoft Windowsが走るデスクトップやラップトップコンピュータを作ることに集中する標準部品ビジネスになった。

多くのベンダが実際的には同じ製品を出荷するため、競争は非常に激しい。もちろん、この競争は、コストと売値のギャップを減らすが、コスト自体も減らす。標準部品のマーケットは、大量生産され、製品の定義が明解であり、このことによって複数の製造元が標準製品のための構成部品を作って競争できることが、コストの低下に繋がっている。結果として、構成部品の製造元間の競争と、製造元が達成する量的効率化によって、全体の製品コストが下がる。この競争により、利益が非常に限られているにも関わらず（他の標準部品ビジネスも同じだが）、ローエンドコンピュータビジネスは、他の領域に比べて優れたコスト性能比を達成し、大きい成長率を達成している。

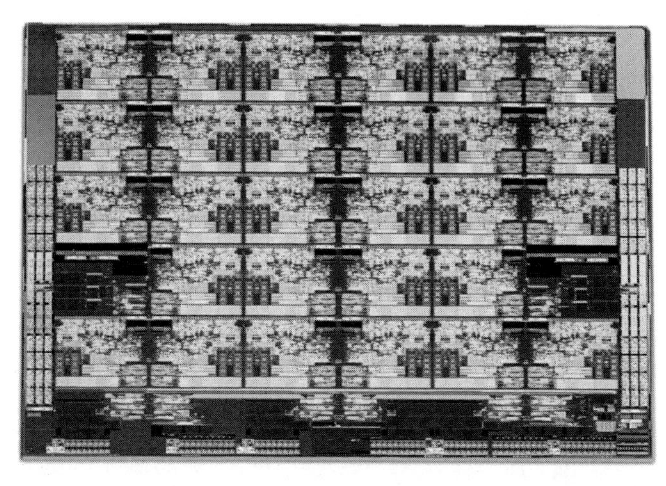

図1.14 Intel Skylakeマイクロプロセッサのダイ。第4章で評価するもの。

図1.15 図1.14のマイクロプロセッサダイの構成要素。機能毎にラベルを付けてある。

図1.16 RISC-Vの直径200㎜のウェーハ。設計はSiFiveによる

このウェーハは、古く大きなプロセスのラインを用いた2つのタイプのRISC-Vダイを搭載している。FE310ダイは2.65㎜×2.72㎜であり、SiFiveのテストダイは2.89㎜×2.72㎜である。このウェーハは前者を1846個、後者を18866個、計3712チップを搭載している。

1.6.2 集積回路のコスト

なぜコンピュータアーキテクチャの本で集積回路のコストの節があるのだろうか。競争が激しさを増しているコンピュータの市場では、標準部品-ディスク、DRAM等々-がどのシステムでもコストのうち大きな割合を占めるようになっている。特に大量生産し、コストに敏感なマーケットにおいて、半導体のコストは、コンピュータ毎に異なる分のコストの中で大きな割合を占めている。実際、PMDはシステム全体を**システムオンアチップ**（**SoC**）に入れるようになり、半導体のコストはPMDのコストの多くを占めるようになっている。すなわち、コンピュータの設計者が現在のコンピュータのコストを理解するためには、チップのコストを理解しなければならないのだ。

集積回路のコストは指数関数的に低下してきたが、シリコン製造の基本的な工程は変わっていない。**ウェーハ**を検査し、**ダイ**に切り分け、パッケージに収納する（図1.14〜1.16参照）。このため、パッケージに入った半導体回路のコストは以下のようになる。

$$\text{半導体のコスト} = \frac{\left(\begin{array}{c}\text{ダイの}\\\text{コスト}\end{array}\right) + \left(\begin{array}{c}\text{テスト用ダイの}\\\text{コスト}\end{array}\right) + \left(\begin{array}{c}\text{パッケージと}\\\text{最終テストのコスト}\end{array}\right)}{\text{最終的な歩留まり}}$$

この節では、ダイのコストに焦点を当て、テストとパッケージについては最後にまとめのみ述べる。

1個のウエーハから取れる正常なチップの数を予測するには、まず1つのウエーハにいくつダイがならべられるかを知り、次にそれらが動作する割合を予測する方法を学ぶ。このようにすれば、コストを予測するのは簡単である。

$$\text{ダイのコスト} = \frac{\text{ウェーハのコスト}}{\text{ウェーハ当たりのダイ数} \times \text{ダイの歩留まり}}$$

チップのコストを決定するこの最初の式において興味深い性質は、これから示すように、それがダイのサイズに敏感なことである。ウエーハ当りに取れるダイの個数は、近似的には、ウエーハの面積をダイの面積で割ったものとなる。より正確には、以下の式で見積もることができる。

$$\text{ウェーハ当たりのダイ数} = \frac{\pi \times (\text{ウェーハの直径}/2)^2}{\text{ダイ面積}} - \frac{\pi \times \text{ウェーハの直径}}{\sqrt{2 \times \text{ダイ面積}}}$$

最初の項は、ウエーハの面積（πr^2）のダイの面積に対する比である。二項目はウエーハの円周部分の損失部分（丸い穴に四角の杭を打つ際、杭が打てない部分）である。円周上のダイの数は、周の長さ（πd）を四角いダイの対角線の長さで割ることで近似的に求めることができる。

例題1.2

300mm（30cm）のウェーハ上に一辺が1.5cmの正方形のダイはいくつ取れるか。一辺が1.0cmの正方形のダイはどうか。

解答

面積は2.25cm^{2}のダイに対しては、

$$\text{ウェーハ当たりのダイ数} = \frac{\pi \times (30/2)^2}{2.25} - \frac{\pi \times 30}{\sqrt{2 \times 2.25}} = \frac{706.9}{2.25} - \frac{94.2}{2.12} = 270$$

大きいダイの面積は2.25倍なので、小さい方のダイはウェーハ当たり、およそ2.25倍の数が取れる。

$$\text{ウェーハ当たりのダイ数} = \frac{\pi \times (30/2)^2}{1.00} - \frac{\pi \times 30}{\sqrt{2 \times 1.00}} = \frac{706.9}{1.00} - \frac{94.2}{1.41} = 640$$

しかし、これはウエーハ当たりのダイの最大数を与えるに過ぎない。重要な問いは、あるウエーハ上の**良品**ダイの割合、すなわち**ダイの歩留まり**がどうなるか、ということだ。半導体歩留まりに関する、単純なモデルでは、ウエーハ上には損失がランダムに分布し、歩留まりは製造プロセスの複雑さに反比例する。そこでダイの歩留まりは、以下の式で求めることができる。

$$\text{ダイの歩留まり} = \text{ウェーハの歩留まり} \times 1/(1 + \text{単位面積当たりの欠損数} \times \text{ダイ面積})^N$$

この**Bose-Einsteinの式**は、多くの製造ラインの歩留まりを見ることで開発された経験的なモデルである[Syndow, 2006]。ウエーハ歩留まりは、テストする必要のないくらい完全に悪いもののことを勘定に入れたものである。単純化するため、我々は**ウエーハ歩留まり**を100%とする。単位面積当たりの欠損は、製造上の欠損がランダムに生じる目安である。2017年において、28nmプロセスでは、1cm^{2}当たりの欠損は0.08から0.10であり、もっと新しい16nmプロセスでは0.10～0.30となる。これはプロセスの成熟度に依存するためである（先に説明した習熟曲線を思い出していただきたい）。メートル法では、28nmでは1cm^{2}当たり0.012～0.016、16nmでは1cm^{2}当たり0.016～0.047となる。最後にNは、**プロセス複雑度**と呼ばれるパラメータで製造の難しさの尺度となる。28nmプロセスでは、2017年でNは7.5～9.5となる。16nmプロセスではNは10から14の範囲となる。

例題1.3

欠損密度を0.047cm^{2}で、Nを12とした時、1.5cm角と1.0cm角のダイの歩留まりをそれぞれ求めよ。

解答

ダイの面積はそれぞれ2.25cm^2、1cm^{2}となる。大きい方のダイの歩留まりは、

$$\text{ダイの歩留まり} = 1/(1 + 0.047 \times 2.25)^{12} \times 270 = 120$$

小さい方のダイの歩留まりは、

$$\text{ダイの歩留まり} = 1/(1 + 0.047 \times 1.00)^{12} \times 640 = 444$$

分母は、ウエーハ当りのダイの良品の個数である。大きなダイでは良品のダイは半分より少ないが、小さなダイは70%近くが良品である。

多くのマイクロプロセッサは、1.00と2.25cm^{2}の間のサイズだが、ローエンドの組み込み32bitプロセッサは0.05cm^{2}くらいになることもある。組み込み制御用のプロセッサ（安価なIoTデバイスなど）は、時に0.01cm^{2}より小さく、ハイエンドサーバやGPUチップは8cm^{2}よりも大きい。

DRAMやSRAMなどの標準部品に対する価格のプレッシャーは非常に大きく、設計者は歩留まりを上げるために、冗長性を組み込む。DRAMは通常、一定の冗長メモリセルを組み込んでおり、一定の数の故障は回避できる。設計者は同様なテクニックを、標準SRAMと、マイクロプロセッサのキャッシュに用いる大型SRAMアレイの両方に用いる。同じ理由で、GPUは84個に対して4個の冗長プロセッサを持っている。冗長エントリの存在により、明らかに歩留まりは大きく改善される。

2017年には、28nmテクノロジの300mm（12インチ）の直径のウエーハのコストは、4000ドルから5000ドルであり、16nmのウエーハのコストは、7000ドルである。チップを製造するウエーハのコストを7000ドルとすると、1cm^{2}のダイは16ドルとなるが、2.25cm^{2}のダイは58ドルになる、つまり面積を2倍より少し大きくするとコストはほぼ4倍になる。

コンピュータ設計者は、チップのコストに関して何を覚えておけばよいのだろうか。製造プロセスは、ウエーハコスト、ウエーハ歩留まり、単位面積当たりの欠損に影響する。このため、設計者が制御できるのはダイの面積だけである。実際、単位面積当たりの欠損は小さいため、ウエーハ当りのダイの良品数、すなわち、ダイ当りのコストはダイの面積のほぼ2乗で大きくなる。コンピュータ設計者はダイの大きさを決めることで、コストに影響を与える。具体的には、どのような機能をダイに入れ、どのような機能を外に出すか

を決め、またI/Oピンの数を決めることによってである。

我々がコンピュータで部品として使えるようになる前に、ダイは、テストされ（不良品から良品のダイを分離する）、パッケージされ、パッケージ後に再びテストされる。これらのステップは、どれも莫大なコストが掛かり、全体の半分ほどそのコストを引き上げる。

今までの解析は、大量生産の集積回路に使う実用ダイを生産するコストに焦点を当てている。しかし、開発に必要な一定のコストの中で重要な部分を占め、少量生産（百万個より少ない）の集積回路のコストに大きな影響を与えるものがある。それはマスクセットのコストである。集積回路のプロセスの個々のステップでは別々のマスクが必要になる。すなわち、最近の高密度製造プロセスは、多いものでは10層のメタル配線層を持っており、マスクのコストは、16nmで400万ドル、28nmで150万ドルになる。

良いニュースがある。半導体業者は小さなテストチップを劇的に低いコストで作ることができる「シャトルラン」を提供している。この低いコストは、多くの小規模な設計を単一のダイに搭載し、ダイをそれぞれのプロジェクト用に分割することにより、マスク代を償却することで実現できる。TSMCは2017年に28nmの1.57 × 1.57mmの80〜100個のテストを行わないダイを3000ドルで供給する。ダイは小さいが、アーキテクトはこの上で何百万というトランジスタを働かせることができる。例えば、数個のRISC-Vプロセッサをこの上に載せることができる。

シャトルランは、プロトタイピングとデバッグのためのランの助けにはなるが、1000個から数千個のパーツの少量生産には役に立たない。マスクコストは増加し続けることが予想されるため、設計者は、部品の柔軟性を高めるために、再構成可能なロジックを組み込むことにより柔軟性を高めることで、マスクに含まれるコストを下げることがある。

1.6.3 コストと価格

コンピュータの標準部品化が進んだため、製品のコストと、その製品を売る時の値段の差であるマージンが少なくなっている。このマージンから、会社の研究開発（R&S）費、マーケティング、製造機器のメインテナンス、建物のレンタル料、資金調達コスト、利益に対する課税、税金などを払うことになる。多くの技術者は、多くの会社でたった収入の4%（標準部品化されたPCビジネス）から12%（高性能サーバビジネス）しか、すべての技術を含むR&Dに使われていないことにびっくりするだろう。

1.6.4 製造コスト対運用コスト

この本の今までの4つの版では、コストはコンピュータを作るコストであり、価格はコンピュータを買う時のものであった。1万個のサーバを擁するウェアハウススケールコンピュータでは、コンピュータの運用コストは、償却される購入コストと共に重要となる。

経済学者は、この2つのコストをCAPEX（capital expenses：資本的支出）とOPEX（operational expenses：運営費）と呼んでいる。

第6章が示すように、サーバとネットワークの購入価格は、IT機器のライフタイムが短くて3、4年と仮定しても、ウェアハウススケールコンピュータのひと月のコストの約半分である。ひと月の運用コストの40%は電力料金と、IT機器を冷やしたり、電力を供給する施設の償却コストである。これらのインフラの耐用年数は10〜15年以上になる。したがって、ウェアハウススケールコンピュータでは運用コストを下げるため、コンピュータアーキテクトはエネルギーを効率的に使う必要がある。

1.7 確実性

歴史的には、半導体はコンピュータの中で最も信頼性の高い部品であった。ピンは弱点かもしれず、故障がデータ交換の通路で起きるかもしれないが、チップ内のエラー率は非常に低かった。この伝統は、プロセス加工幅が16nm以下に達するに及んで、変化しつつある。すなわち、一時的故障、永続的故障の両方とも、ずっとありふれたものになっており、アーキテクトは、これらの課題に対処しなければならない。この節では、**確実性**[†]に対して、ざっと見通すことにし、正式な単語の定義やアプローチについては付録DのD.3節に譲る。

コンピュータの設計と構築には、異なる階層の抽象化が行われる。我々は、コンピュータのそれぞれの構成要素について、構成要素そのものから、個々のトランジスタにたどり着くまで、この階層を再帰的に下りていくことにする。例えば電源断などの全体的に広がる故障もあるが、多くの故障はモジュールの単体内に限定することができる。すなわち、あるモジュールが完全に故障する、ということは、1つ上の階層においては、単に1つの部品のエラーとして考えることができる。この区別は、信頼性の高いコンピュータを作る方法を探す際に役に立つ。

難しい質問は、システムが正しく動作しているのはいつなのか、ということを決めることである。この純粋理論上な問題は、インターネットサービスにおいては、日常的に現実化する。インターネットの基盤を提供するプロバイダは、そのネットワークあるいは電源のサービスが信頼できることを保証するため、最初に「**サービスレベル協定（SLA）**」あるいは「**サービスレベル目標（SLO）**」を提示する。例えば、1か月の間に契約に定めた時間以上、協定に基づくサービスを提供できなかったら、プロバイダは違反料金を払わなければならない。このSLAは、システムが動いているのか、落ちているのかを決めるのに利用できるはずだ。

あるSLAによると、システムは、2つのサービスの状態のどちらかを取る。

1. **サービス遂行**：サービスが仕様どおりに提供される。
2. **サービス中断**：提供されるサービスがSLAと異なっている。

この2つの状態間の移り変わりは、故障（状態1から状態2へ）あるいは修復（状態2から状態1へ）によって行われる。この状態間の移り変わりを定量化することにより、確実性に関する2つの物差しが与えられる。

- **モジュールの信頼性**（reliability）は、サービス遂行を連続してどの程度できるかを表す。したがって、**平均故障間隔**（**MTTF**：Mean Time To Failure）は、信頼性の尺度である。MTTFの逆数は故障率であり、通常、10億時間の動作中の故障回数、**FIT**

† 訳注：本書では確実性（dependability）は信頼性、可用性を包含する言葉として使われている。

(Failures In Time) で報告される。すなわち、1,000,000 時間の MTTF は、$10^9/10^6$、つまり 1,000FIT と等しくなる。サービスの中断は、**平均修復時間** (**MTTR**：Mean Time To Repair) で表される。**平均故障時間** (**MTBF**：Mean Time Between Failure) は、MTTF と MTTR の和である。MTBF は広く用いられているが、MTTF の方がより適切である場合が良くある。モジュールの集合体のライフタイムが指数分布を持つ、つまりモジュールの使用年数が故障の確率に影響を及ぼさないとすると、全体の故障率は、それぞれのモジュールの故障率を足したものになる。

- **モジュールの可用性** (availability) は、遂行と中断の 2 つの状態のうち、サービス遂行状態に居る割合である。修復のための冗長性のないシステムにおいて、モジュールの可用性は、

$$\text{モジュールの可用性} = \frac{\text{MTTF}}{\text{MTTF} + \text{MTTR}}$$

となる。

信頼性と可用性は、確実性の同義語ではなく、定量的な尺度であることに注意されたい。このような定義により、我々はあるシステムについて、構成部品の確実性についてある種の仮定をすることができ、さらに構成部品の故障が独立に起きることも仮定できれば、そのシステムの信頼性を定量的に見積ることができる。

例題1.4

ディスクサブシステムが以下の MTTF を持つ部品から構成されていると仮定する。

- 10 個のディスク、個々の故障確率は 1,000,000 時間 MTTF
- 1 個の ATA コントローラ、故障確率は 500,000 時間 MTTF
- 1 個の電源、故障確率は 200,000 時間 MTTF
- 1 個のファン、故障確率は 200,000 時間 MTTF
- 1 本の ATA ケーブル、故障確率は 1,000,000 時間 MTTF

仮定を単純化するため、ライフタイムは指数分布であり、故障は独立であるとする。全体のシステムの MTTF を計算せよ。

解答

故障率の和は、

$$\begin{aligned}\text{故障率}_{\text{システム}} &= 10 \times \frac{1}{1{,}000{,}000} + \frac{1}{500{,}000} + \frac{1}{200{,}000} \\ &\quad + \frac{1}{200{,}000} + \frac{1}{1{,}000{,}000} \\ &= \frac{10 + 2 + 5 + 5 + 1}{1{,}000{,}000\ \text{時間}} = \frac{23}{1{,}000{,}000} = \frac{23{,}000}{1{,}000{,}000{,}000\ \text{時間}}\end{aligned}$$

あるいは、23,000FIT となる。システムの MTTF 故障率の逆数であるので、

$$\begin{aligned}\text{MTTF}_{\text{システム}} &= \frac{1}{\text{故障率}} + \frac{1{,}000{,}000{,}000\ \text{時間}}{23{,}000} = 43{,}500\ \text{時間}\end{aligned}$$

あるいは単に 5 年未満と言っても良い。

故障への対処の主な方法は、冗長性であり、これは時間的なものでも (再びエラーとなるかどうか見るために操作を繰り返す)、資源に関して (故障したものに取って代わることができる他の部品を持っている) でも良い。部品が修復し、システムが完全に修理された場合、システムの確実性は新品のものと同じとみなされる。冗長性の利点を実際に例題で計算してみよう。

例題1.5

ディスクサブシステムは、確実性を上げるために、多めに電源を持っている。先の例題の部品および MTTF を用いて、冗長電源の確実性を計算せよ。1 つの電源でディスクサブシステムを動かすことができる場合に、同じものをもう 1 つ付け加えると仮定せよ。

解答：

故障に耐えてサービスを続行できるのはどのような場合かを見積る式が必要である。計算を簡単にするために、部品の故障は指数分布であり、部品の故障間に依存性がないと仮定する。我々の冗長電源の MTTF は、1 つの電源が故障する平均時間を、最初の電源が修復する前に、もう 1 つの電源が故障する確率で割ったものとなる。したがって、修復前に 2 回目の故障が起きる確率が小さければ、このペアの MTTF は大きくなるはずだ。

我々は独立に故障する 2 つの電源を想定したので、あるディスクの故障までの平均時間は、$\text{MTTF}_{\text{電源}}/2$ となる。2 回目の故障の確率の近似としては、MTTR をもう 1 つの電源が故障するまでの平均時間で割ったものが使える。

したがって、冗長ペアの電源に対するまずまずの近似は、

$$\text{MTTF}_{\text{冗長ペア電源}} = \frac{\text{MTTF}_{\text{電源}}/2}{\dfrac{\text{MTTR}_{\text{電源}}}{\text{MTTF}_{\text{電源}}}} = \frac{\text{MTTF}_{\text{電源}}^2/2}{\text{MTTR}_{\text{電源}}} = \frac{\text{MTTF}_{\text{電源}}^2}{2 \times \text{MTTR}_{\text{電源}}}$$

となる。前に示した MTTF を用い、人間のオペレータが電源の故障を知ってから取り替えるまでに平均 24 時間かかると仮定した場合、耐故障用ペア電源の信頼性は

$$\text{MTTF}_{\text{冗長ペア電源}} = \frac{\text{MTTF}_{\text{電源}}^2/2}{\text{MTTR}_{\text{電源}}} = \frac{200{,}000^2}{2 \times 24} \cong 830{,}000{,}000$$

となり、単一の電源の 4150 倍確実性があることになる。

コンピュータ技術のコスト、電源、そして確実性を定量化し、さあ性能を定量化する準備が整った。

1.8 性能の測定、報告、整理の方法

あるコンピュータがもう 1 つのコンピュータより速い、という時、それは何を意味しているのだろうか。スマートフォンのユーザは、あるコンピュータが、あるプログラムをより小さい時間で走らせた時に、コンピュータが速い、と言うだろう。一方、Amazon.com の管理者は、あるコンピュータが、1 時間のうちより多くのトランザクションを処理した時に、コンピュータが速い、と言うだろう。

スマートフォンのユーザが、関心があるのは**応答時間**——あるイベントが開始してから終わるまでの時間、**実行時間**とも呼ばれ

る——を短くすることである。WSC の管理者が、関心があるのは、**スループット**——一定時間内に終わる仕事の総計——である。

設計についての選択肢を比較する際、2 つの違ったコンピュータ X と Y の性能を比べたい場合がある。「X が Y より速い」と言う場合、ここでは、一定の仕事に対する X の応答時間または実行時間が Y のそれよりも小さいことを意味する。特に X が Y よりも n 倍速い」は、

$$\frac{\text{実行時間}_Y}{\text{実行時間}_X} = n$$

を意味する。

実行時間は、性能の逆数となるので、以下の関係が成り立つ。

$$n = \frac{\text{実行時間}_Y}{\text{実行時間}_X} = \frac{\dfrac{1}{\text{性能}_Y}}{\dfrac{1}{\text{性能}_X}} = \frac{\text{性能}_X}{\text{性能}_Y}$$

「X のスループットが Y より 1.3 倍大きい」と言った場合、一定時間にコンピュータ X が処理する仕事の数が、Y の処理する数の 1.3 倍であることを意味する。

不幸なことに、コンピュータの性能の尺度として時間が常に使われるわけではない。一貫性があって確実な唯一の性能尺度は、実際のプログラムの実行時間である、というのが我々の立場である。尺度として時間以外のものを使うこと、計測対象として実際のプログラム以外のものを使うこと、それらについてのすべての提案は、結局のところ、誤った結論に導くものであり、コンピュータの設計に誤りを導入することすらある。

実行時間でさえ、我々が何を計るか、によって違ったやり方で定義される。最も直接的な定義は、**経過時間**、**応答時間**または**消費時間**と呼ばれる時間で、ディスクアクセス、メモリアクセス、入出力操作、オペレーティングシステムの損失などすべてを含む、仕事が終わるまでの遅延時間である。マルチプログラミング環境においては、プロセッサは、I/O の待ち時間に別のプログラムを走らせ、1 つのプログラムに要する経過時間を最小化しない。このため、この動作を考慮した単語が必要である。**CPU 時間**は、この違いを区別するためのもので、I/O 待ちや、他のプログラムが走る時間を含まない（ユーザから見た応答に要する時間は、経過時間であって CPU 時間ではないことは明らかである）。

いつでも同じプログラムを走らせるコンピュータユーザは、新しいコンピュータを評価する上で完璧な条件を持った人々である。このようなユーザは、新しいシステムを評価するために、彼らのいつも行っている**ワークロード**——ユーザがあるコンピュータで走らせる複数のプログラム、OS コマンドをすべて混ぜたもの——の実行時間を比較すれば良い。しかし、このような幸せな状況にある人は、ほとんど居ない。多くの人は、自分たちが新しいコンピュータを使う場合の性能を予測してくれることを期待しつつ、違った方法により、時には別の人に評価してもらう。1 つのアプローチはベンチマークプログラムである。これは、多くの会社が彼らのコンピュータの相対的な性能を示す際に使う。

1.8.1 ベンチマーク

性能を測定するベンチマークとして最も良いのは、1.1 節の Google 翻訳などの実際のアプリケーションを選ぶことである。実際のアプリケーションに比べて簡単にしすぎたプログラムを走らせると、性能の落とし穴にはまる。例としては以下のものがある。

- **プログラムカーネル**：実際のアプリケーションの鍵となる小規模な断片
- **トイプログラム**：クイックソートなど、プログラムの演習に用いる 100 行位のプログラム
- **合成ベンチマーク**：**Dhrystone** など、実際のアプリケーションの振舞とプロファイルに合わせようとして開発したにせ物のプログラム

これらのすべては、現在では信用を失っている。これは、コンパイラライタやアーキテクトが実際のアプリケーションよりもこれらの替え玉プログラムを高速化させようとたくらんだ結果である。

我々は、この本の 4 版で、合成ベンチマークを使って性能を測定することについて、を「間違った考え」に入れるのを止めてしまった。これは、すべてのコンピュータアーキテクトが、これがみっともないことであるという点で同意してくれたと思ったからである。しかし、がっかりしたことに合成ベンチマーク Dhrystone は 2017 年でも、組み込みプロセッサでは最も引用されるベンチマークである。

もう 1 つの問題は、ベンチマークを走らせる条件である。あるベンチマークの性能を改善するための 1 つの方法は、ベンチマーク用フラグを使うことである。この手のフラグは、往々にして、他の多くのプログラムでは許されなかったり、実行を遅くさせたりするような変換を行う。この方法を制限し、結果の有効性を高めるために、ベンチマークの開発者は、大抵の場合、1 種類のコンパイラと 1 セットのフラグを同一言語（C または C++）で書かれたすべてのプログラムに対して用いるように、製造元に対して要求する。

コンパイラフラグに対する疑問に加え、もう 1 つの疑問は、ソースコードの改変が許されるかどうか、である。この疑問に対しては 3 つの違ったアプローチがある。

1. ソースコード改変を許さない。
2. ソースコード改変を許すが、本質的に不可能である。例えば、データベースベンチマークは標準データベースプログラムを使っており、それは 1 千万行のコードからできている。データベースの会社が、ある特定のコンピュータの性能増強のために、これを変更することはとてもありそうな話ではない。
3. ソースコードの改変は、改訂版が同じ結果を出す限り、許される。

ベンチマーク設計者は、その改変が実際の慣例を反映し、ユーザにとって有益な洞察を備えているか、それとも単に実際の性能を予測するものとしてのベンチマークの正確性を損ねるだけなのかを判断して、ソースコードの改変を許すかどうかを決める。第 7 章で見て行くように、領域に特化しているアーキテクトは、作り出すプロセッサのタスクが、明白に定義されている場合は 3 つ目の方法を採用する。

「1 つの籠にたくさんの卵を入れすぎる」危険を乗りこえるため、ベンチマークアプリケーションの集まり、**ベンチマーク集**（ベンチ

マークスーツ）がさまざまなアプリケーションに対するプロセッサの性能を計るために普及している。もちろん、これらのベンチマーク集の良さは、構成要素のベンチマークと同じ程度でしかない。そうはいうものの、これらのベンチマーク集の重要な利点は、1つのベンチマークの弱点が他のベンチマークの存在によって薄められることである。

ベンチマーク集の目的は、ユーザが走らせそうなプログラムでベンチマーク集にないものを走らせた場合にも2つのコンピュータの相対性能をうまく特徴付けることにある。

警戒しなければならない例は、Electronic Design News Embedded Microprocessor Benchmark Consortium（**EEMBC** と書いてエンバシーと発音する）である。これは、自動車/工場、家電、ネットワーク、オフィスオートメーション、通信、のそれぞれの組み込みアプリケーションにおける性能を予測するために使う41個のカーネルのセットである。EEMBCではソースを改変しない場合の性能とほとんど何をやっても許される「何でもアリ」の性能を報告する。これらはカーネルであったことと、結果を報告する方式であったため、この分野におけるさまざまな組み込みコンピュータの相対性能の予測手法として良いものでない、という評判が立った。この失敗が、EEMBCが取って代わるはずであった合成ベンチマークDhrystoneが依然として用いられている原因である。

標準化されたベンチマークアプリケーション集を作る試みの中で最も成功したのは、**SPEC**（Standard Performance Evaluation Corporation）であろう。SPECは1980年代の後半から始まり、ワークステーションのために良いベンチマークを提供しようと努力を続けて来た。コンピュータ業界が時を経て発展するにつれ、異なったベンチマーク集に対する要求から、今やSPECベンチマーク集はさまざまなアプリケーションのクラスをカバーしている。すべてのSPECベンチマーク集とその報告の結果は`www.spec.org`で見ることができる。

我々はこれからの節の多くでは、SPECベンチマークに議論をしぼるが、Windowsオペレーティングシステムが走るPCのために開発されたベンチマークは他にもたくさん存在している。

デスクトップベンチマーク

デスクトップベンチマークは2つの大きなクラスに分けることができる。プロセッサ機能重点型と、グラフィック機能重点型である。とはいえ、多くのグラフィックスベンチマークでは、同様にプロセッサ機能も重視される。SPECは元々プロセッサ性能に焦点を

PECの各世代のベンチマーク名

	SPEC2017	SPEC2006	SPEC2000	SPEC95	SPEC92	SPEC89
GNU C compiler	←					gcc
Perl interpreter	←			perl		espresso
Route planning	←		mcf			li
General data compression	XZ		bzip2		compress	eqntott
Discrete Event simulation - computer network	←	omnetpp	vortex	go	sc	
XML to HTML conversion via XSLT	←	xalancbmk	gzip	ijpeg		
Video compression	X264	h264ref	eon	m88ksim		
Artificial Intelligence: alpha-beta tree search (Chess)	deepsjeng	sjeng	twolf			
Artificial Intelligence: Monte Carlo tree search (Go)	leela	gobmk	vortex			
Artificial Intelligence: recursive solution generator (Sudoku)	exchange2	astar	vpr			
		hmmer	crafty			
		libquantum	parser			
Explosion modeling	←	bwaves				fpppp
Physics: relativity	←	cactuBSSN				tomcatv
Molecular dynamics	←	namd				doduc
Ray tracing	←	povray				nasa7
Fluid dynamics	←	lbm				spice
Weather forecasting	←	wrf			swim	matrix300
Biomedical imaging: optical tomography with finite elements	parest	gamess		apsi	hydro2d	
3D rendering and animation	blender			mgrid	su2cor	
Atmosphere modeling	cam4	milc	wupwise	applu	wave5	
Image manipulation	imagick	zeusmp	apply	turb3d		
Molecular dynamics	nab	gromacs	galgel			
Computational Electromagnetics	fotonik3d	leslie3d	mesa			
Regional ocean modeling	roms	dealII	art			
		soplex	equake			
		calculix	facerec			
		GemsFDTD	ammp			
		tonto	lucas			
		sphinx3	fma3d			
			sixtrack			

図1.17　SPEC2017のプログラムと、SPECベンチマークの、時代による進化のようす。横線よりも上が整数プログラムで、下が浮動小数点プログラム

10個のSPEC2017の整数プログラムのうち、5個はCで書かれており、4個はC++、1個はFortranである。浮動小数点プログラムは、3つがFortran、2つがC++、6つがC、C++とFortranの混合となっている。図から1989、1992、1995、2000、2006、2017にリリースされたプログラムは合わせて82になることが分かる。gccは、このグループの中では老舗である。3つの整数プログラムと3つの浮動小数点プログラムが3世代以上で生き残っている。浮動小数点プログラムは、すべてSPEC2006では新しくなっている。世代間をわたって生き残るものは少ないが、それらも、走る時間を長くし、測定におけるズルや、CPU時間以外の要因による実行時間が支配されることによる計測上の不安を取り除くため、プログラムのバージョンの変更とベンチマークの入力サイズの変更などが行われている。左に記されたベンチマークはSPEC2017のみのもので、それより前の版では表れていない。違ったSPECの世代に属するプログラムは同じ行で記されていても、関連があるわけではない。例えば、fppppはbwavesと違ってCFDコードではない。

当てたベンチマークとして生まれた（最初は SPEC89 と呼ばれた）。そして、SPEC92、SPEC95、SPEC2000、SPEC2006 と続き SPEC CPU2017 の第 6 世代に至っている。SPECPU2017 は 10 個の整数演算ベンチマーク（CINT2017）と、17 個の浮動小数演算ベンチマーク（CFP2017）から構成される。図 1.17 は、現在の SPEC ベンチマークとその系統図を示している。

SPEC ベンチマークは、移植可能にするためと I/O の性能を最小にするために改変された実際のアプリケーションプログラムである。整数ベンチマークは、C コンパイラから囲碁のプログラムやビデオ圧縮のプログラムまで揃っている。

浮動小数ベンチマークは、粒子動力学のコード、レイトレーシング、気象予測のプログラムを含んでいる。SPEC CPU 集は、デスクトップシステムと単体のプロセッサからなるサーバの両方で役に立つプロセッサ性能用ベンチマークである。これらのプログラムを用いたデータは、本書のいたる所に見ることになろう。

しかし、これらのプログラムは最近のプログラミング言語と環境についてほとんど入っておらず、1.1 節の Google 翻訳アプリケーションも入っていない。ほぼ半数のプログラムが部分的にせよ Fortran で書かれているのだ！これらは最近のプログラムが動的にリンクされているのに対して静的にリンクされている。残念なことに、SEC2017 のアプリケーション自体はリアルだが、刺激的なものにはなっていない。SPECINT2017 と SPECFP2017 が 21 世紀のコンピューティングにとってエキサイティングなものを捕らえているのかどうかは定かではない。

1.11 節では、SPEC CPU ベンチマーク集の開発において陥った落とし穴と、有用かつ予測可能なベンチマーク集を保守する際の課題について説明する。

SPEC CPU2017 は、プロセッサ性能を目標としているが、SPEC は他の多くのベンチマークを提供している。図 1.18 は 2017 年において有効な 17 の SPEC ベンチマークのリストである。

分類	名称	測定する性能
クラウド	Cloud_IaaS 2016	NoSQL データベースのトランザクションと map/reduce を用いた K-means クラスタリングによるクラウド性能
CPU	CPU2017	計算性能重視の整数と浮動小数のワークロード
グラフィックスとワークステーションの性能	SPECviewperf® 12	OpenGL と Direct X を走らせる 3D グラフィック性能
	SPECwpc V2.0	Windows OS でのプロ用アプリを走らせるワークステーション性能
	SPECapcSM for 3ds Max 2015™	プロプライエタリの Autodesk 3ds Max2015 app を走らせた 3D グラフィック性能
	SPECapcSM for Maya® 2012	プロプライエタリの Autodesk 3ds Max2012 app を走らせた 3D グラフィック性能
	SPECapcSM for PTC Creo 3.0	プロプライエタリの PTC Creo 3.0 app を走らせた 3D グラフィック性能
	SPECapcSM for Siemens NX 9.0 and 10.0	プロプライエタリの Siemens NX9.0 または 10.0app を走らせた 3D グラフィック性能
	SPECapcSM for SolidWorks 2015	プロプライエタリの Solid Works 2015 CAD/CAM を走らせた 3D グラフィック性能
高性能コンピューティング	ACCEL	OpenCL と OpenACC を用いたアクセラレータとホスト CPU の並列アプリケーション性能
	MPI2007	MPI で並列記述した浮動小数点計算重視のプログラムをクラスタか SMP で走らせた場合の性能
	OMP2012	OpenMP を走らせた並列アプリケーション
Java クライアント/サーバ	SPECjbb2015	Java サーバ
電力	SPECpower_ssj2008	SPECjbb2015 を走らせたサーバクラスのコンピュータの電力
ソリューションファイルサーバ（SFS）	SFS2014	ファイルサーバのスループットと応答時間
	SPECsfs2008	NFS v 3 と CIFS プロトコルを用いたファイルサーバの性能
仮想化	SPECvirt_sc2013	仮想化サーバを混載したデータセンター用サーバの性能

図 1.18 2017 年に実際に使われている SPEC由来のベンチマーク

サーバベンチマーク

サーバは複数の機能を持っているため、ベンチマークも複数存在する。たぶん最も簡単なベンチマークは、プロセッサのスループット測定用ベンチマークである。SPEC CPU2017 では、SPEC CPU ベンチマークを使って単純なスループットベンチマークを構成している。ここでは、マルチプロセッサの処理レートを測定するために、SPEC CPU ベンチマークの複数のコピー（通常、プロセッサの数分）を走らせ、CPU 時間を処理レートに変換する。これにより SPECrate と呼ばれる尺度が導出される。これは 1.2 に紹介した要求レベル並列性の尺度になる。スレッドレベル並列性を測るため、SPEC は OpenMP と MPI を使った高性能コンピューティングベンチマークと GPU などのアクセラレータ用のベンチマークを提供している。

SPECrate の他にも、多くのサーバアプリケーションとベンチマークは、ファイルサーバシステム、Web サーバシステム、データベースとトランザクション処理システムなど、ディスクやネットワークとのやりとりに膨大な I/O 操作を費やすプログラムを含んでいる。SPEC は、**ファイルサーバベンチマーク**（**SPECSFS**）と、**Java サーバベンチマーク**（付録 D はファイルと I/O システムベンチマークの詳細を論じている）を提供している。**SPEC_virt_Sc2013** は仮想的なデータセンターサーバのエンド間の性能を評価する。SPEC ベンチマークにはもう 1 つ電力を測定するものがあり、これは 1.10 節で検証する。

トランザクション処理（TP）ベンチマークは、あるシステムがデータベースのアクセスや更新などのトランザクションを扱う能力を測定する。航空会社の予約システムや銀行の ATM システムが単純な TP の例であり、より高度な TP システムは、複雑なデータベースや意思決定システムなどを含んでいる。1980 年代中ごろから、関連した技術者たちのグループは、ベンダに依存しない **Transaction Processing Council**（**TPC**）を作り、TP システム用の現実的で公平なベンチマークを作成してきた。TPC ベンチマークは `http://www.tpc.org`を参照されたい。

最初の TPC ベンチマークである TPC-A は 1985 年に公開され、

以来、いくつかの異なったベンチマークにより更新と強化が行われてきた。1992年に最初の版が作られたTCP-Cは、複雑な問い合わせ環境をシミュレートした。TPC-Hは、アドホックな意思決定サポート、すなわち、問い合わせが相互に無関係で、過去の問い合わせによる知識が将来の問い合わせについての最適化に使えないもの、をモデル化している。TPC-DIベンチマークは、**ETL**[†]として知られている新しいデータ統合（DI）タスクはデータをウェアハウスへ渡す際に重要である。TPC-Eは新しいオンライントランザクション処理システム（OLTP）のワークロードで証券会社の客のアカウントをシミュレーションする。

従来からのリレーショナルデータベースと"No SQL"ストレージソリューションとの論争を反映し、TPCx-HSはMapReduceの走るHadoopファイルを使うシステムを測定し、TPC-DSは、リレーショナルデータベースあるいはHadoopベースシステムのどちらかを使う意思決定システムを測定する。TPC-VMSとTPCx-Vは仮想システムのデータベース性能を測定し、TPC-Energyは、現存のすべてのTPCベンチマークにエネルギーの測定を追加したものである。

すべてのTPCベンチマークは1秒当たりのトランザクションの数で性能を測る。これに加え、制限応答時間を満足したものだけでスループットを測ることで、応答時間に対する要求も含めている。現実世界のシステムをモデル化するために、ユーザ数とトランザクションを処理するデータベースの両方の意味で、巨大なシステムに対しては、高いトランザクション率が割り付けられる。最後に、正確にコスト性能比を比較するために、ベンチマークシステムのシステムコストについても含める必要がある。TPCはTPCの価格を確認できるように、TPCのベンチマークすべてについて単一の仕様を設け、TPC出版社が価格を検証できるように、その価格付け方針を変更した。

1.8.2　性能評価の結果の報告

性能評価を報告する際の基本方針は、**再現性**であり、あなた以外の人が結果を再現するのに必要なすべてをリストアップしなければならない。SPECベンチマークをレポートする場合、コンピュータとコンパイラフラグを、基本性能および最適化性能と共に報告することが要求される。ハードウェアとソフトウェアに加え、基本となるチューニングパラメータの記述が必要となる。SPECレポートは実際の測定時間を、テーブルとグラフの両方の形で示している。TPCベンチマークのレポートは、より完全であり、ベンチマーク監査の結果と、コストについての情報が必要である。製造者は高い性能と共にコスト性能比を競うので、これらのレポートは、コンピューティングシステムの実際のコストを知る上でまたとない情報源となる。

1.8.3　性能評価のまとめ方

実際のコンピュータの設計においては、無数の設計上の選択を行うにあたって、信頼すべきさまざまなベンチマーク集を駆使して、その間の定量的な利害得失を調べる。同様に、消費者は、コンピュータを選ぶ際に、それがそのユーザの用いるアプリケーションと同じであることを期待しつつ、ベンチマークの性能評価をあてにする。どちらの場合でも、あるベンチマーク集に対して、一定の尺度を持つことが役に立つ。その尺度とは、対象とする重要なアプリケーションの性能がベンチマーク集の中の1つ、あるいはそれ以上とどの程度類似しているかということと、理解しやすい性能が変動する度合いである。ベンチマーク集は、あるアプリケーションの空間において定常的に有効なサンプルを取ったものと似ているのが理想である。

しかし、このようなサンプルは、多くのベンチマーク集に見られる典型的なベンチマーク以上のものを要求し、さらに本質的にはどのベンチマークも用いていないランダムサンプリングをも要求する。

我々があるベンチマーク集を性能測定に選んだら、そのベンチマーク集の性能測定結果を1つの数字として求めたいと思う。最もストレートな方法は、そのベンチマーク集のプログラムの実行時間の相加平均（算術平均：arithmetic mean）を取ることで、まとめの結果とすることである。代替案は、重み計数をそれぞれのベンチマークに与えて、重み付き平均をとって性能を単一の数字とする方法である。重みを使う場合の1つの方法は、何か基準となるコンピュータで実行した場合にすべての実行時間が同じになるように重みを付けることである。しかし、この方法は基準となるコンピュータの性能上の特徴によって偏ってしまう。

重みを付けるよりも、ある基準となるコンピュータを使って実行時間を正規化することが良いだろう。すなわち、基準となるコンピュータの実行時間を、測定するコンピュータの実行時間で割り算し、性能の比率を求める。SPECはこのアプローチを採用しており、この比をSPECRatioと呼んでいる。この方法は、本書において我々が、コンピュータの性能をベンチマークする方法について適切な特徴を持っている。すなわち性能を比率で比較する方法である。例えば、あるベンチマークにおいて、コンピュータAのSPECRatioがコンピュータBのそれより1.25倍高いとすると、以下のようなことが分かる。

$$1.25 = \frac{\text{SPECRatio}_A}{\text{SPECRatio}_B} = \frac{\dfrac{\text{実行時間}_{\text{基準}}}{\text{実行時間}_A}}{\dfrac{\text{実行時間}_{\text{基準}}}{\text{実行時間}_B}} = \frac{\text{実行時間}_B}{\text{実行時間}_A} = \frac{\text{性能}_A}{\text{性能}_B}$$

我々は一貫して相互の比率を利用する。このようにすれば、基準となるコンピュータの実行時間が小さくなっても、基準となるコンピュータの選択が変わっても、関係がなくなる。図1.19にこの一例を示す。

SPECRatioは、絶対的な実行時間ではなく比率であるため、その平均は**相乗平均**（幾何平均：geometric mean）を使わなければならない（SPECRatioは、無単位であり、複数のSPECRatioを算術的に比べても意味がない）。式は、

$$\text{相乗平均} = \sqrt[n]{\prod_{i=1}^{n} sample_i}$$

SPECの場合 $sample_i$ を、プログラム i のSPECRatioとする。相乗平均を使うことは2つの重要な性質を保証できる。

---

† 訳注：Extract, Transform, Load：システム連携。

ベンチマーク	Sun Ultra Enterprise 2 time (seconds)	AMD A10-6800K time (seconds)	SPEC 2006Cint ratio	Intel Xeon E5-2690 time (seconds)	SPEC 2006Cint ratio	AMD/Intel times (seconds)	Intel/AMD SPEC ratios
perlbench	9770	401	24.36	261	37.43	1.54	1.54
bzip2	9650	505	19.11	422	22.87	1.20	1.20
gcc	8050	490	16.43	227	35.46	2.16	2.16
mcf	9120	249	36.63	153	59.61	1.63	1.63
gobmk	10,490	418	25.10	382	27.46	1.09	1.09
hmmer	9330	182	51.26	120	77.75	1.52	1.52
sjeng	12,100	517	23.40	383	31.59	1.35	1.35
libquantum	20,720	84	246.08	3	7295.77	29.65	29.65
h264ref	22,130	611	36.22	425	52.07	1.44	1.44
omnetpp	6250	313	19.97	153	40.85	2.05	2.05
astar	7020	303	23.17	209	33.59	1.45	1.45
xalancbmk	6900	215	32.09	98	70.41	2.19	2.19
相乗平均			**31.91**		**63.72**	**2.00**	**2.00**

図 1.19 SPEC2000 の基準コンピュータである SUN Ultra 5 で測定した SPECfp2000 の実行時間（秒）および、AMD A10 と Intel Xeon E5-2690 の実行時間と SPECRatio

最後の 2 つの欄は、実行時間と SPECRatio を示している。最後の 2 つの列は、実行時間の比と SPECRatio を示す。この図は、相対性能において基準コンピュータが関係ないことを示している。実行時間の比は SPECRatio と同じであり、相乗平均の比（63.72/31.91 = 2.0）は、比率の相乗平均をとったもの（2.0）と同じである。1.11 節では、性能が他に比べて桁違いに高い libquantum について論じる。

1. 比率の相乗平均をとったものは、相乗平均どうしの比をとったものと等しくなる。
2. 相乗平均の比は、性能比の相乗平均と等しくなる。これは、比較対象のコンピュータの選択が無関係であることを意味する。

このため、相乗平均を利用することは、比較に性能比を用いる場合には特に重要になる。

例題1.6

相乗平均の比が、性能比の相乗平均に等しいことを示せ。また、基準となるコンピュータの SPECRatio が影響を及ぼさないことを示せ。

解答

2 つのコンピュータ A、B の SPECRatio がそれぞれ以下のとおりであったとする。

$$\frac{\text{相乗平均}_\text{A}}{\text{相乗平均}_\text{B}} = \frac{\sqrt[n]{\prod_{i=1}^{n} \text{SPECRatio}_{\text{A}_i}}}{\sqrt[n]{\prod_{i=1}^{n} \text{SPECRatio}_{\text{B}_i}}} = \sqrt[n]{\prod_{i=1}^{n} \frac{\text{SPECRatio}_{\text{A}_i}}{\text{SPECRatio}_{\text{B}_i}}}$$

$$= \sqrt[n]{\prod_{i=1}^{n} \frac{\frac{\text{実行時間}_{\text{基準}}}{\text{実行時間}_{\text{A}_i}}}{\frac{\text{実行時間}_{\text{基準}}}{\text{実行時間}_{\text{B}_i}}}} = \sqrt[n]{\prod_{i=1}^{n} \frac{\text{実行時間}_{\text{B}_i}}{\text{実行時間}_{\text{A}_i}}} = \sqrt[n]{\prod_{i=1}^{n} \frac{\text{性能}_{\text{A}_i}}{\text{性能}_{\text{B}_i}}}$$

すなわち、A と B の SPECRatio の相乗平均の比と、A と B の性能比の相乗平均はベンチマーク集の中のすべてのプログラムについて等しい。図 1.19 は SPEC からの例を用いてその有効性を示す。

1.9 コンピュータ設計の定量的な原則

さて、我々は、性能、コスト、信頼性、消費電力をどのように定義し、計測し、まとめるかを見てきた。ここで、我々はコンピュータを設計し解析するのに役に立つガイドラインと原則について探る。この節では設計についての重要な知見を、選択肢からどれを選ぶか評価するための 2 つの式とともに紹介する。

1.9.1 並列性を利用せよ

並列性の利用は、性能の向上のための最も重要な方法の 1 つである。この本のすべての章は、並列性を利用することで性能を向上させるにはどうすれば良いかを示す例を含んでいる。後の章で詳しく説明する 3 つの例を簡単に紹介する。

最初の例は、システムレベルの並列性の利用である。SPECWeb や TPC-C などの典型的なサーバベンチマークのスループットを向上するために、複数のプロセッサや複数のディスクを利用することができる。要求に対処するための仕事量は、プロセッサとディスクにばらまかれ、結果としてスループットが向上する。メモリやプロセッサ数を拡張することのできる能力を**規模拡張性**（**スケーラビリティ**）と呼び、サーバにとっては価値の高い利点となる。データを複数のディスクに分散して並列に読み書きすることで、データレベル並列性が利用できるようになる。SPECWeb は、要求レベル並列性を使って多くのプロセッサを使い、TPC-C はデータベースの問い合わせを高速化するためにスレッドレベルの並列性を利用している。

個々のプロセッサのレベルでは、命令間の並列性を利用することが、高性能を達成するために重要である。最も単純な方法はパイプライン処理を用いることである（詳細は付録 C に述べ、第 3 章でも焦点を当てる）。パイプライン処理の背景にある基本的なアイデアは、命令の実行をオーバーラップして行って、一定の命令のシーケンスを完了するための時間の総計を短くすることである。鍵となるのは、パイプラインの動作が可能なのは、命令がすぐ前の命令の結果に依存するわけではないこと、すなわち、命令を完全にあるいは部分的に並列実行が可能なことである。パイプラインは最も有名な命令レベル並列性の例である。

並列性は、ディジタル設計の詳細のレベルでも利用することができる。例えば、セットアソシィアティブキャッシュは、メモリのバンクを複数持ち、目標の項目を見つけるために並列に探索を行う。ALU(arithmetic-logical units)は桁上げ先見方式を用いて並列処理を行い、加算の処理速度をオペランドのビット数に対して線形のオーダから対数オーダにしている。**データレベル並列性**についてはもっとたくさんの例がある。

1.9.2 局所性の原則

重要かつ基本的な知見はプログラムの性質に由来する。最も重要なプログラムの性質であり、我々がいつも利用するのは、**局所性の原則**である。プログラムは、それが最近利用したデータや命令を再利用する傾向がある。良く用いられる目安としては、プログラムはその90%の実行時間を10%のコードが占めるというものだ。局所性により、あるプログラムがどのような命令とデータを近い将来利用するかを、最近のアクセスに基づいて妥当な精度で予測できる。局所性の原則は、データアクセスにも適用できるが、命令コードのアクセスほど強烈ではない。

局所性には2つのタイプがある。**時間的局所性**とは、最近アクセスされたものは、近い将来アクセスされるであろう、ということを言う。**空間的局所性**とは、アクセスされたもののアドレスに近いものが、時間的に接近してアクセスされる傾向にあることを言う。我々はこれらの原則を第2章で利用する。

1.9.3 共通の場合に集中せよ

おそらく最も重要で、広く使われているコンピュータ設計の原則は、「共通の場合に集中せよ」である。設計上のトレードオフを判断する場合には、頻繁に起こる場合を、あまり起こらない場合よりも重要視して考える。この原則は、リソースをどのように用いるか決める場合にも用いる。頻繁に起きることの方が改善のインパクトが大きいからである。

共通の場合に集中することは、リソースの割り当てや性能だけでなく、消費電力にも適用される。あるプロセッサの命令フェッチとデコードユニットが乗算器よりずっと頻繁に用いられるならば、それを最初に最適化すべきだ。この原則は信頼性にも当てはまる。データベースサーバが50個のディスクをそれぞれのプロセッサに持っているならば、次の節に検討するように、システムの確実性はストレージの確実性によって決定される。

さらに、頻繁に起きるケースは、あまり起きないケースより、簡単で高速な場合が多い。例えば、2つの数を加算する際、オーバーフローは稀にしか起きない状況であることが期待され、このため、頻繁なケース、すなわちオーバフローが起きないケースを最適化することで性能を改善できる。オーバーフローが起きれば遅くなるかもしれないが、これが稀ならば、全体の性能は正常に動く場合を最適化することで改善されるはずである。

我々は本書を通じて、この原則が成り立つ場合を数多く見ていくだろう。この単純な原則を適用するためには、どれが頻繁に起きるケースで、どの程度そのケースを速くすることで全体の性能を改善できるかを知る必要がある。**Amdahlの法則**と呼ばれる基本的な法則が、この原則で実際に計算を行う際に役に立つ。

1.9.4 Amdahlの法則

コンピュータの一部を改善して得られる性能向上はAmdahlの法則を使って計算することができる。Amdahlの法則が言っていることは、実行の一定の部分を高速化するモードを使って得られる性能の利得分は、その高速モードがどれだけの時間使えるか、その割合によって制限される、ということである。

Amdahlの法則は、特定の性質を用いて得られる**スピードアップ**を定義している。**スピードアップ**とは何か。ある高速化手法を使うと、それが使える場合に、コンピュータの性能を向上することのできるとしよう。スピードアップはその比率である。

$$\text{スピードアップ} = \frac{\text{高速化手法を全タスク中の可能な部分に使った場合の性能}}{\text{高速化手法を使わない場合の性能}}$$

あるいは、

$$\text{スピードアップ} = \frac{\text{高速化手法を使わない場合の実行時間}}{\text{高速化手法を全タスク中の可能な部分に使った場合の実行時間}}$$

である。

スピードアップは、コンピュータが、その強化法を使った時に、元と比べてあるタスクがどれだけ速く走るか、ということを示す。

Amdahlの法則は、ある高速化手法によるスピードアップを、次の2つの要因から簡単に求める方法である。

1. **元のコンピュータにおいて、その高速化手法を用いることのできる計算時間の割合**。例えば、100秒かかるプログラムのう40秒でその手法が使えるならば、この割合は40/100となる。この値、$\textbf{割合}_{\text{高速化モード}}$は常に1以下である。
2. **高速化モードで得られる性能向上の利得、すなわち、その高速化モードがすべてのプログラムに利用できたとすると、どれだけそのタスクが速くなるか**。この値は、元の実行時間を、高速化されたモードの実行時間で割って求めることができる。高速化モードを用いて元のモード40秒かかったプログラムが4秒で動けば、性能向上は40/4すなわち10となる。我々はこの値を$\textbf{スピードアップ}_{\text{高速化モード}}$と呼ぶ。この値は、常に1より大きくなる。

元のコンピュータが高速化モードを用いた場合、実行時間は、高速化されない部分と、高速化された部分の実行時間の和となる。

$$\text{実行時間}_{\text{新}} = \text{実行時間}_{\text{元}} \times \left((1 - \text{割合}_{\text{高速化モード}}) + \frac{\text{割合}_{\text{高速化モード}}}{\text{スピードアップ}_{\text{高速化モード}}} \right)$$

全体のスピードアップは実行時間の比となる。

スピードアップ$_{全体}$=

$$\frac{実行時間_{元}}{実行時間_{新}} = \frac{1}{(1 - 割合_{高速化モード}) + \dfrac{割合_{高速化モード}}{スピードアップ_{高速化モード}}}$$

例題1.7

Web サービスを行うプロセッサを強化したい。新しいプロセッサは、Web サービスアプリケーションの計算については元のプロセッサよりも 10 倍高速である。元のプロセッサが計算をするのが 40%、I/O を待っているのが 60%の場合、この高速化で達成される全体のスピードアップはどうなるか。

解答

割合$_{高速化モード}$= 0.4；

スピードアップ$_{高速化モード}$ = 10；

$$スピードアップ_{全体} = \frac{1}{0.6 + \dfrac{0.4}{10}} = \frac{1}{0.64} \approx 1.56$$

Amdahl の法則は、「**収穫逓減の法則**（the law of diminishing returns）」である。一定の割合について改良を行って得られるスピードアップ上の利得は、改良が積み重なるにつれて減っていく。Amdahl の法則から導かれる重要な結論は、「高速化法が実行する仕事の一部にしか使えないならば、その仕事は、1 から使える割合を引いたものの逆数を越えてスピードアップすることはできない」ということである。

Amdahl の法則を使う場合によくある間違いは、「高速化法を用いることができる時間的な割合」と「高速化した後の割合」を混乱することである。高速化に用いることができた時間の代わりに、高速化後の時間を用いると、結果は正しくなくなる。

Amdahl の法則は、ある高速化法がどの程度性能を改善するかを求めると共に、コスト対性能比を改善するために資源をどのように分散するか、を求めるガイドとしての役割を果たす。目標は、もちろん消費する時間に比例して資源を使うようにすることである。Amdahl の法則は、2 つの設計上の選択肢があって、全体の性能を比較する場合に、特に役に立つ。また、2 つのプロセッサ設計の候補を比較するのにも役に立つ。次に示すのがこの例である。

例題1.8

平方根演算は、グラフィックプロセッサで頻繁に用いる変換の中で利用される。浮動小数（FP）平方根演算を実装すると、特にグラフィックス用に設計されたプロセッサの性能が変化する。FP 平方根（FPSQR）は重要なグラフィックベンチマークの実行時間のうち 20%を占める。一案は、FPSQR ハードウェアを強化し、この演算を 10 倍速くするというものである。別の案は、すべてのグラフィックプロセッサの FP 命令を 1.6 倍高速化するというものである。FP 命令は、このアプリケーション全体の実行時間の半分を占める。設計チームは、FPSQR を高速化するのに必要なのと同じ程度の努力で、すべての FP 命令を 1.6 倍速くできると考えている。この 2 つの設計上の候補を比較せよ。

解答

スピードアップを比較することで、2 つの候補を比較することができる。

$$スピードアップ_{FPSQR} = \frac{1}{(1 - 0.2) + \dfrac{0.2}{10}} = \frac{1}{0.82} = 1.22$$

$$スピードアップ_{FP} = \frac{1}{(1 - 0.5) + \dfrac{0.5}{1.6}} = \frac{1}{0.8125} = 1.23$$

FP 操作すべてを改良する方が、やや結果が良くなるが、これは頻度がより高いためである。

Amdahl の法則は性能以外にも適用できる。1.8 節に示した電源の確実性を冗長を使って改良して、MTTF を 200,000 時間から 830,000,000 時間に、4150 倍良くした例をやり直してみよう。

例題1.9

ディスクサブシステムの故障率の計算は以下のようになる。

$$\begin{aligned} 故障率_{システム} &= 10 \times \frac{1}{1{,}000{,}000} + \frac{1}{500{,}000} + \frac{1}{200{,}000} + \frac{1}{200{,}000} + \frac{1}{1{,}000{,}000} \\ &= \frac{10 + 2 + 5 + 5 + 1}{1{,}000{,}000 \text{ 時間}} = \frac{23}{1{,}000{,}000{,}000 \text{ 時間}} \end{aligned}$$

したがって、故障率の割合は、全体のシステムとして、23/100 万時間から 5/100 万時間に改善された、つまり 0.22 になった。

解答

確実性の向上は、

$$改善_{冗長ペア電源} = \frac{1}{(1 - 0.22) + \dfrac{0.22}{4150}} = \frac{1}{0.78} = 1.28$$

1 つのモジュールについて、4150 倍という目立った改善が行われているのに対して、システム全体でも目に見える効果はあるとはいえ、その恩恵はわずかである。

今までの例で我々は、新しい版、改良された版が働く割合が必要になる。しかしこれを直接測ることは、往々にして難しい。次の節で、CPU の実行時間を支配する 3 つの分離した要素についての式を使って、このような比較を行うもう 1 つの方法を紹介する。色々な選択肢が、どのように 3 つの要素に影響するかが分かれば、全体の性能を決めることができる。さらに、シミュレータを作って、ハードウェアを実際に設計する前にこれらの要素を測定できることも良くある。

1.9.5 プロセッサの性能式

本質的にすべてのコンピュータは、一定の周期で動くクロックを使っている。この離散的な時間イベントは、**きざみ**（ticks）、**クロックきざみ**、**クロック**、**周期**、**クロックサイクル**などと呼ばれている。

コンピュータの設計者はあるクロックサイクルを、周期（例えば1ns）または周波数（例えば1GHz）で表す。あるプログラムに対するCPU時間は、次の2つの方法で表すことができる。

CPU時間 = CPUプログラムのクロックサイクル数 × クロックサイクル時間

あるいは、

$$\text{CPU時間} = \frac{\text{CPUプログラムのクロックサイクル数}}{\text{クロック周期}}$$

あるプログラムを実行するのに必要なクロックサイクル数に加えて、実行する命令の数、**命令パス長**あるいは**命令数**（**IC**）を数える必要がある。クロックサイクル数と命令数が分かれば、**命令実行当たりのクロック数**（**CPI**）の平均を求めることができる。この章では単純なプロセッサを使っており、これについて良く当てはまるCPIを用いることにする。設計者は、時には**クロック当たりの命令数**（**IPC**）、すなわちCPIの逆数、を用いることもある。

CPIは以下のように計算される。

$$\text{CPI} = \frac{\text{CPUプログラムのクロックサイクル数}}{\text{実行命令数}}$$

このプロセッサの指標は、異なったスタイルの命令セットや実装の性質を概観することができるので、これからの4つの章において、広く利用されることになる。

先の式の命令数を置き換えると、クロックサイクル数はIC × CPIで表すことができる。これにより、CPIを実行時間の式の中で使えるようになる。

CPU時間 = 実行命令数 × 命令当たりのクロック数
× クロックサイクル時間

最初の式を測定の単位に展開して、これらの部分がどのように収まるかを示すと次のようになる。

$$\frac{\text{実行命令数}}{\text{プログラム}} \times \frac{\text{クロックサイクル数}}{\text{実行命令数}} \times \frac{\text{秒数}}{\text{クロックサイクル数}} = \frac{\text{秒数}}{\text{プログラム}} = \text{CPU時間}$$

この式は、プロセッサの性能が3つの特性、クロック周期（周波数）、命令当たりのクロックサイクル数、命令数によって決ることを示している。さらに、CPU時間はこの3つの特徴に**等しく**影響される。どの項を10%改善してもCPU時間は10%改善される。

不幸なことに、1つのパラメータを他から完全に分離することは難しい。これは基本的な実装技術がそれぞれの特徴の変化に含まれており、互いに関係するからだ。

- **クロックサイクル時間**：ハードウェア実装技術と構成
- **CPI**：構成と命令セットアーキテクチャ
- **実行命令数**：命令セットアーキテクチャとコンパイラ技術

幸いなことに、使われそうな性能向上技術の多くは、主としてプロセッサ性能の要素の1つに対して主たる改善を行い、後の2つには少ないか予測可能な影響しか与えない。

プロセッサの設計において、時にはプロセッサの全体のクロックサイクルの総数を計算することが役に立つ。これは次のようになる。

$$\text{CPUクロックサイクル数} = \sum_{i=1}^{n} \text{IC}_i \times \text{CPI}_i$$

ここでIC_iは、命令iがそのプログラムで実行される回数であり、CPI_iは、命令iの命令当たりのクロック数の平均値である。

$$\text{CPU時間} = \left(\sum_{i=1}^{n} \text{IC}_i \times \text{CPI}_i\right) \times \text{クロックサイクル時間}$$

CPI全体は以下のようになる。

$$\text{CPI} = \frac{\sum_{i=1}^{n} \text{IC}_i \times \text{CPI}_i}{\text{実行命令数}} = \sum_{i=1}^{n} \frac{\text{IC}_i}{\text{実行命令数}} \times \text{CPI}_i$$

CPIの計算の後ろの方の式は、個々のCPI_iとその命令がプログラム中に表われる生起確率（IC_i÷命令実行数）を用いている。CPI_iは、リファレンスマニュアルの表から求めてはならず、測定しなければならない。これは、パイプラインの効果、キャッシュのミスその他メモリシステムで起きる損失を含める必要があるからだ。

前ページの性能の例について、ここでは、命令の動作する周波数、命令のCPI値に置き換えて考えてみる。実際、これらの値はハードウェア装置のシミュレーションによって求めることができる。

例題1.10

下のような測定を行ったとする。

FP命令の頻度	= 25%
FP命令の平均CPI	= 4.0
他の命令の平均CPI	= 1.33
FPSQRの頻度	= 2%
FPSQRのCPI	= 20

FPSQRのCPIを2にするというのと、すべてのFP命令の平均CPIを2.5に改善する、という2つの設計の案があるとする。プロセッサ性能の式を使ってこの2つの設計案を比較せよ。

解答

まずCPIの変化だけを見る。クロック周期と実行命令数は同じである。何も強化しない元々のCPIを求めることから始める。

$$\text{CPI}_{\text{元}} = \sum_{i=1}^{n} \text{CPI}_i \times \left(\frac{\text{IC}_i}{\text{実行命令数}}\right)$$
$$= (4 \times 25\%) + (1.33 \times 75\%) = 2.0$$

FPSQRを強化することによって元々のCPIから減った分を計算することができる。

$$\text{CPI}_{\text{新 FPSQR}} = \text{CPI}_{\text{元}} - 2\% \times (\text{CPI}_{\text{元 FPSQR}} - \text{CPI}_{\text{新 FPSQR のみ}})$$
$$= 2.0 - 2\% \times (20 - 2) = 1.64$$

すべてのFP命令の強化によって減ったCPIを同様に計算するか、あるいは、FPとFP以外のCPIを足すことによって計算することができる。後の方を使うと以下のようになる。

$$\text{CPI}_{\text{新 FPSQR}} = (75\% \times 1.33) + (25\% \times 2.5) = 1.625$$

FP 全体の強化案の CPI が少し小さいことから、その性能は多少良いことが分かる。FP 全体の強化案のスピードアップは以下のようになる。

$$\text{スピードアップ}_{\text{新 FP}}$$
$$= \frac{\text{CPU 時間}_{\text{元}}}{\text{CPU 時間}_{\text{新 FP}}} = \frac{\text{IC} \times \text{クロックサイクル} \times \text{CPI}_{\text{元}}}{\text{IC} \times \text{クロックサイクル} \times \text{CPI}_{\text{新 FP}}}$$
$$= \frac{\text{CPI}_{\text{元}}}{\text{CPI}_{\text{新 FP}}} = \frac{2.00}{1.625} = 1.23$$

ありがたいことに、例題 1.8 の Amdahl の法則を使って求めたスピードアップと同じものを得ることができる。

プロセッサ性能式の構成要素を測定することは可能であることが多い。これは、先の例においてプロセッサ性能式が、Amdahl の法則に対して主として有利な点である。特に、どの命令セットがどの程度の実行時間の割合に影響を与えるかを測定するのは難しいだろう。実際は、命令実行数と CPI の積をそれぞれの命令について求めてそれらを足すことで求める。出発点は往々にして個々の命令実行数や CPI の計測であるため、プロセッサ性能式は信じられない程役に立つ。

プロセッサ性能式を設計ツールとして使うためには、さまざまな要素を測定する必要がある。実在するプロセッサについては、実行時間を測定することは簡単で、クロックのスピードは分かっている。問題は実行命令数または CPI を見つけることにある。多くの新しいプロセッサは、実行された命令数とクロックサイクル数を測るカウンタを持っている。これらのカウンタを定期的にモニタすることで、コードの一部分の実行時間と実行命令数を記録することができる。これは、プログラマが、対象とするアプリケーションの性能を理解しチューニングするのに役に立つ。設計者やプログラマは、ハードウェアカウンタから得られるよりも、もっと細かい粒度のレベルで理解したくなることが良くある。例えば、なぜ CPI がこの値になるのかが知りたい。このような場合はプロセッサを設計した時に利用するシミュレーション技術が用いられる。

エネルギー効率を高めるための技術、動的電圧周波数制御 (DVFS) やオーバークロッキング (1.5 節) は、この式を使い難くする。これは、プログラムを測定中、クロック速度が変わるかもしれないためだ。単純なアプローチは結果の再現性を確保するため、これらの機能をオフにすることだ。有難いことに、性能とエネルギー効率の相関性は高いことが多い。つまりプログラムを短い時間で走らせることは、エネルギー削減に繋がる。このため、DVFS やオーバークロッキングが結果に及ぼす影響を心配しないで性能を考えてもたぶん大丈夫だろう。

1.10 総合的な実例：性能、価格、電力

各章の終わり近くにある「まとめ」の節には、その章で用いた原則を実際に適用した例を示す。この節では、小規模なサーバについて、SPECPower ベンチマークを用いて、性能と電力性能の測定し、その結果を観察しよう。

図 1.20 に評価に使う 3 つのマルチプロセッササーバを価格と共に示す。価格の比較を公平に行うため、すべてを Dell PowerEdge サーバとした。最初のは PowerEdge R730 であり Intel Xeon E5-2699 v4 マイクロプロセッサを 2.20GHz のクロック周波数で使っている。我々は 2 ソケットのシステムを選んだ。総計 128GB の ECC 付き 2400MHz の DDR4 DRAM を持っている。次のサーバは PowerEdge R630 で、同じプロセッサ、同一のソケットシステムと DRAM を持っている。主な違いは小さなラック搭載型のパッケージを使っていることで、730 の方は "2U" (3.5 インチ) で、630 は "1U" (1.75 インチ) である。3 つ目のサーバは、Power-Edge R630 を 16 台持つクラスタであり、1Gbit/s の Ethernet スイッチで接続されている。すべてのサーバで、Oracle Java HotSpot Verrsion 1.7 Java Virtual Machine (JVM) と Microsoft Windows Server 2012 R2

構成要素	システム 1			システム 2			システム 3		
ベースサーバ	R730	$1,416	9%	R630	$1,541	9%	R630 Cluster	$24,587	9%
電源電力	750W			750W			750W		
プロセッサ	Xeon E5-2699 v4	$8,614	52%	Xeon E5-2699 v4	$8,614	52%	Xeon E5-2699 v4	$137,824	51%
クロック周波数	2.20GHz			2.20GHz			2.20GHz		
コア数	44			44			704		
ソケット数	2			2			32		
ソケット当たりのコア数	22			22			22		
DRAM	128GB	$2,040	12%	128GB	$2,040	12%	2048GB	$32,640	12%
Ethernet 仕様.	Quad 1-Gbit	$94	1%	Quad 1-Gbit	$94	1%	Quad 1-Gbit	$1,504	1%
Ethernet スイッチ.	48 Port 1-Gbit							$4,411	2%
ディスク	120GB SSD	$120	1%	120GB SSD	$120	1%	120GB SSD	$1,920	1%
Windows OS	データセンター用	$4,143	25%	データセンター用	$4,143	25%	データセンター用	$66,288	25%
総計		$16,427	100%		$16,552	100%		$270,243	100%
最大 ssj_ops	3,341,589			3,529,367			57,024,126		
最大 ssj_ops/$	203			213			211		

図 1.20 3 つの Del PowerEdge サーバの測定結果と 2016 年 6 月における価格

プロセッサのコストは、第二のプロセッサ分を差し引いて計算した。同様にメモリのコストは、追加メモリのコストを見分けて計算した。このためサーバの基準となるコストは備え付けのプロセッサとメモリのコストを差し引いて調整してある。第 5 章ではこのマルチソケットシステムを接続する方法を、第 7 章ではクラスタを接続する方法を示す。

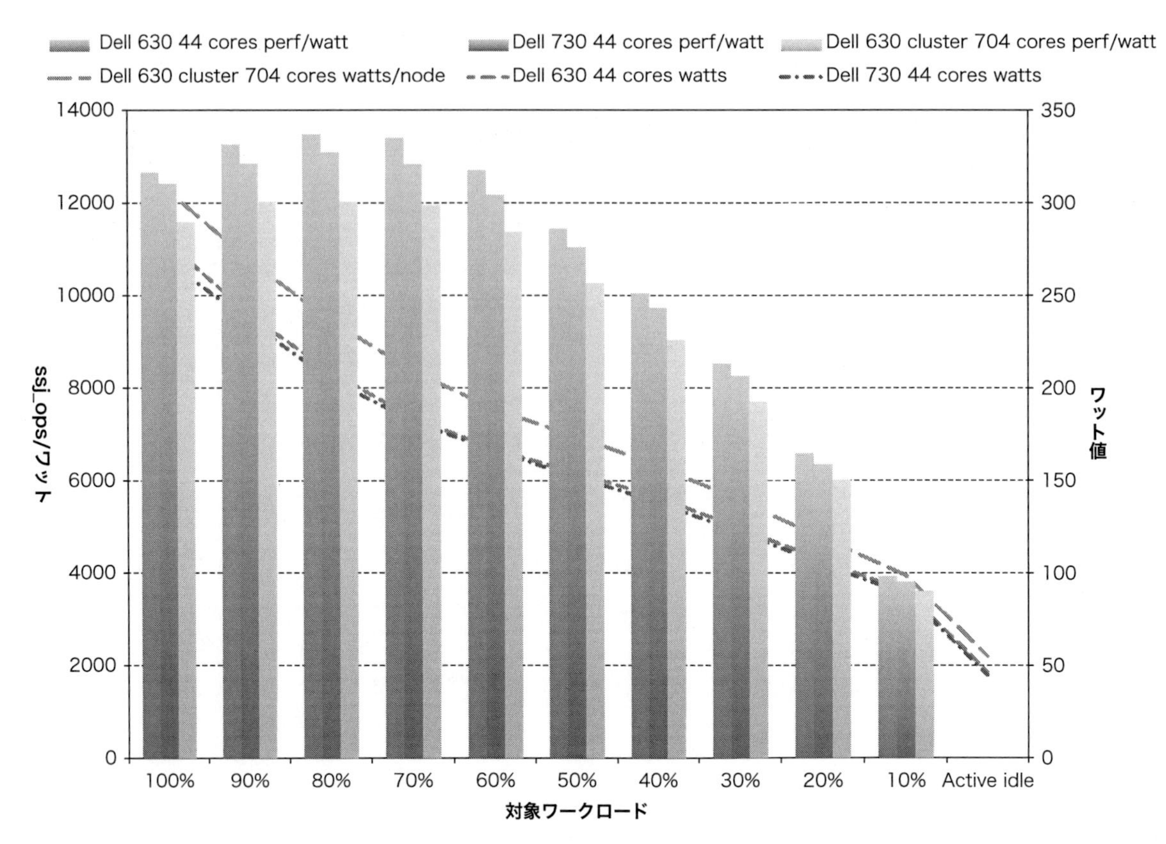

図 1.21 図 1.20 に示す 3 つのサーバの電力と性能

左軸には 3 つの柱状グラフで ssj ops/W 値を示す。3 つの線グラフはワット値で右の軸に示す。横軸は対象とするワークロードで 100 %から、アクティブアイドル状態までの値である。単一ノードの R630 がすべてのワークロードレベルで ssj ops が最も良い。しかし、R730 がそれぞれのレベルで最小の電力消費となる。

Datacenter version 6.3 OS で動作させる。

ベンチマークの制約のため（1.11 節を参照のこと）、対象のサーバの構成はあまり一般的ではない。図 1.20 のシステムは計算能力に対するメモリが小さすぎるし、たった 120GB の小さなディスクしか持っていない。コア数に合ったメモリとディスクを増強する必要がないのだったら、コア数だけを増やすことはちっとも高価ではないのだが！

静的にリンクされた C のプログラムが多い SPEC CPU と違って、SPECPower は Java で書かれたもっと最近のソフトウェアスタックを用いたプログラムでできている。元となっているのは SPECjbb であり、ビジネスアプリケーションのサーバ側を表している。性能は、1 秒間に処理されるトランザクション数で測定され、**server side Java operations per second** を略して **ssj_ops** と呼ばれる。これは SPEC CPU と違ってサーバのプロセッサだけではなく、キャッシュ、メモリシステム、マルチプロセッサの結合網をもテストすることができる。さらに、Java Virtual Machine（JVM）を JIT ランタイムコンパイラとガーベジコレクタを含めて、これを搭載している OS の一部も併せてテストする。

図 1.20 の最後の 2 つの行が示すように、性能で勝ったのは 16 の R630 を持つクラスタであるが、他を圧して高価なので、驚くには当たらないだろう。性能価格比で勝ったのは PowerEdge R630 だが、クラスタに対しては 213 対 211 ssj-ops/$で辛うじて勝ったに過ぎない。驚くべきことに、16 ノードのクラスタは 16 倍大きいのに、価格性能比は単一ノードに対して 1%大きいにすぎない。

多くのベンチマークは（そして多くのコンピュータアーキテクトも）ピークロード時の性能だけを気にするが、コンピュータは滅多にピークロードで走ったりしないものだ。実際第 6 章の図 6.2 によると Google が 6 か月以上の間、1 万個のサーバの利用率を量った結果、平均 100%の利用率で走っているのは 1%以下である。大多数は、平均利用率が 10%から 50%の間であった。したがって、SPECPower ベンチマークは、ワークロードがピークから 10%の間隔で 0%、つまりアクティブアイドルの状態まで変化する時の電力を測っている。

図 1.21 は、1W 当たりの ssj_ops（1 秒当たりの SSJ オペレーション）を対象とした負荷が 100%から 0%まで変化した場合を示している。Intel R730 はワークロードレベルを通じて、常に最も低い電力であり、単一ノードの R630 は、それぞれの対象ワークロードレベルに対してワット当たりの性能が最高である。ワット = ジュール/s なので、この指標は ssj_op/ジュールに比例する。

$$\frac{\text{ssj\_ops/秒}}{\text{ワット}} = \frac{\text{ssj\_ops/秒}}{\text{ジュール/秒}} = \frac{\text{ssj\_ops}}{\text{ジュール}}$$

システムの電源効率を単一の数字で計算するため、SPECpower は

$$\text{総計 ssj\_ops/ワット} = \frac{\sum \text{ssj\_ops}}{\sum \text{電力}}$$

を使っている。全体の ssj_ops/W は Inel R730 では 10802、R630 では 11157、R630 16 台のクラスタでは、10062 である。つまり、単一ノードの R630 は、最も電力性能が高い。サーバの価格でこれを割った ssj_ops/watt/$1000 は R730 では 879、R630 では 899、R630 16 台のクラスタでは 789（ノード当たり）である。すなわち、単一ノー

ドの R630 は、依然として最大の性能価格比であるが、電力を考えると、単一 R730 は、16 ノードのクラスタに比べて明らかに効率的である。

1.11 誤った考えと落とし穴

各章にこれと同じ節を設けて、よくありがちな、しかし避けなければならない、間違った信念、間違った考え方を紹介する。間違った信念をここでは「**誤った考え**」と呼ぶ。「誤った考え」について議論する時には、反例を挙げるようにする。また、「**落とし穴**」、すなわち簡単に起きる間違い、についても議論する。落とし穴は、限定された状況では正しい原則を一般化してしまうことによって生じることも多い。この節の目的は、読者が設計するコンピュータにこのような間違いが生じないようにこれらを避けるようにするためである。

落とし穴： すべての指数的な法則には終わりが来る。

最初は Dennard スケーリングである。1974 年、Dennard は、電力密度はトランジスタが小さくなっても一定である、と唱えた。トランジスタは、係数 2 で小さくなれば、電流と電圧も係数 2 で小さくなるので、電力は 4 で小さくなることになる。したがって、チップは高速であるが、小さな電力で動く。Dennard スケーリングはこれが唱えられてから 30 年で終わった。これは、トランジスタがこれ以上小さく作れなくなったためではなく、半導体の確実性が限界に達して、電流と電圧をこれ以上落とすことができなくなったためである。スレッショルドレベルを、低くし過ぎたため、静的電力が全体の電力に対して大きな割合を占めるようになった。

次の例は、ハードディスクドライブである。ディスクについては名前の付いた法則はないのだが、過去 30 年の間、ハードディスクの最大面積密度――ディスク容量がこれにより決まる――は、年間 30〜100%増加した。最近は、これは年間 5%になった。プラッタの数を加えるよりも、ドライブ毎の密度を上げる方が先に来る。

次は、偉大なる Moore の法則である。チップのトランジスタ数が 2 年で倍になったのは、はるか昔のことだ。例えば、DRAM は、2014 年に 8B トランジスタのものが出たが、16B トランジスタは、2019 年まで大量生産品とはならないだろう。Moore の法則によると、64B トランジスタの DRAM チップが出ていなければならない。

平面上のロジックトランジスタにおけるスケーリングの実質的な終わりは 2021 年になるだろうと予想されている。図 1.22 は、International Technology Roadmap for Semiconductors（ITRS）の 2 つの版により、物理ゲート長の変化を示したものである。2013 年のレポートでは、2028 年にはゲート長は 5nm に達するとしているが、2015 年のレポートでは、これが 2021 年に 10nm で止まるであろうと予想している。これ以上の密度の向上は、トランジスタの密度が縮小する以外の方向でもたらされるだろうと ITRS は推測している。実際は、ITRS の推測ほど悲惨でなく、Intel や TSMC などの企業は、ゲート長を 3nm に縮小することを計画している。しかし変化率は低下している。

図 1.23 は、マイクロプロセッサと DRAM のバンド幅の時代による変化を示しており、これが、Dennerd スケーリングと Moore の法則、ディスクの密度向上の終わりに影響を受けている。曲線が落ち

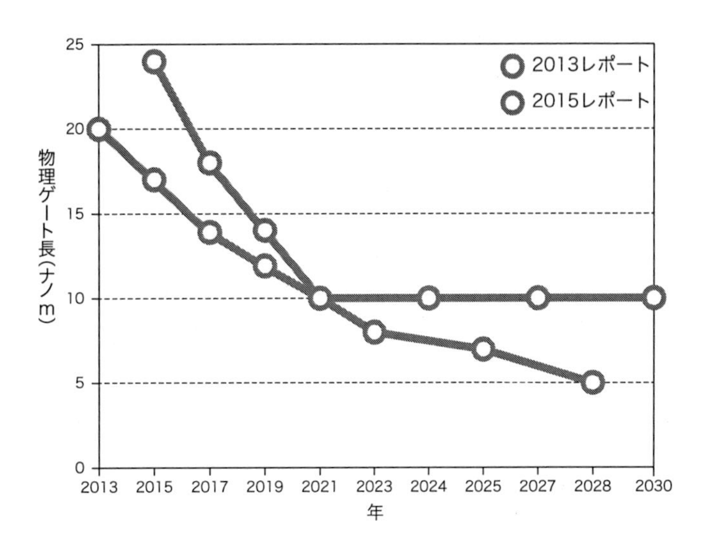

図 1.22 ITRS レポートの 2 つの版によるトランジスタのサイズの予測
このレポートは 2011 年に始まったが、2015 が最後の版となるだろう。これはグループが興味の減退により解散したためである。最初の ITRS レポートがリリースされた時 19 あった先端ロジックチップを作ることのできる企業は、現在、GlobalFoundaries、Intel、Samsung、TSMC に絞られている。4 つに残った企業間でプランを持続的に共有するのは困難すぎた。IEEE Spectrum の 2016 年 6 月” Transistors will stop shrinking in 2021, Moore's Law Roadmap Predicts” Rachel Courtland より

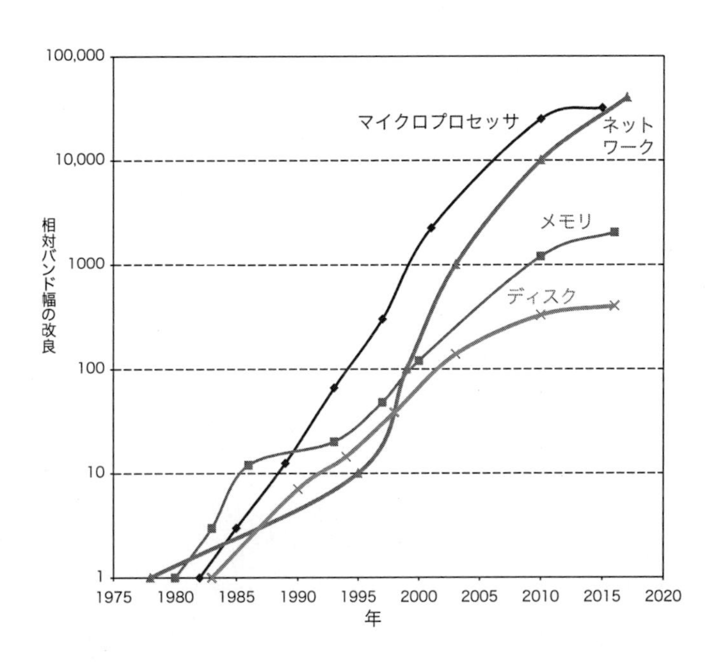

図 1.23 マイクロプロセッサ、ネットワーク、メモリ、ディスクの、図 1.10 を基にした相対バンド幅

ることから、テクノロジの向上がゆっくりになったことは、明らかに分かる。ネットワークの性能向上が持続しているのは、光ファイバとパルス振幅変調における変化（PAM-4）により、2bit エンコードが可能になり、情報を 400Gbit/s で転送できるようになると予想されているためである。

誤った考え：マルチプロセッサはどんな問題も解決する銀の弾丸である。

2005 年前後のチップマルチプロセッサへの転換は、並列プログラミングを劇的に簡単にするブレークスルーがあったわけではなく、マルチコアコンピュータを作るのが簡単になったわけでもない。こ

の変化が起きたのは、ILPの壁と電力の壁を乗り越える方法が他になかったからである。プロセッサをチップ当たりに複数持つことは、低電力を保証するわけではない。もっと電力を食うマルチプロセッサを作ることはもちろんできるのだ。できるかもしれないことは、高いクロック周波数の効率の悪いコアを複数の低いクロック周波数の効率の良いコアに置き換えることで、性能を改善することである。テクノロジの改善によりトランジスタは小さくなり、これは容量と供給電圧を小さくする。このため、世代が進むと少しずつコアの数を増やすことができる。例えば、過去数年、Intelは世代が進む毎に2個ずつコアの数を増やして来た。

第4章と第5章で見ていくように、性能はいまやプログラマの肩に掛かっている。ハードウェア設計者に頼ってプログラムを指一本動かさずに高速化することができた「怠け者のプログラマ天国」の時代は終わったのだ。プログラマがそのプログラマをそれぞれの世代で速くしようと思ったら、もっと並列化しなければならない。

Mooreの法則の拡張版——テクノロジのそれぞれの世代で性能が上がる——というのはいまやプログラマに掛かっている。

落とし穴：Amdahlの法則の呪いにかかる。

実際のところ、すべての現場のコンピュータアーキテクトは、Amdahlの法則を知っている。それにも関わらず、我々すべては、ある種の特徴だけについて、それが使える場合について見積る前に、多大な努力を払って最適化してしまうことが良くある。全体の性能向上にがっかりしてはじめて、こんなに苦労する前に先に見積っておけばよかったと思い出すことになる。

落とし穴： たった1つの故障に泣く。

1.9.5節のAmdahlの法則を用いた信頼性の計算は、確実性が鎖の一番弱い部分よりも強くない、ということを示している。例により示したように、電源の信頼性をいくら上げても、1個のファンがディスクサブシステムの信頼性を制限してしまう。Amdahlの法則から、すべての構成要素を冗長にし、1つの構成要素の故障が全体のシステムダウンに結び付かないようにせよ、という耐故障システムの原則が導かれる。第6章では、ソフトウェアレイヤにおいてWSC内の単一障害点を回避する方法を示す。

誤った考え：性能を上げるハードウェアの強化は、エネルギー効率を改善する、あるいは最悪でもエネルギー的の変化はない。

Esmaeilzadehらは SPEC2006でIntel Core i7の2.67GHzのコア1つだけをTurboモード（1.5節）にして測定した[Esmaeilzadeh *et al.*, 2011]。性能は、2.94GHz（1.10倍）の際に1.07倍になったが、i7は1.37倍のエネルギーを消費し、ワット時も1.47倍になった。

誤った考え：ベンチマークの有効性は、無期限である。

いくつかの要素が、ベンチマークの予測に対する有効性に影響を与え、それらは時と共に変化する。ベンチマークの有効性に影響を与える大きな要素は、「クラッキング」に対する抵抗力で、「ベンチマークエンジニアリング」あるいは「ベンチマークシップ」と呼ばれている。ひとたびベンチマークが標準となり、普及すると、ベンチマークを対象とした最適化やベンチマークを走らせる際のルールの都合の良い解釈などを使ってでも性能を改善しようという大きなプレッシャーがかかる。小さいカーネルや、その多くの実行時間が非常に少ない行数のコードに費やすプログラムは、特に脆弱である。

最善の努力を払ったにも関わらず、最初のSPEC89ベンチマーク集は、matrix300という小さなカーネルが含まれていた。これは、8つの違った300 × 300の行列の掛け算から構成されていた。このカーネルは、実行時間の99%が、プログラムの特定の1行に集中していた（SPEC1989参照）。あるIBMのコンパイラが、この内側の反復を最適化（第2章と第4章で議論する**ブロッキング**と呼ばれるアイデアを使った）したところ、コンパイラの最初の版よりも9倍性能が向上した。このベンチマークは、コンパイラのチューニングを試すものになってしまい、もちろん全体の性能の良い指標となるのではなく、この特別な改善法についての価値の指標となるものでもない。

図1.19は、歴史を無視するならば、これを繰り返すことになることを示している。SPECint2006は10年間更新されず、コンパイラ作成者に、このベンチマークスーツに対して磨きをかける時間をかなり与えてしまった。libquantumを除くすべてのベンチマークのSPEC ratioは、AMDコンピュータでは16～52、Intelでは22から78下がった。libquantumは、AMDでは250倍速く、Intelでは7300倍速い。この「奇跡」は、Intel compilerが22コアについて自動並列化し、bitパッキング - 複数の狭いレンジの整数を1つにパックして、メモリ領域とメモリバンド幅を節約する - を使ってメモリを最適化した結果である。このベンチマークを除いて相乗平均を計算し直すと、AMD SPECint2006は、31.9から26.5まで落ち、Intelは63.7から41.4まで落ちる。libquantumを含めた場合Intelコンパイラは AMDコンパイラの2倍速いが、これを除くと1.5倍速いことになる。こちらの方が実際の相対性能に近いことは間違いない。SPECCPU2017ではlibquantumを除いている。

ベンチマークが短命であることを示すため、図1.17は、さまざまなSPECの版における82個のベンチマークか43個をリストしている。gccは、SPEC89からの唯一の生き残りである。驚いたことに、SPEC2000とそれ以前に使われたプログラムのうち70%が次の版では使われなくなっている。

誤った考え：ディスクのMTTFは12000000時間つまり140年間である。ということはディスクは実際的には故障しない。

現在のディスク製造業者のセールストークがユーザを誤解させている。MTTFはどのように計算されるのだろうか。製造プロセスの最初に、製造業者は、何千というディスクを1つの部屋に置いて、2、3か月動かし、故障する数を数える。そして、これらのディスクの動いた述べ月数を故障の数で割ってMTTFを計算する。

問題の1つは、この数字がディスクの寿命、通常5年または43800時間をはるかに越えているという点である。この大きなMTTFは、ディスク製造業者の主張が、このモデルは、ディスクを買ったユーザが、ディスクの設計上の寿命である5年毎にディスクをとり換えつづける場合とした時、はじめてある程度納得できる数値である。この主張は、多くの客（そして孫たち）が次の世紀に入ってもこれを続ければ、平均27回交換の後、すなわち140年後に故障する、といっていることになる。

もっと役に立つ目安として、ディスクが故障する割合がある。1000000時間のMTTFを持っているディスクが1000個あって、1日24時間使うとする。故障したディスクを同じ信頼性を持った新しいものに交換する場合、1年（8760時間）に故障する数は、

$$\text{故障ディスク} = \frac{\text{ディスク数} \times \text{時間の区切り}}{\text{MTTF}}$$

$$= \frac{1000\,\text{ディスク} \times 8760\,\text{時間/ドライブ}}{1{,}000{,}000\,\text{時間/故障}}$$

$$= 9$$

となる。あるいは1年に0.9%、5年の寿命までに4.4%故障すると言える。

この故障率は高いとはいえ、一定の範囲に制限された温度と振動を仮定して得られたものである。もしこれを越えれば、すべての推定はご破算になる。実際の環境におけるディスクドライブについての調査によると、約3〜7%のドライブが1年に壊れ、MTTFは約125000〜300000時間となる。もっと大規模な調査によると、ディスクの故障率は2〜10%である。したがって、この報告に基づくと、現場のMTTFは製造元のMTTFに比べて2〜10倍悪い。

誤った考え：ピーク性能が高ければ実際の性能も高い。

ピーク性能の万人に受け入れられる唯一の正しい定義は、「あるコンピュータがこれを越えないことが保証されている性能」である。図1.24は、4つのマルチプロセッサの4つのプログラムの性能のピーク性能に対する割合である。これは、5%から58%まで変動している。この隔たりはきわめて大きく、ベンチマークによって激しく変動するため、ピーク性能は、一般的には、実際の性能を予測するためには使えない。

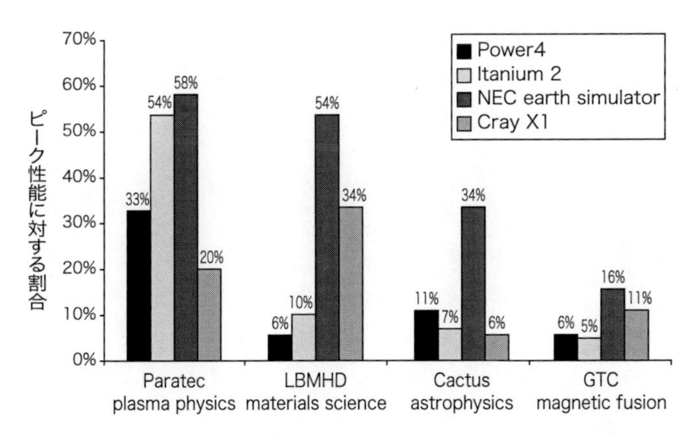

図1.24 4つのマルチプロセッサのピーク性能に対する実効性能の割合。64プロセッサに合わせた場合で、4つのプログラムを走らせている

地球シミュレータとX1はベクタプロセッサである（第4章と付録Gを参照）。これらは、ピーク性能に比べて高い割合を達成しただけでなく、最も高いピーク性能と最も低いクロック周波数を達成している。Paratecプログラムを除いて、Power 4とItanium 2のシステムはピーク性能の5%から10%程度の性能である。Oliker,L., Canning, A., Carter, J., Shalf, J., Ethier, S., 2004. Scientific computations on modern parallel vector systems. In: Proc. ACM/IEEE Conf. on Supercomputing, November 6–12, 2004, Pittsburgh, Penn., p. 10.より。

落とし穴：故障検出により可用性を下げてしまう。

この明らかに逆説的な落とし穴は、コンピュータのハードウェアが正常に動作するという点では必ずしも重要でない状態を少なからず持っていることにより生じる。

積極的に命令レベル並列性を利用するプロセッサでは、プログラムの実行においてすべての動作が正しい必要はない。Mukherjeeらは、Itanium 2上で走るSPEC2000ベンチマークにおいて、クリティカルパス上に乗る可能性のある命令は、30%より少ないことを見つけた。

プログラムの正しさについても同様の傾向が見られる。あるレジスタがプログラム中で「お休み」すなわち、そのプログラムがデータをもう読まないで、次には別のデータを書きこむとすれば、その間のエラーは問題にならない。お休み中のレジスタのトランジスタの一時的な故障を検出してプログラムを止めたとすると、それは、可用性を不必要に落とすことになる。

Sun Microsystemsは、2000年に、Sun E3000とE10000システムのL2キャッシュにパリティを付けたのにエラー訂正をしなかったことで、この落とし穴にはまった。キャッシュに用いたSRAMは、間欠的に故障を起こし、これをパリティが検出した。もしもキャッシュのデータが変更されてなければ、プロセッサは単にデータをキャッシュから読み直せば良い。設計者はキャッシュをECCで保護しなかったため、オペレーティングシステムは、ダーティなデータに対してはエラーをレポートするしかなく、そのプログラムを止めるしかなかった。現場の技術者が監視した結果、90%を越えるケースが問題なかったことが分かった。

この種のエラーの頻度を減らすため、Sunは、Solaris OSを変更し、あらかじめダーティなデータをメインメモリに書き戻すことでキャッシュを「きれいにする」プロセスを付け加えた。プロセッサチップはECCを付けるためにはピンが足りなかったため、ダーティなデータに対するハードウェア的な選択肢は、外部キャッシュを倍にして、エラーを訂正するためにパリティエラーのないコピーを用いることであった。

この落とし穴にはまるのは、訂正する機構を付けずに故障を検出する機能を付ける場合である。技術者たちは、もう拡張キャッシュにECCを付けないコンピュータを出荷することはないだろう。

1.12 おわりに

この章では、数多くの概念と定量的なフレームワークについて紹介したが、これらは本書を通してさらにその知識を広めていくことになる。これより1つ前の版より、一貫して、性能に加えてエネルギー効率を使うことにした。

第2章では最も重要なメモリシステム設計から始める。無限の大きさで、しかも可能な限り高速なメモリを作るための技術を広い範囲で見ていくことにする（付録Bはキャッシュの入門用で、あまり多くの経験とバックグランドの知識を持っていない読者のためのものである）。後の章で、ハードウェア、ソフトウェアの協調が、高性能パイプラインの場合と同じく、高性能メモリシステムのための鍵となることを見ていく。この章は、保護のために重要さが増している仮想マシンも紹介する。

第3章では、命令レベル並列性（ILP）を見ていく。この中では、パイプライン処理が最も単純で一般的な形である。ILPの利用は高性能ユニプロセッサを作るための最も重要な技術である。第3章

は、基本的な概念についての深い議論からはじめる。これにより、この章全体に渡って検証される広い範囲のアイデアの準備をする。第3章では最初のスーパーコンピュータ（IBM 360/91）から2017年のマーケットで最も速いプロセッサにいたるまで、40年に渡るコンピュータ構成例を用いる。ここでは、ILPを利用するための**動的あるいはランタイムアプローチ**に重点を置いて解説する。また、ILPのアイデアの限界を述べ、マルチスレッディングを導入する。これを第4章、第5章でさらに発展する。付録Cはパイプラインについて経験とバックグランドの知識が少ない読者のためのパイプラインの入門である（入門書『コンピュータの構成と設計：ハードウェア・ソフトウェアのインターフェイス』のおさらいになることを期待している）。

第4章は、データレベル並列性を利用する3つの方法を解説している。古典的で最も古いアプローチはベクタアーキテクチャであり、ここから始めてSIMDの設計方針を据えようと思う（付録Gはベクタアーキテクチャをもっと深く掘り下げている）。次に現在のデスクトップマイクロプロセッサの多くに装備されているSIMD拡張命令セットを解説する。3番目に、最近のグラフィック処理ユニット（GPU）がどのように動くかを、もっと突っ込んで解説する。GPUについての紹介の大部分はプログラマの視点で書かれており、多くの場合、コンピュータが本当にどのように動いているかを隠している。この節はGPUを中からの視点で紹介し、GPUの業界用語と普通のアーキテクチャの用語の架け橋作りを行う。

第5章は複数プロセッサ、あるいはマルチプロセッサを用いて、もっと高い性能を実現することに焦点を当てる。個別の命令をオーバーラップする並列性を使う代わりに、マルチプロセッシングは、それぞれのプロセッサで同時に多数の命令流を実行させることで、並列性を利用する。この章ではマルチプロセッサで最も良く用いられる形式である共有メモリ型マルチプロセッサに焦点を当てる。しかし、他の形も紹介し、どんなマルチプロセッサにでも起きる広い問題について議論する。ここでも、1980年代から1990年代までにはじめて導入された重要な技術のさまざまなものについて焦点を当てる。

第6章では、クラスタについて紹介し、WSCに進む。WSCのエンジニアたちは極端なコンピュータを作るという点で、Seymour Crayに代表されるスーパーコンピュータのパイオニアたちの職業的直系と言って良い。WSCは数万のサーバ、設備、建物から構成されており、コストは20,000万ドルに及ぶ。今まで紹介した価格性能比とエネルギー効率の概念をWSCに対して適用し、設計上の決定に際しては定量的なアプローチを用いる。

第7章は、この版の新しい部分である。この章では、領域特化アーキテクチャ（DSA）を、Mooreの法則とDennardスケーリングが終了した後に性能とエネルギー効率を改善する唯一の道として紹介する。どのようにして効率良く領域特化アーキテクチャを構築するかのガイドラインを提案し、わくわくする領域である深層ニューラルネットワークの領域を導入し、ニューラルネットワークを高速化するための全く違ったアプローチをとる最近の4つの例を述べ、コスト性能比を比較する。

本書は、価格を安くし、読者にさまざまな最近のトピックを紹介するため、割愛した部分をオンライン化[†]している（詳しくは序文を参照）。図1.25にこの全体を示す。付録A、B、Cは本書中に置くが、これは多くの読者にとってのおさらいとなるからである。

付録	題名
A	命令セットの例
B	メモリ階層のおさらい
C	パイプライン処理：初中級概念
D	ストレージシステム
E	組み込みシステム
F	相互結合網
G	ベクタプロセッサのやや深い解説
H	VLIW/EPIC向けハードウェアとソフトウェア
I	大規模マルチプロセッサと科学技術アプリケーション
J	コンピュータの演算法
K	さまざまな命令セットアーキテクチャ
L	アドレス変換の新しい概念
M	歴史展望と参考文献

図1.25 付録一覧

付録Dでは、プロセッサに集中した見方から離れて、ストレージシステムを議論する。同様な定量的なアプローチを使うが、システムの振る舞いの観察に基づいており、性能解析にはエンドツーエンドで測定するアプローチを使う。安い磁気ストレージ技術を主に使って、どうやってデータを効率的に格納したり取り出したりするかに迫る。典型的なI/O重視のワークロードでディスクストレージシステムの性能を調べることに焦点を当てる。また、冗長ディスクを使って高い性能と可用性を実現するRAIDベースのシステムの新しいトピックを深く探っていく。この章の最後に利用率とレイテンシのトレードオフの基本となる待ち行列理論を紹介する。

付録Eは、本書の各章と付録で紹介したアイデアを組み込みシステムに適用する。

付録Fは、コンピュータどうしでの通信を可能にするシステム結合網を、広域ネットワークからシステム規模のネットワークまで広く探る。

付録Hは、VLIWハードウェアとソフトウェアのおさらいである。EPICは、その登場当初に比べ、以前の版が出る少し前の頃には、使われなくなってしまった。

付録Iは、高性能コンピューティングに使われる大規模マルチプロセッサを述べる。

付録Jは、初版から残っている唯一の付録であり、コンピュータの算術演算を紹介している。

付録Kは、命令セットアーキテクチャのサーベイで、80x86、IBM360、VAXおよびARM、MIPS、Power、RISC-V、SPARCを含む多くのRISCアーキテクチャを含んでいる。

付録Lは新しいもので、仮想マシンのサポートと、巨大なアドレス空間に対するアドレス変換の設計に焦点を当てる。クラウドプロセッサの成長により、このアーキテクチャの強化は、より重要になっている。

† 訳注：オンラインで利用できるのは原著のみで、日本語訳のオンライン化については現在のところ未定である。

付録Mについては次節に示す。

1.13 歴史展望と参考文献

付録Mでは、本書の各章で取り上げたアイデアの歴史的な視点を述べている。この歴史展望の節では、あるマシンのシリーズを通じて、あるいは重要なプロジェクトを紹介することで、アイデアの発展を追いかけることができる。アイデアやマシンが最初にどう表れたかに興味があるか、あるいはもっと調べたくなった場合に備えて、参考文献を各歴史の最後に用意した。この章については、M.2節を見て欲しい。「初期のコンピュータの開発」は、ディジタルコンピュータの初期の発展と性能評価手法を議論している。

歴史的な文献を読むにつれ、計算機分野の若さの重要な利点に気づくだろう。それは、他の多くの分野とは異なり、パイオニアの多くが生きているということで、その人たちに聞くだけで歴史を学ぶことができる。

1.14 ケーススタディと演習問題

(DianaFranklinによる)

ケーススタディ1：製造コスト

このケーススタディで理解できる概念

- 製造コスト
- 製造歩留まり
- 冗長性による故障回避

コンピュータのチップの価格には多くの要素が含まれる。Intelは、7nmテクノロジのFab42工程を完成させるのに70億円使っている。このケーススタディでは、同様の状況にある仮想上の会社について検討し、製造テクノロジ、面積、冗長性などのデザインの違いがどのようにチップのコストに影響を与えるかを探る。

1.1 [10/10/議論]〈1.6〉図1.26は、最近のチップのコストに影響を与える仮想上の関連統計データを示す。次のいくつかの演習問題では、Intelのチップの設計において、可能となるいくつかの選択肢の影響について探っていく。

a [10]〈1.6〉Phoenixチップの歩留まりはどうか。

b [10]〈1.6〉PhoenixがBlueDragonよりも欠損率が高いのはなぜか。

チップ	ダイのサイズ(mm^2)	欠損率見積値($/cm^2$)	*N*	製造サイズ(nm)	トランジスタ数(100万)	コア数
BlueDragon	180	0.03	12	0	7.5	4
RedDragon	120	0.04	14	7	7.5	4
$Phoenix^8$	200	0.04	14	7	12	8

図1.26 現在と未来の製造コスト係数（想定上のもの）

1.2 [20/20/20/20]〈1.6〉この会社は、この工場から一定量のチップを売ろうとしており、それぞれのチップでどの程度売るのか決める必要がある。Phoenixは、7nmテクノロジを念頭においた全く新しいアーキテクチャである。一方、RedDragonは10nmのBlueDragonと同じアーキテクチャである。RedDragonは、欠損のないチップ1個当たり$15の利益を産むとしよう。Phoenixは、欠損のないチップ1個当たり$30である。それぞれのウェーハは、直径が450㎜である。

a [20]〈1.6〉Phoenixチップの各ウェーハの利益はいくらか。

b [20]〈1.6〉RedDragonチップの各ウェーハの利益はいくらか。

c [20]〈1.6〉月当たりの出荷がRedDragonでは50,000個、Phoenixチップでは25,000個であり、工場で月当たり70ウェーハを作ることができる場合、それぞれのチップについていくつのウェーハを作るべきか。

1.3 [20/20]〈1.6〉AMD社のあなたの同僚は、歩留まりがとても悪いことに対処する、同じチップでコアの数を変えただけの複数バージョンを用意すれば良いと提案している。例えば、それぞれ8個、4個、2個、1個のコアを持つ$Phoenix^8$、$Phoenix^4$、$Phoenix^2$、$Phoenix^1$を売ることができる。8コアのすべてに欠損がなければ$Phoenix^8$として売られる。4から7までのコアが使えれば$Phoenix^4$として売り、欠損がないコアが2か3ならば$Phoenix^2$として売る。単純化のために、各チップのコア1つの歩留まりを、元のPhoenixチップの1/8としよう。では、歩留まりを、1つの独立したコアにおいて欠損がない確率と見なそう。それぞれの構成の歩留まり、すなわち、対応する数のコアに欠損がない確率を計算せよ。

a [20]〈1.6〉欠損のない単一のコア、$Phenix^4$、$Phoenix^2$、$Phoenix^1$それぞれの歩留まりを求めよ。

b [5]〈1.6〉aの結果より、どのチップがパッケージして売る価値があるかどうかを決定せよ。またそれはなぜか。

c [10]〈1.6〉以前、$Phoenix^8$を作るのにチップ当たり$20掛かったとする時、新しいPhoenixチップのコストはどうなるか。再設計のコストはかからないとする。

d [20]〈1.6〉現在、欠損のない$Phoenix^8$ 1個から得られる収入が$30であるとする。また、$Phoenix^4$を$25で売ることにした。$Phoenix^4$から得られる利益はどれほどになるか。以下を考慮せよ。(i) $Phoenix^4$チップの売値は、全部利益になる。(ii) $Phoenix^4$の利益を、生産された分に比例して、それぞれの$Phoenix^8$チップに割り当てよ。問題1.2aではなく、1.3aの歩留まりを用いること。

ケーススタディ2：コンピュータシステムの消費電力

このケーススタディで理解できる概念

- Amdahlの法則
- 冗長性
- MTTF
- 消費電力

最近のシステムの消費電力は、チップのクロック周波数、利用効率、電圧などさまざまな要因によっている。以下の演習は、さまざまな設計上の決定方針とそのシナリオを用いることで消費電力が受けるインパクトについて調べる。

1.4 [10/10/10/10]〈1.5〉スマートフォンは、音楽のストリーミング、映像のストリーミング、e-mail の閲覧など全く違ったタスクを実行する。これらのタスクは全く違った計算を行う。バッテリーの寿命とオーバーヒートは、スマートフォンの 2 大共通問題であり、電力とエネルギー消費を減らすことは重要である。この問題中では、ユーザがスマフォを最大計算能力で用いていない時にどうするかについて考える。以下の問題では、スマフォが特殊計算ユニットを持っておらず、代わりに 4 コアの汎用プロセッサを使うという、リアリティのないシナリオを評価する。それぞれのコアは最大限に使うと 0.5W を消費する。e-mail に関連するタスクに対して、4 コアは必要よりも 8 倍速い。

a [10]〈1.5〉動的エネルギーと消費はフルパワーで走るのに比べてどの程度になるか。最初、4 コアが 1/8 の時間走って残りの時間はアイドルになると想定する。すなわち、クロックは 7/8 の時間停止し、この間は漏れ電流も流れない。全体の動的エネルギーと、コアが動いている間の動的パワーを比較せよ。

b [10]〈1.5〉周波数/電圧スケーリングを用いる場合、どの程度の動的エネルギーと電力が必要か。周波数と電圧は両方とも全時間において 1/8 に削減すると考える。

c [10]〈1.5〉電圧は元々の電圧の 50%を下回っては落とせないと仮定せよ。この電圧は**最低電圧**（voltage floor）と呼ばれ、これよりも低いと回路の状態が消失してしまう。このため、周波数は低下させ続けられても、電圧はそうはいかない。この場合、動的なエネルギーと電力はどの程度削減できるか。

d [10]〈1.5〉ダークシリコンのアプローチをとった場合は、エネルギーはどうなるか。このアプローチでは、専用の ASIC ハードウェアをそれぞれの主要なタスクのために設けて、使っていない場合にこの構成要素をパワーゲーティングする場合も含む。汎用コアを 1 つのみ用意し、チップ上のそれ以外の部分は、特殊なユニットが占める。e-mail には、1 つのコアが 25%の時間働き、残りの 75%の時間は完全にパワーゲーティングによりオフになる。この 75%の時間、特殊な ASIC ユニットはコアが走る場合の 20%のエネルギーを必要とする。

1.5 [10/10/20]〈1.5〉演習 1.4 で述べたように、スマートフォンでは広くさまざまなアプリケーションが走る。この演習では以前と同じアプリケーションが、コア毎に 0.5W 消費し、4 コアでは e-mail が 3 倍速く走ると仮定する。

a [10]〈1.5〉コードのうち 80%が並列化可能であるとする。4 並列に並列化されたコードと同じスピードで実行するのにどの程度まで、単一コアの周波数と電圧を上げなければならないか。

b [10]〈1.5〉問題 a の状況で、周波数/電源電圧スケーリングで、どの程度の動的エネルギーが削減できるか。

c [20]〈1.5〉ダークシリコンのアプローチを取った場合、どの程度のエネルギーを消費するか。このアプローチを取った場合、すべてのハードウェアユニットはパワーゲーティングされており、完全に OFF することができる（漏れ電流は生じない）。特殊な ASIC が装備されており、汎用プロセッサの 20%の電力で計算が可能である。それぞれのコアもパワーゲーティングできる。ビデオゲームは、2 つの ASIC と 2 つのコアを必要とする。動的なエネルギーの 4 コア並列のベースラインと比較してどの程度の動的エネルギーを必要とするか。

1.6 [10/10/10/10/10/20]〈1.5, 1.9〉汎用目的のプロセスが汎用目的の計算に最適化している。すなわち、多数のアプリケーションにまたがって見られる振る舞いに最適化されている。とはいえ、ひとたび領域が制限されてしまえば、その対象とするアプリケーションの中で、多くが汎用目的のアプリケーションと違うかもしれない。このようなアプリケーションの 1 つが深層学習あるいはニューラルネットワークである。深層学習は、多くの違ったアプリケーションに適用可能である。しかし、推論の基本的なビルディングブロック――学習した情報から決定を行う――は、すべてにおいて共通である。推論の演算は多くは並列に可能であり、このため、現在は、この種の計算により向いているグラフィック処理ユニットで実行されているが、これは推論に完全に特化したものではない。Google は、深層学習†の推論用の演算を高速化するために Tensor プロセッシングユニットを使ったカスタムチップを作った。このアプローチは、例えば会話認識、画像認識に可能である。本問題では、このプロセスのトレードオフについて探求する。すなわち、汎用プロセッサ（Haswell E5-2699 v3）と GPU（NVIDIA K80）を相手に性能と空冷について比較する。熱をコンピュータから効率的に取り除かないと、ファンは冷風ではなく、熱風をコンピュータに吹き付けることになる。注意：違いはプロセッサに留まらず、オンチップメモリと DRAM もこれに関連する。このため、測定はチップレベルではなく、システムレベルで行われる。

a [10]〈1.9〉Google のデータセンターが、GPU で実行する場合に、ワークロード A に 70%、ワークロード B に 30%掛かる。TPU システムは GPU システムよりもどれだけスピードアップするか。

b [10]〈1.9〉Google のデータセンターが、GPU で実行する場合に、ワークロード A に 70%、ワークロード B に 30%掛かる。3 つのシステムのそれぞれの、最大 IPS に対する割合はどのようになるか。

c [15]〈1.5, 1.9〉(b)に取り組む際に、電力がアイドル状態からビジー状態まで、IPS が 0%から 100%まで直線的に増加すると仮定する。TPU システムの GPU システムに対するワット当たりの性能はどのようになるか。

d [10]〈10〉もう 1 つのデータセンターでは、ワークロード A に 40%、ワークロード B に 10%、ワークロード C に 50%の時間を掛けている。汎用システムに対して GPU と TPU システムはどれだけ性能向上するか。

e [10]〈1.5〉それぞれのラックに対するクーリングドアは、$4000 し、14kW 放熱（屋内に放熱、戸外に放熱するには追加のコス

---

† 次の Web サイトを参照：`https://drive.google.com/file/d/0Bx4hafXDDq2EMzRNcy1vSUxtcEk/view`

システム	チップ	TDP	イドル時電力	稼働時電力
汎用	Haswell E5-2699 v3	504W	159W	455W
グラフィックプロセッサ	NVIDIA K80	1838W	357W	991W
専用 ASIC	TPU	861W	290W	384W

図 1.27　汎用プロセッサ、グラフィックプロセッサによるもの、専用ASICを使ったもののハードウェアの特徴、測定電力を含む（ISCAの論文より）

システム	チップ	スループット			最大 IPS に対する％		
		A	B	C	A	B	C
汎用	Haswell E5-2699 v3	5482	13,194	12,000	42%	100%	90%
グラフィックプロセッサ	NVIDIA K80	13,461	36,465	15,000	37%	100%	40%
専用 ASIC	TPU	225,000	280,000	2000	80%	100%	1%

図 1.28　汎用プロセッサ、グラフィックプロセッサによるもの、専用ASICを使ったもの 2 つのニューラルネットワークのワークロードでの性能指標（ISCAの論文より）

ワークロード A と B は文献による。ワークロード C は架空のもので、より汎用的なアプリケーションである。

トが必要）する。図 1.27 と 1.28 の TDP を仮定した場合、1 つのクーリングドアで、いくつの Haswell-、NVIDIA-、Tensor ベースのサーバを冷却できるか。

f ［10］〈1.5〉典型的なサーバルームは、1 平方フィート当たり、200W を放熱できる。サーバラック 1 つが 11 平方フィート要するとして（前面、背面の空間を含む）、問題（e）のサーバが何台単一のラックに格納でき、いくつのクーリングドアが必要か。

演習問題

1.7 ［10/15/15/10/10］〈1.4、1.5〉アーキテクトにとっての課題の 1 つは、今日の設計が、マーケットに登場する前の実装、検証、テストに数年間を要することにある。このことにより、アーキテクトはテクノロジが数年後にどのようになるかを予測しなければならない。これは時に困難である。

a ［10］〈1.4〉Moore の法則に見られるデバイスのスケーリングトレンドに基づくと、2025 年における 1 チップ上のトランジスタ数は 2015 年の何倍になるか。

b ［15］〈1.5〉パフォーマンスの向上はかつてこのトレンドを反映するものだった。パフォーマンスが 1990 年代と同じ割合で上昇するとすると、VAX-11/780 に比べて 2025 年にチップのパフォーマンスはどの程度になるだろうか。

c［15］〈1.5〉2000 年代半ばのパフォーマンスの上昇の割合ならば、2025 年にパフォーマンスはどうなるだろうか。

d ［10］〈1.4〉クロック周波数の向上を制限する要因は何か。余ったトランジスタを性能向上に使うためにアーキテクトは何をしているか。

e［10］〈1.4〉DRAM 容量の増加率も鈍っている。20 年間に DRAM 容量は年間 60％増大した。8Gbit の DRAM が 2015 年に最初に利用可能になり、16Gbit が 2019 年まで利用できなくなった場合、現在の DRAM の成長率はどの程度になるか。

1.8 ［10/10］〈1.5〉あなたは特定のデッドラインを満足しなければならないリアルタイムアプリケーション用のシステムを設計している。早く終わらせても何の役にも立たない。ところがあなたのシステムは必要なコードを最悪の場合でも要求の倍のスピードで実行することが分かった。

a ［10］〈1.5〉現在のスピードで実行して、計算が終わった時にシステムの電源をオフにすることで、どの程度のエネルギーを節約できるか。

b ［10］〈1.5〉電圧と周波数を半分に設定したら、どの程度のエネルギーを節約できるか。

1.9 ［10/10/20/20］〈1.5〉Google や Yahoo!などのサーバ業者はその日の最高の要求レートに対して十分な計算能力を提供する。大部分の時間にはこれらのサーバは 60％の余裕を持って動作するとする。さらに、電力が負荷に比例しないと仮定する。すなわち、サーバが 60％の余裕で動作している場合でも、最大電力の 90％を消費するとする。サーバの電源を切ることができるが、より多くの負荷に対応するために再起動するには時間が掛かりすぎる。ここで、高速に再起動ができるが最大電力の 20％を要する「待機状態」という新しいシステムが提案された。

a ［10］〈1.5〉60％のサーバの電源を切ることによって削減できる電力はどれくらいか。

b ［10］〈1.5〉60％のサーバを「待機状態」にすることで削減できる電力はどれくらいか。

c ［20］〈1.5〉電圧を 20％、動作周波数を 40％分下げることで削減できる電力はどれくらいか。

d ［20］〈1.5〉30％のサーバを「待機状態」にし、30％の電源を切ることにより削減できる電力はどれくらいか。

1.10 ［10/10/20］〈1.7〉可用性は、サーバを設計するための最も重要な要求事項であり、スケーラビリティとスループットがこれに続く。

a ［10］〈1.7〉FIT が 100 のシングルプロセッサがある。このシステムの MTTF はどうなるか。

b ［10］〈1.7〉このシステムを再開するまで 1 日掛かるとすると、システムの可用性はどうなるか。

c［20］〈1.7〉政府がコストを削減するために、スーパーコンピュータを高価で信頼性の高いコンピュータではなく、安価なコンピュータを用いて作ろうとしてる場合を考える。1000 プロセッサのシステムの MTTF はどうなるか。なお、1 つが故障すると全体が故障するとする。

1.11 ［20/20/20］〈1.1、1.2、1.7〉Amazon や eBay が使用しているようなサーバ業者では、単一の障害でシステム全体がクラッシュすることはない。代わりに、一定時間に満たすことができる要求の数を減らしている。

a [20] 〈1.7〉 ある会社が10,000台のコンピュータを持っており、それぞれのMTTFが35日、それらのうち3分の1のコンピュータに障害が発生した場合にのみ致命的な障害が発生するとすると、そのシステムのMTTFはどうなるか。

b [20] 〈1.1、1.7〉 1台のコンピュータにつき1,000ドルの追加でMTTFを倍にできるとすれば、それはビジネス上の選択として良いものだろうか。自身の考えを示せ。

c [2] 〈1.2〉 図1.3は、コストが年間を通じていつでも同じであると仮定して、平均のシステムダウンのコストを示したものである。ただし、小売業者にとっては、クリスマスシーズンが最も収益性があります（したがって、売上を失う最もコストのかかる時期です）。しかし、小売業者にとってはクリスマスシーズンが最も高収益である（すなわち、売り上げがなければ一番コストの大きい時期である）。通販のセールスセンターにおいて第4四半期のトラフィックが他の四半期の2倍になる場合、この四半期における1時間当たりのシステムダウンのコストと残りの四半期のコストを求めよ。

1.12 [20/10/10/10/15] 〈1.9〉 この演習問題では、暗号化ハードウェアを追加することによってクアッドコアマシンを強化することを検討しているとする。暗号化命令を実行する場合、通常の実行モードよりも20倍速くなる。元の実行時間における暗号化の実行に費やされる時間の割合を暗号化率と定義する。また、専用ハードウェアにより、消費電力が2%増加するとする。

a [20] 〈1.9〉 暗号化率に対するスピードアップをプロットしたグラフを描きなさい。y軸のラベルは「実効スピードアップ」、x軸のラベルは「暗号化率」とせよ。

b [10] 〈1.9〉 暗号化ハードウェアを追加すると、何パーセントの暗号化率で2倍のスピードアップが得られるか。

c [10] 〈1.9〉 2倍のスピードアップが達成された場合、暗号化ハードウェアを利用した新しい実行における何パーセントの時間が暗号化操作に費やされるでしょうか。

d [15] 〈1.9〉 暗号化率を測定したら50%であったとします。ハードウェア設計グループは、大幅な追加投資で暗号化ハードウェアをさらに高速化できると見積もっている。並列暗号化命令をサポートするために2つ目のユニットを追加することがより有用なのかを考える。元のプログラムでは、暗号化操作の90%を並列実行できるとする。許容される並列化が暗号化ユニットの数に制限されていると仮定すると、2つまたは4つの暗号化ユニットを提供した際のスピードアップはどれぐらいになるか。

1.13 [15/10] 〈1.9〉 実行を10倍速くするモードを用いてコンピュータの性能を上げようと思う。高速モードは、これを使った場合の実行時間を測った時、全体の50%で利用できることが分かった。Amdahlの法則は元の、つまり高速モードを使うことができる実行時間の性能向上前の割合を用いることを思い出そう。すなわち、この50%という数値をAmdahlの法則で直接使用してスピードアップを計算することができない。

a [15] 〈1.9〉 高速モードで得られるスピードアップはどうなるか。

b [10] 〈1.9〉 元の実行時間の中で高速モードを使って実行できる時間は何パーセントか。

1.14 [20/20/15] 〈1.9〉 プロセッサの一部を最適化するために変更を加えると、あるタイプの命令をスピードアップする代わりに他の命令を遅くしてしまうことがよくある。例えば、複雑で高速な浮動小数点演算ユニットを装備すると面積が大きくなってしまい、これに対応するために他のユニットを中央からさらに遠くに移動しなければならない。そうすると、そのユニットに利用するのに余計なサイクルが必要になる。このトレードオフは基本的なAmdahlの法則の式では扱うことができない。

a [20] 〈1.9〉 この新しい高速浮動小数点演算ユニットが浮動小数点演算を平均2倍スピードアップし、浮動小数点演算が元のプログラムの実行時間の20%を要する場合、全体のスピードアップはどうなるか。（他の命令に対するペナルティは無視する）

b [20] 〈1.9〉 ここで、浮動小数点ユニットによる高速化でデータキャッシュアクセスが遅くなり、1.5倍のスピードダウン（2/3のスピードアップ）が発生したとする。データキャッシュアクセスは実行時間の10%を占める。全体のスピードアップはどうなるか。

c [15] 〈1.9〉 新しい浮動小数点演算を実装した後、実行時間の何パーセントを浮動小数点演算が占めるか。またデータキャッシュアクセスが占めるのは何パーセントか。

1.15 [10/10/20/20] 〈1.10〉 あなたの会社は新しい22コアプロセッサを買ったばかりで、あなたはこのプロセッサ用にソフトウェアを最適化する仕事を割り当てられた。このシステムで4つのアプリケーションを実行するが、リソース要求量は等しくない。図1.29に仮定するシステムとアプリケーションの特性を示す。

アプリケーション	A	B	C	D
必要なリソースの割合	41	27	18	14
並列化率	50	80	60	90

図1.29 4つのアプリケーション

リソースの割合はそれらがすべて逐次的に実行されていると仮定した場合のものである。プログラムの一部をXで並列化した時、その部分の速度がXになるとする。

a [10] 〈1.10〉 22コアプロセッサ全体でアプリケーションAを実行すると、逐次的に実行する場合と比較してスピードアップはどの程度になるか。

b [10] 〈1.10〉 22コアプロセッサ全体でアプリケーションDを実行すると、逐次的に実行する場合と比較してスピードアップはどの程度になるか。

c [20] 〈1.10〉 アプリケーションAが41%のリソースを必要とすると、静的に41%のコアを割り当てた場合、Aを並列化して実行した場合の全体のスピードアップはどの程度になるか。

d [20] 〈1.10〉 4つのアプリケーションすべてに、必要なリソースの割合と同じ割合だけ一部のコアを静的に割り当て、すべてを並列実行した場合の全体のスピードアップはどの程度になるか。

e [10]〈1.10〉並列化による高速化において、静的に割り当てられたコアのアクティブ時間のみを考慮した場合、アプリケーションが受け取る新しいリソースの割合はどの程度になるか。

1.16 [10/20/20/20/25]〈1.10〉あるアプリケーションを並列化する場合、理想のスピードアップはプロセッサの数だけ高速化されることである。これはアプリケーションにおける並列化できる割合と通信コストという2つの点で制限される。Amdahlの法則は前者を考慮しているが後者は考慮していない。

a [10]〈1.10〉通信コストを無視して、アプリケーションの80%が並列化可能である場合の*N*個のプロセッサでのスピードアップはどうなるか。

b [20]〈1.10〉追加されたすべてのプロセッサについて、通信オーバーヘッドが元の実行時間の0.5%である場合、8個のプロセッサでのスピードアップはどうなるか。

c [20]〈1.10〉プロセッサ数が2倍になるたびに通信オーバーヘッドが元の実行時間の0.5%増加する場合の8個のプロセッサでのスピードアップはどうなるか。

d [20]〈1.10〉プロセッサ数が2倍になるたびに通信オーバーヘッドが元の実行時間の0.5%増加する場合、*N*個のプロセッサでのスピードアップはどうなるか。

e [25]〈1.10〉アプリケーションの元の実行時間の*P*%が並列化可能であり、プロセッサ数が倍になると通信のオーバーヘッドが元の実行時間の0.5%分増えるとする。最もスピードアップするプロセッサの数はいくつか。この問題を解くのに使える方程式を立てよ。

メモリ階層の設計

理想的なメモリ装置とは、無限に大きな容量を持ち、何ら特別なことをしなくても、ワードが即座に利用可能なものであろう。このために、メモリの階層を作らざるを得なくなる。すなわち、下に行くほど容量は大きくなるが、上よりはアクセスが遅くなる階層である。

A.W.Burks, H.H.Goldstine and J.von Nuemann
電子計算装置の論理的な設計についての予備的考察（1946）

2.1 はじめに

コンピュータの開拓者たちは、プログラマが無限の容量を持つ高速メモリを要求するであろうことを正確に予想していた。この要求に対する経済的な解決方法は**メモリ階層**である。これは、局所性の原則と、メモリ技術のコストと性能とのトレードオフを利用している。最初の章で述べた**局所性**の原則により、多くのプログラムは、コードやデータを均一にアクセスしたりはしない。局所性は時間的（**時間的局所性**）にも空間的（**空間的局所性**）にも生じる。一方、テクノロジと供給電力が決まっていれば小さいハードウェアほど高速にできるという設計指針がある。局所性の原則にこの設計指針を組み合わせると、速度やサイズなどさまざまなメモリを使った階層を作り出せる。図 2.1 に複数レベルのメモリ階層を、典型的なサイズとアクセス速度と共に示す。フラッシュと次世代メモリテクノロジは、ディスクとの bit 当たりコストの差を埋めつつあるので、2 次記憶の磁気ディスクを置き換えて行くだろう。図 2.1 が示すように、上記のテクノロジは、既に多くの PC に使われ、徐々に、性能、電力、容量におけるメリットが目立つサーバに使われている。

高速なメモリは高価なため、メモリ階層は複数のレベルで構成される。すなわち、あるレベルは、その次のレベル、つまりプロセッサからより遠いレベルと比べ、小さくて速いがバイト単価は高い。最終的な目標は、最も安いレベルのメモリと同程度のバイト単価のコストで、最も高速なレベルの速度を実現するメモリシステムを作ることである。多くの場合（すべてではないが）、下のレベルのデータは、その上のレベルのデータをすべて含んでいる。この性質を**包含性**（Inclusion Property、5.7.3 節参照）と呼ぶ。包含性は、階層の最後のレベル、キャッシュの場合はメインメモリ、仮想メモリの場合はディスクにおいて常に満足されなければならない。

メモリ階層は、プロセッサの性能向上に伴ってその重要性が大きくなっている。図 2.2 は、メインメモリのアクセス時間の進歩と、単一プロセッサの性能向上を、年代を横軸にとって示したものである。プロセッサの線は、時間毎の平均メモリ参照要求数の増加（すなわち、メモリ参照のレイテンシの逆数）を示しているのに対し、メモリの線は時間毎に可能な DRAM アクセス数の増加（すなわち、DRAM アクセスレイテンシの逆数）を示している。ここでは、単一 DRAM と単一メモリバンクを想定している。実際はもっと複雑である。プロセッサの要求間隔は一様ではなく、メモリは、通常、複数の DRAM とチャネルのマルチバンクであるからだ。

アクセス時間のギャップは長年に渡って明らかに大きくなっているが、単一プロセッサの性能向上が激しくなくなったことにより、プロセッサと DRAM のギャップの増大はゆっくりとしたものになっている。

最近は、高性能プロセッサはマルチコアに移行したので、単一コアに比べてバンド幅要求量はもっと増えている。近年、単一コアのバンド幅の増大はゆっくりになっているが、コアの数が増えているので CPU メモリ要求と DRAM のバンド幅とのギャップは大きくなり続けている。Intel Core i7 6700 などの最近の高性能デスクトッププロセッサは、毎クロック 2 つのデータメモリ参照要求を出すことができる。4 コアが、クロック周波数 4.2GHz で動いた時、i7 は、328 億回の 64bit データメモリ参照を発生することができる。この信じ難いバンド幅は、キャッシュのマルチポート化とパイプライン化、コア単位にプライベートなキャッシュを 2 階層に加えて共有 L3 キャッシュから構成される 3 階層のキャッシュ、1 次キャッシュでの命令キャッシュとデータキャッシュの分離などで達成される。一方、DRAM メインメモリのバンド幅はこの 8%（毎秒 34.1GiB）にすぎない。次のバージョンでは L4 DRAM キャッシュを組み込むか、あるいは積層 DRAM（2.2 節と 2.3 節を参照）を持つことが期待されている。

メモリ階層の設計者は伝統的に平均アクセス時間を最適化することに集中していた。これは、キャッシュアクセス時間、ミス率、ミスペナルティによって決まる。しかし、最近では電力が、重要な考慮事項になっている。高性能マイクロプロセッサでは、60MiB 以上のオンチップキャッシュと巨大な 2 次、3 次キャッシュを持って

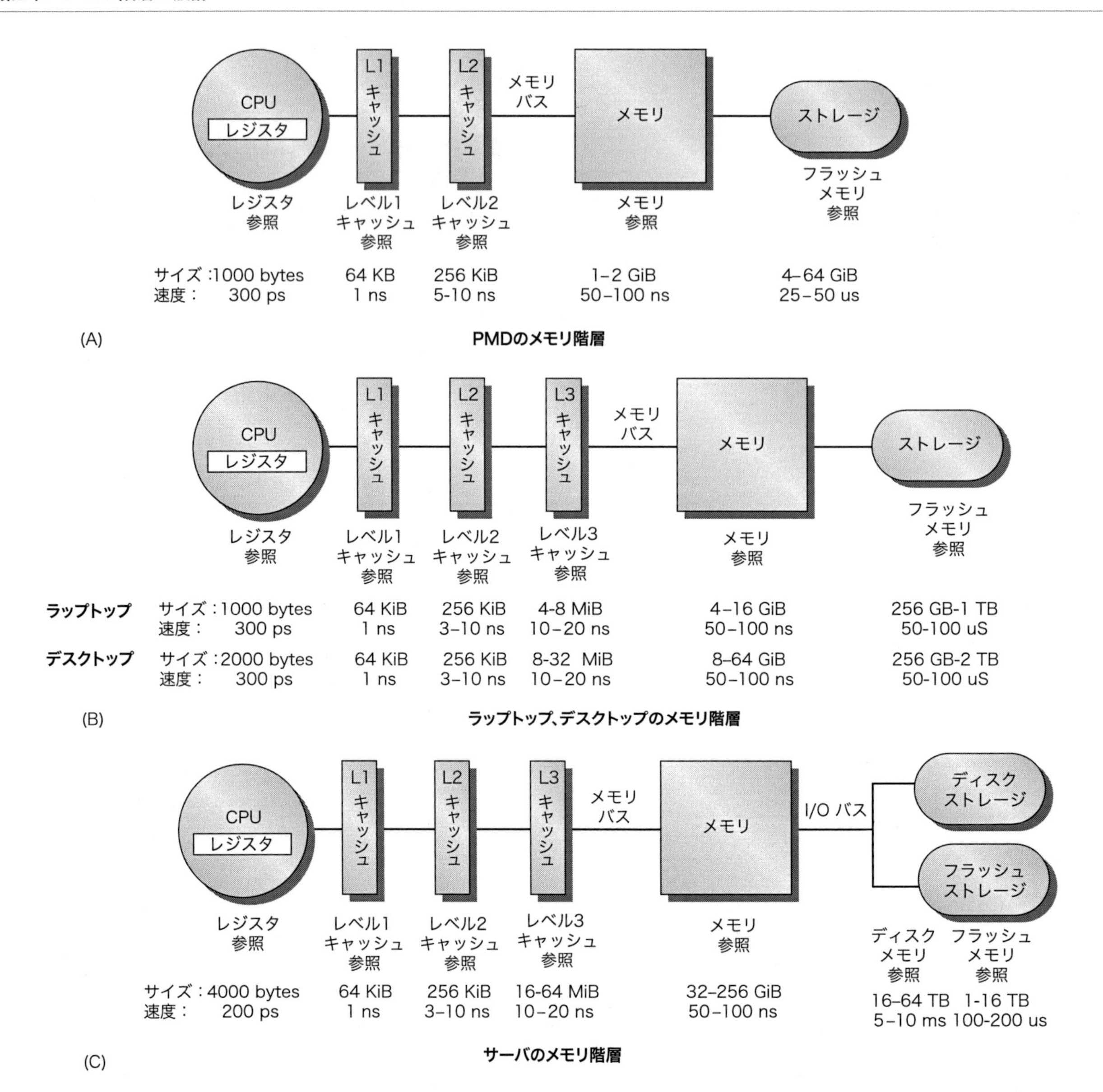

図 2.1 スマートフォンやタブレットなどの PMD（A)、ラップトップやデスクトップコンピュータ（B)、サーバ（C)における典型的なメモリ階層のモデル

プロセッサからの距離が増えるにつれ、下のレベルのメモリは遅く、大きくなっている。時間の単位は 10^9 のオーダ、つまり 1 ピコ秒からミリ秒まで変わり、サイズの単位は 10^{10} で数千バイトから数十テラバイトまで大きくなる。これにサーバの代わりにウェアハウスサイズのコンピュータを付け加えるならば、容量のスケールは、3〜6 乗のオーダで増える。PMD ではフラッシュメモリで構成された solid-state drive（SSD）のみが使われ、ラップトップやデスクトップでも主に使われるようになっている。多くのデスクトップで、主に使うストレージは SSD で、拡張ディスクとしてハードディスクドライブ（HDD）が使われる。同様に、多くのサーバでは SSD と HDD を組み合わせて使う。

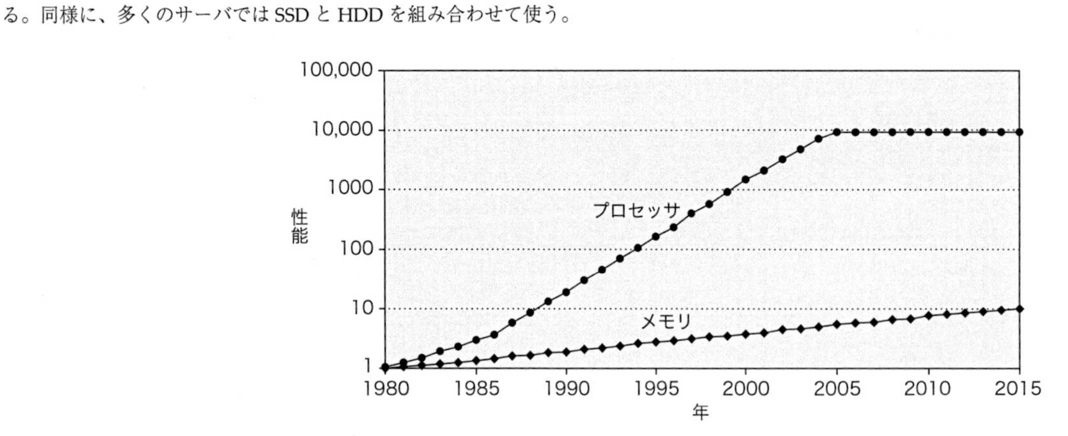

図 2.2 1980 年の性能を基準とした場合の、プロセッサメモリの要求(単一プロセッサあるいはコア)とDRAM アクセスのレイテンシのギャップを時代の移り変わりと共に示したグラフ。2017 年中頃、AMD、Intel、Nvidia がアナウンスしたすべてのチップセットはHBM テクノロジを用いた版である

プロセッサの性能は単一プロセッサあるいはコアがメモリに対して出す要求数の違いで測っている。縦軸はプロセッサと DRAM の性能のギャップの大きさを示すために対数表示になっている。メモリの基準は 1980 年に 64KiB の DRAM であり、レイテンシについては年率 1.07 で性能が改善されている（図 2.4 を参照)。プロセッサの線は 1986 年まで年率 1.25、2000 年まで年率 1.52、2000 年から 2005 年までは 1.20、2005 年から 2015 年までは（コア 1 つ当たりは）少ししか上がらないとした。見ての通り、2010 年まで DRAM のメモリアクセス時間はゆっくりであるが、一定である。アクセス時間の改善は 2010 年からは、それ以前よりも小さくなる。一方でバンド幅では改善され続けている。詳細は 1 章の図 1.1 を参照のこと。

おり、2.3 節で述べたように、動作していない時の漏れ電流（**静的電力**）と読み書きする動作電力（**動的電力**）は、両者とも大きい。この問題は PMD のプロセッサでより厳しくなっている。PMD のプロセッサは、これほど激しく動作しないが、利用可能な電力は 20 倍から 50 倍も小さい。この場合、キャッシュは全体の電力の 25%から 50%の電力を占めることがある。このため、性能と電力のトレードオフをもっと考えて設計しなければならない。この章ではこの両方について見ていこう。

2.1.1　メモリ階層の基本：簡単なおさらい

サイズが増え、プロセッサとのギャップの重要性も増えたことから、メモリ階層の基本的な事項は、学部のコンピュータアーキテクチャの授業に移され、その一部は OS とコンパイラの授業でも習うようになった。そこで、この章では、キャッシュの簡単な復習から始め、残りの多くの部分で、プロセッサ–メモリ間の性能ギャップに対応するための、より高度な技術を紹介する。

あるワードがキャッシュに見つからなかったら、階層のより下のレベル（別のキャッシュあるいはメインメモリ）から持ってきて、実行を続ける前にそれをキャッシュ上に置かなければならない。効率の点と空間的局所性の点から、持ってくる対象は、**ブロック**（または**ライン**）と呼ばれる複数のワードとなる。各キャッシュブロックには、どのメモリアドレスがそれに対応するかを示す**タグ**が付加される。

設計上の鍵となるのは、ブロックをキャッシュのどこに置くかということである。最も一般的な方法は、**セットアソシアティブ**であり、キャッシュのブロックのグループでセットを作って、そのどこかに置く方法である。あるブロックを、あるセットに割り当てると、そのブロックはセットの中ならばどこにでも置くことができる。ブロックを見つけるためには、セットに対応するアドレス部分を取り出し、通常はセットの中を並列に探す。セットは、データに対するアドレスから、下のように選ばれる。

(ブロックアドレス) MOD (キャッシュ中のセットの数)

あるセット中に *n* 個のブロックが置ける場合、このキャッシュの配置法（placement）を ***n*-ウェイセットアソシアティブ**と呼ぶ。セットアソシアティブの両極端のケースには、それぞれ名前が付いている。**ダイレクトマップキャッシュ**は、それぞれのセットが 1 つしかブロックを持たず（つまりあるブロックは、いつでも同じ場所に配置される）、**フルアソシアティブキャッシュ**は、1 つしかセットを持っていない（つまりブロックはどこに置いても良い）。

キャッシュしたデータを常に読むだけならば、キャッシュ上のコピーはメモリといつも同一なので楽であるが、書き込みのキャッシングはもっと難しい。例えばキャッシュ上のコピーとメモリの一貫性をどのように維持すれば良いだろうか。代表的な方針が 2 つある。**ライトスルーキャッシュ**は、キャッシュ上の対象を更新したら、これを通り抜けてメインメモリもそのまま更新する。**ライトバックキャッシュ**はキャッシュのコピーのみを更新する。そのブロックが置き換えられる時に、メモリに対して書き戻される。どちらの方針を使う時でも、**ライトバッファ**を使うことができる。キャッシュは、メモリにデータを書き込むまでの遅延分の時間全体を待つことはせずに、データをこのバッファに格納してすぐに先に進むことができる。

さまざまなキャッシュ構成のうちどれが良いかを測る尺度の 1 つは**ミス率**である。ミス率は、単純にキャッシュのアクセスの中でミスしたものの割合である。すなわち、ミスしたアクセス回数を全体のアクセス回数で割ったものである。

ミス率が高い場合、この原因について深く知り、キャッシュの設計を良くするために、「3 つの C」モデルがある。このモデルでは、すべてのミスを単純な 3 つのカテゴリに分類する。

- **初期化**（**Compulsory**）：ブロックがキャッシュに存在しないうちの最初のアクセスでは、ブロックをキャッシュに持ってこないわけにはいかない。**初期化ミス**は、無限大のキャッシュを持っていたとしても生じる。
- **容量**（**Capacity**）：キャッシュがあるプログラムの実行中に必要なブロックをすべて保持することができなければ、ブロックは捨てられ、そして後でまた取って来ることになる。このため、**容量ミス**が起きる。
- **競合**（**Conflict**）：ブロック配置の方式がフルアソシアティブでなければ、**競合ミス**が（初期化と容量ミスに加えて）生じる。これは、競合しているブロックがそのセットにマップされているならば、ブロックが捨てられ、後に再びとってくるかもしれないからだ。

付録 B の表 B.4 と図 B.5 は、相対的なキャッシュミスの頻度を 3 つの C に分解して示す。第 3 章と第 5 章で示すようにマルチスレッド処理とマルチコア化によりキャッシュはさらに複雑になる。どちらの方法をとっても、容量ミスが増え、4 番目の C である**コヒーレンスミス**が加わる。これは、マルチプロセッサの複数のキャッシュ間で一貫性を保つために、その内容を捨てなければならないというミスである。これについては第 5 章で考えることにする。

ミス率は、いくつかの理由で間違った考えを招いてしまう尺度である。そのため、設計者の中には、命令当たりのミス数の方がメモリ参照当たりのミス（ミス率）よりも好きな人もいる。これらの 2 つは以下の式に示す関連がある（命令当たりのミス数は、割合の代わりに整数で言えることからこの式を 1,000 命令当たりのミス回数で示すことがしばしばある）。

$$\frac{\text{ミス数}}{\text{命令数}} = \frac{\text{ミス率} \times \text{メモリアクセス数}}{\text{命令数}} = \text{ミス率} \times \frac{\text{メモリアクセス数}}{\text{命令数}}$$

2 つの尺度は共に、ミスのコストが要素に入っていないという点が問題だ。より優れた尺度は、以下に示す**平均メモリアクセス時間**である。

平均メモリアクセス時間
= ヒット時間 + ミス率 × ミスペナルティ

ここで、**ヒット時間**は、キャッシュがヒットした時のアクセス時間で、**ミスペナルティ**はメモリからブロックを持ってくるアクセス時間（すなわちミスのコスト）である。平均メモリアクセス時間は、ミス率よりはましだが、性能に対してはやはり間接的な尺度であり、実行時間との置き換えは不可能だ。

投機的実行を行うプロセッサでは、ミスの間に他の命令を実行できるため、実効ミスペナルティを減らせる。これは、第3章で解説する。また、プロセッサは、第3章で紹介するマルチスレッド方式を使うことで、ミス時にアイドルにならず、ミスの被害に耐えられる。後に簡単に検証するように、この種のレイテンシに耐える技術を利用するには、キャッシュはミスを処理している間でも他の要求を処理できなければならない。

この題材を知らなかったり、復習の進行が早すぎると思ったら、付録Bを参照されたい。付録Bでは、導入部分は同じだが、より詳細な解説があり、実際のコンピュータのキャッシュの例と、その効率の定量的な評価を掲載している。

付録B.3は、ここで軽く復習する6つのキャッシュの基本的な改良手法をきちんと紹介している。また、これらの改良手法の効果を定量的に測った例も含む。以下、6つの改良手法を述べるが、この中ではトレードオフに対する電力の関係についても簡単にコメントする。

1. **ミス率を減らすために大きなブロックサイズを使う**：ミス率を減らす最も単純な方法は、空間的局所性を利用するためにブロックサイズを大きくすることである。大きなブロックは初期化ミスを減らすが、ミスペナルティは大きくなる。大きなブロックはタグの数を減らすので、静的電力は若干小さくなる。しかし、特にキャッシュの容量が小さい場合に容量ミスと競合ミスを増やしてしまう。適切なブロックサイズを選ぶには、キャッシュサイズとミスペナルティに関連する複雑なトレードオフを考えなければならない。
2. **ミス率を減らすために大きなキャッシュを使う**：当たり前だが、容量ミスを減らすためにはキャッシュの容量を大きくすればよい。欠点は、大きなキャッシュメモリを使うことでヒット時間が大きくなる可能性があることと、コストと消費電力の増加である。大きなキャッシュを使うと、静的、動的どちらの電力も増える。
3. **ミス率を減らすためにウェイ数を大きくする**：ウェイ数を大きくすれば、当然、競合ミスが減る。しかし、ヒット時間が増大する可能性がある。後に紹介するように、ウェイ数を増やすと消費電力も大きくなる。
4. **ミスペナルティを減らすために複数レベルのキャッシュを使う**：プロセッサのクロック周波数の上昇に追従するためにキャッシュのヒット時間を高速化するか、プロセッサのアクセスとメインメモリへのアクセスの間の広がりつつあるギャップを乗り越えるためにキャッシュを大きくするか、この判断は難しい。元々のキャッシュとメモリとの間に、もう1つのキャッシュを付け加えることで、この判断は簡単になる。**1次キャッシュ**は高速なクロックサイクルに追随できるくらい小さくできる。一方、2次（3次）キャッシュは、メインメモリに送られるアクセスの多くを賄えるくらい大きくできる。**2次キャッシュ**のミスに焦点を当てると、大きなブロック、大きな容量、多くのウェイ数が良いことになる。マルチレベルキャッシュは単一のキャッシュよりも電力効率が良い。1次キャッシュを**L1**、2次キャッシュを**L2**とそれぞれ表すと、平均メモリアクセス時間を次のように定義しなおすことができる。

$$\text{ヒット時間}_{L1} + \text{ミス率}_{L1} \times (\text{ヒット時間}_{L2} + \text{ミス率}_{L2} \times \text{ミスペナルティ}_{L2})$$

5. **読み出しミスを書き込みミスよりも優先してミスペナルティを減らす**：この改良手法を、うまく実装するにはライトバッファを使えばよい。ライトバッファ中には更新された値が存在し、読み出しミスがそれを要求する場合にハザードを生じる。すなわち、メモリに対するRAW（read after write）ハザードである。これは、読み出しミス時にライトバッファの内容をチェックすることで解決できる。アドレスが重なっておらず、メモリシステムが利用可能ならば、読み出し要求を書き込みに先立って送ることで、ミスペナルティを減らすことができる。多くのプロセッサでは読み出しを書き込みより優先させている。この改良手法は消費電力へほとんど影響を与えない。
6. **キャッシュの検索中のアドレス変換を避けることでヒット時間を減らす**：キャッシュは、プロセッサが生成する仮想アドレスから、メモリをアクセスする物理アドレスへの変換に対処しなければならない（仮想メモリは2.4節とB.4節で紹介する）。このための一般的な手法は、仮想アドレスと物理アドレスの両方で共通しているページオフセットをキャッシュのインデックスに使うことである。この手法は、付録Bで紹介している。仮想アドレスのインデックスを物理タグに使う方法により、若干システムが複雑になり、L1キャッシュのサイズと構造が制約される。しかし、トランスレーションルックアサイドバッファ（TLB）アクセスをクリティカルパスからはずせるので、利点が短所を上回る。

この6つの改良手法は、平均メモリアクセス時間を短くするどころか、むしろ長くしてしまう危険があることに注意されたい。

この章の残りは、ここまでの内容と付録Bの内容を正しく理解していることが前提となる。まとめの実例の節では、高性能サーバの設計例としてIntel Core i7 6700、PMDで用いられる設計例としてARM Cortex-53を示す。後者はAppleのiPadや各種高性能スマートフォンに用いられているものの基本となっている。それぞれのクラスの中で、コンピュータの利用法による大きな違いが出てくる。i7 6700は、モバイル用に設計されたIntelプロセッサに比べて多くのコアと大きなキャッシュを持つが、プロセッサアーキテクチャは類似している。小型サーバ用に設計されたi7 6700やもっと大きなサーバ用のIntel Xeonプロセッサは、違ったユーザのために、数多くの並行プロセスを走らせることが多い。このため、メモリバンド幅がより重要であり、これを増強するために、大きなキャッシュと、より先取の気性に富んだメモリシステムを用いる。

これに対してPMDは、1人のユーザ用でありOSも小さく、あまり（多数のアプリケーションを同時に走らせる）マルチタスク処理は行わず、アプリケーションも単純である。PMDでは、性能と、バッテリの持続時間を決めるエネルギー消費を共に考慮しなければならない。バッテリの持続時間を決めるエネルギー効率が、性能と同じく重要である。キャッシュのより高度な構成法と最適化に移る前に、さまざまなメモリテクノロジとこれがどのように進化したかを理解する必要があろう。

2.2 メモリ技術と最適化

……コンピュータをひとり立ちできるようにした、たった１つの発明とは、十分な信頼性を持ったメモリ、すなわちコアメモリであった……。価格的にも適正で、信頼性があり、そしてその信頼性ゆえに、大規模なものを作ることができた。

Maurice Wilkes
あるコンピュータの開拓者の回想（1985）

この節では、メモリ階層、特にキャッシュとメインメモリに使うテクノロジについて紹介する。**SRAM**（static random-access memory）、**DRAM**（dynamic random-access memory）、**フラッシュメモリ**である。フラッシュは、ハードディスクに代わって用いられているが、その特徴は半導体メモリであることに基づいているので、本節で取り扱うのが妥当である。

SRAMは、キャッシュのアクセス時間を最小化するために利用されている。とはいえ、キャッシュミスが起きれば、データをメインメモリからできるだけ速く移動する必要があり、これには高いバンド幅のメモリが必要となる。この高メモリバンド幅は、多くのDRAMチップを使ってメインメモリをマルチメモリバンク化したり、メモリバス自体を広くするか、あるいはその両方により、実現される。

過去においては、メモリのマルチバンク化など、多くのDRAMチップを使ってメインメモリを構成する方法に工夫が凝らされた。高いバンド幅を達成するには、メモリバンクを利用したり、メモリ自体とそのバスを広くするか、あるいはその両方を行う必要があった。皮肉なことに、メモリチップ当たりの容量が増加するにつれ、同じサイズのメモリシステムにおけるチップ数は少なくなり、容量が同じ場合は、工夫の機会は減ってしまった。

メモリシステムが最近のプロセッサのバンド幅の要求に追従できるように、メモリの工夫はDRAMチップの内部から始まった。この節ではメモリチップ内部のテクノロジと、これらの工夫、内部構造について述べる。テクノロジとオプションについて解説する前に性能指標を復習しておこう。

ブロック（バースト）転送メモリとして、広く使われているフラッシュとDRAMの両方で、メモリレイテンシは、アクセス時間とサイクル時間の２つの尺度で見積もられている。**アクセス時間**とは、読み出しが要求されてから、目的のワードが到着するまでの時間であり、**サイクル時間**とは、互いに関連のない要求を、メモリに対して出すことのできる時間間隔の最小値である。

1975年以降に作られた実質上すべてのコンピュータは、DRAMをメインメモリに、SRAMをキャッシュに使っており、1から3のレベルのキャッシュをCPUのプロセッサチップに組み込んでいた。

PMDではメモリテクノロジは、電力と速度のバランスを考えて決めることが多く、また、ストレージの要求量が小さいことから、ディスクドライブの代わりにフラッシュを使っている。この決定は、デスクトップコンピュータに広がっている。

2.2.1 SRAMテクノロジ

SRAMの最初の文字は**静的**（static）の略である。DRAMは動的（dynamic）な性質により、データを読んだ後に書き戻しを行わなければならない。このため、アクセス時間とサイクル時間に差が生じ、リフレッシュも必要となる。SRAMはリフレッシュが不要なので、アクセス時間はサイクル時間に近い。SRAMは通常ビット毎に6つのトランジスタを使っており、読み出しによる情報消失はない。SRAMはスタンバイモードにすればメモリ内容を維持するために最低限の電力しか必要としない。

かつて、ほとんどのデスクトップとサーバシステムはSRAMチップを、その1次、2次、3次キャッシュに使っていた。今日は、この3つのレベルのキャッシュはプロセッサチップの中に集積されている。高性能サーバチップは24コアで60MiBに上るキャッシュを搭載している。これらのシステムの多くはプロセッサ毎に128～256GiBのDRAMを装備する。大規模な3次オンチップキャッシュのアクセス時間は2次キャッシュの2から8倍であり、通常、DRAMアクセスよりも5倍速い。

オンチップキャッシュSRAMは、キャッシュのブロックサイズに等しいデータ幅を持っており、タグはそれぞれのブロックと並んで格納される。このことで、ブロック全体が毎クロック読み出し、書き込みが可能になる。この能力はミスが起きて、取って来たデータを書き込む際や、キャッシュから追い出すブロックを書き戻す際に実際に役に立つ。キャッシュへのアクセス時間（セットアソシアティブキャッシュにおけるヒット検出と選択を無視した場合）はキャッシュ中のブロック数に比例する。一方、エネルギー消費は、キャッシュ中のbit数（静的電力）と、ブロックの数（動的電力）の両方に依存する。セットアソシアティブキャッシュは、メモリサイズが小さいので、メモリに対する初期アクセス時間が短いが、ヒット検出とブロック選択のための時間が増える。この話題については2.3節で取り扱う。

2.2.2 DRAMテクノロジ

初期のDRAMは容量が急成長したため、すべてのアドレス線を持つとパッケージのコストが大きくなりすぎる点が問題だった。この解決法はアドレス線の多重化であり、これによりアドレスピンは半分になった。図2.3に基本的なDRAMの構成を示す。アドレスの

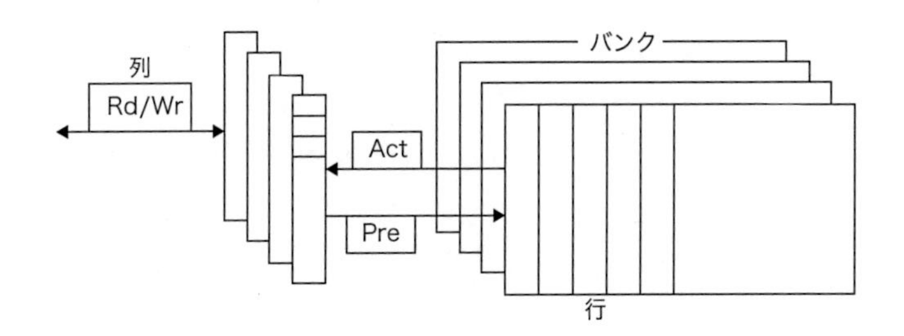

図 2.3 DRAMの内部構造
最近のDRAMは複数のバンクから構成され、DDR4については16個である。それぞれのバンクは行の並びから構成される。ACT（Active）コマンドを送ることでバンクと行を使用中（オープン）にし、行バッファに入れる。行がバッファに入ると、列アドレスにより、DRAMのデータ幅（DDR4の場合、4、8、16bit）が選ばれるか、スタートアドレスとブロック転送の指定が行われる。プリチャージコマンド（PRE）は、バンクと行を使用終了（close）し、新しいアクセスに備える。ブロック転送などのコマンドは、クロックに同期して送られる。行と列の信号は元々の信号名に基づきRAS、CASと呼ばれる場合がある。

半分がまず、**行アドレスストローブ**（RAS）信号と共に送られる。これに続いて残りの半分のアドレスが**列アドレスストローブ**（CAS）と共に送られる。これらの名前はチップの内部構造に由来する。すなわち、メモリは行番号と列番号の組みによりアドレスされる長方形のマトリックスで構成されている。

DRAMを使う場合、その名前の最初の文字、"dynamic" のDが示す特性に由来する要求を満足させなければならない。1つのチップに、より多くのビットを詰め込むため、DRAMは1ビットを記憶するのに、ただ1個のトランジスタを使って、これを実質的に1bitを記憶するキャパシタとして働くようにしている。このことから以下の2つが生じる。まず、変化を検出するセンスワイヤは、プリチャージされなければならない。これによりワイヤを論理0と1の中間状態にして、センスアンプが少しの変化を検出して0か1かを決められるようにしている。読み出しに際しては、行は行バッファに格納され、CAS信号で行の一部を読み出してDRAMの外に出力する。行の読み出しにより情報は破壊されるので、書き戻す必要がある。この書き戻しはオーバーラップされて行われるが、初期のDRAMにおいては、新しい行を読み出し始めることができるまでのサイクル時間が、行を読んでその一部をアクセスする時間よりも大きくなった。さらに、情報がセルからの電荷の漏れにより失われることを防ぐため（読み書きが行われない場合を想定して）、そのビットを定期的にリフレッシュしなければならない。ありがたいことに、1行のすべてのビットは、その行を読んで書き戻すだけですべてリフレッシュされる。このため、メモリシステム内のすべてのDRAMは、一定の間隔、例えば64msの中ですべての行にアクセスしなければならない。メモリコントローラは、DRAMを定期的にリフレッシュするハードウェアを内蔵している。

リフレッシュ要求により、メモリシステムが、それぞれのチップにリフレッシュ信号を出している間は利用できなくなる。リフレッシュ時間は、行を活性化して、プリチャージして書き戻す時間（列の選択が必要ないため、データを持ってくる場合のおよそ2/3になる）が、DRAMの各行について必要となる。DRAM内のメモリマトリックスは、正方形であると考えられるため、リフレッシュのステップ数は通常DRAMの容量の平方根になる。DRAM設計者はリフレッシュに要する時間を全体の5%にとどめるように努力している。

ここまでメインメモリが、いつでも正確なスケジュールにしたがって配送すると考えてきた。実際、SDRAMのDRAMコントローラ（通常プロセッサ上にある）は、可能な場合は、新しい行をオープンするのを避けるように、また、ブロック転送を使うようにスケジュールしている。リフレッシュはこれに対して予測不能の要因を付け加えることになる。

Amdahlは、コンピュータシステムにおけるバランスを保つためには、「プロセッサの性能にほぼ線形に比例してメモリ容量は増えるべきである」という目安を示した。つまり、1000MIPSのプロセッサは1000MiBのメモリを持たなければならない。プロセッサの設計者は、この要求にDRAMが応えることを期待していた。過去において、3年毎に容量は4倍になり、年間55%の性能向上が見込めたからだ。残念なことに、DRAMの性能改善はもっとゆっくりである。性能向上がゆっくりになったのは、行アクセス時間の削減が少しであるためで、これは電力の制約と、個々のメモリセルの電荷を蓄える容量（つまりサイズ）によるものだ。我々は性能のトレンドを詳しく議論する前に、1990年代の半ばから起きたDRAMの主な変革を紹介する必要があろう。

2.2.3　DRAMチップ内での性能の改善：SDRAM

初期のDRAMは単一の行に対して、新しい行アクセスをしないで、複数の列アクセスを可能にする構成を持っていた。これは、非同期インターフェイスで用いられたため、それぞれの列アドレスについてコントローラとの同期するオーバーヘッドを含んでいた。1990年代の半ばに、設計者はDRAMインターフェイスにクロック信号を付けて、このオーバーヘッドを被らずに連続転送をできるようにした。すなわち**同期DRAM**（**SDRAM**）の誕生である。これに加え、SDRAMは、新しい列アドレスを指定しないでも複数の転送が可能になるバースト転送モードが可能であった。バーストモードをDRAMに付けることで、多くの場合、8あるいはそれ以上の16bit転送が新しいアドレスを送らずに可能になる。このようなバーストモード転送により、ランダムアクセスの集合と、データのブロックのアクセスでは、バンド幅に明らかな違いが生じるようになった。

DRAMの記憶密度が大きくなるのに対応した大きなバンド幅を実現するため、DRAMのバンド幅はさらに広がった。当初は4bit転送モードを提供していたが、2017年、DDR2、DDR3、DDR4は4、8、16bitのバスを持っている。

2000年代のはじめ、さらなる新技術、double data rate（DDR）が導入された。これは、メモリクロックの立ち上がりと立下りの両方で転送する方式で、これによりデータ転送のピーク値は倍になる。

最後にSDRAMはバンク構成を導入した。これは、電力を管理しやすくし、アクセス時間を改善すると共に、違ったバンクへのインターリーブおよびオーバーラップアクセスを可能とした。違ったバンクへのアクセスは互いにオーバーラップでき、それぞれのバンクは自分自身の行バッファを持っている。新しいバンクを指定するアドレスが送られると、バンクを「使用中:オープン」にしなければならず、遅延が生ずる。現在のメモリでは、このバンク制御と行バッファは、完全にチップ内の制御インターフェイスが扱ってくれる。このため、連続したアクセスが、使っているバンクの同じ行を指定すると、このアクセスは列アドレスを送るだけで素早く行われる。

新しいアクセスを行うために、DRAMコントローラはバンクと行番号を送る（SDRAMを**Activate**（活性化）すると呼ぶ。正式にはRAS（行選択）である）。このコマンドは行を使用中にして、行全体をバッファに読み込む。次に列アドレスが転送可能になり、これでSDRAMが1つあるいはもっと多くのデータを転送できるようになる。これは単一データ要求かバースト要求かによって決まる。新しい行をアクセスする前に、バンクはプリチャージする必要がある。行が同一バンクならばプリチャージ遅延は顕在化する。一方、行が違ったバンクにあれば、その行の利用の利用終了（クローズ）と、新しい行のアクセスに伴うプリチャージはオーバーラップできる。同期DRAMでは、このコマンドサイクルは、クロックサイクルの整数倍でなければならない。

1980年から1995年まで、DRAMはMooreの法則に従ってスケールした。すなわり、18か月で容量が倍になった(あるいは3年で4倍になった)。1990年中ごろから2010年まで、容量の増加はもっとゆっくりになり、倍になるのに、ざっと26か月掛かった。2010年から2016年の間に容量は倍にしかならなかった。図2.4は、DDRSDRAMのさまざまな世代における容量とアクセス時間を示した。DDR1からDDR3まで、アクセス時間は年間7%ずつ改善された†。DDR4は、電力とバンド幅を改善したがアクセスレイテンシは同じであった。

			ベストケースのアクセス時間(プリチャージなし)			プリチャージ必要
出荷年	チップ容量	DRAMタイプ	RAS時間(ns)	CAS時間(ns)	トータル(ns)ローブ	トータル(ns)(
2000	256Mbit	DDR1	21	21	42	63
2002	512Mbit	DDR1	15	15	30	45
2004	1Gbit	DDR2	15	15	30	45
2006	2Gbit	DDR2	10	10	20	30
2010	4Gbit	DDR3	13	13	26	39
2016	8Gbit	DDR4	13	13	26	39

図2.4 DDR SDRAMの容量とアクセス時間と製造年

ランダムメモリワードのアクセス時間と新しい行が使用中(オープン)になっていなければならない。行が違ったバンクにある場合、そのバンクはプリチャージされていると仮定する。行が使用中でなければ、プリチャージが要求され、アクセス時間が長くなる。バンクの数が増えれば、プリチャージ時間を隠すことができる能力も増加する。DDR4 SDRAMは、当初、2014年になると期待されたのだが、2016年の初頭まで生産が始まらなかった。

図2.4に示す通り、DDRはそれぞれの世代で標準化されている。DDR2はDDR1の電圧を2.5から1.8Vに落とすことにより電力を削減すると共に、高速クロック、266、333、400MHzを提供した。DDR3は電圧を1.5Vに落とし、最大クロック速度を800MHzとした(次の節で述べるようにGDDR5はDDR3 DRAMに基づくグラフィックRAMである)。DDR4は2014に量産が予定されていたが、2016年の始めにずれ込んだ。これは、電圧を1~1.2Vに落とし、最大予定周波数を1600MHzとした。DDR5は、2020年までに量産に達しそうもない。

DDRの導入と共に、メモリ設計者は、バンド幅の増大に集中するようになった。これは、アクセス時間の改善が困難であったことによる。より幅広のDRAM、バースト転送、ダブルデータレートは、いずれもメモリバンド幅の急速な向上に貢献した。DRAMは通常、**DIMM**(dual inline memory module)と呼ばれる小さなボードの形で販売される。このボードには4~16のDRAMチップが搭載されており、通常デスクトップやサーバシステム用に8バイト幅(+ECC)で構成されている。

DDR SDRAMがDIMMにパッケージされると、DIMMのバンド幅のピーク値でラベル付けされているために紛らわしい。つまり、PC3200というDIMMの名前は、200MHz × 2 × 8バイトで3200MiB/sになることに由来する。これがDRAMの名前として普及している。チップ自体は、クロック周波数ではなく、「1秒毎に転送できるビット数」で名前が付いており、これが混乱に輪をかけている。すなわち、200MHz DDRチップは、DDR400と呼ばれる。図2.5は、クロック周波数、チップ当たりの1秒間の転送量、チップの名前、DIMMのバンド幅、DIMMの名前の関係を示している。

† 訳注:Factor of 3でImproveするという文が表の内容、年間7%の改善というのに一致しない。

標準	クロック周波数(MHz)	毎秒100万回の転送	DRAMの名称	MiB/s/DIMM	DIMM名
DDR1	133	266	DDR266	2128	PC2100
DDR1	150	300	DDR300	2400	PC2400
DDR1	200	400	DDR400	3200	PC3200
DDR2	266	533	DDR2-533	4264	PC4300
DDR2	333	667	DDR2-667	5336	PC5300
DDR2	400	800	DDR2-800	6400	PC6400
DDR3	533	1066	DDR3-1066	8528	PC8500
DDR3	666	1333	DDR3-1333	10,664	PC10700
DDR3	800	1600	DDR3-1600	12,800	PC12800
DDR4	1333	2666	DDR4-2666	21,300	PC21300

図2.5 2016年におけるDDR DRAMとDIMMのクロック周波数、バンド幅とそれらの名称

各列の項目の数値的な関係に注目されたい。3番目の列は2番目の列の倍であり、4番目の列はDRAMチップの名前であり、3番目の列の数値を使っている。5番目の列の数字は3番目の列の8倍で、これを丸めた数字がDIMMの名前として使われている。DDR4は2016にはじめて広く使われるようになった。

SDRAMの電力消費の削減

動作中のメモリチップの電力消費は、読み書きで使われる動的電力と静的あるいは待機電力の和となり、共に動作電圧に影響される。最も進んだDDR4 SDRAMでは動作電圧は1.2Vとなり、DDR2、DDR3 SDRAMに比べて大幅に電力が減った。バンクの利用も電力を削減する。これは、単一のバンクの行のみが読み出されるからだ。

これらの変化に加えて、最近のすべてのSDRAMは、クロックを無視する**パワーダウンモード**を持っている。パワーダウンモードは、内部の自動リフレッシュ以外のSDRAMの機能を使えないようにする(こうしないと、パワーダウンモードにしている時間がリフレッシュ時間より長いとメモリの内容が消えてしまう)。図2.6

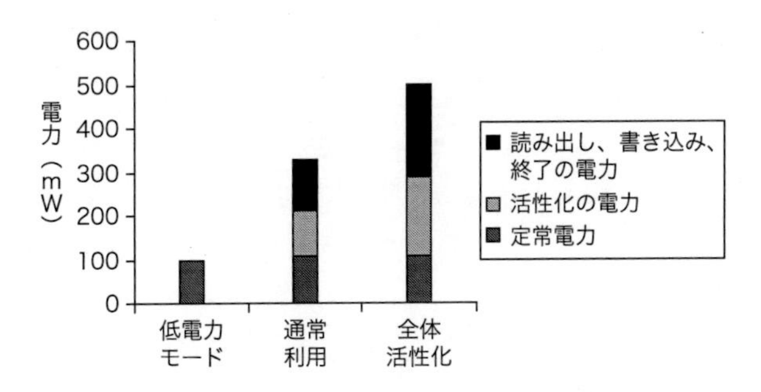

図2.6 DDR3 SDRAMの3つの状態の消費電力。低電力(シャットダウン)モード、通常利用(30%の時間に読み出し、15%の時間に書き込みで活性状態になっている)、DRAMがプリチャージなしに連続して読み出しまたは書き込みを行う全体活性化モードの3つを比較している。

読み出しと書き込みは8個のバースト転送を想定している。Micronの1.5V 2GiB DDR3-1066に基づくデータであるが、DDR4 SDRAMでも同様である。

は、2GiB DDR3 SDRAMの3つの状態の電力消費を示している。ローパワーモードからの回復に要する正確な遅延はSDRAMによって異なるが、多くの場合は、200 SDRAMクロックサイクルである。

2.2.4 グラフィックデータ用DRAM

GDRAM（Graphics DRAMあるいは**GSDRAM**（Graphics Synchronous DRAM）はグラフィック処理ユニットの高いバンド幅要求を扱うために専用化された特殊なDRAMのクラスで、SDRAMを基本としている。GDDR5はDDR3に基づいているが、初期のGDDRはDDR2を基本としていた。**グラフィック処理ユニット**（GPU、第4章参照）は、DRAMチップ毎にCPUよりも大きなバンド幅を必要とするため、GDDRは以下のような重要な違いがある。

1. GDDRは広いビット幅（32ビット）のインターフェイスを持っている。これに対して通常のDRAMは4、8、16ビットである。
2. GDDRはデータピン毎に高い最大クロック周波数を持っている。信号転送上の問題を引き起こさずに、高いデータ転送速度を実現するため、GDRAMは通常GPUと同じボードにハンダ付けされて直接接続される。これに対して通常のDRAMは拡張可能な複数のDIMMボード上に装備されている。

これらの特徴を合わせることで、GDDRは通常のDDR3 DRAMに対してDRAMチップ毎に2から5倍のバンド幅で動作できる。

2.2.5 パッケージの技術革新：積層DRAMと組み込みDRAM

2017年におけるDRAMの最も新しい技術革新はチップの回路ではなく、パッケージの技術革新である。これは、複数のDRAMを積層あるいは類似の様式でプロセッサと同じパッケージに組み込むものである（組み込みDRAMとはDRAMをプロセッサチップ上に載せる設計のことも指す）。DRAMとプロセッサを同一チップ上に配置することで、アクセス遅延を小さくすることができ（DRAMとプロセッサ間の遅延を短くすることにより）、プロセッサとDRAM間に数多く高速な接続を行うことでバンド幅を大きくできる可能性もある。このため、いくつかの製造元はこれを**HBM**（High Bandwidth Memory）と呼んでいる。

この技術のバージョンの1つでは、DRAMダイを直接CPUダイに、ソルダーバンプ技術を使って接続している。適切な放熱管理を行えば、複数のDRAMダイを同様な方式で積層できる。もう1つのアプローチは、DRAMのみを積層し、同一パッケージ内のCPUにぴったり寄せて、サブストレート（インターポーザー）内で配線することである。図2.7に2つの異なる接続方式を示す。8チップまでを積層可能なHBMプロトタイプを示している。SDRAMの特殊なバージョンでは、この種のパッケージは8GiBのメモリを搭載し、1TB/Sのデータ転送レートを実現している。この2.5D技術は現在利用可能である。チップは積層用に特別に製造されなければならないので、最初の利用は高性能のサーバチップセットになるだろう。

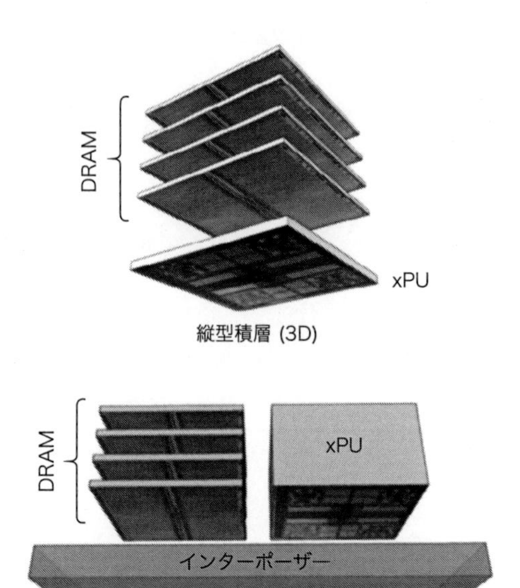

図2.7　ダイの2つの積層法。2.5D型は、現在利用可能である。3D積層法は、開発中で、CPUについては放熱管理の問題に直面している

アプリケーションの中には、その要求を満足するのに十分なDRAMをパッケージ内に搭載できるものもある。例えば、Nvidia GPUのバージョンのあるものは、専用目的クラスタの各ノードはHBMを用いて開発されている。HBMは、より高性能のアプリケーションにおいてGDDR5の後継機種になるだろう。場合によっては、HBMをメインメモリとして使う場合もあり得るが、コストの制約と放熱の問題により、現在のところ、この技術は組み込みアプリケーションからは除外されている。次の章で、我々はHBMをキャッシュのレベルを追加するために使うことを考える。

2.2.6 フラッシュメモリ

フラッシュメモリは、**EEPROM**（Electronically Erasable Programmable Read-Only Memory：電気的に消去可能な**不揮発性メモリ**）の一種であり、通常は読み出し専用だが消去することができる。もう1つ、フラッシュメモリの重要な性質は、電源を入れなくてもデータを保持できることである。ここではNANDフラッシュに焦点を当てる。これはNORフラッシュよりも容量密度が大きく、大規模な不揮発メモリとして用いることに適しているからだ。欠点はアクセスがシーケンシャルで書き込みが遅いことで、これについては後に解説する。

フラッシュメモリは、PMDの2次記憶として、ノートPCやサーバがディスクを使っているのと同じ方法で用いられる。これに加え、ほとんどのPMDはDRAMの大きさが制限されているので、フラッシュはメモリ階層の1つのレベルとして振舞う。デスクトップやサーバでは10から100倍大きいメインメモリの下で行われているのと同じことをしなければならず、ずっと大きな拡張となる。

フラッシュメモリは標準的なDRAMとは全く違ったアーキテクチャを持ち、性質も全く異なる。最も重要な違いは以下の通りである。

1. フラッシュの読み出しはシーケンシャルであり、512バイト、2KiB、4KiBになるページ全体に対して行わなければならない。

このため、NAND フラッシュはランダムアドレスの最初の 1 バイトをアクセスするには長い遅延がある（25μs くらい）。しかしページの残りは約 40MiB/ s で供給できる。これに対して DDR4 SDRAM は最初の 1 バイトに 40ns 掛かり、残った行は 4.8GiB/s で転送できる。2KiB を転送する時間を比較すると、NAND フラッシュは 75μs 掛かるのに対して、DDR SDRAM は 500ns 以内である。すなわち NAND フラッシュは、150 倍遅い。一方、磁気ディスクと比べると 2KiB の読み込みは 300 から 500 倍速い。この数値から、フラッシュが DRAM に置き換える候補にならないが、磁気ディスクに代わる候補になることが分かるだろう。

2. データを書き込む前に、前の内容を消さなければならない（フラッシュという言葉は、瞬間的に消去する過程から来ている）。この消去は、個々のバイトやワードではなく、ブロック単位で行う必要がある。つまり、フラッシュメモリにデータを書き込む際には、ブロック全体を組み直さなければならない。そのため、完全に新しいデータを書き込むか、書き込むデータに残りのブロックの内容を混ぜ込むことで行う。書き込みに関してはフラッシュは SDRAM の 1500 倍遅く、磁気ディスクの 8〜15 倍速い。
3. 不揮発性（電力が供給されなくても内容を保持する）であり、読み書きしなければ極めて消費電力が小さい（完全に休止状態にすればスタンバイモードの半分からゼロになる）。
4. すべてのブロックに対して、書き込み回数に制限がある。最悪で 100,000 回程度である。メモリ全体に対して書き込むブロックを分散させることで、システムはフラッシュメモリシステムの寿命を伸ばすことができる。このテクニックは**書き込みレベリング**と呼ばれ、フラッシュメモリコントローラで行われる。
5. 高密度 NAND フラッシュは SDRAM より安価だが、ディスクよりは高価だ。フラッシュはだいたい 1GiB 当たり 2 ドルであり、SDRAM は 1GiB 当たり 20 ドルから 40 ドル、磁気ディスクは 1GiB 当たり 0.09 ドルである。

DRAM 同様、フラッシュチップは、少数の欠損があっても利用可能なように冗長ブロックを持っている。ブロックの再割り当てはフラッシュチップ内で行われる。

高密度フラッシュの急速な発展は、低消費電力 PMD やラップトップの発展にとって重要であったが、デスクトップもますます SSD を使うようになり、大規模サーバもディスクとフラッシュベースのストレージを組み合わせるようになった。

2.2.7 相変化メモリ技術

相変化メモリ（**PCM**）は、10 年来活発な研究分野であった。この技術は、小さな加熱素子のバルクサブストレートの状態が、結晶、非結晶（アモルファス）間を遷移することで、違った抵抗値を持つようになることを利用している。各ビットは、サブストレートに被さる 2 次元ネットワークの交点に相当する。読み出しは、ある x 点と y 点の間の抵抗（別名**メモリスタ**）を検出することで行い、書き込みは、電流を流して素材の相を変化させることで行う。アクティブデバイス（トランジスタなど）がないことで、NAND フラッシュに比べて、コストも下がり、密度も大きくなる。

2017 年に Micron と Intel は、PCM に基づくとされる Xpoint メモリチップの出荷を開始した。このテクノロジは、NAND フラッシュに比べて書き込み耐久性がはるかに良く、書き込み前にページを消去する必要がないことで、NAND に比べて書き込み性能が 10 倍ほど良いことが期待されている。読み出しレイテンシは、たぶん 2〜3 倍ほどフラッシュより良い。最初はフラッシュよりも若干高い価格になる予定だが、書き込み性能と書き込み耐久性により、特に SSD には魅力的なデバイスになり得る。このテクノロジがうまくスケールし、さらなるコスト削減ができれば、50 年以上、大容量不揮発メモリの主な地位を占めていた磁気ディスクをお役御免にするだろう。

2.2.8 メモリのディペンダビリティの向上

巨大なキャッシュとメインメモリは、製造工程と、主に宇宙線がメモリセルに当たることによる動作時の、両方におけるエラー発生率を飛躍的に高めた。この動作時のエラーは、セルの内容を変化させるだけで、回路は変化しないので、**ソフトエラー**と呼ばれる。DRAM、フラッシュメモリ、多くの SRAM は製造時にスペアの行を持っていて、壊れた行をスペアと入れ替えるようにプログラムすることで、少数の製造上の欠陥を乗り越えられる。このように、構成時に修理する製造上エラーに加え、**ハードエラー**、すなわち 1 つ以上のメモリセルの動作が永続的に変わってしまうエラーが、動作中に起きることがある。

動作時のエラーは、**パリティビット**で検出でき**エラー訂正コード**（Error Correcting Codes：**ECC**）を使って修復できる。命令キャッシュは読み出し専用なので、パリティで十分である。大きなデータキャッシュとメインメモリでは ECC がエラー検出、訂正の両方に用いられる。パリティは単一エラーを検出するのに、一連のビットに対して 1 ビットのオーバーヘッドで済む。パリティでは複数のビットエラーは検出できないため、パリティビットで保護できるビット数には限界がある。通常、8 ビットのデータにつき 1 ビットの比率である。ECC は、64 ビット毎に 8 ビットのコードで、2 つのエラーを検出し、単一のエラーを訂正できる。

非常に大きなシステムでは、複数ビットエラーと共にメモリチップが壊れてしまう故障も目立ってくる。この問題を解決するため、**Chipkill** が IBM 社により開発され、IBM 社や Sun Microsystems 社のサーバ、Google Cluster などがこの技術を使っている（Intel 社は、**SDDC** と呼んでいる）。ディスクで使われている RAID アプローチと同様に、Chipkill はデータと ECC 情報を分散させ、メモリチップがまるごと 1 つ故障しても、残りのメモリチップからなくなったデータを再構築できるようになっている。IBM 社の分析によると、プロセッサ毎に 4GiB を持つ 10,000 プロセッサのサーバは、3 年間の運用の中で以下の回復不能なエラーを生じた。

- **パリティのみ**：約 90,000、すなわち 17 分に 1 回、回復できない（検出できない）エラーが生じる。
- **ECC のみ**：約 3,500、すなわち 7.5 時間に 1 回、回復できないエラーが生じる。
- **Chipkill**：2 か月に 1 回、検出あるいは回復できないエラーが生じる。

Chipkillの効果を見定める別の方法は、同じエラーを起こす間に保護できるサーバ（それぞれ4GiB）の最大数を見出すことである。パリティを用いたプロセッサのサーバ1台の方が、Chipkillで保護された10,000台のサーバよりも回復できないエラー発生率は高い。ECCでは17台のサーバが、Chipkillシステムの10,000台のサーバと同じ故障率である。Chipkillは、ウェアハウススケールコンピュータ（6.8節参照）の50,000から10,000台のサーバでは必須である。

2.3 キャッシュの性能を向上させる10の高度な改良法

先に示した平均メモリアクセス時間の式は、キャッシュを改良する際の3つの指標を与えてくれる。すなわちヒット時間、ミス率、ミスペナルティである。最近のトレンドを考え、この3つに、キャッシュバンド幅と消費電力を付け加えよう。この指標に基づき、10の高度な改良手法は5つのカテゴリに分類できる。

1. **ヒット時間を減らす**：小さく単純な1次キャッシュ、ウェイ予測。両方とも消費電力を小さくする。
2. **キャッシュバンド幅を増やす**：パイプライン化キャッシュ、マルチバンクキャッシュ、ノンブロッキングキャッシュ。ここに分類される手法は、消費電力にいろいろな影響を与える。
3. **ミスペナルティを減らす**：クリティカルワード優先とマージ機能付きライトバッファ。これは電力にはあまり影響がない。
4. **ミス率を減らす**：コンパイラによる改良。コンパイル時の改良は、当然、消費電力を改善する。
5. **並列性を利用して、ミスペナルティあるいはミス率を減らす**：ハードウェアプリフェッチング、コンパイラプリフェッチング。この改良法は、プリフェッチされたデータが使われないことがあることから、通常は消費電力を増やしてしまう。

一般的に、ここに示した改良法を使うとハードウェアが複雑になってしまう。さらに、改良法の中には高度なコンパイラ技術が必要なものもあり、最後の1つはHBMに頼っている。図2.18に、ここで紹介する10の改良法の実装上の複雑さと性能上の利点についてまとめておく。これらのうち、話が単純なものはさらっと紹介するが、それ以外はやや詳しく説明する。

改良法1： 小さく単純な1次キャッシュの利用によるヒット時間と消費電力の削減

高速クロックサイクルを使わなければならない上に、電力制限もあるために、1次キャッシュのサイズは制限される。同じく、サイズの場合に比べるとトレードオフが複雑になるとはいえ、ウェイ数を少なくすれば、ヒット時間と電力を減らせる。

キャッシュがヒットする時に時間がかかる部分は、アドレスのインデックス部分でタグメモリを参照して、読み出したタグをアドレスと比較し、セットアソシアティブキャッシュであれば、マルチプレクサを制御して正しいデータを読み出す3段階の処理である。ダイレクトマップキャッシュは、タグのチェックとデータの転送をオーバーラップできるのでヒット時間を実際に減らせる。その上、ウェイ数を減らせば、アクセスしなければならないキャッシュラインが減るので、通常、消費電力を減らすことができる。

オンチップキャッシュの総量はマイクロプロセッサの新しい世代毎に猛烈な勢いで増えているが、大きなL1キャッシュを使うとクロック周波数に影響が出るため、L1キャッシュのサイズは、全く変わらないか、増えてもほんの少しである。最近の多くのプロセッサでは、設計者はキャッシュを大きくするよりもウェイ数を多くすることを選んでいる。ウェイ数を選ぶにあたっては、アドレスの重複をなくせる可能性についても配慮しなければならない。以上のトレードオフについて、少し検討してみよう。

チップを作る前に、ヒット時間と電力消費の影響を定めるためにはCADツールを使う方法がある。**CACTI**は、さまざまなCMOSマイクロプロセッサのキャッシュ構成のアクセス時間とエネルギー消費を見積もるツールで、もっと詳細なCADツールの結果の10%以内で収まる。CACTIは、キャッシュサイズ、ウェイ数、読み書きのポート数およびもっと複雑なパラメータに基づき、キャッシュのヒット時間を、与えられた最小プロセスサイズに対して見積もる。図2.8は、キャッシュサイズとウェイ数を変えた時の、ヒット時間に対する影響を見積もったものである。キャッシュサイズにもよるが、指定したモデルのパラメータの下では、ダイレクトマップのヒット時間は2-ウェイセットアソシアティブより少しだけ速く、2-ウェイセットアソシアティブは4-ウェイセットアソシアティブよりも1.2倍速く、4-ウェイセットアソシアティブは8-ウェイよりも1.4倍速いという結果を見積もる。もちろんこの見積もりはキャッシュサイズだけでなく、テクノロジによっても異なる。

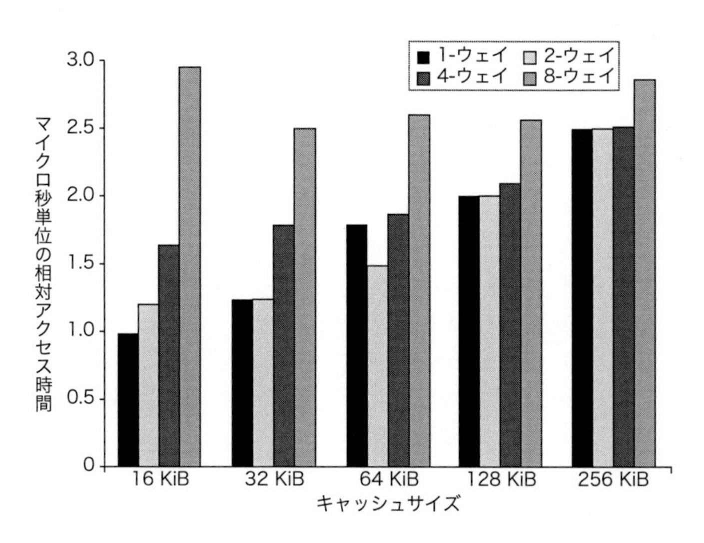

図2.8 キャッシュサイズとウェイ数が増えるにつれ、通常増加するアクセス時間の相対値

データはCACTI model 6.5を用いてTarjanらによって採取されたもの(2005)。データは標準的な組み込みSRAM技術を想定しており、単一バンクで64バイトのブロックを使っている。キャッシュレイアウトについての仮定と、接続遅延（アクセスされるキャッシュブロックのサイズによって決まる）と、タグチェックおよび出力マルチプレクサのコスト間の複雑なトレードオフにより、時にびっくりするような結果が出る。例えば、64KiBの2-ウェイセットアソシアティブキャッシュの遅延がダイレクトマックより小さくなっている。同様に、8-ウェイセットアソシアティブキャッシュのサイズの増加に対する結果の動きは不自然である。この種の解析は、テクノロジと詳細な設計上の仮定により大きな影響を受けるため、CACTIなどのツールは、探索空間を狭くするために役に立つ。この結果は相対的なものではある。それでも、もっと最近の進んだ半導体テクノロジに対しても適用できるように思える。

例題2.1

付録Bの表B.8と図2.8を用いて、32KiBの4-ウェイセットアソシアティブL1キャッシュは32KiBの2-ウェイセットアソシアティブL1キャッシュよりも高速かどうかを調べよ。L2のミスペナルティはL1キャッシュのアクセス時間の15倍とする。L2のミスは無視する。平均メモリアクセス時間が短いのはどちらか。

解答

2-ウェイセットアソシアティブキャッシュのアクセス時間を1とする。2-ウェイキャッシュについては、

平均メモリアクセス時間 $_{2\text{-ウェイ}}$
= ヒット時間 + ミス率 × ミスペナルティ
= 1 + 0.038 × 15 = 1.38

4-ウェイキャッシュについては、アクセス時間は1.4倍長くなる。ミスペナルティの経過時間は15/1.4 = 10.1となる。簡単のために、ここでは10としよう。

平均メモリアクセス時間 $_{4\text{-ウェイ}}$
= ヒット時間 $_{2\text{-ウェイ}}$ × 1.4 + ミス率 × ミスペナルティ
= 1.4 + 0.038 × 10 = 1.77

ウェイ数を増やすと明らかにトレードオフが悪くなる。しかし、最近のプロセッサのキャッシュアクセスはパイプライン化されていることが多いので、クロックサイクル時間に与える影響を正確に評価するのは難しい。

図2.9に示すようにキャッシュサイズとウェイ数を選ぶ際にはエネルギー消費も考慮しなければならない。ダイレクトマップから2-ウェイセットアソシアティブにウェイ数を増やす際のエネルギー上のコストは、広い範囲に渡っている。2倍を越える場合もあるが、128KiBや256KiBのキャッシュではほとんど気にしなくて良い。

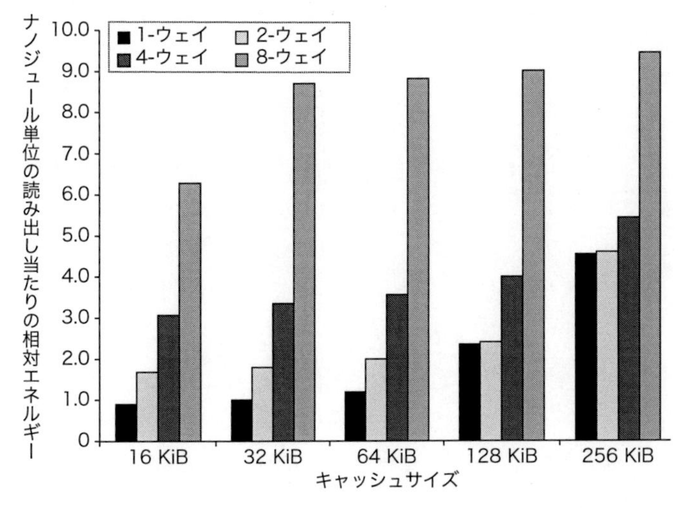

図2.9 キャッシュサイズとウェイ数が増えた際の読み出し1回当たりのエネルギー消費

以前の図と同じテクノロジとモデルをCACTIで使っている。8-ウェイセットアソシアティブの大きなエネルギー損失は、8つのタグとそれに対応するデータを同時に読むことに起因する。

最近の設計では、1次キャッシュでウェイ数を大きくしている要因が他に3つある。1つ目は、多くのプロセッサはキャッシュを2クロックサイクルかけてアクセスするので、ヒット時間が長いことの影響が重要ではなくなってきた。2つ目は、TLBをクリティカルパスからはずすために（それはウェイ数にしたがって増える遅延よりも大きい）、ほとんどのL1キャッシュは、仮想アドレスのページ内アドレスで検索されるようになった。これによりキャッシュの大きさは、ページサイズ × ウェイ数に制限される。アドレス変換が終わる前に、キャッシュを検索する問題には他にも解決法がある。しかし、ウェイ数を増やすことは他にも利点があり、最も魅力的である。3つ目は、マルチスレッド方式の導入（第3章参照）により、競合ミスが増えるので、ウェイ数を増やすことがより魅力的になる。

改良法2： ウェイ予測によるヒット時間の短縮

競合ミスを減らし、それでもダイレクトマップキャッシュのヒット速度を保つもう1つの方法がある。**ウェイ予測**は、キャッシュに余分なビットを付けて、“次の”キャッシュがアクセスするウェイまたはセット内のブロックを予測する。この予測により、マルチプレクサを早めにセットして対象ブロックを早めに選択し、1つのタグ比較による結果のみを、キャッシュデータを読み出すのと同じクロックサイクルで行う。ミスが起きると次のクロックサイクルで他のブロックをチェックする。

それぞれのキャッシュブロックに対して付加したビットを**ブロック予測ビット**と呼ぶ。このビットにより、どのブロックが“次に”キャッシュアクセスされるかを選ぶ。予測器が正しければ、キャッシュアクセス遅延は高速ヒット時間となる。もしはずれれば、他のブロックを試し、ウェイ予測器を変更するためにもう1クロックサイクル必要になる。シミュレーション結果によると、予測の精度は2-ウェイでは90%であり、4-ウェイでは80%である。命令キャッシュではデータキャッシュよりも精度が高い。ウェイ予測は、2-ウェイセットアソシアティブキャッシュにおいて、最低10%程度速くできれば、メモリアクセスを高速化することができる。これは十分実現可能な数値である。ウェイ予測は、最初、1990年代の中ごろにMIPS R10000プロセッサで使われた。現在2-ウェイセットアソシアティブキャッシュのプロセッサでは普通に使われるようになっており、4-ウェイセットアソシアティブはいくつかのARMプロセッサでも使われている。非常に高速なプロセッサでは、どのように実装して、ウェイ予測のペナルティを1クロックサイクルストールに抑えるかということが課題となっている。

ウェイ予測は、拡張されて消費電力を減らすのにも用いられる。これはウェイ予測ビットがどのキャッシュブロックを実際にアクセスするかを決める（ウェイ予測ビットは本質的に余分なアドレスビットである）手法を利用する。このアプローチは**ウェイ選択**と呼ばれ、ウェイ予測が正しい場合は電力を節約できるが、予測が失敗すると大きな時間がかかる。これはタグの照合と選択だけでなく、アクセス全体をやり直す必要があるからだ。この改良法は低電力プロセッサにのみ役に立つだろう。井上、石原と村上は、4-ウェイセットアソシアティブキャッシュの命令キャッシュのアクセス時間が、SPEC95ベンチマークで1.04倍に、データキャッシュのアクセス時間が1.13倍になってしまうと見積もっている［Inoue, Ishihara and

Murakami, 1999]。しかし、この方法は、キャッシュの平均電力消費を通常の4-ウェイセットアソシアティブキャッシュに対して命令キャッシュで0.28倍、データキャッシュで0.35倍にする。ウェイ選択の大きな欠点の1つは、キャッシュアクセスのパイプライン化が難しくなってしまうことである。

例題2.2

データキャッシュのアクセス数が命令キャッシュの半分であると仮定する。また普通に4-ウェイセットアソシアティブキャッシュを実装すると、命令キャッシュとデータキャッシュがプロセッサの電力消費のそれぞれ25%と15%を占めるとする。ウェイ選択がワット当たりの性能を改善するかどうか、先の研究の見積もりから決定せよ。

解答

命令キャッシュでは電力節約は全体の電力の25% × 0.28 = 0.07となる。一方、データキャッシュでは15% × 0.35 = 0.05となり、全体の節約は0.12となる。ウェイ選択版は標準4-ウェイキャッシュの電力の0.88を消費する。このキャッシュアクセス時間の増加は、(命令キャッシュの平均アクセス時間) + (データキャッシュのアクセス時間の増加の半分)となり、1.04 + 0.5 × 0.13 = 1.11倍長くなる。この結果は、ウェイ選択が標準4-ウェイキャッシュの性能の0.9倍になることを意味する。すなわち、ウェイ選択はジュール当たりの性能を0.90/0.88 = 1.02倍改善する。この改良法が役に立つのは、消費電力が性能よりも重要である場合だといえる†。

改良法3： パイプラインアクセスとマルチバンクによるキャッシュのバンド幅の増強

キャッシュアクセスをパイプライン化するかマルチバンクを使って1クロック当たり複数のアクセスを可能とすることでキャッシュバンド幅を増加する最適化である。この最適化は、基本的には、そのアクセスバンド幅が命令スループットを制約するL1キャッシュに対して行う。複数バンクはL2、L3キャッシュでも用いられるが、主として電力管理手法としてである。L1をパイプライン化することで、クロック周波数を高速化することはできるが、引き換えにレイテンシは増加する。例えば、Intel Pentium プロセッサの命令キャッシュアクセスのパイプラインは1990年代の中頃は、1クロックサイクルであった。Pentium Pro から Pentium III まで1990年代中頃から2000年まで、2クロックサイクルである。2000年に利用可能になったPentium4と現在のIntel Core i7では4クロックサイクルかかる。命令キャッシュを効率的にパイプライン化することで、パイプラインステージ数は増え、分岐予測ミスのペナルティが大きくなる。結果として、データキャッシュのパイプライン化は、ロード命令からそのデータの利用（3章参照）までのクロックサイクル数を増やしてしまう。今日、すべてのプロセッサはL1をなんらかの形でパイプライン化している。単純な場合では、アクセスをヒット検出から分離するだけだが、多くの高速プロセッサは3段かそれ以上のレベルのパイプラインを使っている。

命令キャッシュをパイプライン化するのはデータキャッシュより簡単である。これは、プロセッサが高性能分岐予測を用いており、レイテンシの影響が限定されるためである。多くのスーパースカラプロセッサは、クロック当たり1つ以上のメモリ参照命令を発行して実行できる（多くの場合、ロードあるいはストアを1つだが、プロセッサの中には複数のロードが可能なものもある）。1クロック当たり複数のデータキャッシュアクセスを取り扱うためには、キャッシュを独立したバンクに分離し、それぞれに対してアクセスを行うようにする。バンク分けは元々メインメモリの性能を向上させるのに用いられ、現在、キャッシュ同様最近のDRAMチップの内部で使われている。Inel Core i7はL1に4つバンクを持っている（クロック当たり2メモリアクセスに対応するためである）。

アクセスがバンクにまたがって自然に分散されるのが、バンク分けにとって最も良い状況なのは明らかである。すなわち、バンクに対するアドレスの割り付けがメモリシステムの振る舞いに影響を与える。単純なマッピングでバンクを順番にアクセスするアクセスで効果を発揮するのが、**シーケンシャルインターリーブ**である。例えば、バンクが4つある場合、バンク0は4で割ったあまりが0のアドレスを割り付け、バンク1は4で割ったあまりが1のアドレスを割り付け、を繰り返す。図2.10は、このインターリーブを示す。複数バンクを利用することは、キャッシュとDRAMの両方共、電力消費を減らす方法の1つでもある。

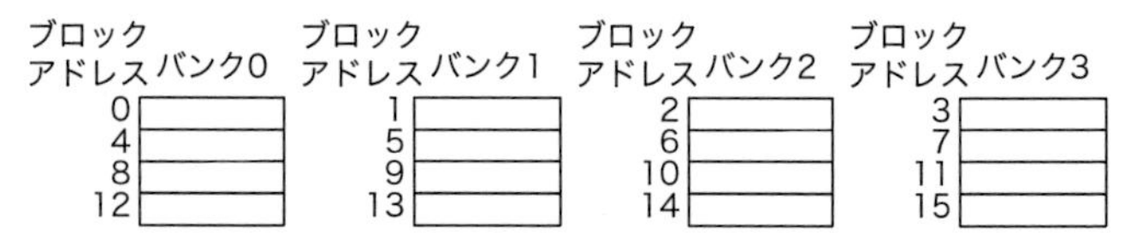

図2.10 ブロックアドレッシングを用いた4-ウェイインターリーブキャッシュバンク

1ブロック64バイトを仮定しており、それぞれのアドレスは、バイトアドレスを得るために、64倍される。

複数のバンクはL2とL3の両方で役に立つが、これは違った理由による。L2をマルチバンクにすることで、並行したL1ミスを、競合しない場合は1つ以上扱うことができる。これは、次に扱うノンブロッキングキャッシュを作る鍵となる能力である。Intel Core i7は、8つのバンクを持ち、ARM Cortexプロセッサは1〜4バンクのL2キャッシュを使っている。先に述べたように、マルチバンキングはエネルギー消費も減らすことができる。

改良法4： ノンブロッキングキャッシュの利用によるキャッシュのバンド幅の増強

アウトオブオーダ実行を許すパイプライン方式のコンピュータ（第3章参照）では、プロセッサはデータキャッシュミスでストールしなくてもよい。例えば、ミスしたデータをデータキャッシュに取ってきている間、プロセッサは命令キャッシュから続けて命令フェッチを行うことができる。**ノンブロッキングキャッシュ**または

† 訳注：この例題の解答は誤っている。全体の節約分ではなく、全体の電力が0.28倍、0.35倍になる。したがって、削減分は0.72 × 0.25 = 0.18、0.65 × 0.15 = 0.0975となり、合計0.2775になる。したがって、ジュール当たりの性能を1.445倍改善する。この値は決して小さいものではなく、この手法は本書で書かれているよりも広い範囲で有効である。

ルックアップフリーキャッシュは、データキャッシュにミスしている間も引き続きキャッシュヒットを可能にすることで、この利点を生かすことができるようにする。この「ミスの間のヒット」についての改良を行い、ミスの間のプロセッサの要求に対して無視しないで応えることで、実質的なミスペナルティを小さくできる。微妙で複雑な点は、このキャッシュでは、「複数のミスの間のヒット」あるいは「ミスの間のミス」をオーバーラップして実行し、実効ミスペナルティを小さくできるのだろうかということである。2つ目のミスの間のミスは、メモリシステムが複数のミスに対処できる場合に限り有効である。多くの高性能プロセッサ(Intel Core プロセッサなど)は両者をサポートしているが、ARM A8 などの低コストプロセッサでは、L2 キャッシュにのみ制限付きのノンブロッキングキャッシュを使っている。

ノンブロッキングキャッシュがキャッシュミスペナルティを減らす効果を検証するために、Farkas と Jouppi は、14 サイクルのミスペナルティを仮定した 8KiB のキャッシュについて調べたところ、ミス時に1つのヒットを許すことで、SPECINT92 ベンチマークで 20%、SPECFP92 ベンチマークでは 30%のミスペナルティを減らすことができることが分かった [Farkas and Jouppi, 1994]。

Li、Chen、Brockman と Jouppi は、マルチレベルキャッシュとミスペナルティに関するより現代的な前提条件、大規模で数多くの要求を発生する SPEC2006 ベンチマークを使って、この研究をやり直した [Li, Chen, Brock-man and Jouppi, 2011]。ここではシングルコアの Intel Core i7 (2.6 節参照) 上で SPEC2006 ベンチマークを走らせるモデルを想定した。図 2.11 は 1、2、64 個のヒットをミス中に許すことによる、データキャッシュアクセス遅延の削減を示す。メモリシステムの詳細は図の脚注に示した。以前の研究に比べ大きなキャッシュを使い、L3 キャッシュを追加したことで、効果は減ってしまい、SPECINT2006 ベンチマークで 9%、SPECFP2006 ベンチマークでは 12.5%となった。

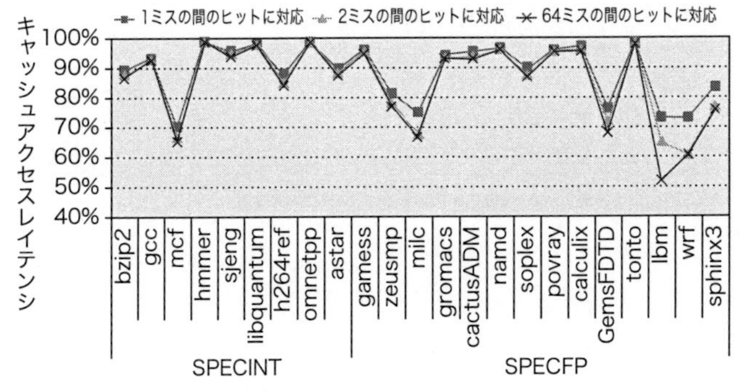

図 2.11 ノンブロッキングキャッシュの効果。1 つのミスに対して 1、2、64 個のヒットを可能にする場合の効果を SPECINT からの 9 つ (左) と SPECFP からの 9 つ (右) について示したもの

メモリモデルは、4 サイクルのアクセス遅延の 32KiB L1 キャッシュを持つ Intel Core i7 に準じている。L2 キャッシュ (命令と共有) は 256KiB でアクセス遅延は 10 サイクル、L3 キャッシュは 2MiB で 36 サイクルのアクセス遅延がある。キャッシュはすべて 8-ウェイセットアソシアティブで 64 バイトのブロックを用いている。1 つのミス中にヒットを可能にすることで整数プログラムは 9%、浮動小数プログラムは 12.5%ミスペナルティが減る。2 つのヒットを扱うことを可能にするとこの結果はそれぞれ 10%と 16%になる。64 個のヒットを可能にしても結果はほとんど改善されない。

例題2.3

浮動小数点プログラムにとって、1 次データキャッシュを 2-ウェイセットアソシアティブにすることと、1 回のミスの間のヒットを許すことのどちらが重要だろうか。整数プログラムについてはどうだろうか。次に示す 32KiB データキャッシュのミス率を使え。浮動小数点プログラムでダイレクトマップならば 5.2%、2-ウェイセットアソシアティブにすると 3.5%、整数プログラムでダイレクトマップの場合は 3.2%で、2-ウェイセットアソシアティブの場合は 3.2% とする。L2 のミスペナルティは両者ともに 10 サイクルである。

解答

浮動小数プログラムで、平均メモリストール時間は、

$$ミス率_{DM} \times ミスペナルティ = 5.2\% \times 10 = 0.52$$
$$ミス率_{2\text{-ウェイ}} \times ミスペナルティ = 4.9\% \times 10 = 0.49$$

2-ウェイセットアソシアティブキャッシュのアクセスレイテンシ (ストールを含む) はダイレクトマップの 0.49/0.52 = 94%である。図 2.11 の注によると、1 つのミスに対して 1 つのヒットを許すことにより、浮動小数演算プログラムの平均データキャッシュアクセスレイテンシは、ブロッキングキャッシュの 87.5%となる。このため、浮動小数プログラム用で 1 つのミスに対して 1 つのヒットを許すダイレクトマップデータキャッシュは、1 つのミスでブロックする 2-ウェイセットアソシアティブキャッシュよりも高い性能を実現する。

整数プログラムについてこの計算は、

$$ミス率_{DM} \times ミスペナルティ = 3.5\% \times 10 = 0.35$$
$$ミス率_{2\text{-ウェイ}} \times ミスペナルティ = 3.2\% \times 10 = 0.32$$

2-ウェイセットアソシアティブのデータキャッシュのアクセスレイテンシは、0.32/0.35 = 91%となる。一方、1 つのミスに対して 1 つのヒットを許す場合のアクセスレイテンシの減少は 9%であり、両方の効果は等しくなる。

ノンブロッキングキャッシュの性能評価で本当に難しいのは、キャッシュミスが必ずしも常にプロセッサをストールさせるとは限らないことだ。この場合、1 つのミスの影響を判定することは難しく、このため平均メモリアクセス時間を計算することも難しい。実効ミスペナルティは、ミスの和ではなく、プロセッサがストールしてオーバーラップできない時間となる。ノンブロッキングキャッシュの効果は、複数のミスが起きた場合のミスペナルティ、メモリ参照のパターン、そしてプロセッサがミスの処理中にいくつの命令を実行できるかのすべてに関連するので複雑になる。

一般的に、アウトオブオーダプロセッサは、L1 キャッシュをミスしても L2 キャッシュにヒットするミスの大半を隠蔽できる。しかし、L2 キャッシュミスの大部分は隠蔽できない。いくつのミスを同時に処理するかを決める要因はさまざまである。

- ミスした流れの中の時間的・空間的局所性。これはミスが新しいアクセスを下のレベルのキャッシュに向けるのか、それともメモリに向けるのかを決める。
- 応答するメモリやキャッシュのバンド幅。

- キャッシュの最も下のレベル（ミス時間が最も長い所）に対するミスを多数発生できるようにするためには、その数のミスが、より高いレベルで発生できることが最低限必要とされる。ミスは最上レベルのキャッシュで発生するからだ。
- メモリシステムのレイテンシ。

以下の単純化した例は、鍵となるアイデアを示している。

例題2.4

メインメモリのアクセス時間が36nsで16GiB/sの連続転送率のメモリシステムを実現できるものとする。ブロックサイズを64バイトとして、対処する必要があるミス発生の最大数はどうなるか。要求ストリームのピークバンド幅を維持でき、アクセス衝突は起きないと仮定する。前の4つの参照が衝突する確率を50%とし、そのアクセスはその前のアクセスが終わるまで待たなければならないとして、同時発生する参照の最大数を見積もれ。簡単化のために、相互のミスの間の時間は無視せよ。

解答

まず初めに、ピークバンド幅を維持できるケースを想定する。すなわちメモリシステムは毎秒$(16 \times 10^9)/64 = 250 \times 10^6$回の参照をサポートできるとする。各参照は36nsかかるので、$250 \times 10^6 \times 36 \times 10^{-9} = 9$回参照できる。衝突の確率が0より大きい時は、衝突した参照では処理を始めることができないため、もっと多くの参照を必要とする。メモリシステムは少ないどころか、もっと多くの独立した参照が必要なのである。これを近似するため、単純にメモリ参照の半分を発行する必要がないとする。これは並行して発生する参照数の倍すなわち18をサポートしなければならないことを意味する。

Li、Chen、Brockman、Jouppiの研究によると、CPIの削減は、整数プログラムでミス当たり1回のヒットを許せば7%、64回では12.7%になる。浮動小数プログラムでは、削減は1つのヒットでは12.7%、64回では17.8%である。この削減は図2.11に示すデータキャッシュアクセスレイテンシを、およそ追従する傾向にある。

■ノンブロッキングキャッシュの実装

ノンブロッキングキャッシュは、性能を改善する可能性を持つが、その実装は容易ではない。まず2つの課題がある。1つは複数のヒットと複数のミスの間の衝突を調停すること。もう1つは、実行中のミスを追跡し、いつロードやストアが実行できるのかを知ることである。最初の問題を考えよう。ブロッキングキャッシュでは、ミスはプロセッサをストールさせ、ミスが解決されるまでの間に次のアクセスは生じない。しかし、ノンブロッキングキャッシュでは、ヒットは、メモリ階層の次のレベルをアクセスして戻ってくるミスと競合する。現在のプロセッサのほとんどが行っているように、複数のミスの処理を可能にする場合、ミス間の競合もあり得る。これらの競合は、まずヒットをミスより優先し、次に（起きる可能性があるならば）複数のミスの間に順番を付けてやることで、解決する必要がある。

ミスから回復する場合、プロセッサは、どのロードやストアがミスを生じさせたのを知り、その実行を続けなければならない。そして、データがキャッシュのどこに配置されるかも知らなければならない（そのブロックに対するタグの設定も同様に必要である）。最近のプロセッサでは、この情報は、通常Miss Status Handling Register（MSHR）と呼ばれるレジスタのセットに保存される。n個のミスが同時実行できる場合、n個のMSHRを用い、それぞれに対応するミスの情報と、タグビットの値、どのロードやストアがそのミスを発生させたかの情報（次の章でどのように追跡するかを見て行く）を保存する。すなわち、ミスが起きると、そのミスを処理するためにMSHRを割り当て、適切な情報を入れ、そのメモリ参照に対するMSHRの索引をタグ付けする。メモリシステムは、データを返す際にこのタグを用いて、キャッシュシステムがデータとタグの情報を適切なキャッシュブロックに転送できるようにする。そして、このミスを起こしたロードやストアに対して、データが利用可能であり、処理の再開が可能である旨を通知する。ノンブロッキングキャッシュが、追加のロジックを必要とすることは明らかであり、このためエネルギーコストをいくらか必要とする。とはいえ、このエネルギーコストを正確に査定するのは難しい。というのはこれによりストール時間が短くなるかもしれず、そうすれば実行時間が減り、エネルギー消費も減るかもしれないからだ。

先に述べた事項に加え、マルチプロセッサのメモリシステムは、それが単一チップであろうと複数チップであろうと、メモリコヒーレンスとコンシステンシィに対する複雑な実装上の問題を取り扱わなければならない。また、キャッシュミスは不可分ではなくなるため（要求と応答が分割されて、複数の要求間でインターリーブされる）、デッドロックの可能性が生じる。興味のある読者のために、オンライン付録IのI.7節でこの問題を扱っている。

改良法5： 重要ワード優先と早期実行再開によるミスペナルティの削減

この方法は、プロセッサは通常、一時期にブロック中の1つのワードしか必要としていない、という特徴に基づいている。基本方針は「せっかち」、つまりブロック全体がロードされるのを待たずに、要求されたワードを送り、プロセッサの実行を継続させる。これには2つの方法がある。

- **重要ワード優先**（critical word first）：ミスしたワードを最初にメモリに要求し、それが到着するとすぐにプロセッサに送り、プロセッサは残りのブロックがキャッシュに入ってくる間に実行を継続させる。
- **早期実行再開**（early restart）：ワードは通常の順番に取ってくるが、ブロックの要求されたワードが到着したらすぐに、それをプロセッサに送り、実行を継続させる。

一般的に、これらのテクニックは、キャッシュブロックが大きくないと、性能上の利益が少ない。キャッシュは通常、残りのブロックを埋めている間も、他のブロックに対する要求に対応する必要がある点に注意されたい。

ただし、空間的局所性により、次の参照がブロックの残りに対して行われる可能性は大きい。ノンブロッキングキャッシュ同様に、このミスペナルティは単純に計算できない。重要ワード優先で2つ目の要求がある時は、実効ミスペナルティは、2つ目の参照からそのデータ部分が到着するまでの、オーバーラップしない時間となる。重要ワード優先と早期実行再開の性能上の利益は、ブロックの大きさと、まだ取ってきていないブロックの一部に対してアクセスがもう1つ発生する可能性によって決まる。例えば、i7 6700上で走るSPECint2006は、早期実行再開と重要ワード優先を用いており、1つ以上の参照が実行中のミス（0.5から3.0に渡っており、平均は1.23参照が起きる）により生じる。2.6節でi7のメモリ階層の詳細を探っていく。

改良法6： マージ機能付きライトバッファによるミスペナルティの削減

ライトスルーキャッシュでは、すべての書き込みをすぐ下のレベルの階層に送らなければならないため、ライトバッファが頼りである。ライトバックキャッシュでも、ブロックを置き換える時に、単純なバッファを用いる。ライトバッファに空きがあれば、データとそのアドレスがバッファに書き込まれ、プロセッサから見て書き込みは終了する。ライトバッファがワードをメモリに書き込む準備をしている間でも、プロセッサは働き続ける。バッファに他の更新されたブロックがある場合、アドレスをチェックし、新しいデータが、ライトバッファの有効なエントリと一致するかどうかを確認しなければならない。一致すれば、新しいデータをこのエントリ中に書き込む。この改良法を**ライトマージ**と呼び、Intel Core i7をはじめとする多くのプロセッサで使われている。

バッファが一杯でアドレスが一致しない場合、キャッシュ（とプロセッサ）は、バッファに空のエントリが生まれるまで待たなければならない。この改良法を使うと、メモリをより効率的に利用できる。複数ワードの書き込みは、1ワードを1つずつ書き込むより速いのである。SkadronとClarkは、エントリが4つあるライトバッファではストールによって、5%から10%の性能の損失があることを見出した［Skadron and Clark, 1995］。

ライトマージでは、ライトバッファが溢れたことによるストールを減らす。図2.12はライトマージ機能のないライトバッファと、この機能があるものを示している。4つのエントリを持ち64ビットワードを4つ保持できるライトバッファを想定する。この改良法なしでは、並んでいる4つのアドレスの書き込みが1エントリについて1ワードのみバッファを埋めてしまう。これらの4つのワードをマージできれば、ライトバッファのたった1つのエントリにぴったり収まる。

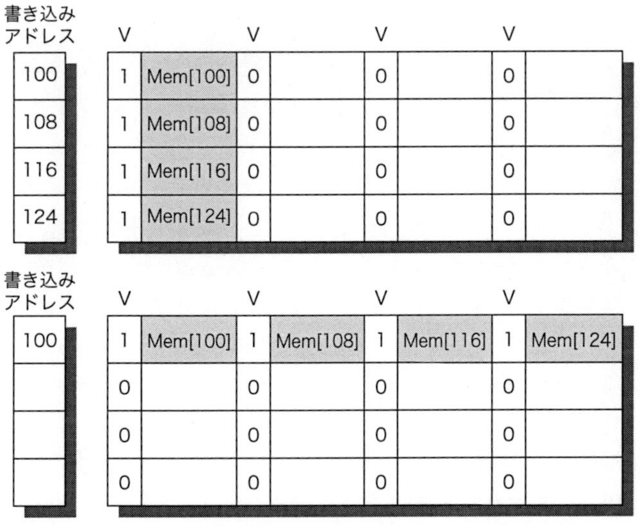

書き込みアドレス	V		V		V		V	
100	1	Mem[100]	0		0		0	
108	1	Mem[108]	0		0		0	
116	1	Mem[116]	0		0		0	
124	1	Mem[124]	0		0		0	

書き込みアドレス	V		V		V		V	
100	1	Mem[100]	1	Mem[108]	1	Mem[116]	1	Mem[124]
	0		0		0		0	
	0		0		0		0	
	0		0		0		0	

図2.12 ライトマージの説明図。上図はマージなし、下図はマージあり

4つのライトがライトマージにより、1つのバッファエントリに収まっている。ライトマージなしのバッファはそれぞれのエントリの4分の3が空なのに満杯になっている。バッファは4エントリ持ち、それぞれ4つの64ビットワードを格納することができる。それぞれのアドレスは左のエントリに格納され、有効ビット（V）が、続く8バイトのエントリに値が入っているかどうかを示す（ライトマージなしの場合、図の右の部分は同時に複数ワードを書き込む命令でのみ利用される）。

注意しなければならないのは、入力/出力デバイスのレジスタが、物理アドレス空間にマップされる場合である。これらのI/Oアドレスに対しては、ライトマージをしてはならない。その理由はI/Oレジスタが分離されており、メモリ上のワード配列のようには働かないためである。この副作用をなくすための代表的な対処法は、キャッシュからのライトスルーをマージしないページを設定できるように実装を行うことである。

改良法7： コンパイラの最適化によるミス率の削減

今までに紹介したテクニックはハードウェアを変更するものであった。次のテクニックは、ハードウェアを全く変更しないでミス率を減らすものである。

ソフトウェアを改良してミス率を魔法のように減らす方法は、ハードウェア設計者に大人気の解決策である。プロセッサとメインメモリの性能差が増大するにつれ、コンパイラ製作者は、コンパイル時の最適化で性能を改善できないかと、メモリの階層を吟味するようになった。今回もまた、命令ミスの改善とデータミスの改善に研究の方向が分かれた。ここに示す改良手法は最近のコンパイラの多くで使われている。

■ループ交換（Loop interchange）

プログラムの中にはループの入れ子を使うために、メモリ上のデータに逐次的ではない順番でアクセスするものがある。単純にループの入れ子を交換するだけで、プログラムが、格納された順番にデータへのアクセスができるようになる場合がある。キャッシュに入り切らない配列を想定した場合、このテクニックは空間的局所性を改善することでミスを減らす。並び替えにより、あるキャッシュブロックのデータは、それが捨てられる前にできる限り多く使われるようになる。例えば、xがサイズ[5000, 100]の2次元配列でx[i, j]と[i, j+1]が隣に並ぶ（行優先、つまり配列は行毎に並ぶとする）。以下の2つのコード片は、アクセスが改善される様子を示す。

```
/* 改善前 */
for (j = 0; j < 100; j = j+1)
    for (i = 0; i < 5000; i = i+1)
        x[i][j] = 2*x[i][j];

/* 改善後 */
for (i = 0; i < 5000; i = i+1)
    for (j = 0; j < 100; j = j+1)
        x[i][j] = 2*x[i][j];
```

改善前のコードは、メモリを100ワード毎の間隔で飛ばしてアクセスするが、改良版では1つのブロックのすべてのワードをアクセスしてから、次のブロックに行く。この改良は実行される命令数に影響を及ぼさずに、キャッシュ性能を改善する。

■ブロック化（Blocking）

この改良法は、ミスを減らすために時間的局所性を改善する。再び複数の配列を扱い、あるものは行方向へ、他のものは列方向にアクセスすることを想定する。この配列を、行単位（**行優先**）あるいは列単位（**列優先**）に格納することでは、ループ反復のそれぞれの回で、行と列の両方を使うため、問題の解決にならない。このような直交的なアクセスに対しては、ループ交換などの変換以外に、まだ大きな改善法がある。

ブロック化アルゴリズムは、行あるいは列全体を演算する代わりに、部分行列あるいは**ブロック**に対して演算を行う。目標は、そのデータが置き換えられる前に、キャッシュにロードされたデータに対するアクセスができるだけ多く行われるようにすることである。以下のコード例は、行列積を取るものだが、この改良法への導入となるだろう。

```
/* 改善前 */
for ( i = 0; i < N; i = i+1)
    for ( j = 0; j < N; j = j+1)
        { r = 0;
            for (k = 0; k < N; k = k+1)
                r = r+y[i][k]*z[k][j];
            x[i][j] = r;
        };
```

2つの内側ループはzの $N \times N$ 個のすべての要素を読み、yの行について同じく N 要素を読み、xの N 要素に書き込む。図2.13は、3つの配列のアクセスのスナップショットを示す。暗い影は、最近のアクセスを、明るい影は古いアクセスを、白はまだアクセスされていないことを示す。

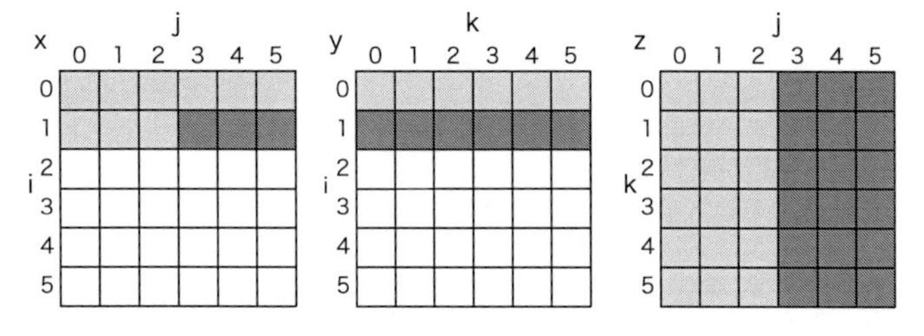

図2.13　3つの配列x、y、zの$N=6$、$i=1$における途中結果

配列要素に対するアクセスの時期を影によって示す。白はまだアクセスしていない、明るい影は古いアクセス、暗い影は新しいアクセスを示す。y、zの要素は繰り返し読み込まれ、xの新しい要素が計算される。配列をアクセスするのに使うi、j、kを配列の周辺に示した。

容量ミスの数は、当然 N とキャッシュのサイズによって決まる。キャッシュが $N \times N$ の配列を3つすべて持てた場合、キャッシュ上での競合を除けばすべてうまく行く。キャッシュが $N \times N$ の行列を1つと、N の1行を持てた場合は、最低yのi番目の行とzをキャッシュに残すことができる。それよりも小さければ、ミスはxとzの両方で起きるだろう。最悪の場合、N^3 の演算のために、$2N^3 + N^2$ ワードのメモリアクセスが発生してしまう。

アクセスされる要素を確実にキャッシュに入れるため、元々のコードは、$B \times B$ の部分行列の計算に変換される。ここで、2つの内側ループは、xとzのすべてではなく、B の大きさ毎に演算する。ここで、**ブロック因数**と呼ばれる（xはゼロに初期化されているとする）。

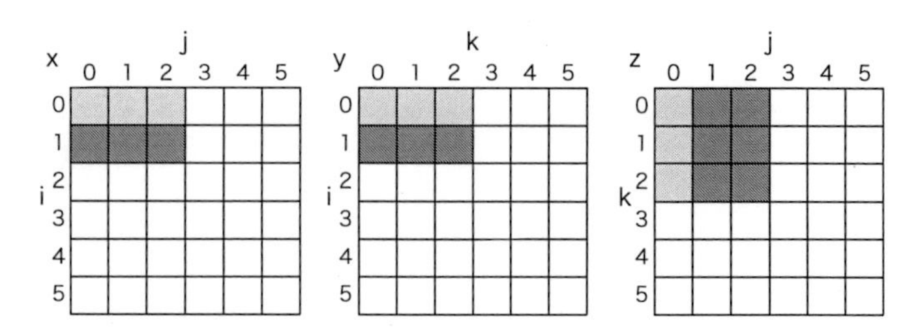

図2.14　配列x、y、zの$B=3$におけるアクセス時期

図2.13に比べてアクセスされる要素数が少ないことに注意されたい。

```
/* 改善後 */
for (jj = 0; jj < N; jj = jj+B)
for (kk = 0; kk < N; kk = kk+B)
for (i = 0; i < N; i = i+1)
    {r = 0;
        for ( j = jj; j < min( jj+B, N ); k = k+1)
            r = r+y[i][k]*z[k][j];
        x[i][j] = x[i][j]+r;
    };
```

図2.14は3つのメモリにブロック化を用いてアクセスする様子を示す。容量ミスだけを見れば、アクセスされる全体の数は、$2N^3/B+N^2$ となり、合わせて B 倍の改善となる。したがって、ブロック化は、空間的局所性と時間的局所性を利用している。yは空間的局所性の恩恵を受け、zは時間的局所性の恩恵を受けるからである。この例は正方行列（$B \times B$)を用いているが、行列が正方形でない場合には、長方形のブロックを使うこともできる。

ここではキャッシュミスを少なくしようとしているが、ブロック化はレジスタ割り付けにも用いることができる。レジスタに入ってしまうくらいの小さなサイズのブロックを使うことで、プログラムのロード、ストア数を最小化できる。

第4章の4.8節で見ていくように、キャッシュのブロック化は、行列を主なデータ構造として使うアプリケーションが走るプロセッサでは、良い性能を得るために必須のテクニックである。

改良法8：　命令とデータをハードウェアプリフェッチしてミスペナルティとミス率を減らす

ノンブロッキングキャッシュは、実行とメモリアクセスをオーバーラップすることで効率的にミスペナルティを減らすことができる。もう1つのアプローチは、プロセッサが要求する前に、要求対象を**プリフェッチ**（**先読み**）することである。命令とデータは共にプリフェッチすることができ、キャッシュに直接入れるか、メインメモリよりも高速にアクセスできる外部バッファに入れる。

命令プリフェッチは、多くの場合、キャッシュの外部ハードウェアで行われる。よくある方法では、プロセッサは、1つのミスで2つのブロック（要求されたブロックと、連続した次のブロック）を取ってくる。要求されたブロックを取ってくると、それを命令キャッシュに格納し、プリフェッチされたブロックの方は命令ストリームバッファに格納する。要求されたブロックが命令ストリームバッファに存在すれば、元々のキャッシュ要求はキャンセルされ、ブロックはストリームバッファから読み出され、次のプリフェッチ要求が発生する。

同様のアプローチはデータアクセスについても適用できる

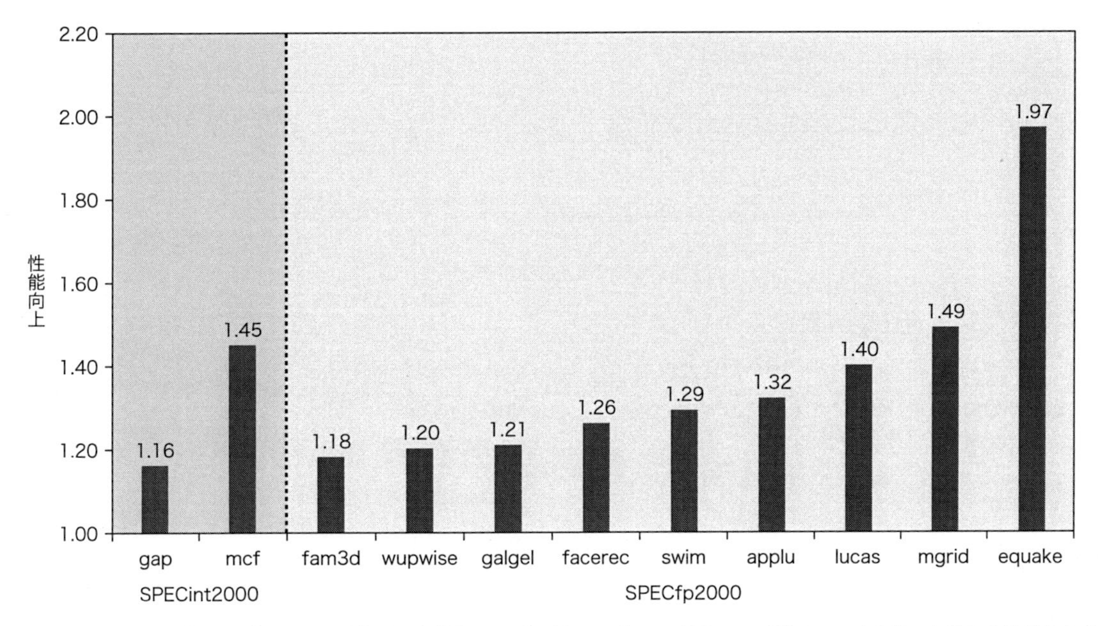

図 2.15　Intel Pentium 4 でハードウェアプリフェッチを用いた場合のスピードアップ。ハードウェアプリフェッチを使った場合の性能向上を SPECint2000 ベンチマーク 12 のうち 2 件、SPECfp2000 ベンチマーク 14 のうちの 9 件について示す。
ここではプリフェッチの効果が高いものだけを示す。ここで示していない 15 の SPEC ベンチマークのスピードアップは 15%より低い［Singhal, 2004］。

［Jouppi, 1990］。Palacharla と Kessler は科学技術プログラムを見て、命令とデータの両方を扱うことのできる複数のストリームバッファを構想した［Palacharla and Kessler, 1994］。彼らは、2 つの 64KiB 4-ウェイセットアソシアティブキャッシュ（片方は命令用、片方はデータ用）を想定した。そして 8 つのストリームバッファを装備することで、プロセッサがこの 2 つのキャッシュに対して出したアクセスによるミス全体の 50%から 70%を捕捉できることを明らかにした。

Intel Core i7 は、L1 と L2 の両方とも、次のラインをアクセスする普通のハードウェアプリフェッチを持っている。以前の Intel 社のプロセッサはもっと積極的なハードウェアプリフェッチを用いていたが、これはいくつかのアプリケーションで性能を落とす結果となり、賢いユーザはこの機能をオフにしてしまった。

図 2.15 は、SPEC2000 のプログラムのサブセットについてハードウェアのプリフェッチ機能をオンにした場合の全体の性能向上を示す。この図は SPEC の浮動小数点プログラムのほとんどを含んでいるのに対して、12 の整数プログラムのうち 2 つしか含まないことに注意されたい。

プリフェッチは、利用可能なメモリバンド幅が大きいことが前提で、そうでなければ使われない。ミスした場合の要求を妨害してしまうならば、実際の性能が下がることもある。コンパイラの助けにより不要なプリフェッチを減らすことができる。プリフェッチがうまく働けば、その電力に対する影響は無視できる。プリフェッチされたデータが利用されないか、役に立つデータが捨てられてしまうと、プリフェッチは電力に対してひどい悪影響を与える。

改良法 9：　コンパイラ制御プリフェッチでミスペナルティとミス率を減らす

ハードウェアプリフェッチの代替案として、コンパイラが、プロセッサが必要とする前にデータを要求するプリフェッチ命令を挿入する方法がある。このプリフェッチには 2 つのやり方がある。

- **レジスタプリフェッチ**：レジスタに値をロードする。
- **キャッシュプリフェッチ**：レジスタではなくキャッシュに値をロードする。

どちらについても**フォールト付き**（faulting）と**フォールトなし**（nonfaulting）がある。すなわち、そのアドレスが仮想アドレスフォールトと保護違反の例外を引き起こすか引き起こさないかの違いである。この用語を使えれば、通常のロード命令は、「フォールト付きレジスタプリフェッチ命令」と考えられる。フォールトなしプリフェッチでは、例外を起こした時は、単に NOP 命令に変換される。

最も効率的なプリフェッチは、プログラムから「意味的には見えない」ものである。すなわち、レジスタやメモリの内容を変えず、仮想メモリフォールトを発生しない。今日のプロセッサの多くでは、フォールトなしキャッシュプリフェッチを装備している。ここでは、この**フォールトなしキャッシュプリフェッチ**（**ノンバインディングプリフェッチ**とも呼ばれる）を想定する。

プリフェッチは、プロセッサがプリフェッチしている間にデータを処理できる場合にのみ意味を持つ。すなわち、キャッシュはストールせず、プリフェッチされたデータが戻ってくるのを待っている間も、命令とデータを供給し続けなければならない。通常は、このようなコンピュータのデータキャッシュはノンブロックキャッシュであることが期待される。

ハードウェア制御プリフェッチ同様に、目標は、実行とデータプリフェッチをオーバーラップすることである。ループは、全体に適用可能であることから、プリフェッチの対象として重要である。ミスペナルティが小さければ、コンパイラはループを 1 回か 2 回展開（アンロール）し、展開された命令と共にプリフェッチをスケジュールする。ミスペナルティが大きければ、**ソフトウェアパイプライニング**（付録 G 参照）を使うか、多数回展開して将来の反復に対してデータのプリフェッチを行う。

プリフェッチ命令の発行により、命令数のオーバーヘッドを招く。このため、コンパイラは、このオーバーヘッドが性能的な利益を上回らないように注意深く確認しなければならない。キャッシュミスを起こしそうな参照だけに集中することで、プログラムは不必要なプリフェッチを避け、平均メモリアクセス時間を大きく改善できる。

例題2.5

以下のコードに対して、どのアクセスがデータキャッシュミスを起こしそうか示せ。次に、ミスを減らすためにプリフェッチ命令を挿入せよ。最後に、実行されるプリフェッチ命令を数え、プリフェッチによって避けることのできるミスを数えよ。8KiBのダイレクトマップキャッシュを持っており、ブロックは16バイトで書き込み時にもブロック割り付けを行うライトバックキャッシュであると仮定する。倍精度浮動小数点配列aとbのそれぞれの要素は8バイト長である。aは3つの行と100個の列を、bは101個の行と、3つの列を持つ。プログラム開始時にはa、bはキャッシュに存在しないと仮定せよ。

```
for ( i = 0; i < 3; i = i+1)
    for ( j = 0; j < 100; j = j+1)
        a[i][j] = b[i][0]*b[j+1][0];
```

解答

コンパイラは、まずどのアクセスがキャッシュミスを起こしそうか調べる。これをやらないとヒットするデータに対してプリフェッチ命令を発行し、時間を無駄にしてしまう。aの要素はメモリに書いた順番に格納されるため、空間的局所性による性能的な利益を得ることができる。jが偶数の値でミスが発生し、奇数ではヒットする。aは3行と100列を持つため、このアクセスは3 × (100/2)で150回のミスを発生する。

配列bは、格納された順でアクセスが行われないため、空間的局所性の恩恵を受けない。bは時間的局所性の性能上の恩恵を2回に渡って受ける。同じ要素がiの各反復でアクセスされ、jの各反復でもbの最後の反復の値と同じものを用いる。競合ミスの可能性を無視すると、bによるミスはb[j+1][0]をi = 0でアクセスする時と、j = 0で最初にb[j][0]をアクセスする時である。jはi = 0について0から99まで進むので、bのアクセスは100+1つまり101回ミスする。

したがって、このループはデータキャッシュを配列aのために150回、配列bのために101回、計251回ミスする。

さて、改良法の適用を単純にするため、ループの最初のアクセスのプリフェッチについては考えないことにする。これらのデータはすでにキャッシュに存在するかもしれないが、そうでなければaとbの最初のいくつかの要素についてはミスペナルティを払うことになる。また、ループの最後でaの終わりを越えるプリフェッチ、(a[i][100]...a[i][106]) と、bの終わりを越えるプリフェッチ (b[101][0]...b[107][0]) を止めるための配慮もしないこととする。フォールト付きプリフェッチであったとしても、このような贅沢は本来許されない。ここで、ミスペナルティは非常に大きいため、最低限7反復分早くプリフェッチをはじめる必要があると仮定する（言い換えれば、8回目の反復では性能上の恩恵が得られない）。先のコードでプリフェッチを付ける必要がある部分の下にコメントを付ける。

```
for ( j = 0; j < 100; j = j+1) {
    prefetch(b[j+7][0]);}
    /* b(j, 0) for 7 iterations later */
    prefetch(a[0][j+7]);
    /* a(0, j) for 7 iterations later */
for ( i = 1; i < 3; i = i+1)
    for ( j = 0; j < 100; j = j+1) {
        prefetch(a[i][j+7]);
        /* a(i, j) for +7 iterations */
        a[i][j] = b[j][0]*b[j+1][0]; }
```

このコードではa[i][7]からa[i][99]までと、b[7][0]からb[100][0]までプリフェッチする。プリフェッチをしない場合のミスは以下のところまで減る。

- 最初のループでb[0][0]、b[1][0]、...、b[6][0]までの7つのミス。
- 最初のループの要素a[0][0]、a[0][1]、...、a[0][6]の4つのミス（空間的局所性がキャッシュの1ブロックである16バイトにつき1回ミスを減らす）（⌈7/2⌉）。
- 2回目のループの要素a[1][0]、a[1][1]、...、a[1][6]の4つのミス（⌈7/2⌉）。
- 2回目のループの要素a[2][0]、a[2][1]、...、a[2][6]の4つのミス（⌈7/2⌉）。

計19のプリフェッチされないミスが残る。232個のキャッシュミスを防ぐコストは400個のプリフェッチ命令を実行することであり、これはトレードオフとしては悪くないようだ。

例題2.6

この例で節約した時間を計算せよ。命令キャッシュのミスは無視し、データキャッシュは競合ミス、容量ミスは発生しないものと仮定する。プリフェッチは互いにオーバーラップ可能で、キャッシュミスともオーバーラップ可能、つまり最大のメモリバンド幅で転送可能と仮定する。元々のループは反復毎に7クロックサイクルかかる。最初のプリフェッチ付きのループは反復毎に9クロックサイクルかかり、2回目のプリフェッチ付きループは、ループの外のforループのオーバーヘッドも入れて、反復毎に8クロックサイクルかかる。1つのミスは100クロックサイクルかかる。

解答

元々の二重入れ子のループは3 × 100で300回乗算を実行する。ループは反復当たり7クロックサイクルを必要とするので、計300 × 7、つまり2,100クロックサイクルであり、これにキャッシュミスが加わる。キャッシュミスは251 × 100、つまり25,100クロックサイクルを足すことになり、全体で27,200クロックサイクルになる。一方、最初のプリフェッチ付きのループは100回反復し、それぞれの反復が9クロックかかるので900クロックサイクルにキャッシュミスが加わる。このキャッシュミスは、11 × 100、つまり1,100クロックサイクルで、計2,000クロックとなる。2回目のループは、2 × 100、つまり200回を実行し、それぞれの反復で8クロックなので、1,600クロックサイクルかかる。これに8 × 100、すなわち 800 クロックサイクルをキャッシュミスとして加えることになり、総計 2,400 クロックサイクルとなる。先の例で、このコードは 400 回のプリフェッチ命令を、2000 + 2400、すなわち 4,400 クロックサイクルで 2 つのループを実行する間に発生することが分かっている。プリフェッチが完全に他の実行とオーバーラップ可能ならば、プリフェッチコードは 27200/4400、すなわち 6.2 倍高速化される。

配列の改良法の理解は容易だが、最近のプログラムはポインタを使う傾向にある。Luk と Mowry は、コンパイラによるプリフェッチは、ポインタにも同様に拡張できる場合があると主張している [Luk and Mowry, 1999]。再帰データ構造を含む 10 個のプログラムのうち半分のプログラムで、すべてのポインタをプリフェッチをすることで、性能は 4〜31%改善された。一方で、残りのプログラムでは元々の性能の 2%以内だった。プリフェッチがもうすでにキャッシュに存在するデータに対して行われたか、それが必要になる時にはデータが到着しているように十分早く発生されたか、によって性能は変わってくる。

プロセッサの多くはキャッシュプリフェッチ命令を持っており、高性能プロセッサ (Intel Core i7 など) は、ハードウェア実装の自動プリフェッチ機能も持っている。

改良法 10: HBM を使ってメモリ階層を拡張する

サーバ中のほとんどの汎用プロセッサは、HBM パッケージ内のメモリよりも多くのメモリを使いたがるだろうから、パッケージ内の DRAM を、来るテクノロジによる 128MiB から 1GiB を越える、現在の L3 キャッシュに比べてはるかに巨大な L4 キャッシュとして使う方法が提案されている。このような大きな DRAM ベースキャッシュはある問題を引き起こす:タグをどこに設ければいいのだろうか。これはタグの数によって決まる。64B のブロックサイズを用いたとしよう。1GiB L4 キャッシュは 96MiB のタグを必要とする。これはその CPU 中の SRAM の容量をはるかに越えている。ブロックサイズを 4KiB にすれば、要求量はずっと減る。タグは 256K エントリあるいは総計 1MiB を下回ることになり、次世代マルチコアプロセッサで 4〜16MiB を越える規模の L3 キャッシュを持つものにとっては、たぶん許されるレベルとなる。とはいえ、このような大きなブロックサイズには、2 つの大きな問題がある。

第一に、キャッシュのブロックのうち多くが必要とされない場合、利用効率が悪くなるだろう。これは**フラグメンテーション問題**と呼ばれていて、仮想メモリシステムでも生じる。さらに、大部分のデータが使われないのならば、このような大きなブロックを転送するのは効率が悪い。第二に、大きなブロックサイズであるために、DRAM キャッシュ上に格納される個別のブロックは少なくなり、ミスが増える。特に競合ミスとコンシステンシィミスが増えるだろう。

最初の問題に対する部分的な解決法は、**サブブロッキング**である。サブブロッキングは、ブロックを部分的に無効にし、ミスの時に持ってくるようにする。とはいえ、サブブロッキングは第二の問題には無力である。

ブロックサイズを小さくする方法の主な欠点は、タグ領域である。この困難を解決するために採用し得る方法の 1 つは、HBM 中に L4 キャッシュのタグを持つことである。ちょっと見ただけで、これはうまく行きそうにない。というのは、L4 アクセスに対して、1 回はタグへ、もう 1 回はデータ自身へ、2 回の DRAM アクセスが必要になってしまうからだ。DRAM へのランダムなアクセスには時間が掛かるため、通常 100 以上のプロセッサクロックサイクルが必要になってしまい、このアプローチは採用されなかった。Loh と Hill は、この問題に対してもっと賢い方法を提案した [Loh and Hill, 2011]。HBM SDRAM の同一行にタグとデータの両方を配置するのである。行を使用中に (オープン) する (最終的に使用終了 (クローズ) する) ためには、時間が掛かるが、1 行中の違った部分をアクセスする CAS レイテンシは、行のアクセス時間の 3 分の 1 程度である。したがって、まずタグの部分を先にアクセスし、ヒットしていれば列アドレスを使って正しいワードを選べばよい。Loh と Hill (L-H) は、L4 HBM キャッシュをそれぞれの SDRAM の行を使って、タグのセット (ブロックの先頭に) と 29 個のデータセグメントを格納し、29-ウェイセットアソシアティブキャッシュとして使う方法を提案した。L4 がアクセスされると、適切な行がオープンされ、タグが読み出される。ヒットすれば列アドレスがもう一度要求され、一致したタグに対するデータが読み出される。

Qureshi と Loh は、**アロイ** (alloy:合金) **キャッシュ**と呼ばれるヒット時間を減らす改良版を提案した [Qureshi and Loh, 2012]。アロイキャッシュはタグとデータを組みにしてダイレクトマップキャッシュ構成を作る。これにより、L4 のアクセス時間は、HBM の単一サイクルにより直接 HBM をアクセスして、タグとデータの両方をバースト転送する所まで減らすことができる。図 2.16 はアロイキャッシュ、L-H 法、SRAM ベースのタグのヒット時レイテンシを示す。アロイキャッシュはヒット時間を L-H 法に比べて 2 倍以上減らすが、その見返りとしてミス率が 1.1〜1.2 倍に増加する。利用したベンチマークは図の脚注に示す。

不幸なことに、両方の方法とも、ミス時には 2 回の DRAM アクセスが必要となる。1 つは最初のタグを取ってくる時で、次はメインメモリをアクセスする時である (これはもっと遅いだろう)。ミスの検出を高速に行えれば、ミス時間を減らすことができる。2 つの違った解決法がこの問題に対して提案されている。1 つは、キャッシュ中のブロックの軌跡 (ブロックの位置ではなく、それが存在するかどうか) を保存するマップを使う方法であり、もう 1 つは、メモリアクセス予測器を使う方法である。これは、履歴に基づく予測技術を使ってミスが起きるかどうかを予測する方法で、グローバル分岐予測 (次の章参照) に類似している。小さな予測器でもミスが起きるかどうか高い精度で予測でき、全体としてミスペナルティを小さくできることが知られている。

図 2.17 は、図 2.16 で用いたメモリのアクセスが激しいベンチマークの SPECrate で測定したスピードアップを示す。アロイキャッシュのアプローチは L-H 法だけでなく、現実性のない SRAM タグをも上回る。これは、高速アクセス時間と、ミス予測器による予測結果が優れている効果が組み合わさり、ミス予測が高速化し、これがミスペナルティの削減に繋がっているためである。アロイキャッシュは、理論値、すなわち L4 に対するミス予測が完全で、ヒット時間が最短であるもの、に近づいている。

HBM は、高性能で専用目的のシステムにとっては全体のメモリを構成し、大きなサーバでは、L4 キャッシュの構成で用いられるな

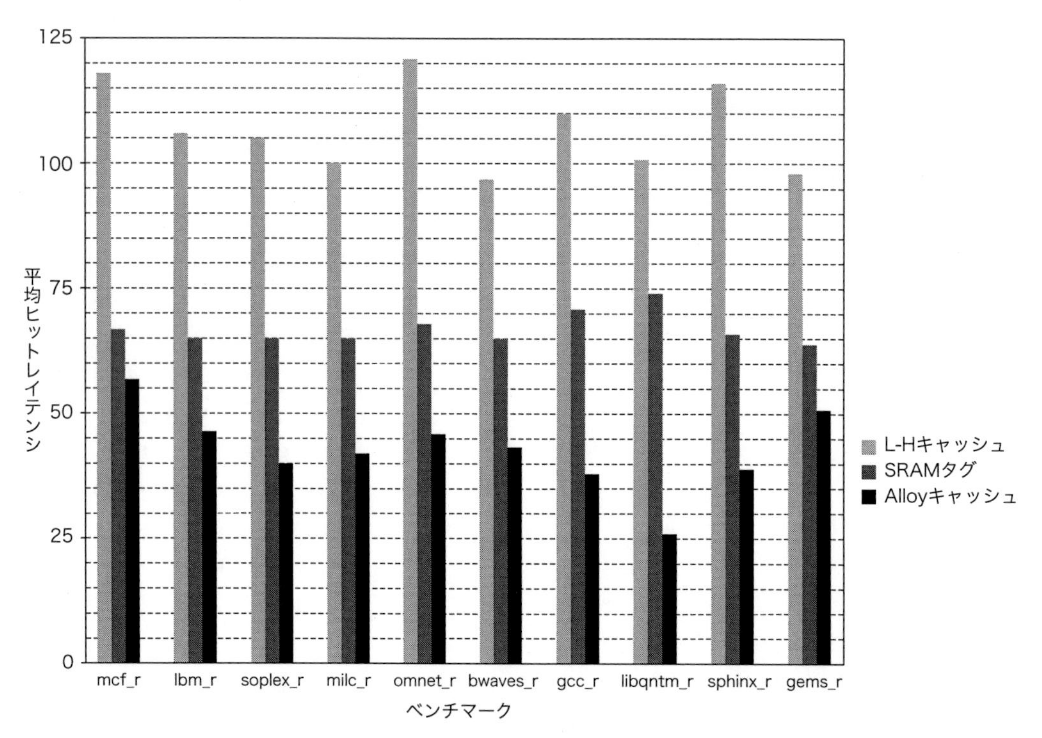

図 2.16 L-H法、SRAMを用いた現在現実的でない手法、アロイキャッシュ構成におけるクロックサイクルで示す平均ヒット時間

SRAMの場合、SRAMがL3と同じ時間でアクセス可能とし、L4がアクセスされる前にチェックされるとした。平均ヒットレイテンシは43（アロイキャッシュ）、67（SRAMタグ）、107（L-H）になった。ここで使った10個のSPECCPU2006ベンチマークは、最もメモリ利用が激しいものである。L3が完璧ならば、それぞれは2倍の速さで走っただろう。

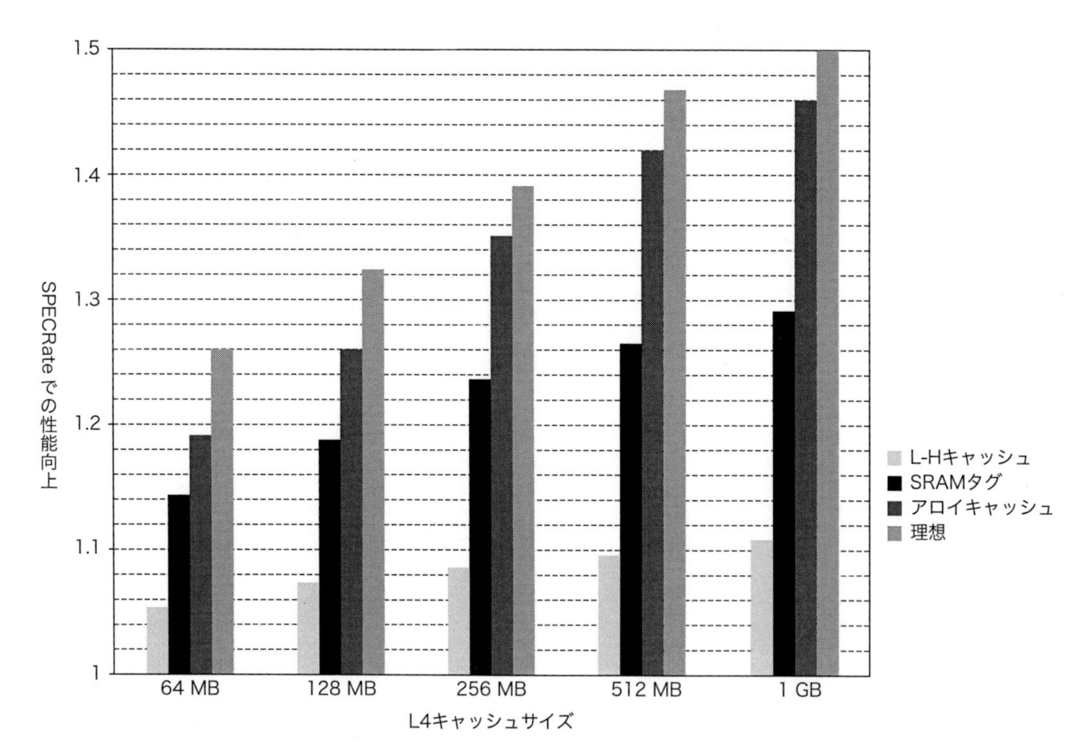

図 2.17 L-H法、SRAMタグ法、アロイキャッシュ、理想のL4を想定した場合のSPECRateベンチマークの性能向上。スピードアップ1は、L4キャッシュに比べて何も改善がないもので、スピードアップ2は、L4が完璧でアクセス時間が無い場合に達成できる

10個のメモリ利用が激しいベンチマークを使い、それぞれ8回走らせた。ミス予測手法を合わせて用いた。理想の場合は、L4の要求は64バイトブロックのみであり、アクセスと転送が必要である。L4の予測精度は完全であるとする（すなわちすべてのミスは（ミスが起きるかどうかは）ゼロコストで。さらに余分なコストをかけることなく既知である）。

改良法	ヒット時間	バンド幅	ミスペナルティ	ミス率	電力消費	ハードウェアコスト/複雑さ	備考
小さく単純にする	+			–	+	0	広く使われる普通の方法
ウェイ予測キャッシュ	+				+	1	Pentium 4で利用される
パイプライン化キャッシュ	–	+				1	広く用いられる
ノンブロッキグキャッシ		+	+			3	広く用いられる
重要ワード優先と早期実行再開			+			2	広く用いられる
マージ機能付きライトバッファ			+			1	ライトスルーでは広く用いられる
キャッシュミスを減らすコンパイラ技術				+		0	ソフトウェアが課題、コンピュータによってはコンパイラオプションを持つ
命令とデータのハードウェアプリフェッチ			+	+	–	2 instr., 3 data	大多数のプロセッサで、プリフェッチ命令を持っている。最近の高性能プロセッサでは、自動プリフェッチハードウェアも持っている
コンパイラ制御プリフェッチ			+	+		3	ノンブロッキングキャッシュが必要、命令のオーバーヘッドの可能性がある。多くのCPUで用いられる
キャッシュの追加レベルとしてのHBM		+/–	–	+	+	3	新しいパッケージ技術に従う。効率はヒット率の改良に大きく依存する

図 2.18　10個の進んだキャッシュ最適化がキャッシュの性能、電力消費、複雑さに及ぼす影響

一般的には、1つの手法は、1つの要素に対してのみ効果を及ぼす。プリフェッチは十分早く行えばミスを減らすことができるが、そうでなければ、ミスペナルティを減らす。+はその手法が要素に対して改善することを示す。–は、その要素を悪化させることを示し、空白は影響を与えないことを示す。複雑度は主観的である。0は簡単であり、3は実現には課題があるものを示す。

ど、さまざまな違った構成で広く用いられるだろう。

キャッシュの改良法のまとめ

ヒット時間、バンド幅、ミスペナルティ、ミス率を改善するテクニックは、通常、メモリ階層の複雑さと共に、平均メモリアクセスの式の要素の中でそれが目的としないものにも影響を与えてしまう。図2.18はこれらのテクニックをまとめ、複雑さに対する影響を見積もる。“+” はそのテクニックが改善する要素であり、“–” はその要素を悪化させる意味である。空白は影響を与えないことを意味する。1つ以上のカテゴリを改善するテクニックは一般的には存在しない。

2.4 保護：仮想メモリと仮想マシン

仮想マシンは、効率的に分離された本物のマシンの複製とみなされる。我々はこの概念を仮想マシンモニタ（VMM）を使って解説しよう。VMMは3つの重要な性質を持っている。1つ、VMMは元のマシンと本質的に同じなプログラム環境を持っている。2つ、プログラムはこの環境で、最悪の場合でも多少スピードが落ちる程度で動く、最後にVMMはシステムの資源を完全に制御する。

Gerald Popek and Robert Goldberg
「仮想化可能な第3世代アーキテクチャについての正式な要求事項」
Communication of ACM（1974年7月）

付録BのB.4節は、仮想メモリについて鍵となる事項について述べている。仮想メモリにより、物理メモリを2次記憶（ディスクであってもSSDでも）のキャッシュとして扱うことができることを思い出そう。仮想メモリは、2つのメモリ階層の間でページを移動する。これはキャッシュがレベル間でブロックを移動するのと同様である。TLBは、ページ表のキャッシュであり、アドレス変換の度にメモリアクセスを必要とすることがなくなる。仮想メモリは、単一の物理メモリを共有するプロセスの間の分離を行う機能も有する。読者は読み続ける前に仮想メモリの2つの機能を理解しているかどうか確かめた方が良い。

本節では同じプロセッサを共有するプロセス間の保護とプライバシーの追加的な問題に焦点を当てる。セキュリティとプライバシーは、2017年のITにおいて、最もやっかいな課題である。侵入者によるクレジットカード番号などの窃盗は、定期的にアナウンスされている。そして、発覚していない犯罪行為がもっと数多くあることは間違いない。このため、研究者も現場もコンピュータシステムをより安全にするための新しい方法を探している。情報の保護はハードウェアに限定されない。我々の見るところ、真のセキュリティとプライバシーは、コンピュータアーキテクチャとシステムソフトウェアの両方を巻き込む技術革新になるだろう。

この節は、仮想メモリを使用し、プロセスを互いに保護するためのアーキテクチャサポートの復習から始める。そして、仮想マシンによる保護や仮想マシンアーキテクチャへの要求、性能について解説する。第6章で見るように、仮想マシンはクラウドコンピューティングのための基本的な技術である。

2.4.1 仮想メモリを通じた保護

ページベースの仮想メモリは、ページテーブルのエントリをキャッシュする**トランスレーションルックアサイドバッファ**（**TLB**：Translation Look aside Buffer）を利用しており、プロセスが自分を保護するための基本的なシステムである。付録BのB.4節とB.5節は、仮想メモリの復習であり、80x86におけるセグメンテーションとページングによる保護について、詳細に解説している。本節は復習としての役割を持っているが、説明が早すぎると思ったら、これらの節を参照されたい。

マルチプログラミングは、並行に動作する多数のプログラムが1つのコンピュータを共有するもので、これにより、プログラム間の保護と共有に対する要求が導かれ、**プロセス**の概念に至った。たとえるなら、プロセスはプログラムが息をして生活する空間、すなわち走っているプログラムに、これを走らせ続けるのに必要な状態を付け加えたものである。どの瞬間でも、あるプロセスから別のプロセスに切り替わることができなければならない。この切り替えを**プロセススイッチ**または**コンテキストスイッチ**と呼ぶ。

OSとアーキテクチャの連携により、プロセスがハードウェアを共有しながらも、しかし互いに他を妨害しないようにすることが可能になった。これを行うため、アーキテクチャは、ユーザプロセスが走っている間は、プロセスのアクセスに制限を与える一方で、OSプロセスからは、より多くのアクセスが許されなければならない。アーキテクチャのすべき最低限の要項を以下に示す。

1. 最低でも2つのモードを設けて、走っているプロセスがユーザプロセスなのかOSプロセスなのかを明示すること。後者のプロセスは時に**カーネルプロセス**または**スーパーバイザプロセス**と呼ばれる。
2. プロセッサ状態の一部に、あるユーザプロセスが利用可能で書き込み不可の部分を備えること。この状態は、ユーザ/スーパーバイザモードビット、例外許可/禁止、メモリ保護情報などを含む。ユーザがこの状態にある時、書き込みは禁止される。これはユーザが自分自身にスーパーバイザの特権を与えて、例外を許可したりメモリの保護を変えたりできると、OSがユーザプロセスを制御できなくなるので、これを防ぐためである。
3. プロセッサがユーザモードからスーパーバイザモードへ、およびその逆に行き来する機構を設けること。前者の方向への移動は、通常**システムコール**によって行われる。これは、スーパーバイザのコード空間の特定の場所に制御を移す特別な命令を使って実現する。システムコールが起きた場所のPCは保存され、プロセッサはスーパーバイザモードになる。ユーザモードへの復帰は、サブルーチンコールのリターンと同じだが、システムコール以前のユーザ/スーパーバイザモードもここで復帰される。
4. メモリアクセスを制限する機構を設けてプロセスのメモリ状態を保護する。これによって、コンテキストスイッチ時に、プロセスがディスクにスワップされることを防ぐ。

付録Bでは、メモリ保護の方法をいくつか取り上げている。しかし、これまでに最も普及しているのは、仮想メモリのそれぞれのページに、メモリを保護するための制限を付け加える方法である。通常、固定サイズ（4KiBか16KiB）のページを、ページテーブルを介して仮想アドレス空間から物理アドレス空間に割り付ける。保護のための制限は、このページテーブルエントリに含まれて、ユーザプロセスがそのページを読み出し可能か、ユーザプロセスがそのページに書き込み可能か、コードがそのページで実行可能かなどを決める。加えて、プロセスは、ページテーブルに存在しなければ、そのページの読み書きはできない。OSだけがページテーブルを更新できるので、ページング機構は全体的なアクセス保護を行っていることになる。

ページ化仮想メモリにおいて、すべてのメモリアクセスは、1回のメモリアクセスで物理ページアドレスを読み、次にデータにアクセスするので理論的には2倍の長さがかかることになる。しかし、このコストはとても容認できないので、局所性の原則に頼ることにする。アクセスが局所性を持つならば、アクセスのためのアドレス変換もまた局所性を持つはずだ。この**アドレス変換機構**を特殊なキャッシュ上に保持することで、メモリアクセスはデータを変換するためにメモリに2回もアクセスする必要はめったになくなる。この特殊なアドレス変換キャッシュが**トランスレーションルックアサイドバッファ**（**TLB**）である。

TLBのエントリはキャッシュエントリに似ており、タグ部に仮想アドレスを持たせ、データ部には物理ページアドレス、保護フィールド、有効ビット、それに多くの場合は、利用ビットとダーティビットを持たせる。OSがこれらのビットを変更する場合、ページテーブルの内容を変更し、それから対応するTLBのエントリを無効にする。このエントリがページテーブルから再ロードされると、TLB中にこれらのビットの正しいコピーが格納される。

コンピュータがページの制限と仮想アドレスから物理アドレスへの割り付けに忠実にしたがっていると仮定すると、すべてはうまく行くように見えるが、実はそれほどうまく行くわけではない。

この理由は、我々がOSとハードウェアの正確性を頼りにしていることによる。今日のOSは1,000万行のコードからできている。バグはコードの1000行毎にいくつか現れるので、OSには数千のバグが存在することになる。OSの欠陥は、日常的に表れる脆弱性に繋がる。

このような問題と、保護を行わない可能性は、以前よりもずっとコストが高くつくようになり、OS全体よりも、ずっとコードが小さい保護モデルを探るきっかけなった。この答えの1つが仮想マシンである。

2.4.2 仮想マシンを用いた保護

仮想メモリと同じ位古いアイデアが**仮想マシン**（**VM**）である。いずれも1960年の終わりごろに開発され、時代を越えてメインフレームコンピューティングの重用な一部分として残ってきた。1980年代、1990年代のシングルユーザコンピュータの世界ではその多くは無視されてきたが、最近以下の理由で一般的になってきた。

- 最近のシステムでの分離と保護の重要性の増大。
- 標準オペレーティングシステムにおける保護と信頼性の損失。
- データセンターやクラウドなどで見られるように、無関係な多数のユーザ間で、単一のコンピュータを共有する機会が増えたこと。
- プロセッサ本来のスピードが猛烈に向上したため、VMのオーバーヘッドが気にならなくなったこと。

VM の広義の定義には、Java VM などの標準ソフトウェアインターフェイスを備えたすべてのエミュレーション手法も含まれる。しかし、ここでは**バイナリ命令レベルアーキテクチャ（ISA）**のレベルで完全なシステムレベル環境を持つ VM を対象にしよう。多くの場合、VM では元のハードウェアと同じ ISA を走らせるが、異なる ISA を走らせることもある。このアプローチは、新しい ISA にポーティングするまで、ソフトウェアが古い ISA で稼働させる場合、つまり ISA 間の移動を行う際に採用される。ここではハードウェア通りの ISA を常に動かすものに集中しよう。このような VM は（オペレーティング）**システム仮想マシン**と呼ばれる。IBM VM/270、VMware ESX Server、Xen がこの例である。この種の VM は、ユーザに対して、OS のコピーを含んだそれ自体完全なコンピュータがあるように見せかける。単一のコンピュータは複数の VM を走らせて、複数の異なる OS を走らせることができる。従来のプラットフォーム上では、単一の OS がすべてのハードウェア資源を占有するが、VM を用いると、複数の OS 間でハードウェア資源を共有する。

VM を支援するソフトウェアは**仮想マシンモニタ（VMM）**または**ハイパーバイザ**と呼ばれる。VMM は仮想マシン技術の心臓部である。基盤ハードウェアプラットフォームは**ホスト**と呼ばれ、この資源は**ゲスト VM** によって共有される。VMM は仮想的な資源をどのように物理的資源に割り当てるかを決める。物理的資源は、時分割利用されたり、分割されたり、あるいはソフトウェアでエミュレートされる。VMM は従来の OS に比べてずっと小さく、ゲスト間を分離する部分は、おおむね 10,000 行ほどのコードである。

一般的に、プロセッサの仮想化のコストは負荷となるプログラムによって決まる。SPECCPU2006 などユーザレベルでプロセッサばかり使うプログラムでは OS がめったに起動せず、すべてが元の速度で動作するため、仮想化のオーバーヘッドはゼロである。逆に、I/O を良く使うプログラムは、OS も良く使うことになり、多数のシステムコールと特権命令により、仮想化のオーバーヘッドは高くなる。このオーバーヘッドは、VMM でエミュレートされなければならない命令数とそれがどの程度遅くエミュレートされるかによって決まる。このため、ここで想定しているようにゲスト VM がホストと同じ ISA で走る場合、ほとんどすべての命令を、元のハードウェアで直接実行できることがアーキテクチャと VMM の目標となる。一方で、I/O を良く使うプログラムは、**I/O 時間**が支配的なので、プロセッサ仮想化のコストは、I/O 待ちに起因する低いプロセッサの利用率によって、完全に隠蔽される。

保護の改善を重要視した上での VM だが、商業的な重要性として以下の 2 つの利点を持つ。

1. **ソフトウェアの管理**：VM は、DOS などの古い OS を含む場合ですら、完全なソフトウェアスタックを走らせることができる抽象化を行う。典型的な開発現場においては、過去に普及したレガシー OS を走らせる VM がある一方、多くは現在の安定な OS リリースを走らせており、中には OS リリースをテストするのが少しあるのが普通であろう。
2. **ハードウェアの管理**：複数のサーバが、それぞれのアプリケーションを分離したコンピュータ上の互換性のある OS 上で走らせる 1 つの理由は、この分離により信頼性が向上するからである。VM は、分離されたソフトウェアスタックが独立に走ることを許す一方で、ハードウェアも共有することができ、複数のサーバを統合することができる。別の例をあげると、ある種の VMM は、負荷のバランスを取ったり、故障したハードウェアから退避するために、走っている VM を他のコンピュータに移動できる。

この 2 つの理由により、Amazon 社などのクラウドベースのサーバは仮想マシンに頼っている。

2.4.3 仮想マシンモニタの要求

仮想マシンモニタ（VMM）でしなければならないことは何だろうか。ゲストソフトウェアのソフトウェアインターフェイスを受け持ち、ゲストの状態を互いに分離し、自分自身をゲストソフトウェア（ゲスト OS を含む）から保護しなければならない。やらなければならないことは以下の通りである。

- ゲストソフトウェアは VM 上で、元のハードウェアで走るのと、全く同じに振る舞わなければならない。性能に関連する振る舞いや、複数の VM によって共有される固定資源の制約は例外である。
- ゲストソフトウェアが、実システムの資源の割り付けを直接変えられないようにする。

プロセッサを「仮想化」するために、VMM は、特権状態、アドレス変換、I/O、例外、割り込みなど、すべてを制御する必要がある。もちろんゲスト VM や今走っている OS が一時的に使うことはあり得る。

例えば、タイマー割り込みの場合、VMM が現在走っているゲスト VM を一時停止し、状態を保存し、割り込みを処理し、どのゲスト VM を次に走らせるかを決めてから、その状態をロードする。タイマー割り込みに頼っているゲスト VM に対しては、仮想タイマーと VMM によるタイマー割り込みのエミュレーションを備える。

責任上、VMM は、通常ユーザモードで走るゲスト VM よりも高い特権レベルを持たなければならない。このことで、特権命令の実行のすべてが VMM で扱われることが保証される。システム仮想マシンに対する基本的な要求は、以前挙げたページ化仮想メモリに対する要求とほとんど同じである。

- 最低 2 つのモード、すなわちシステムモードとユーザモードを持つ。
- システムモードでのみ実行可能な特権命令のサブセットを持つ。これは、ユーザモードで実行すると、トラップを引き起こす。すべてのシステム資源は、これらの命令だけを介して制御できなければならない。

2.4.4 仮想マシンを支援する命令セットアーキテクチャ

ISA の設計時に VM を想定すれば、VMM によって実行しなければならない命令数を減らして、エミュレートする時間を減らすことは、いずれも比較的容易である。VM をハードウェア上で直接実行することのできるアーキテクチャは**仮想化可能**の称号を獲得する。IBM 370 アーキテクチャはこの称号に輝いている。

しかし、デスクトップ PC や PC ベースのサーバでは、VM が考慮されるようになったのは最近のことなので、ほとんどの命令セットは仮想化を配慮せずに作られた。これには、80x86とほとんどすべての古いRISCアーキテクチャが該当するが、後者の配慮は、80x86よりも数少ない。最近、x86アーキテクチャへの追加機能は、初期の問題点を修正しようと試みたものであり、RISC-Vは目に見える形で仮想化のサポートを行っている。

VMMは、ゲストシステムが仮想資源にのみ作用するように保証しなければならないので、従来のゲストOSはVMM上のユーザプログラムとして走る。そこで、ゲストOSが特権命令を介して、ハードウェア資源関連の情報にアクセスしたり変更すると（例えば、ページテーブルポインタを読み書きするなど）は、トラップがかかり、VMMに制御が移る。すると、VMMは対応する実際の資源を、適切に変更することができる。

このため、命令がユーザモードで実行された時に、重要な情報の読み書きを試みてトラップがかかると、VMMはこれを中断し、ゲストOSが期待したような重要な情報の仮想版を提供する。

そういったサポートが存在しない場合は、他の措置を講じなければならない。VMMは問題がありそうな命令を全部見つけるための特別な予防策を必要とし、命令がゲストOSによって実行された際に、正しく確実に振る舞うことを保証しなければならない。その結果、VMMの複雑さは増加し、パフォーマンスは低下する。2.5節、2.7節に80x86において問題となる命令の具体例を示す。魅力的な拡張法の1つは、VMとOSが、互いにユーザレベルとは切り離された違った特権レベルで動作する方法である。追加の特権レベルを導入することで、OSの動作の一部——すなわち、ユーザプログラムに与えられた許可を越えるが、VMMの介入を必要としない（他のVMに影響しないから）——は、VMMのトラップと呼び出しのオーバーヘッド無しで直接実行できる。すぐ後で検証するXenの設計では3つの特権レベルを使っている。

2.4.5 仮想メモリとI/O上の仮想マシンの影響

もう1つの課題は仮想メモリの仮想化だ。つまり、それぞれのVM中のゲストOSが独自のページテーブル一式を持たなければならないことである。このために、VMMでは、**実**（real）**メモリ**と**物理**（physical）**メモリ**の表記を使い分けることにする（同義語として扱われることが良くある）。

実メモリは、**仮想メモリ**と**物理メモリ**の中間レベルで、それぞれと分離されたものとする（仮想メモリ、物理メモリ、およびマシンメモリというのを、それぞれ3つのレベルの名前として使うこともある）。ゲストOSは仮想メモリを実メモリにページテーブルを使って割り付け、VMMページテーブルは、ゲストの実メモリを物理メモリに割り付ける。仮想メモリのアーキテクチャはIBM VM/370や80x86のようにページテーブルを介して表すか、多くのRISCアーキテクチャのようにTLBの構造を介して表す。

VMMは、すべてのメモリアクセスに対して、もう1つ間接アクセスのレベルを付け加えるのではなく、ゲストの仮想アドレス空間を直接ハードウェアの物理アドレス空間に割り付ける**シャドーページテーブル**を持つ。VMMは、ゲストページテーブルのエントリをすべてチェックすることで、ハードウェアで用いたシャドーページテーブルのエントリが、ゲストOSの環境と対応することを保証する。正しい物理ページがゲストテーブル内の実ページに置き換えられる場合は例外である。このため、VMMはゲストOSがページテーブルを変更したり、ページテーブルポインタをアクセスしようとするすべての試みをトラップしなければならない。これは、通常、ゲストページテーブルに書き込み保護を行い、ゲストOSによるすべてのページテーブルポインタのアクセスをトラップすることで実現する。先に述べたように、後者はページテーブルポインタへのアクセスが特権操作であれば、自然な形で起きる。

IBM 370アーキテクチャは、1970年代にページテーブルの問題をVMMが管理する間接アクセスのレベルをもう1つ付け加えることで解決した。ゲストOSは、このページテーブルを以前から持っており、このためシャドーページテーブルは不必要である。AMD社は同様な機構を同社の80x86に実装した。

RISCコンピュータの多くでは、VMMは実TLBを管理し、仮想化のために、ゲストVM当たりのTLBの内容のコピーを持つ。これをあてがうためには、TLBにアクセスするすべての命令をトラップする必要がある。TLBにプロセスIDのタグをもたせることで、エントリ中に異なるVMとVMMの混在が可能になり、VMを切り替えるたびにTLBを消去しなくてもよくなる。この間、VMMはバックグランドでVMの仮想プロセスIDと実プロセスID間の割り付けを行う。オンライン付録LのL.7節では、この詳細を述べている。

最後にアーキテクチャがやるべきことはI/Oの仮想化である。これは、コンピュータに接続するI/Oデバイス数の増加と、種類の多様化により、システム仮想化の最も困難な部分になっている。もう1つ困難なのは、現実のデバイスを複数のVMで共有することである。さらにもう1つは、特に同一のVMシステム上で違ったOSがサポートされる場合に、要求されるさまざまなデバイスドライバをサポートすることから生じる。特に、異なるOSが同じVMシステムをサポートしている場合が難しい。仮想マシンがあるように見せかけるためには、それぞれのVMがI/Oデバイスドライバのそれぞれのタイプの無印版を与え、VMMに実I/Oの管理を任せる必要がある。

仮想I/Oを物理I/Oにマッピングする方法は、デバイスの種類によって異なる。例えば、物理ディスクはVMMによって通常、パーティション分けされ、ゲストVM用の仮想ディスクが生成される。そしてVMMは仮想トラックとセクタを物理的なものに変換するマッピングを管理する。ネットワークインターフェイスは、複数のVMによって非常に短いタイムスライスで共有される。VMMの仕事は、仮想ネットワークアドレス用のメッセージの履歴を保存し、ゲストVMがそれに関係したメッセージのみを受け取ることを保証することである。

2.4.6 効率的な仮想化とセキュリティの向上のための命令セット拡張

過去5〜10年の間、AMDとIntel（少数の拡張ARMも）を含むプロセッサ設計者は、仮想化を効率よくサポートするための命令セット拡張を行ってきた。性能向上は、主に2つの領域で行われた。1つはページテーブルとTLB（仮想メモリの土台）の取り扱いであり、もう1つはI/O、特に割り込みとDMAの扱いである。仮想メモリの性能は、完全なシャドーページテーブル（付録LのL.7節参照）を持つことではなく、不要なTLBフラッシュを避け、IBM時代の昔から導入されたネスト構造のページテーブル機構を使うことで上げることができる。I/O性能を改善するためのアーキテクチャ拡張は以下の二点である。1つは、デバイスが直接DMAを使ってデータを移動できるようにする（VMMによるコピーの可能性を取り除く）ことで、もう1つはデバイスが、割り込みを掛けてゲストOSが直接取り扱えるようにコマンドを出せるようにすることである。この拡張は、メモリ管理を多く必要とするアプリケーションとI/Oの利用が多いアプリケーションの両方で、実行時に明らかな性能向上をもたらす。

パブリッククラウドシステムが広く採用され、重要なアプリケーションを実行するようになるにつれ、これらのアプロケーションのデータのセキュリティに対する関心が高まった。安全に保つべきデータよりも高い特権レベルにアクセス可能な悪意のコードすべては、システムの信用を悪化させる。例えば、クレジットカードを利用するアプリケーションを走らせる場合、悪意のユーザが、同じハードウェアを使ってOSやVMMに意図的な攻撃をかけたとしても、クレジット番号にアクセスできないことが、絶対的に確かでなければならない。仮想化を用いることで、違ったVM内の外部のユーザによってデータがアクセスされることを防止することができる。これはマルチプログラム環境と比べて、高い防御力を備えている。とはいえ、攻撃者がVMMを傷付けたり、別のVMMを観測して情報を見つけることができる場合は、これでも十分でないかもしれない。例えば、攻撃者がVMMに入り込むことを想定すると、攻撃者はメモリをマップし直し、どの部分のデータもアクセスできる。

あるいは、クレジットカードにアクセスできるコードに送り込んだトロイの木馬（付録B参照）を使う攻撃もあり得る。トロイの木馬は、クレジットカードを取り扱うアプリケーションと同じVMで走るので、OSの欠陥を利用して重要なデータにアクセスするだけで良い。多くのサイバー攻撃は、何等かの形でトロイの木馬を利用しており、多くの場合はOSの欠陥を利用する。これには、特権モードのCPUがこの状態のまま攻撃者にアクセスを戻す効果があるものと、攻撃者がOSの一部であるかのようにコードをアップロードして動かすことを許すものがある。どちらの場合でも、攻撃者はCPUの制御を取得し、高い特権モードを使い、VM内ならば何でもアクセスをする。暗号化だけでは、攻撃者を防ぐことができない点に注意されたい。メモリ内のデータが通常通り復号されたものならば、攻撃者はすべてのデータにアクセスすることができる。さらに、攻撃者が暗号化キーの場所を知ることができれば、自由にキーと暗号化されたデータにアクセスすることができる。

最近、Intelは、ソフトウェアガード拡張（SGX）と呼ばれる命令セット拡張を行った。これは、ユーザプログラムが、**エンクレーブ**（enclave、飛び地）を作れるようにする。エンクレーブでは、コードの一部やデータが常に暗号化されていて、利用する時だけユーザコードで作ったキーでのみで復号される。エンクレーブは常に暗号化されているので、仮想メモリ用の標準OS操作やI/Oはここをアクセスできる（例えば、ページを移動するなど）が、何の情報も抽出できない。エンクレーブを働かせるためには、すべてのコードとすべてのデータがエンクレーブ内になければならない。もっと細かい粒度の保護についての話題は、ここ10年来絶えないが、ほとんど実現化されていない。これは、オーバーヘッドが大きいことと、もっと効率的で、押し付けがましくない方法が利用可能であるためだ。サイバー攻撃とオンライン上での秘密情報量の増加により、この細粒度のセキュリティ向上テクニックについての見直しが始まっている。IntelのSGXのように、IBMとAMDの最近のプロセッサは、メモリのオンザフライ暗号化をサポートしている。

2.4.7　VMMの例：Xen仮想マシン

VMの開発時の初期に数多くの非効率性が明らかになった。例えばゲストOSは仮想から実ページへのマッピングを管理するが、このマッピングはVMMによって無視され、実際の物理アドレスへのマッピングが行われる。このような非効率性を減らすため、VMM開発者は、ゲストOSがVM上で走っているということを認識させてもよいのではないかと考えた。例えば、ゲストOSが、実メモリと仮想メモリが同じくらいの大きさであると想定すれば、ゲストOSに要求されるメモリ管理は不要になる。

仮想化を単純にするために、ゲストOSに少しだけ改変を行うことを**準仮想化**（paravirtualize）と呼び、オープンソースのXen VMMはこの良い例である。**Xen VMM**は、Amazon社のWebサーバのデータセンターで用いられている。これは、実ハードウェアと良く似た仮想マシン抽象化を行ったゲストOSを持つが、そのことで多くの厄介な部分を削ぎ落としている。例えば、TLBのフラッシュを避けるため、Xenは自分自身を各VMのアドレス空間の上位64MiBに割り付ける。そのおかげでゲストOSがページ保護制限に違反しないかどうか確かめるだけで、ページ割り当て行うことが可能になる。ゲストOSをVM内でユーザプロセスから保護するため、Xenは、80x86で利用可能な4つの保護レベルを活用している。Xen VMMは最も高いレベル（0）で走り、ゲストOSは次のレベル（1）、アプリケーションは最も低いレベル（3）で走る。80x86で動くOSの多くは、すべてを特権レベル0か3で行っている。

仕事を適切に分割するために、Xenは、ゲストOSを改変してアーキテクチャの危険性のある部分を使わないようにする。例えば、XenはLinuxの移植に際して3,000行（80x86に特化したコードの1%）ほどの改変を行っている。しかし、これらの改変はゲストOSのアプリケーション、バイナリ間のインターフェイスに影響を及ぼすものではない。

VM特有のI/Oに対する課題を簡単にするために、Xenは、特権仮想マシンをそれぞれのハードウェアI/Oデバイスに割り当てた。これらの特別なVMは**ドライバドメイン**と呼ばれている（XenはこのVMを「ドメイン」と呼ぶ）。ドライバドメインは、物理デバイスドライバを走らせるが、割り込みについてはVMMが先にこれを扱い、適切なデバイスドライバに送るようにする。通常のVMは**ゲストドメイン**と呼ばれ、単純な仮想ドライバドメインを走らせる。この仮想ドライバドメインは、ドライバドメイン中で、物理I/Oハードウェアがアクセスするチャネルを通じて物理デバイスドライバと交信する。データはゲストドメインとドライバドメインの間を、ページ再割り付けを介して送られる。

2.5 他の章との関連：メモリ階層の設計

本節では、メモリ階層にとって本質的なトピックのうち、他の章で議論したものを5つ取り上げる。

2.5.1 保護、仮想化と命令セットアーキテクチャ

保護はアーキテクチャとオペレーティングシステムの協力作業だが、仮想メモリが一般的になった時に、アーキテクトは、すでに存在している命令セットアーキテクチャに関する詳細のうち、不都合なものをいくつか変更しなければならなかった。例えばIBM370は仮想メモリをサポートするために、6年前にアナウンスされ成功していたIBM360命令セットアーキテクチャを変えなければならなかった。この類の調整は仮想マシンを取り入れるために現在でも行われている。

例えば、x86命令セットのPOPF命令は、メモリ上に確保されたスタックの先頭からフラグレジスタをロードする。フラグの1つは割り込み許可フラグ（IE）である。近年、仮想化をサポートする変更が加えられたが、それまでは、トラップすることなしにユーザモードでPOPF命令を実行すると、IE以外のすべてのフラグが変更されるだけだった。しかし、システムモードではIEフラグを変更する。VM上ではゲストOSはユーザモードで動作しているが、ゲストOSはIEの変化を知る必要があるのだから、この点が問題となる。80x86アーキテクチャで仮想化をサポートする拡張が施され、この問題が取り除かれた。

歴史的には、IBM社のメインフレームハードウェアとVMは、3ステップで仮想マシンの性能を改善した。

1. プロセッサを仮想化するコストを低減する。
2. 仮想化のための割り込みコストを低減する。
3. VMを起動しないで適切なVMに割り込みを導くことで割り込みコストを削減する。

IBM社は今でも仮想マシン技術の金字塔である。例えば、あるIBM社のメインフレームは2000年に数千のLinux VMを実行していたが、Xenは2004年に25のVMを実行していたに過ぎない[Clark *et al.*, 2004]。Intel社とAMD社の最近のチップセットは、VMでデバイスをサポートする命令、低レベルで割り込みを各VMから隠す命令、そして適切なVMに割り込みを振り向ける命令を加えた。

2.5.2 自律的命令フェッチユニット

多くのアウトオブオーダ実行を行うプロセッサでは、命令フェッチ（時には初期的なデコードをする）を分離し、独立した命令フェッチユニット（第3章参照）で行う。単にパイプラインが深いものでも同様の構造を持つ場合もある。多くの場合、命令フェッチユニットは、命令キャッシュをアクセスしてブロック全体を取って来て、それから個々の命令にデコードする。このテクニックは、命令長が変化する場合にも部分的に役に立つ。命令キャッシュはブロックでアクセスされるので、命令キャッシュから命令単位でフェッチする方法とミス率を比べても意味はない。さらに、命令フェッチユニットは、L1キャッシュにプリフェッチしたブロックを入れる。このプリフェッチは新たなミスをもたらすが、ミス時に被る全体のペナルティを減らすかもしれない。多くのプロセッサは、データのプリフェッチも持っている。これもデータキャッシュのミス率を増やすかもしれないが、全体のデータキャッシュミス時のペナルティを減らす可能性がある。

2.5.3 投機的実行とメモリアクセス

先進的なパイプラインで広く用いられるテクニックの1つに投機実行がある。これは、命令をプロセッサが本当に必要なのかが分かる前に、仮に実行する方法である。このようなテクニックは分岐予測に頼っていて、この結果が正しくないと、投機実行された命令はパイプラインから捨てられなければならない。投機実行をサポートするメモリシステムについては、2つの異なった課題がある。保護と性能である。投機実行の間、プロセッサは一般的なメモリ参照を行うかもしれないが、この命令が正しくない投機の結果である場合は使われることはない。このような参照が実行される場合、保護違反の例外処理を発生する。この問題は命令が実際に実行される時だけ起きることは明らかだ。次の章ではこの「投機的例外処理」がどのように解決されるかを見て行く。投機実行するプロセッサは、命令とデータキャッシュの両方をアクセスするかもしれないが、検証の結果により使われないことがあるため、投機はキャッシュミス率を増やす可能性がある。とはいえ、このような投機は、プリフェッチを用いて、実際にキャッシュミスペナルティを全体として減らすことができるかもしれない。投機の利用は、プリフェッチの利用と同じく、投機を行わないプロセッサとミス率を比較する場合に、ISAとキャッシュ構造が同一であっても、間違った結果を導くことになる。

2.5.4 特殊な命令キャッシュ

スーパースカラプロセッサの最大の課題の1つは命令のバンド幅を提供することである。最近のARMやi7プロセッサのように命令をマイクロ命令に変換する設計も、命令のバンド幅を要求し、分岐予測ミスのペナルティは、最近変換された命令を小さなキャッシュに持つことで削減される。この方法を次の章で深く見て行くことにする。

2.5.5 キャッシュされたデータの一貫性

データの更新や読み込んだりする要素がプロセッサだけであり、キャッシュがプロセッサとメインメモリの間に配置されているのであれば、古くて使えなくなったデータ（**腐朽データ**）のコピーにプロセッサがアクセスする危険性はほとんどない。後述するように、マルチプロセッサ構成の場合やI/Oデバイスが接続された場合は、複数のコピーの間で一貫性が失われたり、間違ったコピーを読んだりすることが起こり得る。

キャッシュコヒーレンシの問題が起こる頻度は、マルチプロセッサとI/Oとでは異なる。I/Oにとって複数のコピーが生じるのは稀で——可能な限り避けるべきである——しかしマルチプロセッサ上で動作しているプログラムは、さまざまなキャッシュに同じデータの複数のコピーを持つのが普通である。マルチプロセッサプログラ

ムの性能は、データを共有している時のシステム性能に依存する。

I/Oにおけるキャッシュコヒーレンシに対しては、以下の件が問題である。入出力はコンピュータのどこで発生するか——I/Oデバイスとキャッシュの間か、それともI/Oデバイスとメインメモリの間か——。もし入力がキャッシュにデータを入れ、出力がキャッシュからデータを読み出すなら、I/Oとプロセッサの両方が同じデータを見ていることになる。このアプローチにおける難点は、それがプロセッサと干渉し、I/Oのためにストールし得ることである。すぐにはアクセスされそうにない新しいデータを含む情報を置き換えてしまうことで、入力もキャッシュと干渉する可能性がある。

キャッシュを備えるコンピュータにおけるI/Oシステムの目標は、相互干渉をできる限り小さくして、腐朽データの問題を防ぐことである。それゆえ、メインメモリはI/Oバッファとして働き、I/O操作はメインメモリに対して直接生じる方が多くのシステムでは望ましい。出力に対しては腐朽データの問題は生じないだろう（この恩恵があるから、プロセッサはライトスルーを使用する）。残念ながら、今日ではライトバックを採用するL2キャッシュと1次データキャッシュの間においてのみ、ライトスルーが使われるに過ぎない。

入力に対してはいくぶん余分な操作が必要となる。キャッシュ内には入力バッファのどのブロックも存在しないことを、ソフトウェアにより保証することで解決する。バッファを含むページはアンキャッシャブルとマークされ、オペレーティングシステムは常にそのページに入力データを格納する。別の方法では、入力が生じる前にオペレーティングシステムがキャッシュからバッファのアドレスをフラッシュする。ハードウェアで解決する場合には、入力時にI/Oアドレスをチェックし、それらがキャッシュにあるかどうかを調べる。もしキャッシュにI/Oアドレスと一致するものがあれば、腐朽データへのアクセスを避けるために、キャッシュ内のそのエントリは無効化される。これらすべてのアプローチは、ライトバックキャッシュを持つ出力にも使用できる。

マルチプロセッサの時代にはプロセッサのキャッシュコヒーレンシは重要な話題であり、これに関しては第5章で詳しく取り扱う。

2.6 総合的な実例：ARM Cortex-A53とIntel Core i7 6700のメモリ階層

本節では、ARM Cortex-A53（以降A53）とCore i7 6700（以降i7）のメモリ階層を明らかにし、一連の単一スレッドアプリケーションでのそれぞれのコンポーネントの性能を示す。メモリシステムが単純であるという理由から、最初はCortex-A53を調べよう。続いて、メモリ参照のトレースを詳しく調べて、Intel Core i7の詳細に迫る。本節では、仮想インデックスの2階層キャッシュの構成を読者は熟知していると想定している。そのようなメモリシステムの基本は付録Bに詳述されているので、よく知らない読者には、付録Bの「Opteron」の例を読んでおくことを勧める。Opteronの構成を理解してしまえば、Cortex-A53のシステムはよく似ており、その説明は容易に理解できるだろう。

2.6.1 ARM Cortex-A53

Cortex-A53はARMv8A命令セットアーキテクチャをサポートする構成可変なコアで32bitと64bitモードを持つ。Cortex-A53は、**IP**（Intellectual Property）**コア**として配布されている。組み込み用途、PMD、そしてそれらに関連する市場では、IPコアは技術移管を行うために最も良く採用される形式だ。何10億ものARMとRISC-VのプロセッサがIPコアから作られてきた。IPコアがIntel Core i7やAMD Athronマルチコアでのコアとは違うことに注意してほしい。IPコア（それ自体がマルチコアの場合もあり得る）は、他のロジックと組み合わされることを前提に設計されている（したがってチップのコアである）。そのロジックには、領域特化プロセッサ（ビデオエンコーダやデコーダなど）、I/Oのインターフェイス、メモリインターフェイスが含まれる。そうして、特定の用途に最適化されたプロセッサが製造される。例えば、Cortex-A53 IPコアは、さまざまなタブレットやスマートフォンに使われている。エネルギー効率が高く、バッテリを使ったPMD用に設計されている。A53コアは、高性能PMD用にチップ上でマルチコア構成にすることが可能であるが、ここでは単一コアのものに焦点を当てる。

一般的に、IPコアは2つの形態で提供される。**ハードコア**は特定の半導体ベンダ向けに最適化されており、外部（とは言ってもチップ上にある）インターフェイスを持つブラックボックスである。ハードコアは、L2キャッシュ容量などのコア外部のロジックのみのパラメータ化を許すのが普通で、IPコアに手を加えることはできない。**ソフトコア**は通常、論理回路素子の標準ライブラリを利用する形態で配布され、異なる半導体ベンダ向けにコンパイルすることが可能である。近頃のIPコアは複雑であるので改変は非常に困難ではあるが、できないわけではない。一般的に、ハードコアは高性能で、面積が小さく、ソフトコアは他のベンダでの利用を可能にし、ハードコアよりも変更が容易である。

Cortex-A53はクロック当たり2命令を発行可能で、クロック速度は最大1.3GHzである。2レベルのTLBと2レベルのキャッシュをサポートしている。図2.19はこのメモリ階層構成を概観してい

機構	サイズ	構成	典型的なミスペナルティ（クロックサイクル）
命令マイクロTLB	10エントリ	フルアソシアティブ	2
データマイクロTLB	10エントリ	フルアソシアティブ	2
L2統合TLU	512エントリ	4-ウェイセットアソシアティブ	20
L1命令キャッシュ	8〜64KiB	2-ウェイセットアソシアティブ；64-バイトブロック	13
L1データキャッシュ	8〜64KiB	2-ウェイセットアソシアティブ；64-バイトブロック	13
L2統合キャッシュ	128KiB〜2MiB	16-ウェイセットアソシアティブ；LRU	124

図2.19 Cortex A53のメモリ階層は、マルチレベルのTLBとキャッシュを構成要素として持つ

ページマップキャッシュは、仮想ページ一式に対する物理ページの位置の追跡データを保持する。L1キャッシュは仮想インデックス物理タグ方式であり、L1 DキャッシュとL2キャッシュは、デフォルトではライトアロケート方式のライトバック方式を用いる。置き換えポリシーはすべてのキャッシュについて近似的LRUである。マイクロTLBとL1ミスの両方が起きるとL2のミスペナルティは大きくなる。L2とメインメモリのバスは64-128bit幅であり、ミスペナルティはこの狭いバス幅により大きくなっている。

る。重要なワードは最初に返され、プロセッサはミスの処理が完了する前に実行を進めることができる。メモリシステムは最大4バンクをサポート可能である。D-キャッシュは32KiBでページサイズは4KiBである。それぞれの物理ページは、2つの違ったキャッシュアドレスにマップすることができる。エイリアスは、付録BのB.3節にあるように、ハードウェアによるミスの検出により避けることができる。図2.20は、32bitの仮想アドレスが、どのようにTLBとキャッシュを索引するのに使われるかを示している。ここでは32KiBの1次キャッシュに1MiBの2次キャッシュ、ページサイズは16KiBである。

2.6.2　Cortex-A53メモリ階層の性能

Cortex-A53のメモリ階層を32KiBの1次キャッシュ、1MiBのL2キャッシュで、SPECint2006ベンチマークを走らせて評価した。このSPECInt2006では命令キャッシュのミス率は大変小さく、L1に対してもほとんどがゼロに近く、すべてが1%を下回っている。これはおそらくはSPECint2006が演算重視であり、2-ウェイセットアソシアティブキャッシュがほとんどの競合ミスを取り除いたためだろう。

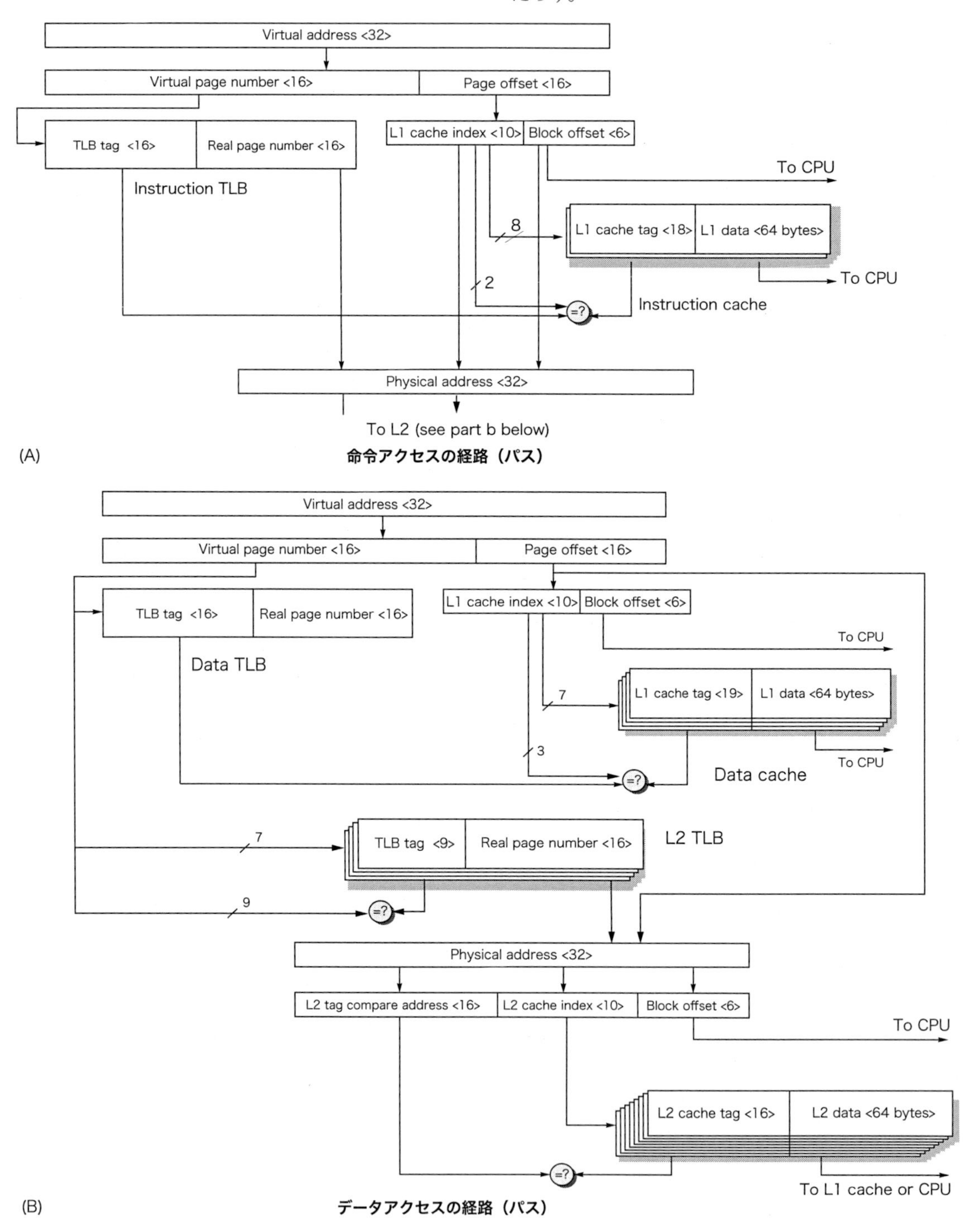

図2.20　ARM Cortex-A53キャッシュとTLBの仮想アドレス、物理アドレス、データ。32bitアドレスを想定している

上の（A）は、命令アクセスを示し下の（B）は、L2を含めたデータアクセスを示す。TLB（命令でもデータでも）は、フルアソシアティブ方式で10エントリを持つ。この例では64KiBページを用いている。L1 I-キャッシュは2-ウェイセットアソシアティブで、64バイトのブロックと32KiBの容量を持つ。L1 Dキャッシュは32KiB、4-ウェイセットアソシアティブで、64バイトのブロックを使っている。L2 TLBは512エントリで4-ウェイセットアソシアティブである。L2キャッシュは16-ウェイセットアソシアティブで、64バイトブロック、128KiBから2MiBの容量を持つ。この図はキャッシュとTLBの有効bitと保護bitは省略してある。

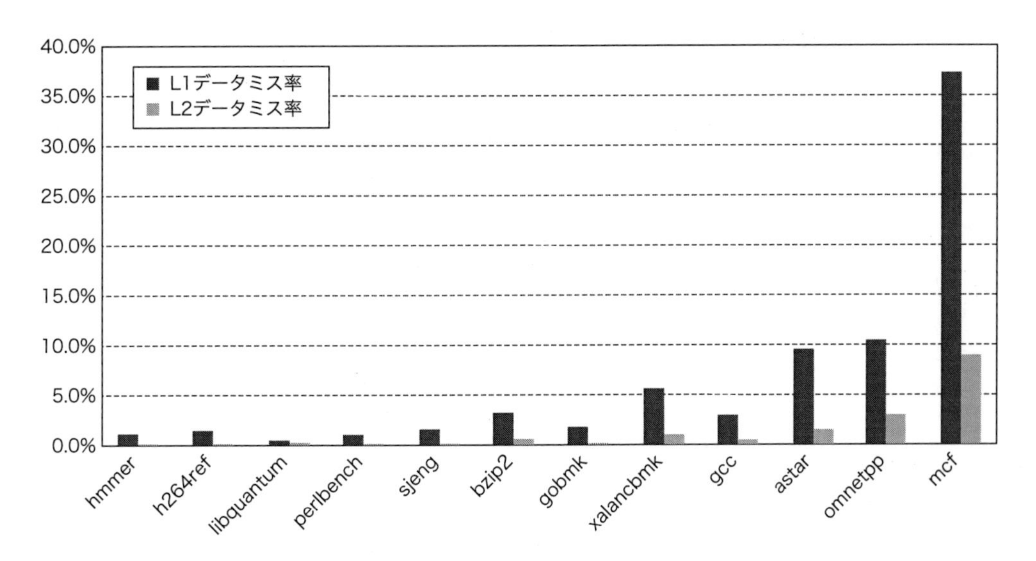

図 2.21　ARM の 32KiB　L1 キャッシュのデータミス率と 1MiB L2 のグローバルミス率。SPECint2006 ベンチマークを用いており、アプリケーションに大きく影響を受けている

大きなメモリ領域にアクセスするアプリケーションは、L1,L2 両方のミス率を大きくする傾向にある。L2 は、グローバルミス率であり、L1 を含めすべての参照に対する値である。MCF はキャッシュに特に負荷を掛けるキャッシュバスターとして知られている。

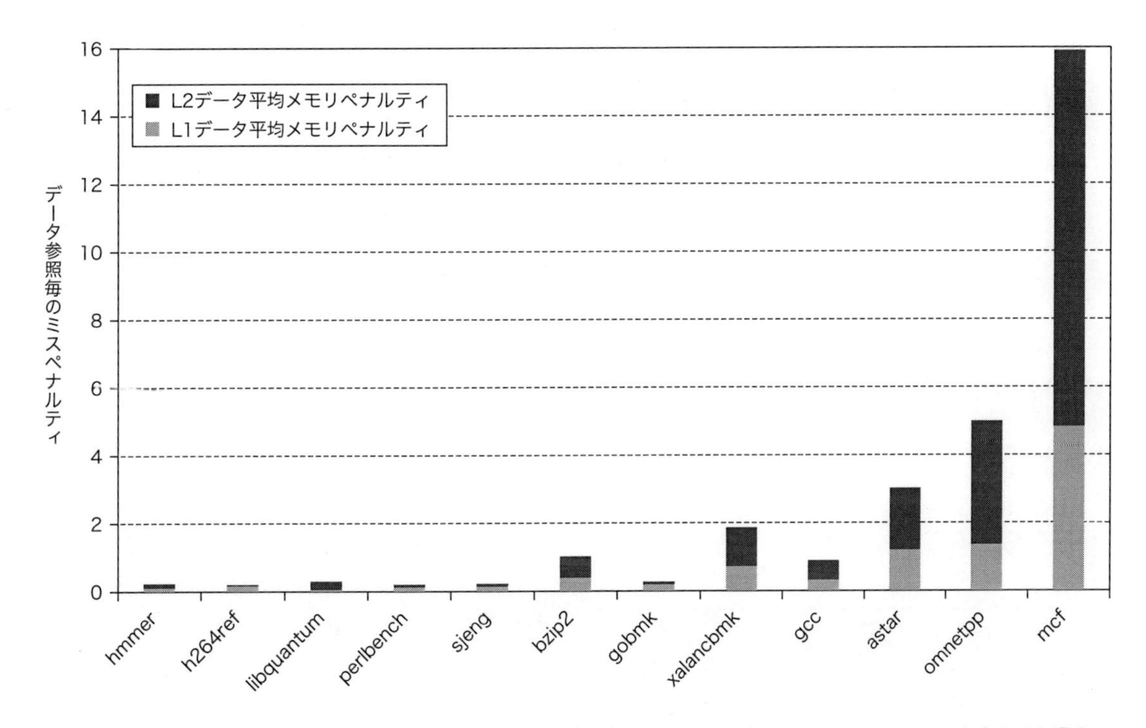

図 2.22　A53 プロセッサにおける、L1 と L2 のデータメモリ参照当たりの平均メモリアクセスペナルティ。SPECint2006 を走らせた場合

L1 のミス率は大きいが、L2 のミスペナルティは 5 倍以上大きい。このため、L2 ミスの影響は大きい。

図 2.21 はデータキャッシュの結果を示すが、L1 と L2 のミス率は大きい。L1 のミス率は 75 倍、0.5%から 37.3%まで変化し、中央値は 2.4%である。グローバル L2 ミス率は 180 倍、0.05%から 9.0%まで変化し、中央値は 0.3%である。キャッシュバスターとして知られている MCF は、ミス率の上限となり、平均を取ると大きな影響を与える。L2 グローバルミスは、L2 ローカルミスに比べてずっと小さいことを思い出そう。例えば、L2 単体のミス率の中央値は 15.1%だが、グローバルなミス率は 0.3%である。

図 2.19 のミスペナルティを用いて、図 2.22 はデータアクセス毎のミスペナルティを求めた結果を示す。L1 のミス率は L2 のミス率の 7 倍であり、L2 のペナルティは 9.5 倍大きい。このことから、L2 ミスがメモリシステムに負荷を掛けるベンチマークにとってはやや支配的になるといえる。次の章で、CPI 全体に対するキャッシュミスの影響を見て行こう。

2.6.3 Intel Core i7

Intel Core i7（以後 i7）プロセッサは 80x86 アーキテクチャの 64 ビット拡張である x86-64 命令セットアーキテクチャをサポートしている。i7 は 4 コアのアウトオブオーダ実行プロセッサである。本節では、単一コアの観点からメモリシステムの設計と性能に焦点を当てる。i7 マルチコアを含むマルチプロセッサのシステム性能については第 5 章で詳細に解説する。

i7の各コアは、複数命令発行で動的な命令スケジューリングを行う16ステージのパイプラインで、クロックサイクル当たり最大4つの80x86命令を実行できる（このパイプラインについては第3章で詳説する）。i7はまた、同時マルチスレッディングと呼ばれる方式を用いてプロセッサ当たり同時に2つのスレッド実行をサポートしている（これについては第4章で説明する）。2017年現在、最速のi7は、4.0GHz（ターボ加速モード）で動作し、ピーク命令実行レートは、毎秒160億命令あるいは4コアで毎秒640億命令になる。

i7は最大3つのメモリチャネルをサポートでき、それぞれのチャネルは独立したDIMMから構成され、またそれぞれは並列にデータ転送可能である。DDR3-1066（DIMM PC8500）を使用すると、i7は毎秒25GiB以上のピークメモリバンド幅を持つことになる。

i7は48ビットの仮想アドレスと36ビットの物理アドレスを使用し、最大で36GiBの物理メモリを持つことができる。メモリのマネージメントは2階層のTLB（付録BのB.4節を参照）を使用しており、図2.23にまとめている。

図2.24にi7の3階層のキャッシュについてまとめる。1次キャッシュは仮想インデックス、物理タグ方式（付録BのB.3節を参照）で、L2とL3キャッシュは物理インデックス方式である。i7

特徴性	命令TLB	データTLB	2次TLB
サイズ	128	64	1536
ウェイ数	8-ウェイ	4-ウェイ	12-ウェイ
置き換え法	擬似LRU	擬似LRU	擬似LRU
アクセス遅延	1サイクル	1サイクル	8サイクル
ミス	9サイクル	9サイクル	ページテーブルへのアクセス当たり数百サイクル

図2.23　i7のTLB構成の諸元。1次レベルの命令、データ分離型TLBが、共通の2次レベルTLBによりバックアップされている

1次レベルのTLBは4KiBのページサイズであるが、限られた数のエントリの2～4MiBページを併せ持つ。4KiBのページのみ2次レベルのTLBで扱われる。i7は、2つのL2TLBミスを同時に取り扱う能力を持っている。オンライン付録LのL3節に、マルチレベルTLBと複数ページサイズについて詳しく述べている。

特徴性	L1	L2	L3
サイズ	32KiB I/32 KiB D	256KiB	コア毎に2MiB
ウェイ数	両者8-ウェイ	4-ウェイ	16-ウェイ
アクセス遅延	4サイクル、pipelined	12サイクル	44サイクル
置き換え法	擬似LRU	擬似LRU	擬似LRUだが一定の順番で選ぶアルゴリズム

図2.24　i7における3つのレベルのキャッシュ階層の諸元。

3つのキャッシュのすべてはライトバックを使い、ブロックの大きさは64バイトである。L1とL2キャッシュはそれぞれのコアで分離されている。L3キャッシュはチップ内のコアで共有であり、コア当たり2MiBである。3つのキャッシュのすべてはオンブロッキングで、複数の並行した書き込みが可能である。L1キャッシュに対して、マージ機能を持つライトバッファを設けている。これは、L1に書き込み時に存在しないラインについてのデータを保持する（すなわち、1回のL1ライトミスでは、ラインをアロケートしない）。L3はL1とL2の内容をすべて含んでいる。この性質についてはマルチプロセッサのキャッシュを解説する際に調べることにしよう。置き換えは、疑似LRUの変形である。L3の場合は、置き換えたブロックは、アクセスbitの立っていないものの中で、常に最も小さい番号のウェイに配置される。これはあまりランダムではないが計算は楽だ。

6700のバージョンのいくつかでは、HBMパッケージングを4次レベルキャッシュとして使うようになるだろう。図2.25には、このメモリ階層へのアクセス手順にラベル付けしている。まずPCが命令キャッシュに送られる。命令キャッシュのインデックスは、

$$2^{\text{インデックス}} = \frac{\text{キャッシュサイズ}}{\text{ブロックサイズ} \times \text{セットアソシエイティブ数}} = \frac{32\text{K}}{64 \times 8} = 64 = 2^6$$

であり6ビットである。命令アドレスのページフレーム（36 = 48 − 12ビット）が命令TLBに送られる（ステップ1）。同時に、仮想アドレスから6ビット（と、命令フェッチ幅である16バイトを適切に選択するためのオフセットから切り出した2ビット）が命令キャッシュに送られる（ステップ2）。8-ウェイセットアソシアティブ命令キャッシュでは、12bitがキャッシュアドレスで、6ビットがインデックスに、残りの6ビットが64バイトのブロックのブロックオフセットになる。エイリアスは生じない。以前の版のi7は4-ウェイセットアソシアティブI-キャッシュを使っていた。これは1つの仮想アドレスに対応するブロックがキャッシュ上の異なる2か所に置かれる可能性があるということだ。なぜなら、対応する物理アドレスはその配置で0でも1でも取り得るからである。命令の場合にはこれは問題にはならない。仮に2か所に配置されたとしても、それらは同一だからである。もし、そのようなデータの複製あるいはエイリアスが許されるとすると、キャッシュはページ割り当てがいつ変更されるかをチェックしなければならない。これは滅多にないことだが、あり得る。ページカラーリング（付録BのB.3節を参照）を使うだけでこれらのエイリアスが起こる可能性を取り除くことができることに注意してほしい。仮想アドレスの偶数ページを物理アドレスの偶数ページに割り当てれば（奇数ページも同様）、仮想ページ番号と物理ページ番号の下位ビットが同じになるので、エイリアスは決して起こらない。

アドレスと有効なページテーブルエントリ（PTE）との一致を見つけるために、命令TLBがアクセスされる（ステップ3と4）。アドレス変換に加えて、アクセス違反による例外をPTEが要求していないかをTLBはチェックする。

命令TLBのミスは、まずL2 TLBに送られる。L2 TLBはページサイズ4KiBのPTEを1536個持ち、12-ウェイセットアソシアティブで構成されている。L2 TLBからL1 TLBにロードするには8クロックサイクルを要する。これにより、L1TLBをアクセスするには9サイクルのミスペナルティが加わる。L2 TLBのミスが発生すると、ハードウェアアルゴリズムでページテーブルを探索しTLBのエントリを更新する。オンライン付録LのL.5とL.6節に、ページテーブルウォーカーとページ構造キャッシュを解説している。最悪の場合には、ページがメインメモリ上になく、オペレーティングシステムがディスクからページを持ってくる。ページフォールト中には数百万もの命令が実行可能であるので、オペレーティングシステムは1つのプロセスが実行待ちの間、他のプロセスへスイッチする。TLBミス例外が起こらなかった時は、命令キャッシュアクセスが続けられる。

命令キャッシュの8バンクすべてに、アドレスのインデックスフィールドが送られる（ステップ5）。命令キャッシュのタグは、36 −

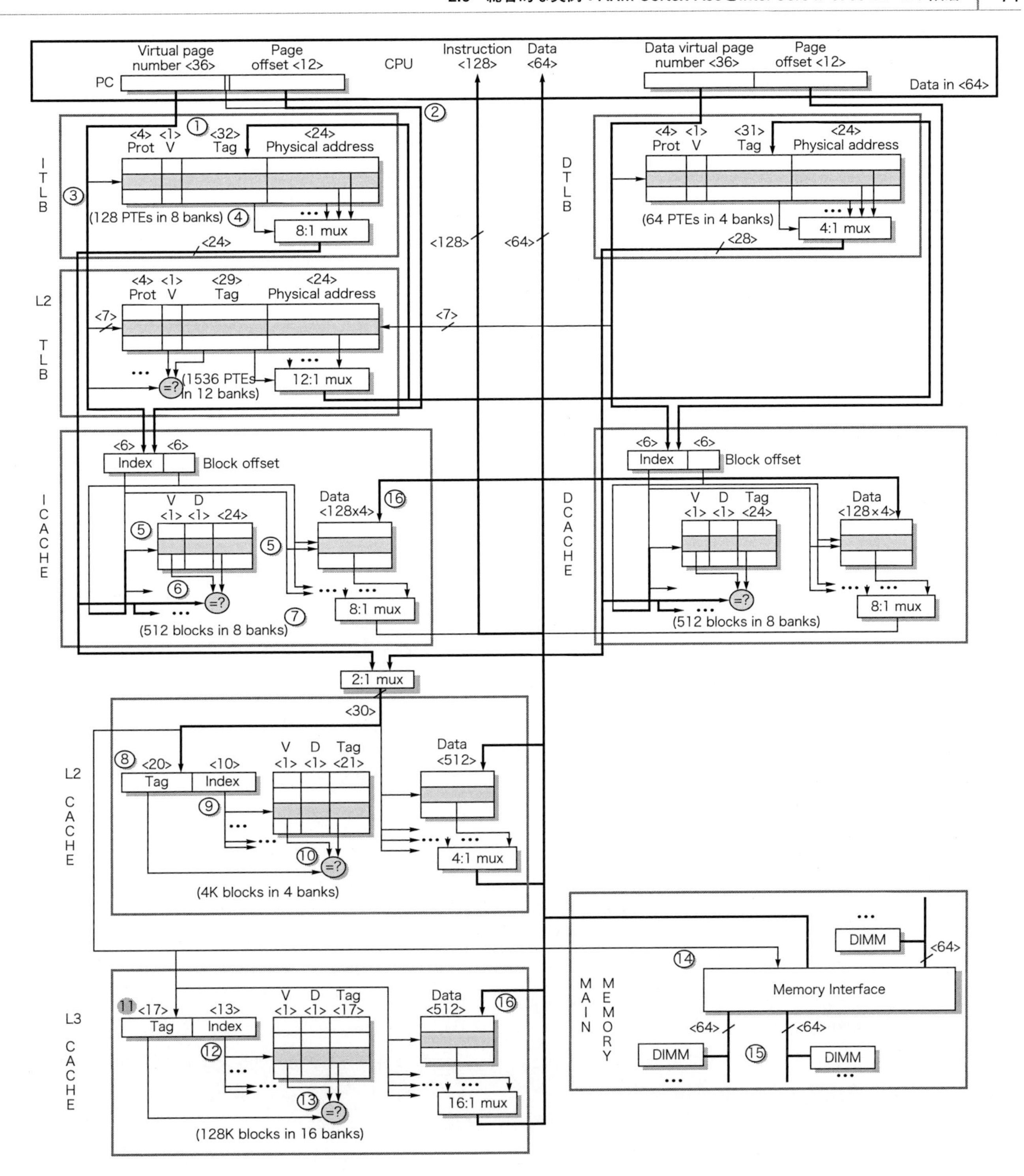

図 2.25 i7 のメモリ階層と命令およびデータアクセスの手順

読み出しの場合のみを示す。書き込みは同様であるが、L1 キャッシュはライトアロケートではないので、ミスが起きると、単にデータをライトバッファに書き込む。

6 ビット(インデックス)−6 ビット(ブロックオフセット)で 24 ビットである。8 つのタグと有効ビットが、命令 TLB から得られた物理ページフレームと比較される(ステップ 6)。i7 は命令フェッチで 16 バイトを取り出すので、適切な 16 バイトを選択するために 6 ビットのブロックオフセットからの 2 ビットが追加で使用される。つまり、16 バイトの命令をプロセッサに送るために 6 + 2 = 8 ビットが使用される。L1 キャッシュはパイプライン動作し、ヒット時のレイテンシは 4 クロックサイクルである(ステップ 7)。キャッシュミス時には 2 次キャッシュへ向かう。

上述したように、命令キャッシュは仮想インデックス/物理タグ方式である。2 次キャッシュは物理インデックス方式なので、L2 キャッシュにアクセスするアドレスを作るために、TLB から得られた物理ページアドレスがページ内オフセットと結合される。L2 インデックスは、

$$2^{\text{インデックス}} = \frac{\text{キャッシュサイズ}}{\text{ブロックサイズ} \times \text{セットアソシエイティブ数}} = \frac{256\text{K}}{64 \times 4} = 1024 = 2^{10}$$

なので、30 ビットのブロックアドレス(36 ビットの仮想アドレス−

6ビットのブロックオフセット)は21ビットのタグと9ビットのインデックスに分割される(ステップ8)。再度、共有L2キャッシュの全8バンクへインデックスとタグが送られ(ステップ9)、並列に比較される。タグが一致し、それが有効な場合には(ステップ10)、最初の12サイクルのレイテンシの後でクロックサイクル当たり8バイトの転送速度で逐次的にブロックを取って来る。

L2キャッシュミス時にはL3キャッシュがアクセスされる。4コアのi7には8MiBのL3キャッシュがあり、インデックスサイズは

$$2^{\text{インデックス}} = \frac{\text{キャッシュサイズ}}{\text{ブロックサイズ} \times \text{セットアソシエイティブ数}} = \frac{8\text{M}}{64 \times 16} = 8192 = 2^{13}$$

である。13ビットのインデックスが(ステップ11)L3の16バンクすべてに送られる(ステップ12)。L3のタグは36 – (13 + 6) = 17ビットで、TLBから得られた物理アドレスと比較される(ステップ13)。ヒットすると、最初のレイテンシの後にクロック当たり16バイトの転送速度でブロックが獲得され、L1とL2に置かれる。L3ミス時にはメインメモリアクセスが開始される。

L3キャッシュに命令が見つからない場合には、オンチップのメモリコントローラがメインメモリからブロックを持ってこなければならない。i7は64ビットのメモリチャネルを3つ持ち、192ビットのチャネルとして使用できる。これは、メモリコントローラは1つだけであり、同じアドレスが全チャネルに送られるからだ(ステップ14)。すべてのチャネルがそれぞれ個別のDIMMを持っている時に広い帯域が実現できる。各チャネルは最大4つのDDR DIMMをサポートする(ステップ15)。データが戻ってくると、それはL3とL1に置かれる。これはL3が包含(インクルーシブ)キャッシュだからだ。

メインメモリにアクセスする命令キャッシュミスのレイテンシは、全体でL3ミスの決定までに42プロセッササイクルかかり、さらに要求している命令を獲得するまでのDRAMレイテンシが加わる。単一バンクのDDR4-2400 SDRAMと4.0GHz CPUではDRAMレイテンシは、最初の16バイトまでは、約40nsまたは160クロックサイクルで、結局ミスペナルティは全体で200クロックサイクルになる。メモリコントローラはI/Oバスクロックサイクル当たり16バイトを転送し、64バイトのキャッシュブロックの残りを埋める。これにさらに5nsあるいは20クロックサイクルが加わる。

2次キャッシュはライトバックキャッシュなので、ミス時に古いブロックがメモリに書き戻される。i7はマージ可能な10エントリのライトバッファを持ち、次階層のキャッシュが読み出しに使用されていない時に、ダーティーなキャッシュラインがライトバックされる。ミス時にはキャッシュラインがバッファ内にあるかどうかを調べるために、ライトバッファがチェックされる。同様のバッファがL1とL2の間にも使用されている。

この最初の命令がロード命令の場合には、データアドレスがデータキャッシュとデータTLBに送られ、命令キャッシュと同様の振る舞いをする。ただし、重要な違いが1つある。それは1次データキャッシュは8-ウェイセットアソシアティブであり、インデックスは6ビット(命令キャッシュは7ビット)なので、キャッシュにアクセスするためのアドレスはページオフセット内と同じである。したがってデータキャッシュではエイリアスを心配しなくて良い。

命令がロードではなくてストアだとしよう。ストアが発行されると、ロードと同じようにキャッシュを参照する。ミス時にはブロックがライトバッファに置かれる。L1キャッシュはミス時にブロックを置き換えないからである。ヒット時にはそのストアが投機状態でないことが分かるまでL1(やL2)の更新を延期する。この期間、ストアはロード–ストアキュー内に留まる。これはプロセッサのアウトオブオーダ制御機構の一部である。

i7はL1とL2に対して次階層からのプリフェッチをサポートしている。たいていの場合、プリフェッチされるラインはキャッシュ上の次のブロックである。プリフェッチをL1とL2に限定することで、コストの大きなメインメモリフェッチが無駄に生じるのを避けている。

i7のメモリシステムの性能

i7キャッシュ構造の性能をSPECint2006ベンチマークを使って評価する。本節のデータはルイジアナ州立大学のLu Peng教授と博士課程学生のQun Liuが収集した。解析は彼らの初期の論文によった([Prakash and Peng, 2008]参照)。

i7パイプラインの複雑性すなわち、自律的命令フェッチユニット、投機、命令とデータのプリフェッチにより、キャッシュの性能をもっと単純なプロセッサと比較するのは困難である。以前に述べたように、プリフェッチを使うプロセッサはプログラムの実行によるメモリアクセスと独立にキャッシュアクセスを生成する可能性がある。そこで、生成されたキャッシュアクセスのうち、実際の命令アクセスあるいはデータアクセスによるものを**デマンドアクセス**と呼び、**プリフェッチアクセス**と区別する場合がある。デマンドアクセスは、投機命令フェッチと投機データアクセスによるものがあり、これらの一部は後に取り消される(第3章の投機と命令の完了についての詳細参照)。投機を行うプロセッサは、最小の場合はインオーダの投機処理をしないプロセッサと同じ数のアクセスを発生するが、通常はもっと多くを発生する。命令とデータの両方について、デマンドミスに加えて、プリフェッチミスが発生する。

i7の命令フェッチユニットは毎サイクル16バイトのフェッチを行おうとする。これは、複数(ざっと平均4.5)の命令が各サイクルフェッチされるため、命令キャッシュのミス率を比較する上で面倒なことになる。実際、64バイトのキャッシュライン全体が読み込まれ、次の16バイトのフェッチはこれ以上のアクセスを生じない。そこで、ミスは、64バイトのブロックを基本に追跡することにする。32KiB 8-ウェイセットアソシアティブ命令キャッシュはSPECint-2006では非常に小さいミス率になる。単純化のために、SPECint-2006のミス率を64バイトのブロックのミスを実行完了した命令数で割ったものとしよう。この場合、ミス率は、2.9%のミス率になったベンチマーク(XALANCBMK)1つを除いて1%を下回る。64バイトのブロックは多くの場合、16-20命令を含んでいるため、実質的な命令当たりのミス率はもっと低くなる。これは、命令流の空間的局所性によって決まる。

I-cacheミスを待って命令フェッチがストールする頻度も、同様に小さく(全体のサイクルに対するパーセンテージとして)、2つの

ベンチマークで 2%に達し、I-cache ミスが最大になった XALANCBMK で 12%になった。次の章で IFU でのストールが i7 のパイプラインスループットにどのように影響するかを見て行く。

L1 データキャッシュは、もっと興味深く、プリフェッチと投機の影響を加えると評価がトリッキーである。L1 データキャッシュはライトアロケートを行わないので、存在しないキャッシュブロックに対する書き込みは行わず、ミスとして取り扱わない。このため、ここではメモリの読み出しだけに焦点を当てる。i7 の性能モニタによる測定は、プリフェッチアクセスとデマンドアクセスを区別するが、取っておくのは、実行完了した命令のデマンドアクセスのみである。パイプラインは、投機により引き起こされた 2 次キャッシュの効果によって主に影響されるとはいえ、完了しない投機命令の効果は無視できない。この話題については次の章で再び取り上げよう。

データを全体として理にかなったものに保ちつつ、これらの問題に取り組むため、図 2.26 は L1 データキャッシュのミスを 2 つの方法で示すことにした。

1. デマンド参照に対する L1 ミス率。プリフェッチと投機ロードを含む L1 ミス率/実行完了した命令中の L1 デマンド読み出し参照で与えられたもの
2. L1 デマンドミス率。L1 デマンドミス率/L1 デマンド読み出し参照。両方共実行完了した命令のみを測定したもの

プリフェッチを含むミス率は、デマンドのみのミス率の平均で 2.8 倍になる。L1 キャッシュのサイズが同じ初期の i7 920 と比較すると、プリフェッチによるミス率が新しいものの方が多いことが分かる。しかし、ストールを起こす原因になりやすいデマンドミスの数は、もっと少ない場合がほとんどである。

i7 における積極的なプリフェッチ機構の効果を理解するために、プリフェッチについての測定を行ってみよう。図 2.27 は、プリフェッチとデマンドリクエストが L2 を要求する割合と、プリフェッチのミス率を示す。データは一見して驚かされるものだ。プリフェッチは、L2 デマンド要求のざっと 1.5 倍であり、これは直接 L1 ミスになる。これに加えて、プリフェッチミス率はびっくりするほど高い。平均ミス率は 58%である。プリフェッチの割合は相当変化するが、プリフェッチミス率は常に大きい。一見すると、設計者がミスを犯したため、プリフェッチが非常に多く、かつミス率が余りに高い、と思うかもしれない。しかし、プリフェッチの割合が高いもの（ASTAR、BZIP2、HMMER、LIBQUANTUM、OMNETPP）は、プリフェッチミス率とデマンドミス率の比率が高く、それぞれ 2 倍程度になる。積極的なプリフェッチはプリフェッチミスを伴うが、早い時期に発生する。一方、デマンドミスは遅い時期に発生し、結果としてパイプラインストールはプリフェッチでは起こりにくい。

同様に、高いプリフェッチミス率について考えよう。プリフェッチの多くが実際に役に立つものならば（これは個別のキャッシュブロックを追跡する必要があり測定しにくい）、プリフェッチミスは

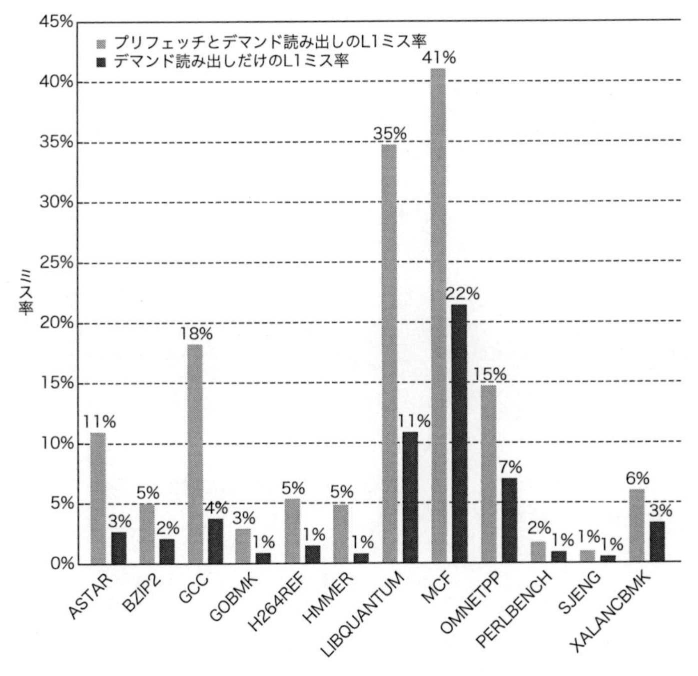

図 2.26　SPECint2006 ベンチマークにおける L1 データキャッシュのミス率を、L1 読み出し要求に関連する 2 つの方法で示す。1 つは、デマンドアクセスとプリフェッチアクセスの両方を含むもの、もう 1 つは、デマンドアクセスのみを含むものである

i7 は、L1 ミスをキャッシュに存在しないブロックに対するものなのか、L2 から既にプリフェッチが発行されているものなのかを分けている。我々は後者のグループをヒットとして扱う。これは、このアクセスは、ブロッキングキャッシュにおいては、ヒットするだろうと考えられるからだ。このデータとこの節の他のデータは、Louisiana State University の Lu Peng 教授と博士課程の学生 Qun Liu により評価されたもので、Intel Core Duo と他のプロセッサについての初期的な研究に基づいている（[Peng *et.al*, 2008] 参照）。

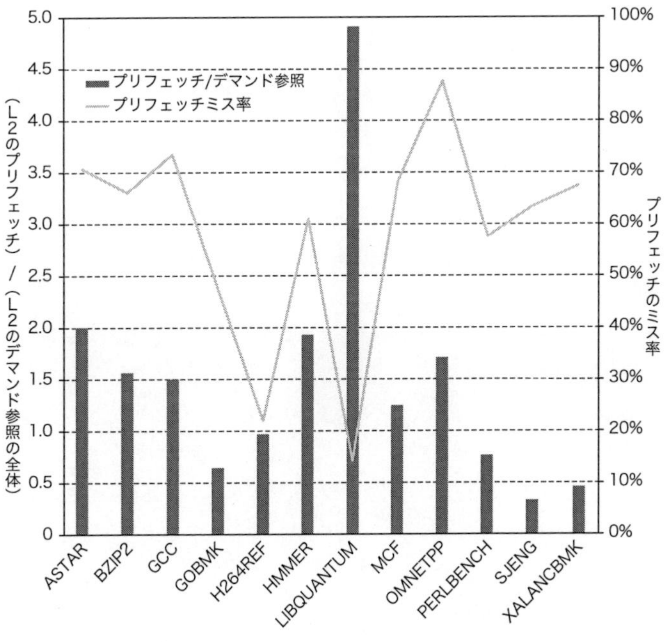

図 2.27　プリフェッチされた L2 要求の割合を左の縦軸に示す

右の字句と折れ線は、プリフェッチのミス率を示す。このデータは、この節の他のデータと同様、Louisiana State University の Lu Peng 教授と博士課程の学生 Qun Liu により評価されたもので、Intel Core Duo と他のプロセッサについての初期的な研究に基づいている（[Peng *et.al*, 2008] 参照）。

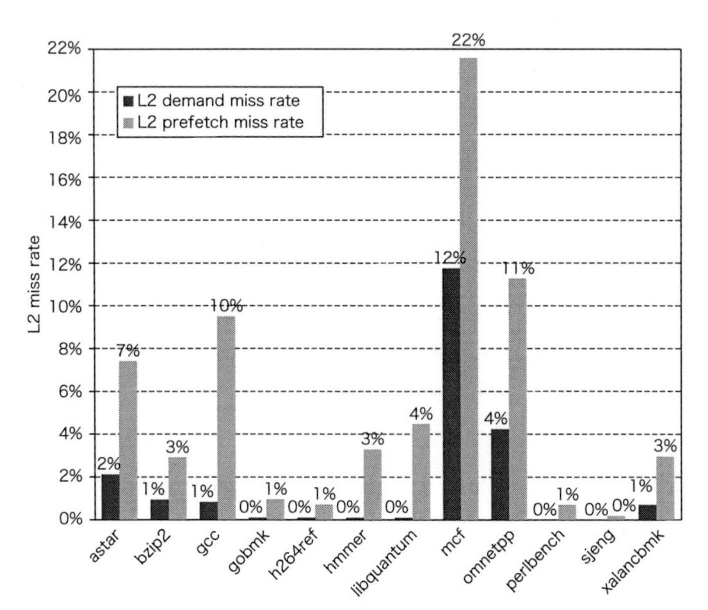

図 2.28 L2 デマンドミス率とプリフェッチミス率を、L1 の参照に対する相対値で示す。基準となる L1 の参照は、プリフェッチ、競合しない投機的ロード、プログラムが発生したロードとストア（デマンド参照）を含んでいる

このデータとこの節の他のデータは、Louisiana State University の Lu Peng 教授と博士課程の学生 Qun Liu により評価されたもので、Intel Core Duo と他のプロセッサについての初期的な研究に基づいている（[Peng *et.al*, 2008] 参照）。

将来の L2 キャッシュミスを示していることになる。プリフェッチによりミスを早めに発見して取り扱うことは、ストールサイクルを減らすことが多い。i7 などの投機的実行を行うスーパースカラの性能解析は、キャッシュミスがパイプラインストールの主因であることを示している。これは、L2 と L3 ミスに要する長い時間、プロセッサを動かし続けることが難しいためである。Intel の設計者にとって、エネルギーとサイクルタイムに対して悪影響を与えずにキャッシュのサイズを大きくすることは簡単なことではなかった。すなわち、積極的なプリフェッチの利用は、実効キャッシュミスペナルティを小さくする試みとして興味深い代替アプローチであると言える。

L1 デマンドミスと L2 に達するプリフェッチにより、ざっと 17% のロードが L2 を要求する。L2 性能の解析は、書き込み（L2 はライトアロケートなので）の効果を、プリフェッチヒット率、デマンドヒット率と共に含んでいる。図 2.28 は L2 キャッシュのデマンドとプリフェッチアクセスによるミスを、L1 参照（読み出しと書き込み）に対するミス率として示している。L1 と共にプリフェッチは L2 ミスに大きく影響を及ぼす。L2 ミスの 75% を発生するのだ。i7 の初期の実装（同じ L2 サイズ）の L2 デマンドミス率と比較すると、i7 6700 は、高いプリフェッチミスの効果により、およそ半分の L2 デマンドミス率になる。

ミスのメモリに対するコストは 100 サイクルを越え、L2 のプリフェッチとデマンドを合わせた平均ミス率は 7% を超えることから、L3 は相当重要になる。L3 なしで、命令の 3 分の 1 がロードまたはストアだとすると、L2 キャッシュミスはそれぞれの命令毎で、CPI に 2 クロックサイクル以上を加えることになるのだ！ L3 なしのプリフェッチがあり得ないことは明らかである。

これに比べると、平均 L3 データミス率の 0.5% は、依然としてかなりのものだが、L2 デマンドミス率の 1/3 を下回り、L1 デマンドミス率の 10 分の 1 よりも小さい。2 つのベンチマーク（OMNETPP と MCF）だけ、L3 ミス率は 0.5% を越える。この 2 つの場合は、ミス率は 2.3% 程度になり、他のすべての性能上の損失を上回るものになり得る。次の章で i7 CPI とキャッシュミスの関係を、他のパイプラインの影響も併せて検証しよう。

2.7 誤った考えと落とし穴

アーキテクチャ設計の原則である定量化が最も自然に行われるため、メモリ階層は「誤った考え」と「落とし穴」に陥ることが少ないように見えるかもしれない。しかし、これは紙面が足りないためで、注意すべき点が少ないためではない。

誤った考え：あるプログラムの性能から別のプログラムのキャッシュ性能を予測する。

図 2.29 は、SPEC2000 ベンチマークから選んだ 3 つのプログラムについて、キャッシュサイズを変更した時の命令キャッシュミス率とデータキャッシュミス率とを示している。プログラム次第で、4096KiB キャッシュでの 1000 命令当たりのデータキャッシュミスは 9、2、90 回、4KiB キャッシュでの 1000 命令当たりの命令キャッシュミスは 5、19、0.0004 回である。データベースのような商用プログラムは、大きな L2 キャッシュにおいてですら非常に大きなミス率となる。このようなことは SPEC プログラムでは一般に生じない。すなわち、あるプログラムのキャッシュ性能から別のプログラムのキャッシュ性能を予測することは賢明ではない。図 2.18 から分かるように、大きな違いがある。mcf と sphnix3 から分かるように、整数系プログラムと浮動小数点系プログラムの相対的なミス率を予測することだけでも、見当違いになる可能性がある。

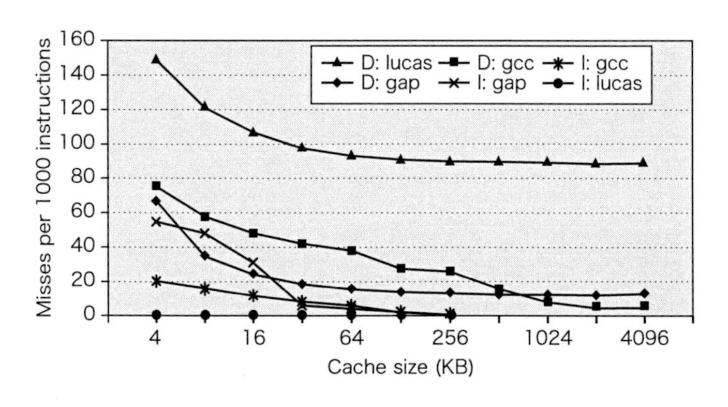

図 2.29 キャッシュサイズが 4KiB から 4096KiB に変化した場合の 1000 命令当たりの命令とデータのミス

gcc の命令ミスは lucas のミスより 30000~40000 倍大きいが、逆に lucas のデータミスは gcc の 2〜60 倍大きい。gap、gcc、lucas は SPEC2000 ベンチマークスーツ中のプログラムである。

落とし穴： メモリ階層の正確な性能を測定するには十分な量の命令をシミュレーションせよ。

ここには実際には 3 つの落とし穴がある。1 つは、小さなトレースで大容量キャッシュの性能を予測しようとすること。もう 1 つは、あるプログラムの局所性に関する振る舞いはプログラム全体の実行中で一様ではないこと。3 つ目は、プログラムに関する局所性の振る舞いが入力に非常に大きく依存するかもしれないこと。

図 2.30 は、ある SPEC2000 プログラムに 5 つの入力を与えた時

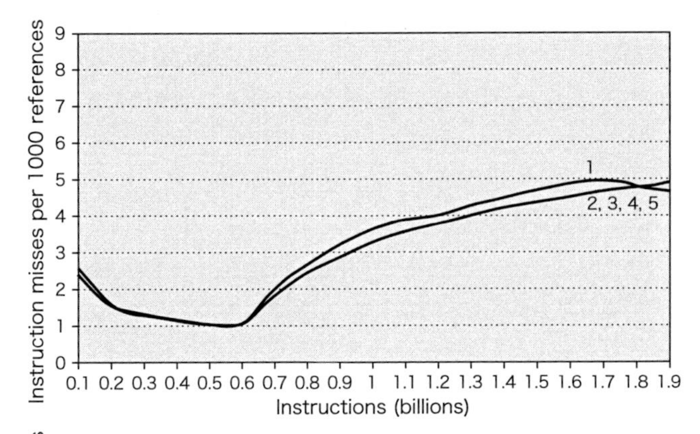

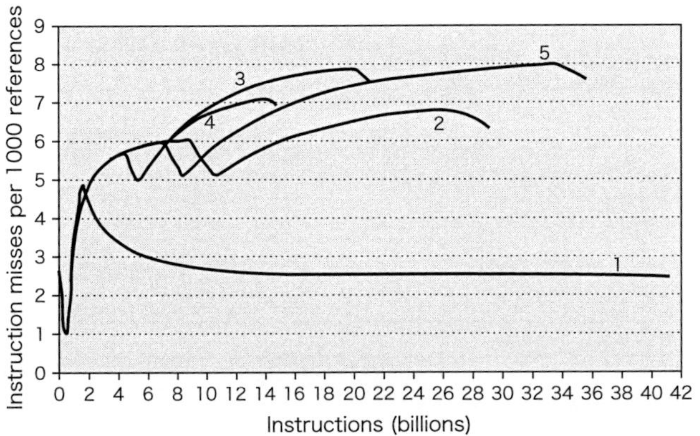

図 2.30 SPEC2000 の perl ベンチマークに 5 つの入力を与える時の、1000 参照当たりの命令ミス

最初の 19 億命令では、ミス回数は大きく変化せず、5 つの入力の間での違いも小さい。最後まで実行すると、ミスがプログラムの実行中にどのように変化するか、ミスが入力にどのくらい依存するかがよく分かる。上のグラフは、最初の 19 億命令について平均ミス回数を示している。それは、5 つのすべての入力に対して、1000 参照当たり約 2.5 回で始まり約 4.7 回で終わっている。下のグラフは、プログラムが終わるまでの平均ミス回数を示している。入力に依存して 160 億から 410 億命令かかっている。最初の 19 億命令の後は、1000 参照当たりのミス回数は入力に依存して 2.4 から 7.9 で変わる。このシミュレーションは、命令とデータで独立した L1 キャッシュ（2-ウェイで 64KiB、LRU で入れ替え）と、1MiB ダイレクトマップの共有 L2 キャッシュを使用する Alpha プロセッサで行われた。

の、1000 命令当たりの命令ミスの累加平均である。これらの入力では、最初の 19 億命令のミス率の平均は、残りの実行でのミス率の平均とは全く異なっている。

落とし穴： キャッシュを持つシステムで、高いバンド幅のメモリを装備しない。

キャッシュによって平均キャッシュメモリ遅延の軽減は可能だが、メインメモリにアクセスが及ぶアプリケーションに対しては、高いメモリバンド幅を供給するわけではない。アーキテクトは、そのようなアプリケーションのために、キャッシュの背後に高いバンド幅のメモリを設計しなければならない。第 4 章と第 5 章でこの落とし穴を再考する。

落とし穴： 仮想化可能に設計されていない命令セットアーキテクチャで仮想マシンモニタを実装する。

1970 年代から 1980 年代にはアーキテクトの多くは、ハードウェア資源に関する情報を読み書きする命令が特権命令に当たるかどうかに注意を払っていなかった。このような自由放任主義によって、このアーキテクチャすべてで VM の問題を引き起こした。その中には 80x86 アーキテクチャも含まれており、ここでは例として使用する。

問題のカテゴリ	問題となる 80x86 命令
ユーザモードで動作中にデリケートなレジスタへトラップしないでアクセスする	Store gloval descriptor table register（SGDT） Store local descriptor table register（SLDT） Store interupt descriptor table register（SIDT） Store machine status word（SMSW） Push flags（PUSHF, PUSHFD） Pop flags（POPF, POPFD}
ユーザモードで仮想マシンにアクセスする時に、命令の実行に失敗して 80x86 の保護チェックにひっかかる	Load access rights from segment descriptor（LAL） Load segment limit from segment descriptor（LSL） Verify if segment descriptor is readable（VERR） Verify if segment descriptor is writable（VERW） Pop to segment register（POP CS, POP SS, ...） Push segment register（PUSH CS, PUSH SS, ...） Far cal to diferent privilege level（CALL） Far return to diferent privilege level（RET） Far jump to diferent privilege level（JMP） Software interupt（INT） Store segment selector register（STR） Move to/from segment registers（MOVE）

図 2.31 仮想化で問題を起こす 18 の 80x86 命令の要約［Robin and Irvin, 2000］

上段のグループの最初の 5 命令は、ユーザモードのプログラムがトラップしないでディスクリプタテーブルレジスタなどの制御レジスタを読めるようにする。pop flags 命令は変化しやすい情報を使って特定の制御レジスタを更新するが、ユーザモードで失敗しても何事もなかったように振る舞う。下段の命令は制御レジスタを読み出す際に命令実行の一部として特権レベルを暗黙のうちにチェックするため、80x86 のセグメントアーキテクチャの保護チェックがこれらの命令は仮想化で問題となる原因となる。このチェックでは OS は最高の優先度でなければならないと仮定されているが、ゲスト VM には当てはまらない。セグメントレジスタへの MOVE 命令だけが制御レジスタを更新しようとするが、保護チェックが同じようにしてその企てをくじく。

図 2.31 は、仮想化で問題を引き起こす 18 個の命令を記述している［Robin and Irvine, 2000］。その命令群は、大きく以下の 2 種類に分類される。

- **ユーザモードで制御レジスタを読む命令**：これは、ゲスト OS が VM で実行されていることがバレてしまう（前に言及した POPF のような命令）。
- **保護をチェックする命令**：セグメントアーキテクチャでは必須だが、OS が最高の特権レベルで実行していると仮定している。

仮想メモリにも課題がある。ほとんどの RISC アーキテクチャではしっかりサポートされているのに対し、80x86 の TLB はプロセス ID タグをサポートしていないので、VMM やゲスト OS が TLB を共用するコストが高くなる。例えば、アドレス空間を入れ替えるたびに通常は TLB フラッシュを必要とする。

I/O の仮想化も 80x86 にとっては困難である。メモリマップト I/O をサポートし、しかも独立した I/O 命令を持っていることも理由の 1 つだが、もっと重要なことは、非常に多くの、そして非常にさまざまなタイプのデバイスと PC のデバイスドライバを、VMM が処理しなければならない点である。サードパーティのベンダは独自のドライバを提供しており、それらは適切に仮想化できないかもしれない。一般的なVMを実装するための1つの解決策は、実際のデバイスドライバを直接VMMに組み込んでしまうことである。

80x86上のVMM実装を簡単にするために、AMDとIntelの両社がアーキテクチャの拡張を提案している。Intel社の**VT-x**はVMを実行するために、新しい実行モード、アーキテクチャ的に定義されたVMステート、VMを素早く入れ替える命令、そして、VMが呼ばれる環境を設定するたくさんのパラメータ群を提供している。VT-xは80x86に全部で11個の新しい命令を追加している。AMD社の**Secure Virtual Machine**(**SVM**)も似た機能を提供している。

VT-xサポートを可能にするモードに（新しいVMXON命令によって）移行すると、VT-xは元々の4つの特権モードよりも低い4つの特権モードをゲストOSに提供する（そして、上で言及したPOPF命令で起こる問題などを克服している）。VT-xは仮想マシン制御ステート（VMCS）で仮想マシンの状態をすべて把握しており、VMCSを保存したり読んだりするための不可分な命令を提供している。重要な状態に加えて、VMCSにはいつVMMを起動したかを決定するための構成情報と、特に何がVMMを起動したのかが含まれている。VMMが起動される回数を削減するために、このモードにはいくつかの変動しやすいレジスタの控えが追加されており、トラップの前に変化しやすいレジスタの重要なビットが変化するかどうかをチェックするためのマスクが追加されている。仮想メモリを仮想化するコストを削減するために、AMD社のSVMは**nested page table**と呼ばれる間接参照のレベルを追加している。これにより、控えのページテーブルが不要になる。

2.8 おわりに：将来予測

過去30年以上に渡って、コンピュータ性能の改善率が停止するという予測がいくつもあった。そのような予測はすべて間違いだった。それらはまだ分からなかった仮定次第だったのだが、その仮定が後に起こった事象のために大きく変えられてしまったために、間違ってしまった。だから、例えば、個別部品から集積回路への変化を予測し誤ったために、光速がコンピュータ速度を律速し現在の速度よりも数桁遅くなるだろうと予測してしまった。メモリウォールについての我々の予測も悪い方に予測しすぎる点で間違っているだろう。しかし、「解決法」を考え始めなければならないという提言をする。

Wm. A. Wulf と Sally A. McKee
"Hitting the Memory Wall: Implications of the Obvious"
コンピュータ科学科、ヴァージニア大学（1994年12月）
この論文がメモリウォールという用語を初めて使用した。

メモリ階層の可能性が考えられたのは1940年代後半から1950年代前半の汎用デジタルコンピュータの黎明期に遡る。仮想メモリは1960年代初期に研究用コンピュータに導入され、1970年代にIBM社のメインフレームに導入された。キャッシュも同時期に現れた。メインメモリ–プロセッサ間のアクセス時間ギャップを埋めるために、不変の基本コンセプトが長きにわたって拡張されてきた。

メモリ階層設計に大きな変化をもたらすかもしれないトレンドの1つとして、DRAMの集積度とアクセス時間の両方で改善度合いが小さくなり続けていることがあげられる。直近の15年間に、これらのトレンドの両方が観察されている。DRAMのバンド幅向上はいくぶん達成されているが、アクセス時間の短縮はもっと遅いペースであり、DDR4とDDR3の間では、短縮されなくなっている。Dennardスケーリングの終了と、Mooreの法則のスローダウンは、両方共この状況の原因になっている。DRAMのトレンチで作る容量の構造もスケールを阻害している。積層メモリなどのパッケージテクノロジがDRAMアクセスバンド幅とレイテンシの向上の主要な要因となるだろう。

DRAMの改良とは別に、電力と密度の点で潜在的に有利なフラッシュメモリの重要性が増してきている。PMDではフラッシュは15年前から主に使われており、ラップトップで10年前から標準的に使われるようになった。最近の数年間で、デスクトップの多くは、フラッシュを主な2次記憶として出荷されている。フラッシュメモリがDRAMよりも潜在的に勝っている点——書き込み制御のための、ビット毎に用意されるトランジスタを持たないこと——は、アキレス腱でもある。フラッシュメモリは大きな粒度で消去/再書き込みのサイクルを行わなければならないが、これが非常に遅い。この結果、フラッシュは2次記憶としては最も早く成長しているのに、SDRAMは依然としてメインメモリの中で最もよく使われている。

相変化素子をベースとしたメモリは常に存在していたとはいえ、磁気ディスクやフラッシュの本気の競争相手にはならなかった。IntelとMicronによるcross-pointテクノロジがこれを変えるかもしれない。このテクノロジはフラッシュに対しても、遅い消去–書き込みのサイクルが不要で、寿命が長い等の利点を持つ。このテクノロジが磁気ディスクが50年間守って来た大規模ストレージをついに置き換える可能性はある。メモリウォール問題の深刻化について（章巻頭と、そこでの参考文献を参照のこと）、さまざまな予測がなされてきた。それはプロセッサの根本的な性能低下を引き起こすだろう。しかし、キャッシュを多階層に拡張し（2から4へ）、入れ替えとプリフェッチの方式を洗練化し、優れたコンパイラを用いて、プログラマが局所性の重要性を意識し、DRAMバンド幅を大きく広げる（1990年代から150倍に拡大）ことで、メモリウォール問題の深刻化を遠ざけている。

最近は、L1のサイズのアクセス時間による制約（クロックサイクルによって制限される）と、L2、L3のサイズのエネルギーに関連する制約が新しい課題となっている。i7プロセッサクラスの6-7年における進化が示すのは以下のことである：キャッシュはi7 6700になっても、第1世代のi7プロセッサとサイズが変わらないのだ！プリフェッチの積極的な利用はL2,L3を大きくできないことを克服する試みである。オフチップのL4キャッシュは、オンチップキャッシュに比べてエネルギーを制約されないため、重要になろう。

マルチレベルキャッシュに頼る方法に加えて、複数のミスを発生することのできるアウトオブオーダ実行パイプラインを導入することで、命令レベル並列性を、キャッシュシステムに残るメモリレイテンシを隠蔽するために利用できるようになる。マルチスレッディングの導入と、スレッドレベル並列性が増加したことで、より多くの並列性をレイテンシの隠蔽のために使うため、この方法はさらに先に進められるだろう。命令およびスレッドレベルの並列性を利用することが、最近のマルチレベルキャッシュシステムが直面するメモリ遅延の問題を隠蔽する道具として重要性を増すだろう。

繰り返し現れるアイデアの1つが、プログラマ制御のスクラッチパッドメモリや他の高速メモリを使用することだ。このうち、GPUで使用されているものについては後述する。このようなアイデアは、いくつかの理由から主流にはなり得ない。第1に、振る舞いの異なるアドレス空間を導入することでメモリモデルを壊してしまう。第2に、(プリフェッチのような) コンパイラやプログラマによるキャッシュ最適化とは異なり、スクラッチパッドを使ってメモリ配置を変えると、メインメモリアドレス空間からスクラッチパッドのアドレス空間への再配置を完全に取り扱わなければならなくなる。これは配置換えを困難にするので、適用範囲が限定される。GPU (第4章を参照) では、ローカルなスクラッチパッドメモリが非常に良く使用されるが、現在のところそれらを活用する負担はプログラマの肩にのしかかっている。領域特化ソフトウェアシステムは、この種のメモリを利用可能であり、性能に対する恩恵は非常に大きくなる。HBMテクノロジは大規模なキャッシュを汎用コンピュータに提供すると共に、グラフィックスや類似のシステムに主要なワーキングメモリを提供するだろう。Dennardスケーリングの終了と、Mooreの法則の鈍化により領域特化アーキテクチャがこの限界を越えるために重要になってくる (第7章参照)。

Dennardスケーリングの終了はDRAMとプロセッサ技術の両方に密接な関わりがある。我々は、プロセッサとメモリの間の隘路が広がることではなく、両方のテクノロジの鈍化により全体の性能の改善率がゆっくりになることを見ていくことになるのだろう。過去50年間続いていた性能向上を持続するためには、コンピュータアーキテクチャと、関連するソフトウェアの新しいイノベーションが鍵となる。

2.9 歴史展望と参考文献

L.3節では、キャッシュ、仮想メモリ、仮想マシンの歴史を取り上げている。IBM社はこれら3つのすべてにおいて、卓越した歴史上の役割を果たしてきた。もっと深く知りたい人のための参考文献リストも含まれている。

2.10 ケーススタディと演習問題

(Norman P. Jouppi, Naveen Muralimanohar, Sheng Liによる)

ケーススタディ1：最新技術によるキャッシュの性能改善

このケーススタディで理解できる概念

- ノンブロッキングキャッシュ
- キャッシュのコンパイラによる最適化
- ソフトウェアによるプリフェッチとハードウェアによるプリフェッチ
- 複雑なプロセッサにおけるキャッシュ性能の影響の計算

行列の転置は以下のようにして行う。

$$\begin{bmatrix} A11 & A12 & A13 & A14 \\ A21 & A22 & A23 & A24 \\ A31 & A32 & A13 & A34 \\ A41 & A42 & A43 & A44 \end{bmatrix}$$

↓

$$\begin{bmatrix} A11 & A21 & A31 & A41 \\ A12 & A22 & A32 & A42 \\ A13 & A23 & A33 & A43 \\ A14 & A24 & A34 & A44 \end{bmatrix}$$

Cによる転置を行う簡単なループは以下のとおりである。

```
for (i = 0; i < 3; i++) {
    for (j = 0; j < 3; j++) {
        output[j][i] = input[i][j];
    }
```

入力の行列と結果を書き出す出力行列が両方とも、**行優先の順番** (行の番号が先に変化する) で格納されているとする。256 × 256の倍精度行列の転置を、16KiBのフルアソシアティブ (競合ミスについては考えなくてよい)、Least Recently Used (LRU) 置き換え、64バイトブロックのL1キャッシュを持つプロセッサで行う。L1キャッシュのミスまたはプリフェッチは、16サイクルを要し、常にL2キャッシュにヒットすると仮定する。また、L2キャッシュは、2プロセッサクロックごとに要求を処理することができる。内側のループのそれぞれの反復には、データがL1キャッシュ上に存在した場合に4クロックサイクルを要する。キャッシュは、書き込みミス時に、ライトアロケート型のフェッチオンライト方式を用いる。非現実的な仮定だが、ダーティキャッシュブロックを書き戻すのにかかるサイクルはここでは0とする。

2.1 [10/15/15/12/20] 〈2.3〉 この単純な実装では、入力行列については、実行順は最適ではない。しかし、ループ交換を適用すると、出力行列の順番が最適でなくなる。このようにループ交換では、性能を改善するのには十分でないことから、代わりにブロック化を行う。

- **a** [10] 〈2.3〉 ブロック化で有利になるためのキャッシュの最小サイズはいくらか。
- **b** [15] 〈2.3〉 ブロック化した場合としない場合の相対ミスは、上で求めた最小サイズのキャッシュの場合と比べてどうなるか。
- **c** [15] 〈2.2〉 パラメータ B をブロックサイズとして、$B \times B$ ブロックを転置するプログラムを書け。
- **d** [12] 〈2.3〉 両方の行列のメモリ上の配置に関係なく一貫した性能になるためには、L1キャッシュに求められるウェイ数は最小でいくらか
- **e** [20] 〈2.3〉 コンピュータ上で256 × 256の行列の転置を、ブロック化する場合としない場合で試してみよ。そのコンピュータのメモリシステムについて知っていることに基づいて行った予想と、どのくらい一致するだろうか。可能なら差について説明せよ。

2.2 [10] 〈2.3〉 上のブロック化されていない行列転置のプログラム

についてハードウェアプリフェッチ機構を設計する。最も簡単なハードウェアプリフェッチ機構は、1回のミスに対して連続したキャッシュブロックを取ってくるものである。より複雑な「単一ストライドではない」ハードウェアプリフェッチ機構は、ミスの参照ストリームを解析し、非単一ストライドを検出し、プリフェッチできるものである。これとは対照的に、ソフトウェアプリフェッチは、単一ストライドを決めるのと同じくらい簡単に非単一ストライドを検出できる。プリフェッチが、キャッシュに直接書き込みを行い、キャッシュを「汚さない」（プリフェッチで書きつぶされたデータがプリフェッチされたデータよりも前に利用されることがない）と仮定せよ。非ストライドプリフェッチで最大性能となるためには、内側ループの定常状態では、いくつのプリフェッチが未解決でなければならないか。

2.3 [15/20]〈2.3〉ソフトウェアプリフェッチを用いる場合、プリフェッチされるデータの利用時に間に合うように、プリフェッチを起動することが重要だ。しかし、一方で、マイクロアーキテクチャの処理能力を念頭に置きつつ、キャッシュをできるだけ汚さないようにするため、プリフェッチを積極的に行う数を最小にすることも重要である。これは、プロセッサによって能力や限界が異なることから複雑である。

- **a** [15]〈2.3〉ソフトウェアプリフェッチで行列転置を行うブロック化されたコードを作成せよ。
- **b** [20]〈2.3〉ソフトウェアプリフェッチを行う場合と行わない場合の両方で、ブロック化されたコードとされないコードの性能を見積もり比較せよ。

ケーススタディ2：総合的な実例：高並列メモリシステム

このケーススタディで説明される概念

- 他の章との関連：メモリ階層の設計

図2.32はメモリシステムの振る舞いを評価するのに使えるCのコードである。要点は、正確に計時することと、階層の異なるレベルにアクセスが及ぶプログラムが、メモリを参照するストライド幅を有していることである。最初の部分は正確なユーザCPU時間を取得する標準関数を使った手続きで、システムによってはここを変更しなければならない。2番目の部分は、ストライド幅とキャッシュサイズを変えながらメモリに読み書きする入れ子になったループである。キャッシュの正確なアクセス時間を得るために、このコードは何回も実行される。3番目の部分は、入れ子になったループのオーバーヘッドを積算して、測定された時間全体からそれを引き、アクセス時間を取得するのに使われる。結果は`.csv`ファイルフォーマットで出力され、容易にスプレッドシートに取り込めるようになっている。解答を得ようとしている問題や測定しているシステムのメモリのサイズに対応して、`CACHE_MAX`の値を変えることができる。単一ユーザモードもしくは少なくとも他の重いプログラムを除外した形でプログラムを実行することで、より一貫性のある結果が得られる。図2.32はカリフォルニア大学バークレー校のAndrea Dusaeauによって書かれたプログラムから抜粋したもので、[Savedra-Barera, 1992]の詳細説明に基づいている。このプログラムは最新マシンでも多数の問題に対応できるように、また、Microsoft Visual C++でも実行可能なように変更を加えてある。`http://www.hpl.hp.com/research/cacti/aca_ch2_cs2.c`よりダウンロード可能である。

このプログラムのアドレスが物理アドレスを追うことを想定しており、仮想アドレスキャッシュを用いているAlpha 21264のような少数派の計算機では正しい。一般的には仮想アドレスはリブートの直後は物理アドレスの後に現れる傾向があるので、実行結果のグラフを滑らかにするために、マシンをリブートする必要があるかもしれない。以下の問いに答えるのに、メモリ階層のすべての要素のサイズは2のべき乗であると仮定せよ。ページのサイズは、（もし1つならば）2次キャッシュのブロックのサイズより十分に大きいと仮定せよ。また、2次キャッシュのブロックサイズは1次キャッシュにおけるブロックサイズより大きいか等しいものとする。プログラムの出力例は図2.33に描かれている（凡例は試した配列の大きさである）。

2.4 [12/12/12/10/12]〈2.6〉図2.33の例題プログラムの結果を用いて、以下の問いに答えよ。

- **a** [12]〈2.6〉2次キャッシュの全体的なサイズとブロックサイズを求めよ。
- **b** [12]〈2.6〉2次キャッシュのミスペナルティを求めよ。
- **c** [12]〈2.6〉2次キャッシュのウェイ数を求めよ。
- **d** [10]〈2.6〉メインメモリの大きさを求めよ。
- **e** [12]〈2.6〉ページサイズが4KiBの時、ページングが生じているのはいつかを答えよ

2.5 [12/15/15/20]〈2.6〉必要があれば図3.32のコードを変更して、以下のシステムの特性を計測できるようにせよ。実験結果は、y軸に実行時間を、x軸にメモリのストライド幅をとって図示せよ。両方の座標には対数スケールを用い、各々のキャッシュサイズごとに線を描け。

- **a** [12]〈2.6〉システムのページサイズを答えよ。
- **b** [15]〈2.6〉トランスレーションルックアサイドバッファ（TLB）のエントリ数を答えよ。
- **c** [15]〈2.6〉TLBのミスペナルティを答えよ。
- **d** [20]〈2.6〉TLBのウェイ数を答えよ。

2.6 [20/20]〈2.6〉マルチプロセッサメモリシステムでは、メモリ階層の低いレベルを単一のプロセッサでは飽和させることができないが、複数のプロセッサが一緒に動くと飽和させることができる。図2.32のコードを変更して、同じものを同時に実行させるようにせよ。以下を特定できるか。

- **a** [20]〈2.6〉使用中のコンピュータシステムに搭載されている現実のプロセッサ数。マルチスレッドのコンテキストで追加されたシステムプロセッサ数。
- **b** [20]〈2.6〉使用中のシステムが持っているメモリコントローラ数。

2.7 [20]〈2.6〉プログラムを使って命令キャッシュの特徴のいくつかをテストする方法を考案できるだろうか。

```
#include "stdafx.h"
#include <stdio.h>
#include <time.h>
#define ARAY_MIN (1024) /* 1/4最も小さいキャッシュ */
#define ARAY_MAX (4096*4096) /* 1/4最も大きいキャッシュ */
int x[ARAY_MAX]; /* ストライド幅で歩く配列* /

double get_seconds() { /* 秒単位で時刻を読む */
   _time64_t ltime;
   _time64( &ltime );
   return (double) ltime;
}
int label(int i) { /* テキストラベルを生成 */
   if (i<1e3) printf("%1dB,",i);
   else if (i<1e6) printf("%1dK,",i/1024);
   else if (i<1e9) printf("%1dM,",i/1048576);
   else printf("%1dG,",i/1073741824);
   return 0;
}
int _tmain(int argc, _TCHAR* argv[]) {
int register nextstep, i, index, stride;
int csize;
double steps, tsteps;
double loadtime, lastsec, sec0, sec1, sec;
      /* timing variables */

/* 出力の初期化 */
printf(" ,");
for (stride=1; stride <= ARAY_MAX/2; stride=stride*2)
   label(stride*sizeof(int));
printf("n");

/* 各々の設定によるメインループ */
for (csize=ARAY_MIN; csize <= ARAY_MAX; csize=csize*2) {
   label(csize*sizeof(int));
      /* このループでのキャッシュサイズを表示 */
   for (stride=1; stride <= csize/2; stride=stride*2) {
      /* 配列のメモリ参照を設定する*/
      for (index=0; index < csize; index=index+stride)
         x[index] = index+stride; /* 次へのポインタ* /
      x[index-stride] = 0; /* 最初に戻る */

      /* タイマの変化を待つ */
      lastsec = get_seconds();
      do sec0 = get_seconds(); while (sec0 = lastsec);

      /* 20秒の間配列の道のりを歩き続ける */
      /* 秒の解像度では5%の精度になる */
      steps = 0.0; /* 歩いた歩数 */
      nextstep = 0; /* 道のりの最初から始める */
      sec0 = get_seconds(); /* タイマを開始 */
         do { /* 20秒経つまで繰り返す */
            for ( i = stride; i != 0; i = i-1 )
               { /* サンプル点を同じにする */
               nextstep = 0;
               do nextstep = x[nextstep]; /* 依存性 */
            while (nextstep != 0);
         }
         steps = steps+1.0;
            /* ループを繰り返した回数をカウント */
         sec1 = get_seconds(); /* タイマの終わり */
      } while ((sec1-sec0) < 20.0); /* 20秒待つ */
      sec = sec1-sec0;

      /* ループのオーバーヘッドを引き算するのに空のループを繰り返す */
      tsteps = 0.0; /* 繰り返した数 */
      sec0 = get_seconds(); /* タイマを開始 */
         do { /* 先__________と同じ回数だけ繰り返す */
            for ( i = stride; i != 0; i = i-1 )
               { /* サンプル点を同じにする*/
               index = 0;
               do index = index+stride;
               while (index < csize);
            }
         tsteps = tsteps+1.0;
         sec1 = get_seconds(); /* オーバーヘッド */
      } while (tsteps < steps);
         /* 先の繰り返し数と等しくなるまで*/
      sec = sec-(sec1-sec0);
      loadtime = (sec*1e9)/(steps*csize);
      /* Excel向けにcsvフォーマットで結果を出力する */
      printf("%4.1f,", (loadtime<0.1) ? 0.1 : loadtime);
      }; /* 内側のループ終わり*/
         printf("\n");
   }; /* 外側のループ終わり*/
   return 0;
}
```

図 2.32 メモリ評価用のCプログラム

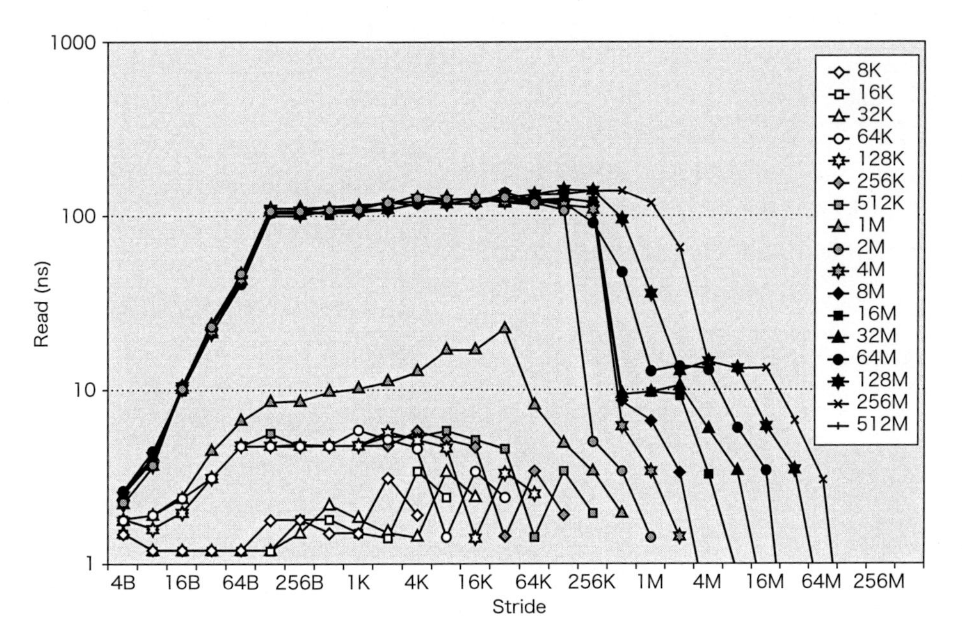

図 2.33 図 2.32 のプログラムの実行結果の例

ヒント：コンパイラは、小さなコードから思いもよらないたくさんの命令を生成する場合があり得る。任意の命令セットアーキテクチャ（ISA）で、長さの分かっている単純な算術命令列を使って試してみよ。

ケーススタディ3：さまざまなメモリシステムの構成の影響を調べる

このケーススタディで説明される概念

- DDR3 メモリシステム
- ランク、バンク、バッファの性能と電力に対する影響
- DRAM のタイミングパラメータ

プロセッサチップの多くは DDR3 か DDR4 のメモリチャネルをいくつか持っている。我々はこのケーススタディで、単一のメモリチャネルに焦点を当て、複数のパラメータの変化がどのように性能と電力に影響を与えるかを調べよう。チャネルは1つあるいはそれ以上の DIMM に挿入されていることを思い出そう。それぞれの DIMM は、1つあるいはそれ以上のランクを持つ。ランクとは、DRAM チップの集合体で、メモリコントローラから発せられた単一のコマンドに対して一緒に動作して要求を果たす。例えば、1つのランクは、それぞれのチャネルエッジに対して、それぞれが 4bit の入出力を受け持つ 16 個の DRAM チップから構成されるかもしれない。このようなチップは×4（4bit 分の）チップと呼ばれる。別の例としては、1つのランクは 8×8 チップあるいは 4 × 16 チップで構成されるかもしれない。それぞれの場合、1つのランクは 64bit メモリチャネルに対するデータを取り扱うことができる点に注意しよう。それぞれのランクは、8つ（DDR3）あるいは 16（DDR4）のバンクに分割される。それぞれのバンクは、あるバンクが最後に呼んだ行の内容を覚えておく、行バッファを持っている。ここでは、1つのバンクから読み出しを行う場合の典型的なメモリコマンドのシーケンスを示す。

i. メモリコントローラは、プリチャージコマンドを発行して、新しい行を取ってくる準備をさせる。プリチャージは tRP 時間後に終了する。
ii. メモリコントローラは次にアクティベイトコマンドを発行して、そのバンクの対象となる行をバンクの外に読み出そうとする。このアクティベーションは、tRCD 時間後に終了し、行は行バッファの一部に格納されたと見なすことができる。
iii. メモリコントローラは列読み出しあるいは CAS コマンドを発行し、行バッファの特定の部分をメモリチャネルに置くことができる。CL 時間後、最初の 64bit がメモリチャネルに対して転送される。4つのメモリクロックサイクル（転送時間と呼ばれる）の立ち上がり、立下りエッジでデータバースト転送が行われる。
iv. メモリコントローラが、データをそのバンクの違った行に対してアクセスする場合、行バッファミスとよばれ、ステップ（i）～（iii）が繰り返される。これ以降、我々は CL 時間後、ステップ（i）のプリチャージが出力できるとする。場合によっては、追加の遅延が必要なのだが、ここではこの遅延は無視しよう。メモリコントローラが同じ行の別のデータブロックをアクセスしたい場合は、行バッファにヒットしたと呼び、別の CAS コマンドを発行する。2つの CAS コマンドの間隔は最低 4 サイクル分、離れていなければならない。これは次のデータ転送が始まる前に最初のデータ転送が終了する必要があるからだ。

メモリコントローラは、コマンドを違ったバンクに対しては連続したサイクルで発行することができ、多くのメモリ読み出し/書き込みは並列に行われ、単一バンクに対して rRP、tRCD、CL をただ待っているようなことはしなくて良い。以後の質問では tRP = tRCD = CL = 13 とし、メモリチャネルの周波数は 1GHz、すなわち転送時間は 4ns とする。

2.8 [10]〈2.2〉行バッファミスが起きた時のメモリコントローラにとっての読み出し遅延はどれほどか。

2.9 [10]〈2.2〉行バッファがヒットした時のメモリコントローラにとっての読み出し遅延はどれほどか。

2.10 [10]〈2.2〉メモリチャネルが1つのバンクしかサポートせず、メモリアクセスパターンにおいて行バッファミスが支配的だとすると、メモリチャネルの利用率はどのようになるか。

2.11 [15]〈2.2〉行バッファのミス率が 100%と仮定すると、100%メモリチャネルの利用率を達成するために、メモリチャネルがサポートすべき最小のバンク数はどうなるか。

2.12 [10]〈2.2〉行バッファのミス率が 50%と仮定すると、100%メモリチャネルの利用率を達成するために、メモリチャネルがサポートすべき最小のバンク数はどうなるか。

2.13 [15]〈2.2〉1つのアプリケーションを4つのスレッドで実行し、このスレッドは、空間的局所性がない、つまり行バッファのミス率は 100%である。200ns 毎に4つのスレッドのそれぞれは、同時に読み出し要求をメモリコントローラの待ち行列に入れる。メモリチャネルが1つのバンクのみをサポートすると平均メモリレイテンシはどのようになるか。メモリチャネルが4つのバンクをサポートするとどうなるか。

2.14 [10]〈2.2〉これらの問題により、バンク数を大きくしたことのメリットとデメリットについて何を学んだか。

2.15 [20]〈2.3〉では今度はメモリの電力について考えよう。Micron の電力計算ソフトを`https://www.micron.com/~/media/documents/products/power-calculator/ddr3_power_calc.xlsm`からダウンロードしよう。この表計算ソフトは、Micron 製の単一の 2Gb × 8DDR3 SDRAM メモリチップの電力消費を見積もるために設定されている。“Summary” タブをクリックして、デフォルトの利用条件（読み出しが全サイクルの 45%、チャネルを占め、書き込みが全サイクルの 25%の間チャネルを使う。行バッファヒット率は 50%である）における電力の割合を見よう。このチップは、535mW を消費し、その割合については、電力の半分が Activate 操作、38%が CAS 操作で使われ、12%は経常的な電力である。次に “System Config” タブをクリックしよう。読み出し/書き込みトラフィックと行バッファヒット率を変更して、電力のプロファイルがどのように変わるかを観察しよ

う。例えば、チャネル利用率が35％（25％は読み出し、10％は書き込み）に減った場合はどうなるか。また、バッファのヒット率が80％に上がったらどうなるか。

2.16 [20]〈2.2〉デフォルトの構成では、1つのランクは8つのx8 2Gb DRAMチップである。1つのランクは16の×4チップまたは4つのx16チップでも構成できる。また、それぞれのDRAMの容量も1Gb,2Gb,4Gbに変更できる。この選択はMicron電力電卓ソフトの"DDR3 Config"タブで実現できる。与えられた容量を実現するのに、最も電力効率の良いアプローチはどのようになるか。

演習問題

2.17 [12/12/15]〈2.3〉以下の問題では、CACTIを使用して小容量で単純なキャッシュの影響を調べる。65nm（0.065μm）テクノロジを仮定する（CACTIは`http://quid.hpl.hp.com:9081/cacti/`でオンラインで利用できる）。

a [12]〈2.3〉容量64KiB、ブロックサイズ64バイト、シングルバンクのキャッシュのアクセス時間を比較せよ。ダイレクトマップ構成と比較して、2-ウェイと4-ウェイセットアソシアティブキャッシュの相対的なアクセス時間を求めよ。

b [12]〈2.3〉4-ウェイセットアソシアティブ、ブロックサイズ64バイト、シングルバンクのキャッシュのアクセス時間を比較せよ。容量16KiBのキャッシュと比較して、容量32KiBと64KiBのキャッシュの相対的なアクセス時間を求めよ。

c [15]〈2.3〉64KiBのキャッシュについて、ウェイ数が1から8の間で平均メモリアクセス時間が最も短いものを選べ。ただし、あるワークロードでの命令当たりのミス数は、ダイレクトマップで0.00664、2-ウェイセットアソシアティブで0.00366、4-ウェイセットアソシアティブで0.000987、8-ウェイセットアソシアティブで0.000266であるものとする。また、命令当たり0.3回のデータ参照とする。すべてのモデルでキャッシュミス時には10nsを要すると仮定せよ。ヒット時のサイクル数を計算するには、CACTIを使って得られたサイクル時間を仮定すること。そのサイクル時間は、キャッシュがパイプラインバブルなしに動作可能な最大周波数とする。

2.18 [12/15/15/10]〈2.3〉L1キャッシュのウェイ予測の得失について考える。容量64KiB、4-ウェイセットアソシアティブ、シングルバンクのL1データキャッシュが、システムのサイクル時間を決定していると仮定する。他の選択肢となるキャッシュ構成として、容量64KiBのダイレクトマップキャッシュとしてモデル化され、80％の予測精度を持つウェイ予測キャッシュを検討する。明示されない限り、ウェイ予測に失敗したアクセスはヒット時に1サイクル余計に必要であるとする。演習問題2.8（c）.のミス率とミスペナルティを仮定せよ。

a [12]〈2.3〉従来のキャッシュとウェイ予測キャッシュの平均メモリアクセス時間（サイクル数で）を求めよ。

b [15]〈2.3〉もし他の（メインメモリを含む）すべてのコンポーネントが速いウェイ予測キャッシュのサイクル時間で動作できるとした時、ウェイ予測キャッシュを使うことによる性能への影響を示せ。

c [15]〈2.3〉ウェイ予測は、通常、命令キューや命令バッファに命令を供給する命令キャッシュにのみ使用されてきた。データキャッシュでウェイ予測を試すことを想定せよ。予測精度は80％であり、後続の処理（例えば、他命令のデータキャッシュアクセスや依存する演算）はウェイ予測が正しいものとして発行されると仮定せよ。そのため、ウェイ予測ミス時にはパイプラインのフラッシュと再実行のトラップを必要とし、それらには15サイクルを要する。ウェイ予測を採用するデータキャッシュで、ロード命令当たりの平均メモリアクセス時間は増えるか、それとも減るか。また、それはどの程度か示せ。

d [10]〈2.3〉ウェイ予測とは別の選択肢として、大容量L2キャッシュの多くがタグアクセスとデータアクセスを逐次的に行っており、その結果、必要なデータセットのアレイのみが活性化される必要がある。この方法では電力は削減されるがアクセス時間が増える。0.065マイクロメートルプロセスで、1MiB、4-ウェイセットアソシアティブ、64バイトブロック、14ビット読み出し、1バンク、1リード/ライトポート、30ビットタグで、ITRS-HPテクノロジを使用しグローバル配線を持つキャッシュとして、CACTIの詳細なWebインターフェイスを用いよ。並列アクセスと比較して、タグアクセスとデータアクセスの逐次化により、アクセス時間の比がどうなるかを示せ。

2.19 [10/12]〈2.3〉新しいマイクロプロセッサ向けに、バンク化L1データキャッシュとパイプライン化L1データキャッシュの相対的な性能を調査するように依頼されている。64KiB、2-ウェイセットアソシアティブ、64バイトブロックサイズのキャッシュを想定せよ。パイプライン化キャッシュは3ステージで構成されて、容量はAlpha 21264のデータキャッシュと同様である。バンク化の実装は、2つの32KiB、2-ウェイセットアソシアティブバンクで構成されている。CACTIを使用し、65ナノメートル（0.065マイクロメートル）を仮定して以下の問題に答えよ。Web版CACTIでのサイクル時間の出力結果は、パイプラインバブルなしにキャッシュが動作できる周波数を示している。

a [10]〈2.3〉アクセス時間と比較して、キャッシュのサイクルタイムはどうなるか。小数点第2位まで求めよ。また、キャッシュはいくつのパイプラインステージを採用するか。

b [10]〈2.3〉パイプライン化版とバンク化版で、面積と読み出しアクセス当たりの動的エネルギーを比較せよ。どちらの方が面積が小さくなるか、および、どちらの方が電力が大きくなるかを述べ、なぜそうなるのかを説明せよ。

2.20 [12/15]〈2.2〉L2キャッシュミス時に重要ワード優先と早期実行再開の使用を検討せよ。1MiB、64バイトブロック、16バイトのリフィルパスのL2キャッシュを仮定せよ。L2キャッシュは4プロセッササイクル毎に16バイト書き込み可能で、メモリコントローラから最初の16バイトを受け取るまでの時間は120サイクル。続けて16バイトずつメインメモリから読み出すには16サイクル必要で、データは直接L2キャッシュの読み出しポートにバイパスされ得ると仮定せよ。ミス要求をL2キャッシュに転送するのに要するサイクルと、要求されたデータをL1キャッシュに転送するのに要するサイクル数は無視せよ。

a [12]〈2.3〉重要ワード優先と早期実行再開を採用する時としない時で、L2 キャッシュミスに対応するために要するサイクルはいくらか。

b [15]〈2.3〉重要ワード優先と早期実行再開は、L1 キャッシュか L2 キャッシュのどちらに重要か。どのような要因がその重要性の比較に影響するか。

2.21 [10/12]〈2.3〉ライトスルー L1 キャッシュとライトバック L2 キャッシュ間に置くライトバッファを設計しよう。L2 キャッシュのデータ書き込みバスは 16 バイト幅で、4 プロセッササイクル毎に別々のキャッシュアドレスに書き込み可能である。

a [12]〈2.3〉ライトバッファの各エントリは何バイト幅であるべきか。

b [15]〈2.3〉もし他のすべての命令がストア命令と並列に発行可能でブロックが L2 キャッシュにあるなら、64 ビットのストア命令の実行でメモリを 0 で埋める時にマージしないバッファに代えてマージするライトバッファを使用すると、定常時にどの程度の高速化が期待できるか。

c [15]〈2.3〉ブロッキングキャッシュとノンブロッキングキャッシュで、起こり得る L1 ミス数は、システムに必要なライトバッファのエントリ数にどのように影響を与えるか。

2.22 [20]〈2.1、2.2、2.3〉キャッシュはフィルタのように振る舞う。例えばあるプログラムの 1000 命令毎に平均して 20 回のメモリアクセスが起こる時、2MiB のキャッシュでは低い局所性しか示されない。この時 2MiB のキャッシュは 20MPKI（ミス/1000 命令）であるとされ、この 2 MiB のキャッシュよりも上の階層にあるキャッシュに関しても同じだと言える。キャッシュサイズ/レイテンシ/MPKI の順に 32KiB/1/100、128KiB/2/80、512KiB/4/50、2MiB/8/40、8MiB/16/10 という値を取ると仮定する。またオフチップメモリへのアクセスには平均して 200 サイクルが必要だとする。次のようなキャッシュの構成が与えられた時、キャッシュ階層へのアクセスに要する平均時間を計算せよ。キャッシュ階層が狭すぎるまたは深すぎる場合の欠点についても述べよ。

a 32KiB L1；8MiB L2；オフチップメモリ

b 32KiB L1；512KiB L2；8MiB L3；オフチップメモリ

c 32KiB L1；128KiB L2；2MiB L3；8MiB L4；オフチップメモリ

2.23 [15]〈2.1、2.2、2.3〉2 つのプログラム A と B が共有する 16MiB、16-ウェイの L3 キャッシュを考える。キャッシュには各プログラムにおけるキャッシュミスの比率を観測し、全体のキャッシュミスを減らすように、1～15-ウェイをそれぞれのプログラムに割り当てる機能が備わっている。プログラム A は 1MiB のキャッシュが割り当てられた時に MPKI が 100 になると仮定する。1MiB のキャッシュを追加して割り当てる毎にプログラム A の MPKI を 1 ずつ減らすことができる。プログラム B は 1MiB のキャッシュが割り当てられた時に 50MPKI となる。1MiB のキャッシュを追加して割り当てる毎にプログラム B の MPKI を 2 ずつ減らすことができる。プログラム A、B にどのようにキャッシュを割り当てるのが最良か。

2.24 [20]〈2.1,2.6〉今、あなたは PMD（Personal Mobile Device）を設計し、低電力を目指して最適化を行っている。8KiB の L1 キャッシュを含んだコアは休止していない時でも常に 1W の電力を消費する。もしこのコアが完璧に L1 キャッシュに対してヒットするとしたら、与えられたタスクについて平均 CPI は 1 となり、1000 命令を 1000 サイクルで実行する。L2 キャッシュや更に下層のメモリへのアクセスはコアに無駄なサイクルを消費させる。次の特性に基づいて、与えられたタスクを最低電力で実行する PMD（コア、L1 キャッシュ、L2 キャッシュを含む）を実現する L2 キャッシュのサイズはどのくらいか。

a コアの周波数は 1GHz、L1 キャッシュは 100MPKI。

b 256KiB の L2 キャッシュのレイテンシは 10 サイクルで、20MPKI、待機電力は 0.2W、L2 キャッシュへのアクセスのたびに 0.5nJ を消費する。

c 1MiB の L2 キャッシュのレイテンシは 20 サイクルで MPKI は 10、待機電力は 0.8W で L2 キャッシュへのアクセスのたびに 0.7nJ を消費する。

d メモリシステムの平均レイテンシは 100 サイクルで待機電力は 0.5W でメモリアクセスのたびに 35nJ を消費する。

2.25 [15]〈2.1、2.6〉あなたは、低電力を目指して最適化された PMD を設計しているとする。もし、あなたが次のような条件で L2 キャッシュを設計する時のアプリケーションの消費電力とキャッシュ階層での消費電力に与える影響について定量的に説明せよ。

a 小さいブロックサイズ

b 小さいキャッシュサイズ

c 大きなウェイ数

2.30 [10/10]〈2.1、2.2、2.3〉キャッシュにおけるセットのウェイは優先度の高いものから低いものへ並べられた優先度リストとして見ることができる。セットがアクセスされるたびにリストはブロックの優先順位を変更するために再構成される。この観点から、キャッシュの管理指針は挿入・促進・追い出し対象選択の 3 つの指針に分解できる。挿入は新しくフェッチしてきたブロックを優先度リストのどこに置くかを決定する。促進はアクセスされるたびに（キャッシュヒット）どのようにブロックの位置を変更するのかを決定する。追い出し対象選択はキャッシュミスが発生した時に、新しいブロックを置くための余地を作るためにリストのどのエントリを追い出すかを決定する。

a LRU キャッシュポリシーを挿入、促進、追い出し対象選択という観点で構成できるか。

b 優位性があり探索する価値があるような他の挿入・促進ポリシーを見つけることができるか。

2.31 [15]〈2.1、2.3〉複数のプログラムを実行しているプロセッサでは最終階層のキャッシュはすべてのプログラムで共有されることが多い。このようなキャッシュの共有は 1 つのプログラムの動作とキャッシュのフットプリントが他のプログラムが利用可能なキャッシュ領域に干渉することにつながる。第一にこれは

QoS（サービスの質）という観点で問題となる。キャッシュの干渉によって、あるプログラムで保証されているよりもパフォーマンスが低下してしまい、少ない資源しか使えないということが起こりうるとクラウドサービスのオペレータは話す。第二にプライバシーという観点で問題となる。干渉の様子を見ることによって、あるプログラムは他のアプリケーションのメモリアクセスパターンを推測できてしまう。これはタイミングチャネルと呼ばれていて、1つのプログラムから他のプログラムへの情報漏えいの1つの形態で、競合他社のアルゴリズムのリバースエンジニアリングやデータプライバシーの侵害などに悪用される可能性がある。あるプログラムの動作が、キャッシュを共有している他のプログラムの動作に影響されないように、どのようなポリシーを最終階層のキャッシュに追加できるか。

2.32 [15]〈2.3〉大きな数MiBのL3キャッシュはアクセスに数十サイクルを要する。例えば16MiBのL3キャッシュにアクセスするには20サイクルを要する。このような16MiBのキャッシュを組み込む代わりに、小さなキャッシュバンクのアレイを組み込むことができる。いくつかのバンクはプロセッサコアに近く、遠くなるバンクもある。これは非単一キャッシュアクセス（NUCA）を引き起こす。ある2MiBのキャッシュには8サイクルでアクセス可能だが、次の2MiBには10サイクル、そして最後の2MiBにアクセスするには22サイクルを要する。NUCAキャッシュにおいてパフォーマンスを最大化するためにどのような新しいポリシーを導入できるか。

2.33 [10/10/10]〈2.2〉**エラー訂正コード**（**ECC**）付きで2GiBDRAMに接続されているプロセッサを持つデスクトップシステムを考える。メモリチャネルは1つで、データ用が64ビットにつきECC用が8ビットを加えて72ビット幅とする。

a [10]〈2.2〉1GビットDRAMチップを使う場合、DIMM上にいくつのDRAMチップがあるか求めよ。また、DRAMが1つだけ各DIMMデータピンに接続されている場合、各DRAMに必要なデータI/O数を求めよ。

b [10]〈2.2〉32バイトのL2キャッシュブロックをサポートするために必要なバースト長を求めよ。

c [10]〈2.2〉ECCオーバーヘッドを除いて、アクティブページからの読み出し時のDDR2-667およびDDR2-533のピークバンド幅を計算せよ。

2.34 [10/10]〈2.2〉DDR2 SDRAMのタイミング図の例を図2.34に示す。tRCDはバンク内の1行をアクティブにするのに必要な時間であり、カラムアドレス信号（CAS）の遅延（CL）は1行の中の列を1つ読み出すのに必要なサイクル数である。RAMがECC付きの標準DDR2 DIMM上にあり、72本のデータ線がある。また、1つのデータ線から8ビットを読み出す。つまりバースト長は8でDIMM全体で合計64バイトを読み出す。tRCD = CAS（CL）クロック周波数、クロック周波数 = 1秒当たりの転送数/2とする。キャッシュミスが発生した場合の1次と2次キャッシュの間でのオンチップレイテンシは、DRAMアクセスを含まず20nsである。

a [10]〈2.2〉DDR2-667 1GiB CL = 5のDIMMの場合、データビットが有効から無効に変化するまでにどのくらいの時間がかかるか求めよ。つまりこれは、活性化コマンドを送ってから要求されたDRAMのデータ転送の最後のビットが読み出されるまでの時間である。ただし、各リクエストごとに、同じページ内の別の次のキャッシュラインを自動的にプリフェッチするものとする。

b [10/10]〈2.2〉DDR2-667 DIMMを使いバンク活性化を必要とする読み出しと、既にオープンされたページの読み出しとで、かかる遅延時間の違いを求めよ。ここで、プロセッサ内部におけるミス処理に必要な時間を含めて考えよ。

2.35 [15]〈2.2〉CL = 5のDDR2-667 2GiB DIMMが130ドルで、CL = 4のDDR2-533 2GiB DIMMが100ドルで購入できるとする。あるシステムで2つのDIMMが使われており、システムの他の部分が800ドルすると仮定する。DDR2-667とDDR2-533 DIMMを用い、1000命令に対して3.3回のL2キャッシュミスを起こすシステムのパフォーマンスを想定し、DRAM読み出し要求の80%で活性化が必要であると仮定する。すべての8コアが同じワークロードで利用可能であると仮定せよ。異なったDIMMを仮定した場合の、システム全体のコスト/性能はどのようになるか。1時期に1つのL2キャッシュミスが発生し、L2キャッシュミスのメモリアクセス時間を含まないインオーダコアのCPIが1.5であると仮定せよ。

2.36 [12]〈2.2〉8コアで3GHz動作のCMPを使ったサーバの予備評価をしたい。このCMPは、全体のCPIが2.0（2次キャッシュミスのブロック読み出しは、遅延しないと仮定する）でワークロードを実行できる。L2キャッシュラインサイズは32バイトである。システムがDDR2-667 DIMMを使用していると仮定し、平均の2倍のバンド幅が時折要求されても、システムがメモリバンド幅によって制限されないためには、独立したメモリチャネルがいくつ必要かを答えよ。このワークロードでは、平均して、1000命令当たり6.67回のL2キャッシュミスがある。

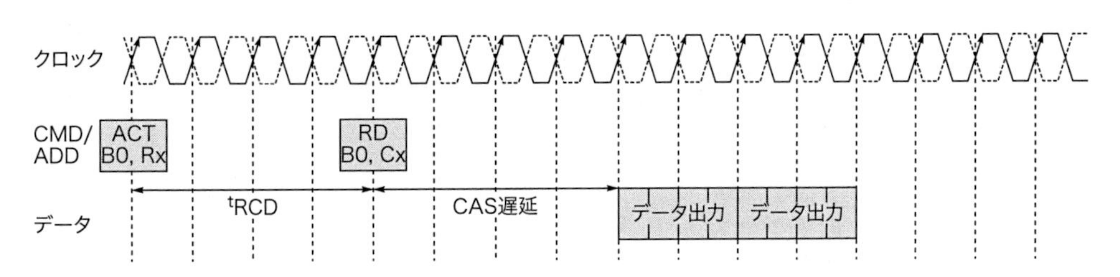

図2.34　DDR2 SDRAMのタイミング図

2.37 [15]〈2.2〉4つのメモリチャネルを持つプロセッサを考える。連続したメモリブロックは同じバンクに置くべきか、もしくは異なるチャンネルの異なるバンクに置くべきか。

2.38 [12/12]〈2.2〉DRAMの消費電力の大部分（3分の1以上）が、ページ活性化によるものである（seehttp://download.micron.com/pdf/technotes/ddr2/TN4704.pdfおよびhttp://www.micron.com/systemcalcを参照）。8バンクの2Gb × DDR2 DRAM、または8バンクの1Gb × 8DRAMのいずれかを用いて2GiBのシステムを作ることを考える。ここで、スピードグレードは同じものとする。どちらも1KiBのページサイズを採用し、最下位層のキャッシュラインサイズは64バイトである。活性化されてないDRAMは、プリチャージされたスタンバイ状態にあって、消費電力は無視できるものとする。また、スタンバイ状態から活性化状態への遷移時間は大きくないと仮定せよ。

a [12]〈2.2〉どちらのタイプのDRAMの方がシステム性能が高くなるか示せ。理由も説明せよ。

b [12]〈2.2〉電力の観点で、1Gb × 8DDR2 DRAMで作られた2Gb DIMMと1Gb × 4DDR2 DRAMで作られた同じ容量のDIMMを比較しなさい。

2.39 [20/15/12]〈2.2〉典型的なDRAMへデータアクセスするためには、まず適切な行を活性化しなければならない。活性化により8キロバイトの全ページが行バッファに転送されると仮定する。続いて、行バッファから特定の列を選択する。次のDRAMアクセスが同じページに対してであれば、活性化のステップをスキップできる。そうでなければ、現在のページを閉じ、次の活性化のためにビット線をプリチャージしなければならない。別の一般的なDRAMポリシーでは、アクセスが終わると直ちにページを閉じ、ビット線をプリチャージする。DRAMへの読み書きのサイズはすべて64バイトであるとし、512ビットを送るのに必要なDDRのバスレイテンシ（図2.33のデータを参照）をTddrと仮定する。

a [20]〈2.2〉プリチャージに5サイクル、活性化に5サイクル、そして列の読み出しに4サイクル必要であるDDR2-667を仮定する。アクセス時間が最短となるように第2ではなく第1のポリシーを選択するためには、行バッファのヒット率（*r*）はいくらでなければならないか求めよ。ランダムなアクセスを完了させるのに十分なだけ、各DRAMアクセスの間隔は十分時間的に離れていると仮定する。

b [15]〈2.2〉もしDRAMアクセスの10%が間断なく連続すると、上の判断はどのように変わるか示せ。

c [12]〈2.2〉上で計算した行バッファのヒット率を用いて、2つのポリシー間の1アクセスあたり平均DRAMエネルギーの差を計算せよ。ここで、プリチャージには2nJを必要とし、活性化は4 nJを必要とし、行バッファから読み書きするために1ビットあたり100pJが必要とされるとする。

2.40 [15]〈2.2〉アイドル時には、いつでもコンピュータをハイバネート状態（DRAMは動作している）あるいはスリープ状態にできるものとする。ハイバネート状態にするには、フラッシュメモリなどの不揮発性メディアにDRAMの内容をコピーしなければならない。64バイトのキャッシュラインの読み書きに、フラッシュで2.56μJ、DRAMで0.5nJ必要であり、また、（8GiBの）DRAMのアイドル時電力を1.6Wとすると、ハイバーネートする利益を得るにはシステムはどのくらいの間アイドル状態にならなければならないか。メインメモリサイズを8GiBと仮定する。

2.41 [10/10/10/10/10]〈2.4〉仮想マシン（VM）は、総所有コスト（TCO）を下げ、稼働性を高めるなど、コンピュータシステムに恩恵をもたらす可能性を秘めている。VMは以下の場合において能力を実現するのに使えるだろうか。もし使えるなら、どのように実現するのだろうか。

a [10]〈2.4〉開発マシンを使った製造環境によるアプリケーションのテストを行なう場合。

b [10]〈2.4〉災害時や故障時にアプリケーションを速やかに移動させる場合。

c [10]〈2.4〉I/O中心のアプリケーションによる高性能を達成する場合。

d [10]〈2.4〉異なるアプリケーション間で障害を隔離し、その結果としてサービスに高い可用性を提供する場合。

e [10]〈2.4〉アプリケーションの動作中に大きな影響を与える中断をせずに、システム上でソフトウェアのメンテナンスを実施する場合。

2.42 [10/10/12/12]〈2.4〉仮想マシンの特権命令の実行、TLBミス、トラップ、そして入出力といったイベントが多数発生すると、性能が低下し得る。これらのイベントは、たいていはシステムコードで実行される。したがって、あるVMの下で実行している時のオーバーヘッドを見積もる方法として、システムモードとユーザモードにおけるアプリケーションの実行時間の割合を調べる方法がある。例えば、システムモード実行が10%を占めるアプリケーションは、VMで実行すると60%速度低下する。図2.35に、LMbenchにおいて、ネイティブ実行と完全仮想化、それに準仮想化の場合についての、各種システムコールの実行時間の初期的なデータの一覧を示す。ItaniumのシステムでXenを利用し、μs単位で時間を計測している（ニューサウスウェールズ大学のMatthew Chapman提供）。

ベンチマーク	ネイティブ実行	完全仮想化	準仮想化
Nul cal	0.04	0.96	0.50
Nul I/O	0.27	6.32	2.91
Stat	1.10	10.69	4.14
Open/close	1.99	20.43	7.71
Instal sighandler	0.33	7.34	2.89
Handle signal	1.69	19.26	2.36
Fork	56.00	513.00	164.00
Exec	316.00	2084.00	578.00
Fork + exec sh	1451.00	7790.00	2360.00

図2.35　ネイティブ実行と完全仮想化、および準仮想化の場合についての、各種システムコールの実行時間の初期的なデータ

a [10]〈2.4〉どのような種類のプログラムをVMの下で実行する

と、速度低下が小さくなると予想されるか述べよ。

b [10] 〈2.4〉 速度低下がシステム時間に比例する関数であるとすると、システム時間が20%であるプログラムは、上記の速度低下に基づくと、どの程度遅くなると予想されるか求めよ。

c [12] 〈2.4〉 完全仮想化と準仮想化のそれぞれで、表中のシステムコールの速度低下率の中央値を求めよ。

d [12] 〈2.4〉 表のシステムコールの中で最も速度低下が大きいのはどれか示せ。この理由としてどのようなことが考えられるか述べよ。

2.43 [12] 〈2.4〉 Popek と Goldberg の定義では、仮想マシンとは「性能以外には本物のマシンと区別がつかないもの」であるとしている。この問題では、プロセッサでネイティブ実行しているのか、仮想マシンで実行しているのかを見極めるのに、この定義を使うことにする。Intel 社の VT-x 技術は、仮想マシンで使われる 2 番目の特権レベル集合を効果的に提供している。VT-x 技術を使った場合、他の仮想マシン上で実行される仮想マシンはどうしなければならないと予想されるか。

2.44 [20/25] 〈2.4〉 x86 アーキテクチャが仮想化の支援を採用したことによって、仮想マシンはますます進化し、主流になりつつある IntelVT-x と AMD AMD-V の仮想化技術を対比せよ（AMD-V の情報は `http://sites.amd.com/us/business/it-solutions/virtualization/Pages/resources.aspx`から入手可能）。

a [20] 〈2.4〉 メモリ上のあちこちにアクセスを行いメモリ参照が頻繁であるアプリケーションにおいては、どちらが高性能を提供するか答えよ。

b [25] 〈2.4〉 I/O 仮想化の性能を改善するために仮想化技術と、I/O メモリマネージメントユニット（IOMMU）はそれぞれどんなことをしているか述べよ。I/O 仮想化に対する AMD 社の IOMMU サポートに関する情報は`http://developer.amd.com/documentation/articles/pages/892006101.aspx`から入手可能である。

2.45 [30] 〈2.2、2.3〉 命令レベル並列性は、投機実行を行うインオーダのスーパースカラプロセッサ **VLIW** でも効果的に抽出することができるので、アウトオブオーダ（OOO：Out-of-Order）のスーパースカラプロセッサを作る重要な理由の 1 つとして、そのキャッシュミスによる予測不能なメモリ遅延を緩和する能力がある。したがって OOO な命令発行を支援するハードウェアを、メモリシステムの一部として考えることができる。図 2.36 の Alpha 21264 のフロアプランを見て、整数と浮動小数点数の命令発行キューやシステム割り当て機構の区画と、キャッシュの区画の面積の相対比を求めよ。キューは発行のために命令をスケジュールし、システム割り当て機構はレジスタ記述子のリネームを行う。したがって OOO な命令発行を支援するのに必須の要素が存在する。Alpha 21264 はデータと命令の L1 キャッシュのみをチップ上に集積しており、両者とも 64KiB の 2-ウェイセットアソシアティブである。SimpleScalar（`http://www.cs.wisc.edu/~mscalar/simplescalar.html`）のような OOO のスーパースカラシミュレータとメモリ主体のベンチマークを用いて、

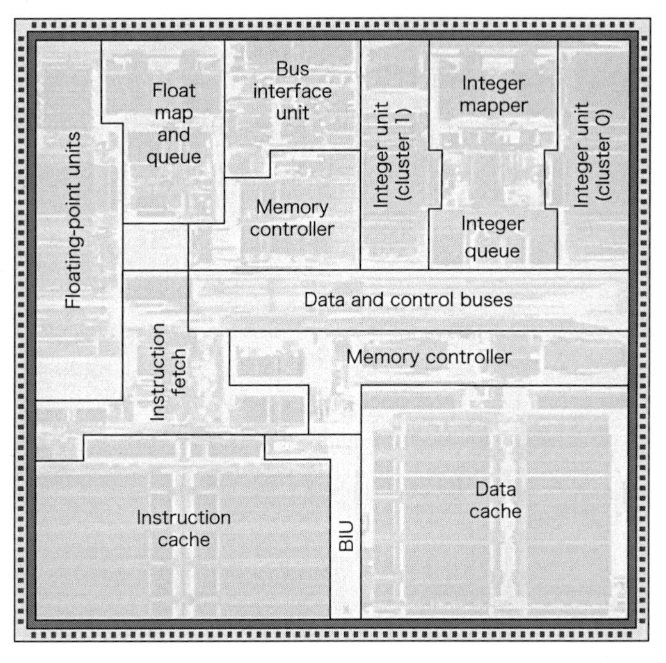

図 2.26 Alpha 21264 のフロアプラン ［Kessler, 1999］

Alpha21264 をモデルとした OOO な命令発行の代わりに、発行キューやシステム割り当て機構の区画を用いてデータの L1 キャッシュを増やしたインオーダのスーパースカラプロセッサを構成したとして、どれだけの性能低下があるかを調べよ。比較を公平にするために、マシンの他の部分の仕様はできる限り同じにすること。キャッシュが増えたことによるアクセス時間やサイクル時間の増加や、チップのフロアプランでデータキャッシュが大きくなったことの影響は無視せよ（コンパイラがインオーダのプロセッサ向けにコードをスケジュールすると、比較は全体的に公平にならないことに注意せよ）。

2.46 [15] 〈2.2、2.7〉 2.7 節で説明したように、Intel i7 プロセッサには積極的なプリフェッチャがある。非常に積極的なプリフェッチャを設計する際の潜在的な欠点を述べよ。

2.47 [20/20/20] 〈2.6〉 Intel 社のパフォーマンスアナライザ VTune でキャッシュのさまざまな振る舞いを測定できる。`http://software.intel.com/en-us/articles/intel-vtune-amplifier-xe/`から無償の評価版 VTune（Windows 版と Linux 版）が入手可能である。ケーススタディ 2 で使用したプログラム `acs_ch2_cs2.c`は、Microsoft Visual C++上で VTune と一緒に動作できるように修正されている。プログラムは`http://www.hpl.hp.com/research/cacti/aca_ch2_cs2_vtune.c`からダウンロードできる。これには初期化と性能分析中のループオーバーヘッドを取り除く特別な VTune 関数がすでに挿入されている。VTune のセットアップ方法は、プログラム中の README の部分に書かれている。このプログラムは、どの構成に対しても 20 秒間ループを維持する。以下の実験で、データサイズがキャッシュとプロセッサの性能に与える影響を知ることができる。Intel 社のプロセッサ上で VTune を使ってプログラムを実行せよ。この時、入力データセットのサイズは 8KiB、128KiB、4MiB、32MiB、ストライドは 64 バイトで固定する（i7 プロセッサのキャッシュライ

ンサイズでストライドさせる）。それぞれの場合で全体性能とL1データキャッシュ、L2キャッシュ、L3キャッシュの性能を計測せよ。

a [20]〈2.6〉各データセットサイズと使用したプロセッサモデルとスピードに対して、1000命令当たりのミス回数をL1データキャッシュ、L2キャッシュ、L3キャッシュについて表にせよ。結果から、使用したプロセッサのL1データキャッシュ、L2キャッシュ、L3キャッシュの容量について何が分かるか。分かったことを説明せよ。

b [20]〈2.6〉各データセットサイズと使用したプロセッサモデルとスピードに対して、クロックサイクルあたりの命令数（IPC）をL1データキャッシュ、L2キャッシュ、L3キャッシュについて表にせよ。結果から、使用したプロセッサのL1データキャッシュ、L2キャッシュ、L3キャッシュのミスペナルティについて何が分かるか。分かったことを説明せよ。

c [20]〈2.6〉Intel社のOOOプロセッサでデータセットサイズを8KiBと128KiBにしてVTuneを使ってプログラムを実行せよ。両方の構成に対して、1000命令当たりのL1データキャッシュとL2キャッシュのミス回数、およびCPIを表にして示せ。高性能OOOプロセッサの持つメモリレイテンシ隠蔽技術の効果について、何が分かるか述べよ。

ヒント：使用したプロセッサのL1データキャッシュのミスレイテンシを知る必要がある。最近のi7プロセッサでは、おおよそ11サイクルである。

命令レベル並列性とその活用

「1 番はどのチームか。」

「アメリカ号であります。」

「2 番はどのチームか。」

「2 番などありません！」

後に「アメリカスカップ」と命名され、数年おきに開催されることとなるヨットレースを見ていた 2 人の会話である。これにインスピレーションを得て、John Cocke は IBM 社の研究プロセッサに「アメリカ」と名付けた。このプロセッサは最初のスーパースカラプロセッサで、PowerPC の先駆けとなった。

かくして IA-64 は将来に対し次のように賭に出た。電力は重要な制限ではなく、多くの資源、つまりクロックスピード、パス長、CPI ファクターはペナルティーを受けないだろう。だが私の見方はこれに懐疑的である。

Intel と HP が 2000 年共同開発した新しい Intel Itanium について、IBM フェローで RISC 初期開拓者の Marty Hopkins (2000)はこう述べた。Itanium は静的 ILP アプローチ（付録 H 参照）を用い、インテルに多額の投資を強いたが、Intel のマイクロプロセッサ販売の 0.5%を越えることはなかった。

3.1 命令レベル並列性：概念とチャレンジ

1985 年くらいから、すべてのプロセッサは命令の実行をオーバーラップさせて性能の向上を狙うパイプライン処理を採用している。いくつかの命令を並列に処理することから、この命令の間に潜んでいるオーバーラップを**命令レベル並列性**（**ILP**：instruction-level parallelism）と呼ぶ。本章と付録 H では、基本的なパイプライン処理の概念を拡張して、命令の間から抽出される並列性を増加させるさまざまな技術を見ていく。

本章は、付録 C で述べる基本的なパイプライン処理よりもかなり上級者向けの内容である。付録 C の知識に精通していなければ、本章を読む前に付録を復習してほしい。

本章では、まず、データハザードと制御ハザードによる制約の話から始める。次に、並列性を抽出する能力を向上させるコンパイラとプロセッサの話題を扱う。これらの節では多くの概念を紹介し、本章と次章にわたってそれらの概念を確立していく。本節や 3.2 節の概念を理解していなくても本章におけるいくつかの基本的な項目を把握できるかもしれないが、これらの基本的な概念は、3.3 節以降で重要になるので注意してほしい。

命令レベル並列性を抽出するアプローチは大きく 2 つに分類できる。(1) ハードウェアの力を借りて並列性の検出と利用を行う動的アプローチと、(2) コンパイル時にソフトウェア技術の力を借りて並列性を見つける静的アプローチである。最近の Intel のプロセッサすべてと ARM のプロセッサの多くは、ハードウェアに基づく動的アプローチをとっており、デスクトップとサーバ市場を制覇している。パーソナルモバイルデバイス市場では、同様のアプローチがタブレットやスマートフォンの高性能なものに使われている。IoT 業界では、電力とコストが制約が性能目標を支配するため、もっと低いレベルの命令レベル並列性を利用する。積極的なコンパイラベースのアプローチには、1980 年代からのさまざまな試みがある。もっと新しいものは 1999 年に導入された Intel Itanium シリーズである。膨大な試みにもかかわらず、そのようなアプローチは科学技術計算アプリケーションの限られた領域でしか成功していない。

これまでの数年間は、1 つのアプローチのために開発された技術の多くが別のアプローチを主とする設計に活用されるようになっている。本章では、基本概念と両方のアプローチを紹介する。命令レベル並列性の限界に関する議論も本章に含まれるが、そのような制限がマルチコアへの動きにつながっている。これらの制限を理解することは、命令レベル並列性とスレットレベル並列性のバランスを考える上で重要となる。

本節では、プログラムとプロセッサの両方について命令間から抽出できる並列性の総量を制限する特質について検討する。同時に、プログラムの構造とハードウェアの構造の対応のうち重要なものを検討する。これはあるプログラムの特性が実際に性能を制限するかどうか、またどのような状況でそれが起きるかを理解する鍵となる。

パイプライン処理を行うプロセッサの **CPI**（cycles per instruction, 1 命令当たりのクロックサイクル数）の値は、ベースとなる CPI とさまざまなストールの影響との合計となる。

パイプライン CPI = 理想的パイプライン CPI + 構造ストール
+ データハザードストール + 制御ストール

理想的パイプライン CPI は、ある実装のプロセッサが到達できる最大の性能を表す物差しである。式の右側の各項を小さくすることで、パイプライン CPI を小さくできる。言い換えると、別の物差しである **IPC**（instructions per clock：1 クロックサイクル当たりの命令数）を大きくできる。ある技術が上記の式のどの項を小さくするかを検討することで、全体のCPIを改善するさまざまな技術を特徴付けることができる。図3.1に、本章および付録Hで扱う技術および、付録Cで扱う導入的な項目を示す。本章では、理想のCPIを改善するために導入した技術が、ハザードを扱う上で、その重要さを増していくことを見ていこう。

方式	削減できるもの	本書の章
フォワーディングとバイパッシング	データハザードのストール	C.2
遅延分岐と単純な分岐スケジューリング	制御ハザードのストール	C.2
基本的なコンパイラによるパイプラインスケジューリング	データハザードのストール	C.2、3.2
基本的な動的スケジューリング（スコアボーディング）	真の依存が原因のデータハザードによるストール	C.7
ループアンローリング	制御ハザードのストール	3.2
分岐予測	制御ストール	3.3
リネーミングを行う動的スケジューリング	データハザード、出力依存、逆依存よるストール	3.4
ハードウェアベースの投機処理	データハザードと制御ハザード	3.6
動的メモリアクセスのあいまい性解消	メモリアクセスのデータハザードによるストール	3.6
サイクル当たりの複数命令発行	理想CPI	3.7、3.8
コンパイラによる依存性解析、ソフトウェアパイプライン、トレーススケジューリング	理想CPI、データハザードのストール	H.2、H.3
ハードウェア支援付きコンパイラによる投機処理	理想CPI、データハザードのストール、分岐ハザードのストール	H.4、H.5

図3.1 本章、付録C、付録Hで扱う主な技術と、それぞれの技術がCPIの計算式に影響を与える要素

3.1.1 命令レベル並列性とは何か

本章では、命令レベル並列性を抽出する技術を扱う。分岐のないまっすぐな命令列を**基本ブロック**（basic block）と呼ぶ。ただし、基本ブロックの最後の命令だけは分岐であってもよく、基本ブロックの最初の命令だけが分岐命令の飛び先アドレスであることが許される。この基本ブロックの中だけで利用できる並列性はとても少ない。典型的なRISC-Vプログラムでは、平均して15%から25%の頻度で分岐が現れる。すなわち、2つの分岐の間には3から6個の命令が実行される。これらの命令はおそらく互いに依存するので、基本ブロックの中で抽出できるオーバーラップの量は基本ブロックの平均サイズよりも少ない。よって、実質的に性能を向上させるには、いくつかの基本ブロックにまたがって命令レベル並列性を抽出する必要がある。

命令レベル並列性を増加させる最も単純かつ一般的な方法は、ループの**繰り返し**（iteration）の間の並列性を抽出することである。この種の並列性はしばしば**ループレベル並列性**（loop-level parallelism）と呼ばれる。完全に並列に処理できる単純なループの例（それぞれ1000個の要素を持つ2つの配列の加算）を考える。

```
for (i = 0; i <= 999; i = i+1)
    x[i] = x[i]+y[i];
```

各ループの繰り返しの内部では、オーバーラップの機会がほとんど、あるいは全くないが、ループのどの繰り返しも他の繰り返しとオーバーラップできる。

このようなループレベル並列性を命令レベル並列性に変換するさまざまな技術を検討する。要するにこれらの技術は、コンパイラによって（次節で扱う）静的にループを展開するか、ハードウェアによって動的にこれを行う。

ループレベル並列性を抽出するもう1つの重要な方法は、第4章で議論するベクタプロセッサやGPU（Graphics Processing Unit）における**SIMD命令**を利用することである。SIMD命令は、あまり多くない数（典型的には2から8）のデータを並列に処理することで**データレベル並列性**（data-level parallelism）を利用する。ベクタ命令は、並列に配置される実行ユニットと深いパイプラインを用いて、多くのデータを並列に処理することでデータレベル並列性を利用する。例えば、上記のコードの繰り返しは、シンプルな7命令（2つのロード、1つの加算、1つのストア、2つのアドレス更新、1つの分岐）で記述できる。この場合、実行される命令の合計は7000となる。1つの命令で4つのデータの処理を行うSIMDアーキテクチャであれば、1/4の命令数で処理できるかもしれない。あるベクタプロセッサの場合、このコードは、ベクタxとベクタyをメモリからロードする2つの命令、2つのベクタを加算する1つの命令、加算の結果のベクタをストアする1つの命令という合計4つの命令だけになるかもしれない。もちろん、これらの命令はパイプライン化され、どちらかというと長いレイテンシを持つだろう。しかし、これらのレイテンシはうまくいけばオーバーラップによって隠蔽できる。

3.1.2 データ依存とハザード

ある命令がどのように別の命令に依存するかを突き止めることは、プログラムにどれだけの並列性が存在するか、また、その並列性をどのように抽出すればよいかを知るために重要である。とりわけ、命令レベル並列性を抽出するためには、どの命令の組み合わせが並列に実行できるかを明らかにしなければならない。2つの命令が並列（parallel）に処理できる場合、パイプラインが十分な資源を持つとすれば（ゆえに構造ハザードは起こらない）、どのような深さのパイプラインであってもストールを引き起こすことなく同時に実行を進められる。2つの命令間に依存性がある場合、部分的にオーバーラップできる場合も多いが、それらの命令は並列ではなく、順番に実行されなければならない。いずれにせよ、鍵は命令が別の命令に依存するかどうかを判断することである。

データ依存

次に示す3つの異なるタイプの依存がある。すなわち、**データ依存**（data dependence）、**名前依存**（name dependence）、および**制御依存**（control dependence）である。ここで、データ依存は真のデータ依存（true data dependence）とも呼ばれる。下記のどちらかが成り立つ場合、命令jは命令iに**データ依存**する。

- 命令jによって利用されるかもしれない結果を命令iが生成する。
- 命令jは命令kにデータ依存があり、また命令kは命令iにデータ依存がある。

第2の条件は単に、2つの命令の間に第1の条件による依存の連鎖がある場合に、それらの命令が依存することを述べている。この依存の連鎖は、時にプログラム全体にわたって続くことがある。ただし、add x1,x1,x1などのような、単一の命令の中の関係は依存として考えないことに注意しよう。

例えば、メモリ内のベクタの値にレジスタf2のスカラを加算するRISC-Vのコード列を考えよう（0（x1）で始まり、0（x2）で終わる）。

```
Loop: fld     f0,0(x1)  // 配列の要素をf0にロード
      fadd.d f4,f0,f2   // f2のスカラ値を加算
      fsd     f4,0(x1)  // 結果をストア
      addi    x1,x1,-8  // ポインタを8バイトだけデクリメント
      bne     x1,x2,Loop // x1≠x2であれば分岐
```

このコード列は浮動小数点データと整数データの両方のデータ依存を含む。

```
Loop: fld     f0,0(x1)    //  配列の要素をf0にロード
                ↘
      fadd.d f4,f0,f2     // f2のスカラ値を加算
              ↓
      fsd     f4,0(x1)    // 結果をストア
```

および整数データ：

```
      addi x1,x1,-8       // ポインタを8バイト(per DW)だけ
           ↓              // デクリメント
      bne  x1,x2,Loop     // x1≠x2であれば分岐
```

この依存を含むコード列では、依存する命令を矢印によって表している。このコード列や後続の例における矢印は、正しい実行のために保存されなければならない順番を表す。矢印は、先行する命令から依存のある命令に向けて指し示している。

2つの命令にデータ依存がある場合、それらを順番に実行する必要があり、同時に実行することができない。データ依存がなければ、完全にオーバーラップできる。それら2つの命令の間の依存は、1つ以上のデータハザードの連鎖による依存かもしれない（データハザードは、これからの2、3ページで正確に定義するが、この簡潔な記述は、付録Cを参照）。いくつかの命令を同時に実行してハザードやストールを検知すると、（依存のある命令間のサイクル数よりもパイプライン段数が長い場合に）プロセッサはパイプラインをインターロックする。それによって、オーバーラップできる範囲が減少したり、オーバーラップできなくなったりする。インターロックせずにコンパイラのスケジューリングに頼るプロセッサでは、このような方法を使って完全にオーバーラップすることはできない。なぜなら、プログラムが正確に実行できなくなってしまうからだ。命令列におけるデータ依存は、その命令列の生成元のソースコード中のデータ依存を反映する。オリジナルのソースコードが持つデータ依存が引き起こす効果は、維持されなければならない。

依存は**プログラム**の特性である。ある依存が実際にハザードとして検知されるのか、また、そのハザードが実際にストールを引き起こすのかは、**パイプライン構成**の特性である。この違いは、どのように命令レベル並列性を抽出できるかを理解するために重要である。

データ依存から次の3つのことを把握できる。(1) ハザードが起きるかもしれないこと、(2) 結果を計算すべき順番、および (3) 抽出できる並列性の上限、である。そのような上限については、3.10節と付録Hで詳しく見る。

データ依存によって抽出可能な命令レベル並列性の量が制限されるので、この克服が本章の主な話題となる。依存による性能低下は次の2つの方法で克服できる。1つは、依存を維持しつつハザードを回避する方法で、もう1つはコードを変更して依存を除去する方法である。コードのスケジューリングは、依存を置き換えずにハザードを回避するために、まず最初に試す方法であり、コンパイラとハードウェアのどちらでも可能である。

データの値はレジスタかメモリのいずれかを経由して命令の間を流れて行く。レジスタにおけるデータの流れ（データフロー）が生じる場合、命令のレジスタ名が固定されているので依存の検出は簡単である。ただし、コンパイラあるいはハードウェアは分岐が介在する場合には、依存の検出はより複雑になるか、正確さを保つために保守的になる。

メモリを介して生じる依存を検知することは難しい。なぜなら、2つのメモリアドレスが同じ位置を指していても異なって見える場合があるからである。例えば、100(x4)と20(x6)は同じメモリ番地かもしれない。さらに、同じロード命令（あるいはストア命令）でも実行の度に異なるメモリ番地を指すかもしれない（その結果、20(x4)と20(x4)が異なるかもしれない）ため、さらに依存の検出は複雑になる。

本章では、メモリを経由するデータ依存を検知するためのハードウェアについても検討する。しかし、この技術の限界も分かるだろう。このような依存を検知するコンパイラ技術は、ループレベル並列性発見の際に重要となる。

名前依存

第2のタイプの依存は**名前依存**（name dependence）である。2つの命令が同じレジスタあるいはメモリ番地（名前と呼ばれる）を利用する場合に名前依存が生じる。その名前を使う命令の間にデータフローは生じない。プログラム順序において、命令iとそれに続く命令jの間には2つの名前依存がある。

1. 命令iが読み出すレジスタあるいはメモリ番地を命令jが更新する場合に、命令iと命令jの間に**逆依存**（anti-dependence）が生じる。正しい値の読み出しを保証するために、オリジナルの「順番」を保たなければならない。データ依存のプログラムで示した例では、fsd命令とaddi命令の間にレジスタx1に関する逆依存がある。
2. 命令iと命令jが同じレジスタあるいはメモリ番地に書き込む場合、**出力依存**（output dependence）が生じる。最後に書き込まれた値が命令jの値であることを保証するために、命令間の順番を保たなければならない。

命令の間で値が送受信されている訳ではないので、逆依存と出力依存はともに、真のデータ依存に対して名前依存と呼ばれる。名前依存は真の依存ではないので、命令の中で利用される名前（レジスタ番号あるいはメモリ番地）が換えられて、それらの命令が衝突しなくなれば、名前依存が制限していた命令の順番の入れ替えや同時実行が可能となる。

この**名前換え**（**リネーミング**）は、レジスタオペランドに関しては簡単に行うことができ、**レジスタリネーミング**（register renaming）と呼ばれる。レジスタリネーミングは、コンパイラによって静的に、あるいはハードウェアによって動的に行うことができる。分岐によって生じる制御依存について見る前に、依存と、パイプラインのデータハザードの関係を検討しよう。

データハザード

命令の間が接近していて、実行のオーバーラップが、依存に関与するオペランドのアクセスを変更してしまう場合に、ハザードが生じる。依存がある場合には、**プログラム順序**（program order）を保たなければならない。プログラム順序とは、オリジナルのプログラムによって定義されるとおりに一度に1つの命令を実行していく命令の順序である。ソフトウェアとハードウェアの両技術のゴールは、**プログラムの出力結果に影響を与える部分だけ**プログラム順序を守って並列性を抽出することである。ハザードの検出と回避は必要なプログラム順序が守られることを保証する。

付録Cで簡潔に説明するデータハザードは、読み出し（リード）と書き込み（ライト）を行う命令の順番によって、3つのタイプに分類される。慣例上、ハザードの呼び方は、パイプラインにおいて保たれなければならないプログラムの順番で決められている。プログラム順序で、命令iに続いて命令jが実行される2つの命令を考えよう。起こり得るデータハザードは次の3種類である。

- **RAW**（read after write）**ハザード**：命令iが書き込む前に、命令jがその場所を読み出そうとする。これによって、命令jは誤って古い値を読み出すことになる。このハザードは、最も一般的なもので、真のデータ依存に対応する。命令iからの値を命令jが受け取ることを保証するために、プログラム順序を保たなければならない。
- **WAW**（write after write）**ハザード**：命令iが書き込む前に、命令jがオペランドの書き込みを行う。書き込みが誤った順番で行われ、命令jによって書き込まれた値ではなく、命令iによって書き込まれた値が残ることになる。このハザードは出力依存に対応する。WAWハザードは、複数のステージで書き込みを行うことを許しているパイプライン、あるいは、ある命令がストールしている時に、後続の命令の実行を許すパイプラインにおいてのみ生じる。
- **WAR**（write after read）**ハザード**：命令iが読み出す前に、命令jがその場所に書き込もうとすることで、命令iが誤って新しい値を得てしまう。このハザードは逆依存に対応する。深いパイプラインや浮動小数点パイプラインであったとしても、多くの静的発行パイプラインではWARハザードは起こらない。なぜなら、すべての読み出しはパイプラインの早いステージ（付録CにおけるパイプラインのID）で行われ、すべての書き込みは遅いステージ（付録CにおけるパイプラインのWB）で行われるからである。WARハザードが生じるのは、ある命令がパイプラインの前方ステージで書き込みを行い、別の命令がそれより後方のステージで読み出しを行う場合、あるいは、本章で見るように、命令の順番が変更されて実行される場合のどちらかである。

RAR（read after read）はハザードでないことに注意しよう。

3.1.3　制御依存

最後の依存は**制御依存**（control dependence）である。命令が、実行されるべき時にだけ正しいプログラム順序で実行されるようにするのが制御依存である。プログラムの最初の基本ブロックに含まれる命令を除いて、すべての命令はいくつかの分岐命令に依存しており、一般に、プログラム順序を維持するためには、制御依存を守る必要がある。制御依存の最も単純な例の1つは、if文の分岐におけるthenの部分の文の依存である。例えば、次の命令列では、S1はp1に制御依存する。また、S2はp2に制御依存するがp1には依存しない。

```
if p1 {
      S1;
};
if p2 {
      S2;
}
```

一般に、制御依存によって次の2つの制約が生じる。

1. 分岐に制御依存する命令を分岐の“前に”移動することはできない。そうすることで、その命令の実行が分岐によって**制御されなくなる**。例えば、if文のthenの部分から命令を取り出して、if文の前に移動することはできない。
2. 分岐に制御依存しない命令を分岐の“後に”移動することはできない。そうすると、その命令の実行が分岐によって**制御されてしまう**。例えば、if文の前の文を取り出して、thenの部分に移動することはできない。

プロセッサが厳密にプログラム順序を維持する場合は、制御依存の維持についても保証される。しかしながら、プログラムの正確さを損なわないのであれば、実行すべきでなかった命令を実行してもよく、それによって、制御依存が破られることがある。このように、制御依存は必ず維持しなければならない厳しい特性ではない。代わりに、プログラムの正確さを維持する重要な2つの特性は**例外の振る舞い**（exception behavior）と**データフロー**である。ただし、これらは通常、データ依存と制御依存を維持することで保たれる。

例外の振る舞いを保つということは、命令実行の順番を変化させても、プログラムにおける例外の発生の様子が変わらないことを意味する。これは、命令実行の順番を変更することで、新たな例外を起こしてはならないという意味に緩和されることが多い。単純な例題で、制御依存とデータ依存を維持することが、こうした状況をどのように防ぐかを示そう。次の命令列を考えよう。

```
add x2,x3,x4
beq x2,x0,L1
```

```
    ld  x1,0(x2)
L1:
```

この場合、x2に関するデータ依存を維持しなければプログラムの結果が変わることを容易に理解できる。それほど明確でないのは、制御依存を無視して分岐の前にロード命令を移動させると、その命令はプロテクション例外を発生するかもしれないということだ。ここでは、**データ依存**がbeqとldの順番を入れ替える妨げとなっていないことに注意しよう。ここでは制御依存が問題なのである。(データ依存を保ちながら) これらの命令の順番を入れ替えることを許すには、単に分岐が成立した時の例外を無視すればよい。3.6 節で、この例外の問題を克服する**投機処理** (speculation) のためのハードウェア技術を示す。付録 H で、投機処理を支援するソフトウェア技術を示す。

データ依存と制御依存を維持して保つべき 2 つ目の特性は**データフロー**である。データフローとは、結果を生成する命令と、それを用いる命令との間のデータ値の実際の流れである。分岐はデータフローを動的なものにする。このため、ある命令に与えるデータのソースが複数の箇所になることがある。言い換えると、ある命令は 2 つ以上の先行命令にデータ依存を持つかもしれない。このため、単に、データ依存を維持するだけでは十分ではない。プログラム順序によって、どの先行命令が実際にデータ値を与えるかが決まる。プログラム順序は制御依存を維持することで保証される。

例として、次の命令列を考える。

```
    add x1,x2,x3
    beq x4,x0,L
    sub x1,x5,x6
L:  ...
    or  x7,x1,x8
```

この例において、or命令によって利用されるx1の値は、分岐が成立するかどうかに依存する。データ依存だけによって正確さを保つことはできない。or命令はaddとsubの両方の命令にデータ依存する。しかし、それらの順序を保つだけでは正しい実行結果は得られない。

それよりも、命令が実行される時には、データフローを維持しなければならない。分岐が不成立の場合、sub命令によって計算されたx1の値をor命令が利用しなければならない。また、分岐が成立の場合には、add命令によって計算されたx1の値をor命令が利用しければならない。分岐によるor命令への制御依存を保つことで、データフローの誤った変更を防ぐ。同様の理由から、sub命令を分岐の前に移動することはできない。3.6 節に示すように、例外の問題を支援する投機処理は、データフローを維持しながら制御依存の影響も緩和する。

時には、制御依存を破ったとしても、例外の振る舞いとデータフローのいずれも影響を受けないと判断できることがある。次の命令列を考える。

```
      add x1,x2,x3
      beq x12,x0,skip
      sub x4,x5,x6
      add x5,x4,x9
skip: or x7,x8,x9
```

ここでは、sub命令の結果を格納するx4レジスタが、skipというラベルの後では利用されないと分かっていると仮定しよう。値が後続の命令によって利用されるかどうかという特性は**寿命** (liveness) と呼ばれる。もしx4が利用されないと仮定すると、x4がskipの後の範囲では**デッド** (寿命が尽きている) なので、分岐の直前にx4の値を変更してもデータフローに影響を与えない。したがって、もしx4がデッドで、既存のsub命令が (プロセッサが同じプロセスを再開するためのもの以外の) 例外を生成しなければ、この変更によってデータフローが影響されないため、sub命令を分岐の前に移動することができる。

分岐が成立すれば、sub命令は実行されるが無駄になる。しかし、それはプログラム結果に影響しない。この種のコードスケジューリングは、コンパイラが分岐結果に対する予測を行っているので、しばしば**ソフトウェア投機処理**と呼ばれる。この場合には、分岐が不成立だと予測している。より挑戦的なコンパイラによる投機処理の機構は、付録 H で議論する。投機とか投機的という場合、それがハードウェア技術によるものなのかソフトウェア技術なのかはっきり分かる場合が多い。それが明らかでない時には、「ハードウェア投機処理」あるいは「ソフトウェア投機処理」と記述する。

制御依存は、制御ストールを生成する制御ハザード検出機構を実装することで維持される。3.3 節で見るように、制御ストールはさまざまなハードウェア技術とソフトウェア技術によって除去あるいは低減できる。

3.2 命令レベル並列性技術のためのコンパイラの基本

本節では、命令レベル並列性を抽出してプロセッサの能力を向上させる基本的なコンパイラ技術を検討する。これらの技術は、静的命令発行や静的スケジューリングを行うプロセッサにとって重要である。このコンパイラ技術を利用して、静的命令発行を用いるプロセッサの設計と性能を簡潔に検証する。付録 H では、さらに高度に命令レベル並列性を利用するように設計された、洗練されたコンパイラと関連するハードウェア方式について探求する。

3.2.1 基本的なパイプラインスケジューリングとループアンローリング

パイプラインを十分に活用するためには、パイプラインでオーバーラップできる依存のない命令列を見つけて、命令間の並列性を抽出しなければならない。パイプラインストールを避けるために、ある命令に依存する命令は、その命令のパイプラインレイテンシと等しいクロックサイクルの距離だけ離さなければならない。このスケジューリングを行うコンパイラの能力は、プログラムにおいて利用できる命令レベル並列性の量と、パイプラインの機能ユニットのレイテンシの両方に依存する。レイテンシを明示的に示さない場合には、本章では図 3.2 に示す浮動小数点演算ユニットのレイテンシを想定する。標準的な 5 ステージの整数パイプラインを想定し、分岐の遅延は 1 クロックサイクルとする。これらの演算ユニットは完全にパイプライン化されるか、パイプラインの深さに相当する分だけ複製されていると仮定する。つまり、どのようなタイプの命令も、

結果を生成する命令	結果を利用する命令	レイテンシ
FP ALU 演算	他の FP ALU 演算	3
FP ALU 演算	倍精度のストア	2
倍精度のロード	FP ALU 演算	1
倍精度のロード	倍精度のストア	0

図 3.2　本章で利用する浮動小数点演算のレイテンシ
最後の列は、ストールを回避するために必要とするクロックサイクル数である。これらの値は、浮動小数点演算ユニットにおいて発生する平均のレイテンシと同様である。ロードの結果をストールすることなくバイパスできるので、浮動小数点ロードからストアへのレイテンシは0である。整数ロードのレイテンシが1で、整数ALU演算のレイテンシが0であると仮定する。

すべてのクロックサイクルで発行でき、構造ハザードを生じない。

この節では、コンパイラがループを変形することでどのように命令レベル並列性の量を増やしていくかを見る。以下のプログラムは、ある重要な技術を示すと共に、付録Hに示す強力なプログラム変換が必要だということを理解するためのものである。

```
for (i = 999; i > 0; i = i-1)
    x[i] = x[i]+s;
```

各繰り返しの本体が独立していることから、このループが並列であることに気付く。付録Hでは、この概念を定式化するとともに、ループの繰り返しが独立かどうかをコンパイル時にテストする方式を説明する。まず、このループの性能を見ていこう。それと共に、上に示すレイテンシを持つ RISC-V パイプラインの性能を並列性を利用して改善する方法を示す。

第一歩として、先のコードセグメントを RISC-V アセンブリ言語に変換する。次のコードセグメントでは、x1の初期値は、最も大きな要素に対するアドレスになっている（ループが進むに従ってアドレスが減少していく点に注意せよ）。f2にはスカラ値 s が格納される。処理すべき最後の要素のアドレスがRegs[x2]+8となるように、あらかじめレジスタx2が計算されている。

パイプラインのためにスケジューリングしていない単純な RISC-V コードを示す。

```
Loop:  fld     f0,0(x1)      // 配列要素をf0にロード
       fadd.d  f4,f0,f2      // f2にスカラ値を加算
       fsd     f4,0(x1)      // 結果をストア
       addi    x1,x1,-8      // ポインタを（倍精度データの）
                             // 8バイトをデクリメント
bne    x1,x2,Loop            // x1≠x2であれば分岐
```

図 3.2 のレイテンシを持つ RISC-V の単純なパイプライン上でこのループがスケジューリングされる時、どのように実行されるか確かめよう。

例題3.1

このループが RISC-V 上で実行される様子を、スケジューリングされている場合とそうでない場合について示せ。すべてのストールあるいはアイドルクロックサイクルを示すこと。スケジュールは、浮動小数点演算の遅延に基づいて行い、遅延分岐については無視せよ。

解答

スケジューリングなしの場合には、ループは8クロックサイクルを必要とし、次のように実行される。

```
                                   発行されるクロックサイクル
Loop:  fld      f0,0(x1)                  1
       stall                              2
       fadd.d   f4,f0,f2                  3
       stall                              4
       stall                              5
       fsd      f4,0(x1)                  6
       addi     x1,x1,-8                  7
       bne      x1,x2,Loop                8
```

ストールを2つに抑え、7クロックサイクルへと削減するように、このループをスケジュールできる。

```
Loop:  fld      f0,0(x1)
       addi     x1,x1,-8
       fadd.d   f4,f0,f2
       stall
       stall
       fsd      f4,8(x1)
       bne      x1,x2,Loop
```

fadd.dの後のストールはfsdが利用することによる。一方、fldの後のストールは、addiを移動することで防ぐことができる。

上記の例題では、7クロックサイクル当たり、ループの1つの繰り返しを終了し、1つの配列の要素をストアした。しかし、それら7クロックサイクルのうち、配列要素で行われる実際の演算はたった3つ（ロード、加算、ストア）である。残る4クロックサイクルはaddiとbneというループのオーバーヘッドと、2クロックサイクルのストールである。これら4つのクロックサイクルを削減するためには、オーバーヘッドとなる命令数に比べて、もっと多くの命令を実行する必要がある。

分岐とオーバーヘッドとなる命令数に比べて全体の命令数を増やす単純な方法が、**ループアンローリング**（Loop Unrolling）である。アンローリングは、ループの本体を単純に複数回分複製し、ループ終了のコードを調整する。

スケジューリングを改良するためにループアンローリングを用いることもできる。ループアンローリングは、分岐を除去することから、異なる繰り返しの命令をまとめてスケジュールできる。この場合、ループ本体に追加された独立の命令により、データ利用のストールを除去できる。単純に命令を複製したのでは、同じレジスタを使用することになり、ループのスケジューリングがうまく行かない。このため、それぞれの繰り返しに対して異なるレジスタを使用するので、必要なレジスタ数が増加する。

例題3.2

ループ本体を4回だけ展開したループを示せ。x1-x2（すなわち配列のサイズ）の初期値は32の倍数で、ループを構成する繰り返しの数は4の倍数であるとする。明らかに不要な計算を除去せよ。レジスタを再利用してはいけない。

解答

ループアンローリングによって複製されるaddi命令をまとめるとともに、不必要なbne命令を削除した後の結果を示す。ここでは、Regs[x2]+32が最後の4つの要素の開始アドレスになるようにx2を設定しなければならないことに注意せよ。

```
Loop:  fld      f0,0(x1)
       fadd.d   f4,f0,f2
       fsd      f4,0(x1)       // addiとbneの削除
       fld      f6,-8(x1)
       fadd.d   f8,f6,f2
       fsd      f8,-8(x1)      // addiとbneの削除
       fld      f10,-16(x1)
       fadd.d   f12,f10,f2
       fsd      f12,-16(x1)    // addiとbneの削除
       fld      f14,-24(x1)
       fadd.d   f16,f14,f2
       fsd      f16,-24(x1)
       addi     x1,x1,-32
       bne      x1,x2,Loop
```

3つの分岐およびx1のための3つの減算を除去した。x1についてのaddi命令をまとめることができるように、ロードとストアのアドレスを修正した。この最適化は取るに足らないと思うかもしれないが、そうではない。このためには記号を置き換え、単純化を使って式をまとめなおしている。つまり、定数を削減するために記号置換と単純化によって表現を再整理する。すなわち、((i+ 1)+1)のような表現を(i+(1+1))のように書き直し、さらに、(i+2)へと単純化する。このような依存関係のある計算を最適化するより一般的な方法を、付録Hに示す。

スケジューリングしない場合には、展開されたループですべての命令に対して依存関係が発生し、ストールが起き、実行に27クロックサイクルが必要になる。すなわち、fldにはそれぞれ1クロックサイクル、fadd.dが2クロックサイクル、addiが1クロックサイクル、これらに加えて14命令の発行サイクルで27クロックサイクルとなる。すなわち、4つの要素の各々のために6.75クロックサイクルが必要となる。しかし、これはスケジューリングにより著しく改善できる。コンパイルのプロセスでは通常、ループアンローリングを初期の段階で行う。そして、余分な計算はオプティマイザによって検出され除去される。

現実のプログラムでは、通常はループの実行回数は不変である。ループの実行回数がnで、本体のk個のコピーを作るようにループを展開するとしよう。1つの展開されたループの代わりに、1ペアの連続するループを生成する。1番目は(n mod k)回実行され、元のループと同じ本体を持っている。2番目は、展開された本体が単一のループに囲まれた構造を持ち、(n/k)回実行される（第4章で見るように、この技術は、ベクタプロセッサ向けのコンパイラ技術であるストリップマイニングに似ている）。nの値が大きければ、実行時間のほとんどの部分は展開されたループ本体に費やされる。

先の例では、アンローリングはオーバーヘッド命令を除去してループの性能を改善する。一方で、コードサイズは大幅に増加する。先に述べたパイプラインのためのスケジューリングが施される時、アンローリングされたループはどのように動作するだろうか。

例題3.3

先のアンロールしたループを、図3.2で示すレイテンシを持つパイプライン用にスケジューリングした結果を示せ。

解答

```
Loop: fld    f0,0(x1)
      fld    f6,-8(x1)
      fld    f0,-16(x1)
      fld    f14,-24(x1)
      fadd.d f4,f0,f2
      fadd.d f8,f6,f2
      fadd.d f12,f0,f2
      fadd.d f16,f14,f2
      fsd    f4,0(x1)
      fsd    f8,-8(x1)
      fsd    f12,-16(x1)
      fsd    f16,-24(x1)
      addi   x1,x1,-32
      bne    x1,x2,Loop
```

展開したループの実行時間は全体として14クロック、1要素当たり3.5クロックサイクルまで落ちる。展開もスケジューリングもしないと、1要素当たり8クロックサイクルで、スケジューリングしない場合は6.5サイクルである。

元のループをスケジューリングするよりも、展開したループをスケジューリングした方がずっとお得である。これは、ループを展開することで、ストールを最小化するのに使える計算が増えることによる。ループを展開することで、ストールを最小化するためにスケジューリングできる命令が増え、お陰でこの利得が生じ、ストールを排除できる。この方法でループをスケジューリングするには、ロードとストアが互いに依存せず、交換可能であることがはっきりしている必要がある。

3.2.2 ループアンローリングとスケジューリングのまとめ

本章および付録Hにわたって、演算ユニットの能力を最大限引き出すべく、命令レベル並列性をうまく利用するための、ハードウェアとソフトウェアの技術を紹介する。多くの場合に鍵となるのは、命令間の順序をいつ、どのように変更してよいかを知ることである。これまでのさまざまな変換例で、我々が人手でやってきた多くの変換は、明らかに許されるものばかりである。しかし実際には、この過程は、組織的な手法で、コンパイラあるいはハードウェアによって行われなければならない。最終的に展開されたコードを得るには、以下の判断と変換が必要になる。

- ループの繰り返しがループに依存していないことを判断し、ループの展開が使えるかどうかを、ループ維持コードを除き、判定する。
- 異なる計算に同じレジスタを使うことで生じる不必要な制約（例えば名前依存）を別のレジスタを使うことで避ける。
- 余分なテストと分岐命令を除去し、ループの終了と繰り返しコードを調整する。
- 依存がないことを確かめ、展開されたループ中のロード命令と

ストア命令を交換できるか判断する。

- 元のコードと同じ結果を得るのに必要なすべての依存を維持しながら、コードをスケジューリングする。

これらの変換に基本的に求められることは、ある命令がもう１つの命令にどのように依存しているか、そして依存を維持しながらどのように命令を変換したり置き換えたりできるかということに対する理解である。

次の３つの違ったタイプの制約がループアンローリングから得られる儲けを制限する。すなわち、(1) 展開によって得られるオーバーヘッド削減効果が減っていくこと、(2) コードサイズによる制約、(3) コンパイラによる制約である。最初に、オーバーヘッドの問題を考えよう。ループを４回展開することで、ストールサイクルなしでループをスケジューリングするのに十分な命令レベル並列性が抽出された。実際に、14クロックサイクルの中の２クロックサイクルだけがループのオーバーヘッドである。すなわち、インデックスの値を維持するaddiおよびループを終了するbneの２命令である。ループを８回展開しても、オーバーヘッドは、繰り返し当たり1/2だったのが、繰り返し当たり1/4に減少するに過ぎない。

２番目の制約は、展開によって生じるコードサイズの増大である。コードサイズの増大によって命令キャッシュのミス率が増加するため、多くの命令を含むループで特に問題となる。

多くの場合、コードサイズよりも重要な別の要因は、積極的な展開とスケジューリングによって起こる潜在的なレジスタ不足の可能性である。**レジスタプレッシャー**（register pressure）と呼ばれるこの副次的な効果は、大きなコードのかたまりを命令スケジューリングする場合に生じる。このため、積極的な命令スケジューリングの後に、実際の値をすべてレジスタに割り付けることが難しくなるかもしれない。変換されたコードは理論上高速だが、レジスタ不足によりその利点のうちのいくらか、あるいはすべてが失われる恐れがある。ループを展開しない場合には、積極的なスケジューリングは分岐によって制限されるので、レジスタプレッシャーはほとんど問題とならない。しかしながら、ループアンローリングと積極的なスケジューリングを組み合わせることで、レジスタプレッシャーが起きてしまう場合がある。この問題は複数命令発行プロセッサでは特に解決すべき課題である。このようなプロセッサでは、オーバーラップが可能な、依存しない命令列がもっとたくさん必要になるからである。一般に、洗練された高水準変換を用いると、具体的なコード生成の前に、改善の可能性を測るのが難しくなる。このために、最先端のコンパイラはとても複雑なものになっている。

ループアンローリングは、単純だが役に立つ方法であり、うまくスケジューリングできる直線的なコード列のサイズを大きくする。

この変換は、これまでに見てきた単純なパイプラインのプロセッサから、後の節で見る複数命令発行のスーパースカラやVLIWまでのさまざまなプロセッサで有効である。

3.3 進んだ分岐予測による分岐コストの削減

分岐命令は、制御依存を維持するための分岐ハザードとストールのために、パイプライン性能を低下させる。分岐ハザードを減らす１つの手法はループアンローリングであるが、分岐の振る舞いを予測することでも性能低下を軽減できる。付録Cで、コンパイル時の情報を用いるものや、分岐個別の振る舞いを観測する単純な**分岐予測**を紹介する。実行中の命令数が増えていくと、精度の高い分岐予測の重要性が増す。この節では、動的な予測の精度を向上させる手法を見ていこう。

3.3.1 相関を利用する分岐予測

２ビット予測法は、ある分岐の将来の振る舞いを予測するためにその分岐の最近の振る舞いだけを使用する。予測しようとする分岐だけではなく他の分岐の最近の振る舞いを見れば、予測精度を向上できるかもしれない。eqntottベンチマークの小さなコード片を検討しよう。これは、初期のSPECベンチマークの１つで、とりわけ分岐予測の成績が悪いものである。

```
if (aa==2)
        aa=0;
if (bb==2)
        bb=0;
if (aa!=bb) {
```

このコードから生成される典型的なRISC-Vコードを示す。ここでは、変数aaとbbは、それぞれレジスタx1およびx2に割り当てられているものとする。

```
     addi x3,x1,-2
     bnez x3,L1       // 分岐b1 (aa != 2)
     add  x1,x0,x0    // aa = 0
L1:  addi x3,x2,-2
     bnez x3,L2       // 分岐b2 (bb != 2)
     add  x2,x0,x0    // bb = 0
L2:  sub  x3,x1,x2    // x3 = aa-bb
     beqz x3,L3       // 分岐b3 (aa == bb)
```

これらの分岐にb1、b2およびb3というラベルを付ける。重要な点は、分岐b3の振る舞いが分岐b1とb2の振る舞いに関連していることである。明らかに、分岐b1およびb2が両方とも不成立の場合（つまり条件が真と評価され、aaおよびbbに０が代入される）、aaとbbは等しいので分岐b3は成立となる。単一の分岐命令の振る舞いだけを使用する予測方式では、このような分岐の振る舞いを捉えられない。

他の分岐の振る舞いを利用する分岐予測は、**相関を利用する予測**（correlating predictor）あるいは**２レベル予測**（two-level predictor）と呼ばれる。実際には相関を利用する分岐は、与えられた分岐を予測するために、ごく最近の分岐の振る舞いについての情報を付け加える。例えば、(1, 2)予測器は、ある特定の分岐を予測する際に、最後に実行した分岐の振る舞いを利用して２ビットの分岐予測器を選択する。一般に、(m, n)予測器は、最近のm件の分岐の振る舞いを利用して、単一の分岐のためのnビット予測からの2^m個のエントリから１つを選択する。相関を利用する分岐予測の利点は、

2 ビット予測法より高い予測精度を達成しながら、追加ハードウェア量が非常に少ないことである。

次に見るように、2 レベル予測のハードウェア構成はシンプルである。最近の m 件の分岐のグローバルな履歴が m ビットのシフトレジスタに記録される。各ビットはそれぞれの分岐の成立あるいは不成立を記憶している。m ビットのグローバル履歴と分岐命令のアドレスの下位ビットを連結したものをインデックスとして分岐予測バッファを参照する。例えば、合計で 64 エントリを備えた(2, 2)予測器の場合には、最近実行された 2 つの分岐の振る舞いを表す 2 ビットと、分岐命令アドレスの下位 4 ビットをくっ付けて 6 ビットのインデックスを生成し、それを用いて 64 個のエントリから 1 つを選択する。

2 ビット予測法と比較して、相関を利用する分岐予測の予測精度はどれくらい向上するだろうか。これを公平に比較するためには、同じビット数（同じ量のハードウェア）を用いる予測器の間で比較しなければならない。(m, n)予測器のビット数は次のように計算できる。

$2^m \times n \times$ 分岐アドレスで選択する予測のエントリ数

グローバル履歴を用いない 2 ビット予測法は (0, 2) 予測器であるといえる。

例題3.4

4K エントリを備える(0, 2)予測器のビット数はどのくらいか。同数のビットを備える(2, 2)予測器のエントリ数はいくつか。

解答

4K エントリを備える分岐予測のビット数は次のように計算できる。

$2^0 \times 2 \times 4K = 8K$ ビット

合計 8K ビットの予測バッファを持つ(2, 2)予測器において、分岐アドレスによって選択されるエントリ数は、次の通り。

$2^2 \times 2 \times$分岐アドレスによって選択される予測のエントリ数 $= 8K$

したがって、分岐アドレスによって選択される予測のエントリ数は 1K となる。

図 3.3 は、上記例題で扱った 4K エントリの(0, 2)予測器と、1K エントリの(2, 2)予測器の予測ミス率との比較である。このグラフから分かるように、相関を利用する予測は、同じハードウェア量の記憶ビットを備える簡単な 2 ビット予測法より精度が高い。さらに、無限エントリを備える 2 ビット予測法よりも高い精度を示すことが多い。

相関予測器の最もよく知られた例は、McFarling の gshare 予測器であろう。gshare では索引は、分岐アドレスと最近の結果の組み合わせで構成される。これには、排他的論理和を使い、本質的に分岐アドレスと分岐履歴のハッシュとして働く。ハッシュされた結果は、図 3.4 に示す予測用 2bit カウンタの配列に対する索引として使われる。gshare 予測器は単純な予測器にしては驚くほどうまく働く。このため、もっと手の込んだ予測器との比較相手として使われる。ローカル分岐情報とグローバル分岐情報を組み合わせた分岐はアロイ（合金）予測器あるいはハイブリッド予測器とも呼ばれる。

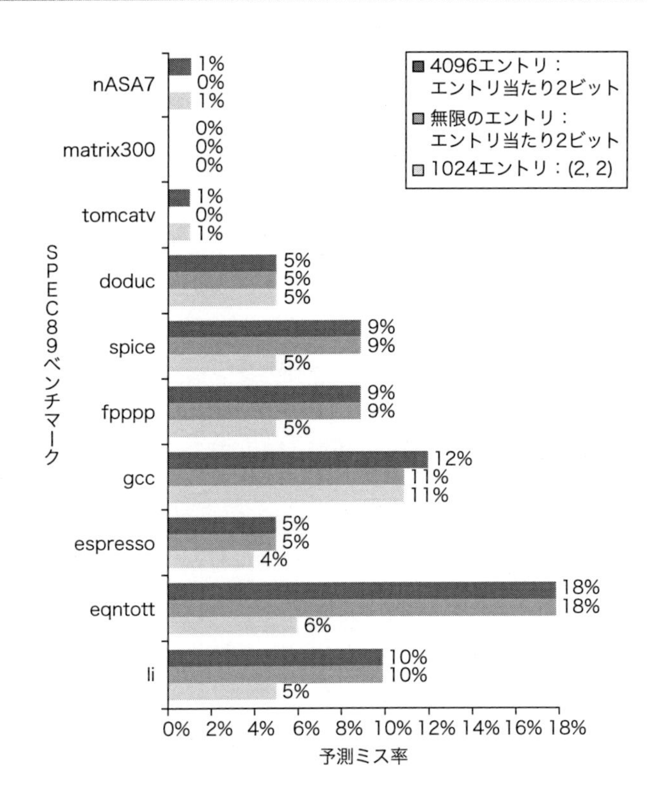

図 3.3　2 ビットの予測法の比較

4096 ビットの 2 ビット予測法（相関を利用しない）、エントリ数を無限とした 2 ビット予測法、2 ビットのグローバル履歴を用いて相関を利用する 1024 エントリの 2 ビット予測法の予測ミス率。このデータは SPEC ベンチマークの古いバージョンを利用しているが、最近の SPEC ベンチマークでもミス率は同様の傾向となるだろう。

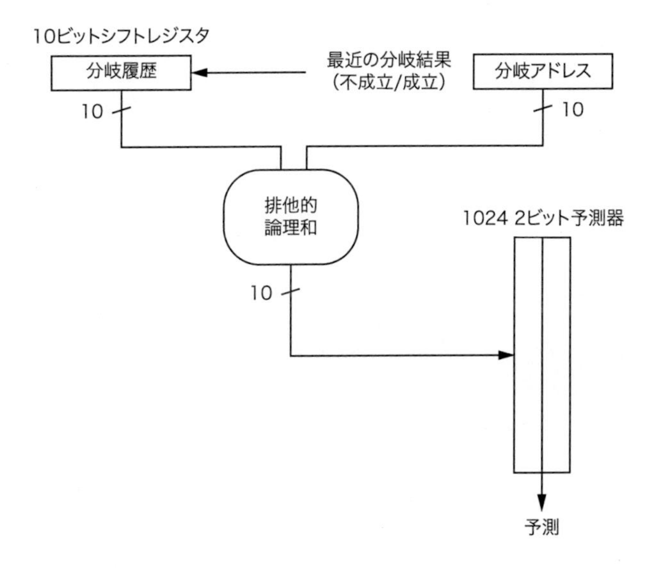

図 3.4　gshare 予測器。1024 エントリを持ちそれぞれは標準的な 2bit 予測器である

3.3.2 トーナメント予測：ローカル予測とグローバル予測を適切に組み合わせる方式

相関分岐予測を導入する主な理由は、ローカル情報のみを用いた標準2bit予測器が、重要な分岐の予測に失敗したことに基づいている。グローバルな履歴を付け加えることで、この状況を改善することができる。**トーナメント予測**は、さらなる発展形であり、グローバルあるいはローカルな予測器をそれぞれ用意し、図3.5に示すように選択回路により切り替える。**グローバル予測器**は、最近の分岐の履歴を索引として用い、**ローカル予測器**は、分岐のアドレスを索引として用いる。トーナメント予測器は、ハイブリッドあるいはアロイ（合金）予測器のもう1つの実装形である。

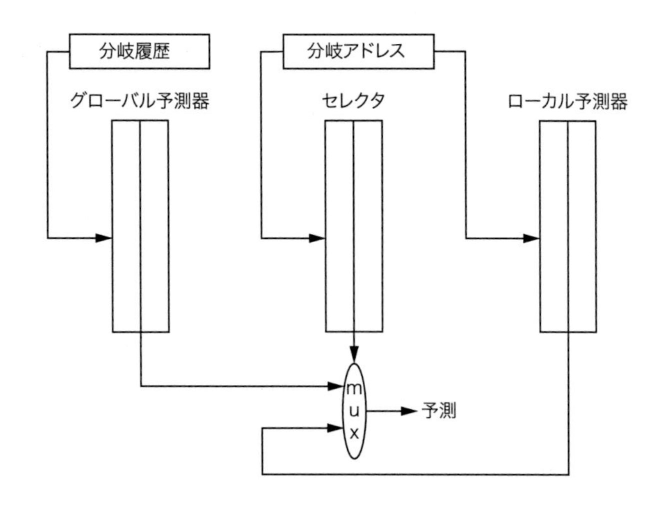

図3.5 トーナメント予測器。2bit選択カウンタを分岐アドレスの索引に使い、ローカルとグローバル予測器間の選択を行う

この場合、選択テーブルに対する索引は、現在の分岐アドレスである。2つのテーブルは2bit予測器であり、それぞれの索引にはグローバル履歴と分岐アドレスを使う。セレクタは2bit予測器のように振る舞い、ある分岐命令のアドレスに対して、2回分岐ミスが起きたら、利用する予測器を変更する。セレクタテーブルとローカル予測器の索引に用いる分岐命令のアドレスのbit数は、グローバル分岐テーブルを索引するグローバル分岐履歴の長さと等しい。分岐ミス時は、セレクタテーブルと、グローバルかローカルのどちらかの予測器を同時に変更する必要があるため、やっかいである点に注意。

トーナメント予測器は、中程度のハードウェア量（8K-32K）で高い精度を達成し、予測器のbit数が非常に大きい場合にも効果的である。現在使われているトーナメント予測器は、分岐毎に2bitの飽和カウンタを持ち、2つの違った予測（ローカル情報を用いたもの、グローバル情報を用いたもの、これらを時間的に変化させる混合型）から、最近の予測で最も効果的であったものを選ぶ。単純な2bit予測器同様、飽和カウンタは2つのミスが連続して起きると、予測器の選択を変更する。

トーナメント予測器の利点は、特定の分岐毎に正しい予測器を選択できる点にある。これは、特に整数ベンチマークで重要だ。典型的なトーナメント予測器は、SPECの整数ベンチマークでは、グローバル予測をおよそ40%の時間用いるが、SPEC FPベンチマークでは15%を下回る。トーナメント予測器の技術を確立したAlphaプロセッサに加え、AMDプロセッサの中のいくつかは、トーナメントタイプの予測器を使っている。

図3.6は、ローカルの2ビット予測法、相関を利用する予測、トー

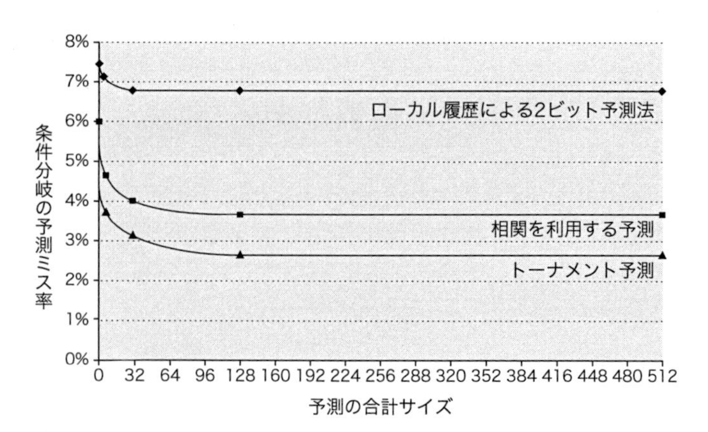

図3.6 ビットの総数を増加させた時のSPEC89における3つの異なる予測のミス率

予測は、ローカル履歴による2ビット予測法、相関を利用する予測（グラフの各ポイントでグローバル情報とローカル情報の割合が最適になるように設定した）およびトーナメント予測である。このデータではSPECの古いバージョンを利用している。最近のSPECベンチマークにおいても同様の振る舞いを示すだろうが、ミス率が一定値に達するために必要な分岐予測器のサイズは少し多くなるだろう。

ナメント予測の3種類の予測精度を示す。ここではビット数を変化させて測定している。ベンチマークとしてはSPEC89を用いている。先に見てきたようにローカル予測の精度はハードウェア量で飽和し、それ以上増加させても改善しない。ローカルの2ビット予測法と比較して、相関を利用する予測は著しい改善を示す。また、トーナメント予測はさらに少しだけ良い精度を達成する。SPECの最近のバージョンを用いても結果は同様になるだろう。しかし、ミス率が一定値に達するのに必要な分岐予測器のサイズは少し大きくなるだろう。

ローカル予測器は2レベル予測器である。トップレベルのローカル履歴テーブルは、10bitのエントリを1024個持ち、それぞれの10bitは、最近の10個の分岐の結果に対応する。すなわち、一連の流れで分岐が10回以上成立すると、ローカル履歴テーブルはすべて1になる。分岐が互い違いに成立したりしなかったりすると、エントリは1と0が交互に現れることになる。この10ビットの履歴により、10個までの分岐のパターンを見つけて予測することができる。ローカル履歴テーブルの選択されたエントリは、3bitの飽和カウンタから構成される1Kエントリのテーブルの索引として使われる。この3bit飽和カウンタがローカル予測に使われる。この組み合わせは、総計29Kbitを要するが、分岐予測精度は高い。同じ予測精度の単一レベルテーブルに比べると、ビット要求量が小さい。

3.3.3 TAGE（タグ付きハイブリッド予測器）

2017年現在、最も性能の良い分岐予測器は、予測が、現在の分岐と関連しそうかどうかを追跡する複数の予測器の組み合わせから構成されている。予測器の重要なクラスの1つは、直接的ではないが、**PPM**（Prediction by Partial Mapping）と呼ばれる統計圧縮手法に基づいている。分岐予測アルゴリズム同様、PPMは履歴に基づき、将来の振る舞いを予想しようと試みる[Jiménes and Lin, 2001]。この分岐予測のクラスを、我々は**TAGE**（TAgged GEometric predictor、***タグ付きハイブリッド予測器***）と呼ぶ[Seznec and Michaud, 2006]。この方法は違った長さの履歴で索引される一連のグローバル予測器を装備する。

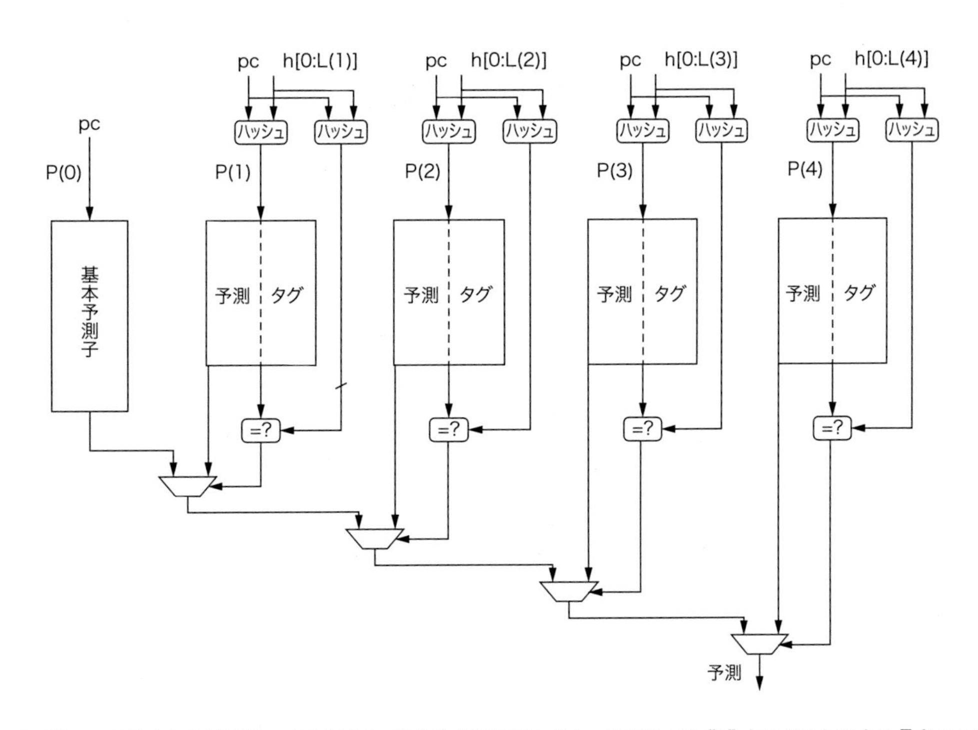

図 3.7 5 段構成の TAGE は 5 つの独立した予測テーブルを持ち、分岐命令のアドレスと、この図では "h" とラベルしてある長さ 0-4 の最近の分岐履歴のセグメントによって索引される

ハッシュは、単純化して gshare と同じく排他的論理和にすることができる。それぞれの予測器は 2bit（あるいは 3bit かも）の予測器である。タグは、多くの場合 4-8bit である。選択された予測は、タグが一致した最も長い履歴を持つものになる。

例えば、図 3.7 に示すように、5 つの部分から成る TAGE は、5 つの予測テーブル P(0)、P(1)、…、P(4)を持っており、P(*i*)は、PC と最近の *i* 個の分岐（シフトレジスタ h に保存されている）でハッシュを使ってアクセスされる。複数の履歴長を使って個別の予測器を索引するのが第一の重要な違いである。2 番目の重要な違いは、テーブル P(1)から P(4)中のタグの利用である。タグは 100%一致することが要求されないので短くて良い。4〜8bit の小さいタグでもほとんどの利点を享受できることが明らかになっている。P(1)、…、P(4)による予測は、タグが分岐アドレスとグローバル分岐履歴のハッシュと照合した場合のみ用いられる。予測器 P(0...*n*)のそれぞれは標準 2bit 予測器でも良い。実際は、3 回予測に失敗すると予測を変える 3bit カウンタの方が 2bit カウンタより若干良い結果になる。

与えられた分岐に対する予測は、一致した最長の分岐履歴に対応する予測器によるものを使う。P(0)は常に一致する。これは、タグを持たず、P(1)から P(*n*)までが一致しない場合の予測器として使うためである。この予測器のタグ付きハイブリッド版は履歴で索引する予測器として 2bit の利用フィールドを持っている。この利用フィールドは、予測が最近使われたこと、このためより正確である可能性が高いことを示し、定期的にすべてのエントリでリセットすることで、古い予測を消去する。詳細については、この予測器の実装方法、特にミスをどのように取り扱うかにより関係する。予測器の数、索引に用いる履歴、それぞれの予測器のサイズがすべて変化し得るため、最適な予測器の探索空間は非常に大きい。

TAGE と、初期の PPM に基づく予測器は毎年行われる分岐予測国際大会の最近の優勝者となっている。この種の予測器は、gshare とトーナメント予測器を、中規模のメモリ利用量（32〜64KiB）で、上回り、加えて、大きな予測キャッシュを有効に使って予測精度を上げるために利用できるようだ。

大規模な予測器についてのもう 1 つの問題は予測器をどのように初期化するかである。ランダムに初期化することも可能だが、いずれの場合でも、役に立つ予測で予測器を埋めるために最近の予測器の多くでもかなりの時間が掛かってしまう。いくつかの予測器は（最近の予測器の多くのでも）、有効 bit を持っていて、予測器のエントリがセットされているのか「利用されていない状態」なのかを示す。後者の初期化に使う方法では、ランダムな予測を使うよりも、予測エントリを初期化に使う方法を使った方が良いようだ。例えば、ある命令セットは、関連する分岐が成立すると期待されるか、成立しないと期待されるかを保持することができる。動的分岐予測以前では、このようなヒント bit はそれ自体が「予測」であったが、今は、予測初期値になっている。分岐の方向を基に予測初期値を設定することもできる。すなわち、前方分岐は通常は不成立で初期化し、後方分岐は、ループ形成用の分岐と考えられれば、成立すると初期化する。実行時間が短く、予測器が大きいプロセッサでは、初期値設定は、予測性能に測定可能な程度の影響を与える。

図 3.8 は、TAGE の性能が、gshare を大きく上回っていることを示している。SPECint などの予測可能なプログラムやサーバアプリケーションでこの差は大きくなる。この図では、性能は、千個当たりの予測ミスの形で示している。分岐の頻度が 20〜25%とすると、gshare の予測ミス率（分岐当たり）はマルチメディアのベンチマークで 2.7〜3.4%である。一方で、TAGE は 1.8〜2.2%の予測ミス率となり、およそ 3 分の 1 となる。gshare と比較して、TAGE は、実装が難しく、たぶん、複数のタグをチェックし、予測結果を選択するため、若干遅くなる。それにも関わらず、分岐予測のペナルティが大きいパイプラインの段数が多いプロセッサでは、精度向上の利点はこの欠点を上回る。このため、高性能のプロセッサでは、多くの

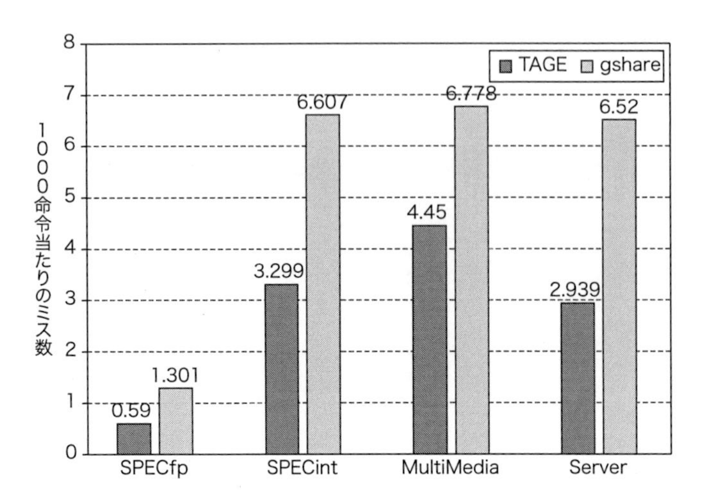

図 3.8　TAGE 対 gshare の予測ミス率（1000 命令実行当たりのミス率で測っている）

両方の予測は、全体として同じビット数を使っているが、TAGE は、タグのための記憶領域を使っているのに対して、gshare はタグを持っていない。ベンチマークは SPECfp、SPECint、マルチメディアとサーバのベンチマークのトレースを含んでいる。後者 2 つは、SPECint に似た振る舞いをする。

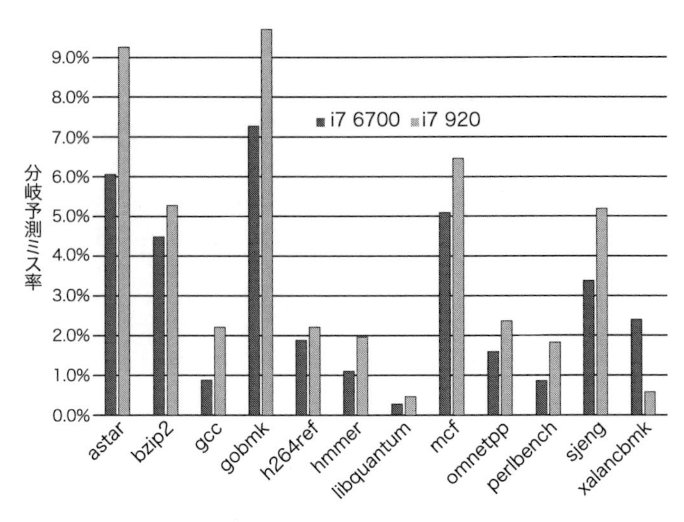

図 3.9　Intel Core i7 920 と 6700 の整数 SPECCPU2006 ベンチマーク実行時の予測ミス率

予測ミス率は、すべての終了した分岐に対する予測ミスした分岐の割合を計算したもの。これは、予測ミス率を過小評価する可能性がある。分岐は予測ミスし、新たな分岐の予測ミス（実行されるはずではなかったもの）を生じる可能性があり、これがすべて 1 つの予測ミスとして数えられてしまうからだ。平均すると、i7 920 の予測ミスは、i7 6700 の 1.3 倍頻繁に生じる。

設計者は、新しい実装では TAGE を選ぶ傾向にある。

3.3.4　Intel Core i7分岐予測の進歩

先の章に述べたように、2008 年（Nehalem マイクロアーキテクチャを用いた Core i7 920）から 2016 年（Skylake マイクロアーキテクチャを用いた Core i7 6700）まで、Intel Core i7 には、6 世代がある。多数のステージを持つパイプライン構成と、クロック当たりの複数命令発行により、i7 は一度に実行途中となる命令が多い（最大 250 で通常は 30 以内）。これにより分岐予測は重要になり、Intel が定常的に改善を行っている分野になっている。分岐予測器の性能の重要性によるものか、Intel はその分岐予測器の詳細を高度な秘密としている。2008 年の Core i7 920 などの古いプロセッサでも、限られた量の情報しか開示されていない。この節では、既知の部分を簡単に記述し、Core i7 920 の分岐予測器諸性能と、最新の Core i7 6700 の分岐予測器の性能を比較する。

Core i7 920 は、小さい 1 次レベル予測器として、すべてのクロックサイクルで予測が可能なように、2 レベル予測器を使っており、より大きな 2 次レベル予測器をバックアップに使っている。それぞれの予測器は、3 つの違った予測を混ぜている。(1) 付録 C（先のトーナメント予測器の中で）で紹介する単純な 2bit 予測器、(2) 直前に紹介したグローバル履歴予測器、(3) ループ終了予測器。ループ終了予測器は、ループのためと判定された分岐が成立する数（つまりループの反復数）をずばり予測する。それぞれの分岐で、トーナメント予測器同様、それぞれの予測の精度を追跡して最善の予測が選ばれる。このマルチレベルの主な予測器に加え、独立のユニットが間接分岐の飛び先アドレスを予測する。戻り番地を予測するスタックも使われる。

最新の i7 プロセッサの予測器についてはあまり知られていないが、Intel は TAGE を使っていると信ずべき理由がある。この種の予測器の 1 つの利点は、初期の i7 のすべての 2 次レベルの予測の機能を併せ持っていることだ。違った履歴長を持つ TAGE は、ループ終了予測器、ローカル、グローバル履歴予測器の機能を併せ持つ。独立した戻り番地予測器は、従来通り使われている。

他の場合と同様、投機は、予測器を評価する場合にいくらか問題となる。予測ミスにより、他の分岐をフェッチし、これが分岐ミスを生じることが簡単に起きる可能性があるからだ。これを単純なものにするため、ミス率を、実行されて完了された分岐数（投機ミスの結果ではなく）に対するパーセンテージとして見て行くことにしよう。図 3.9 に SPEC-PUint2006 ベンチマークの結果を示す。このベンチマークは、SPEC89 や SPEC2000 より相当大きい。結果によると、予測ミス率は、より強力な予測器の組み合わせを使っていても、図 3.6 よりも大きくなっている。分岐予測ミスは、効率の悪い投機実行を招くので、無駄な仕事をすることになる。これについてはこの章の後半で見て行こう。

3.4　動的スケジューリングによるデータハザードの克服

単純に静的にスケジューリングされたパイプラインは、すでにパイプラインに投入されている命令とフェッチした命令との間に、バイパス処理やフォワーディングで隠蔽できないデータ依存が存在しない限り、フェッチと発行を続けることができる（フォワーディングロジックは、特定の依存がハザードを引き起こさないように、実質的なパイプラインのレイテンシを短縮する）。隠蔽できないデータ依存がある場合、ハザード検出のハードウェアは、その計算結果を利用する命令の開始時にパイプラインをストールさせ、依存が解消されるまで新しい命令のフェッチと発行を止めておく。

この節では、データフローおよび例外の振る舞いを維持しながらストールを削減するための**動的スケジューリング**（dynamic scheduling）を見ていく。これは、ハードウェアによって命令実行の順番を入れ替える方式である。動的スケジューリングには、次のような利点がある。

1. あるパイプラインのためにコンパイルされたコードを、別のパイプラインでも効率的に実行できる。これにより、異なるマイクロアーキテクチャ向けに、再コンパイルしたり、複数のバイナリを用意する必要がなくなる。今日の計算機環境では、多くのソフトウェアがサードパーティから提供されたりバイナリとして配布されるので、この利点は重要である。
2. 依存がコンパイル時に分からない場合にも対応できる。例えばメモリ参照を含む場合、データ依存がある分岐を含む場合、さらに最新のプログラミング環境がもたらす動的リンクやディスパッチを利用する場合である。
3. 最も重要な利点は、プロセッサがキャッシュミス等の予測不能の遅延に遭遇した時に、その解決を待つ間に他のコードを実行して遅延の影響を緩和できることである。

3.6 節では、ハードウェア投機処理を検討する。この技術は動的スケジューリングをベースとして、さらに高い性能向上を達成する。これから述べるように、動的スケジューリングの利点はハードウェアが著しく増加することと引き替えに獲得される。

動的スケジューリングを用いるプロセッサはデータフローを変更するわけではないが、依存が存在する場合にストールが発生しないようにする。対照的に、コンパイラによる静的なパイプラインスケジューリング（3.2 節で述べた）は、ハザードに結び付かないように、依存する命令を引き離して、ストールを最小化しようとする。もちろん、コンパイラによるパイプラインスケジューリングを、動的スケジューリングを行うパイプラインを持つプロセッサ上で実行されるコードのために利用することもできる。

3.4.1 動的スケジューリング：その発想

単純なパイプライン処理は、**インオーダ**（in order）の命令発行と実行に制限される。すなわち、命令はプログラム順序にしたがって発行され、命令がパイプラインの中でストールした場合は後続の命令を進めることができない。したがって、パイプライン中の近くに配置された 2 命令間に依存があれば、ハザードを引き起こしてストールする。複数の機能ユニットがある場合、これらのユニットはアイドル状態となるかもしれない。パイプラインで長いサイクルをかけて実行されている命令iに命令jが依存する場合、命令iが終了して命令jが実行できるようになるまで命令jの後続の命令はすべてストールする。例えば、次のコードを考える。

```
fdiv.d   f0,f2,f4
fadd.d   f10,f0,f8
fsub.d   f12,f8,f14
```

fdiv.dとfadd.dとの依存でパイプラインがストールするので、fsub.dは実行できない。しかし、fsub.dはパイプラインのどの命令にもデータ依存していない。このハザードは性能を制限するが、プログラム順序にしたがって命令を実行するという制約を取り除けば、この制限を解消できる。

典型的な 5 段ステージのパイプラインでは、命令デコード（ID）において構造ハザードと命令の間のデータハザードの両方をチェックできる。ハザードがなく命令を実行できる場合には、それはデータハザードがすべて解決されたと判断して ID ステージから発行される。

上記の例におけるfsub.dの実行開始を可能にするために、発行の処理を 2 つの部分に分ける必要がある。すなわち、構造ハザードを検出する部分と、データハザードの解消を待つ部分である。ここでもインオーダの命令発行（命令はプログラム順序で発行）を採用しよう。しかし、データオペランドが利用可能となり次第、命令の実行を開始したい。そのようなパイプラインを**アウトオブオーダ実行**（out-of-order execution）を行うという。これには、**アウトオブオーダ完了**（out-of-order completion）が含まれる。

アウトオブオーダ実行は、WAR ハザードと WAW ハザードを引き起こす可能性がある。これらは、5 ステージの整数パイプラインおよび、その拡張であるインオーダの浮動小数点パイプラインには存在しない。次の浮動小数点の RISC-V コードを考える。

```
fdiv.d  f0,f2,f4
fmul.d  f6,f0,f8
fadd.d  f0,f10,f14
```

fmul.dとfadd.dの間に（レジスタf0に対して）逆依存がある。もし、パイプラインがfmul.d前にfadd.d（fdiv.dの実行を待っている）を実行すれば、WAR ハザードを引き起こして、逆依存に違反する。同様に、fdiv.dが終わる前にfadd.dを実行しf0レジスタへの書き込むことで生じる出力依存を避けるには、WAW ハザードを扱わなければならない。後に述べるように、これらのハザードはレジスタリネーミングによって解消される。

アウトオブオーダ完了は、例外を扱う際にさらなる困難を引き起こす。アウトオブオーダ完了を備えた動的スケジューリングは、例外の振る舞いについて、プログラムが厳密にプログラム順序で実行されるとして、発生する例外を正確に維持しなければならない。動的スケジューリングのプロセッサは、ある命令が次に完了すると判明するまで、それに関連した例外の通知を遅らせることで、例外の振る舞いを維持する。

動的スケジューリングされたプロセッサでは、例外で起きる振る舞いは維持しなければならないが、例外自体は不正確になるかもしれない。例外が「不正確」というのは、例外が発生した時に、プロセッサの状態があたかも命令が厳密にプログラム順序で実行された場合に起きる状態とはならない場合を言う。不正確な例外は、次の 2 つの可能性によって生じる。

1. パイプラインは、プログラム順序において例外を引き起こす命令より後続のいくつかの命令を完了している。
2. パイプラインは、プログラム順序において例外を引き起こす命令より先行する命令をまだ完了していない。

不正確な例外によって、例外処理の後の実行再開が困難になる。この節ではこれらの問題には取り組まず、3.6 節で示す投機処理を用いて、プロセッサ内において正確な例外処理を提供する解決策について議論する。浮動小数点の例外については、付録 J で議論するように、他の解決策が用いられる。

アウトオブオーダ実行を可能にするために、単純な 5 段ステージのパイプラインの ID ステージを次の 2 つのステージに分割する。

1. **発行**（issue）：命令をデコードし、構造ハザードをチェックする。
2. **オペランド読み出し**：データハザードが解消するまで待ち、次に、オペランドを読み出す。

命令フェッチステージは発行ステージに先立ち、命令レジスタもしくは待機中の命令を格納するキューのどちらかにフェッチした命令を投入する。その後、命令はレジスタかキューから発行される。実行ステージは5段ステージのパイプラインと同じく、オペランド読み出しのステージの次に続く。命令によっては複数の実行サイクルを要することもある。

命令が**実行を開始**する時点と、**実行を完了**する時点を区別する。そして実行の開始から完了までの間、命令は**実行中**であるという。ここでのパイプラインは、複数の命令を同時に実行できるようにしているが、このようにしないと動的スケジューリングの利点の多くが失われてしまう。複数の命令を同時に実行可能とするためには、複数の機能ユニット、パイプライン化された機能ユニット、あるいはその両方を必要とする。複数の機能ユニットもパイプライン化された機能ユニットも、パイプライン処理において本質的に等価なので、ここではプロセッサが複数の機能ユニットを持っているとする。

動的スケジューリングのパイプラインでも、すべての命令はプログラム順序にしたがって発行ステージを進んでいく（インオーダ発行）。しかしながら、2番目のステージ（オペランド読み出しステージ）で、命令はストールしたり他の命令をバイパスできるため、アウトオブオーダで実行ステージに入ることができる。資源を十分に利用でき、データ依存がない場合に、命令をアウトオブオーダで実行できるようにする方法の1つが**スコアボード**（Scoreboarding）で、これを採用したシステムであるCDC6600のスコアボードにちなんで命名された。ここでは、より高度な**Tomasuloアルゴリズム**に注目する。主な相違は、Tomasuloアルゴリズムがレジスタを動的にリネーミングすることで逆依存や出力依存をうまく解消できることである。加えて、Tomasuloアルゴリズムは**投機処理**を扱うように拡張できる。投機処理は、分岐結果を予測することで制御依存の影響を緩和する手法である。予測された命令列を実行し、もし予測が間違っていた場合には、修正するための処理が実施される。スコアボードは、ARM A53のような2命令発行のスーパースカラでは十分かもしれないが、4命令発行のIntel i7のような高性能プロセッサには投機的実行が必要であろう。

3.4.2 Tomasuloのアプローチを用いる動的スケジューリング

IBM 360/91の浮動小数点ユニットは、アウトオブオーダ実行を可能にする洗練された方式を用いていた。Robert Tomasuloが発明したこの手法では、命令が必要とするオペランドがいつ利用できるかを探知し、RAWハザードを最少にする。また、ハードウェアによるレジスタリネーミングを導入してWAWハザードとWARハザードを抑える。近年のプロセッサでは、この手法のさまざまなバリエーションを採用しているが、命令の依存を探知してオペランドが利用可能になるとすぐに実行を開始することと、レジスタをリネーミングしてWARハザードとWAWハザードを回避するという重要な概念は共通である。

IBM社が目指したのは、ハイエンドプロセッサのための専用コンパイラではなく、すべてのIBM 360コンピュータファミリーのために設計された命令セットとコンパイラを用いて高い浮動小数点演算の性能を達成することだった。IBM 360アーキテクチャはたった4つしか倍精度浮動小数点レジスタを持たず、これが有効なコンパイラスケジューリングを阻害していた。この事実がTomasuloのアプローチの動機の1つになった。さらに、IBM 360/91はメモリアクセスのレイテンシと浮動小数点演算のレイテンシが大きく、これらを克服するためにTomasuloアルゴリズムが考案された。この節の終わりに、Tomasuloアルゴリズムがループの複数の繰り返しをオーバーラップする実行にも対応できることを述べる。

RISC-V命令セットを用い、浮動小数点ユニットとロード-ストアユニットに注目して、このアルゴリズムを説明する。RISC-VとIBM 360の主な違いは、後者のアーキテクチャにレジスタ-メモリ命令が含まれることである。Tomasuloアルゴリズムは、ロード機能ユニットを用いるため、レジスタ–メモリアドレッシングモードを付け加えるために本質的な変更は必要ない。IBM 360/91は、複数の機能ユニットではなく、パイプライン化された機能ユニットを持つ。しかし、ここでは、複数の機能ユニットがあることを前提にアルゴリズムを説明する。これらをパイプライン化することは、単に考え方を変えるだけである。

これから述べるように、命令のオペランドが利用可能になってからその命令を実行することでRAWハザードを回避する。これは、より単純なスコアボードのアプローチで提供されていることと同じである。名前依存によって生じるWARハザードとWAWハザードは**レジスタリネーミング**によって解消する。レジスタリネーミングでは、すべてのデスティネーションレジスタをリネームすることで、これらのハザードを除去する。先行する命令のリードやライトが未完了の場合もあるが、アウトオブオーダ書き込みが、先行する依存のある命令のオペランドの値に影響することはない。

レジスタリネーミングがどのようにWARとWAWハザードを除去するかを理解するため、WARハザードとWAWハザードの両方を引き起こすかもしれない次のコードを考える。

```
fdiv.d   f0,f2,f4
fadd.d   f6,f0,f8
fsd      f6,0(x1)
fsub.d   f8,f10,f14
fmul.d   f6,f10,f8
```

`fadd.d`と`fsub.d`の間、`fsd`と`fmul.d`の間に逆依存がある。また`fadd.d`と`fmul.d`の間には出力依存がある。これらは3つのハザードを生じる可能性がある。1つは`fadd.d`が`f8`を利用することから生じるWARハザード、2つ目は、`fsd`が`f6`を利用することから生じるWARハザードである。そして、3つ目は`fadd.d`が`fmul.d`よりも遅れて終了することから生じるWAWハザードである。さらに3つの真のデータ依存が、`fdiv.d`と`fadd.d`の間、`fsub.d`と`fmul.d`の間、そして`fadd.d`と`fsd`の間に存在する。

3つの名前依存はすべてレジスタリネーミングで除去できる。単純化のため、SとTという2つの一時レジスタが利用できると仮定する。SとTを利用すると、コード列は次のように名前依存がないように書き直せる。

```
fdiv.d   f0,f2,f4
fadd.d   S,f0,f8
fsd      S,0(x1)
fsub.d   T,f10,f14
fmul.d   f6,f10,T
```

加えて、後続の命令がf8を利用する場合には、それをTレジスタで置き換える必要がある。このコードセグメントにおけるリネーミングの処理はコンパイラによって静的に行える。後続のコードにおいて、f8レジスタを利用しているものをすべて見つけるためには、高度なコンパイラ解析か、ハードウェアサポートのいずれかが必要となる。なぜなら、上記のコードセグメントと後続のf8レジスタを使っている命令との間には分岐が介在するかもしれないからである。これから述べるように、Tomasulo アルゴリズムでは分岐命令をまたがって名前換えを扱うことができる。

Tomasulo の手法では、レジスタリネーミングは発行を待つ命令のオペランドを蓄える**リザベーションステーション**を用いて実現する。基本的なアイデアは、オペランドの値が得られると直ちにリザベーションステーションに格納して、オペランドをレジスタから読み出す必要性をなくすことにある。さらに、保留中の命令は、それらの入力を提供するリザベーションステーションを指定する。そして、レジスタへのいくつかの書き込みがオーバーラップする場合、最後のものだけがレジスタを更新する。命令が発行される時、保留中のオペランド用のレジスタ指示子はリザベーションステーションの名前にリネームされる。これにより、レジスタリネーミングが実現される。

実レジスタよりも多くのリザベーションステーションがあるので、この手法では、コンパイラによって除去できない名前依存によって生じるハザードも除去できる。レジスタリネーミングの議論に戻り、Tomasulo の手法の構成を調べながら、どのように名前換えが行われ、どうやって WAR ハザードと WAW ハザードを除去するかを正確に見ていこう。

集中化されたレジスタファイルではなく、リザベーションステーションを使用することで2つの重要な利点が生まれる。第1に、ハザード検出と実行制御を分散できる。各機能ユニットはリザベーションステーションに保持された情報によって、そのユニットでいつ命令実行を始めるか決めることができる。第2に、実行結果は、それが格納されているリザベーションステーションから機能ユニットへ直接渡され、レジスタを経由する必要がない。実行結果は、共通の結果バスでバイパスされ、オペランドを待つユニットすべてが同時に値を受け取る。このバスは、IBM 360/91 で**共通データバス**（CDB：common data bus）と呼ばれる。複数の実行ユニットを備えたパイプラインおよびクロック当たり複数の命令を発行するパイプラインでは、結果を流すバスが2つ以上必要である。

図3.10に、浮動小数点ユニットとロード-ストアユニットを含む Tomasulo アルゴリズムに基づくプロセッサの基本構造を示す。ここでは実行制御テーブルを省略している。リザベーションステーションはそれぞれ、発行されたが機能ユニットで実行を開始できずに待っている命令を保持し、もしオペランド値が計算されている場

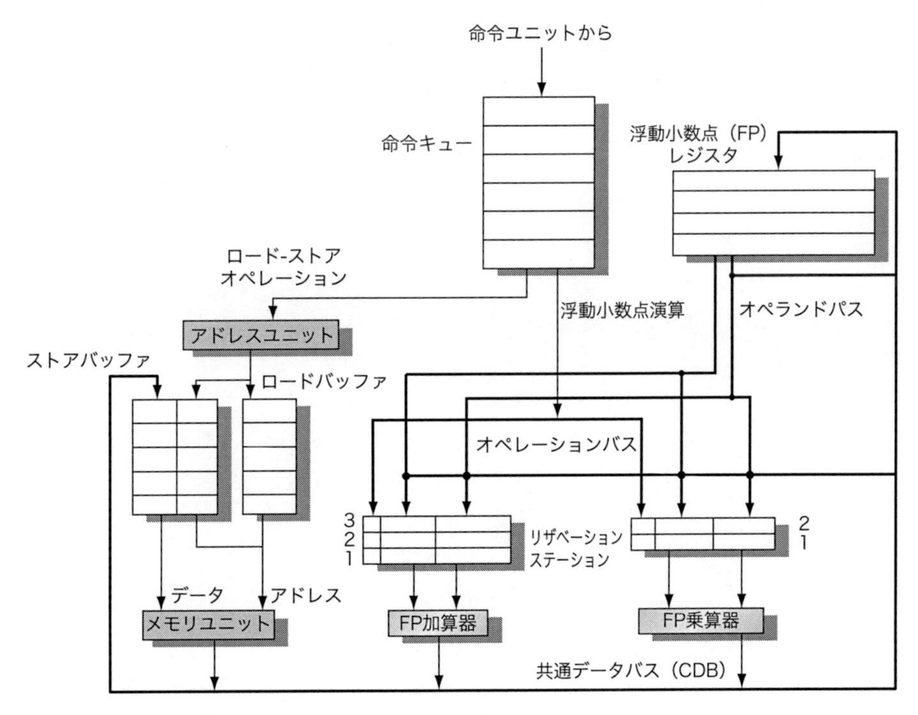

図3.10 Tomasulo アルゴリズムを利用するRISC-V の浮動小数点ユニットの基本構造

命令は命令ユニットから命令キューへ送られ、命令キューから到着した順番（FIFO）に発行される。リザベーションステーションのそれぞれのエントリはハザードの検知と解決のために用いる情報に加えて、オペレーションおよびオペランドを含んでいる。ロードバッファには3つの機能がある。(1) 計算されるまでの間、実効アドレスの要素を保持すること、(2) メモリからデータが到着するのを待っている処理中のロード命令を探知すること、そして、(3) 完了して共通データバス（CDB）の利用を待っているロードの結果を保持することである。同様に、ストアバッファには3つの機能がある。それは、(1) 計算されるまでの間、実効アドレスの要素を保持すること、(2) データ値がストアされるのを待っている処理中のストア命令の書き込み先メモリアドレスを保持すること、そして、(3) メモリユニットが利用可能になるまで格納するアドレスおよび値を保持することである。浮動小数点ユニットあるいはロードユニットのいずれかからの結果はすべて CDB を経由して、浮動小数点レジスタファイルやリザベーションステーションやストアバッファに送られる。浮動小数点加算器が加算と減算を行い、浮動小数点乗算器が乗算と除算を行う。

合には当該命令が用いるオペランド値を、そうでない場合にはオペランド値を供給するリザベーションステーションの名前を保持する。

ロードバッファとストアバッファは読み書きするデータやメモリアドレスを保持し、リザベーションステーションと同じように振る舞う。したがって、これらは必要な場合だけ区別する。浮動小数点レジスタは、機能ユニットへは2本のバスで、また、ストアバッファへは1本のバスで接続される。機能ユニットからの演算結果、およびメモリからの読み出しデータは、共通データバスを経由してロードバッファを除くすべてのユニットに送られる。リザベーションステーションは、パイプライン制御のために使用されるタグフィールドを持つ。

リザベーションステーションの構成とアルゴリズムを見る前に、命令の実行過程を説明する。この過程は3ステップからなる。それぞれのステップのクロックサイクル数は任意である。

1. **命令発行**（issue）：命令キュー（正確なデータフローを保証するために FIFO で命令を格納している）のヘッドから命令を取り出す。適切なリザベーションステーションに空きがある場合は、そこに命令を送る。レジスタにオペランド値がある場合は、その値も同時にリザベーションステーションに送る。空のリザベーションステーションがない場合は構造ハザードとなり、リザベーションステーションやバッファが解放されるまで、命令はストールする。オペランド値がレジスタにない場合は、オペランド値を生成する機能ユニットを検出する。このステップにより、レジスタの名前を変更して WAR と WAW ハザードを除去する（このステージは動的にスケジューリングされるプロセッサでは、ディスパッチと呼ばれることがある）。
2. **実行**（execute）：オペランドの1つ以上がまだ利用できない場合は、値が送られてくるのを待ちながら共通データバスを監視する。オペランドが利用可能になった時に、それを待つリザベーションステーションに格納する。すべてのオペランドが利用可能になった時に、そのオペレーションは対応する機能ユニットで実行できる。オペランドが利用可能になるまで命令の実行を遅らせることによって、RAW ハザードを回避する動的スケジュールを行うプロセッサの中には、このステップを「発行」と呼ぶものもある。しかし、ここでは、最初の動的スケジューリングのプロセッサ CDC6600 で使われた「実行」という言葉を用いる。

   同じクロックサイクルにおいて、同じ機能ユニットを利用する複数の命令が実行可能となるかもしれない点に注意しよう。同じクロックサイクルにおいて、個々の機能ユニットは異なる命令の実行を開始できるが、1つの機能ユニットに対して2つ以上の命令が実行可能であれば、ユニットはそれらの中から1つを選択しなければならない。浮動小数点のリザベーションステーションでは、この選択を任意の方式で行うことができる。しかし、ロードとストアの場合には補足が必要である。

   ロードとストアは2段階の実行過程を必要とする。第1段階では、ベースレジスタが利用可能な場合に実効アドレスを計算する。また、得られた実効アドレスをロード-ストアバッファに格納する。第2段階では、メモリユニットが利用可能になるとすぐに、ロードバッファのロード命令を実行する。一方、ストアバッファのストア命令は、メモリユニットに送られる前に、ストアすべき値を待たねばならない。ロードとストアは実効アドレス計算を通じてプログラム順序を維持する。こうして、メモリを経由するハザードに対処できるが、このことについては後に簡単に説明する。例外の振る舞いを維持するために、命令は、プログラム順序において先行する分岐がすべて完了するまで実行を始めてはいけない。この制約により、実行中に例外を引き起こす命令が確実に実行を完了することが保証される。分岐予測を利用するプロセッサ（動的スケジューリングのすべてのプロセッサが該当）では、分岐に続く命令の実行を始める前に、分岐予測が正しいことをプロセッサが知らなければならないことを意味する。プロセッサが例外の発生を覚えておき、その時点で例外を発生させない場合には、命令の実行を始めることができる。ただし、結果書き込みに入るまではストールさせなければならない。

   投機処理は例外を扱うためのより柔軟で完全な方法を提供する。この拡張については後で論ずるが、この時に投機処理がどのようにこの問題を処理するかを見ることにする。
3. **結果書き込み**（write result）：結果が利用可能になったら、CDB に結果を流し、そこからレジスタ、およびこの結果を待っているすべてのリザベーションステーション（ストアバッファを含む）に書き込む。ストアされる値およびストアするメモリのアドレスの両方が利用可能になるまで、ストア命令はストアバッファに保存され、メモリユニットが利用可能になるとすぐに結果が格納される。

リザベーションステーション、レジスタファイルおよびロード-ストアバッファには、ハザードを検知して除去するデータ構造が追加される。これらのデータ構造には、若干異なった目的のため、違った情報が保存される。ここで用いられるタグは、本質的にはリネーミングに利用される仮想レジスタの拡張セットの名前である。例におけるタグフィールドは、5つのリザベーションステーションのうちの1つ、あるいは5つのロードバッファのうちの1つを示す4ビットの識別子である。後で見ていく通り、これは結果レジスタ（IBM 360 アーキテクチャが持つ4つの倍精度小数点レジスタ）として使えるレジスタ10個分に相当する。より多くの実レジスタを備えたプロセッサでは、リネーミング用にもっと多くの仮想レジスタのセットが欲しくなるだろう。タグフィールドは、どのリザベーションステーションが、ソースオペランドとして利用する結果を生成する命令を持っているかを指定する。

ある命令が発行され、ソースオペランドを待っている間は、オペランドをリザベーションステーションの番号で指定する。その番号のリザベーションステーションには、ソースオペランドに割り当てられたレジスタに書き込みを行う命令が入っている。0などの利用していない値を用いて、オペランドがレジスタにおいてすでに利用可能であることを示す。実際のレジスタ番号より多くのリザベーションステーションがあるので、WAW と WAR のハザードはリザベーションステーション番号を利用し、結果をリネーミングして除去する。Tomasulo の手法では、拡張された仮想レジスタとしてリザベーションステーションを利用するが、他のアプローチでは追加のレジスタを持ったレジスタセットや、3.6節で紹介するリオーダバッファなどの構成が用いられる。

続いて紹介する投機処理の支援機構と同じく、Tomasuloの手法ではバス（CDB）を用いて結果がブロードキャストされ、リザベーションステーションはそれを監視する。共通の結果バスと、バスを流れる結果をリザベーションステーションが取り込む機構の組み合わせにより、静的にスケジューリングされたパイプラインの中で用いるフォワーディングおよびバイパス機構を実現している。しかし、このような構成にしたために、動的スケジュール手法の中には、ソースと結果の間に1クロックサイクルのレイテンシが入ってしまうものもある。これは、結果の照合とその利用は、結果の書き込みステージにおいてのみ可能であるからだ。したがって、このような動的スケジューリングのパイプラインでは、値を生成する命令からその値を必要とする命令までの、実質的なレイテンシは、機能ユニットが結果を生成するレイテンシよりも1サイクル長くなる。

Tomasuloの手法では、タグが指すのは、結果を生成するバッファあるいはユニットであることに注意しよう。リザベーションステーションへ命令が発行される時に、レジスタ名は破棄される。（これが、Tomasuloの手法とスコアボードとの重要な違いである。スコアボードでは、オペランドはレジスタに留まり、オペランドを生成した命令が完了した後に、レジスタから読み出される。そして、その値を用いる命令が実行可能になる）。

リザベーションステーションは7つのフィールドからなる。

- **Op**：ソースオペランドS1とS2に対して行うオペレーション。
- **Qj、Qk**：対応するソースオペランド値を生成するリザベーションステーションの番号。値が0の場合は、ソースオペランドがVjまたはVkとしてすでに利用可能であるか、不必要であることを示す。
- **Vj、Vk**：ソースオペランドの値。各オペランドについて、VフィールドあるいはQフィールドのどちらかが常に有効となる。ロード命令では、Vkフィールドはオフセットフィールドを保持するために利用される。
- **A**：ロードあるいはストア命令がメモリアドレス計算の情報を保持するのに利用する。最初に、命令の即値のフィールドがここに格納される。アドレス計算の後に実効アドレスが格納される。
- **Busy**：当該リザベーションステーション、および、対応する機能ユニットが占有されていることを示す。

レジスタファイルの各エントリはQiフィールドを備える。

- **Qi**：その実行結果をレジスタへ格納する操作を含んでいるリザベーションステーションの番号。Qiの値がブランク（すなわち0）の場合は、現在、このレジスタに格納すべき結果を計算する命令が実行中でない。このため、このレジスタに格納されている内容がその値となる。

ロード-ストアバッファのそれぞれのエントリには、実行の第1ステップが完了したあとに実効アドレスの結果を保持するフィールドAがある。

次節では、まず、いくつかの例を用いてこれらの機構がどのように動作するかを述べ、その上でアルゴリズムの詳細を検討する。

3.5 動的スケジューリング：例題とアルゴリズム

Tomasuloアルゴリズムを詳しく検討する前に、アルゴリズムの説明に役立ついくつかの例を見ていこう。

例題3.5

最初のロードだけが完了してその結果が書き戻されている時、次の命令列に対する状態テーブルはどのようになっているだろうか。

```
1.    fld       f6,32(x2)
2.    fld       f2,44(x3)
3.    fmul.d    f0,f2,f4
4.    fsub.d    f8,f2,f6
5.    fdiv.d    f10,f0,f6
6.    fadd.d    f6,f8,f2
```

解答

図3.11に、3つのテーブルの結果を示す。Add、Mult、Loadという名前の後に付加された数字は、そのリザベーションステーションのタグである。例えば、Add1は最初の加算ユニットの結果のためのタグである。さらに、命令の状態を表すテーブルも示す。このテーブルはアルゴリズムの理解を助けるために示しているだけで、実際のハードウェアの一部ではない。代わりに、リザベーションステーションが、発行された各演算の状態を保存する。

Tomasuloの手法は、早い時期に開発された単純な方法に比べて次の2つの利点を持つ。

1. ハザード検出ロジックの分散
2. WAWハザードとWARハザードによるストールの除去

1番目の利点は、分散配置されたリザベーションステーションおよび共通データバス（CDB）を利用することから生じる。複数の命令が1つの結果を待っており、また、それぞれすでにその他のオペランドが揃っている場合に、CDBがその結果を一斉送信して、それぞれの命令の待ち状態を同時に解消できる。集中化されたレジスタファイルを用いると、機能ユニットは、レジスタバスが使える時にレジスタからそれぞれの結果を読まねばならない。

リザベーションステーションを利用してレジスタの名前を換え、結果が利用可能となると直ちにリザベーションステーションにそれらを格納することで、2番目の利点（WAWとWARのハザードの除去）が達成される。

例えば、図3.11の命令列が、`f6`に関するWARハザードを含んでいたとしても、`fdiv.d`と`fadd.d`の両方を発行できる。このハザードは2つの方法のうちの1つで除去される。

最初の方法は、`fdiv.d`に値を提供する命令が完了していれば、Vkに結果を格納して、`fadd.d`と無関係に`fdiv.d`の実行を開始できる（この例に示されている）というものである。別の方法は、`fld`が完了していなければ、QkがLoad1のリザベーションステーションを指し、これにより`fdiv.d`は`fadd.d`への依存を解消できるというものである。いずれの場合も、`fadd.d`を発行して実行を始めることができる。`fdiv.d`が結果を利用する場合にはリザベーションステーションを指すので、`fadd.d`は`fdiv.d`に影響を与えずにレジスタに結果を格納できる。

命令		命令状態 発行	実行	結果書き込み
fld	f6,32(x2)	✓	✓	✓
fld	f2,44(x3)	✓	✓	
fmul.d	f0,f2,f4}	✓		
fsub.d	f8,f2,f6}	✓		
fdiv.d	f10,f0,f6	✓		
fadd.d	f6,f8,f2}	✓		

名前	リザベーションステーション Busy	Op	Vj	Vk	Qj	Qk	A
Load1	No						
Load2	Yes	Load					44+Regs[x3]
Add1	Yes	SUB		Mem[32+Reg[x2]]	Load2		
Add2	Yes	ADD			Add1	Load2	
Add3	No						
Mult1	Yes	MUL		Regs[f4]	Load3h2		
Mult2	Yes	DIV		Mem[32+Regs[x2]]	Mult1		

フィールド	レジスタ状態 f0	f2	f4	f6	f8	f10	f12	...	f30
Qi	Mult1	Load2		Add2	Add1	Mult2			

図 3.11 すべての命令が発行されて、最初のロード命令のみが完了してCDBに結果を書き込んだ時のリザベーションステーションとレジスタタグ

2番目のロード命令では、実効アドレスの計算は終了しているが、メモリユニットが利用できるまで待っている。レジスタファイルの参照をRegs[]という配列で表し、メモリの参照をMem[]という配列で表す。オペランドは常に、Qフィールドあるいは V フィールドのどちらかによって指定される。fadd.d命令（WBステージに WAR ハザードがある）が発行されており、fdiv.d命令を開始する前に完了できることに注目しよう。

命令		命令状態 発行	実行	結果書き込み
fld	f6,32(x2)	✓	✓	✓
fld	f2,44(x3)	✓	✓	✓
fmul.d	f0,f2,f4}	✓	✓	
fsub.d	f8,f2,f6}	✓	✓	✓
fdiv.d	f10,f0,f6	✓		
fadd.d	f6,f8,f2}	✓	✓	✓

名前	リザベーションステーション Busy	Op	Vj	Vk	Qj	Qk	A
Load1	No						
Load2	No						
Add1	No						
Add2	No						
Add3	No						
Mult1	Yes	MUL	Mem[44+Regs[x3]]	Regs[f4]			
Mult2	Yes	DIV		Mem[32+Regs[x2]]	Mult1		

フィールド	レジスタ状態 f0	f2	f4	f6	f8	f10	f12	...	f30
Qi	Mult1					Mult2			

図 3.12 乗算と除算の 2 つの命令のみが終了していない

WAWハザードを除去する例を簡潔に紹介するが、まずは、先の例がどのように実行を続けるかを見ていこう。本章の以降の例では、次のようにレイテンシを仮定する。ロードを1クロック、加算を2クロック、乗算を6クロック、除算を12クロック。

例題3.6

先の例題と同じコード列を利用して、fmul.dの実行が終わって、結果を書き込む時に、状態テーブルがどうなっているかを示せ。

解答

結果を図3.12に示す。fdiv.dのオペランドがコピーされ、それによってWARハザードが克服されているので、fadd.dは完了していることに注目せよ。また、f6のロードが遅れたとしてもWAWハザードを引き起こすことなく、f6への加算を実行できる。

3.5.1 Tomasuloアルゴリズムの詳細

図3.13に、それぞれの命令が必要とする検査およびステップを示す。先に述べたように、ロードとストアは、まず機能ユニットで実効アドレスを計算して、次に、独立したロードバッファあるいはストアバッファに格納する。ロードは、2番目の実行ステップでメモリを参照し、結果書き込みステージで、メモリからロードした値をレジスタファイルと必要とするリザベーションステーションのいずれか、もしくは双方に格納する。ストアは結果書き込みステージで結果をメモリに格納して実行を完了する。すべての書き込みが、メモリあるいはレジスタに関係なく、結果書き込みステージで起こることに注意しよう。この制約はTomasuloアルゴリズムを簡潔にし、かつ3.6節で投機処理へ拡張する際に重要になる。

命令状態	次ステップに 進む判定条件	動作および管理情報の更新作業
命令 FP演算	リザベーションステーション rが空	if (RegisterStat[rs].Qi≠0) {RS[r].Qj ← RegisterStat[rs].Qi else {RS[r].Vj ← Regs[rs]; RS[r].Qj ← 0}; ir (RegisterStat[rt].Qi≠0) {RS[r].Qk ← RegisterStat[rt].Qi else {RS[r].Vk ← Regs[rt]; RS[r].Qk ← 0}; RS[r].Busy ← yes; RegisterStat[rd].Q ← r;
ロードまたは ストア	バッファrが空	if (RegisterStat[rs].Qi≠0) {RS[r].Qj ← RegisterStat[rs].Qi else {RS[r].Vj ← Regs[rs]; RS[r].Qj ← 0}; RS[r].A ← imm; RS[r].Busy ← yes;
ロードのみ		RegisterStat[rt].Qi ← r;
ストアのみ		if (RegisterStat[rt].Qi≠0) {RS[r].Qk ← RegisterStat[rs].Qi else {RS[r].Vk ← Regs[rt]; RS[r].Qk ← 0};
実行 FP演算	(RS[r].Qj=0)かつ (RS[r].Qk=0)	結果を計算：オペランドはVjとVkに存在
ロード-ストア ステップ1	RS[r].Qj=0かつrがロード /ストアキューの先頭	RS[r].A ← RS[r].Vj+RS[r].A;
ロードのステップ2	ロードのステップ1が完了	Mem[RS[r].A]から読み出し
結果書き込み FP演算 または ロード	rの実行が完了かつCDBが 利用可能	∀x(if (RegisterStat[x].Qi=r) {Regs[x] ← result; RegisterStat[x].Qi ← 0); ∀x(if (RS[x].Qj=r) {RS[x].Vj ← result; RS[x].Qj ← 0}); ∀x(if (RS[x].Qk=r) RS[x].Vk ← result; RS[x].Qk ← 0}); RS[r].Busy ← no;
ストア	rの実行が完了かつ RS[r].Qk=0	Mem[RS[r].A] ← RS[r].Vk; RS[r].Busy ← no;

図3.13 アルゴリズムのステップと各ステップで必要となる処理

発行する命令について、rdはデスティネーションである。rsとrtはソースレジスタ番号である。immは符号拡張された即値のフィールドである。また、rは命令が割り当てられるリザベーションステーションあるいはバッファである。RSはリザベーションステーションのデータ構造である。浮動小数点ユニット、あるいはロードユニットから返される値をresultで示す。RegisterStatは、レジスタ状態を表すデータ構造である（レジスタファイルではない、レジスタファイルはRegs[]である）。命令が発行される場合、デスティネーションレジスタは、命令が発行されるバッファかリザベーションステーションの番号に対してそのQiフィールドセットを持つ。オペランドがレジスタにおいて利用可能な場合、それらはVフィールドに格納される。そうでなければ、Qフィールドは、ソースオペランドとして必要とされる値を生成するリザベーションステーションを指すように設定される。Qフィールドの値が0になり、その両方のオペランドが利用可能となるまで、その命令はリザベーションステーションで待つ。この命令が発行される場合、あるいはこの命令が依存する命令が完了してライトバックを行う場合、Qフィールドを0にセットする。命令が実行を終了して、CDBが利用可能な場合、その命令はライトバックを行うことができる。実行を完了するリザベーションステーションと、QjまたはQkの値が同じであるバッファ、レジスタおよびリザベーションステーションはすべて、CDBから得られる値を用いてエントリを更新し、値を受け取ったことを示すようにQフィールドをマークする。このように、CDBは、1クロックで、多くのデスティネーションへ、その結果をブロードキャストできる。また、そのオペランドを持つ命令が待っている場合、それらはすべて次のクロックで実行を始めることができる。

3.5.2 Tomasuloアルゴリズム：ループベースの例

動的なレジスタリネーミングによってWAWとWARのハザードを除去することの威力を理解するために、ループの例を検討する。配列の要素とレジスタf2に格納されているスカラ値との積を求める次の簡単な命令列を考えよう。

```
Loop: fld      f0,0(x1)
      fmul.d   f4,f0,f2
      fsd      f4,0(x1)
      addi     x1,x1,-8
      bne      x1,x2,Loop    // x1≠x2であれば分岐
```

分岐を成立と予測すると、リザベーションステーションを利用することで、このループの複数の繰り返しの実行を同時に処理することが可能となる。コードを変更することなくこの利点は得られる。実際に得られる効果は、ハードウェアによる動的なループ展開である。これは、リネーミングにおいて追加レジスタとして働くリザベーションステーションを使っている。

ループの2つの連続した繰り返しの命令をすべて発行しているが、浮動小数点のロード、ストア、あるいは演算は1つも完了していないと仮定しよう。図3.14は、この時点におけるリザベーションステーション、レジスタ状態テーブルおよびロード-ストアバッファを示す（整数ALU演算は無視する。また、分岐が成立と予測されたと仮定する）。いったんシステムがこの状態に達し、乗算を4クロックで完了できるならば、ループの2つのコピーを継続して実行することで1.0に近いCPIを達成できる。乗算のレイテンシが6サイクルである場合には、定常状態に到達できるまでには、ループの繰り返しを追加して処理する必要があるだろう。この場合、実行中の命令を保持するために、さらに多くのリザベーションステーションを必要とする。本章の後の節で見るように、複数命令発行のために拡張されたTomasuloのアプローチはクロック当たり2つ以上の命令を処理できる。

もしロードとストアが異なるアドレスを参照すれば、それらを安全にアウトオブオーダで実行できる。ロードとストアが同じアドレスを参照する場合には、次のハザードが生じる。

- プログラム順序においてロードの後にストアが現れる時に、これらを交換することで生じる**WARハザード**。
- プログラム順序においてストアの後にロードが現れる時に、これらを交換することで生じる**RAWハザード**。

同様に、同じアドレスへ書き込む2つのストアを交換することでWAWハザードが生じる。

したがって、ロードがある時刻に実行できるかどうか判断するために、プロセッサは、プログラム順序において未完了のストアの中にロードと同じメモリアドレスを参照しているものがあるかどうかをチェックする。同様に、プログラム順序で先行するロードやストアで、同じアドレスのものが実行を終わるまで、ストアを待たさなければならない。この制約を取り除く方法については3.9節で議論する。

このようなハザードを検知するために、プロセッサは、先行する

		命令状態		
命令	繰り返し番号	発行}	実行	結果書き込み
fldf0,0(x1)	1	✓	✓	
fmul.d f4,f0,f2	1	✓		
fsdf4,0(x1)	1	✓		
fldf0,0(x1)	2	✓	✓	
fmul.d f4,f0,f2	2	✓		
fsdf4,0(x1)	2	✓		

			リザベーションステーション				
名称	Busy	Op	Vj	Vk	Qj	Qk	A
Load1	Yes	Load					Regs[x1]+0
Load2	Yes	Load					Regs[x1]-8
Add1	No						
Add2	No						
Add3	No						
Mult1	Yes	MUL		Regs[f2]	Load1		
Mult2	Yes	MUL		Regs[f2]	Load2		
Store1	Yes	Store	Regs[x1]			Mult1	
Store2	Yes	Store	Regs[x1]-8			Mult2	

	レジスタ状態								
フィールド	f0	f2	f4	f6	f8	f10	f12	...	f30
Qi	Load2		Mult2						

図3.14 どの命令も完了していない状態におけるループ2回分の繰り返し

リザベーションステーションにおける乗算のエントリは、実行中のロードがソースであることを示している。ストアのリザベーションステーションにおけるエントリは、乗算の結果がストアすべき値のソースであることを示している。

すべてのメモリ操作が参照するメモリアドレスの計算結果を持たなければならない。プロセッサがそれらのアドレスを持つことを保証する方法で、単純だが最適とはいえないものの1つは、実効アドレスの計算をプログラム順序に従って行うことである（実際にはストアと他のメモリ参照の間の相対的な順序のみの保存で十分である。すなわちロードの間の順序は守られる必要はない）。

まずは、ロードの場合を検討しよう。プログラム順序にしたがって実効アドレスを計算し、その後、ロードが実効アドレスの計算を終えた場合、すべての実行中のストアバッファのAフィールドを検査することでアドレス競合があるかどうかをチェックできる。ロードのアドレスが、ストアバッファ内のアドレス計算を終えたエントリと一致する場合、そのストアが完了するまでは、ロード命令はロードバッファに送られない（いくつかの実装では、このRAWハザードの遅延を減らすために、保留中のストアからロードに値を直接バイパスする）。

次の点を除いてストアの場合も同様である。ロードとストアのどちらについても衝突するストアの順序を変更できないので、プロセッサは、ロードバッファとストアバッファの両方の競合をチェックしなければならない。

動的スケジューリングを行うパイプラインは、分岐を高い精度で予測することでかなり高い性能を達成する。これについては、直前の節で検討した。このアプローチの主な短所は、Tomasuloの手法が複雑であるとともに、大量のハードウェアを必要とすることである。とりわけ、各々のリザベーションステーションが、複雑な制御ロジックに加えて、高速に動作するマッチ機能付きバッファも持たなければならない。その性能は、CDBが1つしかないことによっても制限される。追加のCDBを付け加えることができるが、CDBはそれぞれのリザベーションステーションと相互のやり取りが必要となる。また、各リザベーションステーションでそれぞれのCDBのためのタグ一致を検出する照合用のハードウェアを多重に装備しなければならない。

Tomasuloの手法では、2つの異なる手法が組み合わされている。アーキテクチャのレジスタセットをより大きなレジスタセットへリネーミングすること、およびレジスタファイルからソースオペランドをバッファリングすることである。ソースオペランドのバッファリングは、レジスタを用いてオペランドを提供する場合に生じるWARハザードを解決する。後で見るように、実行中の古いレジスタ値への参照がなくなるまで、結果をバッファリングしながらレジスタリネーミングしてWARハザードを除去できる。ハードウェアによる投機処理について議論する時にも、このアプローチが用いられる。

Tomasuloの手法は360/91の後、長い間利用されなかった。しかし、次に示すいくつかの理由から1990年代以降の複数命令発行のプロセッサで広く採用されている。

1. Tomasuloアルゴリズムはキャッシュが開発される前に設計されたが、本質的にキャッシュの遅延は予測不能なので、動的スケジューリングの主な動機の1つとなった。つまり、アウトオブオーダ実行により、キャッシュミスの完了を待つ間に、プロセッサが命令を実行し続けることが可能となり、キャッシュミスペナルティのすべてあるいは一部を隠すことに成功した。
2. プロセッサの命令発行能力を積極的に拡張し、設計者が（多くの非数値計算のような）スケジューリング困難なコードの性能を重要視するようになると、レジスタリネーミングと動的スケジューリングを用いる手法はさらに重要になった。
3. 特定のパイプライン構成をターゲットとするコードをコンパイラに要求することなく、高い性能を達成できる。これは箱に入ったCDで同一仕様のソフトウェアを大量に売る時代には有意義である。

3.6 ハードウェアベースの投機処理

多くの命令レベル並列性を抽出しようとすれば、制御依存を維持することが大きな重荷となる。分岐予測は分岐に起因する直接的なストールを削減する。しかしながら、クロック当たりに複数の命令を実行するプロセッサでは、単に分岐を高い精度で予測するだけでは、望ましい量の並列性を抽出するには不十分かもしれない。広い発行幅のプロセッサでは、最大性能を維持するために、すべてのクロックにおいて分岐を実行する必要があるかもしれない。より多くの並列性を利用するためには、制御依存の制約を克服しなければならない。

この制御依存の克服は分岐の結果にヤマを掛け、その結果が正しいとして実行することで達成される。この機構は、動的スケジューリングを備えた分岐予測に対する微妙だが重要な拡張である。特に、投機では、あたかも分岐予測が常に正しいかのように、命令をフェッチし、発行して、"実行"するが、動的スケジューリングでは、命令を、フェッチし、発行するだけである。もちろん、投機処理が誤っていた場合を扱うための仕組みが必要となる。付録Hでは、コンパイラにより投機処理を支援するさまざまな仕組みについて議論する。この節では、動的スケジューリングの概念を拡張する**ハードウェア投機処理**について見ていこう。

ハードウェアベースの投機処理は3つのアイデアを組み合わせる。それは、(1) 実行すべきかを決める動的分岐予測、(2) 制御依存が解決する前に命令の実行を可能とする投機処理（誤って投機実行された命令列の影響を取り消す能力を備える）、そして、(3) いくつかの基本ブロックにまたがったスケジューリングに対処できる動的スケジューリング。これに比べて、投機処理のない動的スケジューリングは、基本ブロックを部分的にオーバーラップさせるに過ぎない。なぜなら、分岐が解決されなければ、後続の基本ブロックのいかなる命令も実際に実行できないためである。

ハードウェアに基づいた投機処理では、予測された制御流のデータ値がいつ命令を実行すべきか決定する。このようなプログラムの実行方法は本質的に**データフロー実行**であり、それらのオペランドが利用可能になるとただちに演算は実行を開始する。

投機処理を支援するためにTomasuloアルゴリズムを拡張するには、命令を投機的に実行するために必要な命令間の結果のバイパスと、命令の実際の完了を分離しなければならない。この分離により、元に戻せない更新を一切許さずに、命令を実行し、その結果を他の命令にバイパスできるようになる。これは、その命令がもう投機的でない、と分かるまでの間のことである。

ソースレジスタを提供する命令が投機的でなくなるまでは、ソースレジスタの値が正確な結果を返しているかどうか分からないので、バイパスされた値の利用はレジスタの投機的な読み出しに似ている。命令が投機的でなくなれば、レジスタファイルやメモリを更新できるようになる。命令実行における、レジスタファイルやメモリの更新のために追加されるステップを**命令コミット**（instruction commit）と呼ぶ。

投機処理を実現するための重要なアイデアは、実行をアウトオブオーダで行う一方で、コミットを**インオーダ**で行うこと、また、（状態の更新や例外の発生といった）任意の変更不可の動作を命令のコミットまで遅らせることである。このように、投機処理を追加する場合には、命令がコミットできるようになるかなり前に命令の実行が終了している可能性があるので、実行の完了と命令コミットを分離する必要がある。命令の実行順序にこのコミットの過程を加えるには、実行を終了しているがコミットしていない命令の結果を格納するためのハードウェアバッファを追加する必要がある。このハードウェアは**リオーダバッファ**（**ROB**：reorder buffer）と呼ばれ、投機処理されているかもしれない命令の間で結果を受け渡すのにも利用される。

Tomasulo アルゴリズムにおけるリザベーションステーションがレジスタセットを拡張するのと同様の方法で、リオーダバッファ（ROB)はレジスタを追加する。ROB は、当該命令の演算が完了してからコミットするまでの間、その命令の結果を保持する。そのため、ちょうど Tomasulo アルゴリズムにおいてリザベーションステーションがそうであったように、ROB は命令のオペランドの供給源となる。大きな違いは、（投機を行わない）Tomasulo アルゴリズムでは、命令がその結果を書き込んだ後に発行された命令は、必ずレジスタファイルから結果を得られることである。一方、投機処理では、レジスタファイルは命令コミット（その命令が実行すべきであったことが判明する）まで更新されない。したがって、命令実行の完了から命令コミットまでの間は、ROB がオペランドを供給する。ROB は Tomasulo アルゴリズムのストアバッファに似ているので、単純化のために、ROB にストアバッファの機能を統合する。

ROB のそれぞれのエントリは 4 つのフィールドを持っている。

それらは、命令タイプフィールド、宛先フィールド、値フィールド、レディフィールドである。**命令タイプフィールド**は、命令が（結果を書き込む宛先を持たない）分岐、（メモリアドレスを宛先とする）ストアあるいは（ALU 演算あるいはロードといったレジスタを宛先とする）レジスタ演算のどれであるかを示す。**宛先フィールド**には、命令の結果の書き込み先となる（ロード命令や ALU 演算のための）レジスタ番号、または（ストアのための）メモリアドレスを格納する。**値フィールド**は、命令コミットまで結果の値を保持するために利用する。後ほど、ROB エントリの例をお目にかけよう。最後に、**レディフィールド**は、命令の実行が完了し、値が利用可能になったかどうかを示す。

図 3.15 に、ROB を含むプロセッサのハードウェア構成を示す。

ROB にはストアバッファが組み込まれる。ストアは、今までどおり 2 ステップで実行するが、2 番目のステップは命令コミットで行う。リザベーションステーションのリネーミング機能は、ROB が代わって受け持つが、今までどおり、命令の発行から実行を始めるまでの間、演算（そしてオペランド）を格納するためのバッファが必

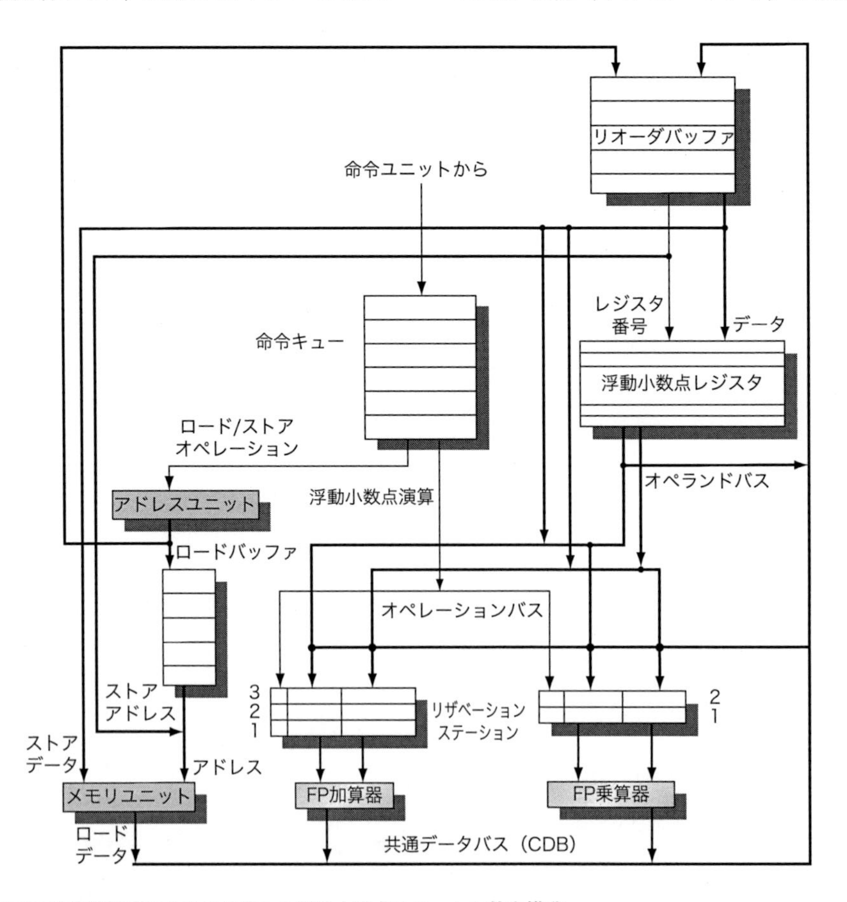

図 3.15　Tomasulo アルゴリズムを投機処理のために拡張した浮動小数点ユニットの基本構造

この図と Tomasulo アルゴリズムを実装する図 3.4 とを比較した場合の大きな相違は、ROB の追加と、ROB へと機能が統合されたことによるストアバッファの除去である。クロック当たりに複数の命令の実行を完了するために複数の CDB を用いることで、この仕組を多重命令発行へと拡張できる。

要になる。この機能は、今までどおりリザベーションステーションが担う。すべての命令にはコミットされるまでROBのエントリが割り当てられるので、リザベーションステーション番号ではなくROBエントリ番号を実行結果のタグとする。このタグ付けにより、リザベーションステーションの中では、命令に割り当てられたROBの追跡が必要となる。この節の後半では、リネーミングのために余分なレジスタを用いるとともに、命令がいつコミットできるかの判断をROBからキューに置き換える代替案の実装を検討する。

命令実行の4つのステップを順番に説明する。

1. **発行**：命令キューから命令を取り出す。リザベーションステーションとROBの両方に空のエントリがある場合に、命令を発行する。ROBあるいはレジスタに利用可能なオペランドがある場合には、それをリザベーションステーションに格納する。バッファの使用を示すために制御エントリを更新する。結果を格納するために、割り付けられたROBエントリの番号をリザベーションステーションに送信する。この番号は、結果をCDBに流す時のタグとして利用する。もし、すべてのリザベーションステーションが利用中か、ROBに空きがない場合には、両方が利用できるようになるまで発行をストールさせる。
2. **実行**：まだ利用可能でないオペランドが存在する場合は、CDBを監視してそのオペランドが計算されるのを待つ。この処理ではRAWハザードをチェックする。両方のオペランドがリザベーションステーションで利用可能な場合に演算を実行する。命令はこのステージの中で複数のクロックサイクルを必要とするかもしれない。ロードは今までどおりこのステージで2段階の処理を必要とする。この時点でのストアの実行は単なる実効アドレス計算なので、この段階で，ストア（命令）はベースレジスタのみを必要とする
3. **結果書き込み**：結果ができたら、CDBに(命令が発行時に送られたROBタグを付けて)その結果を流す。この結果を待つリザベーションステーションとともに、ROBはCDBからその結果を受け取る。また、リザベーションステーションに利用可能とマークする。ストア命令には特別なアクションが必要である。格納される値が利用可能となったら、それは、当該ストアが割り当てられているROBエントリの値フィールドに書かれる。ストアすべき値が利用可能でない場合には、その値がブロードキャストされるまで、CDBを監視しなければならない。値が生成された時にストアのROBのエントリの値フィールドを更新する。簡潔にするために、ストアの結果書き込みステージでこれが生じると考える。後に、この条件の緩和について議論する。
4. **コミット**：命令の処理を終える最終段階で、この後には結果のみが残される（このコミットのことを**完了**（completion）あるいは**グラデュエーション**（graduation）と呼ぶプロセッサもある)。コミットする命令が間違った予測を行った分岐、ストア、あるいは他の命令(通常のコミット)のどれであるかによって、コミットにおけるアクションは3つの異なるシーケンスをたどる。通常のコミットの場合には、命令がROBのヘッドに届き、その結果がバッファの中に格納されている。この場合には、プロセッサは、結果を使ってレジスタを更新し、ROBから当該命令を取り除く。ストアのコミットは、結果がレジスタではなくメモリを更新することを除いて同様である。間違った予測を行った分岐命令がROBの先頭に届いた場合、それは投機処理が間違っていたということになり、ROBはフラッシュされ、正しい分岐の後続の命令によって実行が再開される。分岐が正確に予測された場合には、当該分岐を終了する。

命令をコミットすると、レジスタあるいはメモリのデスティネーションが更新され、ROBの中の当該エントリはもはや不要なので再利用のために解放される。ROBがいっぱいの場合には、エントリが解放されるまで単純に命令の発行を停止する。さて、Tomasuloアルゴリズムのために利用したものと同じ例を使ってこの手法がどのように効果を発揮するか見てみよう。

例題3.7

先の例と同じ浮動小数点演算の機能ユニットのレイテンシを仮定する。すなわち、加算は2クロック、乗算は6クロック、除算は12クロックである。図3.12を作成するために利用したものと同じコード列を用いて、`fmul.d`がコミットの準備ができている時の状態テーブルの様子を示せ。

```
fld      f6,32(x2)
fld      f2,44(x3)
fmul.d   f0,f2,f4
fsub.d   f8,f2,f6
fdiv.d   f0,f0,f6
fadd.d   f6,f8,f2
```

解答

図3.16に3つのテーブルの結果を示す。`fsub.d`命令は実行を完了しているが、`fmul.d`がコミットするまではコミットしないことに注意せよ。リザベーションステーションおよびレジスタ状態フィールドには、Tomasuloアルゴリズムの場合と同じ基本情報が入っている（それらのフィールドを記述している3.4.2節末を参照)。違いは、リザベーションステーション番号ではなくROBエントリの番号がQjとQkのフィールドとレジスタ状態フィールドに格納されることと、リザベーションステーションにDestフィールドが追加されることである。Destフィールドでは、リザベーションステーションのエントリに対応する演算が生成する結果を、ROBのどのエントリに格納するかを指定する。

上記の例は、投機処理のプロセッサと動的スケジューリングのプロセッサとの違いを示している。図3.16を、図3.12の内容（同じ命令列に対するTomasuloアルゴリズムを備えたプロセッサの動作）と比較しよう。大きな違いは、上記の例において、最も早い未完了の命令（上記の`fmul.d`）の後の命令が完了することを許されないことである。対照的に、図3.12では、`fsub.d`と`fadd.d`の命令も完了している。

この違いから分かることは、ROBを備えたプロセッサが、正確な割り込みモデルを維持しながら、動的にコードを実行できることである。例えば、`fmul.d`命令が割り込みを引き起こしたなら、それがROBのヘッドに到達するまで、ひたすら待ち、割り込みを起こし、同時にROBから他の実行待ちの命令をフラッシュする。命令コミットがインオーダに行われるので、これは正確な例外になってい

		リオーダバッファ				
エントリ	Busy	命令		状態	宛先	結果書き込み
1	No	fld	f6,32(x2)	コミット	f6	Mem[32+Regs[x2]]
2	No	fld	f2,44(x3)	コミット	f2	Mem[44+Regs[x3]]
3	Yes	fmul.d	f0,f2,f4	結果書き込み	f0	#2 × Regs[f4]
4	Yes	fsub.d	f8,f2,f6	結果書き込み	f8	#2 – #1
5	Yes	fdiv.d	f10,f0,f6	実行	f0	
6	Yes	fadd.d	f6,f8,f2	結果書き込み	f6	#4 + #2

		リザベーションステーション						
名前	Busy	Op	Vj	Vk	Qj	Qk	Dest	A
Load1	No							
Load2	No							
Add1	No							
Add2	No							
Add3	No							
Mult1	No	fmul.d	Mem[44+Regs[x3]]	Regs[f4]			#3	
Mult2	Yes	fdiv.d		Mem[32+Regs[x2]]	#3		#5	

	浮動小数点レジスタ状態									
フィールド	f0	f1	f2	f3	f4	f5	f6	f7	f8	f10
Recorder #	3						6		4	5
Busy	Yes	No	No	No	No	No	Yes	...	Yes	Yes

図 3.16　fmul.d がコミットの準備ができている時の様子（実行が完了した命令はいくつかあるが、コミットしたものは 2 つの fld 命令のみである

fmul.dが ROB の先頭に格納されている。理解を助けるために 2 つのfld命令をそこに示している。fmul.d命令がコミットするまで、fsub.dとfadd.dの命令はコミットしない。しかしながら、これらの命令の結果は利用可能で、他の命令のソースとして利用され得る。fdiv.dは実行中であるが、レイテンシがfmul.dより長いので完了していない。値の列は、現在保持している値を示しており、#X という形式の記述は、ROB のエントリ X の値フィールドを参照するという意味で使っている。リオーダバッファの 1 と 2 は本当は完了しているが、分かりやすくするための情報として示している。ロード-ストアバッファへのエントリを示していないが、これらのエントリはインオーダで保存される。

る。

対照的に、Tomasulo アルゴリズムを利用する例では、fmul.dが例外を起こす前に、fsub.dとfadd.dの両方の命令を完了できた。この結果として、レジスタf8およびf6（fsub.dとfadd.dの命令のデスティネーション）の値が更新されてしまい、割り込みは正確でなくなる。

ユーザおよび設計者によっては、浮動小数点演算の例外が起きてもきっとプログラムは停止するから、高性能プロセッサではこの種の例外は不正確でも構わないと判断することがある。この話題のさらに進んだ議論については、付録 J を参照してほしい。しかしながら、正確な割り込みを提供しなければ、ページフォールトのような他のタイプの例外を適用することは、はるかに難しい。なぜなら、プログラムがそのような例外を扱った後に何もなかったように実行を再開しなければならないからである。

インオーダの命令コミットを備えた ROB は、正確な例外を提供する。また、次の例で見るように投機実行を支援する。

例題3.8

Tomasulo アルゴリズムのために図 3.14 で利用したコード例を考える。

```
Loop: fld      f0,0(x1)
      fmul.d   f4,f0,f2
      fsd      f4,0(x1)
      addi     x1,x1,-8
      bne      x1,x2,Loop  // x1≠x2であれば分岐
```

2 回のループの命令をすべて発行したと仮定する。さらに、第 1 の繰り返しのfldおよびfmul.dがコミットし、他のすべての命令の実行を完了していると仮定しよう。通常は、ストアは、実効アドレスのオペランド（この例におけるx1）およびストアすべき値（この例におけるf4）の両方を ROB の中に待つ。浮動小数点演算のパイプラインを検討しているので、ストアの実効アドレスは命令が発行される時までに計算されると仮定する。

解答

図 3.17 の 2 つのテーブルに結果を示す。

命令がコミットするまでは、実際にはレジスタとメモリに値が書き込まれないので、プロセッサは分岐の予測ミスが判明した時にそ

		命令状態				
エントリ	Busy	命令		状態	宛先	値
1	No	fld	f0,0(x1)	コミット	f0	Mem[0+Regs[x1]]
2	No	fmul.d	f4,f0,f2	コミット	f4	#1 × Regs[f2]
3	Yes	fsd	f4,0(x1)	結果書き込み	0+Regs[x1]	#2
4	Yes	addi	x1,x1,-8	結果書き込み	x1	Regs[x1]-8
5	Yes	bne	x1,x2,Loop	結果書き込み		
6	Yes	fld	f0,0(x1)	結果書き込み	f0	Mem[#4]
7	Yes	fmul.d	f4,f0,f2	結果書き込み	f4	6 × Regs[f2]
8	Yes	fsd	f4,0(x1)	結果書き込み	0 + #4	#7
9	Yes	addi	x1,x1,-8	結果書き込み	x1	#4 − 8
10	Yes	bne	x1,x2,Loop	結果書き込み		

				浮動小数点レジスタ状態				
フィールド	f0	f1	f2	f3	f4	f5	f6	f7	f8
Recorder#	6								
Busy	Yes	No	No	No	Yes	No	No	...	No

図 3.17　他のすべての命令の実行は完了しているが、fld と fmul.d の命令だけがコミットしている

リザベーションステーションは利用されていないので示さない。残りの命令は、この後、直ちにコミットされる。最初の 2 つのリオーダバッファは空だが、理解を助けるために表示している。

の投機的なアクションを取り消すのは容易である。図 3.17 における 1 番目のbne命令が不成立であると仮定しよう。分岐に先行する命令は、単に各々が ROB のヘッドに到着する際にコミットされる。分岐が ROB のヘッドに到着する時、バッファはクリアされ、プロセッサは、正しいパスからの命令フェッチを開始する。

実際には、投機処理を行うプロセッサは、分岐の予測が間違っていると分かったらできるだけ早く回復しようとする。この回復を実現するには、予測ミスした分岐に続くすべての ROB のエントリを取り除けばよい。そして、ROB の分岐命令に先行する命令の実行は継続しつつ、正しい分岐先のアドレスからフェッチを再開する。投機処理を行うプロセッサでは、予測ミスの影響がより大きいので、その性能は分岐予測の影響を受けやすい。このため、分岐を扱うすべての要素、すなわち予測精度、予測ミスを検出するまでのレイテンシ、予測ミスからの回復時間が重要である。

例外への対応としては、対応する命令のコミットの準備ができるまで、例外と認識しないことである。投機的に処理されて取り除かれるかもしれない命令が例外を起こした場合、その例外は ROB の中に記録される。分岐予測ミスが生じて、命令が実行されるべきでないと判明した場合、ROB がクリアされる時に例外は命令とともにフラッシュされる。命令が ROB の先頭に到着する場合、それがもはや投機的でなく、例外が実際に必要と分かる。さらに、例外が発生したらただちにこの例外を扱い、それからこれに先行する分岐を解決することもできる。分岐ミスよりも例外の発生する場合を扱う方が大変だが、そもそも例外は発生頻度が少ないため、あまり性能に影響を与えることはない。

図 3.18 は、命令実行のステップと、そのステップに進むために満たさなければならない条件、および各ステップで行うアクションを示す。ここで示すのは、予測ミスした分岐がコミットされるまで解決されない構成の場合である。投機処理は動的スケジューリングへの簡単な追加のように見えるかもしれない。しかし、図 3.18 と、Tomasulo アルゴリズムを示す図 3.13 とを比較すれば、投機処理によって制御が著しく複雑になることが分かる。それだけでなく、分岐予測ミスに対処する制御も複雑になることを忘れてはいけない。

ストアについては、投機処理を行うプロセッサと Tomasulo アルゴリズムとではその扱いに重大な違いがある。Tomasulo アルゴリズムでは、メモリが更新されるのは、ストアが結果書き込みステージ（実効アドレスが計算されたことを保証）に達して、格納するべきデータ値が利用可能になった時である。一方、投機的なプロセッサでは、ストアは ROB の先頭に達した時にメモリを更新する。この違いにより、命令がもはや投機的でなくなるまでメモリが更新されないことが保証される。

図 3.18 には、ストアにおける 1 つの重要な単純化がある。図 3.18 では、その値が格納されることになっているレジスタのソースオペランドの到着まで、ストアは結果書き込みステージの中で待つことになっている。その後、ストアのリザベーションステーションの Vk フィールドからストアの ROB エントリの値フィールドに値が移動される。しかしながら、実際には、ストアがコミットされる**直前**までは、ストアする値が到着する必要はないし、ソースとなる命令から直接ストアの ROB エントリに値を渡すこともできる。これを実現するためには、ストアするソース値がストアの ROB エントリにおいて、いつ利用可能となるかをハードウェアにより追跡し、命令の完了のたびに依存するストアを探すように ROB を検索すればよい。

この追加は複雑ではないが、2 つの影響をもたらす。まず、ROB にフィールドを追加する必要がある。また、図 3.18 はすでに細かい字を使っているのだが、さらに多くの説明を追加する必要がある。この例においてはストアが結果書き込みステージを素通りして、コミットする時に値の準備ができるまで待つようになっている。

状態	次ステップに進む判定条件	動作および管理情報の更新作業

全命令の
発行
	リザベーションステーション（r）
	およびROB（b）が利用可能
		if (RegisterStat[rs].Busy) /* in-flight instr. writes rs */
		{h ← RegisterStat[rs].Reorder;
		if (ROB[h].Ready) /* Instr completed already */
		{RS[r].Vj ← ROB[h].Value; RS[r].Qj ← 0;
		else {RS[r].Qj ← h;} /* wait for instruction */
		} else {RS[r].Vj ← Regs[rs]; RS[r].Qj ← 0;};
		RS[r].Busy ← yes; RS[r].Dest ← b;
		ROB[b].Instruction ← opcode; ROB[b].Dext ← rd; ROB[b].Ready ← no;

FP操作と
ストア
		If (RegisterStat[rt].Busy) /* in-flight instr writes rt */
		{h ← RegisterStat[rt].Reorder;
		if (ROB[h].Ready) /* Instr completed already */
		{RS[r].Vk ← ROB[h].Value; RS[r].Qk ← 0;
		else {RS[r].Qj ← h;} /* waite for Instruction */
		} else {RS[r].Vk ← Regs[rt]; RS[r].Qk ← 0;};

FP操作		RegisterStat[rd].Reorder ← b; RegisterStat[rd].Busy ← yes; ROB[b].Dest ← rd;
ロード		RS[r].A ← imm; RegisterStat[rt].Reorder ← b; RegisterStat[rt].Busy ← yes; ROB[b].Dest ← rt;
ストア		RS[r].A ← imm;
FP操作 の実行	(RS[r].Qj==0)かつ(RS[r].Qk==0)	結果を計算：オペランドはVjとVkに存在
ロードの ステップ1	(RS[r].Qj==0)かつキューの中に先行する ストアが存在しない	RS[r].A ← RS[r].Vj+RS[r].A;
ロードの ステップ2	ロードのステップ1が終了し、 ROBにて先行するすべてのストアが 異なるアドレスを持つ	Mem[RS[r].A]から読み出し
ストア	(RS[r].Qj==0)かつキューの先頭のストア	ROB[h].Address ← RS[r].Vj+RS[r].A;
ストアを 除く結果 の書き込み	*r*の実行が終了しCDBが利用可能	b ← RS[r].Dest; RS[r].Busy ← no; ∀x(if (RS[x].Qj==b) {RS[x].Vj ← result; RS[x].Qj ← 0}); ∀x(if (RS[x].Qk==b) {RS[x].Vk ← result; RS[x].Qk ← 0}); ROB[b].Value ← result; ROB[b].Ready ← yes;
ストア	*r*の実行が完了かつ(RS[r].Qk==0)	ROB[h].Value ← RS[r].Vk;

コミット	命令がROBの先頭(entry h)
	かつROB[h].ready==yes
		d ← ROB[h].Dest; /* register dest, if exists */
		if (ROB[h].Instruction==Branch)
		{if (branch is mispredicted)
		{clear ROB[h], RegisterStat; fetch branch dest;};}
		else if (ROB[h].Instruction==Store)
		{Mem[ROB[h].Destination] ← ROB[h].Value;}
		else /* put the result in the register destination */
		{Regs[d] ← ROB[h].Value;};
		ROB[h].Busy ← no; /* free up ROB entry */
		/* free up dest register if no one else writing it */
		if (RegisterStat[d].Reorder==h) {RegisterStat[d].Busy ← no;};

図3.18　アルゴリズムのステップとそれぞれのステップで必要とする処理

発行する命令について、rdはデスティネーションである。rsとrtはソースである。rは割り当てられたリザベーションステーションである。bは割り当てられたROBのエントリである。また、hはROBの先頭エントリである。RSはリザベーションステーションのデータ構造である。リザベーションステーションによって返された値をresultで示す。RegisterStatはレジスタデータの構造である。Regsは実際のレジスタを表す。また、ROBはリオーダバッファのデータ構造である。

Tomasuloアルゴリズムのように、メモリを経由するハザードを回避しなければならない。実際のメモリの更新がインオーダに行われるので、投機処理を用いたとしても、メモリを経由するWAWとWARのハザードは解消される。すなわち、ストアがROBの先頭にある時、先行するロードあるいはストアが未解決であることはない。以下の2つの制約によってメモリを経由するRAWハザードは解消される。

1. ストアが格納されているアクティブなROBエントリのうち、ロードのAフィールドの値と一致する宛先フィールドを持つものがある場合には、ロードは実行の第2のステップを始めない。
2. すべての先行するストアに関して、ロードの実効アドレスを計算するためのプログラム順序を守る。

これらの2つの制約をともに満たすことで、先行するストアによって書かれたメモリ番地にアクセスするいかなるロードも、それらのストアがデータを書き込むまでメモリアクセスを行わないことが保証される。そのようなRAWハザードが生じる時、いくつかの投機的なプロセッサではストアからロードに値を直接バイパスするものもある。他に、値予測の形式を利用して、衝突の可能性を予測するアプローチもあり、3.9節でこのことを検討する。

投機実行に関する説明では浮動小数点演算に注目したが、この手法は整数のレジスタおよび機能ユニットへ容易に拡張できる。確かに、整数プログラムでは分岐の振る舞いを予測しにくいコードが含まれる傾向があるので、投機処理は整数プログラムにおいてより有益かもしれない。さらに、1 クロックサイクルで、複数の命令の発行とコミットを可能にすることで、これらの手法は複数命令発行のプロセッサで動作するように拡張できる。事実、コンパイラの支援によって基本ブロックの中から十分な命令レベル並列性を抽出することはできそうにないので、投機処理はそのようなプロセッサでとても魅力的である。

3.7 複数命令発行と静的スケジューリングを用いた命令レベル並列性の抽出

これまでの節では、データストールと制御ストールを除去して、1 という理想的な CPI を達成する技法を見てきた。ここから、さらにパフォーマンスを向上させるために、CPI を 1 未満に減少させてみよう。しかし、1 サイクル当たり 1 命令しか発行できないプロセッサでは、CPI を 1 未満にできない。

以下の数節で、1 サイクル当たり複数の命令を発行できる複数命令発行プロセッサ（multiple-issue processor）の実現について議論する。複数命令発行プロセッサは主に次の 3 つに分類される。

1. **静的スケジューリングのスーパースカラプロセッサ**
2. **VLIW**（Very Long Instruction Word：超長形式機械命令）プロセッサ
3. **動的スケジューリングのスーパースカラプロセッサ**

1.と 3.のスーパースカラプロセッサは、サイクル当たり複数の命令を発行できる。サイクル当たりの発行命令数はサイクル毎に変動する。命令列を静的スケジューリングする場合に**インオーダ実行**と呼び、動的スケジューリングの場合には**アウトオブオーダ実行**と呼ばれる。

一方、VLIW プロセッサは、1 つの大きな命令または命令パケットを、毎サイクル決まった数発行する。命令パケットとは、命令によって明示的に示された、命令間並列性を備えたいくつかの命令の集合である。VLIW プロセッサのスケジューリングは、コンパイラによって静的に行われる。Intel 社と HP 社が IA-64 アーキテクチャを設計した時、彼らはこのアーキテクチャに **EPIC**（explicitly parallel instruction computer、明示的に並列な命令によるコンピュータ）という名前を導入した。これに関しては付録 H に記述する。

静的スケジューリングのスーパースカラは、サイクル当たりに固定数ではなく可変数の命令を発行する。しかし、このアプローチもプロセッサ用のコードスケジューリングをコンパイラが行うため、そのコンセプトは VLIW プロセッサに非常に近い。サイクル当たりの最大発行数（発行幅）を大きくすると、静的スケジューリングのスーパースカラの利点が少なくなる。よって、通常は静的スケジューリングのスーパースカラでは、2 命令程度の狭い発行幅で用いられる。この発行幅を超える場合、ほとんどの設計者は、VLIW プロセッサあるいは動的スケジューリングのスーパースカラを実装する。本節では VLIW プロセッサに注目する。静的にスケジューリングされたスーパースカラは本節の洞察から容易に推定できる。なぜならば、静的スケジューリングされたスーパースカラのハードウェアとコンパイラ実装技術とが VLIW に要求されるものに類似しているからである。

図 3.19 に、複数命令発行のためのアプローチとその特徴をまとめる。また、各アプローチを利用しているプロセッサの具体例も示している。

3.7.1 基本的なVLIWプロセッサのアプローチ

VLIW プロセッサは独立した多数の機能ユニットを持つ。VLIW プロセッサは、ユニットへ多数の独立した命令を発行しようとするのではなく、複数の演算を 1 つの非常に長い命令に詰め込むか、あるいは同じ制約を満たす命令パケットを必要とする。これら 2 つのアプローチに本質的な違いはないので、オリジナルの VLIW プロセッサのアプローチのように、多数の演算が 1 つの命令に格納されると考えよう。

命令の最大発行レートが高いほど VLIW プロセッサの利点が増加するため、より広い命令発行幅のプロセッサに注目して議論する。確かに、命令の発行幅が 2 ならば、スーパースカラによるオーバーヘッドは最少となる。また、4 命令発行のプロセッサならば、オーバーヘッドはどうにかできるレベルにあると多くの設計者が

一般的な名称	発行の構成}	ハザード検出	スケジューリング	区別のための特徴	例
スーパースカラ（静的）	動的	ハードウェア	静的	インオーダ実行	組み込みの多くの領域：MIPS および ARM（ARM Cortex-A53 を含む）
スーパースカラ（動的）	動的	ハードウェア	静的	投機処理をしないアウトオブオーダ実行	現在は利用されない
スーパースカラ（投機的）	動的	ハードウェア	投機処理を備え動的	投機処理を備えるアウトオブオーダ実行	Intel Core i3、i5。i7；AMD Phenom；IBM Power 7
VLIW/LIW	静的	主にソフトウェア	静的	コンパイラによるすべてのハザードの検出と指示（しばしば暗黙的）	TI C6x のような信号処理用プロセッサ
EPIC	主に静的	主にソフトウェア	大部分が間接的	コンパイラによるすべてのハザードの検出と明示的な指示	Itanium

図 3.19 多重命令発行のプロセッサのための 5 つの主要なアプローチと、それらを区別する主な特徴
本章では、スーパースカラのためのハードウェアベースの技法に注目した。付録 H では、コンパイラベースのアプローチに注目する。IA-64 アーキテクチャで実装された EPIC は、初期の VLIW プロセッサアのアプローチの多くを拡張し、静的アプローチと動的アプローチを融合したものである。

主張するだろう、しかし、後に示すように、オーバーヘッドの増加が広い発行幅のプロセッサの実現を制限する主な要因となる。

1つの整数演算（分岐命令を含む）、2つの浮動小数点演算、および2つのメモリ参照の計5つのオペレーションを含む命令を備えるVLIWプロセッサを検討しよう。その命令は、各機能ユニット用の5つのフィールドを持ち、おそらく1つの機能ユニット当たり16～24ビットであり合計80～120ビットの命令長となる。それに対して、Intel Itanium 1および2では、命令パケット当たり6つのオペレーションを含んでいる（それらのプロセッサでは、付録Hで見るように、3命令を格納するバンドルを2つ同時に発行できる）。

機能ユニットを持て余さないように、命令列から十分な並列性を見つけ出して、利用可能なオペレーションスロットを満たさねばならない。ループの展開および、より大きな単一のループのコードをスケジューリングして並列性を抽出する。ループアンローリングにより、分岐のない直線的なコードが生成される場合、単一の基本ブロックで動作する**ローカルスケジューリング**を利用できる。分岐を超えてコードをスケジューリングすることで並列性を発見して抽出する場合には、より複雑な**グローバルスケジューリング**を利用する必要がある。グローバルスケジューリングは構造が複雑というだけではなく、分岐を超えてコードを移動させるコストは高価なので、非常に複雑なトレードオフを考える必要がある。

付録Hでは、**トレーススケジューリング**（VLIWプロセッサのために開発されたグローバルスケジューリング技法のうちの1つ）について議論する。さらに、ローカルスケジューリングの有用性を拡張し、グローバルスケジューリングの性能を高めるため、複数の分岐を除去する特殊ハードウェアサポートを検討する。

ループアンローリングを用いて、長い直線的コードシーケンスを生成する。それにより、ローカルスケジューリングを使用してVLIWプロセッサの命令を構築できる。このプロセッサがどのように動作するかを見ていこう。

例題3.9

毎クロック、2つのメモリ参照、2つの浮動小数点演算、1つの整数演算あるいは分岐を発行できるVLIWプロセッサを考える。そのようなプロセッサ用にループx[i] = x[i]+s（RISC-V命令コードは本章最初の例題を参照）を展開した場合のコードを示せ。ループの展開はすべてのストールを除去するために必要な回数行うこと。遅延分岐は考えなくて良い。

解答

ループアンローリングを行ったコードを図3.20に示す。ループアンローリングにより、元のループ本体のコピーが7つ作られる。これにより、ストール（つまり完全に空の発行サイクル）がすべて除去され、1ループにつき9サイクルで実行される。展開されたコードでは、1ループで配列の要素を7個計算できる。1ループは9サイクルであるので、1つの要素を計算するための平均サイクル数は1.29となる。これは、3.2節で示した2命令発行のスーパースカラに、ループアンローリングとスケジューリングを施したコードを利用した場合と比較してほぼ2倍速いことになる。

オリジナルのVLIWプロセッサのモデルには、技術的な難問および流通上においても問題があり、VLIWプロセッサのアプローチの効率を引き出すことができなかった。技術的な問題とは、コードサイズの増加および、制限の厳しいオペレーションによる並列化の限界である。VLIWプロセッサのコードサイズを増加させる要因は2つある。1つは、先の例題のように、十分に直線的なコードを生成するには、大がかりなループアンローリングを行う必要があるということである。もう1つは、命令が十分埋められない場合は常に、その命令コードで使用しない機能ユニット用に命令ビットを浪費してしまうことである。付録Hでは、大幅なコードの増加を抑えながらループアンローリングによる利益を得る**ソフトウェアパイプライン**処理のようなソフトウェアスケジューリング技法を検討する。

コードサイズの増加を抑えるために、しばしば巧妙なエンコードが用いられる。例えば、任意の機能ユニットで使用できる大きな即値のフィールドを1つしか持たないかもしれない。これにより、各機能ユニットが持つ必要があった即値フィールド分のビットを節約できる。また、メインメモリ内では命令を圧縮し、それらをキャッシュに読み込む時あるいはデコードする時に展開するという技法

メモリ参照1	メモリ参照2	浮動小数点演算1	浮動小数点演算2	整数演算/分岐
fld f0,0(x1)	fld f6,-8(x1)			
fld f10,-16(x1)	fld f14,-24(x1)			
fld f18,-32(x1)	fld f22,-40(x1)	fadd.d f4,f0,f2	fadd.d f8,f6,f2	
fld f26,-48(x1)		fadd.d f12,f0,f2	fadd.d f16,f14,f2	
		fadd.d f20,f18,f2	fadd.d f24,f22,f2	
fsd f4,0(x1)	fsd f8,-8(x1)	fadd.d f28,f26,f24		
fsd f12,-16(x1)	fsd f16,-24(x1)			addi x1,x1,-56
fsd f20,24(x1)	fsd f24,16(x1)			
fsd f28,8(x1)				bne x1,x2,Loop

図3.20 ループの内側を占め，ループアンローリングで置き換えたVLIWプロセッサ用のコード

このコードは、分岐遅延を考慮しないと9サイクルで実行できるが、通常は分岐遅延を考えてスケジューリングする必要がある。9クロックサイクルで23のオペレーションを発行するので、発行割合は1サイクル当たり2.5オペレーションとなる。また、効率（つまり、全利用可能スロット中の、オペレーションを含んだスロットが占める割合）は約60%である。この発行割合を達成するためには、通常のRISC-Vがこのループの中で使用するよりも多くのレジスタを必要とする。基礎となるRISC-Vプロセッサでは、元のループを実行するために浮動小数点レジスタを2つ使用し、ループアンローリングとスケジューリングを行う場合には5つ使用する。それに対し、上記のVLIWプロセッサ用の命令列では少なくとも8つの浮動小数点レジスタを必要とする。

もある。付録Hでは、IA-64で見られるコード拡張のような技法を紹介する。

ロックステップで動いている初期のVLIWプロセッサは、ハザード検出のためのハードウェアを全く持たなかった。機能ユニットはすべて同期する必要があり、ある機能ユニットでストールが起きた場合にプロセッサすべてを止めなければならなかった。ストールを防ぐために、ボトルネックになっている機能ユニットをコンパイラによりスケジューリングすることができるかもしれない。しかし、キャッシュストールを起こすデータアクセスを予測し、それをスケジューリングするのは非常に困難である。そこで、キャッシュをブロッキングする必要があるのだが、それによりすべての機能ユニットをストールさせなければならなかった。メモリ参照命令の発行割合および発行数の増加とともに、この機能ユニットの同期の制限は受け入れ難くなる。最近のプロセッサでは、機能ユニットはより独立した動作をする。つまり、命令発行後は、ハードウェアがハザード回避を担当し、コンパイラが命令発行時のハザードの回避を担当する。

ソフトウェア流通上の（厄介な）問題は、主に、バイナリコードの互換性である。厳密なVLIWプロセッサアプローチでは、命令セットの定義、および、機能ユニット群とそのレイテンシを含む詳細なパイプライン構成の両方を動員して命令列を生成する。したがって、機能ユニット、およびそのユニットのレイテンシが異なる場合には、別々のバイナリコードを必要とする。これにより、実装のアーキテクチャがバージョンアップしたり、発行幅が変更された場合の移行の制約が、スーパースカラよりも厳しい。

もちろん、新しい設計のスーパースカラによって向上した性能を引き出すためには、コードの再コンパイルを必要とするかもしれない。にもかかわらず、以前のバイナリファイルを実行できるので、スーパースカラのアプローチは実用的である。

IA-64アーキテクチャが主な例になるが、EPICアプローチは、より積極的なソフトウェア投機処理のための拡張やバイナリ互換性を維持しながら、ハードウェア依存による限界を克服するための方式等の初期のVLIWプロセッサの設計で遭遇した多くの問題の解決策を示している。

すべての複数命令発行のプロセッサの主な課題は、より多くの命令レベル並列性を抽出することである。浮動小数点演算プログラム中の簡単なループアンローリングによって並列性が得られる場合、もとのループはベクタプロセッサ（次章に示す）で効率的に実行することができるかもしれない。複数命令発行のプロセッサがそのようなアプリケーションにおいて、ベクタプロセッサより好ましいかどうかは明らかではない。一般的には、コストが同等ならば、ベクタプロセッサは複数命令発行のプロセッサ以上に高速である。複数命令発行のプロセッサのベクタプロセッサに対する潜在的な利点は、あまり構造化されていないコードから並列性を抽出する能力と、すべての型のデータを容易にキャッシュに入れることができる点である。これらの理由から、複数命令発行のアプローチは命令レベル並列性を利用するための主要な方法になった。また、ベクタは主としてこれらのプロセッサの拡張として用いられるようになった。

3.8　動的スケジューリング、複数命令発行および投機処理を用いた命令レベル並列性の抽出

これまでに、動的スケジューリング、複数命令発行および投機処理がどのように行われるかを個別に見てきた。この節では、これら3つを組み合わせる。これにより、最新のマイクロプロセッサにかなり近いマイクロアーキテクチャとなる。議論を簡単にするために、クロック当たり2つの命令を発行するプロセッサを考える。しかし、その概念は、クロック当たり3つ以上の命令を発行する近年のプロセッサと同じである。

クロック毎に演算を開始することができる整数、ロード-ストア、および浮動小数点ユニット（FP乗算器とFP加算器）をそれぞれ備える複数命令発行のスーパースカラパイプラインを考える。このようなパイプラインをサポートするように、Tomasuloアルゴリズムを拡張することを考えよう。プログラムの意味を間違って解釈してしまうので、リザベーションステーションへのアウトオブオーダ命令発行は行わない。動的スケジューリングの利点を十分に引き出すために、整数および浮動小数点ユニットに演算を割り当てるスケジューリングハードウェアを利用して、任意の2命令の組み合わせをクロック毎に発行できるとしよう。整数および浮動小数点の命令の相互作用が重要なので、Tomasuloの手法を、先の節で対応させた投機実行に加えて、整数と浮動小数点の機能ユニットや両方のレジスタにも対応できるよう拡張する。図3.21に示すように、基本的な構成はサイクル当たり1命令を発行する投機処理のプロセッサと同様だが、発行と完了のロジックをサイクル毎に複数の命令を処理できるように拡張する。

投機処理を用いてもそうでなくても、動的スケジューリングのプロセッサがサイクル当たり複数の命令を発行するようにするのはとても複雑である。この理由は明快で、命令間に依存があるかもしれないからである。このため、これらの命令群を管理するテーブル一式の更新を同時に行う必要がある。そうでなければ、テーブルの内容が不正となり、命令間の依存が見えなくなってしまう。

動的スケジューリングのプロセッサがクロック当たり複数の命令を発行するために、異なる2つのアプローチがある。これらは共に、リザベーションステーションの割り当てと、パイプライン制御テーブルの更新が鍵であるという考察に基づいている。1つのアプローチでは、クロックの半分の時間でこのステップを処理する。その結果、2つの命令を1クロックで処理することができる。この方法は、残念ながら、サイクル当たり4命令を処理するために簡単に拡張することができない。

もう1つのアプローチは、命令間にどのような依存があったとしても、2つ以上の命令を同時に扱うことができるロジックを構築することである。1クロック当たり4つ以上の命令を発行する最近のスーパースカラプロセッサは、しばしば両方のアプローチを採用している。すなわち、それらは命令発行ロジックをパイプライン化し、さらに幅を広げている。重要な点は、このロジックが単純なパイプラインでは対処できないことである。命令の発行に複数のクロックサイクルを費やして、新しい命令がサイクル毎に発行される場合であっても、リザベーションステーションを割り当てて、パイプラインテーブルを更新し、更新した情報を使って次のクロックに依存の

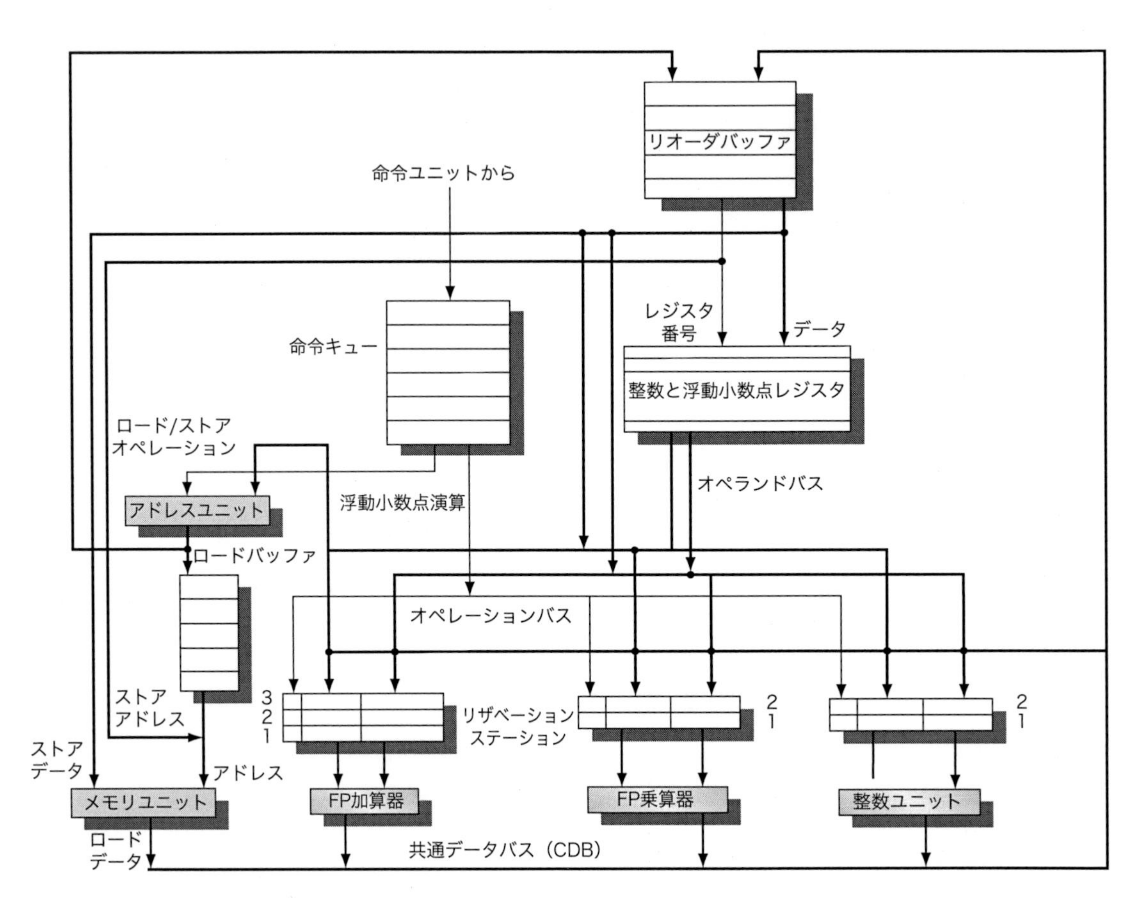

図 3.21 投機処理を採用する多重命令発行プロセッサの基本構成

ここでは、FP 乗算器、FP 加算器、整数演算ユニット、メモリユニットのそれぞれに同時に命令発行できるとする（これらの機能ユニットには、サイクル当たり 1 命令を発行できるとする）。多重命令発行のために、CDB、オペランドバス、（この図では割愛している）発行ロジック等のいくつかのデータパスを広げなければならない。発行ロジックを多重命令発行に対応させることは困難だが、これについては本文を見てほしい。

ある命令を発行しなければならない。

この発行のステップは動的スケジューリングを行うプロセッサにおいて最も本質的なボトルネックの1つである。このステップの複雑さを説明するために、ある発行ロジックの例（FP 演算と後続のロード命令とが依存を持つ場合）を図 3.22 に示す。このロジックは図 3.18 をベースにしているが、例として 1 つのケースを示す。近年のプロセッサでは、命令間にいかなる依存の組み合わせがあっても、1 クロックサイクルに複数発行できるように配慮されている。クロック当たりに発行する命令数を増加させると、その命令数の 2 乗に比例して組み合わせが増大するので、クロック当たり 4 命令を超える場合には、発行のステップがボトルネックになることがある。

図 3.22 の細部を一般化して、サイクル当たり n 個以上を扱う動的スケジューリングのプロセッサの発行ロジックと予約テーブルを更新する基本的な戦略を示そう。

1. 発行するバンドルに含まれるかもしれないすべての命令のためにリザベーションステーションとリオーダバッファを割り当てる。この割り当ては命令のタイプが判明する前に行われるかもしれない。このため、n 個の命令のための利用可能な連続するリオーダバッファのエントリをまとめて、先行して割り当てる。また、それらのバンドルがどのような命令を含んでいるかに関係なく、すべてのバンドルが発行できるための十分なリザベーションステーションを確保する。それぞれのクラスの命令数を制限（例えば、1 つの浮動小数点、1 つの整数、1 つのロード、1 つのストア）して、必要なリザベーションステーションを先行して予約する。連続するいくつかの命令がすべて同じタイプの命令だった場合など、十分なリザベーションステーションが予約できない場合には、バンドルの中のいくつかの命令だけが、プログラムの順序で発行される。バンドル中の残りの命令は、次のバンドルに格納され、後続のサイクルで発行される。
2. 発行されたバンドルに含まれる命令間のすべての依存を解析する。
3. もし、バンドルに含まれるある命令が、そのバンドル中の先行する命令に依存する場合には、リオーダバッファの番号で依存のある命令の予約テーブルを更新する。依存がなければ、既存の予約テーブルとリオーダバッファの情報を用いて、発行のための予約テーブルを更新する。

もちろん、これらを同一サイクルで同時に行わなければならないため、非常に複雑になる。

パイプラインのバックエンドでは、サイクル当たり複数命令の完了とコミットを行う必要がある。これらのステップは発行よりもいくぶん簡単である。なぜなら、同一サイクルに複数の命令をコミットするための依存はすでに解消されているからである。設計者はこの複雑さを扱う方法を見出してきた。3.12 節で見るように、Intel i7 では、これまで見てきた投機処理、複数命令発行、大規模なリザベーションステーション、リオーダバッファ、ノンブロッキングなキャッシュミスを扱えるロードストアバッファを用いている。

<table>
<tr><th>動作および管理情報の更新作業</th><th>解説</th></tr>
<tr><td><pre>if (RegisterStat[rs1].Busy) /*in-flight instr. writes rs*/
      {h ← RegisterStat[rs1].Reorder;}
       if (ROB[h].Ready) /* Instr completed already */
      {RS[x1].Vj ← ROB[h].Value; RS[x1].Qj ← 0;}
      else {RS[x1].Qj ← h;} /* wait for instruction */
} else {RS[x1].Vj ← Regs[rs]; RS[x1].Qj ← 0;};
RS[x1].Busy ← yes; RS[x1].Dest ← b1;
ROB[b1].Instruction ← Load; ROB[b1].Dest ← rd1;
ROB[b1].Ready ← no;
RS[r].A ← imm1; RegisterStat[rt1].Reorder ← b1;
RegisterStat[rt1].Busy ← yes; ROB[b1].Dest ← rt1;</pre></td><td>1つのソースオペランドを持つロード命令のために予約テーブルを更新する。ロード命令が、この発行バンドルにおける最初の命令であるため、通常のロードのための動作と同様である。</td></tr>
<tr><td><pre>RS[x2].Qj ← b1;} /* wait for load instruction */</pre></td><td>FP演算の最初のオペランドがロード命令からのものであることを知っているため、このステップでは、リザベーションステーションがロード命令を示すように更新するのみ。即座に依存関係の解析が行われ、発行のステップでROBエントリを割り当てなければならない。これにより、予約テーブルが正しく更新される。</td></tr>
<tr><td><pre>if (RegisterStat[rt2].Busy) /*in-flight instr writes rt*/
      {h ← RegisterStat[rt2].Reorder;
       if (ROB[h].Ready) /* Instr completed already */
      {RS[x2].Vk ← ROB[h].Value; RS[x2].Qk ← 0;}}
       else {RS[x2].Qk ← h;} /* wait for instruction */
} else {RS[x2].Vk ← Regs[rt2]; RS[x2].Qk ← 0;};
RegisterStat[rd2].Reorder ← b2;
RegisterStat[rd2].Busy ← yes;
ROB[b2].Dest ← rd2;</pre></td><td>ここでは、FP演算命令の2番目のオペランドは先行して発行されたバンドルからのものであるとする。このため、このステップは、シングル命令発行の場合と同様である。もちろん、この命令が発行されたものと同じバンドルに依存していると、割り当てられたリザベーションバッファを用いてテーブルを更新する。</td></tr>
<tr><td><pre>RS[x2].Busy ← yes; RS[x2].Dest ← b2;
ROB[b2].Instruction ← FP operation; ROB[b2].Dest ← rd2;
ROB[b2].Ready ← no;</pre></td><td>この節では、単に、FP演算のためのテーブルを更新する。それはロード命令とは独立である。同じバンドルの後続の命令がFP演算に依存する場合（4命令発行のスーパースカラで起こりうる）には、これらの命令のための予約テーブルの更新は、この命令の影響を受ける。</td></tr>
</table>

図3.22 依存がある命令のペア（命令1、命令2と呼ぶ）のための発行ステップ。命令1はFPロードで、命令2はFP演算である。命令2の最初のオペランドとしてFPロードの結果を使う。それぞれの命令に割り当てられるリザベーションステーションをx1, x2とする。それぞれの命令に割り当てられるリオーダバッファをb1, b2とする

命令発行において、rd1とrd2はデスティネーションであり、rs1, rs2, rt2はソースである（ロード命令のソースは1つのみ）。x1とx2は割り当てられたリザベーションステーションであり、b1とb2は割り当てられたリオーダバッファのエントリである。RSはリザベーションステーションのデータ構造、RegisterStatはレジスタのデータ構造、Regsは実レジスタ、ROBはリオーダバッファのデータ構造である。このロジックを正しく動作させるには、割り当てられたリオーダバッファのエントリが必要になることに注意しよう。逐次的ではなく、1クロックサイクルで、同時にこれらの更新が行われることを思い出してほしい。

性能の観点から、投機的な動的スケジューリングと複数命令発行がどのように組み合わさるのかを、例を用いて示そう。

例題3.10

整数配列の各要素をインクリメントする次のループを、2命令発行プロセッサで実行する場合を考えよう。投機処理を用いないプロセッサと、投機処理を用いるプロセッサの2つの場合を考える。

```
Loop: ld    x2,0(x1)     // 配列の要素をx2にロード
      addi  x2,x2,1      // x2をインクリメント
      sd    x2,0(x1)     // 結果をストア
      addi  x1,x1,8      // ポインタのインクリメント
      bne   x2,x3,Loop   // 最後の要素でなければ分岐
```

実効アドレスの計算、ALU演算、および分岐条件の評価のために、個別の整数機能ユニットがあると仮定する。両方のプロセッサにおいて、このループの最初の3つの繰り返しが実行される様子を表にまとめよ。クロック毎に任意のタイプの2命令をコミットできるとする。

解答

図3.23および図3.24は、それぞれ投機処理を用いない場合と用いる場合において、2命令発行が可能で動的スケジューリングを行うプロセッサの性能を示す。この例のように、分岐が性能を制限する重大な要因となり得る場合、投機処理は極めて有益である。

投機処理を用いるプロセッサでは3番目の分岐が13クロック目に実行される。その一方で、投機処理を用いないプロセッサでは19クロック目に実行される。投機処理を用いない場合、命令のコミットの割合が発行の割合に対して急速に落ちるため、さらに数個の繰り返しが発行されると、パイプラインがストールしてしまう。投機処理を用いないプロセッサでは、分岐が決定される前に、ロード命令の実効アドレスの計算を完了できるようにすれば、性能を向上できるが、投機的なメモリアクセスができなければ、この改良による性能向上は1つの繰り返し当たり1クロックにしかならない。

この例は、データ依存がある分岐が起きる時に（このような分岐は、投機処理を用いない場合には性能を制限することになるが）、投機処理がどのように有利かを明確に示している。しかし、この利得のためには正確な分岐予測が必要になる。間違った投機処理は性能を向上させないだけでなく、実際には性能を低下させることが多い。また、後に見るように、エネルギー効率を大幅に悪化させる。

繰り返し番号	命令	発行のサイクル番号	実行のサイクル番号	メモリ参照のサイクル番号	CDBに書き込むサイクル番号	説明
1	ld x2,0(x1)	1	2	3	4	最初の発行
1	addi x2,x2,1	1	5		6	ldの待ち合わせ
1	sd x2,0(x1)	2	3	7		addiの待ち合わせ
1	addi x1,x1,8	2	3		4	すぐに実行
1	bne x2,x3,Loop	3	7			addiの待ち合わせ
2	ld x2,0(x1)	4	8	9	10	bneの待ち合わせ
2	addi x2,x2,1	4	11		12	ldの待ち合わせ
2	sd x2,0(x1)	5	9	13		addiの待ち合わせ
2	addi x1,x1,8	5	8		9	bneの待ち合わせ
2	bne x2,x3,Loop	6	13			addiの待ち合わせ
3	ld x2,0(x1)	7	14	15	16	bneの待ち合わせ
3	addi x2,x2,1	7	17		18	ldの待ち合わせ
3	sd x2,0(x1)	8	15	19		addiの待ち合わせ
3	addi x1,x1,8	8	14		15	bneの待ち合わせ
3	bne x2,x3,Loop	9	19			addi1の待ち合わせ

図 3.23 投機処理を行わない 2 命令発行パイプラインにおける、発行、実行および結果書き込みのタイミング

分岐結果が決まるまで待たなければならないため、bneに続くldが実行を早期に開始できないことに注意せよ。この種の、早く解決できないデータ依存を持つ分岐を含むプログラムでは、投機処理が威力を発揮する。アドレス計算、ALU 演算および分岐条件の計算のために個別の機能ユニットを備えるので、1 クロックで複数の命令を実行できる。図 3.24 に、投機処理を備えた場合の例を示す。

繰り返し番号	命令	発行のサイクル番号	実行のサイクル番号	リードアクセスサイクル番号	CDBに書き込むサイクル番号	コミットのサイクル番号	説明
1	ld x2,0(x1)	1	2	3	4	5	最初の発行
1	addi x2,x2,1	1	5		6	7	ldの待ち合わせ
1	sd x2,0(x1)	2	3			7	addiの待ち合わせ
1	addi x1,x1,8	2	3		4	8	インオーダのコミット
1	bne x2,x3,Loop	3	7			8	addiの待ち合わせ
2	ld x2,0(x1)	4	5	6	7	9	実行遅延はない
2	addi x2,x2,1	4	8		9	10	ldの待ち合わせ
2	sd x2,0(x1)	5	6			10	addiの待ち合わせ
2	addi x1,x1,8	5	6		7	11	インオーダのコミット
2	bne x2,x3,Loop	6	10			11	addiの待ち合わせ
3	ld x2,0(x1)	7	8	9	10	12	最も早い処理
3	addi x2,x2,1	7	11		12	13	ldの待ち合わせ
3	sd x2,0(x1)	8	9			13	addiの待ち合わせ
3	addi x1,x1,8	8	9		10	14	より早い処理
3	bne x2,x3,Loop	9	13			14	addiの待ち合わせ

図 3.24 投機処理を備える 2 命令発行パイプラインにおける、命令発行、実行および結果書き込みのタイミング

投機処理により、bneに続くldが早期に実行を開始できることに注意せよ。

3.9 命令供給と投機処理のための高度な技術

特に、複数命令発行を行う高度なパイプラインでは、分岐を高い精度の予測だけでは十分ではなく、高いバンド幅の命令ストリームを提供しなければならない。最近の複数命令発行のプロセッサでは、クロックサイクル当たり4〜8個の命令を供給するものもある。まずは、命令供給のバンド幅を増加させる方法を見ていこう。その後、レジスタリネーミングとリオーダバッファの効果の比較、投機処理の積極性、および計算結果を予測することで命令レベル並列性を増加させる**値予測**（value prediction）と呼ばれる手法などの高度な投機処理を実装する際に生じるいくつかの重要な事柄を見ていこう。

3.9.1 命令フェッチバンド幅の改良

複数命令発行プロセッサは、クロックサイクル当たり、少なくとも平均のスループットと同じくらいの命令をフェッチしなければならない。もちろん、これらの命令のフェッチは、命令キャッシュへの十分な帯域のパスを必要とするが、最も困難な点は分岐の扱いである。この節では、分岐に対処する2つの方法を検討し、次に、最新のプロセッサにおいて分岐予測およびプリフェッチの機能がどのように統合されるかを議論する。

分岐先バッファ（branch-target buffer）

簡単な5段ステージのパイプライン（より深いパイプラインでも同様）の分岐ペナルティを減らすには、まだデコードされていない命令が分岐かどうかと、もしそうなら次のPCの値が何かを知らなければならない。もし命令が分岐命令で、次のPCの値を知っていれば、分岐ペナルティを0にできる。分岐命令の次の命令の予測アドレスを保持する分岐予測キャッシュを、**分岐先バッファ**あるいは**分岐先キャッシュ**と呼ぶ。図3.25に分岐先バッファの構成を示す。

分岐先バッファは次の命令アドレスを予測し、かつ、命令デコードよりも“前に”その予測アドレスを次の命令のフェッチに使い始める。よって、フェッチした命令が成立分岐と予測されることを分かっている必要がある。フェッチされた命令のPCと予測バッファ内のPCとが一致すれば、対応する**予測PC**を次のPCとして用いる。分岐先バッファのハードウェアは、キャッシュのハードウェアと本質的に同一のものである。

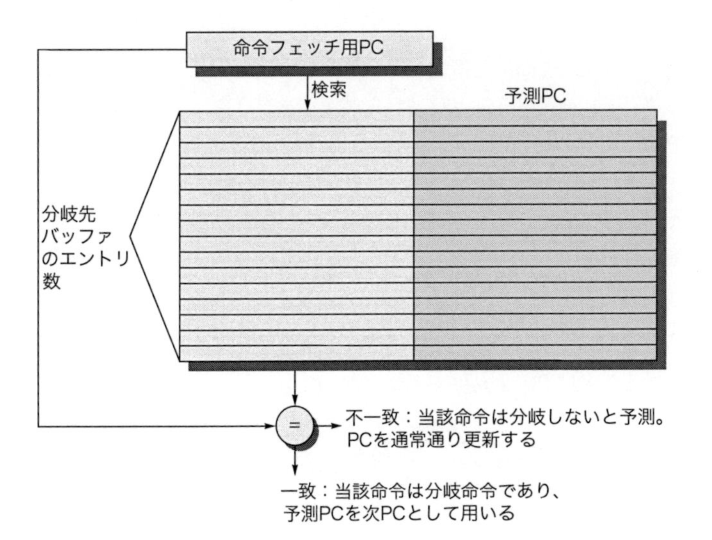

図3.25 分岐先バッファ。フェッチされている命令のPCと、第1列に格納されている命令アドレス（既知の分岐命令のアドレスを表す）を比較する
PCがどれかのエントリと一致する場合、フェッチされている命令は成立分岐であり、2番目のフィールド、すなわち「予測PC」と記した列に、その分岐命令の次のPCとして予測されるアドレスが格納されている。このアドレスから命令フェッチを直ちに開始する。3番目の省略可能なフィールドは付加的な予測の状態ビットとして利用される。

分岐先バッファに一致するエントリが存在すれば、対応する予測PCから命令フェッチを直ちに開始する。分岐予測バッファと異なり、分岐先バッファのエントリは当該命令と一致していなければならない。なぜなら、予測PCがフェッチに使われ始める時点では、当該命令が分岐かどうか分からないからである。もし仮にエントリがPCと一致しているかどうかをチェックしないとすれば、分岐命令でない命令に対して誤ったPCを利用してしまい、プロセッサ性能の悪化を招くだろう。不成立の分岐では、それが分岐ではないかのように後続の命令をフェッチすればいいだけなので、分岐先バッファには成立と予測された分岐のみを格納すればよい。

図3.26に、単純な5段の命令パイプラインで分岐先バッファを採用した場合における各ステージでの処理内容を示す。分岐先バッファにエントリが存在し、かつ、その分岐予測が正しければ、分岐遅延は生じない。そうでない場合は、少なくとも2クロックの分岐ペナルティが生じる。典型的な構成ではバッファのエントリを更新している間には命令フェッチを停止しなければならないので、参照ミスと予測ミスの取り扱いが重要である。すなわち、ペナルティを最小化するためにこのプロセスの高速化が望まれる。

分岐先バッファがどれくらいの効果を発揮するかを評価するために、まず、それぞれの場合のペナルティを明確にする。図3.27は、簡単な5段ステージのパイプラインにおけるペナルティである。

例題3.11

図3.27に示した予測ミスのペナルティのサイクル数を仮定して、分岐先バッファに対する合計の分岐ペナルティを求めよ。予測精度およびヒット率に関して次を仮定すること。

- バッファに格納されている分岐の予測精度は90%である。
- 成立と予測される分岐におけるバッファのヒット率は90%である。

解答

以下2つの事象が起こる確率を調べてペナルティを計算する。分岐成立と予測したが実際には不成立である、または、分岐成立だがバッファには格納されていないという両方の場合は、2サイクルのペナルティを受ける。

分岐先バッファにヒットするが不成立の確率
= 分岐先バッファにヒット率 × 予測ミス率
= 90% × 10% = 0.09
分岐先バッファにミスするが成立の確率 = 10%
分岐ペナルティ = (0.09 + 0.10) × 2
分岐ペナルティ = 0.38

このペナルティは、付録Cにおいて評価する分岐命令当たり約0.5クロックという遅延分岐の分岐ペナルティに匹敵する。しかし、動的分岐予測による性能向上は、パイプラインが深くなる、つまり

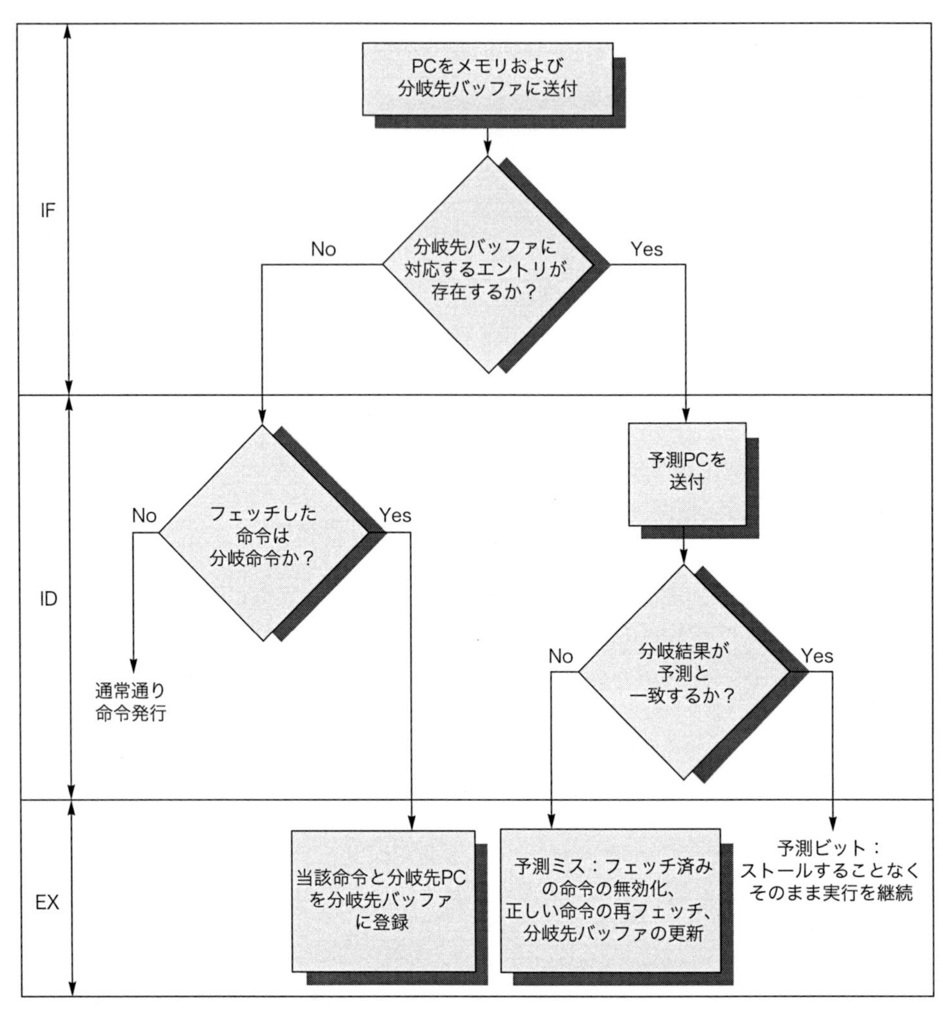

図 3.26 分岐先バッファを備えた場合の命令実行の過程

バッファに登録されているか	予測	実際の分析結果	ペナルティサイクル数
Yes	成立	成立	0
Yes	成立	不成立	2
No		成立	2
No		不成立	0

図 3.27 分岐命令がバッファにあるか、実際にそれが成立するかどうかのすべての組み合わせについてのペナルティ。成立すると予測した分岐のみがバッファ中に置かれると仮定する

バッファに登録されており、かつ、予測が正しければ、ペナルティは生じない。分岐予測が外れた場合のペナルティは、分岐先バッファを更新するための1クロック（この間は命令をフェッチできないことがある）と、正しい方向の命令をフェッチするための1クロックの計2クロックとなる。分岐命令が分岐先バッファに登録されておらず、かつ成立の場合には2クロックのペナルティとなり、この間にバッファが更新される。

分岐の遅延が大きくなるとともに増加する点に注意されたい。加えて、より精度の高い分岐予測を用いるほど、大きな性能向上が得られる。近年の高性能プロセッサは分岐予測ミスの遅延が15サイクルになることがある。精度の高い分岐予測が必要とされるのは明らかである。

分岐先バッファの変種として、予測PCの代わりに（または、それに加えて）、1つ以上の**分岐先の命令**を格納するものがある。これは2つの潜在的な利点を持つ。まず、後続の命令フェッチよりも長い時間を、分岐先バッファの参照に利用できる。これによって、分岐先バッファのエントリ数を多くすることが可能になるかもしれない。次に、実際の分岐先の命令を格納しておくことで、**分岐畳み込み**（branch folding）と呼ばれる最適化を行うことが可能になる。分岐畳み込みで、0サイクルの無条件分岐が、また時には、0サイクルの条件分岐が可能になる。これから見ていく通り、Cortex A-53は単一エントリの分岐先キャッシュを持つ。これは、予測した先の命令を保持する。

予測されたパスからの命令をバッファする分岐先バッファに、無条件分岐のアドレスでアクセスすることを考えよう。無条件分岐ができることはPCを変更することだけである。そのため、分岐先バッファがヒットし、その分岐は無条件であるとマークされている場合、パイプラインはキャッシュから返される命令（すなわち無条件分岐）を分岐先バッファが格納している命令に単純に置き換えられる。プロセッサが1サイクルで複数の命令を発行する場合、最大の性能向上を得るにはバッファは複数の命令を供給する必要がある。また場合によっては、条件分岐のコストをゼロにできることがある。

3.9.2 特殊な分岐の予測器：予測手続きリターン、間接ジャンプ、およびループ分岐

投機処理の機会と精度をさらに増加させるのに、間接アドレッシングのジャンプ（すなわちターゲットのアドレスが実行時に変わるジャンプ）を予測したくなる。例えば、高水準言語プログラムは間接プロシージャコールであるselect文やcase文において、FORTRANでは計算型goto文においてそういったジャンプを生成する。しかしながら、間接ジャンプの大部分は関数からのリターンである。例えば、SPEC95ベンチマークにおいては、関数からのリターンは分岐命令の15%を超え、間接ジャンプの大部分を占める。C++やJavaのようなオブジェクト指向言語では、関数リターンはさらに頻繁に現れる。そのため、関数リターンに注目するのは妥当である。

分岐先バッファを使えば関数リターンを予測できるが、関数が複数の場所から呼ばれ、それらの呼び出しに時間的な局所性がない場合、この予測手法の精度は低くなる。例えば、SPEC CPU95において、積極的な分岐予測であっても、リターンでは予測精度は60%未満である。この問題を克服するのに、スタックとして動作する戻り番地のための小さなバッファを利用し、最新の戻り番地を格納する。すなわち、関数呼び出しの時に戻り番地をスタックの先頭にプッシュし、リターン時にそのアドレスをポップする。キャッシュが十分（つまり、最大の呼び出しの深さと同じくらい）なら、リターンを完全に予測できるだろう。図3.28に、多くのSPEC CPU95ベンチマークにおける0から16エントリの要素を備えたリターンバッファの性能を示す。3.10節で命令レベル並列性に関する研究を検討する時は、同様のリターン予測を利用する。Intel CoreプロセッサやAMD Phenomプロセッサは戻り番地予測を用いている。

大きなサーバアプリケーションでは、間接ジャンプが、さまざまな関数呼び出しと制御の受け渡しのために用いられる。この種の分岐の飛び先を予測するのは、手続き呼び出しのリターンほど単純ではない。プロセッサの中にはすべての間接ジャンプ用に特殊な予測器を付け加えることを選んだものもある。その他のものは分岐ターゲットバッファを用いる。

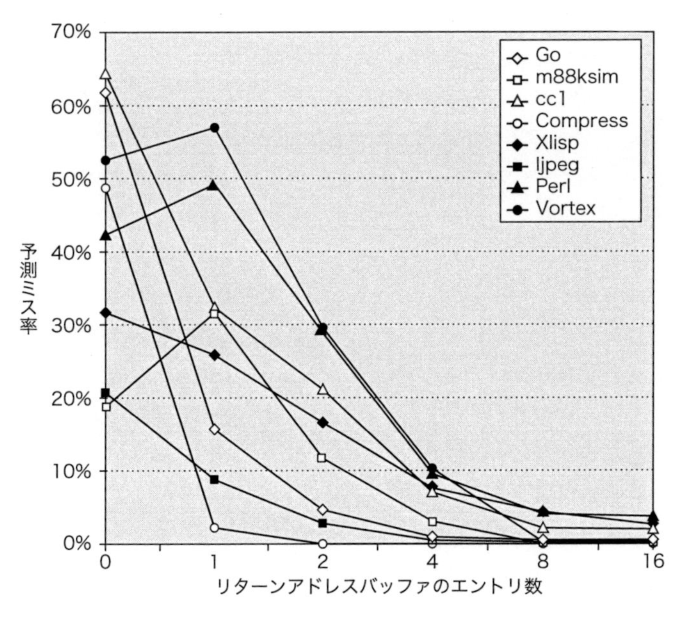

図3.28 いくつかのSPEC CPU95ベンチマークにおける、スタックとして動作する戻り番地バッファの予測精度

精度は正確に予測された戻り番地の割合である。エントリ数が0の構成は、標準的な分岐予測のみが利用されることを示している。いくつかの例外を除いて、呼び出しは概してそれほど深くないので、小さめなバッファで十分である。このデータはSkadron等によるもので、保存された戻り番地が破壊されることを防ぐための調整機構が利用されている［Skadron *et al.*, 1999］。

gshareなどの単純な分岐は、多くの条件分岐を予測するために良く働くが、ループ分岐、特に長く走るループに対しては適していない。先に述べたように、Intel Core i7 920は特殊なループ分岐予測器を使っている。ループ分岐の予測も得意なTAGEの発達により、最近の設計者は、特殊なループ分岐予測器を使うよりも、大きなTAGEにリソースをつぎ込む方を選ぶようになった。

統合命令フェッチユニット

最近の設計者の多くは、複数命令発行プロセッサにおける要求を満たすのに、パイプラインに十分な命令を与える自律的な個別のユニットとして、統合命令フェッチユニットを実装する選択をしている。本質的に、このことは複数命令発行の複雑さを考えた時、もはや命令フェッチを簡単な1つのパイプラインステージであると見なすことは有効ではないと認識したとも言える。

その代りに、最近の設計は、次のようないくつかの機能を統合する**統合命令フェッチユニット**を利用する。

1. **統合分岐予測**：分岐予測は命令フェッチユニットの一部となり、絶えず分岐を予測しながらフェッチパイプラインを駆動する。
2. **命令プリフェッチ**：1クロックで複数の命令を提供するために、命令フェッチユニットは先行して命令をフェッチする必要がある。このユニットは、分岐予測と統合されて、命令のプリフェッチ（この手法の議論は第2章を参照）を自律的に管理する。
3. **命令メモリアクセスとバッファリング**：サイクル当たり複数の命令をフェッチするのにさまざまな困難に遭遇する。例えば、フェッチする複数の命令が複数のキャッシュラインへのアクセスを必要とするかもしれない。命令フェッチユニットは複数のキャッシュブロックにまたがる場合のコストを隠すのにプリフェッチを利用してこの複雑さを閉じ込める。さらに命令フェッチユニットは命令をバッファリングし、命令発行ステージが必要とする時に必要な量の命令を供給するオンデマンドのユニットとして動作する。

事実上、現在の高性能プロセッサのすべては分離されたフェッチユニットを持ち、実行を待つ命令を蓄えるバッファにより、後段のパイプラインに接続されている。

3.9.3 投機処理：実装に関する検討項目および拡張

この節では、投機処理の実装に関する6つの項目を検討する。まず**レジスタリネーミング**の利用から見ていく。これは、リオーダバッファの代わりにしばしば用いられるアプローチである。そして、値予測と呼ばれるアイデアを検討しよう。

投機処理の支援：レジスタリネーミングとリオーダバッファ

リオーダバッファ（ROB）の1つの代替案は、より多くの物理レ

ジスタをレジスタリネーミングと組み合わせることである。このアプローチはTomasuloアルゴリズムの中で利用されるリネーミングの概念の拡張に当たる。Tomasuloアルゴリズムでは、**アーキテクチャから見えるレジスタ**(x0, … , x31とf0, … , f31)の値は、実行のどの時点においてもレジスタセットとリザベーションステーションに入っている。投機処理を追加すると、レジスタ値はまた、一時的にROBに存在するかもしれない。いずれの場合も、プロセッサがある期間に新しい命令を発行しなければ、すでにある命令はすべてコミットされ、そのレジスタ値はレジスタファイルに格納される。そのレジスタファイルはアーキテクチャから見える論理レジスタに相当する。

レジスタリネーミングのアプローチでは、物理的な拡張レジスタは一時的な値とアーキテクチャから見えるレジスタの両方を保持するのに利用される。このように、拡張レジスタは、ROBとリザベーションステーションの両方の機能に取って代わり、命令のインオーダの完了を実現するためのキューのみが必要となる。命令発行において、リネーミングの過程は、アーキテクチャのレジスタ名に拡張レジスタの物理レジスタ番号をマップして、デスティネーションに新しい未使用のレジスタを割り付ける。WAWとWARのハザードはデスティネーションレジスタのリネーミングによって回避される、そして、命令のデスティネーションを保持する物理的なレジスタは、命令コミットまでアーキテクチャのレジスタにならないので、投機処理からの回復が実現される。

リネーミングマップは、指定されたアーキテクチャのレジスタに、現在どの物理レジスタ番号が相当するかを表す簡単なデータ構造であり、これは、Tomasuloアルゴリズムのレジスタ状態テーブルが実現している機能である。命令をコミットする時、リネーミングテーブルは、ある物理レジスタが実際のアーキテクチャのレジスタに相当することを示すよう恒久的に更新される。したがって、これが実質的なプロセッサ状態の更新となる。レジスタリネーミングではROBは必要ではないが、キューのような構造のハードウェアを用いて命令を追跡し、正しい順序でリネーミングテーブルを更新する必要がある。

ROBアプローチに対するリネーミングのアプローチの利点は、次に挙げるたった2つの単純なアクションしか必要としないので、命令コミットが少し単純化することだ。1つは、アーキテクチャのレジスタ番号と物理的なレジスタ番号の間のマッピングがもはや投機的ではないと記録することであり、もう1つは、アーキテクチャのレジスタの「より古い」値を保持するために利用されていた物理的なレジスタを解放することである。リザベーションステーションを備えた設計では、それを利用する命令が実行を完了する時、そのリザベーションステーションを解放する。また、ROBエントリは対応する命令がコミットする時に解放する。

レジスタリネーミングの場合には、レジスタの解放はもっと複雑になる。なぜなら、物理的なレジスタを解放する前に、それがアーキテクチャのレジスタにもはや相当しないことを知らなければいけないし、物理レジスタを利用するかもしれない命令がないことを知らなければならないからである。アーキテクチャのレジスタが上書きされ、その結果、リネーミングテーブルが他のところを指すようになるまでは、物理レジスタはアーキテクチャのレジスタに対応している。そして、どのリネーミングテーブルのエントリからも指されていない物理レジスタは、もはやアーキテクチャのレジスタではないことになる。しかしながら、実行中の命令が物理的なレジスタをまだ利用するかもしれない。プロセッサは、機能ユニットキュー中のすべての命令のソースレジスタ指示子を検査することにより、このケースに当たるかどうかを判断できる。他の命令のソースとして利用されない、アーキテクチャのレジスタとして指定されていない物理的なレジスタは、再利用され、再び割り付けられる。

あるいは、プロセッサは、単に同じアーキテクチャのレジスタを上書きする別の命令がコミットするまで待つとしてもよい。その時点で、それ以降に古い値が使われることはあり得ない。この方法は本来必要であるよりもわずかに長い間、物理的なレジスタを占有するかもしれないが、実装が簡単であるため、近年のいくつかのスーパースカラで利用されている。

ここで、アーキテクチャから見えるレジスタと物理的なレジスタとのマッピングが絶えず変わっている場合、それらをどのようにして知ることができるのか疑問に思うかもしれない。プログラムが実行されている時、通常、このことは問題にならない。しかしながら、OSのような別のプロセスにとっては、アーキテクチャのレジスタの中身がどこに存在するか正確に知らなければならない。このことがどのように提供されるかを理解するのに、一定期間プロセッサが命令を発行しない場合を考える。パイプライン中のすべての命令はコミットされ。また、アーキテクチャから見えるレジスタと物理的なレジスタの間のマッピングは安定する。その時点で、アーキテクチャから見えるレジスタは物理的なレジスタの一部になっている。また、アーキテクチャから見えるレジスタに関連していない物理的なレジスタの値は不要になる。そうなれば、アーキテクチャから見えるレジスタが特定の物理レジスタに固定されるので、プロセス間で値を通信できるようになる。

レジスタリネーミングとリオーダバッファはどちらも、高性能プロセッサで利用され続けている。それらのプロセッサでは、(キャッシュからのデータを待っているロードとストアも含めて)40から50の実行中の命令を扱えるものもある。リネーミングあるいはリオーダバッファのどちらの手法が用いられたとしても、動的スケジューリングのスーパースカラプロセッサの鍵である複雑さのボトルネックは、依存のある複数命令を持つ**バンドル**を発行する部分となる。特に、発行しようとするバンドル内で依存を持つ命令は、その命令のために割り当てられた仮のレジスタを用いて発行されなければならない。レジスタリネーミングにおける命令発行の戦略として、複数命令発行のリオーダバッファの方式と同様のものが用いられる。

1. 発行ロジックは、発行するバンドルに対して十分な物理レジスタ(例えば、1命令がたかだか1つの結果を生成するとして、4命令のバンドルのために4つのレジスタ)をあらかじめ予約する。
2. 発行ロジックは、バンドル内の依存を解析する。もし、バンドル内の命令間に依存がなければ、命令が依存している計算結果を現在あるいは将来持つことになる物理レジスタをレジスタリネーミングによって特定する。このように、バンドル内に依存がなければ、計算結果は以前に発行されたバンドルから得られる。レジスタリネーミングの表は正しいレジスタ番号を持っている。

3. 命令が同一バンドルの先行する命令に依存を持つ場合、先行する命令の実行結果を格納するためにあらかじめ予約しておいた物理レジスタを用いて、命令発行のための情報を更新する。

リオーダバッファの場合と同様に、発行ロジックは、1サイクルでバンドル内の依存を解析してリネーミングのテーブルを更新する。先の議論のように、1サイクルで多くの命令を対象にこれらの制御を行うが、そのための複雑さが発行幅を制限する主な理由となっている。

クロック当たりの発行をもっと多くする挑戦

投機なしには、クロック当たりの発行レートを2、3あるいは4まで上げる試みには、ほとんど魅力がないのではないか。プロセッサが正確な分岐予測と投機を持つことで、はじめて発行レートを上げる魅力が生じる。機能ユニットを複製することはシリコン面積と電力が利用可能な場合は、最も単純な方法である。実際は、発行の段階とコミットの段階で複雑さが増す。コミットの段階は発行の段階と対になっており、要求は同様である。そこで、レジスタリネーミングを使った6命令同時発行のプロセッサで何が起きるかを見て行こう。

図3.29は、6命令のコードシーケンスと発行段階でやらなければならないことを示している。プロセッサがクロック当たり6命令発行のピークレートを維持するためには、このすべてが1クロックサイクルで起きなければならないことに注意しよう。すべての依存性は検出されなければならず、物理レジスタは割り当てなければならず、命令は物理レジスタ番号で書き換えられなければならない。これをすべて1クロックで行う。この例は、過去20年間で発行レートが3-4から4-8までにしか大きくならなかった理由を示している。発行サイクル中に行わなければならない解析の複雑さは発行幅の2乗に比例する。しかも、新しいプロセッサは通常、過去の世代よりも高いクロック周波数を目標としているのだ!レジスタリネーミングとリオーダーバッファのアプローチは対であり、実装の方法に関わらず、同じ複雑度が生じる。

命令番号	命令	物理的レジスタまたはディスティネーション	物理レジスタ番号を使った命令	リネームマップの変更
1	add x1,x2,x3	p32	add p32,p2,p3	**x1->p32**
2	sub x1,x1,x2	p33	sub p33,p32,p2	**x1->p33**
3	add x2,x1,x2	p34	add p34,p33,x2	**x2->p34**
4	sub x1,x3,x2	p35	sub p35,p3,p34	**x1->p35**
5	add x1,x1,x2	p36	add p36,p35,p34	**x1->p36**
6	sub x1,x3,x1	p37	sub p37,p3,p36	**x1->p37**

図3.29 同一のクロックサイクルで発行される6つの命令と何が起こるかを示した例

命令はプログラムの順番1-6で示すが、これが1クロックサイクルで発行される！ p1という表記は物理的なレジスタを指す。このレジスタの内容はどの時点でもリネーミングマップにより決定される。単純化のため、我々は、物理レジスタp1、p2、p3（すべての物理レジスタ）がアーキテクチャ上のレジスタx1、x2、x3の持つ値に初期化されていると仮定する。リネームマップは、最後の列に示してあり、命令が順番に発行されたとしたらどのようにマップが変化したかを示す。難しいのは、リネーミングとアーキテクチャ上のレジスタを物理レジスタで置き換える操作を順番に行うのではなく、1クロックで行わなければならない点である。この発行ロジックはすべての依存を検出し、同時に命令を「書き換え」なければならない。

どの程度投機すべきか

投機処理の重要な利点の1つは、パイプラインをストールさせるキャッシュミスのようなイベントを取り除く能力である。しかしながら、この潜在的利点は、重大な潜在的損失、つまり投機処理の大きなコストにつながる。投機処理は時間とエネルギーを必要とする。また、間違った投機処理からの回復はさらに性能を低下させる。さらに、投機処理による利益を得るために必要な、より高度な命令実行をサポートするために、プロセッサは追加の資源を持たなければならない。それはシリコン面積と電力を必要とする。最後に、投機処理がない場合には起きないが，投機処理によってキャッシュまたは**TLB**のミスのような例外的なイベントを起こしてしまうので，重大な性能低下になることがある。

損失を最小化しながら、多くの利点を維持するために、投機処理を備えたほとんどのパイプラインは、（第1レベルのキャッシュミスのような）低コストの例外的イベントだけを投機的なモードで扱う。2次キャッシュミスあるいはTLBミスのように、高コストな例外的なイベントが生じる時、イベントを引き起こす命令が投機でなくなるまでプロセッサは待つだろう。これはいくつかのプログラムの性能をわずかに下げるかもしれないが、特に、あまり優れていない分岐予測のためにこの種のイベントが多発する場合、プログラムの性能が大きく低下するのを回避する。

1990年代には、投機処理の潜在的なリスクはそれほど明白ではなかったが、プロセッサが発展すると、投機処理の実質的なコストが目立つようになった。また、より広い命令発行および投機処理の限界が明白となった。この問題については、もう少し先で検討しよう。

複数分岐をまたぐ投機処理

本章で検討した例においては、別の分岐予測が必要になる前に、以前の分岐を解決できた。次の3つの状況において、複数の分岐を同時に投機処理することによる利益を得られる。(1) 非常に高い分岐頻度の場合、(2) 大量の分岐がかたまっている場合、(3) 機能ユニットの遅延が長い場合。最初の2つの場合では、高性能を達成するには、複数の分岐が投機処理されなければならないし、さらに、1サイクルで複数の分岐を処理できる必要があるかもしれない。データベースプログラムやあまり構造化されていない整数計算がこれに当てはまり、複数の分岐をまたぐ投機処理が必要となる。同様に、機能ユニットが長い遅延を持つ場合は、長いパイプライン遅延によるストールを回避するために、複数の分岐を投機処理できることの重要性は高い。

複数の分岐をまたぐ投機処理は、投機処理ミスからの回復の過程を少し複雑にする点を除いて素直に実現できる。2017年の時点で、クロックサイクル当たり複数の分岐を解決するプロセッサが現れていないのは、性能に対する複雑さと消費電力の関係から妥当でないからである。

投機とエネルギー効率の課題

投機はエネルギー効率にどのような影響を与えるだろうか。一見、投機は常にエネルギー効率を悪化させると考えるかもしれない。これは、投機が間違っていると、以下のように余計なエネルギーを消費するからだ。

1. 投機してその結果が必要なかった命令は余計な仕事をプロセッサにさせることになり、エネルギーを浪費する。
2. 投機をなかったことにし、状態をプロセッサに戻して、適切なアドレスから実行しなおすことにより、投機がなかったならば必要のない追加エネルギーを消費する。

投機がプロセッサの電力消費を増大させるのは明らかである。投機を制御することができれば、コストを測る（少なくとも動的電力コストだけでも）ことができるだろう。しかし、投機が、平均電力消費を増やすよりも実行時間を減らすことができれば、全体のエネルギー消費は小さくなるかもしれない。

エネルギー効率に対する投機の影響を理解するには、投機がどのように不要な仕事を招くのかを見て行く必要がある。不要な命令が多数実行されると、投機が、比較するレベルになるほど、動作時間を改善することはできそうもない。図3.30は、SPEC2000ベンチマークのサブセットで、高度な分岐予測器を用いた場合の投機ミスにより実行された命令の割合を示す。見て取れる通り、実行された分岐ミス命令の割合は科学技術用のプログラムでは少なく、整数プログラムでは相当（およそ平均30%）大きくなる。整数アプリケーションでは、投機がエネルギー効率を改善するとは思えない。Dennardスケーリングが終わったことで、不完全な投機はより問題になる。設計者は、投機をやめておいたり、投機ミスを減らすべく試みたり、新しいアプローチを考えるのが良いかもしれない。例えば予測可能性が高いことが分かっている分岐だけ投機するなどが考えられる。

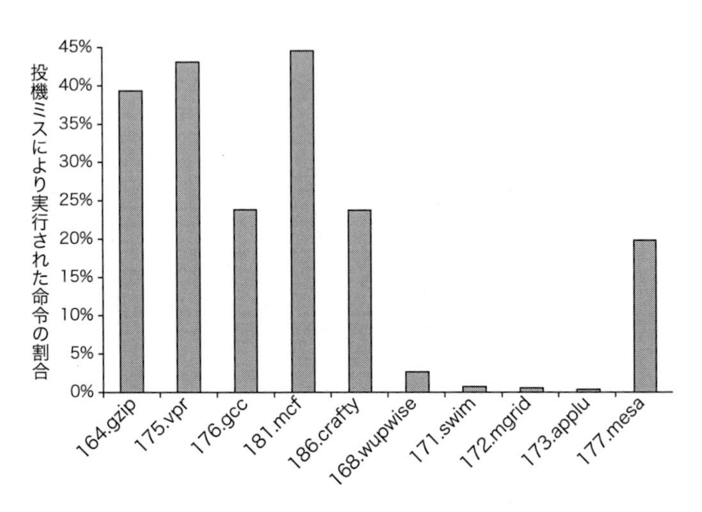

図3.30 分岐ミスの結果として実行される命令の割合は、多くの場合、整数プログラム（最初の5つ）の方がFPプログラム（後の5つ）よりもずっと大きい。

アドレスエイリアス予測

アドレスエイリアス予測は、2つのストア、あるいは1つのロードと1つのストアが同じメモリアドレスを参照するかどうか予測する技術である。このような2つの参照が同じアドレスを参照しないならば、安全に交換することができるかもしれない。そうでなければ、その命令によりメモリアドレスがアクセスされるまで待たなければならない。アドレスの値を実際に予測する必要はなく、このような値が衝突するかどうかを、小さい予測器でまずまずの正確さで予測する。アドレス予測は、投機プロセッサが、予測ミスを回復できるという能力に依存している。すなわち、実際のアドレスが違うと予測（エイリアスでない）されたアドレスが、実は同じ（つまりエイリアス）だった場合、プロセッサはこのシーケンスを単に、予測ミスした分岐があったように再実行する。アドレス値投機は既にいくつかのプロセッサで用いられており、将来は一般的なものになるかもしれない。

アドレス予測は、ある命令で生成される値を予測しようとする値予測の単純かつ制限された形である。値予測は、その精度が高ければ、データフローの制約を取り除き、ILPの利用を高くすることができる。多くの研究者は、過去15年間値予測に集中し、何ダースもの論文を書いているが、結果として実際のプロセッサの一般的な値予測が、十分魅力的かどうかを判定できないでいた。

3.10 他の章との関連：ILPのアプローチとメモリシステム

3.10.1 「ハードウェアによる投機」対「ソフトウェアによる投機」

本章で扱った投機実行のハードウェア的アプローチと付録Hのソフトウェア的アプローチは、ILPの抽出に別の選択肢を与えてくれる。これらのアプローチのトレードオフや限界の中からいくつかを以下に列挙する。

- 大規模に投機実行するために、メモリ参照のあいまいさを解消する必要がある。ポインタ操作を含む整数系プログラムに対して、コンパイル時にこの操作を解析・決定することは難しい。ハードウェアを用いる方式では、すでにTomasuloアルゴリズムの説明で見た方法を用いれば、メモリアドレスのあいまいさを実行時に解消できる。あいまい性を解消することで、ロード命令をストア命令より先に実行するように実行時に移動できる。投機的なメモリ参照は、コンパイラの消極性を克服するのに役立つが、気を付けて使用しないと失敗時の回復のオーバーヘッドが利得を超えてしまう。
- コンパイル時に制御フローが予測できない時や、コンパイル時の静的予測よりもハードウェア実装の分岐予測が優れている時には、ハードウェア実装の投機実行がよりうまく働く。これは多くの整数系プログラムに当てはまる。例えば、良い静的予測はSPEC92ベンチマークの主な整数系プログラムでおおよそ16%の予測失敗率となるが、ハードウェア実装の予測では10%以下である。予測が間違っていると投機実行された命令はプログラムの計算速度を低下させるので、この差は非常に大きい。このために、静的スケジューリングを採用するプロセッサでも動的分岐予測器を備えている。
- ハードウェア実装の投機実行は、投機実行される命令に対しても完全に正確な例外モデルを維持する。同様に近年のソフトウェア的アプローチでも、これを可能にするための特別なサポートを追加している。
- ハードウェア実装の投機実行では、補償コードやブックキーピングコードは不要である。いくら先進的であってもソフトウェア実装の投機機構では、それらが必要になる。

- コンパイラ方式のアプローチでは、コードシーケンスの広い範囲を探索することができるという利点があり、完全にハードウェア的なアプローチよりも良いコードスケジューリングが可能かもしれない。
- 動的命令スケジューリングを実施するハードウェア実装の投機実行は、高性能を達成するためであっても、異なるアーキテクチャの実装に対して別々のコードを必要としない。この利点を定量的に評価するのは難しいが、長期的にはそれが最も重要かもしれないし、IBM 360/91 開発の動機の 1 つだった。一方で、最近の IA-64 のような並列性を明示するアーキテクチャでは、コードシーケンスのハードウェア依存性を減少させている。

ハードウェアで投機実行をサポートする場合の不利な点の大きなものは、複雑になることとハードウェアの追加が必要になることである。このハードウェアコストは、ソフトウェア的アプローチで必要なコンパイラの複雑さと、プロセッサを単純化できる程度と利得を天秤にかけて評価しなければならない。

動的アプローチとコンパイラを用いるアプローチとを組み合わせることで、それぞれの良いとこ取りを狙った設計も存在する。そのような組み合わせは興味深いが、隠れ相互作用を生じることもある。例えば、条件付きmove命令がレジスタリネーミングと組み合わせられると微妙な副作用が現れる。無効化された条件付きmove命令は、命令パイプラインの最初の方でリネームされているので、やはりデスティネーションレジスタに値をコピーしなければならない。これらの微妙な相互作用は、設計や検証を複雑にし、また性能を低下し得る。

Intel Itanium プロセッサは、ILP と投機のためのソフトウェアサポートの点で、それまでに設計されたものの中で最も野心的なコンピュータだが、設計者の希望を満たせなかった。特に汎用の非科学技術コードに対しては、3.10 節で議論した困難さを検討した結果、設計者のさらに ILP を抽出する野心が萎えてしまった。このため、ほとんどのアーキテクトはクロック当たり 3 から 4 命令発行のハードウェア機構で妥協した。

3.10.2　投機実行とメモリシステム

投機実行や条件付き命令をサポートするプロセッサのつきものは、投機実行しなければ生じない無効なアドレスを生成する可能性があることだ。保護例外が起これば間違った振る舞いを示すだけでなく、投機実行による利益が誤った例外のオーバーヘッドに押し潰される。したがって、メモリシステムは投機的に実行した命令と条件付きで実行した命令を特定し、それらにかかわる例外を抑えなければならない。

同じような理由で、上記のような命令が、キャッシュをミスし、ストールをひき起こすことは許されない。なぜなら、不要なストールはやはり投機による利益を圧倒するからだ。したがって、これらのプロセッサはノンブロッキングキャッシュと組み合わせなければならない。

現実には、L2 ミスのペナルティは非常に大きいので、コンパイラは通常 L1 ミスを投機するだけだ。コンパイラが複数の L2 ミスに対応できれば、性質の良い科学技術計算のプログラムの中には、L2 ミスペナルティを効果的に取り除けるものがあることが、図 2.5 に示されている。繰り返すが、これがうまく機能するためには、キャッシュの後ろに控えるメモリシステムが、同時に可能なメモリアクセス数の点でコンパイラの目標と合致しなければならない。

3.11　マルチスレッディング：単一プロセッサスループット改善のためのスレッドレベル並列性抽出

本節で扱う、マルチスレッデングは、他の章とも関連する話題である。なぜならパイプラインとスーパースカラや、グラフィック処理ユニット（第 4 章）、そしてマルチプロセッサ（第 5 章）に対してマルチスレッディングの導入は妥当だからである。ここでこの話題を紹介し、パイプラインとメモリのレイテンシを隠蔽するための複数のスレッドを利用した、単一プロセッサスループット向上のためのマルチスレッディング利用を探求する。次章では、マルチスレッディングが GPU でも同様の利点を供する仕組みを眺める。そして最後に、第 5 章ではマルチスレッディングとマルチプロセシングの組み合わせを探求する。マルチスレッディングはハードウェアにより多くの並列性を供する主要な方式なので、これらの話題は密接に関連しあっている。厳密な意味ではマルチスレッディングはスレッドレベル並列性を利用していて、第 5 章で扱うべき話題である。しかし、パイプライン利用効率改善と GPU との両方の役割を考え、ここでこのコンセプトを紹介する。

ILP を利用する性能向上にはプログラマがあまり意識しなくて良いという利点があるが、これまで見てきたように、特定のアプリケーションでは ILP は非常に限定されていたり、あるいは抽出が困難である。特に、穏当な命令発行速度では、キャッシュミスによりメモリやオフチップキャッシュにアクセスするレイテンシは、取り出せる ILP で隠すことができそうもない。もちろん、キャッシュミスによる待ちでプロセッサがストールすると、機能ユニットの利用効率は格段に低下する。

長いメモリストールを隠そうとして、もっと大きな ILP を利用する試みの効果には限界がある。では他にはアプリケーションの中にあるどのような形の並列性がメモリ遅延を隠すのに利用できるだろうか、という自然な問いが生まれる。例えば、オンラインのトランザクション処理システムは、リクエストによって発生する複数のクエリやデータ更新の間に自然な並列性を持っている。多くの科学技術計算アプリケーションは、自然界の 3 次元並列構造をモデル化しているため、自然な並列性が備わっていることはもちろんである。その構造は独立したスレッドで利用できる。最近の Windows ベースの OS は、複数のアプリケーションを動作させることが多いので、これが並列性の供給源となる。

マルチスレッディングは、単一プロセッサの機能ユニットをオーバーラップした形式で複数のスレッドが共有することを可能にする。ILP とは違って、**スレッドレベル並列性**（**TLP**）を抽出するよりもっと一般的な方法は、同時に動作している複数の独立したスレッドが動くマルチプロセッサを用いることである。しかし、マルチスレッディングはマルチプロセッサとは違って、プロセッサ全体を複製するわけではなく、プロセッサコアの大部分をスレッド間で共有し、レジスタやプログラムカウンタ等のスレッド固有の状態だけを複製する。第5章で見ることになるが、多くの最近のプロセッサは単一チップ上に複数のプロセッサコアを一体化すると同時に、各コアではマルチスレッディングも提供している。

プロセッサのスレッド毎の状態を複製するということは、各スレッドに独立したレジスタファイルやPC、そしてページテーブルを与えるということだ。メインメモリは仮想メモリで共有可能で、仮想メモリはすでにマルチプログラミングをサポートしている。加えて、比較的高速に異なるスレッドへ切り替える能力をハードウェアがサポートしなければならない。つまり、一般にプロセススイッチは数百から数千サイクルを要するが、これよりもスレッドスイッチはかなり効率良くなければならない。もちろん、マルチスレッディングのハードウェアが性能向上を達成するには、このプログラムが並行に実行できる複数のスレッドから構成されていなければならない（アプリケーションがマルチスレッド化されていると言う）。コンパイラ（典型的には、並列性の構文を持つ言語から）あるいはプログラマが各々のスレッドを識別する。

マルチスレッディングには3つの主要なハードウェアアプローチがある。**細粒度マルチスレッディング**はクロック毎にスレッドを切り替える。その結果、複数スレッドからの命令列はインターリーブ実行されることになる。切り替え時にストール中のスレッドをスキップしながら**ラウンドロビン**に実施されることが多い。細粒度マルチスレッディングの利点の1つは、そのストールがたった数サイクルであっても、あるスレッドのストール中に他のスレッドの命令を実行できるので、短いストールと長いストールの両方で生じるスループットの損失を隠蔽できることである。細粒度マルチスレッディングの不利な点は、第1に各スレッドの実行を遅くしてしまうことが挙げられる。なぜなら、ストールしないで実行可能なスレッドであっても他のスレッドの命令が挟まるからである。すなわち、（レイテンシで測定する時の）単一スレッドの性能悪化とマルチスレッド化によるスループット向上を引き換えにする。

SPARCのT1からT5プロセッサ（元はSunで作られたが、現在はOracleと富士通で作られている）は、細粒度マルチスレッディングを使っている。これらのプロセッサは、トランザクション処理やWebサービスなどのマルチスレッド化されたワークロードを用いていた。T1は、プロセッサ当たり8コア、コア当たり4スレッドを装備している。これに対してT5は、16コアと、コア当たり128スレッドを装備している。最近のバージョン（T2〜T5）では、4〜8プロセッサを装備している。次の章で見ていくNVIDAのGPUも細粒度マルチスレッディングを利用している。

粗粒度マルチスレッディングはマルチスレッディングのもう1つの選択肢として考案された。粗粒度マルチスレッディングは、2次あるいは三次キャッシュミスのような損失の大きなストール時にのみスレッドを切り替える。この変更により、スレッド切り替えのコストをゼロに近付ける必要性を緩和し、1つのスレッドを遅くする可能性を下げる。なぜなら、損失の大きなストール時にのみ他スレッドの命令が発行されるからだ。

しかし、粗粒度マルチスレッディングにはスループット損失に対する対策が限定的であるという大きな欠点があり、悩ましい。特に短いストール時には深刻となる。この制限は、粗粒度マルチスレッディングにおける大きなパイプライン起動コストから生じる。粗粒度マルチスレッディングが可能なCPUは単一のスレッドから命令を発行するので、ストールが生じると新しいスレッドが実行を開始するまでパイプラインにはバブルが生じるだろう。この起動オーバーヘッドのために、粗粒度マルチスレッディングは、パイプラインの詰め替えの時間がストール時間に比べて無視できるような非常にコストの高いストールのペナルティを削減するという戦略に向いている。いくつかの研究プロジェクトが粗粒度マルチスレッディングを検討したが、現在の主要なプロセッサはこの方式を使っていない。

マルチスレッディングの最も一般的な実装法は**同時マルチスレッディング**（**SMT**：simultaneous multithreading）と呼ばれるものである。同時マルチスレッディングは細粒度マルチスレッディングの一種で、複数命令発行/動的スケジューリングプロセッサの上に細粒度マルチスレッディングを実装すると自然にでき上がる。他の形態のマルチスレッディングと同じく、SMTはプロセッサで生じる長いレイテンシのイベントを隠蔽するのにスレッドレベル並列性を利用し、結果として、機能ユニットの利用率が向上する。SMTにおける鍵は、レジスタリネーミングと動的スケジューリングが、それらの間の依存関係に配慮することなく独立したスレッドからの複数の命令の実行を可能にするという洞察である。依存解決は動的スケジューリング機能によって処理される。

図3.31は、以下のプロセッサ構成に対して、プロセッサがスーパースカラ資源を利用する能力の観点での違いを概念的に示している。

- マルチスレッディングのサポートがないスーパースカラ
- 粗粒度マルチスレッディングをサポートするスーパースカラ

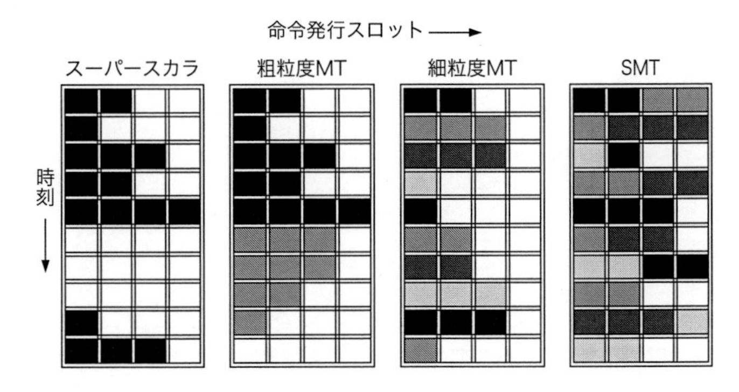

図3.31 4つの異なるアプローチがスーパースカラプロセッサの機能ユニット実行スロットを使用する様子

水平方向は、各クロックサイクルに命令を実行できる能力を表している。垂直方向は、クロックサイクルのシーケンスを表している。空の四角（白い四角）は、そのクロックサイクルでその四角に対応する実行スロットが使用されないことを示している。灰色や黒色の四角は、マルチスレッドプロセッサ内の異なるスレッドに対応する。黒色は、マルチスレッディングのサポートがないスーパースカラの場合に、占有された発行幅を示すためにも使用される。SunのT1とT2（別名Niagara）プロセッサは細粒度マルチスレッドプロセッサで、一方Intel社のCore i7とIBM社のPower7プロセッサはSMTを利用する。T2は8スレッド、Power7は4スレッド、Intel i7は2スレッドである。現存するすべてのSMTでは、一度に1スレッドだけから命令が発行される。SMTにおける違いは、命令発行と後続の命令実行の決定が分離しており、同じクロックサイクルでいくつかの異なる命令からの操作を実行できることだ。

- 細粒度マルチスレッディングをサポートするスーパースカラ
- 同時マルチスレッディングをサポートするスーパースカラ

マルチスレッディングのサポートがないスーパースカラでは、命令発行スロットの利用がILPの不足によって制限される。それにはメモリレイテンシを隠蔽するILPを含む。2次キャッシュや3次キャッシュのレイテンシが大きいため、多くのプロセッサはアイドル状態になる。

粗粒度マルチスレッドスーパースカラプロセッサでは、同じプロセッサ資源を使用する他のスレッドに切り替えることで、長いストールの一部が隠蔽される。この切り替えによって、完全にアイドルなサイクルの数が削減される。しかし、粗粒度マルチスレッドプロセッサでは、スレッド切り替えが起こるのはストールが発生した時に限られる。新しく起動されたスレッドにはスタートアップの期間があるので、完全にアイドルなサイクルがある程度は残りがちである。

細粒度の場合には、スレッドのインターリーブ実行が完全に未使用スロットを削除できる。加えて、毎クロックサイクルで発行されるスレッドが異なるので、レイテンシの長い操作を隠蔽できる。命令発行と実行が繋がっているので、スレッドは実行可能な命令だけを発行できる。これは命令発行幅が狭い場合には問題ではない（1サイクルが占められるか否かである）。このことが、細粒度マルチスレッディングが1命令発行のプロセッサでは完璧にうまくいく理由であり、SMTではうまくいかない。実際に、SunのT2プロセッサでは毎クロック2命令発行であるが、異なるスレッドからの命令である。これにより複雑な動的スケジューリングのアプローチを必要としないが、その代わりに、もっと多くのスレッドでレイテンシを隠すという手段に頼ることになる。

複数命令発行で動的スケジューリングを行うプロセッサの上に、細粒度マルチスレッディングを実装するとSMTとなる。現実に存在するすべてのSMT実装では、どの命令がレディであるかを決定するために動的スケジューリングを利用し、同じサイクルで異なるスレッドから命令の実行を行えるとしても、すべての命令発行は1つのスレッドから行う。図3.31はこれらのプロセッサの実際の動作を極めて単純化しているが、一般的なマルチスレッディングの性能における潜在的な利点と、広い命令発行幅で動的命令スケジューリングするプロセッサにおけるSMTの潜在的な利点が読み取れる。

同時マルチスレッディングは、これをサポートするためのハードウェア機構の多く（仮想レジスタファイルを含む）は、動的スケジューリングプロセッサにすでに備わっている。スレッド毎のリネーム表を追加し、スレッド毎に独立したPCを保持し、複数のスレッドからの命令をコミットする能力を付加すれば、アウトオブオーダプロセッサ上にマルチスレッディングを構築できる。

3.11.1 スーパースカラプロセッサ上での同時マルチスレッディングの効果

疑問の中心は、SMTを実装するとどのくらいの性能向上が得られるのかということである。2000年〜2001年にかけてこの問いが探求された時には、次の5年間で動的スケジューリングスーパースカラはもっと発行幅を広げているだろうと設計者らは予想していた。投機的な動的スケジューリングを施してクロック当たり6から8命令発行、同時に実行される多くのロード-ストア命令、大きな1次キャッシュ、そして複数のコンテキストから同時に発行およびリタイアされる機能を持つ4から6つのコンテキストが実現されるだろうと予想していた。

結果として、マルチプログラムのワークロードにおける2倍以上の性能向上という、シミュレーションによる研究結果は現実的ではないものになってしまった。実際には、現状のSMT実装では1つのスレッドからフェッチできるコンテキストはたった2つから4つであるに過ぎず、そのうちの1つからしか発行しない。その結果、SMTから得られる恩恵もほんのささやかなものである。

Esmaeilzadeh等の広範で洞察に富む測定結果によって、i7プロセッサコア単体でのSMTによる利益を、一連のマルチスレッドアプリケーションを使って性能とエネルギーの点から知ることができる［Esmaeilzadeh *et al*, 2011］。

ベンチマークは図3.32にまとめられているとおり、並列化科学技術計算アプリケーションを集めたものと、DaCapoとSPEC Javaスイートから選んだマルチスレッドJavaプログラムのいくつかから構成されている。Intel i7プロセッサは2スレッドのSMTをサポー

blackscholes	Black-Scholes PDEでオプションのポートフォリオを値付け
bodytrack	目印なしに人間の体を追尾
canneal	キャッシュを意識するシミュレーテッドアニーリングでチップの配線コストを最小化
facesim	可視化の目的で人間の顔の動きをシミュレート
ferret	投入された画像に似た画像を探すサーチエンジン
fluidanimate	SPHアルゴリズムによるアニメーションのために物理的に液体の動きをシミュレート
raytrace	可視化のための物理的シミュレーション
streamcluster	データポイントの最適なクラスタリングを概算
swaptions	Heath-Jarrow-Mortonフレームワークでスワップオプションのポートフォリオを値付け
vips	画像に一連の変換を適用
x264	MPG-4 AVC/H.264ビデオエンコーダ
eclipse	統合化開発環境
lusearch	テクスト検索ツール
sunflow	写真品質のレンダリングシステム
tomcat	Tomcatサーブレットコンテナ
tradebeans	Tradebeansデイトレーダベンチマーク
xalan	XMLドキュメントを変換するためのXSLTプロセサ
pjbb2005	SPEC JBB2005に手を加えたもの（時間ではなく問題サイズで固定されている）

図3.32 i7プロセッサを使って、マルチスレッディングを調査するために、第5章でマルチプロセシングを調査するのに用いられる並列ベンチマーク

表の上半分は［Biena *et al.*, 2008］が集めたPARSECベンチマークから成る。PARSECベンチマークはマルチコアプロセッサ向けの計算が支配的な並列アプリケーションを示している。下半分はDaCapoコレクション（［Blackburn *et al.*, 2006］を見ること）から選んだマルチスレッドJavaベンチマークとSPECから選んだpjbb2005とからなる。これらのベンチマークには、すべてある程度の並列性がある。DaCapoとSPEC Javaワークロードの中にある他のJavaベンチマークは、複数のスレッドを使用しているが真の並列性を持たないためここでは使用していない。これらのベンチマークの特徴の追加情報は論文［Esmaelizadeh *et al.*, 2011］を参照されたい。それは、ここと第5章での測定に関連している。

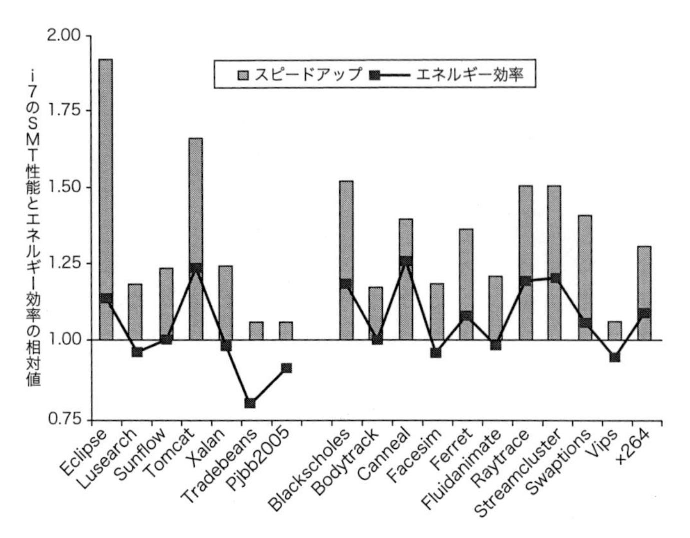

図 3.33 i7 プロセッサの 1 コアでマルチスレッディングを使用した場合の平均で速度向上率は、Java ベンチマークで 1.28、PARSECベンチマークで 1.31 である（重み付けなしの調和平均を使っており、単一スレッドのベース値で各ベンチマークの実行に要するトータル時間が同じになるワークロードを意味する

エネルギー効率は（相乗平均で）それぞれ平均 0.99 と 1.07 である。エネルギー効率で 1.0 より上の値は、平均電力を増加させるよりももっと実行時間を削減していることを意味している。2 つの Java ベンチマークはわずかな速度向上比しか得られておらず、そのためエネルギー効率で非常に悪化している。すべての場合でターボブーストは無効化している。これらのデータは、Oracle（Sun）の HoTSpot build 16.3-b01 Java 1.6.0 仮想マシンと gcc v4.4.1 コンパイラとを使用して、Esmaeilzadeh 等が収集と解析を行った［Esmaeilzadeh *et al.*, 2011］。

トしている。SMT を無効/有効にして i7 プロセッサの 1 コアでこれらのベンチマークを実行した時の性能比とエネルギー効率比を、図 3.33 に示す（エネルギー消費量の逆数であるエネルギー効率を図示しているので、速度向上比と同様に高い値ほど良い）。

2 つのベンチマークについては小さな改善しか得られなかったが、Java ベンチマークにおける速度向上比の相乗平均は 1.28 である。これらの 2 つのベンチマーク、pjbb2005 と tradebeans はマルチスレッド化が施されているがそもそも並列度が小さい。それらは、SMT プロセッサで実行することでいくばくかの性能改善（それは限定的であることが分かるのだが）が得られるだろうと期待されるマルチスレッドプログラムの典型であるので、ベンチマークに加えた。PARSEC ベンチマークでは Java ベンチマークよりも若干大きな改善（調和平均で 1.31）があった。もし tradebeans と pjbb2005 を外せば、実際には Java ワークロードは PARSEC ベンチマークよりも高い速度向上比（1.39）となる。（図 3.33 のキャプションで、相乗平均で結果をまとめることの意味についての議論を参照されたい）。

エネルギー消費量は、速度向上比と消費電力の増加とを組み合わせて決定した。Java ベンチマークでは、平均して SMT は非 SMT と同じエネルギー効率（平均 1.0）であったが、結果が悪い 2 つのベンチマークが押し下げている。tradebeans と pjbb2005 を除けば、平均のエネルギー効率は Java ベンチマークで 1.06 であり、PARSEC ベンチマークと同じくらい良い結果となる。PARSEC ベンチマークでは、SMT はエネルギーを $1-(1/1.08)=7\%$削減している。このようなエネルギーを削減しつつ性能を改善できる事例を見つけることは**非常に困難**である。もちろん、どちらの場合でも SMT に伴う静的電力は考慮されており、この結果、エネルギー増はやや大きくなっている。

これらの結果は、SMT を広くサポートする積極的な投機実行プロセッサにおいては、SMT はエネルギー効率を改善できる良い方法であることをはっきり示している。この点では、積極的な ILP アプローチは失敗した。2011 年時点で、シンプルなコアを多く提供することと洗練されたコアを少数提供することの間の力関係は、多くのコアへシフトしている。各コアは 3 から 4 命令発行のスーパースカラで 2 から 4 スレッドをサポートしている。実際 Esmaeilzadeh 等は、SMT によるエネルギー改善は Intel i5 プロセッサ（i7 プロセッサに似ているが、キャッシュが小さくクロック速度が低い）や Intel Atom プロセッサ（ネットブッと PMD 向けに設計された 80x86 プロセッサで、3.13 節で紹介している）でより大きくなることを明らかにしている［Esmaeilzadeh *et al.*, 2011］。

3.12 総合的実例：ARM Cortex-A53とCore i7 6700

この節では、2 つの複数命令発行プロセッサ、タブレットやスマフォに使われている ARM Cortex-A53 コアと、高性能、動的スケジューリングを行い、投機実行のプロセッサで高性能デスクトップとサーバで用いられている Intel Core i7 6700 を見て行こう。単純な方から始めよう。

3.12.1 ARM Cortex-A53

A53 は 2 命令同時発行、静的にスケジュールされたスーパースカラで、動的発行検出を行っており、1 クロックで 2 つの命令を実行できる。図 3.34 は、その基本的なパイプライン構造を示す。分岐命令以外の整数命令用には頭文字で示す 8 つのステージ、F1、F2、D1、D2、D3/ISS、EX1、EX2、WB がある。パイプラインはインオーダであり、命令は、結果が利用可能になり、先行する命令が開始され終えた時のみに、実行開始可能である。すなわち、次の 2 つの命令に依存性があると、両方とも適切な実行パイプラインに入れられる。しかし、パイプラインの最初に入った特に直列化される。スコアボードベースの発行ロジックが最初の命令の結果が利用可能になったことを示すと、2 つ目の命令が発行可能になる。

命令フェッチを使う 4 サイクルでは、次の PC を生成するアドレス生成ユニットを持っている。このユニットは、最後の PC をインクリメントするか、次の 4 つの予測器から 1 つを取ってくる。

1. 単一エントリの分岐ターゲットキャッシュ。2 つの命令キャッシュフェッチを含む（予測が正しい場合の、分岐に続く 2 つの命令）。このターゲットキャッシュは最初のフェッチサイクルの間にチェックされ、ヒットしたら次の 2 つの命令がターゲットキャッシュから供給される。ヒットして予測が正しい場合、分岐は遅延サイクルなしで実行される。
2. 3072 エントリのハイブリッド予測器。分岐ターゲットキャッシュにヒットせず、F3 の間で動作するすべての命令で使われる。この予測器で扱う分岐は 2 サイクルの遅延を被る。
3. 256 エントリの間接分岐予測器、F4 の間動作する。この予測器による分岐予測は、正しく予測された場合に、3 クロックの遅

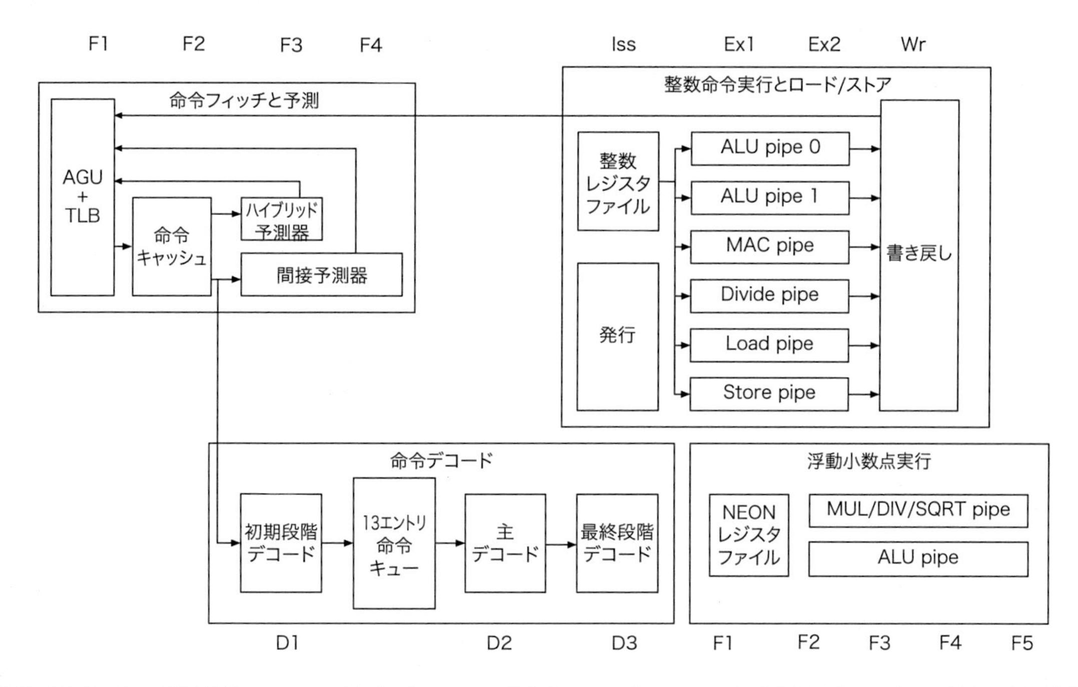

図 3.34　A53 整数パイプラインの基本構造は 8 ステージである。F1、F2 は命令フェッチ、D1、D2 は基本的なデコード、D3 はもっと複雑な命令のデコードで、最初の実行ステージパイプライン（ISS）とオーバーラップされる

ISS の後、Ex1、Ex2、SB ステージはレジスタパイプラインを終了する。分岐は 4 つの違った予測器をタイプ別に使い分ける。浮動小数実行パイプラインは 5 サイクルの深さで、追加の 5 サイクルがフェッチとデコードで必要な結果、合わせて 10 ステージとなる。

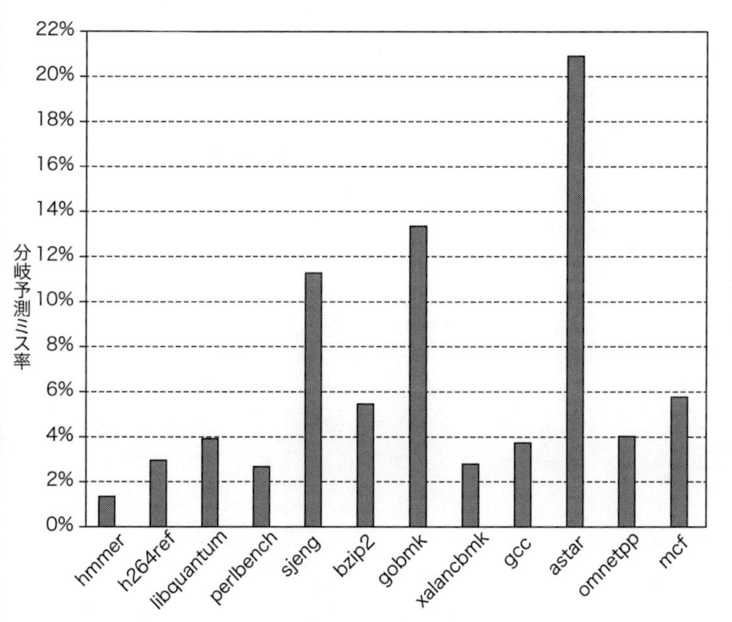

図 3.35　SPECint2006 実行時のA53 分岐予測器の予測ミス率

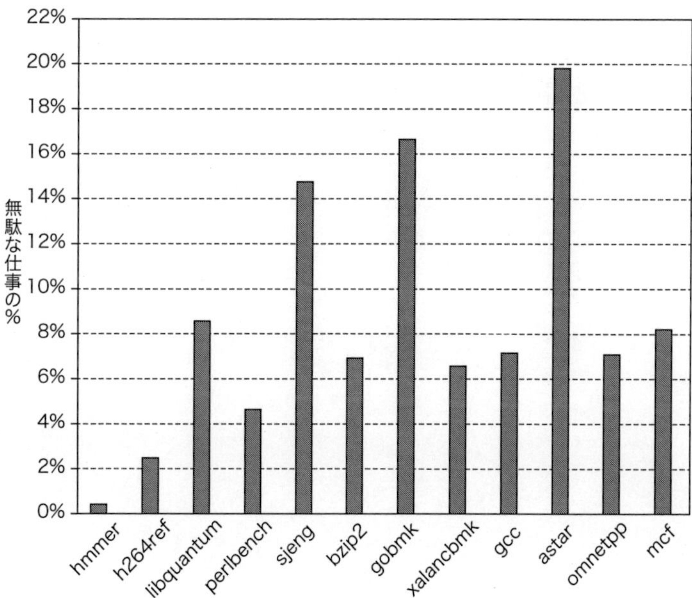

図 3.36　A53 の分岐予測ミスにより無駄に行われた仕事

A53 はインオーダーマシンなので、無駄になった仕事の総量は、その要因によって決まる。これには、データ依存性とキャッシュミスがあり、両方共ストールを生じる。

延を被る。

4. 深さ 8 のリターンスタック。F4 の間動作し、3 クロックの遅延を被る。

分岐の決定は、ALU のパイプ 0 で行われ、結果として分岐予測ミスのペナルティは 8 サイクルになる。図 3.35 は SPECint2006 におけるミス率を示す。無駄に行われた仕事の総計は、予測ミス率と、予測ミスした後の時間帯に分岐が続く発行率によって決まる。図 3.36 が示すように、無駄に行われた仕事は、時に大きかったり小さかったりするが、主に予測ミス率によって決まる。

A53 パイプラインの性能

A53 は、2 命令同時発行構成のため、理想の CPI は 0.5 である。パイプラインストールは、以下の 3 つが原因で起こり得る。

1. **構造ハザード**。同時に発行された 2 つの隣り合った命令が、同じ機能パイプラインを利用するために起きる。A53 は静的スケジュールなので、コンパイラがこのような競合を避けるようにすべきだろう。このような命令が逐次的に生じるならば、実行パイプラインが始まる所で順番付けされ、最初の命令だけ、実行を開始する。
2. **データハザード**。パイプラインの最初の段階で検出され、両方の命令（最初のが発行できなければ、2 番目は常にストールする）あるいは 2 番目のものだけストールする。
3. **制御ハザード**。分岐予測がミスした時だけ生じる。

TLB ミスとキャッシュミスもストールを生じる。命令フェッチの側については、TLB あるいはキャッシュミスは命令キューを埋める遅延を生じ、その先のパイプラインにストールを生じる。もちろん、これは L1 ミスか L2 ミスかによって影響を受ける。L1 ミスは、ミスの際キューが一杯ならば、大部分が隠蔽されるが、L2 ミスは、ずっと長くなる。データの側については、キャッシュあるいは TLB ミスはパイプラインのストールを生じる。ミスを生じるロードあるいはストアがパイプラインに沿って処理できないためである。他のすべての引き続く命令はストールしてしまう。図 3.37 は CPI とさまざまな影響を見積もったものを示す。

A53 は、段数の浅いパイプラインを用いており、そこそこ積極的な分岐予測器を使っていて、これがパイプラインの損失が酷くならないようにしている。このことで、プロセッサは高いクロック周波数を使うことができ、電力消費はさほど大きくない。i7 と比較すると、A53 は 4 コアプロセッサでほぼ 1/200 の電力である。

3.12.2 Intel Core i7

i7 は積極的なアウトオブオーダ、投機を用いるマイクロアーキテクチャであり深いパイプラインを用いており、複数命令発行と高いクロック周波数により高い命令スループットの実現を目標にしている。最初の i7 プロセッサは 2008 年に導入され、i7 6700 は第 6 世代である。i7 の基本構造は同じだが、後の世代では、キャッシュ構成の変更（例えば積極的なプリフェッチ）、メモリバンド幅の増強、並行実行される命令数の増強、分岐予測の強化、グラフィックのサポートの改善を通じて性能向上を実現している。初期の i7 マイクロアーキテクチャは、リザベーションステーションとリオーダバッファをアウトオブオーダ実行、投機的なパイプラインのために用いていた。i7 6700 を含む、後のマイクロアーキテクチャでは、レジスタリネーミングを用いて、リザベーションステーションを機能ユニットに対するキューとして用い、リオーダバッファを制御情報の追跡に用いている。

図 3.38 は、i7 パイプラインの全体構成を示す。このパイプラインを命令フェッチから始めて命令コミットまで図に付した番号の順に見て行くことにしよう。

1. 命令フェッチ：プロセッサは手の込んだマルチレベルの分岐予測器を使い、速度と予測精度のバランスを取っている。関数からのリターンを高速化するために戻り番地スタックも装備している。分岐ミスは約 17 サイクルのペナルティを生じる。命令フェッチユニットは、予測アドレスを用いて命令キャッシュから 16 バイトをフェッチする。
2. 取って来た 16 バイトをデコード前の命令バッファに入れる：この段階で、**マクロ命令融合**（macro-op fusion）が実行される。マクロ命令融合は、比較直後の分岐などの命令の組み合わせを検出し、単一の命令に融合して、1 つの命令として発行、割り

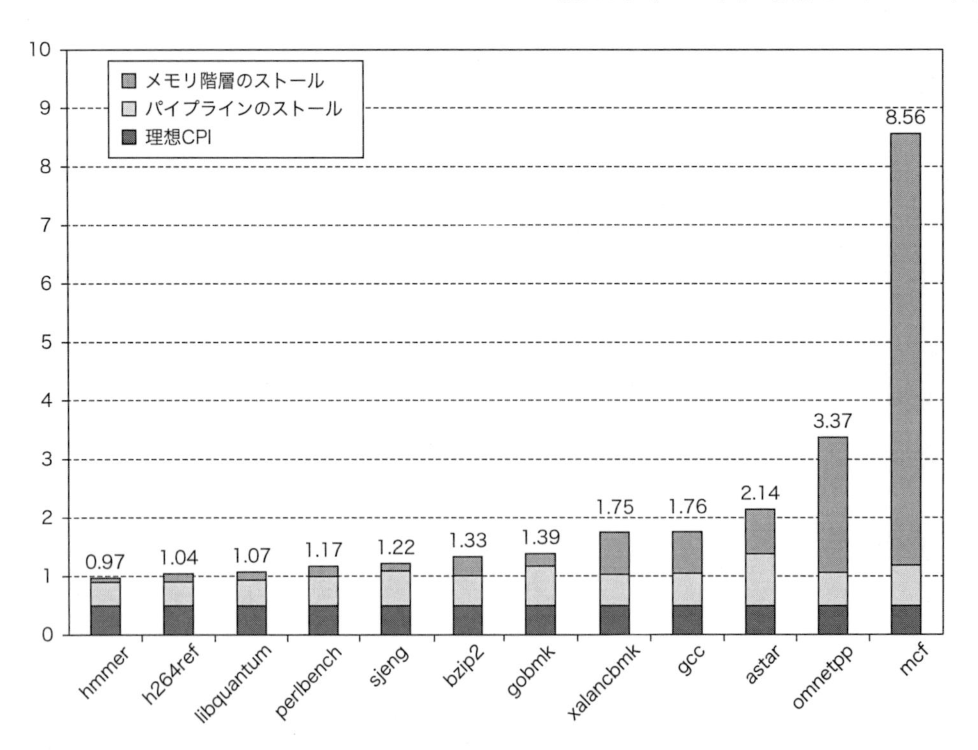

図 3.37　ARM53 の CPI の組成見積もりは、パイプラインストールの割合が大きいことを示すが、最も性能の悪いプログラムではキャッシュミスが桁外れに大きなものなっている

この見積もりは L1 と L2 のミス率と、L1 と L2 が命令当たり生じるストールから計算したペナルティを使って行っている。これらを、パイプラインストールを含む詳細なシミュレータで測った CPI から差し引いている。パイプラインストールはすべてのハザードを含んでいる。

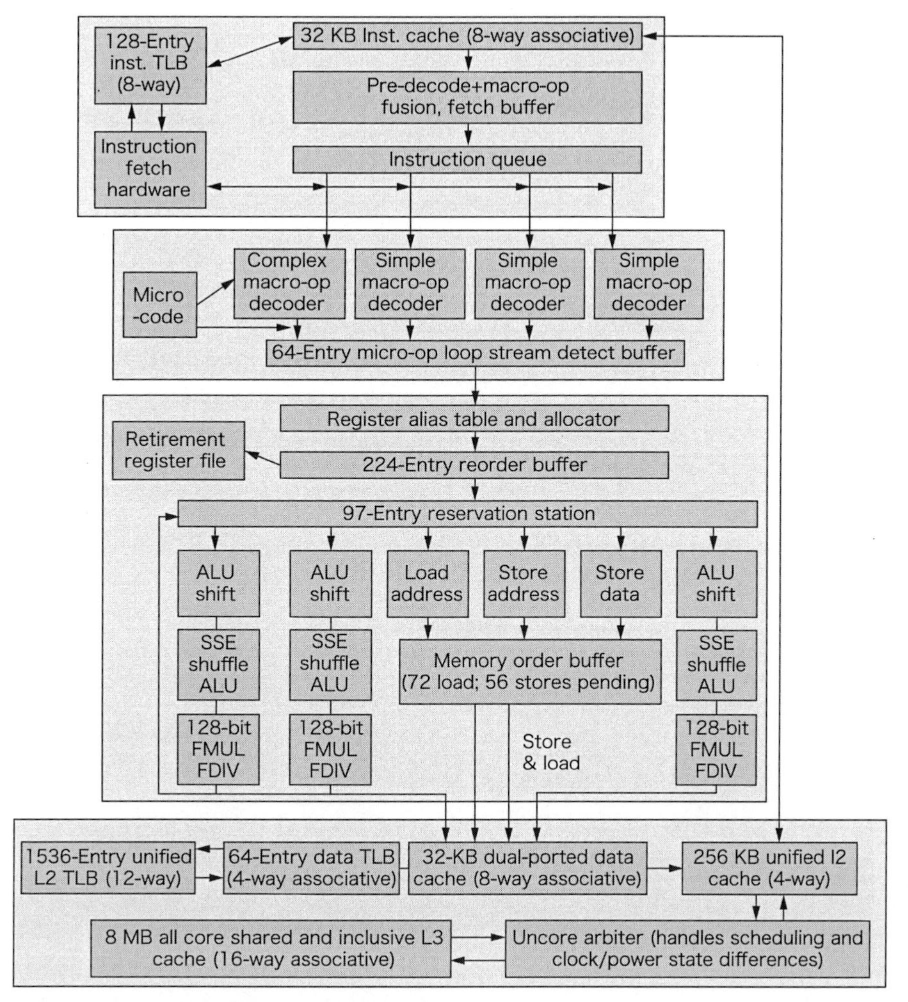

図 3.38 メモリシステム構成を含んだ Intel Core i7 パイプライン構成

全体のパイプラインの深さは 14 ステージになり、分岐ミスのペナルティは、17 サイクルを要する。このうち余分な数サイクルは分岐予測器をリセットする時間のようだ。6 個の独立した機能ユニットは、それぞれ同一サイクル内で準備のできたマイクロ命令を実行できる。レジスタリネーミングテーブルは、4 つまでマイクロ命令を処理できる。

当てができるようにする。決まった特殊な場合のみが融合可能である。これは、最初の結果を次の命令が使うこと（例えば比較–分岐）が既知でなければならないからだ。Intel Core アーキテクチャ（小容量のバッファを多数持っていた）の研究で、Bird らは、マクロ融合は、整数プログラムの性能に大きな効果を及ぼすことを示した [Bird *et al.*, 2007]。悪影響を及ぼしたプログラムが少数あったものの、8%〜10%の平均性能向上を実現した。FP プログラムでの効果はほとんどなく、実の所、SPECFP ベンチマークのうち半数近くには悪影響が見られた。プリデコードステージでは、16 バイトをそれぞれの x86 命令に分解する。このプリデコード処理は、x86 命令の長さが 1 から 17 バイトになること、プリデコーダは命令長が分かるまでに何バイトも見て行かなければならないことにより、結構大変である。それぞれの x86 命令（このうちいくつかは融合されている）は、命令キューに入れられる。

3. マイクロ命令デコード：それぞれの x86 命令は、マイクロ命令に変換される。マイクロ命令は RISC-V に類似した単純な命令であり、パイプラインで直接実行できる。この x86 命令セットを、パイプラインでより簡単に扱える命令に変換するアプローチは、1997 年の Pentium Pro で導入され、ずっと使われている。3 つのデコーダは、直接単一のマイクロ命令に変換できる x86 命令を取り扱う。もっと複雑な文法の x86 命令は、マイクロコードエンジンが扱い、マイクロ命令のシーケンスを生成する。これは、各サイクルで最大 4 つのマイクロ命令を生成でき、必要なマイクロ命令が生成し終わるまで続ける。マイクロ命令は、64 エントリのマイクロ命令バッファ中の x86 命令の順番に従って、配置される。
4. マイクロ命令バッファが、**ループ流検出**（loop stream detection）と、**マイクロ融合**（microfusion）を実行する：ループを含む命令の小さなシーケンス（64 命令未満）が存在する場合に、ループ流検出器は、ループを検出してバッファからマイクロ命令を直接生成する。この場合、命令フェッチと命令デコードステージは使われない。マイクロ融合は、ALU 命令と関連するストアなどの命令ペアを融合し、単一のリザベーションステーションに発行する（独立に発行することも可能）、このためバッファの利用率が向上する。マイクロ命令融合は、整数プログラムでは恩恵が小さく、FP プログラムでは大きいが、結果は幅広く変動する。整数と FP プログラムで違った結果が出る原因は、たぶん、認識されて融合されるパターンと頻度が、整数と FP で違うためだろう。i7 は、リオーダバッファのエントリ数が非常

リソース	i7 920 (Nehalem)	i7 6700 (Skylake)
マイクロ命令キュー（スレッド当たり）	28	64
リザベーションステーション	36	97
整数レジスタ	NA	180
FP レジスタ	NA	168
実行中のロードバッファ	48	72
実行中のストアバッファ	32	56
リオーダバッファ	128	256

図 3.39 最初の世代の i7 と最近の世代の i7 のバッファとキュー

Nehalem はリザベーションステーションに加えてリオーダバッファを持った構成である。後のマイクロアーキテクチャでは、リザベーションステーションはリソースのスケジュールを行い、リオーダバッファではなくレジスタリネーミングを使っている。Skylake マイクロアーキテクチャのリオーダバッファは、バッファ制御情報を提供するだけのために使われる。各種バッファとリネーミングレジスタのサイズは、時には適切な範囲ならばどのように選んでも良いように見えるが、広くシミュレーションを行った結果に基づいているようだ。

に大きいため、両方の技法ともに効果は小さくなるだろう。

5. 基本的な命令発行を行う：レジスタテーブルのレジスタの位置を検索して、レジスタをリネーミングし、リオーダバッファエントリを割り付け、レジスタやリオーダバッファに存在する結果があればすべてを取ってくる。上記はマイクロ命令をリザベーションステーションに送る前に行う。クロック当たり最大4つのマイクロ命令が処理され、次の利用可能なリオーダバッファのエントリに割り付けられる。
6. i7 は、6つの機能ユニットにより共有される集中化されたリザベーションステーションを使っている。最大6個のマイクロ命令が各クロックサイクルで機能ユニットに割り付けられる。
7. マイクロ命令が個別の機能ユニットで実行され、結果が待機中のリザベーションステーションとレジスタリタイアメントユニットに送られる。そこで、レジスタの状態を、命令が投機的でなくなったことが分かった時に更新する。リオーダバッファ中の命令に対応するエントリには完了という印を付ける。
8. リオーダバッファの先頭の1つあるいはそれ以上の命令に完了という印が付いた時に、レジスタのリタイアメントユニットのペンディングされた書き込みが実行され、命令はリオーダバッファから取り除かれる。

分岐予測器の変更に加え、初代の i7 (920, Nahelem マイクロアーキテクチャ) と第6世代 (i7 6700, Skylake マイクロアーキテクチャ) は、さまざまなバッファ、リネーミングレジスタ、リソースのサイズに違いがあり、これによりもっと多くの命令を並行実行できるようになっている。図 3.39 にこれらの違いをまとめている。

i7 の性能

以前の節で、i7 の分岐予測器の性能と、SMT の性能を検証してきた。この節では、単一スレッドパイプライン性能を見て行こう。積極的な投機とノンブロッキングキャッシュにより、理想的性能と実際の性能のギャップを正確に分析するのは難しい。6700 の拡張キューとバッファは、リザベーションステーション、リネーミングレジスタあるいはリオーダバッファが足りないことによるストールをかなり減らしている。実際、初期の i7 920 のバッファは小さいが、リザベーションテーブルが使えないことによるロードの遅延は約3%に過ぎない。

損失の多くは、分岐予測ミスと、キャッシュミスに起因している。分岐予測ミスのペナルティは 17 サイクルであり、これに対して L1 ミスのコストは 10 サイクルである。L2 ミスは L1 ミスの3倍よりも少し大きく、L3 ミスは、L1 ミスの約 13 倍（130-135 サイクル）である。バッファのいくつかは、ミスが完了する前に一杯になり、このためプロセッサは、命令発行ができなくなる可能性がある。

図 3.40 は、19 個の SPECCPUint2006 ベンチマークの CPI 全体を、初期の i7 920 の CPI と比較して示す。i7 6700 の平均 CPI は 0.71 で、i7 920 の 1.06 と比べておおよそ 1.5 倍優れている。この違

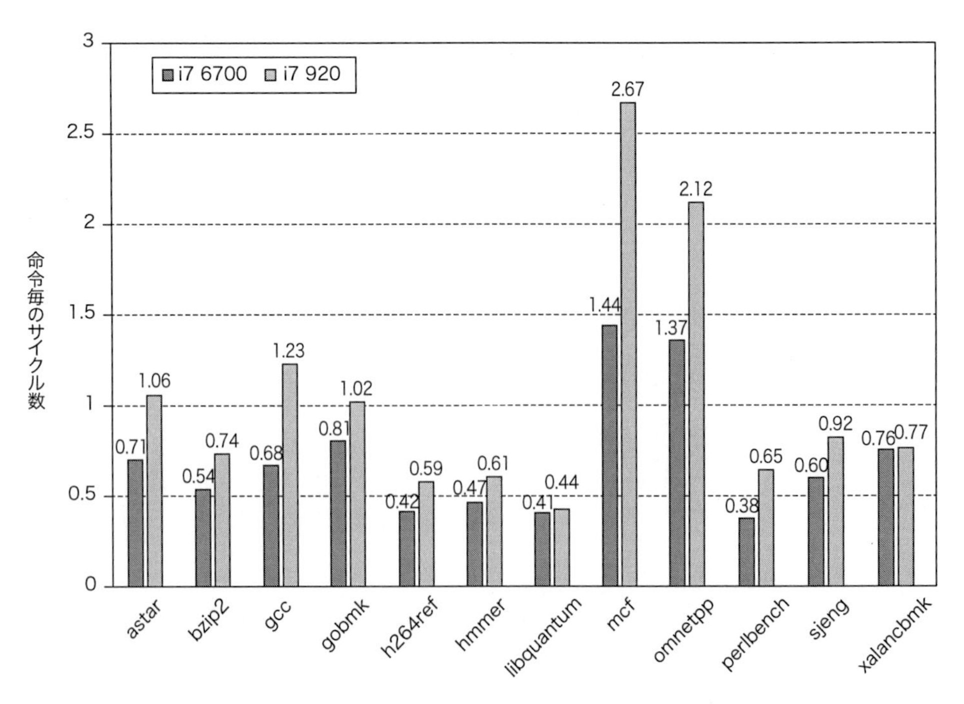

図 3.40 i7 6700 と i7 920 で実行した SPECCPUint2006 の CPI

この節のデータは、Louisiana State University の Lu Peng 教授と博士課程学生の Qun Liu により収集された。

ベンチマーク	CPI 率 (920/6700)	分岐予測ミス率 (920/6700)	L1 デマンドミス率 (920/6700)
ASTAR	1.51	1.53	2.14
GCC	1.82	2.54	1.82
MCF	1.85	1.27	1.71
OMNETPP	1.55	1.48	1.96
PERLBENCH	1.70	2.11	1.78

図 3.41　5 つの整数ベンチマークの解析結果

i7 6700 と 920 の最大性能差を含んでいる。この 5 つのベンチマークは分岐予測ミス率の改良と、L1 デマンドミス率の削減を示している。

いは、分岐予測器の改良と、要求ミス率の減少から来ている（図 2.26 参照）。

6700 が達成した CPI の大きな改善を理解するために、最大の改良を実現したベンチマークを見て行こう。図 3.41 は、920 が、6700 の CPI より最低 1.5 倍大きくなる 5 つのベンチマークを示す。面白いことに、3 つを除いたベンチマークは、分岐予測精度において大きな改善（1.5 以上）を示すが、HMMER、LIBQUANTUM、XALANCBMC の 3 つのベンチマークでは i7 6700 の L1 要求ミス率は、同じか若干高くなっている。このミスは、積極的プリフェッチにより、実際に使われているキャッシュブロックが置き換えられてしまったためだろう。この種の動作は、設計者に、複雑な投機実行の複数発行プロセッサの性能を最大化するに当たっての課題を思い起こさせる。マイクロアーキテクチャの一部だけをチューニングしても、大きな性能向上を実現することは滅多にできないのだ！

3.13 誤った考えと落とし穴

誤った考えについては、クロック速度や CPI のような単一の尺度で性能とエネルギー効率を予測し推測の基礎とすることは困難であるという点に焦点を当てよう。アーキテクチャ的なアプローチが異なると、ベンチマークが異なる時の振る舞いが非常に異なりうるということも示そう。

誤った考え：製造技術を同じにすれば、命令セットアーキテクチャが同じで実装が異なる 2 つのヴァージョンの性能とエネルギー効率を予測することはたやすい。

Intel 社はローエンドのネットブックと PMD 向けに、Atom 230 と呼ばれるプロセッサを製造している。これは x86 アーキテクチャの 64-bit と 32-bit バージョンで、ARM A53 の 1 コアプロセッサである A8 のマイクロアーキテクチャと非常に似ている。興味深いことに、Atom 230 と Core i7 920 はどちらも同じ Intel 社の 45nm 製造技術で製造されている。図 3.42 に Intel Core i7、ARM Cortex-A8、そして Intel Atom 230 をまとめた。これらの共通点により、基礎となる製造技術が固定で同じ命令セットで非常に異なる 2 つのマイクロアーキテクチャを直接比較できるという、滅多にない機会が得られる。比較に入る前に Atom 230 についてもう少々説明する必要がある。

Atom プロセッサは、x86 命令を RISC 風命令に変換する標準的な技術で x86 アーキテクチャを実装している（すべての x86 の実装が 1990 年代半ばからそうしている）。Atom はもう少々強力なマイクロ命令を採用しており、算術演算がロードあるいはストア操作と

		Intel i7 920	ARM A8	Intel Atom 230
項目	細目	4 コア、それぞれに FP 有り	1 コア、FP なし	1 コア、FP 有り
チップの物理的なプロパティ	クロック速度	2.66GHz	1GHz	1.66GHz
	熱設計	130W	2W	4W
	パッケージ	1366 ピン BGA	522 ピン BGA	437 ピン BGA
メモリシステム	TLB	2 レベル、 4-ウェイセットアソシアティブ、 128 エントリ命令 64 エントリデータ、 512 エントリ L2	1 レベル、 フルアソシアティブ、 32 エントリ命令 32 エントリデータ	2 レベル、 4-ウェイセットアソシアティブ、 16 エントリ命令 16 エントリデータ、 64 エントリ L2
	キャッシュ	3 レベル 32KiB/32KiB 256 KiB 2～8MiB	2 レベル 16/16 または 32/32KiB 128KiB～1MiB	2 レベル 32/24KiB 512KiB
メモリシステム	ピークメモリ BW	17GiB/s	12GiB/s	8GiB/s
パイプライン構成	ピーク発行幅	4ops/clock フュージョン有り	2ops/clock	2ops/clock
	パイプラインスケジューリング	アウトオブオーダ投機	インオーダ動的発行	インオーダ動的発行
	分岐予測	2 レベル	2 レベル 512 エントリ BTB 4K 広域履歴 8 エントリリターンスタック	2 レベル

図 3.42　4 コアの Intel i7 920、ARM A8 プロセッサチップの典型的な一例（256MiB L2 キャッシュ、32KiB L1 キャッシュを持ち、浮動少数点演算器を持たない）、そして Intel Atom 230 の概要は、PMD（ARM の場合）やネットブック（Atom の場合）での利用を意図したプロセッサと、サーバやハイエンドデスクトップでの使用を意図したプロセッサとの間の違いを明らかにしている

i7 は、それぞれが 1 コアの A8 や Atom よりも数倍性能が高いコアを 4 つ持つことを思い出そう。これらのプロセッサはすべてほぼ同じ 45nm テクノロジで実装されている。

結合されることを可能にしている。このことは、典型的な命令ミックスで平均してわずか4%の命令が2つ以上のマイクロ命令を必要とするに過ぎないことを意味している。ARM A8と同様に、マイクロ命令は、クロック当たり2命令発行でインオーダの16ステージパイプラインで実行される。ARM A8よりも汎用的な二重実行をサポートするが、それでもインオーダ発行の、2つのALU、FP加算と他のFP演算に独立したパイプライン、そして2つのメモリ操作パイプラインを装備している。Atom 230は32KiBの命令キャッシュと24KiBのデータキャッシュを持ち、それらのどちらにも同じチップ上にある512KiBの共有L2キャッシュが控えている。(Atom 230は2スレッドのマルチスレッディングもサポートしているが、単一スレッドでの比較のみを考慮する)。

同じテクノロジと同じ命令セットで実装されているこれら2つのプロセッサは、相対的な性能とエネルギー消費の観点での振る舞いが予測可能である。つまり、電力と性能はほぼ線形にスケールする。3つのベンチマークセットを使ってこの仮説を調べる。1つめのセットは、Decapoベンチマークと SPEC JVM98ベンチマークから選んだJavaの単一スレッドベンチマークから構成される（ベンチマークと測定についての議論は［Esmaeilzadeh *et al.*, 2011］を参照されたい）。2つ目と3つ目のベンチマークセットはSPEC CPU2006からのもので、それぞれ整数系とFP系ベンチマークから構成される。

図3.43に見られるようにi7はAtomを凌駕している。i7は、すべてのベンチマークで少なくとも4倍速く、2つのSPECfpベンチマークで10倍速く、1つのSPECintでは8倍速い！

これら2つのプロセッサのクロック周波数の比は1.6であるので、i7が優位な理由の多くはその低いCPIである。その比はJavaベンチマークで2.8、SPECintベンチマークで3.1、SPECfpベンチマークで4.3である。

しかし、i7の平均消費電力は43Wの少しだけ下であり、一方でAtomの平均消費電力は4.2Wであり、ほぼ10分の1の電力だ。性能と電力を組み合わせると、Atomが典型的には1.5倍、しばしば2倍の電力効率で優位にあることが分かる。同じテクノロジを仮定して2つのプロセッサを比較すると、「動的命令スケジューリングと投機を行う積極的なスーパースカラが性能において優位であるのは、エネルギー効率において**著しく不利**であることによる」ということが明らかだ。

誤った考え：CPIの小さなプロセッサの方がどんな場合でも速い。

誤った考え：クロック速度の速いプロセッサの方がどんな場合でも速い。

性能を決定するのはCPIとクロック速度の積であるということが鍵だ。CPUに深いパイプラインを施して速いクロック速度を得ると、その速いクロックによる利益を存分に享受するためには小さなCPIを維持しなければならない。同様に、クロック速度は速いがCPIの大きな単純なプロセッサは遅い。

上の誤った考えで見たように、たとえISAが同じでも異なる環境向けに設計されたプロセッサの間では、性能とエネルギー効率が著しい違いを見せる。実際、ハイエンドアプリケーション向けに設計

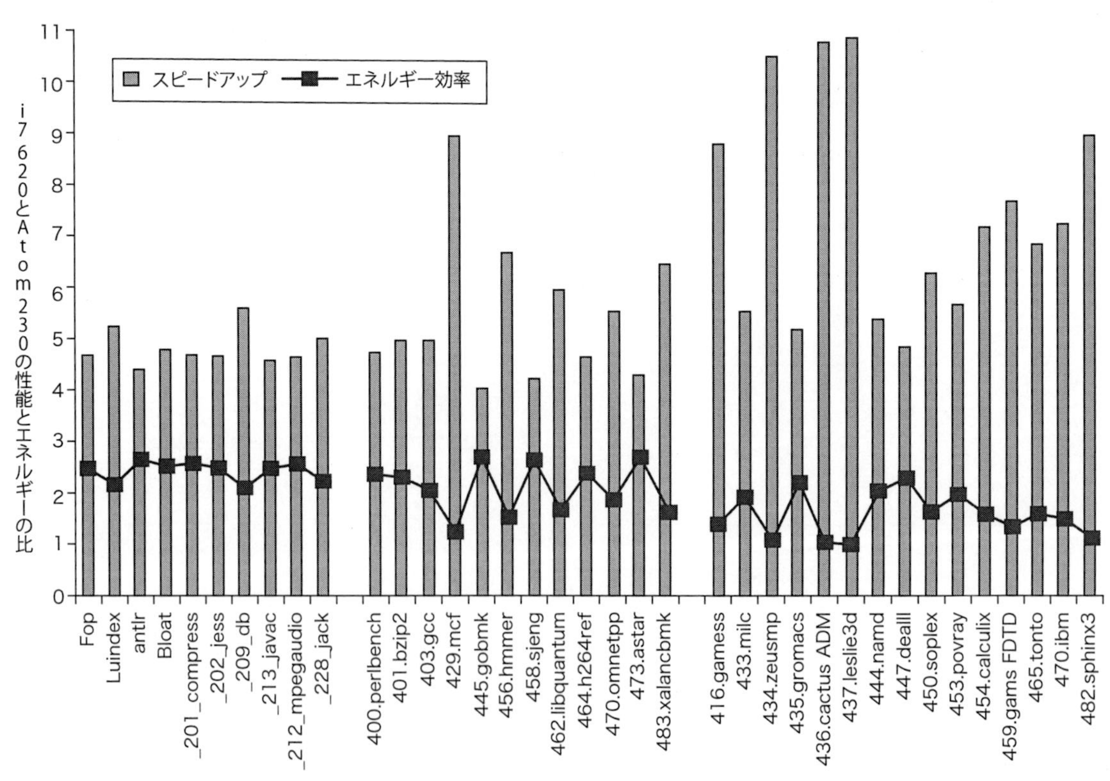

図3.43　一群のシングルスレッドベンチマークに対する相対的な性能と電力効率については、i7 920はAtom 230の4から10倍速いが電力効率は平均で2倍悪い!性能はAtomに対するi7の相対値、すなわち、i7での実行時間をAtomでの実行時間で割った値が棒グラフで表されている。
エネルギーはAtomのエネルギーをi7のエネルギーで割った値として折線グラフで表されている。エネルギー効率の点ではi7は決してAtomに勝ることはないが、4つのベンチマークでは良い結果を見せている。それらのうちの3つは浮動小数点ベンチマークである。ここで示すデータはEsmaeilzadeh等が収集したものである［Esmaeilzadeh *et al.*, 2011］。SPECベンチマークは標準的なIntel製コンパイラで最適化してコンパイルされた。一方、JavaベンチマークはSun（Oracle）のHotspot Java VMを使っている。i7では1コアだけを使用し、残りは深い省電力モードにある。i7ではターボブーストを使っており、性能を改善するが、エネルギー効率をやや悪化させる。

プロセッサ	実装技術	クロック周波数	電力	SPEC Int2006 使用	SPEC FP2006 使用
Pentium 4 670	90nm	3.8GHz	115W	11.5	12.2
Itanium 2	90nm	1.66GHz	104W approx, 70W one core	14.5	17.3
i7 920	45nm	3.3GHz	130W total approx, 80W one core	35.5	38.4

図 3.44 3 つの異なる Intel 製プロセッサは大きく違う

Itanium プロセッサは 2 コアを、i7 は 4 コアを持つが、このベンチマークでは 1 コアだけを使用している。電力の欄は、熱設計電力を示す。マルチコアの場合は 1 コアが動作する場合を評価している。

されている同じ会社製のプロセッサファミリーであっても、性能には大きな差が表れる。Intel 社の x86 アーキテクチャの 2 つの製品と Itanium の、整数性能と FP 性能が図 3.44 に示されている。

Pentium 4 はこれまでに Intel 社が作った中で最も積極的なパイプライン実装をしたプロセッサだった。20 以上のステージを持つパイプラインを使用し、7 つの機能ユニットを持ち、x86 命令ではなくマイクロ命令をキャッシュしていた。その野心的な実装から得られた性能は相対的に劣っていたために、もっと多くの ILP を引き出そうする試み（容易に 50 命令を実行できた）が失敗に終わったことが明らかになった。Pentium 4 の 1 次キャッシュは i7 の半分で、2 次キャッシュはたったの 2MiB しか持たず、3 次キャッシュは持たなかったので、Pentium 4 のトランジスタ数は i7 よりも少なかった。それにも関わらず、Pentium 4 の消費電力は i7 と似たようなものだった。

Intel 社の Itanium は VLIW スタイルのアーキテクチャをとる。動的スケジューリングを行うスーパースカラと比較して潜在的には複雑度が小さいにも関わらず、（i7 と似たような CPI を達成していたが）主流の x86 プロセッサと比肩するクロック速度を達成することはなかった。これらの結果を検討すると、これらのプロセッサは異なる製造テクノロジを使用しており、そのことがトランジスタの速度とその結果のクロック速度の点で同じようなパイプラインプロセッサに比べて i7 にとって有利に働いたということが分かるに違いない。それでもなお性能における大きな違い——Pentium 4 と i7 では 3 倍以上——があることは驚きだ。次の落とし穴で、この非常に大きな利点が何に起因するのかを説明する。

落とし穴： 時には大きいだけで芸がない方が良いことがある。

2000 年代の初期に、ILP を引き出すために積極的なプロセッサを作ることに大きな関心が集まった。その中には、マイクロプロセッサの中でこれまでで最も深いパイプラインを使用した Pentium 4 とクロック当たりのピーク発行幅がこれまでで最も大きな Itanium がある。ILP 抽出を制約するものはしばしばメモリシステムであることが、すぐに明らかになった。投機的なアウトオブオーダパイプラインは 1 次キャッシュミスの 10 から 15 サイクルのペナルティの一部を隠すことはかなり得意であったが、メインメモリにアクセスすると 50 から 100 クロックサイクルになる 2 次キャッシュミスのペナルティを隠すことはほとんどできなかった。

結果として、たくさんのトランジスタを使い非常に洗練された賢い方法であったにもかかわらず、ピークの命令スループットを達成できなかった。次節で、このジレンマと積極的な ILP 手法からマルチコアへの転換について議論する。しかし、この落とし穴の良い例となる新たな変化があった。大きなメモリレイテンシを ILP で隠蔽するのではなく、トランジスタを単純により大きなキャッシュに対して振り向けたのだ。Pentium 4 が 2 次キャッシュまでなのと異なり、Itanium2 と i7 の両方とも 3 次キャッシュを備えており、Pentium 4 の 2 次キャッシュが 2MiB だったのに対し、Itanium2 と i7 の 3 次キャッシュはそれぞれ 9MiB と 8MiB である。言うまでもなく、大きなキャッシュを作ることは 20 ステージ以上の Pentium 4 を設計するよりもたやすく、図 3.44 のデータから分かるように、より効果的である。

落とし穴： そして、ある時は賢い方が、大きくて芸がないよりも良い。

過去 10 年間のもっとびっくりするような成果は、分岐予測においてなされた。TAGE の登場により、より手の込んだ予測器が単純な gshare 予測器に比べて同じビット数で高い性能を実現することを示した（図 3.8 参照）。この成果が驚異的な点の 1 つは、タグ付き予測器が実際保存する予測数は少ないことである。これは、タグを保存するためにもビットを使っているからである。一方、gshare は大きな予測の配列を持っている。とはいうものの、ある分岐を別の分岐の予測器と間違って使うということがないことの利点は、bit を予測器でなくタグに割り当てることを十分正当化する。

落とし穴； 正しい技術さえ持っていれば、大きな ILP が利用可能であると信じている。

大きな ILP を利用しようとする試みはいくつかの原因で失敗した。しかし、最も重要なもので、何人かの設計者が最初受け入れなかったことは、今までの構造化されたプログラム中に、投機を使ったとしても、大きな ILP を見出すことができないということだ。David Wall が 1993 年に行った有名な研究（[Wall, 1993] 参照）では、さまざまな理想的な状態における利用可能な ILP の総計を分析した。彼の結果は、2017 年で最も進んだプロセッサの能力のおよそ 5 倍から 10 倍の能力であるとまとめることができる。Wall の研究は、さまざまな違ったアプローチを広く記述しており、ILP を探求する課題に興味がある読者は、全研究を読むことをお勧めしたい。

我々の考える積極的なプロセッサは、以下の特徴を持つ。

1. クロック当たり最大 64 命令の発行幅を持ち、発行される命令の組み合わせに制約を持たない。言い換えれば、2011 年時点での最大幅を持つプロセッサにおける全発行幅の 10 倍以上である。後に議論するが、クロック速度、論理の複雑さ、そして消費電力を考慮した上で極めて広い命令発行幅を実用化することは、ILP 抽出の最も深刻な制限となるかもしれない。
2. 1K エントリの容量を持つトーナメント分岐予測器と、16 エントリの容量を持つ戻り番地予測器を持つ。これは 2016 年時点で最も優秀な予測器に迫るもので、この予測器は主要なボトルネックとなっているわけではない。予測ミスは、1 クロックサイクルで取り扱われるが、投機能力を制限する。
3. メモリ参照のあいまい性は動的に完全に解消される。これは野心的ではあるが、小さな命令ウィンドウサイズ（したがって、命令発行幅も小さく、ロード-ストアバッファも小さい）もしくはアドレス衝突予測器を用いればたぶん達成可能である。

4. 64個のリネーミング整数レジスタと64個のリネーミング浮動小数点レジスタを追加することによるレジスタリネーミング。これは2011年における最も積極的なプロセッサよりもわずかに少ない。これは、この研究ではすべての命令のレイテンシがたった1サイクルであると仮定しているためである（これに対しi7やPower8では15以上になる）。一方、リネーミングレジスタの実質的な個数はこれらのプロセッサのどれに対しても5倍以上であった。

図3.45は、ウィンドウサイズを変えた時の命令発行数を示す。この構成は、現在の実装に比べて、特に命令発行数の点で複雑で高価である。それでも、将来の実装が取るであろう上限を与えてくれる。この図はもう一つの理由でも非常に楽観的と言える。それは、例えば、64命令のすべてがメモリ参照であったとしても、発行に制限がないとした点だ。近い将来には、このような能力をプロセッサに持たせることは考えもしないだろう。加えて、この結果を解釈するにあたって、キャッシュミスとこのユニット以外の遅延を勘定に入れていないこと、しかし両方とも影響が大きいことに注意されたい。

図3.45から分かる最もびっくりすることは、これまでの実際のプロセッサ上の制約としては、ウィンドウのサイズの影響が整数プログラムでは、FPプログラムに比べて厳しくないという点である。この結果は、この二つのタイプのプログラムの鍵となる違いである。FPプログラムは、ループレベル並列性を利用できるため、抽出可能なILPの総量が大きい。しかし整数プログラムには違った要素、すなわち分岐予測、レジスタリネーミング、並列性が小さいという点が最初から重要な制約となっている。この結果は、重要である。これは、過去10年間で拡大した市場の多くが、トランザクション処理やWebサーバなどの整数プログラム性能であって浮動小数ではないためである。

Wallの研究を信じない人もいた。しかし10年後、現実は、相当のハードウェア資源と誤った投機処理による大きなエネルギー損失があるにも関わらず、そこそこの性能向上しか得られない状態に沈み込んだ。このため、方針を変えざるを得なくなった。この議論については、この章の結論で再訪しよう。

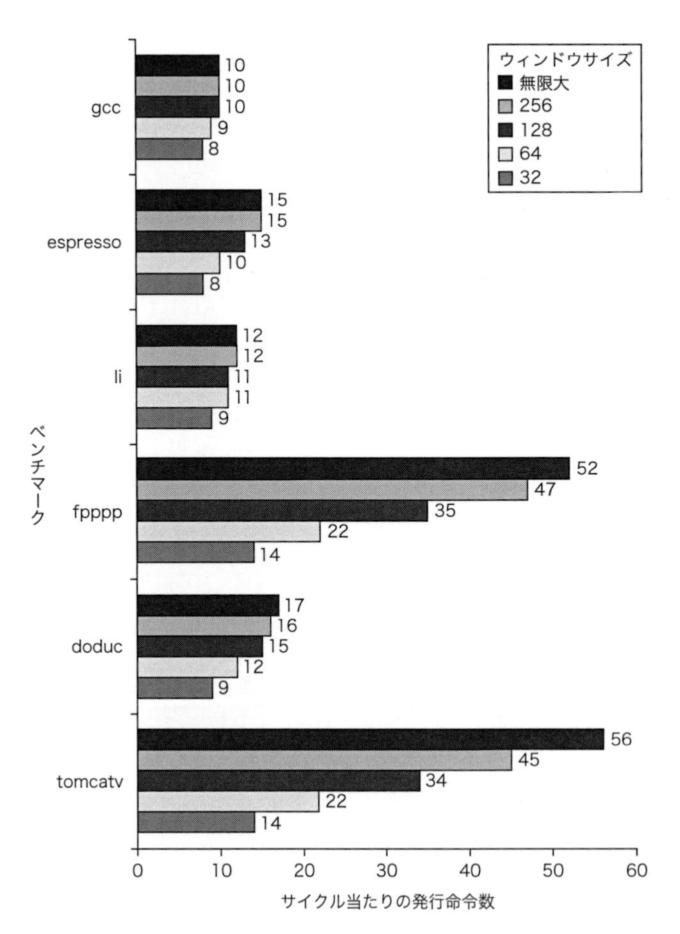

図3.45 クロック当たり最大64命令を制約なく発行できる場合の、命令ウィンドウサイズを変えた場合のさまざまな整数系および浮動小数点系プログラムにおける並列度

全演算がレイテンシ1でリネーミングレジスタ数が発行命令数と等しいので、ウィンドウサイズよりもリネーミングレジスタ数の方が少ないにもかかわらず、プロセッサが全ウィンドウ内の並列度を抽出できている。

3.14 おわりに：次は何か

2000年が始まった時、命令レベル並列性抽出への関心がピークに達していた。新しい世紀の最初の5年間、ILPを用いるアプローチが頂点に達し、新しいアプローチが必要であることが明らかになった。2005年までにIntel社や他の主なプロセッサメーカは、アプローチをマルチコアへの注力へ改宗した。高い性能は命令レベル並列性からではなくスレッドレベル並列性から達成され、プロセッサを効率よく利用する責任を負う者はハードウェアからソフトウェア、あるいはプログラマへと大きくシフトした。おおよそ25年前より以前のパイプラインと命令レベル並列性の黎明期以来、この変化はプロセッサアーキテクチャにおける最も注目すべき変化であった。

同じ間に、性能を得るための他のアプローチとしてデータレベル並列性をもっと利用することを開拓し始めた。SIMD命令拡張により、デスクトップやサーバ向けマイクロプロセッサはグラフィックなどの機能でそれなりの性能向上を達成した。グラフィック処理ユニット（GPU）がSIMD演算を積極的に使うようになり、大きなデータレベル並列性を持つアプリケーションで非常に大きな性能向上を達成したことは、もっと重要なことである。科学技術計算では、一般的ではあるが効率が悪いスレッドレベル並列性をマルチコアで利用するのに比べて、このアプローチは実現性の高い選択肢である。次章でデータレベル並列性の利用における発展を探求する。

多くの研究者たちがILPの利用が縮小されると予測した。そして、2命令発行スーパースカラプロセッサと大量のコアが将来有望であると予測した。しかし、やや高めの発行レートと投機的な動的スケジューリングの能力とが1次キャッシュミスのような予測困難なイベントを扱うのに有利であるので、中間的な大きさのILP（多くの場合クロック当たり4命令発行）のプロセッサがマルチコアデザインの構成要素として最も良く使われるようになった。SMTの追加とその効率の良さ（性能とエネルギー効率との両方で）により、ほどほどの数の命令発行でアウトオブオーダな投機的アプローチはその地位をさらに揺るぎがたいものとした。実際、組み込み市場においてですら、最新のプロセッサ（例えばARM Cortex-A9と

	Power4	Power5	Power6	Power7	Power8
登場年	2001	2004	2007	2010	2014
最初のクロック速度（GHz）	1.3	1.9	4.7	3.6	3.3
トランジスタ数（100 万個）	174	276	790	1200	4200
クロック当たりの発行幅	5	5	7	6	8
機能ユニット数	8	8	9	12	16
コア数/チップ	2	2	2	8	12
SMT スレッド数	0	2	2	4	8
オンチップキャッシュ総容量（MiB）	1.5	2	4.1	32.3	103.0

図 3.46　4 つの IBM Power プロセッサの特徴

静的スケジューリングでインオーダ発行だった Power6 を除いてすべて動的スケジューリング。そして全プロセッサがロード-ストアパイプラインを 2 つサポートする。Power6 は 10 進数ユニットの他は Power5 と同じ機能ユニットを持つ。Power7 は L3 キャッシュに DRAM を使用している。

Coretex A73）は動的スケジューリング、投機、そして広い命令発行幅を導入している。

将来のプロセッサが発行幅を非常に大きくしようとするとはとても思えない。単純にシリコンの有効利用とエネルギー効率の両方の点で、効率が悪いだけだ。IBM Power シリーズの最近 5 世代のプロセッサを示している図 3.46 のデータを検討しよう。過去 10 年以上に渡って、Power プロセッサでは ILP のサポートはわずかの改善しかない。一方で、トランジスタ数増加の大部分はキャッシュやチップ当たりのコア数を増やすことに使われた。SMT サポートの拡大ですら、ILP スループットの向上と比べると、より注目に値する。ILP の構成 は Power4 から Power8 の間に発行幅が 5 から 8 へ、機能ユニットが 8 から 16 へ（ロード-ストアユニットは最初の 2 から変化していない）となっただけだ。一方で、SMT サポートはもともとなかったがプロセッサ当たり 8 スレッドへと変わっている。同様の傾向は、i7 プロセッサの 6 つの世代に対しても見て取れる。増えた分のシリコンのほとんどすべてはコア数を増やすことに使われているのだ。次の 2 つの章で、データレベルとスレッドレベルの並列性を抽出するアプローチに注目する。

3.15　歴史展望と参考文献

L.5 節（オンラインで提供されている）では、パイプライン処理と命令レベル並列処理の発展が特集されている。このトピックについてのさらなる調査と探求のために、多くの参考文献が提供されている。L.5 節は第 3 章と付録 H をカバーしている。

3.16　ケーススタディと演習問題

（Jason D.Bakos と Robert P.Colwell による）

ケーススタディ：マイクロアーキテクチャ技法の影響

このケーススタディで説明される概念

- 基本的な命令スケジューリング、リオーダリング（命令の並び替え）、ディスパッチ
- 複数命令発行とハザード
- レジスタリネーミング
- アウトオブオーダと投機実行
- アウトオブオーダの資源を費やすべき場所

新しいプロセッサのマイクロアーキテクチャの設計を担当することになり、ハードウェア資源の割り当ての最善策を見つけ出さなければならない。第 3 章で学んだハードウェアとソフトウェアの手法で、どれを利用するべきだろうか。いくつかの代表的なプログラムコードとともに、機能ユニットとメモリレイテンシの一覧表が手元にある。上司は、新たなマイクロアーキテクチャの設計に必要な性能目標についてはっきりと示してくれないが、他の事情はさておき、経験的に言って速ければ速いほど良いということは分かっている。さあ、基本的な所から始めよう。図 3.47 はここで利用するプロセッサの命令と遅延の一覧である。

3.1 ［10］〈3.1、3.2〉図 3.47 の示したコードシーケンスについて、直前の命令の実行が完了するまで新しい命令の実行ができないとした時、ベースラインのパフォーマンス(1 回のループ当たりのサイクル数)はどうなるだろうか。図 3.47 に示したコードシーケンスについて、先行する命令の実行が完了するまで、新しい命令の実行を始められない場合のベースライン性能（1 回のループ当たりに必要なサイクル数）はどのくらいだろうか。フロントエンドの命令フェッチとデコードステージの影響は無視してよい。すなわち、次の命令が準備てきていないためにストールが発生することはない。ただし、サイクル当たり 1 命令しか発行できないもの

シングルサイクルを超えるレイテンシ	
メモリ LD	+3
メモリ SD	+1
整数 ADD、SUB	+0
分岐	+1
fadd.d	+2
fmul.d	+4
fdiv.d	+10

```
Loop:   fld      f2,0(Rx)
I0:     fmul.d   f2,f0,f2
I1:     fdiv.d   f8,f2,f0
I2:     fld      f4,0(Ry)
I3:     fadd.d   f4,f0,f4
I4:     fadd.d   f10,f8,f2
I5:     fsd      f4,0(Ry)
I6:     addi     Rx,Rx,8
I7:     addi     Ry,Ry,8
I8:     sub      x20,x4,Rx
I9:     bnz      x20,Loop
```

図 3.47　演習問題 3.1 から 3.6 のためのコードと遅延

と仮定する。また、すべての分岐命令は成立し、1サイクルの分岐の遅延を仮定する。

3.2 [10]〈3.1、3.2〉レイテンシがどのような意味を持つかを考えてみよう。レイテンシはある機能ユニットで結果が生成されるまでにかかるサイクル数である。もし、各機能ユニットのレイテンシサイクルの間、すべてのパイプラインがストールする場合には、少なくとも、任意の連続する命令の組（値を生成する「生産者」とその値を消費する「消費者」）が正しく実行されることが保障される。しかし、すべての命令の組が生産者と消費者の関係となるわけではないし、隣接する2つの命令は互いに何も関係ないという場合もある。単に1つの実行ユニットがビジーであるからといって、盲目的にパイプラインをストールさせるのではなく、パイプラインが真のデータ依存を検出して、それらのみでパイプラインをストールさせる場合を考えた時、図3.47のコードシーケンスのループにかかるサイクル数はどのようになるだろうか。レイテンシが生じる部分を示し、それに対応する必要がある箇所に<stall>を挿入したコードを示せ。

ヒント：レイテンシ「+2」の命令は、2つの <stall>サイクルをコードに挿入する必要がある。

考え方：1サイクルの命令は1＋0のレイテンシがあると考える（0サイクルの追加のレイテンシがあると考える）。つまり、1＋1のレイテンシは1サイクルのストールを表し、1＋NのレイテンシはNサイクルのストールがあると考える。

3.3 [15]〈3.1、3.2〉複数命令発行の設計について考えてみよう。ここでは、1サイクル当たり1つの命令の実行を開始できる2つのパイプラインを持ち、フロントエンドは、パイプラインにストールを発生させることのない十分な命令フェッチ/デコードの帯域を持ち、ある1つの実行ユニットから、自分自身を含む他の実行ユニットに結果をフォワードできると仮定する。さらに、パイプラインがストールするのは真のデータ依存を発見した時だけであると仮定した時、図3.47のループを実行するのに必要なサイクル数はいくつになるだろうか。

3.4 [10]〈3.1、3.2〉演習3.3の複数命令発行の設計について、ある些細な問題に気がついただろうか。たとえ2つのパイプラインが同じ種類の命令を実行できたとしても、それは交換可能でも同じでもない。なぜならば、オリジナルのプログラムの命令列の順序を反映した命令間の暗黙の順序が存在するからである。例えば、命令N+1は命令Nよりも短い実行レイテンシの命令だとした場合に、命令Nがパイプ0で実行を開始するのと同時に命令N+1がパイプ1で実行を開始すると、プログラムの順序に関わらず、命令N+1は命令Nよりも早く完了してしまう。このことがハザードを引き起こす危険性があり、マイクロアーキテクチャの設計で特別な考慮を必要とする理由を2つ挙げよ。また、図3.47のコードを使って、このハザードを引き起こす2つの命令の例を挙げよ。

3.5 [20]〈3.1、3.2〉図3.47の示したコードの性能を実現するため、命令を並び替えよ。演習3.3の2つのパイプラインを持つアーキテクチャを仮定し、演習3.4のアウトオブオーダ完了における問題が正しく扱われたと仮定する。ここでは、真のデータ依存と機能ユニットのレイテンシのみに注目すれば良い。命令を並び替えたコードの実行サイクル数はいくつになるだろうか。

3.6 [10/10/10]〈3.1、3.2〉パイプラインで毎サイクル新しいオペレーションを開始できないことは、ハードウェアの潜在能力を活かす機会を失っていると言える。

a [10]〈3.1、3.2〉演習3.5で命令を並び替えたコードについて、両方のパイプについてサイクル数をカウントし、新しいオペレーションを開始できずに無駄になったサイクル数を求めよ。

b [10]〈3.1、3.2〉ループアンローリングはコードの性能向上が可能な機会を増やし、コードからより多くの並列性を見い出すための標準的なコンパイラの手法である。演習3.5で命令を並び替えたコードについて手作業で2回分ループ展開して示せ。

c [10]〈3.1、3.2〉どの程度の性能向上が得られただろうか。（この演習問題では、N回目と$N+1$回目の繰り返しを区別するため、命令に緑色を付けること。実際にループ展開を行う場合には、ループ繰り返し間でレジスタ衝突を避けるためにレジスタの再割当てが必要となる。）

3.7 [15]〈3.4〉コンピュータはそのほとんどの時間をループに費やす。複数のループの繰り返しは、CPUの計算資源をより有効に活用するために投機的に実行すべきコードを探す場所としてはうって付けである。しかしながら、これも全く簡単ではない。コンパイラがループのコードを単に複製しただけでは、たとえ個々のループが異なるデータを扱っていても、同じレジスタを使用しているように見えてしまう。複数のループが使用するレジスタどうしの衝突を避けるために、これらのレジスタをリネームする。図3.48にハードウェアがリネームを行おうとしているコード例を示す。

```
Loop:     fld       f2,0(Rx)
I0:       fmul.d    f5,f0,f2
I1:       fdiv.d    f8,f0,f2
I2:       fld       f4,0(Ry)
I3:       fadd.d    f6,f0,f4
I4:       fadd.d    f10,f8,f2
I5:       sd        f4,0(Ry)
```

図3.48　レジスタリネーミングの演習のためのサンプルコード

コンパイラはレジスタの競合を回避するために単純にループを展開し、異なるレジスタを利用するだけで良かった。しかし、ハードウェアでループを展開する場合は、レジスタリネーミングもハードウェアで行う必要があるだろう。さて、これはどのように実現すれば良いだろうか。ハードウェアにはコンパイラが指定したレジスタの代わりに利用できる、TレジスタというT0からT63までの64本の一時レジスタのプールがあると仮定する。このリネーミングのハードウェアはsrc（ソース）レジスタの番号をインデックスとして参照し、テーブルは、そのレジスタに最後に書き込みを行うデスティネーションに割り当てれたTレジスタの番号を格納する（テーブルの値を生産者、srcレジスタを消費者と考えると、テーブルから得られる値はsrcレジスタの値を供給する生産者のレジスタ番号となる。このため、テーブルによって生産者と消費者が対応付けられている限り、生産者が実際に使用する一時レジスタはどれでも構わない)。図3.48のコードシーケンスについて考えたい。コードにデスティネーションレジスタが現れる度に、T9から始まる次に利用可能なTレジスタへと置き換える。そして、それに対応してsrcレジスタを置き換える。この時、真のデータ依存を維持しなければならない。こうして得られるコードがどのようになるかを示せ。

ヒント:図3.49を参照せよ。

```
I0:        fld        T9,0(Rx)
I1:        fmul.d     T10,F0,T9
...
```

図3.49 レジスタリネーミング後の期待される出力例

3.8 [20]〈3.4〉演習3.7は単純なレジスタリネーミングを検討した。レジスタリネーミングを行うハードウェアはソースレジスタをチェックし、ソースレジスタをディティネーションターゲットとする最後の命令に割り当てられたTレジスタに置き換える。リネームテーブルは、デスティネーションレジスタを監視し、次に利用可能なTレジスタに置き換える。しかし、スーパースカラの設計では、レジスタリネーミングを含む、すべてのステージにおいて、クロックサイクル当たり複数の命令を扱う必要がある。単純なスカラプロセッサでは、サイクル毎に、複数の命令に対して、新しいデスティネーション(dest)レジスタの割り当てと、ソース(src)レジスタの割り当てを調べることができる。スーパースカラプロセッサについても同様のことが可能だと考えられるが、しかし、同時に処理される2つの命令間のソースとデスティネーションの関係も正確に守る必要がある。図3.50のサンプルコードについて考えたい。

```
I0:        fmul.d     f5,f0,f2
I1:        fadd.d     f9,f5,f4
I2:        fadd.d     f5,f5,f2
I3:        fdiv.d     f2,f9,f0
```

図3.50 スーパースカラにおけるレジスタリネーミングのためのサンプルコード

最初の2命令について同時にレジスタリネーミングを行うとしよう。さらに、最初の2命令のリネーミングを行っているクロックサイクルの最初に、次に利用可能な2つのTレジスタが判明していると仮定する。概念的には、2つの命令のうち、まず、1つ目の命令がリネームテーブルのルックアップをし、デスティネーションのTレジスタに置き換える。その後、2つ目の命令が1つ目の命令と同様に処理することで、命令間の依存関係を正確に維持できることを期待する。しかし、Tレジスタ番号をリネーミングテーブルに登録し、そして2つ目の命令が再度ルックアップするという処理を同じクロックサイクルの中で行う時間的余裕はない。したがって、これらのリネームテーブルの更新とレジスタの置き換え処理は同時に行う必要がある。図3.51は、コンパレータとマルチプレクサを使ったレジスタリネーミングをon-the-fly(2つの命令を同時にレジスタリネーミングができること)で実施できる回路図である。図3.50に示したコードのすべての命令について、クロックサイクル毎のリネームテーブルの状態を示せ。テーブルのエントリはそのインデックス(`T0 = 0; T1 = 1,...`)と等しい値で初期化されていると仮定する(図3.51)。

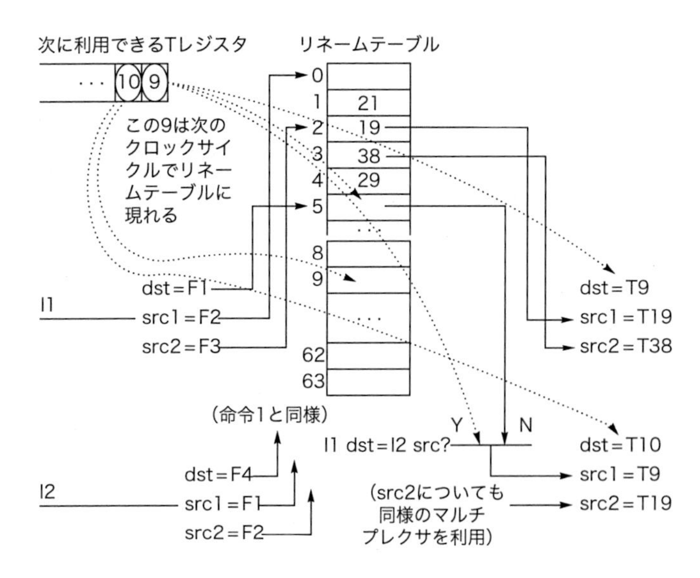

図3.51 Initial state of the register renaming table

3.9 [5]〈3.4〉レジスタリネーミング機構で何が行われなければならないか混乱した場合には、実行中のアセンブリコードに戻って、正しい結果として何が得られるべきかを考えれば良い。例えば、3-ウェイのスーパースカラマシンで3つの命令列を同時にリネーミングすることを考えよう。

```
add  x1, x1, x1
add  x1, x1, x1
add  x1, x1, x1
```

x1の値が5から開始して実行された場合、x1の値は何でなければならないだろうか。

3.10 [20]〈3.4、3.7〉超長命令語(VLIW)プロセッサの設計者は、アーキテクチャ上の決まりを考慮したレジスタの使い方について、いくつか基本的な選択をする。VLIWプロセッサはセルフドレイン(self-draining)の実行パイプライン、つまり、いったんオペレーションが始まれば、その実行結果は高々Lサイクル後にデスティネーションレジスタに現れると仮定する(ここでは、Lサイクルはオペレーションのレイテンシである)。レジスタ数は十分にあるわけではないので、限られたレジスタをなるべく利用したいと思いがちである。図3.52について考えよう。

```
Loop: lw       x1,0(x2)  ;  lw   x3,8(x2)
      <stall>
      <stall>
      addi     x10,x1,1  ;  addi x11,x3,1
      sw       x1,0(x2)  ;  sw   x3,8(x2)
      addi     x2,x2,8
      sub      x4,x3,x2
      bnz      x4,Loop
```

図3.52 2つの加算、2つのロード、2つのストールを持つVLIWのサンプルコード

1サイクル当たり2回のロードと2回の加算命令ができるVLIWプロセッサを考える。もしロードが1+2サイクルのレイテンシがある時、このループを1回展開し、このようなVLIWプロセッサが使用するレジスタの数を最小化できるかを示せ。パイプラインの割り込みやストールは発生しないとする。セルフドレインパイプラインにおいて、パイプラインを破壊し、間違った結果を生成するイベントの例を示せ。

3.11 [10/10/10]〈3.3〉図 3.53 のコードに示すような、5 ステージのパイプライン（フェッチ、デコード、実行、メモリアクセス、ライトバック）を持つマイクロアーキテクチャを考える。lwとswは 1＋2 サイクル、分岐は 1＋1 サイクル、その他の命令は 1 サイクルで実行できる。フォワーディングの機構はない。ループ 1 回の繰り返しにおける、クロックサイクル毎の各命令の過程を示せ。

```
Loop: lw   x1,0(x2)
      addi x1,x1,1
      sw   x1,0(x2)
      addi x2,x2,4
      sub  x4,x3,x2
      bnz  x4,Loop
```

図 3.53 演習 3.11 のためのループのコード

a [10]〈3.3〉分岐オーバーヘッドによって、何サイクルがループ 1 回の繰り返し当たり失われるだろうか。

b [10]〈3.3〉デコードステージで後方への分岐を検出できる静的な分岐予測器を仮定する。この時、分岐オーバーヘッドによって 1 回のループの繰り返し当たり何サイクルが失われるだろうか。

c [10]〈3.3〉動的な分岐予測器を仮定する。正しい分岐予測において、どれだけのサイクルが失われるか。

3.12 [15/20/20/10/20]〈3.4、3.6〉動的スケジューリングがもたらす効果について考えよう。図 3.54 に示すマイクロアーキテクチャを仮定する。算術論理演算器（ALU）はすべての算術演算命令 (fmul.d、fdiv.d、fadd.d、addi、sub)を実行でき、リザベーションステーション（RS）は、各機能ユニットへ 1 サイクル当たり 1 つのオペレーション（各 ALU に 1 つのオペレーションと、fld/fsdユニットに 1 つのメモリオペレーション）をディスパッチできると仮定する。

a [15/20/20/10/20]〈3.4〉図 3.47 のシーケンスのすべての命令がリネームされていない状態で RS の中に格納されているとする。レジスタリネーミングにより性能向上が期待できるコード中の命令をすべてハイライトせよ。

ヒント：read-after-write ハザードと write-after-write ハザードを探せ。レイテンシは図 3.47 の機能ユニットと同等と仮定せよ。

b [20]〈3.4〉クロックサイクル N において、レジスタリネーミング後の演習 (a) のコードが RS の中に格納されているものと仮定する。また、図 3.47 のレイテンシを仮定した時、このコードで最適な性能を得るため、サイクル毎に RS はどのようにアウトオブオーダで命令をディスパッチするかを示せ（演習 (a) と同様の制約を仮定し、結果は RS に格納されてから利用可能になるとする)。この命令列を処理するのに何クロックを必要とするだろうか。

c [20]〈3.4〉演習 (b) では RS による命令列の最適スケジューリングを試みた。しかし現実には、すべての関係する命令列が RS に存在するわけではなく、デコーダからの新しい命令列がくるなどのさまざまなイベントによって RS はクリアされる。そのため、RS は格納されている命令の中からディスパッチする命令を選択する必要がある。最初は RS が空だと仮定するとサイクル 0 で最初 2 つのレジスタ-リネームされた命令が RS に現れる。命令のディスパッチに 1 クロックを必要とし、機能ユニットのレイテンシを演習 3.2 の条件と同様に仮定し、さらに、1 クロックサイクルごとにフロントエンド（デコーダ/レジスタリネーミング機構）が 2 つの新たな命令を供給し続けると仮定した時、サイクル毎に RS が命令をディスパッチする様子を示せ。また、命令列全体を処理するのに何クロックを必要とするだろうか。

d [10]〈3.4〉演習 (c) の結果を改善しようとする場合に、次のうちどれが最も効果的だろうか。(1) ALU を 1 つ追加する、(2) LD/ST ユニットを追加する、(3) ALU の結果を継続のオペレーションに渡すためのバイパスを追加する、(4) 最長のレイテンシを半分にする。また、どのくらい性能が向上するだろうか。

e [20]〈3.6〉1 つ以上の条件分岐を超えて命令のフェッチ、デコードを行う投機実行を検討しよう。これを行う動機は次の 2 つである。演習 (c) で見たディスパッチのスケジューリングには nop が大量に含まれている。また、コンピュータはほとんどの時間をループの処理に費やすことを知っている（ループの先頭に戻る分岐命令の分岐先は非常に予測しやすい)。ループは最適化を行うべき箇所のありかを教えてくれ、また、まばらなディスパッチスケジュールはいくらか先に実行できるコードがあることを示唆している。演習 (d) ではループのクリティカルパスを見つけた。演習 (b) のように、スケジュール上にそのパスの別のコピーを重ね合わせることを想像してほしい。すべての命令が RS の中に残っており、すべての機能ユニットがパイプライン化されていると仮定した時、2 つのループ処理を行うのにいくらの追加のクロックサイクル数が必要だろうか。

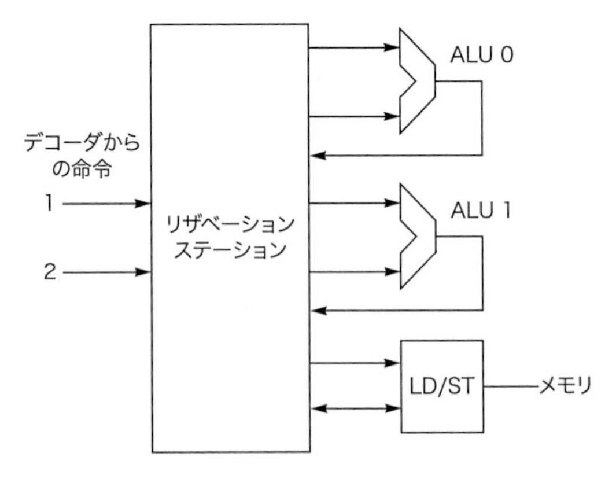

図 3.54 演習問題 3.12 のためののマイクロアーキテクチャ

演習問題

3.13 [25]〈3.7、3.8〉この演習では、異なるタイプのマルチスレッディング（MT）を採用している3つのプロセッサの間で性能のトレードオフを調べる。これらのプロセッサはどれも、スーパースカラで、インオーダのパイプラインを使用し、ロード命令と分岐命令の後に3サイクルのストールを要し、同一のL1キャッシュを備える。同じサイクルに同じスレッドから発行される命令はプログラムに書かれている順序で読みだされ、データ依存や制御依存があってはならない。

- プロセッサAは、スーパースカラの同時マルチスレッドアーキテクチャで、2つのスレッドからサイクル当たり最大2命令まで発行可能である
- プロセッサBは、細粒度のマルチスレッドアーキテクチャで、1つのスレッドからサイクル当り最大4命令まで発行可能であり、パイプラインストール時にスレッドを切り替える。
- プロセッサCは、粗粒度のマルチスレッドアーキテクチャで、1つのスレッドからサイクル当り最大8命令まで発行可能であり、L1キャッシュミス時にスレッドを切り替える。

アプリケーションはリスト検索であり、x9レジスタに保存されている値をx16レジスタとx17レジスタで指定されるアドレスの範囲から探索する。探索空間を同じ大きさの連続した4つのブロック分割し、各ブロックにスレッドを割り当てて、このアプリケーションを並列化する（4つのスレッドで処理を行う）。各スレッドは以下のようなループ展開されたコードで大半の実行時間を消費する。

```
loop: lw   x1,0(x16)
      lw   x2,8(x16)
      lw   x3,16(x16)
      lw   x4,24(x16)
      lw   x5,32(x16)
      lw   x6,40(x16)
      lw   x7,48(x16)
      lw   x8,56(x16)
      beq  x9,x1,match0
      beq  x9,x2,match1
      beq  x9,x3,match2
      beq  x9,x4,match3
      beq  x9,x5,match4
      beq  x9,x6,match5
      beq  x9,x7,match6
      beq  x9,x8,match7
      addi x16,x16,64
```

ここで以下を仮定する。

- バリアを用いて、全スレッドが同時に開始することを保証する。
- ループを2回繰り返した後、初めてL1キャッシュミスが発生する。
- 分岐命令beqは決して成立しない
- 分岐命令bltは常に成立する。
- 3つのプロセッサはどれもラウンドロビン方式でスレッドをスケジューリングする。

この時、ループを2回繰り返し終わるまでに各プロセッサが何サイクルを要するかを求めよ。

3.14 [25/25/25]〈3.2、3.7〉この演習では、ソフトウェアテクニックによって、一般的なベクタループからどの程度の命令レベルの並列性（ILP）を抽出できるのかを調べる。以下のループはいわゆるDAXPYループ（double-precision aX plus Y：倍精度の aX と Y を加算する）で、ガウスの消去法で中心となる操作である。以下のコードは、ベクタ長100で $Y = aX + Y$ を計算するDAXPY操作を実装している。初期状態では、x1レジスタには配列Xのベースアドレスが与えられており、x2レジスタには配列 Y のベースアドレスが与えられている。

```
     addi   x4,x1,800   ; x1 = upper bound for X
foo: fld    F2,0(x1)    ; (F2) = X(i)
     fmul.d F4,F2,F0    ; (F4) = a*X(i)
     fld    F6,0(x2)    ; (F6) = Y(i)
     fadd.d F6,F4,F6    ; (F6) = a*X(i)+Y(i)
     fsd    F6,0(x2)    ; Y(i) = a*X(i)+Y(i)
     addi   x1,x1,8     ; increment X index
     addi   x2,x2,8     ; increment Y index
     sltu   x3,x1,x4    ; test: continue loop?
     bnez   x3,foo      ; loop if needed
```

機能ユニットのレイテンシは以下の表のとおりであると仮定する。分岐命令はIDステージで確定する1サイクルのレイテンシ分岐であると仮定し、演算結果は完全にバイパスされると仮定せよ。

計算結果を供給する命令	計算結果を利用する命令	レイテンシのクロックサイクル数
FP乗算	FP ALU演算	6
FP加算	FP ALU演算	4
FP乗算	FPストア	5
FP加算	FPストア	4
整数演算とロード	すべての演算	2

a [25]〈3.2〉単一命令発行のパイプラインを仮定する。コンパイラによるスケジューリングを行わない場合と、浮動小数点演算と分岐レイテンシに対してコンパイラでスケジューリングを施す場合の両方について、ループがどのように実行されるか示せ。ただし、ストールサイクルやアイドルサイクルも示すこと。スケジューリングされている場合とされていない場合で、ベクタYの1要素当たりの実行時間はサイクル数でいくらになるかを答えよ。コンパイラスケジューリングによる性能改善をハードウェア単独で達成するためには、クロック周波数をどのくらい高速化しなければならないかを答えよ（ただし、クロックの高速化がメモリシステムの性能に与える影響は無視すること）。

b [25]〈3.2〉単一命令発行のパイプラインを仮定し、ストールがなくなるまでループのオーバーヘッドとなっている命令を潰しながらループを展開する。このためには、何回ループ展開しなければならないか、スケジューリング後の命令列を示せ。また、結果ベクタYの1つの要素を計算するのにかかる計算時

間を答えよ。

c [25]〈3.7〉図3.20に示すような、5つの命令スロットを備えたVLIWプロセッサを仮定した時、以下の2通りのループ展開を比較する。まずILPを引き出すために6回ループ展開し、ループのオーバーヘッドとなっている命令を潰しながら、ストールをなくすようにスケジュールする（つまり、空の命令が発行されるサイクルを完全に取り除く）。続いて、ループ展開を10回に増やした場合を考える。ただし、分岐レイテンシスロットは無視すること。これら2つのスケジューリング結果を示せ。それぞれのスケジューリングで、結果ベクタ Y の1つの要素を計算するのにかかる計算時間を答えよ。それぞれのスケジューリングで、演算スロットの利用率を答えよ。2つのスケジューリング結果のコードサイズの違いを答えよ。2つのスケジューリングで、必要とされるレジスタ数を答えよ。

3.15 [20/20]〈3.4、3.5、3.7、3.8〉この演習では、演習3.14のループを実行する時にTomasuloアルゴリズムの実装の違いがどのような変化をもたらすかを調べる。以下の表に機能ユニット（FU）を示す。

FUの種類	EXステージのサイクル数	FUの数	リザベーションステーション数
整数	1	1	5
FP加算	10	1	3
FP乗算	15	1	2

以下を仮定する。

- 機能ユニットはパイプライン化されていない。
- 機能ユニット間にはフォワーディングはなく、結果は共通データバス（CDB）経由で受け渡される。
- ロード-ストア命令では、実行ステージ（EX）で実効アドレス計算とメモリアクセスが行われる。つまりパイプラインはIF/ID/IS/EX/WBとなる。
- ロード命令には1クロックサイクルを要する。
- 命令発行ステージ（IS）とライトバックステージ（WB）にはそれぞれ1クロックサイクルを要する。
- 5つのロードバッファスロットと5つのストアバッファスロットを持つ。
- bnezには1クロックサイクルを要する。

a [20]〈3.4、3.5〉この問題では、図3.10に示した1命令発行のTomasulo MIPSパイプラインを使用する。ただし、パイプラインのレイテンシは上の表のとおりとする。ループを3回繰り返す時、各命令のストールサイクル数を答えよ。また、各命令が何サイクル目に実行を開始するか（すなわち、最初のEXステージに入るまでに必要なサイクル）を答えよ。ループの各繰り返しに必要なサイクル数を答えよ。ただし、以下の項目を持つ表の形式で回答すること。

- 繰り返し（ループの繰り返し番号）
- 命令
- 発行（命令が発行されるサイクル）
- 実行（命令が実行されるサイクル）
- メモリアクセス（メモリがアクセスされるサイクル）
- CDB書き込み（実行結果がCDBに書き込まれるサイクル）
- コメント（どの命令の実行完了を待っているかを説明する）

ループが3回実行される様子を表に書き込め。最初の命令を無視してもよい。

b [20]〈3.7、3.8〉2命令発行のTomasuloアルゴリズムとパイプライン化された浮動小数点ユニット（FPU）を仮定した場合について、問題（a）と同じ問題に答えよ。

3.16 [10]〈3.4〉Tomasuloアルゴリズムには毎クロックでCDBの1本当たりに1つの結果しか計算できないという欠点がある。上の問題で使用したハードウェア構成とレイテンシを使って、CDBの衝突によりTomasuloアルゴリズムがストールせざるを得ない状況の例を10命令以下のコードシーケンスで示せ。また、そのシーケンスのどこでストールが生じているのかを示せ。

3.17 [0]〈3.3〉(m, n)相関型分岐予測器は直近 m 回分の分岐履歴を利用して 2^m 個ある予測器の中から1つを選び予測に利用する。各々の予測器は n ビット予測器である。2レベルローカル予測器も似たような働きをするが、こちらは各分岐命令の過去の振る舞いだけを記憶しており、それらを用いて将来を予測する。こうした予測器の設計にはトレードオフがある。相関型分岐予測器は履歴を保持するために必要なメモリは少量である。その分、多数の分岐命令に2ビット予測器を用意できる（複数の分岐命令が同じ予測器を使用する可能性を下げている）。一方、ローカル予測器は履歴を保持するためにより大量のメモリを必要とし、比較的少数の分岐命令に対してしか履歴を追跡できない。この演習では、4つの分岐命令に対して追跡できる(1, 2)の相関型分岐予測器（16ビットが必要）と、同じメモリ量で2つの分岐に対して追跡できる(1, 2)のローカル予測器を比較する。以下に示す分岐命令の実行について、各分岐の予測結果とその予測に使用した予測表のエントリ、そして分岐結果に基づいて更新した予測表、各予測器の最終的な予測ミス率を示せ。ここに至るまでのすべての分岐はすべて成立したと仮定する。各予測器の初期状態は以下の通りである。

相関分岐予測器エントリ	分岐命令	最新の分岐結果	予測
0	0	T	1回予測失敗後のT
1	0	NT	NT
2	1	T	NT
3	1	NT	T
4	2	T	T
5	2	NT	T
6	3	T	1回予測失敗後のNT
7	3	NT	NT

ローカル予測器 エントリ	分岐命令	直近2回の分岐 結果（右が最新）	予測
0	0	T,T	一度予測失敗後のT
1	0	T,NT	NT
2	0	NT,T	NT
3	0	N,T	T
4	1	T,T	T
5	1	T,NT	一度予測失敗後のT
6	1	NT,T	NT
7	1	NT,NT	NT

分岐命令のPC（語単位のアドレス）	分岐結果
454	T
543	NT
777	NT
543	NT
777	NT
454	T
777	NT
454	T
543	T

3.18 [10]〈3.9〉パイプラインを深くするために条件分岐命令だけを保持する分岐先バッファを用いたプロセッサを考える。予測ミスのペナルティは常に4サイクル、バッファのヒットミスペナルティは常に3サイクルである仮定する。ヒット率が90%、予測精度が90%、そして分岐の出現頻度が15%である場合、分岐ハザードによるペナルティが2サイクルに固定されているプロセッサと比較して、この分岐先バッファを持つプロセッサはどのくらい速いか答えよ。ただし、分岐によるストールがない時の命令当りのサイクル数（CPI）は1であると仮定する。

3.19 [10/5]〈3.9〉分岐予測成功時、分岐予測ミス時、そしてバッファミス時のペナルティがそれぞれ、0サイクル、2サイクル、2サイクルである分岐先バッファを考える。条件分岐と無条件分岐を区別する分岐先バッファを設計する。条件分岐に対しては分岐先アドレスを、無条件分岐に対しては分岐先命令を保持すると仮定する。

a [10]〈3.9〉無条件分岐命令がバッファ内に見つかった時のペナルティをクロックサイクル数で答えよ。

b [10]〈3.9〉無条件分岐命令に対して分岐の畳み込みを施すと、どのくらい改善されるかを確認する。ヒット率が90%、無条件分岐命令の出現率が5%、そしてバッファミスペナルティが2サイクルであると仮定した場合、この拡張でどのくらい改善されるかを答えよ。また、性能を向上させるには、ヒット率が何%以上でなければならないかを答えよ。

4 ベクタ、SIMD、GPUにおけるデータレベル並列性

これらを「データ並列アルゴリズム」と呼ぶ。というのは、並列性が、複数の制御のスレッドよりはむしろ、大規模なデータの集合に対する同時進行に立脚しているから、…

W.Daniel Hills and Guy L. Steele
"Data Parallel Algorithms,"
Communications of ACM（1986）

麦刈りするのに、2匹の強力な牛と1024羽の鶏、どっちが役に立つと思うかね？

「2つの強力なベクタプロセッサと
多数の単純なプロセッサの対比」
スーパーコンピュータの父、Seymour Cray

4.1 はじめに

第1章で示した、**単一命令複数データ**（**SIMD**：single instruction multiple data）アーキテクチャに対する疑問は、どれだけの範囲のアプリケーションに、広範囲な**データレベル並列性**（DLP）があるかということであった。50年後に示された答は、科学技術計算の行列志向の処理だけではなく、メディア志向の画像や音声の処理にも存在するという事実であった。さらに、1つの命令で多数のデータ処理を起動できるので、1つのデータの処理に1つの命令をフェッチし実行する必要がある**複数命令複数データ**（**MIMD**：multiple instruction multiple data）に比べて、SIMDはエネルギー効率が良い。これらの2つの事実は、モバイル端末でのSIMDの利用を魅力的にしている。最後に、おそらくSIMDのMIMDに対する最大の利点は、プログラマがこれまでと同じく逐次的に考えても、並列データ演算によって並列処理によるスピードアップを達成できることである。

この章では、ベクタアーキテクチャ、マルチメディアSIMD拡張命令セット、そして、**グラフィック処理ユニット**（**GPU**：graphics processing unit）の3つのSIMD方式を示す†。

最初の方式は他の2つの30年以上前に登場したのだが、本質的に大量のデータをパイプライン実行で処理するものである。ベクタアーキテクチャは他のSIMD方式に比べて理解やコンパイルが容易であるが、最近にいたるまで、マイクロプロセッサとしては高価であると考えられていた。コストアップの一因はトランジスタ数であり、別の一因はDRAMで十分な帯域を得るためのコストである。後者に対しては、通常のマイクロプロセッサではメモリ性能の要求に対応するために、全面的にキャッシュに頼っている。

2つ目の方式は、同期的に並列データ処理を行うという意味からSIMDという名前を使っており、マルチメディアアプリケーションを支援するほとんどの命令セットアーキテクチャに組み込まれている。x86アーキテクチャでは、SIMD拡張命令セットは1996年の**MMX**（Multimedia Extension）に始まり、10年間のいくつかの版の**SSE**（Streaming SIMD Extensions）に続き、**AVX**（Advanced Vector Extensions）へと引き継がれている。x86計算機から最大限の性能を引き出すには、特に浮動小数点プログラムにおいては、これらのSIMD命令を使う必要がある。

3番目のSIMD方式は、今日の従来型のマルチコア計算機で得られる性能より高い潜在能力を提供すべく、GPU業界から登場した。GPUはベクタアーキテクチャと共通点がある一方で、独自の卓越した特徴があり、一部はGPUが育ったエコシステムの環境に起因している。この環境では、GPUとそのグラフィックメモリの他に、一式のシステムプロセッサとシステムメモリが備わっている。実際に、GPU業界では区別するために、この種のアーキテクチャのことを**ヘテロジニアス**と呼んでいる。

データ並列性が高い問題に対して、SIMDのこれら3つのバリ

† この章は次に列挙する内容に基づいて構成されている。本書第4版のKrste Asanovicによる付録F「ベクタプロセッサ」、同じく付録G「VLIW/EPIC向けハードウェアとソフトウェア」、Computer Organization and DesignのJohn NickollsとDavid Kirkによる付録A「グラフィックスと計算型GPU」、それに、IEEE Computer, 2007年8月号のJoe GebisとDavid Pattersonによる“Embracing and Extending 20th-Century Instruction Set Architectures”。

エーションは、プログラマにとって古典的なMIMDプログラミングよりも容易である。

アーキテクトがこの章を読んで理解すべき点は、ベクタとGPUアーキテクチャの類似点と違いと、なぜベクタがマルチメディアSIMDよりも一般性があるのかということである。ベクタアーキテクチャは、マルチメディア命令のスーパーセットであり、コンパイラ最適化における優れたモデルを含んでいる。そしてベクタアーキテクチャとGPUとの間にはいくつかの類似点がある。このため、我々はベクタアーキテクチャから始めて次の2つの節の基礎を固めよう。付録Gではこれについてより深い考察を行う。

4.2 ベクタアーキテクチャ

ベクタ化可能なアプリケーションを実行する最も効率的な手段はベクタプロセッサである。

Jim Smith

International Symposium on Computer Architecture 1994

ベクタアーキテクチャは、メモリ内に散在するデータ要素をかき集めて、大規模で連続したレジスタファイルに置き、レジスタファイル間で演算を行い、メモリに散らしながら書き戻す。たった1つの命令で、データのベクタに演算を施し、独立したデータ要素に対してレジスタ間での最終的に何ダースもの演算結果を得る。

大規模なレジスタファイルは、メモリ遅延を隠したり、必要なメモリ帯域を緩和するために、コンパイラで制御されたバッファとして機能する。メモリロードやストアは深くパイプライン化されているので、プログラムはベクタを1つロードしたりストアする際に1回だけ、長いメモリ遅延という代償を支払うだけでよく、例えば64の要素でメモリ遅延を薄めることになる。実際のところ、ベクタプログラムはメモリが常にビジーになるように作られている。

電力の壁に対応して、アーキテクトは高度なアウトオブオーダのスーパースカラ計算機の消費電力と設計の複雑さを負わずに高性能を提供できるお得なアーキテクチャを使うようになった。アーキテクトが電力の急増と設計の複雑化なしに単純なインオーダのスカラプロセッサの性能を向上させることができるので、ベクタ命令はこの潮流に自然に適合する。実際にKozyrakisとPattersonは、複雑なアウトオブオーダの設計で効率よく稼働するプログラムは、ベクタ命令の形のデータレベル並列性でさらに効率よく稼働するように書くことができることを示している［Kozyrakis and Patterson, 2002］。

4.2.1 RV64V拡張

ベクタプロセッサを考えるのに、図4.1に示す基本コンポーネントから出発しよう。この節での議論の基盤となっているこのプロセッサは、40年前のCray-1を少し参考にしているが全く同じわけではない。この版を書いている時点ではRISC-Vの拡張ベクタ命令セットであるRVVは開発中であった（ベクタ拡張自身はRVVと呼ばれ、RV64VはRISC-Vの基本命令+ベクタ拡張ということになる）。

ここでは数ページを割いてRV64Vのサブセットを見ながら、そ

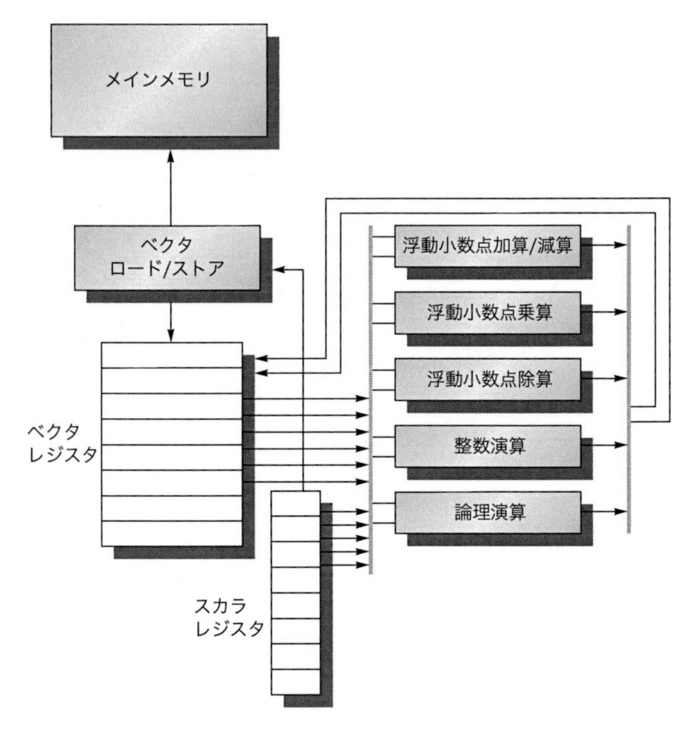

図4.1 RISC-Vスカラアーキテクチャを含んでいるRV64Vのベクタアーキテクチャの基本構造

32本のベクタレジスタを備え、すべての機能ユニットはベクタ機能ユニットである。ベクタレジスタとスカラレジスタはかなりの個数のリードポートとライトポートを有し、複数のベクタ演算を同時に行えるようになっている。太い灰色の線で描かれたクロスバースイッチは、これらのポートをベクタ機能ユニットの入力と出力に接続している。

のエッセンスを見ていこう。

- **ベクタレジスタ**：各々のベクタレジスタは1つのベクタを保持し、RV64Vは各々64ビット幅の32本を有する。ベクタレジスタファイルは、すべてのベクタ機能ユニットにデータを送り込むのに十分な数のポートを提供している必要がある。これらのポートにより、異なるベクタレジスタに対するベクタ演算を、高い度合いでオーバーラップさせることが可能である。リードとライトのポートは、最低でもそれぞれ16個と8個が必要だが、それぞれ専用のクロスバースイッチを介して、機能ユニットの入力と出力に接続されている。レジスタファイルのバンド幅を向上させる1つの方法は、複数のバンク構成にすることで、比較的長いベクタに対して有効である。
- **ベクタ機能ユニット**：各々のユニットは完全にパイプライン化されており、クロックサイクル毎に新しい演算を開始できる。機能ユニットにおける構造ハザードとレジスタアクセスに関するデータハザードの両方を、制御ユニットは検出しなければならない。図4.1では、RV64Vが5つの機能ユニットを有することを示している。単純化のために、浮動小数点機能ユニットのみを議論する。
- **ベクタロード-ストアユニット**：ベクタメモリユニットは、メモリとベクタレジスタの間でベクタをやり取りする。RV64Vのベクタロードとストアは完全にパイプライン化されており、最初のレイテンシの後からは、1クロックに1ワードの割合でデータを移動できる。このユニットはスカラのロードやストアも担当する。

ニモニック	名前	説明
vadd	ADD	V[rs1]とV[rs2]の各要素を加算し、結果をV[rd]に格納する。
vsub	SUBtract	V[rs1]からV[rs2]の各要素を引き、結果をV[rd]に格納する。
vmul	MULtiply	V[rs1]とV[rs2]の各要素を乗算し、結果をV[rd]に格納する。
vdiv	DIVide	V[rs1]の各要素をV[rs2]の各要素で割り、結果をV[rd]に格納する。
vrem	REMainder	V[rs1]の各要素をV[rs2]の各要素で割り、その余りをV[rd]に格納する。
vsqrt	SQuare Root	V[rs1]の各要素の並行根を求め、結果をV[rd]に格納する。
vsll	Shift Left	V[rs1]をV[rs2]の値で左にシフトし、結果をV[rd]に格納する。
vsrl	Shift Right	V[rs1]をV[rs2]の値で右にシフトし、結果をV[rd]に格納する。
vsra	Shift Right Arithmetic	V[rs1]をV[rs2]の値で符号を拡張しながら右にシフトし、結果をV[rd]に格納する。
vxor	XOR	V[rs1]とV[rs2]の各要素の排他的論理和を求め、結果をV[rd]に格納する。
vor	OR	V[rs1]とV[rs2]の各要素の論理和を求め、結果をV[rd]に格納する。
vand	AND	V[rs1]とV[rs2]の各要素の論理積を求め、結果をV[rd]に格納する。
vsgnj	SiGN source	V[rs1]の符号ビットをV[rs2]のもので置き換え、結果をV[rd]に格納する。
vsgnjn	Negative SiGN	V[rs1]の符号ビットをV[rs2]のものを反転したもので置き換え、結果をV[rd]に格納する。
vsgnjx	Xor SiGN source	V[rs1]の符号ビットをV[rs1]とV[rs2]の排他的論理和で置き換え、結果をV[rd]に格納する。
vld	Load	ベクタレジスタV[d]にR[rs1]で指定したアドレスから始まるメモリの内容をロードする。
vlds	Strided Load	ベクタレジスタV[d]にR[rs1]で指定したアドレスから始まるメモリの内容をR[rs2]で指定した歩幅ロードする。(つまり、R[rs1] + i × R[rs2])
vldx	Indexed Load(Gather)	ベクタレジスタV[rd]にR[rs2]にV[rs2]の各々の要素を加算して得たアドレスの内容をロードする。
vst	Store	ベクタレジスタV[d]をR[rs1]で指定したアドレスから始まるメモリにストアする。
vsts	Strided Store	ベクタレジスタV[d]をR[rs1]で指定したアドレスから始まるメモリにR[rs2]で指定した歩幅でストアする。(つまり、R[rs1] + i × R[rs2])
vstx	Indexed Store (Scatter)	ベクタレジスタV[rd]をR[rs2]にV[rs2]の各々の要素を加算して得たアドレスにストアする。
vpeq	Compare =	V[rs1]とV[rs2]の各要素を比較する。等しい場合はp[rd]に対応する1ビットの1を格納し、さもなくば0を格納する。
vpne	Compare !=	V[rs1]とV[rs2]の各要素を比較する。等しくない場合はp[rd]に対応する1ビットの1を格納し、さもなくば0を格納する。
vplt	Compare <	V[rs1]とV[rs2]の各要素を比較する。未満の場合はp[rd]に対応する1ビットの1を格納し、さもなくば0を格納する。
vpxor	Predicate XOR	p[rs1]とp[rs2]の1ビットの要素の排他的論理和を求め、p[rd]に格納する。
vpor	Predicate OR	p[rs1]とp[rs2]の1ビットの要素の論理和を求め、p[rd]に格納する。
vpand	Predicate AND	p[rs1]とp[rs2]の1ビットの要素の論理積を求め、p[rd]に格納する。
setvl	Set Vector Length	vlをセットし、ソースレジスタとmvlのうち小さい方をデスティネーションレジスタにセットする。

図 4.2 RV64V のベクタ命令

すべてR命令形式を使っている。2つのオペランドをベクタとして扱う(.vv)演算以外に、2番目のオペランドをスカラとして扱う(.vs)演算や、1番目のオペランドでスカラレジスタを指定する(.sv)演算がある。オペランドの型と幅は、命令が決めるのではなく、各々のベクタレジスタへの設定で決まる。さらにベクタレジスタとプレディケートレジスタに加えて、2つのベクタ制御と状態レジスタ(CSR)、vl、vctypeがあり、これらについては次で説明する。歩幅付きとインデックス付きのデータ転送については後で説明する。RV64にはさらに多くの命令があり、この命令表を内包している。

- **スカラレジスター式**：スカラレジスタは、ベクタロード-ストアユニットへのアドレスを計算すると同時に、ベクタ機能ユニットへの入力としてデータを供給することもできる。スカラレジスタは、RV64Gの通常の31本の汎用レジスタと32本の浮動小数点レジスから構成されている。ベクタ機能ユニットの1つの入力はスカラ値をラッチし、ベクタレジスタファイルから読み出されたのと同じように用いるようになっている。

図4.2はRV64Vのベクタ命令を列挙したものである。図4.2の説明では、基本的に入力はすべてベクタレジスタはであると仮定するが、例外的にスカラレジスタ（xi または fi）もオペランドになり得る。RV64Vでは、両方がベクタレジスタである場合はサフィックス.vvを用い、2番目のオペランドがスカラである場合は.vsを、1番目のオペランドがスカラである場合は.svを用いる。したがって、vsub.vv、vsub.vs、vsub.svの3つはすべて妥当な命令である（加算やその他交換可能な演算は最初の2つの形式のみで十分であり、vadd.svは冗長である）。オペランドから命令のバージョンを決定できるので、しばしばアセンブラにサフィックスを決めさせる。ベクタ機能ユニットは命令を発行した時点でスカラ値のコピーを取得する。

従来のベクタアーキテクチャは狭いデータ型を効率よく扱う支援を行っていなかったが、ベクタのデータサイズが多様であるのは自然なことである［Kozyrakis an Patterson, 2002］。したがって、ベクタレジスタが32個の64ビットの要素から成るのであれば、128 × 16ビットの要素、256 × 8ビットの要素としても等価的に見ることができる。そのようなハードウェアの多面性のおかげで、ベクタアーキテクチャは科学技術アプリケーションだけでなく、マルチメディアアプリケーションにも有用である。

図4.2のRV64V命令は、データ型とサイズを略していることに注意されたい。RV64Vの発明は、データ型とデータサイズの情報を命令が持つのではなく、各々のベクタレジスタに関連付けする点にある。ベクタ命令を実行する前に、プログラムは使われるデータの型と幅を指定する。図4.3にRV64Vのオプションを示す。

整数	8、16、32、64ビット	浮動小数点	16、32、64ビット

図 4.3 単精度と倍精度のRVSとRVDの浮動小数点数拡張を仮定した場合の、RV64Vでサポートされているデータサイズ

RVVをRISC-Vの設計に加えるには、スカラユニットにRVHを加える必要があり、これにより半精度（16ビット）のIEEE754浮動小数点をサポートすることになる。RV32Vはダブルワードのスカラ演算を持たないため、ベクタユニットは64ビット整数を持たない。RISC-Vの実装がRVSやRVDを含まないならば、ベクタ浮動小数点命令が存在しなかったろう。

動的なレジスタ型付けの理由の1つは、同様に多様なデータ型を支援する従来のベクタアーキテクチャだと、多くの命令が必要になるからである。図4.3のようなデータ型の組み合わせを仮定すると、レジスタの動的な型付けがないとすれば図4.2は数ページの長さになるだろう！

さらに動的な型付けがあると、使用されないベクタレジスタを無効にするようにプログラムできる。結果的に有効なベクタレジスタを、ベクタの長さに応じてベクタメモリ全体から確保できるようになる。例えば、ベクタメモリが1024バイトである場合、もし4つのベクタレジスタを有効にして、64ビットの浮動小数点に型付けするなら、プロセッサは各々のベクタレジスタに256バイト、つまり256/8＝32要素を与えるだろう。この値は最大ベクタ長（mvl）と呼ばれ、プロセッサによって設定され、ソフトウェアによっては変更できない。

ベクタアーキテクチャに対する不満の1つは、状態が大きくなるので、コンテキストスイッチ時間が大きくなることである。我々のRV64Vの実装では状態は2 × 32 × 8 = 512クロックから2 × 32 × 24 = 1536クロックの間まで3の倍数で増えていく。動的レジスタ型付けの好ましい副作用は、プログラムが使われていない時にベクタレジスタを無効だと設定でき、コンテキストスイッチの際にそれを退避したり復帰させなくてもよいことである。

レジスタに対する動的な型付けの3番目のメリットは、異なるサイズのオペランド間の変換を、明示的な変換命令を付加することなく暗黙的に行える点にある。このメリットの例を次の節で示す。

vldとvstという名前はそれぞれベクタロードとベクタストアを表し、ベクタデータ全体をロードしたりストアする。1つのオペランドはロードやストアの対象となるレジスタであり、RV64Gの汎用レジスタであるもう1つのオペランドはメモリ中のベクタの開始アドレスである。ベクタはベクタレジスタ自身よりも多くのレジスタを必要とする。ベクタ長レジスタvlsは、元来のベクタ長がmvlと等しくない場合に使われ、ベクタ型レジスタvctypeはレジスタの型を記録するのに使われ、プレディケート（述語）レジスタp_iはループの中にIF文がある場合に使われる。次の例で実際の状況をみていこう。

ベクタ命令によって、多くの要素に対する演算を同時に行うことはもちろん、システムはベクタデータの要素にいろいろな方法で演算を行うことができる。この柔軟性のおかげで、ベクタ設計を使うと、低速だが幅広の実行ユニットを用いて、少ない電力で高い性能を得ることに成功した。さらにベクタ命令は、各要素は独立したものであると見なすことで、スーパースカラプロセッサでは必要である要素間の依存性の検査のための余計なコストを負うことなく、機能ユニットの規模を拡縮することができる。

4.2.2 ベクタプロセッサはどのように動くのか：その一例

ベクタプロセッサを理解するには、RV64Vのベクタループを見るのが手っ取り早い。典型的なベクタ問題を取り上げよう。これはこの節を通じて使うことになる。

```
Y = a*X+Y
```

XとYは最初はメモリに入っているベクタで、aはスカラである。この問題は、SAXPYとかDAXPYと呼ばれるループで、Linpackベンチマーク［Dongarra *et al.*, 2003］の最内ループを構成している（SAXPYは単精度のa × X plus Y、DAXPYは倍精度のa × X plus Yのこと）。Linpackは線形代数ルーチン集であり、Linpackベンチマークはガウス消去法のためのルーチンからなる。

さて、ベクタレジスタの中のベクタの要素数であるlength(32)は、考察するベクタ演算の長さに合致するとしよう（この制約は、後に撤廃される）。

例題4.1

DAXPYループに対するRV64GとRV64Vコードを示せ。XとYの要素数は32で、XとYの開始アドレスはそれぞれx5とx6に入っていると仮定せよ（32要素以外の場合は次の例題で考える）。

解答

RISC-Vコードは以下の通り。

```
      fld    f0,a          # スカラのaをロード
      addi   x28,x5,256    # ロードする最後のアドレス
Loop: fld    f1,0(x5)      # X[i]をロード
      fmul.d f1,f1,f0      # a × X[i]
      fld    f2,0(x6)      # Y[i]をロード
      fadd.d f2,f2,f1      # a × X[i]+Y[i]
      fsd    f2,0(x6)      # Y[i]にストア
      addi   x5,x5,8       # Xへのインデックスをインクリメント
      addi   x6,x6,8       # Yへのインデックスをインクリメント
      bne    x28,x5,Loop   # 終了のチェック
```

以下はDAXPYのためのRV64Vコード：

```
vsetdcfg 4*FP64   # vregとして倍精度浮動小数点型を4つ
fld   f0,a        # スカラのaをロード
vld   v0,x5       # ベクタのXをロード
vmul  v1,v0,f0    # ベクタ-スカラの乗算
vld   v2,x6       # ベクタのYをロード
vadd  v3,v1,v2    # ベクタ-ベクタの加算
vst   v3,x6       # 和をストア
vdisable          # ベクタレジスタを無効に
```

アセンブラがどのバージョンのベクタ演算を生成させるかを決定する。乗算でスカラのオペランドを使っているのでアセンブラはvmul.vsを生成し、加算はそうでないのでvadd.vvを生成する。

最初の命令で、ベクタレジスタが64ビットの浮動小数点データを最初の4つのベクタレジスタに保持するように設定する。最後の命令はすべてのベクタレジスタを無効にする。最後の命令の後にコンテキスト切り替えが起きた場合は、追加の状態情報は退避されない。前半のスカラコードと後半のベクタコードの劇的な違いは、ベクタプロセッサでは命令の帯域が大幅に減り、RV64Gでは258命令だったのがたった8命令になっていることである。ここまで削減できたのは、ベクタ演算が32個の要素に対して行われていて、RV64Gの約半分を占める付加的な命令がRV64Vのコードにはないからである。このような手順に対してコンパイラがベクタ命令を生成し、その結果、コードの多くの時間をベクタモードが占めるようになった場合、そのコードのことをベクタ化された、あるいは、ベクタ化可能という。ループに繰り返しを跨る依存性がない場合は

ベクタ化可能であり、このような依存性のことをループ伝播依存性と呼ぶ（4.5 節を参照）。

RV64G と RV64V のコードの間のもう 1 つの重要な差異は、RV64G の単純な実装に対するパイプラインのインターロックである。RV64G のコードでは、fadd.d命令は 1 つのfmul.d命令の完了を待たねばならず、fsd命令はfadd.d命令の完了を待たねばならない。ベクタプロセッサでは、各々のベクタ命令は、各々のベクタの最初の要素のためにストールするだけで済み、続く要素はパイプラインの中を滑らかに流れていく。したがってパイプラインがストールするのは、ベクタの要素毎ではなく、ベクタ命令毎に 1 回で済む。ベクタプロセッサの専門家は、要素に依存する命令のフォワーディングのことをチェイニングと呼び、依存性のある命令どうしはチェーンされているという。この例では、RV64G でのパイプラインのストールの頻度は、RV64V よりも 32 倍以上高いであろう。ソフトウェアパイプライニング、あるいは、ループアンローリング（付録 H）、アウトオブオーダ実行によって、RV64G でのパイプラインのストールを削減することができるが、命令帯域の大きな差はどうしても削減できない。

コードの性能について議論する前に、動的なレジスタ型付けの威力を示そう。

例題4.2

積和演算を使う場面で共通しているのは、狭い幅のデータで乗算して、広い幅で積算することで積和の精度を増すことである。Xとaが倍精度でなく単精度の浮動小数点型であるとして、先のコードをどう変更するのだろうか。このコードのXとTとaを浮動小数点型から整数型に切り替えた場合のコードを示せ。

解答

変更した部分は次のコードで下線を施した箇所である。驚くべきことに、2 か所の変更だけで同じコードが動いてしまう。設定命令で単精度のベクタにし、スカラロードが単精度になっている。

```
vsetdcfg 1*FP32,3*FP64   # 32ビットレジスタ1つ、
                         # 64ビットレジスタ3つ
flw      f0,a            # スカラのaをロード
vld      v0,x5           # ベクタのXをロード
vmul     v1,v0,f0        # ベクタ-スカラの乗算
vld      v2,x6           # ベクタのYをロード
vadd     v3,v1,v2        # ベクタ-ベクタの加算
vst      v3,x6           # 和をストア
vdisable                 # ベクタレジスタを無効に
```

この設定では、RV64V のハードウェアは幅狭の単精度を幅広の倍精度に暗黙に変換する。

整数型への変更はもっと簡単であるが、スカラ値を保持するのに整数のロード命令と整数レジスタを使わねばならない。

```
vsetdcfg 1*X32,3*X64    # 32ビットレジスタ1つ、
                        # 64ビットレジスタ3つ
lw       x7,a           # スカラのaをロード
vld      v0,x5          # ベクタのXをロード
vmul     v1,v0,x7       # ベクタ-スカラの乗算
vld      v2,x6          # ベクタのYをロード
vadd     v3,v1,v2       # ベクタ-ベクタの加算
vst      v3,x6          # 和をストア
vdisable                # ベクタレジスタを無効に
```

4.2.3 ベクタ実行時間

一連のベクタ命令の実行時間は、大きく次の 3 つの要因に依存している。(1) オペランドとして指定されているベクタの長さ、(2) 命令間の構造ハザード、(3) データの依存性。あるベクタ長と命令発行量に対して、ベクタユニットが消費する新しいオペランドと新しい結果を生成するレートがどのようになるかを、ベクタ命令毎に計算することができる。

最近のベクタ計算機にはすべて、1 クロックで 2 以上の結果を生成できる複数の並列パイプライン（レーン）を備えているが、機能ユニットが完全にパイプライン化されていないかもしれない。単純化のために我々の RV64V では、各々の演算で 1 つの要素当たり 1 クロックの生成レートのレーンを 1 つという実装になっている。したがって 1 つのベクタ命令のクロック数での実行時間は、およそベクタ長になる。

ベクタ実行とベクタ性能の議論を単純化するために、コンボイという概念を導入する。このコンボイは、実質的に繋げて実行可能なベクタ命令たちの集合である。1 つのコンボイにおける命令間では、構造ハザードがあってはならない。もし構造ハザードがあると、命令たちは直列化され、異なるコンボイで発行されねばならない。すぐ後に示すように、あるコード部位の性能を見積もるには、コンボイの数を数えればよい。解析を単純にするために、命令のコンボイが完了しないと別の命令（スカラ、あるいは、ベクタ）を実行開始できないと仮定する。

構造ハザードがあるベクタ命令の列に加えて、RAW（read after write）依存のハザードもコンボイを分離するように見える。しかしながら、チェイニングによってベクタの個々のソースオペランドが利用可能になると直ちにベクタ演算を実行できるので、同じコンボイに入れることができる。つまり、最初の機能ユニットからの結果は、次の機能ユニットに「フォワード」される。実際のチェイニングの実装では、プロセッサが特定のベクタレジスタの異なる要素を同時に読み書きできるようにする。草創期のチェイニングの実装ではスカラのパイプライニングと同じようにフォワーディングを用いていたが、この実装法ではチェーンの中のソースとデスティネーションの命令のタイミングに制約が課される。最近の実装では、フレキシブルチェイニングを用いる。これを用いると、構造ハザードを起こす命令列でない限りは、他の任意のアクティブなベクタ命令にベクタ命令を接続することができる。現在のすべてのベクタアーキテクチャはフレキシブルチェイニングを備えるが、この章での議論でも、これが備わっていると仮定する。

コンボイを実行時間に変換するには、コンボイの所要時間を見積もる測定基準が必要である。これはチャイムと呼ばれ、単純に 1 つのコンボイを実行するのにかかる単位時間のことである。したがって、m 個のコンボイからなるベクタ命令列は m 個のチャイムで実行し、さらにベクタ長が n なら、我々の単純な RV64V の実装では $m \times$

n クロックサイクルと見積もる。

チャイムを使った近似は、いくつかのプロセッサ固有のオーバーヘッドを無視しているが、その多くはベクタ長に依存している。したがってチャイムによる実行時間見積りは、短いベクタよりは長いベクタの場合の方が正確になる。それぞれの結果に対するクロックサイクル数ではなくチャイム数で測定を行うが、この場合は一定のオーバーヘッドを無視していることは明らかである。

ベクタ命令列のコンボイ数が分かれば、チャイムの実行時間が分かる。チャイムによる測定で無視された事項の1つは、複数のベクタ命令を1クロックサイクルで開始する場合の制限である。もし1クロックサイクルに1ベクタ命令しか開始できないのなら（現実のベクタプロセッサのほとんどが該当する）、チャイム数は実際のコンボイの実行時間に対して少な目の見積もりになる。コンボイ中の命令数に比べてベクタの長さは通常十分大きいので、仮定を単純化してコンボイは1チャイムで実行するとする。

例題4.3

次のコード列にはどのようにコンボイが並んでいるかを示せ。各々のベクタ機能ユニットは1つであると仮定せよ。

```
vld   v0,x5       # ベクタXをロード
vmul  v1,v0,f0    # ベクタ-スカラの乗算
vld   v2,x6       # ベクタYをロード
vadd  v3,v1,v2    # ベクタ-ベクタの加算
vst   v3,x6       # 結果をストア
```

このベクタ命令列はいくつのチャイムを要するか。FLOP（浮動小数点演算）当たり何サイクルが必要か。ベクタ命令発行のオーバーヘッドは無視せよ。

解答

最初のコンボイは1つ目のvld命令から始まる。vmulは最初のvldに依存するが、チェイニングによって同じコンボイに入る。

2番目のvld命令は、前のvld命令とロード-ストアユニットを巡る構造ハザードが発生するので、別のコンボイになる。vaddは2番目のvld命令に依存するが、やはりチェイニングによって同じコンボイに取り込まれる。最後に、vstは2番目のvldと構造ハザードを起こすので、3番目のコンボイに入る。解析の結果、次のようなベクタ命令のコンボイへの配置になる。

1. vld　vmul
2. vld　vadd
3. vst

この手順は、3つのコンボイを必要とする。手順では3つのチャイムが鳴り、1つの結果当たり2つの浮動小数点演算が要るので、FLOP当たりのサイクル数は1.5である（ベクタ命令発行のオーバーヘッドは無視して）。ここではvldとvmulを最初のコンボイで実行できるとしたが、ほとんどのベクタマシンでは命令の発行に2クロックサイクルを要する。

この例は、チャイム近似は長いベクタに対してはかなり正確であることを示している。例えば32要素のベクタに対しては、チャイム数は3で、手順は $32 \times 3 = 96$ クロックを要することになる。コンボイの発行に別個に2つのクロックサイクルが必要であるがオーバーヘッドは小さい。

もう1つのオーバーヘッドの元は、命令発行の制約よりも重大である。チャイムモデルで無視された最も重要なオーバーヘッド源は、ベクタの立ち上げ（スタートアップ）時間である。立ち上げ時間は、基本的にはベクタ機能ユニットのパイプラインレイテンシによって決まる。RV64Vについては、Cray-1と同じパイプラインの深さを用いているが、最近のプロセッサではこれがもっと深くなる傾向にあり、特にベクタロードについては顕著である。すべての機能ユニットは完全にパイプライン化されている。パイプラインの深さは浮動小数点加算で6、浮動小数点乗算で7、浮動小数点除算で20、そして、ベクタロードで12である。

これらのベクタプロセッサの基本事項に基づいて、次の数節では最適化を行う。これは、性能を向上させるのと、ベクタアーキテクチャで効率良く動くプログラムの範囲を増やすためである。それらは、以下の問いに対する答えになっている。

- どのような仕組みで、ベクタプロセッサがベクタを処理すると、1クロックサイクル当たり1要素よりも多くを処理できるのか。クロックサイクル当たり複数の要素を処理することで、性能を向上させる。
- どのようにして、ベクタプロセッサは最大ベクタ長(mvl)とは異なる長さのベクタのプログラムを取り扱うのか。ほとんどのアプリケーションでのベクタは、アーキテクチャのベクタ長とは一致しないので、この共通の問題に対しては効率的な解が必要である。
- ベクタ化対象のコードの中にIF文がある場合に、どうすれば良いのか。条件文を効率よく取り扱えると、ベクタ化可能なコードが増える。
- ベクタプロセッサは、どのようなメモリシステムを必要としているのか。十分なメモリ帯域がないと、ベクタ実行は役に立たなくなってしまう。
- ベクタプロセッサはどのように多次元配列を扱うのか。この一般的なデータ構造は、ベクタ化されてベクタアーキテクチャでうまく処理できなくてはならない。
- ベクタプロセッサは疎行列をどのように取り扱うのか。この一般的なデータ構造も、ベクタ化されねばならない。
- ベクタ計算機をどのようにプログラミングするのか。コンパイラ技術に適合しないアーキテクチャの革新は、広く使われないだろう。

この節の残りでは、これらのベクタアーキテクチャの最適化を紹介し、付録Gではさらに突っ込んだ議論を行う。

4.2.4 複数のレーン：1クロックサイクル当たり1要素を超えて

ベクタ命令の重要な利点の1つは、ソフトウェアが1つの短い命令をハードウェアに送るだけで、大量の並列処理を指示できることである。1つのベクタ命令は、通常のスカラ命令と同じビット数でエンコードされているのに、独立の複数の演算を含んでいる。ベクタ

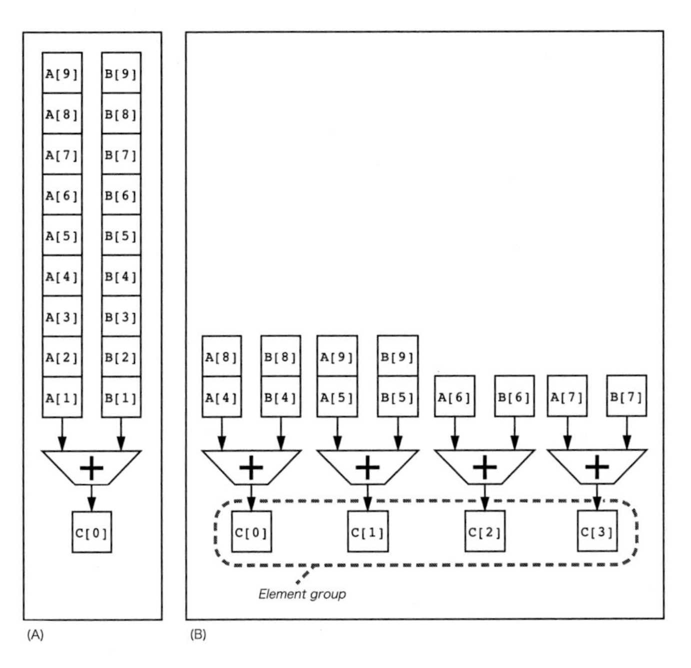

図 4.4 C = A + Bを行う単一のベクタ加算命令が複数の機能ユニットを用いることで性能が向上している

左側のベクタプロセッサ（A）は、1つの加算パイプラインを有し、1サイクルに1つの加算を実施する。右側のベクタプロセッサ（B）は、4つの加算パイプラインを有し、1サイクルに4つの加算を実施する。1つのベクタ加算命令の処理対象となる要素は、4つのパイプラインで交互に処理される。パイプラインを一緒に通過していく一式の要素は、要素グループと呼ばれる。Asanovic, K.の 1998 年の学位論文、Vector Microprocessors (Ph.D. thesis). Computer Science Division, University of California, Berkeley から許可を得て転載。

命令は、並列実行の意味を持っているので、今まで RV64V における実装を見てきた通りの深くパイプライン化された機能ユニットによる方法、並列ユニットのアレイを使う方法、並列機能ユニットとパイプライン機能ユニットの組み合わせを使う方法のどれでも使うことができる。図 4.4 は、並列パイプラインを用いてベクタ加算命令の実行性能を向上させる方法を示している。

RV64V 命令セットには、すべてのベクタ算術演算命令で、1つのベクタレジスタの要素 N だけが、別のベクタレジスタの要素 N との演算に参加できるという特性がある。このおかげで、高並列ベクタユニットの実現が劇的に単純になった。つまり、複数の並列動作するレーンとして構成すればよい。高速道路と同様にレーンを増やすことで、ベクタユニットのピークスループットを向上させることができる。図 4.5 に 4 レーンのベクタユニットの構造を示す。1 レーンから 4 レーンにすることで、チャイム当たりのクロック数が 32 から 8 に削減される。レーンの複数化が利をもたらすには、アプリケーションとアーキテクチャが長いベクタを支援しなければならない。

そうでないと、ベクタ命令があまりに早く実行されてしまい、命令の帯域を越えてしまい、十分なベクタ命令を供給するのに ILP の技術（第 3 章を参照）が必要になってしまう。

各々のレーンは、ベクタレジスタファイルの 1 つの担当部位と、各々のベクタ機能ユニットの実行パイプライン 1 つから構成される。各々のベクタ機能ユニットは、複数のパイプラインを使って、サイクル毎にユニット全体につき 1 要素グループ、1 レーンにつき 1 要素の割合で、ベクタ命令を実行する。最初のレーンは各ベクタレジスタの最初の要素（要素 0）を保持するので、ベクタ命令の最初の要素は、最初のレーンにソースとデスティネーションオペラン

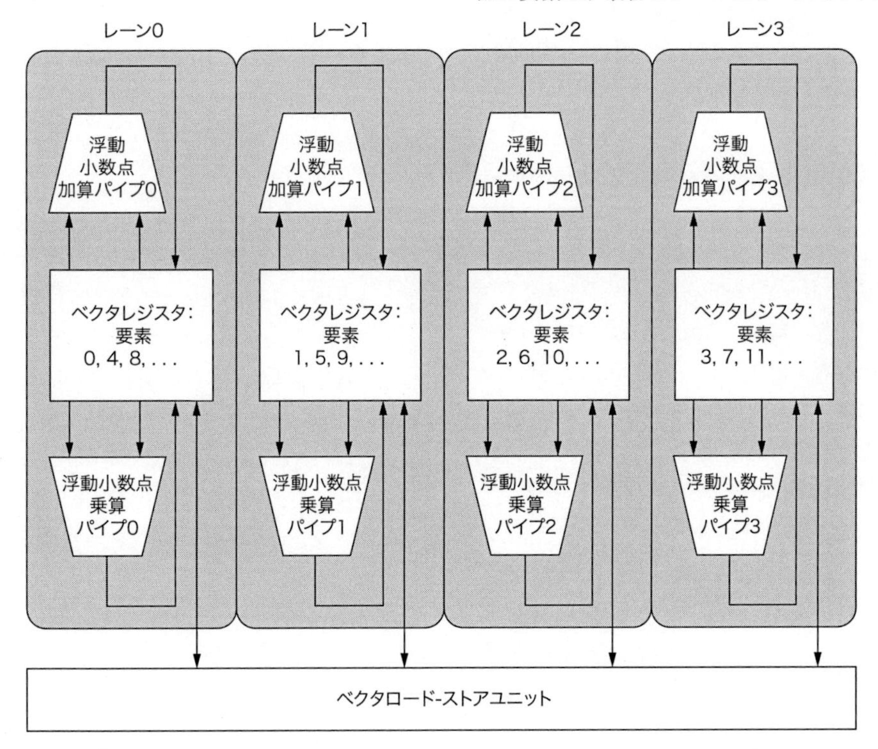

図 4.5 4 レーンのベクタユニットの構成

ベクタレジスタはレーン毎に分割されており、各々のレーンにはベクタレジスタの要素を 4 つおきに保持している。この図では、浮動小数点加算、浮動小数点乗算、そしてロード-ストアの 3 つのベクタ機能ユニットを図示している。各々のベクタ算術ユニットには、1 レーンに付き 1 本で、4 つの実行パイプラインが内蔵されており、協調動作で 1 つのベクタ命令を実行する。ベクタレジスタファイルの各々の部分は、対応するレーンのパイプラインのみをカバーするポートを提供していればよい。この図ではベクタ-スカラ命令のスカラオペランドを提供する経路を示していないが、スカラプロセッサ（あるいはコンロトールプロセッサ）はスカラ値を全レーンに撒く。

ドを持つことになる。この割り当てにより、各レーンの算術パイプラインは、他のレーンと通信することなく作業することができる。レーン間通信を避けることで、高並列な実行ユニットを構成するのに必要な配線のコストとレジスタファイルのポートを減らすことができる。またこのことにより、ベクタ計算機がクロックサイクル当たり32演算（8レーンそれぞれ、2つの算術ユニットと2つのロード-ストアユニット）を実行できる理由の説明が容易になる。

複数のレーンを加えることは、それに要する制御回路はほとんど複雑さを増さず、すでにある機械語の変更を必要としないので、ベクタ性能を向上させる一般的な技法である。さらに、ピーク性能を犠牲にすることなく、回路面積やクロック周波数、電圧、それに消費電力の間のトレードオフを、設計者が選択することもできる。ベクタプロセッサのクロック周波数を半分にしても、レーン数を倍増させて実質的な性能を維持できる。

4.2.5 ベクタ長レジスタ：32以外のループを取り扱う

ベクタレジスタ型プロセッサには、最大ベクタ長（mvl）で決まる固有のベクタ長がある。この長さは、上記の例では32であったが、通常はプログラムの実際のベクタ長には一致しない。さらに実際のプログラムでは、それぞれの演算のベクタの長さは、コンパイル時に決定できない場合が多い。実際には、コードの一部だけが異なるベクタ長になるかもしれない。例えば、このコードについて考えよう。

```
for (i = 0; i < n; i = i+1)
    Y[i] = a*X[i]+Y[i];
```

すべてのベクタ演算のサイズがnに依存し、nの値は実行するまで分からないとする、nの値は、上記のループが埋め込まれている手続きに対するパラメータで、したがって実行している間に変更されるかもしれない。

これらの問題に対する解は、**ベクタ長レジスタ**（vl）を設けることである。vlは、ベクタロード-ストアを含む、すべてのベクタ演算の長さを制御する。しかしながら、vlの値は最大ベクタ長（mvl）を超えることはできない。これによって、実際のベクタ長が最大ベクタ長（mvl）を超えない限り、上記の問題が解消される。このパラメータが意味するのは、命令セットを変更することなしに、後の世代の計算機でベクタレジスタの長さを変更できるということである。次の節で見るように、マルチメディアSIMD拡張では、mvlに相当するものはなく、ベクタ長が伸びる度に命令セットを拡張している。

nの値がコンパイル時に決定不能で、値がmvlよりも大きいかもしれない場合、どうすれば良いのだろうか。ベクタ長がmvlよりも大きいという2番目の問題を解消するには、**ストリップマイニング**と呼ばれる伝統的な技法を用いる。ストリップマイニングとは、各々のベクタ演算がmvl以下になるような、コード生成のことである。ストリップマイニングは、mvlの倍数の繰り返しのループと、残りのmvl未満の繰り返しをするループを生成する。RISC-Vには、ストリップマイニングのためにループを分割するうまい仕組みが備わっている。

setvl命令はmvlとループ変数nのうち小さい方をvl（ともう1つのレジスタ）にセットする。ループの繰り返し回数がnよりも大きい場合、setvlはvlにmvlをセットする。nがmvlよりも小さい場合、ループの繰り返し最後にn個の要素だけを計算すべきで、setvlはvlにnをセットし、後でループの辻褄合わせを助けるもう1つのスカラレジスタにもセットする。以下は任意のnの値に対応するDAXPY対応のRV64Vのコードである。

```
      vsetdcfg 2 DP FP     # 2つの倍精度浮動小数点レジスタを
                           # 有効にする
      fld      f0,a        # スカラのaをロード
loop: setvl    t0,a0       # vl = t0 = min(mvl,n)
      vld      v0,x5       # ベクタのXをロード
      slli     t1,t0,3     # t1 = vl*8 (バイト)
      add      x5,x5,t1    # Xへのポインタをvl×8増す
      vmul     v0,v0,f0    # ベクタ-スカラ乗算
      vld      v1,x6       # ベクタのYをロード
      vadd     v1,v0,v1    # ベクタ-ベクタの加算
      sub      a0,a0,t0    # n -= vl (t0)
      vst      v1,x6       # 和をYnストア
      add      x6,x6,t1    # Yへのポインタをvl×8増す
      bnez     a0,loop     # n != 0の間繰り返す
      vdisable             # ベクタレジスタを無効に
```

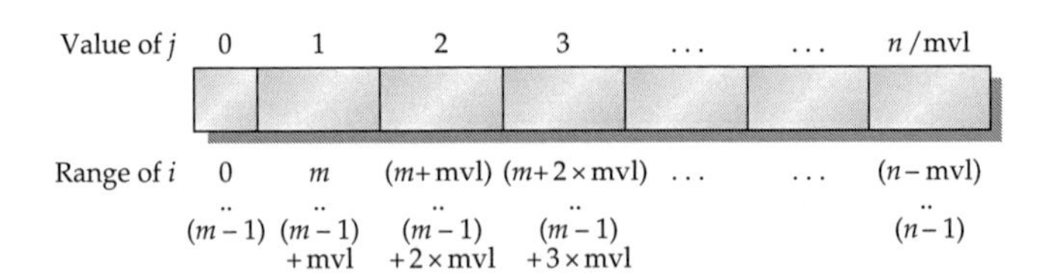

図4.6 ストリップマイニングを用いた、任意長のベクタの処理
最初のものを除くすべてのブロックの長さはmvlで、ベクタプロセッサの最大性能を活用する。この図では、変数mを式n%mvlのために用いている（Cの演算子%は剰余を表す）。

4.2.6 プレディケートレジスタ：ベクタループのIF文の制御

Amdahlの法則によれば、低レベルからそこそこのレベルのベクタ化に留まるプログラムの実行をスピードアップするには限界がある。条件文（IF文）がループ内に存在することと、プログラムが疎行列を使っているということが、ベクタ化が低いレベルに終わってしまう主な2つの原因である。ループ内にIF文を含むプログラムは、IF文がループに制御依存を持ち込むので、これまでに議論してきた技法を用いてもベクタモードで実行できない。同様に、これまで見てきた仕組みのすべてを用いても、疎行列を効率的に実装することはできない。ここでは、条件的実行を取り扱うための戦略について議論し、疎行列については後で議論する。

Cで記述された次のループについて考える。

```
for (i = 0; i < 64; i=i+1)
    if (X[i] != 0)
        X[i] = X[i]-Y[i];
```

このループは、ループ本体が条件的実行なので、通常はベクタ化できない。それでも、X[i] ≠ 0で、内側のループが繰り返し実行されるならば、引き算はベクタ化可能である。

この処理を可能にする一般的な拡張は、**ベクタマスク制御**である。RV64Vではプレディケートレジスタがマスクを保持し、基本的

にベクタ命令の各々の要素への演算の条件実行を提供する。プレディケートレジスタは、ブーリアンベクタを使ってベクタ命令の実行を制御する。これは、条件的に制御される命令が、スカラ命令を実行するか否かを決定するのに、ブール条件（第3章を参照せよ）を使うのと同じである。プレディケートレジスタp0がセットされていると、続くベクタ命令はベクタ要素に対応するプレディケートレジスタの値が1である時のみ機能する。マスクレジスタの値が0の要素に対応する行先ベクタレジスタのエントリはベクタ演算で書き換えられない。ベクタレジスタと同様に、プレディケートレジスタも設定され、無効にできる。プレディケートレジスタを有効にすると、すべてを1で初期化され、続くベクタ命令はすべてのベクタ要素に作用する。XとYの先頭アドレスがそれぞれx5とx6に入っているとして、先のループは以下のコードになる。

```
vsetdcfg 2*FP64 # 2つの64ビット浮動小数点レジスタを有効にする
vsetpcfgi 1     # 1つのプレディケートレジスタを有効にする
vld v0,x5       # v0にXのベクタをロード
vld v1,x6       # v1にYのベクタをロード
fmv.d.x f0,x0   # f0（浮動小数点）に0をセット
vpne p0,v0,f0   # v0(i) != f0ならp0(i) = 1
vsub v0,v0,v1   # プレディケートの下で減算
vst v0,x5       # 結果をXにストア
vdisable        # ベクタレジスタを無効に
vpdisable       # プレディケートレジスタを無効に
```

コンパイラ設計者は、IF文を条件的実行を使う直線的なコードに変換することを**IF変換**と呼ぶ。

しかしながら、ベクタマスクレジスタを用いるとオーバーヘッドが発生する。スカラアーキテクチャでは条件的に実行される命令は、条件が満足されていない時も命令の実行のための時間を必要とする。それでも、条件実行命令で分岐と関連する制御依存を除去すると、たとえ時には無駄な仕事をすることになったとしても、実行は高速化される。同じくベクタマスクで実行されるベクタ命令は、対応するマスクが0のベクタ要素であっても、同じ実行時間を必要とする。同様に、マスクが多くの0を含んでいたとしても、ベクタマスク制御を使うと、スカラモードで実行する場合に比べて、かなり速くなる。

4.4節で見るように、ベクタプロセッサとGPUの1つの違いは、条件文の扱いである。ベクタプロセッサではプレディケートレジスタはアーキテクチャ的な状態の一部であり、コンパイラはマスクレジスタを明示的に操作する。対照的にGPUは、GPUのソフトウェアからは見えない内部のマスクレジスタを操作するハードウェアを使って同じ効果を得ている。両者に共通なのは、マスクビットが0でも1でも、ハードウェアはベクタ要素の演算を行う時間を消費するので、GFLOPSの値はマスクが使われると低くなる。

4.2.7 メモリバンク：ベクタロード-ストアユニットへの帯域の確保

ロード-ストアユニットの振る舞いは、算術機能ユニットの振る舞いに比べて、ずっと複雑である。ロードの立ち上がり時間は、メモリの最初のワードを取得してレジスタに入れるのにかかる時間である。もしベクタの残りが詰まり（ストール）なしで供給できるのなら、ベクタ初期化のレートは、新しいワードをフェッチしたりストアするのにかかるレートと等しくなる。単純な機能ユニットとは異なり、メモリバンクの詰まりで実効スループットを落とすことがあるので、初期化レートは1クロックである必要はない。

通常ロードやストアの立ち上がりのペナルティは、算術ユニットの立ち上がりのペナルティより大きい——多くのプロセッサでは100サイクル以上かかる。RV64Vでは12クロックサイクルであると仮定しているが、これはCray-1と同じである（最近のベクタ計算機はキャッシュを使ってベクタロードやストアの遅延を小さくしている）。

1クロックで1ワードのフェッチやストアを行うという発行レートを維持するために、メモリシステムにはこのような大量のデータを吐き出したり受け入れる能力が必要である。通常は、複数の独立したメモリバンクにアクセスを散らすことで、このレートを達成している。すぐ後で見るように、多数のバンクを備えることは、データの行や列をアクセスするベクタロードやストアを処理するのに有効である。

ほとんどのベクタプロセッサは、以下の3つの理由から、単純なメモリインターリーブではなく、複数の独立したアクセスが可能なメモリバンクを用いている。

1. 多くのベクタ計算機はクロック毎に複数のロードやストアを実施でき、メモリバンクのサイクル時間は、通常はプロセッサのサイクル時間の何倍かである。複数のロードやストアによる同時アクセスをサポートするために、メモリシステムは、複数のバンクを備え、バンク毎に独立したアドレスを与えて制御できることが必要である。
2. ほとんどのベクタ計算機は、非連続な複数のデータワードのロードやストアを支援している。このような場合、インターリービングではなくバンクへの独立アクセスが必要である。
3. ほとんどのベクタ計算機は、同じメモリシステムを共有する複数プロセッサをサポートしているので、各々のプロセッサでは個別のアドレス流が発生するであろう。

これらを総合すると、次の例が示すように、ベクタ計算機では大量のメモリバンクが必要になる。

例題4.4

Cray T90の最大構成（Cray T932）は32台のプロセッサを有し、各々は4つのロードと2つのストアをクロックサイクル毎に生成する能力がある。プロセッサのクロックサイクル時間は2.167nsで、メモリシステムとして使用しているSRAMのクロックサイクル時間は15nsである。すべてのプロセッサが最大のメモリ帯域の稼動を可能にする、最低限必要なメモリバンクの数を計算せよ。

解答

サイクル毎のメモリ参照の最大数は、32プロセッサ × プロセッサ当たり6参照で192である。各々のSRAMバンクは、15/2.167=6.92クロックサイクル、丸めて7プロセッサクロックサイクルの間、ビジーである。したがって、最低で192 × 7 = 1344メモリバンクが必要である。

Cray T932は、実際のところ、1024メモリバンクを備えており、

初期型ではすべてのプロセッサの同時アクセスに耐え得る帯域を維持できなかった。後のメモリアップグレードで、15nsの非同期SRAMを同期パイプラインSRAMに置き換えたため、メモリのサイクル時間が半分以下になり、十分な帯域になった。

高いレベルから見ると、ベクタロード-ストアユニットは、プロセッサにデータ流を与えてデータ帯域を稼ごうとするという点で、スカラプロセッサのプリフェッチユニットと同様な役割を果たすと言える。

4.2.8 ストライド：ベクタアーキテクチャにおける多次元配列処理

ベクタで隣り合った要素のメモリにおける位置は、連続していないかもしれない。行列の掛け算を行う、次のC言語の素直なコードについて考察する。

```
for (i = 0; i < 100; i=i+1)
    for (j = 0; j < 100; j=j+1) {
        A[i][j] = 0.0;
        for (k = 0; k < 100; k=k+1)
            A[i][j] = A[i][j]+B[i][k]*D[k][j];
}
```

Bの行の要素とDの列の要素の掛け算のベクタ化と、kをインデックス変数として内側のループをストリップマイニングが可能である。

これを実現するには、BとDの要素をくっ付けるのにどうするかを考えねばならない。メモリに確保されている配列は、C言語の場合は行優先（row-major）で、Fortranの場合は列優先（column-major）の順番で連続的に配置される。この連続配置は、行あるいは列の隣り合う要素は、メモリ上では隣り合っていないということを意味する。例えば上記のC言語のコードは行優先で確保されているので、内側のループの繰り返しでアクセスされるDの一連の要素は、行のサイズの8倍（要素毎のバイト数）、つまり800バイト離れている。第2章で見たように、キャッシュを使ったシステムでは、ブロック化によってメモリ参照の局所性が増す。キャッシュを持たないベクタプロセッサでは、メモリ上で隣接していないベクタ要素のフェッチのためのもう1つの技法が必要である。

1つのレジスタにかき集めるべき要素間を隔てているこの距離は、**ストライド**（歩幅）と呼ばれている。この例では、行列Dのストライドは、100ダブルワード（800バイト）であり、行列Bは1ダブルワード（8バイト）のストライドになる。したがってループは順序を入れ替えないと、コンパイラがBとDの次の要素の間の長い距離を隠すことができない。

一旦ベクタレジスタにロードされると、ベクタは論理的に隣り合った要素として振舞う。したがってベクタプロセッサは、1より大きいストライド、つまり非単位ストライドを取り扱うことができ、ベクタロードとベクタストアの際にのみ適用される。この非連続なメモリ位置へのアクセスと密な構造への変形を行う能力は、ベクタアーキテクチャの主な優位点の1つである。

キャッシュは本質的に単位ストライドのデータを取り扱うものであり、ブロックサイズが大きいほど、単位ストライドの大規模科学技術データでのミス率が削減されるが、ブロックサイズが増すと非単位ストライドでアクセスされるデータに悪影響が及ぶことがある。ブロック化の技法はこれらの問題のいくつかを解決するが（第2章を参照）、連続していないデータへの効果的なアクセス能力は、4.7節で見るように、ベクタプロセッサがある種の問題を解く場合に有効である。

RV64Vにおいては、アドレス指定はバイト単位であるので、上記の例でのストライドは800である。この値は動的に計算されねばならない、というのはベクタ長と同様に、行列のサイズはコンパイル時には決定できないかも知れず、同じ文でも実行状況によって変化するかも知れないからである。ベクタの開始アドレスと同様に、ベクタのストライドは汎用レジスタに置くことができる。それから、RV64Vの **vlds**（load vector with stride）命令は、ベクタレジスタにベクタを取得する。単位ストライドでないベクタをストアする場合は、同様に **vsts**（store vector with stride）命令を用いる。

1より大きいストライドを使えるようにすると、メモリシステムは複雑になる。非単位ストライドを導入すると、同じバンクに対するアクセスが頻繁になる可能性が生じる。1つのバンクに対して複数のアクセスが衝突する場合は、メモリバンク衝突が起き、アクセスがストールする。バンク衝突、つまりストールは、次の場合に生じる。

$$\frac{\text{バンク数}}{\text{ストライドとバンク数の最小公倍数}} < \text{バンクのビジー時間}$$

例題4.5

ビジー時間が6クロックのメモリバンク8つを備え、メモリ遅延が合計で12サイクルであるとする。64要素のベクタロードをストライドが1で行うのに要する時間はいくらか。ストライドが32ではどうなるか。

解答

バンク数はバンクのビジー時間よりも大きいので、ストライド1のロードでは、$12 + 64 = 76$ クロックサイクル、言い替えれば要素当たり1.2クロックサイクルを要する。考えられる最悪のストライドの値は、メモリバンク数の倍数の場合で、この場合はストライドが32で8つのメモリバンクの場合である。最初のメモリアクセスの後は、メモリにアクセスする度に、前のアクセスと衝突し、バンクのビジー時間の6クロックサイクルだけ待たねばならない。合計時間は、$12 + 1 + 6 \times 63 = 391$ クロックサイクル、つまり1要素につき6.1クロックサイクルになる。

4.2.9 ギャザーとスキャター：ベクタアーキテクチャでの疎行列の扱い

上記の通り疎行列は特に特別なものではないので、疎行列を扱いながらベクタモードで処理プログラム実行できるようにする技術は重要である。疎行列では、通常ベクタの要素はある種の圧縮された形式で格納されるので、間接的にアクセスされる。最も単純な疎な構造を仮定して、以下のようなコードについて考える。

```
for (i = 0; i < n; i=i+1)
    A[K[i]] = A[K[i]]+C[M[i]];
```

このコードは、配列AとCという疎なベクタの合計を求めるもので、インデックスベクタKとMをAとCの非ゼロの要素を指定するのに使っている（AとCの非ゼロの要素数は同じ値nで、KとMは同じサイズである）。

疎行列を扱うための代表的な仕組みは、インデックスベクタを用いる**ギャザー/スキャター演算**である。これらの演算の目的は、疎行列の圧縮された表現（0が含まれない表現）と、通常の表現（0が含まれる表現）の間を行き来する演算である。**ギャザー演算はインデックスベクタ**を取り、ベースアドレスにインデックスベクタで与えたオフセットを加算して得たアドレスから各要素を取得して、結果的にベクタレジスタに密なベクタを構成する。これらの要素は密な形で演算の対象となり、同じインデックスベクタを取るスキャターストアによって、広げられた形で、疎なベクタがストアされる。このような演算のハードウェアによる支援は**ギャザー/スキャター**と呼ばれ、現在のベクタプロセッサのほとんどすべてに備わっている。RV64V命令ではvldx（load vector indexed、つまりギャザー）とvstx（store vector indexed、つまりスキャター）である。例えば、x5、x6、x7、それにx28に変換前のベクタの開始アドレスが入っているとして、ベクタのベクタ命令を含む内側ループを次のようにコード化できる。

```
vsetdcfg 4*FP64          # 4つの64ビット浮動小数点レジスタ
vld      v0, x7          # K[]をロード
vldx     v1, x5, v0      # A[K[]]をロード
vld      v2, x28         # M[]をロード
vldx     v3, x6, v2      # C[M[]]をロード
vadd     v1, v1, v3      # それらを足す
vstx     v1, x5, v0      # A[K[]]をストア
vdisable                 # ベクタレジスタを無効化
```

この技法により、疎行列を含むコードをベクタモードで実行できるようになる。単純なベクタ化コンパイラは、Kの要素が特別な値であり、依存性がないことを見抜けないので、上記のコードを自動的にベクタ化できない。そこでプログラマはディレクティブを用いて、ループをベクタモードで実行しても安全であることをコンパイラに伝える。

インデック付きロードとストア（ギャザーとスキャター）はパイプライン化可能だが、インデックスなしのロードとストアに比べて、通常は実行がずっと遅い。その理由は、命令の開始時にメモリバンクが分かっていないからである。レジスタファイルは、ギャザーとスキャターを可能にするために、ベクタユニットのレーン間で通信できるようにしなければならない。

各々の要素にはそれぞれのアドレスがあり、それらをグループとして取り扱うことができず、メモリシステムの多く箇所で衝突する可能性がある。したがって各々のアクセスは、キャッシュに基づくシステムでさえも、かなり大きな遅延を生じる。それでも、4.7節で見るように、メモリシステムをこの場合に合わせて設計し、より多くのハードウェア資源を用いることで、このようなアクセスに対してアーキテクトが白旗を掲げている場合に比べれば、メモリシステムの性能を改善することができる。

4.4節で見るようにGPUでは、命令間でアドレスが連続であるという制限がないという意味では、すべてのロードはギャザーで、すべてのストアはスキャターである。メモリに対するアクセスを、本質的に遅いギャザーとスキャターからより効率が良い単位ストライドのアクセスに転換するために、GPUのハードウェアは連続したアドレスを実行中に認識するので、GPUのプログラマはギャザーやスキャターのアドレスのすべてが隣り合っていることを確かめる。

4.2.10 ベクタアーキテクチャのプログラミング

ベクタアーキテクチャの優位点の1つは、コード部位についてベクタ化するか否かをコンパイラがプログラマにコンパイル時に伝えられることである。その際には、なぜコンパイラがその部位をベクタ化しなかったかという理由がヒントとして付け加えられる。この直感的な実行モデルによって、他の分野の専門家でも、どのように自分のコードを改良するか、あるいは、ギャザー/スキャターデータ変換のような演算間の独立性を、コンパイラにヒントとして伝える方法を学ぶことができる。ベクタ計算機のプログラミングが単純化されるのは、コンパイラとプログラマが、どのように性能を改善するかというヒントを互いに出し合う対話のおかげである。

今日、プログラムがベクタモードで効率よく実行可能か否かを決める要因は、プログラムの構造そのものである。ループが真のデータ依存を含むか（4.5節を参照）、あるいは、ループを再構成してそのような依存性を解消できるか。この要因は選択したアルゴリズムに依存し、アルゴリズムがどのようにコーディングされたかに、ある程度まで依存する。

科学技術計算プログラムにおけるベクタ化の達成度のレベルの指標として、Perfect Clubベンチマークで観測されたベクタ化のレベルを見ることにしよう。図4.7は、Cray Y-MPで実行したコード

ベンチマーク名	ベクタモードで実行された演算、コンパイラによる最適化	ベクタモードで実行された演算、プログラマが指示	ヒントを与えた場合のスピードアップ
BDNA	96.1%	97.2%	1.52
MG3D	95.1%	94.5%	1.00
FLO52	91.5%	88.7%	N/A
ARC3D	91.1%	92.0%	1.01
SPEC77	90.3%	90.4%	1.07
MDG	87.7%	94.2%	1.49
TRFD	69.8%	73.7%	1.67
DYFESM	68.8%	65.6%	N/A
ADM	42.9%	59.6%	3.60
OCEAN	42.8%	91.2%	3.92
TRACK	14.4%	54.6%	2.52
SPICE	11.5%	79.9%	4.06
QCD	4.2%	75.1%	2.15

図4.7 Cray Y-MPで実行したPerfect Clubベンチマークでのベクタ化のレベル［Vajapeyam, 1991］
最初の列は、ヒントなしでコンパイラがベクタ化した場合のレベルを示し、2番目の列は、Cray研究所のプログラマ部隊からのヒントを使ってコードを改良した場合のレベルを示している。

の2つの版での、ベクタモードで実行される演算の割合を示している。最初の版は、オリジナルのコードにコンパイラ最適化を施しただけのもので、2番目の版は、Cray研究所のプログラマ部隊からの広範囲のヒントに基づいたものである。ベクタプロセッサのアプリケーションの性能のいくつかの研究は、コンパイラによるベクタ化のレベルが広い範囲に渡っていることを示している。

ヒントをたくさん付加した版は、コンパイラが自力でベクタ化した版でコンパイラがうまくベクタ化できなかったコードにおいて、ベクタ化のレベルを目覚ましく引き上げ、すべてのコードで50%以上になった。ベクタ化レベルの中央値は、約70%から約90%に改善した。

4.3 マルチメディア向けSIMD拡張命令セット

SIMDマルチメディア拡張の起源は、多くのメディアアプリケーションが32ビットよりも狭いデータ型で処理しているという単純な観察結果にある。多くのグラフィックシステムでは、3原色の各々と透明度をそれぞれ8ビット表現している。アプリケーションに依存するが、音声データは通常8または16ビットで表現されている。例えば256ビットの加算器のキャリーの伝播を分割すれば、プロセッサは32個の8ビットオペランド、16個の16ビットオペランド、8個の32ビットオペランド、あるいは4つの64ビットオペランドのショートベクタの同時処理を実施できる。このように加算器を分割するのにかかる付加コストは小さい。図4.8に、典型的なマルチメディアSIMD命令を要約して示す。ベクタ命令と同様に、SIMD命令は同じベクタのデータに対して、同じ演算を指示する。RV64Vのように各要素が64ビット幅で32個の要素から成るベクタ32本から成る大規模なベクタレジスタファイルを有するベクタマシンとは異なり、SIMD命令は、より少ないオペランドを指定するので、より小さいレジスタファイルを用いる。

命令カテゴリー	オペランド
符号無加算/減算	32個の8ビット、16個の16ビット、8個の32ビット、または4個の64ビット
最大/最小	32個の8ビット、16個の16ビット、8個の32ビット、または4個の64ビット
平均	32個の8ビット、16個の16ビット、8個の32ビット、または4個の64ビット
左右シフト	32個の8ビット、16個の16ビット、8個の32ビット、または4個の64ビット
浮動小数点	16個の16ビット、8個の32ビット、4個の64ビット、または、2つの128ビット

図4.8 256ビット幅演算に関する典型的なSIMDマルチメディア支援
IEEE 754-2008浮動小数点規格には、半精度（16ビット）と4倍精度（128ビット）の浮動小数点演算が加わっている。

ベクタ化コンパイラを対象とした洗練された命令セットを供するベクタアーキテクチャとは対照的に、SIMD拡張ではベクタ長レジスタ、歩幅（ストライド）あるいはギャザー/スキャターデータ転送命令、そしてマスクレジスタの3項目が省かれている。

1. マルチメディアSIMD拡張は、オペコード（命令操作コード）の中で処理するデータオペランドの個数が固定である。このためにx86アーキテクチャ拡張のMMX、SSE、AVXにおいて数百の命令が追加されることになった。ベクタアーキテクチャには、実行中の演算のオペランドの数を指定するベクタ長レジスタが備わっている。アーキテクチャが受け入れ可能な最大サイズよりも短いベクタになることが多いが、このような可変長のベクタレジスタでは、そのような場合でもプログラミングが簡単になる。さらに、ベクタアーキテクチャには暗黙の最大ベクタ長があり、ベクタ長レジスタとの組み合わせでオペコードが多数になることを防いでいる。
2. 最近までのマルチメディアSIMDには、ベクタアーキテクチャの洗練されたアドレッシングモード、つまり、歩幅つきアクセスやギャザー/スキャターアクセスが備わっていない。これらの機能は、ベクタコンパイラがうまくベクタ化できるプログラムの幅を広げる（4.7節を参照）。
3. マルチメディアSIMDは、ベクタアーキテクチャが備えているような、要素ごとの条件的実行を支援するマスクレジスタを備えていない。

これらの欠落は、コンパイラがSIMDコードを生成するのを困難にしており、アセンブリ言語によるSIMDのプログラミングも難しさも増している。

x86アーキテクチャにおいては、1996年に追加されたMMX命令セットでは64ビットの浮動小数点レジスタを流用しており、基本命令では8つの8ビットデータの演算か、4つの16ビットデータの演算を同時に実行した。さらに並列MAXとMIN演算、多様なマスクと条件命令、デジタル信号処理プロセッサに通常備わっている演算、そして主要なメディアライブラリで有益であると判断された命令がその場しのぎに備えられた。MMXでは、浮動小数点データ転送命令をメモリアクセスに流用していることに注目されたい。

1999年に後続として発表されたストリーミングSIMD拡張（SSE）では、別個に128ビット幅のレジスタが追加され、16個の8ビット演算、8個の16ビット演算、あるいは4つの32ビット演算を同時に実行できるようになった。そして、単精度浮動小数点演算を並列に実行することも可能になった。SSEでは別途レジスタが設けられたので、別のデータ転送命令が必要になった。Intel社は間もなく2001年に、倍精度SIMD浮動小数点データ型を付加したSSE2を、2004年にはSSE3、2007年にはSSE4を発表した。4並列の単精度浮動小数点演算命令や2並列の倍精度演算命令を備えることで、x86アーキテクチャのピーク浮動小数点性能が向上したが、これはプログラマがオペランドを並べて配置した場合の話である。各々の世代において、重要と思われる特定のマルチメディア機能を加速する命令が、その場しのぎに追加された。

Advanced Vector Extensions（AVX）が2010年に追加された。AVXでは、レジスタ幅がさらに倍増し256ビットとなり（YMMレジスタ）、より狭いデータ型に対する演算で演算を倍増する命令を使えるようになった。図4.9に、倍精度浮動小数点計算に使えるAVX命令を示す。2013年のAVX2では、ギャザー（VGATHER）やベクタのシフト（VPSLL、VPSRL、VPSRA）といった30の新命令が追加された。2017年のAVX-512では、さらにベクタレジスタの幅が倍増し512ビットとなり（ZMMレジスタ）、レジスタの数がさらに倍増し32個となり、スキャター（VPSCATTER）やマスクレジスタ（OPMASK）

を含む250の新命令が追加された。AVXには、将来のアーキテクチャにおいて、ベクタレジスタ幅を1024ビットに拡張する用意がある。

AVX命令の詳細	説明
VADDPD	4つの倍精度オペランドのパックの加算
VSUBPD	4つの倍精度オペランドのパックの減算
VMULPD	4つの倍精度オペランドのパックの乗算
VDIVPD	4つの倍精度オペランドのパックの除算
VFMADDPD	4つの倍精度オペランドのパックの乗算と足し込み
VFMSUBPD	4つの倍精度オペランドのパックの乗算と引き込み
VCMPxx	4つの倍精度オペランドのパックの比較をEQ、NEQ、LT、LE、GT、GE、…で実施
VMOVAPD	4つの倍精度オペランドのパックの移動
VBROADCASTSD	256ビットレジスタ内で1つの倍精度オペランドの値を4箇所に撒く

図4.9 倍精度浮動小数点プログラムに有効なx86アーキテクチャのAVX命令

256ビットAVXのパック化倍精度は、4つの64ビットオペランドがSIMDモードで実行されることを意味する。AVXにおいて処理幅が増すと、幅広のレジスタ内で、幅狭のオペランドを別の部分から移動したり組み合わせを行うデータのシャッフル命令が次第に重要になる。AVXには、32ビット、64ビット、そして128ビットのオペランドを、256ビットのレジスタ内でシャッフルする命令が含まれている。例えば、BROADCAST命令は、AVXレジスタの中に、64ビットのオペランドの複製を4つ作る。AVXはさらに、多様な型の丸め付き加/減算命令を備えており、ここではそのうちの2つを紹介する。

一般に、これらの拡張のねらいは、コンパイラによるコード生成よりはむしろ、注意深くアセンブラで記述されたライブラリの加速にあった（付録Hを参照）。しかし、最近のx86のコンパイラは、特に浮動小数点演算アプリケーションに対しては、SIMD命令を使ったコードを生成しようとする。オペコードがSIMDレジスタの幅を決定するので、幅が倍になる度にSIMD命令の数も増やす必要がある。

これらの弱点にも係わらず、なぜマルチメディアSIMD拡張が、これほど一般的なのだろう? まず、標準の算術ユニットに対する追加のコストは小さく、実装も容易である。第2に、ベクタアーキテクチャに比べると、コンテキストスイッチの際に問題となる追加の状態（レジスタ）が少なくて済む。第3に、ベクタアーキテクチャを実現するためには広大なメモリバンド幅が必要だが、これは多くの計算機には備わっていない。第4にSIMDは、32回のメモリアクセスを生成し得る1つの命令がベクタの途中でページフォールトを起こす可能性があるが、これに関連する仮想メモリの問題を考慮しなくてもよい。元々のSIMD拡張では、メモリ中で整列しているオペランドのSIMDグループに対して別のデータ転送を用いるので、ページ境界を跨ぐことがない。短い固定長の「ベクタ」を使うSIMDのもう1つの利点は、新しいメディア規格の処理に対応する命令を、容易に導入できることである。例えば、データの並べ替えを行う命令や、ベクタが生成するよりも少ない量のデータや多い量のデータを処理する命令がある。最後に、ベクタアーキテクチャが、キャッシュと協調してうまく機能するにはどうしなければならないかという問題がある。しかしながらバイナリレベルの後方互換性の重要性に起因する包括的な問題により、いったん選択してしまったSIMDの方式からアーキテクトが離脱することが困難になってしまっている。

例題4.6

マルチメディア命令がどのようなものかを示すのに、256ビットのマルチメディアSIMDをRISC-Vに付加したと仮定する（パック化ということでRVPと名付ける）。この例では、浮動小数点演算に話を絞る。「4D」というサフィックスを命令に付加することで、それが4つの倍精度オペランドをいっぺんに処理できることを表す。ベクタアーキテクチャと同様に、SIMDプロセッサにはレーンがあり、この場合は4レーンであるとする。RV64Pでは、Fレジスタを最大に拡張し、この場合には256ビットする。この例では、DAXPYループのためのRISC-V SIMDコードを示す。RISC-VのコードをSIMDにした部分には下線を引いてある。XとYの開始アドレスが、それぞれx5とx6に入っていると仮定する。

解答

以下がRISC-Vコードである。

```
      fld       f0,a          # スカラのaをロード
      splat.4D  f0,f0         # aを4つコピー
      addi      x28,x5,#256   # ロードする最後のアドレス
Loop: fld.4D    f1,0(x5)      # X[i] ... X[i+3]をロード
      fmul.4D   f1,f1,f0      # a×X[i] ... a×X[i+3]
      fld.4D    f2,0(x6)      # Y[i] ... Y[i+3]をロード
      fadd.4D   f2,f2,f1      # a×X[i]+Y[i]...
                              # a×X[i+3]+Y[i+3]
      fsd.4D    f2,0(x6)      # Y[i]... Y[i+3]をストア
      addi      x5,x5,#32     # Xへのインデックスをインクリメント
      addi      x6,x6,#32     # Yへのインデックスをインクリメント
      bne       x28,x5,Loop   # 終了の検査
```

変更点は、RISC-Vの倍精度命令の各々を等価な4Dに置き換え、インデックスの増分を8から32にし、そして、splat命令を使って256ビットのf0にaを4つコピーしたことである。RV64Vでは動的な命令が1/32に削減されたが、RISC-V SIMDでは約1/4の削減になる。つまりRV64Gでは67命令対258命令である。このコードは要素の数が既知だが、この数はしばしば実行時に決まるもので、その数の4の剰余の分を処理するストリップマイニングのループが余計に必要である。

4.3.1 マルチメディアSIMDアーキテクチャのプログラミング

SIMDマルチメディア拡張はその場しのぎに行われてきたために、これらの命令を活用する最も容易な方法は、ライブラリを使うかアセンブリ言語で書くことである。

現在のSIMD命令拡張は、より規則的になりつつあり、SIMD命令のコンパイラによる自動生成の対象になりつつある。例えば、今日の先進的なコンパイラは、SIMD浮動小数点命令を生成し、科学技術計算のコードに対してより高い性能を発揮する。しかしながらプログラマは、メモリ中のデータのすべてを、SIMDユニットの幅に整列させることに注意を払わなければならない。そうでないと、コ

ンパイラは期待するベクタ命令のコードでなく、スカラ命令のコードを生成してしまう。

4.3.2 性能可視化のルーフラインモデル

各種SIMDアーキテクチャの潜在的浮動小数点性能を比較する視覚的で直感的な方法の1つは、**ルーフラインモデル** [Williams *et al.*, 2009] である。これは斜線と水平線から成る単純なグラフで、この形状が名前の由来になっている（図4.11を参照）。ルーフラインモデルは、浮動小数点性能とメモリ性能と**算術強度**（arithmetic intensity）を、2次元のグラフで図示するものである。算術強度は、バイト数で数えたメモリアクセス量当たりの、浮動小数点演算の割合である。この値は、プログラムの実行中のプログラムの浮動小数点演算の回数の総和と、メインメモリとの間でやりとりしたデータのバイト数を求め、演算回数をバイト数で割った値である。図4.10に、いくつかの例題のカーネルの相対的な算術強度を示す。

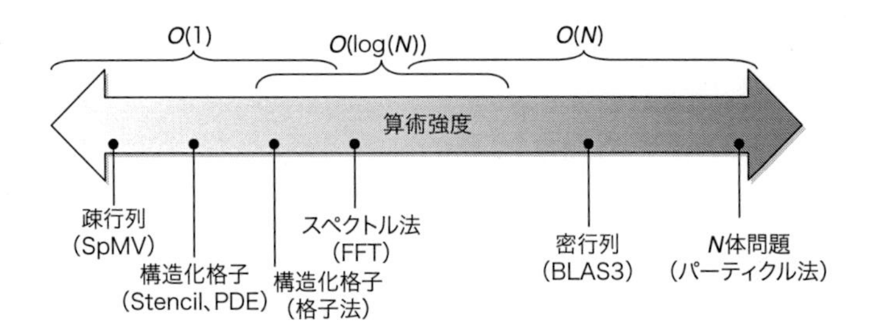

図4.10 算術強度は、プログラムの稼働中に実行した浮動小数点演算の数を、主メモリへのアクセスしたバイト数で割った値 [Williams *et al.*, 2009]
いくつかのカーネルでは、密行列のように算術強度が問題のサイズに比例するが、多くのカーネルでは、算術強度は問題のサイズに非依存である。

浮動小数点演算のピーク性能は、ハードウェアの仕様から調べられる。この事例研究の多くのカーネルは、チップ内蔵のキャッシュには収まらないので、メモリのピーク性能はキャッシュの外にあるメモリシステムで決まる。必要なのは、プロセッサから見たメモリのピーク帯域であって、179ページの図4.27に示すDRAMの端子レベルの帯域ではないことに注意しよう。メモリの実効ピーク性能を調べる1つの方法は、Streamベンチマークを実行することである。

図4.11の上側にNECのSX-9ベクタプロセッサの、下側にIntel Core i7 920マルチコア計算機のルーフラインモデルを示す。縦のy軸は、2〜256GFLOP/sの達成可能な浮動小数点演算性能である。横のx軸は、1/8〜16FLOP/DRAMバイトアクセスの範囲の算術強度である。グラフがlog-logのスケールであり、ルーフラインはコンピュータにつき1つである点に注意されたい。

あるカーネルについて、その算術強度はX軸上の点で知ることができる。その点を通る縦線を引けば、その計算機におけるカーネルの性能は、その線上になければならない。その計算機の浮動小数点演算のピーク性能を示す横線は、すぐに引くことができる。すると、実際の浮動小数点演算性能は、それがハードウェアの限界であるので、横線より下になる。

どうやってメモリのピーク性能を図示したら良いのだろうか。x軸はFLOP/byteでy軸はFLOP/sなので、byte/sは、この図の45度の対角線である。したがって、ある算術強度に対して計算機のメ

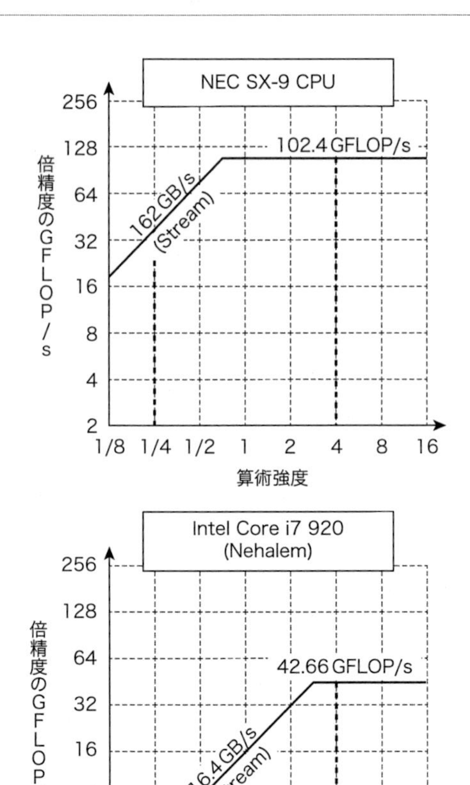

図4.11 上：NEC SX-9ベクタ計算機のルーフラインモデル 下：Intel Core i7 920 SIMD拡張付きマルチコア計算機 [Williams et al., 2009]
このルーフラインモデルは、単位歩幅メモリアクセスと、倍精度浮動小数点性能に対するものである。NEC SX-9は2008年に公開されたベクタスーパーコンピュータで、数百万ドルする。Streamベンチマークによると、倍精度浮動小数点性能は、102.4GFLOP/sで、メモリのピーク帯域は162GiB/sである。算術強度の4FLOP/バイトでの破線の垂直線は、両方のプロセッサがピーク性能で稼動したことを示している。この場合、SX-9は102.4GFLOP/sで、Core i7の42.66GFLOP/sに比べて2.4倍高速である。算術強度が0.25FLOP/バイトの場合、SX-9は40.5 GFLOP/sで、Core i7の4.1GFLOP/sに比べて10倍高速である。

モリシステムが支援できる浮動小数点演算性能の最大値を与える3番目の線を図示できる。図4.11のグラフのこれらの線を図示するために、限界を次の式として表現可能である。

達成可能なGFLOP/s
= Min(メモリバンド幅のピーク値 × 算術強度,
　　浮動小数点性能のピーク性能)

「ルーフライン」は、カーネルの算術強度に依存する性能の上界を表している。算術強度が、屋根に対して棒を立てると考えると、屋根の平らな部分に立った場合、性能を律速するのが計算能力にあることを意味する。屋根の斜めの部分に立つ場合、性能を決めるのが最終的にはメモリのバンド幅であることを意味する。図4.11では、右側（算術強度は4）の垂直な破線は前者の一例であり、左側（算術強度は1/4）の垂直な破線は後者の一例である。計算機のルーフラインモデルはカーネルに依存しないので、一旦得られれば、それをずっと使い続けられる。

ルーフラインの斜線部と水平線部の交点である「肩」は、計算機

に対する興味ある洞察を与える。もし山の肩が右寄りにあれば、高い算術強度のカーネルのみが、その計算機の最大性能を引き出すことができる。もし山の肩が左寄りにあれば、どんなカーネルでも、最大の性能を引き出し得る。これから見るように、このベクタプロセッサは他のSIMDプロセッサに比べて、より高いメモリ帯域と、左寄りの肩になっている。

図4.11によると、SX-9のピーク計算能力は、Core i7に比べて2.4倍高く、メモリ性能はさらに高い10倍であることが分かる。算術強度が0.25のプログラムでは、SX-9は10倍（GFLOP/sで40.5対4.1）速い。高いメモリ帯域のおかげで山の肩が、Core i7で2.6なのに対して、SX-9では0.6になっており、ベクタプロセッサはより多くのプログラムで最大計算能力を引き出せるということが分かる。

4.4 グラフィック処理ユニット

数百ドル出せば誰でも数百の並列浮動小数点ユニットを備えた**グラフィック処理ユニット**(**GPU**)を買って自分のデスクトップPCに搭載でき、このおかげでハイパフォーマンスが低廉なものになっている。GPUコンピューティングが脚光を浴びるようになったのは、GPUの潜在能力が、そのプログラミングを容易にするプログラミング言語と結び付いてからである。したがって、多くの科学技術やマルチメディアの今日のアプリケーションのプログラマは、GPUとCPUのどちらを使うかを熟考している。第7章で取り扱う内容であるが、現在は機械学習に興味があるプログラマにとってGPUは好ましいプラットフォームである。

コンピュータアーキテクチャの系譜の上で、GPUとCPUの間に共通の祖先がない、つまり、両者の間にミッシングリンクは存在しない。4.10節で述べるように、GPUの直接の先祖はグラフィックアクセラレータで、いかにグラフィックスをうまく処理するかというのがGPUの存在意義である。GPUは計算機活用の主流に移りつつあるが、グラフィックスの高性能な処理系という使命からは離脱していない。したがって、アーキテクトが「グラフィック処理向きに開発されたハードウェアに対して、どのような改良によって、より広範囲なアプリケーションでの性能を改善できるのだろうか」と問うた時に、GPUの設計はより意味のあるものになるかもしれない。

この節では、計算のためにGPUを使うことに集中する。GPUコンピューティングが、グラフィックスの加速という従来的な役割と、どのように融合されたかという話は、John NickollsとDavid Kirkの“Graphics and Computing GPUs”（本書と同じ著者の*Computer Organization and Design*第5版の付録C）を参照されたい。

ベクタアーキテクチャやSIMDアーキテクチャとは、用語やハードウェアの造りが全く異なるので、アーキテクチャの詳細に立ち入る前に、GPUのための単純化されたプログラミングモデルから始める方が容易であろう。

4.4.1 GPUのプログラミング

CUDAは、「あらゆる」ではないにせよ十分な範囲で、アルゴリズムの並列性を表現するという問題への洗練された解の1つである。タスクレベルを超越して、並列性のより容易で自然な表現を可能にしながら、CUDAでは、考えることとコーディングすることが共鳴しあう。

Vincent Natol
「CUDA万歳」、*HPC Wire*（2010）

GPUプログラマの課題には、GPUで単に良い性能を得ることだけではなく、システムプロセッサとGPUでの計算のスケジュールや、システムメモリとGPUメモリの間の転送の調整も含まれる。さらにこの節で後に見るように、マルチスレッディング、MIMD、SIMD,そして命令レベルといった多様な並列性として考えることができる事項がGPUには仮想的に備わっており、プログラミング環境から利用することができる。

NVIDIAは、ヘテロジニアスコンピューティングと多様な並列性の課題に対して挑戦することで、GPUプログラマの生産性を向上することを目標として、C風の言語とプログラミング環境の開発を決定した。そのシステムの名前は**CUDA**で、Compute Unified Device Architectureの略である。CUDAはシステムプロセッサ（ホスト）向けにはC/C++を、GPU（つまりデバイス、CUDAのD）向けにはCとC++の方言を、それぞれ提供する。類似のプログラミング言語にOpenCLがあり、複数のプラットフォーム向けでベンダ非依存言語として、いくつかの企業が開発中である。

NVIDIAは、これらすべての並列性の形を、CUDAスレッドに集約すると決定した。この最も低レベルな並列性をプログラミングの基本要素として使って、マルチスレッディング、MIMD、SIMD、そして命令レベル並列性といったGPU内の多様な形式の並列性を利用するために、コンパイラとハードウェアは何千ものCUDAスレッドを束ねて操ることができる。このため、NVIDIAは、CUDAのプログラミングモデルをSingle Instruction, Multiple Thread (SIMT)と呼んでいる。後にすぐ明らかになる理由により、これらのスレッドはまとめてグループ化され、32スレッドのグループ単位で実行される。これをスレッドブロックと呼ぶ。複数スレッド全体のブロックを実行するハードウェアを**マルチスレッドSIMDプロセッサ**と呼ぶ。

CUDAプログラムの例を見る前に、以下の詳細を少し知っておく必要がある。

- GPU（デバイス）とシステムプロセッサ（ホスト）の関数を区別するのに、CUDAでは`__device__`または`__global__`を前者のために、`__host__`を後者のために用いる。
- `__device__`または`__global__`の関数内で宣言されたCUDA変数はGPUメモリ（下記参照）に割り当てられすべてのマルチスレッドSIMDプロセッサから参照可能である。
- GPUで実行される関数名のための拡張関数呼び出し形式は、

```
関数名<<<dimGrid、dimBlock>>> (...引数リスト...)
```

で、`dimGrid`と`dimBlock`はコード（ブロック単位）の次元と、ブロック（スレッド単位）の次元を表す。
- ブロックの識別子（`blockIdx`）とスレッド当たりのブロック（`threadIdx`）の識別子に加え、CUDAはブロック当たりのキーワード（`blockDim`）を用意していて、これは上記のパラメータ`dimBlock`から来ている。

CUDAのコードの検討に際して、4.2節のDAXPYループのC言語のコードから出発する。

```
// DAXPYの呼び出し
daxpy (n, 2.0, x, y) ;
// C言語版のDAXPY
void daxpy(int n, double a, double *x, double *y)
{
    for (int i = 0; i < n; ++i)
        y[i] = a*x[i]+y[i];
}
```

以下がCUDA版である。ベクタの1つの要素に対して1つ、全部でnスレッドを立ち上げる。1つのマルチスレッドプロセッサのスレッドブロック毎に256個のCUDAスレッドとなる。GPU関数で、初めにブロックID、ブロック当たりのスレッド数、およびスレッドIDから、対応する要素インデックスiを求める。このインデックスが配列の範囲（i < n）にある間、乗算と加算が実行される。

```
// DAXPYをスレッドブロック当たり256スレッドで呼び出す
__host__
int nblocks = (n+255)/256;
    daxpy<<<nblocks、256>>>(n, 2.0, x, y);
// CUDAでのDAXPY
__device__
void daxpy(int n, double a, double *x, double *y)
{
    int i = blockIdx.x*blockDim.x+threadIdx.x;
    if (i < n) y[i] = a*x[i]+y[i];
}
```

CとCUDAを比べると、データ並列のCUDAコードの並列化についての共通パターンを見出すことができる。C版でそれぞれの繰り返しが他とは独立のループがあると、ループのそれぞれの繰り返しを独立なスレッドに変換することで、特段の策を講じることなく、並列処理コードに変換することができる。(上記や4.5節で詳説するように、ベクタ化コンパイラは、ループの繰り返し間に独立性にも依存しており、これは**ループ伝播の依存性**と呼ばれる)。プログラマは、グリッドの次元とSIMDプロセッサ毎のスレッド数を記述することで、並列性をCUDA中で明示的に決める。要素1つに対して1つのスレッドを割り当てることで、メモリに結果を書き込む際のスレッド間の同期の必要をなくしている。

並列実行とスレッド管理はGPUのハードウェアが行っており、アプリケーションやオペレーティングシステムが行っているのではない。ハードウェアによるスケジューリングを単純化するために、CUDAのスレッドブロックでは独立かつ任意の順番で実行可能であることが要求される。異なるスレッドブロック間では直接通信することができないが、グローバルメモリに対する不可分（アトミック）なメモリ操作を使って**協調**動作できる。

そのうち分かるように、CUDAでは多くのGPUハードウェアの概念が見えてこない。効率的なGPUコードを記述するには、MIMDにように見えるCUDAのプログラミングモデルよりは、SIMD演算という観点で考える必要がある。「性能こそ命」と考えるプログラマはGPUのハードウェアを念頭に置いてCUDAで記述しなければならない。これはプログラマの生産性を阻害するが、ほとんどのプログラマは性能のためにCPUでなくGPUを選択している。少し先で説明する理由から、マルチスレッドのSIMDプロセッサから最高の性能を得るために、制御フローにおいて32個のスレッドをまとめて扱う必要があり、DRAMのレイテンシを隠蔽するために、マルチスレッドのSIMDプロセッサごとに多くのスレッドを対応させる、ということを理解している。期待されるメモリ性能を得るために、データのアドレスをメモリの1あるいは数個のブロックに局所化する必要もある。

生産性と性能の間の妥協として、プログラマが明示的にハードウェアを制御するための組み込み関数（intrinsic）が、多くの並列システムと同様に、CUDAにも用意されている。並列計算機の活用ではしばしばあることだが、プログラマがハードウェアの可能性のすべてを記述し切ることと、生産性は相容れない。この古典的な生産性と性能の戦いの上で、どのように言語が進化するのかという話は、他のGPUや他のアーキテクチャの形式に対しても、CUDAが一般的になるか否かという話と同様に興味深い。

4.4.2 NVIDIA GPUの計算機械としての構造

上記のGPUの変わった生い立ちを知れば、なぜGPUが独自のアーキテクチャのスタイルやCPUとは無関係な独自の用語を使っているのかがわるだろう。GPUを理解する上で障害になっているものの1つは専用語で、そのうちのいくつかは紛らわしい名前である。この障害は驚くほど克服が困難で、この章での多くの書き直しがその証拠である。

GPUのアーキテクチャを理解可能にすることと、従来の定義と違った数多くのGPUの用語を学ぶという2つの目標の橋渡しをするために、結局のところ、使ったのは以下の方法である。すなわち、ソフトウェアにはCUDAの用語を使うが、ハードウェアにはもっと説明的な用語を使い、時にOpenCLで使われる用語を借りてくることにした。我々の用語でGPUアーキテクチャを説明してしまい、それらをNVIDIAのGPUの公式な専用語に対応付けることにする。

図4.12を左から右に見ていくと、この節で使っているより説明的な用語、計算機工学の主流で使われている用語で最も近いもの、NVIDIAのGPUの公式用語で興味あるもの、そして、その用語に対する簡潔な説明の順に並んでいる。この節の残りでは、GPUのマイクロアーキテクチャでの特徴を、表の左側の説明的な用語を用いながら説明していく。

ここでは、NVIDIAのシステムを例にとって使っているが、それは代表的なGPUアーキテクチャであるからである。特に、先に触れた並列処理言語CUDAの用語に従い、NVIDIAのPascal GPUを例として使っていく（4.7節を参照）。

ベクタアーキテクチャと同様に、GPUはデータレベル並列な問題にのみ有効である。両方のスタイルは共にギャザー/スキャターデータ転送とマスクレジスタを備え、GPUプロセッサはベクタプロセッサよりも多くのレジスタを備える。ベクタプロセッサではソフトウェアで実装している機能を、GPUではハードウェアで実装しているものがある。この差の理由は、ベクタプロセッサがソフトウェア機能を実行するスカラプロセッサを有しているからである。

タイプ	説明的な名称	GPU以外での古典的な用語	CUDA/NVIDIA GPUの公式用語	本書での定義
プログラム抽象	ベクタ化ループ	ベクタ化ループ	グリッド	GPUで実行されるベクタ化ループは、並列実行可能な1つ以上のスレッドブロック（ベクタ化ループの本体）からなる。
	ベクタ化ループの本体	（ストリップマイニングされた）ベクタ化ループの本体	スレッドブロック	ベクタ化ループはマルチスレッドSIMDプロセッサで実行され、1以上のSIMD命令のスレッドからなる。それらはローカルメモリを介して通信する。
	SIMDレーン演算列	スカラループの1回繰り返し	CUDAスレッド	SIMD命令の縦割りのスレッドは、1つのSIMDレーンによって実行される1つの要素に対応している。その結果をストアするか否かは、マスクとプレディケート（述語）レジスタで決まる。
マシンオブジェクト	SIMD命令のスレッド	ベクタ命令のスレッド	ワープ	古典的なスレッドだが、マルチスレッドSIMDプロセッサで実行されるSIMD命令のみから成る。結果をストアするか否かは、エレメント毎のマスクで決まる。
	SIMD命令	ベクタ命令	PTX命令	SIMDレーン間で実行される単体のSIMD命令
処理ハードウェア	マルチスレッドSIMDプロセッサ	（マルチスレッド）ベクタプロセッサ	ストリーミングマルチプロセッサ	マルチSIMDプロセッサは、他のSIMDプロセッサとは独立に、SIMD命令のスレッドを実行する。
	スレッドブロックスケジューラ	スカラプロセッサ	ギガスレッドエンジン	複数のスレッドブロック（ベクタ化ループの本体）をマルチスレッドSIMDプロセッサに割り当てる。
	SIMDスレッドスケジューラ	マルチスレッドCPUのスレッドスケジューラ	ワープスケジューラ	SIMD命令のスレッドが実行可能な時に、それをスケジュールし発行するハードウェアユニット。SIMDスレッドの実行を追跡するスコアボードを含む。
	SIMDレーン	ベクタレーン	スレッドプロセッサ	SIMDレーンは、単一の要素のSIMD命令のスレッドの演算を実行する。結果をストアするか否かは、マスクで決まる。
メモリハードウェア	GPUメモリ	メインメモリ	グローバルメモリ	GPUのすべてのマルチスレッドSIMDプロセッサからアクセス可能なDRAMメモリ。
	プライベートメモリ	スタックあるいはスレッドローカルストレージ（OS）	ローカルメモリ	DRAMメモリの中の各々のSIMDレーンに固有な部分。
	ローカルメモリ	ローカルメモリ	共有メモリ	個々のマルチスレッドSIMDプロセッサ固有の高速なローカルSRAMで、他のSIMDプロセッサからはアクセスできないもの。
	SIMDレーンレジスタ	ベクタレーンレジスタ	スレッドプロセッサレジスタ	スレッドブロック（ベクタ化ループの本体）全体の中で確保された、1つのSIMDレーンのレジスタ。

図 4.12 本節で使われるGPU用語の一覧

最初の列をハードウェア用語のために使う。13の項目は、上から順に、プログラム抽象、マシンオブジェクト、処理ハードウェア、そしてメモリハードウェアの4つのグループに分類される。図4.21に、ベクタ計算機の用語と、ここでの用語の最も近いものどうしを並べたものを、図4.24と図4.25に、CUDA/NVIDIAの公式の用語と、AMD社の用語やOpenCLで使われる用語に沿った定義を並べたものを示す。

ベクタアーキテクチャとは異なり、GPUはメモリ遅延を隠蔽するために、単一のマルチスレッドSIMDプロセッサによるマルチスレッド処理に依存している。しかしながらベクタプロセッサとGPUの両方で効率的に動くコードを書くには、プログラマはSIMD演算のグループについて考慮しなければならない。

グリッドとは、スレッドブロックの集合から成るGPU上で稼動するコードのことである。図4.12では、グリッドとベクタ化ループ、それに、スレッドブロックとベクタ化ループの本体（実行可能なようにストリップマイニングされた後）を類似点として対比している。完全な例を示すのに、各々8192要素の2つのベクタを掛け合わせる演算、`A = B*C`を考える。本節では、後にこの例に立ち戻ることにする。図4.13はこの例と最初の2つのGPU用語の関係を示している。8192個のすべての要素の乗算を行うGPUコードは、**グリッド**（つまりベクタ化ループ）と呼ばれる。さらに処理しやすいサイズに切り分けるために、グリッドを、それぞれが512個の要素から成るスレッドブロック（つまりベクタ化ループの本体）で構成する。SIMD命令が32要素を一度に処理することに注意されたい。ベクタには8192個の要素があるので、この例では16 = 8192 ÷ 512なので16のスレッドブロックを用いている。グリッドとスレッドブロックは、GPUのハードウェアに実装されるプログラミングの抽象化であり、プログラマがCUDAコードを作るのを助けてくれる（スレッドブロックは、ベクタ長32でストリップマイニングされたベクタループにたとえられる）。

1つのスレッドブロックは、**スレッドブロックスケジューラ**によって、このコードを実行するプロセッサに割り当てられるが、これを**マルチスレッドSIMDプロセッサ**と呼ぶ。スレッドブロックスケジューラはハードウェアで実装されているが、プログラムでいくつのスレッドブロックを実行するかを指定する。この例では、16個

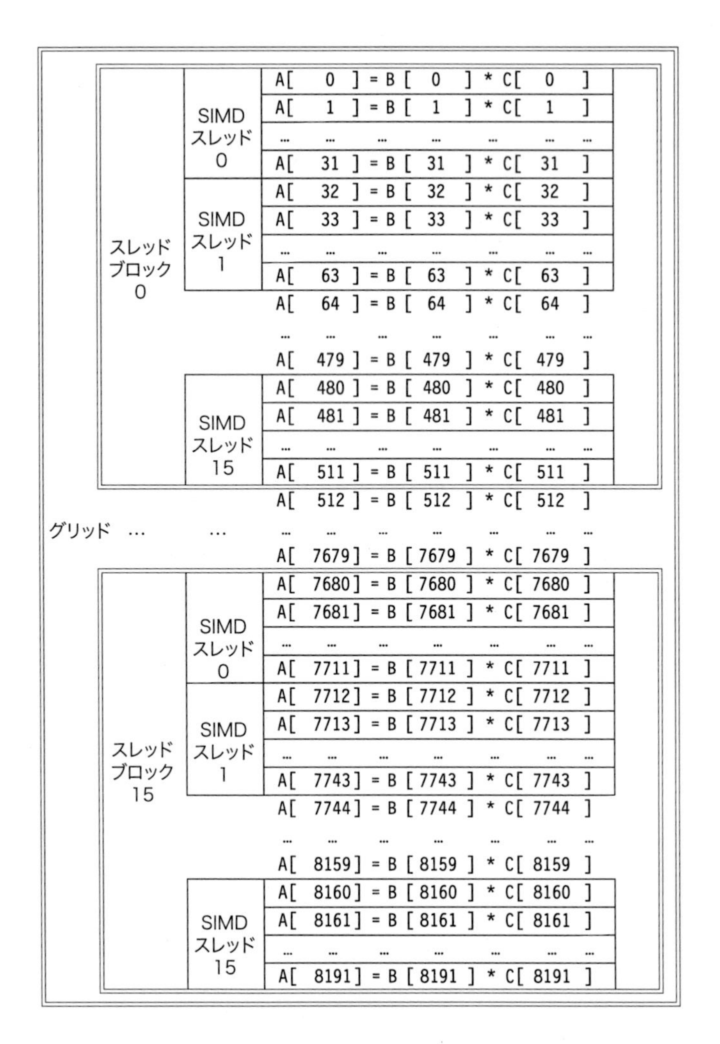

図4.13 8192要素のベクタどうしの乗算のための、グリッド（ベクタ化可能ループ）、スレッドブロック（SIMD基本ブロック）、それにSIMD命令のスレッドの対応関係

各SIMD命令のスレッドは、32要素を1命令で計算し、この例では各々のスレッドブロックは16スレッドのSIMD命令からなり、グリッドは16スレッドブロックからなる。ハードウェアスレッドブロックスケジューラは、スレッドブロックをマルチスレッドSIMDプロセッサに割り当て、ハードウェアスレッドスケジューラは、SIMDプロセッサの中の実行するSIMD命令のスレッドを各クロックサイクルで選ぶ。同じスレッドブロックのSIMDスレッドどうしのみが、ローカルメモリを介して通信できる（スレッドブロック毎に実行可能なSIMDスレッドの最大数は、Pascal GPUで32である）。

のスレッドブロックをマルチスレッドプロセッサに割り当て、このループの8192要素のすべてを計算する。

図4.14は、マルチスレッドSIMDプロセッサの単純化した構成図である。ベクタプロセッサに似ているが、ベクタプロセッサにおける深くパイプライン化した少数の機能ユニットの代わりに、多数の並列動作する機能ユニットを有している。図4.13のプログラミング例では、各々のマルチスレッドSIMDプロセッサは、512要素のベクタに割り当てられている。SIMDプロセッサは、独立したプログラムカウンタを有する完全なプロセッサであり、スレッドを使ってプログラムされる（第3章を参照せよ）。

GPUハードウェアは、スレッドブロック（ベクタ化ループの本体）のグリッドを実行するマルチスレッドSIMDプロセッサの集合体を内蔵する。つまり、GPUは複数のマルチスレッドSIMDプロセッサから構成されるマルチプロセッサである。

GPUは1から数ダースのマルチスレッドSIMDプロセッサを内蔵している。例えばPascal P100システムは56個で、小規模なチップは1個か2個である。マルチスレッドSIMDプロセッサの個数が異なるGPUモデル間の透過性を供するために、スレッドブロックスケジューラがスレッドブロック（ベクタ化ループの本体）をマルチスレッドSIMDプロセッサに割り当てるようになっている。図4.15に、Pascalアーキテクチャの実装であるP100の配置図を示す。

一段下のレベルに目を移すと、ハードウェアが作り出し、管理し、スケジュールし、実行するマシンオブジェクトは、**SIMD命令のスレッド**である。このスレッドは、SIMD命令だけから成る通常のスレッドである。これらのSIMD命令のスレッドは、固有のプログラムカウンタ（PC）を有し、マルチスレッドSIMDプロセッサで実行される。**SIMDスレッドスケジューラ**は、実行可能なSIMD命令のスレッドが分かるスコアボードを内蔵し、マルチスレッドSIMDプロセッサで実行するように、派遣（ディスパッチ）ユニットにスレッドを送り出す。したがって、GPUハードウェアは、2レベルのハードウェアスケジューラを有する。

(1) スレッドブロック（ベクタ化ループの本体）をマルチスレッドSIMDプロセッサに割り当てる**スレッドブロックスケジューラ**。

(2) 実行すべきSIMD命令のスレッドをスケジューリングするSIMDプロセッサ**内**のSIMDスレッドスケジューラ。

これらのスレッドのSIMD命令の幅は32であるので、この例ではSIMD命令のスレッドの各々32個の要素を計算する。この例では、スレッドブロックには512/32 = 16個のSIMDスレッド（図4.13参照）が入っている。

スレッドはSIMD命令から構成されているので、SIMDプロセッサは演算を実行するのに並列機能ユニットを有していなければならない。それらをSIMDレーンと呼ぶが、4.2節のベクタレーンと極めて似ている。

Pascal GPUでは各々幅32のスレッドのSIMD命令が16本のSIMDレーンに対応し、SIMD命令のスレッドの中の各SIMD命令は完了に2クロックを要する。各々のSIMD命令のスレッドは各ロックステップで実行され、その始まりでスケジュールされる。SIMDプロセッサをベクタプロセッサに例えると、16レーンを有し、ベクタ長は32で、チャイムは2クロックサイクルだということになる（この幅広くて浅いという性質があるため、ベクタプロセッサの代わりにSIMDプロセッサという用語を使う）。

GPU SIMDプロセッサのレーン数は1スレッドブロックのスレッドの数の上限になっていることに注意されたい。これはベクタプロセッサのレーンが1からベクタ長の最大値の間の値をとり得るのと同じである。例えばGPUの世代によって、SIMDプロセッサ当たりのレーン数は8から32の間で変わっていった。

定義により、SIMD命令のスレッドは独立であり、SIMDスレッドスケジューラは実行準備ができているSIMD命令のスレッドをどれでも選択でき、現在実行中のスレッドの命令列の次のSIMD命令にこだわる必要はない。SIMDスレッドスケジューラは、実行準備ができているSIMD命令を調べるのに、最大64スレッドまでのSIMD命令のスレッドを追跡できるスコアボード（第3章参照）を使っている。メモリアクセス命令はキャッシュやTLBのヒットとミスがあって遅延が変化するので、完了した命令を調べるのにスコア

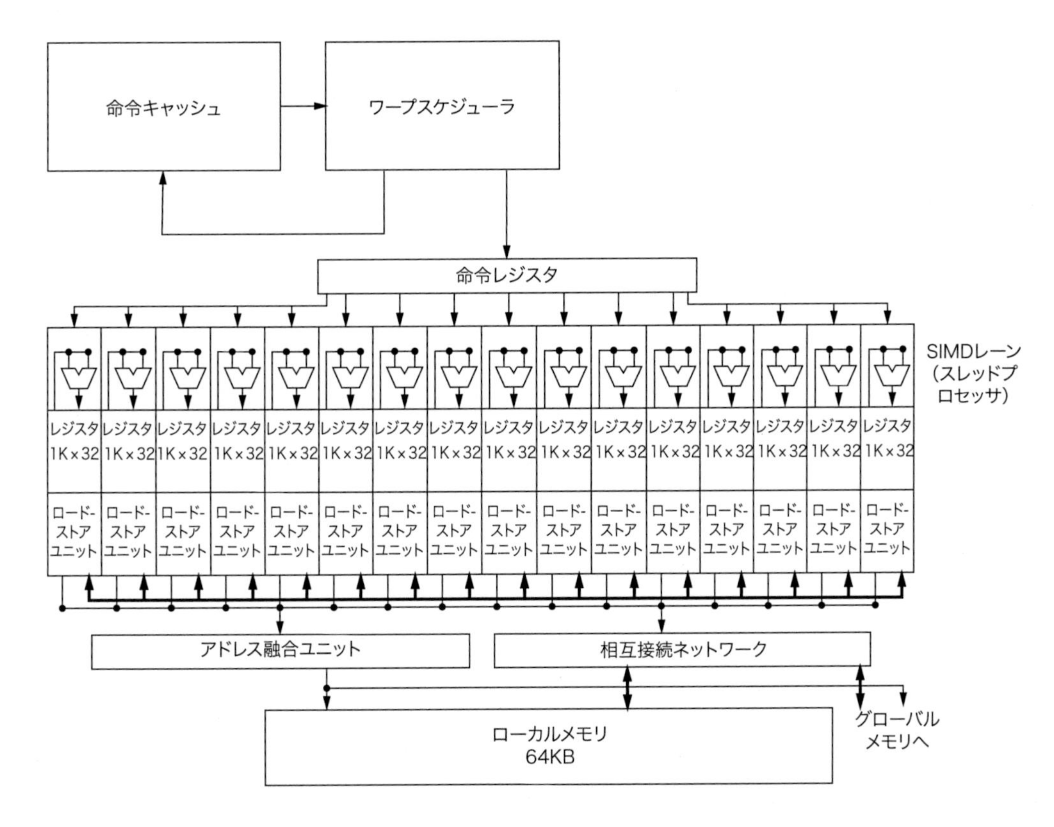

図 4.14　マルチスレッド SIMDプロセッサの単純化した構成図。

マルチスレッド SIMD プロセッサは 16 個の SIMD レーンからなる。SIMD スレッドスケジューラは、64 個の独立した SIMD 命令スレッドを持ち、64 個のプログラムカウンタ（PC）の表でスケジュールする。各々のレーンは 1024 個の 32 ビットレジスタを有する。

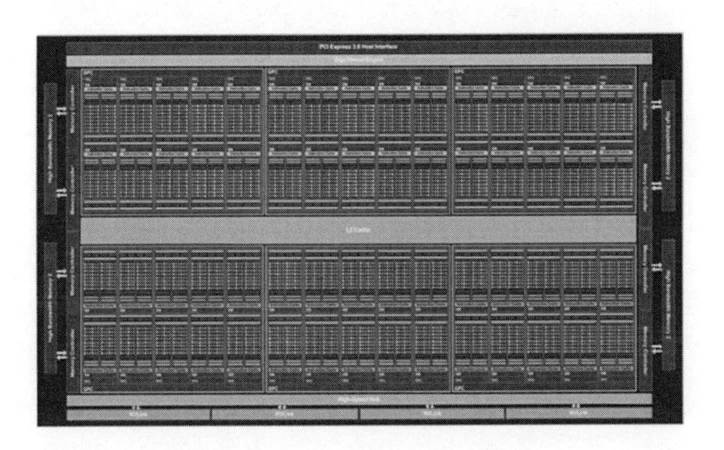

図 4.15　Pascal P100 GPUのチップ全体のブロック図

P100 は 56 個のマルチスレッド SIMD プロセッサを内蔵しており、それらの各々が各 1 つの L1 キャッシュとローカルメモリ、32 個の L2 ユニット、そしてデータ線が 4096 本幅のメモリバスを有している（歩留まりを高めるために、4 つのスペアブロックを含む 60 ブロックがレイアウトされている）。P100 は 4 つの HMB2 ポートで 16GiB の容量までサポートしている。154 億トランジスタを集積している。

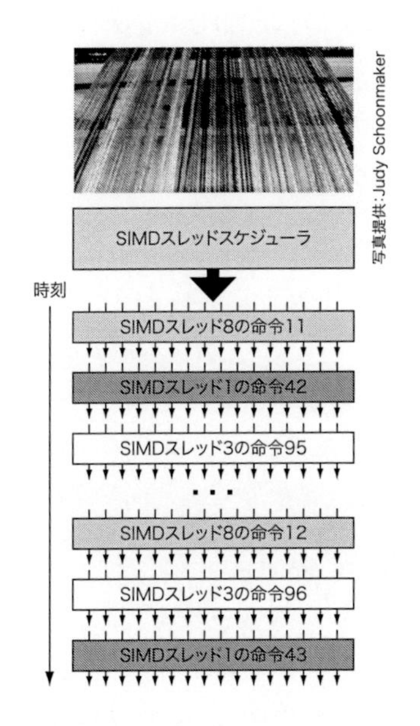

図 4.16　SIMD命令のスレッドのスケジューリング

スケジューラは実行準備ができている SIMD 命令のスレッドを 1 つ選択し、SIMD スレッドを実行している SIMD レーンのすべてに同期的に命令を発行する。SIMD 命令のスレッドは独立なので、スケジューラはスケジューリングの際に、異なる SIMD スレッドを選択するかもしれない。

ボードが必要である。図 4.16 は、SIMD スレッドスケジューラが、時間経過に伴って異なる順番で SIMD 命令のスレッドが選び出す様子を表している。GPU 設計者は、GPU アプリケーションには SIMD 命令のスレッドがたくさんあるので、マルチスレッディングは DRAM のレイテンシを隠蔽し、マルチスレッド SIMD プロセッサの使用率が高まる、と考えている。

ベクタ乗算の例を続けると、各々のマルチスレッド SIMD プロセッサは、2 つのベクタの 32 要素をメモリからレジスタにロードし、レジスタを読み書きして乗算を実行し、積をレジスタに書き戻さねばならない。これらの記憶要素を保持するのに、SIMD プロセッサは何と 32,768 から 65,536 個もの 32 ビットレジスタを有しており（図 4.14 に示したようにレーン当たり 1024 個）、これは Pascal GPU のモデルに依る。これらはベクタプロセッサと同様に、ベクタレーン（ここでは SIMD レーン）間で論理的に分割されている。

各々のSIMDスレッドのレジスタは、256本以内に制限されており、SIMDスレッドは256本までのベクタレジスタを有していて、各々のベクタは32ビット幅で32要素であると考えてよい（倍精度浮動小数点オペランドは、2つの隣り合った32ビットのレジスタを使用する。別の見方をすれば、各々のSIMDスレッドは64ビット幅で32要素のベクタレジスタを128本有しているということになる）。

レジスタの利用とスレッドの最大数の間にはトレードオフがある。スレッド当たりのレジスタが少ないと多くのスレッドが利用可能になり、レジスタが多いとスレッド数が小さくなる。

多くのSIMD命令のスレッドを実行可能にするために、SIMD命令のスレッドが生成される際に各々のSIMDプロセッサの物理レジスタセットは動的に確保され、SIMDスレッドが終了する際に解放される。例えば、スレッド当たり36レジスタのSIMDスレッドを16個から成るスレッドブロックと、スレッド当たり20レジスタのもの32個から成るスレッドブロックを、プログラマは一緒に使うことができる。後のスレッドブロックはどの順番で現れてもよく、レジスタは必要に応じて確保されねばならない。この可変性は断片化を招く可能性があり、いくつかのレジスタが使えなくなり、実際にはほとんどのスレッドブロックは同じ数のレジスタを与えられたベクタ化ループ（グリッド）を使う。ハードウェアは各々のスレッドブロックのレジスタが大規模レジスタファイルの何処にあるかが分かっていなければならず、これはスレッドブロック毎に記録される。この柔軟性は、スレッドブロックに固有のレジスタはレジスタファイルの任意の場所で終端するので、ハードウェアでのルーティングと仲裁と仕切りを必要とする。

CUDAスレッドはSIMD命令のスレッドを縦割りにしたもの以外の何物でもなく、1つのSIMDレーンで実行される1つの要素に対応しているということに注目されたい。CUDAスレッドからは全くシステムコールを使えないという点で、CUDAスレッドはPOSIXスレッドとはかなり異なるものであることに注意しよう。

こうしてGPUの命令を見ていく準備が整った。

4.4.3 NVIDIA GPUの命令セットアーキテクチャ

多くのシステムプロセッサとは異なり、NVIDIAコンパイラの対象である命令セットはハードウェア命令セットの抽象表現である。**PTX**（Parallel Thread Excecution）はコンパイラに安定した命令セットを与え、GPUの世代を越えた互換性を担保しており、プログラマにはハードウェア命令セットを見せないようになっている。PTX命令は1つのCUDAスレッドの演算を記述しており、通常はハードウェア命令に1対1で対応しているが、1つのPTXが複数の機械命令に展開される場合やその逆の場合もある。PTXは個数無制限の1回書き込み†レジスタを用いており、コンパイラはレジスタ割り付けを行いPTXレジスタを実際のデバイスで利用可能な固定個数の読み書きハードウェアレジスタに割り付けなければならない。続いて最適化系が使用レジスタ数の削減を行う。この最適化系さらに不到達コードの削除、命令の畳み込み、そして分岐最適化（分岐先を求め、融合可能な分岐路を見つける）を行う。

x86のマイクロアーキテクチャとPTXの間には、両者とも内部形式（x86ではマイクロ命令）に変換すると点で類似している一方で、この変換をx86ではハードウェアで実行時に行うのに対して、GPUではローディング時にソフトウェアで実施するという違いがある。

PTX命令の形式は次の通りである。

```
opcode.type d、a、b、c;
```

ここで、dはデスティネーションオペランド、aとbとcはソースオペランドであり、.typeは演算の型を示していて以下のうちの1つを指定する。ソースオペランドは、32ビットか64ビットのレジスタか定数である。デスティネーションオペランドは、ストア命令を除いてレジスタである。

型	.type 指定子
8、16、32、64ビットの型なしビット列	.b8、.b16、.b32、.b64
8、16、32、64ビットの符号無整数	.u8、.u16、.u32、.u64
8、16、32、64ビットの符号付整数	.s8、.s16、.s32、.s64
16、32、64ビットの浮動小数点数	.f16、.f32、.f64

図4.17に基本PTX命令セットを示す。すべての命令は、1ビットのプレディケートレジスタでガードされており、プレディケートレジスタはsetp（set predicate）命令で設定される。制御フロー命令は、関数呼び出しと戻り、スレッド退出、分岐、そしてスレッドブロック内でのスレッドのバリア同期（bar.sync）の各命令である。分岐命令の先頭にプレディケートを置くと、条件分岐になる。コンパイラやPTXプログラマは、仮想レジスタの型を32ビットと64ビット、型付きと型なしのどちらにするのかを宣言する。例えば、R0、R1、...、は32ビットのレジスタを、RD0、RD1、...は64ビットのレジスタを指定する時に用いる。仮想レジスタを物理レジスタに割り当てるのは、PTXのローディング時であることを思い出されたい。

次に示すPTX命令列は、4.4節のDAXPYループの1回の繰り返しに対応するものである。

```
shl.u32 R8, blockIdx, 8        ; スレッドブロックID*
                               ; ブロックサイズ (256=2^8)
add.u32 R8, R8, threadIdx      ; 自身のCUDAスレッドID
shl.u32 R8, R8, 3              ; バイト単位のオフセット
ld.global.f64 RD0, [X+x8]      ; RD0 = X[i]
ld.global.f64 RD2, [Y+x8]      ; RD2 = Y[i]
mul.f64 RD0, RD0, RD4          ; RD0 = RD0*RD4
                               ; (aはスカラ)の積
add.f64 RD0, RD0, RD2          ; RD0 = RD0+RD2 (Y[i])
                               ; の和
st.global.f64 [Y+x8], RD0      ; Y[i] = 和
                               ; (つまりX[i]*a+Y[i])
```

上記の通り、CUDAプログラミングでは、1つのCUDAスレッドを各々のループ繰り返しに割り当て、スレッドブロックの各々にユ

† 訳注：「1回書き込み」は静的単一代入形式（SSA）を意味するようだが、第5版の付録CやNVIDIAが公開しているPTXのマニュアルには1回書き込みの記述は見当たらず、後に登場するPTX命令列の例でも同じレジスタに対する代入が複数回あることから誤植か筆者の勘違いであると思われる。

グループ	命令	例	意味	説明
算術	算術.type = .s32、.u32、.f32、.s64、.u64、.f64			
	add.type	add.f32 d、a、b	d = a+b;	
	sub.type	sub.f32 d、a、b	d = a-b;	
	mul.type	mul.f32 d、a、b	d = a*b;	
	mad.type	mad.f32 d、a、b、c	d = a*b+c;	乗算-加算
	div.type	div.f32 d、a、b	d = a/b;	複数のマイクロ命令
	rem.type	rem.u32 d、a、b	d = a%b;	整数剰余
	abs.type	abs.f32 d、a	d = |+a|;	
	neg.type	neg.f32 d、a	d = 0-a;	
	min.type	min.f32 d、a、b	d = (a < b)? a:b;	浮動小数点では非数以外を選択
	max.type	max.f32 d、a、b	d = (a > b)? a:b;	
	setp.cmp.type	setp.lt.f32 p、a、b	p = (a < b);	比較とプレディケートの設定
	算術.cmp = eq、ne、lt、le、gt、ge; 順序なしcmp = equ、neu、ltu、leu、gtu、geu、num、nan			
	mov.type	mov.b32 d、a	d = a;	移動
	selp.type	selp.f32 d、a、b、p	d = p? a: b;	プレディケートによる選択
	cvt.dtype.atype	cvt.f32.s32 d、a	d = convert(a);	atypeをdtypeに変換
特別関数	特別 .type = .f32 (いくつかは .f64)			
	rcp.type	rcp.f32 d、a	d = 1/a;	逆数
	sqrt.type	sqrt.f32 d、a	d = sqrt(a);	平方根
	rsqrt.type	rsqrt.f32 d、a	d = 1/sqrt(a);	平方根の逆数
	sin.type	sin.f32 d、a	d = sin(a);	正弦
	cos.type	cos.f32 d、a	d = cos(a);	余弦
	lg2.type	lg2.f32 d、a	d = log(a)/log(2)	2を底とした対数
	ex2.type	ex2.f32 d、a	d = 2 ** a;	2のべき
論理	論理 .type = .pred、.b32、.b64			
	and.type	and.b32 d、a、b	d = a & b;	
	or.type	or.b32 d、a、b	d = a | b;	
	xor.type	xor.b32 d、a、b	d = a ^ b;	
	not.type	not.b32 d、a、b	d = ~a;	1の補数
	cnot.type	cnot.b32 d、a、b	d = (a==0) ? 1:0;	論理反転
	shl.type	shl.b32 d、a、b	d = a << b;	左シフト
	shr.type	shr.s32 d、a、b	d = a >> b;	右シフト
メモリアクセス	メモリ .space = .global、.shared、.local、.const; .type = .b8、.u8、.s8、.b16、.b32、.b64			
	ld.space.type	ld.global.b32 d、[a+off]	d = *(a+off);	spaceの空間のメモリからのロード
	st.space.type	st.shared.b32 [d+off]、	a *(d+off) = a;	spaceの空間のメモリへのストア
	tex.nd.dtyp.btype	tex.2d.v4.f32.f32 d、a、b	d = tex2d(a,b);	テクスチャ参照
	atom.spc.op.type	atom.global.add.u32 d,[a],b atom.global.cas.b32 d,[a],b,c	atomic { d = *a; *a = cop(*a,b);	不可分なリードモディファイライト演算
	atom.op = and、or、xor、add、min、max、exch、cas; .spc = .global; .type = .b32			
フロー制御	branch	@p bra target	if(p) goto target;	条件分岐
	call	call(ret)、func、(params)	ret = func(params);	関数呼び出し
	ret	ret	return;	関数からの戻り
	bar.sync	car.sync d	スレッドを待つ	バリア同期
	exit	exit	exit;	スレッドの実行を停止

図 4.17 基本的な PTX GPU命令

ニークな識別番号（blockIdx）を、ブロック内のCUDAスレッドの各々にもユニークな識別番号（threadIdx）を与える。したがって8192個のCUDAスレッドが生成され、配列の要素の各々を指定するのにユニークな番号が使われ、インクリメントや分岐のコードは生成されない。最初の3つのPTX命令は、ユニークなバイト単位のオフセットを計算してR8に置き、この値は配列のベースに加算して使われる。続くPTX命令は、2つの倍精度浮動小数点オペランドをロードして、乗算と加算を施し、sumにストアする（"if (i < n)"のCUDAコードに対応するPTXコードについては、後で詳説する）。

ベクタアーキテクチャとは異なり、GPUには連続データ転送、ストライドつきデータ転送、そしてギャザー/スキャターデータ転送のための命令が特に備わっているわけではない。すべてのデータ転送がギャザー/スキャターなのである。連続（単位ストライド）データ転送の効率を向上させるために、GPUは特別な**アドレス融合**（address coalescing）ハードウェアを有していて、SIMD命令のスレッド内のSIMDレーンが連続アドレスのメモリ参照をまとめて発行しているのを検出する。この実行時ハードウェアは、メモリインターフェイスユニットに、32個の連続するワードのブロック転送を要求していることを知らせる。この重要な性能向上を得るために、GPUのプログラマは、隣り合うCUDAスレッドが近隣のアドレスを同時にアクセスして、1つあるいは2、3個のメモリやキャッシュブロックにまとめ上げられるように注意を払わねばならず、上記の例ではそのようになっている。

4.4.4 GPUにおける条件分岐

単位ストライドデータ転送の場合のように、IF文をどのように扱うのかという点について、ベクタアーキテクチャとGPUは、とても似ている。前者では限られたハードウェア支援の下で主にソフトウェアで実現されており、後者ではハードウェアの比重が多少増えている。後で見るように、明示的なプレディケートレジスタに加えて、GPUの分岐ハードウェアは内部マスク、分岐同期スタック、そして分岐先が複数の経路に散った場合や実行路が合流した場合を取り扱うための命令マーカーを使う。

PTXアセンブラのレベルでは、1つのCUDAスレッドの制御フローは、branch、call、return、そしてexitの各命令によって記述されるのに加えて、スレッドのレーンごとに用意された1ビットのプレディケートレジスタを使ってプログラマが指定する。PTXアセンブラはPTXの分岐の樹形構造（グラフ）を解析し、それをGPUの最速のハードウェア命令列に最適化する。各々で分岐の決定を行い、ロックステップで同期する必要がない。

GPUのハードウェア命令レベルでは、制御フローにはbranch、jump、jump indexed、call、call indexed、return、exit、そして分岐同期スタックを制御する特別な命令から成る。GPUハードウェアは、SIMDスレッドにそれぞれに固有のスタックを与える。スタックには識別子のトークン、実行する命令アドレス、そして移行先のスレッド活性のマスクが付加されている。GPUには特別命令がある。これにはSIMDスレッドのスタック先頭アドレスをプッシュするものや、スタックからポップしたり、指定された所までスタックを巻き戻したり、移行先のスレッド活性マスクを使って移行先の命令アドレスに分岐したりする特別命令と命令マーカーの組み合わせがある。GPUのハードウェア命令には、各々のレーンに用意された1ビットのプレディケートレジスタで指定される、レーンごとのプレディケート（イネーブル/ディスエーブル）も用意されている。

通常PTXアセンブラは、PTXの分岐命令でコード化した外側のIF-THEN-ELSE文を、GPUの分岐命令を使わない、個々にプレディケートがついたGPU命令に最適化する。より複雑な制御フローは、通常はプレディケート付き命令と、分岐同期スタックを用いる特殊命令とマーカーの組み合わせによるGPU分岐命令に変換される。分岐同期スタックには、一方のレーンは分岐が成立して飛び先アドレスに分岐し、残りは分岐せずに次の命令を実行した場合にエントリをプッシュする。NVIDIAは、分岐により、このようなことが起きることを**散る**（**diverge**）と呼んでいる。この組み合わせは、SIMDレーンが同期マーカーを実行する、すなわち**合流**（**converge**）する場合にも使われる。この時は、スタックエントリをスタックからポップして取り出し、中身のアドレスに対してスレッド活性マスクを使って分岐する。

PTXアセンブラは、ループの分岐を識別し、ループの先頭に飛ぶGPU分岐命令を生成する。また、これと共に、すべてのレーンがループを完了した時にSIMDレーンを合流させる特殊なスタック命令を生成する。GPUのインデックスつきジャンプとインデックスつき関数呼び出しの各命令は、すべてのレーンがswitch文や関数呼び出しを終えた際に、SIMDスレッドが合流するように、飛び先をスタックにプッシュする。

GPUのプレディケート設定命令（図4.17のsetp）は、IF文の条件部を評価する。そしてPTX分岐命令は、そのプレディケートに依存する。PTXアセンブラがGPU分岐命令を伴わないプレディケートつき命令を生成した場合は、各々の命令についてSIMDレーンをイネーブルにしたりディスエーブルにしたりするのに、レーンごとのプレディケートレジスタを用いる。スレッド中のSIMD命令でIF文のTHEN部中にあるものは、すべてのSIMDレーンに演算指令を撒く。プレディケートが1であるレーンは、その演算指令を実行し結果をストアする。他のSIMDレーンは、演算指令を実行せず、結果もストアしない。ELSE文の方では、命令は（THEN文に対する）プレディケートの反転を使い、アイドルだったSIMDレーンは、THEN部でアクティブだったその兄弟が活動していない間に、演算指令を実行し結果をストアする。ELSE文の終わりでは、本来の計算が進むように、命令はプレディケートを外される。したがってIF-THEN-ELSEでは、経路が同じ長さならば50%の効率になる。

IF文が入れ子になっている場合を考える。当然スタックを使い、かつ通常はPTXアセンブラはプレディケート付き命令と、複雑な制御フローのためのGPU分岐と特別な同期命令を組み合わせたものを生成する。入れ子が深い場合は、入れ子になった条件文の実行中は、ほとんどのSIMDレーンがアイドルになることに注目されたい。二重に入れ子になったIF文で経路長が等しいものの場合は25%の実行効率になり、3重の場合は12.5%に、以下同様。同じような場合に、ベクタプロセッサでは、マスクビットのほんのわずかしか1にならない。

詳細に目を向ける。PTX アセンブラは、各々の SIMD スレッドの中のスタックに、現在活動中マスクをプッシュする適切な条件分岐への「分岐同期のマーカー」を設定する。もし条件分岐の分岐が散ったら（いくつかのレーンでは分岐が成立して、いくつかでは不成立）、スタックにエントリをプッシュし、条件に応じて現在活動中マスクを設定する。分岐同期マーカーは、散った分岐エントリをポップし、マスクビットを ELSE に対応すべく反転する。IF 文の最後では、PTX アセンブラは以前の活動中マスクをスタックからポップして現在活動中マスクに書き戻すために、もう 1 つの分岐同期マーカーを付加する。

もしすべてのマスクビットが 1 に設定されれば、THEN 部の最後の分岐命令は、ELSE 部の命令を飛び越す。同様な最適化が THEN 部にも適用される。すなわち、すべてのマスクビットが 0 ならば条件分岐は THEN 部を飛び越す。並列 IF 文と PTX 分岐は、SIMD スレッドのレーン間で制御フローが散らないように、しばしば全員一致（すべてのレーンが同じ経路に同意すること）の分岐の条件を使うことがある。PTX アセンブラはそのような分岐を最適化し、SIMD スレッドのどのレーンでも実行されない命令を飛び越すようにする。この最適化は、例えば、必須だが稀にしか成立しないエラー状態の検査に有効である。

4.2 節の条件文と類似のコードは以下の通りである。

```
if (X[i] != 0)
    X[i] = X[i]-Y[i];
else X[i] = Z[i];
```

この IF 文は、（R8にはすでにスケーリングされたスレッド ID が入っていると仮定して）次の PTX 命令にコンパイルされる。ここで、*Push、*Comp、*Popは、それぞれ古いマスクのプッシュ、現在のマスクの反転、そして古いマスクのポップと復帰を行う分岐同期マーカーを示している。

```
        ld.global.f64 RD0, [X+R8]        ; RD0 = X[i]
        setp.neq.s32 P1, RD0, #0
                                ; P1はプレディケートレジスタ1
        @!P1, bra ELSE1, *Push
                                ; 旧マスクをプッシュし、新マスクビットを設定
                                ; P1が偽だったらELSE1へ飛ぶ
        ld.global.f64 RD2, [Y+R8]        ; RD2 = Y[i]
        sub.f64 RD0, RD0, RD2            ; RD0との差
        st.global.f64 [X+R8], RD0        ; X[i] = RD0
        @P1, bra ENDIF1, *Comp
                                ; マスクビットを反転
                                ; P1が真ならENDIF1へ飛ぶ
 ELSE1: ld.global.f64 RD0, [Z+R8]        ; RD0 = Z[i]
        st.global.f64 [X+R8], RD0        ; X[i] = RD0
ENDIF1: <next instruction>, *Pop
                                ; 旧マスクをポップして復帰
```

繰り返すが、IF-THEN-ELSE 文のすべての命令が SIMD プロセッサによって実行される。これは、いくつかの SIMD レーンが THEN 部の命令のためにイネーブルになり、いくつかのレーンが ELSE 部の命令に対応する場合でも同様である。先に述べた通り、個々のレーンがプレディケートつき分岐に同意するという驚くほど良くある場合——すべてのレーンで活動中マスクの全ビットが 0 か 1 になるようなパラメータによる分岐の時——分岐は TEHN 部の命令か ELSE 部の命令を飛び越す。

この柔軟性により、エレメントごとに自身のプログラムカウンタが備わっているようにみえる。しかしながら最も遅い場合には、1 つの SIMD レーンのみがその結果を 2 クロックサイクルごとにストアでき、残りはアイドルとなる。ベクタアーキテクチャにおけるこれに似た最も遅い場合は、たった 1 つだけのマスクビットが 1 で処理が進行する時である。この柔軟性のために、未熟な GPU プログラマだと残念な性能しか得られない場合があるが、プログラミング開発の初期段階では利点になることもある。しかしながら覚えておいて欲しいのは、1 クロックサイクル毎の SIMD レーンの選択で、PTX 命令で規定された命令を実行するか、アイドルになるかが決まってしまうということである。2 つの SIMD レーンが異なる命令を同時に実行することは不可能である。

この柔軟性が、SIMD スレッド中のそれぞれの要素に対して **CUDA スレッド**という独立に動作する幻想を与える名前が付いている 1 つの理由となっている。未熟なプログラマは、このスレッドの抽象化は、GPU が条件分岐をうまく処理していることを意味するものだと考えるかもしれない。「いくつかのスレッドは 1 つの方向に行き、のこりはもう 1 つに行く」ということは、一見正しい。実際には各 CUDA スレッドは、スレッドブロック内の他のスレッドと同じ命令を実行しているか、アイドル状態のいずれかである。この同期により、マスクが SIMD レーンをオフにしたりループの後端を自動的に検出できるので、条件分岐を伴うループの取り扱いが容易になっている。

上記の単純な抽象化の結果は、時として残念な性能しか出せない場合がある。SIMD レーンの動作のプログラムを、独立性の高い MIMD モードで書くと、少ない物理メモリの計算機で大きな仮想アドレス空間を要するプログラムを書いたのと同じような感じになる。両者はプログラムとしては正しいが、プログラマが結果を悲惨だと思うほど遅く実行される。

GPU では実行時にハードウェアで行っているのと同様のトリックを、ベクタアーキテクチャではコンパイル時にマスクレジスタを使って行っている。ベクタコンパイラは二重の IF 変換を行い、4 つの異なるマスクを生成する。実行は GPU と基本的に同じだが、ベクタに対して実行する余計な命令が多くなる。ベクタアーキテクチャはスカラプロセッサを統合しているという点が優れていて、0 が計算を支配する場合の実行時間を省くことができる。これはスカラプロセッサとベクタプロセッサの速度比に依存するだろうが、スカラを使うと改善する基準点は、20%未満のマスクが 1 である時である。GPU では実行時にハードウェアで実施可能なものの例として、条件的実行がある。GPU で実行時に可能で、ベクタアーキテクチャではコンパイル時に不可能な最適化の 1 つは、すべてのマスクビットが 0 か 1 である時に、それぞれ THEN や ELSE 部を飛びこすというものがある。

したがって、GPU が条件文を実行する際の効率は、どの程度の頻度で分岐が散るかで決まる。例えば、固有値の計算の 1 つでは条件が深く入れ子になるが、コードを観察すると実効クロックサイクルの約 82%で 32 個のマスクビットのうち 29〜32 個が 1 にセットされ、GPU はこのコードを思いのほか高い効率で実行する。

ベクタの要素数がハードウェアに合致しない場合に実施するベクタループのストリップマイニングも、GPUでは同じ仕組みを使って解決していることに注意されたい。この節の冒頭での例では、このSIMDレーンの要素数（上記の例ではR8に格納されている）が限界未満であること（i < n）を調べていて、IF文がマスクを適切に設定している。

4.4.5 NVIDIA GPUのメモリ構成

図4.18はNVIDIA GPUのメモリ構成を示している。マルチスレッドSIMDプロセッサの各々のSIMDレーンには、チップ外のDRAMにプライベートな部分が与えられていて、スタックフレーム、レジスタ退避、そしてレジスタに収まり切れないプライベート変数のために使われる。この**プライベートメモリ**は、SIMDレーン間で共有されない。最近のGPUは、このプライベートメモリをL1とL2キャッシュにキャッシュし、レジスタの退避と関数呼び出しの高速化を図っている。

各々のマルチスレッドSIMDプロセッサに局所的な、チップ内のメモリのことを、**ローカルメモリ**と呼ぶ。これは小容量のスクラッチパッドメモリで、遅延が小さく（数十クロック）、バンド幅が高い（1クロック当たり128バイト）。プログラマはこれに自分自身や同じスレッドフロックのもう1つのスレッドによって再利用される必要があるデータを格納する。ローカルメモリには容量の制約があり、通常は48KiBである。同じプロセッサで実行されているスレッドブロック間で状態を運ぶのには使えない。ローカルメモリはマルチスレッドSIMDプロセッサのSIMDレーン間で共有されるが、マルチスレッドSIMDプロセッサ間では共有されない。マルチスレッドSIMDプロセッサは、スレッドブロックを作った時、ローカルメモリの一部を動的に確保してそれに与え、スレッドブロックのスレッドがすべて終了した時に解放する。ローカルメモリのその部分はスレッドブロックにプライベートである。

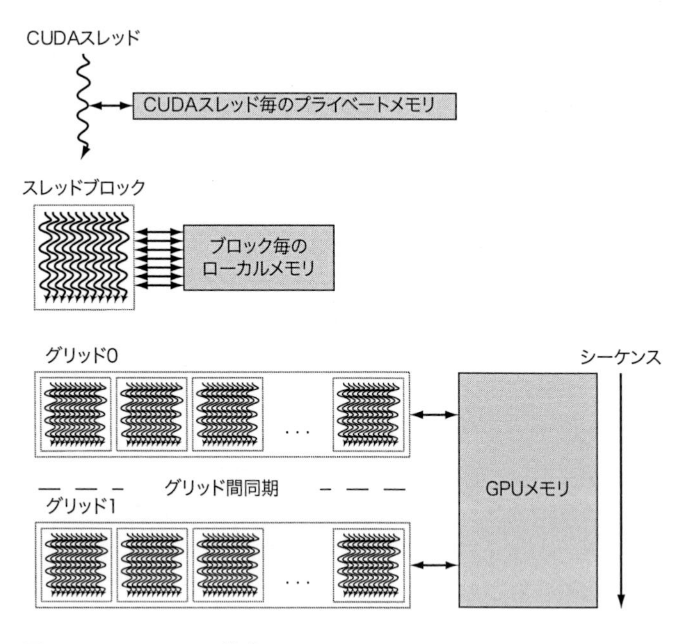

図4.18　GPUメモリの構成

GPUメモリはすべてのグリッド（ベクタ化ループ）間で共有され、ローカルメモリはスレッドブロック（ベクタ化ループの本体）内のすべてのSIMD命令のスレッド間で共有され、プライベートメモリは1つのCUDAスレッドにプライベートである。Pascalではグリッドの中断（プリエンプション）が可能で、この時すべてのローカルメモリとプライベートメモリの内容をグローバルメモリに退避/復帰する。完全を期するために、GPUはPCIeバスを介してCPUのメモリにもアクセス可能である。この経路はアドレスがホストメモリである場合の最終手段である。この選択肢を使えば、GPUメモリからホストメモリへの最終結果のコピーを無くすことができる。

最後に、GPU全体とすべてのスレッドブロック間で共有されるチップ外のDRAMのことを、**GPUメモリ**という。ベクタ乗算の例は、GPUメモリしか使っていない。

システムプロセッサは**ホスト**と呼ばれるが、GPUメモリを読み書きできる。ローカルメモリは、マルチスレッドSIMDプロセッサの各々にプライベートであるので、ホストからは見えない。同様にプライベートメモリもホストからはアクセスできない。

アプリケーションのワーキングセット全体を収容できる大規模なキャッシュに頼るのではなく、GPUでは伝統的に小規模なストリーミングキャッシュを用いている。その理由は、そのワーキングセットが数百メガバイトになり得るので、DRAMの長い遅延を隠蔽するのにSIMD命令のマルチスレッディングを積極的に使っているためである。

DRAMの遅延を隠蔽するためにマルチスレッディングを使い、システムプロセッサの大きなL2、L3キャッシュにチップ面積を割く代わりに、計算資源や、SIMD命令の多くのスレッドの状態を保存する多数のレジスタに使っている。これに対して、先に述べたように、ベクタロードとストアでは、遅延があるのは一回だけで、残りのアクセスはパイプラインなので、結果的に多くの要素へのアクセスでは遅延が薄まる。

メモリ遅延の隠蔽を基本哲学とする一方で、最近のGPUやベクタプロセッサには、キャッシュが付け加えられていることに注意されたい。この議論は待ち行列理論のLittleの法則に則っている。遅延が大きいほど多くのスレッドがメモリアクセスを必要とし、結果的に多くのレジスタが必要になる。したがってGPUキャッシュは、遅延を小さくして、潜在的なレジスタ数の不足をカバーするように組み込まれている。

先に述べたように、メモリ帯域を改善しオーバーヘッドを削減するために、PTXデータ転送命令はメモリコントローラとの協調動作で、同じSIMDスレッドからのばらばらで並列なアクセス要求を、アドレスが同じブロックである場合には、1つのメモリブロック要求に融合する。GPUプログラミングにはこの制約が課されるが、これはハードウェアプリフェッチの効果を引き出すための、システムプロセッサにおけるガイドライン（第2章参照）になんとなく似ている。GPUのメモリコントローラは、同じページへの要求を融合して送ることで、メモリ帯域を改善する（4.6節参照）。関係のあるアドレスを融合することの潜在的な利点を理解するには、第2章のDRAMに関する詳しい説明を参照されたい。

4.4.6 Pascal GPUアーキテクチャにおける革新

Pascalのマルチスレッド SIMDプロセッサは、単純化した図4.20のものよりもさらに複雑である。ハードウェア使用率を高めるために、各々のSIMDプロセッサは各々が複数（いくつかのGPUでは4つ）の命令割り当てユニットを備えた2つのSIMDスレッドスケジューラを持つ。2つのSIMD命令スケジューラは、2つのSIMD命令のスレッドを選択し、各々から1つずつの命令を16個のSIMDレーン、16個のロード-ストアユニット、あるいは4つの特殊関数ユニットのうちの2つに対して発行する。複数の実行ユニットが利用可能なので、SIMD命令の2つのスレッドが各クロックサイクルでスケジュールされ、64レーンをアクティブにできる。スレッドは独立なので、命令流におけるデータの依存性を検査する必要はない。この革新は2つの独立したスレッドからのベクタ命令を発行できるマルチスレッドベクタプロセッサに例えられる。図4.19に2つの命令スケジューラが命令を発行する様子を、図4.20にPascal GP100 GPUのマルチスレッドSIMDプロセッサのブロック図を示す。

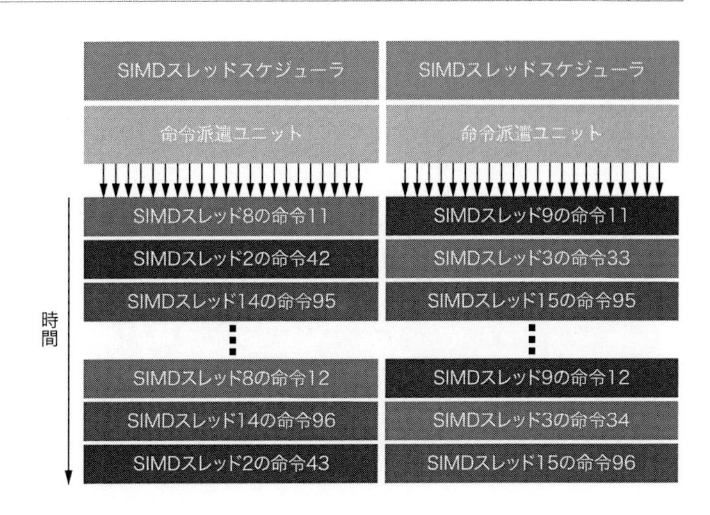

図4.19 Pascalのデュアル構成のSIMDスレッドスケジューラのブロック図

この設計と、図4.16のシングル構成のSIMDスレッドの設計を比較してほしい。

GPUの各世代では、性能を高めたり、プログラマの便宜を図るべく新しい特徴が付け加えられてきた。ここにPascalの4つの主な革新を列挙する。

- **高速な単精度/倍精度/半精度浮動小数点算術演算器**：Pascal GP100チップは3つのサイズで非常に高い浮動小数点演算性能を有しており、IEEEの標準の浮動小数点形式のすべてをカバーしている。単精度浮動小数点数ではピーク時に10兆FLOP/s、倍精度浮動小数点数ではおよそ半分の5兆FLOP/s、半精度浮動小数点数では2要素のベクタとして表した場合には約倍の20兆FLOP/sの演算能力がある。アトミックメモリ操作として、3つのサイズに対する浮動小数点加算が用意された。Pascal GP100は半精度に対してもこのような高い性能を発揮する最初のGPUである。
- **高いメモリバンド幅**：Pascal GP100 GPUの次の革新は、スタック構成の広帯域メモリ（HBM2）の採用である。このメモリは4096本のデータ線を0.7 GHzで使い、ピークバンド幅の

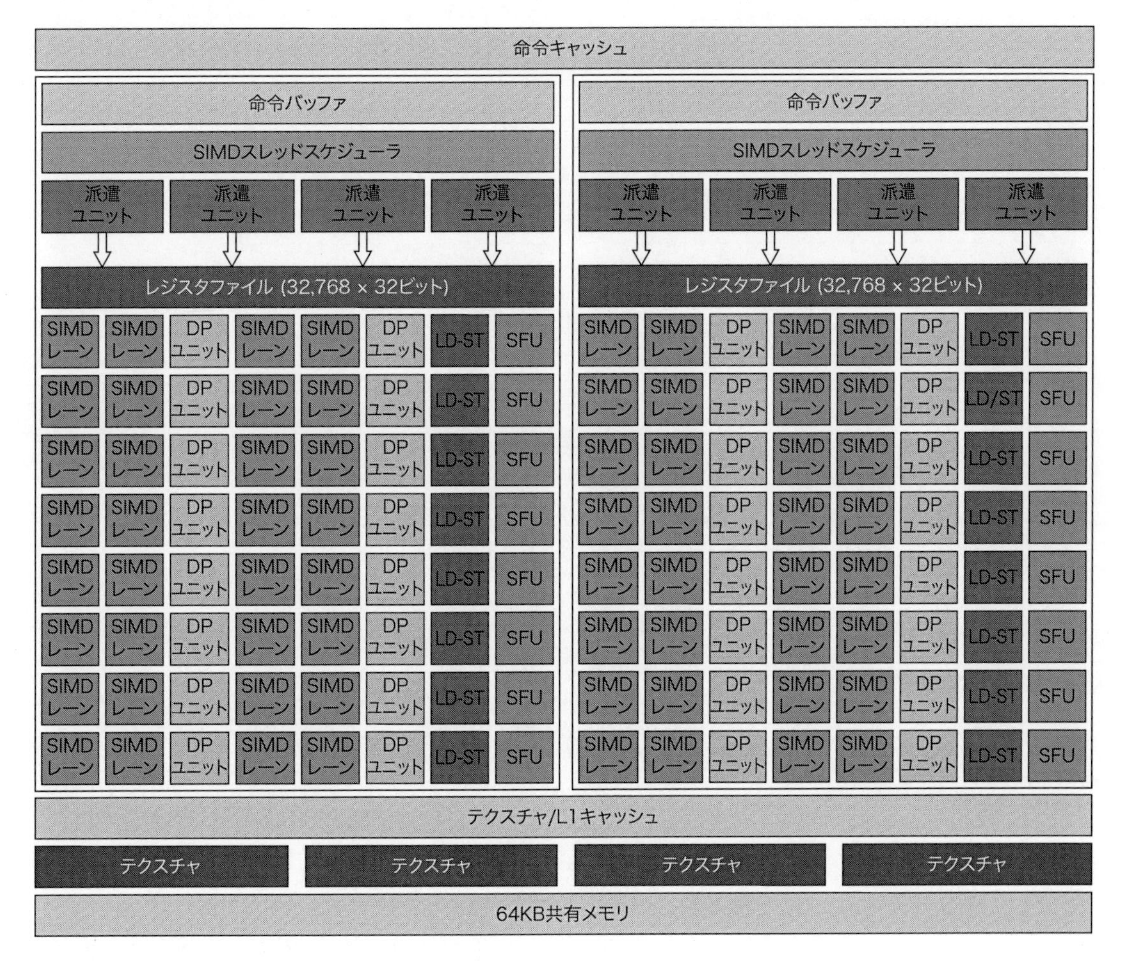

図4.20 Pascal GPUのマルチスレッドSIMDプロセッサのブロック図

64個のSIMDレーンの各々には、パイプライン化された浮動小数点ユニット、パイプライン化された整数ユニット、これらのユニットへの命令やオペランド派遣のための小規模な論理回路、それに結果を保持するためのキューが備わっている。64個のSIMDレーンは、32個の64ビット浮動小数点演算を行う倍精度ALU（DPユニット）、16個のロード-ストアユニット（LD-ST）、そして16個の特殊関数ユニット（SFU：Special Function Unit）とやり取りをする。SFUは、平方根、逆数、正弦、そして余弦といった関数の計算を行う。

732GiB/s は従前の GPU の 2 倍である。

- **高速なチップ間接続**：GPU のコプロセッサとしての性格を考えると、PCI バスは 1 つの CPU から複数の GPU を使おうとする場合、通信のボトルネックとなる。Pascal GP100 は **NVLink** という通信チャンネルを導入し、両方向で 20GiB/s までのデータ転送を支援している。各々の GP100 には 4 つの NVLink チャンネルが備わっており、チップ間のピーク群バンド幅はチップ当たり 160GiB/s になる。GPU を 2、4、8 個搭載したシステムでは、マルチ GPU アプリケーションが可能で、GPU は各々NVLink を介して任意の GPU へのロード、ストア、それにアトミックな操作が可能である。さらに NVLink チャンネルを使って CPU と通信できる場合がある。例えば IBM Power9 CPU は CPU-GPU の通信をサポートしている。このチップでは、NVLink は複数の GPU と複数の CPU を接続して透過的にメモリを見せることができる。さらにメモリ間の通信の代わりにキャッシュ間の通信も提供する。
- **統一的な仮想メモリとページングのサポート**：Pascal GP100 GPU は統一された仮想アドレス空間でページフォールトを発生することができる。この機能により、1 つのシステム内のすべての GPU や CPU を跨いで単一の仮想アドレスでデータ構造を供することができる。遠くのアドレスをスレッドがアクセスする場合、メモリのページがローカル GPU に転送され、利用できるようになる。統一されたメモリは、CPU と GPU 間の明示的なメモリコピーの代わりにデマンドページングを供することで、プログラミングモデルを単純化する。さらに GPU についているよりもさらに多くのメモリを確保し、大量のメモリを必要とする問題を解決することができる。仮想メモリシステムに共通の事項だが、過度のページ移動を回避するような注意が必須である。

4.4.7 ベクタアーキテクチャとGPUの類似点と相違点

これまで見てきたように、ベクタアーキテクチャと GPU の間には多くの類似点がある。奇妙な GPU の専用語のためもあり、これらの類似性は、GPU が実際にどれほど革新的なのかということに関して、アーキテクチャ業界で混乱を招く理由の 1 つになった。読者はベクタ計算機と GPU のベールを剥いで中身を見たので、両者の類似点と違いを評価できるだろう。両方のアーキテクチャはデータレベル並列性（DLP：Data Level Parralel）のあるプログラムを実行すべく設計されているが、異なる道筋を歩んでいるので、この比較は DLP のハードウェアが何を要求しているのかをしっかり洞察する必要がある。図 4.21 には、まずベクタマシンの用語を、次に GPU での最も近い用語をあげた。

1 つの SIMD プロセッサは 1 つのベクタマシンのようなものである。GPU 内の多数の SIMD プロセッサは独立した MIMD コアとして動作するが、これはベクタ計算機が複数のベクタプロセッサを内

タイプ	ベクタ計算機用語	CUDA/NVIDIA GPU 用語	説明
プログラム抽象	ベクタ化ループ	グリッド	概念は似ているが、GPU ではあまり説明的でない用語を用いている。
	チャイム	--	ベクタ命令（PTX 命令）は Pascal は 2 サイクルなので、GPU では短い。Pascal は頻繁に使う浮動小数点演算をサポートする 2 つの実行ユニットを有し、かわりばんこに使えるので、実効発行レートは毎クロック 1 命令である。
マシンオブジェクト	ベクタ命令	PTX 命令	SIMD スレッドの PTX 命令は全 SIMD レーンにブロードキャストするので、ベクタ命令に似ている。
	ギャザー／スキャター	グローバルロード-ストア（ld.global/st.global）	各 SIMD レーンが独立のアドレスを送るという点で、GPU のロードとストアはすべてギャザーとスキャターである。これらは GPU のアドレス融合ユニットを用いて、SIMD レーンからのアドレスが条件に合っていれば、単位ストライドの性能になるようになっている。
	マスクレジスタ	プレディケートレジスタと内部マスクレジスタ	ベクタマスクレジスタはアーキテクチャ的状態の明示的な部分であるが、GPU マスクレジスタはハードウェアの内部的状態である。GPU の条件実行ハードウェアは、マスクを動的に扱えるという、プレディケートレジスタを越える新しい特徴を与えている。
処理とメモリのハードウェア	ベクタプロセッサ	マルチスレッド SIMD プロセッサ	これらは似ているが、SIMD プロセッサはレーン数を多くして、レーン当たりのベクタの処理サイクル数を数クロックサイクルで完了する傾向があり、一方でベクタアーキテクチャでは、少ないレーン数と大きいベクタ完了サイクル数になっている。SIMD プロセッサはマルチスレッド化されているが、ベクタプロセッサでは通常そうなっていない。
	制御プロセッサ	スレッドブロックスケジューラ	最も近いのはスレッドブロックスケジューラで、スレッドブロックをマルチスレッド SIMD プロセッサに割り当てる。しかし GPU には、しばしば制御プロセッサが提供している、スカラ–ベクタ演算や、単位ストライドあるいはストライド付きデータ転送の各命令を持たない。
	スカラプロセッサ	システムプロセッサ	共有メモリの欠落や PCI バス経由の通信の高いレイテンシ（数千クロックサイクル）のために、GPU のシステムプロセッサは、ベクタアーキテクチャのスカラプロセッサが行うのと同様の仕事をすることはほとんどない。
	ベクタレーン	SIMD レーン	両者とも基本的にレジスタを内蔵する機能ユニットである。
	ベクタレジスタ	SIMD レーンレジスタ	ベクタレジスタと等価なものは、SIMD 命令のスレッドを実行しているマルチスレッド SIMD プロセッサの 16 個の SIMD レーンのすべてに等しく存在するレジスタである。SIMD スレッド当たりのレジスタ数は柔軟に変えられるが、Pascal では 256 を超えられないので、ベクタレジスタ数の最大値は 256 ということになる。
	主メモリ	GPU メモリ	GPU メモリに対してベクタ計算機ではシステムメモリということ。

図 4.21 ベクタ計算機における用語と意味的に近い GPUの用語

蔵しているようなものである。この視点からは、NVIDIA Tesla P100は、ハードウェアのマルチスレッディング支援機構を備え、56コアのマシンで、それぞれのコアが64レーンから構成されているものと考えることができる。最大の違いはマルチスレッディングで、GPUの根幹技術になっているが、ほとんどのベクタプロセッサには備わっていない。

2つのアーキテクチャにおけるレジスタを検討すると、RV64Vのレジスタファイルはベクタ全体、言い換えれば要素の連続したブロックを保持することになる。対照的にGPUの1つのベクタは、すべてのSIMDレーンのレジスタに跨って分散的に保持される。RV64Vプロセッサは、32要素のベクタレジスタを32本、あるいは全体で1024要素を有している。SIMD命令のGPUスレッドは、各々32要素のレジスタを最大256本まで、あるいは8192要素を有している。GPUにおける大量のレジスタが、マルチスレッディングを支援している。

図4.22の左側にベクタプロセッサの実行ユニットのブロック図を、右側にGPUのマルチスレッドSIMDプロセッサを示す。教育的観点から、ベクタプロセッサは4個のレーンを有し、マルチスレッドSIMDプロセッサも4つのSIMDレーンを有すると仮定する。4つのSIMDレーンが4レーンのベクタユニットのように協調して動作し、SIMDプロセッサはベクタプロセッサのように処理することを、この図から読み取ることができる。

実際のところ、GPUにはもっと多くのレーンがあり、そのためにGPUの「チャイム」はより短い。ベクタプロセッサが2から8レーンでベクタ長は例えば32でチャイムが4〜16クロックサイクルであるなら、マルチスレッドSIMDプロセッサは8または16レーンになる。SIMDスレッドは32要素の幅で、したがってGPUのチャイムは2か4クロックサイクルということになる。この違いにより、従来のベクタプロセッサの設計よりはSIMDの設計に近いので、「SIMDプロセッサ」をより説明的な用語として使う。

ベクタ化ループに最も近いGPU用語はグリッドであり、SIMDスレッドはPTX命令を全SIMDレーンに対してブロードキャストするので、PTX命令に対してはベクタ命令ということになる。

2つのアーキテクチャにおけるメモリアクセス命令について再考すると、GPUのロードはすべてギャザー命令であり、ストアはすべてスキャター命令である。CUDAスレッドのデータアドレスが近隣を参照していれば、同じキャッシュ/メモリブロックへの同時のアクセスに変換され、GPUのアドレス融合ユニットはメモリ帯域をさらに高める。ベクタアーキテクチャにおける“明示的な”単位ストライドのロードとストア命令と、GPUプログラミングにおける単位ストライドの“暗黙の”指定の対比は、CUDAのプログラミングモデルがMIMDのように見えるにも係わらず、プログラマが効率的なGPUコードを作成するのに、SIMD演算の立場で考えなければならない理由になっている。CUDAスレッドは自身のアドレスを生成できるので、ギャザー、スキャターと同じく、単位ストライドもベクタアーキテクチャとGPUの両方で備えられている。

何回も述べてきたように、2つのアーキテクチャはメモリ遅延を隠蔽するのに、全く異なるアプローチをとっている。ベクタアーキテクチャは、ベクタのすべての要素を舐める時に、深いパイプラインアクセスを用いてベクタロードやストア1回につき1つの遅延しか起きないようにして、要素1つ当たりの遅延を薄めている。したがってベクタロードやストアは、メモリとベクタレジスタの間のブロック転送のようなものになる。対照的にGPUでは、メモリ遅延を隠蔽するのにマルチスレッディングを用いている（ベクタアーキ

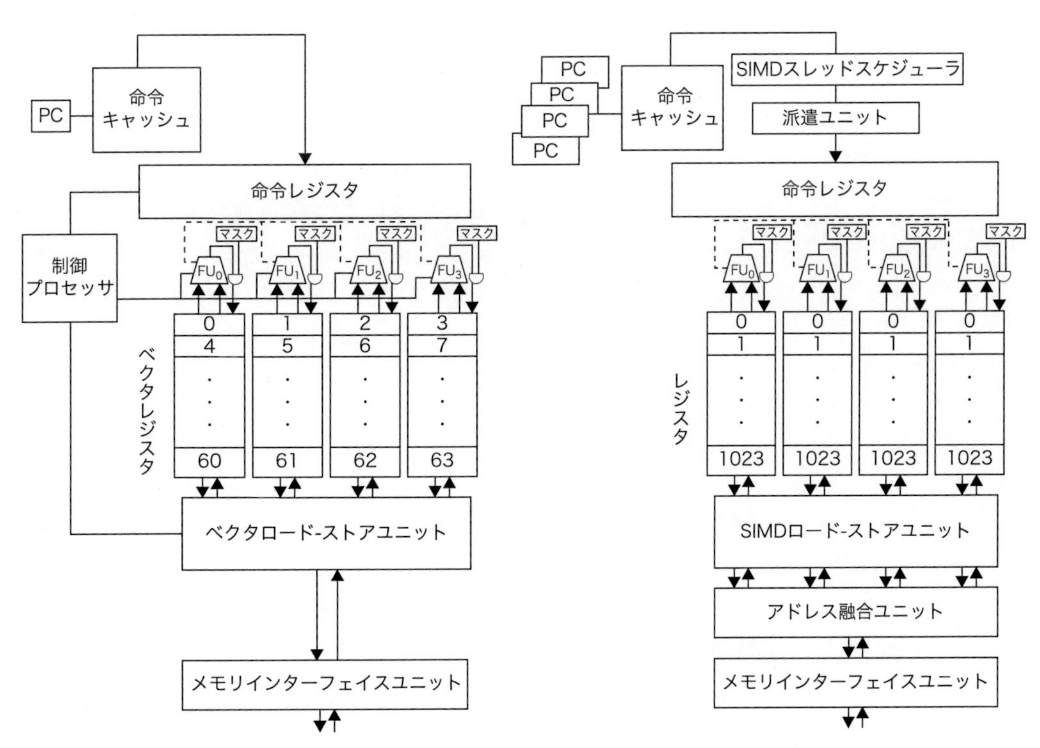

図4.22 4レーンのベクタプロセッサを左側に、GPUのマルチスレッドSIMDプロセッサを右側に示す（GPUは通常16か32レーンを備える）

制御プロセッサはスカラ–ベクタ演算でスカラのオペランドを送り出し、単位ストライドやストライドつきのアクセスでアドレスのインクリメントを行い、そして他の管理型の操作を実施する。GPUでのメモリ性能のピークは、アドレス融合ユニットが局所的なアドレスを発見できた時に発揮される。同様にして計算性能のピークは、すべての内部マスクビットが同じ値になる時に発揮される。SIMDプロセッサは、マルチスレッディングのために、SIMDスレッド毎に1つのプログラムカウンタを有していることに注意されたい。

テクチャにマルチスレッディングを付加し、両方の世界の最良の結果を採り入れようとしている研究者もいる)。

条件分岐命令について再考すると、両方のアーキテクチャ共にマスクレジスタを用いて実現している。両者とも条件分岐の経路は、結果をストアしない場合でも、時間か空間、あるいは両者を消費することになる。両者の違いは、ベクタコンパイラはマスクレジスタを明示的にソフトウェアで管理するのに対して、GPUハードウェアとアセンブラは、分岐同期マーカーとマスクを退避/反転/復帰する内部スタックを用いて、マスクレジスタを暗黙的に管理する。

ベクタ計算機の制御プロセッサは、ベクタ命令の実行で重要な役割を果たす。制御プロセッサはベクタレーンのすべてに命令をブロードキャストし、ベクタースカラ演算の場合はスカラレジスタの値をブロードキャストする。単位ストライドや非単位ストライドのロードやストアのメモリアドレスのインクリメントといった、GPUでは明示的に行う計算も、制御プロセッサが暗黙のうちに行う。GPUでは制御プロセッサは省かれている。スレッドブロックスケジューラが最も近いものと考えられ、これがスレッドブロック(ベクタループの本体)をマルチスレッドSIMDプロセッサに割り当てる。アドレスを生成し、多くのデータレベル並列プログラムに共通であるアドレス間の隣接性を見抜くGPUの実行時ハードウェア機構は、制御プロセッサを使うよりも電力効率が悪いように思われる。

ベクタ計算機におけるスカラプロセッサは、ベクタプログラム中のスカラ命令を実行する、つまり、ベクタユニットで演算すると遅くなってしまうかもしれない命令を実行する。GPUに結び付けられたシステムプロセッサは、ベクタアーキテクチャのスカラプロセッサに最も近いものとしてたとえられるが、独立のアドレス空間とPCIeバスを通したデータ転送は、互いに利用しあう場合に数千クロックサイクルのオーバーヘッドがかかってしまう。ベクタ計算機では、スカラプロセッサはベクタプロセッサよりも浮動小数点計算が遅いこともあるが、(このオーバーヘッドの下での)システムプロセッサに対するマルチスレッドSIMDプロセッサの比ではない。

ベクタ計算機のスカラプロセッサで実施する計算を、GPUでは各々の「ベクタユニット」で行わねばならない。つまり、システムプロセッサで計算して結果を通信するのではなく、プレディケートレジスタや内蔵のマスクを使って1つのSIMDレーンだけを有効にして、1つのSIMDレーンでスカラの計算を行わせる方が速い。ベクタ計算機の比較的単純なスカラプロセッサは、GPUでの解決よりも高速で、電力効率も高いように思える。将来において、システムプロセッサとGPUが密に結合され、ベクタやマルチメディアSIMDの各アーキテクチャでスカラプロセッサが果たすのと同じ役割を、システムプロセッサが担えるとしたら、大変興味深い話である。

4.4.8 マルチメディアSIMD計算機とGPUの類似点と相違点

高い視点から見れば、マルチメディアSIMD命令拡張を備えたマルチコア構成の計算機と、GPUの間には類似点がある。図4.23は両者の類似点と相違点をまとめたものである。

観点	SIMD付きマルチコア	GPU
SIMDプロセッサ	4～8	8～32
プロセッサ当たりのSIMDレーン	2～4	64まで
SIMDスレッドのためのマルチスレッディングハードウェア	2～4	64まで
単精度と倍精度の性能比	2:1	2:1
最大キャッシュサイズ	40MiB	4MiB
メモリアドレスのサイズ	64ビット	64ビット
メインメモリのサイズの上限	1024GiBまで	24GiBまで
ページレベルのメモリ保護	Yes	Yes
デマンドページング	Yes	Yes
スカラプロセッサとSIMDプロセッサの統合	Yes	No
キャッシュの一貫性	Yes	いくつかのシステムではYes

図4.23 マルチメディアSIMD拡張付きマルチコアと現在のGPUの類似点と相違点

両者とも複数のSIMDレーンを使うプロセッサで構成されたマルチプロセッサであるが、GPUはさらに多くのプロセッサともっと多くのレーンを備えている。両者ともハードウェア実装のマルチスレッディングを備えてプロセッサの使用効率を高めているが、GPUはさらに多くのスレッドをハードウェアでサポートしている。両者とも単精度と倍精度の浮動小数点演算でピーク時に約2:1の性能比である。両者ともキャッシュを使っているが、GPUは小規模なストリーミングキャッシュで、マルチコア計算機は大規模なマルチレベルキャッシュを使ってワーキングセットを完全に取り込もうとしている。両者とも64ビットのアドレス空間を使うが、GPUの物理メモリはとても小さい。両者ともデマンドページングだけでなく、ページレベルのメモリ保護をサポートしており、ボードに搭載しているよりもはるかにたくさんのメモリを利用できる。

プロセッサやSIMDレーン、ハードウェアスレッディング、キャッシュのサイズの数量的な違いに加えて、アーキテクチャ的な違いがある。スカラプロセッサとマルチメディアSIMD命令は従来型の計算機に密に総合されているが、GPUではI/Oバスによって隔てられていて、両者は独立したメモリを有している。GPU内の複数のSIMDプロセッサは1つのアドレス空間を使い、(IBMのPower9のような)CPUベンダーが支援するいくつかのシステムではすべてのメモリの一貫性(コヒーレンシ)をサポートしているものもある。GPUとは異なり、マルチメディアSIMD命令ではギャザー/スキャターのメモリアクセスが支援されていない。このことは、4.7節で示すように、重大な欠落である。

4.4.9 まとめ

かくしてベールは外され、GPUはマルチスレッドSIMDプロセッサそのものであることが分かったが、プロセッサ数も、プロセッサ当たりのレーン数も、マルチスレッドを制御するハードウェアの規模も、従来のマルチコア計算機に比べると多い。例えばPascal P100はプロセッサ当たり64レーンのSIMDプロセッサを56基搭載しており、ハードウェアは64のSIMDスレッドを支援している。Pascalでは、2つのSIMDスレッドから2つのSIMDレーンに命令発行を行うことで、命令レベル並列性を備えている。GPUのキャッシュメモリは小規模——PascalのL2キャッシュは4MiB——で、離れたスカラプロセッサや離れたGPUと協調的に一貫性を持たせることができる。

CUDAのプログラミングモデルは、先述の並列プログラミングモデルのすべてを纏め上げて、CUDAスレッド1つに抽象化している。したがってCUDAのプログラマは、数千のスレッドのプログラミングを考えることができる、実際に多くのSIMDプロセッサの多くのレーンで各々32個のスレッドのブロックを稼動させている。良好な性能を求めるCUDAプログラマは、これらのスレッドは32個が同時にブロックされたり実行されるということと、メモリシステムから性能を引き出すには、アドレスは連続しているべきであるということを念頭に置くべきだ。

この節ではCUDAとNVIDIA GPUを使ってきたが、プログラミング言語のOpenCLや他社のGPUでも、同じ考えが使われている。

こうしてGPUがどのように動くのかが分かり、現実の専用語の皮を剥いだ。図4.24と図4.25は、説明的な用語とこの節での定義と、CUDA/NVIDIAやAMD社の正式用語や定義を対比させたもので、OpenCLの用語もカバーしている。この節では、「ストリーミングマルチプロセッサ」をSIMDプロセッサに、「スレッドプロセッサ」とSIMDレーンに、そして「共有メモリ」をローカルメモリといったように用語を用いている！特にローカルメモリはSIMDプロセッサ間で共有されない。こうして読者のGPUに対する理解は、非常に高いレベルに達したと信じる。この2段階のアプローチは、多少まどろっこしいにせよ、理解を急速に深めていると期待する。

4.5 ループレベル並列性の検出と増強

プログラム中のループは、上記と第5章で議論するように、多種多様な並列性の源泉である。この節では、プログラムから取り出せる並列性の限界に迫るためのコンパイラ技術について、それを支援するハードウェアと共に論ずる。ループが並列（あるいはベクタ化可能）である場合と、依存性がどのようにループの並列実行を妨げるかを正確に定義し、そしてある種の依存性を除去する技法を説明する。ループレベル並列性の発見と変形は、データレベル並列性やスレッドレベル並列性を取り出すのに重要で、付録Hで検討するより積極的な静的命令レベル並列処理のアプローチ（例えばVLIW）と同様である。

命令レベル並列性はコンパイラが命令を一旦生成してから解析するのに対して、ループレベル並列性は、通常ソースかそれに近いレベルで解析する。ループレベル解析は、ループの中でその繰り返しを跨いでオペランド間でどんな依存性があるかの判定も含んでいる。ここでは、書かれたオペランドが読まれる時に発生するデータ依存性のみを考える。名前依存性もあるが、第3章で議論したリネーミング（名前付け替え）技法で除去できる。

ループレベル並列性は、後の繰り返しのデータアクセスが、前の繰り返しで生成されたデータ値に依存するか否かを決定することに焦点を合わせる。このような依存性を**ループ伝播依存性**と呼ぶ。第2章や第3章で触れたほとんどの例では、ループ伝播依存性がなく、したがってループ並列である。ループが並列であることを考えるのに、先ず、ソース表現を見よう。

```
for (i = 999; i >= 0; i = i-1)
     x[i] = x[i]+s;
```

このループでは、x[i]を使っている2箇所は依存しているが、こ

タイプ	本書で使用している名称	CUDA/NVIDIAの公式用語	本書の定義とAMD社やOpenCLの用語	CUDA/NVIDIAの公式の定義
プログラム抽象	ベクタ化ループ	グリッド	GPUで実行されるベクタ化ループは、1以上の「スレッドブロック」（またはベクタ化ループの本体）を構成し、並列に実行可能である。OpenCLでは「インデックス範囲（index range）」で、AMD社では「ND範囲（NDRange）」。	グリッドは並行、逐次的、あるいはそれらの混成で実行可能なスレッドブロック。
	ベクタ化ループの本体	スレッドブロック	ベクタ化ループはマルチスレッドSIMDプロセッサで実行され、1以上の個数のSIMD命令のスレッドからなる。これらのSIMDスレッドは、ローカルメモリを介して通信する。AMD社とOpenCLでは「ワークグループ（work group）」。	スレッドブロックはCUDAスレッドの配列で、互いに並列に実行され、共有メモリやバリア同期で協調したり通信できる。スレッドブロックには、そのグリッド内のスレッドブロックIDが付されている。
	SIMDレーン演算の列	CUDAスレッド	SIMD命令のスレッドを、1つのSIMDレーンで実行される1つの要素に沿って、縦割りにしたもの。結果はマスクにしたがってストアされる。AMD社とOpenCLでは「ワークアイテム」。	CUDAスレッドは逐次プログラムを実行し、同じスレッドブロックで実行している他のCUDAスレッドと協調することができる軽量スレッドである。CUDAスレッドにはそのスレッドブロック内のスレッドIDが付されている。
マシンオブジェクト	SIMD命令のスレッド	ワープ	通常のスレッドであるが、マルチスレッドSIMDプロセッサで実行されるSIMD命令のみが入っている。結果は要素毎のマスクにしたがってストアされる。AMD社では「ウエーブフロント」。	ワープは並列CUDAスレッド（例えば32）一式であり、マルチスレッドSIMT/SIMDプロセッサと同じ命令を実行する。
	SIMD命令	PTX命令	SIMDレーン間で実行される1つのSIMD命令。AMD社では「AMDIL」あるいは「FSAIL」命令。	PTX命令はCUDAスレッドで実行される命令を決める。

図4.24 この章で使われている用語とNVIDIA/CUDAやAMD社の正式の専用語の対比

OpenCLでの呼称は本での定義による。

タイプ	本書で使用している名称	CUDA/NVIDIAの公式用語	本書の定義とAMD社やOpenCLの用語	CUDA/NVIDIAの公式の定義
処理ハードウェア	マルチスレッドSIMDプロセッサ	ストリーミングマルチプロセッサ	SIMD命令のスレッドを実行するマルチスレッドSIMDプロセッサで、他のSIMDプロセッサとは独立。AMD社とOpenCLでは「計算ユニット」。しかしながらCUDAプログラマは、複数のSIMDレーンの「ベクタ」ではなく、1つのレーンに向けてプログラムを書く。	ストリーミングマルチプロセッサ（SM）はマルチスレッドのSIMT/SIMDプロセッサで、CUDAスレッドのワープを実行する。SIMTプログラムは、複数のSIMDレーンのベクタではなく、1つのCUDAスレッドの実行を規定する。
	スレッドブロックスケジューラ	ギガスレッドエンジン	複数のベクタ化ループをマルチスレッドSIMDプロセッサに割り当てる。AMD社では「ウルトラスレッドディスパッチエンジン」。	資源が利用可能になった時に、グリッドのスレッドブロックをスケジュールし、ストリーミングマルチプロセッサに分配する。
	SIMDスレッドスケジューラ	ワープスケジューラ	実行可能になった際に、SIMD命令のスレッドをスケジュールし、発行するハードウェアユニットでSIMDスレッドの実行を追跡するためのスコアボードを備えている。AMD社では「ワークグループスケジューラ」。	ストリーミングマルチプロセッサ内のワープスケジューラは、次の命令の実行準備ができると、ワープの実行をスケジュールする。
	SIMDレーン	スレッドプロセッサ	SIMDレーンのハードウェアで、1つの要素のSIMD命令のスレッドの中の演算を実行する。結果はマスクに従ってストアされる。OpenCLでは「プロセッシングエレメント」、AMD社では「SIMDレーン」。	スレッドプロセッサはストリーミングマルチプロセッサのデータパスとレジスタファイルの部分で、ワープの1以上のレーンの演算を実行する。
メモリハードウェア	GPUメモリ	グローバルメモリ	GPU内のすべてのマルチスレッドSIMDプロセッサからアクセス可能なDRAMメモリ。OpenCLでは「グローバルメモリ」。	グローバルメモリは任意のグリッドの任意のスレッドブロック内のすべてのCUDAスレッドからアクセス可能で、DRAMの一部として実装され、キャッシュの対象となり得る。
	プライベートメモリ	ローカルメモリ	DRAMメモリの一部で、各々のSIMDレーンに固有のもの。AMD社とOpenCLでは「プライベートメモリ」。	1つのCUDAスレッドに固有の「スレッドローカル」なメモリで、DRAMのキャッシュされる部分として実装されている。
	ローカルメモリ	共有メモリ	1つのマルチスレッドSIMDプロセッサに固有な高速なSRAMで、他のSIMDプロセッサからは使えない。OpenCLでは「ローカルメモリ」、AMD社では「グループメモリ」。	スレッドブロックを構成するCUDAスレッド間で共有される高速なSRAMで、そのスレッドブロックに固有である。スレッドブロックのCUDAスレッドの間の通信のために、バリア同期点として使われる。
	SIMDレーン	レジスタ	1つのSIMDレーンのレジスタで、ベクタ化ループの本体を跨いで確保される。AMD社でも「レジスタ」	CUDAスレッドに固有のレジスタで、スレッドプロセッサの各々について、いくつかのワープのあるレーンに対するマルチスレッドレジスタファイルとして実装されている。

図4.25 この章で使われている用語とNVIDIA/CUDAやAMD社の正式の専用語の対比

本書の説明的な用語「ローカルメモリ」と「プライベートメモリ」は、OpenCLの用語を使っていることに注意。NVIDIAはSIMDではなく、単一命令複数スレッドという意味のSIMTという用語を使っており、これによりストリーミングマルチプロセッサを説明している。スレッド毎の分岐や制御フローは、どのSIMD計算機にも似ていないので、SIMDよりもSIMTの方が好ましい。

の依存性は1つの繰り返しの中のものであり、ループ伝播しない。異なる繰り返しでは、繰り返し間でのiの使用には依存性があるが、この依存性は容易に認識と消去ができる1つの誘導変数を含んでいる。ループ展開の際に誘導変数を含む依存性を消去する方法の例は第2章の2.2節で見たが、この節では別の例を見よう。

ループレベル並列性を発見するには、ループ、配列参照、それに誘導変数の計算といった構造の認識も必要であり、コンパイラは機械語レベルではなく、ソースかそれに近いレベルだともっと簡単に解析できる。

例題4.7

次のようなループを考える。

```
for (i = 0; i < 100; i = i+1) {
    A[i+1] = A[i]+C[i];      /* S1 */
    B[i+1] = B[i]+A[i+1];    /* S2 */
}
```

A、B、それにCは共に別々で重複がない配列であるとする（実際には時として、配列は同じか重複があるかもしれない。配列はパラメータとしてこのループを含む手続きに渡されるかもしれないので、配列が重複するか別個かを判定するには、プログラムに対する洗練された手続き間解析が必要である）。ループの文S1とS2の間には、どんなデータ依存があるか。

解答

2つの異なる依存性が存在する。

1. i回目の繰り返しはA[i+1]を計算し、i+1回目の繰り返しで読まれるので、S1は前の繰り返しで計算されたS1の値を使う。同じことがB[i]のためにS2でも言える。
2. S2は同じ繰り返しのS1で計算されたA[i+1]を使う。

これら2つの依存性は別のもので、異なる影響がある。どう違うのかを考えるのに、これらの依存性のうちの1つだけが一度1つの時点で存在すると仮定しよう。文S1の依存はS1の前の繰り返しにあるので、この依存性はループ伝播である。この依存により、このループ中の繰り返しは、直列に実行しなければならない。

2番目の依存性（S2がS1に依存）は繰り返しの中であり、ループ伝播しない。したがって、もしこの依存性に限られるのならば、繰り返しで文の組の順番が保たれる限りは、ループにおける複数の繰り返しは並列に実行可能である。2.2節の例で、この種の依存性を見たが、ループ展開で並列性を取り出すことができた。これらのループ内依存性は普通にある。例えば、チェイニングを使うベクタ命令列に、まさにこの種の依存性を見て取れる。

次の例が示すように、並列化を阻害しないループ伝播依存性がある。

例題4.8

次のようなループを考える。

```
for (i = 0; i < 100; i = i+1) {
    A[i] = A[i]+B[i];         /* S1 */
    B[i+1] = C[i]+D[i];       /* S2 */
}
```

S1とS2の間のにどんな依存性があるか。このループには並列性があるか。もしないとしたら、どうすれば並列化できるか。

解答

文S1は文S2によって前の繰り返しで割り当てられた値を使っているので、S2とS1の間にはループ伝播依存性がある。このループ伝播依存性にも係わらず、このループは並列化可能である。先のループとは異なり、この依存性は循環しない、つまり両方の文は互いに依存しておらず、S1がS2に依存し、S2はS1に依存していない。ループを依存の循環なしに記述することができるなら、並列化可能である。というのは、循環がないということは、依存が文の部分的な順序を与えていることを意味するからである。

上記のループには循環する依存は存在しないが、部分的な順序をはっきりとさせ、並列性を取り出すように、ループを変換しなければならない。2つの観察は、この変換の要である。

1. S1からS2への依存がないこと。もし存在すれば、依存の循環があることになり、ループは並列化できない。その他の依存がなければ、2つの文を交換してもS2の実行に影響はない。
2. ループの最初の繰り返しで、文S1はループ初期化に先立って計算されたB[0]の値に依存する。

これら2つの観察により、上記のループを以下のコード列に変換することができる。

```
A[0] = A[0]+B[0];
for (i = 0; i < 99; i = i+1) {
    B[i+1] = C[i]+D[i];
    A[i+1] = A[i+1]+B[i+1];
}
B[100] = C[99]+D[99];
```

2つの文の間の依存はもはやループ伝播しておらず、各々の繰り返しで文の順序が保存されていれば、ループのオーバーラップが可能である。

解析においては、すべてのループ伝播の依存を見つけることから始める。この依存の情報は、それが教えてくれるのが、依存が存在する「かもしれない」という点で、正確なものではない。次の例について考える。

```
for (i = 0; i < 100; i = i+1) {
    A[i] = B[i]+C[i]
    D[i] = A[i]*E[i]
}
```

この例でのAへの2つ目の参照は、値が計算され前の文でストアされていることが分かっているので、ロード命令に変換する必要はない。したがって、Aへの2番目の参照は、単にAの計算結果が入っているレジスタへの参照に変換できる。この最適化を行うには、2つの参照が常に同じメモリアドレスに対するものであり、同じ場所に対するアクセスが文と文の間に挟まっていない必要がある。通常は、データ依存解析は、1つの参照が他に依存している「かもしれない」ということを表しているだけである。2つの参照がぴったり同じアドレスであるに「違いない」ということを判断するのには、より複雑な解析が必要である。上記の例では、2つの参照は同じ基本ブロック内にあるので、この解析の単純な版で十分である。

しばしばループ伝播の依存は、**循環参照**の形をとる。循環参照が起きるのは、前の繰り返しで決められた変数の値を用いて変数を定義する場合で、次のコード片に示すように、直前の反復からのものである場合が多い。

```
for (i = 1; i < 100; i = i+1) {
    Y[i] = Y[i-1]+Y[i];
}
```

循環参照の検出は2つの理由で重要である。ある種のアーキテクチャ（特にベクタ計算機）は、循環参照の実行を特別に支援する仕組みを有し、そして命令レベル並列の世界では、かなりの量の並列性を取り出す余地がある。

4.5.1 依存性の発見

並列性があるループを特定したり名前依存を除去するのに、プログラムの依存関係を探すことが重要であるのは言うまでもない。依存解析の複雑さが問題になるのは、CやC++のような言語における配列とポインタや、Fortranにおける参照渡しパラメータの存在が原因になっているからでもある。解析におけるある種の複雑さや不確実さの原因はポインタや参照パラメータであるのだが、スカラ変数参照は名前への明示的参照であるので、別名（エイリアス）解析を含むものでも解析が容易である。

一般的に、どのようにしてコンパイラは依存関係の調査を行っているのだろうか。ほとんどの依存解析アルゴリズムは、配列のインデックスが**1次**（**アフィン**）であることを仮定している。最も簡単な言葉で言えば、1次元の配列のインデックスは、aとbが定数でiがループインデックス変数（ループ誘導変数）である時、$a \times i + b$の形で書かれていれば1次である。多次元配列においては、各々の次元のインデックスが1次であれば、インデックスは1次である。疎行列へのアクセスは、通常x[y[i]]の形で書かれるが、非1次アクセスの有名な例である。

したがって、ループ中で同じ配列への2つの参照の間に依存があるか否かを特定するのは、ループの範囲の中で、2つの1次関数が、異なるインデックスに対して同じ値になるか否かを特定することと等価である。例えば、iはmからnの値を取る`for`ループのインデックス値であり、$a \times i + b$のインデックス値の配列要素にストアして、同じ配列の$c \times i + d$のインデックス値の配列要素をロードすると仮定する。この時、2つの条件が満たされれば依存が存在する。

1. 2つの繰り返しのインデックスjとkがあり、両者ともループの範囲内にあること。つまり、$m \le j \le n$、$m \le k \le n$。
2. ループにおいて$a \times j + b$でインデックスされた1つの配列要素へのストアがあり、後に配列への$c \times k + d$でインデックスされた同一の要素からのフェッチがあること。つまり、$a \times j + b = c \times k + d$。

一般に、コンパイル時には依存があるか否かを特定できない。例えば、a、b、c、そしてdは不定（それらは他の配列の値であることも考えられる）であると、依存が存在するか否かを言い当てることは不可能である。別の場合として、とても手間がかかるかも知れないが、コンパイル時に決定可能な場合がある。例えば、複数の入れ子になったループの繰り返しのインデックスに依存するアクセスが該当する。しかしながら多くのプログラムでは、a、b、c、そしてdが定数であるという基本的で単純なインデックスになっている。この場合には、コンパイル時の依存のテストにそれほど時間がかからない方法を用いることができる。

例えば、依存がないこと調べる単純かつ十分なものとしては、**最大公約数**（GCD）テストがある。これは、ループ伝播の依存が存在すれば、$(d - b)$が$GCD(c, a)$で割り切れなければならないという観察結果に基づいている（y/xを計算して余りがなく整数の商になるならば、整数xが異なる整数yを割り切ることを思い出して欲しい）。

例題4.9

次のループに依存があるか否かを特定するのにGCDテストを使え。

```
for (i = 0; i < 100; i = i+1) {
    X[2*i+3] = X[2*i]*5.0;
}
```

解答

$a = 2$、$b = 3$、$c = 2$、$d = 0$なので、$GCD(a, c) = 2$で、$d - b = -3$。2は-3を割り切らないので、依存の可能性はない。

GCDテストは依存が存在しないことを保証するが、GCDテストで駄目なのに依存が存在しない場合がある。例えば、GCDテストはループの境界を考慮しないので、この状況が起きる。

一般に、依存が実際に存在するのか否かを特定するのはNP完全である。しかしながら実際には、多くの共通の場合は、低いコストで正確に解析できる。一般性が増せばコストも増すという精密なテストの階層を使う最近のアプローチにより、精密さと効果を両立している（依存があるか否かを精密に特定するなら、そのテストは**正確**である。一般にはNP完全だが、より安価な制限された状況向けの正確なテストが存在する）。

依存の存在の検出に加えて、コンパイラでは依存のタイプを類別しなければならない。この類別を行うと、コンパイラは名前依存を認識し、コンパイル時にリネーミングや複写を使って、この依存を除去できる。

例題4.10

次のループには複数のタイプの依存がある。すべての真の依存、出力依存、それに逆依存を見つけ出し、リネーミングで出力依存と逆依存を除去せよ。

```
for (i = 0; i < 100; i = i+1) {
    Y[i] = X[i]/c;          /* S1 */
    X[i] = X[i]+c;          /* S2 */
    Z[i] = Y[i]+c;          /* S3 */
    Y[i] = c-Y[i];          /* S4 */
}
```

解答

4つの文に次の依存がある。

1. S1からS3と、S1からS4に`Y[i]`に起因する真の依存がある。これらはループ伝播しないので、ループの並列実行を阻害しない。これらの依存は、S3とS4に、S1の完了を待たせている。
2. S1からS2に`X[i]`に起因する逆依存が存在する。
3. S3からS4に`Y[i]`に起因する逆依存が存在する。
4. S1からS4に`Y[i]`に基づく出力依存が存在する。

次の版のループでは、偽（あるいは仮）の依存を除去している。

```
for (i = 0; i < 100; i = i+1) {
    T[i] = X[i]/c;
      /* 出力依存を除去するためにYをTに名前付け替えする */
    X1[i] = X[i]+c;
      /* 逆依存を除去するためにXをX1に名前付け替えする */
    Z[i] = T[i]+c;
      /* 逆依存を除去するためにYをTに名前付け替えする */
    Y[i] = c-T[i];
}
```

このループでは、変数XはX1にリネーミングされている。このループから生成されるコードでは、コンパイラは単純に名前XをX1に置き換えることができる。この場合、名前を置き換えるかレジスタ確保で対応できるので、リネーミングに伴う実際の複写は必要ない。しかし、その他の場合にはコピーが必要である。

依存解析は、第2章で説明したコード変換的なブロック化と同様に、並列性の抽出のための重要な技術である。ループレベル並列性の検出のために、依存解析は重要な道具である。ベクタ計算機、SIMD計算機、あるいはマルチプロセッサ向けにプログラムを効果的にコンパイルするには、この解析は重要である。依存解析の主要な問題点は、これの適用範囲が制限された状況、つまりループの入れ子が一重で、1次のインデックス関数での参照である場合に限定されることである。したがって、配列向けの依存解析が必要な情報を与えてくれない多くの状況が存在する。例えば、配列のインデックスでなくてポインタでアクセスされる場合の解析は、より困難なものになり得る(これはFortranがCやC++よりも好まれる1つの理由である)。同様に、手続き呼び出しを跨いだ参照の解析も極めて難しい。したがって、逐次言語で書かれたコードの解析は、やはり重要ではあるが、明示的に並列なループを書かせるOpenMPやCUDAのようなアプローチも必要である。

4.5.2 依存する計算の除去

上記で述べたように、依存する計算の最も重要な形の1つに、**循環参照**が挙げられる。内積は循環参照の完全な例の1つである。

```
for (i = 9999; i >= 0; i = i-1)
    sum = sum+x[i]*y[i];
```

このループには変数sumについてのループ伝播依存があるので、並列実行できない。しかしながら、これを完全に並列なループと、部分的に並列なループの組み合わせに変換することができる。最初のループは、このループの完全に並列な部分を計算する、以下の通り。

```
for (i=9999; i>=0; i=i-1)
    sum[i] = x[i]*y[i];
```

sumをスカラからベクタ量に拡張(この変換をスカラ拡張という)していることと、この変換でループが完全に並列になっていることに注意されたい。ここまでは良いとして、ベクタの要素を足し上げるリダクションの段階がまだ残っている。これは以下の通り。

```
for (i = 9999; i >= 0; i = i-1)
    finalsum = finalsum+sum[i];
```

このループは並列ではないが、**リダクション**と呼ばれる非常に特殊な構造になっている。リダクションは第6章で見るように線形代数では頻出し、ウェアハウススケールコンピュータで使われるMapReduceという重要な並列プリミティブの主要部分である。一般にリダクション演算子としては任意の関数を使うことができ、maxやminのような演算子が共通に用意されている。

ベクタ計算機やSIMD計算機によっては、リダクションのための特別なハードウェアを備えているものがあり、Reduceの段階をスカラモードで実施するよりも高速に実施できる。マルチプロセッサ環境で実施するのと似た技法を使って、これらの計算を実装できる。一般的な変換なら任意の台数のプロセッサで動くのだが、ここでは10プロセッサを使うと仮定する。sumに対するリダクションの最初の段階では、各々のプロセッサは以下を実行する(pは0~9の範囲のプロセッサ番号であるとする)。

```
for (i = 999; i >= 0; i = i-1)
    finalsum[p] = finalsum[p]+sum[i+1000*p];
```

このループは10台のプロセッサの各々で1000個の要素を足し上げているが、完全に並列である。単純なスカラループで、最後の10個の和を合計する。類似のアプローチが、ベクタ計算機やSIMDプロセッサにおいて用いられる。

上記の変換が加算の結合性に頼っていることを見抜くのは重要である。無限の表現範囲と精度での算術演算は結合的であるが、計算機での算術演算は、整数の場合は表現範囲には限界があり、浮動小数点演算の場合は表現範囲と精度があるので、それぞれ結合的ではない。したがってこれらの再構成技法は、起きるのは稀ではあるが、場合によっては誤った振る舞いを引き起こす。この理由により、ほとんどのコンパイラでは、結合性に頼る最適化を必要とする場合は、それを明示的に有効にする。

4.6 他の章との関連

4.6.1 エネルギーとDLP:遅くて幅広と速くて幅狭

データレベル並列アーキテクチャがエネルギー消費の観点からの本質的な優位点は、第1章のエネルギーの式に由来する。ここでは十分なデータレベル並列性を仮定すると、性能はクロック周波数を半分にしても実行資源を2倍にする、つまり、ベクタ計算機ならレーン数を2倍にし、マルチメディアSIMDなら幅が広いレジスタとALUにし、GPUならSIMDレーンを増やすことで、性能は同じになる。もしクロック周波数を落とせばより低い電源電圧を使えるのなら、同じピーク性能を維持しながら、計算のための電力とともに実際に消費エネルギーを減らすことができる。したがって、DLPプロセッサは、性能向上のために高クロック周波数に頼っているシステムプロセッサに比べて低いクロック周波数を用いている。(4.7節を参照)

4.6.2 バンクメモリとグラフィックメモリ

4.2節では、ベクタアーキテクチャで単位ストライドや非単位ストライド、それにギャザー/スキャターアクセスを支援するためには、潜在的なメモリバンド幅が重要であると述べた。

メモリの高性能を達成するのに、GPUは潜在的なメモリバンド幅を必要としている。まさにGPUのために設計された特別なDRAMチップがあり、AMDとNVIDIAはハイエンドのGPUで積層DRAMを採用した。IntelもXeon Phiで積層DRAMを使う。**高バンド幅メモリ**(**HBM**や**HBM2**)として知られるメモリチップは、積層されて処理チップと同じパッケージに置かれる。広い幅(通常1024~4096本のデータ線)は高いバンド幅を提供し、メモリチップを処理チップと同じパッケージに置くことで、遅延と電力消費を削減している。積層DRAMは通常8~32GiBの容量である。

計算のタスクとグラフィックアクセラレーションのタスクの両方からの潜在的な要求があるので、メモリシステムは大量の相関がないリクエストに対応しなければならない。不幸にもこの散ったアクセスはメモリの性能にとって脅威だ。これを何とかするために、GPUのメモリコントローラは、それぞれのバンクへのアクセスに対応した転送のキュー用いて、DRAMの1つの行(ROW)アドレスを開けるのに十分な量の転送要求が貯まるまで待ち、すべての転送要求を一度に行うようにしている。このアクセス融合はバンド幅を改善するが、遅延を大きくするので、コントローラはデータを待って飢餓状態に陥る処理ユニットが出ないようにしなければならない。そうしなければ、隣り合うプロセッサはアイドルになってしまうだろう。4.7節ではギャザー/スキャターの技法とメモリバンクを考慮したアクセス技法で、従来のキャッシュベースのアーキテクチャとは異なって、実効性能を向上させることができることを示している。

4.6.3 ストライドアクセスとTLBミス

ストライドアクセスの1つの問題は、ベクタアーキテクチャやGPUの仮想メモリのページ変換バッファ（TLB）にどのように影響するかということである（GPUもメモリマッピングにTLBを使っている）。TLBがどのように構成されているかということや、メモリ上でアクセスされる配列のサイズに依存するが、配列の1つの要素にアクセスする度に、1つのTLBミスが発生することがあり得る。同じタイプの衝突はキャッシュでも起き得るが、性能への影響はおそらく小さい。

4.7 総合的な実例：組み込み対サーバGPU、およびTesla対Core i7

グラフィックアプリケーションが一般化したことにより、GPUは従来のサーバや強力なデスクトップ計算機と同様に、モバイルクライアントでも使われるようになった。図4.26は、自動車でよく使われる組み込みクライアント用チップ向けのNVIDIA Tegra Parkerシステムと、サーバ向けのPascal GPUの主要な特徴を列挙したものである。GPUサーバのエンジニアは、映画が封切られてから5年以内に同じライブアニメーションが可能になることを期待している。組み込みGPUのエンジニアは、サーバやゲームコンソールと同じ性能を5年以内に組み込みで実現したいと思っている。

	NVIDIA Tegra P1	NVIDIA Tesra P100
マーケット	自動車、組み込み、コンソール、タブレット	デスクトップ、サーバ
システムプロセッサ	6コアのARM（2つのDenver2＋4つのA57）	なし
システムインターフェイス	なし	16レーンのPCI Express Gen 3
システムインターフェイスバンド幅	なし	16 GiB/s（単方向）、32GiB/s（両方向）
クロック周波数	1.5GHz	1.4 GHz
SIMDマルチプロセッサ数	2	56
SIMDレーン/SIMDマルチプロセッサ	128	64
メモリインターフェイス	128ビットLP-DDR4	4096ビットHBM2
メモリバンド幅	50GiB/s	732GiB/s
メモリ容量	16GiBまで	16GiBまで
トランジスタ数	70億	153億
プロセス	TSMC 16 nm FinFET	TSMC 16 nm FinFET
ダイ面積	147mm^2	645mm^2
電力	20W	300W

図4.26　組み込みクライアント向けとサーバ向けのGPUの主な特徴

NVIDIA Tegra P1は6つのARMv8コアと小さなPascal GPU（750GFLOP/sの能力がある）を搭載し、50GiB/sのメモリバンド幅を有する。これは自動車の自動運転で使われるNVIDIA DRIVE PX2コンピューティングプラットフォームの主要コンポネントである。NVIDIA Tegra X1は1つ前の世代のものであり、Google Pixel Xといったいくつかのハイエンドのタブレットや NVIDIA Shield TVで使われている。これはMaxwellクラスのGPUを搭載し512GFLOP/sの性能である。

NVIDIA Tesra P100はこの章で広範囲に議論したPascal GPUである（TesraはNVIDIAの汎用コンピューティング向け製品の名称）。クロックレートは1.4GHzで、56基のSIMDプロセッサを搭載している。HBM2メモリへは4096ビットの幅で接続し、0.715GHzのクロックの立ち上がりと立ち下がりのエッジでデータ転送を行い、メモリのバンド幅は732GiB/sである。ホストシステムやメモリとはPCIExpress × 16 Gen 3で接続し、これのピークバンド幅は32GiB/sである。

P100のダイの物理的な特性は大きくて印象的だ。153億個のトランジスタを645mm^{2}のTSMC社の16nmのプロセスに集積し、通常300Wの電力を消費する。

4.7.1 GPUとマルチメディアSIMD付きMIMDの比較

Intel社の研究者グループが公表した論文[Lee *et al.*, 2010]では、4コア構成のマルチメディアSIMD拡張を備えたi7と、Tesla GTX 280を比較している。この論文では最新のCPUとGPUを比較しているわけではないが、舞台裏の理由を説明しているという点で、2つのスタイルの性能の違いを最も深堀りしている。さらに、これらのアーキテクチャの現行のバージョンでは、比較対象としては互いに類似点が多すぎる。

図4.27に両システムの特徴を示す。両製品共に、2009年秋の時点で購入可能であった。Core i7はIntel社の45nmの半導体プロセスを使っている一方で、GPUはTSMCの65nmプロセスを用いている。中立のグループや両者に興味を持つグループによる比較であればフェアであったのではあるが、この節の目的は、片方がもう片方に比べてどれだけ高速なのかということを特定することではなく、これら2つの対照的なスタイルのアーキテクチャの特徴の相対的な効果を理解することにある。

図4.28のCore i7 920とGTX 280のルーフラインは、2つの計算機の違いを表している。920は960よりも遅いクロック周波数（2.66 GHz対3.2GHz）だが、システムの他の諸元は同じである。GTX 280は非常に高いメモリバンド幅と倍精度性能を有している一方で、倍精度の山の肩はかなり左側に寄っている。先に述べたように、稜線の山の肩が左にあるほど、計算能力のピークに達するのは容易になる。GTX 280の山の肩は0.6であるのに対して、Core i7では2.6である。単精度の性能は非常に高いので、単精度性能の屋根はずっと高いところにあり、結果的に山の肩がずっと右に移動している。カーネルの算術強度はメインメモリと何バイトのやり取りをしたかに基づいており、キャッシュが相手ではないことに注意されたい。したがって、ほとんどの参照が実際にキャッシュに行ってしまうことを仮定できる特定の計算機では、カーネルの算術強度が変わ

	Core i7-960	GTX 280	280/i7 の比
処理素子数（コアまたはSM）	4	30	7.5
クロック周波数（GHz）	3.2	1.3	0.41
ダイサイズ	263	576	2.2
テクノロジ	Intel 45nm	TSMC 65nm	1.6
消費電力（チップ。モジュールではない）	130	130	1.0
トランジスタ数	700M	1400M	2.0
メモリバンド幅（GiB/s）	32	141	4.4
単精度 SIMD 幅	4	8	2.0
倍精度 SIMD 幅	2	1	0.5
単精度スカラのピーク性能（GFLOP/s）	26	117	4.6
倍精度スカラのピーク性能（GFLOP/s）	102	311～933	3.0～9.1
（SP 1 加算または乗算）	N.A.	（311）	（3.0）
（SP 1 融合積和）	N.A.	（622）	（6.1）
（Rare SP 発行 2 命令同時融合積和）	N.A.	（933）	（9.1）
ピーク倍精度 SIMD（GFLOP/s）	51	78	1.5

図 4.27　Intel Core i7-960 とNVIDIA GTX 280 の仕様

最右の行は、Core i7 に対する GTX 280 の比である。GTX 280 の単精度 SIMD FLOP/s については、高いほうの速度（933）は融合積和と乗算の 2 命令同時発行という非常に稀な場合から得たものである。より現実的な 622 は、単一の融合積和演算の場合である。これらのメモリバンド幅は図 4.28 のものより高いが、その理由はこの表では DRAM の端子のバンド幅を使っているのに対して図 4.28 ではベンチマークプログラムを使ってプロセッサで計測した結果であることによる。[Lee, W.V. *et al.*, Debunking the 100 × GPU vs. CPU myth: an evaluation of throughput computing on CPU and GPU. In: *Proc. 37th Annual Int'l. Symposium on Computer Architecture* (ISCA), June 19–23, 2010, Saint-Malo, France の Table2 を転載。]

り得る。この事例研究では、ルーフラインは相対的な性能を説明するのに役立つ。さらに注目したいのは、ここでのバンド幅は両アーキテクチャにおける単位ストライドアクセスのものであることである。後で見るように、アドレスの融合が効かないギャザー/スキャターアクセスでは、GTX 280 も Core i7 も遅くなる。

現在提案されている 4 つのベンチマーク集の計算とメモリの特徴を解析することで、ベンチマークプログラムを選択し、「これらの特徴を捉えた**スループットコンピューティングのカーネル**集を定式化した」と著者らは主張している。図 4.29 では、これらの 14 のカーネルを、図 4.30 には、それらにおける性能測定の結果を示しており、値が大きいほど高速であることを意味する。

GTX 280 においては、性能は 2.0 倍遅い（Solv）～15.2 倍速い（GJK）と変化している一方で、生の性能仕様は 2.5 倍遅い（クロック周波数）～7.5 倍速い（チップ当たりのコア）。Intel 社の研究者たちは、以下のような差を理由として示している。

- **メモリバンド幅**：GPU は 4.4 倍のメモリバンド幅を有しており、LBM や SAXPY でそれぞれ 5.0 倍と 5.3 倍速くなった理由が説明できる。これらでは、数百メガバイトのワーキングセットになり、Core i7 のキャッシュでは収容しきれない（メモリに頻繁にアクセスするので、SAXPY ではキャッシュブロッキングを使わない）。したがって、斜線の傾きがその性能を物語っている。SpMV は大きなワーキングセットになるが、GTX 280 の倍精度は Core i7 の 1.5 倍しか速くないので、1.9 倍にしかならない。
- **計算バンド幅**：残りの 5 つのカーネル、SGEMM、Conv、FFT、MC、そして Bilat は、計算能力律速である。GTX はそれぞれのカーネルで 3.9 倍、2.8 倍、3.0 倍、1.8 倍、そして 5.7 倍速い。最初の 3 つは、単精度浮動小数点算術演算を使っており、GTX 280 の単精度は 3～6 倍速い（図 4.27 で Core i7 より 9 倍速い例があるが、これは GTX 280 がクロックサイクル毎に融合積和と乗算を発行できるという非常に特別な場合である）。MC は倍精度を使っているが、倍精度の性能は 1.5 倍しか速くないので、1.8 倍しか速くならない理由を説明できる。Bilat は超越関数を使っており、GTX 280 では直接支援している（図 4.17 参照）。Core i7 では計算時間の 2/3 を超越関数の計算のために使っており、そのために GTX 280 は 5.7 倍速い。この観察は、倍精度浮動小数点や超越関数といった、例題で使われる演算に対するハードウェア支援の価値を示している。
- **キャッシュの効果**：光線投影（RC）は GTX では 1.6 倍しか速くならないが、その理由は Core i7 のキャッシュブロッキングが、GPU と同様に、メモリ帯域律速になるのを防いでいるからである。キャッシュブロッキングは、Search でも効いている。もしインデックスツリーが小さくてキャッシュに収まるなら、Core i7 は 2 倍速くなる。インデックスツリーが大きくなると、メモリ帯域律速になる。総合的には GTX 280 は 1.8 倍速い。キャッシュブロッキングは Sort にも効く。ほとんどのプログラマは Sort を SIMD プロセッサで動かさないだろうが、split と呼ばれる 1 ビットの Sort プリミティブで書くことができる。しかしながら、split アルゴリズムはスカラソートよりも多くの命令の実行を要する。結果的に GTX 280 は Core i7 に比べて、0.8 倍の速度であった。SGEMM や FFT、それに SpMV は、キャッシュブロッキングのおかげで計算能力律速になるので、Core i7 においてキャッシュはこの種のカーネルに対しても有効である。この観察により、第 2 章のキャッシュブロック最適化の重要性を再認識することになった。
- **ギャザー/スキャター**：マルチメディア SIMD 拡張は、データがメモリ中に分散している場合は救いがない。最高の性能は、データが 16 バイトの境界に整列されている場合にのみ訪れる。したがって、GJK は Core i7 の SIMD の恩恵はほとんど受けない。上記の通り GPU は、ベクタアーキテクチャにはあるが SIMD 拡張にはないギャザー/スキャターアドレス指定を備えている。アドレス融合は、同じ DRAM ラインへのアクセスをまとめることで、ギャザーやスキャターの数を減らす。メモリコントローラのおかげで、GTX 280 は Core i7 に比べて、GJK で何と 15.2 倍も速く、図 4.27 の値よりも大きい。この観察により、ベクタアーキテクチャや GPU アーキテクチャが備え、SIMD 拡張で欠落しているギャザー/スキャターの重要性を再

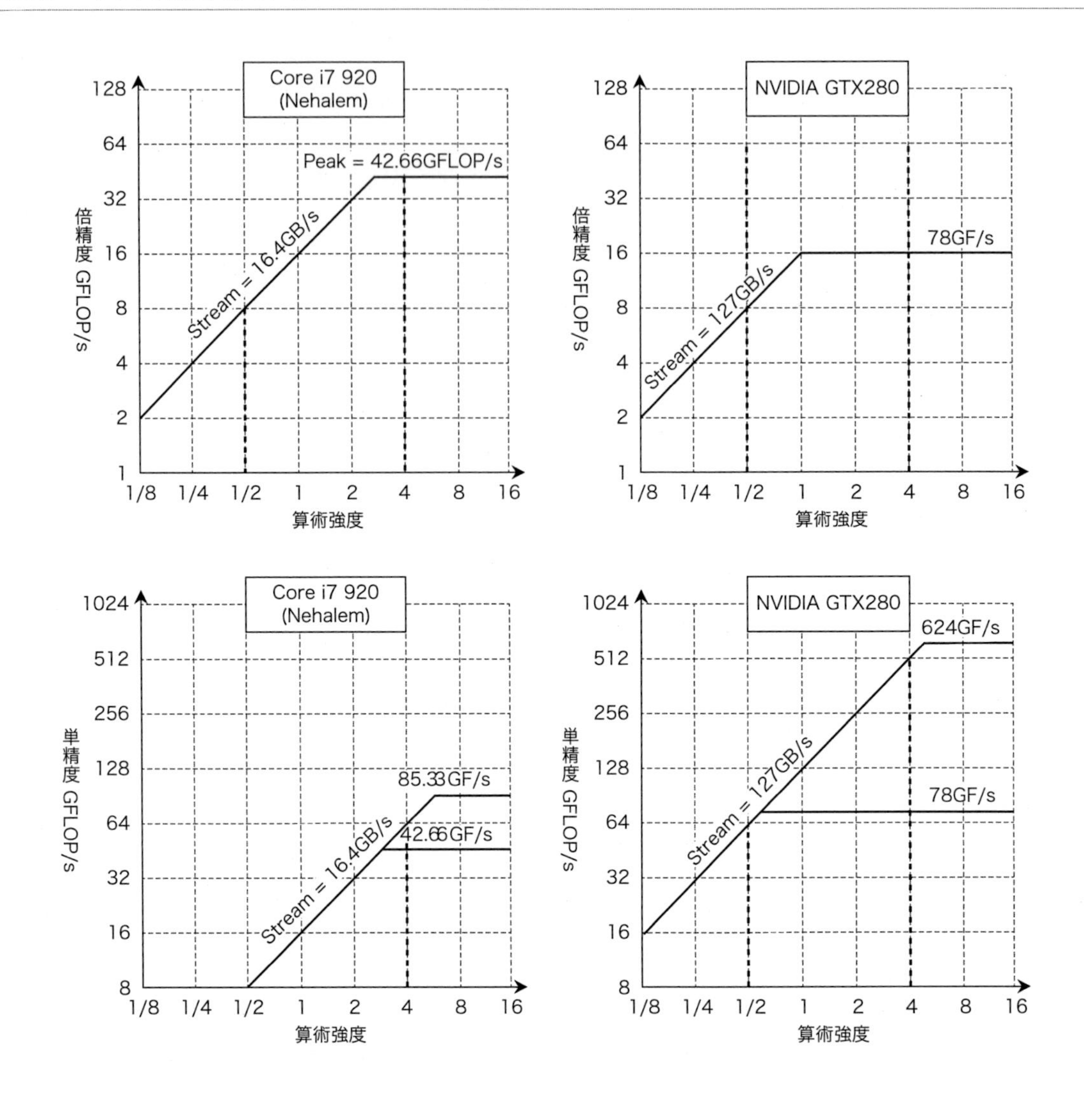

図 4.28　ルーフラインモデル［Williams at. el., 2009］

上段に倍精度浮動小数点性能を、下段に単精度浮動小数点性能のルーフラインを示している（下段のグラフにも参考のために、DP FP の天井を描いてある）。左側の Core i7 920 は、DP FP のピーク性能が 42.66 GFLOP/s、SP FP のピーク性能が 85.33GFLOP/s、そしてメモリバンド幅のピーク性能が 16.4GiB/s であることを示している。NVIDIA GTX280 は、DP FP のピーク性能が 78 GFLOP/s、SP FP のピーク性能が 624GFLOP/s、そしてメモリバンド幅のピーク性能が 127GiB/s である。左側の垂直な点線は、0.5FLOP/バイトの算術強度を示している。Core i7 では、メモリバンド幅の限界から、8 DP GFLOP/s も 8 SP GFLOP/s も超えられない。右側の垂直な点線は、4FLOP/バイトの算術強度を示している。この値は計算能力だけに制限を受けていて、Core i7 では 42.66DP GFLOP/s と 64SP GFLOP/s、GTX 280 では、78 DP GFLOP/s と 512 DP GFLOP/s である。Core i7 で計算能力の最大値を引き出すには、4 つのコアのすべてを使い、同じ数の乗算と加算を SSE 命令で使う必要がある。GTX 280 では、融合積和命令をすべてのマルチスレッド SIMD プロセッサで使う必要がある。

認識することになった。

- **同期**：同期の性能は不可分操作で決まる。Core i7 はハードウェアでフェッチアンドインクリメント命令を実装しているが、実行時間の 28%がこれに費やされる。したがって、Hist では GTX 280 が 1.7 倍速い。Solv では、小規模な計算から成る独立な制約のバッチを、バリア同期を使いながら解く。Core i7 には、不可分操作命令と、メモリ階層に対するすべての前のアクセスが完了しなくても正しい結果が得られるメモリ一貫モデルの恩恵がある。GTX 280 版ではメモリ一貫モデルがないので、システムプロセッサからバッチを立ち上げており、このために GTX 280 は Core i7 の 0.5 倍の速さになっている。この観察は、ある種のデータ並列問題において、どれだけ同期の性能が重要になり得るかを指摘している。

興味ある結果として、SIMD 命令よりも何十年も前に登場したベクタアーキテクチャのギャザー/スキャターへの支援が、SIMD 拡張の実効性に対して重要であり、この点に関してはこの事例研究の前に予見されていた［Gebis and Patterson, 2007］。Intel 社の研究者は、14 個中 6 つのカーネルでは Core i7 が支援するより効果的なギャザー/スキャターを用いて SIMD を有効活用していると述べている。

この比較では取り上げられなかった重要な点は、2 つのシステムから結果を得るのに要した労力に関する記述である。理想的には、これからの比較では、両方のシステムで使われたコードを開示し、同じ実験を異なるハードウェアプラットフォームで行ったり、結果を改良できるようにして欲しい。

カーネル	アプリケーション	SIMD	スレッドレベル並列性	特性
SGEMM	線形代数	正則	2次元のタイル間	タイリングの後は計算能力律速
モンテカルロ（**MC**）	金融工学	正則	経路毎	計算能力律速
畳み込み（**Conv**）	画像解析	正則	ピクセル毎	計算能力律速、小規模フィルタではBW律速
FFT	信号処理	正則	小規模なFFT毎	境界の計算か、サイズに依存するBW律速
SAXPY	内積	正則	ベクタ毎	BW律速
LBM	時間推移	正則	セル毎	BW律速
制約解消系（**Solv**）	剛体物理	ギャザー/スキャター	制約毎	同期律速
SpMV	疎行列の解	ギャザー	非ゼロ毎	通常の大規模行列ではBW律速
GJK	衝突検出	ギャザー/スキャター	オブジェクト毎	計算律速
Sort	ソート	ギャザー/スキャター	要素毎	計算律速
光線投影（**RC**）	ボリュームレンダリング	ギャザー	光線毎	初期ワーキングセットは4〜8MiB、最終ワーキングセットは500MiB
サーチ（**Search**）	データベース	ギャザー/スキャター	クエリ毎	小さい木では計算律速、大きい木の底ではBW律速
ヒストグラム（**Hist**）	画像解析	要衝突解析	ピクセル毎	リダクション/同期律速
Bilateral（**Bilat**）	画像解析	正則	ピクセル毎	計算能力律速

図4.29　スループットコンピューティングのカーネルの特徴［Lee *et al.*, 2010］

カッコ内の名称は、この節で用いる各ベンチマークの呼称になっている。著者は、両方の計算機で実施される最適化は同じ程度であると言っている。［Lee, W.V., *et al.*, Debunking the 100 × GPU vs. CPU myth: an evaluation of throughput computing on CPU and GPU. In: *Proc. 37th Annual Int'l. Symposium on Computer Architecture* (ISCA), June 19–23, 2010, Saint-Malo, France. のTable 1より転載。］

4.7.2　比較結果の更新

後に、Core i7とTesla GTX280の弱点はその後継機種によって解消された。IntelのAVX2にはギャザー命令が、AVX-512にはスキャター命令が加わり、両者ともIntelのSkylakeシリーズに実装されている。NVIDIA Pascalの倍精度浮動小数点性能は単精度の1/8から1/2になり、高速なアトミック操作やキャッシュが加わった。

図4.31はこれら2つの新製品の特徴を列挙したもので、図4.32はオリジナルの論文（これらは我々がソースコードを見つけられたものである）のベンチマーク14個のうちの3つを使った比較で、図4.33は新しい2つのルーフラインモデルである。新しいGPUチップや新しいCPUチップは旧製品よりも15〜50倍高速で、新しいGPUは新しいCPUよりも2〜5倍高速である。

カーネル	単位	Core i7-960	GTX 280	GTX 280/i7-960
SGEMM	GFLOP/s	94	364	3.9
MC	Billion paths/s	0.8	1.4	1.8
Conv	Million pixels/s	1250	3500	2.8
FFT	GFLOP/s	71.4	213	3.0
SAXPY	GBytes/s	16.8	88.8	5.3
LBM	Million lookups/s	85	426	5.0
Solv	Frames/s	103	52	0.5
SpMV	GFLOP/s	4.9	9.1	1.9
GJK	Frames/s	67	1020	15.2
Sort	Million elements/s	250	198	0.8
RC	Frames/s	5	8.1	1.6
Search	Million queries/s	50	90	1.8
Hist	Million pixels/s	1517	2583	1.7
Bilat	Million pixels/s	83	475	5.7

図4.30　2つのプラットフォームで計測された生の性能と相対性能

この研究では、SAXPYはメモリバンド幅の測定のみに使われているので、単位はGFLOP/sではなくGBytes/sである。［Lee, W.V., *et al.*, Debunking the 100 × GPU vs. CPU myth: an evaluation of throughput computing on CPU and GPU. In: *Proc. 37th Annual Int'l. Symposium on Computer Architecture* (ISCA), June 19–23, 2010, Saint-Malo, France. のTable 3に基づく。］

	Xeon Platinum 8180	P100	P100とXeonの比
処理素子数（コアまたはSM）	28	56	2
クロック周波数（GHz）	2.5	1.3	0.52
ダイサイズ	N.A.	610mm2	—
テクノロジ	Intel 14nm	TSMC 16nm	1.1
消費電力（チップ。モジュールではない）	80W	300W	3.8
トランジスタ数	N.A.	153億	—
メモリバンド幅（GiB/s）	199	732	3.7
単精度SIMD幅	16	8	0.5
倍精度SIMD幅	8	4	0.5
単精度SIMDのピーク性能（GFLOP/s）	4480	10,608	2.4
倍精度SIMDのピーク性能（GFLOP/s）	2240	5304	2.4

図4.31　Intel Xeon Platinum 8180とNVIDIA P100

一番右の列はXeonに対するP100の性能比。図4.28よりもメモリのバンド幅が大きいが、それはこちらがDRAMの端子レベルのバンド幅を使っていて、図4.28がベンチマークプログラムで測定されたプロセッサレベルのバンド幅だからである。

カーネル	単位	Xeon Platinum 8180	P100	P100/Xeon	GTX280/ i7-960
SGEMM	GFLOP/s	3494	6827	2.0	3.9
DGEMM	GFLOP/s	1693	3490	2.1	—
FFT-S	GFLOP/s	410	1820	4.4	3.0
FFT-D	GFLOP/s	190	811	4.2	—
SAXPY	GiB/s	207	544	2.6	5.3
DAXPY	GiB/s	212	556	2.6	—

図 4.32 最新バージョンの 2 つのプラットフォームのオリジナルプラットフォームとの相対性能での比較

図 4.30 と同様に SAXPY と DAXPY はメモリバンド幅の測定だけに使っており、妥当な単位は GFLOP/s ではなく GiB/s である。

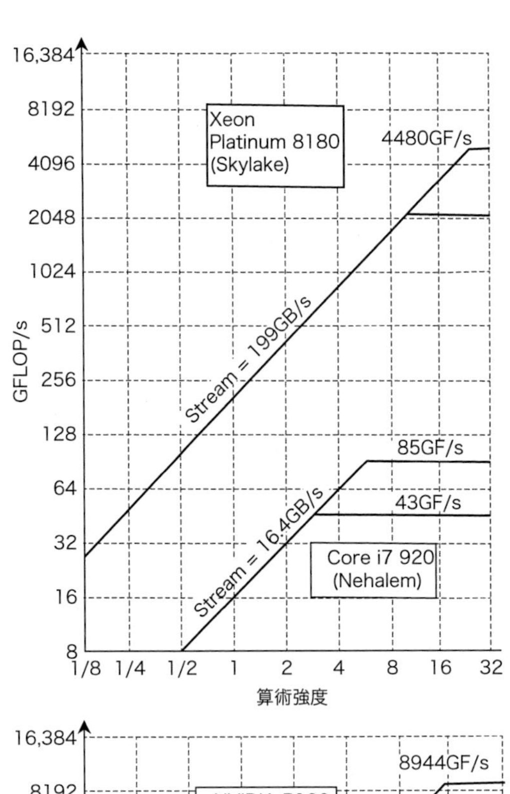

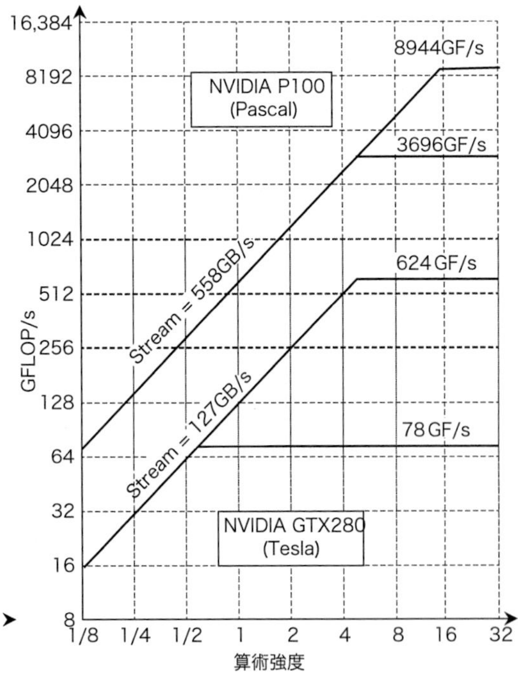

図 4.33 新旧のCPUと新旧の GPUのルーフラインモデル

各々の計算機の高い方のルーフラインは単精度浮動小数点の性能で、低い方は倍精度浮動小数点の性能である。

4.8 誤った考えと落とし穴

データレベル並列性が、ILP の次にプログラマの観点から容易な並列性の形である一方で、アーキテクトの観点からも容易に見えるが、それには多くの誤信と落とし穴がある。

誤った考え：GPU はコプロセッサであることにより被害を被っている。

メインメモリと GPU メモリの分離は欠点である一方で、CPU から距離を置くことは利点である。

例えば、PTX の存在は、ある部分については GPU の I/O デバイスであるという特性によっている。コンパイラとハードウェアの間が、ある程度離れているおかげで、GPU の設計者はシステムプロセッサの設計者よりも自由に仕事ができる。アーキテクチャの革新が、コンパイラやライブラリの支援を得られるかということと、アプリケーションにとって重要かどうかを、前もって予測することは多くの場合は困難である。時に新しい仕組みは、1 世代か 2 世代の間はその有用性を証明し、IT 業界の変化と共に存在感をぐっと増す。PTX のおかげで、GPU の設計者が投機的に技術革新に挑戦し、駄目だったらば次の世代では幕を引く、という実験を行うことができる。システムプロセッサにおいては、以前の仕様の内包が重要であることは理解できる——したがってあまり実験はあまり行われない——、というのもバイナリの機械語が流通しているので、そのアーキテクチャの新しい特徴は、以後の世代までずっとサポートされねばならない。

PTX の価値の例 1 つは、Fermi アーキテクチャでのハードウェア命令セットの劇的な変更——x86 のようなメモリ志向から RISC-V のようなレジスタ志向へ、アドレスサイズを 64 ビットに倍増させたのと同様に——を、NVIDIA のソフトウェアの積み重ねを壊すことなく実施できたことである。

落とし穴： ベクタアーキテクチャでピーク性能に注力し立ち上がりのオーバーヘッドを無視する。

TI の ASC や CDC STAR-100 等の草創期のメモリ–メモリ ベクタプロセッサは立ち上がり時間が長かった。いくつかのベクタ計算問題では、ベクタ長が 100 より長くならないと、スカラコードよりもベクタコードの方が速くならなかった。STAR-100 の発展型である CYBER 205 は、DAXPY での立ち上がりオーバーヘッドは 158 クロックサイクルで、本質的に損益分岐点が大きくなってしまった。もし Cray-1 と CYBER 205 のクロック周波数が同じならば、Cray-1 の方がベクタ長が 64 以下の場合には速い。Cray-1 は（205 の方が新しかったのに）クロックも高速だったため、CYBER の方が速くなるベクタ長は 100 を越えてしまった。

落とし穴： スカラ性能が増すことなくベクタ性能が向上する。

このアンバランスは、初期のベクタプロセッサの問題であり、Seymour Cray（Cray コンピュータの設計者）がルールを書き換えた点であった。多くの草創期のベクタプロセッサは備えていたスカラユニットは、（立ち上がりオーバーヘッドと同様に）比較的遅かった。今日でさえ、ベクタ性能が低いがスカラ性能が良好なプロセッサは、ベクタ性能が高いプロセッサよりも高いピーク性能を発揮する。良好なスカラ性能は、オーバーヘッド（例えばストリップマイニング）のコストを下げ、Amdahl の法則の影響を緩和する。

この話の良い例は、高速なスカラプロセッサと、スカラ性能が低いベクタプロセッサの比較結果である。Livermore Fortran カーネルは、多様なベクタ化の度合いの 24 個の科学技術計算のカーネルである。図 4.34 はこのベンチマークでの 2 つの異なるプロセッサの性能である。ベクタプロセッサは高いピーク性能を有するが、スカラ性能が低いので、調和平均で測ると高速なスカラプロセッサよりも遅い。

プロセッサ	すべてのループの中の最小値（MFLOP/s）	すべてのループの中の最大値（MFLOP/s）	すべてのループの調和平均（MFLOP/s）
MIPS M/120-5	0.80	3.89	1.85
Stardent-1500	0.41	10.08	1.72

図 4.34 Livermore Fortran カーネルでの 2 つの異なるプロセッサの性能測定

MIPS M/120-5 も Stardent-1500（以前は Ardent Titan-1）も 16.7MHz の MIPS 2000 チップをメイン CPU として使っている。Stardent-1500 はスカラ FP としてベクタユニットを用いており、MIPS R2010 FP チップを使っている MIPS M/120-5（を最小のレートとして計測したもの）の約半分のスカラ性能である。ベクタプロセッサは高いベクタ化が可能ループ（最大レート）では 2.5 倍以上速い。しかしながら、Stardent-1500 はスカラ性能が低いので、24 のループ全部の調和平均で測った全体的な性能では、せっかくのベクタ性能を台なしにしてしまっている。

今日におけるこの危険性は、向上するベクタ性能、つまりスカラ性能が増すことなくレーン数が増えていくことである。このような近視眼はバランスが悪い計算機へ向かうもう 1 つの道である。

次の誤った考えは密接に関連している。

誤った考え：メモリバンド幅を確保しなくても良好なベクタ性能を得られる。

DAXPY ループとルーフラインモデルを使って見たように、メモリバンド幅はすべての SIMD アーキテクチャにとって極めて重要である。DAXPY は 1 回の浮動小数点演算に対して 1.5 回のメモリ参照が必要で、この比は多くの科学技術計算コードで通常の値である。浮動小数点演算に時間がかからないとしても、メモリが限界に達して、Cray-1 では使われるベクタ列に対する性能を増すことができない。コンパイラがブロッキングを使ってベクタレジスタに値を保持すると、Cray-1 の Linpack における性能は跳ね上がる。このアプローチを使うと、FLOP 当たりのメモリ参照の数を下げ、ほぼ 2 倍に性能を向上させる。したがって Cray-1 におけるメモリバンド幅は、公式にはバンド幅がより大きなループでも十分カバーできるようになった。

誤った考え：GPU においては、十分なメモリ性能がなくても、もっと多くのスレッドを足せば良い。

GPU ではたくさんの CUDA スレッドを使って、メインメモリのレイテンシを隠蔽している。メモリアクセスが散ったり、CUDA スレッド間で関連性がない場合は、メモリシステムは個々の要求に対応してだんだん遅くなるだろう。結局のところ、スレッド数を増してもレイテンシを覆い隠すことはできない。「もっと多くの CUDA スレッドを」の戦略が機能するためには、CUDA スレッドを多くするだけでなく、その CUDA スレッドがメモリアクセスの局所性の点でうまく振舞ってくれることが必要だ。

4.9 おわりに

音声やビデオ、それにゲームが主なアプリケーションであるパーソナルモバイルデバイスのおかげで、データレベル並列性は、重要性が増している。タスクレベル並列性よりもプログラミングが容易なモデルと良好なエネルギー効率が結び付くと、以後 10 年間のデータレベル並列性の復興を予言するのは容易である。

これからはシステムプロセッサが GPU の特徴の多くを導入し、その逆もあるだろう。従来のプロセッサと GPU の性能における最大の違いは、ギャザー/スキャターのアドレス指定である。ベクタアーキテクチャの伝統は、そのアドレス方式をどのようにして SIMD 命令に加えるかという話のヒントになり、時と共に有効性が実証済みのベクタアーキテクチャから SIMD 拡張へさらにアイデアが移転することを期待する。

4.4 節の冒頭で述べたように GPU に関する話題は、単にどのアーキテクチャが最良かということではなくて、元来はグラフィック処理のために開発されたハードウェアにおいて、より一般的な計算を支援するためにどのように増強すれば良いかということである。ベクタアーキテクチャは論文では多くの優位点があるとされるが、ベクタアーキテクチャが GPU のようにグラフィクスの基盤として優れているか、という話は、未だ検証されていない。RISC-V は SIMD としてベクタを擁するようにした。したがって昔のアーキテクチャ論争と同様に、市場が 2 つのデータ並列アーキテクチャのスタイルの利点と弱点を決めるだろう。

4.10 歴史展望と参考文献

付録 M.6 節（Web から入手可能）では、Illiac IV（記念碑的な草創期の SIMD アーキテクチャ）や Cray-1（記念碑的なベクタアーキテクチャ）に関して議論している。さらに、マルチメディア SIMD 拡張や GPU の歴史についても言及している。

4.11 ケーススタディと演習問題

（Jason D. Bakos による）

ケーススタディ：ベクタカーネルのベクタプロセッサや GPU での実装

このケーススタディで理解できる概念

- ベクタプロセッサのプログラミング
- GPU のプログラミング
- 性能見積もり

MyBayes は一般的で良く知られた計算生物学のアプリケーションで、入力の種から、それらの長さ n の DNA 配列のデータ間の多重配列比較（マルチプルアラインメント）を行い、進化暦を推測するものである。MrBayes は、二分木の葉を上記の入力として、そのトポロジの全空間をヒューリスティックなサーチを行う。特定の木を評価するために、そのプログラムではではclPという $n \times 4$ 要素の条件付き尤度表（conditional likelihood table）を各々の内部ノードについて計算しなければならない。この表は、ノードの2つの子（clLとclR、単精度浮動小数点数）の条件付き尤度表と、関連する $n \times 4 \times 4$ 要素の推移確率表（tiPLとtiPR、単精度浮動小数点数）の関数である。このアプリケーションのカーネルの1つは、この条件付き尤度表の計算であり、以下の通りである。

```
for (k=0; k < seq_length; k++) {
    clP[h++] = (tiPL[AA]*clL[A] + tiPL[AC]*clL[C] +
                tiPL[AG]*clL[G] + tiPL[AT]*clL[T])*
               (tiPR[AA]*clR[A] + tiPR[AC]*clR[C] +
                tiPR[AG]*clR[G] + tiPR[AT]*clR[T]);
    clP[h++] = (tiPL[CA]*clL[A] + tiPL[CC]*clL[C] +
                tiPL[CG]*clL[G] + tiPL[CT]*clL[T])*
               (tiPR[CA]*clR[A] + tiPR[CC]*clR[C] +
                tiPR[CG]*clR[G] + tiPR[CT]*clR[T]);
    clP[h++] = (tiPL[GA]*clL[A] + tiPL[GC]*clL[C] +
                tiPL[GG]*clL[G] + tiPL[GT]*clL[T])*
               (tiPR[GA]*clR[A] + tiPR[GC]*clR[C] +
                tiPR[GG]*clR[G] + tiPR[GT]*clR[T]);
    clP[h++] = (tiPL[TA]*clL[A] + tiPL[TC]*clL[C] +
                tiPL[TG]*clL[G] + tiPL[TT]*clL[T])*
               (tiPR[TA]*clR[A] + tiPR[TC]*clR[C] +
                tiPR[TG]*clR[G] + tiPR[TT]*clR[T]);
    clL += 4;
    clR += 4;
}
```

4.1［25］〈4.2、4.3〉次の表に示す定数を仮定する。

定数	値
AA、AC、AG、AT	0、1、2、3
CA、CC、CG、C	4、5、6、7
GA、GC、GG、GT	8、9、10、11
TA、TC、TG、TT	12、13、14、15
A、C、G、T	0、1、2、3

RISC-VとRV64Vのコードを示せ。ギャザー/スキャターのロードやストアを使えないと仮定する。tiPLとtiPR、clL、clR、そしてclPのアドレスは、それぞれRtiPLとRtiPR、RclL、RclR、それにRclPレジスタに格納されていると仮定する。ループは展開しないこと。ベクタのリダクション加算を容易にするために、RV64Vに次の命令を追加する：

単精度ベクタリダクション加算：

```
vsum Fd, Vs
```

この命令はベクタレジスタVsの加算のリダクションを行い、積算結果をスカラレジスタFdに書く。

4.2［5］〈4.2、4.3〉seq_length == 500であると仮定すると、両者の動的な命令数はいくつか。

4.3［25］〈4.2、4.3〉ベクタリダクション命令は、ベクタ加算命令と同じように、ベクタ機能ユニットで実施されると仮定する。各々のベクタ機能ユニットが1ずつであるという仮定の下で、コード列をコンボイにどのように配置するかを示せ。そのコードはいくつのチャイムが必要か。ベクタ命令発行のオーバーヘッドを無視すれば、FLOP当たり何サイクルが必要か。

4.4［15］〈4.2、4.3〉ループ展開の可能性と複数の繰り返しをベクタ演算に置き換える可能性を考える。ここでは、スキャタ/ギャザーのロードとストア（vldiとvsdi）を使えると仮定する。このおかげで、このカーネルのRV64Vコードは、どのように書けるようになるか。

4.5［25］〈4.4〉MrBayesのカーネルをGPUで単一のスレッドブロックを使って実現したいすると仮定する。カーネルのCのコードをCUDAを使って書き直せ。条件付き尤度と遷移確率の表へのポインタは、カーネルへのパラメータとして与えるものとする。ループの繰り返しの各々に対して1つのスレッドを呼び出すようにする。再利用される値は、使う前に共有メモリにロードしておくこと。

4.6［15］〈4.4〉複数のノードの条件付き尤度を並列に計算するのに、CUDAではブロックレベルの疎粒度並列性を使うことができる。条件付き尤度を、木の底から上に計算すると仮定する。すべてのノードでseq_length == 500であると仮定し、12の葉の各々の表のグループはノード番号（例えばclPの m 番目のノード n はclP[n*4*seq_length+m*4]にあるとする）の順に連続したメモリ番地に格納されていると仮定する。図4.35に示すノード12～17の条件付き尤度を計算すると仮定する。問題4.5の答の配列のインデックスを、ブロック番号を含むように計算する方法に変更せよ。

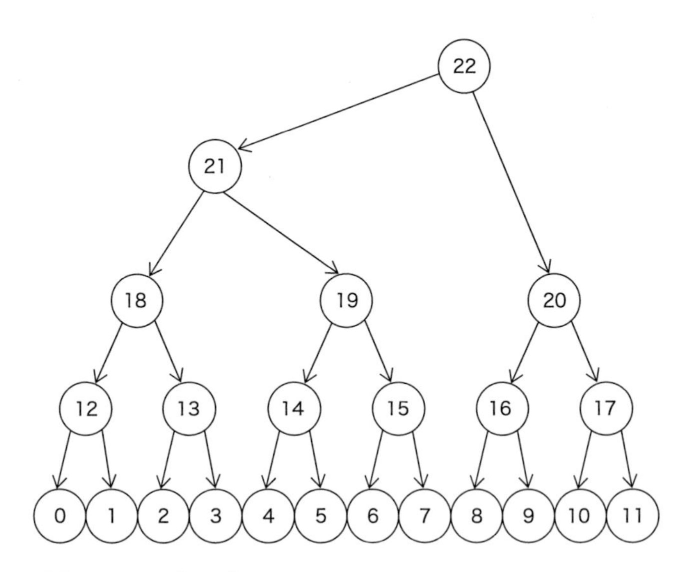

図4.35　サンプルの木

4.7［15］〈4.4〉課題4.6のコードをPTXコードに変換せよ。そのカーネルにいくつの命令を要するか。

4.8［10］〈4.4〉このコードをGPUで実行すると、どんなことが期待できるか。自分の解答を説明せよ。

演習問題

4.9 [10/20/20/15/15]〈4.2〉次のコードについて考察せよ。これは、単精度の複素数値から成る2つのベクタを乗じるものである。

```
for (i=0; i < 300; i++) {
  c_re[i] = a_re[i]*b_re[i]-a_im[i]*b_im[i];
  c_im[i] = a_re[i]*b_im[i]+a_im[i]*b_re[i];
}
```

プロセッサは700MHzで動作し、最大ベクタ長は64であると仮定する。立ち上がりオーバーヘッドはロードストアユニットで15サイクル、乗算ユニットで8サイクル、加減算ユニットで5サイクルと仮定する。

a [10]〈4.2〉このカーネルの算術強度はいくらか。解答を検証せよ。

b [20]〈4.2〉このループをストリップマイニングを用いて、RV64Vのアセンブリコードに変換せよ。

c [20]〈4.2〉チェイニングと1つのメモリパイプラインを仮定すると、いくつのチャイムが必要か。複素数の計算値毎に、立ち上がりオーバーヘッド込みで、何クロックサイクルが必要か。

d [15]〈4.2〉ベクタ命令列がチェインされるならば、複素数の計算値毎にオーバーヘッド込みで何クロックが必要か。

e [15]〈4.2〉ここでは、プロセッサは3つのメモリパイプラインとチェイニングを備えると仮定する。ループでのアクセス時にバンク衝突が発生しないと仮定すると、結果1つにつき何クロックサイクルを要するか。

4.10 [30]〈4.4〉この問題では、ベクタプロセッサと、スカラプロセッサとGPUベースのコプロセッサを備えるハイブリッドシステムの性能を比較する。ハイブリッドシステムでは、ホストプロセッサはGPUよりも優れたスカラ性能を有し、すべてのベクタコードをGPUが実行するのに対して、ホストプロセッサですべてのスカラコードを実行する。最初のシステムをベクタ計算機と呼び、2番目の計算機をハイブリッド計算機と呼ぶことにする。目的のアプリケーションは、DRAMバイトアクセス当たり0.5 FLOPの算術強度のベクタカーネルを含んでいるが、アプリケーションは入力ベクタと出力ベクタの準備のために、それぞれカーネルの前後で実行しなければならないスカラの部分もある。例題データセットでは、コードのスカラ部分の実行時間は、ベクタプロセッサでもホストハイブリッドシステムのホストプロセッサでも400msである。カーネルは200MiBのデータから成る入力ベクタを読み、100MiBのデータから成る出力ベクタを書き出す。ベクタプロセッサのピークメモリバンド幅は30GiB/sで、GPUでは150GiB/sである。ハイブリッドシステムには、カーネルが呼び出しの前後に、入力ベクタや出力ベクタのすべてを、ホストメモリとGPUのローカルメモリの間で転送するという余計なオーバーヘッドがある。ハイブリッドシステムのダイレクトメモリアクセス(DMA)のバンド幅は10GiB/sで、平均レイテンシは10msである。ベクタプロセッサもGPUも、メモリバンド幅で性能の上限が決まると仮定する。両者の計算機でのこのアプリケーションの実行時間を計算せよ。

4.11 [15/25/25]〈4.4、4.5〉4.5節では、1つの演算を繰り返し適用してベクタをスカラに縮退させる、リダクション演算について議論した。リダクションはループ循環参照の特別な形である。以下に例を示す。

```
dot = 0.0;
for (i = 0; i < 64; i++) dot = dot+a[i]*b[i];
```

ベクタ化コンパイラはスカラ拡張と呼ばれる変換を適用してdotをベクタに拡張し、乗算をベクタ演算で実行できるようにループを分割して、リダクションを別のスカラ演算として分離する。

```
for (i = 0; i < 64; i++) dot[i] = a[i]*b[i];
for (i = 1; i < 64; i++) dot[0] = dot[0]+dot[i];
```

4.5節で述べたように、浮動小数点加算に結合則を適用可能であるなら、リダクションを並列化するいくつかの技法がある。

a [15]〈4.4、4.5〉1つの技法は**recurrence doubling**と呼ばれるもので、ベクタを短くしながら足していくものである(つまり、2つの32要素のベクタ、2つの16要素のベクタ、…といった具合に)。2つ目のループに対してこの方法を使うと、Cのコードはどうなるかを示せ。

b [25]〈4.4、4.5〉ベクタプロセッサによっては、ベクタレジスタの個々の要素をアドレス指定できるものがある。この場合、ベクタ演算のオペランドで、同じベクタレジスタに対して2つの異なる部分を指定しても良い。これにより、部分和と呼ばれるもう1つのリダクションの解法を使うことができる。このアイデアは、mをベクタ機能ユニットの総延長であるとして、ベクタをm個の和にリダクションするものである。RV64Vのベクタレジスタがアドレス指定可能である(例えば、ベクタ演算でオペランドをV1(16)のように書くと、16番目の要素から始まる入力オペランドを指定できる)と仮定する。また、オペランド読み出しと結果書き出しを含む加算の総遅延が、8サイクルであると仮定する。V1の中身を、8個の部分和にリダクションさせるRV64Vのコード列を書け。

c [25]〈4.4、4.5〉リダクションをGPUで実施する場合、1つのスレッドが入力ベクタの各々の要素に関連付けられる。各々のスレッドは、最初に対応する値を共有メモリに書き出す。次に、入力値の組を加算するループに入る。これにより、繰り返し毎に要素数が半分にリダクションし、活動中スレッドが繰り返しの度に半分に減っていくことを意味する。リダクションの性能を最大にするために、最大に膨れ上がるワープの数を、ループの実行でできる限り大きくすべきである。言い換えれば、活動中スレッドは切れ目ないようにすべきである。各々のスレッドは、共有メモリでバンク衝突を回避するように、共有される配列を指定するようにすべきである。次のループは、これらの指針の最初の事項に抵触し、GPUにとって負荷が大きい剰余演算子を使っている。

```
unsigned int tid = threadIdx.x;
for(unsigned int s = 1; s < blockDim.x; s *= 2) {
    if ((tid%(2*s)) == 0) {
        sdata[tid] += sdata[tid+s];
```

```
    }
    __syncthreads();
}
```

これらの指針に合致し剰余演算子を使わないように、ループを書きなおせ。ワープ当たり32個のスレッドであり、バンク衝突は同じワープからの2つ以上のスレッドが、32の剰余で等しいインデックスで参照する場合に発生すると仮定せよ。

4.12 [10/10/10/10]〈4.3〉次のカーネルは、**時間領域差分法**（**FDTD**：finite difference time-domain）で、3次元空間のマックスウエル方程式を計算する部分であり、SPEC06fpベンチマークの一部である。

```
for (int x = 0; x < NX-1; x++) {
    for (int  y= 0; y < NY-1; y++) {
        for (int z = 0; z <NZ-1; z++) {
            int index = x*NY*NZ+y*NZ+z;
            if (y>0 && x > 0) {
                material = IDx[index];
                dH1 = (Hz[index]-Hz[index-
                       incrementY])/dy[y];
                dH2 = (Hy[index]-Hy[index-
                       incrementZ])/dz[z];
                Ex[index] = Ca[material]*
                            Ex[index]+
                            Cb[material]*
                            (dH2-dH1);
            }
        }
    }
}
```

dH1とdH2、Hy、Hz、dy、dz、Ca、Cb、それにExはすべて単精度浮動小数点の配列であり、IDxは符号無整数の配列であると仮定する。

a [10]〈4.3〉このカーネルの算術強度は?

b [10]〈4.3〉このカーネルはベクタ実行やSIMD実行が可能か。理由と共に答えよ。

c [10]〈4.3〉このカーネルが30GiB/sのメモリ帯域のプロセッサで実行されると仮定する。このカーネルはメモリ律速か、それとも演算律速か。

d [10]〈4.3〉ピーク演算性能が85 GFLOP/sであると仮定して、このプロセッサのルーフラインモデルを描け。

4.13 [10/15]〈4.4〉10個のSIMDプロセッサを有するGPUアーキテクチャがあると仮定する。各々のSIMD命令は幅が32で、各々のSIMDプロセッサは8本の単精度算術演算とロード-ストアのレーンを含む、つまり、実行命令が揃っていれば、32個の結果を4サイクル毎に生成できる。カーネルの分岐は、平均80%のスレッドがアクティブであると仮定する。SIMD命令の70%が単精度算術演算で、20%がロード-ストアであると仮定する。メモリのレイテンシがすべて覆い隠されるので、平均SIMD命令発行レートが0.85であると仮定する。GPUは1.5GHzのクロック速度であると仮定する。

a [10]〈4.4〉このカーネルをこのGPUで実行する場合の、スループットを求め、GFLOP/sで答えよ。

b [15]〈4.4〉以下の中からの選択が可能であると仮定する。

1) 単精度のレーンの数を16まで増やす。

2) SIMDプロセッサの数を15まで増やす（この変更は他の性能指標に影響を与えず、コードは付加したプロセッサに拡張されると仮定する）。

3) メモリ遅延を40%に減らすキャッシュを付加することで、命令発行レートを0.95に高める。

各々の改良でスループットはいくらに向上するか。

4.14 [10/15/15]〈4.5〉この課題では、いくつかのループを検討し、その隠れた並列実行性を解析する。

a [10]〈4.5〉次のループにはループ伝播依存があるか。

```
for (i = 0; i < 100; i++) {
    A[i] = B[2*i+4];
    B[4*i+5] = A[i];
}
```

b [15]〈4.5〉次のループの真の依存、出力依存、そして逆依存のすべてを見つけよ。そして、出力依存と逆依存をリネーミングで除去せよ。

```
for (i = 0; i < 100; i++) {
    A[i] = A[i]*B[i];   /* S1 */
    B[i] = A[i]+c;      /* S2 */
    A[i] = C[i]*c;      /* S3 */
    C[i] = D[i]*A[i];   /* S4 */
}
```

c [15]〈4.5〉次のループを検討する。

```
for (i = 0; i < 100; i++) {
    A[i] = A[i]+B[i];     /* S1 */
    B[i+1] = C[i]+D[i];   /* S2 */
}
```

S1とS2の間に依存はあるか。このループは並列化可能か。もし駄目なら、どうすれば並列化可能になるか。

4.15 [10]〈4.4〉GPUカーネルの性能に影響を与える要因を最低4つ指摘せよ。言い換えれば、カーネルコードに起因するどのような実行時の振る舞いが、カーネル実行時の資源の消費の削減につながるのか。

4.16 [10]〈4.4〉次の特徴を備えるGPUを仮定する。

- 1.5GHzのクロック周波数
- 16個の単精度浮動小数点ユニットを備えた16基のSIMDプロセッサを備える
- チップ外のメモリバンド幅が100GiB/s

メモリバンド幅を考慮しなければ、このGPUの単精度浮動小数点のピークスループットはいくらか。すべてのメモリ遅延は隠蔽されると仮定する。メモリバンド幅の制限を加えても、このスループットは維持されるか。

4.17 [60]〈4.4〉このプログラミング課題では、高いデータレベル並列性がある一方で、条件的実行もあるCUDAのカーネルを書き、その振る舞いを検討する。ここでは、British Columbia大学のGPU-SIM(`http://www.ece.ubc.ca/~aamodt/gpgpu-sim/`)か、CUDAプロファイラを使って、256 × 256のゲーム盤面のConwayのライフゲームの100回の繰り返しを実行し、ゲーム盤面の最終状態をホストに返すCUDAカーネルを記述しコンパイルする。盤面はホストによって初期化されるとする。各々のセルに1つのスレッドを対応させる。各々のゲームの繰り返しにバリアを仕掛けるのを忘れないこと。ゲームのルールは以下の通り。

- 近隣の生存セルが2つ未満である生存セルは、死亡する。
- 近隣の生存セルが2あるいは3つである生存セルは、次の世代まで生き残る。
- 近隣の生存セル4つ以上である生存セルは、死亡する。
- 近隣にちょうど3つの生存セルがある死亡セルは、生存セルになる。

カーネルを書き終えたら、次の問題に答えよ。

a [60] 〈4.4〉 コードをコンパイルするのに`-ptx`オプションを付けて、書いたカーネルのPTX表現を調査せよ。カーネルのPTX実装は、いくつのPTX命令で構成されているか。カーネルの条件付の部分は、分岐命令を含んでいるか。それとも分岐無しのプレディケート付き命令だけで構成されているか。

b [60] 〈4.4〉 シミュレータでコードを実行すると、動的命令数はいくつか。実行の結果、サイクル当たりの命令数（IPC）や命令発行レートはいくらか。制御命令、算術論理ユニット（ALU）命令、そしてメモリ命令に分類すると、それぞれの動的命令数はいくつか。共有メモリでバンク衝突はあったか。チップ外メモリの実効バンド幅はいくらであったか。

c [60] 〈4.4〉 実現したカーネルを改良し、チップ外メモリへの参照が融合されるようにし、実行性能の差を観察せよ。

5 スレッドレベル並列性

1960年代中頃、それまでの構造から一気に方向が変わったのは、コンピュータの処理速度を高めようといろいろやっている中で、収穫逓減の法則の効果が現れ始めた時であった。…電子回路の演算速度は、究極的には光の速度を超えることはできないのだが…、それでも、いろんな回路がすでに数ナノ秒で動作していた。

W. Jack Bouknight *et al.*
『Illiac IV システム』（1972）

現在、我々は今後の製品開発のすべてについて、マルチコア設計を中心に全力を注いでいる。このマルチコアは、産業界にとって鍵を握る変化点であると信じている。

Paul Otellini、Intel 社社長
2005年、Intel Developers Forum における
Intel の今後の方向性に関する講演

2004年以降、プロセッサ設計者はシングルコアの性能に着目するのをやめ、Moore の法則に則り、コア数を増やしていった。マルチコアへの移行は、一部 Dennard スケーリング（比例縮小則）に対応したものではあるが、Dennard スケーリングが破綻すると、コア単体の規模が行き詰まったのと同じように、そのうちマルチコア数の増加も頭打ちとなるだろう。

Hadi Esmaeilzadeh *et al.*
『電力制限とダークシリコンによる
将来のマルチコアへの挑戦』（2012）

5.1 はじめに

この章の冒頭の引用文に示したように、プロセッサ単体のアーキテクチャにおける発展がそろそろ終わりに近付いて来ているという見通しは、何年も前から研究者の間にはあった。明らかに、この展望はその時点で時期尚早ではあった。実際のところ、1986年から2003年の間に、プロセッサ単体の性能向上は、マイクロプロセッサによって大きく飛躍し、1950年代後期から1960年代初期にかけて初めてトランジスタを用いたコンピュータが現れて以来、その発展のスピードは最高潮に達した。

それでも、1990年代を通じてマルチプロセッサの重要性はますます大きくなった。これは、設計者が、単一のマイクロプロセッサよりも高い性能のサーバやスーパーコンピュータを作るのに、とてつもない価格性能比で優位に立つコモディティマイクロプロセッサを利用しようと考えたからである。第1章と第3章で論じたように、プロセッサ単体の性能向上は、**命令レベル並列性**（**ILP**：Instruction Level Parallelism）の利得が収穫逓減することと、消費電力の問題が相まって、頭打ちになってしまった。このことによりコンピュータアーキテクチャの新しい時代、すなわち、マルチプロセッサがローエンドからハイエンドに至るまで主要な役割を果たす時代になったのである。冒頭2つ目の引用文は、この明らかな分岐点を捉えたものである。

このように並列処理の重要性は、以下の要因に映し出されている。

- 2000年から2005年の間におきた半導体とエネルギー利用効率の劇的な低下。この時期、設計者はもっと多くの ILP を利用しようと試みていたが、すでに非効率なものになっていた。その原因は電力や半導体のコストが性能よりも急増したためである。ILP 以外に、唯一のスケーラブルで汎用的な方法は、（スイッチングの観点から）基本技術がもたらすよりも性能向上を速くさせることで、それは並列処理に向かうことである。
- クラウドコンピューティングや SaaS（software-as-a service）の重要性が増す中、ハイエンドサーバに対する注目度の増大。
- インターネット上の膨大なデータを有効利用するために開発されたデータ処理を中心としたアプリケーションの増加。
- デスクトップコンピュータの性能向上は、（少なくともグラフィック以外は）それほど重要ではないという識見。その理由として、現状の性能で十分満足できていることや、計算処理を中心とするアプリケーションやデータ処理が中心的なアプリケーションはクラウド上で行えるようになったことが挙げられる。
- マルチプロセッサを効果的に利用するにはどうすれば良いかについての理解が、重要で自然な並列性のあるサーバ環境で特に進んだこと。この自然な並列性は、（通常データ並列性の形をとる）膨大なデータセットによるもの、（科学・工学技術計算のコードにあるような）自然界の並列性、多数の独立した要求に

より生じる並列性（要求レベル並列性）などである。

- 独自の設計をするよりも、設計資産を複製することの利点の増大。すべてのマルチプロセッサの設計にはこのような資産活用の利点がある。

冒頭3つ目の引用文は、マルチコアの性能向上の可能性は限られたものとなるだろうと訴えているものである。Amdahlの法則の影響とDennardスケーリングの終焉を併せると、少なくとも単一アプリケーションの性能を上げる方法としては、マルチコアの将来には限られた可能性しかないということになる。この章の後半でこの話題をとりあげよう。

この章では、**スレッドレベル並列性**（**TLP**：Thread Level Parallelism）をどのように利用するかに焦点をあてる。TLPとは複数のプログラムカウンタがあることを意味し、したがって主にMIMDなどの形で、活用されるものである。MIMDは何十年間にも渡って存在はしていたが、組み込みアプリケーションから最先端のサーバにいたるさまざまなコンピューティングで、スレッドレベル並列処理が先頭に立つという動向は比較的最近のものである。同じように、スレッドレベル並列処理がトランザクション処理や科学技術計算に比べて、幅広い汎用アプリケーションに対して使われるようになったのは、比較的最近のことである。

この章で着目するのは、**マルチプロセッサ**であり、それはプロセッサを密に結合して構成し、オペレーティングシステムは1つで、そのOSが相互作用や利用状況を管理し、共有アドレス空間を通じてメモリが共有される。このようなシステムは、2種類のソフトウェアモデルでスレッドレベル並列性を利用している。1つは、単一のタスクに対して共同で動作するスレッドが密に結合した形で実行するものであり、これまで**並列処理**と呼んできたものである。もう1つは、1人あるいはそれ以上のユーザが起動する複数の比較的独立したプロセスの実行であり、次の章で掘り下げるものよりもかなり小規模な実行形態である要求レベル並列性の形となる。**要求レベル並列性**は、クエリに対して応答するデータベースのような、複数のプロセッサ上で実行されている単一のアプリケーションで利用されるものであったり、比較的独立に実行される複数のアプリケーションで利用されるものもある。後者は**マルチプログラミング**と呼ばれることが多い。

この章でじっくりと述べるマルチプロセッサは、2コアから数十個、時に数百個のプロセッサを搭載し、メモリを共有して通信し、協調動作をするものを想定している。メモリを介した共有は、共有アドレス空間を想定したものであるが、必ずしも単一の物理メモリの存在を意味するわけではない。こういったマルチプロセッサに、**マルチコア**と呼ばれる、複数のコアを搭載している**単一チップシステム**（**マルチコア**）であったり、概して各チップがマルチコアである複数チップからなるコンピュータも含まれる。HP、Dell、Cisco、IBM、SGI、Lenovo、Oracle、Fujitsuなど、多くの企業がこういったマルチプロセッサを製造している。

本当の意味のマルチプロセッサに加えて、マルチスレッドについては、後に振り返る。マルチスレッドは、複数発行する単一のプロセッサ上において、複数のスレッドをインターリーブ方式で実行する機構を備える。多くのマルチコアプロセッサも同様にマルチスレッドサポートを含んでいる。

次章では、膨大な数のプロセッサから構成され、（インターネットにコンピュータを接続するのに用いる技術とは必ずしも同一ではない）ネットワーク技術で結合される、**クラスタ**と呼ばれているウルトラスケールコンピュータについて考える。こういった大規模システムは、並列に実行される個々に独立した膨大な数のタスクを主に扱うクラウドコンピューティングに用いられる。さらに最近では、探索やある種の機械学習アルゴリズムといった、並列化が容易な計算処理を中心としたタスクにもクラスタは利用されている。このようなクラスタは、数万台以上のサーバ台数に膨れ上がった時、**ウェアハウススケールコンピュータ**（**WSC**）と呼ぶ。Amazon、Google、Microsoft、さらにFacebookはウェアハウスススケールコンピュータを構築している。

ここで詳しく述べるマルチプロセッサや、次章で述べるウェアハウススケールシステム以外にも、専用の大規模マルチプロセッサという分類もあり、**マルチコンピュータ**と呼ぶこともある。これらは、この章で詳しく述べるマルチプロセッサよりも幾分緩く結合されているが、次章のウェアハウススケールシステムより、通常は密に結合されている。こういったマルチコンピュータは、マルチプロセッサとウェアハウススケールコンピュータの間の隙間を埋める商用アプリケーションにも用いられることもあるが、これらの主な用途は、高度な科学技術計算である。このようなマルチコンピュータの例として、Cray Xシリーズや IBM BlueGeneがある。

Cullerらによる著書[Culler *et al.*, 1999]など、多くの書籍があり、この種のシステムを詳しく取り上げている。マルチプロセッシングの持つ特性は膨大で、種類も多岐に渡るため（Cullerらの著書は1,000ページ以上に渡りマルチプロセッシングの説明だけに割いているぐらいである）、計算における最重要であり汎用的な部分が注目すべき事柄であることは間違いない。付録Iでは、大規模な科学技術計算アプリケーションを扱う上で、こういった計算機を構築する際の問題点について議論している。

ここで着目するのは、4コアから16コアのチップからなるプロセッサコアを大雑把に4個から256個持つマルチプロセッサである。こういった計算機の設計では、単体当たりをどうするか、その予算がどうなるかといったことについて大きな広がりがある。大規模マルチプロセッサでは、相互結合ネットワークが設計上重要であり、付録Fで重点的に考察する。

5.1.1 マルチプロセッサアーキテクチャ：問題と解決策

n台のプロセッサからなるMIMD型のマルチプロセッサを有効活用するには、通常少なくともn個のスレッド、あるいはn個のプロセスを実行するようにしなければならず、マルチスレッドは今日のほとんどのマルチコアチップに搭載されており、そのスレッド数は2倍から4倍多くなる。単一プロセス内の独立なスレッドは、一般的にプログラマが指示するか、（複数の独立したリクエストから）オペレーティングシステムによって生成される。極端な場合、あるスレッドは、ループ内のデータ並列性を抽出する並列化コンパイラによって生成される20〜30回の繰り返しループから構成されていることもある。どのようにして、効率的にスレッドレベル並列性を利用するべきかを考える際に、**粒度**と呼ばれる、スレッドに割り当てられた計算量が重要となってくる。しかしながら、命令レベル並列性との質的に決定的な違いは、スレッドレベル並列性はソフトウェアシステムあるいはプログラマによって高いレベルで指示されるものであり、そのスレッドは、並列に実行される数億個の命令から成り立っている点である。

SIMD 型プロセッサや（第 4 章で扱った）GPU のオーバーヘッドより通常大きくなるが、スレッドはデータレベル並列性を利用するのにも使われる。効率的に並列性を利用するには、このオーバーヘッドに対して、粒度が十分な大きさである必要がある。例えば、ベクタプロセッサや GPU は、短いベクタに対して効率的に演算処理を並列化することができるが、多数のスレッドに処理を分割すると、粒度が極めて小さくなり MIMD 型で並列性を利用する際のオーバーヘッドは、劇的に大きくなってしまう。

既存の共有メモリ型マルチプロセッサは、組み込むプロセッサ数や、それに基づくメモリ構成や相互結合方式によって、2 つのクラスに分類される。プロセッサ数の小規模/大規模は時とともに変遷し続けるため、ここではメモリ構成でマルチプロセッサを分類する。

第一のグループとして、**対称（共有メモリ）型マルチプロセッサ**（**SMP**：Symmetric (shared-memory) Multiprocessor）、もしくは**集中共有メモリ型マルチプロセッサ**（centrized shared-memory multiprocessor）と呼ばれるクラスがあり、一般には 32 個以下の少数のコアで構成されるものを指す。こういった少数のプロセッサのマルチプロセッサにとって、プロセッサ間で単一の集中メモリを共有することは可能であり、そのメモリはすべてのプロセッサから一様にアクセスされるので、**対称型**と呼ばれる所以となっている。マルチコアチップにおいては、メモリはコア間で集中的に共有されることが多く、既存のマルチコアはほとんどが SMP といえるが、すべてではない（共有メモリプロセッサを表すのに SMP が誤って登場する文献があるが、この用法は間違っている）。複数のマルチコアが接続されると、各マルチコアにメモリは分割され、メモリは集中ではなく、分散されることになる。

マルチコアの中には、ラストレベル（最も外側の）キャッシュへのアクセスが不均一なものもあり、その構成を**不均一キャッシュアクセス**（**NUCA**：Nonuniform Cache Access）と呼び、たとえ単一のメインメモリを持っていても、本当の意味で SMP とはならない。IBM Power8 は、L3 内の異なるアドレスへのアクセス時間が不均一な L3 キャッシュが分散している。

複数のマルチコアチップからなるマルチプロセッサでは、各マルチコアチップに別々のメモリを設けることが多い。したがって、メモリは集中型ではなく分散型となる。この章で後述するように、分散メモリを用いた設計では、ローカルメモリへのアクセスは高速であるが、リモートメモリへのアクセスは極めて遅くなるといった場合が多い。多くの場合、さまざまなリモートメモリへのアクセス時間の差は、ローカルメモリとリモートメモリへのアクセス時間の差に比べて小さい。そういった設計においては、プログラマおよびソフトウェアシステムは、アクセスがローカルメモリに対するものなのか、リモートメモリに対するものなのかを意識しておく必要があるが、リモートメモリ間のアクセスの分散を無視することができる可能性もある。SMP 方式はプロセッサの数が増えるにつれて魅力は薄れていくため、最大規模のマルチプロセッサのほとんどは何らかの形で分散メモリを使用している。

たとえメモリが複数のバンクで構成されたとしても、SMP アーキテクチャは、すべてのプロセッサがメモリに対して同一のレイテンシでアクセスできるということから、**一様メモリアクセス**（**UMA**：Unified Memory Access）マルチプロセッサと呼ばれる。図 5.1 は、これらマルチプロセッサの構成を示している。SMP 型のアーキテクチャについては、5.2 節で議論することにし、ここでは、マルチコアの範疇において、そのアプローチを説明する。

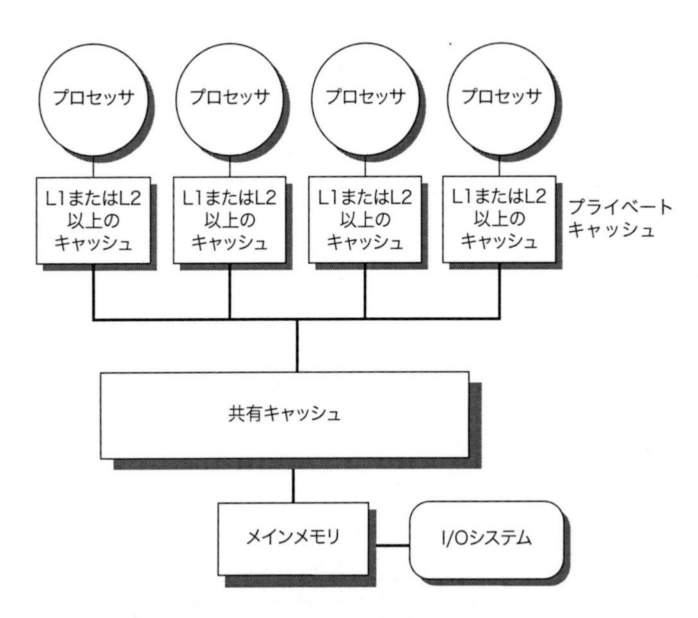

図 5.1 マルチコアチップに基づいた集中共有メモリ型マルチプロセッサの基本的な構造

複数のプロセッサ□キャッシュサブシステムでは、共通の物理メモリが共有され、一般に、マルチコア上のあるレベルの共有キャッシュとともに、コア毎に複数レベルのプライベートキャッシュを持つ。鍵を握るアーキテクチャの特性としては、すべてのプロセッサからメモリ全体に対して均一なアクセス時間となることである。マルチチップ構成では、相互結合ネットワークによりプロセッサと複数バンクメモリは接続される。単一チップマルチコアでは、相互結合ネットワークは単にメモリバスとなる。

もう 1 つの設計方針に**分散共有メモリ**（**DSM**：Distributed Shared Memory）と呼ばれる、物理的に分散したメモリによるマルチプロセッサがある。図 5.2 に、このようなマルチプロセッサの構成を示す。さらに多数のプロセッサに対応するには、メモリを集中させるより、プロセッサ間に分散させるべきである。そうでなければ、そのメモリシステムには極めて長いアクセスレイテンシが生じることになり、多数のプロセッサからのバンド幅要求には応えられない。

プロセッサ性能が急速に増加すると、プロセッサのメモリバンド幅に対する要求も増えるので、小規模なマルチプロセッサであったとしても、分散メモリが望ましいことがある。マルチコアプロセッサが導入されれば、たとえ 2 チップからなるマルチプロセッサであっても、16〜64 コアを持つようなチップであるならば、分散メモリを用いることもある。プロセッサ数の増大に伴って相互結合網のバンド幅も必要となるが、これについては付録 F で例を示そう。（スイッチといった）直接結合や（一般的には多次元メッシュのような）間接結合はともに用いられている。[†]

† 訳注：ここでの直接結合、間接結合の使い方は、一般的な直接網、間接網と逆になっている。

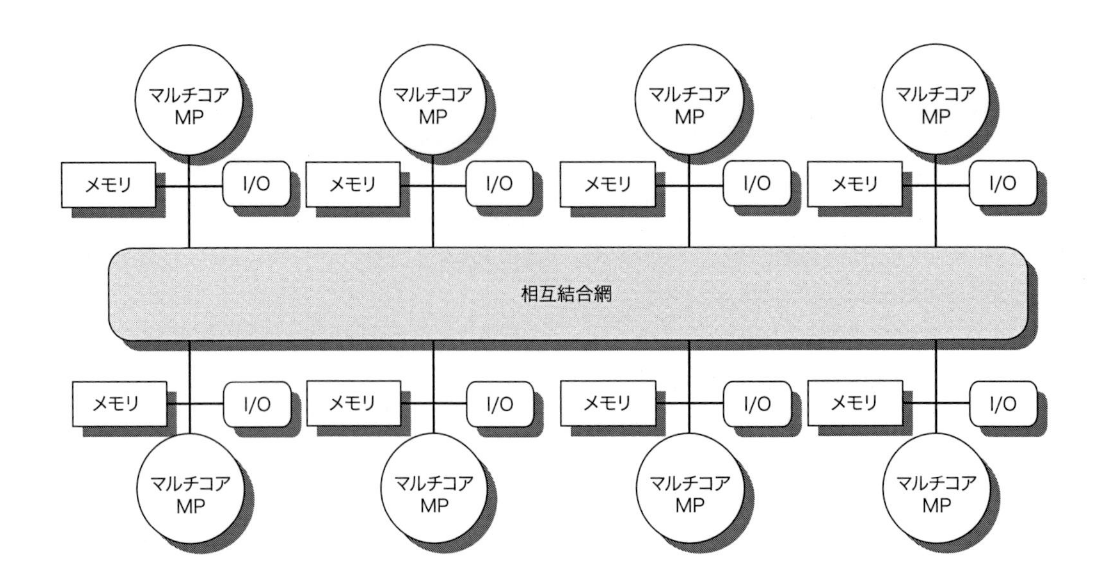

図 5.2 2017 年における分散メモリ型マルチプロセッサの基本的なアーキテクチャ：メモリと I/O の接続されたマルチコアのマルチプロセッサチップとすべてのノードを接続する相互結合ネットワークインターフェイスから構成される
各プロセッサはメモリ全体を共有するが、それぞれのコアのチップに接続されるローカルメモリへのアクセス時間は、リモートメモリへのアクセスよりもかなり高速である。

ノード間にメモリを分散させることにより、バンド幅が増えるとともに、ローカルメモリへのレイテンシが減る。アクセス時間がメモリ内のデータの位置に依存するため、DSM マルチプロセッサは**不均一メモリアクス**（**NUMA**：Nonuniform Memory Access）とも呼ばれる。DSM の欠点は、プロセッサ間におけるデータ通信がいくぶん複雑になることと、分散メモリによって得られるメモリバンド幅の増加分を利用するのにソフトウェアでの工夫が必要になることである。複数チップを持つマルチコアベースのマルチプロセッサのほとんどすべてが分散メモリを用いていることもあり、この観点から分散メモリ型マルチプロセッサの動作について説明する。

SMP や DSM アーキテクチャでは、スレッド間の通信は、共有アドレス空間を経由して行われ、正しくアクセス権が与えられるとして、メモリ参照が任意のプロセッサから任意のメモリに対して行うことができることを意味する。SMP と DSM の両方に関連する**共有メモリ**という用語は、**アドレス空間**が共有されるということを示す。

それとは対照的に、次章のクラスタやウェアハウススケールコンピュータは、ネットワークによって結合された独立したコンピュータのように見え、あるプロセッサのメモリを他のプロセッサがアクセスするには、両方のプロセッサで協調的に稼働するソフトウェアプロトコルのサポートが必要である。この種の設計では、メッセージパッシングプロトコルで、プロセッサ間のデータ通信を実現する。

5.1.2 並列処理の目指すもの

マルチプロセッサ上のアプリケーションは、本質的に通信を必要としない独立した実行タスクや、タスクを完了するのにスレッド間で通信を必要とする並列プログラムなど、さまざまなものがある。Amdahl の法則が示す克服すべきハードルが 2 つあり、並列処理の目の前に今でも大きな壁として立ちふさがっている。こういったハードルを克服するには、アルゴリズムとその実装の方法、用いるプログラミング言語やシステム、オペレーティングシステムとそのサポート機能、さらにはアーキテクチャやハードウェア実装といったものをどのように選択するのかといった包括的なアプローチが一般的に必要となる。多数の実装例において、プロセッサ数が（100 台を越えるほど）どんどん増えた時にハードルの 1 つはボトルネックとなるが、多くの場合ソフトウェアとハードウェアの**あらゆる**局面に着目する必要がある。

第一のハードルは、プログラム中で利用できる限られた並列性に関連するもので、第二のハードルは、比較的高いと見なされている通信コストから生じるものである。以下の例に示すように、抽出可能な並列性が限られているとすると、いかなる並列プロセッサでも十分な速度向上を達成するのは困難である。

例題5.1

100 個のプロセッサを用いて、80 倍の速度向上を達成したいと考えよう。元の計算において、どの程度の部分が逐次的になっても良いか。

解答

第 1 章で述べた Amdahl の法則を思い出してみよう。

$$\text{スピードアップ} = \frac{1}{\dfrac{\text{割合}_{\text{高速化}}}{\text{スピードアップ}_{\text{高速化}}} + (1 - \text{割合}_{\text{高速化}})}$$

この例題においては簡単化のために、プログラムの実行モードは以下の 2 つのみであると仮定しよう。1 つは、高速化の結果としてすべてのプロセッサがフルに稼動する並列モード、もう 1 つは 1 台のプロセッサのみが稼動する逐次モードである。このように簡略化することで、高速化される部分は並列モードで消費した時間となるものの、高速化後の速度向上は、単にプロセッサ数によるものとなる。したがって、上式に代入すると以下の式が得られる。

$$80 = \frac{1}{\frac{割合_{並列化}}{100} + (1 - 割合_{並列化})}$$

この式を簡単化すると、以下となる。

$0.8 \times 割合_{並列化} + 80 \times (1 - 割合_{並列化}) = 1$

$0.8 - 79.2 \times 割合_{並列化} = 1$

よって、

$割合_{並列化} = (80 - 1) / 79.2 = 0.9975$

したがって、100個のプロセッサで80倍の速度向上を達成するためには、元の計算部分の中で逐次処理の部分が0.25%しかあってはならないということになってしまう。もちろん、線形な速度向上（*n*個のプロセッサで*n*倍の速度向上）を達成するためには、プログラム全体において逐次部分が全くない形で並列に動作しなければならない。実際は、プログラムが完全に並列モード、あるいは完全に逐次モードのみで動作するといったことはないのだが、並列モードで動作する時であっても、プロセッサ群すべてが完全に動作しているわけではない。次の例題が示すように、Amdahlの法則を用いて、さまざまな速度向上の度合いを示すアプリケーションを解析する。

例題5.2

100個のプロセッサ上で動作するアプリケーションがあり、そのアプリケーションは、1個、50個、100個のプロセッサを利用すると仮定しよう。実行時間中95%の間100個のプロセッサを用いるとすると、80倍の速度向上を得たいのであれば、残り5%の実行時間の中で、どの程度50個のプロセッサを稼動させないといけないか。

解答

項を増やしてAmdahlの法則を用いて考えてみよう。

スピードアップ =

$$\frac{1}{\frac{割合_{100}}{スピードアップ_{100}} + \frac{割合_{50}}{スピードアップ_{50}} + (1 - 割合_{100} - 割合_{50})}$$

数値を代入してみると以下の式が得られる。

$$80 = \frac{1}{\frac{0.95}{100} + \frac{割合_{50}}{50} + (1 - 0.95 - 割合_{80})}$$

簡単化すると以下の結果が得られる。

$0.76 + 1.6 \times 割合_{50} + 4.0 - 80 \times 割合_{50} = 1$

$4.76 - 78.4 \times 割合_{50} = 1$

よって、

$割合_{50} = 0.048$

アプリケーションの実行時間中、95%の間100個のプロセッサをすべて用いるとすると、80倍の速度向上を得るためには50個のプロセッサが残りの中の4.8%の時間稼動することとなり、そして、逐次実行はわずか0.2%しかないことになる。

並列処理における2つ目の重要な課題は、並列プロセッサにおいて、リモートアクセスの遅延時間が大きいということに関連している。既存の共有メモリ型マルチプロセッサにおいては、通信機構、相互結合網の形状、さらにはそのマルチプロセッサの規模に依存し、コア間のデータ通信には35〜50クロック、異なるチップ間をまたがるコア間においては、100〜300クロック、（大規模マルチプロセッサでは）それ以上のクロックサイクルを要することもある。この通信遅延の影響は、逃れられないことは明らかであり、以下の簡単な例題で考えてみよう。

例題5.3

リモートメモリへの参照には100nsを要する32台のプロセッサから構成される並列計算機上において、あるアプリケーションを実行しているとする。このアプリケーションでは、明かに楽観的ではあるが、通信を必要とする参照を除いて、メモリアクセスがローカルメモリ階層にすべてヒットするものと仮定しよう。プロセッサは、リモートリクエストの時点でストールするものとし、プロセッサのクロック周波数は4GHzとする。もし（すべてのアクセスがキャッシュにヒットすると想定し）、基本CPIが0.5であるとすると、このマルチプロセッサでは、通信処理がない場合と、命令の0.2%がリモート通信による参照を伴うものである場合とで、前者はどれだけ高速になるか。

解答

まず命令毎のクロック数(CPI)を計算して問題を簡単化しよう。そのマルチプロセッサでは0.2%の命令がリモートアクセスが生じるため、有効CPIは以下のようになる。

$CPI = 基本CPI + リモート要求頻度 \times リモート要求コスト$
$= 0.5 + 0.2\% \times リモート要求コスト$

リモート要求コストは以下のようになる。

$$\frac{リモートアクセスコスト}{サイクル時間} = \frac{100ns}{0.25ns} = 400 サイクル$$

したがって、CPIを計算すると、以下の数値が得られる。

$CPI = 0.5 + 0.20\% \times 400 = 1.3$

このマルチプロセッサで、すべてのアクセスがローカルに行われると1.3/0.5= 2.6倍高速になることになる。実際は、性能分析はさらに複雑になる。これは通信をしないアクセスも一部はローカル階層でミスするし、リモートアクセス時間は一定ではないからである。例えば、多数のアクセスがグローバルな相互結合を用いようとして、衝突によりリモート参照の遅延が増加することもあり、リモートアクセス時間はさらに悪化する。すなわち、メモリが分散しており、アクセスがローカルメモリに対するものであるならばアクセス時間は良くなるのである。

この問題もまたAmdahlの法則を用いて解析できるのであるが、練習問題として読者に委ねよう。

このように十分な並列性がないという問題や、遅延時間が大きい場合のリモート通信の問題は、並列計算機を使う上で、性能向上の前に立ちふさがる2大問題となっている。十分な並列性を持たないアプリケーションに対しては、さらに並列性能を発揮する新たなアルゴリズムを考案するといったソフトウェアによるアプローチで重点的に取り組むべきである。同じように、全プロセッサが実行に使われる時間を最大化するソフトウェアシステムにも取り組む必要がある。リモートアクセス遅延の影響を減らすには、アーキテクチャとプログラマの両方から取り組む。例えば、共有データをキャッシュするハードウェア機構や、あるいは、データを再構築してローカルなアクセスを増やすソフトウェア機構により、リモートアクセスの頻度を減らすことができる。(この章の後半で論じるが)マルチスレッドを利用したり、あるいは(第2章で詳しく述べた)プリフェッチを用いて、遅延時間が大きくてもそれに対処できるようにすることもできる。

この章では、長いリモート通信遅延時間の弊害を緩和する技術に焦点を合わせている。例えば、5.2節から5.4節にかけては、キャッシュによって、メモリが矛盾のない(コヒーレントな)状態を確保しつつ、どのようにしてリモートアクセス頻度を減らすことができるかを述べている。5.5節では同期について述べている。本来、同期はプロセッサ間通信に必要なものであり、並列性を損なう場合もあるため、ボトルネックの主な要因となるかもしれない。遅延隠蔽技術と共有メモリのメモリコンシステンシモデルについては5.6節で述べる。付録Iでは、主に科学技術計算に利用される大規模マルチプロセッサを中心に説明する。この付録では、このようなアプリケーションの振る舞いと、何十台から何百台といったプロセッサを用いて速度向上を達成する試みを調査している。

5.2 集中共有メモリ型アーキテクチャ

大規模のマルチレベルキャッシュは本質的にプロセッサが必要とするメモリバンド幅を減らすことができるという点が、集中メモリ型マルチプロセッサを作る動機となっている重要な知見である。元々、こういったプロセッサはすべてシングルコアであり、ボード全体を占めるような形で、メモリは共有バスに接続されていたものである。さらに最近の高性能プロセッサが要求するメモリバンド幅は、バスの容量をはるかに上回るので、最近のマイクロプロセッサでは、直接メモリを接続してシングルチップとしている。これは、**バックサイドバス**とか**メモリバス**と呼ばれることもあり、I/O接続に用いるバスと区別している。チップ内のローカルメモリへのアクセスは、I/O操作に対するものでも、他のチップからの要求でも、そのメモリを「保持」するチップを通過することになる。したがって、メモリへのアクセスは一様ではなく、非対称になる。つまり、ローカルメモリに対しては高速で、リモートメモリに対しては遅くなるのである。マルチコアにおいては、単一チップ上ですべてのコア間でメモリが共有されていても、あるマルチコアのメモリへ、別のマルチコアのメモリからは非対称性となるアクセスが通常は依然として存在する。

対称型共有メモリ型マシンは、通常**共有データ**と**プライベートデータ**の両方ともキャッシュできるようにしている。プライベートデータは、1つのプロセッサだけが使うもので、共有データは複数のプロセッサからアクセスされ、共有データに対してリードとライトを行うことで、本来はプロセッサ間通信を提供している。プライベートデータがキャッシュされていれば、その格納場所はキャッシュに移動していて、必要なメモリバンド幅は軽減され、平均アクセス時間も削減できる。他のプロセッサは、そのデータを利用することがないため、プログラムの挙動は、単一プロセッサで実行するのと全く同じものとなる。共有データがキャッシュされている時には、その共有されている値は複数のキャッシュ上で複製が作られることがある。アクセス遅延と必要なメモリバンド幅が削減されるだけでなく、この複製により、複数のプロセッサが同時に読み込みを行う共有データにおいて生じる衝突を軽減できる。しかしながら、共有データをキャッシュすることにより、新たな問題が生じる。それは、キャッシュのコヒーレンス(一貫性)制御である。

5.2.1 マルチプロセッサのキャッシュコヒーレンス制御とは

共有データをキャッシュすることにより、2台の別々のプロセッサからのメモリの見え方が、そのプロセッサの個々のキャッシュを通したものになるため、新たな問題が残念ながら生じる。つまり、2つのプロセッサは、図5.3に示すように、同じメモリ番地に対し、別々の値が見えることになってしまうのである。この問題は、一般に**キャッシュコヒーレンス問題**といわれている。主にメインメモリによって決まるグローバルな状態と、各プロセッサコアだけが個別に使う(プライベートな)キャッシュによって決まるローカルな状態があるために、このコヒーレンス問題が生じる。したがって、あるレベル(例えばL3)のキャッシュが共有されているマルチコアにおいては、(例えばL1やL2といった)別のレベルのキャッシュがプライベートであれば、コヒーレンス問題は依然存在し、解決しなければならない。

時間	イベント	プロセッサAのキャッシュの内容	プロセッサBのキャッシュの内容	メモリ番地Xの内容
0				1
1	プロセッサAがXをリード	1		1
2	プロセッサBがXをリード	1	1	1
3	プロセッサAが0をXにストア	0	1	0

図5.3 2台のプロセッサ(AとB)によってリード、ライトされるメモリ番地(X)のキャッシュコヒーレンス制御問題

初めはいずれのキャッシュも変数を保持しておらず、Xは値1を持つものとする。ライトスルーキャッシュの場合であると想定しよう。ライトバックキャッシュの場合は、若干加味しなければならないが、複雑さは同程度である。Xの値がAによって書き込まれた後、Aのキャッシュとメモリは、共に新しい値を保持することになるが、Bのキャッシュの内容は変わらず、もしBがXの値を読むと、その値は1となってしまう。

ひらたく言えば、どんなデータを読み込んでも、返って来るその値が最近書き込まれたものであれば、メモリシステムは矛盾の無い状態(コヒーレント)であると言える。この定義は、直感的に的を射ているが、明確ではなく、極端に単純化し過ぎている感があり、現実はもっと複雑な話となる。この単純な定義には、メモリシステムの挙動に関して、2つの別々の様相が含まれており、両方とも正しい共有メモリプログラムを書くのに深刻な問題となる。**コヒーレンス**と呼ばれる1つ目の見地とは、リードアクセスによってどのような値が返されるかといったことを意味する。**コンシステンシ**と呼ばれる2つ目の見地は、ライトアクセスにより書き込まれた値が、リードアクセスによってどの時点で返されるかを意味する。まず、コヒーレンスについて考えてみよう。

メモリシステムは、以下の場合にコヒーレントな状態である。

1. プロセッサPが番地Xにライトアクセスを行った後に、リードアクセスを行う時、そのライトアクセスとリードアクセスの合間に、別のプロセッサから番地Xに対するライトアクセスが生じず、Pによるリードアクセスによって返される値が、常にPによって書き込まれた値となる場合。
2. あるプロセッサが番地Xにライトアクセスを行った後に、別のプロセッサがリードアクセスを行った時に、そのリードアクセスとライトアクセスの間に十分な時間があり、その2つのアクセスの間にXに対する他のライトアクセスが生じない場合において、その書き込まれた値が返される場合。
3. 同じ番地に対するライトアクセスが**シリアライズ**（**直列化**）されている場合。すなわち、同じ番地に対して2台のプロセッサが順にライトアクセスを行った場合、すべてのプロセッサからはそれと同じ順序のアクセスとして見える場合である。例えば、ある値1と2が、その順である番地に書き込まれた場合、どのプロセッサにも、その番地の値として2が読み出され、後に1が読み出されることはあり得ない。

第1の性質は、単にプログラムの順序をそのまま維持したもので、この性質は、単一プロセッサにおいても成り立つことが期待される。2番目の性質は、メモリに対してコヒーレントな見方を持つ意味とは何かという概念を定義している。もし、あるプロセッサが古い値を読み続けることになるなら、そのメモリには矛盾があると声を大にして言ってよい。

ライトアクセスのシリアライズがなぜ必要になるかについては、さらに微妙な問題をはらむが、同様に重要な問題でもある。ライトアクセスをシリアライズせず、プロセッサP1が番地Xに書き込み、その後P2により同じ番地Xに書き込みが行われた場合を考えてみよう。ライトアクセスがシリアライズされていると、すべてのプロセッサには、ある時点において、P2によるライトアクセスが見えるように保証されることになる。もしそのライトアクセスのシリアライズを行わなければ、あるプロセッサには、P2の書き込みが最初に、P1の書き込みがその次に見え、P1によって書かれた値を保持することになるかもしれず、このことは非決定的になる。このような問題を回避する最も簡単な方法は、同じメモリ番地に対するすべてのライトアクセスは同じ順序に見えるようにすることで、この性質を**ライトアクセスのシリアライズ**と呼ぶ。

今述べた3つの性質は、コヒーレンスを保証するには十分ではあるが、書き込まれた値がどの時点で見えるようになるかという問題も重要である。その理由を考えるために、他のプロセッサがXに書き込んだ値が、Xへのリードアクセスによって直ちに見えるようにすることはできないということを念頭に置く。例えば、もし、あるプロセッサのXへのライトアクセスが起こった時、別のプロセッサのXへのリードアクセスよりも、ほんのわずかの時間だけ先に行われたとすると、その書き込まれたデータがその時点で、プロセッサから出力されていないかもしれないので、そのリードアクセスが、書き込まれたデータを確実に読み出せることを保証するのは不可能である。書き込まれた値が正確にどの「時点」で読み手に見えるようにしなければならないかという問題は、**メモリコンシステンシモデル**によって定義される。それについては5.6節で説明する。

コヒーレンスとコンシステンシは相補的な関係にある。つまり、**コヒーレンスは、同じメモリ番地に対するリードアクセスとライトアクセスの挙動を定義するのに対し、コンシステンシは他のメモリ番地へのアクセスに関して、リードアクセスとライトアクセスの挙動を定義しているのである**。ここからは、次に述べる2つの仮定を元に述べる。まず、すべてのプロセッサにそのライトアクセスの結果が反映されるまでは、ライトアクセスを完了しない（そして次のライトを許さない）とする。第2に、プロセッサは他のどのようなメモリアクセスに関しても、あらゆるライトアクセスの順序も変えることはない。これら2つの条件は、もしあるプロセッサが番地Aにライトアクセスし、続いて番地Bにライトアクセスするならば、Bの新しい値が見えているプロセッサは、Aの新しい値も見えなくてはならないことを意味する。この制限を加えることにより、プロセッサはリードアクセスの順番を変えることができるようになるが、プログラム順序に従ってライトアクセスを終えなければならない。5.6節までは、この仮定を元に話を進めるが、5.6節でこの定義の意味がはっきりと分かるようになり、他のモデルへの理解が深まるだろう。

5.2.2　コヒーレンスを維持するための基本方式

マルチプロセッサのコヒーレンス問題とI/Oのコヒーレンス問題は、その元は類似しているが、性質は異なり、解決方法にも影響を及ぼしている。複数のデータのコピーがほとんど生じない（というよりも、可能な限り避けるべきである）I/Oとは異なり、複数のプロセッサ上で実行するプログラムは、通常はいくつかのキャッシュに同一データのコピーが存在する。コヒーレントマルチプロセッサにおいては、キャッシュ間には共有データの**マイグレーション**と**リプリケーション**の両方が提供されている。

データがローカルなキャッシュに移されて、そこでは透過にアクセスして利用できるようにするため、コヒーレントキャッシュにはマイグレーション機能が備わっている。このマイグレーション機構により、リモートに割り当てられた共有データへのアクセス遅延を削減し、共有メモリに対して必要となるバンド幅が軽減される。

ローカルキャッシュ内にデータのコピーが作成されるので、コヒーレントキャッシュは、共有データを同時に読み出せるようにするのに、リプリケーション機構も備えている。リプリケーションにより、アクセス遅延と、共有データに対する衝突の両方を減らすことができる。こういったマイグレーションとリプリケーションをサポートすることは、共有データにアクセスする場合の性能にとって重要である。そのため、ソフトウェアで回避してこういった問題を解決するよりも、小規模マルチプロセッサではキャッシュをコヒーレントな状態に維持するためのプロトコルを導入し、ハードウェアによる解決方法を採ることが多い。

複数のプロセッサに対してコヒーレンスを維持するためのプロトコルを、**キャッシュコヒーレンスプロトコル**と呼ぶ。これを実装するには、データブロックの取りうるすべての共有状態を把握しなければならない。すべてのキャッシュの状態は、単一プロセッサのキャッシュにおける有効（valid）ビットやダーティ（dirty）ビットのような、そのブロックに関連付けられた状態ビットを用いる。利用されているプロトコルには以下の2つの分類があり、それぞれ共有状態を把握するための異なる手法を用いる。

- **ディレクトリベース**：物理メモリの特定ブロックの共有状態を、ディレクトリと呼ばれる場所に保持する。ディレクトリベースのキャッシュコヒーレンスには全く異なる2種類の方式がある。SMPでは、1つの集中ディレクトリを使うことができる。これは、メモリ、あるいは他の単一のシリアライズポイント、例えばマルチコアのラストレベル（一番外側の）キャッシュと関連づいたものである。DSMでは、単一のディレクトリを持たせることはありえない。というのも、そうすると、メモリ要求が衝突するポイントが一箇所できあがり、8コアやそれ以上といった多数コアのマルチコアチップに対してメモリ要求があると、途端にスケール（台数増加に伴う性能向上）するのが難しくなる。分散ディレクトリは単一ディレクトリよりも複雑なものとなり、この設計方法については5.4節で述べる。
- **スヌーピング**：単一ディレクトリで共有状態を保持するのではなく、物理メモリにあるブロックのデータコピーを持つあらゆるキャッシュによりブロックの共有状態を追跡することができる。SMPでのキャッシュは、コア毎のキャッシュと共有キャッシュや共有メモリとのバス接続といったブロードキャスト媒体を通じてすべてアクセス可能であり、すべてのキャッシュコントローラは、バスあるいはスイッチにアクセスがあった時に要求されるブロックのコピーを持っているか、それとも持っていないかを判断するのに、その通信媒体をモニタしたり、あるいは**スヌーピング**（覗き見）する。スヌーピングは複数チップのマルチプロセッサにおいてもコヒーレンスプロトコルとして利用でき、各マルチコア内でディレクトリプロトコルを使い、その上でスヌーププロトコルをサポートするという設計方法もある。

スヌーププロトコルは、（シングルコア）のマルチプロセッサと、単一の共有メモリにバス接続されたキャッシュを組み合わせて構成されるマルチプロセッサで使われるようになった。バスはスヌーププロトコルの実装に便利なブロードキャスト機構を提供するものであった。マルチコアアーキテクチャは、チップ上において、あるレベルのキャッシュをすべてのコアで共有することで、その様相が大きく変化した。つまり、オーバーヘッドが小さくなったので、ディレクトリプロトコルを用いて設計するという方向に切り替えたものもある。この2種類のプロトコルをしっかりと理解できるように、ここではスヌーププロトコルを中心に述べ、DSMアーキテクチャの話になった時にディレクトリプロトコルについて考えることにする。

5.2.3 スヌープコヒーレンスプロトコル

前節で述べたコヒーレンスを維持するには2つの方法がある。1つは、あるプロセッサがデータを書く前に、そのデータへの排他的なアクセス権を保持していることを保証する方法である。この種のプロトコルは、ライト時に他のコピーを無効化（インバリデート）するため、**ライトインバリデート型プロトコル**と呼び、最も一般的なプロトコルである。排他的なアクセス権を与えることで、ライトが起こった時に、その時読み書き可能なデータのコピーが他には存在しないことが保証されるようにするために、他のすべてのキャッシュにあるコピーはインバリデートされる。

図5.4に、ライトバックキャッシュが動作しているインバリデート型プロトコルの例を示す。このプロトコルがどのようにコヒーレンスを維持するか示すために、ライトアクセスが行われた後に、別のプロセッサによってリードアクセスが行われた場合を考えよう。ライトアクセスには、排他的なアクセス権を必要とするため、リードアクセスを行ったプロセッサによって保持されているすべてのコピーが無効化される（そのためにこのプロトコル名がついた）。そこで、リードアクセスが起こった時、そのリードによりキャッシュ

プロセッサの動作	バスの動作	プロセッサAのキャッシュの内容	プロセッサBのキャッシュの内容	メモリ番地Xの内容
				0
プロセッサAのXのリード	Xに対するキャッシュミス	0		0
プロセッサBのXのリード	Xに対するキャッシュミス	0	0	0
プロセッサAがXに1をライト	Xに対するインバリデーション	1		0
プロセッサBのXのリード	Xに対するキャッシュミス	1	1	1

図5.4 キャッシュブロック（X）に対してスヌープバス上で動作する、ライトバックキャッシュを用いたインバリデート型プロトコルの例

どのキャッシュも最初はXの内容を持っておらず、メモリ内のXの値は0であると想定する。プロセッサとバス動作が両方ともに完了した後に、プロセッサのキャッシュとメモリの中身はその値を示すようになる。空白は、何も起こらなかったか、あるいはコピーされたキャッシュがないことを示す。プロセッサBによって2度目のミスが起きると、その値をメモリから読み込むのではなく、プロセッサAが供給することになる。さらに、プロセッサBのキャッシュの内容とXのメモリ内容がともに更新される。ブロックが共有状態になると、メモリに対してこのように更新を行うことで、プロトコルは単純になる。しかし、そのブロックがリプレースされる場合に限り、所有権を追跡して、ライトバックさせることが可能になる。これには、ブロックの所有権（オーナシップ）を示す新たな状態を導入する必要がある。所有権ビットはブロックがリードに対して共有されているかもしれないことを示すが、しかしながら、所有するプロセッサ（オーナ）だけが、そのブロックを書き換える時、またはそのブロックをリプレースする時に、他のプロセッサ内のキャッシュやメモリの状態の更新に責任を持つことになる。もし、マルチコアが（例えばL3といった）共有キャッシュを利用するなら、メモリはすべてその共有キャッシュを通じて見える。この例ではL3キャッシュがメモリのように振る舞い、各コアの、プライベートのL1やL2キャッシュに対してコヒーレンスを維持しなければならない。このことから、マルチコア内でディレクトリプロトコルを用いることを選ぶ設計者も現れてきた。これが働くためには、L3キャッシュはインクルーシブ（包含）でなければならない。第2章にあるように、高レベルのキャッシュ（この場合はL1とL2）のブロックがL3にも存在する場合、キャッシュは包含関係にある。5.7.3節において包含について考えることにする。

ミスが起こり、その後新しいデータのコピーを読み込むよう指示する。ライトアクセスに対しては、他のプロセッサが同時に書き込みを行うのを防ぐために、ライトアクセスを行うプロセッサには排他的なアクセス権を与える。もし2台のプロセッサが同時に同じデータに対してライトを行おうとすると、そのうちの1つは、他のプロセッサのコピーをインバリデートする競争（どのようにその競争に勝つことができるかは後に簡単に述べる）に勝利する。他のプロセッサがライトを完了するには、そのプロセッサはデータの新たなコピーを得なくてはならず、そのコピーはその時点で最新の値を保持している必要がある。そのために、このプロトコルにはライトのシリアライズが必要となる。

インバリデート型プロトコルの他に、データが書き込まれた時に、そのデータのキャッシュ内のコピーをすべて更新するという、もう1つの方法がある。この方式のプロトコルは**ライト更新**（**ライトアップデート**）型プロトコルまたは**書き込み放送**（**ライトブロードキャスト**）型プロトコルと呼ばれる。ライトアップデート型プロトコルは、共有キャッシュラインに対するすべてのライトアクセスをブロードキャストする必要があるため、かなりのバンド幅を消費する。このため、ほぼあらゆる最近のマルチプロセッサでは、ライトインバリデート型プロトコルを実装する場合がほとんどで、この章の残りでもライトインバリデート型を中心に話を進めていくことにする。

5.2.4 基本的な実装方法

マルチコアプロセッサにおいて、インバリデート型プロトコルを実装するための中心技術は、インバリデートを実行するためにバスを用いたり、もしくは、他のブロードキャスト媒体を用いることである。以前の複数チップを用いたマルチプロセッサにおいては、共有メモリアクセスバスがコヒーレンス制御に用いられた。単一チップマルチコアにおいては、そのバスはプライベートキャッシュ（Intel Core i7ではL1とL2）と共有外部キャッシュ（Core i7ではL3）との間で接続されている。インバリデートを実行するには、プロセッサは単にバスアクセス権を獲得して、バスにインバリデートするアドレスをブロードキャストするだけである。すべてのプロセッサは、絶えずバスをスヌープして、そのアドレスを監視する。プロセッサはバス上に流れるそのアドレスが、自身のキャッシュに存在するか調べる。もし存在すれば、キャッシュ内の対応するデータをインバリデートする。

共有されているブロックにライトアクセスが生じた時に、ライトアクセスを行うプロセッサは、そのインバリデーション操作をブロードキャストするのにバスアクセス権を獲得しなくてはならない。もし2つのプロセッサが共有ブロックに、同時にライトアクセスを行おうとする時には、そのインバリデート操作のブロードキャストは、バスの調停でシリアライズされる。最初にバスアクセス権を得たプロセッサは、その書き込もうとしているブロックの他のコピーのすべてに対してインバリデート処理を起動する。もし、プロセッサが同じブロックに対してライトアクセスを行おうとしているならば、バスアクセスがシリアライズされ、そのライトアクセス自体もシリアライズされる。この方式においては、共有データへのライトアクセスは、バスアクセス権を得るまでは実際には完了できないことを意味している。すべてのコヒーレンス制御は、通信媒体や別の共有機構へのシリアライズされたアクセスを用いるにしろ、同一キャッシュブロックへのアクセスをシリアライズするなんらかの方法が必要となる。

書き込まれようとしているキャッシュブロックのコピーのインバリデートに加え、キャッシュミスが生じた時には、データの配置場所を決める必要も出てくる。ライトスルーキャッシュでは、すべての書き込まれたデータは常にメモリにも書き込まれ、メモリから最新のデータはいつでもフェッチできるため、データの最新の値を取り出すのはそれほど骨は折れない（ライトバッファにより構造は複雑になるかもしれず、またこれはキャッシュのエントリを追加するのと同じくらい効率的に扱われなければならない）。

ライトバックキャッシュでは、データの最新の値が共有キャッシュやメモリではなくプライベートキャッシュに置かれるので、最新のデータの値を見つけることはさらに困難になる。幸いなことに、キャッシュミスに対してや書き込みに対しても同じスヌープ方式を使うことができる。すなわち、それぞれのプロセッサは共有バスを使うすべてのアドレスを監視する。もしあるプロセッサが、要求されたキャッシュブロックのDirtyコピーを保持していると分かると、プロセッサは、メモリ（あるいはL3キャッシュ）へのアクセスを中断して、リードリクエストに対応して、そのキャッシュブロックを供給する。これを実装するのに複雑なのは、他のプロセッサの（L1もしくはL2の）プライベートキャッシュからそのキャッシュブロックを取り出さなければならなくなり、そのため、L3キャッシュからそのブロックを取り出すよりも時間がかかることが多い。ライトバックキャッシュでは、要求されるメモリバンド幅が小さいため、多数の高速プロセッサにも対応することができるようになる。結果として、マルチコアプロセッサは、一番外側のレベルのキャッシュ（ラストレベルキャッシュ）ではすべてライトバック方式を用いる。ここではライトバックキャッシュにおけるコヒーレンス制御の実装について調べていこう。

標準的なキャッシュタグを用いてスヌーピング処理を実装でき、各ブロックの有効ビットを利用してインバリデーションを容易に実装できる。リードミスに対しては、スヌープ技術に依るところが大きく、インバリデーションによるミスか、他のイベントによるミスかにかかわらず、直接実装できる。ライトアクセスについては、他にブロックのコピーがあるかどうか知る必要があり、他にキャッシュのコピーがないのであれば、ライトバックキャッシュでは、そのライトアクセスをバス上に送出する必要がない。ライトアクセスが送出されることがないため、ライトアクセスに要する時間や必要となるバンド幅を、ともに削減できる。

あるキャッシュブロックが共有されているかどうかを判断するには、各ブロック毎に、有効（Valid）ビットやDirtyビットと同じような、もう1つの状態ビットを追加する。つまり、あるブロックが共有されているかどうかを示すビットを加えて、ライトアクセスによってインバリデートが発生するかどうかを判断する。共有状態にあるブロックへのライトアクセスが発生すると、キャッシュはバス上にインバリデーションを発行し、ブロックには**Exclusive**（排他的）であるというビットを立てる。そのブロックに対しては、そのコアによって、それ以上インバリデーションを発行することはない。キャッシュブロックの唯一のコピーを持つコアは、通常そのキャッシュブロックの**オーナ**（**所有者**）と呼ばれる。

インバリデーションが送られた時、そのオーナのキャッシュブロックの状態はSharedから非共有状態（すなわちExclusive状態）に変更される。後に他のプロセッサがこのキャッシュブロックを要求すると、その状態は再度Shared状態に変更されることとなる。スヌープキャッシュにおいては、あらゆるキャッシュミスが分かるため、Exclusive状態のキャッシュブロックが、他のプロセッサからいつ要求されて、その状態をShared状態にすべきかを検知できる。

すべてのバストランザクションは、キャッシュアドレスタグをチェックしなくてはならなず、プロセッサのキャッシュアクセスに影響を与える可能性がある。この影響を削減する方法として、タグの二重化があり、そのタグの複製にスヌープアクセスを直接行わせる。もう1つの方法として、共有L3キャッシュにおいてディレクトリを用いることである。ディレクトリは、与えられたブロックが共有されているかどうか、どのコアがコピーを持っている可能性があるかを示す。そのディレクトリ情報を用いて、そのキャッシュブロックのコピーを持つキャッシュに対してのみインバリデーションを送る。このために、L3キャッシュはL1やL2キャッシュにあるデータのコピーを常に保持している必要があり、その特性は**包含性**（inclusion）と呼ばれるが、これについては5.7節においてもう一度話をしよう。

5.2.5 プロトコル例

通常は各コア内に有限状態コントローラを組み込んで、スヌープコヒーレンスプロトコルを実装する。このコントローラは、コア中のプロセッサからの要求とバス（あるいは他のブロードキャスト媒体）からの要求に応じて、選択されたキャッシュブロックの状態を変え、バスを使ってデータをアクセスしたりインバリデートする。論理的には、それぞれのブロックに対して各々コントローラがあると考えることができる。すなわち、違ったブロックに対するスヌープ操作やキャッシュ要求が独立に処理できるとする。実際の実装では、コントローラが1つあれば、異なるブロックへの複数の操作をインターリーブ方式（すなわち、たとえ同時に1つのキャッシュまたは1つのバスしかアクセスできなくても、1つの操作は別の操作が終了する前に起動することができる方式）を使って処理できる。また、以降の説明ではバスを前提とするが、コヒーレンスコントローラやそれが対応するプライベートキャッシュに対してブロードキャストできる機能を持つ相互結合網も、スヌープを実現するために利用できるということを憶えておいてもらいたい。

ここで考える単純なプロトコルは、Invalid、Shared、Modifiedという3つの状態を持つものとする。Shared状態は、そのプライベートキャッシュ内のブロックが共有されている可能性があるということを示し、他方Modified状態は、そのブロックがプライベートキャッシュ内において更新されたことを示す。Modified状態では、そのブロックがExclusive状態を**意味する**ことも重要である。図5.5にある表の上半分は、コアにより生成されたリクエストを示し、

要求	要求元	アクセスされたキャッシュブロックの状態	キャッシュの動作	機能と動作
リードヒット	プロセッサ	Shared または Modifed	通常ヒット	ローカルキャッシュのデータをリード
リードミス	プロセッサ	Invalid	通常ミス	バスにリードミス発行
リードミス	プロセッサ	Shared	置き換え	アドレス競合ミス。バスにリードミス発行
リードミス	プロセッサ	Modifed	置き換え	アドレス競合ミス：ブロック書き戻し後、バスにリードミス発行
ライトヒット	プロセッサ	Modifed	通常ヒット	ローカルキャッシュにデータライト
ライトヒット	プロセッサ	Shared	コヒーレンス制御	バスにインバリデート発行。この操作は、データを読み込まず、状態を変えるだけで、アップグレードミスまたは**オーナシップミス**と呼ぶこともある
ライトミス	プロセッサ	Invalid	通常ミス	バスにライトミスを発行
ライトミス	プロセッサ	Shared	置き換え	アドレス競合ミス：バスにライトミスを発行
ライトミス	プロセッサ	Modified	置き換え	アドレス競合ミス：ブロック書き戻し後、バスにライトミス発行
リードミス	バス	Shared	何もしない	共有キャッシュまたはメモリがリードミスの処理可能に
リードミス	バス	Modified	コヒーレンス制御	データ共有を試行：バスにキャッシュブロック発行、状態をSharedに
インバリデート	バス	Shared	コヒーレンス制御	共有ブロックにライト試行：ブロックのインバリデート
ライトミス	バス	Shared	コヒーレンス制御	共有されているブロックにライト試行後、そのキャッシュブロックをインバリデート
ライトミス	バス	Modified	コヒーレンス制御	他の場所でExclusiveにあるブロックにライト試行：そのキャッシュブロックを書き戻し、そのローカルキャッシュ内の状態をInvalidに

図5.5 キャッシュコヒーレンス制御機構：コアのプロセッサと共有バスの両方からの要求を受け取り、ローカルキャッシュへのヒット/ミスと、要求されたローカルキャッシュブロックの状態に基づいて応答する

4列目は、（単一プロセッサのキャッシュと同じような）通常のヒットあるいは通常のミス、（単一プロセッサのキャッシュ置き換えミス時と同じような）置き換え、あるいは（キャッシュコヒーレンス維持に必要な）コヒーレンス制御として、キャッシュ動作の種類を示している。その後、通常動作あるいは通常の置き換え動作により、他のキャッシュにおけるブロックの状態にしたがってコヒーレンス制御が起動される。バス上でスヌープされるリードアクセス、リードミス、ライトミス、あるいはインバリデートに対しては、リードするアドレスまたはライトアドレスがローカルキャッシュ内のブロックに一致し、そのブロックが有効である場合に限り、コヒーレンス制御の起動が必要である。

同様に表の下半分はバスからのリクエストを表している。このプロトコルはライトバックキャッシュのためのものだが、Modified 状態を Exclusive 状態に読み替えて、ライトスルーキャッシュにおける通常の方法でライトアクセス時にキャッシュを更新するようにして容易にライトスルーキャッシュに変更できる。この基本プロトコルで、まず考えられる拡張としては Exclusive 状態を追加することで、その状態が意味するのは、ブロックは Modified 状態ではないが、1 つのプライベートキャッシュにのみ存在する場合である。この状態と拡張について後ほど 5.2.6 節で詳しく述べる。

インバリデートもしくはライトミスがバス上に発行された時、そのキャッシュブロックのコピーをプライベートキャッシュ内に保持するすべてのコアは、そのコピーをインバリデートする。ライトバックキャッシュにおけるライトミスでは、そのブロックが、あるプライベートキャッシュ内で Exclusive 状態にあるなら、そのキャッシュはそのブロックを書き戻す。Exclusive 状態でないならば、共有キャッシュもしくはメモリからそのデータを読み出す。

図 5.6 には、ライトインバリデート型プロトコルとライトバックキャッシュを用いるプライベートキャッシュブロック状態遷移図を示す。簡単のために、このプロトコルの 3 つの状態は、プロセッサの要求に基づく状態遷移（図の左側であり、図 5.5 における表の上半分に対応）と、それに対するバス要求に基づく状態遷移（図の右側を示し、図 5.5 における表の下半分に対応）を表すものを同時に示している。状態遷移の条件とは別に、バス動作を分かりやすくするために、図では太字で示してある。それぞれのノード内の状態は、選択されたキャッシュブロックの状態のプロセッサやバス要求による変化を示している。

このキャッシュプロトコルにおける状態は、すべて単一プロセッサのキャッシュで必要となり、Invalid、Valid（Clean）、Dirty という状態に対応する。図 5.6 の左側にある、矢印で示された状態遷移の大部分は、共有ブロックに対するライトヒット時に発生するインバリデートを除いて、単一プロセッサのライトバックキャッシュにおいても必要となる。図 5.6 の右側の、矢印で示される状態変化は、コヒーレンス制御に対してのみ必要となり、単一プロセッサのキャッシュ制御には全く出てこない。

以前に述べたように、キャッシュ毎に、接続しているプロセッサもしくはバスのいずれかからの影響により遷移の生じるステートマシンが 1 つだけ存在する。図 5.7 には、各キャッシュブロックに対して 1 つの状態遷移図を作り出すために、図 5.6 の右側にある状態遷移と、その左側の遷移の対応を示す。

このプロトコルがなぜ機能するのかを理解するために、Valid 状態のキャッシュブロックはどれも、1 つ以上のプライベートキャッシュにおいて Shared 状態にあるか、もしくは唯一のキャッシュで

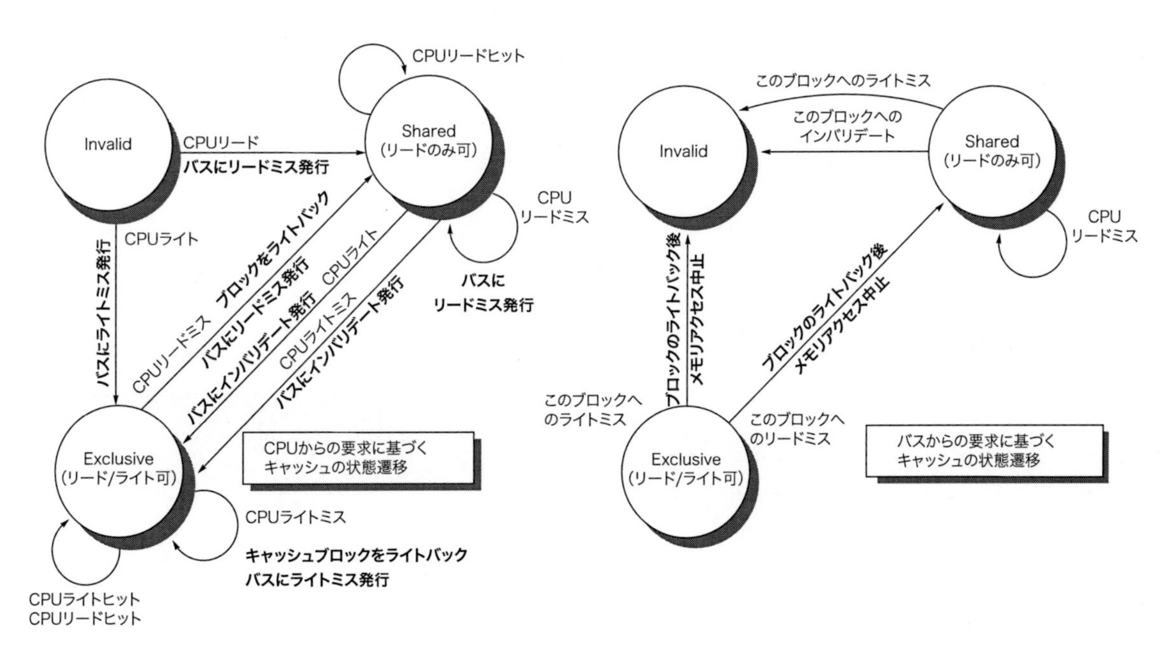

図 5.6 プライベートライトバックキャッシュにおけるライトインバリデート型キャッシュコヒーレンスプロトコルでのキャッシュ内の各ブロックの状態と状態遷移

キャッシュの状態は円で示し、状態名の下にある括弧には、状態遷移を行わずにローカルプロセッサが実行できるアクセスを示す。状態の変化を引き起こす要因は、弧の横に通常の字体で、状態遷移の一部として発生するバス動作は太字で示してある。その遷移を引き起こす動作はキャッシュ内の特定アドレスではなく、プライベートキャッシュ内のブロックに作用する。したがって、Shared 状態にあるブロックに対するリードミスは、そのキャッシュブロック全体に対するものであるが、そのブロック内では異なるアドレスであることもある。図の左側は、このキャッシュが接続しているプロセッサの動作に基づいた状態遷移を示し、右側はバスにおける操作に基づく遷移を示す。Exclusive 状態または Shared 状態におけるリードミスや Exclusive 状態でのライトミスは、プロセッサが要求するアドレスがローカルキャッシュブロック内のアドレスに一致しない時に生じる。このようなミスは、標準的なキャッシュ置き換えミスである。Shared 状態にあるブロックにライトを行おうとすると、インバリデートが発生する。バストランザクションが起こる時には必ず、そのバストランザクションで指定されたキャッシュブロックを含むすべてのローカルキャッシュは、図の右側によって指し示された動作をする。このプロトコルは、リードミス時には、すべてのローカルキャッシュで Clean 状態にあるブロックに対しては、メモリ（または共有キャッシュ）がデータを供給することを想定している。実際の実装では、この 2 つの状態遷移図は 1 つにまとめられる。実際は、インバリデート型プロトコルには、ミス時にプロセッサかメモリのどちらかがデータを供給できるように、Exclusive であり Modified ではない状態を含めたものなど、数々のバリエーションがある。マルチコアチップでは、（通常は L3 であり、時に L2 といった）共有キャッシュはメモリと同じような動作をし、バスは各コアのプライベートキャッシュと共有キャッシュ間を接続するものであり、その次はメモリへのインターフェイスとなる。

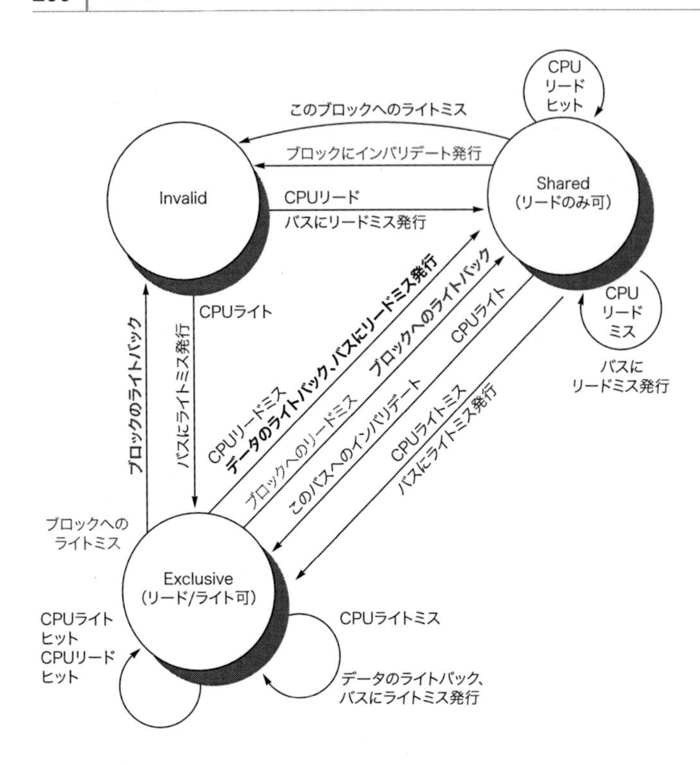

図 5.7 キャッシュコヒーレンス状態遷移図：黒色文字はローカルプロセッサによって発生するもので、灰色文字はバス動作によって起動される
図 5.6 と同様に、遷移に関する動作は太字で示してある。

Exclusive 状態のいずれかにあるという状況を検証してみよう。Exclusive 状態（プロセッサがブロックに書き込むために必要となる状態）になる状態遷移が起こるには、インバリデートもしくはライトミスがバス上に発行される必要があり、それによりすべてのローカルキャッシュはインバリデートされる。さらに、他のローカルキャッシュがそのブロックを Exclusive 状態で持っていたとすると、そのローカルキャッシュはライトバックを引き起こし、それにより要求されたアドレスを含むブロックを提供する。最後に、もし Exclusive 状態にあるブロックへのリードミスがバスに発行された場合、その唯一のコピーを持っているローカルキャッシュは、その状態を Shared に変更する。

図 5.7 に灰色で示した動作は、バス上の読み出しと書き込みミスを扱うもので、プロトコルのスヌープ機能に関する重要なものである。このプロトコル、あるいは他のほとんどのプロトコルにおいても示される特徴としては、Shared 状態にあるメモリブロックは常に（L2 や L3、もしくは共有キャッシュがなければメモリといった上位レベルの共有キャッシュ内において）最新であるということであり、このことにより実装は簡単になる。実際、プライベートキャッシュの上位レベルがキャッシュであるかメモリであるかは無関係で、重要なのは、コアからのすべてのアクセスはそのレベルを通過するということである。

この単純なキャッシュプロトコルは正しく機能するが、手のこんだ実装が要る複雑な問題は省略してある。この中で、最も重要なことは、このプロトコルでは、操作が不可分であることを仮定している点である。すなわち、ある操作は、他の操作が途中で介入してこないように動作するのである。例えば、このプロトコルでは、ライトミスが検出され、バス権を獲得し、そのアクノリッジを受け取るという一連の操作が**不可分**（atomic）な形で実行されることを仮定している。現実ではこれは正しくはない。実際には、リードミスでさえ不可分には行えない。というのも、マルチコアの L2 キャッシュにおいてミスを検知した後、そのコアは共有 L3 キャッシュに接続されたバスアクセスの調停を行わなければならない。不可分ではない動作であれば、このプロトコルは**デッドロック**を引き起こす可能性が生じる。すなわち、これ以上先をつづけられない状態に達する。この問題については、この節の後の部分と、DSM の設計について説明する時に詳しく述べる。

マルチコアプロセッサでは、プロセッサコアの間のコヒーレンス制御は、スヌーププロトコルもしくは単純な集中ディレクトリプロトコルを用いて、すべてチップ上で実装される。Intel 社 Xeon や AMD 社 Opteron といったマルチコアプロセッサチップでは、チップ内に組み込まれている高速インターフェイスによる接続で構築される複数チップのマルチプロセッサ構成をサポートするようになった。1 つ上のレベルの接続は、単なる共有バスの拡張でなく、マルチコアの接続のための違ったアプローチを使っている。

複数のマルチコアチップで構成されたマルチプロセッサは、通常は分散メモリアーキテクチャ構成を取り、今まで述べたコヒーレンス機構やそれを越えた機構がチップ間において必要となるだろう。ほとんどの場合は、何らかのディレクトリ方式が使われる。

5.2.6 基本コヒーレンスプロトコルの拡張

今まで述べたコヒーレンスプロトコルは、単純な 3 状態プロトコルであり、その頭文字を取って MSI（Modified, Shared, Invalid）プロトコルと呼ぶことが多い。この基本プロトコルには多くの拡張版があり、この章の図のキャプションで述べてきた。この拡張は、状態や状態遷移を追加することで行われ、一定の動作が最適化される。このことで、性能向上が得られることもある。よく知られた拡張として以下の 2 つがある。

1. **MESI プロトコル**：Exclusive 状態を基本 MSI プロトコルに追加したものであり、Modified、Exclusive、Shared、Invalid の 4 つの状態がある。Exclusive 状態は、唯一のキャッシュにのみ存在するキャッシュブロックが、書き込みが行われていない Clean な状態であることを示す。あるブロックが Exclusive 状態ならば、インバリデートを発生せずに書き込みを行うことができる。あるブロックがキャッシュに読み込まれてからすぐに書き込みが行われる場合を最適化したものとなる。もちろん、Exclusive 状態のブロックへのリードミスが生じた時には、そのブロックはコヒーレンスを維持するために Shared 状態に変更しなければならない。続くアクセスはすべてスヌープされるので、この状態の正確性の維持は可能である。特に、もし他のプロセッサがリードミスを発行すれば、その状態は Exclusive 状態から Shared 状態に変更される。この状態を加える利点は、同じコアによる Exclusive 状態のブロックへの後続のライトアクセスが、バスアクセス権の獲得を必要とせず、インバリデーションも発行されないことにある。それはそのブロックはこのローカルキャッシュ内において唯一存在するということが分かっており、プロセッサは単に状態を Modified に変更するだけでよい。この状態は、コヒーレント状態をエンコードし、Exclusive 状態を示すビットと、そのブロックが変更されたかどうかを示すダーティビットを持たせることで、簡単に付け加えることができる。Intel Core i7 は、MESIF と呼ばれる MESI プロトコルを変形したものを用いており、共有しているどのプロセッサがリクエストに応答すべきかを示すための（Forward という）状態を加えている。これは分散メモリ構成の性能向上を目指したものである。

2. **MOESI プロトコル**：関連するブロックがそのキャッシュにより所有され、メモリ内のものが古くなっていることを示すのに、MESI プロトコルに Owned 状態を付加したものである。MSI プロトコルと MESI プロトコルにおいては、Modified 状態にあるブロックを共有しようとする時には、その状態は（元のキャッシュと新たに共有されるキャッシュの両方で）Shared 状態に変更し、そのブロックはメモリに書き戻さなければならない。MOESI プロトコルにおいては、メモリに書き戻すことなく、そのブロックは元のキャッシュにおいて Modified 状態から Owned 状態に変更できる。新たにそのブロックを共有することになる他のキャッシュは、そのブロックを Shared 状態のままにしておく。それは、元のキャッシュだけが保持する Owned 状態は、メインメモリのコピーが古いもので、指定されたキャッシュがオーナであることを示す。メインメモリの値はもう古くなっているため、キャッシュミスに際しては、そのブロックのオーナがブロックを供給しなければならない。また、それがリプレースの対象となった場合、メインメモリに書き戻しをしなければならない。AMD 社の Opteron ファミリーは MOESI プロトコルを採用している。

次節では、並列のマルチプログラムワークロードに対して、これらのプロトコルの性能を調査する。その性能を示すことにより、基本プロトコルに拡張を施した利得が明らかになる。しかし、これを調べる前に、対称型メモリ構造とスヌープコヒーレンス方式を採用した場合の限界に関して簡単に触れる。

5.2.7 対称型共有メモリ型マルチプロセッサとスヌーププロトコルの限界

マルチプロセッサにおいて、プロセッサ数が増大し、プロセッサのメモリに対する要求が増えると、システムにおいて集中的なリソースがボトルネックになる。マルチコアにとっては、数コアしかなくても単一共有バスがボトルネックとなっていた。結果として、マルチコアの設計は、さらに多くのコア数に対応すべく、複数の独立したメモリとともに、さらに高バンド幅の相互結合に向っていった。5.8 節において扱うこのようなマルチコアチップは次に示す 3 つのアプローチを用いている。

1. IBM 社の Power8 は、単一マルチコアの中に 12 個のプロセッサを持ち、8 本の並列バスを用いて分散 L3 キャッシュと 8 つもある独立したメモリチャンネルを接続している。
2. Xeon E7 は 32 個のプロセッサ、分散 L3 キャッシュ、(構成によるが) 2 つもしくは 4 つのメモリチャンネルを 3 本のリング結合を用いて接続している。
3. 富士通の SPARC64 X+は、共有 L2 キャッシュを、16 コアと複数のメモリチャンネルに、クロスバーを用いて接続している。

SPARC64 X+は均一アクセス時間を持つ対称構成を取っている。Power8 は、L3 キャッシュとメモリともに不均一アクセス時間である。Power8 マルチコア単体内において、メモリアドレス間の競合しないアクセス時間の差は大きくはないが、メモリに対する競合があるため、チップ内においてアクセス時間の差が極めて大きくなることがある。Xeon E7 は，アクセス時間は均一のように動作することができる。実際は，メモリの各チャンネルはコアの一群と関連付けられているので，通常ソフトウエアシステムがメモリをまとめている。

すべてのキャッシュがバスの上のあらゆるミスアクセスを調べなければならないため、キャッシュのスヌープに要するバンド幅もまた問題になり、相互結合バンド幅が加わることで、その問題をキャッシュに押し付けることとなる。この問題を理解するには、次の例題を考えてみよう。

例題5.4

各プロセッサが L1 と L2 キャッシュを持ち、L2 キャッシュ間の共有バス上でスヌープを実行する 8 プロセッサのマルチコアを考えよう。コヒーレンスミスであっても、他のミスに対しても、L2 キャッシュへの平均リクエスト時間は 15 サイクル要すると仮定する。クロックレートは 3.0GHz で、CPI は 0.7、ロード-ストア頻度は 40%であるとする。コヒーレンス制御に費す L2 のバンド幅が 50%以下となるのを目標とした場合、プロセッサ当たりのコヒーレンスミスレートの最大値はどうなるか。

解答

CMR をコヒーレンスミスレートとし、用いられるキャッシュサイクル数を次式で与えるところから始める。

$$\text{利用可能キャッシュサイクル} = \frac{\text{クロックレート}}{\text{リクエスト毎のサイクル数} \times 2} = \frac{3.0\text{GHz}}{30} = 0.1 \times 10^9$$

$$\begin{aligned}\text{利用可能キャッシュサイクル} &= \text{メモリ参照 / クロック / プロセッサ} \times \text{クロックレート} \times \text{プロセッサ数} \times \text{CMR} \\ &= \frac{0.4}{0.7} \times 3.0\text{GHz} \times 8 \times \text{CMR} \\ &= 13.7 \times 10^9 \times \text{CMR}\end{aligned}$$

$$\text{CMR} = \frac{0.1}{13.7} = 0.0073 = 0.73\%$$

この数値は、コヒーレンスミスレートが 0.73%以下でなければならないことを意味する。次の節では、コヒーレンスミスレートが 1%を超えるようなアプリケーションをいくつか示す。別の見方をすると、CMR を 1%にすることができるのであれば、プロセッサ数は最大 6 個しか対応できないのである。明かに、小規模なマルチコアであっても、スヌープに要するバンド幅を増やす方法が必要となる。

スヌープバンド幅を増やすための方法をいくつか示そう。

1. 以前述べたように、タグの複製は可能である。これにより、キャッシュレベルのスヌープに要する有効バンド幅は2倍になる。もし、コヒーレンスリクエストの半分はスヌープリクエストにヒットしないものとし、スヌープリクエストのコストは（15サイクルに対し）10サイクルしかかからないものとすると、CMRの平均コストは12.5サイクルまで削減できる。この削減により、コヒーレンスミスレートは0.88となり、これによりプロセッサを6個から7個に増やすことができるのである。
2. マルチコアにおけるラストレベル（最も外側の）キャッシュ（一般的にはL3）が共有されるのであれば、そのキャッシュは分散でき、各プロセッサはメモリの一部を持てるようになり、アドレス空間のその部分に対してスヌープできるようになる。この方法はIBM社の12コアPower8で用いられており、NUCAの設計につながっていく。しかしながら、プロセッサ数により、L3キャッシュにおけるスヌープに要するバンド幅は事実上増えることになる。もし、L3においてスヌープがヒットすれば、すべてのL2キャッシュに対してブロードキャストしなければならず、その内容を順にスヌープしなければならない。L3キャッシュはスヌープリクエストに対するフィルタとして振る舞うため、L3は包含的となる。
3. ラストレベルの共有キャッシュ（たいがいはL3）のレベルにディレクトリを置くことができる。L3キャッシュはスヌープリクエストに対するフィルタとして振る舞い、包含的でないといけない。L3におけるディレクトリを用いるということは、全L2キャッシュをスヌープしたりブロードキャストする必要はないが、ディレクトリが示すL2キャッシュだけがブロックのコピーを持っているかもしれないことを意味する。L3が分散してもいいのと同じように、関連するディレクトリのエントリもまた分散しているかも知れない。この方式は8から32コアを持つIntel Xeon E7シリーズで用いられている。

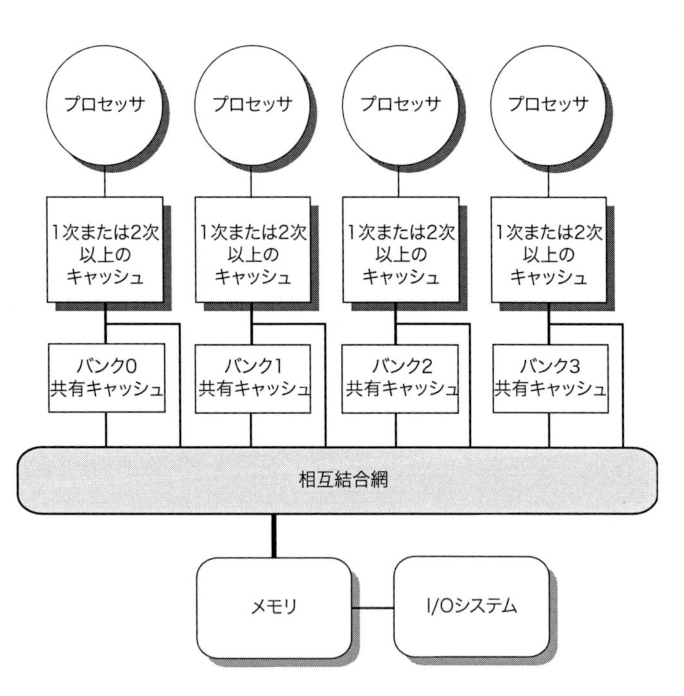

図5.8 分散キャッシュを持つシングルチップマルチコア
最近の設計では、分散共有キャッシュは大体はL3であり、レベルL1とL2はプライベートとなっている。通常複数のメモリチャネルを持つ（最近では2〜8で設計）。L3部分へのアクセス時間は、直接接続されたコアのアクセス時間が高速であることで変わるため、この設計はNUCAとなる。NUCAであるということは、NUMAでもある。

図5.8には、分散キャッシュシステムを有するマルチコアが、上記2や3の方法で用いられるように、どのように見えるのかを示す。もし、さらに大規模なマルチプロセッサを構築するために、マルチコアチップを追加するには、チップ外のネットワークが必要となるとともに、コヒーレンス制御機構も拡張する必要が生じる（5.8節に詳細を示す）。

AMD社Opteronは、スヌーピングとディレクトリプロトコルの間の中間的な位置にある。メモリは各マルチコアチップに直接接続されており、最大4つのマルチコアチップを接続できる。ローカルメモリが多少速いため、システムはNUMAとなる。Opteronは、1対1接続を使用して最大3つの他のチップへブロードキャストすることで、コヒーレンスプロトコルを実装している。プロセッサ間のリンクは共有されていないため、無効化がいつ完了したかをプロセッサが知ることができる唯一の方法は、明示的に確認応答を用いるしかない。したがって、コヒーレンスプロトコルは、スヌーププロトコルのようにブロードキャストを使用して、共有されているかもしれないコピーを探し出すが、ディレクトリプロトコルのように確認応答を使用して操作を順序付けする。Opteronの実装においては、ローカルメモリはリモートメモリよりもわずかに速いだけなので、ソフトウェアによってはOpteronマルチプロセッサを均一メモリアクセス（UMA）として扱う。

5.4節では、ミスが発生した時にすべてのキャッシュにブロードキャストする必要のないようにするディレクトリベースのプロトコルについて見てみる。マルチコア設計の中には、マルチコア内のディレクトリを使用するもの（Intel Xeon E7）もあれば、マルチコアを越えるような拡張を行う場合にディレクトリを追加するものもある。分散ディレクトリにより、すべてのアクセスをシリアライズするための単一のポイント（通常、スヌーピング方式では単一共有バス）は不要になる。そしてシリアライズの単一ポイントを取り除くどのような方式でも、分散ディレクトリ方式と同じさまざまな課題に取り組む必要がある。

5.2.8 スヌープキャッシュコヒーレンス制御の実現

悪魔は細部に宿る

古い諺

1990年にこの本の初版を著した時、最後の「総合的な実例」は、スヌープベースのコヒーレンス制御を用いた、単一バスによる30台のマルチプロセッサであった。そのバス容量は、ほんの50MiB/sを超える程度しかなく、2017年におけるIntel i7の1コア分にも対応できないようなバスバンド幅であった。1995年にこの本の第二版を出した時、複数バスを持つ最初のコヒーレントキャッシュのマルチプロセッサはすでに出現したばかりで、複数バスによるシステムにおけるスヌーププロトコルの実装例として付録に付け加えた。2017年には、8コア以上をサポートするすべてのマルチコアマルチプロセッサシステムが単一のバスではなく相互接続を用いるようになったため、設計者らはアクセスイベントをシリアライズするのにバス機構を簡略化せずに、どのようにスヌープ機能（またはディレクトリ方式）を実現すればいいのかといった問題に直面しなければならないのである

5.2.5 節で検証したように、実際にこれまで述べたスヌープコヒーレンスプロトコルを実現する上で複雑となる主な要因は、最近のマルチプロセッサにおいては、どれもライトミスやアップグレードミスは不可分（atomic）には実現できない点にある。ライトミスやアップグレードミスを検知し、他のプロセッサやメモリと通信し、ライトミスに対して最新の値を取得し、インバリデートが処理されたことを確認し、そしてキャッシュを更新するといったステップを、まるで単一サイクルのごとく実行することは不可能なのである。

単一バスによるマルチコアにおいては、これらのステップを、（キャッシュの状態を変更する前に）まず、共有キャッシュや共有メモリが接続されるバスに対して調停を行い、すべての操作が完了するまでバスアクセス権を解放しないようにして、効果的に不可分な処理を行うことができる。そのプロセッサは、どのようにして、すべてのインバリデートが完了したのかを知ることができるのだろうか。以前の設計では、必要となるすべてのインバリデートが受信され、処理された時に、それを知らせる 1 本の信号線を用いていた。その通知にしたがって、ミスを起こしたプロセッサは、次のミスに関連する動作が起こる前に、他の必要な操作を完了できるようにバス権を解放できた。これらのステップの間に排他的にバス権を保持することによって、そのプロセッサは効果的に個々のステップを不可分に処理できたのである。

単一集中バス構造を持たないシステムでは、ミス時において、こういったステップを不可分に処理できるような何らかの別の方法を考案する必要がある。特に、同時に同一ブロックに対してライトアクセスを行おうとしている 2 台のプロセッサがあるとし（この状況をレース状態と呼ぶ）、1 つのライトアクセスが処理され、そのアクセスが、もう一方のライトアクセスが始まる前に完了しているといった、「厳密に順序付けされている」ことを保証しなければはならない。レース状態において、2 つのライトアクセスのうち、どちらがそのレースに勝利するかはさほど重要ではなく、単に最初にコヒーレンス制御を完了した者が 1 つ存在するということだけである。複数のバスを持つマルチコアにおいては、もしメモリの各ブロックが 1 つのバスだけに接続されており、その共通のバスにより同一ブロックへの 2 つのアクセスがシリアライズされていることが確認できるのであれば、レース状態は回避できる。この性質は、そのレースにおける敗者がミス操作を再開できるようにする機構とともに、バスを用いずにスヌープキャッシュコヒーレンス制御を実現する鍵となる。詳細については、付録 I で詳しく説明する。

スヌーププロトコルとディレクトリを併せ持つことは可能であり、マルチコア内ではスヌーピングを用い、複数チップ間ではディレクトリを用いたり、あるいは、あるキャッシュレベルではディレクトリを組み合わせ、別のレベルではスヌーピングするといった設計はある。

5.3　対称型共有メモリ型マルチプロセッサの性能

スヌープコヒーレンスプロトコルを用いるマルチコアでは、さまざまな事象から性能を求めることとなる。特に、キャッシュ全体の性能は、単一プロセッサのキャッシュミスによるトラフィックや、インバリデートとその後のキャッシュミスの結果生じる通信が引き起こすトラフィックの振る舞いを併せて導き出したものとなる。プロセッサ台数、キャッシュ容量、ブロックサイズを変化させることで、ミス率のこれら 2 つのトラフィックの要素はそれぞれ影響を受け、その 2 つの効果を併せたシステム全体の挙動が見えてくるようになるのである。

付録 B では、単一プロセッサのミス率を、容量（Capacity）、初期参照（Compulsory）、競合（Conflict）の 3 つの「C」として分類し、アプリケーションの挙動やキャッシュ設計の改良の可能性の両方に対して、詳しい説明が示されている。同様に、**コヒーレンスミス**と呼ばれる、プロセッサ間通信から生じるミスは 2 つの要因に分けることができる。

最初の要因は、キャッシュコヒーレンス制御機構によって生じるデータ通信から発生する**トゥルーシェアリングミス**である。インバリデート型のプロトコルでは、共有キャッシュブロックに対してプロセッサが最初にライトアクセスを行うことによって、そのブロックの所有権を確定するためにインバリデートが発生する。さらに、別のプロセッサが、そのキャッシュブロックの中にある、その変更されたワードを読もうとするとミスが生じ、その結果、そのブロックは転送される。これらのミスはともに、プロセッサ間で同一データを共有しているがために直接発生するため、トゥルーシェアリングミスとして分類される。

2 番目の要因として、キャッシュブロック毎に 1 ビットの有効ビットを持つインバリデート型コヒーレンス制御アルゴリズムを用いることから生じる**フォールスシェアリング**と呼ばれるものがある。フォールスシェアリングとは、ブロック内において、あるワードを別のプロセッサが読み込んでおり、その同一ブロック内の別のワードが書き込まれ、そのためにそのブロックがインバリデートされた時（したがって、続いて起こるアクセスはミスとなる）に生じるものである。もし書き込まれたそのワードが、インバリデートを受信したプロセッサによって実際に使われるのであれば、そのアクセスはトゥルーシェアリングであり、ブロックサイズには依存せずミスを引き起こす。しかしながら、もし、書き込まれようとするワードと読み込まれているワードが異なり、インバリデートにより新たな値が通信されるということではなく、単に不要なキャッシュミスを引き起こすだけであるならば、それはフォールスシェアリングミスとなる。フォールスシェアリングミスにおいては、ブロックは共有されているが、キャッシュ内では、実際に共有するワードは存在せず、もしブロックサイズがワード単位であれば、フォールスシェアリングミスは起こらない。次の例によって、共有パターンについて明確に述べよう。

例題5.5

ワード z1 と z2 が、プロセッサ P1 と P2 の両方のキャッシュ内において共有（Shared）状態で、同一キャッシュブロック内にあるとする。次のイベントの流れを想定して、それぞれのアクセスが、

トゥルーシェアリングミスかフォールスシェアリングミスか、もしくはヒットかを示せ。もしブロックサイズがワード単位であれば、生じるミスはすべてトゥルーシェアリングミスとなる。

時間	P1	P2
1	z1へのライト	
2		z2のリード
3	z1へのライト	
4		z2へのライト
5	z2のリード	

解答

以下のように時間毎に動作を追っていこう。

1. これはトゥルーシェアリングミスである。その理由は、z1はP2においてShared状態になっており、P2からインバリデートする必要があるからである。
2. これはフォールスシェアリングミスである。理由は、z2はP1においてz1へのライトによってインバリデートされてしまっているが、そのz1の値はP2で使われないからである。
3. z1を含むブロックは、P2により読み込まれたためにShared状態となっているが、P2はz1を読み込んだわけではないので、これはフォールスシェアリングミスとなる。z1を含むそのキャッシュブロックはP2により読み込まれた後Shared状態になるが、そのブロックへの排他的なアクセス権を得るためには、ライトミスを起こす必要がある。ある種のプロトコルでは、このような処理は**アップグレード要求**として扱われ、バスにインバリデートを発行するが、キャッシュブロックは転送しない。
4. ステップ3と同じ理由により、フォールスシェアリングミスとなる。
5. P1によって読み込まれる値は、P2によって書き込まれたものであるため、トゥルーシェアリングミスとなる。

次に、商用アプリケーションを用いてトゥルーシェアリングミスとフォールスシェアリングミスの影響を見てみるけれども、コヒーレンスミスの役割は、膨大なユーザデータを共有する密結合マシンにおいてさらに重要なものとなる。付録Iでは、並列科学技術計算の性能を考察しながら、詳しくこれらの影響を調べていく。

5.3.1 実アプリケーション処理

この節では、4プロセッサの共有メモリ型マルチプロセッサのメモリシステムの挙動を、オンライントランザクション処理を実行して調べることにする。その検証には、1998年のAlphaシステムを用いたが、これは今でもこういったワークロードに対しては、マルチプロセッサの性能を考える上で非常に分かりやすく、知見として得られることもたくさんある。マルチプロセッサの、特にL3キャッシュにおける振る舞いといった、キャッシュの挙動を理解することに集中することにしよう。この場合、多数のデータ転送がコヒーレンス制御に関連して生じる。

評価データは、AlphaServer 4100を用いて、あるいはAlphaServer 4100をモデルとしたシミュレータを構築して収集した。AlphaServer 4100における各プロセッサはAlpha 21164であり、1クロックで4命令を同時発行し、300MHzで動作する。このシステムにおけるAlphaのクロックスピードは、2017年のシステムにおけるプロセッサよりもかなり遅くはあるが、システムの基本的な構造としては、4命令同時発行であり3レベルのキャッシュ階層から成り立っており、図5.9に示すようにIntel社のマルチコアであるi7や他のプロセッサに極めて類似している。性能の詳細に目を向けるのではなく、プロセッサ毎に2MiBから8MiBまでL3キャッシュを変化させた時の、シミュレートしたL3キャッシュの挙動を示すデータについて考察してみよう。

キャッシュレベル	項目	Alpha 21164	Intel i7
L1	サイズ	8KiB I/8KiB D	32KiB I/32KiB D
	ウェイ数	ダイレクトマップ	8-ウェイ I/8-ウェイ D
	ブロックサイズ	32B	64B
	ミスペナルティ	7	10
L2	サイズ	96KiB	256KiB
	ウェイ数	3-ウェイ	8-ウェイ
	ブロックサイズ	32 B	64 B
	ミスペナルティ	21	35
L3	サイズ	2 MiB（合計8MiB非共有）	2MiB/コア（合計8MiB共有）
	ウェイ数	ダイレクトマップ	16-ウェイ
	ブロックサイズ	64B	64B
	ミスペナルティ	80	～100

図5.9 ここで用いたAlpha 21164とIntel i7のキャッシュ階層毎の特性
i7においては、キャッシュサイズが大きく、ウェイ数も高くなっているが、ミスペナルティは大きくなっており、したがって挙動の違いは微々たるものでしかない。両システムともに、プライベートキャッシュからの転送に要するペナルティは（125サイクル以上と）大きい。主な違いは、i7ではL3キャッシュ共有されているのに対し、AlphaサーバではL3は4つに分かれ共有されていない点である。

元の調査では、3つの異なるワークロードを検討したが、基本データベースとしてOracle 7.3.2を用い、第1章で説明した新たな派生のTPC-Cに類似したメモリ挙動を示すTPC-Bをモデルとするオンライントランザクション処理（OLTP）のワークロードに着目しよう。そのワークロードは、要求を生成する一連のクライアントプロセスとそれらを処理する一連のサーバで構成されている。サーバプロセスはユーザ時間の85%を消費し、残りはクライアントに引き継がれる。I/O待ち時間は、注意深くチューニングしてプロセッサをビジー状態に保つために多数のリクエストを与えることで隠蔽されているが、通常、サーバプロセスは約25,000命令後にI/O処理のために止まる。全体では、実行時間の71%がユーザモードで、18%がオペレーティングシステムで、11%がアイドル状態で、主にI/O待ちとなる。調査した商用アプリケーションの中で、OLTPアプリケーションは、L3キャッシュの容量を強烈に増やして評価した場合でもメモリシステムに最も過酷な負荷を与え、重大な課題を示している。例えば、AlphaServerでは、プロセッサは実行サイクルの約90%の間ストールしてしまっており、メモリアクセスはストール時間のほぼ半分を占め、L2キャッシュミスにはストール時間の25%を費やしている。

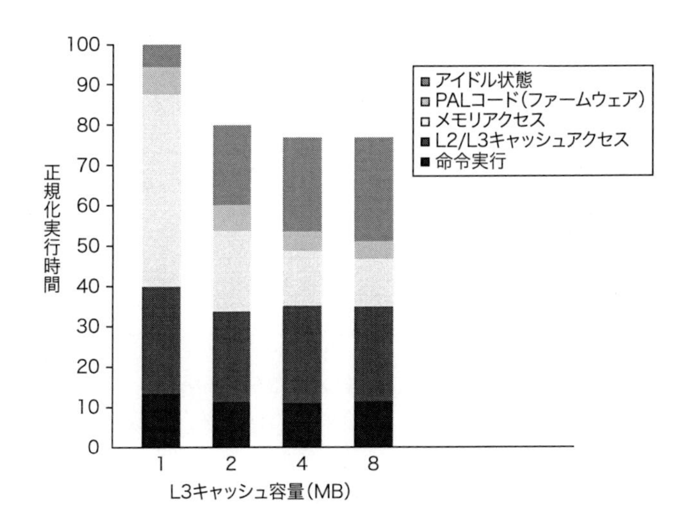

図 5.10 OLTP ワークロードで、2-ウェイセットアソシアティブの L3 キャッシュの容量を 1MiB から 8MiB に変化させた場合の相対比較

キャッシュ容量を大きくしていっても、性能向上率は減少し、アイドル時間は増加している。アイドル時間の増加は、メモリシステムのストールが少ない一方で、サーバプロセスでは I/O 遅延時間が発生するからである。このワークロードは、アイドル時間を制御しながら、計算/通信のバランスを調整してチューニングできた。PAL コードは TLB ミスハンドラ等の特権モードで実行される OS レベルの専用命令のシーケンスである。

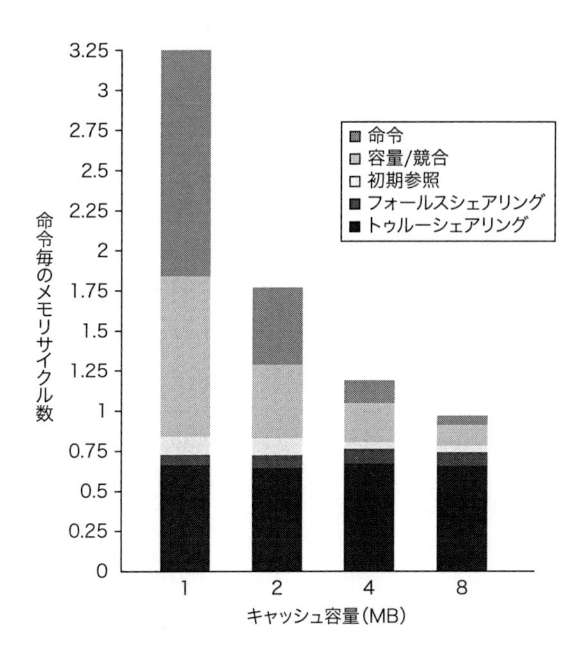

図 5.11 キャッシュサイズ増加におけるメモリアクセスサイクルの変化の要因

L3 キャッシュは 2-ウェイセットアソシアティブとしてシミュレーションを行った。

L3 キャッシュのサイズを変化させた時の影響を調べることから始めよう。ここでの検証は、L3 キャッシュをプロセッサ当たり 1〜8MiB と変化させ、プロセッサ当たり 2MiB の時に、L3 キャッシュの総容量が Intel i7 6700 のものに等しくなるようにする。しかしながら、Intel i7 の場合では、キャッシュは共有されており、これによりある程度利点も欠点出てくる。8MiB の共有キャッシュは、総容量 16MiB の L3 キャッシュを分けたものより性能が高くなるといったことはない。図 5.10 には、2-ウェイセットアソシアティブによりコンフリクトミスを大幅に減らしたキャッシュのサイズを増加させた場合の影響を示している。L3 キャッシュのサイズを増やせば L3 キャッシュでのミスの減少により、実行時間は改善される。驚くことに、1MiB から 2MiB に（すなわち、4 プロセッサでの総キャッシュ容量が 4MiB から 8MiB に）移った時に性能向上のほとんどが得られている。2MiB と 4MiB のキャッシュで性能が大きく落ちる原因がキャッシュミスによるにも拘わらず、これを超える性能向上ははとんど得られない。問題は、それがなぜなのかである。

この疑問に対する答えをしっかりと理解するためには、どのような要因が L3 キャッシュミス率に影響を与えるのか、L3 キャッシュの容量を増やすと、その要因はどのように変化するのかということを判断する必要がある。

図 5.11 に、5 種類の要因について、1 命令毎のメモリアクセス数の形で、このデータを示す。1MiB の L3 キャッシュにおいて、L3 キャッシュアクセスのサイクル数が最も多くなる 2 つの要因は、命令ミスと容量/競合ミスである。L3 キャッシュ容量を大きくすると、この 2 つの要因の影響は少なくなる。残念ながら、初期参照ミス、フォールスシェアリングミス、トゥルーシェアリングミスは、L3 キャッシュ容量を増やしても変わらない。したがって、4MiB と 8MiB の場合は、トゥルーシェアリングミスがミスの大部分を占めることになる。トゥルーシェアリングミスが変化しないため、2MiB 以上に L3 キャッシュを増やした際に、全体のミス率における削減の割合が減ってしまう。

キャッシュ容量を増やすことにより、多くの単一プロセッサのミスは減らすことができるが、マルチプロセッサによるミスには効果がない。プロセッサ台数を増やすと、種々のミスにどのように影響が出てくるのだろうか。図 5.12 に、2MiB 容量の 2-ウェイセットアソシアティブ L3 キャッシュを用いた基本構成を仮定して、その結果を示してある（これは、少ないウェイ数ではあるが i7 と同じプロセッサ当たりのキャッシュサイズと同じ効果が出るようにしてある）。期待通り、単一プロセッサにおけるキャッシュミスを削減して

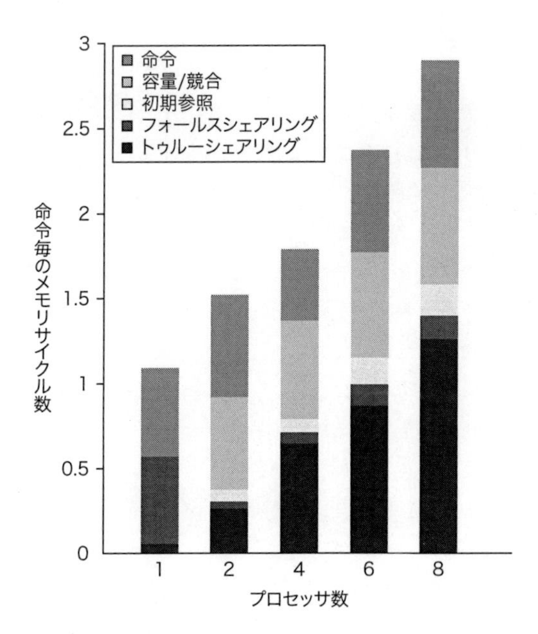

図 5.12 プロセッサ数増加に対する、主にトゥルーシェアリング増加によるメモリアクセスサイクル数の影響

各プロセッサは増加した初期参照ミスに対処せねばならず、初期参照ミスがわずかに増加している。

も減らないトゥルーシェアリングミス率が増加するので、全体的に命令当たりのメモリアクセスサイクル数が増加しているのである。

最後の疑問は、ブロックサイズを増加させると、ワークロードに好影響を与えるかどうかである。ブロックサイズを大きくすれば、命令ミス率やコールドミス率を限界まで減少でき、容量ミス率や競合ミス率も削減でき、もしかすると、トゥルーシェアリングミス率をも減らすことができるかもしれない。図 5.13 に、ブロックサイズを 32 バイトから 256 バイトまで変化させた場合の、1000 命令当たりのキャッシュミス数を示す。32 バイトから 256 バイトまでブロックサイズを増加させると、以下に示す 4 つの要素に対して影響があることが分かる。

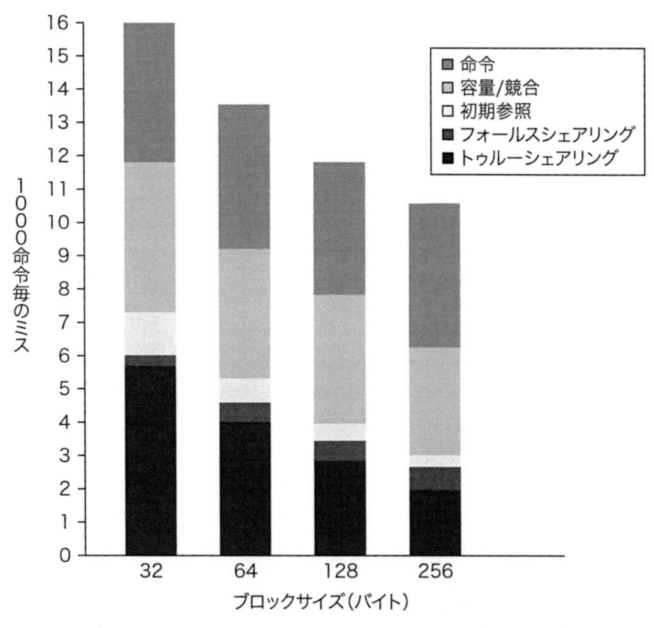

図 5.13 L3 キャッシュサイズの増加に従って、1000 命令毎にどんどん低下するミス数。

L3 キャッシュのブロックサイズは少なくとも 128 バイトないと、良好な結果が得られない。L3 キャッシュは 2MiB の 2-ウェイセットアソシアティブである。

- トゥルーシェアリングによるミス率を 2 倍以上減らすことができる。このことは、トゥルーシェアリングのパターンには一定の局所性があることを示している。
- 期待通り、初期参照ミスは劇的に減少する。
- 競合/容量ミスの減少はわずかである（ブロックサイズを 8 倍に増加して、1.26 倍ほど)。これは、2MiB 以上の L3 キャッシュで生じるプロセッサ単体のキャッシュミスにおいて、空間的局所性はそれほど高くないことを示している。
- 全体に比べてたいした大きさではないが、フォールスシェアリングミス率は約 2 倍になった。

ブロックサイズが命令ミス率に対して、たいした効果がないことは驚くべきことである。この挙動を示す命令のみのキャッシュが仮にあったとすると、その空間的局所性がほとんどないという結論になってしまう。L2 と L3 キャッシュを持つキャッシュの場合、ブロックサイズを大きくすると、命令とデータの競合のような影響が、この高い命令キャッシュミス率に影響を与えているのかもしれない。他の研究では、多数の小規模ブロックと専用コード列を用いて、巨大データベースと OLTP 処理の命令流において、空間的局所性が乏しい場合に関して報告している。このデータに基づくと、32 バイトより大きい L3 ブロックサイズで、32 バイトと同じ性能で働くことができるためのミスペナルティは、以下の表に示される。ここでは、32 バイトブロックのペナルティの倍数で示してある。

ブロックサイズ	32 バイトブロックミスペナルティに比例するミスペナルティ
64 バイト	1.19
128 バイト	1.36
256 バイト	1.52

ブロックアクセスが高速な最近の DDR SDRAM を用いると、これらの数値は、特に（i7 のブロックサイズである）64 バイトと 128 バイトのブロックサイズにおいて、実現可能であろう。もちろん、メモリへのトラフィックや、他のコアとの間で起こりうるメモリの衝突の影響について心配もしなければならない。メモリの衝突の影響は、単一プロセッサの性能改善により得られる性能向上を簡単に打ち消してしまう。

5.3.2 マルチプログラミングとOSのワークロード

次に調べるべきことは、ユーザモードと OS モードから成るマルチプログラムにおけるワークロードである。使用するワークロードは、ソフトウェア開発環境をエミュレートする Andrew ベンチマークのコンパイルフェーズのコピーを 2 つ独立して走らせたものである。コンパイルフェーズは 8 台のプロセッサを用いて実行される UNIX の make コマンドの並列バージョンから構成される。そのワークロードは、8 台のプロセッサでは 5.24 秒で実行でき、203 個のプロセスを生成して、3 つのファイルシステム上で 787 回のディスク要求を実行する。そのワークロードは、128MiB のメモリで実行し、ページングは起こらない。

そのワークロードは 3 つの独立したフェーズに分かれる。まず、ベンチマークのコンパイルで、これは相当な計算処理を伴う。それから、ライブラリ内のオブジェクトファイルのインストール、最後に、オブジェクトファイルの削除である。最後のフェーズは完全に I/O 支配となり、プロセスは 2 個しか実行されない（それぞれに対して 1 つである)。2 つ目のフェーズは、ここでも I/O が大きな役割を果たし、プロセッサはほとんどアイドル状態となる。ワークロード全体は、OLTP ワークロードよりも、システム集中や I/O 集中の処理を実行することとなる。

ワークロードを測定するのに、以下に示すメモリシステムと I/O システムを仮定しよう。

- **1 次（L1）命令キャッシュ**：32KiB の 2-ウェイセットアソシアティブ、64 バイト/ブロック、1 クロックサイクルのヒット時間。
- **1 次（L1）データキャッシュ**：32KiB の 2-ウェイセットアソシアティブ、32 バイト/ブロック、1 クロックサイクルのヒット時間。焦点は、L3 キャッシュに焦点を当てた OLTP の調査とは異なり、L1 データキャッシュの振る舞いの影響を調べることである。
- **2 次（L2）キャッシュ**：1MiB の統合キャッシュ、2-ウェイセットアソシアティブ、128 バイト/ブロック、10 クロックサイクルのヒット時間。

- **メインメモリ**：バス接続の単一メモリで、アクセス時間は100クロックサイクル。
- **ディスクシステム**：3msの固定アクセス遅延時間（アイドル時間を削減するため、通常より少ない）。

図5.14では、上記パラメータを用いた場合の、8台のプロセッサにおける実行時間の内訳を示す。実行時間は以下に示す4つの要素に分割される。

1. **アイドル**：カーネルモードで実行するアイドルループ
2. **ユーザ**：ユーザコードの実行
3. **同期**：実行あるいは同期変数の待機
4. **カーネル**：アイドルでも同期アクセスでもないOSにおける実行

	ユーザ	カーネル	同期待ち	プロセッサアイドル（I/O待ち）
実行命令数の割合（%）	27%	3%	1%	69%
実行時間の割合（%）	27%	7%	2%	64%

図5.14　マルチプログラム上の並列「make」における実行時間の分布
アイドル時間の大部分は8台のプロセッサのうち1台のみが稼動している時のディスク遅延時間によるものである。これらのデータと、次に示すワークロードの計測は、SimOSシステムにより収集した[Rosenblum *et al*, 1995]。実際の実行とデータ収集はStanford大学のM. Rosenblum、S. Herrod、E. Bugnionによって行われた。

このマルチプログラムワークロードには、少なくともOSに対して、命令キャッシュ性能の大幅な低下がある。OSにおける、64バイトのブロックサイズの2-ウェイセットアソシアティブ命令キャッシュのミス率は、32KiBのキャッシュ容量において1.7%となり、256KiBのキャッシュに対しては0.2%に変化する。ユーザレベルにおける命令キャッシュミス率は、さまざまなキャッシュ容量に対して、OSのミス率のおよそ1/6である。このことは、ユーザコードは、カーネルよりも9倍もの命令数を実行するのに、カーネルによって実行される少数命令に比べ4倍程度しか時間がかからないという部分的な説明になっている。

5.3.3　マルチプログラムとOSワークロードの性能

この節では、キャッシュ容量とブロックサイズを変化させてマルチプログラムでのワークロードのキャッシュ性能について考える。カーネルの挙動とユーザプロセスの挙動が異なるので、この2つの要素は別々に考えるしかない。それでも、ユーザプロセスはカーネルの8倍を上回る数の命令を実行すること、このため全体のミス率は、ユーザコードのミス率によって主に決まることを覚えておこう。後で見ていくように、ユーザコードのミス率は、カーネルコードのミス率の5分の1になることもしばしば見受けられる。

ユーザコードの方が実行する命令数は多くなるが、コードサイズが大きいことや、局所性が少ないこと以外に、以下の2つの理由により、オペレーティングシステムの挙動が、ユーザプロセスよりも、さらに多くのキャッシュミスを引き起こす。第1に、カーネルは、すべてのページをユーザに割り当てる前に初期化するので、初期参照によるカーネルのミス率が大幅に増加する。第2に、カーネルは実際にデータを共有するので、無視できないコヒーレンスミス率を引き起こすことになる。それとは対照的に、ユーザプロセスは、そのプロセスが異なるプロセッサにスケジュールされた時にだけコヒーレンスミスが起こり、このミス率の割合は小さい。このことは、マルチプログラムのワークロードとOLTPワークロードのような処理とは全く異るものである。

図5.15には、カーネルとユーザモードに対して、データミス率対キャッシュ容量の関係、およびデータミス率対ブロックサイズの関係を示す。データキャッシュ容量が大きくなると、ユーザミス率は、

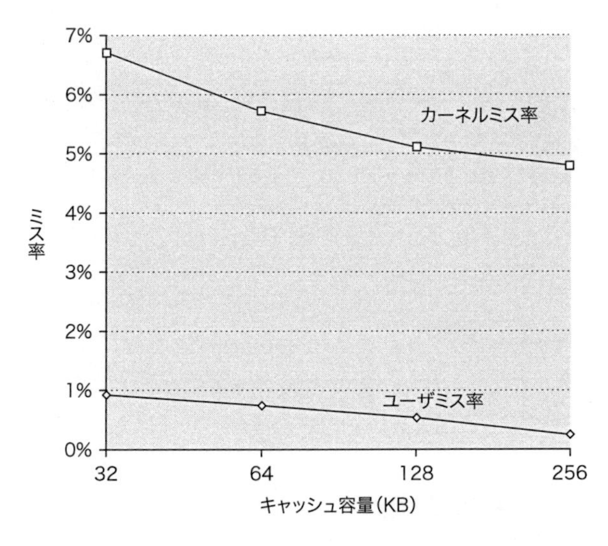

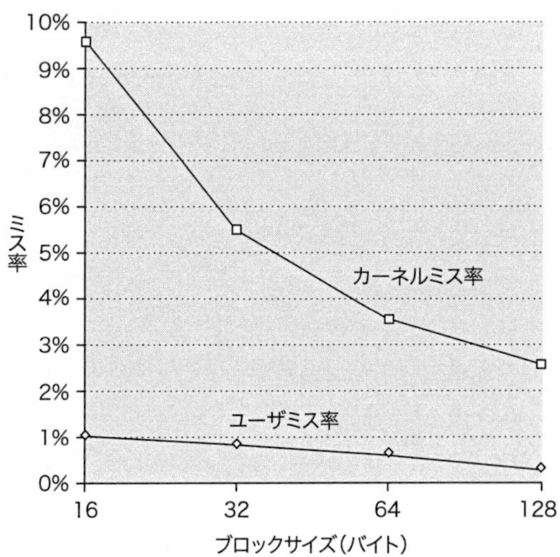

図5.15　ユーザモードとカーネルモードでのデータミス率のL1データキャッシュ容量の増加（左側）とL1データキャッシュのブロックサイズの増加（右側）による挙動
（32バイト/ブロックで）L1データキャッシュを32KiBから256KiBまで増加させると、ユーザミス率はカーネルミス率よりも大幅に減少している。つまり、カーネルレベルのミス率が1/1.3程度低下しているのに対して、ユーザレベルのミス率はおよそ1/3近く低下している。容量を最大にすると、最近のマルチコアプロセッサにおいて、L1キャッシュの容量はL2キャッシュの容量に近づく。したがって、このデータはカーネルミス率はL2キャッシュでも重要な要素となる。（32KiBのL1キャッシュのまま）ユーザモードとカーネルモードのミス率は、L1ブロックサイズを大きくするにしたがって、どちらも単調に低下している。キャッシュ容量の増加に対する影響とは対照的に、ブロックサイズを増やすと、カーネルのミス率は劇的に改善される（ブロックサイズを16バイトから128バイトに変化させた時、ユーザモードでは3倍ほど改善しているのに対して、カーネルモードでは4倍改善する）。

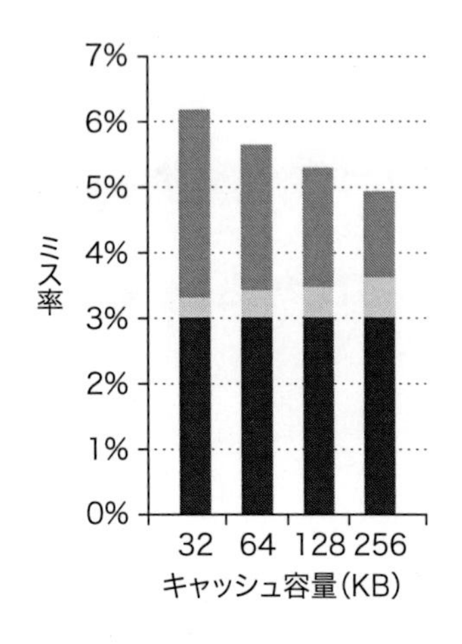

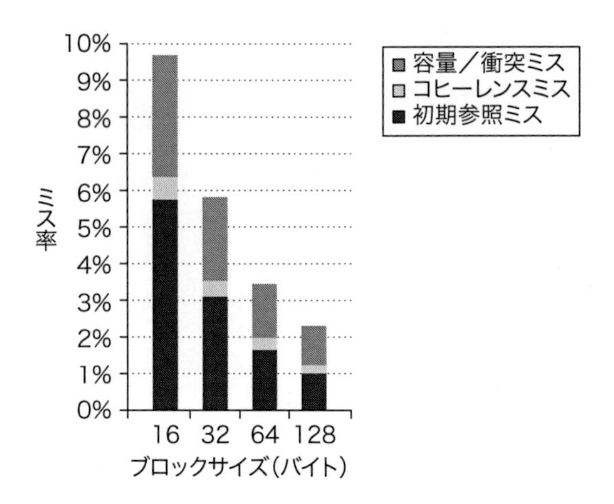

図 5.16 8 台のプロセッサ上でマルチプログラムのワークロードを実行した時に、L1 データキャッシュ容量を 32KiB から 256KiB まで増加させた場合のカーネルモードのデータミス率の変化

初期参照ミスはキャッシュ容量に影響されないため、その部分は一定値のままである。コヒーレンスミスの部分がほぼ倍になっているのに対し、容量ミスは 2 倍以上低下している。コヒーレンスミスが増加するのは、インバリデーションによって引き起こされるミスの可能性が、キャッシュ容量の増加にともない大きくなるためである。容量が大きいと、衝突するエントリも少なくなるからである。期待通り、L1 データキャッシュにおいてブロックサイズを大きくするとカーネルモードでは、初期参照ミス率は減っている。ブロックサイズの増加は、容量ミス率にも大きく影響し、ブロックサイズ全体にわたって 2.4 倍減少している。ブロックサイズを増加させても、コヒーレンスミスはあまり減ることはなく、64 バイトの時に安定しており、ブロックサイズを 128 バイトに増やしても、コヒーレンスミス率は変化しない。コヒーレンスミス率においては、ブロックサイズを増加させても劇的な減少が見られないため、コヒーレンスによるミス率の部分の占める割合は 7% から約 15% に増加している。

カーネルミス率よりも影響を受ける。ミスの大半は初期参照や容量制限から生じ、ともにブロックサイズを大きくすることで改善できるため、ブロックサイズを大きくすることにより、両方のミス率は改善できる。コヒーレンスミスはそれほど頻繁ではないので、ブロックサイズを大きくすることによる悪影響は少なくなる。カーネルプロセスとユーザプロセスが、異なる挙動を示す理由を分かりやすく示すため、カーネルミスがどのような挙動を示すか考える。

図 5.16 には、キャッシュ容量とブロックサイズの増加に対するカーネルミスの変化を示す。これらのミスは、初期参照ミス、コヒーレンスミス（トゥルーシェアリング、フォールスシェアリングともに）、容量/競合ミス（OS とユーザプロセス間や複数のユーザプロセス間の干渉を含む）の 3 つの種類に分類できる。図 5.16 からは、カーネルのアクセスについて、キャッシュ容量を大きくすることは単に、単一プロセッサの容量/競合ミス率を下げているだけであるということが分かる。対照的に、ブロックサイズを増やすことで、初期参照ミス率を削減できる。コヒーレンスミス率が、ブロックサイズを大きくしても大幅に増加しないのは、フォールスシェアリングの影響がおそらく重大ではないということを示しているが、トゥルーシェアリングミスが減ることによる性能向上の一部を相殺しているのかもしれない。

図 5.17 に示すように、データアクセス毎に必要となるバイト数を調べると、カーネルはそのブロックサイズを大きくすることで、トラフィックが高くなっていくことが分かる。この理由は簡単である。ブロックサイズを 16 バイトから 128 バイトに変化させると、ミス率は 3.7 倍低下しているが、ミス毎に転送されるバイト数は 8 倍増加し、その結果ミス時トラフィック全体は 2 倍以上増える。ユーザプログラムも、ブロックサイズを 16 バイトから 128 バイトに増加させると、ミス時トラフィックは 2 倍となっているが、16 バイトの時のトラフィックは極めて低いところから始まっている。

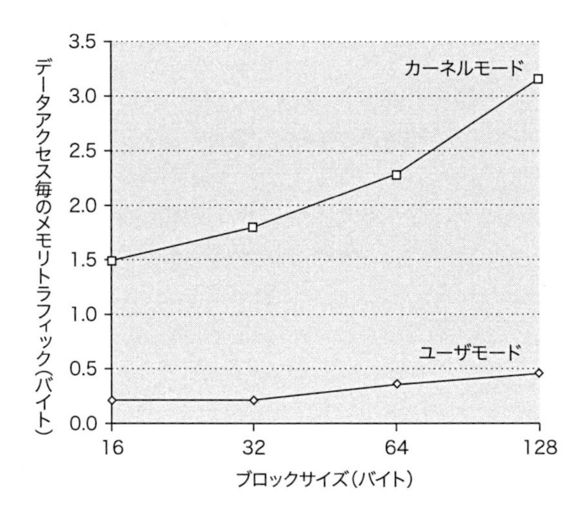

図 5.17 カーネルモードとユーザモードにおける、ブロックサイズの増加に対するデータアクセス毎に必要となるバイト数

この図を付録 I で示した科学技術計算プログラムにおけるデータと比較すると興味深いことが見えてくる。

マルチプログラムのワークロードに対しては、OS はメモリシステムに対して要求の厳しいプログラムである。もし、OS あるいは OS のような動作がワークロードの中にたくさん含まれており、それがここで計測した処理に類似した挙動を示した場合、十分に機能するメモリシステムを構築するのは非常に困難なものとなるだろう。性能改善への 1 つの道筋は、プログラミング環境を改善したり、プログラマの支援の下で、その OS をもっとキャッシュを意識したものにすることである。例えば、別々のシステムコールから生ずる要求に対して、OS にメモリを再利用させたりするといったことが考えられる。再利用されたメモリは、完全に上書きされてしまうかもしれないが、ハードウェアはこのことを認識せず、コヒーレンシを維持する必要がないにもかかわらずコヒーレンスを維持し続けそして、その結果キャッシュのある部分が読み込まれるかもしれない。この挙動は、手続きの起動時にスタック位置を再利用することに類似している。IBM Power シリーズは、手続き起動時にこのタイプの挙動をコンパイラが指定できるような機構が組み込まれており、最新の AMD プロセッサにも同様の機能がある。この挙動を OS で検知することはますます困難を極め、これを実現するとにより、プログラマのサポートが必要となるが、それによる見返りは極めて高くなるかもしれない。

マルチプロセッサのメモリシステムにとっては、OS や商用アプリケーションのワークロードは科学技術計算とは異なり、かなり挑戦的な問題提起を示すこととなり、それについては、付録 I において議論することとし、そのワークロードはアルゴリズム的に対処したりコンパイラを再編成するといったことでは、そう簡単にはいかない。コア数が増加するについて、こういったアプリケーションの挙動を予測するのは、さらに困難となる可能性が高い。(オペレーティングシステムも含め) 巨大なアプリケーションを用いて、何千個というコアをシミュレーションできるようにするエミュレーション、あるいはシミュレーション技術は設計する上で分析的かつ定量的なアプローチを維持していくためにも重要なものとなる。

5.4 分散共有メモリとディレクトリベースコヒーレンス制御

5.2 節で述べたように、スヌーププロトコルでは、あらゆるキャッシュミス時において、また共有している可能性のあるデータへのライトアクセス時に、すべてのキャッシュ間で通信を必要とする。キャッシュの状態の流れを把握するための集中的なデータ構造が存在しないことにより、コストを抑えることができるため、そのことがスヌープベース方式の根本的な利点であり、それとともに、スケーラビリティを考える上ではアキレス腱となっている。

例えば、4 コアのマルチコアチップ 4 個が、クロック毎に連続してデータ参照が可能で、4GHz で動作しているようなマルチプロセッサを考えてみよう。付録 I の I.5 節にあるデータから、そのアプリケーションでは 4GiB/s から 170GiB/s に及ぶバスバンド幅が必要となる。2 つの DDR4 メモリチャンネルを持つ i7 が提供する最大メモリバンド幅は 34GiB/s である。複数の i7 マルチコアプロセッサがメモリシステムを共有するとしたら、すぐにメモリシステムは身動きできなくなるだろう。ここ数年、マルチコアプロセッサの開発では、個々のプロセッサの要求バンド幅に応えるべく、分散メモリの構成の設計に移行せざるを得ない。

図 5.2 に示したように、メモリを分散させることによって、メモリバンド幅と相互結合網のバンド幅を増やすことはできるが、これによって、ローカルメモリトラフィックとリモートメモリトラフィックを分離することとなり、メモリシステムや相互結合網のバンド幅要求を減らすこととなる。キャッシュミス毎のコヒーレンスプロトコルによるブロードキャストが無くならない限り、メモリを分散させる利点はほとんどない。

以前に、スヌープベースのコヒーレンスプロトコルに対抗するものとして、**ディレクトリプロトコル**があることを述べた。ディレクトリは、キャッシュされているすべてのブロックの状態を保持する。ディレクトリ内の情報は、どのキャッシュ(もしくはキャッシュの集まり)がブロックのコピーを持っているか、それが Dirty かどうかなどの情報を持つ。(L3 といった) ラストレベルキャッシュが共有されているマルチコア内においては、ディレクトリプロトコルの実装は難しくない。各 L3 キャッシュブロックに対し、コアの数と等しい長さのビット列 (ビットベクタ) を単に保持するだけである。そのビット列は、どのプライベート L2 キャッシュが L3 内のブロックのコピーを保持しているのかを示しており、そのキャッシュに対してインバリデーションが送られるだけである。これは L3 が包含されているのであれば、単一マルチコアにおいては完璧に動作し、こ

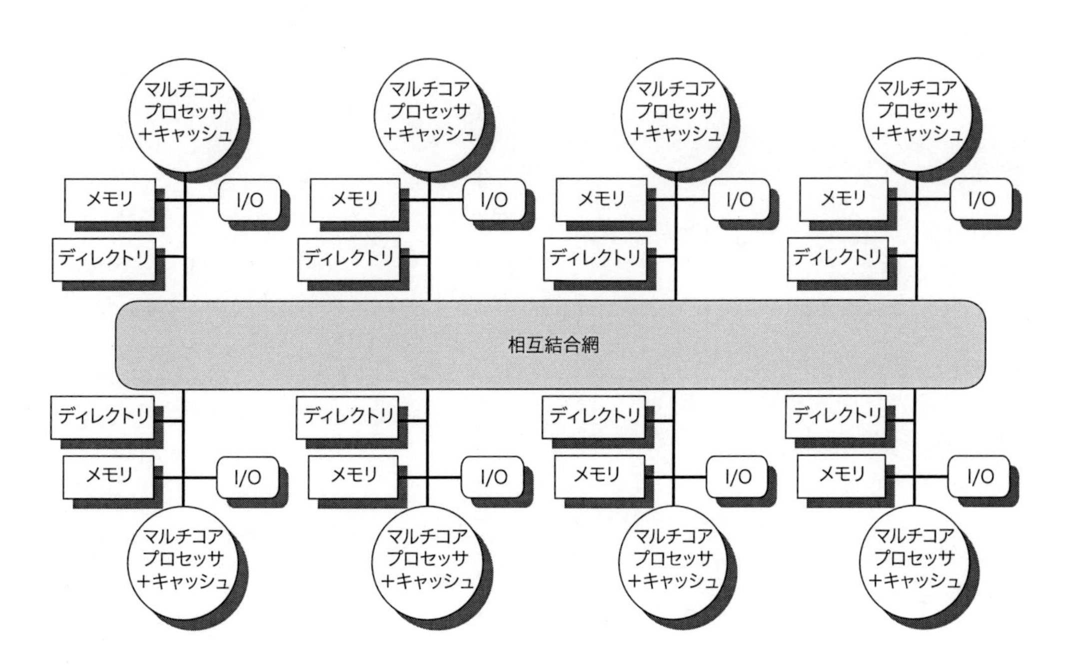

図 5.18 分散メモリ型マルチプロセッサにおいて、キャッシュコヒーレンス制御を実現するために、各ノードにディレクトリを付加したもの
ここでは、ノードは単一のマルチコアチップで表しており、関連するメモリのディレクトリ情報はマルチコアのオンチップもしくはオフチップのいずれかに存在する。それぞれのディレクトリにより、ノードにおけるメモリの一部のメモリアドレスを共有するキャッシュの状態を把握することができる。コヒーレンス機構が行うのは、ディレクトリ情報の維持とマルチコアノード内で必要となるコヒーレンス動作の両方である。

の方式は Intel i7 で採用されている。

たとえブロードキャストを使わないにしても、マルチコア内で用いられる単一ディレクトリによる方法はスケーラブルにはできない。ディレクトリは分散しなければならないが、その分散はキャッシュされたメモリのブロックのためのディレクトリ情報をどこで探せばいいのか、コヒーレンスプロトコルがしっかり把握している、といったやり方によって行われなければならない。分かりやすい解決方法は、メモリに従ってディレクトリを分散させる方法である。このようにすれば、メモリリクエストが異なるメモリに送られるように、コヒーレンスのための異なるリクエストが、異なるディレクトリに送られるようになる。複数バンクの L3 のような外側のキャッシュにおいてその情報が管理されれば、ディレクトリ情報は異なるキャッシュバンクを用いて分散され、バンド幅は効果的に増加する。

分散ディレクトリは、ブロックの共有状態が、常に 1 か所にあり、それが既知であるという特徴を持つ。この特性を基に、他のノードがそのブロックをキャッシュしているかを示す情報を管理することで、コヒーレンスプロトコルはブロードキャストを回避することができる。前ページの図 5.18 には、各ノードがディレクトリを持つ形式の分散メモリ型マルチプロセッサの構成を示す。

最も単純なディレクトリの実現方法は、ディレクトリ内のエントリと各メモリブロックを関連づけることである。このような実装では、情報量はメモリブロックの数（ここでは、それぞれのブロックは L2 キャッシュや L3 キャッシュのキャッシュブロックと同じサイズである）とノード数の積に比例する。ここでいうノードとは、単一のマルチコアプロセッサであったり、内部でコヒーレンス制御を実現するプロセッサの少数の集まりのことである。ある程度のブロックサイズを持つディレクトリオーバーヘッドでは対応可能であるため、このオーバーヘッドは、200〜300 台以下の台数の（それぞれがマルチコアといったような）プロセッサによるマルチプロセッサではさほど問題とはならない。大規模なマルチプロセッサにおいては、ディレクトリ構造を効率よく拡張できるような方法を考案する必要があるが、こういったことについて頭を悩ますのはスーパーコンピュータ級のシステムだけである。

5.4.1 ディレクトリベースのキャッシュコヒーレンスプロトコル：基本概念

まさにスヌーププロトコルと同様に、ディレクトリプロトコルには、実現すべきリードミスへの対処と、Shared、Clean 状態にあるキャッシュブロックに対するライトアクセスへの処理という 2 つの基本操作がある（現在共有されるブロックに対するライトミスへの処理は、これらの 2 つの処理の単純な組み合わせで実現できる）。これらの操作を実行するために、ディレクトリにより、それぞれのキャッシュブロックの状態を把握できなければならない。単純なプロトコルでは、これらの状態は以下のものとなる。

- **Shared**：1 つまたはそれ以上のプロセッサがブロックをキャッシュし、メモリの（同様にすべてのキャッシュにおいても）その値は最新のものである。
- **Uncached**：どのプロセッサもキャッシュブロックのコピーを持っていない。
- **Modified**：キャッシュブロックのコピーを持っているプロセッサは 1 つだけであり、そのプロセッサがそのブロックにライトを行ったのであり、そのためメモリ内の値は古いものとなっている状態である。そのプロセッサはブロックの**所有者**または**オーナ**（Owner）と呼ばれる。

共有されている可能性のある各メモリブロックの状態を把握するだけでなく、ライトアクセス時にブロックのコピーをインバリデートする必要があるため、どのプロセッサが、そのブロックのコピーを保持しているかを把握できなくてはならない。これを実現する最も単純な方法は、それぞれのメモリブロック毎に、ビット列（ビットベクタ）を保持することである。ブロックが共有されると、ビット列内のそれぞれのビットが、対応するプロセッサチップ（マルチコアである場合が多い）がそのブロックのコピーを持っているかどうかを示す。ブロックが Exclusive 状態にある時、そのブロックの所有者が誰かを把握するためにも同様にビット列を用いることができる。効率を重視すると、個々のキャッシュにおいても、それぞれのキャッシュブロックの状態も把握できるようにすることとする。

各キャッシュにおける状態遷移機械（ステートマシン）の状態とその遷移は、スヌープキャッシュで用いたものと、状態遷移時の動作においてやや異なるところはあるものの、全く同じである。インバリデート処理や Exclusive 状態のデータのコピーの配置方法が、要求しているノードとディレクトリ間、およびディレクトリと 1 つあるいはそれ以上のリモートノード間において通信を必要とするため、スヌープキャッシュとは異なる。スヌーププロトコルでは、これら 2 つの処理は、すべてのノードに対してブロードキャストを用いることで 1 つにまとめられる。

プロトコルの状態図を示す前に、ミスアクセスに対する処理や、コヒーレンスを維持するためにプロセッサとディレクトリ間で送信されるメッセージタイプを整理して調べておくことは後に助けとなる。図 5.19 ではノード間で転送されるメッセージの種類を示す。**ローカルノード**とは、リクエストを生起するノードである。**ホームノード**とは、メモリ上の位置と、あるアドレスのディレクトリエントリが存在するノードである。物理アドレス空間は静的に分散しており、そのため所定の物理アドレスに対するメモリとディレクトリを保持するノードは周知となる。例えば、上位ビットがノード番号を示したり、下位ビットがそのノード上のメモリ内におけるオフセットの指定に用いられるといったものがある。ローカルノードが、ホームノードになっているといったこともありえる。コピーが、**リモートノード**と呼ばれる第三のノードにある可能性があるため、ホームノードがローカルノードである場合には、そのディレクトリにアクセスしなければならない。

リモートノードとは、キャッシュの状態が Exclusive（コピーが 1 つのみの場合）状態、もしくは Shared 状態のいずれかの状態で、キャッシュブロックのコピーを持つノードである。リモートノードは、ローカルノードやホームノードと一致する場合もありうる。このような場合であっても、基本プロトコルは変更することはないが、プロセッサ間メッセージはプロセッサ内メッセージに置き換える必要がある。

メッセージの種類	送信元	送信先	メッセージ内容	メッセージの機能
リードミス	ローカルキャッシュ	ホームディレクトリ	P、A	ノードPがアドレスAに対してリードミスを起こし、データを要求してPをリード共有者に
ライトミス	ローカルキャッシュ	ホームディレクトリ	P、A	ノードPがアドレスAに対してライトミスを起こし、データを要求してPをExclusive状態のオーナに
インバリデート	ローカルキャッシュ	ホームディレクトリ	A	アドレスAを含むブロックをキャッシュしている全リモートキャッシュに対してインバリデートを送信するよう要求
インバリデート	ホームディレクトリ	リモートキャッシュ	A	アドレスAにあるデータのShared状態のコピーをインバリデート
フェッチ	ホームディレクトリ	リモートキャッシュ	A	アドレスAを含むブロックを読み込み、そのホームディレクトリにそのブロックを転送し、リモートキャッシュ内のAを含むブロックの状態をSharedに変更
フェッチ/インバリデート	ホームディレクトリ	リモートキャッシュ	A	アドレスAを含むブロックを読み込み、そのホームディレクトリにそのブロックを転送し、そのキャッシュ内のそのブロックをインバリデート
データ返送	ホームディレクトリ	ローカルキャッシュ	D	ホームメモリからデータを返信
データライトバック	リモートキャッシュ	ホームディレクトリ	A、D	アドレスAを含むブロックのライトバック

図 5.19 コヒーレンスを維持するために、送信元と送信先ノードにおいて通信されるメッセージとそのメッセージの内容(ここで、P = リクエストを発したプロセッサ番号、A = リクエストされたアドレス、D = データ内容)およびメッセージの機能
最初の3つのメッセージは、ホームノードに対して、ローカルノードによって送られるリクエストを示す。4番目から6番目までのメッセージは、ホームノードが、リードミスまたはライトミスのリクエストに対応するためにデータを必要とする時にホームノードによって、リモートキャッシュに送られるメッセージである。データ返送メッセージは、ホームノードから、リクエストしているノードにデータを返送するために用いられる。データライトバックメッセージは、あるブロックがキャッシュ内で置き換えられ、そのブロックをホームメモリに書き戻さなければならない時と、ホームノードからのフェッチメッセージまたはフェッチ/インバリデートメッセージに応答する時という2つの要因により転送される。ブロックがShared状態になった時に常にデータを書き戻すことによって、Dirty状態のブロックは必ずExclusiveになっており、Shared状態のブロックもホームメモリ内にあって常に利用できるようになるため、プロトコルにおける状態数をシンプルにすることができる。

この節では、メモリコンシステンシの単純なモデルを仮定した。メッセージの種類とプロトコルの複雑さを最小限にとどめるために、メッセージを受信して、それが作用するのは、送信される順序と同じであると仮定している。この仮定は、実際は正しくない可能性があり、さらに複雑な状況を生み出す。そのことに関しては、メモリコンシステンシモデルについて議論する5.6節において述べる。この節では、この仮定は、スヌーププロトコルを実現する時の議論において仮定した場合と全く同じように、あるノードによって転送されたインバリデートが、新しいメッセージが転送される前に受け付けられるということを保証した上でのものである。スヌーププロトコルの場合と同じように、そのコヒーレンスプロトコルを実現する上で必要となる細かな項目についてはここでは省略することとする。特に、ライトアクセスをシリアライズすることと、ライトアクセスに対するインバリデートが完了したかどうか分かるようにすることについては、ブロードキャストベースのスヌープ機構ほど単純なものではない。その代わりとして、明示的なアクノリッジが、ライトミスやインバリデートリクエストに対して必要となる。付録Iにおいて、さらに詳細にこの問題について議論しよう。

5.4.2 ディレクトリプロトコル実際例

ディレクトリベースのプロトコルにおけるキャッシュブロックの基本的な状態は、スヌーププロトコルにおいて用いたようなものと全く同じであり、ディレクトリ内の状態は、すでに示したものと類似している。したがって、まずは個々のキャッシュブロックに対する状態遷移を示す単純な状態図を示すことから始めて、そうすることで、次にメモリ内のそれぞれのブロックに対応するディレクトリエントリに対する状態図を考えることができる。スヌーププロトコルの場合と同様に、これらの状態遷移図は、コヒーレンスプロトコルの詳細部分をすべて網羅しているわけではないが、しかしながら、実際のコントローラは、マルチプロセッサの（メッセージ転送方法、バッファ構造などといった）さまざまな詳細設計方針に大きく依存するものとなる。この節では、基本プロトコルの状態図を示す。これらの状態遷移図に沿って実装する上で噴出する困難な問題については、付録Iにじっくりと述べる。

図5.20は個々のキャッシュが取るプロトコルの動作について示したものである。ここでは、前節で用いたのと同じように、ノード外から来るリクエストに対しては灰色文字を用い、動作については太字を用いるという記述方法をとる。個々のキャッシュに対する状態遷移は、リードミス、ライトミス、インバリデート、データフェッチリクエストによって引き起こされ、これらの動作については、図5.20においてすべて示されている。個々のキャッシュはまた、ホームディレクトリに送られるリードミス、ライトミス、インバリデートメッセージを生成する。リードミスとライトミスはその応答としてデータを要求し、これらは、状態を変更する前に返答を待つ。どの時点でインバリデートが完了したかを分かるようにすることは別の問題であり、分けて考える。

図5.20において、あるキャッシュブロックに対する状態遷移図の動作は、本質的には、スヌープキャッシュにおける遷移と同じものである。その状態も同一であり、その遷移の励起もほとんど変わりない。ライトミスの動作は、スヌープ方式ではバス（もしくは他のネットワーク）上でブロードキャストが行われるが、データリードと、ディレクトリコントローラによって選択して送信されるインバリデート操作によって代用することができる。スヌーププロトコルのように、ライトアクセスが行われると、そのキャッシュブロックは必ずExclusive状態にしなければならず、Shared状態のブロックはメモリ内においては必ず最新のものとなる。マルチコアプロセッ

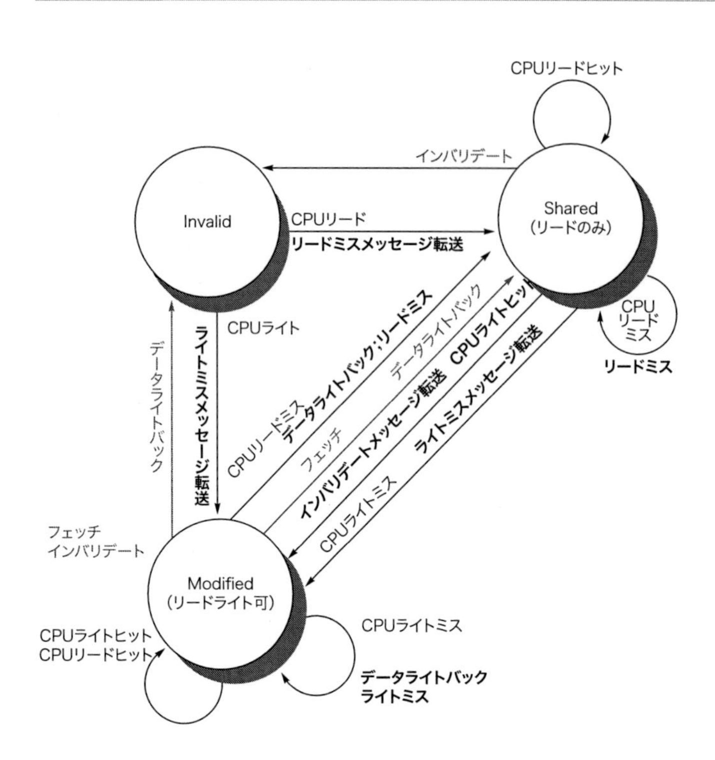

図 5.20 ディレクトリベースシステムにおける個々のキャッシュブロックの状態遷移図

ローカルプロセッサによる要求は黒色文字で示し、ホームディレクトリからの要求は灰色文字で示す。ここでの状態はスヌーププロトコルにおける状態と一致し、その処理内容も極めて類似しており、スヌーププロトコルにおけるバス上のブロードキャストで実行されるライトミスは、明示的なインバリデート要求とライトバック要求に置き換えている。スヌープコントローラを設計した時と同様に、共有キャッシュブロックに対してライトアクセスを行おうとするとミスアクセスとして処理される。実際は、このような処理は所有権の要求、あるいはアップグレード要求として処理され、キャッシュブロックを読み込むように要求することをせずに、所有権を委譲することで実現する。

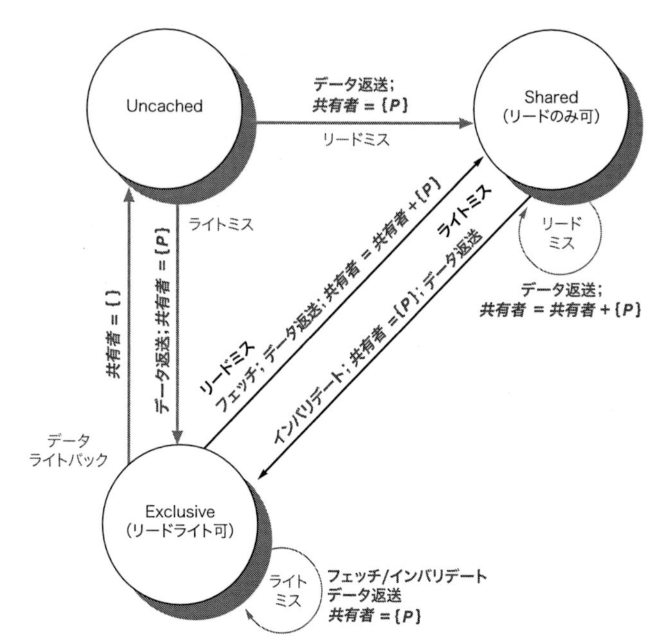

図 5.21 個々のキャッシュの状態遷移図と同じ状態と構造を持つディレクトリの状態遷移図

すべての動作は、外部で起動しているため、すべて灰色文字で示される。太文字は、リクエストに応じて、ディレクトリにより引き起こされる動作を示す。

サの多くは、プロセッサキャッシュのラストレベルのものは、(Intel i7、AMD Opteron、IBM Power7 の L3 のように) コア間で共有されており、そのラストレベルのハードウェアは同一チップ上の各コアのプライベートキャッシュ間においてコヒーレンスを維持し、それには内部ディレクトリかもしくはスヌープを用いている。したがって、オンチップのマルチコアコヒーレンス制御機構は、ラストレベルの共有キャッシュに対してインターフェイスを単に付加することにより複数プロセッサ間においても、コヒーレンスを拡張できるのである。このインターフェイスが L3 キャッシュのレベルであるため、プロセッサとコヒーレンス要求との間での衝突は大した問題とはならず、タグの複製を生成するといったことは回避できるのである。

ディレクトリベースのプロトコルでは、ディレクトリがコヒーレンスプロトコルの実現の半分を担っている。ディレクトリに送られたメッセージによって、ディレクトリ状態の更新と、リクエストに応えるためのメッセージをさらに転送するという 2 種類の動作が起こる。ディレクトリの中の状態はブロックに対して、3 種類の標準状態を表すこととなる。しかしながら、それはスヌープ方式の場合と異なり、ディレクトリ状態は、単一キャッシュブロックに対するものではなく、キャッシュされたメモリブロックのすべてのコピーの状態を示す。

メモリブロックは、どのノードにもキャッシュされていなかったり、複数のノードにおいてリード可 (Shared 状態) としてキャッシュされていたり、あるいは 1 つのノードのみにおいて Exclusive 状態でライト可としてキャッシュされることになる。各ブロックの状態以外に、ディレクトリはブロックのコピーを保持しているプロセッサの集合を把握しなくてはならない。**共有者** (Sharer) と呼ぶその集合は、この機能を実行するために使用される。64 ノード以下のマルチプロセッサ (各ノードには 4 台から 8 台のプロセッサが搭載) においては、この集合は通常ビット列として保持する。ディレクトリに対するリクエストによって、共有者の集合を更新したり、またインバリデートを実行するために、その集合を参照する必要がある。

図 5.21 では、受信したメッセージに応答して、ディレクトリにおいて取るべき動作を示している。ディレクトリは、リードミス、ライトミス、データライトバックの三種類のリクエストを受信する。ディレクトリによって送られるメッセージは太文字で示し、共有者集合の更新に対しては太斜体文字で示す。動作を引き起こすメッセージはすべて外部のものであるため、その動作はすべて灰色文字で示されている。この単純化したプロトコルでは、データを要求して、別のノードにそれを転送するといった動作は不可分で行われると仮定しているが、実際の実装ではこの仮定を用いることはできない。

これらのディレクトリ操作を理解するために、受信したリクエストと状態毎に引き起こされる動作についてじっくり見てみよう。あるブロックが Uncached な状態にある時、そのメモリ内のコピーは現在の値を示しており、したがって、そのブロックに対するリクエストは以下に示すもののみとなる。

- **リードミス**:リクエストを発したノードには、要求されたデータがメモリから送られ、その要求したノードだけが唯一の共有ノードとなる。そのブロックの状態は Shared となる。
- **ライトミス**:リクエストを発したノードにはデータが送られ、

共有ノードとなる。そのブロックは、唯一の有効なコピーがキャッシュされていることを示すためにExclusive状態になる。共有者はオーナと同一であることを示す。

ブロックがShared状態にある時、メモリ内の値は最新であり、したがって同様に以下に示す2種類のリクエストが届く可能性がある。

- **リードミス**：リクエストを発したノードには、要求されたデータがメモリから送られ、その要求したノードは共有者リストに加えられる。
- **ライトミス**：リクエストを発したノードにはデータが送られる。共有者リストにある全ノードにはインバリデートメッセージが送られ、共有者リストにはそのリクエストを発したノードだけが含まれるようになる。そのブロックの状態はExclusive状態となる。

ブロックがExclusive状態にある時、そのブロックの現在の値は共有者集合によって示されるノード（オーナ）のキャッシュ内に保持されており、したがって、以下の3種類のディレクトリへのリクエストが考えられる。

- **リードミス**：オーナには、オーナの持つキャッシュ内のブロックの状態をSharedに遷移させ、オーナからディレクトリにデータを転送させるためのデータフェッチメッセージが転送される。そのディレクトリではデータはメモリに書き込まれ、リクエストを発したプロセッサに転送されることになる。リクエストしたプロセッサのIDは共有者リストに加えられ、そのリストにはオーナであったプロセッサのIDもまだ含まれている（というのは、オーナはまだ読み込み可能なコピーを保持しているためである）。
- **データライトバック**：オーナはブロックを置き換え、結果そのブロックを書き戻さなければならない。このライトバックによりメモリコピーは最新となり（ホームディレクトリが実質的なオーナになる）、そのブロックはUncached状態に変わり、共有者リストは空集合となる。
- **ライトミス**：そのブロックのオーナが代わる。メッセージが直前のオーナに転送され、その結果そのキャッシュのブロックはインバリデートされ、ディレクトリにデータが転送され、そのディレクトリから、リクエストを発した新たなオーナとなるノードにデータが転送される。そのブロックはExclusive状態のままである。

スヌープキャッシュの場合と全く同じように、図5.21における状態遷移図は簡略化したものである。ディレクトリの場合においては、バスではなくネットワークを用いて実現したスヌープ方式と同様に、このプロトコルは不可分には行えないメモリトランザクションを用いて扱うこととなる。付録Iにおいてこの問題を深く追求しよう。

実際のマルチプロセッサにおいて利用されるディレクトリプロトコルではさらに最適化が施されている。特にこのプロトコルにおいては、Exclusive状態にあるブロックに対してリードミスあるいはライトミスが生じた時、そのブロックはホームノードにあるディレクトリにまず送られる。そこからそのブロックはホームメモリ内に格納され、さらに元のリクエストを発したノードにも転送される。商用マルチプロセッサにおいて利用されているプロトコルの多くは、オーナノードから要求元ノードに直接データが（ホームノードにライトバックを実行するとともに）転送される。こういった最適化によりデッドロックが生じる可能性が増加したり、また扱うメッセージの種類が増えることによってさらに複雑なものとなる。

ディレクトリ方式を実現するには、「スヌープキャッシュコヒーレンス制御の実現」の項で述べたスヌーププロトコルで議論したものと同じ問題をほとんどすべて解決する必要がある。しかしながら、付録Iに示すように新たな問題も発生する。5.8節においては、最新のマルチコアがどのようにして、コヒーレンス制御を複数チップにまたがって拡張しているのかを示す。マルチチップコヒーレンス制御とマルチコアコヒーレンス制御を組合わせると、スヌープ/スヌープ方式（AMD社Opteron）、スヌープ/ディレクトリ方式、ディレクトリ/スヌープ方式、ディレクトリ/ディレクトリ方式といった4つの組み合わせが可能となる。単一チップ内でスヌープの形をとるマルチプロセッサは多く、ラストレベルキャッシュが共有され、かつ包含的であり、ディレクトリが複数チップにまたがるのであれば、有力なものとなる。こういった方式では、個々のコアではなくプロセッサチップのみを追跡するだけでいいので、実装は簡単になる。

5.5 同期：その基本

同期機構は、一般的にはハードウェアによって提供される同期命令に依存するユーザレベルのソフトウェアルーチンによって構築される。小規模マルチプロセッサや、あるいは衝突の少ない状況においては、肝となるハードウェア機能は割り込みの入ることのできない命令、あるいは、ある値の読み出しと変更を不可分に実行することのできる命令列である。ソフトウェア同期機構は、この機能を用いて構築される。この節では、ロックとアンロック同期操作の実現について焦点を当てよう。ロックおよびアンロックは、排他制御を直接実現するために利用されるとともに、さらに複雑な同期機構の実現にも用いられる。

衝突が頻繁に生じる状況では、衝突がさらに遅延を生み出し、そしてその遅延は大規模マルチプロセッサでは恐らく甚大なものとなるため、同期が性能ボトルネックになる恐れがある。この節における基本的な同期機構が、膨大なプロセッサ数に対しては、どのように拡張することになるのかについては付録Iにおいて論じよう。

5.5.1 基本ハードウェアプリミティブ

マルチプロセッサに同期機構を実装するために必要となる基本機構は、メモリ番地が示す内容を読み込み、それを変更する操作を不可分に行える機能（リードモディファイ機能）を持つハードウェアプリミティブである。このような機能が無ければ、基本的な同期プリミティブを構築するコストは、プロセッサ数が増加するにつれてあまりにも高いものとなってしまう。その基本ハードウェアプリミティブには数々の方式があり、そのすべては、あるメモリ番地に対する不可分なリード/モディファイアクセスを行えるのと同時に、ある種の方法で、そのリード/モディファイアクセスが不可分に実行されたかどうかを知らせる機能を提供している。これらのハードウェアプリミティブは、ロックやバリアのような機構を含む、多種多様なユーザレベル同期操作を構築するために利用される基本的なビルディングブロックである。一般的にアーキテクトは、ユーザが基本ハードウェアプリミティブを直接利用するといったことは思わないが、その代わりに、システムプログラマの手によって同期ライブラリとして構築するのに、そのプリミティブが使われることを期待し、その処理は複雑であり巧妙なものとなる。そのようなハードウェアプリミティブから見てみて、それがどのように基本同期操作を構築するために使用されるのかを示そう。

同期操作を構築するための一般的な操作の1つとして不可分な交換があり、その交換とはメモリ内の値とレジスタ内の値を相互に交換するものである。どのようにしてこの機能が基本同期操作を構築するのに使用されるのかを理解するために、値0がロックは現在フリーであることを示し、値1はロックが利用不可であることを示すといった簡単なロックを構築することを考えてみよう。あるプロセッサが、レジスタ内にある値1を、ロックに対応するメモリアドレス内にある値と交換することによってロックをセットしようとする。もし他のプロセッサがすでにアクセス権を得ていれば、その交換命令から返される値は1であり、そうでなければ0が返ってくる。後者の場合、他の競合する交換命令が0を同時に読み出さないように、そのメモリの値は同時に1に書き換えられる。

例えば、2つのプロセッサが、それぞれ同時に交換を行おうとする状況を考えてみよう。2つのうち1つのプロセッサだけが最初に交換を実行し、0が返され、2番目のプロセッサが交換命令を実行した時には1が返されるので、こういった場合は競争とはならない。同期を実現するために、交換命令（またはスワップ命令）を使うのに重要となるのは、その操作が不可分であるということである。つまり、その交換命令は分割できないということであり、2つの交換命令が同時に実行されても、ライトアクセスのシリアライズ機構によって順序づけられることになる。この方法においては、同期変数に値をセットしようとする2台のプロセッサは、同時にその変数に値をセットできたと決定付けることはありえない。

他にも、同期を実現するために利用できる数々の不可分なプリミティブがある。これらはすべてメモリの値への読み出しと変更という2つの操作が、不可分に実行されたかどうかが把握できるといった方法で実行できるという重要な特性を持つ。一昔前のマルチプロセッサにおいて数多く見られたある操作に **Test&Set** がある。それはある値をテストし、その値がそのテストにパスしたらその値をセットするという命令である。例えば、0かどうかのテストを行って、その値を1にセットする操作を定義することができた。その操作は不可分な交換命令を用いた方法に類似した方法で利用できる。もう1つの不可分同期プリミティブとしては、**Fetch&Increment** がある。これはメモリ番地の値を返し、不可分にその値を1増やすものである。値0は同期変数を要求する者がないことを示すものとして用ることで、交換命令を用いたのと全く同じようにFetch&Increment命令を使うことができる。Fetch&Increment命令のような操作は別の利用方法があり、それについては次に簡単に説明しよう。

不可分メモリ操作には割り込みがかからない単一の命令の中にメモリへのリードアクセスとライトアクセスの両方が必要になるので、ある1つの不可分メモリ操作命令を実現することによって、新たな問題が生じることとなる。この必要性により、ハードウェアによってリードアクセスとライトアクセスとの間に他の操作を認めないようにし、またデッドロックを起こさないようにしなければならないため、コヒーレンス制御を実現する上で複雑なものとなる。

別の方法として、一対の命令を設定し、その中の二番目の命令は、ある値を返し、あたかも2つの命令が不可分に実行されたかのように、その値からその一対の命令が実行されたかどうかを推測できるようにするといったものがある。もしいずれかのプロセッサによって実行される他のすべての操作がその対となる命令以前もしくは以降にあたかも実行されたように見えるなら、その一対の命令は事実上不可分となる。したがって、ある命令対が事実上不可分である時、他のどのプロセッサも命令対の間に入りこんで、その値を変更することはできないことになる。この方式はMIPSとRISC-Vで用いられている。

RISC-Vでは、**load reserved**（別名 **load linked** や **load locked**）と呼ばれる専用ロード命令と、**store conditional** と呼ばれる専用ストア命令の2つの命令がある。load reserved命令は`rs1`により与えられたメモリの内容を`rd`にロードし、そのメモリアドレス上に予約（reservation）を生成する。store conditional命令は、`rs1`で指定されたメモリアドレスに`rs2`が保持する値を格納する。もし、そのload命令の予約が、同一メモリアドレスへの書き込みにより壊れていたらstore conditional命令は失敗し、`rd`へは非ゼロの値を書き込み、成功すれば、store conditional命令は0の値を書き込む。その2つの命令の間にプロセッサがコンテキストスイッチを起こした場合は、store conditional命令は常に失敗する。

この2つの命令は順に用いる。load reserved命令が初期値を返し、store conditional命令は、成功した場合のみ0を返すので、次の命令列は`x1`の内容によって指定されたメモリアドレス上において、`x4`にある値との不可分な交換を実現したものである。

```
try: mov  x3,x4     ; 交換する値をmov
     lr   x2,x1     ; load reserved命令
     sc   x3,0(x1)  ; store conditional命令
     bnez x3,try    ; storeに失敗したら分岐
     mov  x4,x2     ; loadした値をx4に書込み
```

この命令列の最後には、`x4`の中身と`x1`により指定されたメモリアドレスの内容は不可分に交換されている。`lr`命令と`sc`命令の間にプロセッサが介入し、メモリの値を書き換えた時は常に`sc`命令は0を`x3`に返し、命令列は再度試みることになる。

load reserved/store conditional命令機構の利点は、他の同期プリミティブを構築するのに使えることである。例えば、不可分なfetch-and-increment命令を示そう。

```
try: lr   x2,x1     ; x1番地へload reserved命令実行
     addi x3,x2,1   ; その値を1増やす
     sc   x3,0(x1)  ; store conditional命令実行
     bnez x3,try    ; 失敗したら分岐
```

これらの命令は、多くの場合、`lr`命令内で指定されるアドレスを**リザーブドレジスタ**と呼ばれるレジスタに保存して辿っていくこ

とができるようにすることで実装する。もし割り込みが生じたり、あるいはもしリンクレジスタ内のアドレスと一致するキャッシュブロックが（例えば別のsc命令によって）インバリデートされると、そのリンクレジスタはクリアされる。そのsc命令は単純に、そのアドレスがリザーブドレジスタ内の値と一致するかどうかを調べるだけである。もし一致すれば、sc命令は成功したことになり、一致しなければ失敗となる。store conditional 命令は、別のsc命令がlr命令によって指定するアドレスにストアをしようとした後や割り込みの後には失敗するので、2つの命令の間に入り込む命令には注意する。特に、レジスタ間の命令だけは安全なものとして認められる。それ以外は、そのプロセッサがsc命令を完了できなくなるデッドロックが生じる恐れがある。さらに、load reserved 命令と store conditional 命令の間の命令数はなるべく少なくして、無関係なイベントや競合するプロセッサにより、頻繁に store conditional 命令が失敗する可能性を最小限にしなければならない。

5.5.2 コヒーレンス制御を用いたロック機構の実現

不可分操作があれば、マルチプロセッサのコヒーレンス機構を用いて、スピンロックと呼ばれる、プロセッサが成功するまでループを連続的に何度も繰り返して得ようとするロック機構を実現できる。プログラマが、ロックを保持する時間が極めて短時間になるだろうと思っている場合や、そのロックが即取得可能な時にロックの手続きが低遅延であって欲しい場合にスピンロックを用いる。スピンロックは、ロックがフリーになるまでループ内で待ち続けながらプロセッサを拘束するため、状況によってはあまり使わない方がいい場合がある。

キャッシュコヒーレンス制御が無い場合の最も簡単な実装方法は、ロック変数をメモリ内に保持することである。プロセッサは、不可分交換といった不可分操作を用いるロックを絶えず得ようとし、その交換した戻り値をチェックしてロックがフリーかどうかを確認しようとする。ロックを解放するには、プロセッサは単に値0をロック変数に格納するだけである。では、不可分な交換操作を用いて、x1で示されるアドレスにあるスピンロックをロックする命令列を示そう。ここでは、不可分交換のためにEXCH命令をマクロとして用いる。

```
        addi x2,x0,1
lockit: EXCH x2,0(x1)    ; 不可分交換マクロ
        bnez x2,lockit   ; すでにロックされているか？
```

もし、対象となるマルチプロセッサにキャッシュコヒーレンス制御機構が備わっているなら、矛盾なくロック値を確保するためのコヒーレンス機構を用いてロックをキャッシュできる。ロックをキャッシュすることには2つの利点がある。第1にロックをキャッシュすることで、スピン（無限ループ内でロックをテストして獲得）処理を、ロックを得るためにグローバルなメモリアクセスを用いるのではなく、ローカルキャッシュコピー上で行う実装が可能となる点と、第2の利点は、ロックアクセスにおいては局所性が存在するので、最後にロックを獲得したプロセッサが、近いうちに再びそのロックを用いようとすることである。このような場合では、ロック値はプロセッサのキャッシュに存在する可能性が高く、ロックを得る時間は劇的に削減される。

最初の利点を得るために、ロックを獲得しようとする毎にメモリリクエストを発行しなくても、ローカルにキャッシュしたコピー上でスピンロックを実行できるようにするため、最初に示した単純なスピン処理を変更する必要がある。前に示したループ内で交換しようとするには書込み操作が必要となる。もし複数のプロセッサがロックを得ようとすると、それぞれがライトアクセスを発行することとなる。それぞれのプロセッサは Exclusive 状態でロック変数を獲得しようとするため、これらのライトアクセスの大部分はミスになってしまう。

そこで、スピンロックがロック獲得に成功するまで、ロックのローカルコピーに対してリードアクセスを行うことでスピンするように、スピンロック処理を修正しなければならない。そして、交換操作でロックの獲得を試みる。プロセッサは、まずロック状態を調べるのに最初にロック変数を読み込む。そのリードアクセスで読み込んだ値がアンロック状態になるまで、そのプロセッサはリードアクセスとテストを繰り返し続ける。アンロック状態になった時、そのプロセッサは、同様にスピン待ち状態にある他のすべてのプロセスとの間で、誰が最初にその変数をロックできるか競争する。すべてのプロセスは、以前の値を読んで、ロック変数に値1をストアするという交換命令を用いる。唯一のロック獲得者（勝利者）だけが値0を得て、敗れた者は、ロック獲得者によって書き換えられた値1を読み込む（敗れたプロセスは、その変数をロックにセットしようとし続けるが、これは問題ない）。勝利したプロセッサは、ロック後のコードを実行した後、ロックを解放するためにロック変数に0を格納する。そこから全体で競争が再開する。以下に、スピンロックを実行するコードを示す（0がアンロック状態で、1がロック状態）。

```
lockit: ld   x2,0(x1)   ; ロック変数をロード
        bnez x2,lockit  ; ロック状態でスピン
        addi x2,x0,1    ; ロック値をロード
        EXCH x2,0(x1)   ; 交換
        bnez x2,lockit  ; ロック変数が0でなければ分岐
```

この「スピンロック」方式がどのようにキャッシュコヒーレンス機構を利用するのかを調べてみよう。図5.22に、不可分交換命令を用いて変数をロックしようとしている複数のプロセスが、プロセッサとバスやディレクトリを操作する様子について示す。ロックを保持しているプロセッサが値0をロック変数にストアすると直ちに他のすべてのキャッシュはインバリデートされ、そのロック変数のコピーを更新するために新しい値を読み込む。そのようなキャッシュが1つ、最初にロックされていない値（0）のコピーを得て交換操作を行う。他のプロセッサのキャッシュミスが処理され、新たな値が読み込まれると、その変数がすでにロックされているということが分かり、そこで、テストしながらスピンするという状況に戻る。

この例には、load reserved（lr）と store conditional（sc）プリミティブの、リード操作とライト操作が明示的に切り離されていることのもう1つの利点が示されている。lr命令にはバストラフィックは発生しない。これにより、交換で用いた（x1はロックのアドレスを持ち、LD命令はlr命令で、EXCH命令はsc命令と取り替えた）最

ステップ	P0	P1	P2	ステップ最後のロックのコヒーレンス状態	バス/ディレクトリの動作
1	ロック保持	lock = 0 かどうかテストしながらスピン	lock = 0 かどうかテストしながらスピン	Shared	P1、P2 でキャッシュミスが任意の順序で処置。ロック状態が Shared 状態に
2	ロック変数を 0 に	（インバリデート受信）	（インバリデート受信）	Exclusive（P0）	P0 からロック変数のライトインバリデート
3		キャッシュミス	キャッシュミス	Shared	P2 のキャッシュミスに対するバス/ディレクトリ処理；P0 からライトバック；Shared 状態に
4		（バス/ディレクトリがビジーの間待機）	lock = 0 のテストが成功	Shared	P2 のキャッシュミスを処理
5		lock = 0	交換実行、キャッシュミス検知	Shared	P1 のキャッシュミスを処理
6		交換実行、キャッシュミス検知	交換完了：0 を返し、lock = 1 にセット	Exclusive（P2）	P2 のキャッシュミスに対するバス/ディレクトリ処理；インバリデート生成；ロックを Exclusive 状態に
7		交換完了: 1 を返し、lock = 1 にセット	クリティカルセクションに入る	Exclusive（P1）	P1 のキャッシュミスに対するバス/ディレクトリ処理；インバリデート送信と P2 からのライトバック生成
8		lock = 0 をテストしながらスピン			何もしない

図 5.22　3 つのプロセッサ P0、P1、P2 におけるキャッシュコヒーレンス制御の動作とバス動作

この表では、ライトインバリデート型コヒーレンス制御を前提とする。P0 がまずロックから始め（ステップ 1）、そのロック変数の値が 1 となっている（すなわちロックされている）。ステップ 1 が始まる前は、そのロックは P0 により Exclusive 状態で所有されている。P0 が処理を終え、そのロックをアンロックする（ステップ 2）。P1 と P2 が、交換処理の間にどちらがアンロック状態の変数を読むことになるのか競い合う（ステップ 3~5）。P2 が勝利し、クリティカルセクションに入り（ステップ 6、7）、その間、P1 がロックを得ようとして失敗し、スピンしながら待ち続ける（ステップ 7、8）。実際のシステムでは、バスの獲得とミスに対する応答には長い時間を要するので、これらの処理には 8 クロック時間以上を要する。ステップ 8 に至れば、そのプロセスは P2 とともに繰り返し、最終的に排他的にアクセスでき、ロックを 0 にセットできる。

適化バージョンと同じ性質を持つコード列は次のようにできる。

```
lockit: lr   x2,0(x1)   ; load reserved命令
        bnez x2,lockit  ; ロック中であればスピン
        addi x2,x0,1    ; ロック値設定
        sc   x2,0(x1)   ; ロック値を格納
        bnez x2,lockit  ; 失敗すれば分岐
```

最初の分岐はスピンループを形成し、2 番目の分岐は、2 台のプロセッサが同時にロックが利用可能であると判断してしまった時の競合を解決している。

5.6 メモリコンシステンシモデル：導入

キャッシュコヒーレンス制御により、複数のプロセッサからのメモリの見え方には一貫性があるように保証される。しかしながら、メモリの見え方に一貫性があるというのは一体どのようであるべきかという問いかけに対する答えとはなっていない。ここでいう「一貫性とはどのようなものか」という問いかけにより、他のプロセッサによって更新された値を、あるプロセッサにどの時点で見えるようにしなければならないのだろうかという疑問が現れる。プロセッサは、共有変数を通じて（データの値と同期処理の両方に対して）通信を行うため、問題は以下に要約される。プロセッサには、どのような順序で、他のプロセッサのデータライトが観測されることになるのだろうか。「他のプロセッサのライトアクセスを観測する」唯一の方法はリードアクセスを行うしかないため、次の疑問が生じる。別々のプロセッサにより異なる番地に対して行うリードアクセスやライトアクセスの間において、どのような特性が必要となるのだろうか。

一貫しているメモリがどういったものでなければならないかについての疑問は一見単純に思われるが、次に示す簡単な例にもあるように、極めて複雑なものである。以下に処理P1とP2における 2 つのコード部分を並べて示そう。

```
P1:  A = 0;            P2:  B = 0;
     .....                  .....
     A = 1;                 B = 1;
L1:  if (B == 0)...    L2:  if (A == 0)...
```

この処理はともに別々のプロセッサ上で実行されており、変数A、Bは、最初に初期値 0 にて両方のプロセッサにキャッシュされていると想定する。もしライトが、常に即刻反映され、すぐに他のプロセッサによって見えるようになるとすると、(L1およびL2というラベル付けされた) 2 つのif文において、if文に到達した時には変数A、Bどちらにおいても、値 1 が代入されてしまっているため、その条件が真であると判断するといったことはありえない。しかしながら、ライトインバリデートが遅れて、その遅延の間もプロセッサは実行を続けることができると想定してみよう。(それぞれ) BとAに対するインバリデートが、プロセッサがその値を読み込もうとするまでに、P1、P2両方ともに対して届かないという状況が起こりうる。そこで起こる疑問は、このような挙動は許されるものなのか。もし許されるなら、どのような条件の下で認められるのだろうか。

メモリコンシステンシに対して最も素直で分かりやすいモデルは、**シーケンシャルコンシステンシ**と呼ばれる。シーケンシャルコンシステンシで求められるのは、どのような実行結果も、各プロセッサによって実行されるメモリアクセスがまるでその順番を維持し、異なるプロセッサの間においてそのアクセスが任意にイン

ターリーブされたかのように動作し、必ず同じ結果になるということである。シーケンシャルコンシステンシでは、上記の例にあるif文が実行される前に代入を完了していなくてはならないため、上の例において曖昧な実行の可能性は皆無である。

シーケンシャルコンシステンシを実現する最も単純な方法は、プロセッサが、そのアクセスによって引き起こされるすべてのインバリデートを完了するまで、あらゆるメモリアクセスの実行を遅らせることである。もちろん、それ以前のメモリアクセスを完了するまでに、次のメモリアクセスを遅延させることも同様に同じ結果となる。メモリコンシステンシは、異なる変数間における操作を意味することを思い出そう。つまり、順序が保持された2つのアクセスは、実際は異なるメモリ番地に対するものであるということである。上記の例では、AあるいはBのリードアクセス（A == 0やB == 0）を、その前のライトアクセス（B = 1やA = 1）を完了するまで先送りさせなければならない。シーケンシャルコンシステンシの下では、例えば、単にライトバッファに書き込みを行い、続けてリードアクセスを実行するということはできない。

シーケンシャルコンシステンシは、単純なプログラミングパラダイムを示すことになるが、特に次の例題に示すように、大規模台数を持つマルチプロセッサや、相互結合網の遅延時間の大きなマルチプロセッサにおいては、その潜在的な性能が奪われることになる。

例題5.6

ライトミスを起こし**オーナシップ**（**所有権**）が確立するまで50サイクルかかり、オーナシップが確立した後に各インバリデートを発行するのに10サイクル要し、インバリデートが発行されて、その処理を完了し、アクノリッジを返すのに80サイクルかかるプロセッサがあるとする。他に4台のプロセッサが、あるキャッシュブロックを共有していると仮定すると、もしプロセッサがシーケンシャルコンシステンシに基づいて動作しているならば、ライトミスにより、そのライトアクセスを行ったプロセッサがどれほどの時間ストールすることになるか。コヒーレンスコントローラがインバリデートの完了を把握するまでに、インバリデートは明示的にアクノリッジを返さねばならないと仮定する。そのライトミスに対してオーナシップを獲得した後は、インバリデートを待たずに実行を継続できるものとすると、そのライトアクセスに要する時間はどのようになるか。

解答

インバリデートを待つ時は、それぞれのライト時間にはオーナシップ時間にインバリデートを完了するまでの時間を加える。インバリデートはオーバーラップできるため、最後の分だけ考慮するだけでよく、オーナシップが確立した後に10 + 10 + 10 + 10 = 40サイクルをまずは要する。したがって、そのライトアクセスに要する全時間は50 + 40 + 80 = 170サイクルとなる。比較のために、オーナシップ時間は50サイクルのみとする。ライトバッファを実装しておくと、オーナシップを確立する前でもさらに実行の継続は可能となる。

さらに性能を高めるために、研究者やアーキテクトは2つの方向性を探求した。第一の方法として、シーケンシャルコンシステンシを維持するが、ペナルティを削減するために遅延隠蔽技術を用いるといった野心的な実装方式が開発された。これについては、5.7節で議論する。第二の方法として、ハードウェアを高速にするための、制約を緩和したメモリコンシステンシモデルが開発された。このようなモデルは、プログラマに、どのようにマルチプロセッサが見えるかということに影響を与えることになり、そこで、これらの制約を緩和したモデルを論じる前に、プログラマが何を期待するか考えてみよう。

5.6.1 プログラマからの見え方

シーケンシャルコンシステンシモデルは、性能的には不利な点があるが、プログラマの観点からは単純であるという利点がある。これから目指すものは、簡単に説明できるうえに、高性能な実現が可能なプログラミングモデルを開発することである。

効率的に実現できるプログラミングモデルとは、プログラムが**同期している**と想定したものである。もし共有データに対するすべてのアクセスが同期操作によって順番が決められるのであれば、そのプログラムは同期していると言える。もし、どのような実行においても、1台のプロセッサによって、ある変数にライトアクセスが行われることと、別のプロセッサによってその変数に対して（リードでも、ライトでも）アクセスが行われることが、ライトを行うプロセッサによるライトの後に実行される操作と、2台目のプロセッサによってアクセスされる前に実行される操作の一対の同期操作によって分離されるのであれば、そのデータ参照は同期操作によって順序付けられることになる。実行結果がプロセッサの相対的な速度に依存し、ハードウェア設計におけるレース状態のように、その実行結果が予測不能であるため、同期による順序付けをせずに変数が更新されているかもしれないといった場合を**データレース**状態と呼び、同期しているプログラムを**データレースフリー**と呼ぶ。

簡単な例として、ある変数が2台の別々のプロセッサが読み込んだり、更新したりする状況を考えてみる。それぞれのプロセッサは、リードアクセスと更新操作をロックとアンロックで囲み、更新操作に対して排他制御を、リードアクセスには一貫性を保証する。明らかに、（ライトアクセスの前の）アンロックと（リードアクセス前の）ロックといった、一対の同期操作によって、すべてのライトアクセスは、他のプロセッサからのリードアクセスと分離される。もちろん、もし2台のプロセッサが、途中でリードアクセスが入り込むようなことがなく、ある変数にライトアクセスを行おうとするのなら、その2つのライトアクセスも同期操作によって切り離さなくてはならない。

ほとんどのプログラムが同期していることは、いろいろなプログラムを見ても分かる。もしアクセスが同期していないのであれば、どのプロセッサがデータレースに勝利したかは、その実行速度により決まり、これがプログラムの実行結果に影響を及ぼす。そのため、プログラムの挙動は予想不能になりがちとなることから、このことは基本的には正しい。シーケンシャルコンシステンシモデルを用いても、このようなプログラムに根拠を与えることは極めて困難である。

プログラマは自分自身で同期機構を構築することにより、順序付（オーダリング）を保証しようとするが、これは極めて技巧的であり、バグだらけのプログラムとなる危険性をはらみ、さらにアーキテクチャ上のサポートも得られず、そのプログラムは次世代のマルチプロセッサにおいては動作しないかもしれない。その代わりに、ほとんどすべてのプログラマは、正常に動作し、利用するマルチプロセッサとその同期の種類に適合した形で最適化を施した同期ライブラリを利用する。

最後に標準的な同期プリミティブを使用することにより、たとえそのアーキテクチャがシーケンシャルコンシステンシよりも制限を緩和したコンシステンシモデルを実現したとしても、同期化されたプログラムは、まるでハードウェアがシーケンシャルコンシステンシを実現しているかのように動作することが保証される。

5.6.2　リラックスコンシステンシモデル：その基本とリリースコンシステンシ

リラックスコンシステンシモデルにおける重要な概念は、リードアクセスやライトアクセスの完了が順序通りでなくてもよいと認めることであるが、同期化されたプログラムが、まるでシーケンシャルコンシステンシのごとくそのプロセッサが振る舞うように、必ず順序付け（オーダリング）をとるよう同期操作を用いるようにすることでもある。どのリードアクセスとライトアクセスのオーダリングを緩和するかにしたがって分類される、さまざまなリラックスコンシステンシモデルが存在する。ここでは、X→Y という表記は、「操作 Y が実行される前に操作 X は完了していなければならない」ということを意味するといった記述方式を用いることで、そのオーダリングについて分類してみよう。シーケンシャルコンシステンシは、R→W、R→R、W→R、W→W の 4 通りのオーダリングをすべて堅持する必要がある。リラックスコンシステンシモデルは、緩和することとなる 4 つのオーダリングの部分集合によって、以下のように定義される。

1. W→R のオーダリングだけを緩和することで、**Total Store Ordering**（TSO）、または**プロセッサコンシステンシ**として知られるモデルができる。このモデルは、ライトアクセスにおいてオーダリングを維持するため、シーケンシャルコンシステンシのもとで稼働する多くのプログラムは、このモデルにおいても、同期操作を追加しなくても動作する。
2. W→R と W→W のオーダリングをともに緩和することで、**Partial Store Ordering**（PSO）として知られるモデルとなる。
3. 4 つのオーダリングをすべて緩和することで、**ウィークオーダリング**、PowerPC コンシステンシモデル、**リリースコンシステンシ**、RISC-V コンシステンシモデルといった数々のモデルができあがる。

これらのオーダリングを緩和することによって、プロセッサは大幅な性能向上を得るかもしれない。この理由により RISC-V や ARMv8、標準 C++や標準 C 言語においてもリリースコンシステンシモデルが選択されたのである。

リリースコンシステンシは、共有変数へのアクセス権を**取得**するために使用される同期操作（S_A と表記）と、オブジェクトを**解放**して他のプロセッサがアクセス権を取得できるようにする同期操作（S_R と表記）を区別する。リリースコンシステンシは、同期プログラムにおいて、取得操作は共有データを用いる前に実行し、解放操作は共有データの更新の後に行い、次の取得までに実行しなければならないという観測に基づく。この性質により、取得前のリードまたはライトが取得前に完了する必要がないこと、およびリリース後のリードまたはライトがリリースを待つ必要がないことを確認して、順序をわずかに緩和できる。したがって、図 5.23 に示すように、維持する順序は S_A と S_R だけとなる。図 5.24 の例が示すように、このモデルは 5 つのモデルの中で最も少ない順序となる。

リリースコンシステンシは、簡単にチェックできる最も制限の少ないモデルの 1 つであり、同期プログラムが、シーケンシャルコンシステンシのように動作する。ほとんどの同期操作は獲得または解放のいずれかで（獲得は通常同期変数をリードし、それを不可分に書き換え、解放は通常それをライトするだけ）、バリア同期などのいくつかの操作は獲得と解放の両方として機能し、そのオーダリングは結果としてウィークオーダリングと同じものになる。同期操作は常に前の書き込みが完了したことを保証するが、特定の同期操作を用いずに書き込みが完了したことを保証したい場合がある。このような場合、RISC では FENCE と呼ばれる明確な命令を使用して、すべ

モデル	使用機種	通常のオーダリング	同期後のオーダリング
シーケンシャルコンシステンシ	ほとんどのマシンでオプションモード	R→R、R→W、W→R、W→W	S→W、S→R、R→S、W→S、S→S
Total Store Ordering（TSO）またはプロセッサコンシステンシ	IBMS/370、DEC VAX、SPARC	R→R、R→W、W→W	S→W、S→R、R→S、W→S、S→S
Partial Store Ordering（PSO）	SPARC	R→R、R→W、	S→W、S→R、R→S、W→S、S→S
ウィークオーダリング	PowerPC		S→W、S→R、R→S、W→S、S→S
リリースコンシステンシ	MIPS、RISC-V、ARMv8、C と C++の仕様		S_A→W、S_A→R、R→S_R、W→S_R、S_A→S_A、S_A→S_R、S_R→S_A、S_R→S_R

図 5.23　さまざまなコンシステンシモデルによって課されるオーダリング

ここでは、通常のアクセスと同期アクセスの両方を示す。モデルは、最も制限の厳しい（シーケンシャルコンシステンシ）から最も制限の緩い（リリースコンシステンシ）までに及び、実装の柔軟性を増している。緩いモデルは、メモリ操作毎に暗に示す囲いがあるのとは対照的に、同期操作により生成した囲いに頼る。S_A と S_R はそれぞれ取得操作と解放操作を表し、リリースコンシステンシを定義するために必要となる。各 S に対して表記 S_A と S_R を一貫して使用すると、ある S を持つ各オーダリングは 2 つのオーダリングになり（例えば、S→W は S_A→W、S_R→W になり）、各 S→S は 4 つのオーダリングになり、表の最後の行のようになる。

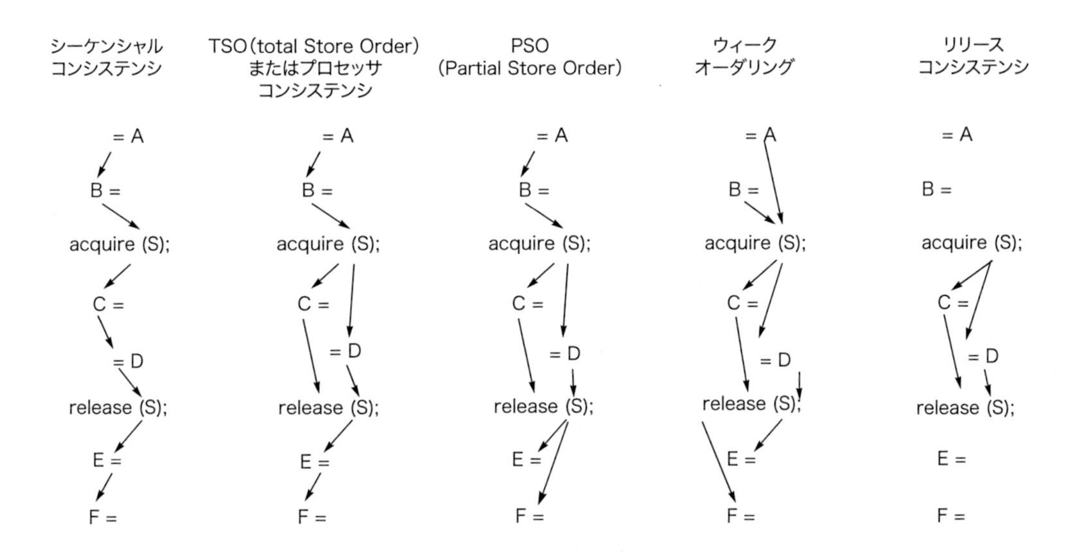

図 5.24 5つのコンシステンシモデル

この節で説明した5つのコンシステンシモデルの例は、モデルが緩くなるにつれて課されるオーダリングの数が減少していることを示す。最低限のオーダリングのみ、矢印で示す。シーケンシャルコンシステンシモデルにおけるSの解放前にあるCへのライトや、ウィークオーダリングやリリースコンシステンシにおける解放前の獲得のような、遷移性によって示されるオーダリングについては示していない。

てのメモリ書き込みの完了および関連する無効化を含め、そのスレッド内のすべての先行する命令が完了したことを保証する。その複雑さや実装の問題、緩和したモデルから得られる性能向上の可能性に関しては、Adve と Gharachorloo による優れたチュートリアルに詳しく書かれており、強くお勧めする［Adve and Gharachorloo, 1996］。

5.7 他の章との関連

マルチプロセッサでは、さまざまなシステムの特徴（例えば性能評価、メモリ遅延時間、スケーラビリティの重要性）を再定義することになるため、広範囲に渡る興味深い設計上の問題が現れ、ハードウェアとソフトウェア両方に影響を与える。この節では、メモリコンシステンシの問題に関連したいくつかの例題を示そう。それから、マルチスレッディングがマルチプロセッシングに加わった時に得られる性能について調べることにする。

5.7.1 コンパイラによる最適化とコンシステンシモデル

メモリコンシステンシに対するモデルを定義するもう1つ理由は、共有データに対して実行される、コンパイラ最適化の範囲を指定することにある。明示的な並列プログラムでは、同期ポイントがはっきりと定義されず、プログラムが同期化されていないのであれば、そのコンパイラは2つの異なる共有データへのリードアクセスとライトアクセスを交換することはできない。というのも、このような変換がプログラムの持つ意味に影響を与えるかもしれないからである。この制限により、共有データのレジスタ割り付けといった比較的簡単な最適化さえもできない。そういった処理は通常リードアクセスとライトアクセスを交換するからである。例えば、High Performance FORTRAN（HPF）によって記述するような、暗黙的に並列化されたプログラムではプログラムは同期化されてなくてはならず、同期ポイントも分かっており、したがってこのような問題は起こらない。コンパイラがさらに制限を緩めたコンシステンシモデルにより多大な恩恵を得るかどうかは、研究面においても、実用的な観点からも、今でも周知の問題であり、そこでは一定の定まったモデルがないことにより、コンパイラの発展が遅れ気味となっている。

5.7.2 厳密なコンシステンシモデルにおける遅延隠蔽のための投機実行

第3章で述べたように、投機実行を用いることでメモリ遅延を隠蔽することができる。投機実行はさらに厳密なコンシステンシモデルから生じる遅延を隠蔽するのに利用でき、リラックスメモリモデルの利点を前面に押し出している。鍵となるアイデアは、そのプロセッサがメモリ参照を並べ替えるよう動的スケジューリングを用いることで、その参照をアウトオブオーダで実行できるようにするというものである。メモリ参照をアウトオブオーダで実行することで、シーケンシャルコンシステンシを守れなくなるかもしれず、そのプログラムの実行に影響を与えるかもしれない。この可能性は、投機実行プロセッサの遅延コミット性を活用することで回避できる。インバリデートをベースにしたコヒーレンスプロトコルを仮定しよう。もしメモリ参照がコミットされる前に、プロセッサがメモリ参照に対するインバリデートを受信したのであれば、そのプロセッサは計算から戻るために投機リカバリを用い、そのアドレスがインバリデートされたメモリ参照を再開する。

もしそのプロセッサによるメモリリクエストを並べ替えることにより、シーケンシャルコンシステンシの下で得られるものとは異なる結果をもたらすこととなるような実行順序となるのであれば、そのプロセッサはその実行をやり直す。この方法を用いる重要な鍵は、すべてのアクセスが順序通り（インオーダ）に完了するかのごとく、実行結果が同じであるということを、そしていつその実行結果が異なるようになってしまうかを検知することで実現できるということを、そのプロセッサが保証されるだけでよい点である。投機実行における再実行の頻度は低く、この方法は魅力的である。実際にレース状態を引き起こす同期化されていないアクセスがある時のみ、再実行が引き起こされる［Gharachorloo *et al.*, 1992］。

Hillは、選ぶべきコンシステンシモデルとして、シーケンシャルコンシステンシまたはプロセッサコンシステンシと投機実行の組み合わせを提唱している［Hill, 1998］。Hillの主張は3つの部分からなる。まず第一にシーケンシャルコンシステンシあるいはプロセッサコンシステンシを精力的に実装したものはいずれも、制限を緩和したモデルのほとんどすべての利点を持つ。第二に、こういった実装においては、投機実行プロセッサの実装コストは大したものにはならない。第三に、このような方法により、シーケンシャルコンシステンシあるいはプロセッサコンシステンシのいずれの、より単純なプログラミングモデルを用いる根拠になる。MIPS R10000の設計チームは1990年代半ばにはすでにこの考えに至っており、シーケンシャルコンシステンシのこの種の積極的な実装をサポートするためにR10000のアウトオブオーダ実行機能を用いていた。

実績のあるコンパイラ技術がどのようにして共有変数へのメモリ参照の最適化を行っているのかは、誰もが抱く疑問である。最適化技術の現状と、共有データがポインタあるいは配列のインデックスによってアクセスされるという事実により、このような最適化の使用は制限されることになった。もしこの技術が利用可能となり、そして大幅な性能向上をもたらすことになれば、コンパイラ作成者は、さらに制限を緩和したプログラミングモデルを利用できるよう切望するようになるだろう。

この可能性と将来像を可能な限り柔軟なものにしたいという願いから、長い議論の末、RISC-V設計者はリリースコンシステンシを選ぶようになった。

5.7.3 包含（Inclusion）とその実現

あらゆるマルチプロセッサは、グローバル相互結合網への要求とキャッシュミスによる遅延時間を削減するためにマルチレベルのキャッシュ階層を用いる。キャッシュ階層のすべてのレベルがそのプロセッサから遠い位置にあるレベルのサブセットとなっているといった**複数レベルの包含**（Multilevel Inclusion）をキャッシュが機能として持つのであれば、マルチレベルの構造を用いることができる。これにより、スヌープとプロセッサのキャッシュアクセスがそのキャッシュに対して競合する時に生じるプロセッサトラフィックとコヒーレンス制御によるトラフィックとの間の衝突を軽減できる。最近のマルチプロセッサではL1キャッシュは小容量で、ブロックサイズが異なるといったことがあるため、包含がないようにするといった方式もあるが、複数レベルキャッシュを持つマルチプロセッサでは、包含性（Inclusion Property）を持つものが多い。各キャッシュは、その階層において下位レベルのサブセットとなっているため、この制限は**サブセット特性**とも呼ばれる。

一見してマルチレベルの包含特性を維持することは他愛もないように見える。2レベルキャッシュを例に考えてみよう。L1におけるミスは、L2ではヒットするか、L2でもミスを引き起こすかのどちらかであり、それはL1とL2どちらにも起こることである。同様に、L2においてヒットするどのようなインバリデートもL1に送信しなければならず、そこにブロックがあれば、そのブロックはインバリデートされる。

そこに潜む罠は、L1とL2のブロックサイズが異なっている時に何が起きるかである。L2キャッシュはL1よりもずっと大容量であり、ミスペナルティにおいては多大な遅延時間を要するため、異なるブロックサイズを選択することは極めて妥当であり、したがって、L2においてブロックサイズを大きくしたくなるのはもっともである。ブロックサイズが異なる時、「機械的に」包含を持たせた場合には一体何が起こるのだろうか。L2キャッシュにおける1ブロックはL1キャッシュの中では複数ブロックで構成され、L2キャッシュにおけるミスにより置き換えが生じると、それはL1キャッシュの複数ブロックの置き換えに相当する。例えば、もしL2キャッシュのブロックサイズが、L1キャッシュのブロックサイズの4倍であるならば、L2におけるミスは、L1キャッシュのブロック4個分に相当する置き換えを行うこととなる。詳細については、次の例題を考えてみよう。

例題5.7

L2キャッシュがL1キャッシュの4倍のブロックサイズを持つと想定する。あるアドレスに対して、L1とL2において置き換えを引き起こすミスが生じると、どのように包含特性が維持できなくなるかを示せ。

解答

L1とL2がダイレクトマップと想定し、L1のブロックサイズをbバイトとすると、L2のブロックサイズは$4b$バイトとなる。L1は、先頭アドレスxと$x+b$を持つ2つのブロックを保持し、xはL2におけるブロックの先頭アドレスでもあるということで$x \bmod 4b = 0$であると仮定すると、L2キャッシュのその1ブロックは、L1ブロックのx、$x+b$、$x+2b$、$x+3b$の4ブロックを保持していることになる。そのプロセッサが、両方のキャッシュにおいてxを保持しているブロックにマップされているブロックyに対してアクセスを行い、そしてミスが生じたとする。L2においてミスを起こしたため、L1がbバイト読み込みxを保持するブロックを置き換えるの対して、L2は$4b$バイト分を読み込み、x、$x+b$、$x+2b$、$x+3b$を保持するブロックを置き換える。L1は、まだ$x+b$を保持しているが、L2では置き換えられてしまったため、包含特性はこの時点で崩壊している。

複数のブロックサイズにける包含を維持するには、キャッシュ階層の下位レベルのキャッシュにおいて置き換えが発生した場合、下位レベルのキャッシュで置き換えたワードを含むブロックは、上位レベルのキャッシュではインバリデートできるように、上位レベルのキャッシュを常に監視しなければならない。これは異なるキャッシュウェイ数を持った場合にも同じようなことが必要となる。BaerとWangは、包含に関してその利点と克服すべき問題について詳細に述べており［Baer and Wang, 1988］、2017年には、キャッシュのすべてのレベルに対し、1つのブロックサイズを設定することで包含を実装した設計が増えるようになった。例えばIntel i7はL3キャッシュに対して包含を用いており、これはL3キャッシュは常にL2とL1のすべての内容を含んでいるということを意味してい

る。この決定により、L3 レベルにおいてもディレクトリ方式をそのまま素直に実装でき、L1 と L2 をスヌープすることにより、そのディレクトリが L1 または L2 がキャッシュコピーを保持していることを示すといった状況において干渉を最小限にすることができることを示している。AMD 社 Opteron は対照的に、L2 には L1 を包含するようにし、L3 に対してはそういった制限は設けていない。このチップではスヌーププロトコルを用いるが、ヒットすることがなく、その場合に L1 にスヌープが送られるのであれば、L2 レベルでスヌープするだけでよいのである。

5.7.4 マルチプロセッシングとマルチスレッドを用いた性能向上

この節では、マルチコアプロセッサ IBM Power5 上においてマルチスレッドを用いる効果について、手短に検証を行ってみよう。それから次の節では、Intel i7 の性能について調べる時にこの問題に戻ることとする。IBM Power5 は同時マルチスレッド（Simultaneous MultiThreading: SMT）をサポートするデュアルコアプロセッサであり、その基本アーキテクチャは、次章で紹介する最新の Power8 に極めて類似している。しかし、そのコア数はプロセッサ当たり 2 つしかない。

マルチプロセッサ上におけるマルチスレッドの性能を調べるために、8 個の Power5 プロセッサを用いた IBM システム上で、各プロセッサ毎に 1 コアを用いて測定を行った。図 5.25 は、SMT を用いる場合と用いない場合の Power5 8 プロセッサのマルチプロセッサに対する速度向上を示したもので、キャプションに示してあるように SPECRate2000 ベンチマークを用いた。平均して、SPECfpRate では 1.16 倍の高速化となるのに対し、SPECintRate では 1.23 倍高速であった。ここでは、浮動小数点演算ベンチマークにおいては、SMT モードで最大 0.93 倍といったように、性能がやや低下していることに注意しよう。SPECfp ベンチマークの高いミス率を SMT がうまく隠蔽してくれるのではないかと期待したいところだが、メモリシステムの限界から、このようなベンチマークでは、SMT モードで実行した時には性能低下が現れるのである。

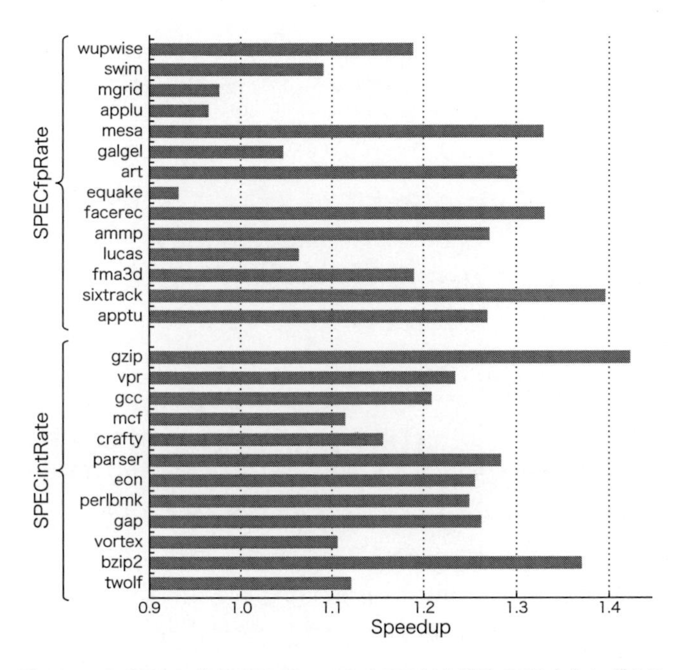

図 5.25 8 プロセッサの IBM eServer p5 575 における SMT とシングルスレッド（ST）性能の比較

ここでは SPECfpRate（上半分）と SPECintRate（下半分）をベンチマークとして用いた。*x* 軸は、速度向上が 0.9 倍、つまり性能低下の地点から始まっていることに注意しよう。それぞれの Power5 コアにおいて、1 個のプロセッサのみが動作し、そのことにより、メモリシステムにおいて壊滅的な干渉を減少させることによって、SMT からの結果をやや改善できているのである。16 個のユーザスレッドを生成することによって、SMT の効果を得ているが、他方シングルスレッドの結果は 8 個のスレッドだけを用いている。つまり、プロセッサ毎に 1 個のスレッドのみを用い、Power5 を OS によってシングルスレッドモードに切り替えているのである。これらの結果は IBM 社の John McCalpin 氏によって収集されたものである。このデータから分かることは、SPECfpRate に対する結果の標準偏差は SPECintRate に対するものよりも（0.07 に対して 0.13 と）高いものとなっており、このことから、浮動小数点演算プログラムに対しては、SMT による改善は幅広く変化する可能性が高いことを示している。

5.8 総合的な実例：マルチコアプロセッサとその性能

ざっとこの 10 年間、スケールする性能にとってマルチコアが主な焦点であったが、大規模マルチチップマルチプロセッサのサポートと同様に、実装は大きく異なる。この節では、3 つの異なるマルチコアの設計や、それらが大規模マルチプロセッサに提供するサポート、およびいくつかの性能特性を調べてから、小規模から大規模 Xeon マルチプロセッサシステムを幅広く評価し、最後に i7 6700 の前身であるマルチコア i7 920 の詳細な評価を行う。

5.8.1 マルチプログラムワークロードにおけるマルチコアベースのマルチプロセッサの性能

図 5.26 は、サーバアプリケーション用に設計され、2015 年から 2017 年にかけて利用された 4 種類のマルチコアプロセッサの重要な性質を示したものである。Intel Xeon E7 は i7 と同じ設計に基づいたものであるが、コア数は増えており、クロック速度は（消費電力の限界から）やや遅くなっており、L3 キャッシュの容量も大きい。Power8 は IBM 社の Power シリーズの最新のものであり、コア数も多く、キャッシュ容量も大きい。富士通社の SPARC64 X+は、SPARC サーバチップの最新版であり、第 3 章で述べた T シリーズとは異なり SMT を採用している。これらのプロセッサはマルチコア/マルチプロセッササーバ用に構築されているため、図に示すように、プロセッサ数、キャッシュサイズなどを変えたりして、ファミリとして利用できる。

これら 3 つのシステムは、チップ内のコア間接続と複数のプロセッサチップ間接続の両方について、さまざまな手法を示している。まず、コアがチップ内でどのように接続されているかを見てみよう。SPARC64 X+は最も単純である。16 個のコア間で、24-ウェイセットアソシアティブの単一の L2 キャッシュを共有する。コアとチャネル間の 16×4 スイッチでアクセス可能なメモリを接続するための 4 つの独立した DIMM チャネルがある。

図 5.27 に、Power8 および Xeon E7 チップの構成を示す。Power8 の各コアには、直接接続された 8MiB の L3 のバンクがある。他のバンクは、8 本の独立したバスを持つ相互接続ネットワークを介してアクセスされる。L3 の接続されたバンクへのアクセス時間は、別の L3 にアクセスするよりもはるかに速いため、したがって、Power 8

特性	IBM Power8	Intel Xeon E7	富士通 SPARC64 X+
コア/チップ	4、6、8、10、12	4、8、10、12、22、24	16
マルチスレッディング	SMT	SMT	SMT
スレッド/コア	8	2	2
クロック周波数	3.1～3.8GHz	2.1～3.2GHz	3.5GHz
L1 命令キャッシュ	32KiB/コア	32KiB/コア	64KiB/コア
L1 データキャッシュ	64KiB/コア	32KiB/コア	64KiB/コア
L2 キャッシュ	512KiB/コア	256KiB/コア	24MiB 共有
L3 キャッシュ	L3：32-96MiB：8MiB/コア（eDRAM 使用）；不均一アクセス時間で共有	10-60Mi B @ 2.5MiB/コア；共有、多数のコアを利用	なし
包含（Inclusion）	あり、L3 の上位集合	あり、L3 の上位集合	あり
マルチコアコヒーレンスプロトコル	挙動と局所性のヒント（13 状態）を持つ拡張 MESI	MESIF：クリーンブロックの直接転送が可能な MESI の拡張型	MOESI
マルチチップコヒーレンスの実現方法	スヌープとディレクトリのハイブリッド	スヌープとディレクトリのハイブリッド	スヌープとディレクトリのハイブリッド
マルチプロセッサ間接続方法	任意のプロセッサには 1 または 2 ホップで到達できる 16 プロセッサチップを接続可能	Quickpath により最大 8 プロセッサチップを直接接続、追加ロジックにより大規模システムとディレクトリをサポート	クロスバー接続チップ、ディレクトリサポートを含め最大 64 プロセッサをサポート
プロセッサチップ数	1～16	2～32	1～64
コア数	4～192	12～576	8～1024

図 5.26 サーバ用に設計されたハイエンドマルチコアプロセッサ（2015 年～2017 年発表）の特徴

この表は、各プロセッサファミリ内のプロセッサ数、クロック周波数、およびキャッシュサイズの範囲を示す。Power8 L3 は NUCA（Non-Uniform Cache Access）設計であり、EDRAM を使用して最大 128MiB のオフチップ L4 もサポートしている。32 コアの Xeon が最近発表されたが、システムの出荷は行われていない。富士通 SPARC64 は、通常シングルプロセッサシステムとして構成されている 8 コア設計として入手可能である。最後の行は、プロセッサチップ数と合計コア数の両方で、公表されている（SPECintRate などの）性能データを含めた、構築されたシステムの範囲を示している。Xeon システムには、追加のロジックにより基本的な相互接続を拡張するマルチプロセッサが含まれている。例えば、標準の Quickpath インターコネクトを使用すると、プロセッサ数は 8 に、最大システムは 8 × 24 = 192 コアに制限されるが、SGI は追加のロジックにより、インターコネクト（およびコヒーレンス機能）を拡張して 18 コアプロセッサチップを使用して、32 プロセッサで、合計 576 コアのシステムを提供している。最近発表されたこれらのプロセッサは、（Power8 の場合は大幅に、それ以外の場合はそれほどでもなく）クロック周波数と（Xeon の場合は大幅に）コア数が増加した。

は真の **NUCA**（Non-Uniform Cache Architecture）となる。各 Power8 チップには、後に述べる構成を使用して大規模マルチプロセッサを構築するために使用できるリンク群がある。そのメモリリンクは、L4 と DIMM との直接インターフェイスを含む専用メモリコントローラに接続される。

図 5.27（B）は、18 個以上のコアがある場合（図では 15 個のコアを示す）の Xeon E7 プロセッサチップの構成を示す。3 つのリングによりコア群と L3 キャッシュバンクが接続され、各コアと L3 の各バンクは 2 つのリングに接続されている。したがって、適切なリングを選択することで、任意のキャッシュバンクまたは任意のコアに他の任意のコアからアクセスできる。したがって、チップ内では、E7 は均一なアクセス時間を持つ。しかし、実際には、E7 は通常、半分のコアは各メモリチャネルに論理的に関連付けることにより、NUMA アーキテクチャとして動作する。これにより、特定のアクセスで目的のメモリページが開かれる可能性が高くなる。E7 には、複数の E7 を接続するための 3 つの QuickPath Interconnect（QPI）リンクがある。

図 5.28 に示すように、これらのマルチコアで構成されるマルチプロセッサは、さまざまな相互接続方式を使用している。Power8 は、16 個の Power8 チップを接続し、合計 192 コアをサポートする。グループ内リンクは、4 つのプロセッサチップを完全結合したモジュール間で、より高いバンド幅の相互接続を提供する。各プロセッサチップを他の 3 つのモジュールに接続するためにグループ間リンクを使用する。したがって、各プロセッサは互いに 2 ホップ離れており、アドレスがローカルメモリ、クラスタメモリ、またはクラスタ間メモリのどちらにあるかによってメモリアクセス時間が決まる（実際には後者は 2 つの異なる値を持つが、その違いはクラスタ間時間により見えなくなる）。

Xeon E7 は QPI を使用して複数のマルチコアチップを相互接続する。最近発表された Xeon では 128 コアを持ち、4 チップマルチプロセッサでは、各プロセッサにある 3 つの QPI リンクは 3 つの隣接プロセッサに接続され、4 チップを完全結合したマルチプロセッサとなる。メモリは各 E7 マルチコアに直接接続されているため、この 4 チップ構成でもメモリアクセス時間が（ローカルとリモートで）不均一になる。図 5.28（B）は、8 個の E7 プロセッサを接続する方法を示している。Power8 のように、これはすべてのプロセッサには、他のすべてのプロセッサから 1 ホップか 2 ホップでたどり着くことになる。8 個以上のプロセッサチップを搭載した Xeon ベースのマルチプロセッササーバが多数ある。こういった設計では、典型的な構成として、4 つのプロセッサチップをモジュールとして正方状に接続し、各プロセッサを 2 つの隣接プロセッサに接続する。各チップの 3 番目の QPI はクロスバースイッチに接続される。このようにして、極めて大規模なシステムを構築できる。メモリアクセスは、異なるタイミングで、プロセッサに対してローカル、隣接ノード、2 ホップ離れたクラスタ内の隣接ノード、およびクロスバーを経由するといった 4 つの場所で発生する可能性がある。他の構成も可能であり、リモートメモリにアクセスするために、より多くのホップ数を要する代わりに、フルクロスバーを用いることはなくなる。

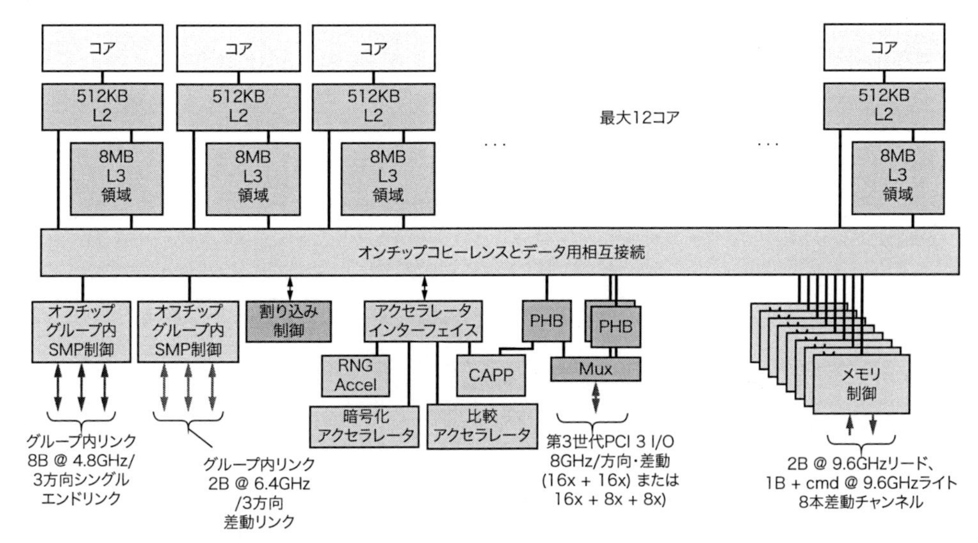

(A) Power8チップ構成

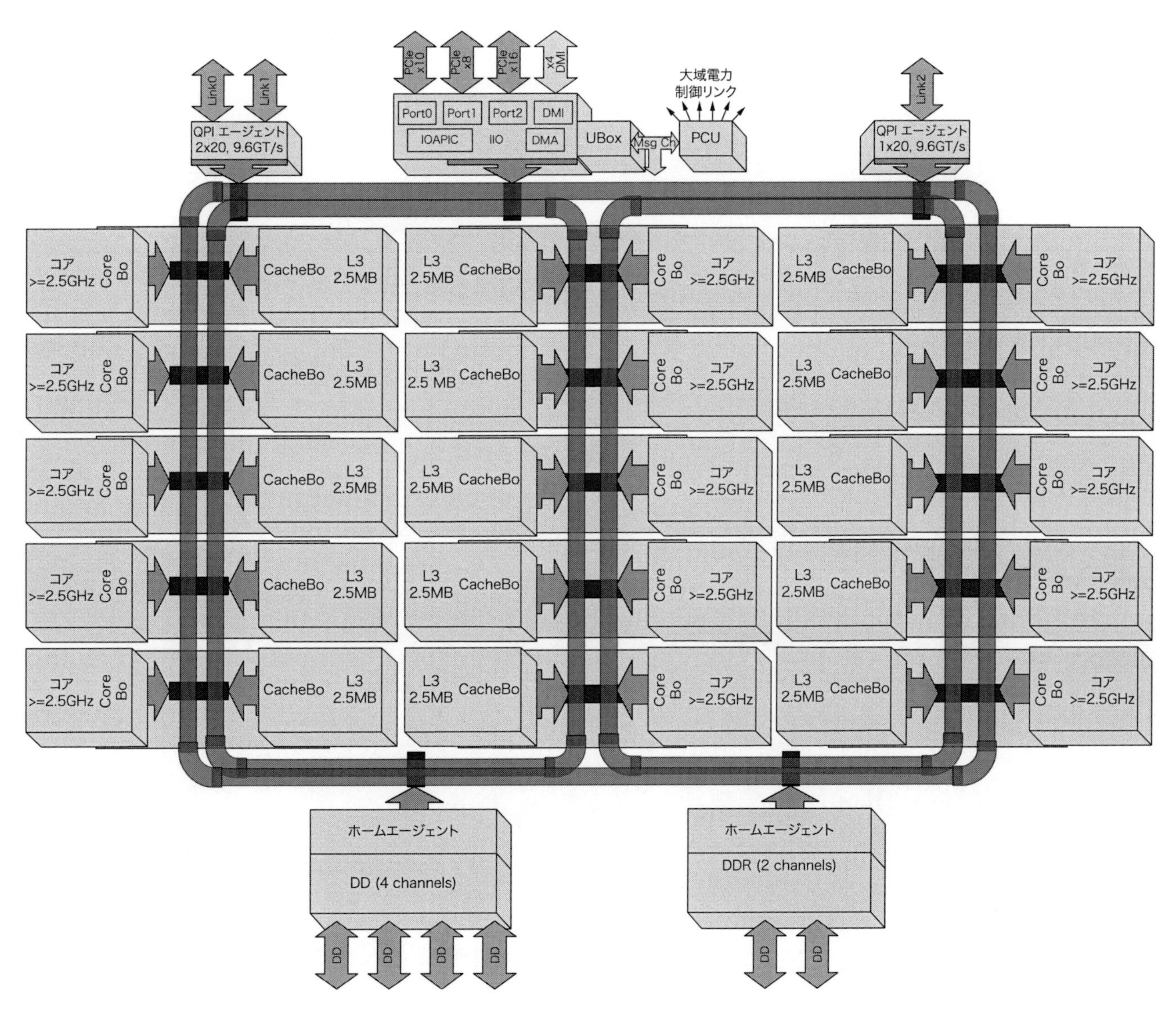

(B) Xeon E7の構成

図 5.27 Power8 と Xeon E7 のオンチップ構成

Power8 は、L3 と CPU コアの間に 8 本の独立したバスを用いる。各 Power8 には、大規模マルチプロセッサを接続するための 2 セットのリンクもある。Xeon は 3 つのリングを使用してプロセッサと L3 キャッシュバンクを接続し、さらにチップ間リンク用には QPI を利用する。ソフトウェアを使用して、コアの半分を各メモリチャネルに論理的に関連付ける。

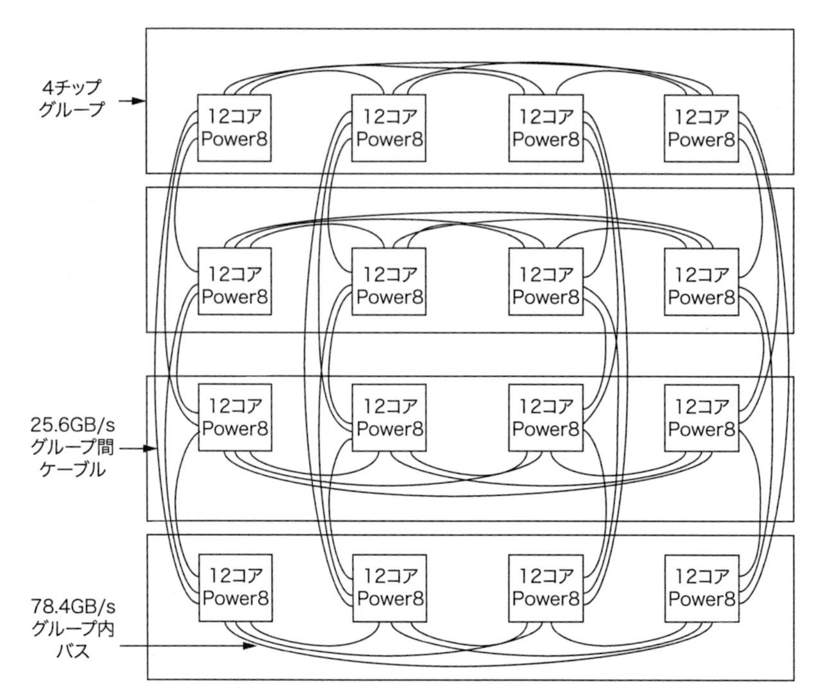

(A) 16チップを用いたPower8システム

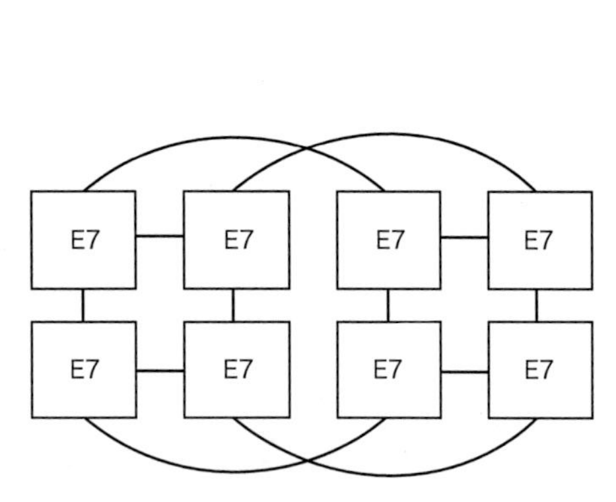

(B) 8チップを用いたXeon E7システム

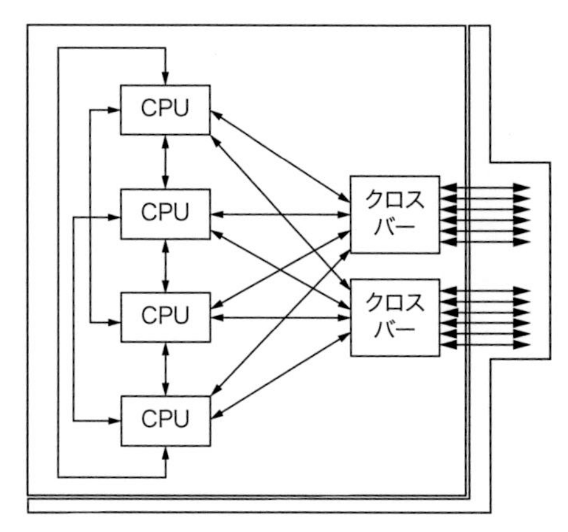

(C) 4チップビルディングブロックによるSPARC64 X+

図 5.28 マルチコアチップから構築した 3 つのマルチプロセッサのシステムアーキテクチャ

SPARC64 X+も 4 プロセッサモジュールを用いるが、各プロセッサには隣接プロセッサへの接続が 3 つと、クロスバーへの接続が 2 つ（最大構成では 3 つ）ある。最大構成では、64 個のプロセッサチップを 2 個のクロスバースイッチに接続でき、合計 1024 個のコアとなる。メモリアクセスは NUMA（ローカル、モジュール内、およびクロスバー経由）であり、コヒーレンシ制御はディレクトリベースである。

64 コアまでの構成を念頭に、SPECintRate を使用してこれら 3 つのマルチコアプロセッサ（Power8、Xenon E7、SPARC64 X+）のスケーラビリティを比較する。図 5.29 は、4～16 コアと変えた最小構成に対して、性能がどのように変化するかを示す。プロットした結果、最小構成が理想速度向上（すなわち、8 コアでは 8 倍、12 コアの場合は 12 倍など）を有すると仮定している。この図は、これらの異なるプロセッサ間の性能を示してはいない。実際、こういった性能は大きく変化する。4 コア構成では、IBM Power8 は、コア当たりの SPARC64 X+の 1.5 倍の速度である。代わりに、図 5.29 は、コアを追加するにつれて、各プロセッサファミリの性能がどのように向上するかを示している。

3 つのプロセッサのうち 2 つは、64 コアに拡張するにつれて台数効果が減少している。Xeon システムは、56 コアと 64 コアで最も劣化が大きい。これは主に、多数のコアが小規模の L3 を共有していることが原因である可能性がある。例えば、40 コアシステムでは 4 つのチップが使用され、それぞれのチップに 60MiB の L3 があり、1 コア当たり 6MiB の L3 になる。56 コアおよび 64 コアシステムも 4 チップを使用しているが、1 チップ当たり 35 または 45MiB の L3、または 1 コア当たり 2.5～2.8MiB の L3 がある。その結果生じる L3 ミス率が大きくなると、56 コアおよび 64 コアシステムの性能が低下することになる。

IBM Power8 の結果も異常であり、スーパーリニアとなる大幅な高速化が見られる。しかしながらこの結果は、この図にある他のプロセッサよりも Power8 プロセッサのクロック周波数がはるかに高いことに起因する。特に、64 コア構成は最大クロック周波数

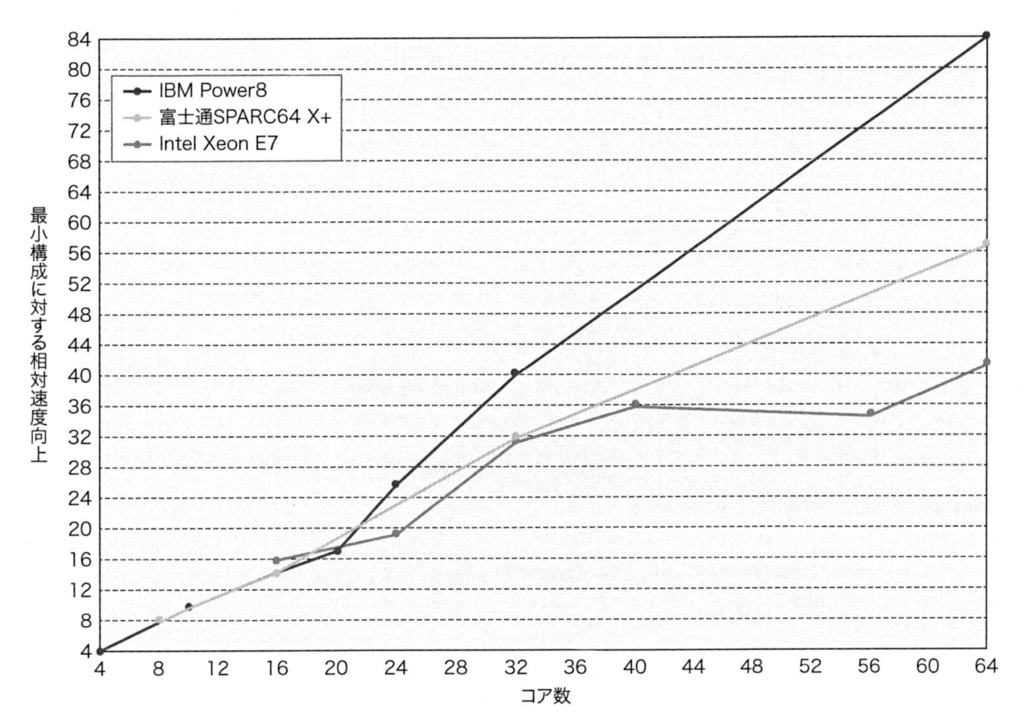

図 5.29 SPECintRate ベンチマークによる 4 マルチコアプロセッサに対する 64 コアまでコア数を増加した時の性能向上

各プロセッサの性能は、理想速度向上を示す最小構成と比較したものである。この図は、特定のマルチプロセッサがコアを追加してどのようにスケールできるかを示しているが、プロセッサ周りの性能に関するデータは提供されていない。プロセッサファミリ内でも、クロック周波数には違いがある。最小構成から 64 コア構成まで 1.5 倍のクロック周波数の違いがある Power8 を除き、周波数の差は、一般的にコアスケーリング効果によって見えなくなる。

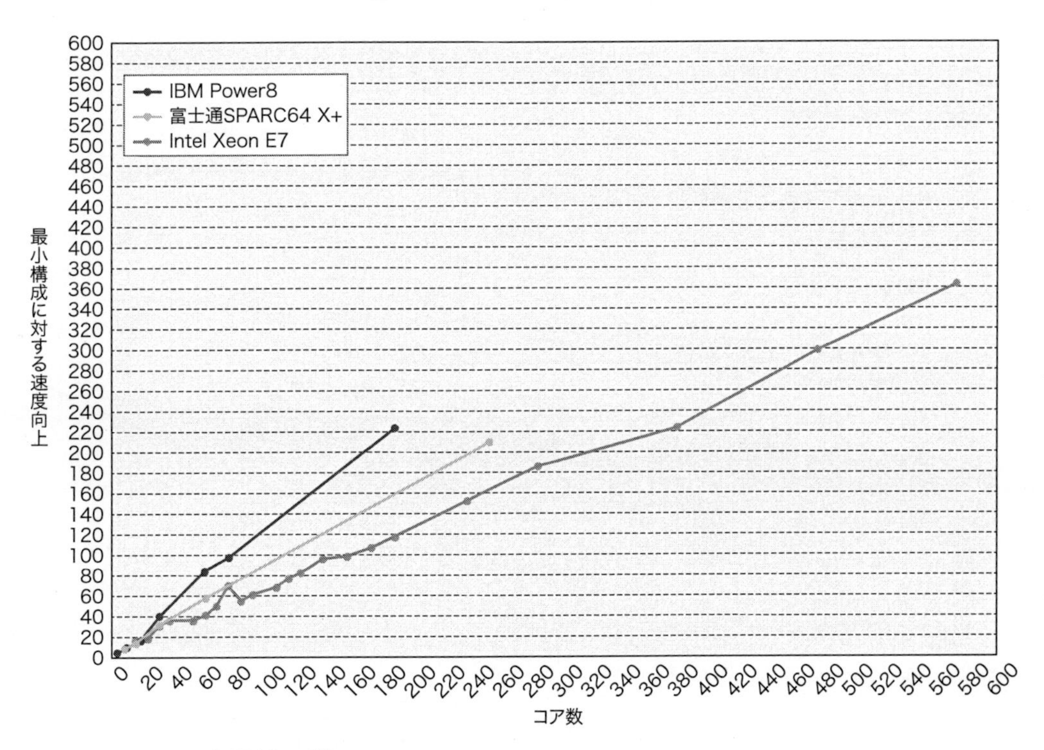

図 5.30 マルチプロセッサのコア数に対する相対性能の増加

前述のように、性能は利用可能な最小システムを基準にしている。80 コアでの Xeon の結果は、小規模構成で見られたのと同様、L3 による効果である。80 コアを超えるすべてのシステムでは、1 コア当たり 2.5～3.8MiB の L3 が使用され、80 コア以下のシステムでは、1 コア当たり 6MiB の L3 が使用される。

(4.4GHz) であり、4 コア構成でも 3.0GHz である。4 コアシステムとのクロック周波数の差に基づいて 64 コアシステムの相対的速度向上を正規化すると、実効速度向上は 84 ではなく 57 になる。したがって、この Power8 システムは十分にスケールでき、おそらくこれらのプロセッサの中で最高となるが、これは不思議なことではない。

255 ページの図 5.30 は、64 プロセッサを超える構成における、これら 3 つのシステムの速度向上を示す。繰り返すが、クロック周波数の差が Power8 の結果への影響を示しており、クロック周波数の違いを考慮に入れない場合、192 プロセッサでのクロック周波数相当の速度向上は 223 に対して 167 となる。167 倍でさえも、Power8 の速度向上は SPARC64 X+や Xeon システムのよりも幾分優っている。驚くべきことに、最小システムから 64 コアに増やした際の速度向上にはある程度の台数効果があるものの、大規模構成では劇的に低下することはないようである。そのワークロードの並列性は極めて高く、ユーザ CPU 中心であり、おそらく 64 コアまでのオーバーヘッドがこの結果につながる。

5.8.2 さまざまなワークロードによるXeon MPのスケーラビリティ

この節では、次に説明するように、SPEC ベンチマークからの 3 つの異なるワークロード (Java ベースの商用ワークロード、仮想マシンワークロード、並列科学技術処理ワークロード) により Xeon E7 マルチプロセッサのスケーラビリティに着目する。

- SPECjbb2015：POS (point-of-sale) 要求、オンライン購入、およびデータマイニングを組み合わせたスーパーマーケットの IT システムをモデル化した処理。性能評価方法はスループット指向であり、複数の Java 仮想マシンを実行しているサーバ側での最大性能測定を使用する。
- SPECVirtSC2013：CPU ベンチマーク、Web サーバ、メールサーバなど、他の SPEC ベンチマークを個別に組み合わせて実行する仮想マシンの集合をモデル化した処理。システムは各仮想マシンのサービス品質保証 (QoS) を満たす必要がある。
- SPECOMP2012：共有メモリ型並列処理用の OpenMP 標準で書かれた 14 の科学技術プログラムを集めたもの。コードは、Fortran、C、および C++で書かれており、流体力学から分子モデリング、画像処理までさまざま。

前の結果と同様に、図 5.31 は最小構成でリニアな速度向上を仮定した場合の性能を示す。これらのベンチマークでは 48 コアから 72 コアまで変化させ、その最小構成に対する性能を図示している。SPECjbb2015 および SPECVirtSC2013 には、Java VM ソフトウェアや VM ハイパーバイザなどの重要なシステムソフトウェアが含まれている。システムソフトウェアを除いて、プロセス間の相互作用は極めて小さい。これとは対照的に、SPECOMP2012 は、データを共有し、共同で計算処理を行う複数のユーザプロセスを備えた真の並列コードである。

まずは SPECjbb2015 を調べよう。最大構成でも 78%から 95%の速度向上率 (速度向上/プロセッサ数) が得られ、良好な速度向上を示している。SPECVirtSC2013 は(測定システムの範囲に対して) さらに良くなり、192 コアでほぼリニアな速度向上を達成している。SPECjbb2015 と SPECVirSCt2013 はいずれも (第 1 章で説明した TPC ベンチマークのように) 大規模システムでアプリケーションサイズを広げるベンチマークであるため、アムダールの法則とプロセス間通信の影響は小さい。

最後に、これらのベンチマークの中で最も計算集中的な SPECOMP2012 と、本当に並列処理を伴うベンチマークを見てみよう。ここで目の当たりにする主な傾向は、30 コアから 576 コアまで

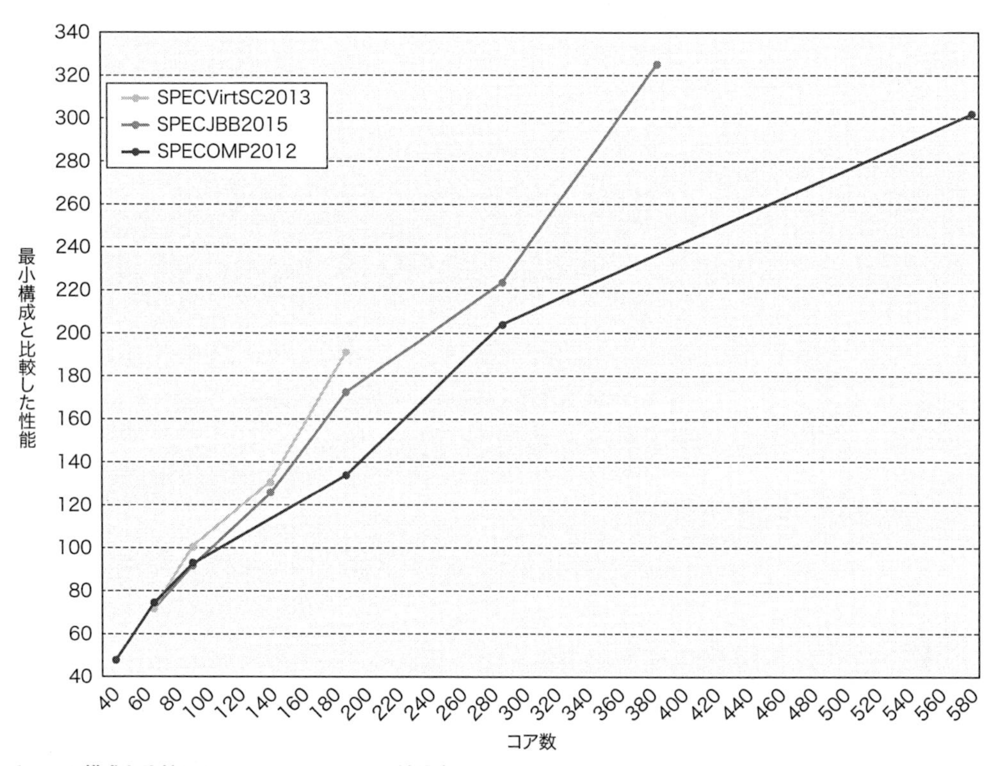

図 5.31 最小のベンチマーク構成と比較した Xeon E7 システムの性能向上

ここでは、この構成が理想性能向上であると仮定する (例えば、最小の SPECOMP 構成は、30 コアで、そのシステムの性能向上は 30 倍)。このデータから評価できるのは相対的な性能のみであり、ベンチマーク間の比較には関連性がない。縦軸と横軸の縮尺の違いに注意すること。

増加するにつれて、効率がどんどん低下していることでり、このシステムは、576 コアでは、30 コアにおける並列効果の半分にしかなっていない。30 コアの速度向上が 30 であると仮定すると、この低下は 284 の相対速度向上につながる。これらはおそらく、並列処理が限定され、同期や通信オーバーヘッドによる Amdahl の法則が影響するためである。SPECjbb2015 および SPECVirtSC2013 とは異なり、これらのベンチマークは大規模システムには対応していない。

5.8.3　Intel Core i7 920マルチコアの性能とエネルギー効率

この節では、6700 の前身である i7 920 の性能を、第 3 章で検討したのと同じ 2 つのグループのベンチマーク（並列 Java ベンチマークと並列 PARSEC ベンチマーク、詳細は図 3.32 で説明）で調べる。この調査では古い i7 920 を使用しているが、マルチコアプロセッサのエネルギー効率および SMT と組み合わせたマルチコアの効果に関して包括的に調べたものは、かなりのものがある。i7 920 と 6700 が似ているということから、基本的に得られた知見は 6700 にも適用できることを示している。

最初に、SMT を利用しないシングルコアに対するマルチコアの性能と速度向上率を見てみよう。それから、マルチコアと SMT 機能を併せてみる。この節でのデータはすべて、（第 3 章にある）以前示した i7 の SMT バージョンで示したもののように、[Esmaeilzadeh *et al.*, 2011] から得たものである。データセットは、Java ベンチマークである tradebeans と pjbb2005 が除かれて（5 つのスケーラブル Java ベンチマークのみを残して）いること以外、（図 3.32 にある）以前に用いたものと同じものである。tradebeans と pjbb2005 は 4 コアと全部で 8 つのスレッドを用いても 1.55 倍を超えるような速度向上は達成できておらず、したがって多数のコアの評価には適していない。

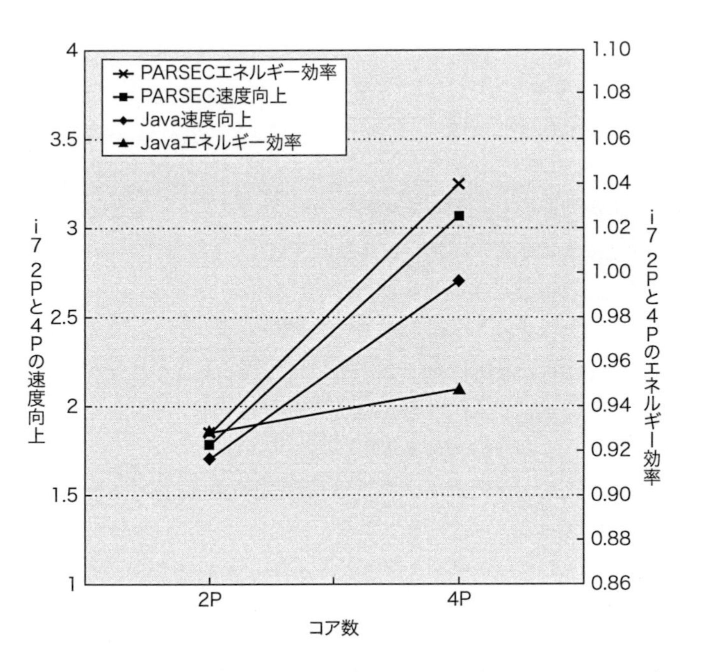

図 5.32　SMT を用いずに、並列 Java と PARSECワークロードの 2 コアと 4 コアによる実行に対する速度向上とエネルギー効率

これらのデータは、第 3 章で述べたものと同じ環境を用いて、Esmaeilzadeh らにより収集されたものである [Esmaeilzadeh *et al.*, 2011]。Turbo Boost は停止されている。その速度向上とエネルギー効率は調和平均を用いて要約され、2 コアによる各ベンチマーク実行時に消費した全時間に匹敵する場合のワークロードを意味している。

図 5.32 には SMT を使用せずに Java と PARSEC ベンチマークの速度向上とエネルギー効率の両方を示したグラフである。エネルギー効率は、シングルコアを実行して消費するエネルギーにより、2 コアもしくは 4 コアで消費されるエネルギーの比率により計算されたものである（つまり、効率はエネルギー消費の逆数）。したがって、エネルギー効率が高いということは同じ計算に対して消費エネルギーが少ないことを意味し、1.0 の値が五分五分の点である。すべての場合において使われていないコアは完全にスリープモードにあり、根本的にこの電源を落とすことによって、その電力消費量を最小にしている。シングルコアとマルチコアのベンチマークのデータを比較する時に、L3 キャッシュとメモリインターフェイスのエネルギーコスト全体が（マルチコアも同様に）シングルコアの場合で消費されているということを記憶にとどめておくことは重要である。このことから、エネルギー消費が適切にスケールするアプリケーションに対して改善する可能性が増す。キャプションに示したように、結果を要約するのに調和平均を用いている。

この図が示すように、PARSEC ベンチマークは、4 コア上に 76% の速度向上率（すなわち、実際の速度向上をプロセッサ数で割ったもの）を達成しており、Java ベンチマークよりも良好な速度向上を得ている。それに対し、Java ベンチマークは 4 コア上において、67% の速度向上率を達成している。この結果は、データから明らかであり、この差がなぜ存在するかについて分析することは難しい。例えば、Amdahl の法則による影響によりガベージコレクションといった典型的な逐次実行部分を含む Java ワークロードに対しては速度向上が低下しているということは十分ありえる。さらに、プロセッサアーキテクチャと、同期や通信コストのような問題に影響を与えるアプリケーションとの間の相互作用も、なにか働いているのだろう。特に、PARSEC にあるアプリケーションのような十分に並列化されたアプリケーションでは、計算と通信間の比率が有効に働き、これより通信コストに依存することは少ない（付録 I 参照）。

この速度向上における相違は、エネルギー効率における相違に読み替えることができる。例えば、PARSEC ベンチマークでは、シングルコアのバージョンのエネルギー効率は、実際にわずかに改善している。この結果は、L3 キャッシュがシングルコアの場合より、マルチコアで実行した方が効率的に利用され、エネルギーコストについては、両方の場合で同一であるという事実に大きく影響を受けている。したがって、PARSEC ベンチマークに対しては、マルチコアによる方向性は、設計者が ILP に重点を置いた設計からマルチコア設計に方向転換する時に何を目指すかのかを示す。したがって、性能において同等の速度もしくは電力がスケールするよりも大きく向上し、結果、エネルギー効率は同一、もしくはある程度改善される。Java の場合では、2 コアでも 4 コアでも Java ワークロードの速度向上率が低いため、（2P で実行した場合の Java エネルギー効率は PARSEC に対するものと同じであるが）エネルギー効率の点で五分五分とはならないことが分かる。4 コアの Java の場合では、エネルギー効率はそこそこに高くなっている（0.94）。ILP 集中のプロセッサは、PARSEC あるいは Java ワークロード上のいずれにおいても匹敵する速度向上を達成するために、さらに電力を必要としそうである。したがって、これらのアプリケーションに対する性能を改善するための TLP 集中に向かうことは、ILP 集中よりも確実に良くなる。後に 5.10 節に示すように、マルチコアが単純に効率よく、さらに長期にわたりスケールすることに対しては悲観的になる理由がある。

マルチコアと SMT との併用

最後に、2 台から 4 台のプロセッサと 1 つから 4 つのスレッド（トータルで 4 つのデータポイントと 8 つまでのスレッド）に対する 2 種類のベンチマークセットを測定することによって、マルチコアとマルチスレッドを併せたものについて考える。図 5.33 は、プロセッサ数を 2 台または 4 台として、SMT を使用するかしないかで、Intel i7 上で得られた速度向上とエネルギー効率を示したものであり、2 種類のベンチマーク集をまとめるのに調和平均を用いている。明らかに、マルチコアの状況においても利用できる十分なスレッドレベル並列性がある時に、SMT は性能に寄与する。例えば、4 コアで SMT を用いない場合において、速度向上率は、Java と PARSEC のそれぞれにおいて 67％と 76％であった。4 コア上に SMT を用いると、この比率は驚くべきことに 83％と 97％となった！

エネルギー効率は少し異なった様相を呈している。PARSEC の場合では、速度向上は 4 コアの SMT の場合（8 スレッド）に対しては本質的に線形となっており、電力消費はゆっくりとスケールし、その場合には 1.1 のエネルギー効率という結果になる。Java に関してはさらに複雑である。エネルギー効率が 2 コアの SMT（4 スレッド）実行に対して 0.97 でピークに達し、4 コアの SMT（8 スレッド）実行において 0.89 まで低下している。4 つ以上のスレッドを実行する時、Java ベンチマークが Amdahl の法則の影響に遭遇していることは大いにありえる。設計者が調べたところ、マルチコアによる性能（さらにそこからのエネルギー効率）に対する責任をプログラマが背負い込んでおり、Java ワークロードに対するその結果は、確実にこのことを物語っている。

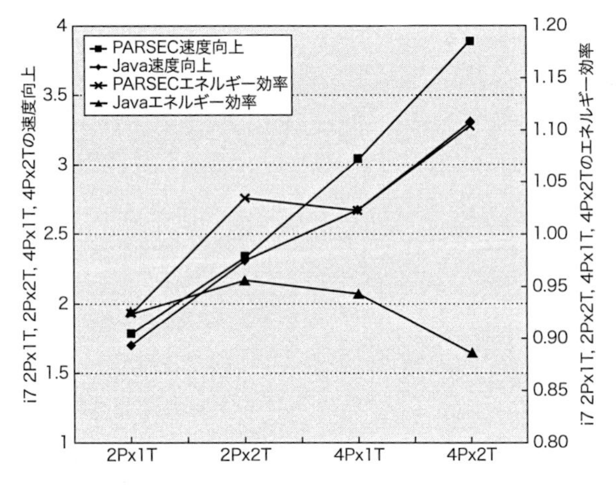

図 5.33 SMT の有無における、並列 Java と PARSECワークロードの速度向上。図は、2 コアおよび 4 コアでの実行した時の速度向上を示す

以前の結果は、2 つから 8 つまでスレッド数を変化させ、アーキテクチャによる効果やアプリケーション特性の両方に反映していることを思い出そう。図 5.32 のキャプションで説明したように、結果の要約に調和平均を用いている。

5.9 誤った考えと落とし穴

並列計算を理解するには、まだまだ成熟度が足りず、さまざまな隠された落とし穴が存在する。落とし穴は、慎重な設計者か不運にもそこに落ちた人によって明らかにされるだろう。マルチプロセッサを取り囲む膨大な量の長年にわたる誇大広告により、一般的に誤った考えがはびこっている。この中からいくつかを紹介しよう。

落とし穴： 実行時間に対するリニアな速度向上によるマルチプロセッサの性能を計測する。

図 5.32 と図 5.33 のような、線形速度向上から平坦となり、やがて下降していく状態を示した、性能対プロセッサ数をプロットしたグラフは、長い間並列プロセッサの成功を判断するために使用されてきた。速度向上は並列プログラムの 1 つの側面ではあるが、それは性能を直接測定したものではない。最初の問題として、プロセッサの能力は向上しているという点にある。Intel 社 Atom（ネットブックに使われるようなローエンドプロセッサ）100 台に匹敵するぐらい線形に性能向上を果たしたプログラムは、恐らく 8 コアの Xeon 1 個で実行したものよりも遅いかもしれない。特に、浮動小数点演算が集中するプログラムについては注意しなければならない。ハードウェア支援のない要素プロセッサでは相当な台数効果は示すものの、全体性能は全く大したことないこともある。

実行時間を比較することは、それぞれのコンピュータにおいて最も適したアルゴリズムを比較している場合に限り公正となる。2 台のコンピュータ上において、同一コードを比較することは一見公平のように見えるが、実際はそうではない。並列プログラムは単一プロセッサ上においては、逐次的に書かれたプログラムよりも遅くなる。並列プログラムを開発するには、時折アルゴリズムの改良を強いられることがあり、したがってそれ以前では広く知られた逐次プログラムと（公正を期しながら）並列コードとを比較しても、等価なアルゴリズムを比較したことにはならない。この問題を反映するために、（同じプログラムを使用する）**相対速度向上**と、（最良プログラムを使用する）**真の速度向上**という概念が用いられることもある。

n 台のプロセッサにおいて実行するプログラムが、同等の単一プロセッサで実行する場合の n 倍以上高速となる時に、**スーパーリニア**性能を発揮した結果からは、その比較が公正ではないということを示すことになる。しかしながら、「実際の」スーパーリニア速度向上に出会うような例はあるにはある。例えば、ある科学技術計算アプリケーションでは、（2 台、4 台、8 台、16 台といったような）少数のプロセッサ台数の増加に対しては、スーパーリニアな速度向上を達成することがある。通常こういった結果は、2 台や 4 台といったプロセッサによるマルチプロセッサのキャッシュ全体に入りきらない計算に必要なデータ構造が、8 台あるいは 16 台のプロセッサで構成されたマルチプロセッサのキャッシュ全体にはうまく入りきった場合に生ずる。前節で見たように、（高いクロック周波数など）他の違いは、わずかに異なるシステムを比較した場合にスーパーリニアの速度向上をもたらすかもしれない。

要約すると、速度向上を比較することによって性能を比較することは、最善を尽くして、最悪の誤解へと導くものである。これも前節で示したが、2 つの異なるマルチプロセッサにおける速度向上を比較することで、マルチプロセッサの相対的な性能について必ずしもすべてが分かるわけではない。同一のマルチプロセッサ上において、2つの異なるアルゴリズムを比較することでさえ、有効な比較結果を得るためには、相対的な速度向上よりも、真の速度向上を用いなくてはならないため、注意が必要である。

誤った考え：Amdahlの法則は並列コンピュータには当てはまらない。

1987年に、とある研究機関の所長が、Amdahlの法則（1.9節参照）は、すでにMIMD型マルチプロセッサによって崩壊したと主張した。しかしながら、この発言は、この法則がマルチプロセッサに対して否定されたということを意味しているのではない。プログラム中の見過ごされていた部分には、まだ性能を制限するものがあるのだということを意味している。このメディア報道の基本部分を理解するのに、Amdahlが元々主張していたことについて見てみよう［Amdahl, 1967］。

> **この時点で導かれる極めて明白な結論としては、高い並列処理率を達成するために費やされる尽力は、それとほぼ同程度の逐次処理速度の達成を伴わない限り、無駄になるということである（p. 483）。**

その法則の解釈の1つとして、あらゆるプログラムでは、その部分部分は逐次的であるため、実用的かつ実利的なプロセッサ数は100台といった数に限定される。1000台のプロセッサを用いて線形な速度向上を示すことによって、Amdahlの法則の解釈は誤りであると立証されることになるだろう。

Amdahlの法則はすでに「克服された」という発言の基盤となるものは、**スケールする速度向上**（**ウィークスケール**とも呼ばれる）を利用することだった。研究者らは1000倍以上のデータセットサイズを処理できるようにベンチマークの規模を拡張し、その拡張したベンチマークの単一プロセッサによる実行時間と並列実行時間とを比較した。この特定のアルゴリズムに対して、プログラムの逐次的な部分は入力のサイズには依存せずに一定であり、残りの部分は完全に並列実行可能となり、したがって、1000プロセッサにおいても線形な速度向上が可能となった。実行している時間は線形よりも速くなったため、そのプログラムは、実際は、1000プロセッサを用いてでさえ、拡張後は実行時間が長くなってしまった。

入力規模を拡張することを想定した速度向上は、実際の速度向上と同じものではなく、誤解を招くようなものとして報告している。並列ベンチマークは、異なる規模のマルチプロセッサ上で実行されることがあるため、どのような種類のアプリケーションの拡張が容認できるか、またどのようにその拡張を行うべきかを規定することは重要となる。プロセッサ台数の増加とともに、単にデータを拡大することが適切である場合はほとんどないけれども、（**ストロングスケール**と呼ばれる）さらに大規模なプロセッサ台数に対して問題規模を固定することは、これもまた適切ではない。その理由は、ユーザが大規模なマルチプロセッサが利用できるようになると、実行するアプリケーションの規模を大きくしたり、さらに詳細なものを実行したくなる傾向にあるためである。付録Iには、この重要な議論について述べられているので、目を通しておくこと。

誤った考え：線形速度向上は、マルチプロセッサの対費用効果のためには必要である。

並列計算のもたらす主要な恩恵の1つとして、最速の単一プロセッサよりも「さらに短時間で答えが得られる」はずであるということは周知のことである。しかしながら、マルチプロセッサが完璧な線形速度向上を達成することができないのであれば、そのマルチプロセッサは単一プロセッサほど価格性能比がそれほど高くはないのではないかと感じている人も多い。この議論は、マルチプロセッサのコストがプロセッサ台数に比例するため、線形の速度向上を下回るのであれば、マルチプロセッサは単一プロセッサを用いるより対費用効果が劣り、価格性能比が減少することを意味すると述べている。

この議論における問題は、コストが単にプロセッサ台数のみによって決まるものではなく、メモリやI/O、システムの他のオーバーヘッド（筐体、電源、相互結合網など）にも依存しているということである。このことは、チップ内に複数のプロセッサが存在するマルチコア時代においてはさらに意味が薄れてきている。

システムコストにメモリを含めたことによって生じる影響については、WoodとHillが指摘している［Wood and Hill, 1995］。ここでは、TPC-C（TPM速度向上）とSPECRateベンチマークを用いた最近のデータに基づいた例を用いて示そう。しかしながら、この議論は、こういったケースをより際立たせる並列科学技術計算のワークロードにおいても適用できる。

図5.34では、4台〜64台のプロセッサ構成のIBM eServer p5マルチプロセッサ上においてTPC-C、SPECintRate、SPECfpRateに対する速度向上を示す。この図よりTPC-Cだけが線形速度向上を超えた性能が達成されている。SPECintRateとSPECfpRateに対しては、速度向上は線形を下回っているが、TPC-Cとは異なり、必要となるメインメモリ容量とディスク容量ともに線形向上よりも少なく収まっているため、コストについても線形を下回ることになる。

図5.35に示すように、より大規模なプロセッサ数においては、4プロセッサ構成よりも対費用効果は実際は高いものとなっている。2種類のコンピュータの価格性能比を比較する時に、システム全体のコストを正確に査定して含め、どのような性能が達成可能かについて正確な判断をしっかりと持たなければならない。メモリ要求の

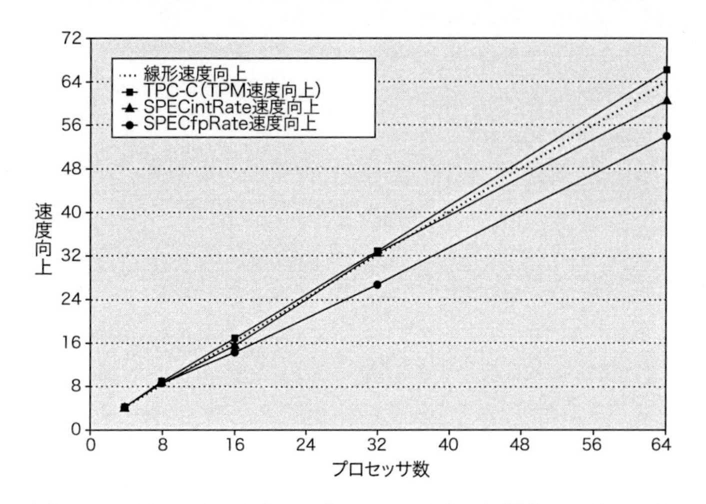

図5.34 4台、8台、16台、32台、64台プロセッサ構成における、IBM eServer p5並列計算機上の3種類のベンチマークの速度向上

点線は線形速度向上を示す。

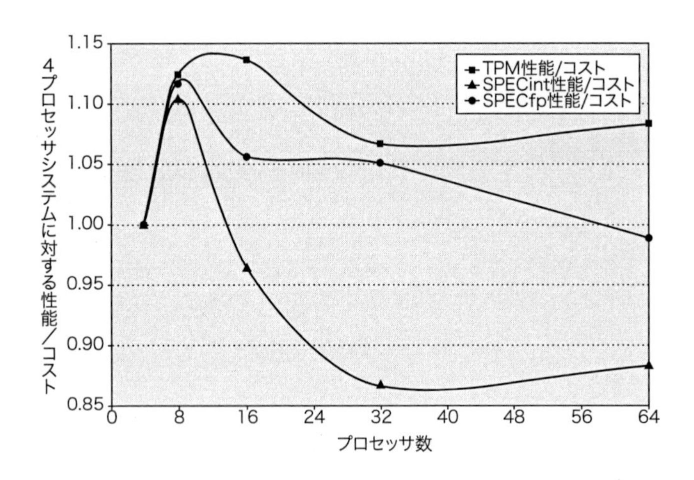

図 5.35 4プロセッサ構成と比較した、4～64プロセッサを搭載した IBM eServer p5 マルチプロセッサの性能/コスト

1.0を超える値は、4プロセッサ構成のシステムよりも費用対効果が高いことを示す。8プロセッサ構成では、3つすべてのベンチマークにおいて優位性を示すが、3つのベンチマークのうち2つに対しては、16プロセッサおよび32プロセッサ構成における価格性能比は有効であることを示す。TPC-Cに対しては、その構成は、公認の実行結果において用いられたものであり、そこではディスクとメモリはプロセッサ台数に対してほとんど線形に増加しており、64プロセッサマシンでは、32プロセッサ構成のほぼ倍の価格となることを意味している。それとは対照的に、ディスクとメモリの向上はさらに緩慢なものとなっている（64プロセッサにおいてSPECRateが最高性能を達成するのに必要なものよりもまだ高速ではあるが）。特にディスク構成は4プロセッサ版に対して1台のディスクドライブから、64プロセッサ版に対して4台のディスクドライブ（140GB）まで伸びている。メモリは、4プロセッサのシステムに対して8GiBから64プロセッサシステムに対して20GiBまで拡張している。

大きな数多くのアプリケーションにとって、こういった比較によりマルチプロセッサを利用したいと思う気持ちが劇的に増すこととなるのである。

落とし穴； マルチプロセッサアーキテクチャを利用する、もしくは最適化するためのソフトウェアを開発しない。

ソフトウェア問題が困難を極めており、マルチプロセッサに関して遅れをとっているといったソフトウェアの長い歴史が存在する。ここでは、この問題の微妙なところを示すためにある例を示すが、他にも数多くの例がいくらでも存在する！

単一プロセッサに対して設計されたソフトウェアをマルチプロセッサ環境に適用した時に、頻繁に遭遇する問題が存在する。例えば2000年のSGIオペレーティングシステムは、ページアロケーションがそれほど頻繁ではないと想定すると、元々は単一のロックでページテーブルのデータ構造を保護していた。単一プロセッサでは、このことは性能に対してはさほど問題とはならない。マルチプロセッサでは、あるプログラムに対しては大きな性能ボトルネックになる可能性がある。

UNIXが静的に割り付けられたページに対して行う、起動時に初期化される膨大な数のページを用いるようなプログラムを考えてみよう。複数のプロセスがそのページを割り付けるようにそのプログラムが並列化されているものとする。ページ割り付けには、ページテーブルのデータ構造を使用する必要があり、それを使用する時は必ずロックすることとなるため、もしプロセスがすべて同時にそのページを割り付けようとすると（それはまさに初期化時において起こることになる）、そのOSにおいて複数のスレッド実行を可能とするOSカーネルでさえ、シリアライズされることになる。

このページテーブルのシリアライズは、初期化時においては並列性が全くなく全体的な並列性能に甚大な影響を与える。この性能ボトルネックはマルチプログラミングの状況であっても存在し続ける。例えば、並列プログラムをそれぞれ別々のプロセスに分割して、プロセス間に共有することがないように、プロセッサ毎に1つのプロセスを実行するとしよう（これはまさにユーザー人が行っていたもので、その性能上の問題は、実行するアプリケーションにおいて思いがけない共有があったり、相互干渉によるものであると確信していたためであった）。残念ながら、ロックは未だにすべてのプロセスをシリアライズし、したがって、マルチプログラミングにおいてであっても、その性能は貧弱なものとなる。この落とし穴は、ソフトウェアがマルチプロセッサ上で実行される時に起こる微妙であるが、重要な性能上のバグの一種であることを示している。他の多くの重要なソフトウェア要素のように、そのOSのアルゴリズムとデータ構造は、マルチプロセッサという範疇においては再考しなくてはならない。ロックをページテーブル内の小領域に配置することで、効果的にこの問題を回避できる。類似の問題は、メモリ構成においても存在し、それは共有が実際には生じていない場合で、コヒーレンストラフィックを増加させる。

マルチコアが、デスクトップからサーバまですべてのマシンで最有力の候補となったため、並列ソフトウェアに対する適切な投資を行わなかったことが白日の下になるようになった。このことに注目しなければ、これからたっぷりと使用するソフトウェアシステムが、これから増え続けるコア数を利用できるようになるまでには、おそらく何年もの時間を要することになるだろう。

5.10 マルチコアの性能向上の将来

30年以上もの間、研究者や設計者らは単一プロセッサの終わりとともにマルチプロセッサの台頭を予測してきた。今世紀の始めの数年間までは、この予測はずっと間違ったものだと思われてきた。第3章で述べたように、さらにILPを抽出し利用しようとしていくためのコストは効率面（半導体面積と消費電力の両面）において、極めて高いものになる。もちろん、マルチコアであっても消費電力の問題は魔法のようには解決できず、というのもトランジスタ数やそのトランジスタのスイッチング回数がともに増えることは明らかであり、それが消費電力に最も影響を及ぼすものとなっているからである。この節で分かるように、エネルギー問題はそれまで考えていたよりもマルチコアのスケーリングにより深刻に制限を加えそうである。

利用可能なILPの限界と、そのILPを利用する効率のために、ILPによるスケーリングは失敗した。同様に、2つの要素を組み合わせることで、コアを追加して性能を向上するだけでは、あまり成功しない可能性がある。この組み合わせは、並列性を利用した時の効率を評価するAmdahlの法則と、マルチコアプロセッサに必要なエネルギーを規定するDennardスケーリングの終焉によってもたらされた課題から生じている。

これらの要因を理解するために、([Esmaeilzadeh *et al.*, 2012] による広範囲で非常に詳細な分析に基づいて) 両方の技術スケーリングの単純なモデルを取る。まず、CMOS のエネルギー消費と電力を見直すことから始める。第1章に示した、トランジスタをスイッチングする時のエネルギーに関する次式を思い出そう。

$$\text{エネルギー} \propto \text{容量負荷} \times \text{電圧}^2$$

CMOS のスケーリングは主に熱電力により限界がある。熱電力は、静的リーク電力と動的電力の組み合わせであり、後者が支配的な傾向にある。電力は次式で得られる。

$$\begin{aligned}\text{電力} &= \text{トランジスタ当たりの消費エネルギー} \times \text{周波数} \times \text{スイッチングするトランジスタ数}\\ &= \text{容量負荷} \times \text{電圧}^2 \times \text{周波数} \times \text{スイッチングするトランジスタ数}\end{aligned}$$

エネルギーと電力がどのようにスケールするかの意味を理解するために、現在ある 22nm テクノロジと、(Moore の法則が減速していくペースによって異なるが) 2021 年〜2024 年に利用可能になると予測されるテクノロジを比較してみよう。図 5.36 は、テクノロジの予測と、それに伴うエネルギーおよび電力のスケーリングへの影響に基づくこの比較を示している。電力スケーリング > 1.0 ということは、将来のデバイスがより多くの電力を消費することを意味することに注意しよう。この場合は 1.79 倍となる。

項目	値
デバイス数のスケーリング (トランジスタは 1/4 サイズであるため)	4
周波数のスケーリング (デバイス速度の予測に基づく)	1.75
電圧スケーリング予測	0.81
容量スケーリング予測	0.39
トランジスタのスイッチング当たりのエネルギーのスケーリング (CV^2)	0.26
トランジスタのスイッチングの割合が同じでチップが全周波数スケーリングを示すと仮定した電力スケーリング	1.79

図 5.36 2016 年の 22nm テクノロジと将来の 11nm テクノロジの比較
11nm テクノロジは 2022 年から 2024 年の間に利用可能になる見込みである。11nm テクノロジの特性は、最近廃止された、半導体に関する国際テクノロジロードマップに基づいている。その理由は、Moore の法則がいつまで続くのか、またどのようなスケーリング特性が見込まれるかについて不確実なものであるからである。

最新の Intel Xeon プロセッサの 1 つである E7-8890 をもとにこの意味を考えてみる。このプロセッサは、24 コア、72 億トランジスタ (約 70MiB のキャッシュを含む) からなり、2.2GHz で動作し、165W の定格熱出力を持ち、ダイサイズは 456mm^2 である。クロック周波数は消費電力によってすでに限界に来ており、4 コアバージョンのクロックは 3.2GHz、10 コアバージョンのクロックは 2.8GHz である。11nm テクノロジでは、同じサイズのダイが 96 コアに対応し、ほぼ 280MiB のキャッシュを搭載し、4.9GHz のクロック周波数 (完全な周波数スケーリングを想定) で動作する。残念ながら、すべてのコアが動作して効率が改善されていない状況では、消費電力は 165 × 1.79 = 295W になる。165W の放熱制限があると仮定すると、アクティブにできるのは 54 コアだけとなる。この制限により、5〜6 年間で 54/24 = 2.25 倍の最大性能の速度向上が達成できる。これは 1990 年代後半に見られた性能向上率の半分以下となる。さらに、次の例題に示すように、Amdahl の法則の影響があるかもしれない。

例題5.8

96 コアの次世代プロセッサがあると仮定するが、平均して 54 コアしか稼働しないとする。稼働時間の 90%は、利用可能なコアをすべて使用できるとし、9%の時間は、50 コアが、残り 1%の時間は逐次実行になるとする。どのくらいの速度向上が期待できるかを求めよ。使用していない時にコアをオフにして電力を消費しないと仮定し、平均の消費電力についてのみ心配すればいいように、さまざまな数のコアの使用が分散されていると仮定する。マルチコアの高速化は、プロセッサをすべて 99%使用できる 24 プロセッサ数のものと比較すると速度向上はどうなるだろうか。

解答

54 個を超えるコアが使用可能な時、90%の時間内に使用できるコア数は以下の式により得られる。

$$\begin{aligned}&\text{平均プロセッサ利用数} = 0.09 \times 50 + 0.01 \times 1 + 0.90 \times \text{最大プロセッサ数}\\ &54 = 4.51 + 0.90 \times \text{最大プロセッサ数}\\ &\text{すなわち、最大プロセッサ数} = 55\end{aligned}$$

そこで、スピードアップは以下のように得られる。

$$\text{スピードアップ} = \frac{1}{\frac{\text{割合}_{55}}{55} + \frac{\text{割合}_{50}}{50} + (1 - \text{割合}_{55} - \text{割合}_{50})} = \frac{1}{\frac{0.90}{55} + \frac{0.09}{50} + 0.01} = 35.5$$

では、24 プロセッサにおける速度向上を計算してみよう。

$$\text{スピードアップ} = \frac{1}{\frac{\text{割合}_{24}}{24} + (1 - \text{割合}_{24})} = \frac{1}{\frac{0.99}{24} + 0.01} = 19.5$$

消費電力の制約と Amdahl の法則の影響を考慮すると、96 プロセッサ版は 24 プロセッサ版に比べて 2 倍のスピードアップしか達成できていない。実際、クロック周波数増加による速度向上は、プロセッサ数を 4 倍に増やすことによる速度向上とほぼ一致している。この問題についてはまとめの章でさらに言及する。

5.11 おわりに

前節で示したように、マルチコアは電力の問題を魔法のように解決するわけではない。というのも、電力の2つの主要な要因となるトランジスタ数とトランジスタスイッチングのアクティブな数がともに明らかに増加するからである。Dennardスケーリングの失敗はそれを極端にしているだけである。

しかしながら、マルチコアがその勝負の分かれ目を変えることとなる。アイドル状態のコアを電力節約モードに切り替えるようにすることで、この章における結果が示したように、電力消費効率において改善が達成されることもある。例えば、Intel i7では、コアをシャットダウンすると、他のコアをTurboモードで動作させることができる。この機能により、少ないプロセッサを高いクロック周波数で動作させるか、低いクロック周波数でプロセッサ数を増やす方がいいか、といったトレードオフが現れる。

さらに重要なこととして、ハードウェアが責任を担うILPではなく、マルチコアによりアプリケーションやプログラマが責任を負うTLPにもっと依存することによって、プロセッサをビジー状態にしておくようにできるようになる。Amdahlの法則の影響を回避するためのマルチプログラム化された高度に並列化されたワークロードは、より簡単にマルチコアの恩恵を受ける。

マルチコアがエネルギー効率問題への助け船となることもあり、その負担はシステムソフトウェアが担うことになるが、難しい問題や未解決の疑問がまだ残っている。例えば、積極的に投機的スレッド実行を利用する試みがあるが、これまでのところILPと同じ運命を辿っている。すなわち、性能向上はそこそこであるが、エネルギー消費の増加には及ばず、したがって投機的スレッドやハードウェアによる先行実行のようなアイデアは、プロセッサに組み込まれて成功するといったことはなかった。ILPに対する投機実行のように、その予測がほとんど間違っているのであれば、そのコストは得られる恩恵をはるかに超える。

したがって、現時点では、何らかの形の単純なマルチコアスケーリングが、性能向上に対して費用対効果の高い方法を提供することはほとんどない。エネルギー効率とシリコン効率の高い方法において、かなりの量の並列性を抽出するといった、根本的な問題を克服しなければならない。前章では、SIMDアプローチによるデータ並列性の活用について調べた。データ並列性が大量に存在するアプリケーションは多く、SIMDは、データ並列性を利用するには、エネルギー効率の高い方法である。次章では、大規模クラウドコンピューティングについて探っていく。このような環境では、個々のユーザによって生成された何百万もの独立したタスクから大量の並列性を利用できる。タスク（例えば、何百万ものGoogle検索要求）は独立しているため、こういった規模のシステムでは、Amdahlの法則により制限を受けることはほとんどない。最後に、第7章では、ドメイン固有アーキテクチャ（DSA）の登場について探る。ほとんどのドメイン固有のアーキテクチャはターゲットドメインの並列性（データ並列性）を利用しており、GPUと同様に、DSAはエネルギー消費やシリコン利用率によって得られるように、はるかに高い効率を達成することができる。

2012年に発行された第5版では、ヘテロジーニアスプロセッサを検討する価値があるかどうかという問題を提起した。当時、そのようなマルチコアは販売も発表もされておらず、ヘテロジーニアスマルチプロセッサは特殊用途のコンピュータや組み込みシステムにおいて成功は限られたものだった。プログラミングモデルとソフトウェアシステムは依然として挑戦的であるが、ヘテロジーニアスプロセッサを搭載したマルチプロセッサが今後重要な役割を果たすことは避けられない。第4章および第7章で説明したようなドメイン固有プロセッサを汎用プロセッサと組み合わせることにより、汎用プロセッサが提供する柔軟性の一部を維持しながら、性能とエネルギー効率の向上を実現するためには最善の方法となる。

5.12 歴史展望と参考文献

（オンラインで利用可能な）M.7節では、マルチプロセッサと並列処理の歴史を示してある。時代とアーキテクチャによって切り分け、その節には、初期のマルチプロセッサの実験機や並列処理における素晴らしい議論が展開されている。最近の新たな進展についても触れられている。もっと深めたい方のための文献も網羅されている。

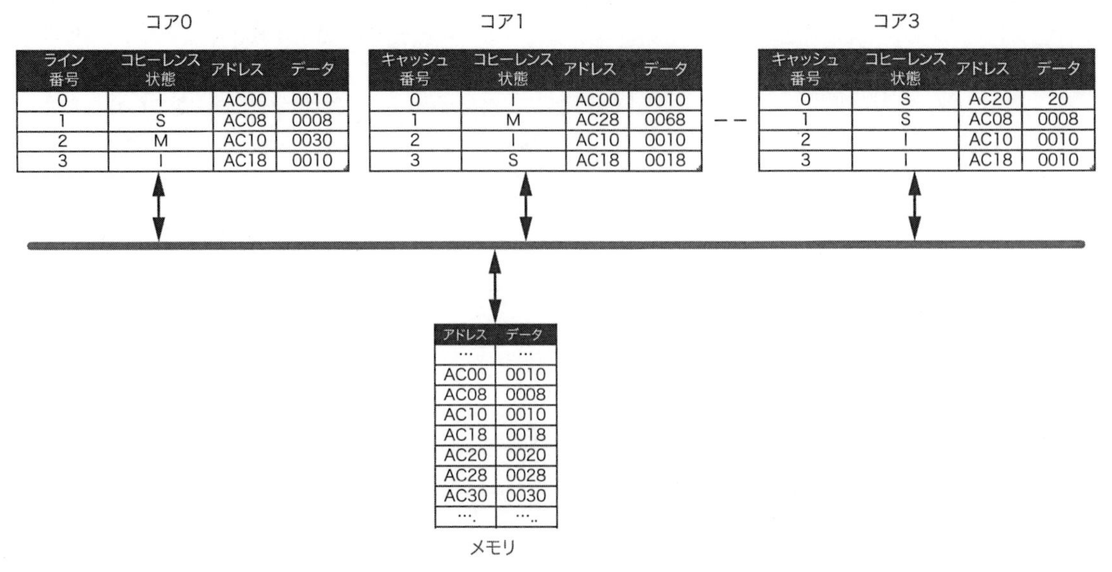

コア0

ライン番号	コヒーレンス状態	アドレス	データ
0	I	AC00	0010
1	S	AC08	0008
2	M	AC10	0030
3	I	AC18	0010

コア1

キャッシュ番号	コヒーレンス状態	アドレス	データ
0	I	AC00	0010
1	M	AC28	0068
2	I	AC10	0010
3	S	AC18	0018

コア3

キャッシュ番号	コヒーレンス状態	アドレス	データ
0	S	AC20	20
1	S	AC08	0008
2	I	AC10	0010
3	I	AC18	0010

メモリ

アドレス	データ
…	…
AC00	0010
AC08	0008
AC10	0010
AC18	0018
AC20	0020
AC28	0028
AC30	0030
….	…..

図5.37 マルチコア（1対1）マルチプロセッサ

5.13 ケーススタディと演習問題

（Amr Zaky と David A. Wood による）

ケーススタディ1：シングルチップマルチコアマルチプロセッサ

このケーススタディで理解できる概念

- スヌープコヒーレンスプロトコルの遷移
- コヒーレンスプロトコルの性能
- コヒーレンスプロトコルの最適化
- 同期

マルチコアSMTマルチプロセッサを前ページ図5.37に示した。ここでは、キャッシュの中身だけを示す。各コアには、図5.7のスヌープコヒーレンスプロトコルを使用してコヒーレンスを維持する単一のプライベートキャッシュがある。各キャッシュは4つのラインのダイレクトマッピングで、（図を簡略化するため）それぞれ2バイトを保持する。さらに簡単化するため、メモリ内のラインアドレス全体がキャッシュ内のアドレスフィールドに示されている。ここには、タグが通常存在している。コヒーレンス状態は、Modified、Shared、およびInvalidに対してM、S、およびIで示される。

5.1 [10/10/10/10/10/10/10]〈5.2〉この演習の各パートでは、初期キャッシュとメモリの状態は、最初は図5.37に示す内容になっていると想定する。この演習の各パートは、1つ以上のCPU操作のシーケンスを指定し、以下のように示す。

```
Ccore#: R, <アドレス> リード用
```

および

```
Ccore#: W, <アドレス> <-- <書き込み値> ライト用
```

例えば、

```
C3: R, AC10 & C0: W, AC18 <-- 0018
```

リードとライト操作は一度に1バイトに対して行われる。以下に示す動作の後に、キャッシュおよびメモリの結果として生じる状態（すなわち、コヒーレンス状態、タグ、およびデータ）を示す。ここでは何らかの状態変化が発生したキャッシュラインのみを表示する。例えば：`C0.L0: (I, AC20, 0001)`は、コア0にあるライン0は「無効（I）」というコヒーレンス状態を示し、メモリからAC20をストアし、その中身は0001であることを示す。さらに、Mとして示されるメモリ状態に対して変化があると、以下のように示す。

```
<アドレス> <- 値
```

以下にある（a）から（g）のそれぞれの行は、相互に依存しておらず、すべての行は初期のキャッシュとメモリ状態に適用される。

a [10]〈5.2〉`C0: R, AC20`
b [10]〈5.2〉`C0: W, AC20 <-- 80`
c [10]〈5.2〉`C3: W, AC20 <-- 80`
d [10]〈5.2〉`C1: R, AC10`
e [10]〈5.2〉`C0: W, AC08 <-- 48`
f [10]〈5.2〉`C0: W, AC30 <-- 78`
g [10]〈5.2〉`C3: W, AC30 <-- 78`

5.2 [20/20/20/20]〈5.3〉スヌープキャッシュコヒーレントマルチプロセッサの性能は、キャッシュがどれほど高速にExclusiveあるいはModified状態にあるブロック内のデータに応答するかを決定する、数多くの詳細な実装上の問題に依存している。ある実装においては、他のプロセッサのキャッシュ内でExclusive状態のキャッシュブロックに対するCPUのリードミスは、メモリ内のブロックに対するミスよりも高速である。これはキャッシュがメインメモリよりも小容量で、そして高速であるためである。逆に、メモリが対応するミスは、キャッシュが対応するミスよりも高速になるといったような実装もある。これはキャッシュが一般的に、「背面」すなわちスヌープアクセスではなく、「前面」すなわちCPU参照に対して最適化されているからである。図5.37に示したマルチプロセッサに対して、単一プロセッサコア上で以下条件の下での一連の操作を実行する場合を考えよう。

- CPUリードヒットとライトヒットにはストールサイクルが生じない。
- CPUリードミスとライトミス時に、もしメモリとキャッシュが対応するならば、N_{memory}とN_{cache}のストールサイクルがそれぞれ生じる。
- インバリデートを発生するCPUライトヒットには、$N_{invalidate}$のストールサイクルが生じる。
- 競合もしくは他のプロセッサからのExclusive状態にあるブロックに対するリクエストのいずれかに起因するブロックのライトバックにより、$N_{writeback}$のストールサイクルをさらに引き起こす。

図5.38で要約したさまざまな性能特性を示す2種類の実装について考えよう。

パラメータ	実装1	実装2
N_{memory}	100	100
N_{cache}	40	130
$N_{invalidate}$	15	15
$N_{writeback}$	10	10

図5.38 スヌープコヒーレンス（coherence）における遅延

これらのサイクル数がどのように使用されるかを見るために、図5.37の初期キャッシュの状態を仮定して、次の一連の操作が実装1の下でどのように動作するかを説明しよう。

```
C1: R, AC10
C3: R, AC10
```

簡単のために、たとえそれらの操作が異なるプロセッサコア上で行われたとしても、最初の操作の完了の後に2番目の操作が始まると仮定せよ。

実装１に対して、

- 最初のリードアクセスについて、そのリードアクセスはC0のキャッシュが対応するため、50サイクルのストールサイクルが生じる。C1はそのブロックを待つ間に40サイクルストールし、C0はC1のリクエストに応えてメモリにブロックを書き戻す間に10サイクルストールする。
- C3による２回目のリードアクセスには、そのミスにはメモリが対応することになるため、100サイクルのストールサイクルが生じる。

したがって、この一連の操作には、合計150サイクルのストールサイクルが生じることとなる。以下に示す一連の操作に対して、それぞれの実装で生じるストールサイクル数を求めよ。

a [20]〈5.3〉
```
C0: R, AC20
C0: R, AC28
C0: R, AC30
```
b [20]〈5.3〉
```
C0: R, AC00
C0: W, AC08 <-- 48
C0: W, AC30 <-- 78
```
c [20]〈5.3〉
```
C1: R, AC20
C1: R, AC28
C1: R, AC30
```
d [20]〈5.3〉
```
C1: R, AC00
C1: W, AC08 <-- 48
C1: W, AC30 <-- 78
```

5.3 [20]〈5.2〉最初に大きなデータセットを読み込み、そのほとんどすべてを書き換えるといったアプリケーションがある。基本MSIコヒーレンスプロトコルは、まずShared状態のキャッシュブロックをすべてフェッチし、次に無効化操作を実行してそれらをModified状態に変更する。遅延が加わることで、一部のワークロードには大きな影響をもたらす。標準プロトコル（5.2節参照）にMESIを追加することにより、こういった場合に若干遅延は軽減される。基本のMSIプロトコルにあるModified、Shared、およびInvalidate状態に、Exclusive状態とその遷移を追加したMESIプロトコルに対する新たなプロトコル遷移図を作成せよ。

5.4 [20/20/20/20/20]〈5.2〉図5.37のキャッシュの内容と図5.38の実装１のタイミングを想定した場合、演習問題5.3の基本プロトコルと新たなMESIプロトコルを使用した場合、以下に示す一連の操作における合計ストールサイクル数を求めよ。ただし、相互接続トランザクションが0サイクルである状態遷移は、追加のストールサイクルを引き起こさないと仮定する。

a [20]〈5.2〉
```
C0: R, AC00
C0: W, AC00 <-- 40
```
b [20]〈5.2〉
```
C0: R, AC20
C0: W, AC20 <-- 60
```
c [20]〈5.2〉
```
C0: R, AC00
C0: R, AC20
```
d [20]〈5.2〉
```
C0: R, AC00
C1: W, AC00 <-- 60
```
e [20]〈5.2〉
```
C0: R, AC00
C0: W, AC00 <-- 60
C1: W, AC00 <-- 40
```

5.5 シングルコア上で実行され、他のコアと変数を共有していないコードは、スヌープコヒーレンスプロトコルにより、パフォーマンスが多少低下する可能性がある。次に示す２つの繰り返しループは機能的に等価ではないが、複雑さは類似しているようである。同じプロセッサコア上で実行すると、比較的近いサイクル数を要すると結論付けることができる。

Loop 1	**Loop 2**
`Repeat i: 1 .. n`	`Repeat i:1 .. n`
`A[i] <-- A[i-1] +B[i];`	`A[i] <-- A[i] +B[i];`

以下を仮定する。

- 全キャッシュラインは、配列AやBの１つの要素を確実に保持できる。
- 配列AとBはキャッシュの中では干渉しない。
- 配列AやBの全要素は、いずれかのループが実行される前にはキャッシュ内にある。

MESIコヒーレンスプロトコルを使用するキャッシュを持つコアで実行した時の性能を比較せよ。図5.38の実装１のストールサイクルデータを使用すること。

キャッシュラインが配列AとBの要素を複数保持できると仮定する（AとBは別々のキャッシュラインに格納される）。これは、Loop1とLoop2の相対性能にどのように影響するか述べよ。

シングルコアでLoop1の性能を向上させるハードウェア機構またはソフトウェアの機能を提案せよ。

5.6 [20]〈5.2〉スヌープコヒーレンスプロトコルの多くは、キャッシュコヒーレンスを維持する場合のオーバーヘッドを削減するために状態を追加したり、状態遷移を拡張したり、あるいはバストランザクションの追加が必要となる。演習問題5.2の実装１では、ミス時には、ラインがメモリによって供給される場合よりもキャッシュによって供給される時の方が、生じるストールサイクルは少なくてすむ。MOESIプロトコルへの拡張（5.2節参照）はこの必要性に取り組んだものである。追加する状態と状態遷移を用いて新たなプロトコル遷移図を作成せよ。

5.7 [20/20/20/20]〈5.2〉以下に示す一連の操作と、図5.38に示した２種類の実装におけるタイミングパラメータに対して、基本MSIプロトコルと演習問題5.3に示した最適化されたMESIプロトコルに対する合計ストールサイクル数を計算せよ。バストランザクションを必要としない状態遷移には、ストールサイクルは加わらないと想定すること。

a [20]〈5.2〉
```
C1: R, AC10
C3: R, AC10
C0: R, AC10
```
b [20]〈5.2〉
```
C1: R, AC20
C3: R, AC20
C0: R, AC20
```
c [20]〈5.2〉
```
C0: W, AC20 <-- 80
C3: R, AC20
C0: R, AC20
```
d [20]〈5.2〉
```
C0: W, AC08 <--88
```

```
         C3: R, AC08
         C0: W, AC08 <-- 98
```

5.8 [20/20/20/20]〈5.5〉スピンロックは、ほとんどの商用共有メモリ型マシンで利用可能な最も単純な同期機構である。このスピンロックは、古い値をロードし、新たな値をストアする不可分な交換命令に依存するものである。そのロックルーチンは、ロック変数がアンロックであることが分かるまで（すなわち、値 0 が返ってくるまで）、交換操作を繰り返し実行する。

```
        addi x2, x0, 1
lockit: EXCH x2, 0(x1)
        bnez x2, lockit
```

x2に 0 を格納するだけで、ロックは解除される。5.5 節で説明したように、最適化されたスピンロックはキャッシュコヒーレンスを採用し、ロックをチェックするためにロード命令を使用して、キャッシュ内の共有変数を用いてスピンできるようにする。

```
lockit: ld   x2, 0(x1)
        bnez x2, lockit
        addi x2, x0, 1
        EXCH x2,0(x1)
        bnez x2, lockit
```

プロセッサコア C0、C1、C3 がすべて、アドレス 0xAC00（すなわち、レジスタ x1 が値 0xAC00 を保持）にあるロックを獲得しようとしているとしよう。図 5.37 のキャッシュの内容と図 5.38 における実装 1 のタイミングパラメータを想定しよう。簡単化のために、クリティカルセクションは、1000 サイクルであるとする。

a [20]〈5.5〉単純なスピンロックを用いて、それぞれのプロセッサがロックを獲得するまでに、どれだけのメモリストールサイクルが生じるかを**近似的**に求めよ。

b [20]〈5.5〉最適化したスピンロックを用いて、それぞれのプロセッサがロックを獲得するまでに、どれだけのメモリストールサイクルが生じるかを**近似的**に求めよ。

c [20]〈5.5〉単純なスピンロックを用いて、どの程度メモリアクセスが生じるかを**近似的**に求めよ。

d [20]〈5.5〉最適化したスピンロックを用いて、どの程度メモリアクセスが生じるかを**近似的**に求めよ。

ケーススタディ 2：単純なディレクトリベースのコヒーレンス制御

このケーススタディで理解できる概念

- ディレクトリコヒーレンスプロトコルの状態遷移
- コヒーレンスプロトコルの性能
- コヒーレンスプロトコルの最適化

図 5.39 に示す分散共有メモリシステムを考える。これは、図に示すように、1 対 1 の相互結合を持つ 3 次元ハイパーキューブとして構成された 8 ノードのプロセッサコアからなる。簡単にするために、以下に示す縮小した構成を想定する。

- 各ノードには、専用のキャッシュコントローラを持つダイレクトマップ L1 データキャッシュを備えた**単一のプロセッサコア**がある。
- L1 データキャッシュは、ラインサイズが B バイトで、キャッシュサイズは 2 キャッシュラインである。
- L1 キャッシュの状態は、Modified、Shared、および Invalid に対してM、S、およびIと表す。

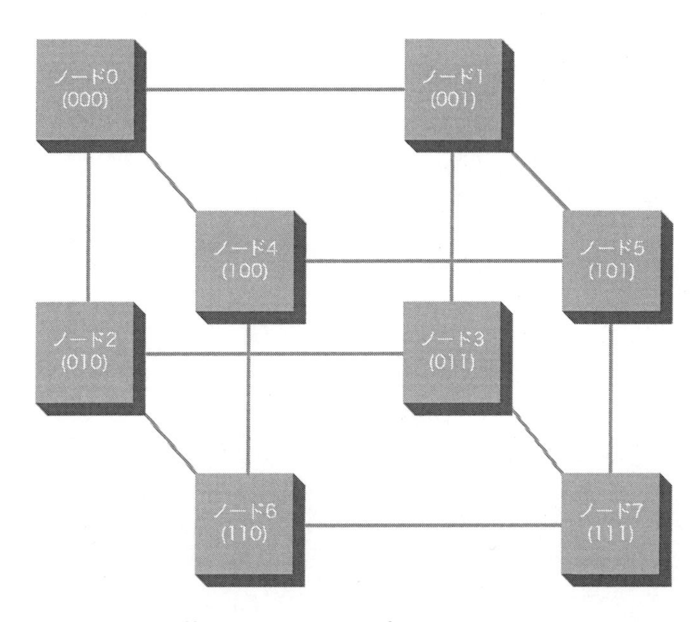

図 5.39 DSM を持つマルチコアマルチプロセッサ

キャッシュエントリの例として以下のように示す。

```
1: S, M3, 0xabcd -->
```

キャッシュライン 1 は “Shared” 状態にあり、メモリブロック M3 を含み、そのブロックのデータの値は`0xabcd`である。

- システムメモリは 8 つのメモリブロック（すなわち、ノード毎に 1 つのメモリブロック）を含み、8 つのノードに分配され、各ノードはメモリブロックを所有する。ノード`Ci`はメモリブロック`Mi`を所有する。
- 各メモリブロックは B バイト幅で、メモリブロックと一緒に格納されたコヒーレンシディレクトリエントリによって追い求める。
- 各メモリディレクトリエントリの状態は、Directory Modified、Directory Shared、および Directory Invalid に対して`DM`、`DS`、および`DI`と示される。さらに、ディレクトリエントリは、各ノードに対して 1 ビットのビットベクタを使用してブロック共有者を列挙する。以下に、メモリブロックとそれに関連するディレクトリエントリの例を示す。

```
M3: 0XABCD, DS, 00000011 -->
```

（ノード`C3`内の）メモリブロック`M3`は値`0XABCD`を持ち、ノード 0 およびノード 1（ビットベクタ内で 1 となっている位置に対応）によって共有される。

リード/ライト表記

リード/ライトトランザクションを記述するためには次の表記を

用いる

Ci#: R, <Mi> リードに対して

および

Ci#: W, <Mi> <-- <書き込み値> ライトに対して

例えば、

C3: R, M2は、メモリブロックM2のアドレスからリードトランザクションを発行するノード3のコアを記述している（そのアドレスはおそらくC3に既にキャッシュされている可能性がある）。

C0: W, M3 <-- 0018は、ノード0内のコアがメモリブロックM3のアドレスにライトトランザクション（データは0x0018）を発行することを記述している（そのアドレスはおそらくC0に既にキャッシュされている可能性がある）。

メッセージ

ディレクトリコヒーレンシ方式は、図5.20で示したディレクトリプロトコルで説明したように、コマンドメッセージやデータメッセージの交換にかかっている。コマンドメッセージの例としてはリードリクエストがある。データメッセージの例には、（データを含む）リード応答がある。

- 送信元と送信先が同一ノードであるメッセージは、ノード間リンクを経由することはない。
- 異なる送信元/送信先ノードを持つメッセージは、ノード間リンクを経由する。これらのメッセージは、あるキャッシュコントローラから別のキャッシュコントローラへ、キャッシュコントローラからディレクトリコントローラへ、またはディレクトリコントローラからキャッシュコントローラへ送られることになる。
- 送信元ノードから個別の送信先ノードに送信されるメッセージは静的にルーティングされる。
  - 静的ルーティングアルゴリズムは、送信元ノードと宛先ノードの間の短い経路を選択する。
  - その短い経路は、送信元および送信先にあるインデックスのバイナリ表現（例えば、ノードC1に対しては001、ノードC4に対しては100）を元に、次に、あるノードからまだメッセージが通過していない隣接ノードに移動することによって決定される。
    —例えば、ノード6からノード0（110 --> 000）に送るには、経路は以下のようになる。

      110--> 100--> 000.

    —複数の短い経路が存在する可能性があるため（110 --> 010 --> 000は、前の例では別の経路）、送付先に対応するビット列とは異なるように、最初は最下位ビット（LSB）を反転して経路を選択する。例えば、ノード1からノード6（001 --> 110）に送信する場合、経路は001 --> 000 --> 010 --> 110となる。
  - メッセージがたどることができる最長の経路には（ノードインデックスのバイナリ表現のビット数に等しい）3つのリンクがある。
- 以下のノード000との間で**送受信されるメッセージ**の例により明らかなように、同じリンク資源に対して競合するノードが2つはない場合、ノードは異なる隣接ノードのリンクから最大3つのメッセージを同時に処理できる。

  メッセージ：001 --> 010; 010 --> 000（キャッシュ/ディレクトリコントローラへ）；100 --> 001. **OK**（異なる送信先となるため）。

  メッセージ：001 --> 010; 000 --> 001（キャッシュ/ディレクトリコントローラから）；100 --> 001. **NG**。2つのメッセージがノード001宛となっているため。

  送信先の競合が生じた場合、次に示すメッセージに優先順位を割り当てると関係が崩れる。

  a. キャッシュまたはディレクトリコントローラのノード（例では000）宛てのメッセージ
  b. 互いに転送される（例では000を経由して）メッセージ
  c. キャッシュまたはディレクトリコントローラのノード（例では000）から発信されたメッセージ
- 次の表にある伝送遅延とサービス遅延を仮定しよう。

メッセージタイプ	キャッシュコントローラ（サイクル）	ディレクトリコントローラ（サイクル）	リンク（サイクル）
データ無し	2	5	10
データ付き	$3+\lceil B/4 \rceil$	$6+10\times B$	$4+B$

- メッセージがノードを経由して転送されると、経路上の次のノードに送信される前に、まずノードによってメッセージを完全に受信する。
- 任意のキャッシュコントローラを想定し、ディレクトリコントローラには、容量制限がなく、メッセージを取り込んでFCFSの手順で処理する。

5.9 [10/10/10]〈5.4〉この演習問題の各部分について、最初はすべてのキャッシュラインが無効であり、メモリMiのデータは、ブロックサイズの数だけ繰り返されるバイトi（0X00 <= i <= 0x07）であるとする。連続したリクエストが完全に直列化されているとする。つまり、（同じコアまたは異なるコアにより）前のリクエストが完了するまで、どのコアもコヒーレンシリクエストを発行しないとする。

以下の各部分について、

- 与えられたトランザクションシーケンスが完了した後のキャッシュおよびディレクトリコントローラの（データ値を含む）最終状態（コヒーレンス状態、共有者/所有者、タグ、およびデータ）を示せ。
- 転送されたメッセージを示せ（メッセージタイプに適した形式を選択せよ）。

a [10]〈5.4〉
```
C3: R, M4
C3: R, M2
C7: W, M4 <--0xaaaa
C1: W, M4 <--0xbbbb
```

b [10] 〈5.4〉
```
C3: R, M0
C3: R, M2
C6: W, M4 <--0xaaaa
C3: W, M4 <--0xbbbb
```

c [10] 〈5.4〉
```
C0: R, M7
C3: R, M4
C6: W, M2 <--0xaaaa
C2: W, M2 <--0xbbbb
```

5.10 [10/10/10] 〈5.4〉演習問題 5.9 で使用した（図 5.20 に基づく）ディレクトリプロトコルは、ディレクトリコントローラがリクエストの受信、無効化の送信、変更データの受信、ブロックがダーティであれば変更データのリクエスト元への送信などを行うことを前提とする。ここで、ディレクトリコントローラがその操作をコアに委任するとする。例えば、他のコアがそのブロックを必要とする時、変更されたブロックを Exclusive 状態の所有者に通知し、そのブロックを新たな共有者に送信させる。具体的に、以下の最適化を検討し、利点があるようであればそれを指示せよ。また、その新たな変更をサポートするために（図 5.20 プロトコルと比較して）メッセージをどのように変更するかを指定せよ。

ヒント：利点は、メッセージ数の削減、応答時間の短縮などである。

a [10] 〈5.4〉共有メモリブロックへのライトミスが発生すると、ディレクトリコントローラはデータをリクエスト元に送信し、無効化確認応答をリクエスト元に直接送信するように共有者に指示する。

b [10] 〈5.4〉他のコアで変更されたブロックへのリードミスの際には、ディレクトリコントローラは変更されたコピーの所有者に、データをリクエスト元に直接転送するように指示する。

c [10] 〈5.4〉他のコアで共有状態（S）にあるブロックへのリードミスの場合、ディレクトリコントローラは共有者のうちの 1 つ（例えば、リクエスト元に最も近いもの）に、データを直接リクエスト元に転送するように指示する。

5.11 [15/15/15] 〈5.4〉演習問題 5.9 では、システム上のすべてのトランザクションが逐次的に実行されると想定していた。これは、DSM マルチコアでは現実ではなく非効率的である。今この状況を緩和してみよう。あるコアで発生したすべてのトランザクションがシリアライズされることのみ要求する。ただし、他のコアが独立してリード/ライトトランザクションを発行し、同じメモリブロックを競合することはある。演習問題 5.9 のトランザクションは、新たに緩和した制約を反映するために以下のように表される。新たに緩和した制約を元に演習問題 5.9 を再考せよ。

a [15] 〈5.4〉
```
C1: W, M4 <--0xbbbb  C3: R, M4     C7: R, M2
                     C3: W, M4 <--0xaaaa
```

b [15] 〈5.4〉
```
C3: R, M0       C6: W, M4 <--0xaaaa
C3: R, M2
C3: W, M4 <--0xbbbb
```

c [15] 〈5.4〉
```
C0:R, M7 C2:W, M2 <--0xbbbb  C3:R, M4
C6: W, M2 <--0xaaaa
```

5.12 [10/10] 〈5.4〉前述のルーティング方法と遅延情報を使用して、以下のトランザクション列がシステム内でどのように進んでいくかを追跡せよ（すべてのアクセスがミスすると想定すること）。

a
```
C0:R, M7 C2: W, M2<--0xbbbb C3: R, M4
C6: W, M2<--0xaaaa
```

a
```
C0: R, M7              C3: R, M7
               C2: W, M7 <--0xbbbb
```

5.13 [20] 〈5.4〉メッセージがリンク上で適応的に再ルーティングされることができるならば、どのような複雑さが加わることになるだろうか。例えば、コアM1のディレクトリコントローラからC2へのコヒーレンシメッセージ（バイナリでM_{001} -> C_{010}と表現）は、リンクが利用できるかどうかにより、ノード間経路C_{001} -> C_{000} -> C_{010}またはノード間経路C_{001} -> C_{011} -> C_{010}のいずれかを経由してルーティングされる。

5.14 [20] 〈5.4〉リードミスの場合、キャッシュは、対応するメモリブロックを所有するディレクトリに通知せずに、共有状態（S）の行を上書きする可能性がある。もしくは、共有者のリストからこのキャッシュを削除するようにディレクトリに通知する。

次のトランザクション列（一度に 1 行ずつ連続して実行）が上記 2 つのアプローチでどのように進行していくかを示せ。

```
C3: R, M4
C3: R, M2
C2: W, M4 <--0xabcd
```

ケーススタディ3：メモリコンシステンシ

このケーススタディで理解できる概念

- シーケンシャルコンシステンシ（SC）モデルのもとでの正当なプログラムの挙動
- SC モデルのハードウェア最適化
- 同期プリミティブを使用したコンシステンシモデルによる制限の厳しいモデルのエミュレート

5.15 [10/10] 〈5.6〉以下のコードを 2 つのプロセッサ P1 と P2 上で実行する場合を考える。AとBの初期値は0であるとする。

P1:	P2:
`While (B == 0);` `A = 1;`	`While (A == 0);` `B = 1;`

a プロセッサがシーケンシャルコンシステンシ（SC）モデルに準拠している場合、このコードの最後にあるAとBに入ると考えられる値は何か。その答えを裏付ける説明文を挿入せよ。

b. プロセッサが TSO（Total Store Order）のコンシステンシモデルを順守している場合について、(a) と同じ問いに答えよ。

5.16 [5] 〈5.6〉以下のコードを 2 つのプロセッサ P1 と P2 上で実行する。AとBの初期値は0であるとする。最適化コンパイラによって、シーケンシャルコンシステンシモデルでは、Bに2を代入することが不可能になる可能性があることを説明せよ。

P1:	P2:
A = 1; A = 2; While (B == 0);	B = 1; While (A <> 1); B = 2;

5.17 [10]〈5.4〉SC コンシステンシモデルを実装したプロセッサでは、データキャッシュはデータプリフェッチユニットにより性能は強化される。これにより SC を実装した場合、実行結果が変わるだろうか。その理由は何か。

5.18 [10/10]〈5.6〉次のコードを Partial Store Order（PSO）を実現しているプロセッサ上で実行すると仮定する。

```
A = 1;
B = 2;
If (C == 3)
  D = B;
```

a 同期プリミティブを使用して、Total Store Order（TSO）を実装した場合の動作をエミュレートするようにコードを拡張せよ。

b シーケンシャルコンシステンシ（SC）を実装した場合の動作をエミュレートするように、同期プリミティブを使用してコードを拡張せよ。

5.19 [20/20/20]〈5.6〉シーケンシャルコンシステンシ（SC）では、すべてのリードアクセスとライトアクセスが、その全体の順序で実行されたように見える。このことにより、そのプロセッサが、リード命令あるいはライト命令がコミットするまで、ある場合にはストールする必要が生じる。次の命令列を考えてみよう。

```
write A
read B
```

ここでは、`write A`はキャッシュミスを起こし、`read B`はキャッシュヒットとなる。

SC の下では、`write A`の順番が来る（すなわち実行可能になる）まで、プロセッサは`read B`をストールしなければならない。単純な SC の実装では、キャッシュがデータを受信して`write`を実行できるまでプロセッサをストールさせる。

リリースコンシステンシ（RC）モード（5.6 節参照）では、これらの制約が緩和される。同期操作を慎重に使用することで、必要に応じて順序付けが強制される。これにより、他のプロセッサのライトに関して、まだ順序付けされていないコミット済みのライトを保持するためのライトバッファを実装することができる。リードは RC においてライトバッファを通過（そして潜在的にバイパス）することができる（これは SC ではできなかったこと）。1 サイクル毎に 1 回のメモリ操作が実行可能であり、キャッシュにヒットする、もしくはライトバッファによってライトできることにより、ストールサイクルが生じないものと仮定する。ミスが生じる操作は、図 5.38 に示すレイテンシを引き起こす。

SC と RC のコンシステンシモデルについて、（ライトバッファは最大 1 回の書き込みを保持できるものとして）各操作の**前**に何回のストールサイクルが発生するか。

a [20]〈5.6〉

```
P0: write 110 <-- 80  //ミスと想定（そのラインは
                      // どのキャッシュにもない）
P0: read 108          // ミスと想定（そのラインは
                      // どのキャッシュにもない）
```

b [20]〈5.6〉

```
P0: read 110          // ミスと想定（そのラインは
                      // どのキャッシュにもない）
P0: write 100 <-- 90  //ヒットと想定
```

c [20]〈5.6〉

```
P0: write 100 <-- 80  //ミスと想定
P0: write 110 <-- 90  //ヒットと想定
```

演習問題

5.20 [20]〈5.6〉リードプリフェッチユニットを持つプロセッサ上で、SC モデルの下で演習問題 5.19（a）を再考せよ。ライト操作の 20 サイクル前にリードプリフェッチが起動されたと仮定すること。

5.21 [15]〈5.1〉アプリケーションに対して $F(i, p)$という形の関数があると想定する。その関数は、全体で p 個のプロセッサが利用可能である内、i 個のプロセッサが使用できる時間を分数で表わしたものである。これは以下の式を意味する。

$$\sum_{i=1}^{p} F(i, p) = 1$$

i 個のプロセッサが使用中である時、そのアプリケーションは i 倍高速に実行できると想定しよう。

a あるアプリケーションに対して p の関数として速度向上を与えるように Amdahl の法則を書き換えよ。

b アプリケーション A は、時間 T 秒間、単一のプロセッサ上で動作するプロセッサを多数用いれば、実行時間のさまざまな部分を改善できる。図 5.40 に詳しく示そう。

T の割合	20%	20%	10%	5%	15%	20%	10%
プロセッサ（P）	1	2	4	6	8	16	128

図 5.40　最大 *P* 個のプロセッサを使用できるアプリケーション A の時間の割合

8 プロセッサ上で実行すれば A は何倍の速度向上が得られるか。

c 32 プロセッサではどうなるか。そして、プロセッサを無数にすれば何倍速くなるか。

5.22 [15/20/10]〈5.1〉この演習問題では、64 プロセッサの分散メモリ型マルチプロセッサ上で実行しているプログラムの命令当たりのサイクル数（CPI）に、相互結合ネットワークのトポロジが与える影響について調べよう。そのプロセッサのクロック速度は 2.0GHz であり、キャッシュにヒットするすべてのアクセスに要するアプリケーションのベース CPI は 0.75 である。命令中 0.2% は、リモート通信を用いたアクセスとなると想定しよう。リモート通信によるアクセスのコストは$(100 + 10h)$ns であり、ここで h はリモートアクセスがリモートプロセッサのメモリに行われたり、その逆方向である場合の通信ネットワークのホップ数を示す。また、すべての通信リンクは双方向であるとする。

a [15] 〈5.1〉 64 個のプロセッサがリング結合や、8 × 8 プロセッサを格子状、もしくはハイパーキューブの形で接続した時の、最悪時のリモート通信コストを計算せよ。

ヒント：2^n ハイパーキューブ上における最長通信経路は n リンクとなる。

b [20] 〈5.1〉 リモート通信が起こらないアプリケーションのベース CPI と、上記 a にある 3 種類のトポロジのそれぞれを用いて達成される CPI とを比較せよ。

5.23 [15] 〈5.2〉 図 5.6 の基本スヌーププロトコルは、どのようにしてライトスルーキャッシュに変更できるのかを示せ。ライトバックキャッシュの場合と比較して、ライトスルーキャッシュには不要な、主なハードウェア機能にはどのようなものがあるだろうか。

5.24 [20/20] 〈5.2〉 次の問題に答えよ。

a [20] 〈5.2〉 基本的スヌープキャッシュコヒーレンスプロトコル（図 5.6）に Clean かつ Exclusive 状態を付加せよ。図 5.6 のステートマシンのフォーマットでそのプロトコルを示せ。

b [20] 〈5.2〉 上記 (a) のプロトコルに "owned" 状態を追加し、図 5.6 と同じステートマシンのフォーマットで記述せよ。

5.25 [15] 〈5.2〉 フォールスシェアリングの問題の 1 つの解決策は、ワード単位で Valid ビットを付加することである。この実現によりプロトコルはブロック全体を捨てずにワードに対してインバリデートできるようになり、他のプロセッサがブロックの別の部分にアクセスしている間も、そのキャッシュの中にそのブロックの部分をプロセッサが保持できるようになるのである。この機構をもし組み込んだとしたら、（図 5.6 に示した）基本スヌープキャッシュコヒーレンスプロトコルにおいて、この追加によって、新たにどのような考慮すべきことが生じるだろうか。起こりうるプロトコル動作をすべて想定して考えてみよ。

5.26 [15/20] 〈5.3〉 この演習問題は、共有メモリ型マルチプロセッサシステムを設計する時に用いられる、プロセッサ内の命令レベル並列性を利用するアグレッシブな技術の影響について調べよう。プロセッサ以外は全く同一の 2 種類のシステムについて考える。システム A は簡単なシングルイシューのインオーダパイプラインプロセッサを用い、システム B は 4-ウェイイシューのアウトオブオーダ実行で、64 エントリのリオーダバッファを持つプロセッサを利用している。

a [15] 〈5.3〉 図 5.11 で得られた結果に基づき、その実行時間を命令実行、キャッシュアクセス、メモリアクセス、他のストールに分類してみよう。これらの各要素は、システム A とシステム B との間でどのように異なってくるようになるか。

b [10] 〈5.3〉 5.3 節にあるオンライントランザクション処理（OLTP）のワークロードの挙動についての議論に基づくと、その OLTP ワークロードと、よりアグレッシブなプロセッサ設計から得られる恩恵を限定してしまうような他のベンチマークとの間にある重要な相違は何かを述べよ。

5.27 [15] 〈5.3〉 フォールスシェアリングを回避するために、アプリケーションのコードをどのように変更すれば良いか。コンパイラがどのようなことを行えば良いか。プログラマが挿入するディレクティブ（指示文）にどのようなものが必要となるか。

5.28 [15] 〈5.3〉 あるアプリケーションは、膨大な数の文書内にある特定の単語の出現数を計算する。大規模な数のプロセッサがその作業を分担し、異なる文書を検索したとする。プロセッサ群は、32 ビット整数型の巨大な配列「word_count」を生成した。そのすべての要素は、ある文書でその単語が出現した回数を示す。次のステップとして、その処理結果を 4 つのプロセッサを搭載した小規模の SMP サーバに移す。各プロセッサは配列要素のおよそ 1/4 の合計を求める。そして、1 つのプロセッサが総合計を計算するのである。

```
for (int p= 0; p<=3; p++)      // 各ループは別々の
                               // プロセッサで実行

{
  sum [p] = 0;
  for (int i= 0; i<n/4; i++) // nは配列word_countの
                             // サイズで,4で割り切れる
    sum[p] = sum[p]+word_count[p+4*i];
  }
  total_sum = sum[0] +sum[1]+sum[2]+sum[3];
                             // 単一プロセッサで実行
```

a 各プロセッサに 32 バイトの L1 データキャッシュがあるとする。このコードが示すキャッシュラインの共有状況（トゥルーかフォールスか）を識別せよ。

b 配列word_countの要素に対するミスの回数を減らすためにコードを書き直せ。

c このコードがフォールスシェアリングしないようにするために手動で修正できるコードを示せ。

5.29 [15] 〈5.4〉 ディレクトリベースのキャッシュコヒーレンスプロトコルを想定しよう。そのディレクトリには、現在プロセッサ P1 が「Exclusive 状態」にあるデータを持っていることを示す情報を持っている。もしそのディレクトリが今プロセッサ P1 から同じキャッシュブロックに対してリクエストを受けとるとすると、これは何を意味することになるだろうか。そのディレクトリコントローラは何をすべきか（このような状況は、レース状態と呼ばれ、コヒーレンスプロトコルの設計やその動作確認がなぜそれほどまで困難を極めるのかを示す理由となっている）。

5.30 [20] 〈5.4〉 ディレクトリコントローラはローカルキャッシュコントローラーによって置き換えられたラインに対してインバリデートを送ることができる。このようなメッセージを回避し、ディレクトリに一貫性を保つためには、リプレースヒントが用いられる。このようなメッセージは、コントローラにブロックがリプレースされたことを示すものである。こういったリプレースヒントを用いるように、5.4 節のディレクトリコヒーレンスプロトコル修正せよ。

5.31 [20/15/20/15] 〈5.4〉 完全に実装したビット列を用いたディレクトリの実現を直接行う悪例として、ディレクトリ情報の全体の大きさを積（すなわち、プロセッサ数×メモリブロック数）で表したものがある。もしメモリがプロセッサ数に比例して増えるのであれば、ディレクトリ全体の大きさはプロセッサ数の2次関数として増える。実際は、ディレクトリはメモリブロック毎に1ビットだけあればよく（一般には32から128バイトとなり）、この問題は小規模から中規模のプロセッサ数に対してはさほど重大なものとはならない。例えば、128バイトのブロックとP個のプロセッサを想定して、ディレクトリを格納する容量はメインメモリと比較して$P/(128 \times 8)$となる。$P/1024$という数値は、128プロセッサの場合、12.5%の容量が追加されることとなる。この問題は、各プロセッサのキャッシュサイズに比例する情報量を維持するのに必要となる分がどれだけになるかを調べることで回避できる。この演習問題の解を得ることで、そのことを探っていこう。

a [20]〈5.4〉スケーラブルなディレクトリプロトコルを実現する方法の1つに、プロセッサを階層構造の葉とし、ディレクトリは各サブツリーのルートに配置するような論理階層構造としてマルチプロセッサを構築するものがある。各サブツリーにあるディレクトリは、どの子がどのメモリブロックをキャッシュしているかを記録している。それとともに、そのサブツリー内のホームを持つどのメモリブロックが外部のサブツリーにキャッシュされているのかといった情報も記録している。このディレクトリにプロセッサ情報を記録するのに必要な記憶容量を計算せよ。ただし、各ディレクトリはフルアソシアティブのウェイ数であるとする。その答えは、全ノード数とともに、階層の各レベルにおけるノードの数を合計して計算しなければならない。

b [15]〈5.4〉ディレクトリサイズを小さくするもう1つの方法は、限られた数のディレクトリのメモリブロックだけを常に共有できるようにすることである。フルビットベクタを格納する4-ウェイセットアソシアティブキャッシュとしてディレクトリを実装する。ディレクトリキャッシュミスが発生した場合は、ディレクトリエントリを選択してそのエントリを無効にする。この構成がどのように機能してブロックリード、ライトリプレース、メモリへのライトバックが行われるのかを詳しく説明せよ。このディレクトリ構成に必要な新たな状態遷移を反映して、図5.20にあるプロトコルに変更を加えよ。

c [20]〈5.4〉ディレクトリエントリの数を減らすのではなく、密なものではないビットベクタを実装できる。例えば、すべてのディレクトリエントリは9ビットに設定できる。ブロックがそのホームの外側の1つのノードにのみキャッシュされている場合、このフィールドにはそのノード番号が入る。ブロックがホームの外側の複数のノードにキャッシュされている場合、このフィールドはビットベクタで、各ビットは8つのプロセッサのグループを示し、そのうちの少なくとも1つがブロックをキャッシュしている。この方式は、8つの8プロセッサグループで構成される64プロセッサDSMマシンでどのように機能するかを説明せよ。

d [15] ディレクトリサイズを小さくするための極端な方法として、「空の」ディレクトリを実装することである。つまり、すべてのプロセッサのディレクトリにメモリ状態が格納されているわけではない。リクエストを受け取り、**必要に応じて**転送するのである。DSMシステムに対し、ディレクトリを全く持たない場合よりも、そのようなディレクトリを持つことの利点は何か。

5.32 [10]〈5.5〉**load-linked**命令と**store-conditional**命令のペアを用いて、古典的なcompare-and-swap命令を実現せよ。

5.33 [15]〈5.5〉一般に使われる性能最適化の1つに、同一のキャッシュラインに同期変数として他にどのような有用なデータも持たないようにするために、同期変数を詰め込む方法がある。この最適化が状況によっては非常に役立つことを示す例を作成せよ。スヌーピングライトインバリデートプロトコルを想定せよ。

5.34 [30]〈5.5〉マルチコアプロセッサにおいて、**load-linked**命令と**store-conditional**命令のペアを実現する1つの方法として、これらの命令をキャッシュ不能なメモリ操作を用いるために制限することである。モニターユニットは、どのようなコアからもメモリへのすべてのリードアクセスとライトアクセスを傍受するのである。モニターはload-linked命令の発行元と、load-linked命令とそれに続くstore-conditional命令との間にストア命令が入り込むかどうかを追跡する。そのモニターはデータの書き込みからstore-conditional命令が失敗しないようにでき、このストアを失敗するプロセッサに知らせるための相互結合を通じた信号を用いることができる。4コアの対称型マルチプロセッサ（SMP）をサポートするメモリシステムのためのこうのようなモニターを設計せよ。一般的にリードリクエストとライトリクエストが（4、8、16、32バイトといった）さまざまなデータサイズを持つということを考慮すること。どのようなメモリアドレスも、load-linked/store-conditional命令のペアの対象となり、そのメモリモニターは、どのようなアドレスに対するload-linked/store-conditionalアクセスも同一番地への通常のアクセスの間に挟み込むことができるということを想定できるものである。そのモニターの複雑さはメモリサイズに依存すべきではない。

5.35 [25]〈5.5〉L1がプロセッサに近いところにある2レベルキャッシュ階層において、もしL2が少なくともL1と同じウェイ数があるものとし、両方のキャッシュがライン単位置き換え可能（LRU）置換を用い、同じブロックサイズを持つとすると、包含特性は何もせずに維持できることを証明せよ。

5.36 [議論]〈5〉マルチプロセッサシステムの詳細な性能評価を行おうとする時、システム設計者は、解析モデル、トレース駆動シミュレーション、実行駆動シミュレーションの3種類のツールのうちどれかを用いる。解析モデルはプログラムの挙動をモデル化するために数学的な記述を用いる。トレース駆動シミュレーションは、アプリケーションを実際のマシン上で実行し、主にメモリ操作のトレースデータを生成する。このトレースデータは、さまざまなパラメータを変化させてシステムの性能を予測するために、キャッシュシミュレータや単純なプロセッサモデルのあるシミュレータを通じて再現できる。実行駆動シミュレータは、プロセッサ状態などと等価な構造を維持しながら全実行をシミュレーションするものである。

a これらのアプローチの間には正確性とシミュレーション速度について、どういったトレードオフが存在するだろうか。

b CPUトレースが注意深く収集されていない場合、そのトレースが収集されているシステムは人工的なものとなる可能性がある。例として分岐予測とスピンウェイト同期を使用しながら、この問題について議論せよ。

ヒント：プログラム自体は純粋なCPUトレースには使用できない。トレースだけが利用できる。

5.37 [40]〈5.7、5.9〉マルチプロセッサやクラスタは、理想的に*n*台のプロセッサに対して*n*倍となるように、プロセッサの数を増やすとともに通常は性能向上を示す。この偏ったベンチマークの目指すものは、プロセッサ数を増やすにつれて、性能が悪化するプログラムを作成することである。例えば、これが意味するのは、マルチプロセッサやクラスタ上のプロセッサが1台でそのプログラムを最高速で実行し、2台になると遅くなり、4台になるとさらに遅くなるものである。線形速度向上と反対の結果を示す各構成に対して、どのような性能上の特徴があるだろうか。

6 要求レベル並列性/データレベル並列性を利用したウェアハウススケールコンピュータ

データセンターこそがコンピュータである。

Luiz Andre Barroso
Google 社（2007）

100 年前、企業はそれまで自社の持つ蒸気エンジンと発電機を使った電力供給から切り替え、新たな電力網に機器を接続するようになった。この発電所から供給される安価な電力を使うという方針は、単にビジネス業界を変えただけではなかった。この電力を使うことで、近代社会が現在ある形に変わり、経済変革や社会変革が連鎖的に起きていった。今日、これと同様の大革命が進行しつつある。インターネットという広域ネットワークに接続することで、巨大な情報処理プラントが家庭や職場に、データやソフトウェアを送り込むようになってきた。これより、コンピューティングは行うものではなく利用するものに変わりつつある。

Nicholas Carr
『巨大なスイッチ：全世界の再接続、エジソンから Google へ』（2008 年）

6.1 はじめに

誰でも高速な CPU を作ることはできる。秘訣は、とにかく速いシステムを作ればいい。

Seymour Cray
スーパーコンピュータの父

ウェアハウススケールコンピュータ（WSC）†とは、何十億もの人々が検索したり、ソーシャルネットワーク（SNS）に興じ、地図を開いたり、動画を共有し、オンラインで買い物したり、電子メールでやりとりするなどといった、日々利用しているインターネットサービスの基盤となるものである。こういったインターネットサービスがものすごい勢いで広がることにより、誰もが「もっと速いものを」といった要望に応えるべく、WSC の構築が必要となったのである。WSC は単なる巨大なデータセンターであるように捉えられがちではあるが、これからご覧いただくように、そのアーキテクチャや動作仕様は実に多岐にわたるものとなる。今日の WSC は 1 つの巨大なマシンとして振る舞い、それを設置する建物、電力供給や冷却の基盤設備、サーバ群、50,000 台から 100,000 台のサーバをネットワークにより接続するネットワーク機器といったものに数億ドルといった規模のコストを要する。さらに、商用クラウドコンピューティング（6.5 節参照）の急速な発展により、クレジットカードを使うだけで WSC は誰にでもアクセス可能なものとなっている。

当然のようにコンピュータアーキテクチャは WSC の設計といった方向にも広がっていった。例えば、前に引用した Google 社の Luiz Barroso はコンピュータアーキテクチャの分野において学位論文をまとめている。Barroso は WSC の規模に応じた設計方法、信頼性に対する設計技術、ハードウェアデバッグの技法といったこれまでのアーキテクトの持つ手腕が WSC の構築や操作方法において極めて有効であると信じて疑わない。

こういった壮大な規模のシステムにおいては、配電関係、冷却システム、監視の方法、操作性といったものに革新的な技術を必要とするため、WSC はスーパーコンピュータの現代の子孫とみることもでき、Seymour Cray は今日の WSC アーキテクトの首領（ゴッドファーザー）ということになる。Clay の目指した最先端のコンピュータは、絶対真似のできないような計算をやってのけたが、恐ろしく高価であったため、ほんの一部の企業しか導入できなかったのである。今では、その目指すものは科学者やエンジニアが利用する高性能計算（HPC）ではなく、一般向けに情報技術を提供している。そのため、WSC は、Clay 社のスーパーコンピュータがかつて果たした現代社会に対する役割よりも一層重要な役割を果たすことは間違いない。

疑いなく、WSC は高性能計算よりも多数のユーザを抱えており、IT 産業におけるシェアはさらに膨大なものとなっているのである。

† この章は、Google 社の Luiz Andre Barroso と Urs Holzle による“The Datacenter as a Computer: An Introduction to the Design of Warehouse-Scale Machines, 2013”にある資料や、Amazon Web Services の James Hamilton の mvdirona.com にある“Perspectives”というブログと“Cloud-Computing Economies of Scale”、“Data Center Networks Are in My Way”と題された講演（2009 年、2010 年）、さらには、Machael Armbrust らによる“Above the Clouds: A Berkeley View of Cloud Computing, 2010”といった論文に基づいている。

ユーザ数やその収益いずれにおいても、Google 社はかつての Clay Research 社に比べて、1000 倍もの巨大な企業となっている。

WSC アーキテクトの抱いている目標や必要要件は、以下に示すように、サーバアーキテクトと同じようなものである。

- **価格性能比**：1 ドル当たりになされた仕事量は、1 つには大規模であるがゆえ、極めて影響力が大きい。WSC 群のコストを数パーセント削減するだけで、数百万ドルを節約できるのである。
- **エネルギー効率**：放出される光子を除いて、WSC は本質的に閉じたシステムであり、消費されるほとんどのエネルギーは除去すべき熱に変わる。したがって、ピーク電力と消費電力は、配電のコストとともに冷却システムのコストの増加を引き起こす。WSC を構築するための基盤設備（インフラ）のコストの大部分は、電力と冷却にかかってくる。さらに、エネルギー効率は環境管理の重要な部分である。したがって、コンピュータのウェアハウスの配電や機械系の基盤設備の構築にかかるコストが高くつき、その結果として月々の利用料金が発生するため、ジュール当たりの仕事量は WSC とそのサーバの両方にとって重要である。
- **冗長性による信頼度**：長期間インターネットサービスを提供するということから、WSC におけるハードウェアとソフトウェアは、すべて合わせて少なくとも（フォーナインと呼ばれる）99.99%の利用率を供給しなくてはならない。すなわち、WSC が 1 年の間にダウンする時間は 1 時間以内に抑えなければならないことになる。冗長性を持たせることが、WSC とサーバ両方にとって信頼度を得るための鍵を握る。サーバアーキテクトは、高い利用率を達成するために高コストのハードウェアをあちこちに投入するが、WSC アーキテクトは逆に多数の価格性能比の高いサーバをネットワークにより接続し、ソフトウェアによって実現できる冗長性に依拠する。WSC 内のローカルの冗長性に加えて、WSC 群全体に及ぶような事態を覆い隠すために冗長な WSC を必要とする。確かに、クラウドサービスはすべて、少なくとも 99.99%の時間利用可能である必要があるが、Amazon や、Google、Microsoft といったインターネットフル活用の企業の信頼性はもっと高くないといけない。もし、これらの企業のうち、1 つが 1 年に 1 時間オフライン（すなわち 99.99%の利用率）となったとすると、トップニュースになるだろう。WSC が複数あることで、あちこちに配置されるサービスに対するレイテンシも減らすといった恩恵が得られる。
- **ネットワーク I/O**：サーバアーキテクトは、外部の世界に向けて快適なネットワークインターフェイスを提供しなくてはならず、WSC アーキテクトも同様である。ネットワーク接続は、利用者へのインターフェイスを提供する手段であるとともに、複数の WSC 間において、データの一貫性を維持するために必要なものとなる。
- **対話型処理とバッチ処理のワークロード**：何十億というユーザが検索したりソーシャルネットワークのようなサービスを利用する上で、対話型処理のワークロードは膨大なものと思われるが、WSC もまた、サーバ群のように、このようなサービスに有用なメタデータを計算する大規模並列バッチプログラムを実行するのである。例えば、MapReduce のジョブは Web を徘徊して得られたページを検索インデックスに変換するのに実行されるものである（6.2 節参照）。

それほど驚くべきことではないが、サーバアーキテクトが関知しない以下のような特徴もある。

- **大規模並列性**：サーバアーキテクトは、ターゲット市場におけるアプリケーションに、並列ハードウェアを投入するのも当然となるような十分な並行性があるかどうか、そしてこの並列性を活かすのに十分な通信ハードウェアに対してコストが高過ぎていないかどうかといったことに関心がある。WSC アーキテクトはこういったことに興味はない。最初に、Web クロールから得られる何十億という Web ページのように、独立した処理を必要とする相互に依存しない膨大な数のデータセットは、バッチアプリケーションにはありがたいものなのである。こういった処理はメモリにあるデータではなく、ストレージにあるデータに適用されるデータレベル並列性であり、それについては第 4 章で述べた。次に、**サービスとしてのソフトウェア**（**SaaS**：Software as a Service）としても知られている対話型インターネットサービスアプリケーションにとっては、対話型のインターネットサービスを利用する何百万人という独立したユーザがいるとありがたい。SaaS においては、リードとライトはほとんど独立しており、したがって、SaaS は同期させる必要がほとんどない。例えば、検索はリードオンリーのインデックスを用い、電子メールは通常リードとライトに依存しない情報である。数多くの独立した処理が、通信や同期がほとんど必要なく自然に並列に進めることができるということから、このタイプの安直な並列性を**要求レベル並列性**と呼ぶ。その例として、ジャーナルベースの更新には、それほどスループットを必要とすることはない。リード/ライトに依存するような機能でさえ、現在の WSC の規模に拡張できるようなストレージを提供するために時々削除される。いずれにせよ、WSC アプリケーションには、数百から数千のサーバにも適用できるアルゴリズムを見つけるしかない。それは、顧客が期待していることであり、そして WSC テクノロジが提供していることである。
- **運用コスト問題**：サーバアーキテクトは通常サーバの運用コストには目もくれず、購入コストと比較して、運用コストは低いと想定する。WSC はさらに長い寿命を持ち、建造物や電力系基盤設備、冷却系基盤設備は 10 年から 15 年の年月をかけて償却され、その間運用コストが加算されるため、エネルギーや配電、冷却にかかるコストは、10 年を超えると WSC のコストの 30%以上となる。
- **設置場所問題**：WSC を構築するための最初のステップは、倉庫（ウェアハウス）を建てることである。さて、どこに建てようか。不動産業者は場所を重視するが、WSC の設置場所は、水資源へのアクセス、安価な電気代、インターネットバックボーン光ファイバへの近さ、WSC で働く近隣の人々、そして地震や洪水、台風などの環境災害によるリスクが低いことが重要である。明らかな懸念は、WSC を拡張するのに十分なスペースのあるまさに土地のコストである。多数の WSC を抱える企業にとって、もう1つの懸念は、インターネット上の待ち時間を減らすために、現在または将来のインターネットユーザの多数居住するところに地理的に近い場所を見つけることである。その他の要因に、税金、資産コスト、社会問題（人々は自国の施設を求める場合もある）、政治問題（司法管轄がその地域担当である必要がある場合も）、ネットワーキングのコスト、ネットワーキングの信頼性、電力コスト、電力源（水力発電か火力発電か）、天候（6.4節に示すように、涼しい方が安価）、そしてインターネット全般に渡る接続性（オーストラリアは地理的にシンガポールに近いが、その間のネットワークリンクバンド幅はそれほど良くない）。

サーバアーキテクトは通常、コスト予算内で最高の性能が得られるようにシステムを設計し、筐体の冷却能力を超えないようにするために電力について悩む。これから分かるように（図6.3）、WSCサーバが100%利用されることはめったにない。その理由は、応答時間を短くすること、および信頼できるコンピューティングを実現するために必要な冗長性を提供することにある。運用コストが重要であることを考えると、そういったサーバはあらゆる利用レベルにおいて効率良く計算を行う必要がある。

- **スケールと利用機会/スケールに関連する問題**：究極のコンピュータには、カスタムハードウェアが必要となるため、極めて高価なものとなることが多く、なおかつ、その究極のコンピュータはあまり多く作られることがないため、カスタム化のコストは効率的に償却することができない。しかし、一度に何千ものサーバを購入する時、大幅な大量購入割引がある。WSC内部は極めて多数の要素が組み込まれ、それほど多くのWSCではなくとも、スケールメリットがある。6.5節と6.10節で述べるが、このようなスケールメリットは商用**クラウドコンピューティング**にもたらされる。というのはWSCの一式当たりのコストを低く抑えることができるというのは、企業がWSCをレンタルできることを意味し、自社で構築するよりも低いコストで利益を得られることとなる。100,000台のサーバがあるということは、反面それだけ障害が生じやすいことを意味する。図6.1は2,400台のサーバの停止や異変の状況を示すものである。たとえサーバ1台の平均故障時間（MTTF）が25年（200,000時間）もの期間であったとしても、WSCアーキテクトは1日に5台のサーバが障害を起こすと想定して設計する必要がある。図6.1は年間のディスク故障率が2%から10%までのものであるとして記録したものである。サーバ当たり2台のディスクがあるとし、その年間の故障率が4%であったのなら、100,000台のサーバを用いてWSCを設計するアーキテクトは、1時間に1台のディスクが故障すると想定すべきである。しかしながら、図6.1に示すように、ソフトウェア障害はハードウェア障害をはるかに上回っているため、システム設計は、ソフトウェアバグによるサーバのクラッシュに対して回復力がある必要がある。このような極めて大規模な施設には何千ものサーバが設置されており、WSCオペレータはディスク交換に非常に長けているため、WSCのディスク障害のコストは小規模のデータセンターよりはるかに低くなる。同じことがDRAMにも当てはまる。安価なものが入手可能であれば、WSCは信頼性の低いコンポーネントを使用する可能性がある。

1年目の発生数の概数	原因	結果
1か2	電力会社の障害	WSC全体の停電。もしUPSや発電機が作動する（発電機は時間当たり99%動作する）ならば、WSCはダウンすることはない。
4	クラスタのアップグレード	基盤設備の更新には計画的に停電を行い、幾度となく進化するネットワーク関連については、ケーブルの引き直し、ファームウェアのアップグレードなどを必要とした。突発的な停電に対しては、およそ9回のクラスタ停止があった。
1000s	ハードディスク障害	2%～10%の年間ディスク故障率であった[Pinheiro, 2007]。
	低速ディスク	続けて動作はするが、10倍から20倍遅くなった。
	メモリ不良	訂正不能DRAMエラーが年間1回発生[Schroeder et al., 2009]。
	構築ミスのマシン	サービス中断の30%に及ぶ再構築時間を要した［Barroso and Holzle, 2009］。
	不安定なマシン	サーバの1%は週に1回以上リブートした［Barroso and Holzle, 2009］。
500	個々のサーバクラッシュ	マシンをリブートし、およそ5分要した（ソフトウェアまたはハードウェア障害による）。

図6.1 2,400台のサーバによる新規クラスタ導入後の最初の年において生じた停止や異変とそのおよその発生頻度。

図6.5にあるように、Google社がクラスタと呼ぶものをアレイとしている。Barroso, L.A., 2010. Warehouse Scale Computing［基調講演］、*Proceedings of ACM SIGMOD*, June 8.10, 2010, Indianapolis, INに基づく）。

例題6.1

図6.1において2,400台のサーバ上で提供しているサービスの利用率を計算せよ。実際のWSC内のサービスとは異なり、この例題ではそのサービスはハードウェアやソフトウェアのトラブルに対しては脆弱であり、すぐに停止してしまうものとする。ソフトウェアをリブートする時間は5分であるとし、ハードウェアの修復には1時間を要するものと想定する。

解答

ここでは、それぞれのコンポーネントの障害による停止時間を計算することによって、サービスの利用率を見積もることができる。図6.1におけるそれぞれのカテゴリーにおいて、控え目に最も低い数値を採用し、4つのコンポーネントの間に1,000回の停止が均等に生じることになるとしてみよう。1,000回の停止の5番目のコンポーネントである低速ディスクは無視する。というのは、遅いディスクは性能には悪影響はあるものの、利用率には影響ないからである。また電源周りの障害も、無停電電源（UPS）が働くために99%無視できるものとする。

$$\text{停止時間} = (4 + 250 + 250 + 250) \times 1\ \text{時間} + (250 + 5{,}000) \times 5\ \text{分}$$
$$= 754 + 438 = 1{,}192\ \text{時間}$$

1年は、365 × 24 = 8,760時間であるので、利用率は以下のようになる。

$$\text{システム利用率} = \left(\frac{8760 - 1192}{8760}\right) = \frac{7568}{8760} = 86\%$$

システム停止を覆い隠すようなソフトウェア冗長性が無ければ、2,400台のサーバ上において、あるサービスは平均週に1日停止することとなり、「9（ナイン）」はゼロであり、WSCの目標である99.99%（フォーナイン）には遙かに及ばない利用率となる。

6.10節で説明するように、WSCの先駆者は**クラスタコンピュータ**である。**クラスタ**とはローカルエリアネットワーク（LAN）とスイッチを用いて接続されている独立したコンピュータの集まりのことである。通信があまり頻繁に生じない（コミュニケーション集中（インテンシブ）ではない）ような処理に対しては、クラスタは共有メモリ型マルチプロセッサよりも極めて価格性能比の高い計算が可能であった（共有メモリ型マルチプロセッサは第5章で議論したマルチコアコンピュータの先駆者であった）。クラスタは、1990年代後期には科学技術計算に応用されて広まり、後にインターネットサービスに利用されるようになった。WSCの側面の1つとして、何百というサーバからなるクラスタから何万というサーバ群にいたるまで、どれも単に論理的に進化したものに過ぎないという見方もできる。

WSCは高性能計算のための現在のクラスタに類似しているかどうかといった素朴な疑問が思い浮かぶ。何億ドルもの費用を要した100万台規模のプロセッサを用いたようなHPC設計に匹敵する規模やコストのWSCもあるが、HPCアプリケーションは相互に依存したものとなっており、頻繁に通信を行うことから（6.3節参照）、WSCに見られるものよりも歴史的にかなり強力なプロセッサと低レイテンシなノード間ネットワークを持っている。そのプログラミング環境もまた、スレッドレベル並列性やデータレベル並列性が強く求められ（4章、5章参照）、要求レベル並列性により、多数の独立したタスクを完了するためのバンド幅と対照的なものであり、1つのタスクを完了するためのレイテンシに対する制約は大きい。HPCクラスタはさらに、一度に何週間もフル稼働するサーバを何台もキープするような長時間のジョブを連続実行することがしばしばあるが、他方WSCにおけるサーバの利用率は（図6.3参照）10%と50%の間に分布し、日々変わっていく。スーパーコンピュータ環境とは異なり、何千人もの開発者が毎週WSCコードベースで作業し、重要なソフトウェアリリースを毎週展開している［Barroso *et al.*, 2017］。

WSCがどういった点で従来のデータセンターに匹敵するのだろうか。これまで受け継いだデータセンターを稼働させるには一般に多数のパーツから構成されるマシンやサードパーティソフトウェアを集めて、それらを他の人たちのために集中的に実行する。主な焦点は、より少ないマシン上においてより多くのサービスを整理統合することにあり、そのサービスは機密性が高い情報を守るために個々に分離されている。そのため、仮想マシンがデータセンターにおいてますます重要なものとなる。仮想マシンはWSCにとっても重要であるが、役割は異なる。WSCは、さまざまな顧客間で干渉しないことを保証し、さまざまな価格でレンタルするためにハードウェアリソースを異なるサイズで共有するように分割する（6.5節参照）。WSCとは異なり、従来のデータセンターでは、システムが抱えるさまざまな顧客に応えるために、膨大な種類のハードウェアとソフトウェアを装備することとなる。それに対し、WSCプログラマはサードパーティソフトウェアをカスタマイズしたり、自分で作ったりすることができるようにするには、WSCは同じ種類のハードウェアを装備しているのである。WSCが目指すところは、ウェアハウス内のハードウェア/ソフトウェアをある意味、さまざまなアプリケーションを実行する1つのコンピュータのように振る舞わせることである。従来のデータセンターにおいて最もコストがかかるものは、それを維持するための人件費であるのに対して、6.4節に示すように、念入りに設計されたWSCにおいては、サーバのハードウェアが最も多大なコストを要し、人件費のコストはデータセンターでは最も高くついたのに対し、ほとんど無視できるものに移行した。従来のデータセンターもまたWSCほどの規模がなく、前述の大量購入のスケールメリットがない。

したがって、WSCを究極のデータセンターであると考えるかもしれないが、そのコンピュータは別々の建物に特別な電力系基盤設備や冷却システムを用いて設置され、従来のデータセンターとWSCでは、アーキテクチャ的にも運用的にも、課題や利用のされ方もほとんど同じである。

手始めにWSCのワークロードやプログラミングモデルから述べることとする。

6.2 ウェアハウススケールコンピュータのプログラミングモデルとワークロード

もしある問題に解法がないのであれば、それはもはや問題ではなく事実なのかも知れない。解くべきものではなく、長期に渡り付き合っていくものなのであろう。

Shimon Peres

人を有名にする検索や、動画共有、ソーシャルネットワークといった誰もが普段利用するインターネットサービスのほかに、WSCは動画を新たなフォーマットに変換したり、Webクロールから検索インデックスを作り出すようなアプリケーションも実行する。

WSCにおけるバッチ処理の人気の高いフレームワークは**MapReduce**［Dean and Ghemawat, 2008］とその対となるオープンソースの**Hadoop**である。図6.2には、長期に渡りGoogle社におけるMapReduceの人気上昇の推移を示す。同じ名前のLisp関数により触発され、Mapは最初にプログラマによって提供された関数をそれぞれの論理入力レコードに適用する。キー値対の中間結果を作り出すために、何千というコンピュータの上においてMapが実行される。Reduceはそれらの分散したタスクの出力を集めて、もう1つのプログラマ定義の関数を用いて、それらをバラバラにする。Reduce関数が可換で連想的であると仮定すると、log N回実行できる。適切なソフトウェアサポートにより、2つの処理は高速で、理解しやすく使いやすい。30分もあれば、プログラミング初心者であってもMapReduceタスクを何千というコンピュータ上で走らせることができるようになる。

図6.2は、平均的なジョブが何百ものサーバを使用する状況を示

年月	MapReduce ジョブ数	平均実行時間（秒）	ジョブ毎の平均サーバ数	サーバ毎の平均コア数	年間 CPU コア数	入力データ（PB）	中間データ（PB）	出力データ（PB）
2016 年 9 月	95,775,891	331	130	2.4	311,691	11,553	4095	6982
2015 年 9 月	115,375,750	231	120	2.7	272,322	8307	3980	5801
2014 年 9 月	55,913,646	412	142	1.9	200,778	5989	2530	3951
2013 年 9 月	28,328,775	469	137	1.4	81,992	2579	1193	1684
2012 年 9 月	15,662,118	480	142	1.8	60,987	2171	818	874
2011 年 9 月	7,961,481	499	147	2.2	40,993	1162	276	333
2010 年 9 月	5,207,069	714	164	1.6	30,262	573	139	37
2009 年 9 月	4,114,919	515	156	3.2	33,582	548	118	99
2007 年 9 月	2,217,000	395	394	1.0	11,081	394	34	14
2006 年 3 月	171,000	874	268	1.6	2002	51	7	3
2004 年 8 月	29,000	634	157	1.9	217	3.2	0.7	0.2

図 6.2 2004 年から 2016 年にわたる Google 社における月毎の MapReduce の利用度

12 年間にわたって、MapReduce のジョブ数は 3,300 倍に増えていった。図 6.17 において、2016 年 9 月に Amazon 社のクラウドサーバ EC2 上で実行されたワークロードは、114,000,000 ドルになったと見積もっている（[Dean、"Designs, lessons and advice from building large distributed systems," 2009［基調講演］、*Proceedings of 3rd ACM SIGOPS International Workshop onLarge-Scale Distributed Systems and Middleware*, Co-located with the 22nd *ACM Symposium on Operating Systems Principles*, October 11.14, 2009, Big Sky, Mont.からの更新）。

している。高性能計算（HPC）から高度にチューニングされたわずかなアプリケーション以外に、そういった MapReduce ジョブは、合計 CPU 時間または使用されたサーバ数のいずれで評価しても、今日最も並列性を持つアプリケーションである。

ここで、ある MapReduce プログラムが、膨大なドキュメントの集まりにおける英単語の出現数を計算するものを考える。以下のプログラムは、あるドキュメント内において、すべての英単語が一度だけ出現すると仮定した内部ループだけを示すよう単純化したものである［Dean and Ghemawat, 2008］。

```
map(String key, String value):
        // key: ドキュメント名
        // value: ドキュメント内容
        for each word w in value:
        EmitIntermediate(w, "1"); // 全単語のリスト生成
reduce(String key, Iterator values):
        // key: 単語
        // values: 回数のリスト
        int result = 0;
        for each v in values:

        result += ParseInt(v); // key値対から整数取得
        Emit(AsString(result));
```

map関数で用いられる関数EmitIntermediateはドキュメント内の各単語と値 1 を発行する。それからreduce関数は、すべてのドキュメントにある単語毎の出現数を得るために関数ParseInt()を用いているそれぞれのドキュメントに対する単語毎のすべての値を合計する。MapReduce ランタイム環境は map タスクと reduce タスクを WSC のノードにスケジューリングする（プログラムの完全版は［Dean and Ghemawat, 2004］に示されている）。

MapReduce は、データに適用される関数を渡す時を除いて、単一命令-複数データ（SIMD）演算（第 4 章参照）を一般化したものとみなすことができる。そのデータは Map タスクから得られる出力リダクションに用いられる関数に続くこととなる。リダクションは SIMD プログラムでも常套手段であるため、SIMD ハードウェアはリダクションのために特別な操作方法を提供する。例えば、Intel の AVX SIMD 命令には隣接しているオペランドの 2 つのレジスタを加算する「水平命令」が含まれている。

何百というコンピュータからのさまざまな性能差に対応するためには、MapReduce スケジューラは、ノードがいかに迅速に優先度の高いタスクを完了するかに基づいて新たなタスクを割り当てる。遅いタスクがあれば、巨大な MapReduce ジョブの完了が遅れてしまうのは明らかである。Dean と Barroso は、そのような状況を**テイルレイテンシ**と名付けた［Dean and Barroso, 2013］。WSC において、遅いタスクに対処するには、この規模においてこのような固有の速度差にうまく対応できるようなソフトウェアメカニズムを提供することが必要である。このアプローチは従来のデータセンターにあるサーバに対する対策とは、見事に対照的なものとなる。データセンターでは、遅いタスクがあれば、ハードウェアがおかしくなっていて取り換える必要がある場合とか、あるいはそのサーバソフトウェアをチューニングしたり書き直したりする必要があるのではと考えることが通例であった。WSC に 50,000〜100,000 台もサーバがあれば、さまざまな性能差が出てくることは当たり前のことである。例えば、MapReduce プログラムを終了させるためには、システムはまだ完了していないタスクを他のノードの上でバックアップ作業を始め、いずれか最初に終えたところから結果を取得する。リソース利用率がほんの数パーセント増加することで、30%高速に実行できるような大きなタスクがあるということを［Dean and Ghemawat, 2008］は明らかにした。

信頼性は初期から MapReduce に組み込まれていた。例えば、MapReduce ジョブの各ノードは、完了したタスクのリストと更新された状態を使用して定期的にマスターノードにレポートを返す必要がある。ノードが期限までにレポートを返さない場合、マスターノードはそのノードが落ちていると見なし、そのノードの作業を他のノードに再割り当てする。WSC において大量の機材が設置されることで、先の例が示すように、当たり前のように障害が起きてしまう。99.99%の利用率を達成するためには、WSC ではシステム

ソフトウェアがこの現実に対応しなくてはならないのである。運用コストを減らすためには、オペレータが1人で1,000台以上のサーバを責任を持って操作、管理できるように、WSCすべてに自動化されたモニターソフトウェアを走らせる。

バッチ処理のためのMapReduceのようなプログラミングフレームワークや、検索のような外部に対面しているSaaSは、うまく動作させるのに内部ソフトウェアサービスに頼ることになる。例えば、MapReduceはタスクがどこででもスケジューリングできるように、どのコンピュータに対してもファイルを供給できるようにするための**Googleファイルシステム**（**GFS**）［Ghemawat *et al.*, 2003］を頼りにしている。

GFSやColossus以外にも、このようなスケーラブルなストレージシステムの例に、Amazon社のキー値ストレージシステムである**Dynamo**［DeCandia *et al.*, 2007］や、Google社のレコードストレージシステム**Bigtable**［Chang *et al.*, 2006］がある。このようなシステムは、相互に関連して構築されているということに注意しよう。例えば、Bigtableは、オペレーティングシステムのカーネルが提供するファイルシステムを使うのと全く同じように、リレーショナルデータベースがGFS上にそのログとデータを格納するのである。

このような内部サービスは、単一サーバ上で実行している類似のソフトウェアからは異なった判断を通常行う。例えば、RAIDサーバを用いるなどによりストレージの信頼性が高いものであると過信してしまうが、そうではなく、システムがデータの完全な複製を頻繁に作成する場合もあるのである。複製があることでリード性能は上がり、利用率も高まる。また複製を適切な場所に置くことで、図6.1に示したようなシステム障害を克服することもできる。Colossusのようなシステムは、ストレージコストを削減するために、完全なレプリカではなくエラー訂正コードを使用するが、一定にするのはサーバ内またはストレージアレイ内の冗長度ではなく、サーバ間の冗長度である。したがって、サーバ全体またはストレージデバイスの障害がデータの可用性に悪影響を与えることはない。

もう1つの別のアプローチの例として、WSCストレージソフトウェアは、従来のデータベースシステムに必要とされる**ACID**（不可分性（Atomicity）、一貫性（Consisitency）、独立性（Isolation）、永続性（Durability））のすべてを用いるのではなく、緩やかな一貫性を用いることが多い。理由として考えられるのは、複数あるデータの複製がいつか一致することが重要なのであるが、たいていのアプリケーションにとっては、複製の間で常に値が一致している必要はないのである。例えば、最終的にデータが一貫していることは、動画共有に対しては有効である。最終的に一貫していれば、ストレージシステムは容易に拡張でき、それはWSCにとっては絶対的に必要な項目なのである。

こういった皆が利用する対話型のサービスに要求されるワークロードはことごとく、激しく変わっていく。Google検索のような人気の高いグローバルサービスでさえ、一日の中でも倍の違いがあるのである。週末や休日、正月直後の写真共有サービスやクリスマス前のオンラインショッピングといった1年の中でアプリケーションの利用回数の高い時を考えてみると、インターネットサービスのためのサーバ利用率について、相当な違いが出ることは明らかである。図6.3には、6か月の期間にわたる5,000台のGoogleサーバの平均利用率を示す。これを見ると、100%フル稼働のサーバは0.5%以下であり、ほとんどのサーバは10%から50%の間の利用率となっていることが分かる。それとは対照的に、50%以上の利用率を示すものは全サーバのたった10%しかなかったのである。したがって、WSCにおけるサーバは、わずかなタスクがある間はしっかりと稼働することが重要なのであって、ほとんどフル稼働することがないので、フル稼働時に効率良く実行する必要はないのである。

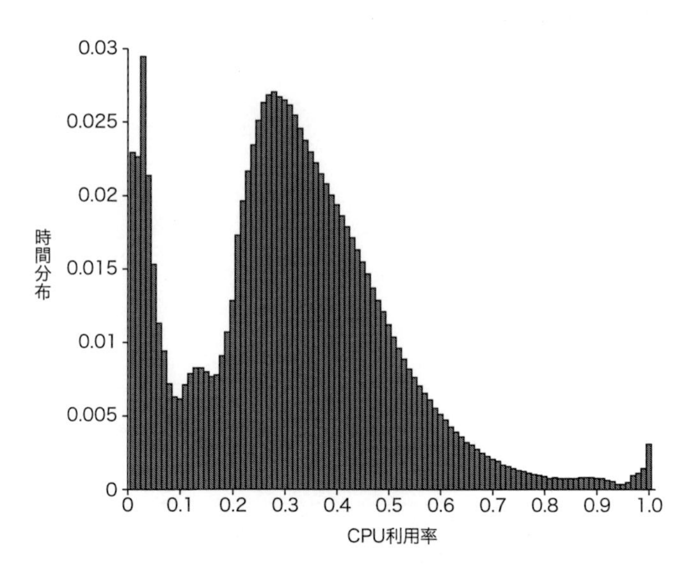

図6.3 6か月の期間におけるGoogle社にある5,000台のサーバの平均CPU利用率。サーバが完全にアイドル状態になったり、フル稼働状態になるといったことはめったになく、稼働するほとんどの時間は最大稼働時の10%から50%の間にある（[Barroso and Hölzle, 2007］の図1による）。
図6.4における右から3番目の列は、プラス・マイナス5%の重み付けにより割合を計算したものであり、これにより、90%の行に対して1.2%というのは、サーバの1.2%が85%と95%の間で利用されているということを意味する。文献［Barroso, L.A., H.olzle, U., 2007. The case forenergy-proportional computing. *IEEE Comput*. 40 (12), pp.33-37］の図1からの引用。

まとめると、WSCハードウェアとソフトウェアは、この規模においては、ハードウェアの思いもよらない動作により、ユーザの要求に基づいた負荷や、性能、信頼性においていろいろ変化していくことにうまく対処しなくてはならないのである。

例題6.2

図6.3にある結果のような測定結果として、SPECPowerベンチマークは、10%の増加率で0%から100%まで負荷を変化させることにより、電力と性能を測定するものである（1章参照）。このベンチマークを要約する全体的な1つの測定基準はW単位ですべての電力測定の合計で割ったすべての性能測定（サーバサイドにおける1秒間のJava演算数）の合計となる。したがって、それぞれのレベルは均等になりそうである。もしレベルを図6.3にある利用頻度によって重み付けしたのなら、要約測定基準の数はどのように変化するであろうか。

解答

図6.4は、図6.3に合わせた元々の重み付けと新たな重み付けを示す。これらの重み付けは、は3210 ssj_ops/wattから2454 ssj_ops/wattまで30%性能の合計を減らしたものである。

システムの規模が決まると、ソフトウェアが障害に対応しなくてはならず、それは故障頻度を減らしてくれるような「金ピカの」ハー

負荷(%)	性能	ワット数	SPEC重み付け(%)	性能重み付け数	重み付けワット付け	図6.3による重み(%)	性能重み付け数	重み付けワット
100	2,889,020	662	9.09	262,638	60	0.80	22,206	5
90	2,611,130	617	9.09	237,375	56	1.20	31,756	8
80	2,319,900	576	9.09	210,900	52	1.50	35,889	9
70	2,031,260	533	9.09	184,660	48	2.10	42,491	11
60	1,740,980	490	9.09	158,271	45	5.10	88,082	25
50	1,448,810	451	9.09	131,710	41	11.50	166,335	52
40	1,159,760	416	9.09	105,433	38	19.10	221,165	79
30	869,077	382	9.09	79,007	35	24.60	213,929	94
20	581,126	351	9.09	52,830	32	15.30	88,769	54
10	290,762	308	9.09	26,433	28	8.00	23,198	25
0	0	181	9.09	0	16	10.90	0	20
計	15,941,825	4967		1,449,257	452		933,820	380
				ssj_ops/W	3210		ssj_ops/W	2454

図 6.4　均等重み付けではなく図 6.3 による重み付けを用いた SPECPower の結果

ドウェアを買う所以はないことを意味する。主な理由はコストの増加である。Barroso と Hölzle は、TPC-C データベースベンチマークを実行する時に、ハイエンドの HP 社の共有メモリ型マルチプロセッサとコモディティ製品の HP サーバの間で、価格–性能において 20 倍もの差が現れることを示した[Barroso and Hölzle, 2009]。Google 社や WSC を抱える他の企業すべてがローエンドのコモディティサーバを使用していることは、それほど驚くことではない。事実、そういった企業がデータセンターのためのサーバやラックの設計を共同で公開している Open Compute Project（`http://opencompute.org`）といった組織がある。

このような WSC サービスも、その巨大な規模に対応したり、一部予算をセーブするために、サードパーティの商用ソフトウェアを購入するのではなく、独自のソフトウェアを開発する傾向にある。例えば、2017 年の TPC-C 用の、最良の価格-性能比を持つプラットフォーム上においてさえ、SAP 社の SQL Anywhere データベースや Windows オペレーティングシステムのコストを加えると Dell 社の Poweredge T620 サーバのコストは 40%増える。それとは対照的に、Google 社は Bigtable と Linux オペレーティングシステムをサーバ上で実行し、そのためのライセンス料はかからない。

WSC のアプリケーションやシステムソフトウェアを概観したところで、次に WSC のコンピュータアーキテクチャについて見ていこう。

6.3 ウェアハウススケールコンピュータのコンピュータアーキテクチャ

ネットワークは 50,000〜100,000 台ものサーバを結合する紡がれた織物のようなものである。第 2 章にあるメモリ階層と同じように、WSC においてもネットワークの階層を用いる。図 6.5 にある例を示そう。理想的には、結合されたネットワークは 50 台のサーバ用に設計されたコモディティスイッチにおけるポート毎のコストとほとんど同じコストで 100,000 台のサーバに対応するカスタム製品のハイエンドスイッチの性能を提供するのが望ましい。6.6 節で述べるが、WSC のためのネットワークは、新たな発明がどんどん現れ

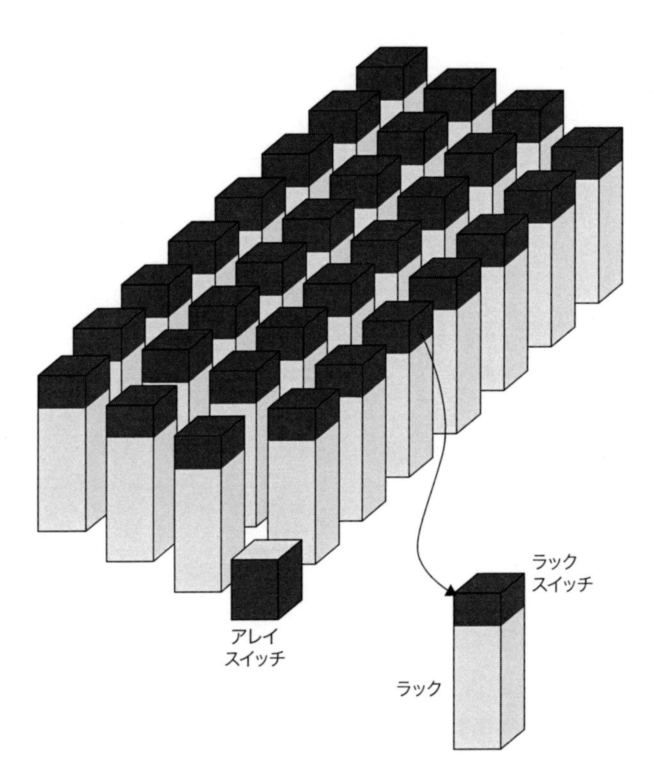

図 6.5　WSCにおけるスイッチの階層

[Barroso, L.A., Clidaras, J., H.ölzle, U.,2013]。The datacenter as a computer: an introduction to the design of warehouse-scale machines. *Synth. Lect. Comput. Architect.* 8 (3), 1.154 の図 1.1 に基づく。

てくる分野である。

サーバを収納する筐体はラックである。ラックの幅は WSC 毎に異なるが、古典的なものでは 19 インチのものがある。2〜3 倍広いワイドラックもあるが、メンテする必要があるので、高さは 6〜7 フィート以下である傾向がある。このようなラックには約 40〜80 台のサーバが入れられる。ネットワークケーブルをラックの一番上に接続すると便利なことが多いため、このスイッチは一般に Top of Rack（ToR）スイッチと呼ばれる。通常、ラック内のバンド幅はラック間よりもはるかに高く、送信側と受信側が同じラック内にある場合は、ソフトウェアがこれらをどこに配置するかは問題にはならない。この柔軟性はソフトウェアの観点から理想的である。

このようなスイッチは 4 個から 16 個のアップリンクを持つことが多く、ネットワーク階層内で次に上位にあるスイッチにラックを接続する。したがって、ラックからの外部へのバンド幅はラック内のバンド幅よりも 6 倍から 24 倍小さいものになる。この比率のことを**加入過多**（Oversubscription）と呼ぶ。しかしながら、加入過多が大きいと、送信元と受信先が別々のラックにあった場合には、プログラマは性能差があることを把握しておかねばならない。このソフトウェアスケジューリングの負担の増加により、特にデータセンター用に設計したネットワークスイッチに対して新たな議論を生み出すこととなる。

ラックのアレイを接続するスイッチは ToR スイッチよりもかなり高価となる。このコストは、部分的には高い接続性のためであり、部分的には、加入過多の問題を減らすために、スイッチを経由するバンド幅は、さらに大きくする必要があるためである。Barroso らの報告［Barroso *et al*, 2013］によれば、二分割バンド幅の 10 倍（基本

的に最悪の場合の内部バンド幅）を持つスイッチは100倍コストが高くなる。1つの理由は、n 個のポートのスイッチバンド幅のコストが n^2 になる可能性があることである。6.6節と6.7節で、ToRスイッチ上のネットワークについて詳しく述べる。

6.3.1 ストレージ

スイッチにどれほどスペースが必要となるかについては置いておいても、サーバと一緒にラックにスイッチを収納するように、普通は誰もが設計する。このような設計には、ストレージをどこに設置するかについての問題は未解決のままである。ハードウェア構築の観点からは、最も単純な解決法はラック内にディスクを含めることであり、リモートサーバのディスク上にある情報へのアクセスにはEthernet接続に頼る。コストが高くなる方法は、Infinibandなどのストレージネットワークにより接続されることの多い、**機能付きストレージ**（**NAS**：Network Attached Storage）を用いることである。以前は、WSCは一般にローカルディスクに依存し、接続性と信頼性に対処するストレージソフトウェアを提供していた。例えば、GFSは信頼性の問題を克服するためにローカルディスクを使用し、複製を維持した。この冗長性は、ローカルディスクの障害だけでなく、ラックやクラスタ全体の電源障害もカバーしていた。GFSでは最終的には一貫性を保つといった柔軟性があるため、複製の一貫性を維持するためのコストが削減される。これにより、ストレージシステムに必要となるネットワークバンド幅も削減される。

今日のストレージオプションはかなり多様である。これまでのように、サーバとディスクのバランスが取れているラックもあるが、ローカルディスクなしで設置されたラックやディスクを搭載したラックもある。今日のシステムソフトウェアは、信頼性のためのストレージコストを削減するために、RAIDに似たエラー訂正コードを使用している。

WSCのアーキテクチャについて議論する時には、クラスタという用語について、やや混迷があることに注意しよう。6.1節にあった定義を用いると、WSCは極めて巨大な単なるクラスタということになる。それとは対照的に、Barrosoらによると、クラスタという用語は、1つ下のサイズのコンピュータのグループを指しており、多数のラックを持つ[Barroso *et al.*, 2013]。この章では、混乱を避けるために、ラック内のネットワークで結ばれたコンピュータの集まりから、ネットワークで結合されたコンピュータで敷き詰められたウェアハウス全体まで、どんなものでも意味するクラスタという用語の持つ元々の意味を保持しながら、アレイという用語を多数のラックを並べて構成した集合体に用いる。

6.3.2 WSCメモリ階層

図6.6には、WSC内部におけるメモリ階層のレイテンシ、バンド幅および容量を示してあり、図6.7はその同じデータを視覚的に示したものである。これらの値は、以下に示す仮定を元にしている[Barroso *et al.*, 2013]。

	ローカル	ラック	アレイ
DRAMレイテンシ（μs）	0.1	300	500
フラッシュメモリレイテンシ（μs）	100	400	600
ディスクレイテンシ（μs）	10,000	11,000	12,000
DRAMバンド幅（MiB/s）	20,000	100	10
フラッシュメモリバンド幅（MiB/s）	1,000	100	10
ディスクバンド幅（MiB/s）	200	100	10
DRAM容量（GiB）	16	1,024	31,200
フラッシュメモリ容量（GiB）	128	20,000	600,000
ディスク容量（GB）	2,000	160,000	4,800,000

図6.6 WSCにおけるメモリ階層のレイテンシ、バンド幅および容量[Barroso *et al.*, 2013]

図6.7はこの値をグラフ化したものである。

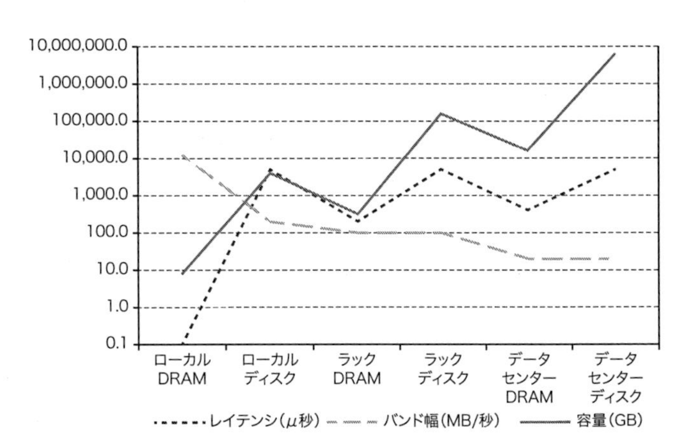

図6.7 図6.6に示したWSCのメモリ階層におけるレイテンシ、バンド幅および容量のグラフ[Barroso *et al.*, 2013]。

- それぞれのサーバは、100nsのアクセス時間と20GiB/sの転送時間を持つ16GiBのメモリと、100μsの遅延と1GiB/sの転送時間を持つ128GiBのフラッシュメモリ、10msのアクセス時間と200MiB/sで転送できる2TBのディスクを持つものとする。ボード当たり2つのソケットがあり、これらは1Gbit/sのEthernetポート1つを共有している。
- この例では、2基のラック毎に1つのラックスイッチがあり、80台のサーバを持つ。ネットワーク関連ソフトウェアにスイッチオーバーヘッドを加えて、DRAMへのアクセスレイテンシは100μsで、ディスクアクセスレイテンシは11msまで増える。こうして、ラック全体の記憶容量は、大体1TBのDRAM、20TBのフラッシュメモリと160TBのディスク装置となる。1Gbit/sのEthernetにより、ラック内のDRAM、フラッシュメモリ、ディスクへのリモートバンド幅は100MiB/sに制限される。

- アレイは30基のラックからなり、したがってアレイの記憶容量は30倍にまでなり、30TBのDRAM、600TBのフラッシュメモリと4.8PBのディスクを持つことになる。アレイスイッチハードウェアとソフトウェアにより、アレイ内のレイテンシは、DRAMに対しては500μsに、フラッシュメモリには600μsに、ディスクに対しては12msとなる。アレイスイッチのバンド幅により、リモートバンド幅は、DRAMやフラッシュメモリに対しても、ディスクアレイに対しても10MiB/sに制限される。

図6.6や図6.7が示すように、ネットワークオーバーヘッドによりローカルなDRAMとフラッシュメモリ間、ラックDRAMとフラッシュメモリ間、アレイDRAMとフラッシュメモリ間のレイテンシは劇的に増加するが、すべてのレイテンシはローカルディスクにアクセスするレイテンシよりも10倍以上ましなものである。ネットワークが介在すると、ラックDRAMやフラッシュメモリ、ディスクとの間、さらにアレイDRAM、フラッシュメモリ、ディスクとの間のバンド幅の差は無くなってしまう。

100,000台のサーバを構築するには、WSCには40基のアレイが必要となり、したがって、ネットワーク階層のもう1つのレベルが現れる。図6.8には、アレイ間やインターネットに接続するための従来のレイヤ3ルータを示す。

WSC内では、たいていのアプリケーションは1基のアレイで十分である。それ以上のアレイを必要とするユーザは、データセットを個々に独立したサブデータに分けて、別々のアレイに分散させることを意味するシャーディングやパーティショニングを用いる。学会のレジストレーションで予稿集や名札などのパッケージを渡すのに、ある人が名前AからMを処理し、別の人がNからZを処理するのと同じようなものである。データセット全体に対する操作は、分散したデータのサブセットを処理するサーバに送られ、その結果は、クライアントコンピュータによってまとめられるのである。

例題6.3

アクセスの90%がサーバに対してローカルなものであり、9%がラック内にある他のサーバへ、そして1%がアレイ内の他のラックへのアクセスであると仮定した場合に、平均メモリレイテンシはどのようになるだろうか。

解答

平均メモリアクセス時間は以下のようになる。

$$(90\% \times 0.1) + (9\% \times 100) + (1\% \times 300) = 0.09 + 27 + 5 = 32.09\ \mu s$$

これより、アクセスが100%ローカルである場合よりも300倍以上遅くなる。したがって、サーバ内のアクセスの局所性は、WSCの性能においては必要不可欠なものとなる。

例題6.4

サーバ内のディスク間、ラック内のサーバ間、別々のラックにあるサーバ間において、1,000MiBのデータを転送するのにどれほどの時間を要するか。また、この3つの場合において、DRAM間で1,000MiBのデータを転送するのに、どれほど高速となるか。

解答

ディスク間で1,000MiBのデータ転送には以下の時間を要する。

サーバ内 = 1000/200 = 5秒
ラック内 = 1000/100 = 10秒
アレイ内 = 1000/10 = 100秒

メモリ間の転送時間は以下となる。

サーバ内 = 1000/20000 = 0.05秒
ラック内 = 1000/100 = 10秒
アレイ内 = 1000/10 = 100秒

これより、1台の外部サーバへのブロック転送に対しては、ラック

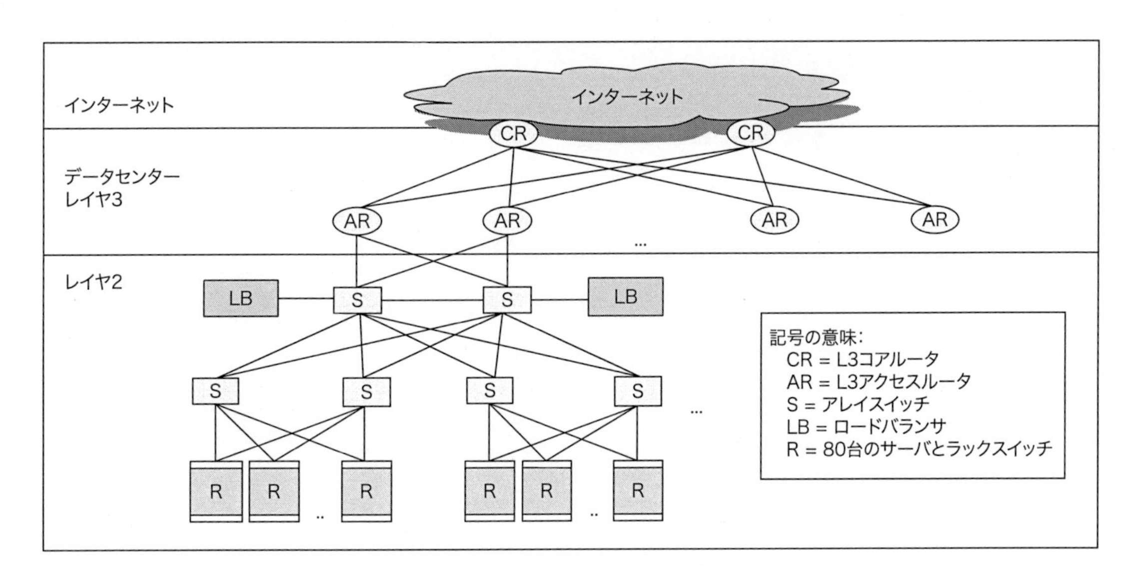

図6.8 アレイ間やインターネットをつなぐレイヤ3のネットワーク［Greenberg *et al.*, 2009］

ロードバランサは、サーバの集合がどれほどビジーであるかを監視し、負荷の少ないサーバにトラフィックを転送して、どのサーバも同じように使用し続けるようにする。もう1つの選択肢は、インターネットをデータセンターのレイヤ3スイッチに接続するために別のボーダールータを使用することである。6.6節に示すように、現代の多くのWSCは、従来のスイッチとしてこれまで利用していた階層型ネットワークスタックをやめることにした。

スイッチとアレイスイッチがボトルネックとなるため、データがメモリにあろうがディスクにあろうが、関係のないものとなる。これらの性能の制限により、WSCソフトウェアの設計が影響を受けることとなり、さらに高性能なスイッチの必要性が叫ばれることとなる（6.6節参照）。

これらの例は学習用であるが、コンピュータやネットワーク機器は2013年の例よりはるかに大きく高速になる可能性があることに注意すること（6.7節参照）。サーバは、2017年に256〜1024GiBのDRAMを搭載して配置されており、最近のスイッチでは1ホップ当たりわずか300nsまで遅延が削減されている。

IT機器のアーキテクチャを示したところで、これからどのようにそれを収納し、電力を供給して、さらに冷却するのかを調べ、IT機器どうしを比較したのと全く同じように、WSC全体を構築して運用するのにどれほどのコストを要するのかを議論することとする。

6.4 ウェアハウススケールコンピュータの効率とコスト

配電および冷却のための基盤設備のコストは、WSCの構築コストの大部分を占めているため、それらに集中しよう（6.7節では、WSCの電力および冷却の基盤設備について詳しく説明している）。

コンピュータルームの冷房（**CRAC**：Computer Room Air-Conditioning）機器は、冷水を用いてサーバルームの空気を冷やす。それは、冷蔵庫が外に熱を放出することによって、その熱を除去する方法に類似している。液体が熱を吸収すると蒸発する。逆に、液体が熱を放出すると、凝結する。冷房装置は低圧力下にあるコイルの中に液体を送り出して、液体を蒸発させて熱を吸収する。熱は外部にある凝縮装置に送られ、そこで放出される。こうしてCRAC機器では、ファンによって冷水で満たされたコイルの集まりに暖かい空気を通過させ、ポンプによって暖められた水を冷却のためのチラーに送り出す。サーバにとっての冷たい空気というのは、一般に64°Fから71°F（18°Cから22°C）の間にある水を指す。図6.9には、空気と水をシステム内で移動させるファンと水ポンプを大量に投入したものを示す。

チラーに加えて、データセンターによっては、チラーに送られる前に水を冷却するために冷えた外気または水温を利用する。しかし、場所によっては、年内の暖かい時期でもチラーが必要になることがある。

驚くべきことに、配電と冷却のためのオーバーヘッドを差し引いた後に、WSCが何台のサーバをサポートすることができるかは明らかにはなっていない。サーバ製造業者が提供する銘板に書かれた電力効率は常に保守的である。それはサーバが取り出すことのできる最大電力となっている。そこで、最初のステップはWSCに配置されるさまざまなワークロードの下で、あるサーバを測定することから始まる（ネットワークに用いられる電力消費量は全体のおよそ5%であり、最初は無視することにしよう）。

WSCのためのサーバの数を決定するには、IT機器の利用可能な電力は、計測したサーバ電力で割るだけで得られる。しかしながら、[Fan et al., 2007] によれば、これもまたあまりにも保守的なものとなっているのである。彼らは何千台というサーバが最悪ケースにおいて理論的に稼動した場合のものと、それらが、実際のワークロードにおいて稼動するものとの間には、甚大なギャップがあることをつきとめた。その理由は、何千台というサーバがピーク性能を発揮しつつ、すべて同時にフル稼動状態にあり続けるようなワークロードが実際に存在しないからである。彼らによると、ある単一サーバの電力に基づいてみれば、サーバの数全体のせいぜい40%の台数が安心して利用できるというのである。彼らはWSC内において、電力の平均利用率を増やすためには、WSCアーキテクトはそのような状態を維持すべきであると勧めた。しかしながら、彼らは、ワークロードが変化する場合には、優先度の低いタスクをスケジューリン

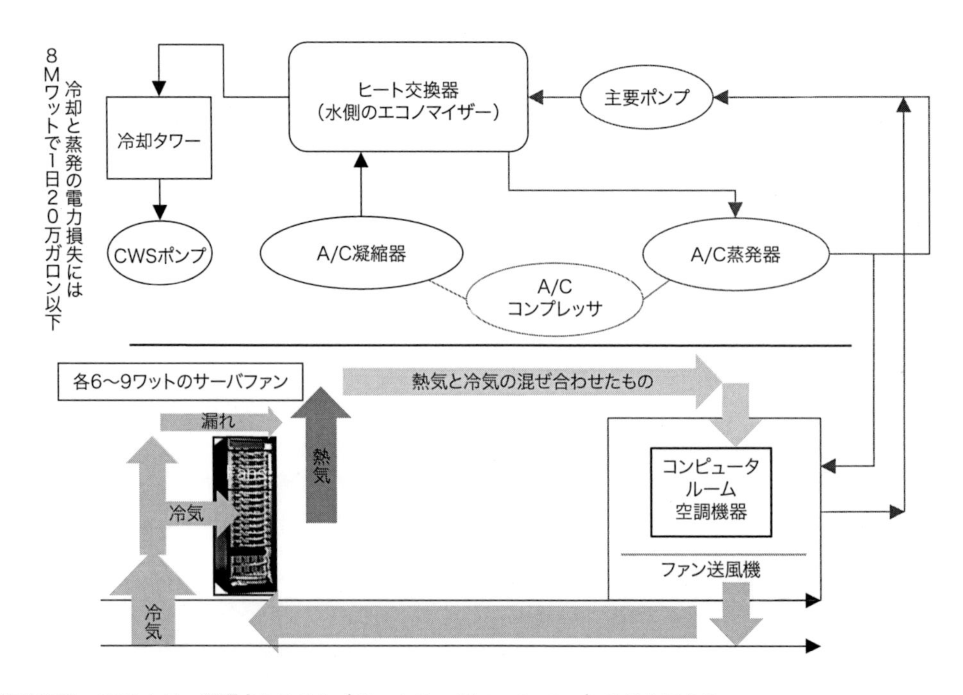

図6.9 冷却システムのための機械設計。CWSとは、循環水システム（Circulating Water System）のことである

以下の文献による。[Hamilton, J., 2010: "Cloud computing economies of scale"。AWS Workshop on Genomics and Cloud Computing, June 8, 2010, Seattle, WA.の論文。http://mvdirona.com/jrh/TalksAndPapers/JamesHamilton_ GenomicsCloud20100608.pdf]

グから外すような保護機能とともに、大規模な電力監視ソフトウェアを利用することも提案している。

2012年に導入されたGoogle WSCのIT機器内部の電力使用量は次のとおりとなる［Barroso *et al.*, 2013］。

- プロセッサの電源には42%
- DRAMには12%
- ディスクには14%
- ネットワークには5%
- 冷却オーバーヘッドは15%
- 電源オーバーヘッドは8%
- 他の要因には4%

6.4.1 WSCの効率測定

データセンターやWSCの電力効率を評価するために広く用いられている簡単な測定方法として、**電力利用効率**（**PUE**：Power Utilization Effectiveness）と呼ばれるものがあり、以下に示される。

PUE＝(ファシリティの総電力)/(IT機器の電力)

これより、PUEは1かそれ以上の値となり、PUEの値が大きければ大きいほど、WSCの効率は低いものとなる。

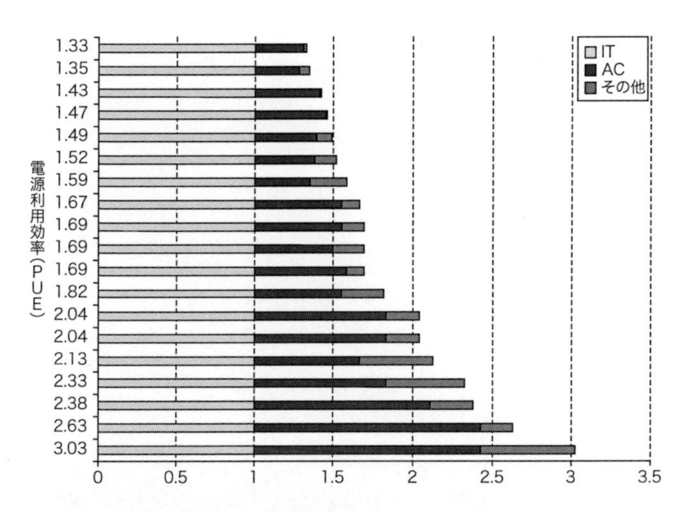

図6.10 2006年における19箇所のデータセンターの電力利用効率［Greenberg et al., 2009］

PUEを計算する時において、冷房（AC）と（配電といった）他の用途のための電力はIT機器に対して正規化を行う。したがって、IT機器の電力は1.0となるのであり、ACは、IT機器の約0.30倍から1.40倍まで変動する。その他の電力は、IT機器の約0.05倍から0.60倍と変動する。

Greenbergらは、19箇所のデータセンターのPUEと、その冷却基盤設備に現れるオーバーヘッドの割合について報告している［Greenberg *et al.*, 2009］。図6.10には、その報告内容について、PUEの最大値から最小値にソートした効率が示されている。PUEの中間値は1.69であり、冷却関連の基盤設備はサーバ自体と比べて半分以上の電力を用いたものであり、平均して1.69の中の0.55は冷却のためのものとなっている。注意しなければならないのは、これらの値はPUEの平均値であり、日々のワークロードによっても変化し、外気の温度によっても影響されるものであることだ。それについてはこれから見ていこう（図6.11参照）。

過去10年間でPUEに注目が集まってきた今日、データセンターははるかに効率的になっている。しかし、6.8節で説明しているように、PUEに何が含まれるかといった一般的に受け入れられている定義はない。停電時の動作を維持するための電池が別の建物にある場合、その電池は含まれるだろうか。変電所の出力から測定することになるのか、それともどこから電力がWSCに投入されるか。図6.10は、Google社が包括的に測定した、すべてのGoogleデータセンターの平均PUEの全時間にわたる改善を示している。

ドル当たりの性能は究極の判断基準であるため、性能を測る必要はまだある。先の図6.7が示すように、データへの距離によってバンド幅は低下し、レイテンシも増加する。WSCにおいては、サーバ内のDRAMバンド幅は、ラック内のバンド幅よりも200倍大きいものであり、アレイ内のバンド幅よりも10倍大きい。これより、WSC内のデータとプログラムの配置において、もう1つの種類のローカリティを考慮すべきである。

WSCの設計者がバンド幅に目を向けている間にも、レイテンシはユーザに分かるため、WSC上でアプリケーションを開発しているプログラマはレイテンシにも関心を持つことになる。ユーザの満足度と生産性は、サービスの応答時間に結び付けられることとなる。タイムシェアリングの日々の使われ方を調査・研究したところ、ユーザの生産性は逆に対話時間に比例しているのである。その時間の内訳は、人による入力時間、システム応答時間、人が次の項目を入力する前にその応答について考える時間に分けられる［Doherty and Thadhani, 1982］。その実験結果によると、システム応答時間が30%短くなれば、その結果対話時間は70%そぎ落とされることを示していた［Brady,1986］。この信じ難い結果は人間の性

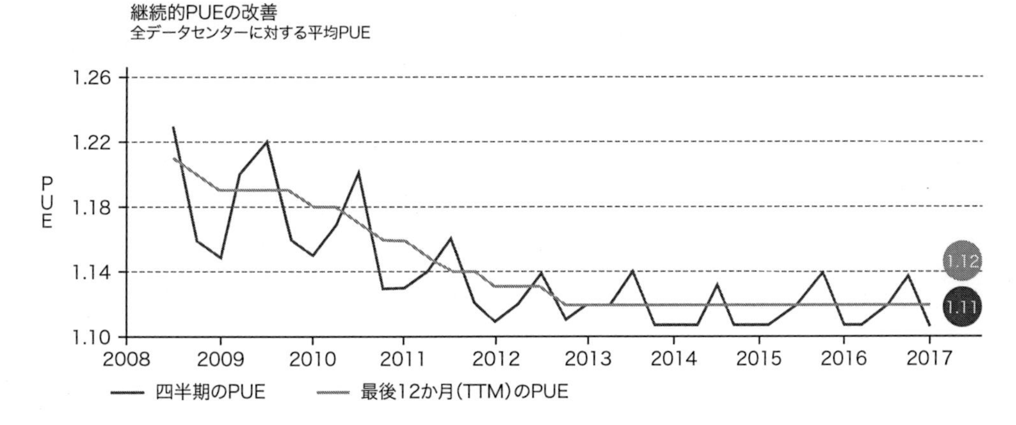

図6.11 2008年から2017年までの15台のGoogle WSCによる平均電力使用効率（PUE）

折れ線グラフは四半期平均PUE、直線は12か月平均PUEである。2016年第4四半期とその平均はそれぞれ1.11と1.12であった。

質によって説明できる。人間というものは迅速な応答があれば、思考時間は短くなる。というのも、気が散ることが少なくなり、調子のいい状態が続くからである。

図6.12には、Bing検索エンジンに対する最近の実験の結果を示しており、そこでは50msから2,000msの遅延が検索サーバに挿入されている［Schurman and Brutlag, 2009］。前の考察で考えられることは、次にクリックする時間は遅延をざっと2倍にする。すなわち、サーバで200ms遅れることにより、次のマウスクリックまでには500ms増加することとなってしまうのである。遅延が増加するにつれて、それに比例して収益も下がった。というのもユーザの満足度も下がったからである。Google社の検索エンジンに関しては他の研究があり、それによると実験が終わった4週間後も、ずっとその影響が続いたということであった。5週間後になって、200msの遅延を感じたユーザは、1日当たり0.1%減少したに過ぎず、400msの遅延を感じたユーザは0.2%減少したのであった。検索によりもたらされる金額が示されれば、このようなわずかな変化でさえ、あたふたとしてしまうこととなる。実際、この結果は極めて悲観的なものであり、彼らは早々と実験を終わらせてしまった。

サーバ遅延（ms）	次のマウスクリックまでの増加時間（ms）	クエリ/ユーザ	あらゆるマウスクリック/ユーザ	ユーザ満足度	収益/ユーザ/
50	–	–	–	–	–
200	500	–	–0.3%	-0.4%	–
500	1200	–	–1.0%	–0.9%	–1.2%
1000	1900	–0.7%	–1.9%	–1.6%	–2.8%
2000	3100	–1.8%	–4.4%	–3.8%	–4.3%

図6.12 ユーザの振る舞いに関するBing検索サーバにおける遅延の悪影響［Schurman and Brutlag, 2009］

このようにインターネットサービスを利用するユーザすべての満足度について、関心は極めて高いため、リクエストの割合が高いことが、単に平均遅延の目標を示すのではなく、遅延の閾値を下回るようにするために、性能目標は一般的なものとして指定される。このような閾値の目標は**サービスレベル目標**（**SLO**：Service Level Objective）と呼ばれる。SLOは、リクエストの99%が100msを下回らなければならないということかもしれない。したがって、Amazon社のDynamoキー値ストレージシステムの設計者は、提供するサービスがDynamo上において短いレイテンシを提供できるよう、彼らのストレージシステムが99.9%の時間をレイテンシの目標としてデータを提供しなければならないと決定した［DeCandia et al., 2007］。例えば、Dynamoを改良することで、平均のケースよりはるかに高い99.9%の改善を得て、その結果により優先度に反映させることとなる。

［Dean and Barroso, 2013］は、そのような目標を満たすように設計されたシステムを説明するためにテールトレランスという用語を提案した。

フォールトトレラントコンピューティングが信頼性の低い部分から信頼性の高い部分全体を生成することを目的としているように、大規模なオンラインサービスでは、予測が困難な部分から予測可能な応答全体を生成する必要がある。

予測不能の原因としては、共有リソース（プロセッサネットワークなど）の競合、キューイング、Turboモードのような最適化による可変マイクロプロセッサの性能、DVFSといった省エネ技術、ソフトウェアガベージコレクションなどがある。Google社は、WSCにおけるそういった変動を回避することを試みる代わりに、一時的なレイテンシの急激変動を覆い隠したり、回避するためにテールトレラント技術を開発することに意味があると結論を下した。例えば、細粒度の負荷分散では、キューイングの遅延を減らすために、サーバ間で少量の仕事をすばやく移動できる。

6.4.2 WSCのコスト

6.1節の「はじめに」で述べたように、たいていのアーキテクトとは違って、WSCの設計者はWSCを構築するためのコストと同様に、運用コストのことにも配慮しなければならない。経済用語では、前者のコストを**事業運営費**（**OPEX**：Operational Expenditures）と呼び、後者を**資本的経費**（**CAPEX**：Capital Expenditures）として分類している。

エネルギーコストを将来的に見極めるために、Hamiltonは、あるWSCのコストを見積もる事例研究を行った［Hamilton, 2010］。Hamiltonは、この800万WのファシリティのCAPEXが8,800万ドルであると決定し、そのWSCにある大体46,000台のサーバに付随するネットワーク関連の機器には7,900万ドルを、そのCAPEXに加えた。図6.13には、その事例研究にある他の想定事項が示されている。

Hamiltonの研究によれば、建物、電力、および冷却のために11ドル/Wまでは大丈夫である。［Barroso *et al.*, 2013］では、いくつかのケースについて、コストは9ドルから13ドル/Wといった一貫した結果を示した。したがって、16MWの施設には、コンピューティング、ストレージ、およびネットワーキング機器を含まず、1億4400万ドルから2億800万ドルの費用がかかる。

合衆国経理規則にある標準的な変換である5%の借り入れコストを想定して、資本変換のコストにより、CAPEXをOPEXに変換できる。すなわち、機器の有効寿命に対する月々固定されている金額としてCAPEXを償却するだけにとどめる。図6.14には、Hamiltonの事例研究における月々のOPEXの内訳を示す。償却率は、年々激しく変化し、ファシリティに対する10年から、ネットワーク関連機器には4年、そしてサーバには3年へといったことになっているのは留意すべきことである。したがって、WSCファシリティは10年は持ちこたえるが、3年毎にサーバを入れ替え、4年毎にネットワーク関連機器を交換する必要がある。CAPEXを償却することによって、HamiltonはそのWSCに対して、返済すべき借入れ金（年利5%）のコストも含め、月々のOPEXをはじき出した。380万ドルでは、月々のOPEXはCAPEXのおよそ2%（年利24%）となる。

この図により、エネルギーについて考える時、どの機器を使うべきかについて決定をする時に念頭におくべき有用なガイドラインが計算できるようになる。電源や冷却関連の基盤設備を償却するコストを含めると、WSCにおける年毎の電力の負うべきコストは全体で以下のようになる。

ファシリティの規模（限界負荷（ワット））	8,000,000
平均電力利用率（%）	80%
電力利用効率	1.45
電力コスト（$/kwh）	$0.07
電源と冷却基盤設備の割合（ファシリティの総コストの割合）	82%
ファシリティの CAPEX（IT 機器を含めない）	**$88,000,000**
サーバ台数	45,978
コスト/サーバ	$1450
サーバの CAPEX	**$66,700,000**
ラックスイッチの数	1150
コスト/ラックスイッチ	$4800
アレイスイッチの数	22
コスト/アレイスイッチ	$300,000
レイヤ3スイッチの数	2
コスト/レイヤ3スイッチ	$500,000
境界ルータの数	2
コスト/境界ルータ	$144,800
ネットワーク装置の CAPEX	**$12,810,000**
WSC の総 CAPEX	**$167,510,000**
サーバ償却期間	3年
ネットワーク関連償却期間	4年
施設償却期間	10年
年々のコスト	5%

図 6.13 Hamilton［2010 年］に基づく 5,000 ドル当たりに丸めた WSC についての事例研究

インターネットバンド幅のコストはアプリケーションによって変化し、そのためそのコストはここには含まれていない。ファシリティの CAPEX の 18% は土地と建物の建設費の購入となっている。図 6.14 にある警備上や施設管理の人件費を加えているが、それは事例研究には含めていない。この Hamilton の見積もりは、彼が Amazon 社に転職する前に行われたものであり、特定の企業の WSC に基づいたものではないことを留意しておこう。以下の論文に基づく。［Hamilton, J., 2010. "Cloud computing economies of scale"。AWS Workshop on Genomics and Cloud Computing, June 8, 2010, Seattle, WA の論文。http://mvdirona.com/jrh/TalksAndPapers/JamesHamilton_GenomicsCloud20100608.pdf］

$$\frac{\text{月々の基盤設備のコスト} + \text{月々の電力コスト}}{\text{ファシリティの規模（ワット）}} \times 12$$

$$= \frac{\$765K + \$475K}{8M} \times 12 = \$1.86$$

そのコストはワット年毎におよそ 2 ドルとなる。したがって、エネルギーをセーブすることによってコストを減らすことにより、ワット年毎に 2 ドル以上を使うべきではない（6.8 節参照）。

図 6.14 にあるように、OPEX の 3 分の 1 以上は電力に関するものとなり、サーバコストが時を経るにつれ下降している間にも、その費用は上昇しているという点に留意すべきである。ネットワーク関連機器は OPEX 全体の 8%であり、サーバの CAPEX の 19%にも達するほど大きなものとなっており、ネットワーク関連機器はサーバほど急速に価格低下はしていない。おそらく、ネットワークバンド幅への要求が求められ続けているからであろう（図 6.22 参照）。この差はラックより上にあるネットワーク階層におけるスイッチについては全く間違いない。このことは、ネットワーク関連のほとんどを占めている（6.6 節参照）。警備上や施設管理の人件費は OPEX の 2%に過ぎない。図 6.14 にある OPEX をサーバ台数と月間使用時間で割ると、そのコストは 1 時間当たりサーバ毎におよそ 0.11 ドルとなる。

経費（総割合）	カテゴリー	月々のコスト	月々のコストの割合
償却 CAPEX（85%）	サーバ	$2,000,000	53%
	ネットワーク関連機器	$290,000	8%
	電力系、冷却系の基盤設備	$765,000	20%
	他の基盤設備	$170,000	4%
OPEX（15%）	月々の使用電力	$475,000	13%
	月々の給与と利益	$85,000	2%
	OPEX 合計	$3,800,000	100%

図 6.14 5,000 ドル当たりに丸めた図 6.13 の月々の OPEX。

サーバの償却が 3 年であるというのは、3 年毎に新たなサーバを購入する必要があることを意味するのに対して、ファシリティは 10 年で償却されるということに注意しよう。これより、償却されるサーバの主要なコストは、ファシリティのものよりも約 3 倍となるのである。人件費については、3 人の警備員のポストを 1 日 24 時間、1 年 365 日間、時間給一人当たり 20 ドルで随時はりついているとして確保し、施設管理者一人には、1 日 24 時間、1 年 365 日間、時間給 30 ドルとして含めることとする。給付金は給与の 30%である。この計算はアプリケーションによって変化するので、インターネットへのネットワークバンド幅のコストは含まれておらず、ベンダー維持費は機器や値切り交渉によっても代わるため、同様に含まれていない。

Barroso らは、CAPEX と OPEX を月当たりのワット毎のコストの観点から評価を行った［Barroso *et al.*, 2013］。したがって、12MW の WSC が 12 年以上で減価償却される場合、減価償却費はワット当たり月額 0.08 ドルとなる。会社が WSC のために毎年 8%のローンを引き出すことによって資本を得ていると仮定し（企業ローンは通常 7%から 12%の間）、利子にはさらに 0.05 ドルを追加して、ワット当たり月額トータル 0.13 ドルとなる。

同様にサーバのコストを考慮に入れた。4000 ドルかかる 500W のサーバは、ワット当たり 8 ドルで、4 年間の減価償却費は、ワット当たり 0.17 ドルであった。サーバへの融資に対する 8%の利子として 0.02 ドル追加された。ネットワーキングにはワット当たり月額 0.03 ドルと見積もった。数メガワットの WSC における典型的な OPEX コストは、ワット当たり月額 0.02 ドルから 0.08 ドルに変動すると報告されていた。総額、ワット当たり月額 0.37 ドルから 0.43 ドルであった。8MW の WSC の場合、月々のコストから電気代を差し引いた金額は、約 300 万ドルから 350 万ドルである。Hamilton の計算から月毎の電力使用量を差し引くと、月額料金の見積もりは 330 万ドルになる。コストを予測するためのさまざまなアプローチを考えても、これらの見積もりは非常に一貫している。

例題6.5

電気のコストは合衆国における地域により、キロワット時当たり 0.03 ドルから 0.15 ドルまで変わる。この 2 つの上限、下限の料金から、時間当たりのサーバのコストへの影響はどのようになるか。

解答

8MW という限界負荷に図 6.13（2 行目）にある平均電力利用率と平均 PUE を掛け、平均電力利用率を計算すると以下のようになる。

$$8 \times 1.45 \times 80\% = 9.28\text{MW}$$

月々の電力コストは図6.14にある475,000ドルから、キロワット時0.03ドルにおける205,000ドルとなり、キロワット時0.15ドルにおいては1,025,000ドルに変わる。電力コストがこのように変わることで、時間当たりのサーバコストは0.11ドルであったものが、それぞれ0.10ドルと0.13ドルに変わることになる。

例題6.6

もし償却期間がすべて同じであると仮定すると、月々のコストに何が生じるだろうか。例えば5年とするとどうなるか。時間当たりのサーバ毎のコストはどのように変わるだろうか。

解答

これについての表計算は、`http://mvdirona.com/jrh/TalksAndPapers/PerspectivesDataCenterCostAndPower.xls`においてオンラインで見ることができる。償却期間を5年に変えると、図6.14にある最初の4行は以下のように変わる。

サーバ	$1,260,000	37%
ネットワーク関連機器	$242,000	7%
電力系、冷却系の基盤設備	$1,115,000	33%
他の基盤設備	$245,000	7%

これより月々のOPEXは合計3,422,000ドルとなる。もし5年毎にすべてリプレースするとなると、そのコストは、サーバ時間当たり0.103ドルということとなり、図6.14に示すように、それにサーバではなく今現在償却中のファシリティの償却コストが加わる。

時間当たりサーバ毎に約0.10ドルの割合というのは、企業が自社の（小規模な）従来のデータセンターを保有して運用するよりもずっと低いコストとなる。WSCの持つコストの優位性により、大規模なインターネット企業が「コンピューティング」というものを、まるで電気のように使った分だけ支払うユーティリティとして提供するようになったのである。今日、このユーティリティコンピューティングとは、広く知れ渡るようになったクラウドコンピューティングのことなのである。

6.5 クラウドコンピューティング：ユーティリティコンピューティングの復活

もし私がかつて提唱していたコンピュータが未来のコンピュータになるのであれば、電話システムが公共事業であるのと全く同じように、コンピューティングというものがいつの日か公共事業として組織化されることになるかもしれない…。そのコンピュータの利用は新たな、そして重要な産業の礎になることだろう。

John McCarthy
MIT100周年記念祝典（1961年）

増え続けるユーザの要求によって駆り立てられて、Amazon社、Google社のようなインターネット企業やMicrosoft社はコモディティ製品を用いて、ますます巨大なウェアハウススケールコンピュータを作りあげていき、McCarthyの予言を結局は実現するが、タイムシェアリングに人気があったため、彼の思い描いたものではなかった。こういった要求により、この規模において稼働するようにサポートするためのシステムソフトウェアにおいて、Bigtable、Colossus、Dynamo、GFS、MapReduceといった新たなイノベーションが生み出された。それと同時に、構成要素の障害があったり、セキュリティが攻撃により脅かされても、少なくとも99.99%の時間が利用可能なサービスを提供するための運用上の技術的な改善も必要となった。このような技術例として、フェイルオーバー、ファイアウォール、仮想マシン、分散した「サービスの否認」攻撃に対するプロテクションなどといったものがある。ソフトウェアや拡張していくための専門的知識、そして、増え行く顧客の投資に値する需要により、50,000台から100,000台といったサーバを用いたWSCは2017年に当たり前のものとなった。

規模が大きくなると、それがもたらすスケールメリットも大きくなっていった。たった1,000台サーバの規模のデータセンターとWSCとを比較した2006年の調査に基づいて、Hamiltonは以下のような利点を述べている［Hamilton, 2010］。

- **ストレージのコストが5.7分の1に削減**：ディスク記憶装置のコストについて、データセンターでは1GB当たり年間26ドルであったものに対し、WSCではたった4.6ドルであった。
- **運用管理コストが7.1分の1に削減**：管理者一人当たりのサーバ数は、データーセンターではたったの140台であったのに対し、WSCでは1,000台を超えるものであった。
- **ネットワーク関連のコストが7.3分の1に削減**：インターネットバンド幅コストは、データセンターがMbit/s/月当たり95ドルであったのに対し、WSCでは13ドルのコストしかかからなかった。驚くほどではないが、10Mbit/sよりも1,000Mbit/sの通信速度のものを発注するのであれば、Mbit/s当たりの価格はもっと良い値で交渉できる。

購入する間にさらに経済効果が現れることもある。多額の購入をすると、事実上WSC内のすべてにおいて、数量割引が得られる。

規模の経済は運用コストにも響いて来る。前節で述べたように、多数のデータセンターは2.0のPUEにおいて稼働するのである。大企業であれば、WSCを、1.1〜1.2といったレンジの低いPUEで開発するのに機械系エンジニアや電力系エンジニアを雇う理由はある（6.7節参照）。

特に国際的に市場を展開するのであれば、インターネットサービスは信頼性とともにレイテンシを減らすために複数のWSCに分散している必要がある。大企業はそうった理由で、複数のWSCを使っている。個々の企業が本社に一箇所だけデータセンターを保有するより、世界中に小規模のデータセンターを構築するのはかなり費用がかさむこととなる。

したがって、6.1節で述べた理由により、データセンターにあるサーバ群は、せいぜい時間当たり10%〜20%しか利用されていないのである。WSCを広く利用できるようにすることによって、さまざまな顧客の間にあるピークを相互に無関係にすることができ、平均利用率が50%以上に上がることとなるのである。

したがって、WSCに対するスケールメリットは、いくつかの構成要素では5倍から7倍となるのに加え、WSC全体では1.5倍から2

倍の効果が得られることになる。この本の第5版以来、セキュリティに関することがクラウドに向けられてきた。2011年には、重要なデータをクラウドに配置することに懐疑的な見方があった。これは、データがローカルのデータセンターにオンプレミス（オンプレ）で門外不出にしておく場合よりもハッカーが侵入しやすくなるためであった。2017年には、こういったデータセンターへの侵入事件は極めて日常的なものになり、ほとんどニュースにはならない。

例えば、このセキュリティの無い状態は、犯罪者が侵入し、組織のすべてのデータを暗号化し、身代金が支払われるまでキーを公開しないというランサムウェアの急増につながり、2015年にはその対策に10億ドルを要した。WSCは継続的に攻撃を受けており、これに対し、オペレータは迅速に対応して攻撃を止め、防御力を高めるのである。その結果、ランサムウェアはWSCの内部では聞かれなくなった。WSCは今日の大多数のローカルデータセンターより明らかに安全性が高いため、重要なデータは「オンプレミス」よりもクラウドに置く方が安全であると考えているCIOは多い。

クラウドコンピューティングプロバイダはいくつかあるが、**Amazon Web サービス**（AWS）が最も古くからあり、現在最大の商用クラウドプロバイダの1つであるため、ここで取り上げよう。

6.5.1 Amazon Webサービス

ユーティリティコンピューティングの登場により、企業が単に端末や電話線に対して支払い、それからどれほどの計算を行ったかに基づいていて課金された時代である1960年代や1970年代の商用タイムシェアリングシステムとバッチ処理システムの時代にまで戻ってしまった感がある。タイムシェアリングの後期以降、数多くの試みが行われ、このような即金払いのサービスを提供しようとしたが、しかしそれらは失敗に終わった。

Amazon社は、**Amazon S3**（Amazon Simple Storage Service）によってユーティリティコンピューティングを提供し始め、2006年に**Amazon EC2**（Amazon Elastic Computer Cloud）を世に出し、以下に示すような技術的にもビジネス的にも斬新なさまざまな果断を生み出したのである。

- **仮想マシン**： x86コモディティコンピュータを用いてLinuxオペレーティングシステムとXen仮想マシンを走らせてWSCを構築することにより、さまざまな問題を克服していった。まず最初に、これによりAmazon社は、ユーザどうしお互い保護することを可能にしたのである。第二に、顧客は単にWSCにあるファイルイメージだけをインストールすればよく、次にAWSが使用されているあらゆるインスタンスに自動的にそれを配送し、WSC内でソフトウェア配布方法を簡単なものにした。第三に、仮想マシンを安心して削除できることにより、Amazon社や顧客がリソースの使用率を簡単にコントロールできるようになった。第四に、仮想マシンは、利用する物理プロセッサ、ディスク、ネットワーク、さらにメインメモリ量の使用率を制限でき、AWSにさまざまな価格設定を設けることができた。最も低価格なオプションは1台のサーバ上に多数のバーチャルコアを詰め込むことであり、最も高い価格設定は、マシンリソースすべてに対して排他的にアクセスできるもので、またその中間的な価格設定もある。第五に、顧客がマシンの発売年を知り、大して魅力のないように思える古いマシンでも、そのCPU時間を連続してAWSが販売できるようにすることで、仮想マシンは、そのハードウェアの素性を隠すことができるようになった。最後に、仮想マシンにより、サーバ毎に多数のバーチャルコアを詰め込んだり、単にバーチャルコア毎により高い性能を持つインスタンスを提供することによって、AWSは新しく、より高速なハードウェアを導入することができるようになった。仮想化が意味するのは、提供される性能がハードウェアの性能の整数倍である必要がないということだった。
- **超低コスト**：AWSが2006年にインスタンス毎に時間当たり0.10ドルの価格を発表した時、それはびっくりするほど低価格であった。インスタンスは1つの仮想マシンであり、1時間に0.10ドル支払えばAWSはマルチコアサーバ上にコア毎に2つのインスタンスを割り当てたのであった。それ故、1台のEC2コンピュータユニットは、その時代の1.0〜1.2GHzのAMD OpteronやIntel Xeonに匹敵するものだったのである。
- （当初の）**オープンソースソフトウェアに対する信頼性**：ライセンス上問題のない質の高いソフトウェアを利用できることや、何百、何千ものサーバ上で実行することに関連するコストにより、ユーティリティコンピューティングは、Amazon社にとっても、その顧客にとっても極めて経済的となったのである。さらに最近では、AWSは、高価な商用サードパーティソフトウェアを含めた形でインスタンスを提供し始めた。
- **サービスの**（当初の）**保証はなし**：Amazon社は、最初は最善を尽くすとだけしか約束しなかったのである。低価格は極めて魅力的であったため、サービス保証なしでも生きながらえた。今日では、AWSはAmazon EC2やAmazon S3のようなサービスにおいて、99.95%までに達する利用率のサービスレベル合意（SLO）を提供している。さらに、複数の場所にわたってそれぞれのオブジェクトの複製を複数保存することによって、Amazon S3は耐久性を維持するよう設計された（AWSによれば、あるオブジェクトを永久に消失してしまう可能性は1,000億分の1である）。AWSはまた、Service Health Dashboardという、リアルタイムで各AWSの現在の稼動状態を提示するものを提供し、これにより、AWSの立ち上がり時間と性能が完全に見えるようになっている。
- **契約が不要**：コストがあまりにも低いことが理由で、EC2を使い始めるために必要なものはクレジットカードだけである。

図6.15と図6.16には、2017年におけるさまざまなタイプのEC2インスタンス1時間当たりの価格を示す。2006年での10種類のインスタンスタイプから増え、50以上のものが提供されている。最高速インスタンスは、最も遅いものより100倍速く、メモリも最大のものは最小のものの2000倍の容量を持つ。1年を通じて最も安価なものを利用すればちょうど50ドルである。

計算以外にも、EC2は長期保存とインターネットトラフィックに対して課金する（AWSリージョン内のネットワークトラフィックには料金はかからない）。Elastic Block Storage（EBS）は、SSDを使用する場合は1GB当たり1か月0.10ドル、ハードディスクドライ

	インスタンス	時間毎	m4.largeとの比	バーチャルコア数	計算単位	メモリ（GiB）	ストレージ（GB）
汎用	t2.nano	$0.006	0.05	1	可変	0.5	EBSのみ
	t2.micro	$0.012	0.11	1	可変	1.0	EBSのみ
	t2.small	$0.023	0.21	1	可変	2.0	EBSのみ
	t2.medium	$0.047	0.4	2	可変	4.0	EBSのみ
	t2.large	$0.094	0.9	2	可変	8.0	EBSのみ
	t2.xlarge	$0.188	1.7	4	可変	16.0	EBSのみ
	t2.2xlarge	$0.376	3.5	8	可変	32.0	EBSのみ
	m4.large	$0.108	1.0	2	6.5	8.0	EBSのみ
	m4.xlarge	$0.215	2.0	4	13	16.0	EBSのみ
	m4.2xlarge	$0.431	4.0	8	26	32.0	EBSのみ
	m4.4xlarge	$0.862	8.0	16	54	64.0	EBSのみ
	m4.10xlarge	$2.155	20.0	40	125	160.0	EBSのみ
	m4.16xlarge	$3.447	31.9	64	188	256.0	EBSのみ
	m3.medium	$0.067	0.6	1	3	3.8	1 × 4 SSD
	m3.large	$0.133	1.2	2	6.5	7.5	1 × 32 SSD
	m3.xlarge	$0.266	2.5	4	13	15.0	2 × 40 SSD
	m3.2xlarge	$0.532	4.9	8	26	30.0	2 × 80 SSD
計算最適化	c4.large	$0.100	0.9	2	8	3.8	EBSのみ
	c4.xlarge	$0.199	1.8	4	16	7.5	EBSのみ
	c4.2xlarge	$0.398	3.7	8	31	15.0	EBSのみ
	c4.4xlarge	$0.796	7.4	16	62	30.0	EBSのみ
	c4.8xlarge	$1.591	14.7	36	132	60.0	EBSのみ
	c3.large	$0.105	1.0	2	7	3.8	2 × 16 SSD
	c3.xlarge	$0.210	1.9	4	14	7.5	2 × 40 SSD
	c3.2xlarge	$0.420	3.9	8	28	15.0	2 × 80 SSD
	c3.4xlarge	$0.840	7.8	16	55	30.0	2 × 160 SSD
	c3.8xlarge	$1.680	15.6	32	108	60.0	2 × 320 SSD

図6.15 2017年2月時点でのアメリカ合衆国バージニアリージョンにおけるオンデマンド汎用および計算最適化EC2インスタンスの価格と特徴

AWSの当初は、1台のEC2コンピュータユニットは、2006年の1.0～1.2GHz AMD OpteronやIntel Xeonに相当するものだった。インスタンスを変えられることは、最も新しく最も安価なカテゴリである。Webページの提供など、ワークロードの平均使用率が24時間で平均5%未満であれば、高周波数のIntel CPUコアをフル稼働した性能を提供する。AWSはまた、はるかに低いコスト（約25%）でスポットインスタンスを提供している。スポットインスタンスでは、顧客が支払おうと思っている価格と、実行するインスタンス数を設定し、スポット価格が設定したレベルを下回るとAWSはスポット入札を実行する。AWSでは、1年間ほとんどのインスタンスを使用することを顧客が知っている場合のためにリザーブドインスタンスも提供している。顧客はインスタンス毎に年会費を払ってから、そのサービスを利用するために1時間毎の料金の約30%を支払う。リザーブドインスタンスを1年全体で100%使用した場合、年会費の償却を含む1時間当たりの平均コストは、第一列の料金の約65%になる。EBSはElastic Block Storageであり、これは、VMと同じサーバ内のローカルディスクまたはローカルにあるソリッドステートディスク（SSD）ではなく、ネットワーク上の他の場所にあるローブロックレベルのストレージシステムである。

	インスタンス	時間毎	m4.largeとの比	バーチャルコア数	計算単位	メモリ（GiB）	ストレージ（GB）
GPU	p2.xlarge	$0.900	8.3	4	12	61.0	EBSのみ
	p2.8xlarge	$7.200	66.7	32	94	488.0	EBSのみ
	p2.16xlarge	$14.400	133.3	64	188	732.0	EBSのみ
	g2.2xlarge	$0.650	6.0	8	26	15.0	60 SSD
	g2.8xlarge	$2.600	24.1	32	104	60.0	2120 SSD
FPGA	f1.2xlarge	$1.650	15.3 (1FPGA)	8	26	122.0	1470 SSD
	f1.16xlarge	$13.200	122.2 (8 FPGA)	64	188	976.0	4940 SSD
メモリ最適化	x1.16xlarge	$6.669	61.8	64	175	976.0	11920 SSD
	x1.32xlarge	$13.338	123.5	128	349	1,952.0	21920 SSD
	r3.large	$0.166	1.5	2	6.5	15.0	132 SSD
	r3.xlarge	$0.333	3.1	4	13	30.5	180 SSD
	r3.2xlarge	$0.665	6.2	8	26	61.0	1160 SSD
	r3.4xlarge	$1.330	12.3	16	52	122.0	1320 SSD
	r3.8xlarge	$2.660	24.6	32	104	244.0	2320 SSD
	r4.large	$0.133	1.2	2	7	15.3	EBSのみ
	r4.xlarge	$0.266	2.5	4	14	30.5	EBSのみ
	r4.2xlarge	$0.532	4.9	8	27	61.0	EBSのみ
	r4.4xlarge	$1.064	9.9	16	53	122.0	EBSのみ
	r4.8xlarge	$2.128	19.7	32	99	244.0	EBSのみ
	r4.16xlarge	$4.256	39.4	64	195	488.0	EBSのみ
ストレージ最適化	i2.xlarge	$0.853	7.9	4	14	30.5	1800 SSD
	i2.2xlarge	$1.705	15.8	8	27	61.0	2800 SSD
	i2.4xlarge	$3.410	31.6	16	53	122.0	4800 SSD
	i2.8xlarge	$6.820	63.1	32	104	244.0	8800 SSD
	d2.xlarge	$0.690	6.4	4	14	30.5	32000 HDD
	d2.2xlarge	$1.380	12.8	8	28	61.0	62000 HDD
	d2.4xlarge	$2.760	25.6	16	56	122.0	122000 HDD
	d2.8xlarge	$5.520	51.1	36	116	244.0	242000 HDD

図6.16 2017年2月時点でのアメリカ合衆国バージニアリージョンにおけるオンデマンドGPU、FPGA、メモリ最適化、および計算最適化EC2インスタンスの価格と特徴

ブ用には1か月0.045ドルの費用がかかる。インターネットトラフィックは、EC2への書き込みにはGB当たり0.01ドル、EC2から読み出す場合はGB当たり0.09ドルかかる。

例題6.7

EC2上において、図6.2にある平均的なMapReduceのジョブを実行した場合の数年にわたる数か月分のコストを計算せよ。ジョブはたっぷりあるものと想定し、整数倍時間となるように丸めるが、その誤差を足し合わせてコストが上がるということはないとする。次にMapReduceジョブすべてを実行するのに要する月間コストを計算せよ。

解答

最初の問題はGoogle社にある典型的なサーバにマッチするインスタンスの適切なサイズがどうなるかを問うものである。図6.15で最も近いものは、2つの仮想コアと3.6GiBのメモリを持つc4.largeで、1時間当たり0.100ドルかかるとする。図6.17は、EC2でGoogle MapReduceのワークロードを実行した場合の年間平均コストと総コストを計算したものである。2016年9月の平均MapReduceジョブはEC2で1ドル強の費用がかかり、その月の総ワークロードは、AWSで1億1,400万ドルの費用がかかる。

	8月4日	9月9日	9月12日	9月16日
平均実行時間（時間）	0.15	0.14	0.13	0.11
ジョブ毎の平均サーバ数	157	156	142	130
EC2 c4.large インスタンスの時間毎のコスト	$0.100	$0.100	$0.100	$0.100
MapReduce ジョブ毎の平均 EC2 コスト	$2.76	$2.23	$1.89	$1.20
MapReduce ジョブの月毎の数	29,000	4,114,919	15,662,118	95,775,891
EC2/EBS 上にある MapReduce ジョブの総コスト	$80,183	$9,183,128	$29,653,610	$114,478,794

図 6.17 AWS EC2 の 2017 年の価格を使用した、2004 年から 2016 年までの特定の月に Google MapReduce ワークロードを実行するための推定コスト（図 6.2）

2017 年の価格を使用しているため、実際の AWS のコストを過小評価している。

例題6.8

MapReduce のジョブのコストを考えて、上司からコストを下げる方法を調査するように指示されていると想像してみよう。AWS Spot Instances を使用するといくら節約できるか。

解答

MapReduce ジョブはスポットインスタンスから開始されることによって中断される可能性があるが、ジョブが失敗してもよく、それを再開できるように MapReduce は設計されている。c4.large の AWS スポット価格は 0.100 ドルに対して 0.0242 ドルであった。これは 2016 年 9 月の 8700 万ドル節約できたことを意味するが、応答時間に対する保証はなかった。

低価格であり、使った分だけ支払うユーティリティコンピューティングのモデルのほかに、クラウドコンピューティングユーザにとってもう 1 つの強烈な魅力というのは、クラウドコンピューティングプロバイダの方で、過剰供給や、過小供給の危険性を引き受けてくれることである。いずれの危険性も致命的になる可能性があるため、リスク回避はスタートアップ企業にとっては天からの賜物である。もし、その企業の製品プログラムが多くのユーザに使用されるようになるまでに、サーバに対して膨大な投資をし過ぎてしまうと、その企業は資金を使い果たしてしまいかねない。もし、その企業が提供するサービスが突然バカ売れし始めたが、しかし要求に応えられるだけの十分なサーバを確保していなかったのであれば、その企業は成長しようとするために、是非とも増やしていかねばならない新たな顧客に対して、極めて悪印象を与えてしまうことになる。

こういった話の流れにぴったりのものとして、ソーシャルネットワーク Facebook のゲームである Zynga 社の FarmVille がある。FarmVille が発表される前は、最大のソーシャルゲームは、日平均 500 万人のプレーヤーであった。FarmVille は、発表 4 日後に 100 万人のプレーヤー、そして 60 日後には、1,000 万人のプレーヤーを抱えることとなった。270 日後には、毎日 2,800 万人のプレーヤー、月にすると 7,500 万人のプレーヤーが興じていたのである。そのソフトウェアは AWS の上に配置されたため、ユーザ数の増加とともに途切れることなく膨れ上がることができたのである。さらに、そのことで顧客需要に基づき、負荷を軽減することができる。

FarmVille が成功を収め、Zynga 社は 2012 年に独自のデータセンターを開設することを決定した。2015 年には、Zynga 社は AWS に戻り、AWS にデータセンター機能を実行させた方がいいと決めた［Hamilton, 2015］。FarmVille が最も人気のある Facebook アプリケーションから、2016 年には 110 番目に落ちた時、Zynga 社は最初から AWS と共に成長したように、AWS と共に潔く縮小できた。

2014 年に AWS は、John McCarthy がこの節の冒頭の引用で言及していた 1960 年代のタイムシェアリング時代に遡って新たなサービスを開始した。Lambda 社では、クラウド内の仮想マシンを管理する代わりに、ユーザが（Python などの）ソースコードで関数を提供し、AWS にそのコードに必要なリソースを自動的に管理させ、入力サイズに合わせて拡張して可用性を高めていった。Google 社の Cloud Compute Functions と Microsoft 社の Azure Functions は、競合するクラウドプロバイダからは同等の機能となる。6.10 節で説明したように、GoogleApp Engine はもともと 2008 年に全く同様のサービスを提供していた。

この傾向は、ユーザがサーバを管理する必要がないという点で、サーバレスコンピューティングと呼ばれる（ただし、これらの機能は実際にはサーバ上で実行される）。提供されるタスクには、オペレーティングシステムのメンテナンス、容量の供給と自動スケーリング、コードとセキュリティ修正プログラムの展開、およびコードの監視とログ記録が含まれる。http リクエストやデータベースの更新などのように、イベントに応答してコードを実行する。サーバレスコンピューティングを考える 1 つの方法は、AWS S3 などの分離したストレージサービスを介してデータを共有し、WSC 全体で並行して実行される一連のプロセスとして考えることである。

プログラムがアイドル状態の時は、サーバレスコンピューティングにコストはかからない。AWS の料金計算は EC2 よりも 6 桁細かく、1 時間毎ではなく 100ms 毎に使用量を記録する。必要なメモリ量によってコストは異なるが、プログラムが 1GiB のメモリを使用している場合、コストは 100ms 当たり 0.000001667 ドル、すなわち 1 時間当たり 6 ドルとなる。

サーバレスコンピューティングは、データセンターのクラウドコンピューティングの理想形をコンピュータとして実現するための次なる進化的ステップとして、即金払いの価格設定として、さらに動的自動スケーリングの手段として考えることができる。

クラウドコンピューティングにより、WSC のもたらすありがたみは、誰にでも享受できるようになった。クラウドコンピューティングは、ユーザに余分なコストを課すことなく、価格設定が無限に拡張していくような幻想を与えて提供している。つまり、1 時間当たり 1,000 台のサーバというのは、1 台のサーバを 1,000 時間使用するコストと変わらないのである。需要を満たすだけの十分なサーバ数、ストレージ、アクセス可能なインターネットバンド幅があるかどうかを保証するのはクラウドコンピューティングプロバイダ次第である。前に述べた最適化された供給連鎖により、新しいコンピュータは1週間で配達されるようになり、プロバイダは破産することなく、ああいった幻想を容易に提供できるようになるのである。このようなリスク、価格設定、利用分支払いへ移行するということは、さまざまな規模の企業にとってクラウドコンピューティングを利用する方向へ導く強力な後押しとなる。

6.5.2 AWSクラウドの規模

AWSは2006年に開始し、Amazon.comが独立したコンピューティングインフラを使用するのではなく、AWSの顧客として2010年に加わった。図6.18は、2017年時点でにAWSが世界中の16か所に施設を持っていることを示しており、さらに2箇所増える予定である。参考として、図6.19と図6.20にはGoogle社とMicrosoft社の同様のマップを示す。

各AWSロケーションは、アベイラビリティゾーンと呼ばれる2、3の近隣施設（1〜2km離れた場所）で構成されている。2つとも停電や自然災害により同時に障害を起こすことはほぼありえないので、信頼性を保証するためにソフトウェアを2箇所で走らせることが安全であり、このような名前が付けられている［Hamilton, 2014］。これら16箇所には42のアベイラビリティゾーンがあり、各ゾーンには1つ以上のWSCがある。2014年には、各WSCに少なくとも50,000台のサーバがあり、一部のWSCには80,000台以上のサーバがあった。

Hamiltonは、地域毎に少なくとも3つのWSCを持つことが最善であると述べている［Hamilton, 2017］。その理由は、WSCの1つに障害が発生した時に、そのリージョンのもう一方のWSCが、障害の発生したWSCの負荷を引き受ける必要があるからである。他にWSCが1つしかない場合、それぞれがフェイルオーバーに備え、その容量の半分を予約する必要がある。3つあれば、3分の2の容量で使用でき、それでも急なフェイルオーバーを処理できる。データセンターの数が多いほど、余剰容量は少なくなる。AWSには10を超えるWSCを持つリージョンもある。

2014年時点におけるAWS内サーバの総数の公表された推定値が2つ見つかった。ある推定値は200万サーバで、AWSには11のリージョンと28のアベイラビリティゾーンしかない［Clark, 2014］。もう1つ、280万〜560万サーバという推定値もある［Morgan, 2014］。アベイラビリティゾーン数の増加に基づいて2014年から2017年までを推定すると、推定値はローエンドで300万サーバ、ハイエンドで840万サーバに増加する。WSC（データセンター）の総数は84〜126である。図6.21は、これら2つの予測から推定して、サーバ数とWSC数の経時的な高低の見積もりを提供することでその増加を示している。

AWSは当然のことながら実際の数を把握している。AWSは2014年には100万人以上の顧客を抱えており、「AWSは2004年にAmazon.comをサポートするのに必要な量に相当する物理サーバ容量を毎日追加している」と発表していた。

これらの見積もりの妥当性は、投資を見ることでチェックできる。Amazonは2013年から2015年の間に240億ドルの設備投資を行ったが、その内の3分の2がAWSに対してであったと推定している［Gonzalez and Day, 2016］［Morgan, 2016］。新たなWSCを構築するのには1年要すると仮定する。2014年から2016年までの図6.21の推定値は、34から51のWSCである。AWS WSC当たりのコストは、3億1000万ドルから4億7000万ドルになる。Hamiltonは、「中規模のデータセンター（WSC）でさえ、おそらく2億ドルを超えるだろう」と述べている［Hamilton, 2017］。彼は続けて、今日のクラウドプロバイダは現在$O(10^2)$のオーダのWSCを所有していると述べている。図6.21では、見積もりは84.126 AWSWSCである。これらの見積もりは曖昧ではあるが、驚くほど一貫しているように見える。Hamiltonは、将来の需要を満たすために、最大のクラウドプロバイダは最終的に$O(10^5)$オーダのWSC、つまり今日の1000倍のWSCに達すると予測している。クラウド内のサーバとWSCの数に関係なく、WSCの価格性能比を左右する分野横断的な2つの問題、すなわち、クラウドコンピューティングの問題は、WSCネットワークおよび、サーバハードウェアとソフトウェアの効率性である。

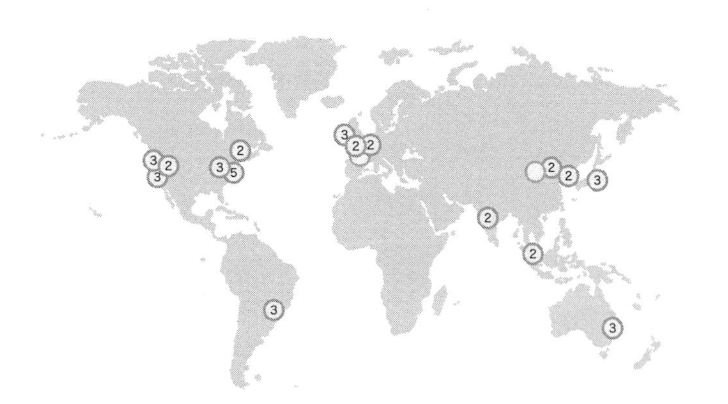

図6.18 2017年時点のAWSの16サイト（リージョン）と、さらに近日稼働予定の2つのサイト

ほとんどのサイトには2、3つのアベイラビリティゾーンがある。これらは近くにあるが、災害や障害の1つが発生したとしても、同じ自然災害や停電の影響を受ける可能性は低い。（アベイラビリティゾーンの数は地図中の円の中の数字）これらの16のサイトまたはリージョンには、合計42のアベイラビリティゾーンがある。各アベイラビリティゾーンには1つ以上のWSCがある。https://aws.amazon.com/about-aws/global-infrastructure/

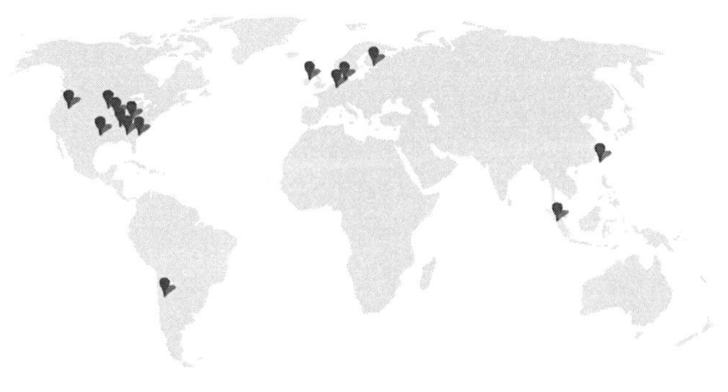

図6.19 2017年時点のGoogle社の15のサイト

南北アメリカには、サウスカロライナ州バークレー郡、アイオワ州カウンシルブラッフス、ジョージア州ダグラス郡、アラバマ州ジャクソン郡、ノースカロライナ州レノア、オクラホマ州メイズ郡、テネシー州モンゴメリー郡、チリのキリキュラ、オレゴン州ダレス。アジアでは、台湾の彰化県、シンガポール。ヨーロッパでは、アイルランドのダブリン、オランダのエームスハーベン、フィンランドのハミナ。ベルギーのサン・ギスラン。https://www.google.com/about/datacenters/inside/locations/

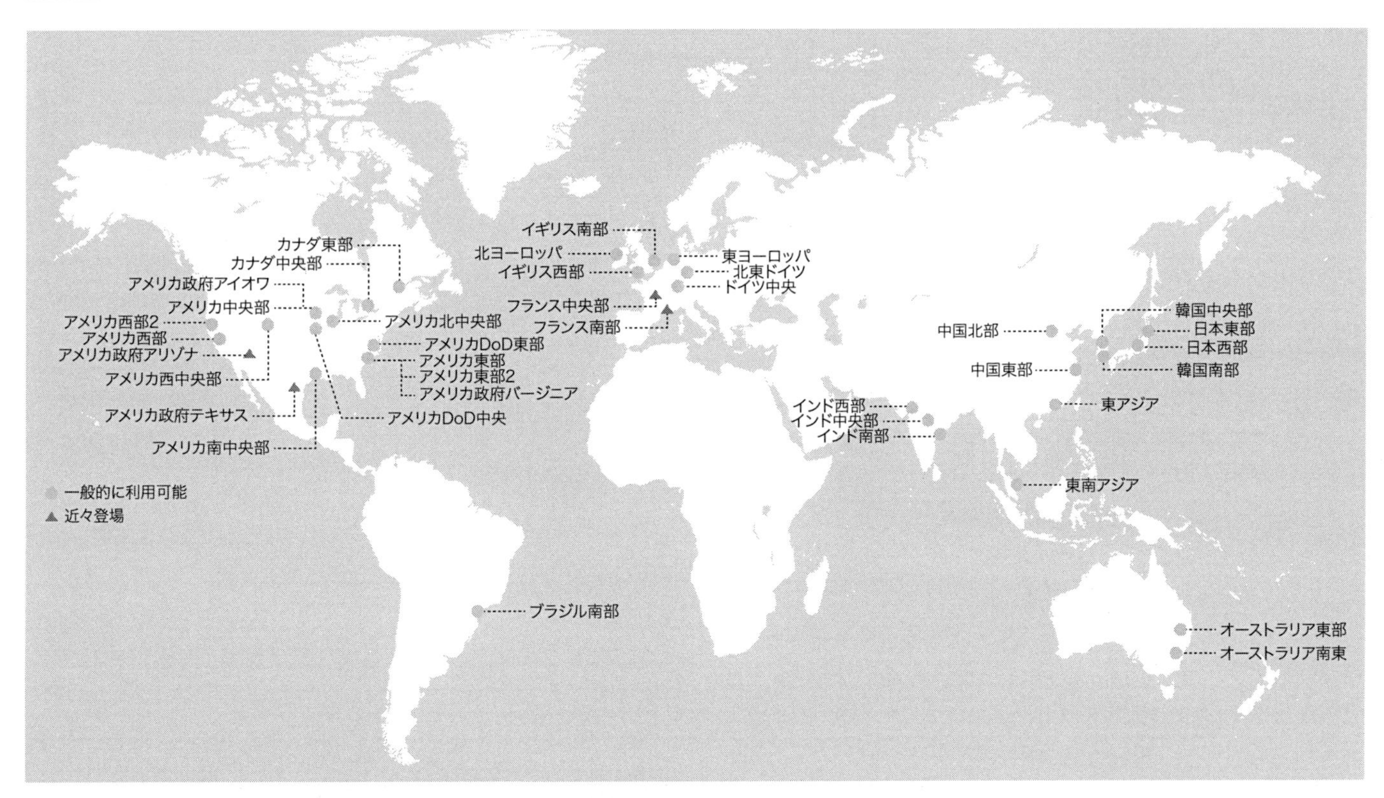

図 6.20 2017 年時のマイクロソフトの 34 のサイトと 4 つの近日稼働予定
https://azure.microsoft.com/en-us/regions/

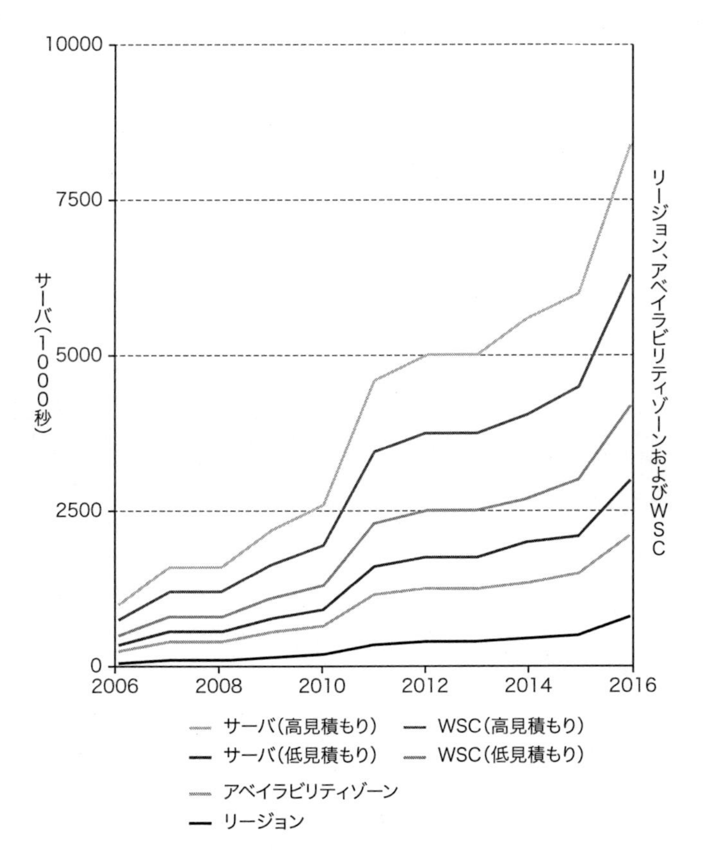

図 6.21 AWS リージョンとアベイラビリティゾーン（右縦軸）の経時的な増加

ほとんどのリージョンには2つか3つのアベイラビリティゾーンがある。各アベイラビリティゾーンには1つ以上のWSCがあり、最大のゾーンには10を超えるWSCがある。各WSCには少なくとも50,000台のサーバがあり、最大のWSCには80,000台以上のサーバがある[Hamilton, 2014]。2014年のAWSサーバ数に関する2つの公表された見積もり［Clark, 2014］［Morgan, 2014］に基づいて、アベイラビリティゾーンの実際の数の関数として年間サーバ数（左の縦軸）とWSC（右の縦軸）を予測する。

6.6 他の章との関連

ネットワーク機器はデータセンターの SUV である。

James Hamilton（2009 年）

6.6.1 WSCネットワーク上のボトルネックの回避

図 6.22 に示すように、Google 社では 12〜15 か月毎にネットワークの需要が倍増し、わずか 7 年間で Google 社の WSC 群にあるサーバからのトラフィックは 50 倍に増加している。明らかに、細心の注意を払うまでもなく、WSC ネットワークは容易に性能またはコストのボトルネックになる可能性がある。

第 5 版では、データセンターのスイッチ価格は 100 万ドル近く、Top of Rack スイッチの 50 倍以上のコストがかかる可能性があると指摘した。そういったスイッチが高価だっただけでなく、その結果生じるオーバーサブスクリプションは、ソフトウェアの設計、お

図 6.22 7 年間にわたる Google 社の WSC内にあるすべてのサーバからのネットワークトラフィック［Singh et al., 2015］

よびWSC内のサービスとデータの配置に影響を及ぼした。WSCネットワークは制約されたデータ配置をボトルネックにしており、それが今度はWSCソフトウェアを複雑にしていく。このソフトウェアはWSC企業にとって最も価値のある資産の1つであるため、この複雑さが増すことによるコストはかなりのものであった。

理想的なWSCネットワークは制限がないため、そのトポロジやバンド幅は面白みのないブラックボックスである。ワークロードはどこにでも配置でき、ネットワークトラフィックの局所性よりもサーバ使用率に対して最適化ができる。Vahdatらは、価格と性能の問題を克服するためにスーパーコンピュータにあるネットワーキング技術を借用することを提案した[Vahdat *et al.*, 2010]。性能に関しては、10万ポートと1Pbit/sの二分割バンド幅に拡張できるネットワークインフラが提案された。これらの新たなデータセンタースイッチの主な利点は、オーバーサブスクリプションによるソフトウェアの課題を単純化することである。

それ以来、WSCを持つ企業の多くは、これらの課題を克服するために独自のスイッチを設計してきた[Hamilton, 2014]。Singhらは図6.23にリストがあがっているGoogle WSCの中で使用しているカスタムネットワークのいくつかの世代について報告した[Singh *et al.*, 2015]。

コストを抑えるために、標準コモディティスイッチチップからスイッチが構築されていた。分散型ネットワークルーティングや任意の展開シナリオのサポートを管理するためのプロトコルなど、一部の高コストを正当化するために使用していた従来のデータセンタースイッチの機能は、WSCでは必要なかった。というのも、ネットワークトポロジは導入前に計画でき、ネットワークのオペレータは1人しかいなかったからである。代わりにGoogleは、すべてのデータセンタースイッチにコピーされた共通の設定に依存する集中管理を使用した。モジュール式のハードウェア設計とロバストなソフトウェア制御により、これらのスイッチはWSC内およびWSC間のワイドエリアネットワークの両方に使用できた。Google社は、10年間でWSCネットワークのバンド幅を100倍に拡張し、2015年には1Pbit/sを超える二分割バンド幅を提供した。

6.6.2 サーバ内における効率的なエネルギー利用方法

PUEはWSCの効率を測るものであるが、IT機器それ自身の内部で起こるものについて示すことは何もない。したがって、電気的に非効率な要因のもう1つは、入力電圧を、チップやディスクに利用する低電圧に変換するサーバ内の電源にある。2007年には、電源の多くは60%から80%の効率で動作し、それは高電圧鉄塔からサーバまでに低電圧の電源ラインを供給するための度重なる電圧変換よりもサーバ内部の電力損失の方が大きなものとなることを意味していた。ある理由として、マザーボード上にはどのようなパーツがあるかは分からないので、多少大きめの電力を供給しなければならないということがある。さらに、このような電源は25%前後の負荷においての最悪の効率にあることが多く、たとえ図6.3に示すものであっても、数多くのWSCサーバはその範囲で稼働しているのである。PCマザーボードにも電圧レギュレータモジュール(VRM)があるが、やはり比較的効率は悪い。

BarrosoとHölzleは、サーバ全体が目指すゴールは**エネルギー比例性**[†]であると主張していた[Barroso and Hölzle, 2007]。すなわち、サーバが行った仕事量に比例した形でエネルギーを消費すべきであると述べている。10年後には近づきつつあるものの、その理想のゴールには達していない。例えば、第1章にあるSPECpowerで最も点数の高かったサーバは、アイドル状態であっても、フルパワーのほぼ20%の電力を使用し、20%だけ負荷を与えた時であっても、フルパワーの50%の電力を使用する。このことは、アイドル状態のコンピュータがフルパワーの60%、20%の負荷時には70%を使うという2007年以来大きな前進があったことを示すが、改善の余地はまだまだある。

システムソフトウェアは、エネルギーが意味するものについてな

† 訳注:energy proportionality。掛けたエネルギーに性能が比例して発揮される性質という意味。

データセンター世代スイッチ	初導入時期	マーチャントシリコン	Top of Rack (ToR) スイッチの設定	エッジアグリケーションブロック	スパインブロック	ファブリックスピード	ホストスピード	二分割バンド幅
Four-Post CR	2004	ベンダー	481Gbps	–	–	10Gbps	1Gbps	2Tbps
Firehose 1.0	2005	8 × 10Gbps 4 × 10Gbps (ToR)	2 ×10Gbps から 24 ×1Gbps	2 ×32 ×10Gbps	32 ×10Gbps	10Gbps	1Gbps	10Tbps
Firehose 1.1	2006	8 × 10Gbps	4 ×10Gbps から 48 ×1Gbps	64 ×10Gbps	32 ×10Gbps	10Gbps	1Gbps	10Tbps
Watchtower	2008	16 × 10Gbps	4 ×10Gbps から 48 ×1Gbps	4 ×128 ×10Gbps	128 ×10Gbps	10Gbps	*n* ×1Gbps	82Tbps
Saturn	2009	24 × 10Gbps	24 ×10Gbps	4 ×288 ×10Gbps	288 ×10Gbps	10Gbps	*n* ×10Gbps	207Tbps
Jupiter	2012	16 × 40Gbps	16 ×40Gbps	8 ×128 ×40Gbps	128 ×40Gbps	10/40Gbps	*n* ×10Gbps/ *n* ×40Gbps	1300Tbps

図6.23 Google WSCに導入された6世代のネットワークスイッチ[Singh *et al.*, 2015]

Four-Post CRは、市販の512ポート、1Gbit/s Ethernetスイッチ、および48ポート、1Gbit/s EthernetTop of Rack(ToR)スイッチを使用していた。Firehose 1.0の目標は、10,000台の各サーバに1Gbpsのノンブロッキング二分割バンド幅を提供することであったが、ToRスイッチの接続性が低いためにリンク障害時に問題が発生した。Firehose 1.1は、ToRスイッチの接続性が向上した最初のカスタム設計のスイッチである。WatchtowerとSaturnは同じ足跡をたどったが、新たな、より高速な商用スイッチチップを使った。Jupiterは40Gbpsのリンクとスイッチを使用して、1Pbit/s以上の二分割バンド幅を提供する。6.7節では、ClosネットワークのJupiterスイッチとエッジアグリゲーションとスパインブロックについてさらに詳しく説明している。

んら考慮せず、潜在的にその性能を改善するならば、利用できるあらゆるリソースを使うように設計されたものであろう。例えば、多くのデータがおそらく使われることがないとしても、オペレーティングシステムはプログラムデータやファイルキャッシュのためにメモリのすべてを使う。ソフトウェアアーキテクトは、将来性能とともにエネルギーも考慮に入れて設計していく必要がある［Carter and Rajamani, 2010］。

以上、6つの節で示した背景をもとに、これからGoogle社のWSCアーキテクトが作り上げた真価をじっくりとみていこう。

6.7 総合的な実例：Google社のウェアハウススケールコンピュータ

WSCを持つ多くの企業が市場で激しく競争しているため、ほとんどの企業は最新のイノベーションを一般の人々と（そしてお互いに）共有することに消極的である。幸いなことに、Google社は本書のために、最近のWSCに関する詳細を提供してくれている。今回の第6版でもまた、GoogleWSCの最新の一般公開情報を提供してくれているようであり、これは現在の最先端技術を代表するものである。

6.7.1 Google WSCでの配電

まず配電から始める。さまざまなものが導入されているが、北米では通常、電力がサーバに到達するまでには、110,000Vを超える電力会社の高圧線から始まり、何箇所かで変電を経由する。

複数のWSCを持つ大規模サイトでは、電力は現地の変電所によって供給される（図6.24）。その変電所は数百メガワットの電力に対応する大きさである。そのサイトにあるWSCへの配電のために、電圧は10,000〜35,000Vに下げられる。

WSCの建物の近くでは、データセンターのサーバ列があるフロアに配電するために、電圧はさらに約400Vまで下げられる（図6.25）（北米では480Vが一般的であるが、他の地域では400Vであり、Google社は415Vを使用している）。停電時にWSC全体がオフラインになるのを防ぐため、従来のデータセンターにあるほとんどのサーバと同じように、WSCには無停電電源装置（UPS）がある。外部電力に問題がある場合には、ディーゼル発電機が配電システムに接続されて電力を供給する。電力停止はほとんどは数分以内であるが、WSCは長時間の停電に備え、数千ガロンの軽油を現場に保管している。サイトを数日または数週間運営し続ける必要がある場合、事業者は地元の燃料会社に軽油を連続供給するよう備えている。

図6.24 現地変電所

図6.25 この図は、WSCのすぐ近くにある変圧器、切り替え機、および発電機を示している

図6.26 400Vを分配する銅製バスダクトが上にあるサーバ列
見づらいが、バスダクトは写真の右側の棚の上にある。この写真には、オペレータが機器の点検をするのに使用するコールドアイルも表示されている。

図6.26に示すように、WSC内では、ラックの各列の上を通る銅製バスダクトを介して電力がラックに供給される。最終段階では、三相電源を、電源ケーブルによりラックに供給される240.277Vの3つの別々の単相電源に分割する。ラックの上部付近では、電力変換器は240VのAC電流を48V DCに変換して、ボードが使用できる電圧まで降圧する。

要約すると、電力はWSC内の階層に分配され、その階層の各レベルは個々の障害と、WSC全体、アレイ、列、ラックといった保守単位に対応する。ソフトウェアはその階層を認識しており、信頼性を高めるために処理やストレージをトポロジ的に展開している。

世界中にあるWSCの配電電圧と周波数は異なるが、全体的な設計は類似している。電力効率を改善するための主な箇所は、各ステップにおける電圧変換器であるが、これらは高度に最適化されたコンポーネントであるため、残された方法はほとんどない。

6.7.2 Google WSCの冷却

電柱からWSCの床に電力を供給できるようになったため、それを使用して発生した熱を除去する必要がある。冷却設備を改善する余地はいろいろある。

エネルギー効率を改善する最も簡単な方法の1つは、空気をそれ

図 6.27　Google 社のデータセンターにおけるホットアイル、明らかに人が入るようには設計されていない

図 6.28　サーバの通路がある部屋に吹き込む冷気。熱風は巨大な通気孔を通って天井に入り、そこで冷却されてからこれらのファンに戻る

ほど冷却する必要がないように、単に IT 機器をできるだけ高い温度で稼働させることである。Google 社では機器を 80°F 超（27℃超）で動かしている。これは寒過ぎてジャケットを着ないといけないような伝統的なデータセンターよりかなり高い温度である。

ファシリティの設計は、計算流体力学（CFD）シミュレーションを使用してでも、IT 機器のエアフローは慎重に計画が練られる。効率的な設計は、冷風が熱風と混合する可能性を減らすことによって冷風の温度を保つことである。

例えば、今日のほとんどの WSC は、高温の排気が互い違いの方向に吹くように、交互の列のラックにおいて、サーバが反対方向に向くように配置することによって、温風と冷風の通路を交互にしている。この通路は、ホットアイルとコールドアイルと呼ばれる。図 6.26 には、サーバの保守に使用するコールドアイルを示し、図 6.27 にホットアイルを示す。ホットアイルからの熱気はダクトを通って天井に昇っていく。

従来のデータセンターでは、熱くなったチップ上に十分な冷気の流れを確保し、温度を維持するために、各サーバは内部ファンに依存している。これらの機械的なファンは、サーバの最も脆いコンポーネントの 1 つである。例えば、ファンの MTBF は、ディスクの場合の 1,200,000 時間に対して 150,000 時間でしかない。Google WSC では、サーバファンは部屋の中の何十もの巨大ファンと相乗的に働き、部屋全体の通気を確保している（図 6.28）。こういった分担により、小型サーバのファンは可能な限り少電力で動かしながら、最悪の場合の電力および周辺条件において、最大の性能を発揮する。大型ファンは、制御変数として空気圧を使用して制御される。ファンの速度は、ホットアイルとコールドアイルの間の圧力差が最小になるように調整される。

この熱気を冷却するために、ラック列の両端に大規模なファンコイルを追加する。ラックからの熱風は、ホットアイル内部の水平プレナムを介して上のファンコイルに供給される（2 列の間のコールドアイルの上に 2 列が配置されているため、その 2 列が冷却コイルを共有する）。冷却された空気は、図 6.28 に示す大型ファンにより、天井のプレナムを通って壁に送られる。そのファンは、ラックがある部屋に冷気を送り返す。

冷却コイル内の水から熱を奪う方法を手短に説明するが、ここまでのアーキテクチャについて考えてみよう。ラックをファンコイルによって供給される冷却能力から分離する。これにより、WSC 内の 2 列のラック間で冷却を共有できる。そのため、高電力ラックを効率的に冷却し、低電力ラックも冷却できる。WSC 内の何千ものラックでは、同じようなラックになることはほとんどなく、ラック間の電力変動は当たり前のものとなり、この設計に適合する。

冷水は、冷却プラントからパイプ網を介して個々のファンコイルに供給される。熱気は冷却コイル内の強制対流を介して水中に伝搬され、温水は冷却設備に戻る。

WSC の効率を向上させるために、アーキテクトは現地の環境を利用して、可能な限り熱を除去しようとする。WSC では、水を機械的に冷却する代わりに、冷たい外気を利用して水を冷却するための**蒸発冷却塔**が一般的である。**湿球温度**と呼ばれる重要な温度は、空気で水を蒸発させることによって達成できる最低温度である。空気の塊に潜熱が存在する場合、水がその中に蒸発することによって、飽和状態（100％相対湿度）に冷却された場合になるであろう温度である。湿球温度は、水が付いている温度計の球部に空気を吹き付けることによって測定される。

温水が冷却塔の内部に噴霧され、底部のプールに集められ、蒸発によって外気に熱を伝達し、それによって水を冷却する。この手法は、ウォーターサイドエコノマイゼーションと呼ばれる。図 6.29 は、冷却塔の上を上昇する蒸気を示している。他には、澄んだ空気の代わりに冷たい水を使う方法がある。フィンランドにある Google WSC は、WSC の中からの暖水を冷やすためにフィンランド湾からの極寒の水を汲み取る水-水・熱交換器を用いている。

図 6.29　機器の冷却に使用される水から発生し、空気に熱を伝達する冷却塔から立ち昇る蒸気

冷却塔システムは、冷却塔内の蒸発の結果生じた水を利用する。例えば、8MW の施設では 1 日に 70,000〜200,000 ガロンの水が必要になることがあるため、水源のごく近くにWSCを設置することが望まれる。

冷却プラントは、ほとんどの場合、人工的な冷却を用いなくても熱を除去できるように設計されているが、気候が暖かい時には一部の地域では機械式チラーが熱を除去するのに役立つ。

6.7.3　Google WSCのラック

Googleがラックに電力を供給し、ラックから排出される熱気を冷却する方法を見てきた。これでラック自体を探る準備が整った。図6.30は、Google WSC内にある一般的なラックを示している。このラックを関連付けて考えると、WSCは複数のアレイ（Googleではこれをクラスタと呼ぶ）で構成される。アレイのサイズは異なるが、1～2ダースのアレイ列があり、各列に2ダースから3ダースのラックがある。

図6.30にあるラックの中ほどに示されている20個のスロットには、サーバを取り付けることができる。幅に応じて、最大4台のサーバを1つのトレイに配置できる。ラックの上部近くにある電力変換装置は、240V AC電流をDC 48Vに変換する。これは、ラックの背面にある銅製のバスバーにより、サーバに電力を供給する。

WSC全体にバックアップ電力を供給するディーゼル発電機は、電力を供給できるようになるまでに数十秒かかる。数分間WSC全体に電力を供給するのに、初期のWSCで一般的なやり方であった、多数の電池で広い部屋を埋める代わりに、Googleは各ラックの一番下に小さな電池を置いた。UPSは各ラックに分配されるため、フルWSCのUPS容量を事前に準備しておくのではなく、ラックを導入する時にのみコストが発生する。これらの電池は、電圧変換後がDC側にあり、効率的な充電方法を採用しているため、従来の電池よりも優れている。さらに、94%効率の円蓄電池を99.99%効率のローカルUPSに交換すると、PUEを下げるのに役立つ。これは極めて効率的なUPSシステムである。

図6.30のラックの上部に、次に説明するTop of Rackスイッチが実際に含まれているのは安心する。

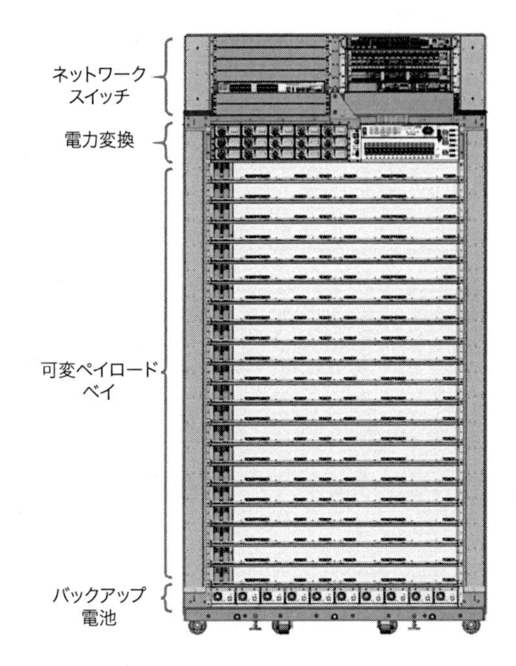

図6.30　WSC用のGoogleラック。その寸法は、高さ約7フィート、幅4フィート、奥行2フィート（2m × 1.2m × 0.5m）である

Top of Rackスイッチは、確かにこのラックの一番上にある。次に、ラック背面のバスバーを使用してラック内のサーバ用にAC 240VからDC 48Vに変換する電力変換器がある。次に、ラックに設置できるさまざまな種類のサーバ用に構成できる20個のスロット（サーバの高さによって異なる）がある。そのトレイ毎に最大4台のサーバを配置できる。ラックの一番下には、高効率分散型モジュラーDC無停電電源装置（UPS）の電池がある。

6.7.4　Google WSCにおけるネットワーク関連

Google WSCネットワークは、Closと呼ばれるトポロジを使用しており、これを考案した電気通信の専門家にちなんで名付けられた[Clos, 1953]。図6.31にGoogle Closネットワークの構造を示す。これは、少ないポート数（「低基数」）スイッチを使用し、耐障害性を提供し、ネットワーク規模とその二分割バンド幅の両方を拡大する多段ネットワークである。Google社は、多段ネットワークにステージを追加するだけで規模を拡大している。耐故障性は、その冗長性によって提供される。つまり、どのリンクで障害が発生しても、ネットワーク全体の容量にはほとんど影響がない。

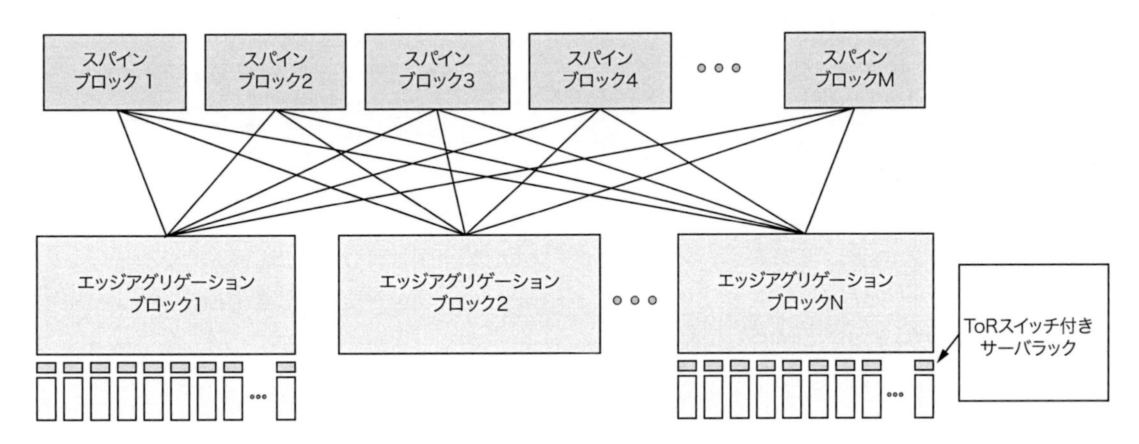

図6.31　クロスバースイッチを含む、入口、中間、出口の3つの論理ステージを持つClosネットワーク

入口段への各入力は、出口段の任意の出力にルーティングできるように、任意の中間段を通過することができる。この図では、ミドルステージはM個のスパインブロックで、入口ステージと出口ステージはN個のエッジアグリゲーションブロックにある。図6.32に、Google WSCの複数世代のClosネットワークにおけるスパインブロックとエッジアグリゲーションブロックの変形を示す。

6.6節で説明したように、Google社は標準のコモディティスイッチチップから顧客用スイッチを構築し、ネットワークのルーティングと管理に集中管理といった方法を使用している。各スイッチには、ネットワークの現在のトポロジの一貫したコピーが与えられる。これにより、Closネットワークより複雑なルーティングが簡単なものになる。

最新のGoogleスイッチはJupiterで、これは6代目のスイッチとなる。図6.32にスイッチのビルディングブロックを、図6.33にラックに収容されたミドルブロックの配線を示す。すべてのケーブルは光ファイバの束を使用している。

Jupiter用のコモディティスイッチチップは、40Gbpsリンクを使用する16×16クロスバーである。Top of Rackスイッチには、これらのチップが4つあり、サーバへは48本の40Gbpsリンクとネットワークファブリックへの16本の40Gbpsリンクで構成されており、3：1のオーバーサブスクリプションをもたらす。この比は、前世代のものより改善されている。さらに、この世代は、40Gbpsリンクがサーバに提供された初めてのものであった。

図6.32と図6.33のミドルのブロックは、16個のスイッチチップで構成されている。Top of Rack接続用の256本の10Gbpsリンクと、スパインを介して残りのネットワークファブリックへ接続する64本の40Gbpsリンクを使用して、2つのステージを使用する。

Top of Rackスイッチの各チップは、デュアル冗長10Gbpsリンクを使用して8つのミドルブロックに接続する。各アグリゲーションブロックは、512本の40Gbpsリンクでスパインブロックに接続されている。スパインブロックは24個のスイッチチップを使用して、128個の40Gbpsポートをアグリゲーションブロックに提供する。最大規模では、64のアグリゲーションブロックを使用して二重の冗長リンクを提供する。この最大サイズでは、二分割バンド幅は1秒当たり、なんと1.3Pbit（10^{15}）である。

インターネット全体では、わずか0.2Pbit/sの二分割バンド幅となるかもしれない。その理由は、Jupiterが高い二分割バンド幅を得るために構築されたのだが、インターネットはそうではないためである。

図6.33 ラックに収容されているJupiterスイッチのミドルブロック
4つがラックに詰め込まれている。ラックには2つのスパインブロックを格納できる。

6.7.5 Google WSCにおけるサーバ

電源供給、冷却、および通信方法が分かったところで、WSCの実際の処理を実行するコンピュータを調べる準備が整った。

図6.34のサーバ例には2つのソケットがあり、それぞれに2.3GHzで動作する18コアのIntel Haswellプロセッサが搭載されている（5.8節参照）。写真は16枚のDIMMを示しており、これらのサーバには通常合計256GiBのDDR3-1600DRAMが搭載されている。Haswellメモリ階層には、コア当たり32KiB L1キャッシュを2つ、256KiB L2キャッシュ、および2.5MiBのL3キャッシュがあり、結果として45MiBのL3キャッシュになる。ローカルメモリのバンド幅は70nsのレイテンシで44GiB/s、ソケット間のバンド幅はリモートメモリに対して140nsのレイテンシで31GiB/sである。Kanevらは、SPECベンチマーク集とWSC作業負荷の違いを強調

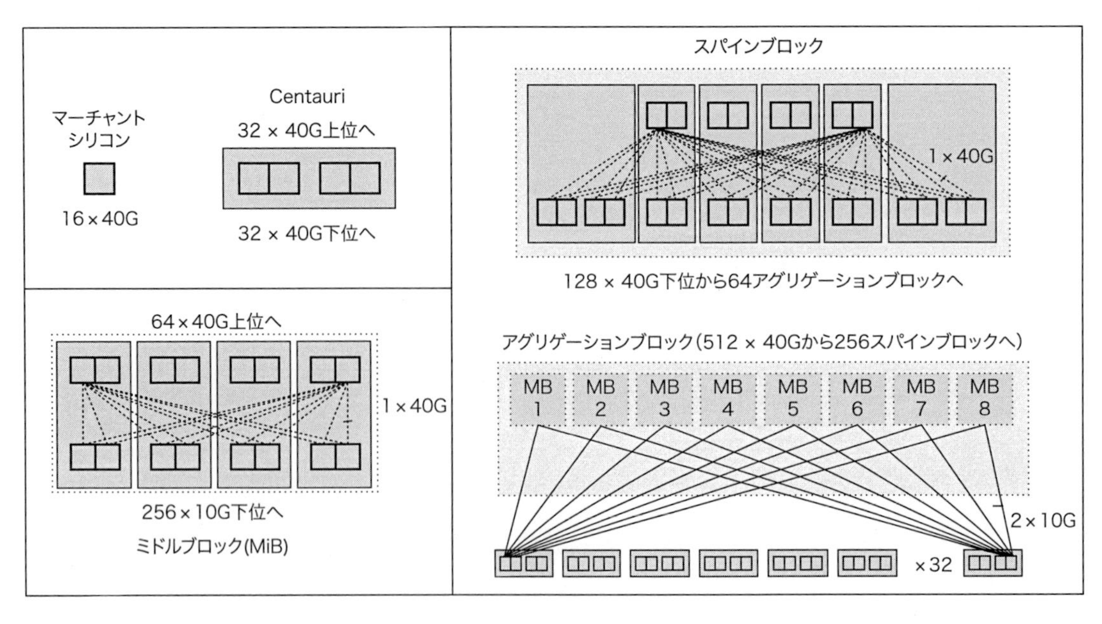

図6.32 Jupiter Clossネットワークのビルディングブロック

図 6.34 Google WSCのサーバ例

Haswell CPU（マシン当たり 2 ソケット×18 コア×2 スレッド=72 個の「仮想コア」）は、コア当たり 2.5MiB のラストレベルキャッシュ、または DDR3-1600 を使用した場合は 45MiB となる。Wellsburg プラットフォームコントローラハブを使用し、150W の TFP を持っている。

した［Kanev *et al.*, 2015］。L3 キャッシュは SPEC にはほとんど必要ないが、実際の WSC ワークロードには有用である。

ベースライン設計では、40Gbit/s のネットワークインターフェイスカード（NIC）が使用可能であるが、10Gbit/s の Ethernet リンク用に単一の NIC がある。図 6.34 の写真は 2 つの SATA ディスクドライブを示している。各ディスクドライブには最大 8TB を格納できるが、1TB のストレージの SSD フラッシュドライブを持つサーバを構築することもできる。ベースラインのピーク電力は約 150W となる。図 6.30 では、これらのサーバのうち 4 台をラックのスロットに収めることができる。

このベースラインノードは、ストレージ（または「diskfull」）ノードを提供するために補足されている。2 台目のユニットは 12 個の SATA ディスクを持ち、PCIe を介してサーバに接続されている。ストレージノードのピーク電力は約 300W である。

6.7.6 結　論

第 5 版では、2011 年の Google WSC の PUE は 1.23 であった。2017 年時点で、16 サイトの Google 社全体の平均 PUE は 1.12 に低下し、ベルギー WSC が最高の 1.09PUE となっている。その省エネ技術は以下のものを含んでいる。

- 高めの気温においてサーバを稼働させることにより、空気を、それまでの 64～71°F（18～22°C）といった温度ではなく、81°F 強（27°C）に冷やすだけでいい。
- さらに高い冷気温度を目標とすることにより、そのファシリティに**蒸気化冷却方法**（**冷却タワー**）を用いることで維持できるような温度範囲内に設定できるようになる。これにより従来型の冷却機器よりもエネルギー効率が良くなる。
- 温帯に WSC を設置し、1 年間の大部分で蒸気化冷却だけを用いる。
- 部屋全体に大きなファンを追加してサーバ内の小さなファンと連携して動作させ、最悪のシナリオを満足させながらエネルギーを削減する。
- 温かいラックと冷えたラックに対応するために、列毎に冷却コイルを設置することで、サーバ毎の冷却をサーバラック全体へ平均化する。
- 設計値の PUE に対する実際の PUE を測定するための強力なモニタ用ハードウェアとソフトウェアを装備することで、稼働効率は改善する。
- 配電上の最悪ケースを想定した場合を超える多数のサーバを稼働させること。何千というサーバーのすべてが同時に激しくビジー状態になることは、このようなケースで、負担を分散するための監視システムが存在する限りは、統計的にあり得ないことから、安全であると言える［Fan *et al.*, 2007］［Ranganathan *et al.*, 2006］。施設が、フルスペック設計上の電源容量に近いあたりで稼働しているので、PUE は最も良くなる。これは、サーバと冷却システムにエネルギー比例性が成立しないためである。このように利用率が増加することにより、新たなサーバや新しい WSC に対する需要が減ることになる。

環境保護の観点に立ち、さらに WSC 効率を改善するためにどのようなイノベーションが残っているか探っていくことで、今後興味深い展開が見えてくることになるだろう。第 5 版とこの版の間にも見られるように、エンジニア達がこの本の次の版が出るまでに WSC の電力や冷却のオーバーヘッドをどうやって半減させることができるかを今想像するのは難しい。

6.8 誤った考えと落とし穴

WSC が現れてまだ 15 年にも満たない状況の中、Google 社のような WSC アーキテクトらは WSC についてさまざまな落とし穴や誤りを明らかにし、いばらの道を進んで行った。「はじめに」の節で述べたように、WSC アーキテクトたちは今日の Seymour Cray なのである。

誤った考え：クラウドコンピューティングのプロバイダは、儲かるどころか損をしている。

AWS が発表された時、クラウドコンピューティングについてよく出た疑問は、当時そんな低価格で一体利益があるのかというものだった。Amazon Web Services はその後大きく成長し、Amazon 社の四半期報告に、AWS を切り分けて記録する必要がある。驚いたことに、AWS は同社の最も収益性の高い部門であることが証明されている。2016 年の AWS の売上高は 122 億ドルで、営業利益率は 25%であったが、Amazon の小売事業の営業利益率は 3%未満であった。AWS は、Amazon の収益の 4 分の 3 を一貫して担っている。

落とし穴： 99 パーセンタイル性能よりも、平均性能に焦点を当てる。

Dean と Barroso が調査したように、WSC サービスの開発者は平均値を気にするよりも最悪値を心配している［Dean and Barroso, 2013］。ひどい性能を経験してしまった顧客がいた場合、その苦い思いからその顧客は競合する他社に乗り換えてしまうことになり、もう二度と戻ってこないだろう。

落とし穴： WSC価格性能比を改善したい時に、貧弱すぎるプロセッサを使う。

Amdahlの法則はWSCにも当てはまる。それぞれのリクエストに対してシリアルに対応していく処理があり、その処理を低速サーバ上で実行するならば、そのリクエストのレイテンシは増える［Hölzle, 2010］［Lim *et, al.*, 2008］。そのシリアルな処理によりレイテンシが増えるなら、貧弱なプロセッサを用いる場合のコストには、低レイテンシで処理できるように、元のコードを最適化するためのソフトウェア開発コストが含まれる。多数の低速サーバ上においてスレッド数が膨大になることにより、そのスケジューリングや負荷分散はさらに困難になり、これよりスレッドの性能が多様化してさらにレイテンシが大きくなってしまう。最も時間の掛かるタスクを待たなければならない場合、1,000回に1回起きる酷いスケジューリングは、10個のタスクに対してさほど問題とはならないが、1,000個のタスクではやっかいである。

少ないタスクは明らかにスケジューリングが簡単になるので、小さなサーバがたくさんある時は、利用率の低下をもたらす。結局、問題の粒度を細かく分割し過ぎると、どんな並列アルゴリズムを用いても、それほど効率は上がらない。Google社の経験則から、ローエンドのサーバクラスのコンピュータを用いることである［Barroso and Hölzle, 2009］。

具体的な例として、Reddiらは、Bingサーチエンジンを実行して、組み込みマイクロプロセッサ（Atom）とサーバ用マイクロプロセッサ（NehalemXeon）とを比較してみた［Reddi *et al.*, 2010］。それにより、クエリのレイテンシはXeon上で実行するよりもAtom上で実行する方が3倍大きかったことが分かった。さらに、Xeonの方が耐久性があった。Xeon上の負荷が増加するにつれて、サービスの品質（QoS）は次第にゆっくりと低下していった。Atomで構成した方は、追加の負荷を吸収しようとしても、すぐに目標のQoSに違反してしまう。Atomの設計のエネルギー効率は良好ではあるが、応答時間は収益に影響し、収益の損失は省エネによるコスト削減よりもはるかに大きなものとなる可能性がある。エネルギー効率が良くても、応答時間の目標を満たすことができない設計は採用されることはないだろう。次章でこの落とし穴の課題について、別の場合を見てみよう（7.9節）。

こういった振る舞いは検索の品質にも直接影響する。図6.12に示すように、ユーザはレイテンシが重要であると分かっているので、Bingサーチエンジンは、クエリのレイテンシがデッドラインの限界を超えない範囲で、検索結果の質を高めるためにさまざまな戦略を用いている。Xeonノードはレイテンシが小さいため、長い時間をかけて検索結果の質を向上させることができるのである。したがって、Atomにほとんど負荷が無かった時であっても、クエリの1%はXeonよりもひどい検索結果であった。通常の負荷時においては、検索結果の2%はさらにひどくなっていた。

Kanevらは、より最近の、しかしこれと同様の結果を示している［Kanev *et al.*, 2015］。

落とし穴： さまざまな企業がPUEの一貫性のない測定をする。

Google社のPUE測定は、変電所に到達する前の電力から始まる。ある測定では、WSCの入り口で測定することで、6%の損失に当たる電圧降下を無視してしまう。WSCがシステムの冷却に大気を利用している場合、その年の季節によって異なる結果になることもある。最後に、結果として得られるシステムを測定する代わりに、WSCの設計目標を報告する場合もある。最も保守的で最良のPUE測定は、電源供給元から始まるPUEを測定した過去12か月間の移動平均を取ることである。

誤った考え：WSCファシリティの主要コストはそれが収容するサーバに対するコストよりも高くつく。

図6.13をざっと見るだけでこの結論に達してしまうかもしれないが、それはWSC全体にあるそれぞれの部品の原価償却の期間を無視していることになる。しかしながら、サーバは3、4年毎に買い換える必要があるが、ファシリティは10年から15年維持していくこととなる。図6.13にある10年と3年の償却期間を用いると、10年にわたる主な支出は、ファシリティに対しては7,200万ドル、サーバに対しては3.3× 6700万ドル、すなわち2億2,100万ドルとなる。これより、10年にわたるWSCにおけるサーバに対する主なコストは、WSCファシリティに対するコストの3倍高いものとなる。

落とし穴： 動作時省電力モードではなく、アイドル時省電力モードを使って電力を節約しようとする。

図6.3では、サーバの平均利用率が10%と50%の間にあることが示されている。6.4節にあるWSCの運用コストに注目すると、省電力モードは極めて効果的に効くと思うだろう。

第1章で述べたように、アイドル時省電力モードではDRAMやディスクにはアクセスすることができず、そのためいくら読み書きの頻度が少なくても、読み書きするには完全有効モードに戻さなくてはならない。この落とし穴は、完全有効モードに戻すのに時間とエネルギーが必要となるため、アイドル時省電力モードはさして魅力的ではないということである。図6.3では、ほとんどのサーバの平均利用率は少なくとも10%となっていることが示され、これより、低い稼働状態が長期間続くことは期待できるが、アイドル状態が長い間続くのではない［Lo *et al.*, 2014］。

一方、プロセッサが通常の数分の1の低い周波数で走る、**動作時省電力モード**は、ずっと使いやすい。プロセッサが完全活性モードに戻るまでには、数マイクロ秒掛かるため、動作時電力モードも、省電力モードの遅延問題が生じることに注意されたい。

誤った考え：DRAMの確実性とWSCシステムソフトウェアの耐故障性が改善されていることを考えるとWSCにECCを装備する必要はない。

誤り訂正符号（ECC：Error-Correcting Code）はDRAMの64ビット毎に8ビットを付加するので、特にDRAMチェックでは、FIT（10億時間稼働時の故障回数）が1メガビット当たり1,000回から5,000回であったため、ECCを入れなければDRAMの9分の1は節約できる［Tezzaron Semiconductor, 2004］。

Schroederらは、何千台というサーバからなる数百システムものGoogle社のWSCのそのほとんどにおいて、2年半の期間にわたり、ECC機能付きDRAMについて調査した［Schroeder *et al.*, 2009］。その結果、すでに公表されているものより15倍から25倍といった高い率のFITを示した。すなわち、1メガビット当たり25,000

から70,000回のエラーが見つかったのである。そのエラーはDIMMの8%以上に影響を与え、1年当たり平均でDIMMは4,000回の訂正可能エラーと0.2回の訂正不能エラーが生じた。サーバにおいて調査したところ、年間当たりおよそ3分の1がDRAMエラーに見舞われ、それらは平均22,000回の訂正可能エラーと、1回の訂正不能エラーとなっていた。すなわち、サーバの3分の1に対しては、メモリエラーが2.5時間毎に1回修正されることとなる。ここで注意すべきことは、これらのシステムは単純なSECDEDコードではなく、さらに強力な**Chipkill**コードを使っていたことである。もし簡単な方策をとっていたとすると、訂正不能エラー率は4倍から10倍当たりまで高くなっていただろう。

単にパリティエラー保護機能しかないWSCでは、サーバはメモリパリティエラーが起きるたびにリブートしなければならない。そのリブート時間が5分であったとすると、3分の1のマシンは、20%の時間をリブートに費やすこととなってしまう！このような現象が生じると、高額なファシリティが、およそ6%性能を下げることとなる。さらに、こういったシステムでは、エラーが起こったということに気づいてくれるオペレータがいなければ、訂正不能エラーにさらに苦しめられることとなる。

初期の頃、Google社はパリティ保護機能さえないDRAMを用いていた。2000年に、検索インデックスの次のリリース版を出荷する前のテスト期間中、テストクエリに対する応答としてランダムな文書を提示するといったことが起こり始めた［Barroso and Hölzle, 2009］。その理由は、DRAMの中にはゼロスタック障害を起こすものがあったからであり、それにより新しいインデックスが破壊されたのである。こういったエラーを将来検知するのに、Google社は一貫性チェック機能を付加した。WSCの規模がどんどん大きくなり、ECC付きDIMMがさらに入手しやすくなったおかげで、ECCはGoogle WSCの標準仕様となった。ECC機能により、修理中に壊れたDIMMを見つけるのが容易となるといったありがたみが増えたのである。

こういった資料から、Fermi GPU（第4章参照）では、その前バージョンのものにはパリティ保護機能さえも持たなかったそのメモリにECCが付加された理由がうかがえる。さらに、2011年のIntel社のAtomプロセッサのチップセットにはECC DRAMがサポートされていないため、こういったFITレートのもとでは、電力効率が改善されているといっても、WSCにおいてAtomプロセッサを使おうとすることには疑問が生じた。

落とし穴：　ナノ秒あるいはミリ秒の遅延でなく、マイクロ秒の遅延に効果的に対処する。

Barrosoらは、最新のコンピュータシステムはプログラマが、ナノ秒、ミリ秒単位の遅延を楽に減らせるようにしてくれていると指摘している（数十ナノ秒でのキャッシュやDRAMのアクセスや、数ミリ秒のディスクアクセスなど）［Barroso *et al.*, 2017］。しかし、システムはマイクロ秒スケールのイベントのサポートが甚だしく欠けている。プログラマは、メモリ階層に対して同期してアクセスするインターフェイスを持っており、ハードウェアはこのアクセスが一貫性があり、コヒーレントに見えるようにするため、大変な努力をしている（第2章）。OSは、プログラマに対して、ディスクの読み出しについて同様の同期したインターフェイスを提供している。このため、OSコードの多くの行数を使って、ディスクを待っている間に別のプロセスに安全に切り替わり、データの用意ができた時に元に戻るようにしている。フラッシュや100Gbit/s Ethernetなどの高速ネットワークのマイクロ秒の遅延に対処する新しい機構が必要だ。

誤った考え：稼働状況が低い期間は、ハードウェアの電源を落とすことで、WSCの価格性能比は改善される。

図6.14を見ると、配電や冷却システムを償却するコストが月々の電気代より50%高くなることがわかる。したがって、ワークロードをできるだけまとめ、アイドル状態のマシンの電源を落とせば、たしかに電気代を節約することにはなるが、たとえ電力の半分を節約できたとしても、その額は月々の運用コストを7%削減したに過ぎない。そんなことよりも現実的な問題として、大規模なWSCの監視基盤システムは、機器をつついて（軽くアクセスして）、その反応を調べるといったような大変なことをやっていかねばならないのである。エネルギー比率とマシンを落とさない省電力モードを活用する利点はWSCの監視システムに適合している点である。この監視システムのおかげで一人のオペレータが1000台のサーバを責任をもって管理できている。

これまでのWSCの上手な利用方法は、配電や冷却に対して投じられたコストを取り返すべく、稼働状況の低い期間において、役に立つ他のタスクを実行することである。その顕著な例として、検索のためのインデックスを作成するバッチMapReduceジョブがある。もう1つ、低利用率にあるものから価値を引き出す例として、AWS上のスポット価格設定がある（これについては図6.17のキャプションに記述した）。いつタスクが走るかどうかについて柔軟に対処できるAWSユーザは、スポットインスタンスを用いてAWSにより柔軟にタスクをスケジュールしてもらう。そうしなければ利用率が下がるところにスケジュールしてもらうことで、計算コストを2.7から3倍節約できる。

6.9 おわりに

世界最大のコンピュータを構築したという称号を受け継いで、WSCのコンピュータアーキテクトは、モバイルクライアントとIoTデバイスをサポートする未来のIT技術の大部分を現在設計している。我々はみな、1日に何度もWSCを利用しており、1日の利用時間もWSCの利用者数も、次の10年後には確実に増えていることだろう。地球上の70億人のうち、すでに60億人以上が携帯電話に加入している。こういった機器のおかげでインターネットがいつでも利用可能となっているので、さらに多くの人々が世界中からWSCのありがたみを享受できるようになる。

さらに、WSCによって明らかになったスケールメリットにより、コンピューティングは利用するもの、すなわちユーティリティとなると長年夢見てきた、そのゴールが現実のものとなったのである。クラウドコンピューティングは、面白いアイデアやビジネスモデルがあれば、誰でもどこにいても、ほぼ一瞬にその思いを配信する方法として、何万台ものサーバを利用できるのである。もちろん、標準化、プライバシ、インターネットバンド幅の増加速度、6.8 節で述べた落とし穴といったような、クラウドコンピューティングの促進を妨げるような深刻な問題があるにはあるが、クラウドコンピューティングが発展していくためには、そういったことが顕在化していくことは予想されてはいる。

クラウドコンピューティングの数ある魅力の中に、維持するための経済的なインセンティブが得られることがある。クラウドコンピューティングのプロバイダに対して基盤設備投資のコストのもとで、エネルギーをセーブするために、使われていない機器の電源を落としたいと交渉するのは難しいことだが、アイドル状態のインスタンスが何か有用な処理をしているかどうかにかかわらず、そのインスタンスに対してクラウドユーザは料金を支払っているので、そのクラウドコンピューティングユーザに稼働していないインスタンスを中断するよう説得することは容易である。同様に、使用量にしたがって料金がかさむことにより、プログラマは、効率的に計算や、通信、ストレージの有効活用を行えるよう頑張ることとなるが、料金設定の仕組みがよく分からなければ、頑張れといっても難しい。料金設定が明朗であれば、コストというものは簡単に割り出せ、信頼できるものであるため、研究者は、単に性能を求めるのではなく、価格性能比という指標のもとで自身が新たに考案した技術を評価するようになるのである。ついには、クラウドコンピューティングにより、以前は大企業しか持つことのできなかったような何千台という規模のコンピュータにおいて、研究者らは自身のアイデアを評価することができることとなった。

モバイルクライアントが必要となったことでマイクロプロセッサ設計の目指すものやその動作原理が変化していったのと全く同じように、WSC はサーバ設計の目指すもの、動作原理を間違いなく変えつつある。両者はともに、ソフトウェア産業にも革命を起こしつつある。1 ドル当たり、そして熱量（ジュール）当たりの性能により、クライアントハードウェアや WSC ハードウェアはともに進化し、並列性とドメイン固有アクセラレータがその目標を実現するためのキーとなる。アーキテクトは、このわくわくするような、モバイルクライアントと WSC による未来の世界で、そのそれぞれにおいて重要な役割を果たすこととなる。

将来を見据えて、Moore の法則と Dennard スケーリング（第 1 章）の終焉は、最新のプロセッサのシングルスレッド性能が、先行のものと比べそれほど速くないことを意味し、WSC 内のサーバの寿命が伸びることになる。そのため、以前の古いサーバの交換に費やされたお金は、代わりにクラウドの拡大に使用されることとなり、クラウドが今後 10 年間でさらに経済的に魅力的になることを意味する。Moore の法則の時代は、WSC の設計と運用における革新と組み合わさって、WSC の性能-コスト-エネルギー曲線が継続的に改善された。その輝かしい時代の終わりとともに、WSC の非効率性の最大の原因を取り除くことで、この分野は、WSC を持続的に改善するために、搭載されているチップのアーキテクチャにある新たなイノベーションを探していくことになり、これは次の章で取り上げる。

6.10 歴史展望と参考文献

M.8 節（オンラインで利用可能）には、WSC やユーティリティコンピューティングの基となったクラスタの開発について記されている（もっと知りたい人は、[Barroso *et al.*, 2013] の文献から読み始めたり、James Hamilton の以下のブログとともに、Amazon Re-Invent 会議でのスピーチをあたってみるといいだろう。`http://perspectives.mvdirona.com`）。

6.11 ケーススタディと演習問題

（Parthasarathy Ranganathan による）

ケーススタディ 1：ウェアハウススケールコンピュータの設計方針に影響を与える総所有コスト

このケーススタディで理解できる概念

- 総所有コスト（TCO）
- WSC 全体に対するサーバのコストと電力の影響
- 低消費電力サーバの利益と欠点

ウェアハウススケールコンピュータ（WSC）の有効性を評価するのに、総所有コストは重要な指標である。TCO には 6.4 節において述べた CAPEX と OPEX がともに含まれ、ある性能レベルを達成するのに必要な、データセンター全体の所有コストを映し出すものである。さまざまなサーバやネットワーク、ストレージアーキテクチャを考えると、TCO はどういったオプションが最適であるのかを決めるためにデータセンター所有者が用いる最も重要な比較基準なのである。しかしながら、TCO を求めるには、さまざまな要因を多数考慮しつつ行う多次元の計算を要する。このケーススタディの目標は WSC を細かく見つつ、さまざまなアーキテクチャが TCO にどのように影響を与えるのかを見て、TCO がオペレータの決断をどのように促すのかを理解することである。このケーススタディは図 6.13 や図 6.14、6.4 節にある数値を用い、ここに示した WSC が、オペレータの求める性能を達成するものと想定している。TCO は、多方面にわたるさまざまなサーバオプションを比較するために用いられる。このケーススタディにある演習問題は WSC の範疇内で、そういった比較をどのように行えばいいのか、決断を下す時に関連する複雑さといったものを調べることとなる。

6.1 [5/5/10]〈6.2、6.4〉この章で、データレベル並列性は、WSC が大規模な問題に対して高い性能を達成するための方法であるとして論じてきた。おそらく、ハイエンドのサーバを利用することにより、さらに高い性能を得ることができる。しかしながら、その高性能サーバの性能は、価格に比例したものではなく、価格が高いからといって性能も高くなるというわけではない。

a [5]〈6.4〉同じ利用率のサーバがあり、10%高速ではあるが、20%高価格であるものと想定すると、その WSC に対する CAPEX はどのようになるか。

b [5]〈6.4〉もしこういったサーバが、さらに 15%多く電力を使用するとすれば、ウェアハウススケールコンピュータの OPEX はどのようになるか。

c [10]〈6.2、6.4〉速度に改良が加わり電力が増加するとすれば、新しいサーバのコストがオリジナルのクラスタと、そう変わらないようにするためには、そのサーバはどういったものであるべきだろうか。

ヒント：このTCOモデルに基づいて、ファシリティの限界負荷を変えなければならないかもしれない。

6.2 [5/10]〈6.4、6.6、6.8〉OPEXをより低く抑えるためには、魅力的な選択肢の1つに、低消費電力版のサーバを利用して、サーバ稼働に必要となる電力全体を減らすといった方法がある。しかしながら、ハイエンドサーバと同様に、ハイエンドのコンポーネントの低消費電力版にあるトレードオフは、線形とはならないのである。

a [5]〈6.4、6.6、6.8〉もし低消費電力サーバを選べば、同性能において15%の省電力化が得られるが、20%のコスト高となる。これは、トレードオフとしては妥当なものだろうか。

b [10]〈6.4、6.6、6.8〉そのサーバ群のコストをどのような価格にすれば、元のクラスタに匹敵するようになるだろうか。もし電気料金が2倍になるとどうなるだろう。

6.3 [5/10/15]〈6.4、6.6〉さまざまな動作モードのあるサーバでは、さまざまなクラスタ構成を動的に変えて動作するといったことができるようになり、ワークロードに適合する形態をとれる。ある低消費電力サーバにとって、性能当たりの電力比を求めるのに、図6.35にあるデータを使用しよう。

a [5]〈6.4、6.6〉もし、そこそこ中間当たりの性能を持つサーバをすべて稼働させることによって、電力コストを抑えようとサーバオペレータが決めたとすると、その性能と同程度のレベルを達成するために必要となるサーバの台数は何台となるか。

b [10]〈6.4、6.6〉このような構成のCAPEXとOPEXはどういった値になるか。

c [15]〈6.4、6.6〉20%安価だが、*x*%低速であり、*y*%省電力であるサーバを購入するという選択を迫られた場合、元のサーバに匹敵するTCOを得るための性能-電力曲線を求めよ。

モード	性能	電力
高	100%	100%
中	75%	60%
低	59%	38%

図6.35　低消費電力のサーバに対する電力-性能モード

6.4 [議論]〈6.4〉サーバ上で一定のワークロードが動作していると想定して、演習問題6.3において、上記2つの選択肢におけるトレードオフと利得について議論せよ。

6.5 [議論]〈6.2、6.4〉高性能計算（HPC）クラスタとは異なり、WSCは一日の中でも極端なワークロード変動が頻繁に生じる。ここではワークロードは変化するものと想定して、上記2つの選択肢におけるトレードオフと利得について議論せよ。

6.6 [議論]〈6.4、6.7〉これまで述べてきたTCOモデルでは、低レイヤの詳細については、そのほとんどについて触れずにきた。TCOモデルの全体的な正確性に対するこれらの抽象化について、その影響を議論せよ。これらの抽象化をどの段階で行えば安心できるか。さらに詳細化することで全く異なった答えが提供されるのは、どういった場合だろうか。

ケーススタディ2：WSCにおけるリソース割り当てとTCO

このケーススタディで理解できる概念

- WSC内のサーバと電力供給
- ワークロードの時間変化
- TCOへの分散の効果

効率的にWSCを配置する場合において新たな試みの鍵を握るのは、適切にリソースを供給して、それらの容量を目いっぱい使い切ることである。この問題は、稼働しているワークロードが刻々と変化するとともに、WSCの規模もさまざまであることから、複雑なものとなる。このケーススタディでの演習問題において、リソースのさまざまな利用方法により、どのようにTCOが影響を受けるのかといったことを考えることとなる。図6.13と図6.14にあるデータを必要に応じて想定せよ。

6.7 [5/5/10]〈6.4〉WSCを供給する時に取り組むべきことは、ファシリティの規模が決まった時、適切な電力負荷を決定することである。この章で述べたように、銘板に書かれた電力は、ほとんど達することのないピーク値であることが多い。

a [5]〈6.4〉銘板に書かれたサーバの電力が200Wであり、そのコストが3,000ドルであるとすると、サーバ当たりのTCOはどのように変わるか見積もってみよ。

b [5]〈6.4〉また、その電力が300Wとなり、2,000ドルのコストとなるような高電力だが安価なサーバの場合についても考えてみよ。

c [10]〈6.4〉サーバの実効平均電力使用量が銘板に書かれた電力の70%であるとすると、サーバ当たりのTCOはどのように変わるか。

6.8 [15/10]〈6.2、6.4〉TCOモデルにおいて想定されるものに、ファシリティの限界負荷電力が一定であることと、サーバの数がその限界負荷電力に見合っているとしているということがある。実際は、サーバ電力の負荷に基づく変動により、ファシリティにより使用される限界負荷電力は刻一刻と変化するのである。オペレータはその限界負荷電力に基づいて、初めにデータセンターにリソースを配置してみて、データセンターの機器がどれほどの電力を使用するかについての見積もり計算をしなければならない。

a [15]〈6.2、6.4〉銘板に300W電力と書かれたサーバに基づいて、初めにWSCにリソースを配置するためのTCOモデルを拡張せよ。ただし、実際の毎月の限界電力量も計算し、サーバの平均利用率を40%とし、225Wの電力を消費すると想定して、そのTCOも計算せよ。どの程度の容量が未使用のままとなっているだろうか。

b [10]〈6.2、6.4〉平均20%の利用率で、300Wしか電力を消費しない500Wサーバを用いて、上記問題を再度計算せよ。

6.9 [10]〈6.4、6.5〉WSCのエンドユーザは、6.5節で述べたように、対話型の方法で利用することが多い。この対話型の利用法により、ある特定の時間帯にピークが集中するといったように、一日の中でも時刻毎に激しく変動することが多くなる。例えば、Netflix社のレンタルに対しては、午後8時から10時の間にピークがある。こういった一日の中において変動することによる影響は極めて大きい。午前4時の利用率に相当する電力容量を持つデータセンターにおけるサーバ当たりのTCOについて、午後9時の場合と比較せよ。

6.10 [議論/15]〈6.4、6.5〉オフピーク期間における余ったサーバをうまく利用するオプションを論じたり、コストを抑える方法を見い出せ。WSCには対話型であるといった特徴があるのであれば、積極的に電力使用を減らすためには、どういった新たな方法があるだろうか。

6.11 [議論/25]〈6.4、6.6、6.8〉サーバ電力を削減することに焦点をあてることによって、TCOを改善するには、どういった方策があるか1つ提案せよ。その提案の良し悪しを評価するには、どういったことを新たに考えなければならないだろうか。その提案したことに基づいて、TCOがどのように改善されるか見積もれ。その場合の利点と欠点にはどういったものがあるだろうか。

演習問題

6.12 [10/10/10]〈6.1、6.2〉WSCがもたらした重要な概念の1つに、命令レベル並列性やスレッドレベル並列性とは対照的な、膨大な要求レベル並列性といったものがある。ここでの設問では、コンピュータアーキテクチャやシステム設計における並列性とは別物となる意味合いについて探ってみよう。

a [10]〈6.1〉要求レベル並列性を用いることによって達成できる恩恵よりも、命令レベルあるいはスレッドレベル並列性を改善することにより得られるありがたみの方が大きい場合について議論せよ。

b [10]〈6.1、6.2〉要求レベル並列性が高くなると、ソフトウェア設計の意味合いはどのように変わってくるだろうか。

c [10]〈6.1、6.2〉要求レベル並列性が高くなっていくと、どういった欠点が浮き出てくるだろうか。

6.13 [議論/15/15]〈6.2、6.3〉クラウドコンピューティングサービスプロバイダは、(例えば、MapReduceジョブといった) 複数の仮想マシン (VM) から構成されているジョブを受ける時、スケジューリング方法にはさまざまなものが存在する。VMはラウンドロビン方式によりスケジュールされ、利用可能なプロセッサやサーバにばらまかれたり、できる限り少数のプロセッサしか使用しないように統合するといったことが行われる。こういったスケジューリング方式を用いて、24個のVMを持つジョブが投じられ、そのクラウドにおいて30台のプロセッサ (各プロセッサは最大3つのVMを実行可能) が利用可能であるとすると、ラウンドロビンにより24台のプロセッサを使うこととなる。他方統合方式のスケジューリングにおいては、8台のプロセッサを使用することとなる。そのスケジューラは、ソケット内、サーバ内、ラック内、アレイ内といったさまざまな範囲において利用可能なプロセッサコアを見つけ出すこともできる。

a [議論]〈6.2、6.3〉投じられたジョブが、すべて計算負荷の激しいものであると想定する。メモリバンド幅への要求が別に生じることを考慮して、ラウンドロビン方式と固定方式 (consolidated) のスケジューリングとを比べ、電力コストや冷却コスト、性能、信頼性に関してどのようになるか、その賛否両論について考えよ。

b [15]〈6.2、6.3〉投じられたジョブが、すべてI/Oアクセスが頻繁に起こるようなワークロードであると想定した場合、ラウンドロビン方式と固定方式のスケジューリングを比べ、さまざまな利用範囲において、その賛否両論について考えよ。

c [15]〈6.2、6.3〉投じられたジョブが、すべてネットワークアクセスが頻繁に起こるようなワークロードであると想定した場合、ラウンドロビン方式と固定方式のスケジューリングとを比べ、さまざまな利用範囲において、その賛否両論について考えよ。

6.14 [15/15/10/10]〈6.2、6.3〉MapReduceは、数多くのコモディティハードウェアを用いることで、データに依存しないタスクを多数のノード上で実行するようにして、膨大な並列性を利用している。しかしながら、並列性のレベルには限界がある。例えば、冗長性に対しては、MapReduceは、ディスク容量やネットワークバンド幅を潜在的に消費して、複数のノードにデータブロックを書き込むこととなる。データサイズがトータルで300GiBで、1GiB/sのネットワークバンド幅を持ち、10s/GiBのMapレートで、20s/GiBのReduceレートといった場合を想定してみよう。同様に、データの30%がリモートノードから読み出され、それぞれの出力ファイルが、冗長性を持たせるために2つのノードに書き込まれるといった場合も想定してみよう。ここでは、図6.6に示されたパラメータを使うことにする。

a [15]〈6.2、6.3〉すべてのノードが同一ラックにあると考える。5ノードを用いると、実行時間はどのように見積もることができるか。10ノードではどうなるだろう。さらに、100ノード、1,000ノードではどうか。それぞれのノード規模において、ボトルネックについて論じよ。

b [15]〈6.2、6.3〉ラック内には40ノードがあり、あらゆるリモートリードやリモートライトは、どのノードに対しても均等に行われるものとする。100ノードにおいて実行時間はどうなるか。1000ノードではどう変わるだろうか。

c [10]〈6.2、6.3〉考慮すべき事項において、可能な限りデータ移動を最少にするということは重要なことである。ラック内のローカルなアクセスに比べ、ラックアレイにおけるラック間アクセスでは、深刻な速度低下が生じるとすると、ソフトウェアは局所性を最大限に活かすようにするような最適化を強力に行う必要がある。ラック内には40ノードあり、MapReduceジョブには1,000ノードを利用する場合を想定しよう。もしリモートアクセスに、同一ラック内へのアクセス時の20%を要するのであれば、実行時間はどのようになるか。アクセス時の50%だったら、さらに80%であれば、どのようになるだろう。

d [10]〈6.2、6.3〉6.2節で示した単純なMapReduceプログラムがあるとすると、ワークロードの局所性を最大限に活かすための最適化について、考えられることをいろいろ議論せよ。

6.15 [20/20/10/20/20/20]〈6.2、6.3〉WSC プログラマは、ソフトウェアにおける障害対策にデータの複製を使う場合が多い。例えば Hadoop HDFS では、(1 つはローカルにコピーし、そしてラック内に 1 つ、さらに別のラックにリモートコピーを持つといった) 3-ウェイの複製を採用しているが、こういった複製が必要となるような場面については、調査しておくといいだろう。

a [20]〈6.2〉Hadoop クラスタが比較的小規模で、10 ノード以下、データセットサイズが 10TB 以下であるとする。図 6.1 の障害頻度データを使用して、10 ノードの Hadoop クラスタは、1-ウェイ、2-ウェイ、3-ウェイの複製（レプリケーション）に対してどのような可用性があるか。

b [20]〈6.2〉図 6.1 の障害データを想定し、1,000 ノードの Hadoop クラスタがあるとすると、1-ウェイ、2-ウェイ、3-ウェイの複製を利用した場合に、どのような可用性があるか。規模が大きい場合、複製の利点の理由を示せ。

c [10]〈6.2、6.3〉複製を行う場合の相対的なオーバーヘッドは、ローカルな計算時間当たりに書き込まれたデータの量により変化する。1PB のデータをソートする 1,000 ノードによる Hadoop ジョブに対して（ラック内およびラック外の）I/O トラフィックとネットワークトラフィックの量を計算せよ。ただし、データシャッフルのための中間結果は HDFS に書き込まれるものとする。

d [20]〈6.2、6.3〉図 6.6 を用いて、2-ウェイおよび 3-ウェイの複製に対するオーバーヘッド時間を計算せよ。図 6.1 に示した障害頻度を用いて、2-ウェイおよび 3-ウェイの複製に対して、複製を作らない場合の実行時間がどのようになるか比較せよ。

e [20]〈6.2、6.3〉今、各トランザクションが平均して 1 回のハードディスクへのアクセスが生じ、1KiB のログデータを生成すると想定して、ログの複製を用いるデータベースシステムを考えてみよう。2-ウェイおよび 3-ウェイの複製に対するオーバーヘッド時間を計算せよ。仮にそのトランザクションがメモリ内において実行され、10μs を要するとすると、どのようになるだろうか。

f [20]〈6.2、6.3〉2 フェーズのコミットに対して、ネットワークにおいて 2 回のラウンドトリップを必要とする ACID を用いたデータベースシステムを考えてみよう。複製とともに、一貫性を維持するためのオーバーヘッド時間はどのようになるか。

6.16 [15/15/20/議論]〈6.1、6.2、6.8〉要求レベル並列性により、多数のマシンが並列に 1 つの問題に対して動作するようになり、それによって全体の性能が格段に向上するようになったが、克服すべきこととして、どのように問題の細分化を回避するかといった課題がある。もし**サービスレベル合意**（**SLA**：Service Level Agreement）という文脈においてこの問題を見てみると、問題をより細分化して、より小さな問題規模を用いることにより、目標 SLA を達成するために、さらに労力を要することとなる。クエリ 95% の SLA は 0.5 秒以上の速度で応答し、同じ結果を得るのに多数の冗長なジョブを起動する MapReduce に類似した並列アーキテクチャを想定してみよう。以下の設問に対しては、図 6.36 に示した**クエリ応答時間曲線**を仮定すること。この曲線は、低速なプロセッサモデルを用いる「小規模」サーバとともに、基本となるサーバに対しては、毎秒当たりのクエリの数に基づいて、応答遅延時間を示したものである。

a [15]〈6.1、6.2、6.8〉クエリ応答時間は図 6.36 の曲線であり、WSC が毎秒 30,000 クエリを受けると仮定して、この SLA を達成するのに何台のサーバが必要となるか。この応答時間曲線のもとでは、その SLA を達成するのに、何台の「小規模」サーバが必要となるか。サーバコストだけを見ると、その「小規模」サーバは、目標 SLA に対してコストアドバンテージを得るのに、標準的なサーバよりも、どの程度安価なものにしなくてはならないだろうか。

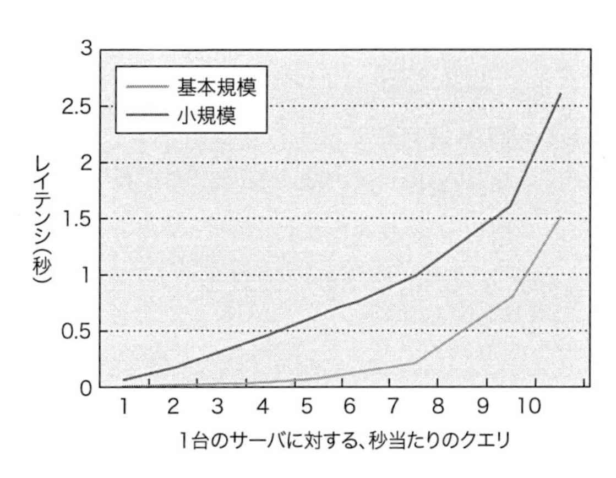

図 6.36　クエリ応答時間曲線

b [15]〈6.1、6.2、6.8〉「小規模」サーバは、かなり安い部品を使用しているため、信頼性も低いことが多い。図 6.1 にある数値を用いて、粗悪品のメモリを搭載した不安定なマシンを用いたために障害の回数が 30% 増加すると想定しよう。「小規模」サーバが今何台必要となるだろうか。そういったサーバは標準的なサーバよりも、どの程度安価でないといけないのか。

c [20]〈6.1、6.2、6.8〉ここではバッチ処理環境を想定しよう。「小規模」サーバは通常のサーバの性能全体の 30% を発揮する。演習問題 6.15 の問 (b) から得られた信頼度の数値をここでも想定すると、標準的なサーバの 2400 ノードからなるアレイが発揮するスループットと同じ性能を供給するためには、「貧弱な」ノードが何台必要となるだろうか。ここでは、性能向上が、ノード規模とノード当たり 10 分間という平均タスク長に完全に比例するものと想定する。性能向上が 85% であればどうなるだろうか。60% ならどうか。

d [議論]〈6.1、6.2、6.8〉性能向上は比例関数とはならずに、対数関数となる場合が多い。そのため、アレイの規模を最小にするためにノード毎に計算パワーの高い大規模ノードを購入するといったことは、自然の成り行きである。こういったアーキテクチャにおけるトレードオフについて議論せよ。

6.17 [10/10/15/議論]〈6.3、6.8〉ハイエンドサーバにおける傾向として、ソリッドステートディスク（SSD）や PCI Express 接続カードといったように、不揮発性のフラッシュメモリをメモリ階層に組み込むといった方向がある。一般に SSD のバンド幅は

250MiB/s でレイテンシは 75μs となっているが、PCI カードでは、バンド幅は 600MiB/s でレイテンシは 35μs である。

a [10] 図 6.7 を例にとり、ローカルサーバのメモリ階層にここにある数値を取り入れてみよう。DRAM のような同一の性能の倍率が異なる階層レベルにおいてアクセスされると仮定すると、こういったフラッシュメモリデバイスがラックを越えてアクセスされる時に、どのように変わってくるだろうか。アレイにまたがる場合はどうなるか。

b [10] その新たなメモリ階層レベルが利用可能となるようなソフトウェアベースの最適化について論じよ。

c [15]「誤った考えと落とし穴」(6.8 節) で説明したように、すべてのディスクを SSD と交換することは必ずしも費用対効果の高い方法ではない。クラウドサービスを提供するためにそれを使用する WSC 事業者を考えてみよう。SSD または他のフラッシュメモリを使用することが意味をなすようなシナリオについて議論せよ。

d [議論] 最近、フラッシュよりはるかに速い新しいメモリ技術について議論しているベンダもある。例として、Intel 3D X-point メモリの仕様を調べ、それがどのように考慮されるかを図 6.7 で議論せよ。

6.18 [20/20/議論]〈6.3〉**メモリ階層**：WSC 設計において、レイテンシ削減のためにキャッシュ機構を頻繁に用いるということがある。そして、刻々と変化するアクセスパターンやアクセス要求を満たすようなキャッシュ方式にはさまざまなものがある。

a [20]（例えば、Netflix といった）Web からリッチメディアを配信するための設計方針を考えてみよう。まず、動画の数、エンコードフォーマットの種類、同時視聴ユーザの数といったものを見積もる必要がある。ストリーミング動画プロバイダには 12,000 本の動画タイトルがあり、それぞれの動画毎に、少なくとも 4 種類（500、1000、1600、2000kbps）のエンコードフォーマットが用意されていると仮定する。さらに、サイト全体に対して、100,000 人の同時視聴者が存在すると仮定し、動画の平均時間は 75 分間（30 分のショーと 2 時間の動画に対応）であると想定してみよう。全ストレージ容量、I/O バンド幅、ネットワークバンド幅、ビデオストリーミング関連に要する計算量を見積もれ。

b [20] ユーザ毎、動画毎、そしてすべての動画に渡って、アクセスパターンと参照の局所性はどのような特性を示すか。

ヒント：ランダムアクセスとシーケンシャルアクセス、時間的および空間的局所性が高い場合と低い場合、ワーキングセットが比較的小さい場合と大きい場合といったような比較を行うこと。

c [議論] 映画を保存する方式には、DRAM、SSD、ハードディスクを用いることによってどのようなものが存在するか。それらを、性能や TCO において比較せよ。演習問題 6.17（d）にあるこのような新たなメモリ技術は有用なものか。

6.19 [議論/20/議論/議論]〈6.3〉1 億人のアクティブユーザがいるソーシャルネットワーク Web サイトを考えてみよう。そこではユーザは、（テキストデータや画像データにより）自身に関する情報を更新したり投稿したりし、またその更新情報を閲覧したり、会話したりできる。レイテンシを低く抑えるために、Facebook や他の Web サイトの多くは、バックエンドストレージ/データベース層の前にキャッシュレイヤとして memcached を用いている。いつの時点でも、平均的なユーザはメガバイト単位のコンテンツを閲覧しており、任意の日に平均的なユーザは数メガバイトのコンテンツをアップロードすると仮定する。

a [20] ここで議論するソーシャルネットワーク Web サイトに対して、ワーキングセットを扱うのに必要となる DRAM の容量はどの程度となるか。それぞれ 96GiB の DRAM を搭載したサーバを使用して、ユーザのホームページを作成するためにローカルメモリへのアクセスとリモートメモリへのアクセスの回数を求めよ。

b [議論] 今 memcached サーバ設計方針が 2 つあり、1 つは従来の Xeon プロセッサを用いたものであり、もう一方は Atom プロセッサのような、小規模なコアを持つものであるとしよう。memcached は膨大な物理メモリを必要とするが、CPU の利用率は低いものであるとすると、この 2 つの設計方針について賛否を論じよ。

c [議論] 現在あるような、メモリモジュールとプロセッサとの間を密に結合したものでは、メモリを強力にサポートするためには CPU ソケット数を増やすしかない。サーバにおいて、ソケット数を増やさずに、大容量の物理メモリを提供するためには、他にどういった設計方針があるか列挙せよ。性能、電力、コスト、信頼性に基づいて、それらを比較せよ。

d [議論] 同一ユーザ情報が memcached サーバとストレージサーバの両方に格納されており、こういったサーバはさまざまな方法で物理的にホストとして動作する。WSC において次に示すサーバ配置について賛否を論じよ。

(1) memcached を同じストレージサーバ上に配置する場合。

(2) memcached サーバとストレージサーバを同じラック内の別々のノードに配置する場合。

(3) 複数の memcached サーバは同一ラック内にあり、ストレージサーバが別々のサーバに配置されている場合。

6.20 [5/5/10/10/議論/議論]〈6.3、6.6〉**データセンターのネットワーク**：MapReduce と WSC という組み合わせは、大規模なデータ処理に立ち向かうのには強力なものである。この問題では、（Google 社が 2008 年に議論していた）4,000 台のサーバと 48,000 個のハードディスクを用いて、1 ペタバイト（1PB）の記録データを 6 時間でソートすることとする。

a [5] 図 6.6 とそれに関連する内容をもとにディスクバンド幅を求めてみよう。メインメモリにデータを読み込んで、ソートした結果を書き戻すのに、何秒を要することになるか。

b [5] 各サーバには 1Gb/s の Ethernet ネットワークインターフェイスカード（NIC）が 2 枚あり、その 4 倍もの WSC スイッチ装置が投入されているものとすると、4,000 台のサーバ全体に全データセットを分配するのに何秒を要するか。

c [10] ネットワーク転送がペタバイトクラスのソートに対して性能ボトルネックとなると想定すると、Google 社のデータセンターにおいて、オーバーサブスクリプション比を見積もることができるか。

d [10] ここで、オーバーサブスクリプションのない10Gb/sのEthernetを用いる場合の利点について調べてみよう。例えば48ポートの10Gb/s Ethernetである(2010年のIndyソートベンチマークの優勝者であるTritonSortによって用いられたもの)。1PBのデータを分配するのにどれぐらいの時間を要するか。

e [議論] ここでは以下の2つのアプローチを比較せよ。

(1) 高いネットワークオーバーサブスクリプション比を持つ、極めて拡張性の高いアプローチ。

(2) 高いバンド幅を持つ比較的小規模なシステム。どこにボトルネックが生じるか。スケーラビリティとTCOに関して、それらの利点と欠点にはどのようなものがあるか。

f [議論] ソートやよく知られた科学技術計算のワークロードの多くは通信が激しいが、他方そうではないワークロードもたくさんある。高速ネットワークの恩恵を享受しないようなワークロード例を3つ挙げよ。こういった2つのクラスに対して、どういったEC2インスタンスを利用するように勧めればよいか。

g [議論] www.sortbenchmark.orgにあるさまざまなベンチマークと各カテゴリの最近の受賞者を調べよ。これらの結果は、上記(e)の説明から得られた知見とどのように一致するか。CloudSortの最新の受賞者に使用されたクラウドインスタンスは、上記の(f)の回答とどのように比較されるか。

6.21 [10/25/議論]〈6.4、6.6〉WSCが巨大な規模であるがため、実行されることとなるワークロードに基づいて適切にネットワークリソースを割り当てることは極めて重要となる。さまざまな割り当てによって、性能や総所有コストに対して与える影響は甚大なものとなる。

a [10] 図6.13に詳しく示した表にある数値を用いると、それぞれのアクセスレイヤのスイッチにおいてオーバーサブスクリプション比はどのようになるか。もしオーバーサブスクリプション比を半分に減らすとTCOに対する影響はどのようになるか。それが倍になるとどうなるか。

b [25] オーバーサブスクリプション比を減らすことにより、もしワークロードがネットワークによって制限されるのであれば、潜在的に性能を改善することができる。120台のサーバを用いて、5TBのデータを読み出すMapReduceジョブを想定してみよう。図6.2の2009年9月にある、読み出しデータ/中間データ/出力データの比と同じものを仮定し、メモリ階層のバンド幅を定義するには図6.6を用いること。データを読み出す時、50%のデータはリモートディスクから読み出すこととし、その80%はラック内のディスクで、残り20%はアレイ内のディスクから読み出すものとする。中間データや出力データに対しては、その30%のデータにはリモートディスクを用いて、そのうち90%はラック内のディスクに対するもので、残り10%はアレイ内のディスクに対するものとする。オーバーサブスクリプション比を半分に減じた場合、全体の性能はどれほど改善されるか。その比が2倍になると、性能はどうなるか。それぞれの場合において、TCOを計算して求めよ。

c [議論] 最近ではシステム当たりのコア数がますます増加していく傾向にある。さらに、(潜在的により高いバンド幅とエネルギー効率の改善された)光通信を採用するケースも増えている。こういった技術やどんどん現れる技術の動向が将来のWSCの設計にどのように影響を与えるのか考えてみよ。

6.22 [5/15/15/20/25/議論]〈6.5〉クラウドの能力の具体化:自分が`Alexa.com`トップサイトのサイトオペレーションとインフラ管理者であると想像し、**Amazon Webサービス**(AWS)を利用するものと考えてみよう。AWSに移行すべきかどうか、どのようなサービスやインスタンスタイプを利用すべきか、さらにどの程度コストを抑えることができるのかを決定する場合において、どういった要因を考慮する必要があるのだろうか。Alexaが利用でき、(例えば、Wikipediaが提供しているページ閲覧統計といった)サイトのトラフィック情報をトップサイトが受け取るトラフィック量を見積もるのに用いる。すなわち、次の例のような具体的な例が、そのWebから取り出せる。`http://2bits.com/sites/2bits.com/files/drupal-single-server-2.8-million-page-viewsa-day.pdf`のスライドには、1日に280万ページの閲覧を受け取るサーバを1台用いたAlexa 3400番サイトについて示している。そのサーバには、2個のクアッドコアの2.5GHz Xeonプロセッサに、8GiB DRAMとともに、RAID1構成をとる3台の15000回転SASハードディスクを備えたものであり、月額400ドル(32,000円)のコストであった。そのサイトは頻繁にキャッシュを使い、CPU利用率は50%から250%(大雑把に0.5コアから2.5コアがビジー状態)にまで及ぶものであった。

a [5] 利用可能なEC2インスタンス(`http://aws.amazon.com/ec2/instance-types/`)を見てみて、現在のサーバ構成に適合するもので、その構成では対応できないようなインスタンスタイプにはどのようなものがあるか。

b [15] EC2の価格情報(`http://aws.amazon.com/ec2/pricing/`)を見てみて、AWS上において、そのサイトを扱うための最もコスト効果の高いEC2インスタンス(複数の組み合わせも可)を選択せよ。EC2の月額費用はどのようになるか。

c [15] 今IPアドレスとネットワークトラフィックに対するコストを計算式に組み込み、そのサイトがインターネット内外において100GB/日を転送すると想定してみよう。その時、そのサイトの経費は月額いくらになるか。

d [20] AWSではまた、新規顧客には、1年間はMicroのインスタンスを無料で提供し、AWSに渡って出入りするトラフィックにはそれぞれ15GiBのバンド幅が使えるようになっている。所属する部署のWebサーバのピーク時や平均トラフィック時の見積もりを基にしてみると、AWSの無料利用において対応できるだろうか。

e [25] そのサービスの特徴に基づいて、Netflix.comのような大規模なサイトでも、そのストリーミング配信やエンコーディング機能をAWSに移行した場合、どういったAWSサービスがNetflixにおいて利用できるようになったか。その目的についても考えよ。

f ［議論］他のクラウドプロバイダ（Google、Microsoft、Alibaba など）からの同様の商品を調べよ。その場合、上記（a）～（e）の答えはどう変わるか。

g ［議論］「サーバレスコンピューティング」を使用すると、特定のサーバについて考えることなく、より高度なアプリケーションやサービスを構築して実行できる。例としては、AWS Lambda、Google Cloud Functions、Microsoft Azure Functions などがある。サーバレスコンピューティングを検討する場合、サイト運営およびインフラストラクチャマネージャ証としての帽子をかぶり続けるか。

6.23 ［議論/議論/20/20/議論］〈6.4、6.8〉図 6.12 には、ユーザが感じる応答時間の収入に対する影響が示されており、レイテンシを低く抑えたままで、高いスループットを得る必要性を喚起するものである。

a ［議論］Web 検索を例としてとりあげ、クエリレイテンシを削減する方法にはどのようなものがあるか。

b ［議論］どこで時間が経過しているか分かるようにするためには、どういった統計情報をモニタリングすればいいだろうか。そういったモニタリングツールを実現するには、どのように設計すればよいか。

c ［20］クエリ毎のディスクアクセス数が、平均値が 2、標準偏差が 3 で正規分布しているものと仮定すると、95%のクエリに対して 0.1 秒のレイテンシ SLA を満たすのに必要なディスクアクセスレイテンシにはどういった種類のものがあるか。

d ［20］メモリ内にキャッシュすることにより、（例えば、ハードディスクへのアクセスといった）長いレイテンシのイベントが頻繁に生じるのを減らすことができる。安定状態のヒット率が 40%、ヒット時のレイテンシが 0.05 秒、ミス時のレイテンシは 0.2 秒であるとすると、95%のクエリに対して 0.1 秒のレイテンシ SLA を得ることはできるか。

e ［議論］キャッシュした内容が古くなったり、一貫性がなくなるのはどの時点か。こういった場合は、どれほどの頻度で起きるか。どうやってこういった事態を検出して、無効化することができるか。

6.24 ［15/15/20/議論］〈6.4、6.6〉一般的な電源ユニット（PSU）の効率は、負荷の変動に応じて変化するものである。例えば、40%の負荷時には、PSU 効率は、およそ 80%（100W の PSU では 40W の出力）であり、負荷が 20%と 40%の間にある時は 75%、負荷が 20%未満の時は 65%となる。

a ［15］実際の電力が、図 6.3 に示していたような利用率曲線を描くように、CPU 利用率に比例するような電力比例するサーバを考えてみよう。その平均 PSU 効率はどのようになるか。

b ［15］そのサーバが、PSU が 1 台故障しても、安定した電力を保証するために、2N の冗長性を持つ PSU（すなわち、PSU の数が倍）を採用していると考えよう。平均の PSU 効率はどのようになるか。

c ［20］ブレードサーバのベンダは、冗長性のためだけではなく、サーバの実際の電力消費量に PSU の数を動的に適合させるために、PSU の共有プールを用いる。HP 社の c7000 エンクロージャは、合計 16 台のサーバに対しては、最大 6 個の PSU を用いている。この場合、その同じ利用率曲線を用いて、サーバのエンクロージャに対する平均 PSU 効率はどのようになるか。

d ［議論］図 6.13 と図 6.14 にある、広範な TCO の議論の内容において、さまざまな効率の数値の影響を考慮せよ。異なる設計が総 TCO にどのように影響するのだろうか。これらを考慮して、将来のウェアハウススケールコンピュータ用に設計をどのように最適化すれば良いか。

6.25 ［5/議論/10/15/議論/議論/議論］〈6.4、6.8〉**電力ストランディング**とは、データセンターで供給されているが使用されていない電力容量を意味する用語である。さまざまなマシングループに対して、図 6.37 に示されたデータについて考えてみよう［Fan, Weber, and Barroso, 2007］（この論文で「クラスタ」と呼んでいるものは、この章では「アレイ」と呼んでいるものであることに注意しよう）。

a ［5］（1）ラックレベル、（2）配電ユニットレベル、（3）アレイ（クラスタ）レベルにおいて、ストランディッド電力はどのようなものがあるか。さらに規模の大きなマシンにおいて、電源容量のオーバーサブスクリプションがあれば、どういった傾向があるか。

b ［議論］さまざまなマシングループにおいて、電力ストランディングの違いが生じる要因にはどういったものがあると考えられるか。

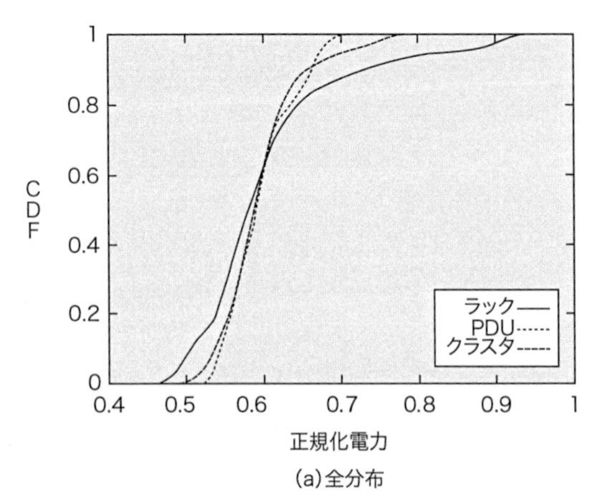

(a)全分布

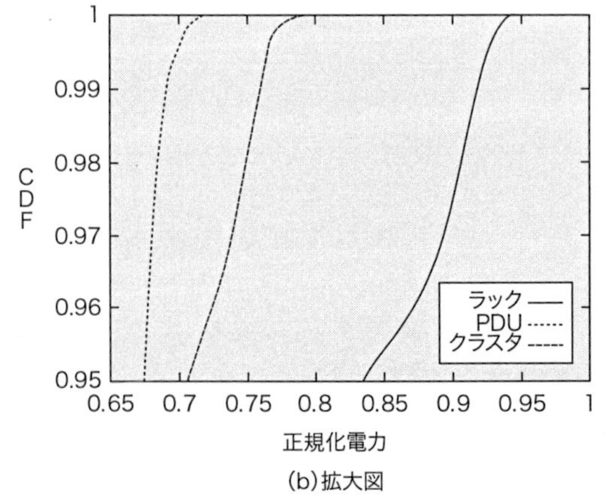

(b)拡大図

図 6.37 実際のデータセンターの累積分布関数（CDF）

c ［10］全マシンを合わせても、総電力の72%以上（これは「総計のピーク」利用と「ピークの総計」利用の間の比率とも言われている）を決して使うことのない、アレイレベルのマシン群について考えてみよう。ここでのケーススタディでコストモデルを用いて、ピーク容量に対して供給されているデータセンターと、実際の利用に対して供給されているデータセンターを比較することにより、どれほどコストを節約できるかを計算せよ。

d ［15］データセンター設計者は、ストランディッド電力を利用するためにアレイレベルにおいてサーバを追加しようと決めたと想定しよう。その例の構成と上記問（a）の仮定を用いるとすると、そのウェアハウススケールコンピュータにおいて、同じ電力供給すべてに対して、さらにサーバを何台追加することとなるか計算せよ。

e ［議論］現実の配置において、問（d）の計算結果を最適化するために必要となるものにはどういったものがあるか。

ヒント：アレイ内のすべてのサーバをピーク電力において利用する時、ごく稀に電力制限を行う必要があるのはどんなものか考えてみること。

f ［議論］電力制限を管理するのには、以下の2種類の方策が想像できる［Ranganathan *et al.*, 2006］。（1）電力予算が事前に決まっている場合のプリエンティブな方針（「さらに電力が利用できるとは考えないこと。その前に、尋ねること！」）。（2）電力予算を超過してしまい、電力予算を削減する場合のリアクティブな方針（「もう無理と言われるまで、できる限り必要となる電力を利用すること！」）。それぞれの方針を利用する時、これらのアプローチとの間のトレードオフについて論じよ。

g ［議論］もしシステムがもっとエネルギーに比例するものとなるならば、ストランディッド総電力には一体どういったことが生じるか（ワークロードは、図6.4のものに類似していると想定せよ）。

6.26 ［5/20/議論］〈6.4、6.7〉6.7節では、Google社による設計において、サーバ毎にバッテリー源を利用することについて述べた。では、この設計方針がもたらすものについて調べてみよう。

a ［5］ミニサーバレベルのUPSとしてバッテリーを利用すると99.99%効率的となり、92%しか効率的でないファシリティ規模のUPSの必要性を減らすといったことを想定する。変電所での変電効率は99.7%で、PDU、降圧ステージ、他の電気的遮断機に対する効率は、それぞれ98%、98%、99%であると仮定しよう。サーバ毎にバッテリーバックアップを用いることにより、全電源インフラの効率改善について計算せよ。

b ［20］UPDがIT機器のコストの10%を占めるものと考える。ここでのケーススタディにおいて、そのコストモデルから残りの仮定を用いて、バッテリーベースのソリューションを保持する全コストが、ファシリティ規模のUPSに対するものより良い場合において、その（サーバ1台のコストの数分の1の）バッテリーのコストに対する損益分岐点はどのようになるか。

c ［議論］ここで示した2つのアプローチの間に、他にどういったトレードオフがあるのだろうか。特に、管理しやすさや障害モデルが、この2つの異なる設計方針の間に、どのような変化をもたらすと思うか。

6.27 ［5/5/議論］〈6.4〉この演習問題用に、次のようにWSCの総稼動電力の計算式を簡単化したものを考えよう。

総稼動電力 = (1 + 冷却非能率乗数) × IT 機器電力

a ［5］80%電力利用率の8MWのデータセンターにおいて、1キロワット時当たり0.10ドル（8円）の電気代、冷却非能率乗数が0.8であると仮定しよう。（1）冷却効率を20%改善する最適化によるコスト節約と、（2）IT機器のエネルギー効率を20%改善する最適化によるコスト節約を比較せよ。

b ［5］冷却効率において20%改善されることによるコスト節約に相当するIT機器エネルギー効率は何パーセントになるか。

c ［議論/10］サーバエネルギー効率と冷却エネルギー効率に着目するような最適化の比較的重要な事項について、どういった結論を引き出すことができるか。

6.28 ［5/5/議論］〈6.4〉の章で論じてきたように、WSCにおける冷却装置は、それ自身膨大なエネルギーを消費しているのである。冷却コストは温度を積極的に管理することによって下げることができる。温度変化を意識してワークロードを配置することにより、冷却コストを減らすように温度を管理するといった最適化手法が提案されている。そのアイデアは、所定の部屋の冷却に関する情報により、最も温度の高いシステムを、温度の低い場所に配置して、それによりWSCレベルにおいて、全冷却に必要となるコストを削減している。

a ［5］CRACユニットの性能係数（COP）は効率化を測定したものであり、熱を除去するのに要する仕事量（W）に対する、除去された熱量（Q）の比として定義される。CRACユニットのCOPは、CRACユニットが空間に押し出す空気の温度とともに増加する。もし空気が20℃においてCRACユニットに戻され、1.9のCOPで10KWの熱を除去したとするならば、そのCRACユニットでは、どれほどのエネルギーを費やすこととなるか。もし同じ体積の空気を冷却するのに、3.1のCOPを要するが、空気は25℃の温度で戻ってくるとすると、そのCRACユニットでは、今度はどれほどのエネルギーを費やすこととなるか。

b ［5］負荷分配アルゴリズムが、上記の演習問題のように冷却効率を改善できるような、高い温度においてコンピュータルームの冷房（CRAC）機器を稼動できるようにするために、高いワークロードを上手く涼しい場所に配置することが可能であると仮定しよう。上記に挙げた2つの場合において、電力節約はどのようになるか。

c ［議論］WSCシステムの規模が決まると、電力管理は複雑で、多面的な問題となる。エネルギー効率を改善する最適化は、システムレベルやクラスタレベルにおいて、IT機器や冷却装置などに対してはハードウェアとソフトウェアにより実現されている。WSCの全エネルギー効率の対策について設計を行う時、こういった相互作用を考えることは重要である。サーバ利用率を見て、同じサーバの上にさまざまなワークロードクラスをまとめてサーバ利用率を向上させる統合アルゴリズムを考えてみよう（もしシステムがエネルギー比例性でないのであれば、これは潜在的に、高いエネルギー効率において稼働しているサーバがあるということとなる）。この最適化はさまざまな電力状態を用いようとする平行アルゴリズムとどのように相互作用することになるか（例としてACPI（Advanced Configuration Power Interface）を調べること）。また、WSCにおいて複数の最適化がどこで潜在的に相互に衝突することになるかについて他の例としてどのようなものが考えられるだろうか。どのようにこの問題を解決するか。

6.29 [5/10/15/20]〈6.2、6.6〉**エネルギー比例性**（**エネルギースケールダウン**と呼ぶこともある）は、アイドル状態で、電力を消費せず、しかしながら、さらに重要なことに、稼動レベルや実行負荷に比例して、徐々に電力を消費するといったシステムの特質である。この演習問題では、さまざまなエネルギー比例性モデルに対するエネルギー消費の感度を調べることとなる。以下の演習問題では、特に指定していなくても、図6.4にあるデータをデフォルトとして用いること。

a [5] エネルギー比例性があるかどうかを調べる簡単な方法は、稼動状況と電力使用量の間に線形性を考えてみことである。図6.4にあるピーク電力データとアイドル電力データと、線形補間のみを用いて、変化する利用率に対してエネルギー効率傾向をプロットしてみよう（エネルギー効率は、1W当たりの性能として表される）。もしアイドル状態（0%の稼動状態）の電力が、図6.4で仮定されているものの半分となっているのであれば、何が生じるか。もしアイドル状態の電力がゼロであるなら、何が起きるか。

b[10] 変化する稼動状況に対してエネルギー効率の傾向をプロットせよ。しかしながら、電力変化に対しては、図6.4の3列目のデータを使うこと。アイドル状態の電力（のみ）が図6.4で示されているものの2分の1であると想定してエネルギー効率をプロットせよ。前の演習問題において、これらのプロットしたものを線形モデルと比較せよ。純粋にアイドル状態の電力に焦点を合わせることにより得られる結果についてどういった結論が引き出されるか。

c [15] 図6.4の7列目にあるシステム利用率の混合を想定しよう。話を単純にするために、0%の利用率のサーバが109台、10%の利用率のサーバが80台などが、1000台のサーバに分散しているとする。このワークロードを混合した場合に対して問(a)と問(b)にある仮定を用いて、性能全体と総エネルギーを計算せよ。

d [20] 0%と50%の間の負荷レベルの領域において、負荷関係に対して劣線形の性質を持つシステムを潜在的に設計することはできる。これは（高い利用率において）低い利用率でピークに達するエネルギー効率曲線を示すものである。このようなエネルギー効率曲線を示す図6.4の3列目の新たなデータを作成せよ。図6.4の7列目にあるシステム利用率の混合を仮定すること。単純に考えるために、109台のサーバは0%の利用率で、80台のサーバは10%の利用率であるなど、1000台のサーバへは離散型分布であるものと仮定する。このワークロードを混合した場合に対して、性能全体と総エネルギーを計算せよ。

6.30 [15/20/20]〈6.2、6.6〉この演習問題は、サーバの統合設計とエネルギー効率的なサーバ設計といった最適化をもとにエネルギー比例性モデルの相互作用を示したものである。図6.38と図6.39に示した展開について考えること。

a [15] 図6.38に示した電力分布を持つ、以下の2つのサーバについて考えよう。すなわち、ケースA（図6.4において考慮したサーバ）とケースB（ケースAほどネルギー均衡性が取れていないが、エネルギー効率が優れたサーバ）である。図6.4の7列目にあるシステム利用率を混合したものと仮定する。話を単純にするために、109台のサーバは0%の利用率で、80台のサーバは10%の利用率であるなど、図6.39の1行目に示すように、1000台のサーバへは離散型分布であるものと仮定する。性能変動は図6.4の2列目に基づくものとする。この2つのサーバ形態について、このワークロードを混合したものに対する性能全体と総エネルギーを比較せよ。

b [20] 図6.4に示したデータ（および図6.38と図6.39の1行目に要約したデータ）に類似したデータを用いて、1000台のサーバからなるクラスタを考えよう。これらの仮定を合わせたワークロードに対する全体性能、および総エネルギーはどのようになるか。ケースC（図6.39の2行目）に示した分布をモデル化するために、ここではワークロードを整理統合できるものと仮定する。この場合、全体性能総エネルギーはどのようになるか。その総エネルギーは、アイドル状態で0W、ピーク時には662Wで線形エネルギー比例性モデルのシステムとどのように対比できるだろうか。

稼動状況（%）	0	10	20	30	40	50	60	70	80	90	100
電力、ケースA（ワット）	181	308	351	382	416	451	490	533	576	617	662
電力、ケースB（ワット）	250	275	325	340	395	405	415	425	440	445	450

図6.38 2つのサーバに対する電力分布

稼動状況（%）	0	10	20	30	40	50	60	70	80	90	100
サーバ数、ケースAとB	109	80	153	246	191	115	51	21	15	12	8
サーバ数、ケースC	504	6	8	11	26	57	95	123	76	40	54

図6.39 整理統合がある場合とない場合の、クラスタに渡る利用率分布

c ［20］サーバBの電力モデルを用いて、上記問（b）を考え、さらに問（a）の結果と比較せよ。

6.31 ［10/議論］〈6.2、6.4、6.6〉システムレベルエネルギー比例性の動向：サーバの電力消費の以下の内訳について考えてみよう。

CPU：50%、メモリ：23%、ディスク：11%、ネットワーク他：16%
CPU：33%、メモリ：30%、ディスク：10%、ネットワーク他：27%

a ［10］CPUに対しては、3.0倍の電力動的レンジ（すなわち、アイドル状態のCPUの電力消費が、ピーク時の3分の1となる）を想定してみよう。メモリシステム、ディスク、ネットワーキングなどの他部分についての動的レンジが、それぞれ2.0倍、1.3倍、1.2倍であるとする。上記2つのケースについて、システム全体の総動的レンジはどのようになるか。

b ［議論/10］問（a）の結果からどういった知見が得られるだろうか。どのようにして、システムレベルにおけるエネルギー比例性を改善できるのであろうか。

ヒント:システムレベルにおけるエネルギー比例性は、CPU最適化だけでは達成できず、代わりにすべてのコンポーネントに渡る改善が必要となる。

6.32 ［30］〈6.4〉［Pitt Turner IV *et al.*, 2008］には、よくまとまったデータセンターのティア分類の概観が示されている。ティア分類は、サイトのインフラの性能を定義したものである。話を簡単にするために、図6.40に示した相違点を考えてみよう。このケーススタディでは、先導するフレームワークとしてTCOモデルを用いて、示されたさまざまなティアが示すコストが意味するものを比較せよ。

ティア1	配電と空調用の経路が1系統で、冗長コンポーネントはなし	99.0%
ティア2	(*N* + 1)冗長度 = 配電と空調用の経路が2系統	99.7%
ティア3	(*N* + 2)冗長度 = メンテナンス期間であっても、稼働中は配電と空調用の経路が3系統	99.98%
ティア4	負荷に影響を与えないように、一度の機器故障に対しても安心稼働できるように、配電と空調用に各経路に冗長経路を持たせた、アクティブな2系統	99.995%

図6.40 データセンターのティア分類の概観（［Pitt Turner IV *et al.*, 2008］から適用］

6.33 ［議論］〈6.4〉図6.12と図6.13において観測したものに基づいて、停止による利益損失と稼働中に要するコストとの間のトレードオフについて、質的な観点からどのようなことが言えるか。

6.34 ［15/議論］〈6.4〉最近では、**TPUE**と呼ばれる評価法を定義した研究がいくつかあり、それは「True PUE」、あるいは「Total PUE」といったことを意味する。TPUEはPUE * SPUEとして定義されている。PUEは電力利用効率であり、6.4節において、総IT機器電力に対する総ファシリティ電力の比として定義されている。**SPUE**、すなわちサーバPUEは、PUEに類似した新たな評価法であるが、そのコンピュータ機器に適用したものであり、その利用電力に対するサーバへの総入力電力の比とし、利用電力とは、計算過程に直接含まれる電子コンポーネントにより消費される電力として定義される。そのコンポーネントには、マザーボード、ディスク、CPU、DRAM、I/Oカードなどがある。言い換えると、そのSPUE評価法は、サーバに組み込まれている電源、電圧レギュレータ、ファンに関連する非効率性（オーバーヘッド）を導き出すのである。

a ［15］〈6.4〉CRACユニットに対して、より高い温度を供給する設計について考えてみよう。CRACユニットの効率は、近似的に温度の2次関数であり、したがってこの設計によりPUE全体を改善することとなり、それが7%であると仮定しよう（ベースPUEを1.7であるとする）。しかしながら、サーバレベルにおいて、温度が高くなるということにより、ボード上のファンコントローラの回転速度が上がるといったことが起こる。ファンの電力は回転速度の3次関数であり、ファンの回転速度（rpm）が上がることにより、SPUEが減少することとなる。ファンの電力モデルを以下のように仮定する。

ファン電力 = 284 × ns × ns × ns – 75 × ns × ns

ここで、nsは正規化されたファン速度 = rpm（ファンの回転速度）/18,000で、ベースサーバ電力を350Wとして正規化したものである。ファンの回転速度が以下のように増加するとして、SPUEを計算せよ。

（1）10,000rpmから12,500rpmに増加
（2）10,000rpmから18,000rpmに増加

これらのケース両方において、PUEとTPUEを比較せよ（簡単化のために、SPUEモデルにおける送電に伴う非効率（オーバーヘッド）を無視せよ）。

b ［議論］問（a）は、PUEはファシリティのオーバーヘッドを導き出す素晴らしい評価法であるが、それはIT機器それ自体にある非効率性までは捉えることはできないことを示した。TPUEがこれまでのPUEよりも潜在的に低くなるといったもう1つの設計方針を示すことができるだろうか。

ヒント：演習問題6.26を見よ。

6.35 ［議論/30/議論］〈6.2〉2つのベンチマークでは、サーバのエネルギー効率を求めるのに、手始めとなるものが提供されている。それは、SPECpower_ssj2008ベンチマーク（`http://www.spec.org/power_ssj2008/`で入手可能）と、JouleSort評価法（`http://sortbenchmark.org/`で入手可能）である。

a ［議論］〈6.2〉2つのベンチマークが記述されたものを調べよ。それらはどのように類似しているか。また、どういった点で異なっているか。WSCのエネルギー効率改善の目指すものをもっとうまく示すために、これらのベンチマークを改善するにはどうすればよいだろうか。

b ［30］〈6.2〉JouleSortベンチマークは、外部ソートを実行して総システムエネルギーを測定し、組み込み機器からスーパーコンピュータにまで及ぶシステムの比較を可能にする評価法を得ようと試みるものである。`http://sortbenchmark.org`にあるJouleSort評価法についての記述を検索せよ。パブリックに利用可能なソートアルゴリズムをダウンロードして、ラップトップ、PC、携帯電話などといった、さまざまな形態のマシンにおいて、実行せよ。さまざまな設定において得られる、

JouleSortの得点からどういったことが分かるか。

c ［議論］〈6.2〉前問における実験から、最も高いJouleSort得点を出したシステムについて考えてみよう。どのようにしてエネルギー効率が改善されるのか。例えば、JouleSort得点を改善するために、ソートコードを書き変えてみよ。クラウドで実行するソートプログラムは、エネルギー効率のために何を行うか。

6.36［10/10/15］〈6.1、6.2〉図6.1には、サーバアレイにおけるシステム停止を挙げた。大規模なWSCを扱う時、膨大なコストをかけずに必要な稼働状況を実現するには、クラスタ設計とソフトウェアアーキテクチャとの間でバランスを取ることが重要となる。ここでの設問は、ハードウェアのみを通して、利用率を達成する意義について探究してみよう。

a［10］〈6.1、6.2〉オペレータがサーバハードウェアの改良だけで95%の利用率を達成しようとしていると想定して、それぞれのタイプの事象をどれだけ減少させなければならないのだろうか。当面のところ、個々のサーバクラッシュは冗長マシンにより完全に対応できるものと考える。

b［10］〈6.1、6.2〉もし個々のサーバクラッシュが全時数で、50%の冗長性で対応するとした場合、問（a）への解答はどのように変わるだろうか。全時間で20%だとどうなるか。冗長性が全くなければどうだろうか。

c［15］〈6.1、6.2〉高レベルの利用率を達成することに対して、ソフトウェア冗長性の重要性について議論しよう。もしWSCオペレータが、安いけれど、10%信頼性の低いマシンを買おうとしていたとすると、それはソフトウェアアーキテクチャには、どういった意味合いが生じることとなるか。ソフトウェア冗長性に関連して取り組むべきことにどういったものがあるだろうか。

d［議論］〈6.1〉ウェアハウススケールコンピュータの規模を拡大するに際して、最終的な一貫性の重要性について議論せよ。

6.37［15］〈6.1、6.8〉標準DDR3 DRAMとエラー訂正符号（ECC）のあるDDR3 DRAMの現在の価格を調べてみよ。ECCが提供する高い信頼性を達成することに対して、1ビット当たりの価格上昇はどれほどとなるか。DRAMの価格のみと6.8節で示したデータを用いると、ECC DRAMに対して非ECCを使ったWSCの1ドル当たりの稼働時間はどれほどとなるか。

6.38［5/議論/議論］〈6.1、6.8〉**WSCの信頼性と管理しやすさについて：**

a［5］それぞれ2000ドルのサーバからなるクラスタを考えてみよう。年間故障レートが5%で、修理毎のサービス時間の時間当たりの平均とパーツ交換には、故障毎のシステムコストの10%を要するものと仮定すると、サーバ当たりのメンテナンスコストはどの程度のものとなるか。サービス技術者に対して、1時間当たり100ドルの時給を想定すること。

b［議論］この可能モデルと、小規模、中規模の多数のアプリケーションが、それぞれ専用ハードウェア環境上で実行しているという状態において、伝統的な企業データセンターにおける管理モデルについて、その相違について意見を述べよ。

c［議論］ウェアハウススケールコンピュータにヘテロなマシンを配備する場合のトレードオフについて議論せよ。

6.39［議論］〈6.4、6.7、6.8〉`www.opencompute.org`にあるOpenComputeプロジェクトは、ウェアハウススケールコンピュータ用の効率的設計を企画し共有するためのコミュニティを提供している。最近提案された設計を見てみよう。この章で説明した設計上のトレードオフとどういった比較ができるか。6.7節で説明したGoogle社のケーススタディと設計デザインとはどのように違っているか。

6.40［15/15］〈6.3、6.4、6.5〉6.2節で示したMapReduceジョブが、2^{40}バイトの入力データ、2^{37}バイトの中間データ、および2^{30}バイトの出力データでタスクを実行しているとする。このジョブは完全にメモリ/ストレージに縛られるため、その性能は図6.6のDRAM/ディスクバンド幅で定量化できる。

a［15］図6.15のm4.16xlargeおよびm4.largeでジョブを実行するのに要する費用はいくらか。どのEC2インスタンスがより良好な性能を提供できるか。どのEC2インスタンスがより良いコストを提供するのか。

b［15］m3にあるように、SSDがシステムに追加された場合、ジョブの費用はいくらになるか。m3.mediumの性能とコストは、上記の（a）のベストインスタンスと比較してどうなるか。

6.41〈6.1、6.4〉［5/5/10/議論］99%の時間動作し（100msのレイテンシで応答し）、1%の（たぶんCPUの電力が低下し、応答に1000msかかるといったような）性能に問題があるWebサービスを構築したとする。

a［5］そのサービスの人気が高まってきて、今100台のサーバがあり、その計算能力はユーザの要求を処理すべく、これらすべてのサーバ上で計算を行う必要がある。100台のサーバ間でクエリの応答時間が遅くなる可能性がある時間の割合はどの程度となるか。

b［5］「2ナイン」（99%）のシングルサーバレイテンシSLAではなく、クラスタレイテンシSLAのレイテンシが10%以下であるためには、シングルサーバレイテンシSLAには「ナイン」がいくつ必要になるか。

c［10］2000台のサーバがある場合、（a）と（b）の問いに対する答えはどう変わるか。

d［議論］6.4節では、「テールトレラント」設計について説明した。Webサービスでどのような設計の最適化を行う必要があるか。

ヒント：［Dean and Barroso, 2013］の論文「Tail at Scale」を参照せよ。

7 領域特化アーキテクチャ

Mooreの法則がずっと続くわけではない…。我々が本質的な限界に達するまでにはもう10年から20年かかる。

ゴードン・ムーア

Intelの共同創立者（2005）

7.1 はじめに

ゴードン・ムーア（Gordon Moore）は1965年にチップに集積可能なトランジスタ数の驚異的な伸びを予測しただけではない。本章の冒頭で引用したメッセージは50年後のその終焉を予想している。事実、図7.1は彼が設立に参加し、何十年も声高々にMooreの法則を投資家から金を引き出すのに使ってきた会社においても新半導体プロセスの開発が鈍っている。

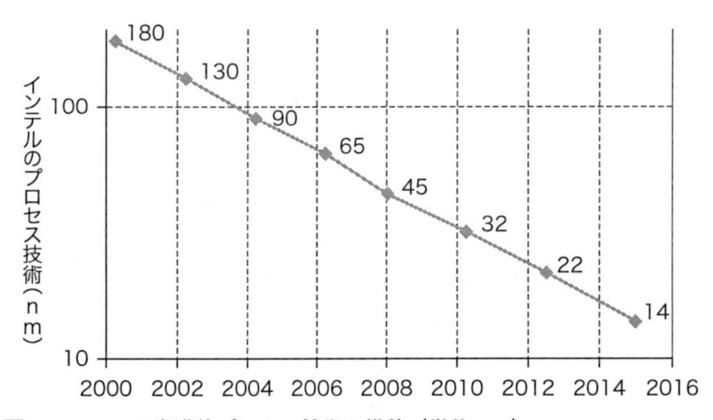

図7.1 Intelの半導体プロセス技術の推移（単位:nm）

*y*軸は対数スケールである。プロセスの変化が24か月毎であったものが2010年以降は30か月に間延びしている.

半導体ブームの間はアーキテクトはMoorの法則に便乗し、トランジスタを湯水のごとく使って高性能のための新しいメカニズムを創り出してきた。1980年台の5ステージのパイプライン構成の32ビットRISCプロセッサが25,000トランジスタしか要しなかったのに対して、その100,000倍を使うと、先の章で示したような汎用プロセッサで稼働する汎用のコードを加速することが可能になった。

- 1次、2次、3次、4次キャッシュ
- 512ビットのSIMD浮動小数点ユニット
- 15段以上のパイプライン
- 分岐予測
- アウトオブオーダ実行
- 投機的実行
- マルチスレッド
- マルチプロセッサ

これらの洗練されたアーキテクチャは、C++のような効率が良い言語で書かれた数百万行のプログラムに適合するように設計されていた。アーキテクトはそのようなコードをブラックボックスとして扱い、プログラムの内部構造はもちろん、それが何をしようとするものであるかさえも理解していなかった。SPEC2017のようなベンチマークは、単なる計測と高速化の対象に過ぎない。コンパイラ開発者は、1980年代のRISC革命まで戻ればハードウェアとソフトウェアの仲介者であった。しかし、アプリケーションの高レベルの振る舞いをあまり理解しないままである。このために、コンパイラがCやC++とGPUアーキテクチャの間の意味論的なギャップを橋渡しできないでいる。

第1章で説明したように、Dennardスケーリングは Mooreの法則よりもはるか前に止まっている。したがってスイッチングの対象となるトランジスタが多いほど消費電力が大きくなる。利用可能なエネルギーは増大しないので、効率が悪い単一プロセッサを効率の良い複数のコアに置き換えてきた。しかし、もう我々には汎用プロセッサの枠組みで打つ手がなくなってしまった。消費できるエネルギーには（エレクトロマイグレーションやチップの機械的温度的な限界のため）限りがあるので、(1秒当たりの命令実行数を高いという意味で)高性能をさらに追求すると、命令当たりの消費電力を低くする必要に迫られる。

図7.2に第1章で述べたメモリと論理回路の相対的なエネルギーコストを再掲する。ここでは算術命令へのオーバーヘッドとして算出してある。このオーバーヘッドの下では、現存のコアを

RISC命令		オーバーヘッド	ALU	125 pJ
ロード/ストア	D-$	オーバーヘッド	ALU	150 pJ
単精度浮動小数点			+	15–20 pJ
32ビット加算			+	7 pJ
8ビット加算			+	0.2–0.5 pJ

図7.2 90nmプロセスにおける算術演算と命令フェッチやデータキャッシュへのアクセスのエネルギー消費の比較［Qadeer *et al.*, 2015］

ちょっと改良しただけでは10%の改善に留まるので、プログラミング可能でありながら桁違いの改善を求めには、命令当たりの算術演算数を数百倍向上させる必要がある。このレベルの効率化を求めるなら、コンピュータアーキテクチャを汎用コアから**領域特化アーキテクチャ**（**DSA**：Domain Specific Architecture）へ抜本的に変化させる必要がある。

これはこの10年間で必要に迫られて単一プロセッサからマルチプロセッサに切り替えた問題領域と同様に、他になす術がないということが、アーキテクトたちがDSAの開発を行っている理由になっている。通常のプロセッサはオペレーティングシステムのような大規模なプログラムを稼働するために使い、領域特化プロセッサは限定的な仕事だけを効率良く処理するのに添える、というのが新しい標準になっている。したがって、そのようなコンピュータは、過去のホモジニアスなマルチコアチップに比べ、よりヘテロジニアスになるということである。

Mooreの法則に沿ったこの数十年のアーキテクチャの変革（キャッシュ、アウトオブオーダ実行など）は、ある種の領域には適合しない（特にエネルギー消費の点）ので、その資源をそれらの領域に適合するように再利用することが考えられる。例えばキャッシュは優れた汎用アーキテクチャだが、DSAには不要である。マルチレベルキャッシュは、メモリアクセスのパターンが予測可能なアプリケーションや、データの再利用がないビデオのような巨大データセットでは過剰であり、別の有効な用途に充てることができる。したがってDSAの定石は、シリコン面積とエネルギーの効果を向上させることであり、後者は近年特に重要視されている。

アーキテクトは、DSAをSPEC2017ベンチマークの中のコンパイラのようなプログラムにたぶん対応させはしない。領域特化アルゴリズムは、物体認識や会話理解のような大規模システムの中で限定的な計算に専念する小さな核のためのものである。さらに、ベンチマークのコードを変更すること自体が、もはや掟破りではなくなっている。というのは、それらがDSAの速度向上上の正当な源になっているからである。結果的にそれらが有用な貢献を産もうとしているならば、DSAに関心を持つアーキテクトは、自分の目隠しを取って、アプリケーションの領域とアルゴリズムを学ばなければならない。

さらに特定領域アーキテクチャ設計者は自分の専門領域の拡大に加えて、解決しようとしているのが、SoCの中にそれなりの量のシリコンを確保したり、カスタムチップを用意したりするのが適切であるほど大きい問題であるかどうかを判断できなければならない。カスタムチップや支援ソフトウェアの**NRE**（Nonrecurring engineering）**コスト**は、大量工業生産によって償却される。したがって、1000チップしか必要としない場合は経済的に引き合わない。

生産数が少ないアプリケーションでの常套手段は、FPGAのようなリコンフィギャブルチップを使うことである。それらのNREコストはカスタムチップに比べて低く、異なるアプリケーションでも同じリコンフィギャブルハードウェアを使って、減価償却することが可能であるからである（7.5節を参照）。しかしながらそのようなハードウェアはカスタムチップを使う場合に比べて効率が低いので、FPGAから得られる結果は中庸に留まる。

もう1つのDSAへの壁は、ソフトウェアをいかにしてそれに移植するかということである。C++のようなおなじみのプログラミング言語とコンパイラがDSAのための妥当な開発手段であることは稀である。

本章ではDSAの設計のための5つのガイドラインを与え、領域の例として**DNN**（**Deep Neural Network、深層学習**）をとりあげて議論する。DNNを取り上げた理由は、今日のコンピュータ利用の多くの領域でDNNが革命を起こしているからである。他のハードウェアの対象とは異なり、DNNは多くの問題に応用可能で、DNN特化のアーキテクチャは会話、視覚、言語、翻訳、検索ランキング等の多様な領域に再利用できる。

DNNを加速するデータセンター向けのカスタムチップ2種、多くの問題領域を加速するデータセンター向けFPGA、**PMD**向け画像処理ユニットという、DSAの4つの例を紹介する。そしてDNNベンチマークを用いてCPUにDSAを付加したものとGPUの性能価格比を比較し、多くのコンピュータアーキテクチャで起きようとしているルネサンスの予測で締めくくる。

7.2 DSAのガイドライン

7.4節から7.7節にかけて我々が見ていく4つの領域特化アーキテクチャ（DSA）の設計を導いている5つの一般原則を示す。これら5つのガイドラインは面積とエネルギーの有効活用につながるだけでなく、次の2つの付帯効果ももたらす。まず、設計を単純化し、DSAのNREにかかるコストを減らす（7.10節の誤った考えを参照せよ）。2番目に、ユーザが直面する問題がDSAが解決する問題とし

ガイドライン	TPU	Catapult	Crest	Pixel Visual Core
設計のターゲット	データセンター ASIC	データセンター FPGA	データセンター ASIC	PMD ASIC/SOC IP
1. 専用メモリ	24MiBの統合化バッファ、4MiBの累算器	可変	N.A.	コア当たり128KiBのラインバッファ、64KiBのP.E.メモリ
2. 大規模な算術ユニット	65,536個の積和演算器	可変	N.A.	コア当たり256個の積和演算器（512のALU）
3. 容易な並列性	シングルスレッド、SIMD、インオーダ	SIMD、MISD	N.A.	MPMD、SIMD、VLIW
4. 小さいデータサイズ	8-bit、16-bit 整数	8-bit、16-bit 整数 32-bit 浮動小数点	21-bit 浮動小数点	8-bit、16-bit、32-bit 整数
5. 特定領域言語	TensorFlow	Verilog	TensorFlow	Halide/TensorFlow

図7.3 本章で紹介する4つのDSAがどれだけ5つのガイドラインに沿っているか
Pixel Visual Coreは通常2～16コアになる。Pixel Visual Coreの最初の実装は8ビットの算術演算を支援していなかった。

て定番のものである場合、従来のプロセッサを使うと最適化にかかる時間がさまざまであるのに対して、これらのガイドラインに従うと99%の精度で完成までの時間を見積もれる。これについては7.9節で説明する。図7.3は4つのDSAがこれらのガイドラインにどれだけ従っているかを示している。

1. **データの移動距離が最小になるような専用メモリを使うべし。** 汎用マイクロプロセッサの多レベルキャッシュでは、面積とエネルギーの多くを割いて、プログラムへデータを最適に送ろうとする。例えば2-ウェイセットアソシアティブキャッシュは、同じことをするソフトウェア制御のスクラッチパッドメモリの2.5倍のエネルギーを消費する。定義によりDSAのコンパイラを実装する者とプログラマはその領域を理解しており、データを移動するハードウェアを必要としない。その代わりにデータの移動は、その領域に特化した機能を有する専用のソフトウェア制御のメモリによって削減される。
2. **マイクロアーキテクチャの先進的な最適化を省いたことで浮いた資源を、算術ユニットやメモリの追加に充てよ。** 7.1節で述べるように、アーキテクトはMooreの法則の恩恵をCPUやGPUの資源を大食いする最適化（アウトオブオーダ実行、マルチスレッディング、マルチプロセッシング、先読み、アドレス融合など）に充てた。これらの狭い領域のプログラムがどのように実行されるかを理解すれば、これらの資源をより多くの処理ユニットや大きなオンチップのメモリに使うほうが有効であると分かるだろう。
3. **その領域に適合する最も容易な並列性の形を使え。** DSAの対象領域のほとんどには、本質的に並列性が内在する。DSAの方針決定の中心は、この並列性をいかに利用し、それをソフトウェアから意識できるようにするかということである。DSAをその領域に対する本質的な並列性の粒度で設計し、素直にプログラミングモデルに並列性を反映する。例えば、データレベル並列性がありSIMDを使える領域では、MIMDを使うよりもSIMDを使う方が、プログラマにとってもコンパイラ開発者にとっても容易である。同様にして、その領域に対してVLIWで命令レベル並列性を引き出せる場合は、アウトオブオーダ実行よりも設計が小さくなり、エネルギー効率が高まるだろう。
4. **その領域に必要最小限なところにデータサイズとデータタイプを絞り込め。** これから見ていくように、通常は多くの領域のアプリケーションはメモリが律速であるので、実効的なメモリ帯域を高め、より狭いデータ型を使うことでオンチップメモリの利用効率を高め

領域	用語	略称	簡潔な説明
一般	領域特化アーキテクチャ	DSA	特定の領域向けに設計された特殊目的プロセッサ。その領域とは別の処理をこなす別のプロセッサの助けを借りる。
	知的財産ブロック	IP	SOCの中に集積可能な可搬な設計のブロック。SOCの中にそれを織り込もうとしている他の組織に、IPブロックを提供するような市場を形成し得る。
	System on a chip	SOC	チップの中にコンピュータのすべての要素を集積したチップで、PMDによく見られる。
深層ニューラルネット（DNN）	活性子（アクティベーション）	—	人工ニューロンを活性化した結果で、非線形関数の出力。
	バッチ	—	重みをメモリから取得するコストを低くするために束ねて処理されるデータ集合。
	畳み込みニューラルネットワーク	CNN	前のレイヤの空間的に近い領域からの非線形関数の出力集合を入力とするDNNの一種で、各出力には重みが乗じられている。
	深層ニューラルネットワーク	DNN	人工ニューロンの集合の層を積層したもので、各人工ニューロンは前の層の出力に重みを積算したものの非線形関数
	推論	—	DNNの生成段階で、**予測**とも呼ばれる
	ロングショートタームメモリ	LSTM	RNNは時系列の分類、処理、予測に適している。セルと呼ばれるモジュールから成る階層設計である。
	多層パーセプトロン	MLP	前の層からのすべての出力に重みを乗じた非線形関数の集合を入力として使うDNN。これらの層は**全結合**であるという。
	ランプ関数	*ReLU*	$f(x) = \max(x, 0)$である非線形関数。他の非線形関数には、シグモイド関数や双曲線正接関数（tanh）がある。
	リカレントニューラルネットワーク	RNN	入力が前の層と1つ前の状態であるDNN。
	トレーニング	—	DNNを形成する段階で、**学習**とも呼ばれる。
	重み	—	入力値に適用されるトレーニングの際に学習した値であり、**パラメータ**とも呼ばれる。
TPU	累算器	—	4096個の256 × 32ビットのレジスタ（4MiB）で、MMUの出力を集めて活性ユニット（Activation Unit）に導くもの。
	活性ユニット（Activation Unit）	—	非線形関数（ランプ関数、シグモイド関数、双極正接関数、最大値プーリング、平均値プーリング）を実行する関数。累算器の値を入力し、出力は統合バッファである。
	マトリクス乗算ユニット	MMU	8ビット算術ユニットで256 × 256のシストリックアレイを形成するもので、積和を実行する。入力は重みメモリと統合バッファで、出力は累算器である。
	シストリックアレイ	—	処理ユニットの配列で、上近隣からのすべて方向の入力データの部分的な結果を算出し、下近隣に自分への入力とともに結果を送るもの。
	統合バッファ	UB	24MiBのオンチップメモリで、活性子を保持するもの。DNNを実行している間はDRAMに退避しなくても済むようにサイズを調整してある。
	重みメモリ	—	8MiBの外部DRAMチップで、MMUの重みが格納されている。重みはMMUへの入力との間に**重みFIFO**が入っている。

図7.4 7.3〜7.6節で使用されるDSAの用語集（図7.29は7.7節のための用語集）

ることができる。狭くて単純なデータのおかげで、より多くの算術ユニットを同じチップ内に集積することも可能になる。

5. **DSA にコードを移植するのに、領域特化プログラミング言語を使え。**

   7.1 節で説明したように、昔の DSA の挑戦は、新しいアーキテクチャで稼働するアプリケーションを得ることであった。長く続いた誤った考は、新しいコンピュータは魅力的なので、プログラマがコードをそれ向きに書き直したくなるということである。幸運にも領域特化プログラミング言語は、アーキテクトが否応なしに DSA に注目せざるを得なくなるより前から一般的である。視覚処理向けの Halide や DNN 向けの TensorFlow［Ragan-Kelley *et al.*, 2013］［Abadi *et al.*, 2016］はその例で、おかげでアプリケーションを新しい DSA に移植することが現実味を帯びるようになった。先に述べたように、領域によってはアプリケーションの計算主体の小さな部分のみが DSA で実行する必要があるだけなので、この場合は移植が単純になる。

DSA の議論では多くの新しい用語が登場し、そのほとんどが新しい領域からであるが、従前のプロセッサにはなかった新しいアーキテクチャの仕組みからくるものはない。第 4 章と同様に読者への一助として、図 7.4 に新しい略語や用語とその短い説明を列挙した。

7.3 領域の例：深層ニューラルネットワーク

人工知能（AI）はコンピューティングの次のビッグウェイブどころではありません。人類の歴史の大転換点です。情報革命を推し進めるのはデータとニューラルネットワークとコンピュータパワーです。Intel は AI を全力で推し進めます。私たちは AI を成長させ広範囲に適合するのに必要な最先端の高速化技術をつぎ込んできています。

Brian Krzanich
Intel CEO (2016)

世紀の変わり目で、**人工知能**（AI）は劇的な復活を遂げた。大規模な論理ルールの集合で人工知能を構築する代わりに、例をデータとして与える**機械学習**を構成方法とする方向に人工知能への道が切り替わった。学習に必要なデータの量は想像をはるかに超えて大きい。今世紀のウェアハウススケールコンピュータ（WSC）は、何十億のユーザとそのスマートフォンからインターネットを介して情報を採取し蓄積しているが、それを学習データとして用いる。我々は、大量のデータから学習するのに必要な計算量を過少評価してきた。しかし、単精度浮動小数演算に優れたコスト性能比を持つ GPU は、WSC に何千台も装備されており、十分な性能を供している。

深層ニューラルネットワーク（DNN）と呼ばれる機械学習の一分野は、この 5 年間における AI のスターである。DNN のブレークスルーの一例は言語翻訳であり、先立つ 10 年間の進歩すべてに比べ、飛躍的な改善を何度か果たした［Tung, 2016; Lewis-Kraus, 2016］。DNN に切り替えたことにより、ある画像認識の競技会におけるエラー率は 26% から 3.5% に減少した［Krizhevsky *et al.*, 2012］［Szegedy *et al.*, 2015］［He *et al.*, 2016］。そして 2016 年、DNN によるコンピュータは、初めて人間の囲碁世界チャンピオンを打ち負かした［Silver *et al.*, 2016］。これらの多くはクラウドで実現したものであり、第 1 章で述べたようにスマートフォンの Google 翻訳を可能にしている。2017 年にはほとんど毎週、DNN の重要な結果が新たに公表されている。

DNN に関してこの節よりも詳細を学びたい読者は、TensorFlow のチュートリアル［TensorFlow Tutorials, 2016］をダウンロードして試すか、やや冒険心には欠けるが、DNN に関するオンライン教科書［Nielsen, 2016］を一読されよ。

7.3.1 DNNのニューロン

DNN は脳の中のニューロンから想起されたものである。ニューラルネットワークでは人工のニューロンが使われており、**重み**あるいは**パラメータ**の集合とデータの値の積を足し合わせて、出力を決める非線形関数に導くという単純な演算を行っているに過ぎない。これから見ていくように、人工のニューロンは大きな入力数と大きな出力数を持つ。

画像処理の DNN では、入力のデータは画像のピクセルに対応し、ピクセルの値は重みと掛け合わされる。多くの非線形関数が試されてきたが、現在一般的なのは単に $f(x) = \max(x, 0)$ とするもので、これは x が負である場合は 0 を返し、x が 0 か正であればそのまま元の値を返す（この単純な関数には **ReLU**（**rectified linear unit**）という複雑な名前が付けられている）。非線形関数の出力は、人工のニューロンが「活性化された」という意味から、**活性子（アクティベーション）**と呼ばれている。

人工ニューロンの束が入力の異なる部分を処理し、その出力の束は次の人工ニューロンの層の入力になる。入力層と出力層の間の層は**隠れ層**（hidden layer）と呼ばれる。画像処理の場合、各々の層では、それぞれ異なるタイプの特徴を捉えると考えることができ、例えば辺や頂点のようなレベルの層から、目や耳のようなより高いレベルの層に行く。画像処理アプリケーションが画像に犬が含まれているか否かを決定しようとしているなら、最後の層の出力は、確率を示す 0 と 1 の間の数になるかもしれないし、犬種のリストに対応する確率の表になるかもしれない。

層の数が DNN に名前を与えた。初期にはデータと計算パワーが共に不足していたため、多くのニューラルネットワークは薄いままだった。図 7.5 は最近のさまざまな DNN の層数、重み数、取ってきた重み当たりの演算数を示している。2017 年の段階で、150 層の DNN が存在する。

名前	DNN 層	重み	重み当たりの演算数
MLP0	5	20M	200
MLP1	4	5M	168
LSTM0	58	52M	64
LSTM1	56	34M	96
CNN0	16	8M	2888
CNN1	89	100M	1750

図 7.5 Google の 2016 年の推論における DNN のワークロードの 95% が 6 つの DNN アプリケーションであった（この結果は 7.9 節で使われる）
行はそれぞれ DNN の名称、DNN の層の数、重みの数、そして重み当たりの演算の数（演算の強度）である。図 7.41 はこれらの DNN の詳細である。

7.3.2 学習と推論

これまではDNNの産み出しについて議論している。DNNの開発ではニューラルネットワークアーキテクチャの定義から始まり、層の数とタイプと各々の層の規模、それにデータのサイズを決める。専門家は新たなニューラルネットワークアーキテクチャを開発するだろうが、実務家の多くは、利用可能な多くの設計（例えば図7.5）の中から、直面している問題に似たものに対し有効なものを選択するであろう。

ニューラルネットワークアーキテクチャの選択が決まると、次の段階はニューラルネットワークのグラフの各々の辺に対応する重みを学習することである。重みはモデルの振る舞いを決定する。選択したニューラルネットワークの構成に依存するが、数十億から数億の重みが1つのモデルに存在する（図7.5を参照せよ）。学習は、学習データによって表現される複雑な関数（例えば画像からその画像中の対象への対応付け）をDNNが近似するように重みを調節する過程であり、コストが掛かる。

この開発段階は**トレーニング**あるいは**学習**と呼ばれる一方で、提示段階には**推論**、**予測**、**採点**、**実装**、**評価**、**実行**、あるいは**テスト**といった多くの名前がある。ほとんどのDNNでは、正しいラベルが付くように前処理されたデータから構成される学習集合が与えられる**教師あり学習**を用いている。したがってImageNet DNN競技会［Russakovsky *et al.*, 2015］の学習集合は、各々が1000のカテゴリーのうちの1つに分類された120万枚の画像から成る 。これらのカテゴリーには特定の種類の犬や猫のような極めて詳細なものもある。別途用意した5万枚の秘密の画像を使って、DNNがいかに小さいエラー率で見分けるかを競い、勝者を決める。

重みを設定する仕事は、学習集合をニューラルネットワークに逆向きに与える繰り返しプロセスである。このプロセスを**バックプロパゲーション**という。例えば、学習集合の犬の種類が既知であるので、DNNのその画像に対する判定を見て、答えを改善するように重みを調整する。驚くべきことに、トレーニングプロセスの最初には重みはランダムデータを設定する。そして、トレーニング集合を使って満足できるDNNの精度を得るまで繰り返す。

数学的には学習のゴールは、入力を複数層のニューラルネットワークアーキテクチャを介して正しい出力に割り当てる関数を見つけることである。バックプロパゲーションとは誤りのバックプロパゲーションのことで、すべての重みについて勾配を求めて、誤りを最小にする重みを更新する最適化アルゴリズムへの入力とする。最も一般的なDNN用の最適化アルゴリズムは、**確率的勾配降下法**（stochastic gradient descent）で、バックプロパゲーションから得た勾配の降下の最大値に比例するように重みを調整する。学習について更に興味がある読者は、［Nielsen, 2016］や［TensorFlow Tutorials, 2016］を参照されたい。

図7.6に示すとおり、学習には数週間が必要なことがある。推論フェーズに必要なのは、典型的には1つのデータサンプル当たり100ms未満で、これは100万分の1未満である。トレーニングは1つの推論よりも長い時間がかかるが、推論の総計算時間はDNNの顧客の数と彼らが呼び出す頻度の積になる。

学習が終わると開発したDNNを配備するが、この時に期待するのは、このDNNに対する顧客からの評判が高く、開発にかけた時間よりもずっと長期間にわたって使ってもらうことである。

例えば実世界の未来の出来事を予測しようとする場合に、トレーニングデータ集合には含まれないものがでてくる。ここではそれについて言及しないが、**強化学習**（reinforcement learning, **RL**）は、2017年の時点で、そのような学習の一般的なアルゴリズムである。学習集合を学習する代わりに、RLは実世界で稼働しアクションを行い、その結果が状況を良くしたか悪くしたかを表す報酬関数から信号を得る。

素早く変化するこの領域を予想することは難しいが、2017年の時点で次の3種類DNNのみが定番になっている。すなわち、**多層パーセプトロン**（**MLP**）、**畳み込みニューラルネットワーク**（**CNN**）、**リカレントニューラルネットワーク**（**RNN**）。これらはすべて教師あり学習であり、学習集合にのみ依存する。

7.3.3 多層パーセプトロン（MLP）

多層パーセプトロン（**MLP**：Multilayer Perceptron）はDNNの元祖である。各々の新しい層は前の層からの出力の重み付き和の非線形関数Fの集合で、$y_n = F(W \times y_{n-1})$である。図7.7のように、重み付き和は出力に重みを付けたもののベクタ-行列積である。こ

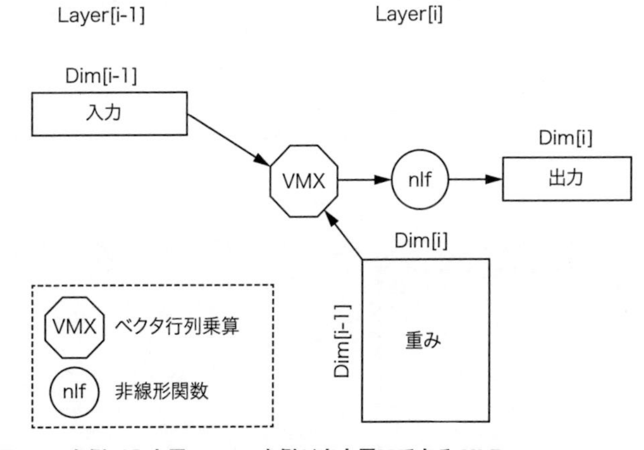

図7.7 左側が入力層[$i-1$]、右側が出力層[i]であるMLP

ReLUはMLPの典型的な非線形関数である。入力層と出力層の次元は、しばしば異なる。これらの層は、前の層の値の多くがゼロであってもすべての入力に依存するので、全結合であるという。ある研究によると44%がゼロで、ReLUが負のパラメータをゼロに変えるというのが一因になっているようだ。

データタイプ	問題領域	ベンチマークの学習集合のサイズ	DNNの構成	ハードウェア	トレーニング時間
text[i]	単語予測（word2vec）	1000億の単語（Wikipedia）	2層のskipgram	1 NVIDIA Titan X GPU	6.2時間
audio[2]	会話認識	2000時間（Fisherのコーパス）	11層のRNN	1 NVIDIA K1200 GPU	3.5日
images[3]	画像分類	100万件の画像（ImageNet）	22層のCNN	1 NVIDIA K20 GPU	3週間
video[4]	活動認識	100万件のビデオ（Sports-IM）	8層のCNN	10 NVIDIA GPU	1か月

図7.6 いくつかのDNNの学習集合のサイズとトレーニング時間［Iandola, 2016］

のような層は、出力ニューロンは各々、前の層の入力ニューロンの**すべて**の影響を受けるので、**全結合**であるという。

DNNのタイプが決まれば、各層のニューロンの数、演算数、そして重みの数を計算できる。最も簡単なのはMLPで、ベクタ-行列積の入力ベクタ数×重みの配列になる。以下は推論における重み演算を決めるパラメータと式である（ここでは積和を2つの演算とカウントする）。

- Dim[*i*]：出力ベクタの次元で、ニューロンの数
- Dim[*i* – 1]：入力ベクタの次元
- 重みの数：Dim[*i* – 1] × Dim[*i*]
- 演算数：2 × 重みの数
- 重み当たりの演算数：2

最後の項は第4章で議論したルーフラインモデルの**演算強度**である。重み当たりの演算数を利用するのは、数100万個が存在し得る重みはチップ内に入り切らないからだ。例えば7.9節のMLPの1つステージは、Dim[*i* –1] = 4096、Dim[*i*] = 2048なので、ニューロンの数は2048、重みの数は8,388,608、演算数は16,777,216、そして演算強度は2になる。ルーフラインモデルを思い出すと、低い演算強度では高い性能を出しにくい。

7.3.4 畳み込みニューラルネットワーク（CNN）

畳み込みニューラルネットワーク（**CNN**：Convolutional Neural Netwok）はコンピュータビジョンで広く使われている。画像は2次元の構造を持ち、隣り合う画素は関係を見つけるのに自然な位置関係にある。CNNは、前の層の出力の空間的に近い領域からの非線形の関数の集合を入力とし、重みを乗じ、この重みは何回も利用される。

CNNの背景にあるアイデアは、各々の層が画像の抽象化レベルに対応しているということだ。例えば最初の層は単に水平な線と垂直な線のみを識別するかもしれない。2番目の層はそれらをまとめて頂点を識別するかもしれない。次のステップは四角形と円。続く層はその入力を使って、犬の目や耳の位置を検知できるだろう。より上位の層は犬種によって異なる特徴を識別するだろう。

ニューラルネットワークの各々の層は、2次元の**特徴マップ**の集合を生成し、2次元の特徴マップの各々のセルは、入力の対応する場所の1つの特徴を識別しようとする。

図7.8は2 × 2のステンシル演算が、入力画像から最初の特徴マップ要素の生成を開始する段階を示している。**ステンシル演算**は、固定パターンの隣り合うセルを使って、配列の各要素を更新する。出力の特徴マップの数は、画像から異なる特徴をどれだけ捉えようとしているのかということと、ステンシルを適用するストライド（歩幅）に依存する。

通常画像は単一の平べったい2次元の層ではないので、このプロセスはもっと複雑である。通常はカラー画像には赤、緑、青3つのレベルがある。例えば2 × 2のステンシルは12個の要素、つまり赤の画素が2 × 2、緑の画素が2 × 2、青の画素が2 × 2にアクセスする。2 × 2のステンシルで画像のレベルが3つの入力のレベルがある場合、1つの特徴出力に対して12個の重みが必要になる。

図7.9は、任意の数の入力と出力特徴マップという一般化した場合を示しており、第1層から後の層もこのようになり、それぞれ重み集合を持ったすべての入力特徴マップに対して3次元ステンシルを実行し、出力特徴マップを生成する計算を行う。

数学的には、入力特徴マップと出力特徴マップの数が両方1個で、ストライドが1ならば、単一層の2次元CNNは2次元の離散畳み込みと等価である。図7.9に示すように、CNNはMLPよりも複雑である。以下は重みと演算の個数を計算するパラメータと式である。

- DimFM[*i* – 1]：（平方の）入力特徴マップの次元
- DimFM[*i*]：（平方の）出力特徴マップの次元 mFM[*i*]
- DimSten[*i*]：（平方の）ステンシルの次元
- NumFM[*i* – 1]：入力特徴マップの数
- NumFM[*i*]：出力特徴マップの数
- ニューロンの数：NumFM[*i*] × DimFM[*i*]^2
- 出力特徴マップ当たりの重みの数：NumFM[*i* – i] × DimSten[*i*]^2

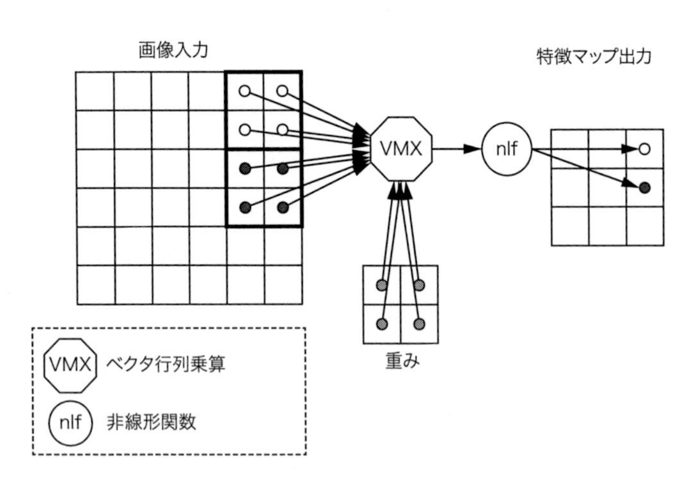

図7.8 CNNの最初のステップを単純化したもの

この例では入力画像の4画素のグループの各々に同じ4つの重みを掛け合わせて出力特徴マップを生成している。説明のパターンでは入力画素の歩幅は2であるが、他の歩幅も考えられる。この図とMLPとの関連は、22の畳み込みの各々を小さな全結合の演算が、これが出力特徴マップの1点を生成すると考えると分かる。図7.9はどのようにして複数の特徴マップが、点を3次元のベクタに変換するかを示している。

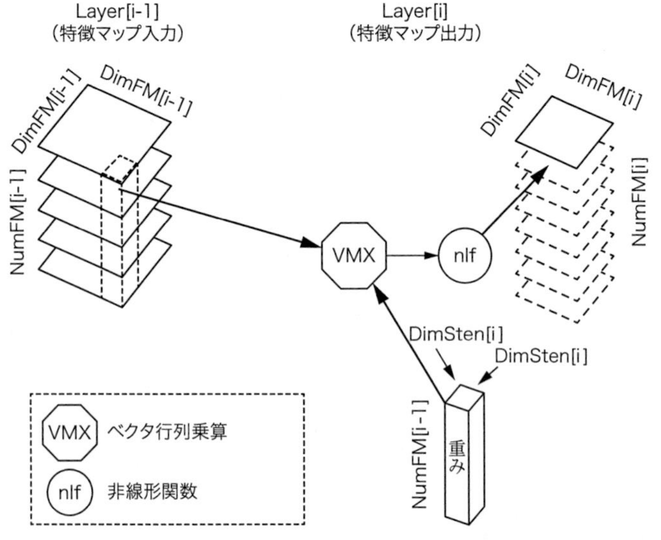

図7.9 CNNの一般的な段階：左側のLayer[*i* - 1]の入力特徴マップ、右側のLayer[*et al*]の出力特徴マップ、そして入力特徴マップから1つの出力特徴マップを得る3次元のステンシル

出力特徴マップの各々には自分の重み集合があり、ベクタ行列演算がすべてに施される。この図が示すように、入力特徴マップと出力特徴マップの次元数はしばしば異なる。MLPの場合と同様に、CNNでも非線形関数としてReLUが一般的である。

- 層当たりの重みの総数：NumFM[i] × 出力特徴マップ当たりの重みの数
- 出力特徴マップ当たりの演算の数：2 × DimFM[i]^2 × 出力特徴マップ当たりの重みの数
- 層当たりの演算の総数：NumFM[i] × 出力特徴マップ当たりの演算の数
  = 2 × DimFM[i]^2 × NumFM[i] × 出力特徴マップ当たりの重みの数
  = 2 × DimFM[i]^2 × 層当たりの重みの総数
- 重み当たりの演算数：2 × DimFM[i]

7.9 節の CNN の 1 つの層は、DimFM[i − 1] = 28、DimFM[i] = 14、DimSten[i] = 3、NumFM[i − 1] = 64（入力特徴マップの数）、そして NumFM[i] = 128（出力特徴マップの数）である。結果的に一層で 25,088 個のニューロンと 73,728 個の重みが 28,901,376 の演算を行い、演算強度は 392 となる。我々の例が示すように、一般に CNN の層は重みの数は少なく、MLP の全結合の層に比べて演算強度が高くなる。

7.3.5 リカレントニューラルネットワーク（RNN）

DNN の 3 つ目のタイプは**リカレントニューラルネットワーク**あるいは**再帰型 NN**（**RNN**：Recurrent Neural Netwok）で、会話理解や言語翻訳で一般的である。RNN は DNN のモデルに状態を導入し、RNN が事実を覚えることができるようにして、逐次的な入力を明示的にモデル化する能力を備えている。これは、組み合わせ回路と順序回路の違いに喩えることができる。例えばある人の性別を学習したら、後に単語を翻訳する際に思い出すために、その情報を取っておきたいと思うだろう。RNN の各々の層は前の層からきた入力の重み付きの和と、前の状態を集めたものである。重みは時間経過に渡って再利用される。

LSTM（long short-term memory）は RNN の中で最近最も一般的なものである。LSTM は従来の RNN が重要な長期的情報を覚えられないという問題点を軽減している。

他の 2 つの DNN とは異なり、LSTM は階層的な設計になっている。LSTM は**セル**と呼ばれるモジュールから成る。セルを、完全な DNN モデルを構成するのに相互接続するテンプレートかマクロとして考えることができる。これは完全な DNN モデル形成するのに MLP の層を揃えるやり方と似ている。

図 7.10 は LSTM のセルがどのように相互接続しているかを示している。セルは左から右へ接続されており、1 つのセルの出力が次のセルの入力になっている。図 7.10 では、時間が進む方向に上から下に展開して示す。したがって文章は、展開されたループの繰り返し毎の単語の入力ということになる。長期記憶と短期記憶の情報は、LSTM の呼び名そのものであるが、さらに繰り返しのたびに上から下に受け渡される。

図 7.11 は LSTM セルの中身を示している。図 7.10 で期待したように、入力は左側、出力は右側にあり、2 つの記憶の入力は上側、2 つの記憶の出力は下側にある。

各々のセルは、5 つのベクタ行列と 5 つのユニークな重みの集合を乗算する。入力の行列乗算は、図 7.7 の MLP とほとんど同じである。他の 3 つは**ゲート**と呼ばれ、1 つのソースからの情報は標準出力かメモリ出力を通して渡されるが、その通過量を決める。ゲート当たりの情報の通過量は、その重みで設定される。もし重みがほとんどゼロか小さい値なら、少ししか通過せず、反対に重みが大きい値なら、ゲートはほとんどの情報を通過させる。この 3 つのゲートは**入力ゲート**、**出力ゲート**、**忘却**（Forget）**ゲート**と呼ばれる。最初の 2 つは入力と出力をフィルタし、最後のは長期記憶の経路において、何を忘れるかを決める。

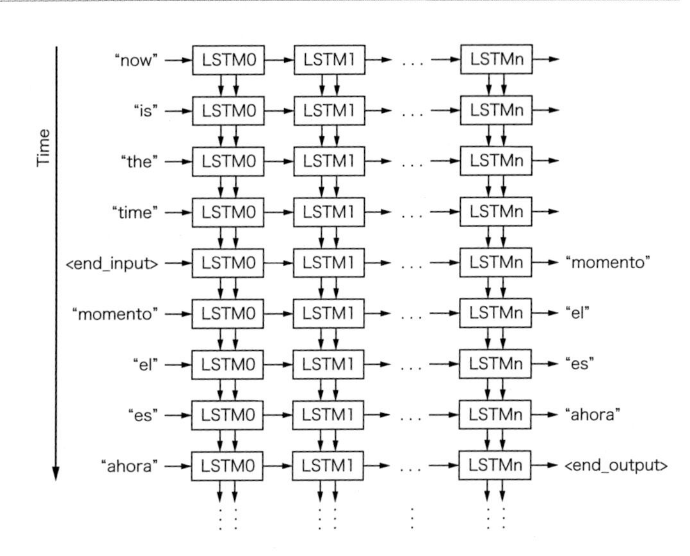

図 7.10 相互に接続された LSTM のセル

入力は左側（英単語）で出力は右側（翻訳されたスペイン語の単語）。セルは、時間経過とともに、上か下へと展開されると考えることができる。したがって LSTM の短期間と長期間の記憶は、展開されたセルの間で情報をトップダウンに渡すことで実現している。RNN は、文全体あるいはパラグラフ全体を翻訳するのに十分なほど展開されている。このような順序から順序への翻訳モデルは、入力をすべて完了するまで、出力が遅延する［Wu *et al.*, 2016］。RNN は、最も最近の翻訳された単語を次のステップの入力として使って、翻訳を逆の順番で生成するので、“now is the time”は“a hora es el momento”になる。（この図と次の図は、しばしば LSTM の文献で 90 度倒して使われるが、図 7.7 や図 7.8 との一貫性を考慮してこのように回転させた。）

短期記憶の出力は、短期記憶の重みとこのセルの出力のベクタ-行列乗算である。このセルへの入力をどれも直接には使っていないので、短期記憶と呼ばれる。

LSTM セルは入力も出力も互いに接続されているので、3 つの入力-出力のペアのサイズは同じでなければならない。セルの中身を見ると、入力と出力の間には十分な依存性があり、多くの場合はそれらのサイズは同じである。そこで、それらはすべて同じサイズであると仮定し、**Dim** と呼ぶことにする。

そうであっても、ベクタ行列乗算はすべて同じサイズではない。3 つのゲートのベクタの乗算は、LSTM は 3 つの入力をすべて連結するので、3 × Dim である。入力のベクタの乗算は、LSTM は入力と短期記憶入力を連結してベクタとするので、2 × Dim である。最後のベクタの乗算は、単に出力であるので、1 × Dim である。

こうして、重みと演算の数を計算することができる。

- セル当たりの重みの数：3 × (3 × Dim × Dim) + (2 × Dim × Dim) + (1 × Dim × Dim) = 12 × Dim^2
- セル当たりの 5 つのベクタ-行列乗算の演算数：2 × セル当たりの重み = 24 × Dim^2
- 3 エレメント毎の乗算と 1 つの加算（ベクタはすべて出力のサイズ）の演算数：4 × Dim

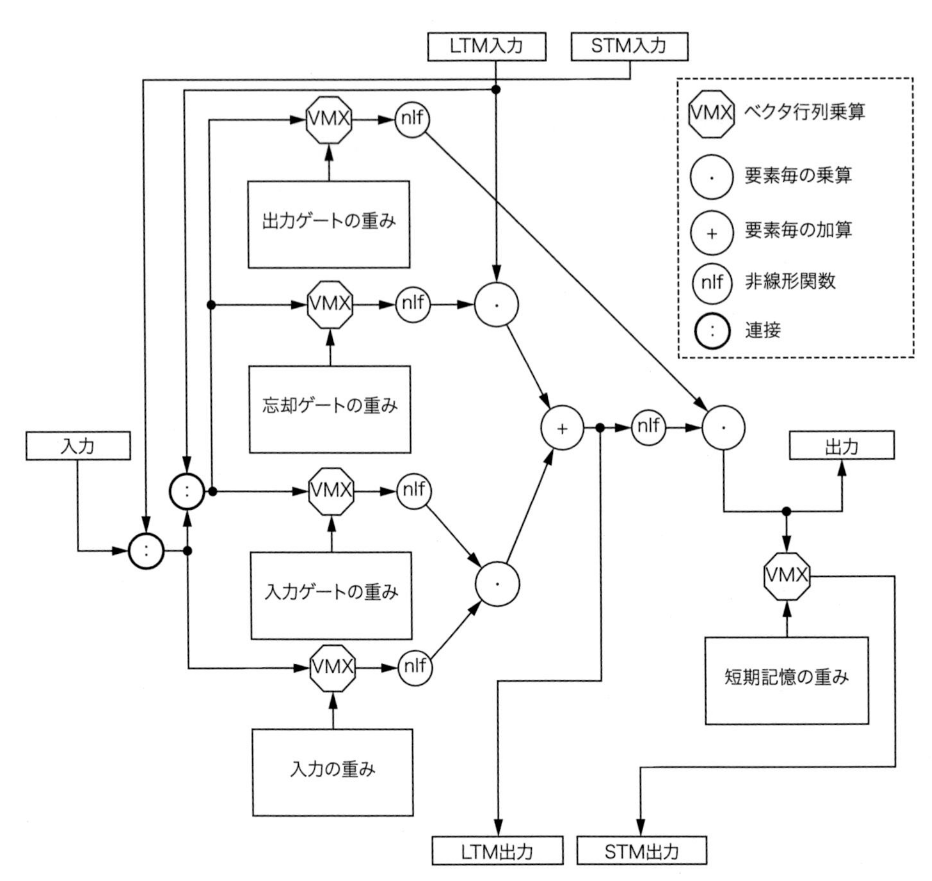

図 7.11 この LSTM セルは 5 つのベクター行列演算、3 つのエレメント毎の乗算、1 つのエレメント毎の加算、そして 6 つの非線形関数を含んでいる
標準入力と短期記憶入力は、連結してベクター行列乗算入力のためのベクタオペランドを形成する。標準入力と長期記憶入力と短期記憶入力は連結して、別の 4 つのベクター行列乗算のうちの 3 つのベクタとして使う。3 つのゲートのための非線形関数は $f(x) = 1/(1 + \exp(-x))$ のシグモイドで、他は双極正接である。(この図と前の図は、LSTM の文献ではしばしば 90 度回転したものが示されるが、図 7.7 や 7.8 との一貫性のために本書では回転したものを使っている。)

- セル当たりの演算数(5 つのベクタ-行列乗算と 4 つのエレメント毎の演算):$24 \times \mathrm{Dim}^2 + 4 \times \mathrm{Dim}$
- 重み当たりの演算数:~2

7.9 節の LSTM の 6 つのセルの 1 つ当たりの Dim は 1024 である。すると、重みの数は 12,582,912、演算数は 25,169,920、そして演算強度は 2.0003 である。したがって通常 LSTM は、MLP と同様に重みがたくさんあり、演算強度が CNN に比べて小さい。

7.3.6 バッチ

DNN の重みの数は大きくなる可能性があるので、メモリから取得したものを入力集合をまたいで再利用すると実効演算強度を高めることができるので、性能最適化につながる。例えば画像処理の DNN では、32 の画像集合を一度に処理して、重みを取得するコストを 32 分の 1 にするかもしれない。そのようなデータ集合は**バッチ**あるいは**ミニバッチ**と呼ばれる。推論の性能を高めるのに加えて、バックプロパゲーションは、うまく学習するには、学習のための例を一度に 1 つよりもバッチとして必要とする。

図 7.7 の MLP を見ると、入力の行ベクタの連なりとしてバッチを見て取ることができ、行列の高さはバッチのサイズと同じ次元であるとみなすことができる。図 7.11 に示すように、行ベクタの連なりは、LSTM の 5 つの行列乗算へと向かっており、これも行列として考えることができる。いずれの場合でも、独立したベクタの連なりと見るよりも、行列として計算する方が効率よく計算できる。

7.3.7 量子化

DNN では数値的精度は、他のアプリケーションに比べてあまり重要でない。例えばハイパフォーマンス計算では定番である倍精度の浮動小数点算術演算は必要ない。IEEE 754 浮動小数点規格の完全な精度が必要かどうかは不明で、この規格では浮動小数の仮数の最下位の桁の半分の精度内になるようにしている。

数値精度の柔軟性の恩恵を受けるのに、推論フェーズで浮動小数点数の代わりに固定小数点数を使う開発者もいる(学習はほとんどの場合浮動小数点数を使う)。この変換は**量子化**と呼ばれ、このような変換を施されたアプリケーションは「量子化された」という[Vanhoucke *et al.*, 2011]。固定小数点データの幅は通常 8 ビットか 16 ビットで、累算器が乗算器の 2 倍の幅である標準的な積和演算を使って処理する。通常この変換は学習の時に行われ、DNN の精度が数%低下する[Bhattacharya and Lane, 2016]。

7.3.8 DNNのまとめ

DNN のための DSA がこれらの行列志向の演算、つまりベクタ-行列乗算、行列-行列乗算、それにステンシル演算をうまく処理できることが最低限必要であることが、この足早のツアーから理解できたと思う。さらに最低限で ReLU、シグモイド、双極正接の非線形関数を備える。これらは控えめな要求であってもとても大きな設計スペースが必要で、これについては以下の 4 つの節で探っていく。

7.4 GoogleのTensorプロセッシングユニット：推論データセンターの加速器

Tensor プロセッシングユニット（**TPU**†）は、WSC のための Google 最初のカスタム ASIC DSA である。それがカバーするのは DNN の推論フェーズで、DNN のために設計された TensorFlow フレームワークを使ってプログラムする。最初の TPU は 2015 年に Google のデータセンターで開発された。

TPU の心臓部は 65,536（256 × 256）個の 8 ビット ALU 行列乗算ユニットと、大きなソフトウェア制御のオンチップメモリである。TPU のシングルスレッドで決定性の実行モデルは、通常の DNN アプリケーションが要求する 99%パーセンタイルの応答時間にうまく適合する。

7.4.1 TPUの起源

2006 年に遡るが、Google の技術者は彼らのデータセンターに GPU や FPGA、あるいはカスタム ASIC を配置することを議論した。特殊なハードウェアを用いて実行するアプリケーションも、わずかであれば大規模なデータセンターの余剰計算能力で実質的にタダで実行できるが、フリーのものをさらに改善することは難しいと結論した。しかし、プロジェクト化された 2013 年には話が変わって、人々が会話認識 DNN を使って 1 日に 3 分音声認識を使うならば、Google データセンターを計算能力の要求に合うように倍にするしかない、ということになった。これを従来の CPU で満たすのはとても高くつく。Google は優先順位が高い早急なプロジェクトとして、推論向けのカスタム ASIC の開発を開始し（、トレーニングのための外付けの GPU を購入し）た。そのゴールは、GPU を使う場合に比べて 10 倍の性能価格比を得ることだった。この指令を受けて 15 か月で TPU は設計され、検証され［Steinberg, 2015］、製造され、データセンターに配備された。

7.4.2 TPUアーキテクチャ

配備までのスケジュール遅延の芽を摘むために、TPU は PCIe の I/O バス接続のコプロセッサとして設計され、既存のサーバに組み込むようにした。さらにハードウェアの設計とデバッグを単純にするために、TPU が命令をフェッチするのではなく、ホストサーバが PCIe バスを経由して TPU に直接実行する命令を送るようになっている。したがって TPU の発想は、メモリから命令をフェッチする GPU よりは、FPU（浮動小数点ユニット）に近い。

図 7.12 に TPU のブロック図を示す。ホスト CPU は PCIe バスを介して TPU の命令バッファに命令を送る。内部のブロックは通常互いに 256 バイト（2048 ビット）幅で接続される。上部右隅の**行列乗算ユニット**は TPU の心臓部で、符号付と符号無の 8 ビットの積

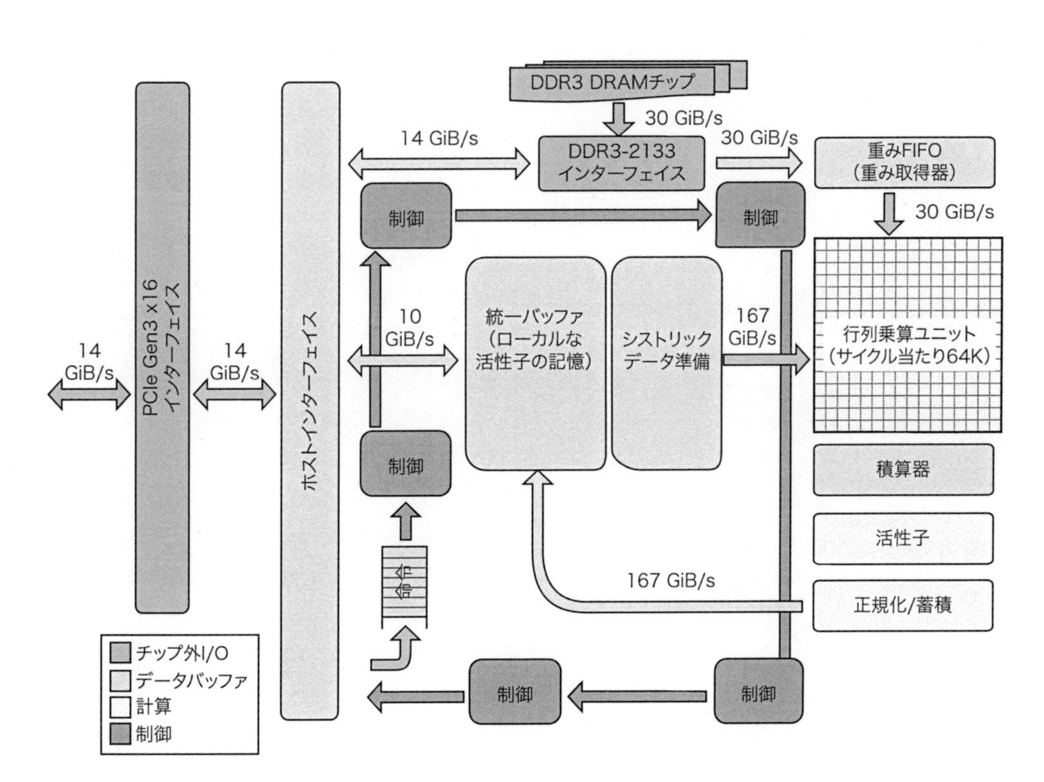

図 7.12 TPUのブロック図

PCIe バスは Gen3 × 16 である。主な計算機構部分は上部右隅の明るい影がかかった行列乗算ユニットである。その入力は、中ぐらいの影がかかった重み FIFO と中ぐらいの影がかかった統一バッファで、その出力は中ぐらいの影がかかった累算器である。明るい影がかかった活性子は累算器の非線形関数を行い、この結果統一バッファに行く。

† この節は論文"In-Datacentcr Performance Analysis of a Tensor Processing Unit"［Joupi *et al.*, 2017］を元にしている。論文の著者の一人が本書の共同執筆者である。

和演算を行える ALU が 256 × 256 個入っている。16 ビットの積は、行列ユニットの下にある 4MiB の 32 ビット**累算器**に集められる。8 ビットの重みと 16 ビットの活性子（あるいはその逆）の混成を使う時、行列ユニットは半分の速度で動作し、両方が 16 ビットである場合は 1/4 の速度で動作する。1 クロックサイクルで 256 個の値を読み書きし、行列乗算や畳み込みを実行できる。非線形関数は**活性子**のハードウェアで計算される。

行列ユニットへの重みは、"Weight Memory"と呼ばれるオフチップの 8GiB の DRAM からオンチップの**重み FIFO** を通して設定される（推論では重みはリードオンリーなので、8GiB は同時に活性化するモデルを数多くサポートしている）。中間値は 24MiB のオンチップ**統一バッファ**に保持され、これは行列乗算ユニットの入力にすることができる。プログラミング可能な DMA コントローラで、CPU ホストメモリと統一バッファの間でデータをやり取りする。

7.4.3 TPUの命令セットアーキテクチャ

命令は比較的遅い PCIe バスを経由して送られるので、TPU 命令は CISC のスタイルになっていて、繰り返しフィールドを備える。TPU はプログラムカウンタも分岐命令も備えないので、命令はホスト CPU から送られる。これらの CISC 命令の命令当たりのクロック数（CPI）は、通常 10〜20 である。命令数は 1 ダース程度だが、以下の 5 つは中心的なものである。

1. `Read_Host_Memory`は CPU のホストメモリからデータを読み、統一バッファに格納する。
2. `Read_Weights`は重みを重みメモリから重み FIFO に、行列ユニットへの入力として読む。
3. `MatrixMultiply/Convolve`は、行列乗算ユニットが単一の行列と行列の乗算、ベクタと行列の乗算、要素毎の行列乗算、要素毎のベクタ乗算、統一バッファから累算器への畳み込みのいずれかを行う。行列演算は $B \times 256$ の可変サイズ入力を取り、それに 256 × 256 の定数の入力を乗じ、$B \times 256$ 個の出力を得て、完了するのに B パイプラインサイクルを要する。例えば入力が 256 要素のベクタ 4 つである場合、B は 4 で、完了するのに 4 クロックサイクルかかる。
4. `Activate`は、人工ニューロンの ReLU、シグモイド、双曲線正接等の中の 1 つの非線形関数を実行する。
5. `Write_Host_Memory`は統一バッファのデータを CPU ホストメモリに書き込む。

他の命令は、ホストメモリの読み書きの切り替え、コンフィグレーションの設定、種類の同期、ホストへの割り込み、デバッグタグ、nop、それに halt である。CISC の MatrixMultiply 命令は 12 バイトで、内訳は統一バッファアドレスに 3 バイト、累算器のアドレスに 2 バイト、長さに 4 バイト（時には畳み込みで 2 次元）と、残りがオペコードとフラグになる。

開発の目標は、推論のすべてのモデルを TPU で実行可能でありながら、ホスト CPU とのやり取りを減らし、2013 年の DNN で要求されることだけでなく、2015 年以降の DNN に必要とされる事項にも十分対応できる柔軟性を持つことである。

7.4.4 TPUのマイクロアーキテクチャ

TPU のマイクロアーキテクチャの哲学は、行列乗算ユニットを常にビジーにすることである。そのために、他の命令の実行を行列乗算命令の実行にオーバーラップさせている。先に示した 4 つの命令カテゴリー[†]に対応するように、実行ハードウェアを分離した（ホストメモリへの読み書きは同じユニットにまとめている）。命令実行の並列性をさらに高めるために、`Read_Weights`命令はアクセス実行分離の哲学［Smith, 1982b］に従って、命令の実行はアドレスの送信で完了するが、これは Weight Memory から重みが取得されるまえである。行列ユニットは統一バッファや重み FIFO から not-ready の信号を受けると、必要なデータがまだ有効でないということで、行列ユニットはストールする。

TPU 命令は、1 ステージ当たり 1 クロックかかる従来型の RISC と違って、多くのクロックサイクルを要することに注意されたい。

大きな SRAM を読み出すのは演算に比べて高くつくので、行列乗算ユニットは、統一バッファへの読み書きを減らしてエネルギーを減らすために、シストリックな実行形式を用いている［Kung and Leiserson, 1980］［Ramacher *et al.*, 1991］［Ovtcharov *et al.*, 2015b］。**シストリックアレイ**は算術ユニットを 2 次元に配したもので、それぞれは、上流にある他の算術ユニットからの入力に対して、一定の関数を独立に計算し、部分的な結果として出力する。アレイの異なる方向から一定の間隔でやってくるデータは、セル上で計算に使われ、部分結果はそれにも依存することになる。データフローは前進する波頭のようにアレイを通るので、その様子はシストリックという名前の語源である、心臓による人体の循環システムが送る血液に似ている。

図 7.13 はシストリックアレイがどのように動作するのかを例示したものである。下の 6 つの円は、重み *wi* で初期化される積和ユニットである。入力データ *xi* は、上からアレイにズレて入って来るように描いてある。図の 10 段のステップは、ページの上から下まで降りるのに 10 クロックサイクルを要することを示している。シストリックアレイは入力を下に渡して、乗算し、和を右に流す。必要な積の和はシストリックアレイの経路をデータが通りながらできあがっていく。シストリックアレイでは入力データはメモリから 1 回だけ読み、出力はメモリに 1 回だけ書くことに注意しよう。

TPU ではシストリックアレイを回転させる。図 7.14 は重みが上部からロードされ、入力データがアレイに左側から流し込まれる様子を示している。与えられた 256 要素の積和演算は、行列を対角線の波頭として移動する。重みはあらかじめロードされていて、新しいブロックの最初のデータに波に沿って進みながら作用していく。制御とデータは 256 個の入力が一度しか読まれないという幻影を与えるためにパイプライン化されており、送り遅延の後に 256 の積算メモリの各々の場所を一度更新する。正当性の観点から、ソフトウェアは行列ユニットが本質的にシストリックだということを意識しないが、性能の観点からはユニットの遅延を考慮する。

† 訳注：7.4.3 節では 5 項目になっているが、ここで 4 項目なのは，1.と 5.をまとめてメモリ入出力としてまとめたということだ。

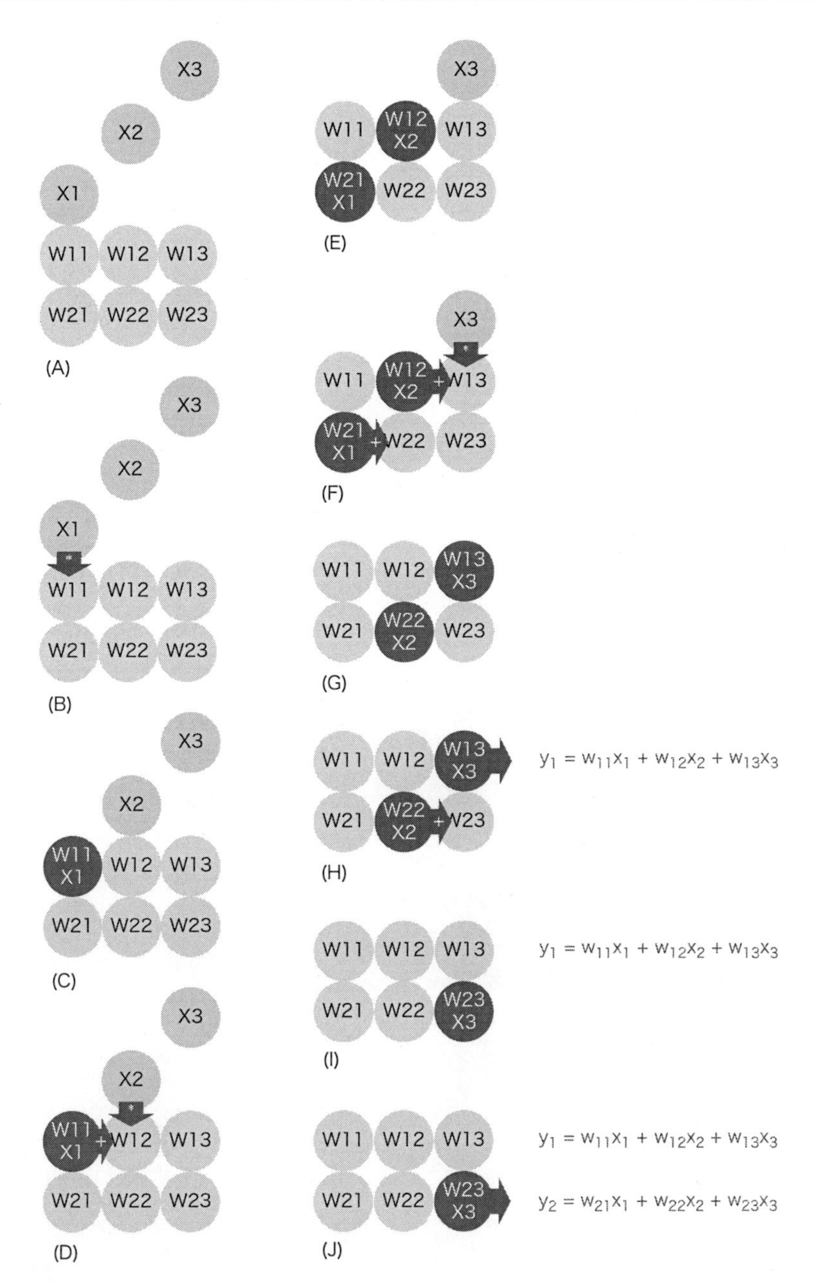

図 7.13 ページの上から下にかけてシストリックアレイの動作例を示す

この例では、6つの重みが積和ユニットの中にあり、これがTPUの標準状態である。3つの入力は上から来て（TPUの中では実際にはデータは左から来る）、千鳥足に配列されて望みの効果を得る。アレイはデータを下にある次のエレメントに渡す。手順の終わりでは、いくつかの積が右にできる。（図はYaz Satoの提供）

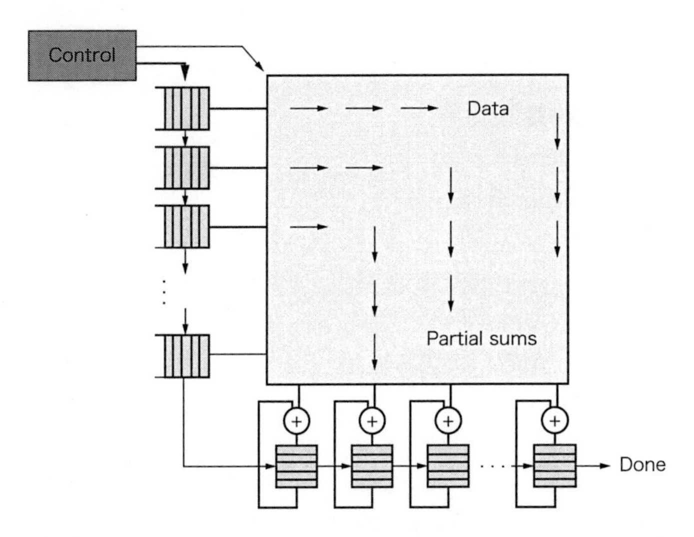

図 7.14 行列乗算ユニットのシストリックなデータフロー

7.4.5 TPUの実装

TPUチップは28nmのプロセスで製造され、クロック周波数は700MHzである。図7.15はTPUのフロアプランである。正確なダイサイズは示されていないが、662mm^{2}のIntelのHaswellサーバマイクロプロセッサの半分より小さい。

24MiBの統合バッファがダイの約1/3を占めており、行列乗算ユニットが1/4、データパスがダイの約2/3を占めている。24MiBが選ばれたのは、サイズダイの行列ユニットのピッチに合うようにというのが理由の1つ、別の理由は開発期間が短かったのでコンパイラを単純化したかったからであった。制御はたった2%であった。図7.16はTPUがプリント基板の上に搭載され、既存のSATAディスクスロットに装着されている様子である。

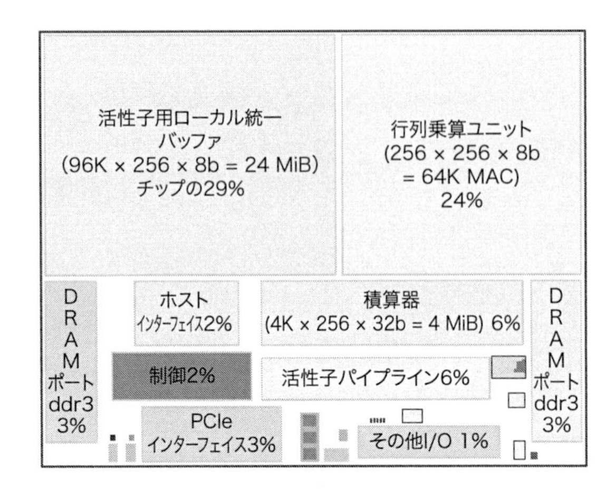

図 7.15 TPUのダイのフロアプラン

影が付いている部分は図 7.14 に従う。統一活性子バッファが 29%、行列乗算ユニットが 24%、…、その他 I/O が 1%、そして影が付いた制御部はダイのたった 2%である。CPU や GPU では制御がもっと大きく（設計が困難に）なる。未使用の白い部分があることから、TPU が出荷されるまでの時間の厳しさを見て取れる。

図 7.16 TPUのプリント基板

サーバの SATA ディスクのスロットに挿入できるが、カードは PCIe バスを使う。

7.4.6 TPUのソフトウェア

TPU のソフトウェアスタックは CPU と GPU のために開発されたものと互換性をもたせ、アプリケーションが素早く移植可能なようになっている。アプリケーションの中の TPU で稼働させる部分は、通常 TensorFlow を使って開発され、CPU か TPU で稼働できるような API を使ったコードにコンパイルされる [Larabel, 2016]。図 7.17 は TensorFlow のコードの MLP の部分である。

GPU と同様に、TPU のソフトウェアスタックでもユーザ空間ドライバとカーネルドライバの層に分離される。カーネルドライバは軽量でメモリ管理と割込みだけを扱い、長期間に渡って仕様を変えないように設計されている。ユーザ空間ドライバは頻繁に変更され、TPU の実行の準備と制御、TPU の形式へのデータの変換、それに API 呼び出しを TPU の命令へ変換しアプリケーションバイナリに変換する。ユーザ空間ドライバはあるモデルを評価する際に、初回はそれをコンパイルし、プログラムのイメージをキャッシュし、重みのイメージを TPU の重みメモリに書く。2 回め以降の評価はフルスピードで走る。TPU は、ほとんどのモデルについて入力から出力まですべてを実行し、TPU の計算時間の I/O 時間に対する比を最大化する。計算はしばしば層毎に 1 つずつ行われ、オーバーラップ

```
# ネットワークパラメータ
n_hidden_1 = 256 # 特徴の最初の層
n_hidden_2 = 256 # 特徴の2番目の層
n_input = 784    # MNISTデータ入力 (画像の形: 28*28)
n_classes = 10   # MNIST総クラス (0-9の数字)

# tfグラフ入力
x = tf.placeholder("float", [None, n_input])
y = tf.placeholder("float", [None, n_classes])

# Create model
def multilayer_perceptron(x, weights, biases):
  # 隠れ層はReLU活性子
  layer_1 = tf.add(tf.matmul(x, weights['h1']),
    biases['b1'])
  layer_1 = tf.nn.relu(layer_1)
  # 隠れ層はReLU活性子
  layer_2 = tf.add(tf.matmul(layer_1, weights['h2']),
    biases['b2'])
  layer_2 = tf.nn.relu(layer_2)
  # 出力層は線形活性子
  out_layer = tf.matmul(layer_2, weights['out'])+
    biases['out']
  return out_layer

# 重みとバイアスの層をストア
weights = {
  'h1': tf.Variable(tf.random_normal([n_input,
    n_hidden_1])),
  'h2': tf.Variable(tf.random_normal([n_hidden_1,
    n_hidden_2])),
  'out': tf.Variable(tf.random_normal([n_hidden_2,
    n_classes]))
}
biases = {
  'b1': tf.Variable(tf.random_normal([n_hidden_1])),
  'b2': tf.Variable(tf.random_normal([n_hidden_2])),
  'out': tf.Variable(tf.random_normal([n_classes]))
}
```

図 7.17 TensorFlow プログラムの MNIST MLP の部分

これには 2 つの隠れた 256 × 256 の層があり、各々の層は非線形関数として ReLU を使っている。

した実行によって行列ユニットはほとんどのクリティカルパスでない部分を隠すことができる。

7.4.7 TPUの改良

TPU のアーキテクトは、TPU を改良すべく、多様なマイクロアーキテクチャを検討した。

FPU と同様に、TPU コプロセッサは比較的評価が容易なマイクロアーキテクチャであるので、TPU のアーキテクトは性能モデルを構築し、メモリのバンド幅と行列の単位サイズ、そしてクロック周波数で性能を見積もり、累算器の数を変化させた。TPU ハードウェアカウンタを使った測定では、モデル性能は対応するハードウェア性能の平均で 8%以内であることが分かった。

図 7.18 はパラメータを 0.25 倍から 4 倍に変化させた時の TPU の性能がどれだけ影響を受けるかを示している（7.9 節に使ったベンチマークを列挙している）。さらにクロック周波数（図 7.18 の

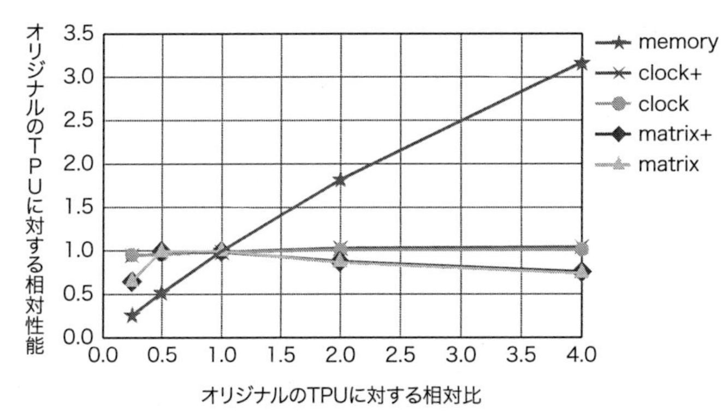

図 7.18 0.25 倍から 4 倍のスケールで見た性能：メモリバンド幅、クロック周波数と累算器、クロック周波数、行列ユニットの次元と累算器、平方行列ユニットの 1 つの次元

これは 7.9 節の 6 つの DNN アプリケーションから算出された平均性能である。CNN は演算が律速になる傾向があるが、MLP や LSTM はメモリが律速になる傾向がある。ほとんどのアプリケーションには高速なメモリの恩恵があるが、クロックが速くなると少し異なり、行列ユニットを大きくすると実際には性能が下がる。性能モデルは TPU 内部で実行するコードだけのものであり、ホスト CPU のオーバーヘッドは考えていない。

clock）を高めるだけの影響を評価するのに加えて、図 7.18 では設計を変えた時の変化（clock+）も図示していて、これはクロック周波数を上げてそれに応じて累算器の数をスケールして、コンパイラが実行時にメモリ参照を維持できるようにしている。同様に図 7.18 は累算器の数が次元数の平方で増えたとして、行列ユニットを拡張した場合（matrix+）も図示している。その理由は、行列ユニットだけを大きくする場合（matrix）と同様に、行列は両方の次元で大きくなるからである。

最初にメモリのバンド幅（memory）は最も大きい影響がある。メモリバンド幅が 4 倍になると、平均で 3 倍性能が向上する。これは、重みメモリを待つ時間が減るからである。次に、クロック周波数を増やしても、累算器を増やすかどうかに関わらず、平均的には、ほとんど効果がない。3 番目に、図 7.18 の平均性能は、行列を 256 × 256 から 512 × 512 に拡張すると、累算器を増やす増やさないに関係なく、すべてのアプリケーションでわずかに「低下する」。これは大きいページにおける断片化（フラグメンテーション）に似ているが、2 次元へ割り当てるのでさらに悪化する。

LSTM1 で使われている 600 × 600 の行列について考えてみよう。256 × 256 の行列ユニットを使うと、600 × 600 を敷き詰めるのは 9 ステップになり、18μs かかる。より大きい 512 × 512 のユニットだと、4 ステップで済むが、各々のステップは 4 倍かかるので、32μs になる。TPU の CISC 命令は長いので、デコードの占める割合は小さく、DRAM からのロードのオーバーヘッドを隠蔽しない。

性能モデルからのこれらの洞察に立脚して、次に TPU のアーキテクトは他の選択肢や、もし 15 か月以上の作業時間があり同じプロセス技術を使ったと仮定した場合の仮想的な TPU を評価した。より意欲的な論理合成やブロック化設計を使うと、クロック周波数が 50%向上する可能性がある。K80 と同様に GDDR5 をメモリとして使うようにインターフェイス回路を設計すれば、重みメモリのバンド幅は 5 倍改善すると分かった。図 7.18 はクロック周波数を 1050MHz に増したが、メモリはそのままなので、ほとんど性能が変わらなかった。もしクロックを 700MHz のままで、代わりに GDDR5 を重みメモリに使えば、ホスト CPU が DNN を改良型 TPU で呼び出すオーバーヘッドを含めても、性能は 3.2 倍向上する。両者を実施しても平均性能は更には向上しない。

7.4.8 まとめ：TPUはガイドラインにどう沿っているか

I/O バスで接続され、TPU を目いっぱい使おうとすると律速になる比較的小さいメモリバンド幅にもかかわらず、大きな数の小さい端数は比較的大きく成り得る。7.9 節で見るように、TPU は、DNN の推論アプリケーションを実行した場合、GPU の性能価格比を 10 倍改善することが、その目標として導き出された。さらに再設計された TPU は、GPU と同じメモリ技術に切り替えるだけで、3 倍速くなるだろう。

TPU の成功の理由を説明する 1 つの方法は、7.2 節のガイドラインにどれだけ沿っているかを見ていくことだ。

1. **データの移動距離が最小になるような専用メモリを使うべし。**
   TPU は 24MiB の統一バッファを持ち、中間行列や MLP、LSRM のベクタ、そして CNN の特徴マップを保持している。これは一度に 256 バイトにアクセスできるよう最適化されている。さらに各々32 ビットの幅の 4MiB の累算器バッファを持ち、行列ユニットの出力を集めて、非線形関数を計算するハードウェアの入力に結果を供している。8 ビットの重みはチップ外の重みメモリの DRAM に格納され、オンチップの FIFO を経由してアクセスされる。これらの型とサイズのデータが、汎用 CPU では対照的にメモリ階層のいくつかのレベルに冗長なコピーが発生する。
2. **マイクロアーキテクチャの先進的な最適化を省いたことで浮いた資源を、算術ユニットやメモリの追加に充てよ。**
   TPU は 28MiB の専用メモリと 65,536 個の 8 ビット ALU を供しており、これはサーバ級の CPU の 60%のメモリと 250 倍多くの ALU ということになるが、それでも半分のサイズと消費電力である（7.9 節を参照）。サーバ級の GPU に比べて、TPU は 3.5 倍のオンチップメモリと 25 倍の ALU ということになる。
3. **その領域に適合する最も容易な並列性の形を使え。**
   TPU は 256 × 256 の行列乗算ユニットで 2 次元の SIMD 並列性を引き出しており、この内部はシストリック構成でパイプライン化され、命令の実行パイプラインは単純にオーバーラップしている。GPU なら代わりにマルチプロセッシングやマルチスレッド、そして 1 次元の SIMD に頼り、CPU はマルチプロセッシング、アウトオブオーダ実行、それに 1 次元の SIMD に頼る。
4. **その領域に必要最小限なところにデータサイズとデータタイプを絞り込め。**
   TPU は基本的に 8 ビットの整数しか計算対象としていないが、16 ビット整数と 32 ビット整数の積算をサポートしている。CPU と GPU は 64 ビットの整数や 32 ビットと 64 ビットの浮動小数点数もサポートしている。
5. **DSA にコードを移植するのに、領域特化プログラミング言語を使え。**
   TPU は TensorFlow プログラミングフレームワークを使ってプログラムされるが、GPU は CUDA や OpenCL に頼り、CPU は実質上何でも実行できなければならない。

7.5 MicrosoftのCatapult：柔軟なデータセンターのアクセラレータ

Googleが自分のデータセンター向けの特注のASICについて考えていたのと並行して、マイクロソフトも自分のデータセンター向けのアクセラレータを考えていた。Microsoftの見解は、以下のガイドラインに沿うべきだということであった。

- サーバの素早い再配置を可能にし、保守やスケジューリングを避けるため、多少複雑になってもサーバは均質でなければならない。この考えはDSAの概念に照らすと少し反すが…。
- 複数のアクセラレータにすべてのアプリケーションの負荷を負わせずに、単一のアクセラレータにぴったり合わせるよりも、もっと多くの資源を必要になるかもしれないアプリケーションに対しては、その規模に対応してスケールしなければならない。
- 電力効率を追い求める必要がある。
- 一点故障により、確実性の問題を引き起こさないこと。
- 既存のサーバのスペースと電力の隙間†に入ることを狙わねばならない。
- データセンターのネットワークの性能と信頼性を損ねてはいけない。
- アクセラレータはサーバのコストパフォマンスを増さねばならない。

最初のルールは特定のサーバの特定のアプリケーションだけを助けるASICを配備することを禁止しており、一方でGoogleはこの路線であった。

Microsoftは、データセンターサーバのPCIeバス上のボードにFPGAを搭載する**Catapult**と呼ばれるプロジェクトを開始した。このボードはFPGAを1つ以上必要とするアプリケーションのために専用ネットワークを搭載している。この計画ではFPGAの柔軟性を活かして、違ったサーバで様々なアプリケーションを動作させることも、再プログラムにより、同じサーバで、別の時間で、違ったアプリケーションを動作させることもできる。このことにより、アクセラレータへの投資に対する利得が改善する。FPGAのもう1つの優位点は、NREがASICよりも低いことにあり、このことによっても改善する。ここでは、WSCへの要求に適合するようにCatapultが2世代に渡ってどのように改良されたかについて議論する。

FPGAについて興味深いのは、各々のアプリケーション、あるいはアプリケーションの処理フェーズ、それ自身DSAと考えることができるのだろうか、ということだ。このため、この節では単一のハードウェアプラットフォーム上の新しいアーキテクチャの例を数多く見ていく。

7.5.1 Catapultの実装とアーキテクチャ

図7.19にMicrosoftが自社サーバに適合するように設計したPCIeボードを示す。このボードの消費電力と空冷は25Wに制限されていて、この制約から28nmのAltera Stratix V D5 FPGAをCatapultの最初の実装で選択することになった。ボードは32MiBのフラッシュメモリと、2バンク構成のDDR3-1600DRAMを合計8GiB搭載する。FPGAは3926個の18bitALU、5MiBのオンチップメモリを搭載し、DDR3 DRAMに対して11GiB/sのバンド幅を有する。

† 訳注：翻訳時のCatapultの実情は隙間に入るというものではない。

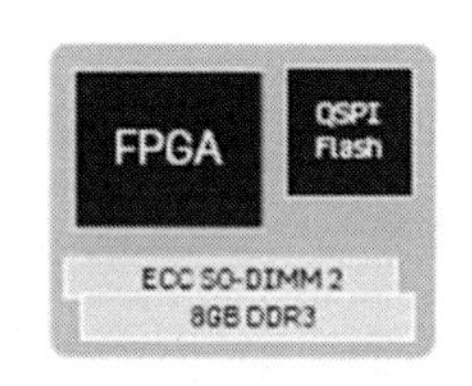

(A)

(B)

(C)

図7.19 Catapultボードの設計

（A）はブロック図を示し、（B）は10×9×16のボードの両方の面からの写真である。PCIeとFPGA間のネットワークは、底部をマザーボードに直接装着するコネクタに配線されている。（C）はサーバの写真で、高さは1U（4.45cm）で、標準ラックの半分の幅である。各々のサーバは12コアIntel Sandy Bridge Xeon CPUを2つと、64GiBのDRAM、2つの半導体ドライブ（SSD）、4つのハードディスクドライブ、10Gbit Ethernetネットワークカードを搭載する。（C）の右側のハイライトされた四角形は、Catapult FPGAボードをサーバへ搭載する位置を示している。冷却空気は（C）の左側から吸い込まれ、Catapultボードを通過し、熱気は右側から放出される、このホットスポットとコネクタが供する電力の量のために、Catapultボードは25Wに制限されている。48台のサーバが、データセンターのネットワークにつながっているEthernetスイッチを共有し、データセンターのラックの半分を占める。

データセンターのラックの半分に当たる48台のサーバは、各々1つのCatapultボードを搭載している。Catapultは先のガイドラインに従って、データセンターのネットワークの性能に影響を与えないようにして1つ以上のFPGAが必要なアプリケーションをサポートするのに、48個のFPGAを接続する独立した低遅延の20GBit/sのネットワークを付加している。ネットワークのトポロジは2次元の6×8のトーラスネットワークである。

単一箇所の故障に関するガイドラインに沿うために、このネットワークは1つのFPGAが故障しても稼働できるように再構成可能になっている。FPGA外のボードのメモリは、SECDED保護が搭載してあり、これは大規模なデータセンター配備する際の必須項目である。

FPGAはプログラム可能にするために内部にたくさんのメモリを使っており、このために、プロセスが微細化するほど放射線に起因するメモリエラー（single-event upsets、**SEU**）に遭いやすくなるので、ASICよりも脆弱である。CatapultボードのAlteraのFPGAは、FPGAの設定状態を定期的に洗い出してSEUを検出して訂正する仕組みをFPGAに内蔵して、SEUを減らしている。

独立したネットワークには、データセンターのネットワークを使う場合に比べて通信性能のばらつきが減るというメリットがある。エンドユーザに作用するアプリケーションで特に有害な、ネットワークの予測不能性は末端の遅延を増す。独立したネットワークのおかげで、CPUからアクセラレータへのオフロードを容易に成功することができる。FPGAネットワークは、エラー率がかなり低く、ネットワークトポロジがきちんと定義されているので、データセンターのものよりも単純なプロトコルで済む。

FPGAを再構成する際は、故障ノードとして認識されたり、ホストサーバをクラッシュさせたり、近隣ノードと衝突したりしないように気を付ける必要がある。Microsoftは、1つ以上のFPGAの再設定を確実に安全に行うための上位のプロトコルを開発した。

7.5.2 Catapultのソフトウェア

CatapultとTPUの最大の違いは、VerilogやVHDL等のハードウェア記述言語のプログラムを持つことである。Catapultの作者は以下のように書いている［Putnam *et al.*, 2016］。

> **今後、データセンターにFPGAを広範囲に適用することの最大の困難は、プログラム可能性である。FPGAの開発では、依然としてレジスタトランスファレベル（RTL）のハンドコーディングと手動の調整が必要である。**

Catapult FPGAのプログラミングの重荷を減らすために、レジスタトランスファレベル（RTL）のコードは図7.20のように**シェル**と**ロール**（役割）に分割される。シェルコードは、組み込みCPUのシステムライブラリと同じようなもので、データ管理やCPUとFPGA間の通信、FPGA同士の通信、データの移動、再構成、FPGAの状態モニタリングといった、同じFPGAボードではアプリケーション間で再利用されるRTLのコードを含んでいる。AlteraFPGAではシェルのRTLコードは23%を占める。ロールコードは、Catapultのプログラマが FPGAの資源の残りの77%を使って記述するアプリケーションのロジックである。シェルは、標準APIとアプリケーションの標準的な振る舞いを提供するという恩恵があるのだ。

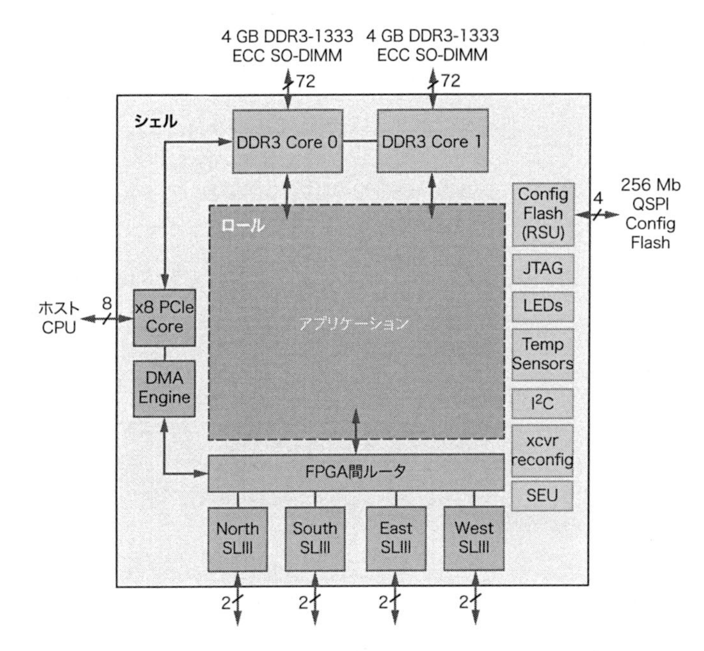

図7.20 RTLコードを分割するシェルとロールのCatapultコンポーネント

7.5.3 CatapultでのCNN

Microsoftは構成可能なCNNアクセラレータをCatapultのアプリケーションとして開発した。設定パラメータには、ニューラルネットワークの層の数、層の次元、そして使う数値の精度がある。図7.21はCNNアクセラレータのブロック図である。その主な特徴は、

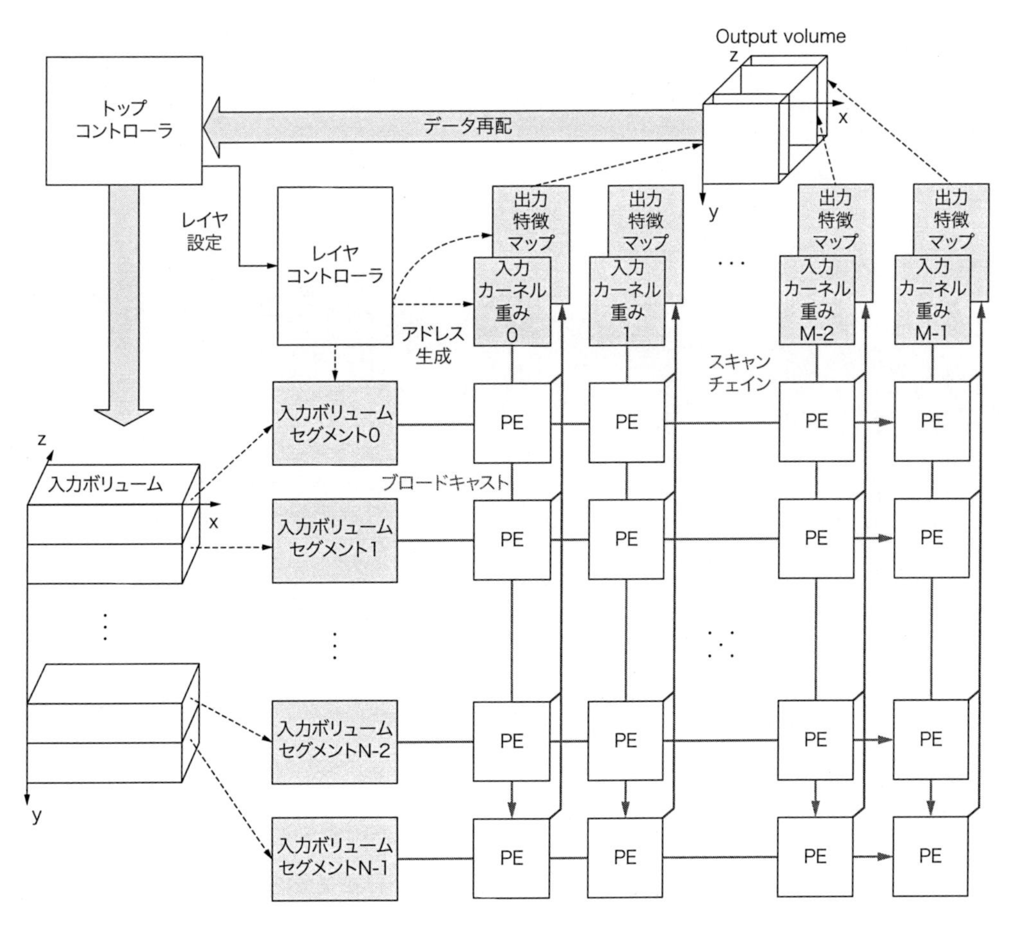

図7.21 CatapultのCNNアクセラレータ

左側の入力ボリュームは図7.20の左のLayer[$i-1$]に対応し、NumFM[$i-1$]はy、DimFM[$i-1$]はzに対応する。上の出力ボリュームはLayer[i]にマップし、zはNumFM[i]、DimFM[i]はxにマップする。次の図はプロセッサエレメント（PE）の内部を示している。

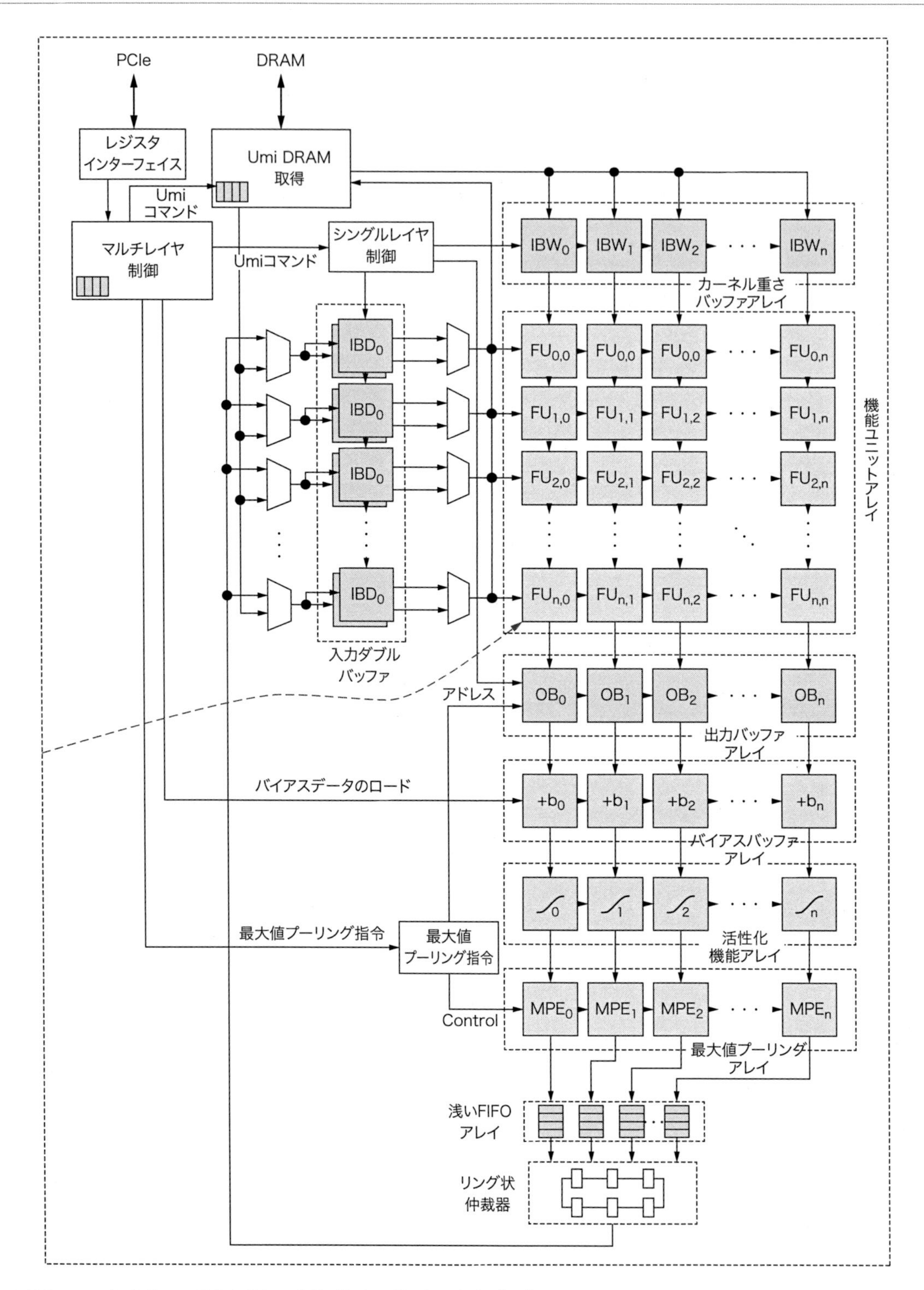

図 7.22　図 7.21 のCatapult によるCNNアクセラレータのプロセッサエレメント（PE）
2 次元のファンクショナルユニット（FU）は ALU と少しのレジスタのみから成る。

- FPGA ツールを使って再コンパイルしなくても、実行時に設計を設定可能。
- メモリアクセスを最小化するのに、CNN のデータ構造の効率的なバッファリングを提供（図 7.21 を参照）。
- 数千のユニットまで拡張可能なプロセッシングエレメント（PE）の 2 次元の配列。

画像は DRAM に送られ、FPGA のマルチバンクバッファに入力される。入力は特徴マップ出力を生成するステンシル計算を行うために、複数の PE に送られる。図 7.21 の上左にあるコントローラは、各々の PE へのデータの流れを制御する。最後の結果は入力バッファに再循環され、CNN の次の層の計算をする。

TPU と同様に、PE はシストリックアレイを構成するように設計されている。図 7.22 は PE の設計の詳細を示している。

7.5.4 Catapultでの検索高速化

Catapult の開発成果を試すアプリケーションの筆頭に挙げられるものは、**ランキング**と呼ばれる Microsoft Bing 検索エンジンの重要な機能である。これは検索の結果を順にランキングする。出力はドキュメントスコアで、ユーザに示した Web ページのドキュメントの位置を決めるものである。そのアルゴリズムは 3 ステージから成る。

1. **特徴抽出**（Feature Extraction）は検索の質問に従ってドキュメントから何千もの興味の特徴を抽出する。
2. **自由形式表現**（Free-Form Expressions）は前のステージから来た数千の特徴の組み合わせを計算する。
3. **機械学習評点**（Machine-Learned Scoring）は機械学習アルゴリズムを使って前の2つのステージから得た特徴を評価し、ホストの検索ソフトウェアに返すドキュメントの浮動小数点のスコアを計算する。

ランキングのCatapultでの実装は、既知のバグも含めてBingソフトウェアと同じ結果を再現する！

先のガイドラインの1つによると、ランキング機能を1つのFPGAだけで実現する必要はない。ランキング機能が8つのFPGAをまたがって実装されている様子を以下に示す。

- 特徴抽出は1つのFPGAで行う。
- 自由形式表現は2つのFPGAで行う。
- 評点エンジンの効率を高めるための圧縮ステージは1つのFPGAで行う。
- 機械学習評点は3つのFPGAで行う。

残りのFPGAは故障対策のスペアである。1つのアプリケーションに複数のFPGAを使う場合は、FPGA専用ネットワークがあるとうまくいく。図7.23に特徴抽出ステージの構成を示す。43の特徴抽出状態機械を使い、1つのドキュメント質問のペアに対して、4500の特徴を並列に計算する。

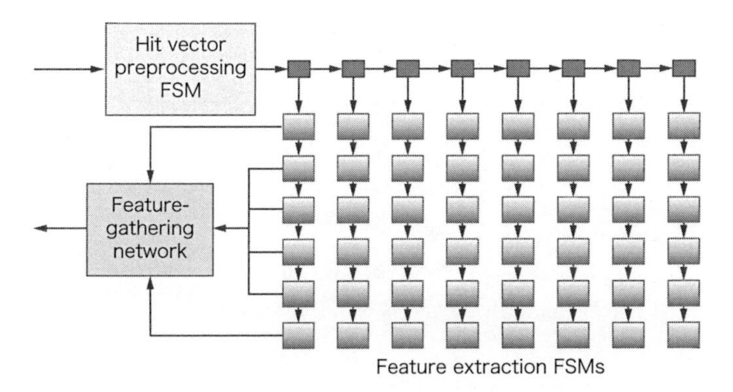

図7.23　特徴抽出ステージのFPGA実現のアーキテクチャ

ヒットベクタは、ドキュメント中の質問ワードの場所を記述したものであるが、ヒットベクタプリプロセッシング状態機械に流し込まれ、制御とデータのトークンに分離される。これらのトークンは43個の特徴状態機械の個々に並列に発行される。特徴収集ネットワークは、生成された特徴と値のペアを収集し、それらを続く自由形式表現ステージに送る。

次に続くのは、自由形式表現ステージである。機能を直接ゲートや状態機械で表現するのではなく、Microsoftはマルチスレッディングの長い遅延を克服した60コアのプロセッサ開発した。GPUとは異なり、MicrosoftのプロセッサはSIMD実行を必要とせず、3つの特徴でレイテンシの大きなターゲットに適合する。

1. 各々のコアは、1つが長いオペレーションでストールしても他は継続可能な、4つの同時マルチスレッドをサポートする。すべての機能ユニットはパイプライン化され、クロックサイクル毎に新しいオペレーションを受け付ける。
2. スレッドはプライオリティエンコーダを用いて静的に優先順位を決められる。最も長い遅延がある式は、すべてのコアでスロット0のスレッドを使い、次に遅いのはすべてのコアでスロット1で、以下同様。
3. 単体のFPGAに割り当てられた時間には大きすぎて適合しない式は、自由形式表現のための2つのFPGAをまたいで分割される。

FPGAの再プログラミング性にかかるコストの1つは、専用チップに比べてクロック周波数が低いことである。機械学習評点ではこの欠点を克服するのに、2つの形の並列性を使っている。1つ目はアプリケーションで適用可能なパイプライン並列性に適合するパイプラインを用いることである。ランキングではステージ当たり8μsが限界である。2つ目の並列性は、稀にしか見られない**複数命令単一データ流**（**MISD**）並列性で、多くの独立したデータ流が1つのドキュメントで並列に作用する。

図7.24はCatapultのランキング機能の性能である。7.9節で見るように、ユーザ対応のアプリケーションの応答時間が厳しいことはしばしばであり、アプリケーションが締め切りを過ぎてしまったとすると、スループットがいくら高くても関係ない。x軸は応答時間の限界を示しており、1.0が締め切りである。ここでの最大遅延で、Catapultはホストの Intelサーバに比べて1.95高速である。

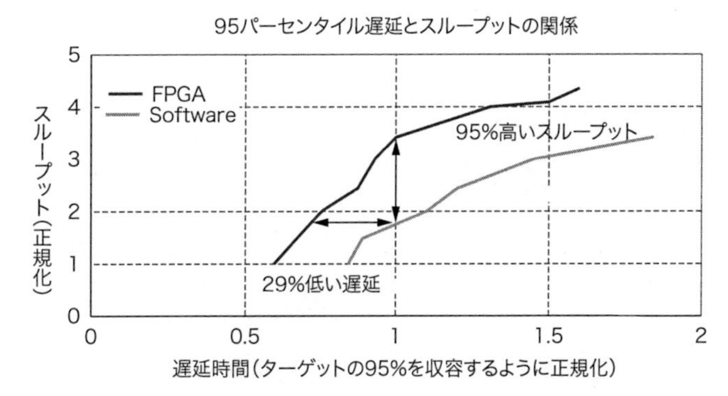

図7.24　決められた遅延限界でのCatapultのランキング機能の性能

x軸はBingのランキング機能の応答時間を表す。Bingアプリケーションのx軸における最大応答時間の95%値は、1.0であるので、点が右側にあるデータは、スループットが高いけど到着が遅くて使い物にならないということになる。y軸が示すのは、決められた応答時間に対して、Catapultとすべてソフトウェアの95%のスループットの点である。1.0で正規化した応答時間において、Catapultは、Intelサーバを純粋にソフトウェアで稼働した場合の1.95倍のスループットを達成している。視点を変えて、応答時間が1.0でIntelサーバが出すのと同じスループットで比較すると、Catapultは29%小さい応答時間である。

7.5.5　Catapult V1の配備

数万台のサーバから成るウェアハウスコンピュータ全体に設置する前に、Microsoftは、17ラックいっぱいに、17×47×2、つまり1632台のIntelサーバに試験配備した。Catapultカードとネットワーク接続は製造とシステム統合の際にテストされたが、配備時には1632カードのうち7台（0.43%）が、3264のFPGAネットワーク接続のうち1つ（0.03%）が故障していた。配備の数か月後に故障したものはなかった。

7.5.6 Catapult V2

試験配備に成功したが、Microsoftは実戦配備に向けてアーキテクチャを変更して、BingとAzureネットワーキングで同じボードとアーキテクチャを使えるようにした［Caulfield *et al.*, 2016］。V1アーキテクチャの主な問題点は、独立したFPGAのネットワークが標準的なEthernet/IPネットワークを受信したり処理したりできないことで、データセンターのネットワークインフラストラクチャを加速するのに使えないということであった。さらに配線は高価で複雑で、48個のFPGAに限定されていて、ある故障パターンに対応するトラフィックの再ルーティングが性能を低下させたり、ノードを孤立させることもあり得た。

対応する解は、FPGAを論理的にCPUとNICの間に配置し、ネットワークのトラフィックがすべてFPGAを通るようにすることであった。この「挟み込み（bump-on-a-wire）」配置によって、Catapult V1のFPGAネットワークの多くの弱点が取り除かれた。さらに、これにより1つのデータセンターあるいはデータセンターをまたがったすべてのFPGAの大域的プールに対する、FPGA独自の低遅延ネットワークプロトコルを持つことが可能になった。

データセンターのネットワークトラフィックに対してCatapultアプリケーションが影響を与えるのではないか、という当初の懸念をなくすために、V1とV2の間で3つの変更が行われた。第一にデータセンターのネットワークが10Gbit/sから40Gbit/sにアップグレードされ、限界が増したこと。第二にCatapult V2がFPGAの論理回路として流量制限を備えるようになり、FPGAのアプリケーションがネットワークを飽和させなくなったこと。最後のは最も重要な変化で、ネットワーク技術者が、上記の「挟み込み」配置でFPGAを使う機会を得たこと。このおかげでネットワーク技術者は、単なる見物人から、熱狂的な協力者に変身した。

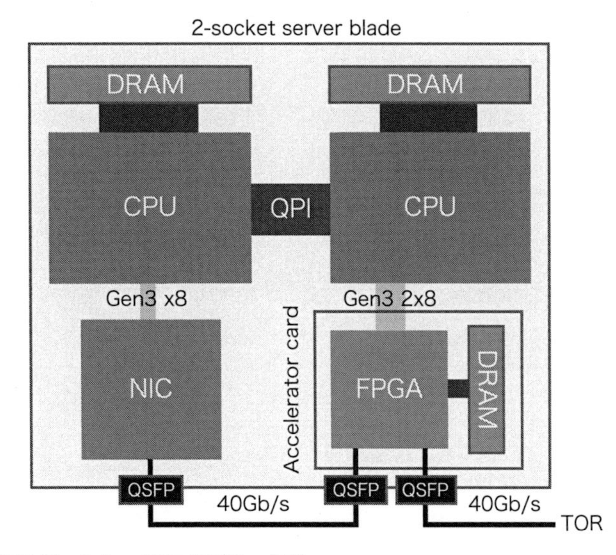

図7.25 Calapult V2のブロック図

ネットワークトラフィックはすべてFPGAからNICにルーティングされる。CPUにはPCIeコネクタがあり、Catapult V1と同様にFPGAをローカルな計算アクセラレータとして使えるようになっている。

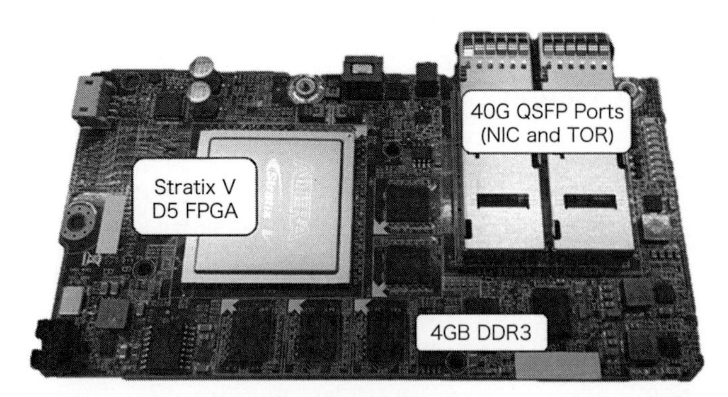

図7.26 PCIeスロットを使うCatapult V2ボート

Catapult V1と同じFPGAを使い、TDPは32W、256MiBのフラッシュメモリにFPGAの黄金のイメージ、つまり1つのアプリケーションイメージと同様に電源投入時にロードされるものが入っている。

Catapult V2を大多数のサーバに配備することで、MicrosoftはCPUサーバと同じネットワークのワイヤを共有する分散FPGAから成る第2のスーパーコンピュータを持つことになった。しかも、それぞれサーバにつき1つのFPGAを持つことで、同じスケールになる。図7.25と図7.26はCatapult V2のブロック図とボードである。

Catapult V2は、RTLをV1と同じシェルとロールにRTLを分割する方針を踏襲し、プログラミングを単純にしているが、公表時点ではシェルはFPGA資源のほとんど半分（44%）を使っている。データセンターのネットワーク線を共有するために複雑化したネットワークプロトコルのせいである。

Catapult V2はランキングの加速とfunction networkの加速に使われている。Microsoftはランキングの加速では、ランキングの機能のほとんどをFPGAで実施するよりは、最も計算主体の部分を実装しただけで、他はホストCPUで行うようにした。

- **特徴機能ユニット**（**FFU**）は、特定の検索語の頻度をカウントするといった、標準的な特徴測定のための有限状態機械の集合である。これはCatapult V1の特徴抽出ステージと似たコンセプトである。
- **動的計画特徴**（**DPF**）は、Microsoft所有の特徴集合を、動的計画法を使って生成する。Catapult V1の自由形式表現（DPF）ステージに若干類似している。

両者は、共にローカルでないFPGAも使えるように設計されていて、おかげでスケジューリングが単純になる。

図7.27はCatapult V2の性能を示したもので、図7.24のものと似た形式で比較している。スループットは、前のバージョンで1.95倍であったものが、遅延を犠牲にすることなく2.25倍になった。ラ

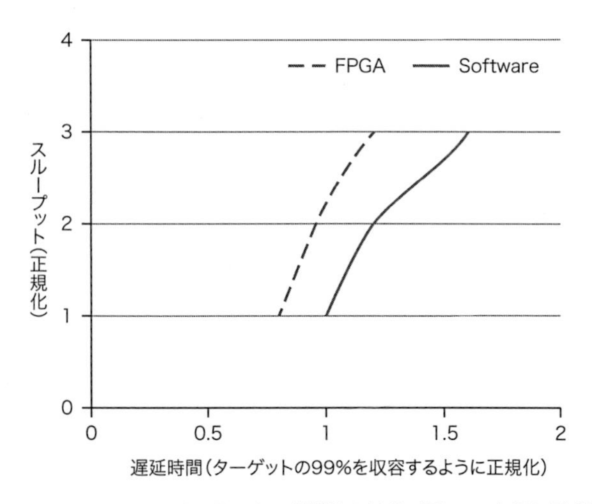

図7.27 Catapult V2でのランキング機能の性能（図7.24と同じ形式）

先の図では95%値を使っているのに対し、このバージョンは99%値を使っている。

ンキングが実用的に配置され計測の対象になっている。Catapult V2の遅延の最大値に近い部分（テイルレイテンシ）はソフトウェアのものよりも良好、つまり、FPGAの遅延はソフトウェア実現のものより良好である。すなわち、FPGAの遅延は、2倍のワークロードを背負い込むことができるにも関わらず、いかなる要求が与えられても、ソフトウェア実現のものを越えない。

7.5.7 まとめ：Catapultはガイドラインにどう沿っているか

Microsoft は Catapult V1 を試験的なサーバに搭載では、維持管理総経費（TCO）の上昇は30%未満であったと報告している。したがってこのアプリケーションに限れば、ランキングのコストパフォマンスの向上は少なく見積もって1.95/1.30、つまり約1.5倍の投資の見返りがあったことになる。Catapult V2 の TCO についてのコメントはなかったが、ボードでは同じタイプで同じような数のチップを使っているので、TCOが高くなることはないと推測しても良い。もしそうなら、Catapult V2 の価格性能比は、ランキングでは約2.25/1.30 つまり1.75倍ということになる。

以下は Catapult が7.2節のガイドラインにどのように従っているかである。

1. **データの移動距離が最小になるような専用メモリを使うべし。**
   Altera Stratix V FPGA は5MiBのオンチップメモリを搭載し、アプリケーションでその使い方をカスタマイズできる。例えばCNNの場合、図7.21に示すように入力と出力の特徴マップに使われている。
2. **マイクロアーキテクチャの先進的な最適化を省いたことで浮いた資源を、算術ユニットやメモリの追加に充てよ。**
   Altera Stratix V FPGA は、アプリケーションに適合可能な3926個の18ビットALUを内蔵している。CNNではそれを使ってシストリックアレイを構成し、図7.22のプロセッシングエレメントを駆動している。また、ランキングステージの自由形式表現で使われる60コアのマルチプロセッサのデータパスの形成にも使われている。
3. **その領域に適合する最も容易な並列性の形を使え。**
   Catapult はアプリケーションに適合する並列性の形を拾っている。例えば Catapult は2次元の SIMD 並列性を CNN アプリケーションに、MISD 並列性をランキングの機械学習評点フェーズで使っている。
4. **その領域に必要最小限なところにデータサイズとデータタイプを絞り込め。**
   Catapult は、8ビット整数から64ビット浮動小数点数に至るまで、アプリケーションが望むサイズとデータ型を何でも使うことができる。
5. **DSA にコードを移植するのに、領域特化プログラミング言語を使え。**
   この場合、プログラミングはハードウェアレジスタトランスファ記述言語（RTL）である Verilog で行われるが、C や C++ よりも生産性が低い。Microsoft は、FPGA の利用に当たって、このガイドラインに従わなかった（たぶんできなかった）。

このガイドラインは、1回のソフトウェアから FPGA へのアプリケーション移植についてのものだが、アプリケーションは凍結されない。その定義の通り、ソフトウェアは新機能の追加やバグフィックスのために進化するもので、特に Web 検索のようなものでは顕著である。成功したプログラムではメインテナンスはソフトウェア開発コストの大半になることもあり、それが RTL でということになると、ソフトウェアのメンテナンスのさらなる負担になる。Microsoft の開発者は、FPGA をアクセラレータとして使った他の開発者と同様に、領域特化言語の将来の発展と、ハードウェア–ソフトウェアの協調設計が FPGA のプログラミング困難さを減らしてくれると期待している。

7.6 IntelのCrest：学習向けデータセンターのアクセラレータ

7.3節の冒頭に引用した Intel の CEO のコメントは、Intel が DNN のための DSA（"accelerant"）を出荷する時のプレスリリースである。最初の例が **Crest** で、本書を書いている最中に発表された。

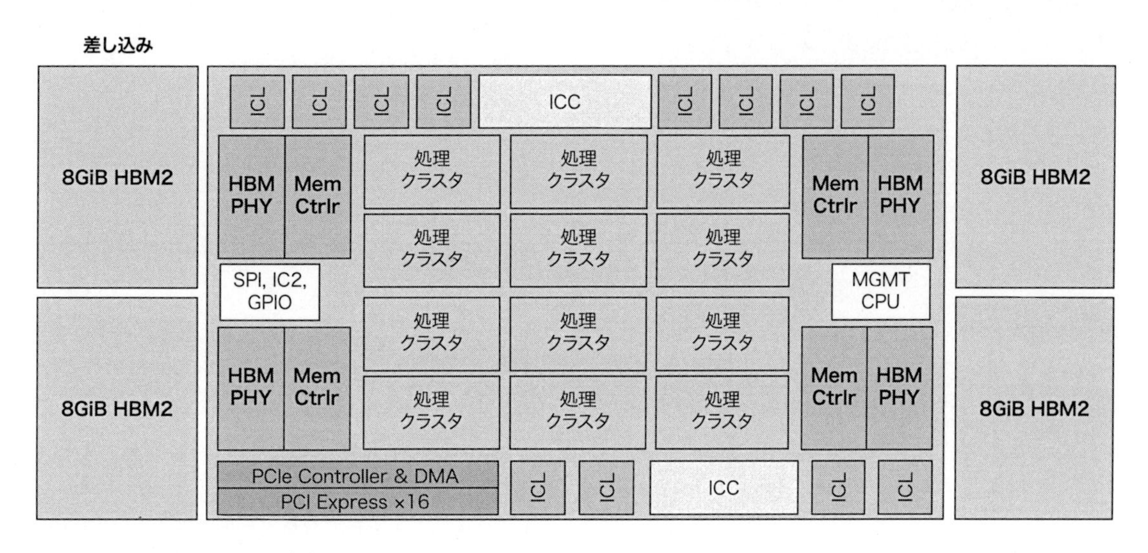

図 7.28 Intel の Lake Crest プロセッサのブロック図
Intel に買収される前に、Crest は TSMC の 28nm をほとんどいっぱい使ったと言っていて、これはダイのサイズが $600\sim700\text{mm}^2$ ということだ。このチップは2017年に出荷されるはずであった。Intel は Knights Crest も開発していて、これは Xeon x86 コアと Crest アクセラレータを搭載するハイブリッドチップである。

詳細は制限されているが、Intelのような伝統的なマイクロプロセッサの製造業者が、DSAに取り組むという思い切った手に打って出たということを重視して、ここで取り上げる。

Crestは DNNの学習に向けたものである。Intelの CEOは、この3年間でDNNの学習を100倍以上加速するのがゴールであると言っている。図7.6は学習は1か月を要する場合があるということを示している。DNNの学習を8時間とする要求はありそうなことで、これは、CEOの見積である100倍に相当する。DNNはこの3年間でさらに複雑になり、これはよりたくさんの学習を要するということになる。したがって、学習の100倍の改善がやり過ぎ、という危険はほとんどない。

Crest命令は32 × 32の行列のブロックで作用する命令である。Creatは**flex point**という固定小数点表現をスケールさせた数の形式を使う。32 × 32の行列のデータは16ビットで、単一の5ビットの指数を共有する。これは、命令セットの一部に含まれている。

図7.28はLake Crestチップのブロック図である。行列を計算するのに、Crestは図7.28の12個の処理クラスタを使う。各々のクラスタには、大規模なSRAM、大規模線形代数処理ユニット、そしてチップの内外のルーティングを行う小規模な論理回路が含まれている。4つの8GiB HBM2 DRAMモジュールは、1TB/sのメモリバンド幅を提供し、これのおかげでCrestチップは魅力的なルーフラインモデルを得ている。さらにメインメモリの高バンド幅が付け加わる。Lake Crestは処理クラスタ内部の計算コア間を直接結ぶ高バンド幅の内部接続をサポートし、共有メモリを経由しないコアからコアへの高速な通信を容易にしている。Lake Crestのゴールは、学習におけるGPUに比べて10倍の改善である。

図7.28の12個のInter-Chip Link（ICL）と2つのInter-Chip Controller（ICC）を見ると、Crestは明らかに多くのCrestチップを協働させることができるように設計されていて、Catapultで48個のFPGAを専用ネットワークで接続したのと似た発想になっている。学習で100倍の改善を得るにはいくつかのCrestチップをつなげる必要があるようだ。

7.7 Pixel Visual Core：パーソナルモバイルデバイスのための画像処理ユニット

Pixel Visual CoreはプログラマブルでスケーラブルなDSAであり、Googleが画像処理とコンピュータビジョンを意図して開発した。当初はAndroidオペレーティングシステムを稼働している携帯電話やタブレットのためのものだったが、**IoT**（Internet of Things）にも適用が可能である。マルチコアで設計されていて、価格性能比を狙って2〜16コアをサポートしている。そして、チップ単体でも、**SoC**（System on a Chip）の一部としても使えるようになっている。その従弟のTPUに比べると、より小さい面積と消費電力になっている。図7.29はこの節で使われる用語と略語を列挙したものである。

Pixel Visual Coreは**画像処理ユニット**（**IPU**：Image Processing Unit）と呼ばれ、視覚処理のための新しいかたちの特定領域アーキテクチャの一例である。IPUはGPUの逆問題を解決する、つまりGPUが出力画像を生成するのに対して、入力画像を解析して変更する。我々はこのことを示すため、IPUをこの名前で呼ぶ。DSAとして、IPUはすべての処理をうまくやる必要はない。システムにはCPUが（GPUも）必要であり、入力画像以外の処理はそちらが実行してくれる。IPUはCNNのところで述べたステンシル計算に依存している。

Pixel Visual Coreの新規性としては、CPUの1次元SIMDユニットに代わって処理エレメント（PE）の2次元アレイになっているということがある。IPUは2次元のPE間のシフトネットワークを提供していて、これはエレメント間の2次元の空間的な関係を利用している。さらに2次元のバッファを持ち、チップ外のメモリのアクセスを減らしている。この新しいハードウェアは、視覚処理やCNNアルゴリズムの両者で中心的なステンシル計算を容易にする。

用語	略語	簡単な説明
コア	—	Pixel Visual Coreは2〜16コアから構成される。最初の実装は8コアで、**ステンシルプロセッサ**（**STP**）と呼ばれている。
Halide	—	画像処理実行スケジュールとアルゴリズムを分離した特定領域言語。
halo	—	16 × 16の計算アレイの拡張された領域で、アレイの境界線に近いところのステンシル計算を司る。値を保持するが計算はしない。
画像信号プロセッサ	ISP	画像の見た目の品質を上げるASICの固定機能で、カメラのPMDのすべてに広く見られる。
画像処理ユニット	IPU	GPUと逆の問題を解決するDSA。GPUが**出力**画像を生成するのに対して、IPUは**入力**画像を解析したり変更する。
ラインバッファプール	LB	**ラインバッファ**は中間画像の1ライン全体単位で、次のステージがビジーである間、十分な本数だけ保持するように設計されている。Pixel Visual Coreは2次元のラインバッファを使い、各々は64〜128KiBの間で変化する。
チップ内ネットワーク	NOC	Pixel Visual Core内のコアを接続するネットワーク。
物理ISA	pISA	Pixel Visual Coreのハードウェアが実行する命令セットアーキテクチャ（ISA）
プロセッシングエレメントアレイ	—	16 × 16のプロセッシングエレメントのアレイにhaloを加えたもので、16ビットの積和演算を実行する。プロセッシングエレメントにはベクタレーンとローカルメモリが含まれる。プロセッシングエレメントアレイはデータを4つの方向の1つの近隣にいっぺんに移動できる。
シート生成器	SHG	1 × 1から31 × 31ピクセルのメモリのブロック（これを**シート**と呼ぶ）にアクセスする。サイズが異なることで、haloのためのスペースを含む/含まないを選択できる。
スカラレーン	SCL	ベクタレーンと同じ演算であるが、ジャンプ、分岐、割込みの命令を含んでいる点が異なる。ベクタアレイの命令フローを制御し、シート生成器のロードストアのスケジュールを決める。ベクタアーキテクチャのスカラプロセッサと同じ役割を果たす。
ベクタレーン	VL	プロセッシングエレメントの算術演算を実行する部分。
仮想ISA	vISA	コンパイラが生成するPixel Visual CoreのISA。pISAにマップされる。

図7.29 7.7節のPixel Visual Coreのハンディーガイド
図7.4は7.3〜7.6節のガイドになっている。

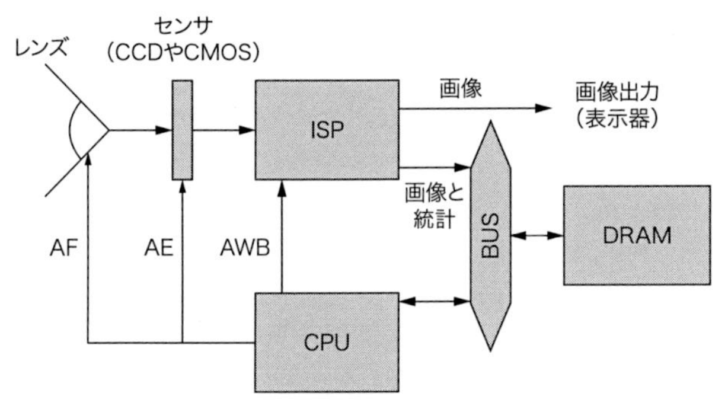

図 7.30　映像信号プロセッサ（ISP）、CPU、DRAM、レンズ、センサの内部接続

ISP は、改善された画像をディスプレイに出力あるいは蓄積したり、後で処理するために DRAM に送るのと同時に、CPU に画像の統計情報を送る。そして CPU は画像の統計情報を処理し、情報を次の 3A と呼ばれる機能を司るそれぞれの部位に送る：**オートホワイトバランス**（AWB）の情報は ISP、**自動露出**（AE）の情報はセンサ、**オートフォーカス**（AF）情報はレンズ。

7.7.1　ISP：IPUの祖先のハードウェア実装版

パーソナルモバイルデバイス（PMD）のほとんどが複数のカメラ入力を備えており、これが**映像信号プロセッサ**（**ISP**）と呼ばれるハードウェアのアクセラレータにつながっている。ISP は通常は固定機能の ASIC である。今日では、ほとんどすべての PMD が ISP を内蔵している。

図 7.30 は、レンズ、センサ、ISP、CPU、DRAM、ディスプレイを含む、画像処理システムの一般的な構成である。ISP は画像を受け取り、レンズやセンサの効果を除去し、失った色を補完し、画像の全体的な見た目の質を改善する。PMD のレンズは小さいものであることが多いので、画素が小さくノイズが多くなりがちなので、この段階は高品質の写真やビデオを得るのに重要である。

ISP は走査線の順で入力される画像を、ソフトウェアで設定可能なビルディングブロックにより、一連の数珠繋ぎアルゴリズムの演算処理を行う。これは、通常、メモリとのやり取りを最小化するようにパイプライン構成にしている。パイプラインの各々のステージとクロックサイクルでは、数点のピクセルが入力され出力される。演算は小さな近隣のピクセル（**ステンシル**）の間で行われる。ステージ間は**ラインバッファ**と呼ばれるバッファで接続される。ラインバッファは、空間的局所性を利用して次のステージで必要な計算を補助するのに十分な走査線数分の中間画像を保持することで、処理ステージ間を接続している。

品質が高められた画像は、ディスプレイに送られるか、DRAM に送られて、保存されるか、後ほど処理される。ISP はさらに画像の統計情報（色と輝度のヒストグラム、鮮明度、その他）を CPU に送る。処理と転送を交互に行うことで、システムはうまく適応するようになる。

ISP は効率的な反面、2 つの問題点がある。ハンドヘルド機器でも画像品質の向上の要求が増すと、第一に ISP は柔軟でないので、特に SoC の中の新しい ISP の設計と実装に数年を要するのが問題となる。第二にこれらの計算資源は、PMD に何か必要な事項を組み込もうとしても、画像品質の向上にしか充てることができない。現世代の ISP は、PMD で使える電力の範囲では、毎秒 2 テラオペレーションの負荷を処理するのが限界であるので、DSA は同様の性能と効率を達成できる代替でなければならない。

7.7.2　Pixel Visual Coreのソフトウェア

Pixel Visual Core は ISP の処理カーネルの典型的なハードウェアパイプラインを、カーネルの**有向非循環グラフ**（directed acyclic graph, **DAG**）に一般化した。Pixel Visual Core の画像処理プログラムは、通常は Halide と呼ばれる画像処理用の領域特化関数型言語で記述される。図 7.31 は画像をぼかす Halide の例である。Halide には、プログラムされる機能を表現する関数部と、下位のハードウェア向けにその関数をどう最適化するかを指定する独立したスケジュール部がある。

```
Func buildBlur(Func input) {
   // 関数部（ターゲットプロセッサ非依存）
  Func blur_x("blur_x"), blur_y("blur_y");
  blur_x(x,y) = (input(x1,y)+input(x,y)*2+
                 input(x+1,y))/4;
  blur_y(x,y) = (blur_x(x,y1)+blur_x(x,y)*2+
                 blur_x(x,y+1))/4;

  if (has_ipu) {
    // スケジュール部（ターゲットプロセッサ向けに最適化を指定）
    blur_x.ipu(x,y);
    blur_y.ipu(x,y);
}
  return blur_y;
}
```

図 7.31　画像をぼかすHalide の例

ipu(x,y)のサフィックスは画素に対する関数をスケジュールするものである。blur は半透明なスクリーンを通して画像を見る効果を持つ。画像をぼかすのにしばしばガウス関数が使われる。

7.7.3　Pixel Visual Coreの哲学

PMD で利用可能な電力は 10〜20 秒間の連続利用時には、6〜8 W で、スクリーンがオフの時は、数十ミリワットに落ちる。PMD 用チップのエネルギー消費の目標値は非常に挑戦的であり、Pixel Visual Core のアーキテクチャは、第 1 章に示し、図 7.32 で明確化した基本構成要素の相対エネルギーコストに強く制約されて構成されている。8 ビット DRAM へのアクセス 1 回が、12,500 回の 8

オペレーション	エネルギー（pJ）
8b DRAM LPDDR3	125.00
32b Fl. Pt. muladd	2.70
32b Fl. Pt. add	1.50
8b SRAM	1.2–17.1
8b int muladd	0.12
8b int add	0.01
16b SRAM	2.4–34.2
16b int muladd	0.43
16b int add	0.02

図 7.32　TSMC 28nm HPM プロセスに利用を仮定した、1 オペレーション当たりの電力（ピコジュール）消費の比較（このプロセスは文献 [17]［18］［19］［20］で使われている Pixel Visual Core のものである）

90nm ではなく 28nm のプロセスを使っているので、絶対的な消費電力が図 7.2 の値よりも小さいが、相対的な消費電力の類似性は高い。

ビット加算や、SRAMの構成にもよるが7〜100回の8ビットSRAMへのアクセスと同じエネルギー消費であるのは驚きだ。狭い幅でデータを格納することのダイサイズと電力に対するメリットに加えて、IEEE 754の浮動小数点演算は8ビットの整数演算の22倍から150倍コストが大きいので、処理のためのアルゴリズムが存在する場合は狭い幅の整数を使うことが強く要請される。

7.2節のガイドラインに加えてこれらの考察により、Pixel Visual Coreの設計に別のテーマが加わった。

- **1次元より2次元が良い**：2次元の構成は通信の距離を最小化するので画像処理に有利であり、さらに画像データは本質的に2次元や3次元であるのでそのような構成を有効活用できる。
- **遠いよりも近い方が良い**：データの移動は高価である。さらにデータ移動とALU演算のコストの比は増大している。そしてもちろんDRAM時間とエネルギーコストは、すべての局所的なデータの置き場や移動にかかるよりもはるかに高い。

ISPからIPUに移行する第1の目的は、プログラミングが可能であることでハードウェアをより再利用できるようになることである。Pixel Visual Coreには以下の3つの特徴がある：

1. 2次元は1次元より適切であるというテーマに沿って、Pixel Visual Coreは1次元のSIMDアーキテクチャに代えて2次元のSIMDアーキテクチャを採用している。したがって、独立した**プロセッシングエレメント**（**PE**）の2次元のアレイを有していて、各々のエレメントには2つの16ビットALU、1つの16ビット積和（MAC）ユニット、10個の16ビットレジスタ、それに10個の1ビットのプレディケートレジスタが備わっている。演算が16ビットであることは、その領域で必要とされる精度に限って供するべしというガイドラインに沿っている。
2. Pixel Visual Coreは各々のPEに一時的な記憶を必要とする。7.2節のガイドラインの「キャッシュを避けよ」に沿って、PEのメモリはコンパイラが管理するスクラッチパッドメモリ（一時記憶）である。PEのメモリは、128エントリ×16ビットで256バイトである。独立した小さいSRAMを各PEに実装するのは効率が悪いので、Pixel Visual Coreでは代わりに8つのPEでグループを構成して、1つの幅広のSRAMブロックを共有している。PE群はSIMD形式で動作してるので、Pixel Visual Coreはそれぞれのリードとライトをすべてをまとめて四角いSRAMの形にすることができる。こうする方が幅が狭くて深いSRAMや幅が広くて浅いSRAMよりも効率が良い。図7.33は4つのPEを図示したものである。
3. ステンシル計算のすべてのPEでの同時実行を可能にするために、Pixel Visual Coreは直近の近隣から入力を集めることができる。この通信パターンはNSEW（北、南、東、西）シフトネットワークを必要とする。PEは羅針盤方向にあるPEとの間でデータをやり取りできる。縁に並んだ画素が画像をシフトする際に失われないようにするために、Pixel Visual Coreはネットワークの縁の点を結んでトーラス状にしている。

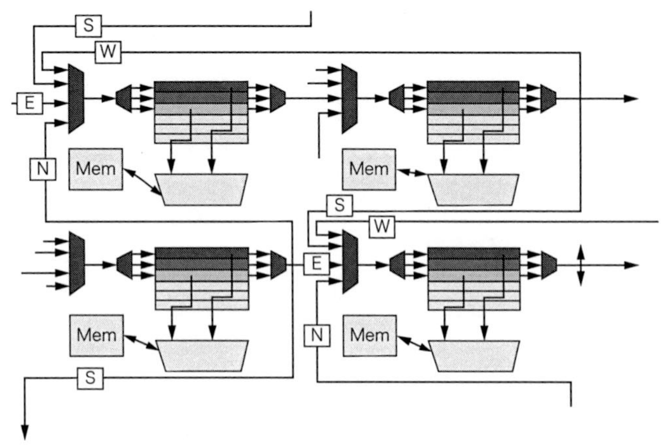

図7.33 2次元のSIMDでは2次元の移動が可能。N、S、E、Wは移動の方向（北、南、東、西）を表す

PEは各々ソフトウェア制御のスクラッチパッドメモリ（一時記憶）を有する。

シフトネットワークは、TPUやCatapultの処理エレメントのシストリックアレイとは対照的である。シストリックのアプローチでは、ソフトウェアからは見えない波頭としてデータが移動するハードウェア制御の2次元のパイプラインであるのに対して、Pixel Visual Coreの場合は、ソフトウェアが明示的にデータをアレイの望む方向に移動する。

7.7.4 Pixel Visual Coreのhalo

3×3、5×5、7×7のステンシルは計算しようとする2次元データのサブセットの縁に当たる1、2、3個の外部ピクセル（ステンシルの次元の半分マイナス1/2）から入力しようとする。ここで2つの選択肢がある。1つは、Pixel Visual Coreが、境界付近の要素内のハードウェアを、入力値を通すだけでよいことから、十分利用しな

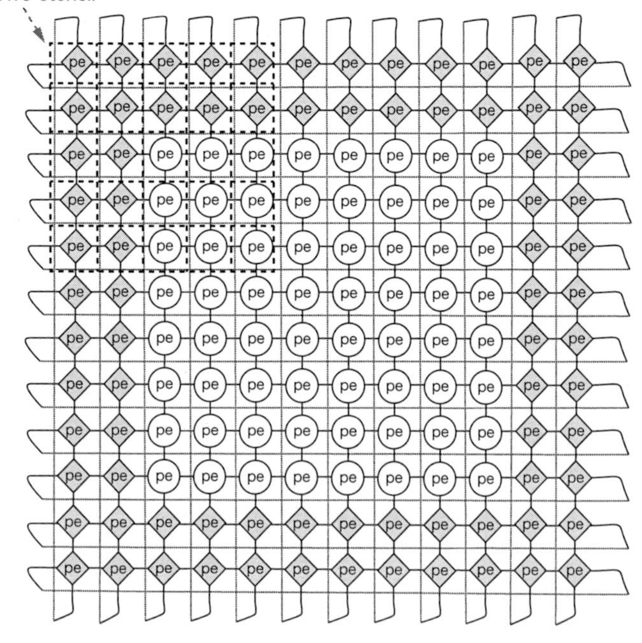

図7.34 2次元の完全な処理エレメント（影のない円）が、haloと呼ばれる2レーンの単純化した処理エレメント（影の付いたひし形）で囲まれている様子

この図では8×8つまり64個の完全なPEが80個の単純化したPEのhaloで囲まれている。（実際のPixel Visual Coreでは、16×16つまり256個の完全なPEが、144個の単純化したPEの2本のレーンで囲まれている）haloの縁はトーラスを構成するように接続（灰色の線）されている。Pixel Visual Coreは一連の2次元の移動をすべてのエレメントに渡って行い、ステンシルの中央のPEに値を送り込む。5×5のステンシルが上左の隅にある例を考える。この5×5のステンシルの25個のデータのうちの16個は、haloのPEから来ている。

いでおくこと。もう1つはPixel Visual Coreが2次元のPEを少し拡張して、そこにはALUを抜いて単純化したPEを配する。標準PEと単純化PEでは約2.2倍のサイズの差があることから、Pixel Visual Coreは拡張アレイを使っている。この拡張された領域は**halo**（ハロ）と呼ばれる。図7.34は2つの行のhaloが8×8のPEアレイを取り囲んでいる様子を示し、上左の隅にある5×5のステンシル計算がどのようにhaloを使うかを例示している。

7.7.5 Pixel Visual Coreのプロセッサ

16×16のPEと、各々の方角の4つのhaloのレーンの集合はPE**アレイ**あるいは**ベクタアレイ**と呼ばれ、Pixel Visual Coreの主な計算ユニットである。これには**シート生成器**（**SHG**）と呼ばれるロード-ストアユニットが付属している。SHGは1×1から256×256ピクセルのブロック（シートと呼ぶ）に対応するメモリを参照する。この状況はダウンサンプリングの時に発生し、通常は16×16か20×20である。

Pixel Visual Coreは、2以上の偶数個のコアの構成で実装でき、個数は利用可能な資源に依存する。したがってコアどうしを接続するネットワークが必要であり、コアの各々にはチップ内ネットワーク（NOC）のインターフェイスが備わっている。Pixel Visual Coreにおける典型的なNOCの実装は、長距離のデータ移動が必要な場合はひどく高価になってしまうクロスバースイッチは使わないだろう。アプリケーションのパイプライン性をうまく使えば、NOCは近隣のコアとの通信で充分であり、これは2次元のメッシュとして実現され、これにより2つのコアのペアでソフトウェア制御によるパワーゲーティングが可能になる。

最後にPixel Visual Coreは、**スカラレーン**（**SCL**）と呼ばれるスカラプロセッサを内蔵している。これはベクタレーンと同じであるが、ジャンプ、分岐、割込みの命令が加わっている点が異なり、ベクタアレイの命令流や、シートジェネレータのロードやストアのすべてを制御する。さらに小規模な命令メモリを備える。Pixel Visual Coreは、スカラとベクタのユニットを制御する単一命令流を備えるが、これはCPUコアが単一命令流でスカラとSIMDユニットを制御するのと似ている。

コアにはさらにDMAエンジンが備わっており、画像メモリの配置のフォーマット（例えばパッキングとアンパッキング）の変換を効率的に行う際に、DRAMとラインバッファの間でデータのやり取りを行う。DMAエンジンは、DRAMへのシーケンシャルやストライド付きのリードとライトだけでなく、ベクタマシンに似たDRAMへのギャザーロード機能を備える。

7.7.6 Pixel Visual Coreの命令セットアーキテクチャ

CPUと同様に、Pixel Visual Coreは2ステップのコンパイル手順を使っている。最初のステップでは、ターゲット言語（例えばHalide）のプログラムを**vISA**命令にコンパイルする。Pixel Visual Coreの**vISA**（**仮想命令セットアーキテクチャ**）は、一部RISC-Vの命令セットに触発されているが、Pixel Visual Coreは画像に特化したメモリモデルを使っており、命令セットを拡張して、画像処理や特に2次元の動画像を扱えるようになっている。vISAにおいて、コアの2次元のアレイは無限大、レジスタの数は無制限、そしてメモリサイズも制限なしである。vISA命令は、DRAMに直接アクセスしないように純関数になっており（図7.36参照）、これによりハードウェアへの対応付けが大いに単純化している。

次のステップは、vISAプログラムを**pISA**（**物理命令セットアーキテクチャ**）プログラムにコンパイルする。vISAをコンパイルの翻訳先として用いることで、過去のプログラムとの互換性やpISA命令セットの仕様変更を吸収することが可能になり、vISAはGPUにおけるPTXと同じ役割を果たす（第4章参照）。

vISAからpISAに落とすのに2つのステップを踏む：早い時期に決定されるパラメータでのコンパイルとマッピング、それに遅い時期に決定されるパラメータでのコードへのパッチ当て。パラメータには以下が必須である：STPのサイズ、haloのサイズ、STPの個数、カーネルからプロセッサへのマッピング、これらはあたかもレジスタとローカルメモリの確保のようなものである。

図7.35はpISAの119ビット幅のVLIW命令セットのフォーマットである。最初の43ビットのフィールドでスカラレーン、次の38ビットのフィールドで2次元のPEアレイによる計算を指定し、3番目の12ビットのフィールドで2次元のPEアレイによるメモリアクセスを指定する。最後の2つのフィールドは計算とアドレス指定の即値である。VLIWの各フィールドが指定する演算は、読者の期待通りのものである：2の補数表示の算術演算、飽和付き整数算術演算、論理演算、シフト、データ転送、そして除算命令や先頭のゼロのカウント等のような特殊命令。スカラレーンの方は、2次元PEアレイの命令セットを含み、さらに制御フローとシートジェネレータ制御の命令を追加している。先に触れた1ビットのプレディケートレジスタは、レジスタへの条件付き移動（例えば$A = B$ if C）に使われる。

Field	Scalar	Math	Memory	Imm	MemImm
#Bits	43	38	12	16	10

図7.35　119ビットのpISA命令のVLIWフォーマット。

pISAのVLIW命令は非常に幅広であるが、Halideカーネルは短く、通常200〜600命令である。IPUの役割は、アプリケーションの計算集中型の部分だけなので、残りの部分はCPUやGPUに受け持たせる。したがってPixel Visual Coreの命令メモリは、たった2048 pISA命令の分だけである（28.5KiB）。

スカラレーンはラインバッファにアクセスするシートジェネレータ命令を発行する。Pixel Visual Coreの他のメモリアクセスとは異なり1クロックサイクル以上の遅延になり得るので、DMA風のインターフェイスを内蔵している。レーンは最初にアドレスと転送サイズをスペシャルレジスタに設定する。

7.7.7 Pixel Visual Coreの例

図7.36は、図7.31のぼかしの例に対してHalideコンパイラが生成した出力のvISAコードで、分かりやすくするためにコメントを挿入してある。このコードはまずx方向の、次にy方向のぼかしを16ビットの算術演算で計算する。vISAコードはHalideプログラムの関数部分に当てはまる。このコードは画像のすべての画素に

渡って計算されると考えることができる。

```
// blurのx軸方向内側のループ
input.b16  t1 <- _input[x*1+(1)][y*1+0][0];
        // t1 = input[x1,y]
input.b16  t2 <- _input[x*1+0][y*1+0][0];
        // t2 = input[x,y]
mov.b16    st3 <- 2;
mul.b16    t4 <- t2, st3;    // t4 = input[x,y]*2
add.b16    t5 <- t1, t4;
        // t5 = input[x1,y]+input[x,y]*2
input.b16  t6 <- _input[x*1+1][y*1+0][0];
        // t6 = input[x+1,y]
add.b16    t7 <- t5, t6;     // t7 =
input[x+1,y]+input[x,y]+input[x1,y]*2
mov.b16    st8 <- 4;
div.b16    t9 <- t7, st8;    // t9 = t7/4
output.b16 _blur_x[x*1+0][y*1+0][0] <- t9;
        // blur_x[x,y] = t7/4
// blurのy軸方向内側のループ
input.b16  t1 <- _blur_x[x*1+0][y*1+(1)][0];
        // t1 = blur_x[x,y1]
input.b16  t2 <- _blur_x[x*1+0][y*1+0][0];
        // t2 = blur_x[x,y]
mov.b16    st3 <- 2;
mul.b16    t4 <- t2, st3;
        // t4 = blur_x[x,y]*2
add.b16    t5 <- t1, t4;
        // t5 = blur_x[x,y1]+blur_x[x,y]*2
input.b16  t6 <- _blur_x[x*1+0][y*1+1][0];
        // t6 = blur_x[x,y+1]
add.b16    t7 <- t5, t6;
        // t7 = blurx[x,y+1]+blurx[x,y1]+blurx[x,y]*2
mov.b16    st8 <- 4;
div.b16    t9 <- t7, st8;    //t9 = t7/4
output.b16 _blur_y[x*1+0][y*1+0][0] <- t9;
        // blur_y[x,y] = t7/4
```

図 7.36 図 7.31 のぼかしのHlide コードからコンパイルされた vISA命令の一部

この vISA コードは Halide コードの関数の部分に対応する。

7.7.8 Pixel Visual Coreのプロセッシングエレメント

アーキテクチャ上の決定事項の 1 つは halo の大きさである。Pixel Visual Core は 16 × 16 の PE（プロセッシングエレメント）を使っており、さらに halo のために 2 つのエレメントを追加していて、結果的に 5 × 5 のステンシルを直接サポートしている。PE のアレイが大きいほど同じステンシルのサイズで halo のオーバーヘッドが小さくなることに注意しよう。

Pixel Visual Core では、halo の PE のサイズは小さめで、16 × 16 のアレイでは halo のためのコストは 20%エリアで済んでいる。5 × 5 のステンシルでは、Pixel Visual Core はクロックサイクル当たり 1.8 倍（162/122）、3 × 3 のステンシルでは 1.3 倍（162/142）多くの結果を計算できる。

PE の算術ユニットは、積和（MAC）が設計の主体であり、これはステンシル計算のプリミティブである。Pixel Visual Core のネイティブ MAC は乗算が 16 ビット幅であるが、積算は 32 ビット幅である。パイプライン化された MAC は、パイプラインレジスタに加算結果を書いたり読んだりするので、無駄にエネルギーを消費する。したがって、積和ハードウェアでクロックサイクルが決まる。これまで述べた以外の演算は、飽和付き版を含む算術演算と、数個の特殊命令である。

PE は、1 クロックサイクルでいろいろなやり方で演算を行うことができる 2 つの 16 ビット ALU を備える：

- 独立、2 つの 16 ビットの結果を生成するもの：A op B、C op D
- 融合、1 つの 16 ビットの結果を生成するもの：A op (C op D)
- 結合、1 つの 32 ビットの結果を生成するもの：A:C op B:D.

7.7.9 2次元のラインバッファとそのコントローラ

DRAM へのアクセスの消費エネルギーはとても大きい（図 7.32 参照）ので、Pixel Visual Core のメモリシステムは DRAM へのアクセス数を最小化するように注意深く設計されている。技術革新の中心は、**2 次元のラインバッファ**である。

カーネルは論理的に独立のコアで実行しており、それらは入力がセンサや DRAM で、出力が DRAM である DAG（有向非循環グラフ）で接続されている。ラインバッファはカーネル間で計算中の画像の部分を保持する。図 7.37 は Pixel Visual Core のラインバッファの論理的な使われ方を示している。

2 次元のラインバッファがサポートしなければならない 4 つの項目は以下の通りである。

1. ラインバッファはいろいろなサイズの 2 次元のステンシル計算をサポートしなければならない。これは設計時には不定である。
2. Pixel Visual Core の 16 × 16 の PE アレイを扱うには halo も含めて、STP は画素の 20 × 20 ブロックをラインバッファから読み、画素の 16 × 16 のブロックをラインバッファに書く必要

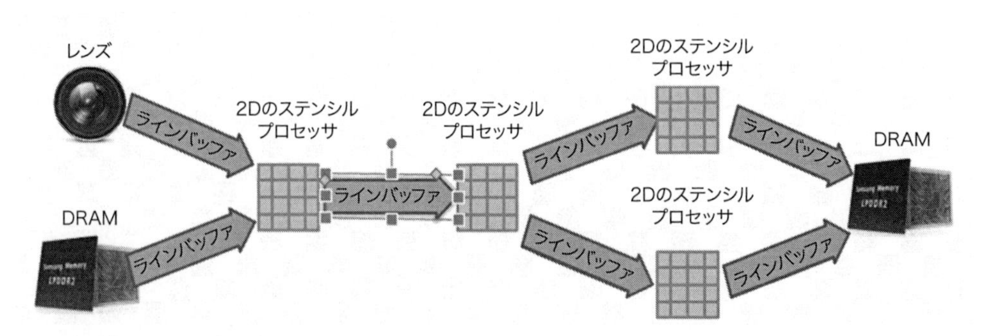

図 7.37 Pixel Visual Core のプログラマからの見え方

カーネルの有向非循環グラフ。

があるだろう（先に述べたように、これらを**ピクセルシート**と呼ぶ）。

3. DAG はプログラム可能なので、ソフトウェアで割り当て可能な任意の 2 コア間のラインバッファが必要である。
4. いくつかのコアは同じラインバッファからデータを読む必要があるかもしれない。したがってラインバッファは必要な生産者の数は 1 であるにしても、複数の消費者をサポートすべきである。

Pixel Visual Core のラインバッファは、複数の消費者の 2 次元の FIFO を、1 インスタンス当たり 128KiB という比較的大規模な SRAM の上に抽象化したものである、ラインバッファは一時的に 1 回だけしか使われない「画像」を蓄積するものなので、小規模な専用のローカル FIFO は離れたメモリのデータのキャッシュよりも効率的である。

20 × 20 の画素のブロックを読み、16 × 16 の画素のブロックを書く場合のサイズのミスマッチをなんとかするために、FIFO の割り当ての基本的な単位は 1 つの 4 × 4 画素のグループである。ステンシルプロセッサ毎に、8 つの論理ラインバッファ（LB）を持つことができる**ラインバッファプール**（**LBP**）が 1 つ備わっていて、加えて I/O の DMA には 1 つの LBP が備わっている。LBP は以下のように 3 レベルに抽象化される。

1. 最上位では、LBP コントローラは 8 つの LB を論理インスタンスとしてサポートする。各々の LB は 1 つの FIFO 生産者と最大 8 つの FIFO 消費者を持つ。
2. コントローラは FIFO 毎に先頭と末尾ポインタ群の集合を管理する。LBP のラインバッファのサイズは可変で、コントローラによって決まる。
3. 最下位ではたくさんのメモリバンクがあり、帯域の要求を満たしている。Pixel Visual Core は 8 つの物理メモリバンクを備え、各々のインターフェイスは 128 ビットで、容量は 16KiB である。

LBP コントローラの設計は、物理的な SRAM メモリへのバンクへのリードとライトのすべてをスケジュールして、STP と I/O DMA のバンド幅の要求を満たさねばならないので、挑戦的である。LBP コントローラは Pixel Visual Core の中で最も複雑な部分の 1 つである。

7.7.10　Pixel Visual Coreの実装

Pixel Visual Core の最初の実装は、外付けチップとして行われた。図 7.38 はそのチップのフロアプランで、8 コアであった。このチップは 2016 年に TSMC 28nm テクノロジーで製造された。チップの寸法は、6 × 7.2mm で、426MHz で動作し、512MiB の DRAM が Silicon in Package として重ねられ、(DRAM を含んで) 負荷に依存するが 187～4500mW の消費電力である。チップの消費電力の約 30%は、制御用の ARMv7 A53 コアと MIPI、PCIe、そして LPDDR インターフェイス向けである、インターフェイスはダイサイズの半分を越える 23mm^2 を占める。「power virus」を走らせるという最悪のケースでの Pixel Visual Core の消費電力は、3200mW にまで登った。図 7.39 はコアのフロアプランである。

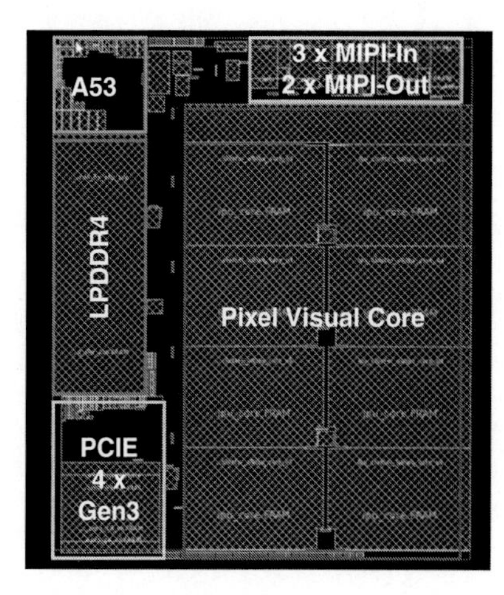

図 7.38　8 コアの Pixel Visual Core のチップのフロアプラン

A53 は ARMv7 コアで、LPDDR4 は DRAM コントローラである。PCIE と MIPI は I/O バスである。

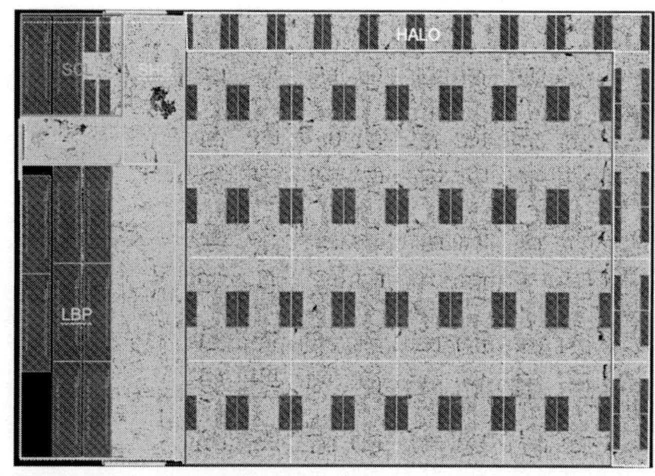

図 7.39　Pixel Visual Core のフロアプラン

左から右、上から下の順で:スカラレーン（SCL）は 4%、NOG は 2%、ラインバッファプール（LBP）は 15%、シートジェネレータ（SHG）は 5%、halo は 11%、そして処理エレメントは 62%のコア面積を占めている。halo をトーラス状に接続して、アレイの各辺に論理的な近隣を形成している。2 つの縁を halo で潰すことで、トポロジを維持しながら面積効率を高めている。

7.7.11　まとめ：Pixel Visual Coreはガイドラインにどのように沿っているか

Pixel Visual Core は画像と視覚処理のためのマルチコアの DSA で、単体のチップやモバイルデバイスの SoC の IP ブロックとしての利用を念頭に置いて設計されている。7.9 節で見るように、CNN としての性能電力比は CPU や GPU よりも 25～100 倍高い。ここでは Pixel Visual Core が 7.2 節のガイドラインにどのように沿っているかを見ていく。

1. **データの移動距離が最小になるような専用メモリを使うべし。**
   たぶん Pixel Visual Core の最も特徴的なアーキテクチャは、ソフトウェアで制御可能な 2 次元のラインバッファである。コア当たり 128KiB で、それなりのチップ面積を占めている。各々のコアは 64KiB のソフトウェア制御可能な PE メモリを備え、一時記憶として使う。
2. **マイクロアーキテクチャの先進的な最適化を省いたことで浮いた資源を、算術ユニットやメモリの追加に充てよ。**
   Pixel Visual Core の別の 2 つの特徴は、コア毎に処理エレメントの 16×16 の 2 次元アレイと、2 次元の処理エレメント間シフトネットワークを備えていることである。アレイでは 256 個の算術ユニットを完全に使うことを可能にする halo 領域を供している。

3. **その領域に適合する最も容易な並列性の形を使え。**
Pixel Visual Core は PE アレイを使う 2 次元の SIMD 並列性に依っており、VLIW で命令レベル並列性を利用し、複数のコアを複数プログラム流複数データ流（MPMD）並列性で利用できる。

4. **その領域に必要最小限なところにデータサイズとデータタイプを絞り込め。**
Pixel Visual Core は基本的に 8 ビットと 16 ビットの整数を扱うが、32 ビット整数も速度低下と引き換えに扱うことができる。

5. **DSA にコードを移植するのに、領域特化プログラミング言語を使え。**
Pixel Visual Core は特定領域言語である Halide で画像処理の、TensorFlow で CNN のプログラミングを行う。

7.8 他の章との関連

7.8.1 不均質性とSystem on a Chip（SoC）

DSA をシステムに組み込む簡単な方法は、I/O バスに接続することであり、これは本章で説明したデータセンターのアクセラレータのアプローチである。遅い I/O バスを通してメモリのオペランドを取得するのを避けるために、これらのアクセラレータではローカルな DRAM を備えている。

Amdahl の法則は、アクセラレータの性能はホストのメモリとアクセラレータのメモリの間でデータのやり取りを行う頻度により制約される、ということを思い出させる。ホスト CPU と、同じ SoC（System on a Chip）に集積したアクセラレータとの組み合わせでのみ恩恵があるアプリケーションが存在し、それが Pixel Visual Core や、さらには Intel の Crest の目標の 1 つである。

そのような設計のことを一般に、**知的財産**（Intellectual Property）を意味して **IP ブロック**と呼ぶが、より分かりやすい言い方をするなら、「移植可能な設計ブロック（portable design block）」ということになる。IP ブロックは通常 Verilog や VHDL 等のハードウェア記述言語で記述され、SoC に組み込まれる。IP ブロックは多くの会社が IP ブロックを作成して、それらを別の会社が購入し、自社ですべてを設計しなくても、そのアプリケーション用の SOC を構築するようになれば、市場を形成することが可能である。図 7.40 は Apple 社の PMD の SoC の使用 IP ブロックの数を世代別に図示したものであり、4 年間で 3 倍という伸びは IP ブロックの重要性を示している。IP ブロックの重要性を示すもう 1 つの事実は、CPU と GPU が Apple 社の SoC の面積のたった 1/3 しか使っておらず、残りは IP ブロックが占めているということである［Shao and Brooks, 2015］。

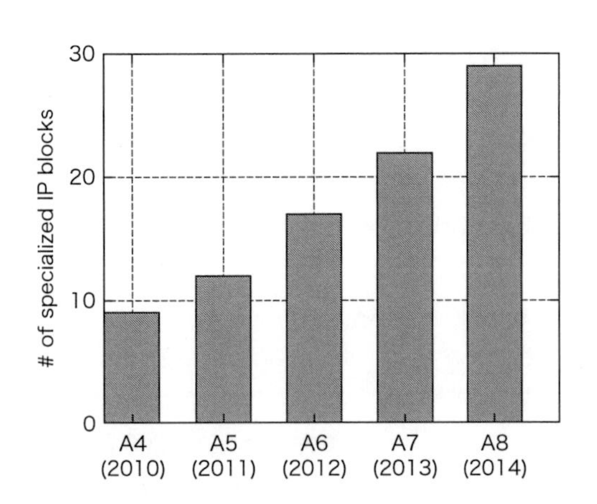

図 7.40 2010 年から 2014 年の、Apple の iPhone と iPad の SOCの中の IP ブロックの数の推移［Shao and Brooks, 2015］

SoC を設計することは、独立したグループが限られた資源を巡ってロビー活動を行うという点で都市計画に似ており、正しい妥協点を見つけることは難しい。CPU、GPU、キャッシュ、ビデオエンコーダ、その他は調整可能な設計になっていて、縮小拡大で面積やエネルギーを増減して性能を増減可能である。使える資源は、SoC がタブレット向けなのか IoT 向けなのかに依存する。したがって IP ブロックは面積、エネルギー、そして性能の拡大縮小が可能でなければならない。さらに新しい IP ブロックはその省資源のバージョンを提供できることが重要である、というのは、それが SoC エコシステムで確立した地盤を築けていないかもしれないからである。必要資源の初期値が緩いほど、新領域に参入するのが容易になる。Pixel Visual Core のアプローチはマルチコア設計であり、SoC 設計者がコア数を 2〜16 で選択できるので、利用可能な面積と消費電力を必要な性能に適合させるのが容易である。

集積度の増大の魅力が招く結果として、データセンターを席巻するのが、従前の CPU 会社が製造する CPU のダイに IP アクセラレータを集積したものなのか、オリジナルのアクセラレータを設計している会社が IP の CPU を自社の ASIC に含めたものなのかは、興味深いだろう。

7.8.2 オープンな命令セット

DSA の設計者の 1 つの挑戦は、アプリケーションの残りの部分でどのようにして CPU と協働するかということである。同一 SOC 上で行くならば、主な決定はどの命令セットを使うかということであった。これは、最近までは、すべての命令セットは単一の企業のものであったためである。以前は実用上 SoC の最初のステップは、命令セットを握っている会社と契約を結ぶことであった。

もう 1 つの選択肢は、自社のカスタム RISC プロセッサを設計し、コンパイラやライブラリを移植することである。IP コアをライセンスするのにかかるコストと困難さは、単純な RISC プロセッサを SoC に組み込む場合でも、驚くべき多数の Do It Yourself が必要になる。ある AMD のエンジニアの見積もりによると、最近のあるマイクロプロセッサには 12 種類の命令セットがあった！

RISC-V は 3 番目の選択肢を提供する。すなわち、フリーでオープンな実装可能な命令セットで、特定領域コプロセッサのために付け加える命令のための命令コード空間がたくさんあり、先に述べた CPU と DSA の密な統合を可能にする。SoC 設計者は今や、標準命令セットを選択でき、それには契約なしで大きな支援ソフトウェアの基盤が存在する。

SoC設計者は設計の当初に命令セットを選択しなければならないにせよ、会社を1つ選択してそこと契約を結ぶという不毛な行為からは解放される。RISV-Vコアを自力で設計することも、RISC-VのIPブロックを販売しているいくつかの会社から買うことも、他者が開発したフリーなオープンソースのRISC-V IPブロックの1つをダウンロードすることもできる。最後の話は、オープンソースソフトウェアと似ていていて、これによりWebブラウザ、コンパイラ、オペレーティングシステム、その他諸々が提供され、ボランティアの人々がフリーにダウンロードし使用するユーザを支援している。

おまけに、命令セットが本質的にオープンであることは、顧客がその固有の命令セットのために会社の長期存続について心配する必要がないので、RISC-Vテクノロジを提供する小さい会社もビジネスに参入可能になる。

DSAに対するRISV-Vのもう1つの魅力は、汎用プロセッサであるので、命令セットはさほど重要ではないということである。DSAが、HalideやTensorFlowのようなDAGや並列パターンのような抽象化を使って高水準でプログラムされる場合、命令セットレベルにおいてしなければならないことは少ない。さらに、性能コスト比とエネルギーコスト比の改善がDSAを加えることで進むなら、バイナリ互換性は以前に比べて重要でないかもしれない。

本書を執筆している時点で、open RISC-Vの命令セットの将来は明るい。（未来を覗き込み、現時点から本書の次の版までの間にRISC-Vがどのようになるかを知ることができればいいのだが！）

7.9 総合的な実例：CPU、GPU、DNNアクセラレータの比較

本章では、アクセラレータの価格性能比を比較する領域として、DNNを用いる†。TPUと標準的なCPUとGPUを比較し、そしてCatapultとPixel Visual Coreの簡潔な比較を加える。

図7.41に、ここでの比較で用いる6つのベンチマークを示す。これらは7.3節の3つのタイプのDNNの各々についての2つの例から構成されている。6つのベンチマークは2016年のGoogleデータセンターにおけるTPUの推論ワークロードの95%である。通常はTensorFlowで記述されているが、その行数は極めて短く、たった100〜1500行のコード量である。それらはホストサーバで稼働する大きなアプリケーションのほんの一部で、数千〜数百万のC++コードになることもある。アプリケーションはユーザに応答するもので、これから見ていくように厳しい応答時間の制限がある。

図7.42と図7.43は比較するチップやサーバの諸元である。これらはサーバ級のコンピュータでGoogleデータセンターに配備され、同時にTPUが搭載されている。Googleデータセンターに配備するにあたって、最低でも内部メモリのエラーチェックは行っているが、Nvidia Maxwell GPUの内部メモリエラー等は外されている。Googleが購入し配備するにあたって、マシン群は注意深く設定され、ベンチマーク対策の細工は一切していない。

従来のCPUサーバは18コア、デュアルソケットのInel製Haswellプロセッサである。このプラットフォームはGPUとTPU両方のホストサーバである。HaswellはIntelの22nmのプロセスで製造されている。CPUもGPUもとても大きいダイになっていて、約600mm^{2}である。

GPUアクセラレータはNvidia K80である。K80カードは2つのダイを搭載し、内部メモリとDRAMにはSECDEDが備わっている。Nvidiaは、

> K80アクセラレータを使う強力なサーバでアプリケーションの性能を上げ、台数を減らすことで劇的にデータセンターのコストを下げる

と謳っている［Nvidia, 2016］。

2015年の時点で、DNNの研究者はK80を使うことが多く、Googleでも同じ時期に配備した。K80は新しいクラウド向けGPUとして、2016年後半の時点でAmazon Web ServiceやMicrosoft Azureに採用されたことを付け加えておく。

ベンチマークしたサーバのダイの個数が2〜8なので、サーバ全体の性能-ワット比を比較している図7.50を除いて、以降の図はダイ当たりの値に正規化している。

		DNN層							
Name	LOC	FC	Conv	Element	Pool	Total	Weights	TPU Ops/Weight	2016年に配備されたTPUの割合
MLP0	100	5				5	20M	200	61%
MLP1	1000	4				4	5M	168	
LSTM0	1000	24		34		58	52M	64	29%
LSTM1	1500	37		19		56	34M	96	
CNN0	1000		16			16	8M	2888	5%
CNN1	1000	4	72		13	89	100M	750	

図7.41 6つのDNNアプリケーション（DNNのタイプ毎に2つ）で、TPUのワークロードは95%を占める

10個の列はそれぞれ、DNNの名称、コードの行数、DNNの層のタイプと数（FCは全結合、Convは畳み込み、ElementはLSTMの要素毎の演算（7.3節を参照）、Poolはプーリングで要素のグループの平均か最大値で置き換えるサイズ縮退のステージ）、重みの数、TPUの演算強度、そして2016年のTPUアプリケーションの人気度である。演算強度は、バッチサイズが異なるので、TPUとCPU、GPUで異なる。TPUは大きいバッチサイズにできるが、応答時間の制限がある。DNNはRank Brain［Clark, 2015］、LSTMはGNM Translate［Wu *et al.*, 2016］、そしてCNNはDeep Mind Alpha Go［Silver *et al.*, 2016］［Jouppi, 2016］である。

† この節も論文"In-Datacentcr Performance Analysis of a Tensor Processing Unit"［Jouppi *et al.*, 2017］を元にしている。論文の著者の一人が本書の共同執筆者である。

チップモデル	mm²	nm	MHz	TDP	測定結果 Idle	測定結果 Busy	TOPS/s 8b	TOPS/s FP	GiB/s	チップメモリ
Intel Haswell	662	22	2300	145W	41W	145W	2.6	1.3	51	51 MiB
NVIDIA K80	561	28	560	150W	25W	98W	–	2.8	160	8 MiB
TPU	<331*	28	700	75W	28W	40W	92	–	34	28 MiB

*TPU のダイサイズは Haswell のダイサイズの半分未満である。

図 7.42 ベンチマークしたサーバで使われているチップは、Haswell CPU、K80 GPU、それに TPUである。Haswell は 18 コア構成で、K80 は 13 基の SMX プロセッサの構成である

サーバ	サーバ当たりのダイ	DRAM	TDP	測定された電力 Idle	測定された電力 Busy
Intel Haswell	2	256GiB	504W	159W	455W
NVIDIA K80 (2 dies/card)	8	256GiB (host) + 12GiB × 8	1838W	357W	991W
TPU	4	256GiB (host)+8GiB × 4	861W	290W	384W

図 7.43 ベンチマークで使った図 7.42 のチップを搭載したサーバ

低消費電力の TPU は消費電力が大きい GPU よりも良好なラック密度を達成可能である。TPU 当たりの 8GiB の DRAM は重みのためのものである。

7.9.1 性能：ルーフライン、応答時間、そしてスループット

3 つのプロセッサにおける 6 つのベンチマークの性能を示すのに、第 4 章のルーフライン性能モデルを適用する。ルーフラインモデルを TPU で使うのに、DNN アプリケーションを量子化する場合は、最初に浮動小数点演算を整数の積和演算に置き換える。2 番目に、DNN アプリケーションのオンチップメモリは、通常の重みとサイズが合わないため、演算強度の定義を重みのバイトをリードする毎の整数演算に変更する（図 7.41）。

図 7.44 は単一の TPU のルーフラインモデルを対数スケールで図示したものである。TPU はルーフラインに長い「傾斜線」部を持ち、計算性能が結果的にピーク演算能力よりはむしろメモリのバンド幅で制限されることを意味する。6 つ中 5 つのアプリケーションは、幸いにも天井にぶつけている。MLP の両者と LSTM の両者はメモリが律速で、CNN は演算が律速である。DNN の中でも唯一頭を天井にぶつけていないのは CNN1 である。CNN は高い演算強度になるにも関わらず、CNN1 はたった 14.1 テラオペレーション/秒（TOPS）にしかならず、一方で CNN0 は 86TOPS になる。

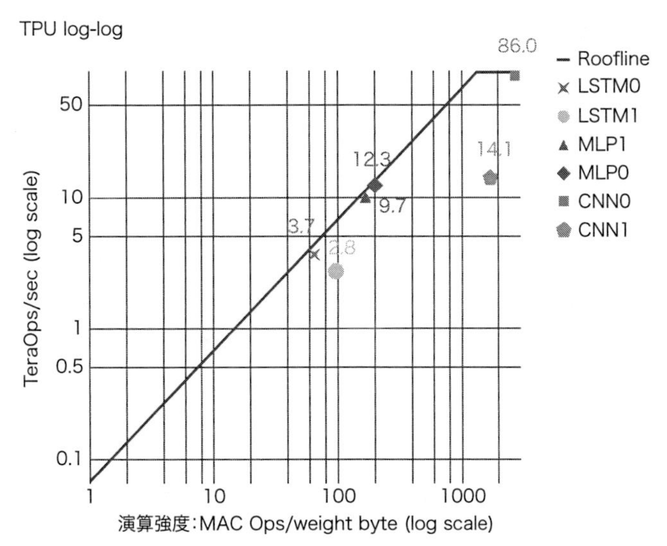

図 7.44 TPUのルーフライン。TPUの稜線頂点ははるか右の、重みのバイト当たり 1350 積和演算の点にある。

CNN1 は他の DNN に比べてそのルーフラインよりだいぶ下にあり、これは約 1/3 の時間を重みが行列ユニットにロードされるのを待つことと、CNN のいくつかの層が薄いため、結果的に行列ユニットの中の半分のエレメントしか有用な値を持たないことによる［Jouppi *et al.*, 2017］。

CNN1 で何が起きているのかを深く掘り下げたい読者は、パフォーマンスカウンタを使って TPU の使われ方を部分的に調べた図 7.45 を見てみよう。TPU は CNN1 では半分未満のサイクルしか行列演算を実行していない（7 列目、1 行目）。各サイクルにおいて、CNN1 のいくつかの層の特徴深度が浅いので、65,536 個の MAC のうち半分しか有効な重みを保持していない。約 35%のサイクルが、重みがメモリから行列ユニットにロードされるのを待つのに費やされていて、これが起きるのは 4 つの全結合された層で演算強度がちょうど 32 であるものを処理している間である。すると、行列に関係するカウンタでは 19%のサイクルの説明がつかない。TPU ではオーバーラップ実行するので、それらのサイクルを正確に調べることができないが、23%のサイクルがパイプラインの RAW 依存で、1%が PCIe バスを経由する入力でストールすることが分かっている。

図 7.46 と図 7.47 は Haswell と K80 のルーフラインである。6 つの NN アプリケーションでは、一般に図 7.44 の TPU の場合よりも、ずっと天井より下になる。応答時間の制約がその理由である。これら多くの DNN アプリケーションは、ユーザとやり取りをするサービスの一部である。研究者は応答時間のわずかな増加で、顧客がサービスを使わなくなる（第 6 章を参照）ことを実例で示した。したがって、学習には応答時間のきつい締め切りはないかもしれないが、推論にはそれがある。つまり、推論では遅延の制限を維持できることを前提として、スループットを重視する。

図 7.48 は 7ms の応答時間限界を 99%満たすように MLP0 を Haswell と K80 で稼働した結果で、これはアプリケーションの開発者が必要としている仕様である（毎秒の推論時間と 7ms の遅延には、アクセラレータ時間だけでなくサーバホスト時間も含む）。これらは応答時間の制限を緩めた場合であれば、MLP0 で得られる最大のスループットに対して、それぞれ 42%と 37%で達成している。したがって CPU や GPU が潜在的に高いスループットを有している

アプリケーション	MLP0	MLP1	LSTM0	LSTM1	CNN0	CNN1	Mean	Row
配列がアクティブなサイクル	12.7%	10.6%	8.2%	10.5%	78.2%	46.2%	28%	1
64Kの行列で有効なMAC	12.5%	9.4%	8.2%	6.3%	78.2%	22.5%	23%	2
使われないMAC	0.3%	1.2%	0.0%	4.2%	0.0%	23.7%	5%	3
重みのストールのサイクル	53.9%	44.2%	58.1%	62.1%	0.0%	28.1%	43%	4
重みの移動時間	15.9%	13.4%	15.8%	17.1%	0.0%	7.0%	12%	5
行列以外のサイクル	17.5%	31.9%	17.9%	10.3%	21.8%	18.7%	20%	6
RAWによるストール	3.3%	8.4%	14.6%	10.6%	3.5%	22.8%	11%	7
入力データのストール	6.1%	8.8%	5.1%	2.4%	3.4%	0.6%	4%	8
TeraOp/s（92がピーク）	12.3	9.7	3.7	2.8	86.0	14.1	21.4	9

図7.45 ハードウウェアパフォーマンスカウンタに基づいたNNのワークロードでTPUの性能を制限する要因

1、4、5、6行目は合計で100%であり、行列ユニットの活動を測定した結果に基づいている。2、3行目はさらに有効な重みをアクティブなサイクル中に保持する行列ユニット中の64Kの重みの断片を分解している。カウンタでは6行目で行列ユニットがアイドルである時を正確に捉えられない。7、8行目の理由として考えられるのは、パイプラインのRAWハザードと、入力のPCIeストールである。9行目（TOPS）は実際のコードの実行からの測定に基づき、一方で他の行はパフォーマンスカウンタの測定に基づいているので、これらは完全に一貫している。ホストサーバのオーバーヘッドはここでは除外している。各MLPと各LSTMはメモリバンド幅が律速であるが、各CNNはそうでない。CNN1の結果は本文中で説明する。

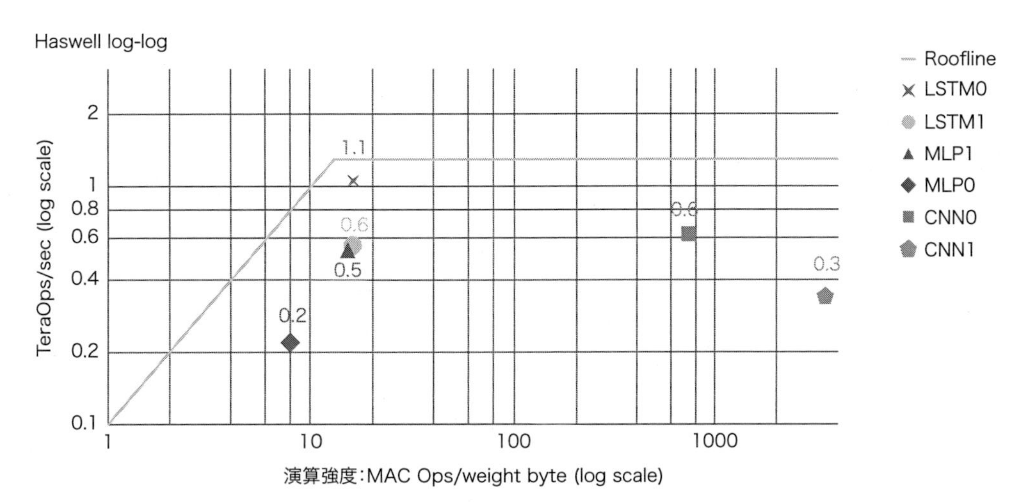

図7.46 IntelのHaswellCPUのルーフラインはバイト当たり13積和演算のところに稜線頂点があり、図7.44よりもずっと左にある

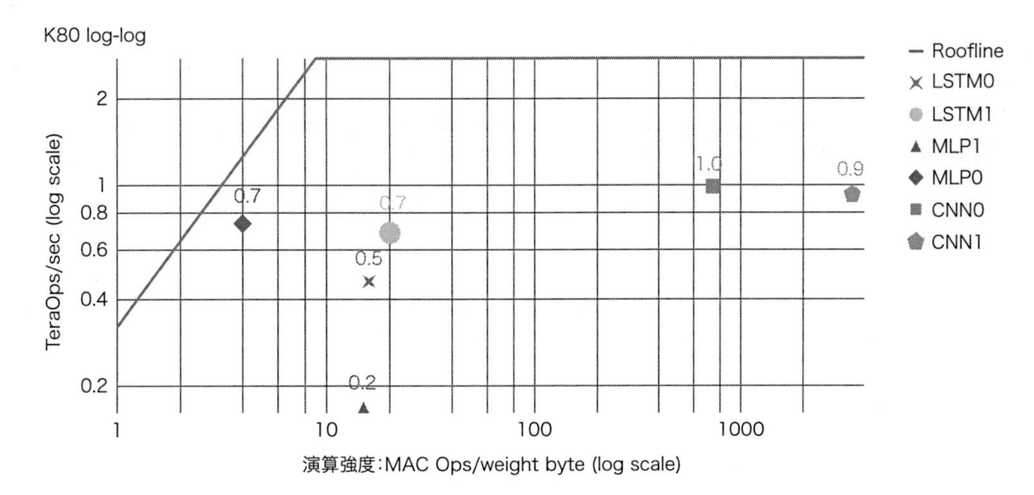

図7.47 NVIDIA K80 GPUのダイルーフライン

ルーフラインは高いメモリ帯域のおかげで、稜線頂点をバイト当たり9積和演算のところに持ってきているが、図7.46よりもずっと左にある。

Type	Batch	99th% response	Inf/s (IPS)	% max IPS
CPU	16	7.2ms	5482	42%
CPU	64	21.3ms	13,194	100%
GPU	16	6.7ms	13,461	37%
GPU	64	8.3ms	36,465	100%
TPU	200	7.0ms	225,000	80%
TPU	250	10.0ms	280,000	100%

図 7.48 MLP0 でバッチのサイズを変えた時の、99%応答時間を満たす場合のダイ毎のスループット(IPS)

許される最大の遅延は 7ms である。GPU と TPU では MLP0 の最大スループットはホストサーバのオーバーヘッドで制限される。

Type	MLP0	MLP1	LSTM0	LSTM1	CNN0	CNN1	平均(重み付き)
GPU	2.5	0.3	0.4	1.2	1.6	2.7	1.9
TPU	41.0	18.5	3.5	1.2	40.3	71.0	29.2
Ratio	16.7	60.0	8.0	1.0	25.4	26.3	15.3

図 7.49 DNNワークロードにおけるCPUに対するK80 GPUと TPUの相対的な性能

平均は図 7.41 の 6 つのアプリケーションの実際の配合を使っている。GPU と TPU の相対性能はホストサーバのオーバーヘッドも含んでいる。図 7.48 はこの表の 2 番目の列(MLP0)に対応しており、相対 IPS は 7ms の遅延の閾値に対応している。

としても、応答時間の制約を満足しなければ、無駄になる。これらの制限は TPU でも同様であるが、図 7.48 によると 80%で、MLP0 の最大スループットにずっと近い。CPU や GPU を比較すると、単一スレッドの TPU は、7.1 節で議論した平均値は改善するが反応限界時間の 99%を満たすことには寄与しないトランジスタと電力を消費する洗練されたマイクロアーキテクチャの特徴を備えていない。

図 7.49 はダイ毎の相対的な推論性能の最低線で、2 つのアクセラレータに関してはホストサーバのオーバーヘッドも含んでいる。アーキテクトは、稼働するプログラムの実際の配合を知らない場合は、相乗平均を使うことを思い出してほしい。しかしながらこの比較では、配合は**既知**である(図 7.41)。図 7.49 の最後の列の重み付きの平均は実際の配合を使ったもので、CPU に比べて GPU は最大 1.9 倍、TPU は 29.2 倍速く、TPU は GPU よりも 15.3 倍速い。

7.9.2 価格性能比、TCO、ワット当たりの性能

何千台もコンピュータを購入する時、価格性能比は、一般性能よりも優先される。データセンターにおける最良の尺度は、維持管理総経費(TCO)である。Google が数千のチップに支払った実際の値段は、関係する会社との間の交渉に依存する。業務上の理由で、Google は値段の情報やそれを推測するための情報を開示していない。しかしながら、電力と TCO には相関があり、Google はサーバ当たりのワット数を公開しているので、ワット当たりの性能を TCO 当たりの性能の代わりに使うことができる。この節では、1 つのダイ(図 7.42)ではなくサーバ(図 7.43)を比較する。

図 7.50 は、K80 GPU と TPU の Haswell CPU に対する相対的なワット当たりの性能の重み付き平均である。ワット当たりの性能に対して、2 つの異なる計算を示す。最初の「総計」は、GPU や TPU

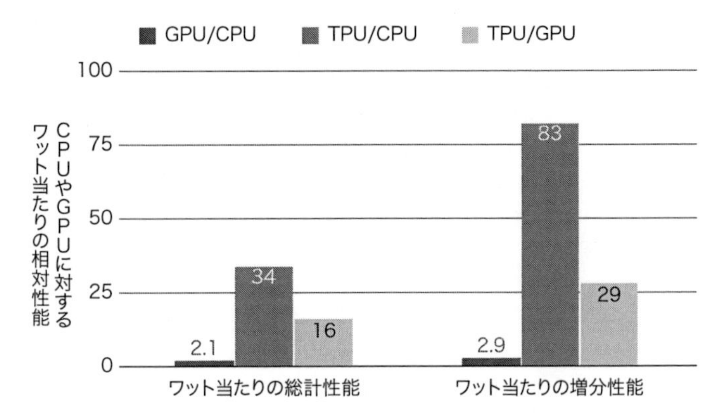

図 7.50 GPUと TPUサーバのCPUまたは GPUサーバに対する相対的なワット当たりの性能

「ワット当たりの性能-総計」はホストサーバの電力も含み、「ワット当たりの性能-増分」は含まない。これは広く引用される尺度だが、ここではデータセンターの TCO 当たりの性能を使っている。

のワット当たりの性能を計算するのに、ホスト CPU サーバが消費する電力を含む。2 番目の「増分」は、ホスト CPU サーバの電力を、前出の GPU や TPU の総計から引いている。

「ワット当たりの性能—総計」では K80 サーバは Haswell の 2.1 倍である。「ワット当たりの性能—増分」では Haswell の電力を除くと、K80 サーバは 2.9 倍である。

TPU サーバは Haswell に比べて 34 倍の「ワット当たりの性能—総計」であり、K80 サーバに比べて 16 倍の「ワット当たりの性能」である。相対的な「ワット当たりの性能—増分」は、Google がカスタム ASIC を作った根拠であるが、TPU は 83 倍で、これにより、GPU に対する倍率を引き上げて 29 倍となった。

7.9.3 CatapultとPixel Visual Coreの評価

Catapult V1 は CNN を 2.1GHz、16 コア、デュアルソケットのサーバに比べて 2.3 倍高速に実行する [Ovtcharov *et al.*, 2015a]。次世代の FPGA(14-nm Arria 10)を使うと、性能は 7 倍になり、注意深いフロアプランと処理エレメントのスケールアップで 17 倍になると予想されている [Ovtcharov *et al.*, 2015b]。両者ともに、Catapult は電力消費は 1.2 倍未満である。リンゴとみかんを比較するようだが、TPU は、若干高速なサーバの 40 倍から 70 倍の速度で CNN を実行する(図 7.42、図 7.43、図 7.49 を参照)。

Pixel Visual Core も TPU も Google が造ったものなので、1 つ良いニュースがある。すなわち、TensofFlow から変換が必要ではあるが、一般的な DNN である CNN 1 の性能を直接比較できる。バッチサイズは TPU では 32 でなく 1 として実行する。TPU は CNN1 を Pixel Visual Core に比べて約 50 倍高速に実行するので、Pixel Visual Core は GPU の約半分の速度、Haswell よりもちょっとだけ速いということになる。Pixel Visual Core の CNN1 でのワット当たりの性能-差分は、TPU の約半分にまで高まり、GPU の 25 倍、CPU の 100 倍である。Intel の Crest は推論ではなく学習のために設計されたものなので、測定が可能であるとしても、この節に含めることは妥当でない。

7.10 誤った考えと落とし穴

DSA や DNN の初期の頃、誤った考えがたくさんあった。

誤った考え：カスタムチップを設計するには数億ドルかかる。

図 7.51 は広く引用される 1 億ドル神話のうち 5000 万ドルが給料のコストだったことをすっぱ抜いた記事から引用したグラフである [Olofsson, 2011]。著者の見積もりは洗練されたプロセッサのもので、DSA がそもそも省略した特徴を含んでおり、開発コストに改善がないとしても、DSA を設計するコストはもっと低いと期待できる。

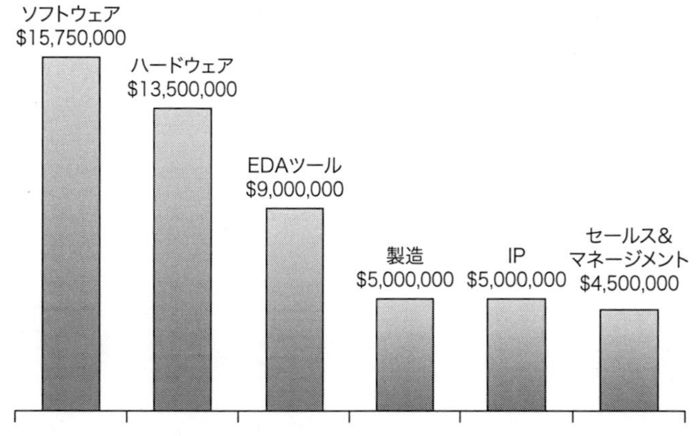

図 7.51　カスタムASICの製造コスト 5000 万ドルの内訳 [Olofsson, 2011]
著者は彼の会社はこの ASIC のために 200 万ドル使ったと書いている。

何もなければ、マスクのコストはより微細化したプロセスでは高価となるのに、なぜ 6 年後を楽観することができるのだろうか。

まずソフトウェアは最も大きいカテゴリで、コストのほとんど 1/3 を占めている。特定領域言語で書かれたアプリケーションの有効性は、あなたの DSA にアプリケーションを移植する作業のほとんどをコンパイラ任せにできることを可能にするが、これは TPU や Pixel Visual Core で見てきた。オープンな RISC-V の命令セットも、大きな IP のコストをカットするのと同時に、システムソフトウェアを買うコストを減らす一助になるだろう。

マスクと製造コストは、複数のプロジェクトが 1 つのレチクル† を共有することで節約できる。チップが小さい限りは、びっくりすることに、誰でも 3 万ドル払えば、TSMC の 28nm プロセス技術でテストなしの部品を 100 個手にすることができる

たぶん最も大きな変化はハードウェア工程で、コストの 1/4 以上を占めている。ハードウェア設計者も、アジャイル開発を使うソフトウェア担当の同僚の後を追いかけ始めたのだ。従来のハードウェア設計のプロセスは、設計要求、アーキテクチャ、論理設計、レイアウト、検証、その他諸々、といった段階に分解してきたが、各々の段階を実施する人たちは別々の職種であった。このプロセスは計画と文書化、それにスケジューリングに重きが置かれるが、それは各段階で担当者が代わるからだ。

ソフトウェアも同様にこの「ウォーターフォールモデル」に従っていたが、大方のプロジェクトは遅く、予算をオーバーし、さらに中止に追い込まれたりしたので、根本的に異なるアプローチに進んだ。2001 年のアジャイルマニフェストが基本的に言っているのは、「不完全だが動くプロトタイプを常に顧客に見せることを繰り返す小さいチームが好ましく、従前のウオーターフォールプロセスにおける計画と文書化によるよりも有益なソフトウェアを、当初のスケジュールと予算内で作ることができる」ということである。

今は小さなハードウェアチームが機敏な繰り返しをするのだ [Lee *et al.*, 2016]。チップ製造の長い遅延を改善するために、エンジニアは FPGA を使って何回か繰り返す、というのは最近の設計システムでは同じ設計から FPGA のための EDIF とチップレイアウトを両方出力できるからである。FPGA のプロトタイプはチップよりも 10〜20 倍遅いが、シミュレーションよりはずっと速い。設計者たちは、「テープイン」も繰り返す。これは、動作するが完全ではないプロトタイプをテープアウトするためのすべての作業を行うことであるが、チップを製造するコストは必要ない。

改良された開発プロセスに加えて、より近代化したハードウェア設計言語が設計者を支援していて [Bachrach *et al.*, 2012]、高レベルの領域特化言語からの自動的ハードウェア生成も進化した [Canis *et al.*, 2013] [Huang *et al.*, 2016] [Prabhakar *et al.*, 2016]。自由にダウンロードして変更できるオープンソースのコアは、ハードウェア設計のコストを引き下げるだろう。

落とし穴：パフォーマンスカウンタを後からの思い付きで DSA のハードウェアに付加した。

TPU は 106 個のパフォーマンスカウンタを備え、設計者はもっと欲しがっている (図 7.45 を参照せよ)。DSA の存在理由は性能であり、何が起きているかについて、良いアイデアを得ることがその早過ぎる進化の方法である。

誤った考え：アーキテクトは DNN の正しい課題に挑戦している。

アーキテクトのコミュニティは深層学習に注目している。

ICSA 2016 の 15%の論文は DNN のハードウェアアクセラレーションに関するものだった！ 悲しいことに 9 編の論文はすべて CNN に注目していて、2 編だけが他の DNN に言及している。CNN は MLP よりも複雑で、DNN の競技会で目立っており [Russakovsky *et al.*, 2015]、魅力的ではあるが、Google のデータセンターにおける NN のワークロードの 5%に過ぎない。MLP や LSTM を満足が行く程度にまで加速することに挑戦するのが賢いように思える。

誤った考え：DNN ハードウェアにとって、毎秒の推論数 (IPS) は公平な性能指標の要約だ。

IPS は DNN ハードウェアの単一の性能の全体概要としては適切ではない、というのは、それは単にアプリケーションの通常の推論の複雑さ（例えば。数、サイズ、NN 層の形式）の逆数であるからだ。例えば TPU は 4 層の MLP1 を 360,000 IPS で実行するが、89 層の CNN1 は 4700 IPS にしかならないので、TPU では IPS は 75 倍も変化する！ したがって IPS を速度の代表として使うのは、従来のプロセッサにおける MIPS や FLOPS よりも、NN アクセラレータにとっては紛らわしいので、IPS は消えるべきだ。DNN マシンをより良く比較するには、多様な DNN アーキテクチャに移植可能なように高レベルに書かれたベンチマーク集が必要である。Fathom は

† 訳注：レチクル (reticle)。半導体の製造工程の、ステッパーでウェーハに回路を焼き付ける時に使われる、回路のパターンが刻まれたフォトマスク。

そのようなベンチマーク集として新しい有望な試みである［Adolf *et al.*, 2016］。

落とし穴： DSA を設計する時にアーキテクチャの歴史を無視する。

汎用コンピューティングに飛びつかないという考え方は DSA にとって理想的かもしれないが、それでも歴史をよく知るアーキテクトは有利である。TPU に関する 3 つの重要なアーキテクチャ上の特徴は 1980 年代初期に遡る：シストリックアレイ［Kung and Leiserson, 1980］、アクセスと実行の分離［Smith, 1982b］、そして CISC 命令［Patterson and Ditzel, 1980］。最初のものは大規模な行列乗算ユニットの面積と電力を減少させ、2 番目により重みを取得する間に行列乗算ユニットが演算を並行に行うことができ、3 番目により PCIe バスの限られたバンド幅で命令を送ることが可能になった。本書の各章の終わりにある歴史展望の節を掘り起こして、設計している DSA を飾る宝石を発見することを勧める。

7.11 おわりに

この章ではいくつかの商用の例を通して、すべてのプログラムに恩恵があるような汎用コンピュータを改良するという従来の目標から、DSA を使って一部のプログラムを加速するように移行していることを見てきた。

Catapult の両方のバージョンは共に電力消費が小さい小型の FPGA ボードでサーバに内蔵できるものを用いて、データセンターの均質性を保っている。期待されているのは、FPGA の柔軟性のおかげで Catapult が現在の多くのアプリケーションだけでなく実戦配備の後に出現する新しいアプリケーションにも対応できることである。Catapult は検索ランクや CNN を GPU よりも高速に処理し、ランキングでは CPU の 1.5～1.7 倍の性能 TCO 比を得ている。

TPU プロジェクトは実際には FPGA から始まったが、設計者が当時の FPGA では GPU に太刀打ちできる性能ではないと結論付けた時に諦めた。設計者らはまた、TPU は GPU よりもずっと少ない電力で、同じ程度か、より高速であること、それゆえ、TPU は FPGA や GPU よりも優れていると信じた。最後に、Google のデータセンターの一部のサーバには GPU が搭載されていたので、TPU がその均質性を台無しにするデバイスではない。TPU は基本的に GPU の足跡を辿った、もう 1 つのタイプのアクセラレータであった。

NRE コストは、Catapult よりも TPU の方がずっと高いようであるが、得られたものも大きかった。つまり、FPGA に比べて ASIC は性能もワット当たりの性能も高かった。TPU は DNN の推論にしか適合しないという点はリスクであるが、先に議論した通り、DNN は多くのアプリケーションで潜在的に使われ得るので魅力的なターゲットである。2013 年 Google の経営陣は、2015 年以降の DNN の要求は TPU への投資を正当化すると信じて、従来方針からの飛躍を行った。

Catapult と TPU の決定性がある実行モデルは、CPU や GPU の時間がばらける最適化（キャッシュ、アウトオブオーダ実行、マルチスレッディング、マルチプロセッシング、プリフェッチ、その他）に比べてユーザとの対話があるアプリケーションにおける応答時間の締め切りにうまく適合する。TPU はそのような仕組みを省いているので、無数の ALU や大きなメモリを備えているにも関わらず比較的小規模で消費電力が小さい。この実例は、Amdahl の法則に次の「有り余る資源の系（Cornucopia Corollary）」があることを示す。すなわち、**大きくて安価な資源の余裕ある利用は、費用対効果が高い高性能をもたらす。**

まとめると TPU は DNN で成功したが、その理由は以下の通り。大規模な行列ユニット、量的に充分なソフトウェア制御のチップ内メモリ、ホスト CPU への依存性しないですべての推論モデルを実行する能力、99%が応答時間の限度に間に合うという事項に適合する単一のスレッドで決定性がある実行モデル、2013 年だけでなく 2017 年の DNN にもマッチする充分な柔軟性、大きなメモリやデータパスにも関わらず汎用目的の特徴を取り払ってコンパクトで低消費電力なダイ、量子化したアプリケーションによる 8 ビットの整数の使用、そしてアプリケーションが TensorFlow を使って書かれていること。最後の理由により、アプリケーションを書き換えることなしに、高性能なままで全く異なるハードウェアに移植することができる。

Pixel Visual Core は、ダイサイズと電力という観点から、PMD 向けの DSA を設計する上での制約を例示している。TPU とは異なり、ホストとは独立なプロセッサで、自力で命令をフェッチする。Pixel Visual Core はコンピュータビジョンが第一の目的であるにも拘わらず、K80 や Haswell CPU よりも 1 桁から 2 桁良好なワット当たりの性能で CNN を実行できる。

Intel の Crest について判定を与えるのは時期尚早であるが、Intel の CEO による熱い宣伝はコンピュータ業界の風景が替わろうとしている狼煙（のろし）なのだ。

アーキテクチャのルネサンス

少なくとも最近 10 年間にアーキテクチャの研究者が公表してきた技術革新は、シミュレーションに基づき、限られたベンチマークを使い、汎用プロセッサで 10%以下の改善を主張するというものであった一方で、企業は 10 倍以上の性能改善を DSA ハードウェア製品で報告している。

これは業界が変容を遂げていることのサインではないかと考える。そして今後 10 年のアーキテクチャの技術革新のルネサンスを期待することができる。これは以下の理由による。

- Dennard スケーリングと Moore の法則の終焉、つまりコストと電力と性能の改善のためのコンピュータアーキテクチャにおける技術革新の必要性
- ハードウェアを構成するのにアジャイルなハードウェア開発と、最近のプログラミング言語の進歩を利用する新しいハードウェア設計言語による生産性の向上
- フリーでオープンな命令セットやオープンソースの IP ブロック、それに（これまではほとんどの DSA で使われてきた）商用 IP ブロックによるハードウェア開発コストの削減
- これまで述べた生産性の向上や開発コストの削減のおかげで、シミュレータに懐疑的な人々に対して研究者が自分のアイデアを納得させるのに FPGA やカスタムチップを使うようになったこと。そして
- DSA の潜在能力と特定領域プログラミング言語との協働

本書の著者らは、多くのアーキテクチャ研究者はDSAを構築し、この章で議論したよりもさらに高いレベルに達すると信じている。コンピュータアーキテクチャがどのように見えるのか、本書の次の版まで待ち切れない！

7.12 歴史展望と参考文献

M.9節（オンラインで入手可能）はDSAの発展について議論している。

7.13 ケーススタディと演習問題

（Cliff Youngによる）

ケーススタディ：GoogleのTensorプロセッシングユニットと深層学習ネットワークのアクセラレーション

このケーススタディで例示される概念

- 行列乗算演算の構造
- 単純なニューラルネットワークモデルのメモリの容量と計算のレート（速度と送り込み）
- 領域特化ISAの構成
- ハードウェアに畳み込みをマッピングする際の非効率性
- 浮動小数点演算
- 関数近似

7.1 [10/20/10/25/25]〈7.3、7.4〉行列乗算はTPUのハードウェアでサポートされる演算の中核である。TPUのハードウェアの詳細を見る前に、行列乗算計算自体を解析することは有益である。行列の乗算を表す一般的な方法の1つは、次の3つのネストされたループを使用することである。

```
float a[M][K], b[K][N], c[M][N];
// M, N,それにKは定数.
for (int i = 0; i < M; ++i)
  for (int j = 0; j < N; ++j)
    for (int k = 0; k < K; ++k)
      c[i][j] += a[i][k]*b[k][j];
```

a [10] MとNとKは等しいと仮定する。このアルゴリズムの漸近的計算複雑性はどうなるか。漸近的空間計算量はいくらか。MとNとKが大きくなると、行列乗算の演算強度はどうなるか。

b [20] M＝3、N＝4、K＝5と仮定すると、各々の次元は互いに素である。3つの行列A、B、Cの各々のメモリロケーションにアクセスする順番を書け（2次元のインデックスから始めても良い。そして各々のメモリアドレスか先頭アドレスからのオフセットに変換せよ）。どの行列の要素が順番にアクセスされるか。そういうものは存在しないのか。行優先（例えばC言語）のメモリ順番を仮定せよ。

c [10] 行列Bを、B[N][K]のように添字を交換することで転置すると仮定する。すると最内ループ文は以下のようになる。

```
c[i][j] += a[i][k]*b[j][k];
```

さて、どの行列の要素が順番にアクセスされるだろうか。

d [25] 元のルーチンの最内ループ（kがインデックス）は内積演算である。C言語のコードよりも効率的に8要素の内積を求めるハードウェアユニットが与えられ、このC関数のように効率的に振る舞うものとする。

```
void hardware_dot(float *accumulator,
  const float *a_slice, const float *b_slice) {
    float total = 0.;
    for (int k = 0; k < 8; ++k) {
      total += a_slice[k]*b_slice[k];
    }
    *accumulator += total;
}
```

この関数を使うように、小問(c)の転置された行列Bを使うルーチンをどう書き直すか。

e [25] その代わりに、8要素の「saxpy」を行うハードウェアユニットが与えられているとし、Cの関数は次のように振る舞うとする。

```
void hardware_saxpy(float *accumulator,
  float a, const float *input) {
    for (int k = 0; k < 8; ++k) {
      accumulator[k] += a*input[k];
    }
}
```

saxpyをプリミティブとして使い、行列Bを転地したメモリ順を使わないで元のループと同じ結果をもたらす別のルーチンを書け。

7.2 [15/10/10/20/15/15/20/20]〈7.3、7.4〉図7.5のMLP0ニューラルネットワークモデルについて考える。このモデルは5層の全結合層で20M個の重みを持つ（ニューラルネットワークの研究者は、入力層をネットワーク内の1つの層であるかのようにカウントするが、それに関連する重みはない）。単純化のためにこれらの層は同じサイズで、各々4M個の重みが2K×2Kの行列に対応しているとする。TPUは通常8ビットの数値を使うので、20M個の重みは20MiBになる。

a [15] 128、256、512、1024、2048の各々のバッチサイズに対して、そのモデルの各々の層の入力活性子はどんな大きさになるか（入力層を除くと前の層の出力活性子でもある）。ここではすべてのモード（つまり最初の層への入力と最後の層からの出力のみ）ということを考慮して、すべてのバッチサイズについてのPCIe Gen3 ×16（転送速度は約100Gibit/s）を通した入力と出力の転送時間はどうなるか。

b [10] メモリシステムの速度が30GiB/sだとして、TPUがMLP0の重みをメモリから読み込むのに要する時間の最低値を求めよ。TPUが256×256の重みのタイルをメモリから読み込む時間はどのぐらいか。

c [10] シストリックアレイの乗算器が256×256エレメントであることと、エレメントの各々が8ビットの積和（MAC）をサイクル毎に行うということを念頭に置いて、TPUが毎秒92T演算であることを求める過程を示せ。ハイパフォーマンスコンピューティング業界では、MACは2演算として数える。

d [20] 一度重みのタイルがTPUの行列ユニットにロードされると、256要素の入力ベクトルに、このタイルで表される256×256の重み行列を乗算してサイクル毎に256要素の出力ベクトルを生成するために再利用できる。重みタイルをロードする際に要するサイクル数はいくつか。これは「損益分岐点」のバッチサイズであり、計算とメモリロード時間が等しく、ルーフラインの「稜線」であると考えられる。

e [15] Intel Haswell x86サーバの計算能力のピークはおよそ1 TFLOP/sであるが、NVIDIA K80はおよそ3TFLOP/sである。これらのピーク性能に達すると仮定して、128のバッチサイズでの計算時間の最良値を計算せよ。TPUが全20M個の重みをメモリからロードするのにかかる時間とこれらの時間を比較するとどうだろうか。

f [15] TPUはPCIe経由のI/Oと計算をオーバーラップしないと仮定し、CPUが最初のデータのバイトをTPUに送ってから、出力の最後のデータのバイトが返ってくるまでにかかる時間を計算せよ。PCIeのバンド幅がどの程度有効に使われるか。

g [20] 5つのTPUを、1つのCPUに1つのPCIe Gen3×16バス(と適切なPCIeスイッチ)を介して接続されているという設定で配備したとする。MLP0の1つの層を各々のTPUに置くことで並列処理し、TPUは他のTPUとPCIeを介して直接通信できると仮定する。バッチ＝128の時、この構成がもたらす1つの推論にかかる遅延の最良値と1秒当たりの推論数という観点でのスループットはそれぞれどの程度か。1つのTPUの時と比較するとどうだろうか。

h [20] バッチ内のそれぞれのデータは、CPUでの処理に50コアμsかかるとする。バッチ＝128という設定で1つのTPUを駆動するのに必要なホストCPUのコアはいくつか。

7.3 [20/25/25/25/議論]〈7.3、7.4〉TPUの疑似アセンブリコードについて考え、重み行列が256×256の小さな全結合層でバッチサイズ2048の入力を処理することを考える。もし各々の命令で計算のサイズやアラインメントに制約がないとすると、その層を処理するプログラム全体は以下のようになる。

```
read_host u#0, 256*2048
read_weights w#0, 256*256
// matmulの重みは暗黙的にFIFOから読まれる
activate u#256*2048, a#0, 256*2048
write_host, u#256*2048, 256*2048
```

この疑似アセンブリコードでは、「u#」というプレフィクスは統合バッファのメモリアドレスを参照し、「w#」はチップ外の重みDRAMのメモリアドレスを参照し、「a#」は累算器のアドレスを参照する。各々のアセンブリ命令の最後の引数は、処理するバイト数である。

1命令ずつプログラムを見ていこう。

- `read_host`命令は512KiBのデータをホストメモリから読み出し、統合バッファ(`u#0`)の先頭に格納する。
- `read_weights`命令は、重みフェッチユニットに64KiBの重みを読むように指示し、オンチップの重みFIFOにロードする。64KiBの重みは1つの256×256の行列の重みを表し、これのことを「重みのタイル」と呼ぶ。
- `matmul`命令は512KiBの入力データを統合バッファの0番地から読み出し、重みのタイルと行列乗算を行い、256×2048＝524,288個の32ビットの活性子を累算器の0番地(`a#0`)に格納する。ここではあえて重みの順序の詳細を大雑把に扱うことにし、のちにその詳細を議論しよう。
- `activate`命令は`a#0`にあるこれらの524,288個の32ビット累算器に対して、活性化関数を適用し、結果の8ビットの出力値を統合バッファの次の空き領域、つまり`u#524288`に格納する。
- `write_host`命令は、`u#524288`からの512KiBの活性化出力を書き出し、ホストCPUに戻す。

TPUの設計の側面を探検するために、疑似アセンブリ言語に現実的な詳細を徐々に付け加えていく。

a [20] バイトやバイトアドレス(あるいは累算器の場合は32ビットの値へのアドレス)を使って疑似コードを書いているが、TPUは長さ256のベクトルのままで稼働している。これは統合バッファは通常256バイトの境界であり、累算器は256個の32ビットの値のグループ(あるいは1KiBの境界)で、重みは65,536個の8ビットの値のグループとして読み込まれることを意味している。2つのベクタや重みのタイルの長さを考慮にいれて、プログラムのアドレスと転送サイズを書き直せ。どれだけの数の256要素のベクタの入力活性子が、プログラムによって読まれるだろうか。どれだけのバイト数の積算値が結果を計算するまでに使われるか。どれだけの数の256要素のベクタの出力活性子が、ホストに書き戻されるか。

b [25] アプリケーションの要求事項が変わり、256×256の重み行列の乗算の代わりに、重み行列の形が1024×256になったとする。`matmul`命令は行列乗算演算子の右の引数で重みを指定し、Kは1024になり、行列乗算の次元の値が増える。ここで、積算命令には2つの変種があって、1つは累算器にその値を上書きし、もう1つは行列乗算の結果を指定された累算器に加算する。この1024×256の行列を処理するためにどのようにプログラムを変更するか。行列ユニットのサイズは同じ256×256のままで、プログラムでは256×256の重みのタイルがいくつ必要か。

c [25] サイズ256×512の重み行列で乗算を処理するプログラムを書け。プログラムではさらに累算器が必要か。プログラムを書き直して2048個の256エントリの累算器しか使わないようにできるか。プログラムではどれだけの数の重みのタイルが必要か。重みDRAMにどのような順序で格納しておくべきか。

d [25] 次に1024×768のサイズの重み行列と乗算を行うプログラムを書け。重みのタイルがいくつ必要か。256エントリの累算器を2048個だけ使うようにプログラムを書け。重みDRAMにどのような順序で格納しておくべきか。この計算のために各々の入力の活性子が何回読み込まれるか。

e [議論] 256 要素の入力活性子集合を各々1 回だけ読むアーキテクチャは、どのようにして構成したら良いか。そこで必要な累算器の数はいくつか。その方法を取ったとして、累算器のメモリはどのぐらいの規模になるか。このアプローチと、内蔵する 4096 個の累算器のうち、2048 個の累算器は行列ユニットが書き込むことができ、残り半分は活性化のために使っているような TPU とを比較せよ。

7.4 [15/15/15]〈7.3、7.4〉AlexNet の最初の畳み込み層について考える。これは 7×7[†]の畳み込みカーネルを使い、入力の深さは 3 で、出力の深さは 48[†]である。元の画像サイズは 220×220[†]である。

a [15] とりあえず 7×7 の畳み込みカーネルは忘れて、このカーネルの中央の要素について考える。1×1 の畳み込みカーネルは、入力の深さ × 出力の深さの次元である重み行列を使えば、数学的に行列乗算と等価である。同じ深さで、通常の行列乗算を使うと、TPU の 65,536 個の ALU はどの程度使われるか。

b [15] 畳み込みニューラルネットワークでは空間の次元は、畳み込みカーネルを多くの異なる(x, y)座標位置に適用するので、重みの再利用の源である。TPU では、計算とメモリが(演習 1d で計算したように)バッチサイズ 1400 でバランスが取れると仮定する。バッチサイズ 1 で TPU が効率よく処理できる最も小さい正方画像のサイズはいくつか。

c [15] AlexNet の最初の畳み込み層は**ストライド** 4 のカーネルで実装する。これは適用する度に X と Y を 1 ピクセルずつ動かすのではなく、7×7 のカーネルがいっぺんに 4 ピクセル移動することを意味する。この歩幅の意味は、入力のデータを $220 \times 220 \times 3$ から $55 \times 55 \times 48$ (X と Y の次元を 4 で割って、入力の深さを 16 倍する) まで並べ替えることができるということを意味し、同時に $7 \times 7 \times 3 \times 48$ の畳み込みの重みを $2 \times 2 \times 48 \times 48$ に再び重ねることができる (ちょうど入力データが X と Y で 4 たび重ねて、同じことを畳み込みカーネルの 7×7 の要素に行い、X と Y の次元で ceiling$(7/4) = 2$ 個の要素で終わる)。ここでカーネルは 2×2 なので、48×48 のサイズの重み行列を使って、4 回だけ行列乗算が必要である。65,536 個の ALU のうちどれだけ使われるか。

7.5 [15/10/20/20/20/25]〈7.3〉TPU は**固定小数点算術演算** (時に**量子化算術演算**と呼ばれ、定義が被っていたり衝突していたりする) を使っていて、整数が実数の値を表現するのに使われている。固定小数点算術演算にはいくつかの異なる方法があるが、共通しているのはハードウェアで使われている整数から整数が表現している実数へのアフィン写像があることである。アフィン写像は $r = i \times s + b$ の形をしていて、i は整数、r は表現された実数、s と b はそれぞれスケールとバイアスである。もちろん整数から実数、その逆と、両方の方向で写像することができる (実数から整数に変換する際には丸めが必要である)。

a [15] TPU でサポートされている最も単純な関数は「ReLUX」で、X の最大値を持つ正規化線形関数である。例えば ReLu6 は Relu6(x) = {0, when $x < 0$; x, when $0 \le x \le 6$; and 6, when $x > 6$}と定義されている。すると、実数の線上の 0.0 と 6.0 は Relu6 が生成する最小と最大の値である。8 ビットの符号無整数をハードウェアで使っていて、0 を 0.0 に、255 を 6.0 に射影したいと仮定する。s と b を解け。

b [10] 8 ビットに量子化された ReLU6 の出力が正確に表現できる値は実数線上にいくつあるか。またそれらの実数の間隔はいくつか。

c [20] 表現可能な値の間の差は、数値解析では「最も小さい場所の単位」あるいは **ulp** と呼ばれる。実数を固定少数点数に写像してから元に写像すると、元の実数に戻ることはほとんどない。元の数との差は量子化誤差と呼ばれる。[0.0, 6.0]の範囲の実数を 8 ビットの整数に写像する時、最悪で ulp の片方の半分の**量子化誤差**が生じることを示せ (丸めると表現可能な最も近い値になることに注意)。元の実数に対する関数として、誤差を図示しても良い。

d [20] 前の問い同様に 8 ビットの整数を範囲[0.0, 6.0]の実数に対応させる。8 ビット整数のどの値が 1.0 に対応するか。1.0 に対する量子化誤差はいくつか。TPU に 1.0 + 1.0 を実行させたとする。得られる答と、その結果の量子化誤差はいくつか。

e [20] [0.0, 0.6]の範囲で一様乱数を選び、8 ビットの整数に量子化するとして、256 個の整数値に対してどのような分布が予想されるか。

f [25] 双曲線正接 **tanh** は深層学習でよく使われるもう 1 つの活性化関数である。

$$\tanh(x) = \frac{1 - e^{-2x}}{1 + e^{-2x}}$$

tanh も有界で、実数を(−1.0, 1.0)の区間に射影する。8 ビットの符号無表現を使って、s と b をこの範囲で求めよ。そして、8 ビットの 2 の補数表現を使って、s と b を求めよ。両者について、整数の 0 はどの実数を表現しているか。実数の 0.0 に対応する整数はどの値か。0.0 を表現する時に生じる量子化誤差から生じる問題について想像できるか。

7.6 [20/25/15/15/30/30/30/40/40/25/20/議論]〈7.3〉tanh に加えて、もう 1 つの S 字型の連続な関数、すなわち**ロジスティックシグモイド**関数がある。

$$logistic\_sigmoid(x) = \frac{1}{1 + e^{-x}}$$

これはニューラルネットワークの活性化関数として広く使われている。これを固定小数点数の算術演算で実装する一般的な方法は区分 2 次近似で、入力値の上位ビットで使用する表のエントリを選択する。そして入力の下位ビットが、近似する関数の部分範囲にフィットする放物線を記述する 2 次の多項式に送られる。

a [20] グラフ描画ツール (`www.desmos.com/calculator`が良い) を使って、ロジスティックシグモイド関数と tanh を描画せよ。

b [25] $y = \tanh(x/2)/2$ を描け。このグラフとロジスティックシ

---

† 訳注：AlexNet についての本練習問題の数値は原論文のものとは違っている。AlexNet の最初の畳み込み層のカーネルサイズは「7 × 7」ではなく「11 × 11」である。「48」も「96」である。「220 × 220」は AlexNet の論文中では「224 × 224」となっている (実はこれも間違いできちんと実装すると 227 × 277 である)。以下数値の訂正は読者に任せる。

グモイド関数を比較せよ。これら2つはどのぐらい違うか。片方からもう片方に変換する式を立て、それが正しいことを証明せよ。

c [15] この代数学的な一致があるとして、ロジスティックシグモイドとtanhを近似する係数の異なる2つの組が必要であるか。

d [15] tanhは$f(-x) = -f(x)$の形を満たすので奇関数である。この事実をうまく使って表の領域を節約できないだろうか。

e [30] tanhを$x \in [0.0, 6.4]$の区間で近似することを考える。浮動小数点算術演算を使って、区間を64の部分区間（各々の長さは0.1）に分割するプログラムを書き、1つの浮動小数点値の定数を使って各々の部分区間を近似する（つまり64個の異なる浮動小数点数の値を各々の部分区間に対して選び出す）。各部分区間内で100個の異なる値を抜き取り検査（ランダムに選ぶのが良い）すると、すべての部分区間の中でワーストケースの近似誤差はどんな値であるか。各々の部分機関について近似誤差を最小化する定数を選ぶことはできるのか。

f [30] 部分区間のそれぞれに対する浮動小数点数の線形近似を構成することを考える。この場合は、浮動小数点値のペアmとbで$y = mx + b$という古典的な直線の方程式を立て、64個の部分区間の各々を近似したくなるだろう。tanhの64個の各々の部分区間について妥当であると考えられる線形近似の戦略を示せ。64個の各々の部分区間について近似誤差の最悪値を求めよ。その近似は部分区間の境界に達しても単調か。

g [40] 次に、$y = ax^2 + bx + c$の形の標準式を使って、2次近似を構成する。式にフィットさせるいくつかの異なる方法を実験せよ。放物線を凹の2つの端点と中央点にフィッティングするか、テイラー近似を凹の中の1つの点に使ってみよ。近似誤差の最悪値はどうなるか。

h [40]（発展問題）この練習問題の数値近似を、前の問題の固定小数点算術演算に適用してみよう。入力の$x \in [0.0, 6.4]$は15ビットの符号無値で表現され、0x0000は0.0を、0x7FFFは6.4を表すとする。出力も同様に0x0000は0.0を、0x7FFFは1.0を表すとする。定数と線形近似や2次近似について、近似と量子化の誤差が合わさった効果を計算せよ。入力値が少ないので、全数探索でチェックするプログラムを作成できる。

i [25] 2次と量子化の近似で、近似は各々の部分範囲で単調か。

j [20] 出力スケールのulpの1つの差は、1.0/32768に対応すべきである。各々の場合で、いくつのulpエラーが表示されるか。

k [議論] [0.0, 6.4]の範囲で近似を選ぶことで、双曲線正接の$x > 6.4$の「尾」を効果的にクリップ（刈り込み）することができる。すべて尾の出力値を1.0に設定するのは不合理な近似ではない。尾をこの方法で扱う際の、実数値とulpの観点からの誤差の最悪値はいくつか。精度を改善する目的で尾をクリップするのにより良い場所はあるのか。

演習問題

7.7 [10/20/10/15] 〈7.2、7.5〉 Xilinx製のVirtex-7はFPGAのよく使われるファミリの1つである。Virtex-7 XC7VX690T FPGAは3,600個の25 × 18ビットの整数積和「DSPスライス」を備える。TPUスタイルの設計をこのFPGAで構成することを考える。

a [10] 1つの25 × 18整数乗算器をシストリックアレイのセル毎に使うと、構成可能な行列乗算ユニットの最大規模はいくつか。行列乗算ユニットは正方であると仮定する。

b [20] 正方でない長方の行列乗算ユニットを構成すると仮定する。そのような設計がハードウェアやソフトウェアに与える影響はどのようかものか。

ヒント：ソフトウェアが処理しなければならないベクタの長さについて考えよ。

c [10] 多くのFPGAの設計では、500MHzで動作すれば幸運である。その速度でそのデバイスが達成できる毎秒実行可能な8ビットの演算の回数を計算せよ。3 TFLOPSのK80と比較してどうだろうか。

d [15] LUTを使ったDSPスライスで3600個と4096個の場合の差を埋めたが、クロック速度が350MHzに落ちてしまったと仮定する。このトレードオフはやる価値があるか。

7.8 [15/15/15] 〈7.9〉 Amazon Webサービス（AWS）は多様な「コンピューティングインスタンス」を提供していて、これは異なるアプリケーションとスケールを対象にするために構成されたマシンである。AWSの値段は、いろいろな計算デバイスの維持管理総経費（TCO）に関する有益なデータを、特に「多くの場合3年のスケジュールで減価償却†するコンピュータ設備」として、我々に提供している。2017年7月の時点で、計算志向の専用「c4」コンピューティングインスタンスは合計20物理コアの2つのx86チップを搭載していた。これを1.75ドル/時、あるいは17,962ドル/3年で貸している。対照的に「p2」コンピューティングインスタンスは合計36コアを2つのx86チップと、16基のK80 GPUを搭載している。これを15.84ドル/時、あるいは184,780ドル/3年で貸している。

a [15] c4インスタンスはIntel Xeon E5-2666 v3（Haswell）プロセッサを、p2インスタンスはIntel Xeon E5-2686 v4（Broadwell）プロセッサを使っている。両者ともIntelのプロセッサ製品の公式Webページには掲載されていないので、これらの部品はIntelがAmazon向けに製造したものだと考えられる。E5-2660v3はE5-2666v3と同じようなコア数で、1500ドル程度で流通している。E5-2697v4はE5-2686v4と同じようなコア数で、3000ドル程度で流通している。p2インスタンスの非GPU部分は、流通価格に比例する価格であると仮定せよ。K80単体の3年間のTCOはいくらか。

b [15] 計算と流量が支配するワークロードで、c4インスタンスで1、GPUアクセラレータを内蔵するp2インスタンスでTのレートで稼働するものがあるとする。GPUベースのソリューションのコスト性能費が上回るには、Tをどれだけ大きくする必要があるか。汎用CPUコアは単精度浮動小数点で

† 資本支出は、「償却期間」を使って、資産の生存期間の間のものであると会計処理される。資産を取得した時点で一時的支払われたというよりは、標準的な会計処理では資産の生存期間にかかる資本費用に分散させて考える。3年間有用である30,000ドルのデバイスには、年に10,000ドル価値が下がると会計処理する。

30GFLOP/s の能力があると仮定せよ。p2 インスタンスの CPU は無視し、c4 インスタンスと同じ計算能力に達するには、K80 のピーク FLOPS はどの程度でなければならないか。

c [15] AWS は「f1」インスタンスも提供していて、これは 8 個の Xilinx Ultrascale VU9P FPGA を搭載しており、13.20 ドル/時、あるいは 165,758 ドル/3 年で貸し出している。VU9P は 6840 個の DSP スライスを搭載し、27 × 18 ビットの整数積和演算を行うことができる（1 つの積和は 2 つの演算と勘定することを思い出されたい）。500MHz で f1 ベースのシステムが出し得るサイクル当たりの積和演算のピーク性能はいくらか。FPGA の整数演算は浮動小数点演算の代わりになると仮定して、p2 インスタンスの GPU のサイクル当たりの単精度積和演算のピーク値と比較してどうだろうか。費用対効果の観点でどのように比較したら良いか。

7.9 [20/20/25]〈7.7〉図 7.34（少数の PE しかないように単純化してある）に示すように、Pixel Visual Core は 16 × 16 構成の完全な処理エレメント（PE）が、2 層の「単純化された」処理エレメントで囲まれたものを搭載している。単純化された PE はデータを格納したり通信することはできるが、完全な PE が持つ演算ハードウェアは省かれている。単純化された PE は隣のコアの「ホームデータ」の役割を果たすデータのコピーを格納し、全体で$(16 + 2 + 2)^2 = 400$ 個の PE は 256 個の完全な PE と 144 個の単純化された PE とから成る。

a [20] 64 × 32 のグレイスケールの画像を 5 × 5 のステンシルで 8 基の Pixel Visual Core を使って処理したいとする。ここで、画像はラスタスキャン順で配置されている（x 軸で隣り合う画素がメモリでも隣り合い、y 軸で隣り合う画素は 64 番地離れている）。8 コアの各々について、コアが処理するのに持ってくるべき画像の部分に対応するメモリ領域を説明せよ。halo の領域も含めよ。halo のどの部分が正しく処理するためにソフトウェアによってゼロにされるべきか。image[2:5][6:13] で x 座標が $2 \le x < 5$ で y 座標が $6 \le y < 13$ の画素の部分集合を参照するような 2D スライス記述を使って、画像の部分領域を参照すると便利かもしれない（スライスは Python のスライスのやり方に習って半開区間である）。

b [20] もし 3 × 3 のステンシルに変更すると、メモリから持ってくる領域はどのように変わるか、どれだけの単純化された halo の PE が使われなくなるか。

c [25] 7 × 7 のステンシルを扱う方法を考えよう。この場合、隣り合うコアに「属する」halo のデータの 3 画素を覆うのに必要なだけのハードウェアで単純化された PE を備えていない。これを処理するのに、完全な PE の最外の輪をあたかも単純化された PE のように扱う。この戦略を使うと、1 つのコアでどれだけの画素を扱うことができるか。64 × 32 の入力画像を処理するのに必要な「タイル」の数はいくつか。64 × 32 の画像を 7 × 7 のステンシルで処理する時間内の全 PE の使用率はどのくらいか。

7.10 [20/20/20/25/25]〈7.7〉Pixel Visual Core デバイスの 8 つのコアの各々が、2D SRAM に 4 ポートのスイッチで接続され、コ

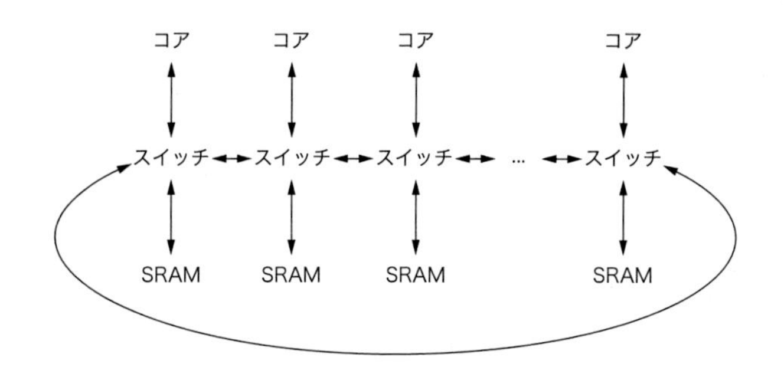

ア + メモリユニットを構成している場合を考える。スイッチの残りの 2 つのポートは、これらのユニットをリング状に結び、各々のコアが 8 つの SRAM のどれにでもアクセスできるようになっている。しかしながらこのリングに基づいたチップ内ネットワークのトポロジは、あるデータアクセスのパターンでは他に比べてより効率的である。

a [20] NOC の各々のリンクは同じバンド幅 B であり、各々のリンクは全二重なので両方向でバンド幅 B で同時に転送が可能であると仮定する。リンクは、コアをスイッチに、スイッチを SRAM に、スイッチのペアをリンクに接続する。各々のローカルメモリは最低でも B のバンド幅であり、リンクが飽和する可能性があると仮定する。8 つの PE が各々直近のメモリ（コア + メモリユニットのスイッチを介して接続されたもの）しかアクセスしないというメモリアクセスのパターンを考えよ。コアが達成可能な最大メモリバンド幅はいくつか。

b [20] コア i が $i + 1$ のメモリにアクセスする（リングトポロジなのでコア 7 はメモリ 0 にアクセスする）という、1 つ違いのアクセスパターンを考え、メモリに到達するのに 3 つのリンクを経由するとする。このコアが達成可能な最大メモリバンド幅はいくつか。そのバンド幅を達成するには、4 ポートスイッチの能力にどれだけの仮定が必要か。スイッチはデータを流量 B で移動することができるだけだとしたらどうなるか。

c [20] コア i が $i + 2$ のメモリにアクセスするような 2 つ違いのアクセスパターンを考える。同様にして、この場合にこのコアが達成可能な最大メモリバンド幅はいくつか。このチップ上のネットワークのボトルネックになるリンクはどれか。

d [25] 各々のコアの各 SRAM に対するリクエストが 1/8 であるという、均質なランダムメモリアクセスのパターンについて考える。このトラフィックを仮定すると、コアと対応するスイッチの間や SRAM と対応するスイッチの間のトラフィックの量と比較して、スイッチからスイッチのリンクにどれだけのトラフィックが行き交いするか。

e [25]（発展問題）このネットワークがデッドロックを起こし得るような場合（ワークロード）を想定できるか。ソフトウェアのみによるソリューションの見地からは、コンパイラがそのようなシナリオを回避するのにどうしたら良いか。仮にハードウェアを変更できるとして、ルーティングトポロジ（とルーティング方法）のどのような変更がデッドロックが起きないことを保証するか。

7.11〈7.2〉最初の Anton 分子動力学スーパーコンピュータは、通常は一辺の長さが 64Å の水の箱をシミュレートした。コンピュータ

自体は一辺の長さが約 1m の箱として近似されていた。。シミュレーションステップは 2.5fs のシミュレーション時間を表現していて、これは実時間だと 10μs である。分子動力学で使用される物理モデルは、システム内のすべての粒子が各「外部の」タイムステップでシステム内の他のすべての粒子に力を加えるように動作し、コンピュータ全体でグローバルな同期が必要になる。

a シミュレーション空間から実空間のハードウェアへの拡大比を計算せよ。

b シミュレートされた時間から実時間への速度低下比を計算せよ。

c これら 2 つの数は驚くほどに近い。これは単なる偶然の一致か。それとも何らかの形でそれらを結び付けるその他の制約があるのだろうか。

ヒント：光速は、シミュレートされる化学的なシステムとシミュレートするハードウェアの両方に適用される。

d これらの制限が与えられているとして、ウェアハウス規模のスーパーコンピューティングを使って分子動力学のシミュレーションを Anton のレートで行うと、どれだけかかるか。つまり、一辺の長さが 10^2 か 10^3m のマシンで達成できる最速のシミュレーションステップ時間はどれくらいか。これを全世界に広がったクラウドコンピューティングでシミュレートするとどうなるか。

7.12 〈7.2〉 Anton 通信ネットワークは 3D の 8 × 8 × 8 のトーラス状になっていて、システムの各々のノードには隣接ノードへの 6 つのリンクが備わっている。リンク当たりのパケットの遅延は 50ns である。この問題では、リンク間のオンチップのスイッチング時間は無視せよ。

a この通信ネットワークの直径（ノードのペア間のホップ数の最大値）はいくつか。この直径の下で、1 つのノードから 512 のノードすべてにブロードキャストするのにかかる最短の遅延はいくらか。

b 2 つの値を加算するのにかかる時間はゼロであると仮定して、各々の値はマシンの異なるノードから出発する時、1 つのノードに 512 個の値を集めて加算する最短の遅延はいくらか。

c 512 個の値を足し合わせるのに、システムの 512 ノードの各々が加算結果のコピーで終わるようにしたいと仮定する。大域的な縮退（リダクション）に続いてブロードキャストすることももちろん可能である。このまとめ上げの演算をもっと少ない時間で実行可能か。このパターンは **all-reduce** と呼ばれている。all-reduce パターンに対する「1 つのノードからのブロードキャスト」と、「1 つのノードでの大域的な合計」の両者とを比較せよ。all-reduce パターンに要するバンド幅と他のパターンに要するバンド幅を比較せよ。

命令セットの原理

A*n* 記憶装置の *n* 番地に格納されている値を累算器に加算する。

E*n* 累算器の値がゼロ以上ならば、記憶装置の *n* 番地に格納されている命令を次命令として実行し、そうでなければ逐次的に次命令に進む。

Z マシンを停止させ、警告ベルを鳴らす。

Wilkes と Renwick

EDSAC の 18 個のマシン命令一覧より（1949）

A.1 はじめに

この付録では、プログラマやコンパイラ作成者から見えるコンピュータである**命令セットアーキテクチャ**（instruction set architecture）に焦点を当てる。ここには本書の背景が盛り込まれているので、本付録の大部分を読んで欲しい。また、命令セットアーキテクチャの設計者が直面するさまざまな岐路を紹介する。特に、次の 4 つの話題に焦点を当てる。第一に、命令セットとして選択できる分類を示し、さまざまなアプローチの利点と欠点を定性的に議論する。第二に、特定の命令セットにあまり依存しないように配慮しながら、いくつかの命令セットを分析する。第三に、言語とコンパイラの問題と命令セットアーキテクチャとの関係を扱う。最後に、「総合的な実例」では、RISC アーキテクチャの典型例である RISC-V 命令セットに、この付録で紹介するアイデアがどのように反映されているかを示す。そして、命令セット設計における「誤った考えと落とし穴」によって本付録を締めくくる。

付録 K では、さらに掘り下げて原則を説明し、RISC-V との比較を示すために他の 4 つの汎用 RISC アーキテクチャ（MIPS、Power ISA、SPARC、ARMv8）、組み込み RISC プロセッサ（ARM Thumb2、RISC-V Compressed、microMIPS）および、3 つの伝統的なアーキテクチャ（80x86、IBM 360/370、VAX）を扱う。アーキテクチャの分類について議論する前に、命令セットの評価方法について述べる。

本付録では、多岐にわたる命令セットアーキテクチャの評価方法について検討する。これらの評価結果は、明らかに、対象となるプログラムや使用するコンパイラに依存する。このため、評価結果を絶対的なものとして解釈すべきでない。異なったコンパイラやプログラムを用いて測定すれば、異なる結果が得られるだろう。しかし、この付録で示す評価結果が典型的なアプリケーションの挙動を示していることは間違いない。データを適切に表示できて、また、プログラムの違いを見ることができるように、ベンチマークセットをいくつか用いる。アーキテクトであれば、新たなコンピュータのアーキテクチャを決定するために、できるだけ多くのプログラムにより解析したいと思うはずである。ここで示す評価データはすべて動的（dynamic）である。すなわち、測定したイベントの頻度は、プログラム実行時のイベントの発生回数によって重み付けされる。

一般的な原則を見る前に、第 1 章で紹介した 3 つのコンピューティングのクラスを思い出そう。**デスクトップコンピューティング**では、プログラムサイズはさほど重要視されないが、整数および浮動小数点データの性能が必要とされる。たとえば、SPEC ベンチマークのこれまでの 5 つのバージョンにおいてコードサイズが報告されていないことからも、プログラムサイズが重要視されないことが分かる。次に、今日の**サーバ**は、主としてデータベース、ファイルサーバ、Web アプリケーションといった用途に加えて、多くのユーザによって時分割して共有されるアプリケーションで利用される。そのために、浮動小数点の性能は、整数と文字列に対する処理性能と比べてそれほど重要ではない。とはいえ、すべてのサーバプロセッサは従来どおり浮動小数点命令を含んでいる。3 つ目の**パーソナルモバイルデバイス**と**組み込みアプリケーション**ではコストとエネルギーが重要となる。より少ないメモリに抑えることでコストとエネルギーを低減できるので、コードサイズが重要となる。また、（浮動小数点のような）いくつかのクラスの命令はチップのコストを削減するために追加機能となることがあり、メモリ空間の節約のために設計された命令セットの圧縮バージョンも利用される。

このように、これら 3 つ[†]のコンピューティングのクラスのための命令セットは非常に類似している。実際に、本付録で扱う RISC-V に類似したアーキテクチャは、デスクトップ、サーバ、組み込みアプリケーションにおいてこれまで成功を収めている。

RISC とは大きく異なるアーキテクチャでありながら成功したアーキテクチャの 1 つが 80x86 命令セットである（付録 K を参

† 訳注：今の版では 3 つではなく、5 つである。以降の記述は現在の版に一致しないが、理解可能だと思う。

照)。意外にも、その成功からRISC命令セットの利点が誤りであったことが示される訳ではない。Mooreの法則によって有り余るほどの量のトランジスタが提供されるようになり、またPCソフトウェアにおける商用的なバイナリ互換性の重要性から、Intelは外部的には80x86命令セットをサポートしながら内部的にはRISC命令セットを採用することとなった。過去10年間作られたIntelコアマイクロプロセッサを含めて、最近の80x86マイクロプロセッサは、チップ内部のハードウェアによって、80x86命令からRISCに形式が近い命令へと変換して実行する。それらは、コンピュータ設計者が性能のためにRISCスタイルのプロセッサを実装しながら、プログラマに80x86アーキテクチャの幻覚を見せることを可能とする。しかし、80x86のような複雑な命令セットには重大な欠点が残っており、これについては、「A.11 おわりに」の節で詳しく議論する。

本付録の背景を示したところで、命令セットアーキテクチャの分類から見ていこう。

A.2 命令セットアーキテクチャの分類

プロセッサ内部の記憶方式には、命令セットアーキテクチャにおけるもっとも基本的な差異が生じる。そこで、本節ではまず、この部分におけるアーキテクチャの選択肢に焦点を当てる。主要な方式として、スタック、累算器（アキュムレータ）、レジスタを用いる方式がある。オペランドは明示的または暗黙的に指定されるが、**スタックアーキテクチャ**(stack architecture)ではオペランドは暗黙的にスタックのトップとなる。**累算器アーキテクチャ**（accumulator architecture）ではオペランドの1つが暗黙的に1つしか存在しない累算器となる。**汎用レジスタアーキテクチャ**（general-purpose register architecture）ではオペランドは明示的にレジスタまたはメモリとなる。図A.1に、これらのアーキテクチャのブロック図を示す。また、図A.2に、命令列C = A+Bがこれら3つの命令セットでどのように表現されるかを示す。明示的なオペランドは、アーキテクチャの方式とそれに特化した命令によってメモリから直接アクセスされることもあり、最初に一時的な記憶領域へのロードが必要となることもある。

スタック	累算器	レジスタ（レジスタ–メモリ）	レジスタ（ロード–ストア）
Push A	Load A	Load R1,A	Load R1,A
Push B	Add B	Add R3,R1,B	Load R2,B
Add	Store C	Store R3,C	Add R3,R1,R2
Pop C			Store R3,C

図A.2 4つのクラスの命令セットを用いたC = A ＋ Bのコード

スタックと累算器のアーキテクチャでは暗黙的に加算命令のオペランドが指定され、レジスタアーキテクチャでは明示的に指定されることに注意せよ。A、B、Cはすべてメモリに存在し、A、Bの値は壊してはならないとする。図A.1は、各クラスのアーキテクチャにおける加算（Add）の操作を示す。

図に示すように、レジスタコンピュータには2つのクラスが存在する。1つのクラスは**レジスタ-メモリ**アーキテクチャと呼ばれ、命令の処理の一部としてメモリへのアクセスが許される。そして、もう1つのクラスは、ロード-ストアアーキテクチャと呼ばれ、ロードとストア命令によってのみメモリへのアクセスが許される。メモリにオペランドのすべてを保存する**メモリ-メモリ**と呼ばれるアーキテクチャも存在するが、今日出荷されているコンピュータで見ることはない。いくつかの命令セットアーキテクチャには、1つの累算器よりも多数のレジスタを持つことがあるが、これらの特殊レジスタ

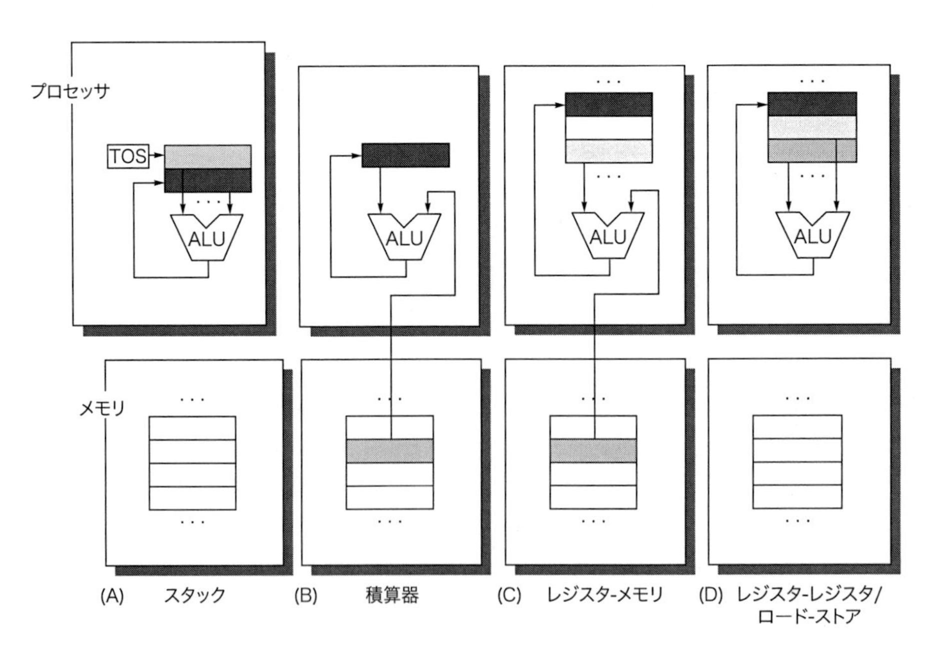

図A.1 4つの命令セットアーキテクチャのクラスのためのオペランドの存在場所

矢印は、あるオペランドが入力あるいはALU（Arithmetic-logical Unit）演算の結果であることを示す。入力と結果の両方として用いられるオペランドも存在する。薄い灰色が入力を示し、暗い灰色が結果を示す。(A) では、スタックのトップ（TOS:Top Of Stack）が入力オペランドの先頭を示し、1つ下のオペランドとの演算が施される。最初のオペランドがスタックから取り除かれ、結果が2番目のオペランドに取って代わる。そして、結果が示されるようTOSが更新される。ここでは、すべてのオペランドが暗黙に指定される。(B) の累算器では、1つの入力オペランドと結果が暗黙に指定される。(C) では、1つの入力オペランドをレジスタから、もう1つの入力をメモリから得て、結果をレジスタに格納する。(D) では、スタックアーキテクチャと同様にすべてのオペランドがレジスタに格納されるが、専用の命令によってメモリへのデータ転送が行われる。専用の命令とは、(A) ではプッシュとポップであり、(D) ではロードとストアである。

の使用には制限がある。そういったアーキテクチャは、**拡張累算器**、あるいは**特殊レジスタ**コンピュータと呼ばれることがある。

初期のコンピュータのほとんどでスタックか累算器スタイルのアーキテクチャが採用されたが、1980年以降に設計された新たなアーキテクチャではほぼすべてロード-ストアの汎用レジスタ(GPR)アーキテクチャが採用されている。汎用レジスタコンピュータが出現した主な理由は次の2つである。まず、プロセッサ内部に置かれる他のストレージと同様に、レジスタはメモリと比較して高速に動作する。次に、コンパイラは、他の形式の内部ストレージと比較して、より効率的にレジスタを利用できる。例えば、レジスタコンピュータでは、式(A*B)+(B*C)-(A*D)の評価の際に、乗算をどのような順番で行ってもよい。このため、オペランドの格納場所を適切に選んだり、パイプライン制御を工夫したりすることで効率が向上する場合がある(第3章参照)。一方、スタックコンピュータではオペランドをスタック上で暗黙的に指定するので、決まった順番で式を評価する必要があり、複数回のオペランドのロードが生じることがある。

重要な点は、レジスタは変数を保持できることである。変数をレジスタに割り付けることでメモリトラフィックが減少し、レジスタはメモリより高速なためプログラムを高速化できる。さらに、メモリを指定するアドレスよりも短いビット長でレジスタを指定できるために命令の密度が向上する。

A.8節で説明するように、コンパイラ作成者は、すべてのレジスタは同等で、特定の操作に制約を受けない方が良いと思っている。専用レジスタを多数有していた初期のコンピュータでは、この要求には妥協し、利用できる汎用レジスタの数を減らしていた。汎用として利用できるレジスタの数が極めて少なければ、変数をレジスタに割り付けることは得策ではない。このような場合、コンパイラは縛りのない汎用レジスタをすべて、式の評価のために確保しておくことになる。

それでは、どれだけの数のレジスタがあれば十分だろうか。もちろん答えはコンパイラがどれだけレジスタを効率良く利用するかに依存する。多くのコンパイラでは、いくつかのレジスタを式の評価のために確保し、さらにいくつかのレジスタをパラメータの受渡しのために使用し、残りを変数の保持にまわしている。最新のコンパイラ技術では多数のレジスタを効率的に利用する技術が向上している。このため、近年のアーキテクチャで必要とされるレジスタの数も増加している。汎用レジスタ(GPR)コンピュータは、2つの特徴からさらに分類できる。これらの特徴は、典型的な算術論理演算(ALU)命令に対するオペランドの性質に関連する。第一に、ALU命令のオペランドが2つか3つかという特徴である。3つのオペランドを持つ3オペランド形式では、命令には1つのデスティネーションと2つのソースオペランドがある。2オペランド形式では、オペランドの1つはソースであると同時にデスティネーションでもある。第二のGPRアーキテクチャの特徴は、ALU命令がメモリオペランドをいくつ使用できるかである。代表的なALU命令で使用するメモリオペランドの数は0から3までさまざまである。図A.3に、コンピュータの例とともに、これら2つの特徴における可能な組み合わせをすべて列挙している。7通りの組み合わせがあるが、そのうちの3種類の組み合わせが、実在するほぼすべてのコンピュータを分類できる。先に述べたように、これらはロード-ストア(またはレジスタ-レジスタとも呼ばれる)方式、レジスタ-メモリ方式、およびメモリ-メモリ方式である。

図A.4に、これらの方式の長所と短所をまとめる。もちろん、これらの長所と短所は絶対的なものではない。これらは定性的なものであり、実際のコンパイラや実現方式をどのような方針で選ぶかに

メモリオペランドの数	オペランドの最大数	アーキテクチャのタイプ	例
0	3	ロード–ストア	ARM、MIPS、PowerPC、SPARC、RISC-V
1	2	レジスタ–メモリ	IBM 360/370、Intel 80x86、Motorola 68000、TI TMS320 C54x
2	2	メモリ–メモリ	VAX(さらに、3オペランドのフォーマットを持つ)
3	3	メモリ–メモリ	VAX(さらに、2オペランドのフォーマットを持つ)

図A.3 典型的な、ALU演算命令当たりのオペランド数とメモリオペランド数との可能な組み合わせとそのコンピュータの例

ALU命令にメモリ参照が含まれないコンピュータは、ロード-ストア、あるいはレジスタ-レジスタコンピュータと呼ばれる。典型的なALU命令に複数のメモリオペランドがある場合には、それが1つまたは2つ以上かという分類によって、それぞれレジスタ-メモリ、メモリ-メモリコンピュータと呼ばれる。

タイプ	長所	短所
レジスタ–レジスタ(0, 3)	単純な固定長命令エンコード、単純なコード生成モデル。命令実行クロック数は同一(付録C参照)	命令内にメモリ参照のある他のアーキテクチャと比較して、実行命令数が多い。命令数を多くし、命令密度を低くすれば、プログラムサイズが大きくなり、命令キャッシュの効果が得られるかもしれない
レジスタ–メモリ(1, 2)	データをあらかじめロードしないでアクセスできる。命令形式はエンコードが容易な傾向にあり、命令密度が高い	2項演算では、ソースオペランドが1つ壊されるので、オペランドは同等ではなくなる。レジスタ番号とメモリアドレスを各命令でエンコードするので、レジスタ数が制約を受けることがある。命令当たりのクロック数はオペランドの場所により違ってくる
メモリ–メモリ(2, 2)か(3, 3)	最もコンパクトである。一時記憶としてレジスタを浪費しない	特に3オペランド命令では、命令サイズの変動が大きい。また、命令当たりの操作量の変動も大きい。メモリアクセスによりメモリボトルネックが生じる(今日では利用されていない)

図A.4 3種類の最も一般的な汎用レジスタコンピュータの長所と短所

(m, n)表記は、メモリオペランドの数がm、全オペランドの数がnであることを表す。一般に、選択肢の少ないコンピュータの方が、コンパイラが行うべき判断の数が減少するので、コンパイラの仕事は単純になる(A.8節参照)。極めて変化に富んだ柔軟な命令形式を有するコンピュータでは、プログラム全体で必要となるメモリ量は少なくなる。レジスタ数に対して$\log_2$(レジスタ数)のビット数が命令における識別子として必要となるので、レジスタ数も命令サイズに影響を与える。すなわち、レジスタの数を2倍にすると、レジスタ-レジスタアーキテクチャでは余分に3ビット、32ビットの命令長では約10%が余分に必要となる。

依存する。メモリ-メモリ演算を有するGPRコンピュータであっても、コンパイラがメモリ-メモリ演算命令を生成しなければ、ロード-ストアコンピュータとして利用できる。アーキテクチャとして広く影響を与える方式の1つが命令のエンコードであり、これによってタスクを実行するために必要となる命令数が変化する。これらアーキテクチャ上の選択が実現方式に与える影響については、付録Cおよび第3章で検討する。

A.2.1　まとめ：命令セットアーキテクチャの分類

本節とA.3節からA.8節のまとめにおいて、新しい命令セットアーキテクチャが備えるべき特徴をまとめていく。そして、A.9節で紹介するRISC-Vアーキテクチャにおいてこれらの特徴がどのように活用されているかを見る。本節以降では汎用レジスタがいかに有用かということをしっかりと見ていこう。パイプライン処理に関する付録Cと図A.4から、汎用レジスタアーキテクチャでは、ロード-ストアアーキテクチャが期待されていることが導き出される。本節ではアーキテクチャのクラスを議論した。

次のトピックはオペランドのアドレッシングである。

A.3　メモリアドレッシング

ロード-ストアアーキテクチャを採用するか、どのオペランドがメモリ参照を含んでよいか、という選択とは独立に、メモリアドレスの解釈の仕方とその指定法を定義しなければならない。ここで示す測定結果は完全とまではいかないが、特定のコンピュータにほとんど依存しない。ただし、測定結果は、いくつかのケースにおいてコンパイラ技術の影響を強く受ける。これらのケースでは、コンパイラ技術が重要な役割を果たすことを考慮して、最適化コンパイラを用いている。

A.3.1　メモリアドレスの解釈

どのようにメモリアドレスが解釈されるのだろうか。すなわち、参照するアドレスと長さが与えられる時、何がアクセスされるのだろうか。本書で議論するマシンはすべて、バイト単位でアドレス付けがなされ、バイト（8ビット）、ハーフワード（半語:16ビット）、ワード（語:32ビット）のアクセスが可能である。ほとんどのコンピュータは、ダブルワード（倍長語:64ビット）もアクセス可能である。

2バイト以上のデータをバイト単位で並べるためには2つの方式がある。**リトルエンディアン**（Little Endian）方式では、アドレスが「x...x000」であるバイトがダブルワードの最下位（リトルエンド）に対応する。すなわち、バイトには次のように番号が付けられる。

```
7 6 5 4 3 2 1 0
```

ビッグエンディアン（Big Endian）方式では、アドレスが「x...x000」であるバイトがダブルワードの最上位（ビッグエンド）に対応する。すなわち、バイトには次のように番号が付けられる。

```
0 1 2 3 4 5 6 7
```

1台のコンピュータの中だけで作業をしている場合には、このバイトの並べ方について注意する必要はほとんどない。ただし、同一の番地をワードとバイトの両方でアクセスするプログラムでは、この並べ方を意識しなければならない。また、バイトの並べ方の異なるコンピュータの間でデータを交換する際にも問題となる。リトルエンディアン方式では、文字列を比較する時に、通常のワードの順番を用いると都合が悪い。例えば、backwardsという文字列が、レジスタ内では「SDRAWKCAB」となってしまう。

2つ目のメモリに関する問題は**整列化**（alignment、**アラインメント**）である。多くのコンピュータではバイトより大きいオブジェク

	バイトアドレスの下位3ビットの値							
オブジェクトのサイズ	0	1	2	3	4	5	6	7
1バイト（バイト）	整列化	整列化	整列化	整列化	整列化	整列化	整列化	整列化
2バイト（ハーフワード）	整列化		整列化		整列化		整列化	
2バイト（ハーフワード）		非整列化		非整列化		非整列化		非整列化
4バイト（ワード）	整列化				整列化			
4バイト（ワード）		非整列化				非整列化		
4バイト（ワード）			非整列化				非整列化	
4バイト（ワード）				非整列化				非整列化
8バイト（ダブルワード）	整列化							
8バイト（ダブルワード）		非整列化						
8バイト（ダブルワード）			非整列化					
8バイト（ダブルワード）				非整列化				
8バイト（ダブルワード）					非整列化			
8バイト（ダブルワード）						非整列化		
8バイト（ダブルワード）							非整列化	
8バイト（ダブルワード）								非整列化

図A.5　バイト単位でアドレス付けするコンピュータにおけるバイト、ハーフワード、ワード、およびダブルワードのオブジェクトの整列化および非整列化されたアドレス

非整列化の例では、いくつかのオブジェクトは2回のメモリアクセスを必要とする。メモリアクセス単位がオブジェクトと同じビット幅である限り、整列化されたオブジェクトは常に1回のメモリアクセスで完了できる。図では、8バイト幅で構成されたメモリを示す。列のラベルとして示したバイトオフセットはアドレスの下位3ビットとなる。

トへのアクセスは整列化される必要がある。ここで、バイトアドレス A にあるサイズ s のオブジェクトが $A \bmod s = 0$（A を s で割った余りが0）を満たすアドレス A で参照される時に「整列化されている」という。図A.5に、アクセスするアドレスと、整列化あるいは**非整列化**（misalignment、**ミスアラインメント**）との関係をまとめる。

どうして整列化の制約のあるようなコンピュータを設計するのだろうか。それは、通常、メモリがワードあるいはダブルワードの境界で整列化されており、非整列化を可能にするとハードウェアが複雑になってしまうからである。したがって、非整列化の状態にある番地へのメモリ参照では、複数回の整列化されたメモリ参照が必要となることがある。このため、非整列化の状態にある番地へのメモリ参照を許容しているコンピュータであっても、整列化された参照を用いる方がプログラムを高速に実行できる。

たとえデータが整列化されていたとしても、バイトアクセスやハーフワードアクセスを可能とするためには、64ビットのレジスタ内のバイトやハーフワードを整列化するための**整列化ネットワーク**（alignment network）が必要となる。例えば、図A.5において、下位の3ビットが4という値のアドレスからバイトを読み出すことを考えよう。64ビットのレジスタ中の適切な場所へバイトを整列化させるために、3バイト分を右にシフトする必要がある。命令にもよるが、さらに符号拡張が必要になることもある。ストアの時は簡単である。メモリ内で指定された番地のバイトのみを書き換えるだけでよい。コンピュータによっては、バイト、ハーフワード、ワードの演算がレジスタの上位部分に影響を与えないようになっている。本書で述べるすべてのコンピュータは、メモリに対してバイトアクセス、ハーフワードアクセス、ワードアクセスを可能としているが、IBM 360/370、Intel 80x86、VAXのみがレジスタオペランドの全ビット幅を使わない演算をサポートしている。

ここまでは、与えられたアドレスに対してどのようにバイトがアクセスされるかを述べてきた。

次に、アドレッシングモード、すなわち、アクセスしたいオブジェクトに対するアドレスの指定法について見ていく。

A.3.2 アドレッシングモード

アドレスが与えられると、メモリ中のどのバイトがアクセスされるかが分かる。ここでは、アドレッシングモード、すなわち、アクセスしたいオブジェクトに対するアドレスの指定法について述べる。**アドレッシングモード**は、定数、レジスタ、さらにメモリ番地を指定する。メモリ番地の場合、アドレッシングモードで指定する実際のメモリアドレスのことを**実効アドレス**（effective address）と呼ぶ。

図A.6に、最近のコンピュータで利用されるデータアクセスのた

アドレッシングモード	命令の例	意味	使用する場合
レジスタ	Add R4,R3	Regs[R4] ← Regs[R4]+Regs[R3]	値がレジスタに存在する時
即値	Add R4,3	Regs[R4] ← Regs[R4]+3	定数として使用する
ディスプレースメント	Add R4,100(R1)	Regs[R4] ← Regs[R4]+Mem[100+Regs[R1]]	局所変数にアクセスする時（また、レジスタ間接と直接アドレッシングモードをシミュレートするために利用する）
レジスタ間接	Add R4,(R1)	Regs[R4] ← Regs[R4]+Mem[Regs[R1]]	ポインタまたはアドレス計算結果によってアクセスする時
インデックス修飾	Add R3,(R1+R2)	Regs[R3] ← Regs[R3]+Mem[Regs[R1]+Regs[R2]]	配列のアドレッシングに有用となることが多い。R1を配列のベース、R2をインデックス量として使用する
直接または絶対	Add R1,(1001)	Regs[R1] ← Regs[R1]+Mem[1001]	静的データにアクセスする際に有用となることが多い。アドレス定数は非常に長いものが要求される
メモリ間接	Add R1,@(R3)	Regs[R1] ← Regs[R1]+Mem[Mem[Regs[R3]]]	R3がポインタpのアドレスを指すとすると、このモードはポインタpの指すメモリの内容*pを生成する
自動インクリメント	Add R1,(R2)+	Regs[R1] ← Regs[R1]+Mem[Regs[R2]] Regs[R2] ← Regs[R2]+*d*	ループを用いて配列を1つ1つ処理する際に有用である。R2は配列の開始アドレスを指す。各々の参照毎にR2には要素サイズ *d* を加算する
自動デクリメント	Add R1,-(R2)	Regs[R2] ← Regs[R2]-*d* Regs[R1] ← Regs[R1]+Mem[Regs[R2]]	自動インクリメントと同様。これらの2つのモードはスタックのプッシュとポップにも利用できる
スケール付き インデックス修飾	Add R1,100(R2)[R3]	Regs[R1] ← Regs[R1]+Mem[100+Regs[R2]+Regs[R3]*d]	配列のインデックス付けに使用される。あるマシンではインデックス付けされるアドレッシングモードのどれにも適用できる

図A.6　アドレッシングモードとその例、意味、使い方

自動インクリメント、自動デクリメント、スケール付きインデックス修飾の各モードで用いられている変数 d はアクセスされるデータ項目のサイズである（命令の1、2、4、8バイトのアクセスに応じて、d はその値となる）。これらのアドレッシングモードはアクセスされる要素がメモリ内で隣接している時にのみ有用となる。RISCコンピュータは、オフセットアドレスを0に設定してレジスタ間接のように動作させたり、ベースレジスタを0に設定して直接アドレッシングのように用いたりするためにディスプレースメントアドレッシングを利用する。測定結果を示す時には、各々のモードの最初に示した呼び名を用いることにする。ハードウェアの動作を記述するために用いる拡張したC言語は、A.9節の「RISC-Vのオペレーション」の節で定義される。

めのすべてのアドレッシングモードを示す。アクセスされるデータが命令ストリームの中に存在するとしても、それらの**即値**（immediate）あるいは**リテラル**（literal）も通常、メモリアドレッシングモードと見なされる。一方で、レジスタは通常アドレスを持たないため、メモリアドレッシングモードとは別扱いされる。これまで、**PC相対アドレッシング**（PC-relative addressing）と呼ばれるプログラムカウンタに依存するアドレッシングモードを別扱いしてきた。PC相対アドレッシングは、主に、制御を変更する命令がコードのアドレスを指定するために使用される。これについてはA.6節で議論する。

図A.6に、それぞれのアドレッシングモードの最も一般的な呼び名を示す（アーキテクチャ毎に呼び名が異なる）。この図および本書では、ハードウェアの記述方式としてC言語の拡張版を用いる。ただし、この図ではC言語の仕様にないものを1つ利用している。それは、代入を表す左向き矢印（←）である。また、メインメモリに対する名前として配列Memを、レジスタを表す記号としてRegsを利用する。こうして、Mem[Regs[R1]]は、そのアドレスが1番レジスタ（R1）の内容によって与えられるメモリ番地の内容を指すことになる。後に、ワードよりも小さなデータをアクセスしたり、転送したりするための拡張された記法を導入する。

アドレッシングモードの選び方によって命令数を大幅に削減できる。一方で、アドレッシングモードの選び方によってはコンピュータ構築の複雑さが増加し、これを実装するコンピュータの**平均CPI**（clock cycles per instruction）を悪化させることがある。このため、さまざまなアドレッシングモードの使い方を把握することは、アーキテクトがどのアドレッシングモードを取り入れるかを選択する際にとても重要となる。

図A.7に、3つのベンチマークプログラムをVAXアーキテクチャで実行して、アドレッシングモードの使用パターンを測定した結果を示す。VAXアーキテクチャは最も豊富なアドレッシングモードを持ち、またメモリアドレッシングの制約は少ない。このため、本付録では一部の測定には古典的なVAXアーキテクチャを利用する。例として、図A.6に、VAXがサポートするすべてのモードを示す。一方、本付録中のほとんどの測定には、プログラムが現在のコンピュータの命令セットをどのように利用するか示すために、新たなレジスタ-レジスタアーキテクチャを利用する。

図A.7に示すように、即値とディスプレースメントアドレッシングモードが他に比べて極めて多く使用されている。頻繁に使われるこれら2つのアドレッシングモードの性質を調べよう。

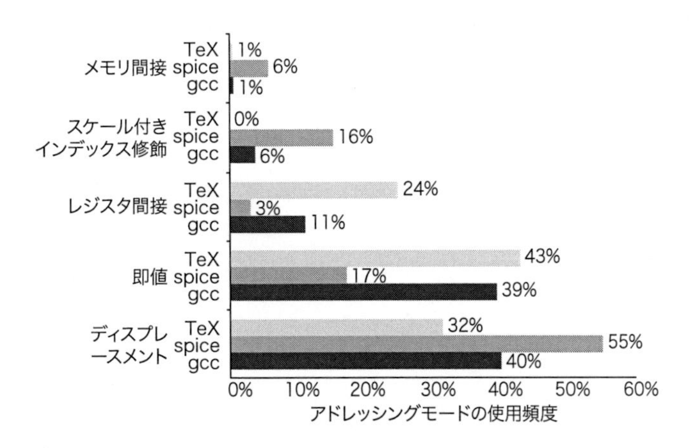

図A.7 アドレッシングモードの使用状況（即値を含む）

メモリアクセスのほんの数%（0〜3%）の例外を除いて、ここに示す主要なアドレッシングモードがほとんどを占める。レジスタモードは測定していないが全オペランドアクセスの半分を占める。即値を含むメモリアドレッシングモードが残りの半分を占める。もちろん、コンパイラがアドレッシングモードの使い方に影響を与える。これについてはA.8節を参照のこと。VAXアーキテクチャのメモリ間接モードでは、最初のメモリアドレスを決める際に、ディスプレースメント、自動インクリメント、自動デクリメントの各モードを利用できる。これらのプログラムでは、メモリ間接参照のほとんどがディスプレースメントモードを用いている。ディスプレースメントモードはすべてのディスプレースメント長（8、16、32ビット）の場合を含む。PC相対アドレッシングモードは分岐などの制御命令で頻繁に利用されるので、ここからは除外している。ここでは、平均頻度が1%より多いものを示している。

A.3.3 ディスプレースメント（ベース相対）アドレッシングモード

ディスプレースメントアドレッシングモードにおける重要な疑問点は、使用するディスプレースメントの範囲である。さまざまな大きさの使用例を調査した結果から、どのようなディスプレースメントの値を用意すればよいかを決定できる。ディスプレースメントのフィールドの大きさは、命令長に直接影響を与えるために非常に重要である。図A.8に、ロード-ストアアーキテクチャ上でベンチマークを実行した場合のデータアクセスの測定結果を示す。A.6節において分岐先の範囲を見る。データアクセスパターンと分岐のパターンは異なっているので、両者を結び付けてもほとんど有益ではないが、簡潔さのために両方で同じ即値のサイズを利用する。

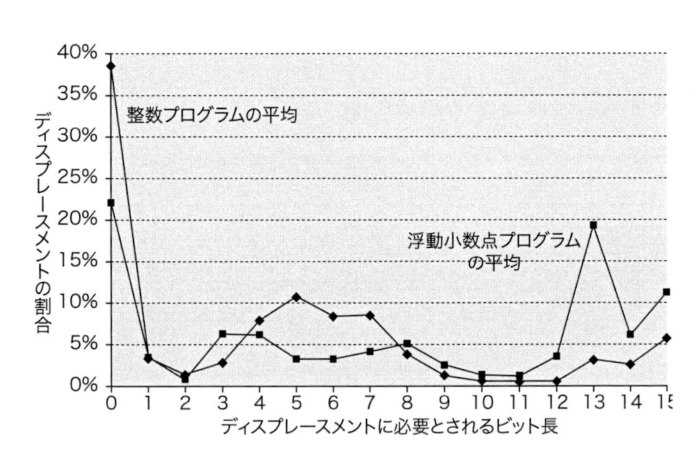

図A.8 広い分布を示すディスプレースメント

小さな値が多数使用されているとともに、大きな値もそれなりに使用されている。ディスプレースメントが広く分布しているのは、変数の記憶領域が複数あり、それらへのアクセスの際に使用されるディスプレースメントとコンパイラのアドレッシングの利用方法が異なるためである（A.8節を参照）。横軸はディスプレースメントを$\log_2$として示したもので、ディスプレースメントとして表現できる範囲をべき乗で表現している。横軸の0のところは、ディスプレースメントの値0の割合である。図はディスプレースメントの大きさのみを示しており、符号ビットは含まれていない。符号は記憶領域の配置に強く依存する。ほとんどの場合でディスプレースメントは正であるが、非常に大きいディスプレースメント（14ビット以上）の場合には負の値が大半を占める。16ビットのディスプレースメントのコンピュータを用いて測定したので、それ以上の長いディスプレースメントについては不明である。ここでは、SPEC CPU2000ベンチマークのために完全に最適化（A.8節を参照）が施されたAlphaアーキテクチャにおける、整数プログラム（CINT2000）および浮動小数点プログラム（CFP2000）の平均データを示した。

A.3.4 即値（リテラル）アドレッシングモード

即値は算術演算、比較（主に分岐のため）、そして定数をレジスタに持たせる移動（move）命令で利用される。移動命令において命令中に記述される定数は、一般に短い傾向にあるが、アドレス定数では長くなりやすい。即値アドレッシングを採用する場合には、それらが全命令で必要となるのか、あるいは一部だけで十分なのかを把握しておくことは重要である。図A.9に、ある命令セットにおける整数と浮動小数点の一般的な演算のクラスに対する即値の使用頻度を示す。

もう1つの重要な命令セットの検討項目は、即値の範囲をどのようにするかである。ディスプレースメントの値と同様に、即値の大きさは命令の長さに影響する。図A.10に示すように、小さい即値が最もよく使われている。しかしながら、ほとんどはアドレス計算のために、大きな即値が使われることもある。

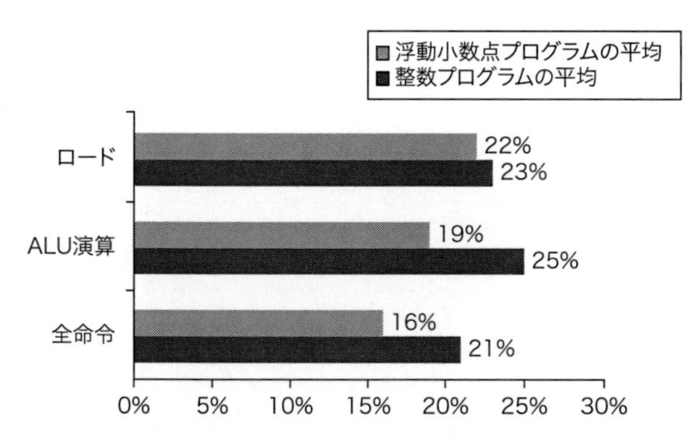

図A.9 即値の使用頻度。25%のデータ転送とALU演算が即値のオペランドを持つ

上のバーでは、浮動小数点プログラムが命令のおよそ6分の1で即値を利用することを示す。また、下のバーでは、整数プログラムが命令のおよそ5分の1で即値を利用することを示す。ロードではload immediate命令が16ビットの値を32ビットレジスタの上下いずれかのハーフワードに格納する。このload immediate命令はメモリにアクセスをしないので、真の意味のロード命令ではない。稀に、load immediate命令がペアとなって32ビットの定数をロードするために使用されることがある（ALU演算については、一定量のシフト命令が即値オペランドを持つ演算として含まれる）。これらのデータを集めるために利用されたプログラムおよびコンピュータは図A.8と同じものである。

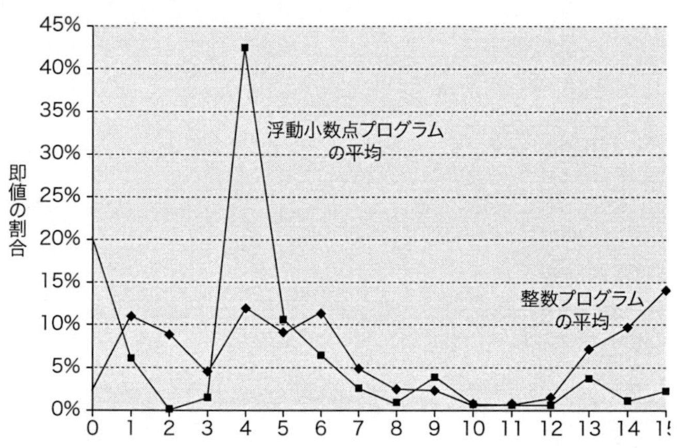

図A.10 即値の分布

横軸は、即値の絶対値を表すために必要となるビット長である。0は即値が0であることを示す。即値の多くは正の数である。CINT2000では約20%が負の数で、CFP2000では約30%が負の数である。これらのデータは図A.8と同じプログラムについて、即値の最大長が16ビットのAlphaアーキテクチャにおいて測定された。32ビットの即値を扱えるVAXアーキテクチャにおける同様の測定結果から、約20%から25%が16ビットよりも大きいことが示されている。したがって、16ビットで約80%を、8ビットで約50%の即値をカバーできる。

A3.5 まとめ：メモリアドレッシング

まず、新しいアーキテクチャが頻繁に利用する、ディスプレースメント、即値、レジスタ間接のアドレッシングモードを少なくともサポートすることが好ましい。図A.7から、これらのアドレッシングモードが測定の中で利用されるアドレッシングモードの75%から99%に相当することが分かる。第二に、図A.8のキャプションでは12から16ビットのサイズがディスプレースメントの75%から99%を占めているということから、ディスプレースメントモードでのアドレスのサイズは少なくとも12から16ビットであることが好ましい。第三に、即値のフィールドのサイズは少なくとも8から16ビットであることが好ましい。ただし、この主張の正しさは、図のキャプションのみによって実証されるわけではない。

これまでに、命令セットのクラスをまとめ、レジスタ-レジスタアーキテクチャを採用し、データのアドレッシングモードについて、どれが適切かを示してきた。次節では、データサイズとデータの意味（タイプ）について見る。

A.4 オペランドタイプとオペランドサイズ

どのようにオペランドタイプを指定すればよいだろうか。通常は、**オペコード**（**命令操作コード**、opcode）にオペランドタイプをエンコードして指定する方式が用いられる。もう1つの方式は、データにタグを付加してそれをハードウェアが解釈するものである。このタグがオペランドタイプを表して、それに従って操作が施される。しかしながら、タグ付きデータ方式のコンピュータはもはやコンピュータ博物館にしか存在しないだろう。

デスクトップとサーバのアーキテクチャから見ていこう。通常、整数、単精度浮動小数点数、文字などのオペランドタイプによってそのサイズが決まることが多い。一般的なオペランドタイプとして、文字（8ビット）、ハーフワード（16ビット）、ワード（32ビット）、単精度浮動小数点数（32ビット）、倍精度浮動小数点数（64ビット）などがある。ほとんどの場合、整数には2の補数表現が採用されている。文字はASCIIコードで表現されることが多いが、コンピュータの国際化に伴って16ビットのUnicode（Javaで用いられる）が普及しつつある。1980年代の初頭まで、多くのメーカーが独自の浮動小数点表現を採用していた。それ後、ほとんどのコンピュータは、浮動小数点に関する共通規格である**IEEE規格754**に準拠するようになったが、最近特定用途プロセッサではこのレベルの精度の対応を諦めている。IEEEの浮動小数点数規格については、付録Jで詳しく述べる。

アーキテクチャによっては文字列処理の操作を提供するものがある。ただし、そのような操作は通常は非常に限定されており、文字列の中の各々のバイトを1つの文字として扱う。それらの典型的な操作には文字列の比較や移動がある。

ビジネス分野のプログラムでは、**パック形式10進数**（packed decimal）と呼ばれる10進数をサポートするアーキテクチャが多い。パック形式10進数では、**2進化10進数**（binary coded decimal、

0から9の1文字を表すために4ビットを使用）を2つずつ1バイトに詰め込んだ形式が採用される。一方、数値文字列は**アンパック形式10進数**（unpacked decimal）と呼ばれる。パック化、アンパック化と呼ばれる操作を相互変換のために用いる。

10進のオペランドを利用する理由の1つは、10進数と一致する正確な結果が得られることである。これは、2進数の小数では正確に表現できないケースがあるためである。例えば、10進数で0.10は簡単に表現できるが、2進数では、$0.0001100110011\ldots_2$と最後の4ビットを無限に繰り返さなければならない。このように、10進数で正確な計算が、2進数においてはかなり近い値であっても不正確となる場合がある。このことは、金融の取引において問題を引き起こすことがある（高精度の数値表現や演算についてさらに知りたければ付録Jを参照せよ。）

SPECベンチマークでは、バイトまたは文字、ハーフワード（短整数：short integer）、ワード（整数：integer、単精度浮動小数点）、ダブルワード（長整数：long integer）と浮動小数点数といったデータタイプが使用される。図A.11に、これらのプログラムがメモリを参照する時のオブジェクトのサイズの動的分布を示す。異なるデータタイプに対するアクセス頻度は、効率良くサポートすべきタイプを決定するために役に立つ。あるコンピュータを考える時、64ビットのダブルワードを1回でアクセスできる方法が必要だろうか。それともダブルワードを2クロックサイクルでアクセスするだけで済む話なのだろうか。先に述べたように、バイトのアクセスには整列化ネットワークが必要となる。バイトアクセスを基本機構として取り入れる重要性はどれくらいあるだろうか。図A.11では、アクセスされるデータタイプを調べるためにメモリ参照の挙動を調査している。

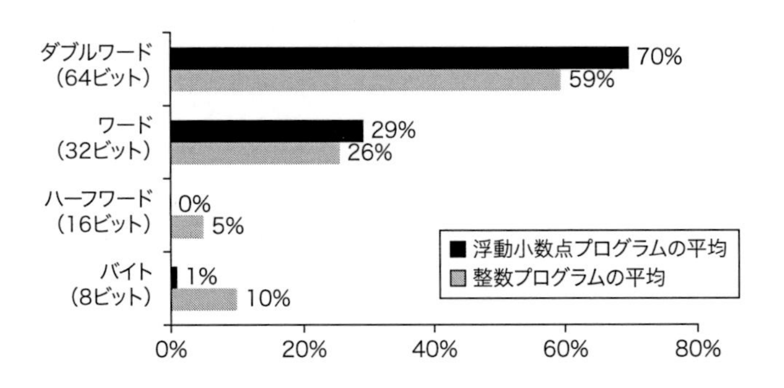

図A.11 ベンチマークプログラムにおけるデータアクセスのサイズ毎の頻度分布

このコンピュータでは64ビット長のアドレスが利用されており、浮動小数点プログラムの倍精度浮動小数およびアドレスでダブルワードが利用される。32ビットアドレスのコンピュータでは、64ビットアドレスが32ビットアドレスに置き換えられる。したがって、整数プログラムのダブルワードアクセスのほぼすべてがワードアクセスとなる。

あるアーキテクチャでは、レジスタ内のデータに対しても、バイトあるいはハーフワードでアクセスできる。しかしながら、そのようなアクセスは非常に少なく、これらのプログラムにおいてVAXアーキテクチャではレジスタ参照の12%以下、すなわちすべてのオペランド参照のほぼ6%程度である。

A.5 命令セットにおける命令操作

多くの命令セットアーキテクチャでサポートされる**命令操作**または**演算**（operator）は、図A.12に示すように分類できる。すべてのアーキテクチャに共通する1つの経験則は、命令セットにおいて、簡単な演算こそが最も広く実行される命令であるということである。例えば、図A.13には、広く普及しているIntel 80x86で動作する整数プログラムで実行された命令の96%は10種類の簡単な命令により占められることを示している。これらを一般的な場合としてとらえ、これらの命令こそ高速に動作するように実装すべきである。

命令操作のクラス	例
算術/論理演算命令	整数演算および論理演算：加算、減算、論理積、論理和、乗算、除算
データ転送命令	ロード-ストア（メモリアドレッシング付きの計算機ではmove命令）
制御命令	分岐、ジャンプ、手続き呼び出し、リターン、トラップ
システム命令	OS呼び出し、仮想メモリの管理命令
浮動小数点演算命令	浮動小数点演算:加算、乗算、除算、比較
10進操作命令	10進加算、10進乗算、10進-文字列変換
文字列操作命令	文字列転送、文字列比較、文字列検索
グラフィック命令	ピクセルと頂点演算、圧縮と展開演算

図A.12 命令操作の分類と例

すべてのコンピュータに共通して、最初の3つのクラスの命令がフルセットで用意される。基本的なものを除いて、システム機能のサポートはアーキテクチャ毎に異なる。しかし、どのようなコンピュータであっても基本的なシステム機能をサポートする命令を備えている。最後の4つのクラスの命令は、全くサポートしていないものから特別に拡張された命令を持つものまでさまざまである。浮動小数点演算命令は、浮動小数点数を多用するアプリケーションをターゲットとするコンピュータに搭載される。これらの命令がオプションの場合もある。10進数演算と文字列演算はVAXやIBM 360のように基本命令となっている場合もあるが、コンパイラが単純な命令によって合成する場合もある。グラフィック命令は、例えば、8ビットの8個の加算をまとめて64ビットのオペランドとして処理し、多くの小さいデータアイテムを並列に処理する。

順位	80x86命令	整数プログラムの平均（全実行命令に対する割合）
1	load	22%
2	条件分岐	20%
3	compare	16%
4	tore	12%
5	add	8%
6	and	6%
7	sub	5%
8	レジスタ間のデータ移動	4%
9	call	1%
10	return	1%
合計		**96%**

図A.13 80x86で頻繁に実行される上位10種類の命令

ほとんどの命令は単純なものであり、これら10種類の命令が全実行命令の96%を占める。これらは、5つのSPECint92プログラム実行時の割合の平均である。

以前に述べたように、図 A.13 の命令の大部分は、図 A.12 の演算のバリエーション（それらは命令セットが含むデータタイプに大きく依存する）を備えたあらゆる種類のコンピュータ（デスクトップ、サーバ、組み込み）で利用される。

A.6 制御のための命令

制御の流れを変更する命令（制御命令）は概して他の命令セットの選択基準とは独立している。分岐やジャンプに関する測定についても他の測定とは独立している。まずは、制御命令の使用状況を調査することから始めよう。

制御の流れを変更する命令に共通の用語は存在していない。1950 年代まで、これらは**制御委譲**（transfer）と呼ばれていた。その後、1960 年に入ってから、**分岐**（branch）という用語が使われ始めた。その後もさまざまなコンピュータによってさまざまな用語が用いられてきた。本書では、制御の流れの変更が無条件に生じる場合を**ジャンプ**、条件によって生じる場合を**分岐**と呼ぶことにする。

制御の流れを変える場合には 4 つのケースがある。

- 条件分岐
- ジャンプ
- 手続き呼び出し（call）
- 手続きからのリターン（return）

各々のケースは異なっており、また異なった命令を利用してそれぞれ別の振る舞いとなることがあるので、これら 4 つの相対的な出現頻度を知る必要がある。ベンチマークプログラムをロード-ストアアーキテクチャで実行して測定した制御命令の使用頻度を図 A.14 に示す。

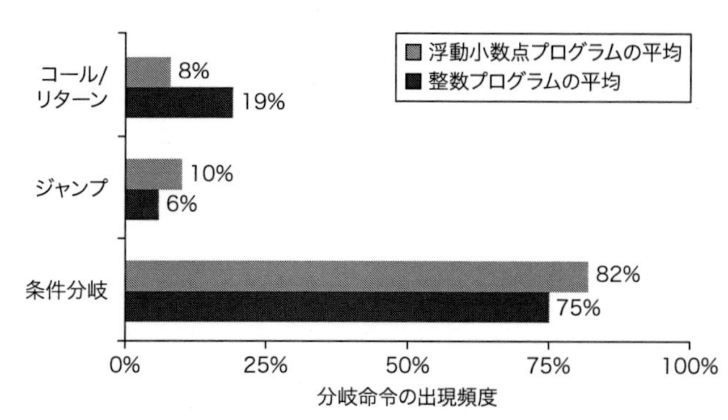

図A.14 制御命令と各クラスの出現頻度:手続き呼び出し（コール）とリターン、ジャンプ、条件分岐の 3 つのクラスに分類される

条件分岐の出現頻度が非常に高い。制御命令のそれぞれは 3 種類の棒グラフの中のいずれかに数えあげられる。これらの統計データを測定するために利用したプログラムおよびコンピュータは図 A.8 と同じものである。

A.6.1 制御命令のためのアドレッシングモード

制御命令では、飛び先アドレスを必ず指定しなければならない。この飛び先は、多くの場合、命令が明示的に指定する（コンパイル時に定まらない手続きからのリターンは主な例外である）。最も一般的な飛び先の指定方法は、**プログラムカウンタ**（PC：program counter）にディスプレースメントを加算して求める方法である。この種の制御命令を **PC 相対**（PC-relative）と呼ぶ。PC 相対の分岐あるいはジャンプでは飛び先が実行している命令の近くであることが多いため、PC からの相対位置（オフセット）を指し示すビット数が少なくてすむ利点がある。また、この方式には、PC からの相対位置で飛び先が決まるので、プログラムがどこにロードされても実行できるという性質がある。この性質は**位置独立**（position independence）と呼ばれ、プログラムをリンクする際の作業を簡略化する。また実行時にリンクされるプログラムにも有用である。

リターンや間接ジャンプなど、コンパイル時に飛び先が決まらない制御命令を実現するためには、PC 相対ではない方式が必要となる。すなわち、飛び先が実行時に変更できるように、飛び先を動的に指定する方式でなければならない。これには、飛び先アドレスを保持するレジスタを指定する単純なやり方もあるだろうし、代案として、ジャンプが任意のアドレッシングモードを指定できるように構成するやり方もある。

レジスタ間接ジャンプは次の 4 つの重要な場面において有用となる。

- ほとんどのプログラミング言語で見られる **case** 文または **switch** 文：いくつかの選択肢から 1 つを選ぶもの
- C++または Java のようなオブジェクト指向言語の**仮想関数**や**メソッド**：引数のタイプによって異なるルーチンを呼ぶこと

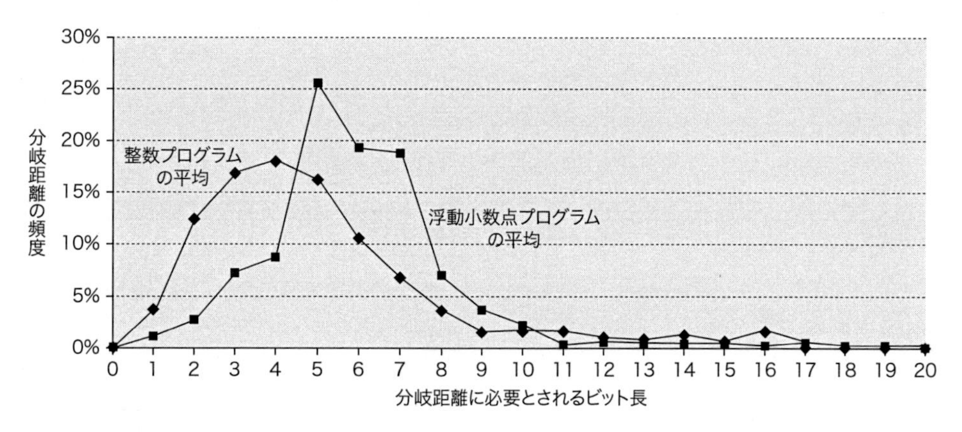

図A.15 分岐命令と飛び先の命令との間の命令数によって測定した分岐距離

整数プログラムでは、最も頻度の大きな分岐距離であっても 4 から 8 ビットでエンコードできる。このことから、分岐では短いディスプレースメントで十分であり、これによってエンコードの密度を向上できる。測定には、すべての命令がワード単位で整列化されたロード-ストアアーキテクチャ（Alpha アーキテクチャ）を用いた。VAX アーキテクチャのように同一プログラムをより少数の命令で実現できるアーキテクチャでは、分岐距離がさらに小さくなるだろう。一方、コンピュータが任意のアドレスに配置できる可変長の命令を許す場合には、ディスプレースメントに必要となるビット長が増加する。これらの測定で用いたベンチマークとコンピュータは図 A.8 で用いたものと同じである。

呼び名	例	条件のテスト方法	長所	短所
条件コード（CC）	80×86、ARM、PowerPC、SPARC、SuperH	多くの場合、プログラム制御の下で、特定ビットがALU演算で設定される	時として条件は特別な命令によらなくて設定される	CCは余分な状態である。CCはある命令からの情報を分岐に渡す必要があり、命令実行順序に制約が加わる
条件レジスタ/限定比較	Alpha、MIPS	任意のレジスタをテストして比較結果を得る（等しいまたは0かどうかテスト）	単純	限定された比較により、クリティカルパスに影響を与える場合があるか、一般条件に対する余分な比較が必要となる。
比較分岐	PA-RISC、VAX、RISC-V	比較操作は分岐に包含される。ある程度一般的な比較が可能（大小比較）	分岐の際に1命令で実行できる	分岐命令に対して、クリティカルパスが生じるかもしれない。

図A.16 分岐条件を評価するために用いられる主な方法とそれらの長所と短所

条件コード（CC）は分岐以外の目的でALUにおいて設定されるが、測定によると、そのような場合が稀であることが分かる。条件コードの実装において問題が生じるのは、命令中のビットによって条件コード（condition code）のセットを制御するのではなく、条件コードが命令セットの大部分の命令あるいは競合関係にある命令によってセットされる場合である。比較分岐（compare and branch）命令を持つコンピュータでは、比較の種類が限定されており、より複雑な比較のために別の命令操作とレジスタが利用される。浮動小数点の比較に基づいた分岐には、多くの場合に、整数比較とは異なる方式が使用される。これは整数比較の場合と比べて浮動小数点比較の割合が非常に少ないことからも妥当である。

のできる関数

- CまたはC++のような言語の**上位関数**あるいは**関数ポインタ**：関数にオブジェクト指向プログラミングの趣向を持たせて、引数として関数を渡すことを可能にする仕組み
- **動的共有ライブラリ**：プログラムが実行される前に静的にロードされリンクされるのではなく、プログラムが実際に起動される時にライブラリをロードおよびリンクすることを可能にする仕組み

4つのすべてのケースにおいて、コンパイル時に飛び先アドレスを知ることはできない。このため通常は、レジスタ間接ジャンプの前に、メモリからレジスタへと飛び先アドレスがロードされる。

分岐の多くがPC相対アドレッシングを用いるので、分岐の飛び先までの距離が興味を引く点である。このディスプレースメントの分布がサポートすべきディスプレースメント長を決定するために有用となる。また、命令長やエンコードにも影響を与える。図A.15に、PC相対分岐におけるディスプレースメントの分布を示す。分岐の約75%は順方向（アドレスが大きくなる方向）への分岐である。

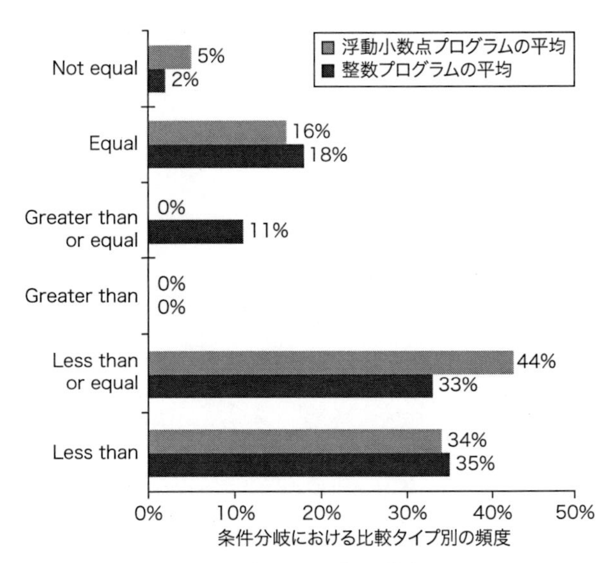

図A.17 条件分岐における比較のタイプ別の頻度

Less thanとLess than or equalの比較を行う分岐がこのコンパイラとアーキテクチャの組み合わせにおいて支配的である。この測定には、整数と浮動小数の両方の比較が含まれる。これらの統計を取るために利用したプログラムとコンピュータは図A.8のものと同じである。

A.6.2 条件分岐における選択肢

制御の変更の多くは分岐によって発生するので、分岐の条件を指定する方式をどのように決めるかが重要となる。今日利用されている主な3つの方法とそれらの長所と短所を図A.16にまとめる。

分岐に関して最も注目すべき性質の1つは、多くの条件のための比較が単純なテストであり、また多くがゼロとの比較である点である。このため、特に**比較分岐**（compare and branch）命令を採用している場合で、いくつかのアーキテクチャはこれらの比較を特別なケースとして扱っている。図A.17に、条件分岐における比較のタイプ別の頻度を示す。

A.6.3 手続き呼び出しにおける選択肢

手続き呼び出しと**リターン**は、制御の変更に加えて状態の退避を含むことがある。少なくとも、リターンアドレスは特別なリンクレジスタあるいはGPRのどこかに保存されなければならない。古いアーキテクチャには、多くのレジスタを退避するための機構を提供するものもあるが、新しいアーキテクチャではコンパイラがそれぞれのレジスタを退避したり復元したりするストアとロードを生成する。

レジスタを退避する方式には、呼ぶ側あるいは呼ばれる側のどちらがレジスタを退避するかによって、2つの基本的な方式がある。**呼び出し側退避**（caller saving）は、呼び出す方の手続きが、呼び出しの後のアクセスのために保存すべきレジスタを退避する方式である。このため、呼び出される側の手続きがレジスタの退避のことを心配する必要はない。**被呼び出し側退避**（callee saving）はその逆で、呼び出された方の手続きが使用したいレジスタを退避する方式である。2つの異なる手続きで大域（global）変数へのアクセスパターンがあるような場合、呼び出し側退避が使用されなければいけないことがある。例として、手続きP1がP2を呼び出し、これらが大域変数xを操作する場合を考えよう。もしP1がxをレジスタに

割り付けていたとすると、P2を呼び出す前にP2が知っている番地にxを退避しておかなければならない。呼び出された手続きがレジスタ割り付けされたデータにいつアクセスするのかを見つけるようにすることは、分割コンパイルが生じるかもしれないため、複雑なものとなる。例えば、P2がxを操作せず、P2内で呼び出されたもう一つの手続きP3がxにアクセスするケースにおいて、P2とP3が分割コンパイルされる場合に対処することは難しい。このような複雑さのため、多くのコンパイラでは保守的ではあるが、手続き呼び出しの際にアクセスされる可能性のあるすべての変数を、呼び出し側で退避する方式を採用する。

いずれの方式が採用されるとしても、条件によって、被呼び出し側退避が適していることがあれば、呼び出し側退避が適していることもある。そこで、今日の最も現実的なシステムでは、これら2つの方式を組み合わせて用いている。この取り決めは、どのレジスタを呼び出し側が保存し、どのレジスタを被呼び出し側が保存するかという基本的なルールを定義する**アプリケーションバイナリインターフェイス**（ABI：application binary interface）にて指定される。本付録の後の方で、自動的にいくつかのレジスタを退避する洗練された命令とコンパイラを必要とするものとの非整合性について見ることになる。

A.6.4　まとめ：制御のための命令

制御命令は最も頻繁に実行される命令の1つである。条件分岐には多くの選択肢があるが、新しいアーキテクチャでは、順方向あるいは逆方向に数百命令の距離を飛ぶことができる分岐アドレッシングを備えることが望ましい。この要求から、PC相対の分岐ディスプレースメントは少なくとも8ビットを必要とする。

最近のシステムに求められる多くの機能と同様に、リターンをサポートするレジスタ間接とPC相対アドレッシングのジャンプ命令が必要とされる。ここまでで、アセンブリ言語のプログラマあるいはコンパイラ作成者から見える部分の命令セットアーキテクチャの考察が完了した。ディスプレースメント、即値、レジスタ相対のアドレッシングモードを持つロード-ストアアーキテクチャが主流になりつつある。これらのデータタイプは、8、16、32、64ビットの整数と32、64ビットの浮動小数点数である。命令には、PC相対の条件分岐、関数呼び出しのためのジャンプ&リンク命令、関数からのリターン（といくつかの利用）のためのレジスタ間接ジャンプといった単純な演算が含まれる。

次に、ハードウェアが簡単に実行できる形式でこのアーキテクチャを表現するエンコードの方式を検討しよう。

A.7　命令セットのエンコード

プロセッサが実行する命令が2進法の表現へとどのようにエンコードされるかは、明らかに、これまで述べてきた選択肢の影響を受ける。この表現はコンパイルされたプログラムのサイズだけに影響を与えるのではない。プロセッサはエンコードされた命令をデコードして高速に演算操作とオペランドを見つける必要があるため、この表現はプロセッサの実装にも影響を与える。典型的には**オペコード**（**命令操作コード**）フィールドによって演算操作が指定される。これから見るように、演算操作のエンコードとアドレッシングモードのエンコードの方法が重要になる。

これらの決定は、アドレッシングモードの多様さ、オペコードとアドレッシングモードとの独立性の影響を受ける。初期のあるコンピュータは、1〜5個のオペランドとそれぞれのオペランドのために10種類のアドレッシングモードを持っていた（図A.6を参照）。このように組み合わせの数が多い時には、オペランド毎に**アドレス指示子**（address specifier）を用意することが多い。このアドレス指示子によってオペランドがどのアドレッシングモードを用いるかを指定する。対極は、たった1つのメモリオペランド、および1つあるいは2つのアドレッシングモードのみを備えるロード-ストアコンピュータである。明らかに、この場合のアドレッシングモードは、オペコードの一部としてエンコードすればよい。

命令のエンコードの際に、レジスタ数とアドレッシングモードの数はともに命令サイズに多大な影響を与える。これは、アドレッシングモードとレジスタ指定のためのフィールドが単一の命令の中に多数現れるからである。事実、多くの命令では、オペコードより多くのビット数がアドレッシングモードとレジスタ指定フィールドのために使用される。命令セットのエンコードにおいて、アーキテクトは次に示すいくつかの競合する要件のバランスをとる必要がある。

1. できるだけ多くのレジスタとアドレッシングモードを確保したいという願望
2. レジスタとアドレッシングモードのためのフィールドのサイズが、平均命令サイズと平均プログラムサイズに与える影響
3. パイプライン化された実装における簡単に実現できるような命令長でエンコードしたいという願望（命令を容易にデコード

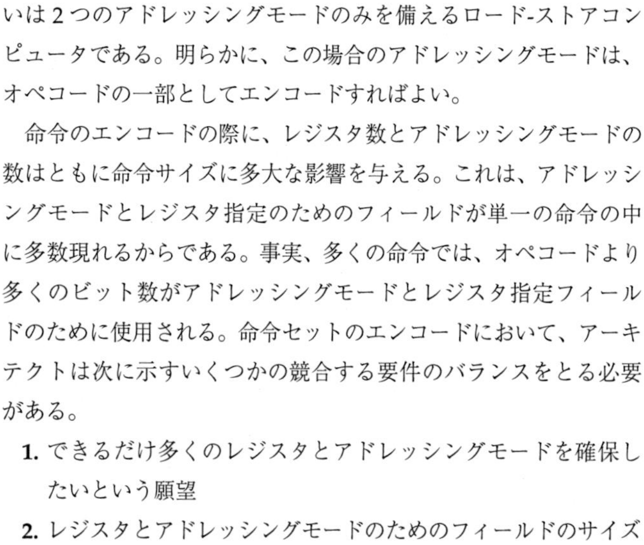

命令操作とオペランド数	アドレス指示子	アドレスフィールド1	・・・	アドレス指示子	アドレスフィールドn

(A)可変長(例：Intel 80x86、VAX)

命令操作	アドレスフィールド1	アドレスフィールド2	アドレスフィールド3

(B)固定長(例：RISC-V、ARM、MIPS、PowerPC、SPARC)

命令操作	アドレス指示子	アドレスフィールド

命令操作	アドレス指示子1	アドレス指示子2	アドレスフィールド

命令操作	アドレス指示子	アドレスフィールド1	アドレスフィールド2

(C)ハイブリッド(例：RISC-V 圧縮版(RV32IC)、IBM 360/370、microMIPS、Arm Thumb2)

図A.18　可変長、固定長、ハイブリッドという3つの基本的な命令のエンコードの方式

可変長の形式ではオペランドの数を自由に設定できる。また、アドレス指示子を用いてそれぞれのオペランドのアドレッシングモードとオペランドのサイズを指定できる。未使用のフィールドを含む必要がないので、可変長の形式は一般に最も小さなサイズのコード表現を可能にする。固定長の形式は常に同じ数のオペランドを持つ。また、オペコードの一部としてオペランドのアドレッシングモード（もしあるとすると）を指定する。固定長の形式は一般にコードサイズが最大になる。フィールドはそれらの場所において同様の傾向を持つが、命令によって異なる目的に利用される。ハイブリッドのアプローチは、オペコードによって指定される複数のフォーマットを持ち、アドレッシングモードを指定する1つあるいは2つのフィールド、およびオペランドアドレスを指定する1つあるいは2つのフィールドが追加される。

できるように構成することの重要性は、付録Cと第3章で議論する)。最低限、命令長はバイトの倍数であって、任意のビット長でないことが要求される。デスクトップとサーバに携わる多くのアーキテクトは、平均プログラムサイズを犠牲にしても、実現技術における利点を重視して固定長命令を採用する。

図A.18に、命令セットをエンコードするための普及している3つの選択肢を示す。1番目の可変長と呼ばれるスタイルは、事実上、すべての演算操作がすべてのアドレッシングモードを持つことを可能にする。多くのアドレッシングモードと演算操作がある時には、このスタイルが優れている。2番目は、演算操作とアドレッシングモードをオペコードの中に記述する固定長のスタイルである。通常、固定長のエンコードではすべての命令について1種類のサイズのみを持つ。アドレッシングモードや演算が少ない場合に、このスタイルが優れている。可変長と固定長のエンコードの間には、プログラムサイズとプロセッサのデコードの容易さの点でトレードオフがある。可変長では、プログラムを表現するためにできるだけ少ないビットとなるように試みるが、個別の命令のサイズと操作は大きく異なることがある。可変長のエンコードの例として、80×86命令を見てみよう。

```
add EAX,1000(EBX)
```

add命令は32ビット整数の2つのオペランドの加算で、このオペコードは1バイトを要する。80x86のアドレス指示子は1バイトあるいは2バイトを用いて記述され、ソースあるいはデスティネーションレジスタ(EAX)、アドレッシングモード(この場合にはディスプレースメント)、およびベースレジスタ(EBX)が指定される。この組み合わせは、オペランドを指定するために1バイトを必要とする。アドレスフィールドのサイズは32ビットモード(付録Kを参照)の場合、1バイトあるいは4バイトのどちらかである。1000が2^8より大きいので、命令の長さの合計は、

$1 + 1 + 4 = 6$ バイト

となる。80x86命令の長さは1〜17バイトの範囲で可変である。80x86プログラムは、一般に、固定長フォーマットを利用するRISCアーキテクチャのプログラムより小さい(付録Kを参照)。

可変長と固定長という命令セットにおける2つの極端な設計を見たが、これらから3番目の代案を考えることができる。すなわち、可変長の命令セットにおけるサイズと能力の可変性をいくらか削減するが、コードサイズを小さく保つために数種類の命令長を提供する方式である。この**ハイブリッド**のアプローチが3番目のエンコードの選択肢で、この例を簡潔に見ることにする。

A.7.1 RISCにおけるコードサイズの削減

RISCコンピュータが組み込みアプリケーションで利用され、コストの面から小さなコードサイズが重要視されるようになると、32ビットの固定長フォーマットが不利になった。これを受けて、いくつかのメーカーは16ビットおよび32ビットの両方の命令を持つハイブリッドバージョンの新しいRISC命令セットを考案した。この短い命令では、RISCコンピュータの古典的な3アドレスフォーマットではなく、少ない数の演算操作、短いアドレスと即値フィールド、少数のレジスタ、および2アドレスフォーマットがサポートされている。RISC-Vは、RV32ICと呼ばれるこういった拡張を提供している。ここでCは圧縮を意味する。命令内の各フィールドの値が小さく、ソースレジスタとデスティネーションレジスタが同一である共通のALU操作など、一般的な命令の生成は16ビットフォーマットでエンコードされる。付録Kでは、ARM ThumbとmicroMIPSという2つの例を検討する。これらは40%程度までコードサイズを削減できる。

これら命令セットの拡張とは対照的に、IBMのCodePackと呼ばれる方式では単に標準的な命令セットを圧縮する。そして、それらが命令キャッシュにミスしてメモリからフェッチされる時に、その命令をハードウェアで展開する。このため、命令キャッシュは完全な32ビットの命令を保持するが、メインメモリ、ROM、ディスクには圧縮された命令が格納される。RV32ICやmicroMIPS、Thumb2のような圧縮フォーマットの利点は、命令キャッシュの容量が約25%増加することである。一方、IBMのCodePackでは、コンパイラが異なる命令セットを扱うための手間を省き、命令のデコードはシンプルな構成を維持できる。

CodePackではPowerPCのプログラムをランレングス符号化により圧縮する。そして、結果として得られる圧縮テーブルをチップ内の2KiBのテーブルにロードする。このため、それぞれのプログラムのために独自の異なるエンコードを施すことができる。もはやワードの境界が整列化されない。この場合における分岐の扱いとして、PowerPCは圧縮されたアドレスとそうでないアドレスとの間の対応関係を保存するハッシュテーブルをメモリに作成する。そして、TLB(第2章を参照)のように、メモリアクセスの数を減らすために最近使用されたアドレスマップをキャッシュする。IBMの主張によれば、10%の性能のコストを支払って、35〜40%のコードサイズの削減を達成する。

A.7.2 まとめ:命令セットのエンコード

前節で議論した命令セット設計の構成要素の中で下された決断によって、アーキテクトは命令のエンコードを固定長にするか可変長にするかを決定する。選択肢が与えられた時、性能ではなくコードサイズを重視するアーキテクトは可変長のエンコードを選択するだろう。一方、コードサイズではなく性能を重視するアーキテクトは固定長のエンコードを選択することになる。RISC-VやMIPS、ARMにはすべて、32ビット版と同じように16ビット命令を使用する拡張命令セットがある。コードサイズの制約が厳しいアプリケーションでは、コードサイズを減らすために16ビット版を使用するといった選択が可能である。付録Eでは、アーキテクトが選択した結果として13種類の命令セットの例を検討する。付録Cおよび第3章では、プロセッサ性能への可変性の影響をさらに議論する。

A.9節で導入するRISC-V命令セットアーキテクチャに対する基礎はほぼ築き終えている。ただし、RISC-V命令セットを見る前に、コンパイラ技術とそれがプログラムの特性に与える影響を見ることは有益となるだろう。

A.8 他の章との関連：コンパイラの役割

今日、デスクトップとサーバアプリケーションのためのほとんどのプログラミングは高級言語でなされる。つまり、ほとんどの命令はコンパイラが出力したものであるため、命令セットアーキテクチャは本質的にコンパイラが生成したものをターゲットとしなければならない。初期の頃のアーキテクチャ決定においては、アセンブリ言語によるプログラミングを容易にする、または、特定のカーネルの性能を引き出すことが重要視された。コンピュータの性能はコンパイラによって左右されるため、命令セットの設計とその効率的な実現にとって今日のコンパイラ技術を理解することは必須である。

かつては、アーキテクチャをその実現技術から切り離して扱ってきたのと同様に、コンパイラ技術とそのハードウェア性能への影響を、アーキテクチャと性能から切り離して扱うことが一般的であった。そのような扱いは、今日のデスクトップのコンパイラやコンピュータでは本質的に不可能である。アーキテクチャの選択は良くも悪くも、コンパイラが生成するコードの質やコンパイラ構築の複雑度に影響される。

本節では、主にコンパイラの観点からみた命令セットアーキテクチャの重要な目標を議論する。まずは、最近のコンパイラ構造を把握することから始めよう。次に、コンパイラ技術がアーキテクチャの決定にどのように影響を与えるか、そして、コンパイラの優れたコード生成を困難にしたり容易にしたりするのにアーキテクトができることを議論する。そして、不運なことにコンパイラ作成者とアーキテクトとの間の協力の悪い例であるコンパイラとマルチメディア演算の調査によって、この節を締めくくる。

A.8.1 最近のコンパイラの構造

まずは、最適化コンパイラがどのようになっているか見よう。図A.19に、近年のコンパイラの構成を示す。

コンパイラ作成者の第1の達成目標は正確さである。誤りのないすべてのプログラムは正確にコンパイルされなければならない。第2の達成目標は、通常はコンパイルされたコードの速度である。これら2つに比べると、コンパイル速度、デバッグ支援、言語間の相互利用性などの他の達成目標は優先順位が低い。通常、コンパイラにおける多数のパスを経ることで、高級言語による抽象度の高い表現が次第に抽象度の低い表現へと変換され、最後に、命令セットの記述にたどり着く。この構造によって変換の複雑さが抑えられて、バグのないコンパイラの作成が容易になる。

正確なコンパイラを作成するための複雑さが、実現される最適化の度合いを制限する要因となる。多重のパスを持つ構造をとれば、コンパイラの複雑さは減少する。しかし、このことは、コンパイラが順序付けを行って、ある変換を他より先に実行しなければならないことを意味する。図A.19の最適化コンパイラの構造を見ると、コンパイルによって生成されるコードが判明するずっと前の段階で、いくつかの高位レベルの最適化が施されることが分かる。ある変換が高位レベルでなされたとしても、コンパイラが無効化などによって変換したものを元に戻し、すべてのステップをやり直すことができればよい。しかし、これはコンパイル時間や複雑さの点から現実

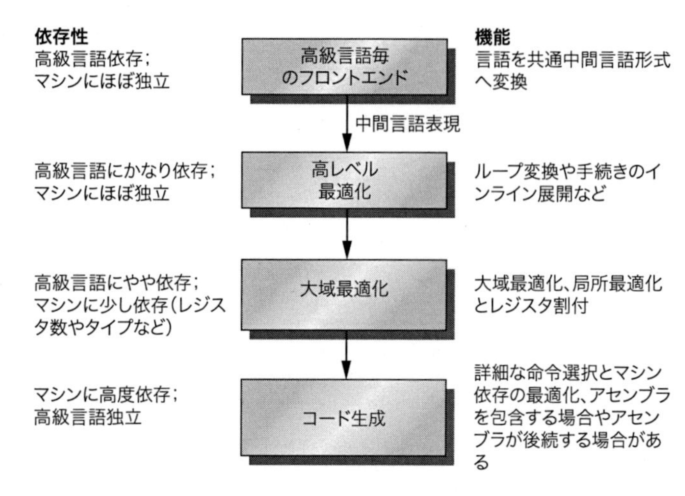

図A.19　2〜4パス（より高度な最適化を施すコンパイラはさらに多くのパス）で構成される典型的なコンパイラ

この構造によって、さまざまなレベルの最適化が施されコンパイルされたプログラムが同じ入力から同じ出力を生成する確率を最大にできる。最適化パスはあってもなくてもよい。すなわち、より高速なコンパイルが必要とされていてコードの質が低くても構わない場合には、最適化パスは省略される。パスはコンパイラが全プログラムを読んで、変換を行う1つのフェーズである（パスの代わりにフェーズという言葉が利用されることもある）。最適化パスが分離されているので、多数の異なる高級言語に対して同一の最適化やコード生成パスを利用できる。また、新しい高級言語に対応させるためには、新しいフロントエンドを用意するだけで済む。

的ではない。このため、コンパイラは、後続のステップが問題を扱う能力について仮定を立てながら処理を進める。例えば、呼ばれる手続きの正確な大きさが判明する以前に、コンパイラは、通常、どの手続きをインライン化するかを選択しなくてはならない。コンパイラ作成者はこの問題を**フェーズ順序問題**（phase-ordering problem）と呼んでいる。

この変換順序と命令セットアーキテクチャとの関係について見てみよう。これを示す良い例として、**大域共通式の除去**（global common subexpression elimination）と呼ばれる最適化がある。この最適化では、同一の値を計算している式が2箇所で現れる時、まず、最初の計算結果を一時記憶に保存する。そして、2番目の式がその一時記憶の内容を使用することで、2番目の式のための計算を削減する。

この最適化が効果を発揮するためには、一時記憶をレジスタに割り付けなければならない。そうしないと、一時記憶をメモリにストアして、後にロードし直すオーバーヘッドが生じて、2回目の計算を省略するメリットが失われる。事実、一時記憶がレジスタに割り付けられない場合には、逆にこの最適化によってプログラムの速度が低下することがある。レジスタ割り付けは、大域最適化パスの最終段近く（コード生成の直前）でなされるのが一般的であり、フェーズ順序付けのためにこの問題が複雑になる。よって、この大域共通式の除去の最適化では、レジスタ割り付け段階で一時記憶がレジスタに割り付けられることを**仮定**しなくてはならない。

最新のコンパイラがおこなうさまざまな最適化を変換の形態によって分類する。

- **高レベル最適化**：ソースプログラムのレベルで行うことが多い。後続の最適化パスへの情報を出力する。
- **局所最適化**：直列実行される命令コードの部分（基本ブロック

(basic block)とコンパイラの専門家から呼ばれる)の範囲内で最適化を行う。

- **大域最適化**:分岐を超えられるように局所最適化を拡張する。ループの最適化を目指す変換を導入する。
- **レジスタ割り付け**:オペランドにレジスタを関連付ける。
- **プロセッサ依存最適化**:アーキテクチャ固有の特徴を活かした最適化を試みる。

A.8.2 レジスタ割り付け

レジスタ割り付けは、コードの高速化や他の最適化を有用にする中心的な役割を果たしている。このため、最重要とまで言わないにしても、極めて重要な最適化の1つである。今日のレジスタ割り付けアルゴリズムは、**グラフ彩色法**(graph coloring)に基づいている。グラフ彩色法の基本的な発想は、レジスタ割り付けの可能性のある候補を表現するグラフを作成し、そのグラフを利用してレジスタ割り付けを行うことである。おおざっぱに言うと、この問題は、依存性グラフの中の2つの隣接ノードが同じ色にならないように、制限された色数でノードを塗り分ける方法である。グラフ彩色法のアプローチでは、生存変数の100%をレジスタに割り付けることが重要となる。グラフ彩色問題は一般にグラフサイズの指数時間を要するNP完全問題であるが、実用上は線形時間でうまく動作するヒューリスティックなアルゴリズムが存在する。

グラフ彩色法は、整数変数の大域割り付けにおいて利用できる汎用レジスタの数が少なくとも16個(より多いことが望ましい)と、付加的な浮動小数点レジスタが利用できれば、非常に効率良く動作する。しかし、レジスタ数が少ない場合には、ヒューリスティックなアルゴリズムでは失敗することが多く、グラフ彩色法は有効に機能しない。

A.8.3 最適化が性能に及ぼす影響

コード生成のフェーズの変換から、単純ないくつかの最適化(局所最適化やマシン依存最適化など)を分離することは難しい。図A.20に典型的な最適化の例を挙げる。図A.20の右端の欄は、その最適化による変換がソースプログラムに適用される割合を示す。

最適化手法名	説明	全最適化回数に対する割合
高レベル最適化	**ソースレベルあるいはそれに近接したレベル:マシン独立**	
手続き統合	手続き呼び出しの手続きを本体で置き換える(インライン展開)	N.M.
局所最適化	**基本ブロック内での最適化**	
共通式の除去	同一計算が二度行われる際に、一方の値のコピーで置き換える	18%
定数伝搬	ある定数が割り付けられるすべての変数のインスタンスを定数で置き換える	22%
スタック長の縮小	式の評価に必要とされる資源を最小化するように式を再構築する	N.M.
大域最適化	**分岐を超えた領域における最適化**	
大域共通式の除去	局所最適化の場合と同様であるが、分岐を超えた領域に対して適用する	13%
コピー伝搬	文が割り付けられる変数Aの箇所(すなわちA=X)すべてをXで置き換える	11%
コード移動	ループ内の各イタレーションで同一値を計算する命令をループ外に移動する	16%
誘導変数の除去	ループ内の配列アドレス計算の単純化と除去	2%
マシン依存最適化	**マシンに関する知識に依存**	
弱化	定数との乗算を加算とシフトで置き換えるなど多くの例がある	N.M.
パイプラインスケジューリング	パイプライン性能を引き出すため、命令を並び換える	N.M.
分岐オフセットの最適化	分岐先に届く最小のディスプレースメントを選択する	N.M.

図A.20 主要な最適化のタイプとそれらの例

これらのデータからそれぞれの最適化の相対的な頻度を知ることができる。右端の欄は、各最適化手法が静的にどのくらいの頻度でFORTRANまたはPascalの小さな12個のプログラムに適用されたかを示す。測定にはコンパイラでなされる9つの局所最適化と大域最適化が含まれる。これらの最適化のうちの6つについては数値を示している。空欄となっている残りの3つは、まとめて18%の静的頻度である。図のN.M.(not measured)は測定されていないことを表す。プロセッサ依存の最適化は、通常コード生成時になされるが、ここでは測定していない。%で示したのは、そのタイプの最適化が施された静的な割合である。データは[Chow F.C. A Portable Machine-Independent Global Optimizer.Design and Measurements, 1993](スタンフォード大学博士学位論文)による(コンパイラはStanford大学のUCODEを使用)。

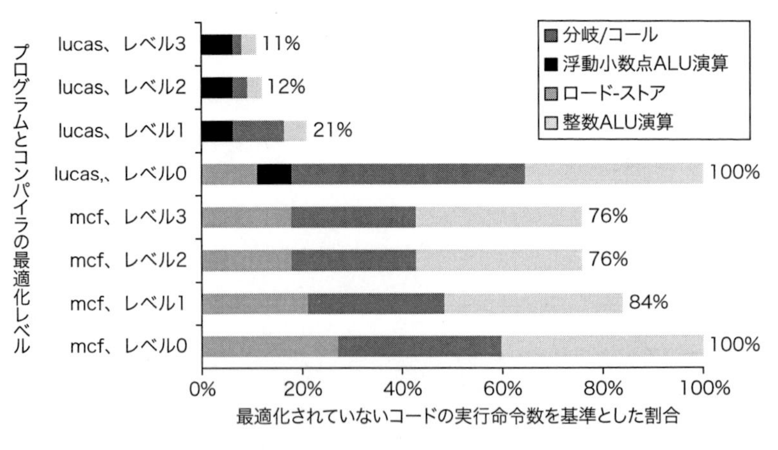

図A.21 SPEC2000のプログラムlucasとmcfにおけるコンパイラの最適化レベルを変更した時の実行命令数の変化

レベル0は、最適化されていないコードである。レベル1は、局所最適化、コードスケジューリング、局所レジスタ割り付けが施されている。レベル2は、大域最適化、ループ変形(ソフトウェアパイプライニング)、大域レジスタ割り付けが施されている。レベル3は、レベル2までの最適化に加えて、手続き間の最適化が施される。これらの測定はAlphaアーキテクチャのコンパイラを用いて行った。

図 A.21 に、さまざまな最適化を施した時の 2 つのプログラムのための実行命令数の変化を示す。ここでは、最適化されたプログラムは最適化されていないプログラムと比較して、およそ 25%から 90%の実行命令数を削減する。この図は、新しい命令セットの機能を提案する前に最適化されたコードを検討することの重要性を示している。なぜなら、アーキテクトが改善しようと試みる命令がコンパイラによって完全に削除されるかもしれないからである。

A.8.4 コンパイラ技術がアーキテクトの意思決定に及ぼす影響

コンパイラと高級言語との相互依存関係は、プログラムがどのように命令セットを利用するかに大きく影響を及ぼす。このことを深く理解するために、次の 2 つの重要な問題を考える。変数をどのように割り付け、アドレス付けすればよいだろうか。変数を効率良く割り付けるためには、いくつのレジスタが必要となるだろうか。これらの問いに答えるために、まず、今日の高級言語がデータを割り付ける 3 つの領域を見ることにする。

- **スタック**（stack）が局所変数を割り付けるために利用される。スタックは手続きの呼び出しで伸びて、リターン時に縮む。スタックのオブジェクトはスタックポインタからの相対によってアドレス付けされ、通常は、配列ではなくスカラ（単一の変数）であることが多い。スタックは活性レコード（activation record）のために使用され、式の評価には用いられない。このため、値をスタックにプッシュしたり、ポップしたりすることはほとんどない。
- **大域データ領域**（global data area）は、大域変数や定数といった静的に宣言されるオブジェクトを割り付けるために使用される。これらのオブジェクトの多くは、配列あるいはまとまったデータ構造体である。
- **ヒープ**（heap）はスタックには適さない動的なオブジェクトを割り付けるために使用される。ヒープ内のオブジェクトはポインタで示され、スカラでないことが普通である。

レジスタ割り付けについては、大域変数よりもスタック変数に対してなされる場合に効率が良い。また、ヒープに対するレジスタ割り付けは、それらがポインタを通してアクセスされるため、本質的に不可能である。大域変数やある種のスタック変数はそれらが**エイリアス**（alias）を持つことがあるため、レジスタに割り付けることは不可能である。つまり、変数のアドレスを参照するためにいくつかの方法があるため、その変数をレジスタに割り付けると誤った結果となる（今日のコンパイラ技術では、ほとんどのヒープ内の変数は効率良くエイリアスされていると言える）。

例えば次のプログラムを考えよう。&は変数のアドレスを返し、*はポインタをたどる（dereference）ために用いる。

```
p = &a    -- 変数aのアドレスをpにセットする
a = ...   -- 変数aに値を直接代入する
*p = ...  -- 変数aに値を代入するためにpを使用する
...a...   -- aにアクセスする
```

変数aが*pによる代入の後においてもレジスタに割り付けられていると、誤ったプログラムとなる。ポインタがどのオブジェクトを指しているか決めることが困難あるいは不可能であることが多いため、エイリアスは大きな障害となる。コンパイラは保守的でなければならず、コンパイラの多くは、局所変数のうちの 1 つにそれを参照するポインタがあれば、手続きの局所変数をレジスタに割り付けない。

A.8.5 コンパイラ作成者へのアーキテクトの支援

今日、コンパイラを複雑にする要因は、A = B + C のような単純な文の変換ではない。多くのプログラムは局所的には単純であり、これら単純な変換はうまくなされている。コンパイラが複雑になるのは、むしろ、プログラムが大きく、しかもプログラム間の相互作用が大域的で入り組んでいるためである。さらに、どのコード系列が最適であるかを 1 ステップ毎にそのタイミングで決定しなくてはならないコンパイラの構造に起因する。

コンパイラ作成者は、アーキテクチャの基本原理から生じる「頻繁なケースを高速に、稀なケースは正しく」という原則に従って仕事を行っている。すなわち、どの場合が頻繁に起こり、どの場合があまり起こらないかを把握する。もし、両者に対するコード生成が相互に入り組むことなく独立にできるのであれば、稀な場合に対するコードの質を重要視する必要性は低減する。ただし、依然として正確である必要はある。

命令セットに次の特徴を持たせると、コンパイラの作成が容易になる。これらの特徴を杓子定規な規則と考えるべきではない。むしろ、効率が良くて正しいコードを生成するコンパイラの作成を容易にするガイドラインと捉えるべきである。

- **整然さ**（regularity）：命令セットの 3 つの主要な構成要素、すなわち、命令操作、データタイプ、アドレッシングモードは有益となる範囲において直交化すべきである。アーキテクチャの 2 つの側面が互いに独立である時、それらは**直交**（orthogonal）するという。例えば、命令操作とアドレッシングモードが直交するとは、アドレッシングモードを伴う命令操作にすべてのアドレッシングモードが適用可能であることを指す。この直交性はコードの生成を容易にする。特に、コード生成に関する決定がコンパイラの 2 つのパスでなされる場合に極めて重要である。非直交の良い例として、あるクラスの命令に利用できるレジスタを制限することが挙げられる。専用レジスタ（special-purpose register）を用いるアーキテクチャ用のコンパイラが典型的にこのジレンマに陥る。このような場合には、コンパイラが多数の利用可能なレジスタを見つけても、目的に合ったレジスタは 1 つも使用できないといったことが起こり得る。
- **解決策ではないプリミティブの提供**：高級言語の構造やカーネル関数に合致した特殊な機構はうまく利用できないことが多い。複数の高級言語の支援を試みるとしても、ただ 1 つの言語でのみうまくいく程度かもしれない。あるいは、その言語についても正確で効率良く表現する際の要求を満足しなかったり、逆に必要以上のものになったりするかもしれない。このような試みが失敗に終わった例を A.10 節で取り上げる。
- **トレードオフの単純化**：コンパイラ作成者が直面する最も困難な仕事の 1 つは、出現するすべてのコードに対してどの命令系列が最適かを判別することである。初期の頃は、命令数や全体のコードサイズなどがよい物差しであった。しかし、1章で見たように、それは今日では正しくない。キャッシュやパイプライン処理によって、トレードオフは非常に複雑になっている。コンパイラ作成者が考えられるいくつかのコード系列の中から1つを選択する際、そのコストを把握できるようにハードウェア設計者が支援できれば、コード改良の役に立つ。複雑なトレードオフを必要とする最も難しい例の1つは、レジスタ-メモリアーキテクチャにおいて、変数参照が何回以上になればそれをレジスタに割り付けると効率が良くなるかという判断である。この参照回数のしきい値を計算することは難しく、事実、同一アーキテクチャであっても版が違う場合には、しきい値が異なることがある。

- **コンパイル時に定数として判断できる数値を組み込める命令の提供**：コンパイラ作成者は、コンパイル時に決まっている値を、実行時においてプロセッサにわざわざ計算させる状況を毛嫌いする。この原理の良い反例として、コンパイル時に固定される値を計算する命令がある。例えば、VAXの手続き呼び出し命令（CALLS）は、呼び出し時にどのレジスタを退避するかを示すマスクを動的に計算する。しかし、このマスクはコンパイル時に決まっている（A.10節を参照）。

A.8.6 マルチメディア命令へのコンパイラの支援（というより支援不足）

残念なことに、SIMD命令（第4章の4.3節を参照）の設計者は、基本として、前の節で示した項目を無視してきた。SIMD命令は、プリミティブではなく解決への道になりそうである。というのは、レジスタが少なくても平気な上、SIMD命令におけるデータ型は既存のプログラミング言語と一致しなくても良いからである。アーキテクトは、SIMD命令がユーザに役立つ手軽な解決方法となるよう望んだ。しかし、実際には、ほんのわずかな低レベルのグラフィックスライブラリにおけるルーチンでしか利用されることはなかったのである。

SIMD命令は、本当のところ、独自のコンパイラ技術を持つエレガントなアーキテクチャスタイルの簡略版である。4.2節で説明されるように、**ベクタアーキテクチャ**はベクタデータを処理の対象とする。もともとは科学技術計算コードのために発明された。マルチメディアカーネルがしばしば同様にベクタ化されるが、ベクタ長はそれほど長くない。このため、IntelのMMXやSSE、PowerPCのAltiVec、RISC-V P拡張命令を単純なショートベクタのコンピュータと考えることができる。MMXでは8ビットの要素を8個、16ビットの要素を4個、あるいは32ビットの要素を2個持つベクタを備える、また、AltiVecはその倍の長さのベクタを備える。これらは、単純に隣接した狭い（ビット幅の短い）要素を広い（ビット幅の長い）レジスタに格納することで実現される。

これらのマイクロプロセッサアーキテクチャはベクタレジスタのサイズをアーキテクチャの一部として定義する。例えば、MMXでは要素の合計は64ビットに、AltiVecでは128ビットに制限される。Intelが128ビットへとベクタを拡張しようとした時、**SSE**（Streaming SIMD Extension）と呼ばれる新しい命令セットの追加を決定した。

ベクタ計算機の主な利点は、多くの要素をロードしてデータ転送と実行をオーバーラップさせてメモリ参照のレイテンシを隠蔽することである。ベクタアドレッシングモードの達成目標は、メモリに散らばっているデータを集めて、それらを効率良く扱えるコンパクトな形に再配置して、処理が終わったら結果を元の場所に書き戻すことである。

伝統的なベクタ計算機では、ベクタ化ができるプログラムの数を増加させるために、**ストライドアドレッシング**と**ギャザー/スキャターアドレッシング**（4.2節を参照）を持つ。ストライドアドレッシングはそれぞれの参照において一定数のワードをスキップする。逐次的なアドレッシングを**ユニットストライドアドレッシング**と呼ぶことがある。ギャザー（gather）とスキャター（scatter）はそれらのアドレスを別のベクタレジスタに格納している。それはベクタ計算機のためのレジスタ間接アドレッシングと捉えることができる。対して、ベクタの視点から見ると、ショートベクタのSIMDコンピュータはユニットストライドアドレッシングだけをサポートする。すなわち、メモリアクセスはすべての要素を、広いメモリの範囲から、一度にロードまたはストアする。マルチメディアアプリケーションに用いるデータはメモリ内に流れるように格納されるので、ベクタ化を成功させるためには、ストライドあるいはギャザー/スキャターアドレッシングが鍵となる（4.7節を参照）。

例A.1

例として、それぞれのピクセルを3バイトで表現する色表現をRGB（red、green、blue）からYUV（クロミナンス色空間、luminosity chrominance）に変換する処理を用いてMMXとベクタ計算機を比較しよう。この変換の実装では、Cのコードで次の3行がループに含まれる。

```
Y = (9798*R+19235*G+3736*B)/ 32768;
U = (-4784*R-9437*G+4221*B)/32768+128;
V = (20218*R-16941*G-3277*B)/32768+128;
```

64ビット幅のベクタ計算機であれば、同時に8ピクセルの計算を行うことができる。メディア処理のためのストライドアドレッシングを持つベクタ計算機であれば、次の処理を必要とする。

- RGBを取得するための3個のベクタロード
- Rを変換するための3個のベクタ乗算
- GとBを変換するための6個のベクタ加算
- 32,768で割るための3つのベクタシフト
- 128を足すための2つのベクタ加算
- YUVを格納するための3つのベクタストア

8ピクセルの変換を行うために、先のCのコードは20個の演算を行うための合計20個の命令となる[Kozyrakis, 2000]（ベクタが32本の64ビット要素かもしれないので、このコードは実際には32×8すなわち256ピクセルの変換を処理できる）。

一方、IntelのWebサイトでは、8ピクセルについて同様の処理を行うライブラリルーチンが116個のMMX命令と6個の80x86命令を要するとの報告がある[Intel, 2001]。命令の6倍の増加は、ス

トライドメモリアドレッシングを有していないために、ロードしてRGBピクセルへとアンパックする処理とパックしてYUVピクセルをストアする処理が多くなるためである。

短く、少ないレジスタによるアーキテクチャ的に制限されたベクタの仕組みと単純なメモリアドレッシングモードでは、ベクタ化のためのコンパイラ技術を利用することが難しい。このため、これらのSIMD命令はコンパイラが生成するコードではなく、手作業でコーディングされたライブラリにおいて多く見られるようである。

A.8.7 まとめ：コンパイラの役割

この節から得られる教訓には次のものがある。まず、新しい命令セットアーキテクチャでは、グラフ彩色法において利用されるレジスタ割り付けを単純化するために、独立して提供される浮動小数点レジスタを除いて16本以上の汎用レジスタを持つべきである。直交性があるということは、サポートされるアドレッシングモードはすべてのデータ転送を行うあらゆる命令に適合するということである。最後に、解決しようとせずプリミティブを提供すること、選択肢におけるトレードオフを簡略化すること、実行時の定数計算を避けること、という3つの提言は、単純な方向の検討が好ましいことを示唆する。言い換えれば、命令セットのデザインに多くのものを詰め込むことは好ましくないと理解すべきである。残念なことに、SIMD拡張は、ハードウェアとソフトウェアの協調設計の例ということではなく、良いマーケティングの例である。

A.9 総合的な実例：RISC-Vアーキテクチャ

この節では、RISC-Vと呼ばれるロード-ストアアーキテクチャについて述べる。RISC-Vは、無償でライセンスされているオープンスタンダードであり、多くのRISCアーキテクチャと同様に、先の節で議論した結果に基づいている（M.3節では、これらのアーキテクチャがどのように、そして、どうして普及したかを議論する）。RISC-Vは、30年間のRISCアーキテクチャの経験に基づいて構築されており、短期間に追加や除外されたものを「整理」して、簡単に実装できる効率的なアーキテクチャになっている。RISC-Vは、32ビットと64ビットの両方の命令セットと、浮動小数点数といった機能にさまざまな拡張を提供している。これらの拡張は、32ビットや64ビットのいずれの基本命令セットにも追加できる。32ビット版RV32の上位互換である64ビット版のRISC-V、RV64について説明する。

デスクトップアプリケーションやサーバアプリケーションに対して、それぞれの節で求めてきたものを振り返ると、以下のようなものがある。

- A.2節：汎用レジスタとロード-ストアアーキテクチャの採用
- A.3節：アドレスオフセットのサイズが12〜16ビットのディスプレースメント、8〜16ビットの即値、レジスタ間接のアドレッシングモードのサポート
- A.4節：8、16、32、64ビットの整数と64ビットのIEEE 754浮動小数点数といったデータサイズおよびデータタイプのサポート
- A.5節：ロード、ストア、加算、減算、レジスタ間の移動、シフトといった命令が実行命令数の大部分を占めることから、こういった単純な命令のサポート
- A.6節：等号比較（compare equal）、不等号比較（compare not equal）、大小比較（compare less）、分岐（少なくとも8ビット長のPC相対アドレス）、ジャンプ、コール、リターンのサポート
- A.7節：性能を重視する場合には固定長の命令エンコード、コードサイズを重視する場合には可変長の命令エンコードの採用。小容量で1レベルのキャッシュしか扱わないローエンドの組み込みアプリケーションでは、コードサイズが大きいと性能に重大な影響を及ぼす可能性がある。圧縮命令セット拡張を提供するISAは、この違いに対処する方法を提供している。
- A.8節：少なくとも16本、できれば32本の汎用レジスタの提供とすべてのデータ転送命令におけるあらゆるアドレッシングモードの利用可能、さらに最少の命令セットを目指すこと。A.8節では浮動小数点プログラムについて述べていないが、それらはしばしば汎用レジスタとは異なる浮動小数点レジスタを利用する。これによって、汎用レジスタファイルの動作速度を低下させることなく、また、命令形式の問題を引き起こすことなく、レジスタの総数を増やすことができる。しかしながら、このことが互いに全く影響を及ぼさないというわけではない。

以上の教訓をどのように取り入れているかを示しながら、RISC-Vアーキテクチャを見ていこう。最新のコンピュータと同様にRISC-Vでは次の項目に重点を置いている。

- 単純なロード-ストア命令セット
- 固定長の命令エンコードと効率の良いパイプライン設計（付録Cで議論）
- コンパイラのターゲットとして効率的であること

RISC-Vはプロセッサとして普及しているだけでなく理解しやすいアーキテクチャであるため、学習に向いたアーキテクチャのモデルを提供する。このアーキテクチャを付録Cと3章で利用する。また、多くの演習およびプログラミングプロジェクトのベースにもなっている。

A.9.1 RISC-V命令セットの構成

RISC-V命令セットは、32ビットまたは64ビット整数をサポートする3つの基本命令セット、および基本命令セットの1つに対してさまざまな拡張を加えて編成されている。これにより、RISC-Vは、ロジックやメモリには最小コストで実現する1ドル以下となるような小型組み込みプロセッサから、浮動小数点数演算、ベクタ演算、そしてマルチプロセッサ構成をフルサポートするハイエンドプロセッサ構成まで、幅広いアプリケーションに対応した実装が可能である。図A.22は、3つの基本命令セットと、その基本機能を備えた拡張命令セットをまとめたものである。本書では、例として**RV64IMAFD**（略して**RV64G**とも呼ばれる）を使用する。**RV32G**は、64ビットアーキテクチャRV64Gの32ビット版サブセットである。

基本または拡張の名前	機能
RV32I	32本のレジスタを用いた32ビット基本整数命令セット
RV32E	16本のレジスタだけを用いた32ビット基本整数命令セットでローエンド組み込みアプリケーション用
RV64I	64ビット基本整数命令セットで、全レジスタは32本であり、64ビットのレジスタ間移動命令（LDとSD）が追加
M	整数乗算と整数除算命令の追加
A	並行処理のための不可分命令の追加（第5章参照）
F	32本の32ビット浮動小数点レジスタ、これらのレジスタに対するロードとストア命令、さらに演算命令を含む単精度（32ビット）IEEE規格浮動小数点の追加
D	レジスタを64ビットにし、ロード命令、ストア命令と演算命令を追加した浮動小数点の倍精度（64ビット）への拡張
Q	128ビット演算を追加した四倍精度のサポートを追加したさらなる浮動小数点の拡張
L	IEEE標準のための64ビットと128ビット10進浮動小数点のサポートの追加
C	小容量メモリ組み込みアプリケーション用命令セットの圧縮版の定義と共通RV32I命令の16ビット版の定義
V	ベクタ演算（第4章参照）をサポートする将来的な拡張
B	ビットフィールドへの演算をサポートする将来的な拡張
T	トランザクショナルメモリをサポートする将来的な拡張
P	パック化SIMD命令をサポートする拡張（第4章参照）
RV128I	128ビットアドレス空間を提供する将来的な基本命令セット

図A.22　RISC-Vの3つの基本命令セット（および将来のためにとってある4つ目の命令セット）

すべての拡張は、基本命令セットの1つに対する拡張である。したがって、命令セットはベース名とそれに続く拡張子によって命名される。例えば、RV64IMAFDは、拡張子M、A、F、およびDを持つ基本64ビット命令セットを指す。命名方法とソフトウェアの一貫性を維持するために、この組み合わせは本書ではRV64Gという省略名で与えることとする。

A.9.2　RISC-Vのレジスタ

RV64Gは、x0、x1、…、x31という名前の32本の64ビット**汎用レジスタ**（**GPR**）を持つ。GPRは**整数レジスタ**と呼ばれることもある。さらに、FやDといった拡張子により、f0、f1、…、f31という名前の32本の**浮動小数点レジスタ**（**FPR**）を持ち、これらには32個の**単精度の浮動小数点数**（single-precision、32ビット）もしくは32個の**倍精度の浮動小数点数**（double-precision、64ビット）を格納できる（単精度の浮動小数点数を格納する場合には、残りの32ビットは利用されない）。これより、単精度（32ビット）と倍精度（64ビット）の浮動小数点演算の両方が提供されている。

レジスタx0の値は常に0である。後に、簡単な命令セットからさまざまな有用な演算を合成するために、レジスタx0がどのように利用されるかを見てみよう。

いくつかの特殊レジスタは汎用レジスタとの間で転送することができる。1つの例は、浮動小数点演算の結果に関する情報を保持する浮動小数点演算状態レジスタである。さらにFPRとGPR間の転送のための命令を持つ。

A.9.3　RISC-Vのデータタイプ

データタイプとして、8ビットのバイト、16ビットのハーフワード、32ビットのワード、64ビットのダブルワードの整数データ、および32ビットの単精度と64ビットの倍精度の浮動小数点データを提供する。ハーフワードはC言語やそれに類する言語で利用される。また、オペレーティングシステムのようなデータ構造のサイズを重視するいくつかのプログラムにおいても頻繁に使われるため、RISC-Vはハーフワードをデータタイプとして含んでいる。さらに、Unicodeが広く利用されるようになれば、ハーフワードが普及するだろう。

RV64Gの演算は、32ビットもしくは64ビットの浮動小数点数あるいは64ビットの整数に対して行われる。バイト、ハーフワード、ワードが汎用レジスタに格納される時には、ゼロあるいは符号ビットを用いて64ビットへと調整してからGPRに格納される。そして、それらがいったん汎用レジスタに格納されると、64ビットの整数として扱われる。

A.9.4　RISC-Vのデータ転送におけるアドレッシングモード

データアドレッシングモードとして、12ビットのフィールドによって与えられるディスプレースメントと即値を持つ。レジスタ間接は12ビットのディスプレースメントフィールドを単純に0に設定することで実現できる。また、12ビットのフィールドを用いる制限絶対アドレス指定はベースレジスタとしてレジスタR0を指定することで実現できる。ゼロを用いることで4つの効果的なデータアドレッシングモードを提供できるが、RISC-Vアーキテクチャでは2つのみがサポートされている。

RV64Gのメモリは64ビットのアドレスによってバイト単位で参照され、バイト並びはリトルエンディアンである。ロード-ストアアーキテクチャなので、メモリとGPRまたはFPRとのデータ授受にはロードとストアが用いられる。先に述べたデータタイプをサポートし、GPRについては、バイト、ハーフワード、ワード、ダブルワードの単位でメモリを参照する。FPRについては単精度あるいは倍精度のデータをロードあるいはストアする。ただし、すべてのメモリアクセスは整列化されている必要がある。メモリアクセスを整列する必要はないが、整列されていないアクセスは非常に遅くなる可能性がある。実際には、プログラマやコンパイラは、整列されていないアクセスを行うような馬鹿げたことをしてしまうだろう。

A.9.5　RISC-Vの命令フォーマット

RISC-Vは2つのアドレッシングモードしか持たないので、アドレッシングモードはオペコードの中にエンコードされる。プロセッサのパイプライン化やデコードを容易にする忠告に従い、すべての命令は7ビットのオペコードを含む32ビットの長さに固定される。図A.23に、4つの主命令形式の命令レイアウトを示す。これらのフォーマットは単純ではあるが、ディスプレースメントアドレッシング、即値による定数、あるいはPC相対分岐アドレスのための12ビットのフィールドを持つ。

31　　25	24　　20	19　　15	14　12	11　　7	6　　　0	
機能7	rs2	rs1	機能3	rd	オペコード	R-形式
即値[11:0]		rs1	機能3	rd	オペコード	I-形式
即値[11:5]	rs2	rs1	機能3	即値[4:0]	オペコード	S-形式
即値[31:12]				rd	オペコード	U-形式

図A.23　RISC-Vの命令レイアウト

これらの命令フォーマットには、SBフォーマットとUJフォーマットと呼ばれる2つのバリエーションがあり、即値フィールド用にわずかに異なる扱いとなる。

命令フォーマットと命令フィールドの使用法を図A.24に示す。オペコードは一般的な命令タイプ（ALU命令、即値ALU、ロード、ストア、分岐やジャンプ）を指定するが、機能フィールドは特定の演算に使用される。例えば、ALU命令は、加算、減算などの演算を指示する機能フィールドを持つ単一のオペコードでエンコードされる。いくつかのフォーマットは、即値ALU命令とロード命令のためのI-形式における使い方やストア命令と条件分岐のためのS-形式の使い方など、複数の形式の命令をエンコードする。

A.9.6　RISC-Vのオペレーション

RISC-V（厳密にはRV64G）は、ここで推奨された単純な演算のリストに加えて、いくつかの付加的な演算をサポートする。まず、4つのクラスの命令がある。それらは、ロードおよびストア、ALU演算、分岐およびジャンプ、そして浮動小数点演算である。

ロードとストアはすべての汎用レジスタおよび浮動小数点レジスタをサポートする。ただし、レジスタ`x0`にロードしても反映されない。図A.25に、ロード命令とストア命令の例を示す。浮動小数点レジスタが64ビット長なので、単精度の浮動小数点数の場合には浮動小数点レジスタの半分が利用される。単精度と倍精度の間のデータ変換は明示的になされる必要がある。浮動小数点数の形式としてはIEEE 754（付録Jを参照）が用いられる。図A.28には、RV64G命令をまとめている。

これらの図を理解するためには、図A.6のために用いたC言語に近い記述に、次に示すいくつかの拡張を行う必要がある。

- 転送されるデータ長が明らかでない場合にはシンボル←を用いる。明らかな場合には添字を追加する。すなわち、$\leftarrow_n$ は n ビットの転送を意味する。x と y の両方に z が転送されること

命令フォーマット	主な使用目的	rd	rs1	rs2	即値
R-形式	レジスタ間ALU命令	デスティネーション	第1ソース	第2ソース	
I-形式	即値ALU命令、ロード命令	デスティネーション	第1ソースベースレジスタ		即値ディスプレースメント
S-形式	ストア命令	条件分岐	ベースレジスタ第1ソース	ストアするデータ第2ソース	ディスプレースメントオフセット
U-形式	ジャンプ&リンクとリンクレジスタ	戻り番地のためのデスティネーションレジスタ	ジャンプ&リンクレジスタ用ターゲットアドレス		ジャンプ&リンク用ターゲットアドレス

図A.24　各命令形式の命令フィールドの使用法

主な使用目的は、そのフォーマットを使用する主要命令を示す。空白は、対応するフィールドがこの命令形式に存在しないことを示す。I-形式は、ロード命令と即値ALU命令の両方に使用され、12ビットの即値フィールドは、即値の値もしくはロード命令のディスプレースメントのいずれかを保持する。同様に、S-形式は、ストア命令（第1ソースレジスタがベースレジスタで、第2レジスタが格納する値を持つレジスタ）、2つのレジスタの値を比較して分岐する条件分岐命令（レジスタフィールドには比較対象のソース、即値フィールドには分岐先のオフセット）をエンコードする。実際には他に2つの形式がある。SBとUJは、S-形式とJ-形式と同じ基本構成に従うが、即値フィールドの解釈がわずかに変わっている。

命令例	命令の名前	意味
`ld x1,80(x2)`	Load doubleword	Regs[x1] ← Mem[80+Regs[x2]]
`lw x1,60(x2)`	Load word	Regs[x1] $\leftarrow_{64}$ (Mem[60+Regs[x2]]$_0$)^{32} ## Mem[60+Regs[x2]]
`lwu x1,60(x2)`	Load word unsigned	Regs[x1] $\leftarrow_{64}$ 0^{32} ## Mem[60+Regs[x2]]
`lb x1,40(x3)`	Load byte	Regs[x1] $\leftarrow_{64}$ (Mem[40+Regs[x3]]$_0$)^{56} ## Mem[40+Regs[x3]]
`lbu x1,40(x3)`	Load byte unsigned	Regs[x1] $\leftarrow_{64}$ 0^{56} ## Mem[40+Regs[x3]]
`lh x1,40(x3)`	Load half word	Regs[x1] $\leftarrow_{64}$ (Mem[40+Regs[x3]]$_0$)^{48} ## Mem[40+Regs[x3]]
`flw f0,50(x3)`	Load FP single	Regs[f0] $\leftarrow_{64}$ Mem[50+Regs[x3]] ## 0^{32}
`fld f0,50(x2)`	Load FP double	Regs[f0] $\leftarrow_{64}$ Mem[50+Regs[x2]]
`sd x2,400(x3)`	Store double	Mem[400+Regs[x3]] $\leftarrow_{64}$ Regs[x2]
`sw x3,500(x4)`	Store word	Mem[500+Regs[x4]] $\leftarrow_{32}$ Regs[x3]$_{32..63}$
`fsw f0,40(x3)`	Store FP single	Mem[40+Regs[x3]] $\leftarrow_{32}$ Regs[f0]$_{0..31}$
`fsd f0,40(x3)`	Store FP double	Mem[40+Regs[x3]] $\leftarrow_{64}$ Regs[f0]
`sh x3,502(x2)`	Store half	Mem[502+Regs[x2]] $\leftarrow_{16}$ Regs[x3]$_{48..63}$
`sb x2,41(x3)`	Store byte	Mem[41+Regs[x3]] $\leftarrow_{8}$ Regs[x2]$_{56..63}$

図A.25　RISC-Vにおけるロード-ストア命令

64ビットより短い値のロードも、符号拡張やゼロ拡張を用いて利用できる。すべてのメモリ参照は1つのアドレッシングモードを利用する。もちろんロードとストアはともに、先に示したすべてのデータタイプをサポートする。RV64Gは倍精度浮動小数点をサポートするので、単精度浮動小数点のロードはすべて64ビット幅を持つFPレジスタ内で整列化されている必要がある。

を示すために$x, y \leftarrow z$という記述を利用する。

- フィールドからいくつかのビットを選択するために添字を利用する。ビット列には、最上位ビットを0として、順番にラベル付けする。添字は1つの数字かもしれない。例えば、$\texttt{Regs[x4]}_0$は、レジスタx4の符号ビットを表す。または、ある範囲かもしれない。例えば、$\texttt{Regs[R3]}_{56..63}$はレジスタx3の最下位バイトを表す。
- メインメモリを表す配列として利用される変数Memは、バイトアドレスによってインデックス付けされ、任意のバイト数を転送できる。
- フィールド内で同じ数字を繰り返し用いる場合には肩文字が利用される。例えば、0^{48}によって、そのフィールドは48ビットの長さすべてが0となる。
- 2つのフィールドを連結するためにシンボル##を利用する。このシンボルは、データ転送の式の左辺あるいは右辺にて利用され、シンボル<<と>>は、それぞれ最初のオペランドを、2つ目のオペランドの値分、左右にシフトする。

x8とx10を32ビットのレジスタとして次の例を考えよう。

$$\texttt{Regs[x10]} \leftarrow_{64} (\texttt{Mem[Regs[x8]]}_0)^{32}\ \#\#\ \texttt{Mem[Regs[x8]]}$$

これは、レジスタx8の値によって示されるメモリ番地から1ワードを読み出し、符号拡張することで64ビットの値を生成し、それを、レジスタx10の下位32ビットに格納することを意味する。

すべてのALU命令はレジスタ-レジスタ命令である。図A.26に、算術命令と論理命令のいくつかの例を示す。演算処理には、加算、減算、AND、OR、XOR、シフトといった単純な算術演算と論理演算が含まれる。これらすべてにおいて即値は12ビットを符号拡張することで生成される。LUI（load upper immediate）命令はレジスタの12〜31ビットに即値をロードし、上位32ビットには即値フィールドの符号を拡張し、下位12ビットは0に設定する。LUI命令を用いると、32ビットの定数を2命令で設定できる。また、任意の32ビットの定数アドレスによるデータ転送を1命令の追加によって実現できる。

この節で指摘したように、レジスタx0を用いることでよく使う操作を生成できる。定数のロードは、単にソースオペランドをx0として即値の加算を行えばよい。また、レジスタ間の移動は単に1つのソースオペランドをx0としながら移動先と移動元のレジスタを指定して加算（もしくは論理和）を行えばよい。（load immediateを意味するliというニーモニックを前者の定数ロードのために、mvというニーモニックを後者のレジスタ間移動のために利用することがある）。

A.9.7 RISC-Vの制御命令

制御命令として、数種類のジャンプと分岐が提供される。図A.27に、典型的な分岐およびジャンプ命令を示す。2つのジャンプ命令（ジャンプ&リンクおよびジャンプ&リンクレジスタ）は無条件制御委譲命令であり、ジャンプ命令のすぐ後に続く命令のアドレスである「リンク」をrdフィールドで指定されたレジスタに常に格納する。リンクアドレスが不要な場合は、rdフィールドを単にx0に設定することで、これより、通常の無条件ジャンプとなる。2つのジャンプ命令は、そのアドレスが、PCに即値フィールドの値を加算するか、もしくはレジスタの中身に即値フィールドの値を加算することで計算するかによって区別される。オフセットは、16ビット命令を含む圧縮版命令セットR64Cとの互換性のため、ハーフワードオフセットとして解釈される。すべての分岐命令は条件付きであり、分岐条件はその命令によって、算術比較（等しい、大きい、小さい、およびそれらの逆）を行うことにより指定される。分岐先アドレスは12ビットの符号付オフセットで指定され、（16ビットへの整列化のために）1桁左にシフトされて、現在のプログラムカウンタに加算される。浮動小数点レジスタの内容に基づく分岐は、比較に基づいて整数レジスタに0または1を代入する（例えば、feq.dやfle.dといった）浮動小数点比較を実行し、次にx0をオペランドとしてbeqや

命令例	命令の名前	意味
add x1,x2,x3	Add	Regs[x1] ← Regs[x2]+Regs[x3]
addi x1,x2,3	Add immediate	Regs[x1] ← Regs[x2]+3
lui x1,42	Load upper immediate	Regs[x1] ← 0^{32}##42##0^{12}
sll x1,x2,5	Shift left logical	Regs[x1] ← Regs[x2]<<5
slt x1,x2,x3	Set less than	if (Regs[x2]<Regs[x3]) Regs[x1] ← 1 else Regs[x1] ← 0

図A.26 RISC-Vの基本ALU命令

2つのレジスタをオペランドにするものと、オペランドの一方が即値となるものがある。LUIは即値の一部としてrs1フィールドを使用するU-形式を使用し、20ビットの即値を生成する。

命令例	命令の名前	意味
jal x1,offset	Jump and link	Regs[x1] ← PC+4; PC ← PC+(offset<<1)
jalr x1,x2,offset	Jump and link register	Regs[x1] ← PC+4; PC ← Regs[x2]+offset
beq x3,x4,offset	Branch equa	if (Regs[x3] == Regs[x4]) PC ← PC+(offset<<1)
blt† x3,x4,offset	Branch less than	if (Regs[x3] < Regs[x4]) PC ← PC+(offset<<1)

† 訳注：原著ではbgtとあるが、RISC-V命令セットでは、基本命令にはbgtはない。そこで、ここではbltに置き換えている。

図A.27 RISC-Vの典型的な制御命令

レジスタに格納されているアドレスを飛び先とするジャンプを除いて、制御命令はPC相対によって飛び先アドレスを得る。

bne命令を実行する。

注意深く見ると、RV64G には 64 ビット命令だけが異常に少ないことに気付く。主に、64 ビットのロードとストア、および符号拡張を行わない 32 ビット、16 ビット、および 8 ビットのロード命令である（通常は符号拡張される）。追加命令なしで 32 ビットの剰余演算をサポートするために、ワード単位の加算および減算（addw、subw）のように 64 ビットレジスタの上位 32 ビットを無視する命令のバージョンがある。驚くべきことに、他の命令もすべて正しく動作する。

A.9.8 RISC-Vの浮動小数点演算

浮動小数点命令は浮動小数点レジスタを操作し、演算の対象が単精度か倍精度かを指定する。浮動小数点演算には、加算、減算、乗算、除算、平方根、さらに組み合わせた積和演算と積差演算がある。浮動小数点演算命令はすべて文字fで始まり、倍精度の場合にはdを、単精度の場合にはsをサフィックスに使用する（例えば、fadd.d、fadd.s、fmul.d、fmul.s、fmadd.d、fmadd.s）。浮動小数点比較は、整数命令 set-less-than と set-greater-than のように、比較に基づいて整数レジスタに値を入れる。

浮動小数点のロード命令およびストア命令（flw、fsw、fld、fsd）に加えて、整数レジスタと FP レジスタ間の移動命令（fmv）、および浮動小数点数と整数の間の変換命令（fcvt、必要に応じてソースまたはデスティネーションに整数レジスタを使用）が提供されている。

図 A.28 に、RV64G のほぼすべての演算操作とその意味をまとめる。

命令タイプ/オペコード	命令の意味
データ転送	**データをレジスタとメモリ間で移動、整数と浮動小数点数間で利用。アドレッシングは 12 ビットディスプレーメント＋汎用レジスタの中身**
lb、lbu、sb	バイトデータをレジスタへ転送（ロード）、符号無ロードバイト、バイトデータをメモリに格納（ストア）（整数レジスタ）
lh、lhu、sh	ハーフワード（16 ビット）データをロード、符号無ロードハーフワード、ストアハーフワード（整数レジスタ）
lw、lwu、sw	ロードワード、符号無ロードワード、ストアロード（整数レジスタ）
ld、sd	ロングワード（64 ビット）ロード、ロングワードストア
算術/論理	**汎用レジスタ中のデータの演算、対ワードでは上位 32 ビットは無視**
add、addi、addw、addiw、sub、subi、subw、subiw	加算と減算、ワードバージョンと即値バージョン
slt、sltu、slti、sltiu	符号付と符号無、そして即値での set-less-than
and、or、xor、andi、ori、xori	論理and、or、xor、レジスタ間、レジスタ-即値間
lui	Load upper immediate 命令:レジスタの 12 ビット目から 31 ビット目に即値を入れ、上位 32 ビットには 0
auipc	即値と PC の上位 20 ビットを合計してレジスタに代入。任意の 32 ビットアドレスへの分岐を行うために使用
sll、srl、sra、slli、srli、srai、sllw、slliw、srli、srliw、srai、sraiw	シフト命令:即値とワードの両バージョンで論理左右シフト、算術右シフト（ワードバージョンでは、上位 32 ビットはそのまま）
mul、mulw、mulh、mulhsu、mulhu、div,divw、divu、rem、remu、remw、remuw	2 つの命令で 64 ビット製品をサポートする、符号付と符号無の整数の乗算、除算、および剰余。ワードバージョンもある
制御	**条件分岐とジャンプ：PC 相対またはレジスタ間接**
beq、bne、blt、bge、bltu、bgeu	2 つのレジスタの比較に基づく分岐命令で、符号付と符号無数値が等しいか等しくないか、小さいか、以上かどうか
jal、jalr	レジスタ相対または PC 相対のリンクアドレスにジャンプ
浮動小数点	**倍精度（.d）、単精度（.s）における浮動小数点（FP）演算命令**
flw、fld、fsw、fsd	ワード（単精度）、ダブルワード（倍精度）のロード命令、ストア命令
fadd、fsub、fmult、fiv、fsqrt、fmadd、fmsub、fnmadd、fnmsub、fmin、fmax、fsgn、fsgnj、fsjnx	加算、減算、乗算、除算、平方根、積和演算、積差演算、積和演算の否定、積差演算の否定、最大値計算、最小値計算、および符号ビット変換命令。オペコードの後に、fadd.s、fadd.dといったように、単精度には.s、倍精度には.dが続く。
feq、flt、fle	2 つの浮動小数点レジスタの比較。汎用レジスタに 0 か 1 を結果として代入
fmv.x.*、fmv.*.x	浮動小数点レジスタと汎用レジスタ間の転送。「*」はsまたはd
fcvt.*.l、fcvt.l.*、fcvt.*.lu、fcvt.lu.*、fcvt.*.w、fcvt.w.*、fcvt.*.wu、fcvt.wu.*	FP レジスタと整数レジスタの間の変換で、「*」は、単精度または倍精度に対して、sまたはd。符号付、符号無バージョンとワード、ダブルワードバージョン

図A.28 RV64G の主な命令群

このリストは本書の裏表紙にもある。この表にはシステム命令、同期と不可分命令、構成命令、リセットと性能カウンタにアクセスするための命令といった 10 命令については省略してある。

A.9.9 RISC-V命令セットの使用

頻繁に利用される命令を把握するため、RV32Gを用い、SPECint2006プログラムにおける各命令と命令クラスの出現頻度を図A.29に示す。

プログラム	ロード命令	ストア命令	分岐命令	ジャンプ命令	全命令操作
astar	28%	6%	18%	2%	46%
bzip	20%	7%	11%	1%	54%
gcc	17%	23%	20%	4%	36%
gobmk	21%	12%	14%	2%	50%
h264ref	33%	14%	5%	2%	45%
hmmer	28%	9%	17%	0%	46%
libquantum	16%	6%	29%	0%	48%
mcf	35%	11%	24%	1%	29%
omnetpp	23%	15%	17%	7%	31%
perlbench	25%	14%	15%	7%	39%
sjeng	19%	7%	15%	3%	56%
xalancbmk	30%	8%	27%	3%	31%

図A.29 SPECint2006のプログラム集におけるRISC-Vの動的命令ミックス
omnetppでは7%が浮動小数点のロード命令、ストア命令、演算命令、比較命令を含むが、これらの命令を1%でも含むプログラムは（bzipを除き†）他にない。SPECint2006においては、gccの変更により、動作に異常が発生した。典型的な整数プログラムでは、ロード命令の頻度はストア命令の1.5倍から3倍である。gccでは、ストア命令頻度は実のところロード命令よりも高い。これは、実行時間の大部分はレジスタx0をストアしてメモリをクリアするループに費やされることにより生じる（gccのようなコンパイラが、通常その実行時間の大部分を費やすところではない）。レジスタペアをストアするストア命令は、他のRISC命令セットにもあるが、この問題を抱えている。

† 訳注：bzipの命令群の出現率合計も93%である。

A.10 誤った考えと落とし穴

アーキテクトはこれまでいく度となく、ありがちな誤った信念に基づいて設計を行ってきた。本節ではそのいくつかを紹介する。

落とし穴： 高級言語の構造を特別に支援することを目的として、高レベルの命令セットを設計する。

高級言語の特徴を命令セットに組み込む試みによって、アーキテクトは柔軟性を有する強力な命令を提供できるようになった。しかし、これらの命令は頻繁に必要以上の仕事を行うだけでなく、言語によってはその要求に正確に応えることができないこともあった。こうした多くの努力は、1970年代の**セマンティックギャップ**（semantic gap）と呼ばれる問題の解消を目指していた。アイデアとしては、ハードウェアの命令セットが高級言語のレベルまで押し上げる追加機能を備えることであるが、追加機能はWulfが言うところの**セマンティッククラッシュ**（semantic clash）を引き起こした[Wulf *et al.*, 1981]）。すなわち、

> 命令セットにあまりに多くの意味構造を与えようとして、コンピュータ設計者は、その命令を極めて制限された状況でのみ利用可能なものにしてしまった。[p.43]

単純に命令の機能が過剰であったケースはさらに多い。つまり、頻繁に生じるケースのためには一般的過ぎ、不必要な仕事を行うことになったり、低速になったりしたのである。ここでは、もう一度、VAXのCALLS命令が適切な例となる。CALLS命令は被呼び出し側退避を採用しており、レジスタの退避は呼び出し側の手続き呼び出し命令でなされる。CALLS命令の一連の動作は、引数のスタックへのプッシュに始まり、次のようなステップを必要とする。

1. 必要であればスタックを整列化する。
2. 引数の数（argument count）をスタックにプッシュする。
3. スタックの手続き呼び出しマスクによって指示されたレジスタを退避する（B.8節参照）。マスクは呼び出される手続きのコード内に保持される。これにより、分割コンパイルにおいても呼び出し側で被呼び出し側退避を実行できる。
4. リターンアドレスをスタックにプッシュし、（活性レコード用に）スタックトップとスタックベースをプッシュする。
5. 条件コードをクリアし、トラップイネーブルをある状態にセットする。
6. ステータス情報のワードとゼロの値のワードをスタックにプッシュする。
7. 2つのスタックポインタを更新する。
8. 呼び出された手続きの最初の命令に分岐する。

実プログラムの手続き呼び出しでは、ほとんどの場合においてこれほど多くの処理を必要としない。ほとんどの手続きで引数の数は決まっているし、メモリにあるスタックよりもレジスタを使った引数の手渡しなどの高速なリンケージ機構が確立されている。さらに多くの言語では1つのリンケージレジスタしか必要としないのに、CALLS命令では強制的にリンクには2つのレジスタが使用される。命令セットが手続き呼び出しやスタック管理を支援する試みの多くは失敗した。それらが言語の要求に合致していないため、あるいは、それらがあまりに汎用的で使用する時のコストが高すぎるためである。

VAX設計者はもっと単純な命令JSBを提供した。この命令は、リターンアドレスをスタックにプッシュして手続きにジャンプするだけであり、極めて高速に動作する。しかし、多くのVAXコンパイラは多くのコストを要するCALLS命令を使用する。CALLS命令は、手続きのリンケージ機構を標準化するために命令セットに含まれることになった。他のコンピュータでは、呼び出し機構はコンパイラ作成者の合意によって標準化されている。このため、複雑であまりにも一般的な手続き呼び出し命令によるオーバーヘッドは不要となっている。

誤った考え：「代表的なプログラムとしてこのようなものがある。」

世の中にただ1つの単一の典型的なプログラムが存在し、それが最適な命令セットの設計に利用できると信じる人たちがたくさんいる。第1章で議論した合成ベンチマークがその例である。この付録で明確に示したように、命令セットの使用状況はプログラムによって大きく異なる。例えば、図A.30では4つのSPEC2000ベンチマークにおけるデータ転送のサイズを示し、これらのプログラムから典型的なサイズを導き出すことが困難であることを述べた。ある応用分野のための機能を有する命令セットでは、この偏りがいっそう広がるだろう。例えば、10進演算や浮動小数点演算などは応用分野が変わるとあまり用いられないことがある。

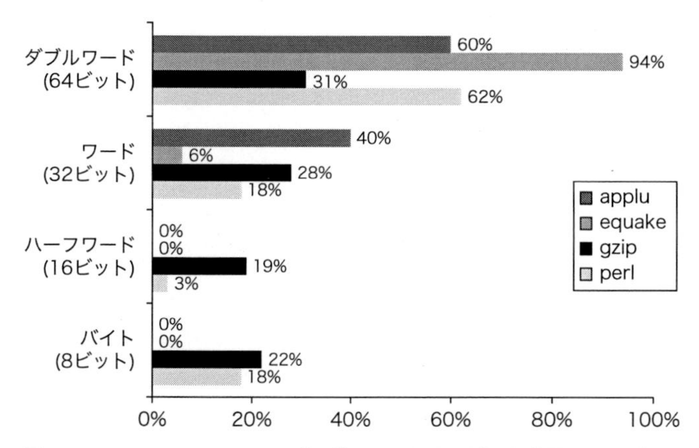

図A.30　SPEC2000の4つのプログラムにおけるデータ参照のサイズ

平均サイズを計算することはできるが、平均の値がプログラムの典型的なサイズであるとは限らない。

落とし穴：　コードサイズを減らすために、コンパイラの影響を考慮せずに命令セットアーキテクチャを刷新する。

図A.31に、MIPS命令セットをターゲットとして4つのコンパイラが生成する相対的なコードサイズを示す。アーキテクトは30〜40%のコードサイズ削減を目指して努力するが、コンパイラの戦略ははるかに多くの割合でコードサイズに影響を与える。性能向上のための最適化手法と同様に、アーキテクトは、コードサイズを削減する革新的なハードウェアを提案する前に、コンパイラが生成できる最もコンパクトなコードを用いて検討を開始すべきである。

コンパイラ	Apogee software version 4.1	Green Hills Multi2000 version 2.0	Algorithmics SDE4.0B	IDT/c 7.2.1
アーキテクチャ	MIPS IV	MIPS IV	MIPS 32	MIPS 32
プロセッサ	NEC VR5432	NEC VR5000	IDT 32334	IDT 79RC32364
Autocorrelation カーネル	1.0	2.1	1.1	2.7
Convolutional encoder カーネル	1.0	1.9	1.2	2.4
Fixed-point bit allocation カーネル	1.0	2.0	1.2	2.3
Fixed-point complex FFT カーネル	1.0	1.1	2.7	1.8
Viterbi GSM decoder カーネル	1.0	1.7	0.8	1.1
5つのカーネルの相乗平均	1.0	1.7	1.4	2.0

図A.31　EEMBCベンチマークのTelecomアプリケーションにおける、Apogee Software version 4.1 Cコンパイラを基準としたコードサイズ

命令セットアーキテクチャは事実上同じものを用いているが、コードサイズには2倍程度の違いがある。この結果は2000年2月から6月に報告されたものである。

誤った考え：欠点のあるアーキテクチャは成功しない。

80x86はこの誤った考えの劇的な例と言える。この命令セットアーキテクチャを愛することができるのはその創造者くらいであろう（付録Kを参照）。次世代のIntelエンジニアは、80x86の設計段階で定められたアーキテクチャ上の悪評高い決定事項を修正しようと試みてきた。例えば、80x86アーキテクチャはセグメンテーションをサポートするが、他のアーキテクチャではページングを採用する。80x86アーキテクチャは整数データのために拡張された累算器を利用するが、他のプロセッサは汎用レジスタを採用する。また、80x86アーキテクチャは浮動小数点データのためにスタックを利用するが、他のプロセッサはかなり前からスタックを廃止している。

これらの非常に大きな困難（欠点）があったにもかかわらず、80x86アーキテクチャは非常に大きな成功を収めている。この理由は3つある。第一に、初期のIBM PCのプロセッサに採用されたため、80x86アーキテクチャのバイナリ互換性が非常に重要となっている。第二に、Mooreの法則によって十分なハードウェア資源が利用できるようになり、プロセッサは80x86命令を内部でRISC命令セットに翻訳し、RISCライクな命令を実行するようになった。この融合によって、有用なPCソフトウェア資産とのバイナリ互換性を保ちながら、RISCと同様の性能を得ることが可能となった。第三に、PCマイクロプロセッサはその市場規模が非常に大きいので、IntelはハードウェアによるRISC命令への変換に要する設計コストが増加しても容易に償却できた。さらに、大きな市場規模によりメーカーの習熟曲線が高まることになり、それによって製品のコストを低下させている。

RISC命令への変換のためのダイサイズと消費電力の増加は組み込みアプリケーションにおいてはマイナスである。しかし、それはデスクトップにおいては莫大な経済的意味を持つ。そして、デスクトップの高い価格性能比は、32ビットのアドレスである点が主な欠点になるが、サーバにおいても魅力的である。またその欠点も、64ビットへのアドレス拡張によって解決された。

誤った考え：欠点のないアーキテクチャは設計できる。

すべてのアーキテクチャ設計には、ハードウェア技術とソフトウェア技術の状況から生じるトレードオフが伴う。時間とともにこれらの技術は変化するため、設計時点で正しかった決定が今日では誤りとなる例が数多く存在する。例えば、1975年にVAXの設計者はコードサイズの効率の重要性を過大評価した。一方で、5年後にデコードやパイプライン化の容易な構成がどれだけ重要になるかについては過小評価した。RISC陣営における誤った考えの例は遅延分岐（delayed branch）である（付録Kを参照）。遅延分岐は5段パイプラインにおけるパイプラインハザードを緩和する単純な方法だったが、長いパイプラインを採用してクロック当たり複数の命令を発行するプロセッサでは大きな課題を残した。加えて、ほとんどすべてのアーキテクチャにおいて、アドレス空間の不足はいつか必ず問題となる。これが、RISC-Vが128ビットアドレスの可能性を模索している理由の1つであるが、そのような機能が必要になるまでには数十年かかるかもしれない。

一般的には、そのような長期的な欠点を回避することは、恐らく短期的にアーキテクチャの効率低下を受け入れることとなるだろう。最初の数年をなんとか生き延びなければならない新しい命令セットアーキテクチャにとって、この短期的な効率の低下は危険な選択となる。

A.11 おわりに

初期のアーキテクチャでは、命令セットは当時のハードウェア技術によって制限されていた。ハードウェア技術が進歩すると、アーキテクトは高級言語を支援する方法を探し始めた。この探求の結果、プログラムの効率良い支援方法に関して、3つの異なるアプローチが出現し、それぞれの時期に脚光を浴びた。1960年代には、スタックアーキテクチャが人気を集めた。これは高級言語に合致すると見なされた。事実、当時のコンパイラ技術にはよく合致していたと言える。1970年代に、アーキテクトの関心はソフトウェアコストを軽減する方向に向かった。これらの関心は主に、ソフトウェアをハードウェアで置き換える、あるいはソフトウェア設計者の仕事を単純化する高レベルのアーキテクチャを用意するという形で具体化した。結果として、高級言語コンピュータへの動きが生じ、また、VAXのような強力な命令セットを持つアーキテクチャが出現した。VAXは非常に多くのアドレッシングモードと多数のデータタイプを有する直交化されたアーキテクチャである。1980年代には、より洗練された解析を可能とするコンパイラ技術が発展し、またコンピュータ性能の重要性が新たに見直されるようになった。これに伴って、主にロード-ストアアーキテクチャに基づいたより単純なアーキテクチャへの回帰現象が起こった。

1990年代に、命令セットアーキテクチャにおいて生じた変化には次のものがある。

- **アドレスサイズの倍増**：ほとんどのデスクトップとサーバのプロセッサにおける32ビットアドレスの命令セットは、64ビットアドレスへと拡張され、他の部分も同様に64ビットへとレジスタの幅が拡張された。付録Kでは、32ビットから64ビットに拡張された3つのアーキテクチャの例を取り上げる。
- **条件付き実行を用いた条件分岐の最適化**：第3章では、条件分岐がコンピュータを意欲的に設計した場合の性能を制限してしまう状況を見てきた。このことから、条件分岐を条件付きmove命令（付録Hを参照）のような演算の条件付実行に置き換えることが注目され、これらはほとんどの命令セットに追加された。
- **プリフェッチを用いたキャッシュ性能の改善**：第2章では、いくつかのコンピュータのキャッシュミスが昔のコンピュータにおけるページフォールトで受けた場合と同程度の命令時間を必要とするようになっており、コンピュータの性能におけるメモリ階層の重要性が増していることを説明する。キャッシュミスのコストを低減するために、あらかじめ必要とするデータをフェッチするためのプリフェッチ命令が付け加えられた（第2章を参照）。
- **マルチメディアへの支援**：ほとんどのデスクトップと組み込みの命令セットでは、マルチメディアアプリケーションをサポートするように拡張された。
- **高速な浮動小数点演算**：付録Jでは、積和演算（multiply and add）のような、浮動小数点演算の性能を高めるために追加された演算について述べる。RISC-Vもそれらの命令を含んでいる。

1970年から1985年の間、コンピュータアーキテクトの主要な役割は命令セットの設計であると考えられていた。その結果、1950年代と1960年代のコンピュータアーキテクチャの教科書が演算方式を強調したように、その時代の教科書は命令セット設計に非常に力点を置いていた。知識を身に付けたアーキテクトには、普及しているコンピュータの長所と短所について、特に短所に関する深い見識を持っていることが望まれるようになった。命令セット設計の革新を否定するバイナリ互換の重要性は多くの研究者や教科書の著者には受け入れられなかった。そのため、あたかも、多くのアーキテクトにとって命令セットを設計する機会があるかのような印象を与えていた。

今日のコンピュータアーキテクチャを定義するのは、単なるプロセッサや命令セットだけではなく、コンピュータシステムのすみずみまでその設計および評価を含めたところまで拡張している。また、それゆえに、アーキテクトには習得すべき課題が数多く目前にあるのである。実際、この付録中の資料は、1990年に発行されたこの本の第一版では中心となる事項であった。しかし、今や主に参考資料として付録に収録されるだけのものとなってしまっているのである。

付録Kは、命令セットアーキテクチャに興味を持つ読者を満足させるだろう。そこでは、今日の市場において重要もしくは歴史上重要であるさまざまな命令セットについて述べ、普及している9つのロード-ストアコンピュータとRISC-Vとを比較する。

A.12 歴史展望と参考文献

M.4節（オンラインで利用可能）では命令セットの歴史を検証する。また、さらに読み解き、探求することを望む読者のための参考文献を示しておく。

A.13 演習問題

（Gregory D. Peterson による）

A.1 [10]〈A.9〉図A.29を用いて、組み込みRISC-V CPUの実装に向けて実効CPIを計算せよ。次に示す命令タイプそれぞれについて平均CPIを仮定せよ。ただし、条件分岐の60%が成立であるとする。

命令	クロックサイクル
すべてのALU命令	1.0
ロード命令	5.0
ストア命令	3.0
条件分岐	
成立	5.0
不成立	3.0
ジャンプ	3.0

命令ミックスを得るための、asterとgccの命令頻度の平均値を使用

A.2 [10]〈A.9〉図A.29と先の表を用いてRISC-Vのための実効CPIを計算せよ。命令ミックスを得るために、bzipとhmmerの命令頻度の平均値を用いること。他のすべての命令（図A.29の中で、命令タイプとして示されていない）には、それぞれ3.0クロックサ

イクルが必要であると考えること。

A.3 [10]〈A.9〉図 A.29 を用いて RISC-V のための実効 CPI を計算せよ。次に示す命令タイプそれぞれについて平均 CPI を仮定せよ。

命令	クロックサイクル
すべての ALU 命令	1.0
ロード命令	3.5
ストア命令	2.8
条件分岐	
成立	4.0
不成立	2.0
ジャンプ	2.4

命令ミックスを得るために、gobmk と mcf の命令頻度の平均値を用いること。他のすべての命令（図 A.29 の型で説明されていない命令の場合）には、それぞれ 3.0 クロックサイクルが必要であると考えること。

A.4 [10]〈A.9〉図 A.29 と先の表を用いて RISC-V のための実効 CPI を計算せよ。命令ミックスを得るために、perlbench と sjeng の実行頻度の平均値を用いること。

A.5 [10]〈A.8〉次の 3 つのステートメントから成る高級言語のコードを考える

```
A = B+C;
B = A+C;
D = A-B;
```

コピー伝搬の技術（図 A.20 を参照）を用いて、オペランドとして計算された値をもたないように、コードを変形せよ。コピー伝搬の適用箇所によっては計算を削減することがあったり計算が増えることがあったりする点に注意せよ。このことから、最適化コンパイラが満たすべき技術的な課題を示せ。

A.6 [30]〈A.8〉コンパイラの最適化によって、コードサイズおよび性能が改善することがある。SPEC CPU2017 や EEMBC ベンチマークスーツに含まれるいくつかのベンチマークプログラムを考えよう。RISC-V や利用できるプロセッサと GNU C コンパイラを用いて、最適化なし、–O1、–O2、–O3 の最適化を施せ。そして、性能とプログラムサイズを比較せよ。また、図 A.21 の結果と比較せよ。

A.7 [20/20/20/25/10]〈A.2、A.9〉次に示す C 言語のコードを考える。

```
for (i = 0; i <= 100; i++) {
    A[i] = B[i]+C;
}
```

AとBは 64 ビット整数の配列で、Cとiは 64 ビットの整数である。演算される時を除き、すべてのデータとそれらのアドレス（A、B、C、iのアドレスはそれぞれ1000、3000、5000、7000とする）はメモリに格納される。ループのイタレーションの間では、レジスタの値が失われるものとする（それぞれのループにおいて値をメモリから読み出すこと）。すべてのアドレスとワードは 64 ビットとせよ。

a [20]〈A.2、A.9〉RISC-V のためのコードを記述せよ。実行するために何命令を必要とするか。メモリデータの参照はどのくらいになるか。また、コードサイズは何バイトか。

b [20]〈A.2〉x86 のためのコードを記述せよ。実行するために何命令を必要とするか。メモリデータの参照はどのくらいになるか。また、コードサイズは何バイトか。

c [20]〈A.2〉スタックマシン用のコードを記述せよ。すべての操作はスタックの最上位に対して行われるとする。push と pop のみがメモリにアクセスする命令である。他のすべての命令は、オペランドをスタックから取り出し、結果で置き換える。この実装では、上位 2 つのスタックエントリにのみハードワイヤードスタックを使用する。これにより、プロセッサ回路は非常に小さく低コストになる。それ以外のスタック位置はメモリ内に保持され、これらのスタック位置へのアクセスにはメモリ参照が必要となる。いくつの命令が動的に必要になるか。メモリデータ参照はいくつ実行されるか。

d [25]〈A.2、A.9〉上記のコードの代わりに、SGEMM としても知られている、密な単精度行列の行列乗算を計算するためのルーチンを記述せよ。サイズが 100 × 100 の入力行列に対して、いくつの命令が動的に必要となるか。メモリデータ参照はいくつ実行されるか。

e [10]〈A.2、A.9〉行列サイズが大きくなるにつれて、これは動的に実行される命令の数やメモリデータ参照の数にどのように影響するか。

A.8 [25/25]〈A.2、A.8、A.9〉以下の C コードについて考える。

```
for(p = 0; p < 8; p++) {
  Y[p] = (9798*R[p]+19235*G[p]+
         3736*B[p])/32768;
  U[p] =(-4784*R[p]-9437*G[p] +
         4221*B[p])/32768 +128;
  V[p] = (20218*R[p]-16941*G[p]-
         3277*B[p])/32768+128;
}
```

R、G、B、Y、U、およびVが 64 ビット整数の配列であるとする。それらが操作される時を除いて、すべてのデータの値およびそれらのアドレスがメモリ内に保持されると仮定する（R、G、B、Y、U、およびVについてそれぞれアドレス1000、2000、3000、4000、5000および6000である）。ループの繰り返しの間にレジスタの値が失われると仮定する。すべてのアドレスとワードは 64 ビットであるとする。

a [25]〈A.2、A.9〉RISC-V のためのコードを記述せよ。実行するために何命令を必要とするか。メモリデータの参照はどのくらいになるか。また、コードサイズは何バイトか。

b [25]〈A.2〉x86 のためのコードを記述せよ。実行するために何命令を必要とするか。メモリデータの参照はどのくらいになるか。また、コードサイズは何バイトか。得られた結果をマルチメディア命令（MMX）と A.8 節で述べたベクタ実装と比較せよ。

A.9 [10/10/10-10]〈A.2、A.7〉以下の、命令セットアーキテクチャ

の命令エンコーディングを考える。

a [10]〈A.2、A.7〉命令長が14ビット、6ビットで指定される64個の汎用レジスタを持つプロセッサを考える。次の命令を含むエンコードができるだろうか。

- 2アドレスの命令を3種類
- 1アドレスの命令を63種類
- 0アドレスの命令を45種類

b [10]〈A.2、A.7〉上記（a）と同じ命令長とアドレス長のプロセッサを考える。次の命令を含むようにエンコードできるだろうか。

- 2アドレスの命令を3種類
- 1アドレスの命令を65種類
- 0アドレスの命令を35種類

その理由を説明せよ。

c [10]〈A.2、A.7〉上記（a）と同じ命令長とアドレス長のプロセッサを考える。また、すでに2アドレスの3種類の命令と、0アドレスの24種類の命令が含まれるとする。このプロセッサにてエンコードできる1アドレスの命令は何種類か。

d [10]〈A.2、A.7〉上記（a）と同じ命令長とアドレス長のプロセッサを考える。また、すでに2アドレスの3種類の命令と、0アドレスの65種類の命令が含まれるとする。このプロセッサにてエンコードできる1アドレスの命令は何種類か。

A.10 [10/15]〈A.2〉以下、整数値を持つ変数A、B、C、D、E、Fがメモリに格納されているとする。また、オペコードを8ビット、メモリアドレスを64ビット、レジスタアドレスを6ビットとする。

a [10]〈A.2〉図A.2に示す命令セットアーキテクチャのそれぞれについて、C = A+Bを計算するコードのそれぞれの命令に、何回のアドレス、つまりその変数名が何回使われるか。また、それらのコードサイズを示せ。

b [15]〈A.2〉図A.2に示すいくつかの命令セットアーキテクチャでは、計算の過程でオペランドを破壊する。プロセッサの内部メモリにおける、このデータ値の破壊は性能に影響を与える。図A.2に示すそれぞれのアーキテクチャについて、次を計算する命令列を示せ。

```
C = A+B
D = A-E
F = C+D
```

命令列において、実行時に破壊されるそれぞれのオペランドをマークせよ。また、このデータの喪失を回避するためだけに追加されたオーバーヘッドとなる命令をマークせよ。記述したコードにおける、オーバーヘッドとなるデータのバイト数、オーバーヘッドとなる命令の数、命令とデータそれぞれのメモリからの転送の数、コードサイズを示せ。

A.11 [15]〈A.2、A.7、A.9〉RISC-Vの設計では、32個の汎用レジスタと32個の浮動小数点レジスタを提供する。もしレジスタの利用が好ましいのなら、レジスタの数を増やすことに意味があるだろうか。命令セットアーキテクチャの設計者として、RISC-Vのレジスタを増やすべきか、どの程度増やすべきかを検討する際のさまざまなトレードオフを列挙して、それらを議論せよ。

A.12 [5]〈A.3〉次のメンバが含まれるC言語の構造体を考える。

```
struct foo {
    char   a;
    bool   b;
    int    c;
    double d;
    short  e;
    float  f;
    double g;
    char   *cptr;
    float  *fptr;
    int    x;
};
```

C言語では、コンパイラは構造体の要素は、その構造体定義で示された順序で保持しなければならない。32ビットのマシンで、このfoo構造体のサイズはどのくらいか。この構造体のメンバの順番を自由に変更して、構造体の最小サイズを求めよ。64ビットのマシンではどうなるか。

A.13 [30]〈A.7〉今日の多くのコンピュータメーカーは、ユーザプログラムの命令セットの使用頻度を測定できるツールやシミュレータを提供している。これらには、マシンのシミュレーションの利用、ハードウェア支援によるトラップ、オブジェクトコードのモジュールにソフトウェアによるカウンタやハードウェアカウンタを使用するコードを組み込むさまざまな技術がある。そのようなプロセッサとツール類をピックアップせよ（オープンソースのRISC-Vアーキテクチャはツール群をサポートしている。Performance API（PAPI）のようなツール類はx86プロセッサに利用する）。そのプロセッサとツール類を用いてSPEC CPU2017ベンチマークの中から1つ選び、命令ミックスを測定せよ。測定結果を本章のものと比較せよ。

A.14 [30]〈A.8〉Intel i7 Kaby Lakeのような新しいプロセッサは、AVX2ベクタ/マルチメディア命令をサポートする。単精度の浮動小数点数を用いて、密行列の行列積の関数を記述せよ。また、それを異なるコンパイラと最適化フラグによってコンパイルせよ。SGEMMのような基本線形代数サブルーチン（BLAS）を用いる線形代数のコードには、密行列の行列積のための最適化されたコードが含まれている。記述したコードのコードサイズおよび性能をBLAS SGEMMと比較せよ。倍精度の浮動小数点数とDGEMMを用いるとどうなるか。

A.15 [30]〈A.8〉先の問題でi7プロセッサのために記述したSGEMMコードを、性能が向上するようにAVX2命令を用いて修正せよ。特に、AVXハードウェアを効率的に利用するようにコードのベクトル化に挑戦せよ。オリジナルのものとコードサイズと性能を比較せよ。得られた結果と、SGEMMのためのIntel Math Kernel Library（MKL）実装と比較せよ。

A.16 [30]〈A.7、A.9〉RISC-Vプロセッサはオープンソースで、実装、シミュレータ、コンパイラ、その他のツールの素晴らしいコレクションを誇っている。RISC-Vプロセッサ用のシミュレータ、

spikeを含むツールの概要については、riscv.orgを参照せよ。SPEC CPU2017ベンチマークプログラム用の命令セットミックスを測定するには、spikeや他のシミュレータを使用せよ。

A.17 [35/35/35/35] 〈A.2〜A.8〉 gccは現在の命令セットアーキテクチャのほとんどをターゲットとしている（www.gnu.org/software/gcc/を参照）。x86、RISC-V、PowerPC、ARMといった、あなた自身が利用できるいくつかのアーキテクチャのためのgccを構築せよ。

a [35] 〈A.2〜A.8〉 SPEC CPU2017に含まれる整数ベンチマークプログラムのいくつかをコンパイルし、コードサイズの表を作成せよ。それぞれのプログラムにおいて、どのアーキテクチャが最も小さいコードサイズを実現するか。

b [35] 〈A.2〜A.8〉 SPEC CPU2017に含まれる浮動小数点ベンチマークプログラムのいくつかをコンパイルし、コードサイズの表を作成せよ。それぞれのプログラムにおいて、どのアーキテクチャが最も小さいコードサイズを実現するか。

c [35] 〈A.2〜A.8〉 EEMBC AutoBenchベンチマークプログラム（www.eembc.org/home.phpを参照）のいくつかをコンパイルし、コードサイズの表を作成せよ。それぞれのプログラムにおいて、どのアーキテクチャが最も小さいコードサイズを実現するか。

d [35] 〈A.2〜A.8〉 EEMBC FPBench浮動小数点ベンチマークプログラムのいくつかをコンパイルし、コードサイズの表を作成せよ。それぞれのプログラムにおいて、どのアーキテクチャが最も小さいコードサイズを実現するか。

A.18 [40] 〈A.2〜A.8〉 電力効率は、特に、現在の組み込みプロセッサでとても重要になっている。x86、RISC-V、PowerPC、Atom、ARMといった、利用可能なアーキテクチャを2つ選び、そのアーキテクチャ用のgccを構築せよ（RISC-Vの中でも異なるバージョンのものを選んで比較できることに注意）。EEMBCベンチマークのいくつかをコンパイルし、実行時のエネルギー利用を測定するEnergyBenchを利用せよ。2種類のプロセッサのためのコードサイズ、性能、エネルギー効率を比較せよ。どちらが優れているか。

A.19 [20/15/15/20] 次の4種類の命令セットアーキテクチャのメモリの利用効率を比較しよう。

- **累算器**：すべての演算は1つしか存在しないレジスタとメモリとの間で行われる。
- **メモリ–メモリ**：すべての命令のアドレス参照はメモリだけとなる。
- **スタック**：すべての演算はスタックのトップに対して行われる。プッシュとポップがメモリを参照する唯一の命令である。他の命令は、スタックからオペランドを取り出して、結果をスタックに格納する。実装では、スタックのトップの2つのエントリだけを参照するハードワイヤード（結線論理）のスタックが利用され、これはプロセッサの回路をとても小さく低コストにする。追加のスタックの位置はメモリに格納され、これらのスタックの場所を参照するためにはメモリ参照が必要となる。
- **ロード–ストア**：すべての演算はレジスタに対して行われる。レジスタ-レジスタ命令では、命令は3つのレジスタ名を指定する。

メモリ効率を測定するために、4種類の命令セットで次を仮定する。

- 命令長は8の倍数とする。
- オペコードは1バイト（8ビット）とする。
- メモリ参照では直接または絶対アドレッシングを用いる。
- 最初、変数A、B、C、Dはメモリに格納されている。

a [20] 〈A.2、A.3〉 独自のアセンブリ言語のニーモニックを発明せよ（図A.2は一般化された有用なサンプルを提供する）。次の高級言語のコードを、それぞれのアーキテクチャにおける最適なアセンブリ言語のコードに変換せよ。

```
A = B+C;
B = A+C;
D = A-B;
```

b [15] 〈A.3〉 (a) のアセンブリコードにおいて、メモリから一度ロードされた後に、値がロードされたところに印を付けよ。ある命令が生成した結果を他の命令がオペランドとして用いている箇所に印を付けよ。また、これらをプロセッサ内のものとメモリを介したものとに分類せよ。

c [15] 〈A.7〉 与えられるコードが、16ビットのメモリアドレスと16ビットのデータオペランドの小さい組み込みコンピュータのアプリケーションであるとしよう。ロード-ストアアーキテクチャでは、16個の汎用レジスタを仮定する。それぞれのアーキテクチャにおいて、次の質問に答えよ。メモリから、または、メモリへと転送されるデータのバイト数はどのくらいか。コードとデータを合わせたトータルのメモリトラフィックにおいて、最も効率的なアーキテクチャはどれか。

d [20] 〈A.7〉 64ビットのメモリアドレスと64ビットのデータオペランドを仮定しよう。それぞれのアーキテクチャにおいて、(c) の質問に答えよ。それぞれのアーキテクチャの相対的な利点がどのように変化するか。

A.20 [30] 〈A.2、A.3〉 A.19の4つのアーキテクチャを考えよう。ただし、メモリ操作では、直接アドレッシングに加えてレジスタ間接アドレッシングがサポートされる。独自のアセンブリ言語のニーモニックを考え出せ（図A.2は一般化された有用なサンプルを提供する）。そして、それぞれのアーキテクチャのために次のC言語のコードをアセンブリ言語のコードに変換せよ。

```
for (i = 0; i <= 100; i++) {
    A[i] = B[i]* C+ D;
}
```

A、Bは64ビット整数の配列であり、C、D、iは64ビット整数である。

A.21 [20/20] 〈A.3、A.6、A.9〉 ディスプレースメントアドレッシングあるいはPC相対アドレッシングのために必要となるディスプレースメントのサイズをコンパイルされたアプリケーションを用いて検討しよう。RISC-V プロセッサ用にコンパイルされたいくつかの SPEC CPU2017 や EEMBC ベンチマークと逆アセンブラを利用せよ。

a [20]〈A.3、A.9〉ディスプレースメントアドレッシングを用いるそれぞれの命令について、利用されているディスプレースメントの値を調査せよ。ディスプレースメントの値のヒストグラム（度数分布図）を作成せよ。得られた結果を図 A.8 と比較せよ。

b [20]〈A.6、A.9〉PC 相対アドレッシングを用いるそれぞれの分岐命令について、利用されているオフセットの値を調査せよ。オフセットの値のヒストグラムを作成せよ。得られた結果を図 A.15 と比較せよ。

A.22[15/15/10/10/10/10]〈A.3〉16 進数で表現される値 5249 5343 5643 5055 が整列化された 64 ビットのダブルワードとして格納されている。

a [15]〈A.3〉図 A.5 の最初の行に示す物理的な配置（0、1、2、3、4、5、6、7）を使用して、ビッグエンディアンのバイト順で格納されている値を記述せよ。次に、ASCII 文字として各バイトを解釈して、それぞれのバイトに対応する文字を書き、ビッグエンディアンのバイト順による文字列を示せ。

b [15]〈A.3〉(a) と同じ物理的な配置を使用して、リトルエンディアンのバイト順で格納されている場合の文字列を示せ。

c [10]〈A.3〉ビッグエンディアンのバイト順で格納されている 64 ビットのダブルワードを読み出す時、非整列の 2 バイトワードのすべての値を 16 進数で示せ。

d [10]〈A.3〉ビッグエンディアンのバイト順で格納されている 64 ビットのダブルワードを読み出す時、非整列の 4 バイトワードのすべての値を 16 進数で示せ。

e [10]〈A.3〉リトルエンディアンのバイト順で格納されてい 64 ビットのダブルワードを読み出す時、非整列の 2 バイトワードのすべての値を 16 進数で示せ。

f [10]〈A.3〉リトルエンディアンのバイト順で格納されている 64 ビットのダブルワードを読み出す時、非整列の 4 バイトワードのすべての値を 16 進数で示せ。

A.23 [25,25]〈A.3、A.9〉異なるアドレッシングモードの相対的な出現頻度は、命令セットアーキテクチャをサポートするアドレッシングモードの選択に影響を与える。図 A.7 は VAX 上で動作する 3 つのアプリケーションにおけるアドレッシングモードの相対出現頻度を示している。

a [25]〈A.3〉x86 アーキテクチャをターゲットとして、SPEC CPU2017 や EEMBC ベンチマークスーツからいくつかのプログラムをコンパイルせよ。逆アセンブラを使用して、さまざまなアドレッシングモードの命令と相対的な出現頻度を調べよ。アドレッシングモードの相対出現頻度を示すためにヒストグラムを作成せよ。得られた結果を図 A.7 と比較せよ。

b [25]〈A.3、A.9〉RISC-V アーキテクチャをターゲットとして、SPEC CPU2017 や EEMBC ベンチマークスーツからいくつかのプログラムをコンパイルせよ。逆アセンブラを使用して、さまざまなアドレッシングモードの命令と相対的な出現頻度を調べよ。アドレッシングモードの相対出現頻度を示すためにヒストグラムを作成せよ。得られた結果を図 A.7 と比較せよ。

A.24 [議論]〈A.2〜A.12〉デスクトップ、サーバ、クラウド、組み込みのそれぞれのコンピューティングの典型的なアプリケーションを考えること。また、各市場をターゲットとする計算機のための命令セットアーキテクチャの影響を議論せよ。

メモリ階層の復習

Cache（キャッシュ）：ものを隠したりしまっておくのに安全なところ

『Webster 新世界辞典、カレッジ第2版』（1976）

B.1 はじめに

この付録は、メモリ階層についての復習で、キャッシュと仮想メモリの基本、性能評価式、簡単な改良技法をまとめている。まず最初の節は、次の36項目のおさらいである。

キャッシュ	フルアソシアティブ
書き込み時割り付け	仮想メモリ
ダーティビット	統合キャッシュ
メモリストールサイクル	ブロックオフセット
命令当たりのミス	ダイレクトマップ
ライトバック	ブロック
有効ビット	データキャッシュ
局所性	ブロックアドレス
ヒット時間	アドレストレース
ライトスルー	キャッシュミス
セット	命令キャッシュ
ページフォールト	ランダム置き換え
平均メモリアクセス時間	ミス率
インデックスフィールド	キャッシュヒット
n-ウェイセットアソシアティブ	書き込み時非割り付け
ページ	LRU（least-recently used）
ライトバッファ	ミスペナルティ
タグフィールド	書き込みストール

復習のスピードが速いと思ったら、入門者向けの『コンピュータの構成と設計（上）』（日経BP社刊）の第7章を参照されたい。

キャッシュとは、メモリ階層の一番上、あるいは最初のレベルであり、プロセッサが出すアドレスを直接受け止めるところだ。局所性の原則は数多くのレベルで適用でき、性能の改善に局所性を利用することは一般的なので、「キャッシュ」という語は、共通に起きる事項を再利用するためのバッファに対して、他でも使われるようになった。**ファイルキャッシュ**（file cache）、**ネームキャッシュ**（name cache）などがその例である。

プロセッサが要求したものがキャッシュ中に見つかると、これを**キャッシュヒット**（cache hit）と呼ぶ。キャッシュ中に見つからなかった場合は**キャッシュミス**（cache miss）が発生する。要求したワードを含む一定の大きさのデータの集合を**ブロック**（block）または**ライン**（line）と呼び、この単位でメインメモリから取ってきて、キャッシュ上に配置する。**時間的局所性**（temporal locality）により、一度要求したワードは、いずれまた必要とする可能性があるので、高速にアクセスできる場所に置けば役に立つ。また、**空間的局所性**（spatial locality）により、ブロック中の他のデータがすぐに必要になる可能性がある。

キャッシュミスの際に要する時間は、メモリのレイテンシとバンド幅によって決まる。レイテンシによって、ブロックの最初のワードを取ってくる時間が決まり、バンド幅によって残りのブロックを取ってくる時間が決まる。キャッシュミスはハードウェアによって取り扱われ、プロセッサがインオーダ実行の場合はデータが利用可能になるまで、一時停止する。これを**ストール**するという。アウトオブオーダ実行の場合は、結果を利用する命令は待たなければならないが、他の命令はミスの間処理できるかもしれない。

同様に、プログラムに参照されたすべての対象がメインメモリにあるわけではない。**仮想メモリ**を使う場合、アクセス対象がディスクにあるかもしれない。通常、アドレス空間は**ページ**と呼ばれる固定サイズのブロックに分解される。それぞれのページは、メインメモリかディスクかのどちらかに存在する。プロセッサがページの中を参照した時、対象がキャッシュにもメインメモリにも存在しない場合、**ページフォールト**が起き、ページ全体がディスクからメインメモリに移動される。ページフォールトは時間がかかるため、ソフトウェアにより取り扱われ、プロセッサはストールしない。プロセッサは、通常ディスクアクセスが発生すると、他のタスクに切り替える。大まかに見れば、同じように参照の局所性を頼りにしており、キャッシュ対メインメモリにおけるサイズとビット当たりのコストの関係は、メインメモリとディスクとの間にも当てはまる。

表B.1は、高性能デスクトップから低価格サーバまで、いろいろなコンピュータ、それぞれのレベルにおける記憶の階層の各レベルにおける、大きさとアクセス時間の範囲を示す。

階層レベル	1	2	3	4
名称	レジスタ	キャッシュ	メインメモリ	ディスク
典型的な大きさ	< 4KiB	32KiB〜8MiB	< 1TB	> 1TB
実装テクノロジ	マルチポートの専用メモリ、CMOS	チップ内またはチップ外のCMOS SRAM	CMOS DRAM	磁気ディスクかフラッシュ
アクセス時間（ns）	0.1〜0.2	0.5〜10	30〜150	5,000,000
バンド幅（MiB/s）	1,000,000〜10,000,000	20,000〜50,000	10,000〜30,000	100〜1,000
管理するもの	コンパイラ	ハードウェア	OS	OS
バックアップするもの	キャッシュ	メインメモリ	ディスクかフラッシュ	他のディスクとDVD

図B.1　プロセッサから遠ざかるにつれて、遅くしかし大きくなるメモリ階層のレベルの典型的なもの

大規模ワークステーションまたは小型サーバを想定している。組み込みコンピュータにはディスクストレージはなく、メモリとキャッシュはもっと小さくなる。フラッシュは、少なくともファイルストレージの最初のレベルで、少しずつ磁気ディスクを置き換えている。アクセス時間は、階層の低いレベルに行くにしたがって増え、転送の応答性が悪くなる。実装テクノロジはこれらの実装に使う典型的なものを示した。アクセス時間は2017年においてはナノ秒で示すが、時が経つにつれ小さくなる。ディスク/フラッシュストレージのバンド幅は、ディスクメディアそのものとバッファ付きインターフェイスの両方を含む。

B.1.1　キャッシュ性能の復習

局所性があり、小さなメモリは高速であることから、メモリ階層は、性能を改善する本質的な効果があるといえる。

キャッシュ性能を評価する方法の1つは、第1章に示したプロセッサの実行時間に関する式を拡張することである。

メモリアクセスを待つことでプロセッサがストールするサイクル数を、**メモリストールサイクル数**と呼ぶ。性能は、プロセッササイクル数にメモリストールサイクル数を足し、それにクロックサイクル時間を掛けたものとなる。

CPU実行時間
= (CPUクロックサイクル数 + メモリストールサイクル数)
　× クロックサイクル時間

この式は、CPUクロックサイクルがキャッシュヒットを扱う時間と、プロセッサがキャッシュミスの間ストールする時間が、CPUクロックサイクルに含まれていると仮定する。B.2節で、この単純化した仮定をもう一度検討しよう。

メモリストールサイクル数は、ミスの数とミス当たりのコスト、すなわち**ミスペナルティ**の両方によって決まる。なお、以下命令カウント（IC）は実行された命令数を示す。

$$
\begin{aligned}
&\text{メモリストールサイクル数}\\
&= \text{ミスの数} \times \text{ミスペナルティ}\\
&= \text{IC} \times \frac{\text{ミス数}}{\text{命令数}} \times \text{ミスペナルティ}\\
&= \text{IC} \times \frac{\text{メモリアクセス数}}{\text{命令数}} \times \text{ミス率} \times \text{ミスペナルティ}
\end{aligned}
$$

最後に示す式の形は、式の構成要素のそれぞれを簡単に測定できる利点がある。命令カウントを測定するには、投機的実行を行うプロセッサではコミットする命令数のみカウントすればよい。命令当たりのメモリ参照も同じ方法で測定できる。すべての命令は、命令フェッチのためアクセスを1回行い、さらにデータアクセスを要求するかどうかは、その種類によって簡単に決まる。

次にミスペナルティの平均を計算するが、以下これを一定として扱うことに注意してほしい。背後のメモリは、それ以前のメモリ要求やメモリリフレッシュによって忙しく、利用できなくなっているかもしれない。クロックサイクル数は、プロセッサとは異なるクロックを使うバスやメモリとのインターフェイスによっても変わる。したがって、単一の数字をミスペナルティとして使うのは、単純化のためであることを覚えておこう。

ミス率の項は単にミスしたキャッシュアクセスの割合（すなわちミスアクセス数をアクセス数で割ったもの）である。ミス率は、キャッシュシミュレータを用いて測定できる。キャッシュシミュレータでは、命令とデータ参照の**アドレストレース**を取り、キャッシュの振る舞いをシミュレートしてどのアクセスがヒットしてどのアクセスがミスするかを決め、ヒットとミスの総計を記録する。今日、多くのマイクロプロセッサは、ミスの数やメモリ参照数をカウントするハードウェアを備えており、ミス率を計測するのは、ずっと簡単で高速になっている。

ミス率とミスペナルティは、往々にして読み出しと書き込み毎に違っているため、上の式は近似式である。メモリストールのクロック数は命令当たりのメモリアクセス数、読み出しと書き込みのミスペナルティ（クロックサイクル数）、読み出しと書き込みのミス率を使って以下のように定義できる。

メモリストールクロックサイクル
= (IC × 命令当たりの読み出し × 読み出しミス率 × 読み出しミスペナルティ) + (IC × 命令当たりの書き込み × 書き込みミス率 × 書き込みミスペナルティ)

読み出しと書き込みの項をまとめ、読み出しと書き込みの平均ミス率と平均ミスペナルティを調べることにより、この式を1つにして単純化することができる。

$$
\begin{aligned}
&\text{メモリストールクロックサイクル}\\
&= \text{IC} \times \frac{\text{メモリアクセス数}}{\text{命令数}} \times \text{ミス率} \times \text{ミスペナルティ}
\end{aligned}
$$

ミス率は、キャッシュの設計においても非常に重要な尺度の1つである。しかし、後の節で示すように、唯一の尺度であるわけではない。

例題B.1

すべてのメモリアクセスがキャッシュにヒットした場合には、**命令当たりのクロック数**（**CPI**）が1となるコンピュータがあるとする。データアクセスはLoad命令とStore命令のみとし、これらの総計が全命令の50%になるとする。ミスペナルティが25クロックサイクルでミス率が2%である場合、すべてがヒットすると仮定したコンピュータは、どれだけ速いか。

解答

最初に、すべての場合にヒットするコンピュータの性能を計算する。

CPU 実行時間
= (CPU クロックサイクル + メモリストールサイクル)
  × クロックサイクル
= (IC × CPI + 0) × クロックサイクル
= IC × 1.0 × クロックサイクル

次に、実際のキャッシュを持つコンピュータについて、まずメモリストールサイクル数を計算する。

$$\begin{aligned}&\text{メモリストールサイクル}\\&= \text{IC} \times \frac{\text{メモリアクセス数}}{\text{命令数}} \times \text{ミス率} \times \text{ミスペナルティ}\\&= \text{IC} \times (1 + 0.5) \times 0.02 \times 25\\&= \text{IC} \times 0.75\end{aligned}$$

ここで、真ん中の項(1 + 0.5)は、命令アクセスが 1 回と命令当たり 0.5 回のデータアクセスを表す。したがって合計の性能は、

$$\begin{aligned}&\text{CPU 実行時間}_{\text{キャッシュ}}\\&= (\text{IC} \times 1.0 + \text{IC} \times 0.75) \times \text{クロックサイクル}\\&= 1.75 \times \text{IC} \times \text{ロックサイクル}\end{aligned}$$

性能比は実行時間の比の逆数なので、

$$\frac{\text{CPU 実行時間}_{\text{キャッシュ}}}{\text{CPU 実行時間}} = \frac{1.75 \times \text{IC} \times \text{クロックサイクル数}}{1.0 \times \text{IC} \times \text{クロックサイクル数}} = 1.75$$

キャッシュミスが起きないコンピュータが 1.75 倍速い。

ミス率を、メモリ参照当たりのミスではなく、**命令当たりのミス率**として測る方を好む設計者もいる。これらの 2 つは以下の関係にある。

$$\frac{\text{ミス数}}{\text{命令数}} = \frac{\text{ミス率} \times \text{メモリアクセス数}}{\text{命令数}} = \text{ミス率} \times \frac{\text{メモリアクセス数}}{\text{命令数}}$$

後の式は、ミス率を、命令当たりのミス数に変換するものなので、命令当たりのメモリアクセス数の平均を知っている場合に役に立つ。例えば、先の例のメモリ参照当たりのミス率を、命令当たりのミスに変換すると以下のようになる。

$$\frac{\text{ミス数}}{\text{命令数}} = \text{ミス率} \times \frac{\text{メモリアクセス数}}{\text{命令数}} = 0.02 \times (1.5) = 0.030$$

ところで、命令当たりのミス数は、1,000 命令当たりのミス数として記録し、割合でなく整数として表すことがある。この場合、先の答えは、1,000 命令当たり 30 ミスとして表す。

命令当たりのミスの平均は、ハードウェア実装に依存しない。例えば、投機的実行のプロセッサは、実際にコミットする命令数の倍程度をフェッチする。これは、命令当たりではなくメモリ参照当たりのミスとした場合に、不自然にミス率を減らすことになる。命令当たりのミスを使うことの欠点はアーキテクチャに依存することである。命令当たりのメモリアクセス数の平均は、例えば 80x86 と RISC-V では全然違う。RISC アーキテクチャの類似性により、ある結果から他を類推することができるとはいえ、命令当たりのミス数は、1 つのコンピュータファミリにのみ携わっている設計者間で良く用いられる。

例題B.2

2 つのミス率の式が等価であることを示すため、先の例を 1,000 命令当たりのミスが 30 であると仮定してやり直せ。命令数に関するメモリストール時間はどのようになるか求めよ。

解答

メモリストールサイクル数は以下のようにも計算することができる。

$$\begin{aligned}&\text{メモリストールサイクル数}\\&= \text{ミスの数} \times \text{ミスペナルティ}\\&= \text{IC} \times \frac{\text{ミス数}}{\text{命令数}} \times \text{ミスペナルティ}\\&= \text{IC}/1000 \times \frac{\text{ミス数}}{\text{命令数} \times 1000} \times \text{ミスペナルティ}\\&= \text{IC}/1000 \times 30 \times 25\\&= \text{IC}/1000 \times 750\\&= \text{IC} \times 0.75\end{aligned}$$

先の例題と同じ答えが得られ、2 つの式は等価であることを示している。

B.1.2 メモリ階層における4つの疑問

メモリ階層に対する一般的な 4 つの疑問に答える形で、その最初のレベルであるキャッシュへの導入を続けよう。

- Q1：キャッシュ上のどこにブロックを置けるか。(**ブロック配置**)
- Q2：キャッシュ上に存在するブロックをどうやって見つけるか。(**ブロック識別**)
- Q3：キャッシュミス時にどのブロックを置き換えるか。(**ブロック置き換え**)
- Q4：書き込みに際してどのように動作するか。(**書き込み時動作**)

これらの疑問に対する答えは、他のレベルの階層においてもトレードオフを理解するために役立つ。そこで、それぞれの問いに対して例を用いて答えることにする。

Q1：キャッシュ上のどこにブロックを置けるか。

図 B.2 に、ブロックをキャッシュ構成のどこに置けるかによって 3 つに分類することができる。

- それぞれのブロックをキャッシュ上に置く時に、ただ 1 か所に場所が決まる場合、そのキャッシュを**ダイレクトマップ**(direct mapped) と呼ぶ。割り付けは通常、

(ブロックアドレス) MOD (キャッシュ中のブロック数)

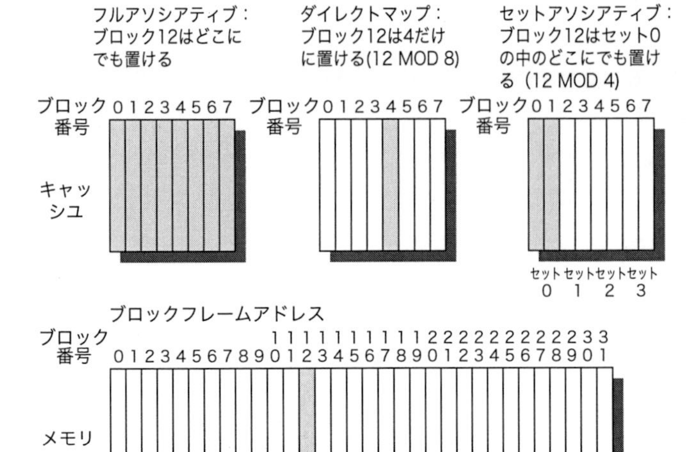

図B.2 ブロック枠を8つ持つキャッシュと、32ブロックのメモリの例

キャッシュの3つの方法が左から右へと示されている。フルアソシアティブキャッシュでは、下のレベルのブロック12はキャッシュの8つの枠のうちどこにでも入る。ダイレクトマップでは、ブロック枠4にのみ入れることができる（12を8で割った余り）。セットアソシアティブは、両方の性質を持っており、ブロックをセット0（12を8で割った余り）のどこにでも入れることができる。この場合、セット当たり2つのブロックを持っているので、ブロック0、1のどちらにでもブロック12を入れることができる。実際のキャッシュは何千というブロック枠を持ち、実際のメモリは何百万というブロックを持っている。このセットアソシアティブ構成は、セット当たり2ブロック持つことのでできるセットを4つ持っており、2-ウェイセットアソシアティブと呼ばれる。ここではキャッシュには何もなく、ブロックアドレスは下位レベルのブロック12を指定すると想定する。

を使う。

- ブロックをキャッシュのどこに置いても良い場合、これを**フルアソシアティブ**（fully associative）と呼ぶ。
- ブロックをキャッシュの決められた集合（セット）の中に置ける場合、このキャッシュを**セットアソシアティブ**（set associative）と呼ぶ。そのキャッシュ内におけるブロックの集まりを**セット**と呼ぶ。あるブロックはあるセットに割り付けられ、そのブロックはセット内ならばどこに置いてもよい。セットは、以下の**ビット選択**によって選ばれる。

　(ブロックアドレス) MOD (キャッシュ中のセット数)

　あるセットが n ブロックを持つ時、このキャッシュ割り付けを ***n*-ウェイセットアソシアティブ**と呼ぶ。

ダイレクトマップからフルアソシアティブまでのキャッシュの範囲は、セットの数によって連続している。ダイレクトマップは、単に1-ウェイセットアソシアティブであり、m ブロック格納できるフルアソシアティブキャッシュは、m-ウェイセットアソシアティブキャッシュである。同じ構成について、ダイレクトマップは m セットを持ち、フルアソシアティブは、1セットを持っていると考えることができる。

今日のプロセッサのキャッシュは、後述するように、大多数がダイレクトマップ、2-ウェイセットアソシアティブ、4-ウェイセットアソシアティブである。

Q2：キャッシュ上に存在するブロックをどうやって見つけるか。

キャッシュは、それぞれのブロックが入る枠毎に、ブロックアドレスを表す**アドレスタグ**（address tag）を持つ。各キャッシュブロックのタグは、プロセッサのブロックアドレスと照合するのに必要な情報を持っている。速度が重要なので原則としてタグはすべて並列に照合される。

あるキャッシュブロックが有効な情報を持っているかどうかを調べるのに、一番よく使われるのは、タグに**有効ビット**（valid bit）を付けて、対応するエントリに有効アドレスが格納されているかどうかを示す方法である。このビットがセットされていなければ、アドレスを照合することはできない。

次の問題に移る前に、プロセッサアドレスとキャッシュとの関係を調べよう。図B.3は、アドレスをどのように分割するかを示す。

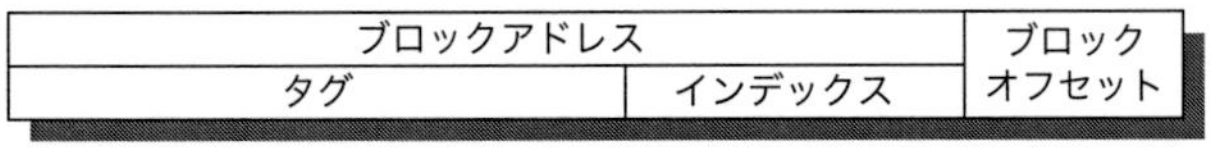

ブロックアドレス
タグ　インデックス
ブロックオフセット

図B.3 セットアソシアティブとダイレクトマップにおけるアドレスの3つの部分

タグはセット内のすべてのブロックをチェックするのに使い、インデックスはセットを選ぶのに使う。ブロックオフセットは、ブロック内のどこに要求されたデータがあるかを示す。フルアソシアティブキャッシュはインデックスフィールドがない。

まず、アドレスを**ブロックアドレス**（block address）と**ブロックオフセット**（block offset）に分ける。ブロックアドレスは、さらに**タグフィールド**（tag field）と**インデックスフィールド**（field）に分けられる。ブロックオフセットは、ブロックから要求されたデータを選ぶのに使い、インデックスはセットを選び、タグはヒットの判別に用いる。比較は、タグを越えたアドレスでも可能だが、以下の理由でその必要はない。

- オフセットは比較に用いてはならない。必要なのは、ブロック全体が存在するかしないかであり、ブロック内のオフセットの値によっては決まらない。
- インデックスは、チェックするセットを選ぶのに使うので、これをさらにチェックすることは無駄である。例えば、セット0に格納されたアドレスのインデックスフィールドは0であり、そうでなければセット0には格納されない。セット1はインデックス値1を持たなければならない、等々である。このことを利用すれば、キャッシュのタグのメモリサイズの幅が小さくなり、ハードウェアと電力が節約される。

全体のキャッシュサイズが同じならば、ウェイ数を増やせば、セット内ブロック数が増え、インデックスのサイズが減り、タグのサイズが増える。すなわち、図B.3におけるタグとインデックスの境界はウェイ数を増やすことで右方向に移動し、フルアソシアティブキャッシュではインデックスフィールドがなくなってしまう。

Q3：キャッシュミス時にどのブロックを置き換えるか。

ミスが起きた時、キャッシュコントローラは、キャッシュのブロックを1つ選んで、要求されたデータを含むブロックと**置き換える**（replace）。ダイレクトマップ方式の利点の1つは、ハードウェアが行う判断が単純化されることである。実際、選択肢がないこと以上に単純なことはない。ただ1つのブロック枠がヒットするかどうかチェックされ、それが入れ替えられる。フルアソシアティブやセットアソシアティブ方式の場合、1つのミスで多くのブロックが選ばれる対象となる。どのブロックを入れ替えの対象として選択するかには、3つの基本的な方針がある。

- **ランダム**（random）：ランダムに対象ブロックを選択し、割り付けが一様に分散されるようにする。システムによっては、動作に再現性があるように疑似乱数でブロック番号を生成する。動作の再現性は、特にハードウェアデバッグ時に役に立つ。
- **LRU**（**Least-recently used**）：重要な情報ですぐに必要とされるものを捨ててしまう可能性を減らすため、ブロックのアクセス記録を保存する。過去を参考に未来を推測し、最も長い時間使われなかったブロックを置き換えの対象とする。LRUは局所性の法則を考えれば、当然の帰結である。すなわち、最近使用されたものがまた利用される可能性が高いとすると、捨てる対象となるのは、一番昔に使われたブロックである。
- **先入れ先出し**（**FIFO**）：LRUは計算が複雑なので、最も昔にキャッシュに入ったということを、代用してLRUを近似する。

ランダム入れ替えの良いところは、ハードウェアを作る場合の単純さである。ブロックを持つトラック数が増えると、LRUはますます高価になり、近似的な方法が用いられることが多い。一般的な近似手法（**擬似LRU**と呼ばれる）はそれぞれのウェイに対応するビットのセットを持つ（**ウェイ**はセットアソシアティブキャッシュのバンクである。4-ウェイセットアソシアティブキャッシュはウェイを4つ持つ）あるセットがアクセスされると、目標とするブロックを含むウェイに対応するビットがオンになる。あるセットのすべてのビットがオンになると、例外が発生してすべてがリセットされる。ブロックが入れ替えのため追い出される時、プロセッサは、複数の選択が可能な場合は、ビットがオフになっているウェイからブロックを時にランダムに選ぶ。これ、LRUの近似である。なぜならば、置き換えられるブロックは選択肢が複数ある場合は、ランダムに選ぶことも多い。図B.4に、LRU、ランダム、FIFO置き換えによるミス率の違いを示す。

Q4：書き込みに際してどのように動作するか。

プロセッサのキャッシュにおいては、読み出しがほとんどである。命令についてのアクセスのすべては読み出しであり、ほとんどの命令はメモリに書き込みを行わない。付録Aの図A.32と図A.33は、RISC-Vのプログラムでは10%がストア、26%がロードで、結局書き込みは、全体のメモリトラフィックの10% /(100% + 26% + 10%)すなわち7%を占めるに過ぎない。**データキャッシュ**のトラフィックについては、書き込みは10%/(26% + 10%)で28%となる。「一般的なケースを高速化せよ」の原則により、キャッシュは改善すべきなのは、読み出しである。そもそもプロセッサは、読み出しの終了を待っても書き込みの終了を待つ必要はないので、なおさらである。しかし、Amdahlの法則（1.9節）を思い起こすと、書き込みの速度を無視しては、高い性能の設計はできない。

幸いにして、一般的なケースとは高速化しやすいケースでもある。ブロックのキャッシュからの読み出しでは、タグの読み出しと比較を同時に行うことができる。このためブロック読み出しはブロックアドレスが利用可能になったらすぐに始めることができる。読み出しがヒットしたら、ブロックの要求された部分はすぐにプロセッサに渡される。ミスが起きれば、これを無視すれば良い。この場合、同時に読み出しても全く良いことはないが、デスクトップやサーバの電力を増やしてしまうことを除くと、害になることもない。

書き込みは、今まで述べたようには楽ではない。ブロックの変更はタグをチェックして、アドレスがヒットすることが分かるまでは始めてはならない。タグのチェックと同時に行うことができないため、書き込みは読み出しよりも通常は長い時間がかかる。もう1つ厄介なことは、プロセッサは、書き込みのデータサイズを指定する。これは通常1から8バイトまでで、ブロックの中で対応する場所だけを更新しなければならない。これに対して、読み出しは、心配せずに、必要よりも大きな量のデータをアクセスしてしまえば良い。

このため、書き込み時動作の違いによりキャッシュの設計上の特徴が決まることが多い。キャッシュに書き込みが起きた場合、2つの基本的な選択肢がある。

- **ライトスルー**：情報は、キャッシュのブロックと、下のレベルのメモリのブロックの両方に書き込まれる。
- **ライトバック**：情報は、キャッシュのブロックにのみ書き込まれる。変更されたキャッシュのブロックは置き換え時にのみメインメモリに書き込まれる。

置き換えの際にブロックの書き戻しを少なくするため、**ダーティビット**（dirty bit）と呼ばれる状態ビットが用いられることが多い。この状態ビットは、そのブロックが**ダーティ**（キャッシュにいる間に変更された）か、**クリーン**（変更されていない）かを示す。クリーンならば、キャッシュと同じ情報が下のレベルに存在することにな

	アソシアティブ								
	2-ウェイ			4-ウェイ			8-ウェイ		
容量	LRU	ランダム	FIFO	LRU	ランダム	FIFO	LRU	ランダム	FIFO
16KiB	114.1	117.3	115.5	111.7	115.1	113.3	109	111.8	110.4
64KiB	103.4	104.3	103.9	102.4	102.3	103.1	99.7	100.5	100.3
256KiB	92.2	92.1	92.5	92.1	92.1	92.5	92.1	92.1	92.5

図B.4 LRU、ランダム、FIFOの置き換え手法を使った場合の1,000命令当たりのデータキャッシュミス数

いくつかのサイズとセット数で比較。最大のキャッシュサイズではLRUとランダムはほとんど差がないが、小さいものではLRUが優れている。キャッシュサイズが小さければFIFOはランダムよりも優れている。これらのデータは、ブロックサイズが64バイト、10個のSPEC2000ベンチマークを使ってAlphaアーキテクチャで取得された。5個はSPECint2000から（gap、gcc、gzip、mct、perl）、5個はSPECfp2000から（applu、art、equake、lucas、swim）。付録中の図や表では、このコンピュータとベンチマークを用いている。

るので、ミス時にブロックを書き戻す必要はない。

ライトバックとライトスルーはそれぞれ利点を持っている。ライトバックでは、書き込みはキャッシュの動作スピードで実行され、ブロック中の書き込みデータが複数ある場合、まとめて一度だけ下の階層のメモリに書き込まれる。書き込みのうちの一部はメモリまで行かないため、ライトバックはメモリバンド幅の要求量が少なく、このことがマルチプロセッサによっての魅力となる。ライトバックはライトスルーに比べて、メモリ階層の他の部分やメモリ結合網を使う頻度が少なく、電力も節約される。これは組み込みプロセッサにとって魅力的である。

ライトスルーはライトバックよりも実装が楽である。キャッシュは常にクリーンであるため、ライトバックと違って、読み出しミスが下のレベルへの書き込みを引き起こすことはない。ライトスルーは、すぐ下のレベルが、最新データのコピーを持っているという利点がある。これによりデータの一貫性を維持することが簡単になる。第4章や付録Dで検証するとおり、データの一貫性はマルチプロセッサやI/Oにとって重要である。マルチレベルキャッシュにより、ライトスルーは、上のレベルのキャッシュで生き残れるようになった。これは、書き込みが、はるばるメインメモリまで行くのではなく、すぐ下のレベルに伝えられれば良いためである。

今まで見てきたとおり、I/Oやマルチプロセッサはわがままである。メモリトラフィックを減らすため、プロセッサのキャッシュにはライトバックが欲しいが、メモリ階層の低いレベルとの間の一貫性を保つためにはライトスルーが欲しい。ライトスルーにおいてプロセッサが、書き込みの終了を待たなければならないことを、プロセッサが**書き込みストール**（write stall）すると呼ぶ。書き込みストールを減らす一般的な手法は、**ライトバッファ**（write buffer）である。これにより、プロセッサは、バッファにデータを書き込んだらすぐに処理を再開できる。すなわち、プロセッサの実行とメモリの更新は同時に行われる。後で少し紹介するが、書き込みストールは、ライトバッファがあっても起きることがある。

書き込みをする時に、対象のブロックデータ自体は必要でない。このため、書き込みミス時には2つの選択肢がある。

- **書き込みミス時割り当て方式**（write allocate）：書き込みミス時に、ブロックをキャッシュに割り当てて、それからヒットの操作が行われる。この選択肢は自然で、書き込みミスは読み出しミスと同じように動作する。
- **書き込みミス時非割り当て方式**（no write allocate）：明らかにちょっと変わった方法で、書き込みミスはキャッシュを更新しないで、その代わりに下のレベルのメモリのみを更新する。

書き込みミス時非割り当て方式では、ブロックは、プログラムがそれを読むまでは、キャッシュの外にあることになる。一方、書き込みミス時割り当て方式では、キャッシュに書き込んだだけのブロックも、キャッシュ中に存在することになる。例を見てみよう。

例題B.3

たくさんのキャッシュエントリを持ったフルアソシアティブのライトバックキャッシュがあり、最初はエントリが空であると仮定する。下に示す5つのメモリ操作が順に起きたとする（アドレスは[]内に示す）。

```
Write Mem[100];
Write Mem[100];
Read  Mem[200];
Write Mem[200];
Write Mem[100].
```

書き込みミス時非割り当て方式と書き込みミス時割り当て方式では、ヒットとミスの回数はどうなるか。

解答

書き込みミス時非割り当て方式では、アドレス100はキャッシュに存在せず、書き込みで割り当てされない。このため、最初の2つの書き込みはミスする。アドレス200は同様にキャッシュに存在せず、読み出しはミスする。これに続くアドレス200に対する書き込みはヒットし、最後の100に対する書き込みはまたしてもミスする。非割り当て方式の結果は、ミス4回、ヒット1回である。

書き込みミス時割り当て方式では、最初の100と200へのアクセスはミスするが、他はキャッシュ上に存在するため、すべてヒットする。したがって、割り当て方式の結果はミス2回、ヒット3回である。

この書き込みミス時の割り当て方式は、ライトスルーでもライトバックでも適用可能である。しかし、通常、ライトバックキャッシュは、連続した書き込みがキャッシュ上で処理されることを期待して、書き込みミス時割り付け方式を使う。ライトスルーキャッシュは、書き込みミス時非割り当て方式を使うことが良くある。この理由は、そのブロックに対して引き続き書き込みが起きるとすると、書き込みはいずれにせよ下の階層のメモリまで書き込みデータを持っていかなければならない。この場合、ブロックを割り当てたとしても、何の利益があるのだろうか。

B.1.3 実例：Opteronのデータキャッシュ

今まで紹介した方法の実例として、AMD Opteronマイクロプロセッサのデータキャッシュの構成を図B.5に示す。キャッシュは、65,536（64K）バイトの容量を持ち、64バイトのブロックで2-ウェイセットアソシアティブ方式、LRU置き換え方式、ライトバック、書き込みミス時割り当て方式を用いている。

図B.5の中のヒットとラベルされたステップを通して、キャッシュヒットの処理を追ってみよう（図中、①〜④は各ステップを表す）。B.5節に示すように、Opteronは48ビットの仮想アドレスをキャッシュタグの比較用に使うとともに40ビットの物理アドレスに変換する。

Opteronが64ビットの仮想アドレスを用いない理由は、設計者がそんなに広いアドレスは誰も要求しないと思ったからで、サイズが小さいことでOpteronの仮想アドレスマッピングは簡単になっている。設計者は、将来のマイクロプロセッサで仮想アドレスを大きくしようと計画している

キャッシュに到着する物理アドレスは2つのフィールドに分割される。34ビットのブロックアドレスと6ビットのブロックオフセットである（$64 = 2^6$ で $34 + 6 = 40$）。ブロックアドレスはさらにアドレスタグとキャッシュインデックスに分割される。①ではこの分

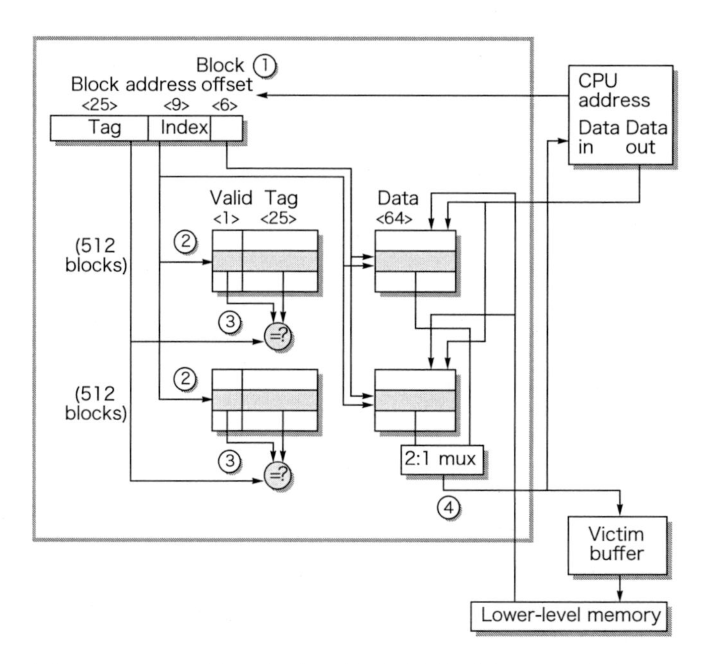

図B.5 Opteron マイクロプロセッサにおけるデータキャッシュ構成

64KiB のキャッシュで、64 バイトブロックの 2-ウェイセットアソシアティブ構成である。9 ビットのインデックスにより 512 セットを選択する。読み出しヒットには 4 ステップ掛かり、これが順番に丸付き番号で示してある。ブロックオフセットの 3 ビットは、インデックスとともに RAM をアクセスするアドレスを形成し、適切な 8 バイトを選ぶのに使われる。すなわち、キャッシュは 4096 個の 64 ビットワードを 2 グループに分けて持っており、それぞれは、512 セットのうち半分ずつを持っている。この例では示していないが、下のレベルのメモリからキャッシュへの線はミス時にキャッシュにロードする際に用いられる。プロセッサから出たアドレスの幅は 40 ビットであり、これは物理アドレスであって、仮想アドレスではない。後述する図 B.24 は、Opteron がどのように仮想アドレスを変換して物理アドレスでキャッシュをアクセスするかを示している。

割を示している。

キャッシュインデックスは、タグを参照し、指定されたブロックがキャッシュ上に存在するかどうかを調べる。インデックスの大きさはキャッシュの大きさ、ブロックの大きさ、ウェイ数によって決まる。Opteron のキャッシュではウェイ数は 2 なので、以下のようにインデックスを計算できる。

$$2^{\text{インデックス}} = \frac{\text{キャッシュサイズ}}{\text{ブロックサイズ} \times \text{ウェイ数}} = \frac{65{,}536}{64 \times 2} = 512 = 2^9$$

このため、インデックスは 9 ビット幅で、タグは 34 −9 の 25 ビット幅である。インデックスは適切なブロックを選ぶのに使われるが、64 バイトはプロセッサが一度に使うには大きすぎる。このため、キャッシュメモリは、64bit Opteron プロセッサで自然なデータ幅である 8 バイト幅で構成されており、これは理にかなった方法であると言える。このために、キャッシュブロックを選ぶ 9 ビットのインデックスの他に 3 ビットをブロックオフセットから持ってきて、8 バイトのうちのどれかを選ぶかに用いる。インデックスによる選択が図 B.5 の②である。

キャッシュから 2 つのタグを読み出した後、それらはプロセッサからのブロックアドレス部と比較される。この比較が図 B.3 の③である。有効ビットがセットされているかどうかをチェックし、タグが有効な情報を持っていることを確認する。セットされていない場合は比較の結果は無視される。

照合の結果、あるタグが等しいと判定されたとしよう。最後のステップで、2：1 マルチプレクサに信号を送って、照合の結果同じになった方のデータを使うようにすれば、適切なデータがプロセッサに対してロードされる。Opteron はこの 4 つのステップに 2 クロックを使う。このため、他の命令がこのロードの結果を用いる場合には、引き続く 2 クロックサイクル内では、ロードのデータを待つ必要がある。

Opteron では、他のキャッシュと同じく、書き込みの扱いについては、読み出しよりも複雑になる。ワードがキャッシュに書き込まれる際、最初の 3 ステップは同じである。Opteron はアウトオブオーダ実行をするので、命令がコミットしたことを示す信号を受け、キャッシュのタグ比較の結果がヒットを示した後に、キャッシュへのデータの書き込みが行われる。

ここまで一般的なケースであるキャッシュヒットを想定していた。ミスでは何が起きるのだろうか。読み出しミスでは、キャッシュはプロセッサにデータがまだ用意できていないことを知らせる信号を送る。そして階層の次のレベルから 64 バイトを読み出す。ブロックの最初の 8 バイトを読み出すまでの遅延は 7 クロックサイクルで、残りのブロックを読み出すには 8 バイト当たり 2 クロックサイクルかかる。データキャッシュは、セットアソシアティブであり、置き換えの方式を決める必要がある。Opteron では LRU、すなわち最後に使ってから最も時間がたったものを置き換えの対象として選ぶ。このため、すべてのアクセスは LRU ビットを更新しなければならない。ブロックの置き換え時には、データ、アドレスタグ、有効ビット、LRU ビットの更新が行われる。

Opteron はライトバックを使っているため、古いデータブロックは更新されているかもしれず、このため単純に捨てるわけにはいかない。Opteron はそのブロックに書き込みが行われたかどうかを記録するダーティビットをブロック毎に持っている。置き換えの「犠牲（victim）となるブロック」が更新されていて、書き戻しが必要な場合、そのデータとアドレスは**犠牲者バッファ**（他のコンピュータの**ライトバッファ**と似た構造を持つ）に送られる。Opteron では、犠牲者のブロックを 8 つ分格納するスペースがある。他のキャッシュの動作と同時に、このバッファは、置き換えの犠牲者となるブロックを階層の次のレベルへと書き込む。犠牲者バッファがいっぱいになると、キャッシュは待ち状態になる。

Opteron は書き込みミス時割り当て方式をとっているため、書き込みミスは読み出しミスとほとんど同じである。

すでに見てきたとおり、**データキャッシュ**だけでは、プロセッサの要求するすべてを満足することはできない。プロセッサは命令も要求するからだ。単一のキャッシュで両方を供給することもできるが、これではボトルネックになってしまう。例えば、ロードまたはストア命令が実行される場合、パイプラインプロセッサは、同時にデータワードと命令ワードを要求する。このため、単一のキャッシュはロードとストアで、構造ハザードを生じてストールを発生してしまう。この問題を解決する単純な方法は、分離することである。1 つのキャッシュを命令用、もう 1 つをデータ用にする。Opteron を含む最近のプロセッサのほとんどが、この分離型キャッシュである。Opteron は、64KiB データキャッシュと、同じく 64KiB の命令キャッシュを装備している。

プロセッサは、命令アドレスを出すのかデータアドレスを出すのかを知っている。このため、両方に分離したポートを設けることができ、メモリ階層とプロセッサとのバンド幅を倍にすることができる。分離型キャッシュにすることで、それぞれのキャッシュを別々に性能改善できる可能性が出てくる。すなわち、異なる容量、ブロックサイズ、ウェイ数を設けることで、性能を改善できる可能性もある(Opteronの命令キャッシュやデータキャッシュとは違って、命令とデータのどちらでも格納できるキャッシュは**統合キャッシュ**(unified cache)あるいは**混合キャッシュ**(mixed cache)と呼ばれる)。

図B.6は、命令キャッシュのミス率がデータキャッシュに比べて低いことを示している。命令とデータを分離すると、命令ブロックとデータブロック間の競合ミスをなくすことができる。しかし、分離は、キャッシュの空間をそれぞれのタイプに固定することにつながる。ミス率についてはどちらの影響が重要だろうか。命令とデータを分離したキャッシュと、統合キャッシュを公平に比較するには、全体のキャッシュのサイズを同じにする必要がある。例えば、分離型の16KiBの命令キャッシュと16KiBのデータキャッシュは、32KiBの統合キャッシュと比較する必要がある。命令、データ分離型キャッシュの平均ミス率を計算するためには、それぞれのキャッシュに対するメモリ参照の割合を知る必要がある。図B.17によると、この配分が100%/(100% + 26% + 10%)で74%が命令参照、(26% + 10%)/(100% + 26% + 10%)で26%がデータ参照となる。すぐ後に見ていくように、分離すると、ミス率の変化によって示されるものだけでなく、それ以上に性能に影響を及ぼす。

容量	命令キャッシュ	データキャッシュ	統合キャッシュ
8KiB	8.16	44.0	63.0
16KiB	3.82	40.9	51.0
32KiB	1.36	38.4	43.3
64KiB	0.61	36.9	39.4
128KiB	0.30	35.3	36.2
256KiB	0.02	32.6	32.9

図B.6 命令、データ、統合キャッシュにおける1,000命令当たりのミス数
命令参照の割合が74%である。64バイトブロックの2-ウェイセットアソシアティブキャッシュであり、B.4で示したコンピュータと同じものを使っている。

B.2 キャッシュの性能

実行命令数は、ハードウェアに依存しないため、プロセッサの性能をこの数を使って評価したい誘惑に駆られる。このような間接的な性能の物差しは、多くのコンピュータ設計者にとっての罠となる。メモリ階層の性能を評価する場合にも、これと似たような誘惑がある。やはりハードウェアの速度に依存しないミス率ばかりに注目することである。後述するように、ミス率は実行命令数と同様に誤解を招きやすい。メモリ階層の性能に対する、より優れた物差しとして、**平均メモリアクセス時間**がある。

平均メモリアクセス時間
= ヒット時間 + ミス率 × ミスペナルティ

ここで、**ヒット時間**はキャッシュがヒットする時の時間であり、他の2つの項については、すでに説明したとおりである。平均アクセス時間のそれぞれの項は、絶対時間、例えばヒット1回当たり0.5から1nsでも良いし、プロセッサがメモリを待つクロックサイクル数、例えばミスペナルティが150から200クロックサイクルであるなどでも良い。平均メモリアクセス時間は、ミス率よりは良い物差しではあるものの、やはり性能に対する間接的な物差しであることを覚えておかなければならない。それは実行時間と置き換えることはできない。

この式を用いて、分離型キャッシュと統合キャッシュのどちらを取るかを決めることができる。

例題B.4

16KiBの命令キャッシュと16KiBのデータキャッシュを持つ分離型と、32KiBの統合キャッシュのどちらがミス率が少ないだろうか。正解を得るには、図B.6のミス率を使うのが良い。命令の36%がデータ転送命令であると仮定せよ。ヒットは1クロックサイクルを要し、ミスペナルティは100クロックサイクルを要する。ロードまたはストアは、統合キャッシュにおいては、キャッシュのポートが1つであるならば、2つの同時に来た要求を満足させるために、ヒット時に1クロックを余分に必要とする。第3章のパイプラインの用語を使うと、統合キャッシュは構造ハザードを生じる。それぞれの場合の平均メモリアクセス時間はどれくらいになるか。ライトバッファ付きのライトスルーキャッシュを想定し、ライトバッファによるストールを無視せよ。

解答

まず、1,000命令当たりのミス数をミス率に変換する。以前の一般式を解くと、ミス率は、

$$\text{ミス率} = \frac{\dfrac{\text{ミス数}}{1000\ \text{命令}} / 1000}{\dfrac{\text{命令数}}{\text{メモリアクセス数}}}$$

命令アクセス数1回必要とするので、命令ミス率は、

$$\text{ミス率}_{16\text{KB 命令}} = \frac{3.82/1000}{1.00} = 0.004$$

36%の命令はデータ転送なので、データミス率は、

$$\text{ミス率}_{16\text{KB データ}} = \frac{40.9/1000}{0.36} = 0.114$$

統合キャッシュのミス率には命令アクセスとデータアクセス数が必要であるため、

$$\text{ミス率}_{32\text{KB 統合}} = \frac{43.3/1000}{1.00 + 0.36} = 0.0318$$

上に述べたように、74%のメモリアクセスは命令参照である。このため、分離型キャッシュの全体のミス率は以下のようになる。

$$(74\% \times 0.004) + (26\% \times 0.114) = 0.0326$$

したがって、32KiBの統合キャッシュは、2つの16KiBのキャッシュのミス率に比べてやや低い実効ミス率を持つことになる。

平均メモリアクセス時間の式は命令とデータアクセスに分けられる。

平均メモリアクセス時間
= 命令の割合 × (ヒット時間 + 命令ミス率 × ミスペナルティ)
+ データの割合 × (ヒット時間 + データミス率 × ミスペナルティ)

このため、それぞれの構成に対する時間は、

$平均メモリアクセス時間_{分離型}$
$= 74\% \times (1 + 0.004 \times 200) + 26\% \times (1 + 0.114 \times 200)$
$= (74\% \times 1.80) + (26\% \times 23.80)$
$= 1.332 + 6.188 = 7.52$

$平均メモリアクセス時間_{統合型}$
$= 74\% \times (1 + 0.0318 \times 200) + 26\% \times (1 + 1 + 0.0318 \times 200)$
$= (74\% \times 7.36) + (26\% \times 8.36) = 5.446 + 2.174 = 7.62$

この例における分離型キャッシュは、クロックサイクル当たり2つのメモリポートを提供し、構造ハザードを避けることができる。このため、単一ポートの統合キャッシュに比べて実効ミス率は悪いにもかかわらず平均メモリアクセス時間は良くなる。

B.2.1 平均メモリアクセス時間とプロセッサ性能

キャッシュミスから計算した平均メモリアクセス時間からプロセッサの性能を予測できるのか、というと、これは明らかに疑問である。

まず、メモリを用いるI/Oデバイスなどストールには他にも理由がある。設計者は、大抵の場合は、メモリ階層によるストールが、他のストールの原因に比べて大きな割合を占めることから、すべてのメモリストールがキャッシュミスに起因すると仮定しがちである。ここではこの単純化された仮定を用いる。しかし、最終的な性能を計算する際には、"すべての"メモリストールを計算に入れることを忘れてはならない。

2番目に、答えはプロセッサ自身によっても変わってくる。インオーダ実行のプロセッサ（第3章を参照）を扱っているならば、答えは基本的にYesである。プロセッサはミスの間ストールし、メモリストール時間は平均メモリアクセス時間と強く相関する。今は、この仮定を用いることにする。

先述したようにCPU時間を以下のように見積もっている。

CPU時間
= (CPU実行クロックサイクル数 + メモリストールクロックサイクル数) × クロックサイクル時間

この式からキャッシュヒット時のクロックサイクル数は、CPUの実行クロックサイクルなのかメモリストールクロックサイクルの一部なのか、という疑問が生じる。どちらのやり方にも根拠はあるが、ヒット時のクロックサイクル数をCPUの実行クロックサイクルに含めて考える方法の方が広く受け入れられている。

では、キャッシュの性能に対する影響を調べよう。

例題B.5

最初の例としてインオーダ実行コンピュータを用いる。キャッシュミスのペナルティを200クロックサイクル、すべての命令が1クロックサイクル（メモリストールを無視した場合）かかるとする。平均ミス率を2%とし、命令当たり平均1.5回のメモリ参照が生じるとすると、1,000命令当たりの平均キャッシュミス回数は30となる。キャッシュの振る舞いを含めた場合の性能に対する影響はどうなるか。命令当たりのミス数とミス率の両方の影響を計算せよ。

解答

$$\text{CPU時間} = \text{IC} \times \left(\text{CPI}_{実行} + \frac{メモリストールクロックサイクル}{命令数}\right) \times クロックサイクル時間$$

キャッシュミスを含めた性能は、

$$\begin{aligned}\text{CPU時間}_{キャッシュ付き} &= \text{IC} \times [1.0 + (30/1000 \times 200)] \times クロックサイクル時間\\ &= \text{IC} \times 7.00 \times クロックサイクル時間\end{aligned}$$

ミス率を使って計算すると、

$$\text{CPU時間} = \text{IC} \times \left(\text{CPI}_{実行} + ミス率 \times \frac{メモリアクセス}{命令数} \times ミスペナルティ\right) \times クロックサイクル時間$$

$$\begin{aligned}\text{CPU時間}_{キャッシュ付き} &= \text{IC} \times [1.0 + (1.5 \times 2\% \times 200)] \times クロックサイクル時間\\ &= \text{IC} \times 7.00 \times クロックサイクル時間\end{aligned}$$

クロックサイクル時間と実行命令数はキャッシュの有無にかかわらず等しい。このため、CPIは、完全なキャッシュでは1.0だったのが、キャッシュミスにより7になり、CPU実行時間は7倍になる。すべてのメモリ階層がない場合、CPIは、1.0 + 200 × 1.5で301、キャッシュ付きのシステムの40倍以上になる。

この例が示すように、キャッシュの振る舞いは、性能に大きな影響を及ぼす。さらに、キャッシュミスはCPIが小さく、クロックが高速なプロセッサに対しては、より大きな影響を及ぼす。

1. $\text{CPI}_{実行}$が小さくなればなるほど、キャッシュミスのクロックサイクル数が一定の場合、相対的な影響はさらに大きくなる。
2. CPIを計算する時、ミスペナルティは、1つのミス当たりのプロセッサクロックサイクルの中に入れて測る。このため、2つのコンピュータのメモリ階層が同じでも、高い周波数のプロセッサではミス当たりのクロックサイクル数は大きくなり、これが原因でCPIの中で、メモリの占める割合は大きくなる。

CPIが小さく、周波数が高いプロセッサでは、キャッシュの重要性はとりわけ大きい。このため、このようなコンピュータの性能を見積もる際にキャッシュの振る舞いを無視することの危険性はとりわけ大きなものとなる。Amdahlの法則にまたしても打ちのめされることになる。

平均メモリアクセス時間を最小化するのは、目標としては悪くないため、本付録ではこれを多用するが、最終目標はプロセッサの実行時間を低減であることを忘れてはいけない。次の例は、これらの

2つがいかに違っているかを示す例である。

例題B.6

2つの異なったキャッシュの構成がプロセッサの性能に対して及ぼす影響はどうなるか。キャッシュが理想的な場合にCPIは1.6であり、クロック周期を0.35ns、命令当たりのメモリ参照を1.4、ともにキャッシュの容量は128KiB、ブロックサイズは64バイトと仮定する。1つのキャッシュはダイレクトマップでもう1つは2-ウェイセットアソシアティブである。図B.3に示したように、セットアソシアティブキャッシュには、タグの照合結果によって、両方のブロックのどちらかを選択するためのマルチプレクサを必要とする。プロセッサの速度は、キャッシュヒット時の速度に直接関連しており、プロセッサのサイクル時間はセットアソシアティブキャッシュの選択用のマルチプレクサに合わせて1.35倍に引き伸ばされると仮定する。第1次近似として、キャッシュミスペナルティはどちらのキャッシュ構成でも65nsとする(実際は、通常クロックサイクル数の整数に切り捨てあるいは切り上げする)。最初に平均メモリアクセス時間を、次にプロセッサ性能を計算せよ。ヒット時間を1クロックサイクルと仮定し、ダイレクトマップの128KiBのミス率を2.1%、2-ウェイセットアソシアティブの同じサイズを1.9%であるとする。

解答

平均メモリアクセス時間は、

$$\text{平均メモリアクセス時間} = \text{ヒット時間} + \text{ミス率} \times \text{ミスペナルティ}$$

それぞれの構成におけるアクセス時間は以下のとおりである。

$$\text{平均メモリアクセス時間}_{\text{1-ウェイ}} = 0.35 + (0.021 \times 65) = 1.72\text{ns}$$

$$\text{平均メモリアクセス時間}_{\text{2-ウェイ}} = 0.35 \times 1.35 + (0.019 \times 65) = 1.71\text{ns}$$

平均メモリアクセス時間は、2-ウェイセットアソシアティブキャッシュの方が良い。

プロセッサ性能は、

$$\text{CPU時間} = \text{IC} \times \left(\text{CPI}_{\text{実行}} + \frac{\text{ミス}}{\text{命令}} \times \text{ミスペナルティ}\right) \times \text{クロックサイクル時間}$$
$$= \text{IC} \times \left[(\text{CPI}_{\text{実行}} \times \text{クロックサイクル時間}) + \left(\text{ミス率} \times \frac{\text{メモリアクセス数}}{\text{命令数}} \times \text{ミスペナルティ} \times \text{クロックサイクル時間}\right)\right]$$

[ミスペナルティ×クロックサイクル時間]を65nsで置き換えると、各キャッシュ構成の性能は、

$$\text{CPU時間}_{\text{1-ウェイ}} = \text{IC} \times [1.6 \times 0.35 + (0.021 \times 1.4 \times 65)] = 2.47 \times \text{IC}$$

$$\text{CPU時間}_{\text{2-ウェイ}} = \text{IC} \times [1.6 \times 0.35 \times 1.35 + (0.019 \times 1.4 \times 65)] = 2.49 \times \text{IC}$$

また、相対性能は、

$$\frac{\text{CPU時間}_{\text{2-ウェイ}}}{\text{CPU時間}_{\text{1-ウェイ}}} = \frac{2.26 \times \text{命令数}}{2.20 \times \text{命令数}} = 1.03$$

平均メモリアクセス時間の比較とは違って、ダイレクトマップキャッシュの方が少しだけ良い性能になる。これは、ミスが少なくても、2-ウェイセットアソシアティブの場合、すべての命令のクロックサイクルが引き伸ばされるためである。問題となるのはCPU時間であり、ダイレクトマップは作るのも簡単であるため、この例ではダイレクトマップが優れていることになる。

B.2.2 アウトオブオーダ実行プロセッサのミスペナルティ

アウトオブオーダ実行のプロセッサにとって、ミスペナルティをどのように定義すれば良いだろうか。メモリをミスした際のレイテンシ全部だろうか、それともプロセッサがストールしなければならない「表面化した」オーバーラップされないレイテンシだろうか。この疑問はデータのミスの処理が完了するまでストールするプロセッサでは生じないものだ。

メモリストールを定義しなおし、オーバーラップされないレイテンシとしてミスペナルティの新しい定義を導こう。

$$\frac{\text{メモリストールサイクル}}{\text{命令}} = \frac{\text{ミス数}}{\text{命令}} \times (\text{全体のミスレイテンシ} - \text{オーバーラップされるミスレイテンシ})$$

アウトオブオーダプロセッサのあるものはヒット時間を引き延ばしてしまう。このため、性能評価式のヒット時間についての部分も、同じように、全体のヒットレイテンシからオーバーラップされたヒットレイテンシを分離することができるだろう。この式はアウトオブオーダプロセッサのメモリ資源の衝突を計算に入れるためにも拡張して利用できる。この場合も、全体のミスレイテンシを、衝突が起きていない部分のレイテンシと、衝突によるレイテンシに分けることができる†。さて、ここではミスレイテンシだけに焦点を当てよう。

- **メモリレイテンシの長さ**:アウトオブオーダプロセッサのメモリ操作の開始と終了はいつなのか。
- **メモリレイテンシのオーバーラップ**:プロセッサによるオーバーラップの始まりはとは何か。(またはメモリ操作がプロセッサをいつの時点でストールさせるのか。)

アウトオブオーダ実行のプロセッサは複雑であり、ただ1つの正しい定義が存在するわけではない。

パイプラインのリタイアステージにはコミットされた命令だけが現れる。そこで、そのサイクルで可能な最大数の命令が終了(リタイア)しないのであれば、そのプロセッサは"1クロックサイクル

† 訳注:複数のデータ読み出しが発生した場合、発生した命令のレジスタにこれを引き渡すための照合にインオーダよりは時間がかかる、複数のアクセスに対応してパイプライン化やノンブロッキング化したため、ヒット時間が延びること、などが考えられる。

ストールした”と言う。このストールが終了できない最初の命令が原因と考えるからだ。この定義は安全確実である。例えば、ある改良法を施すことで、特定のストール時間を改善することは、必ずしも実行時間を改善することにならない。これは、改良の対象となるストールの陰に隠れていた、別のタイプのストールが表面化するかもしれないからだ。その時にでもこの定義は成立する。

レイテンシの測定は、メモリアクセス命令が命令ウィンドウに入る時、アドレスが生成される時、命令が実際にメモリシステムに送られる時のいずれかをスタートとする。一貫性があるように用いる限り、どの方法でもうまく働く。

例題B.7

先の例で考えよう。ただし今度は、もっと長いクロックサイクル時間を持つアウトオブオーダプロセッサでダイレクトマップキャッシュを持つと仮定する。65ns のミスペナルティのうち、30% はオーバーラップできる。すなわち、平均 CPU メモリストール時間は、今度は 45.5ns となる。

解答

アウトオブオーダ (OOO) コンピュータの平均メモリアクセス時間は、

$$\text{平均メモリアクセス時間}_{\text{1-ウェイ,OOO}} = 0.35 \times 1.35 + (0.021 \times 45.5) = 1.43\text{ns}$$

OOO キャッシュの性能は、

$$\text{CPU 時間}_{\text{1-ウェイ,OOO}} = \text{IC} \times [1.6 \times 0.35 \times 1.35 + (0.021 \times 1.4 \times 45.5)] = 2.09 \times \text{IC}$$

このため、ずっと遅いクロックサイクル時間とダイレクトマップの高いミス率にもかかわらず、アウトオブオーダコンピュータは、30%のミスペナルティを隠蔽できるため、少しだけ速くすることができる。

まとめると、アウトオブオーダプロセッサのメモリストールを定義し、測定する技術は複雑であるが、これらは性能に大きく影響するので常に注意が必要である。この複雑さは、アウトオブオーダプロセッサが、キャッシュミスに起因する一定のレイテンシがあっても、性能の低下を招かずにいられることから来ている。結局のところ、設計者はアウトオブオーダプロセッサとメモリのシミュレータを用いて、メモリ階層におけるトレードオフを評価している。このことで、平均メモリレイテンシを改良することが実際のプログラム性能の改善に有効なのかどうかを確認している。

この節のまとめと一覧として、図 B.7 に付録 B のキャッシュの式のリストを示す。

$$2^{\text{インデックス}} = \frac{\text{キャッシュサイズ}}{\text{ブロックサイズ} \times \text{ウェイ数}}$$

$$\text{CPU実行時間} = (\text{CPUクロックサイクル数} + \text{メモリストールサイクル数}) \times \text{クロックサイクル時間}$$

$$\text{メモリストールサイクル数} = \text{ミスの数} \times \text{ミスペナルティ}$$

$$\text{メモリストールサイクル数} = \text{IC} \times \frac{\text{ミス数}}{\text{命令数}} \times \text{ミスペナルティ}$$

$$\frac{\text{ミス数}}{\text{命令数}} = \text{ミス率} \times \frac{\text{メモリアクセス数}}{\text{命令数}}$$

$$\text{平均メモリアクセス時間} = \text{ヒット時間} + \text{ミス率} \times \text{ミスペナルティ}$$

$$\text{CPU 時間} = \text{IC} \times \left(\text{CPI}_{\text{実行}} + \frac{\text{メモリストールクロックサイクル}}{\text{命令数}}\right) \times \text{クロックサイクル時間}$$

$$\text{CPU 時間} = \text{IC} \times \left(\text{CPI}_{\text{実行}} + \frac{\text{ミス}}{\text{命令}} \times \text{ミスペナルティ}\right) \times \text{クロックサイクル時間}$$

$$\text{CPU 時間} = \text{IC} \times \left(\text{CPI}_{\text{実行}} + \text{ミス率} \times \frac{\text{メモリアクセス}}{\text{命令数}} \times \text{ミスペナルティ}\right) \times \text{クロックサイクル時間}$$

$$\frac{\text{メモリストールサイクル}}{\text{命令}} = \frac{\text{ミス数}}{\text{命令}} \times (\text{全体のミスレイテンシ} - \text{オーバーラップされるミスレイテンシ})$$

$$\text{平均メモリアクセス時間} = \text{ヒット時間}_{L1} + \text{ミス率}_{L1} \times (\text{ヒット時間}_{L2} + \text{ミス率}_{L2} \times \text{ミスペナルティ}_{L2})$$

$$\frac{\text{メモリストールサイクル}}{\text{命令}} = \frac{\text{ミス数}_{L1}}{\text{命令}} \times \text{ヒット時間}_{L2} + \frac{\text{ミス数}_{L2}}{\text{命令}} \times \text{ヒット時間}_{L2}$$

図B.7 付録Bの性能評価式のまとめ

最初の式はキャッシュインデックスサイズを計算するのに使い、後の式は性能評価用である。最後の 2 つの式はマルチレベルキャッシュを扱っており、これらは次の節の最初の部分で説明されている。この 2 つは読者が一覧するのに便利なようにここに加えてある。

B.3 6つの基本的なキャッシュ改良法

以下の平均メモリアクセス時間の式は、現在のキャッシュ性能を改善するキャッシュ改良法の枠組みを与えてくれる。

平均メモリアクセス時間
　= ヒット時間 + ミス率 × ミスペナルティ

ここで、6つのキャッシュ改良法を3つに分類する。

- **ミス率の削減**：より大きなブロックサイズの利用。より大きなキャッシュサイズの利用。ウェイ数の増強。
- **ミスペナルティの削減**：マルチレベルキャッシュの利用。書き込みよりも読み出しに優先権を付与。
- **ヒット時の時間の削減**：キャッシュをインデックスする時のアドレス変換の回避。

図B.8は、この6つの改良方式に要する、実装面の複雑さと、性能に対する効果をまとめて、この節の結論としている。

キャッシュの動作を改善する古典的なアプローチはミス率を減らすことで、このための方法を3つ示す。ミスの原因を詳しく調べるために、すべてのミスを以下の3つの単純な原因に分けることから始めよう。（第5章では、4番目のC、つまり**一貫性ミス**（coherency miss）を付け加えた。これはマルチプロセッサの複数のキャッシュが一貫性を維持するためにキャッシュを捨てることによるミスであるが、ここでは考えないことにする。）

- **初期参照**（Compulsory）：キャッシュブロックに対する最初のアクセスはヒットするはずがない。ここで、ブロックをキャッ

			ミス率の内訳（相対値）（総和をとった100%が、全体のミス率となる）					
キャッシュサイズ（KiB）	ウェイ数	全体のミス率	初期参照		容量		競合	
4	1-ウェイ	0.098	0.0001	0.10%	0.07	72%	0.027	28%
4	2-ウェイ	0.076	0.0001	0.10%	0.07	93%	0.005	7%
4	4-ウェイ	0.071	0.0001	0.10%	0.07	99%	0.001	1%
4	8-ウェイ	0.071	0.0001	0.10%	0.07	100%	0	0%
8	1-ウェイ	0.068	0.0001	0.10%	0.044	65%	0.024	35%
8	2-ウェイ	0.049	0.0001	0.10%	0.044	90%	0.005	10%
8	4-ウェイ	0.044	0.0001	0.10%	0.044	99%	0	1%
8	8-ウェイ	0.044	0.0001	0.10%	0.044	100%	0	0%
16	1-ウェイ	0.049	0.0001	0.10%	0.04	82%	0.009	17%
16	2-ウェイ	0.041	0.0001	0.20%	0.04	98%	0.001	2%
16	4-ウェイ	0.041	0.0001	0.20%	0.04	99%	0	0%
16	8-ウェイ	0.041	0.0001	0.20%	0.04	100%	0	0%
32	1-ウェイ	0.042	0.0001	0.20%	0.037	89%	0.005	11%
32	2-ウェイ	0.038	0.0001	0.20%	0.037	99%	0	0%
32	4-ウェイ	0.037	0.0001	0.20%	0.037	100%	0	0%
32	8-ウェイ	0.037	0.0001	0.20%	0.037	100%	0	0%
64	1-ウェイ	0.037	0.0001	0.20%	0.028	77%	0.008	23%
64	2-ウェイ	0.031	0.0001	0.20%	0.028	91%	0.003	9%
64	4-ウェイ	0.03	0.0001	0.20%	0.028	95%	0.001	4%
64	8-ウェイ	0.029	0.0001	0.20%	0.028	97%	0.001	2%
128	1-ウェイ	0.021	0.0001	0.30%	0.019	91%	0.002	8%
128	2-ウェイ	0.019	0.0001	0.30%	0.019	100%	0	0%
128	4-ウェイ	0.019	0.0001	0.30%	0.019	100%	0	0%
128	8-ウェイ	0.019	0.0001	0.30%	0.019	100%	0	0%
256	1-ウェイ	0.013	0.0001	0.50%	0.012	94%	0.001	6%
256	2-ウェイ	0.012	0.0001	0.50%	0.012	99%	0	0%
256	4-ウェイ	0.012	0.0001	0.50%	0.012	99%	0	0%
256	8-ウェイ	0.012	0.0001	0.50%	0.012	99%	0	0%
512	1-ウェイ	0.008	0.0001	0.80%	0.005	66%	0.003	33%
512	2-ウェイ	0.007	0.0001	0.90%	0.005	71%	0.002	28%
512	4-ウェイ	0.006	0.0001	1.10%	0.005	91%	0	8%
512	8-ウェイ	0.006	0.0001	1.10%	0.005	95%	0	4%

図B.8 それぞれのサイズのキャッシュのミス率と、3つのCの占める割合

初期参照ミスは、キャッシュサイズに関係ないが、容量ミスは容量の増加とともに減少し、競合ミスはセット数の増加とともに減少する。図B.5は同じデータをグラフで表したものである。サイズNのダイレクトマップキャッシュは128Kまでのサイズではサイズ$N/2$の2-ウェイセットアソシアティブキャッシュと同じミス率になる。128KiBより大きいサイズではこの法則は成り立たない。「容量ミス」の列はフルアソシアティブのミス率であることに注意。データは、図B.4の条件で、LRU置き換えを用いて取得した。

シュに持ってこなければならない。これは、**コールドスタートミス**（cold-start miss）あるいは**最初の参照ミス**（first-reference miss）とも呼ばれる。

- **容量**（Capacity）：キャッシュがプログラムの実行中に必要なブロックをすべて持てなければ、（**コールドスタートミス**に加え）**容量ミス**（capacity miss）が起きる。ブロックは捨てられ、後になって、また持って来なければならない。
- **競合**（Conflict）：ブロック配置方式がセットアソシアティブかダイレクトマップならば、（容量ミス、初期参照ミスに加え）競合ミスが起きる。つまり、そのセットに割り当てられるブロックが多すぎると、それは捨てられ、後でまた持って来なければならない。これらのミスは**衝突ミス**（collision miss）とも呼ばれる。*n*-ウェイセットアソシアティブキャッシュの、良く使われるセットに対して *n* 個以上の要求が発生したために起きるミスのことであり、フルアソシアティブキャッシュならば防ぐことができる。

図 B.8 は、キャッシュミスの相対頻度を、3 つの C に分離して示す。初期参照ミスは、無限大のキャッシュにおいても起きる。容量ミスはフルアソシアティブキャッシュでも起きる。競合ミスは、フルアソシアティブから 8-ウェイ、4-ウェイと減るにつれて数多く発生るするようになる。図 B.9 は同じデータをグラフで示している。上は絶対ミス率であり、下はすべてのミスに対するそれぞれのミスの割合を、キャッシュサイズに対してとったものである。

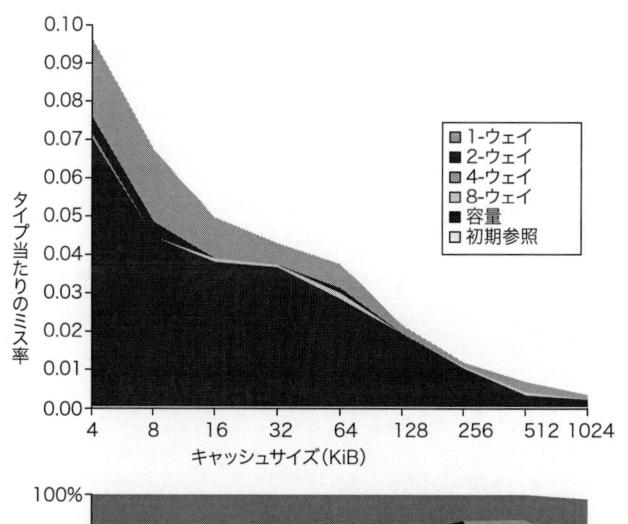

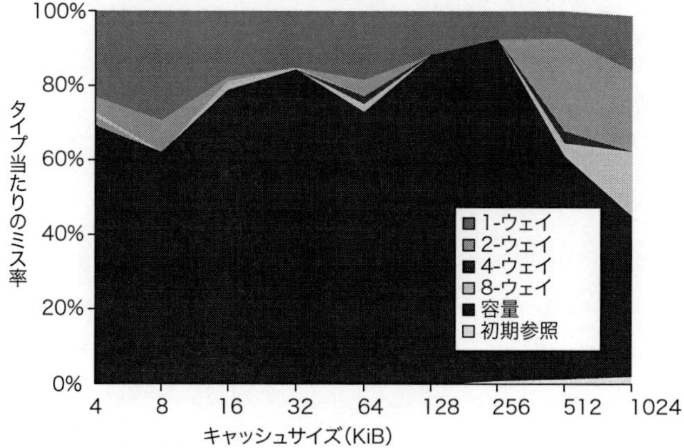

図B.9　図B.8 の 3 つのCのデータに基づいた総合ミス率（上）とミス率の分布（下）

グラフはスペースの余裕があったので表 B.4 に入らなかったキャッシュサイズを 1 つ余分に載せている。

ウェイ数の効果を見るために、競合ミスを、それぞれのウェイ数を減らすたびに生じるミスに分離して示している。競合ミスの 4 つの分類とそれがどのように計算されたかを示す。

- **8-ウェイ**：フルアソシアティブ（競合なし）から 8-ウェイに減らしたことにより生じた競合ミス
- **4-ウェイ**：8-ウェイから 4-ウェイに減らしたことにより生じた競合ミス
- **2-ウェイ**：4-ウェイから 2-ウェイに減らしたことにより生じた競合ミス
- **1-ウェイ**：2-ウェイから 1-ウェイ（ダイレクトマップ）に減らしたことにより生じた競合ミス

図 B.8 から分かるように、SPEC2000 は、長い時間走るプログラムを数多く集めているので、初期参照ミスの割合は極めて小さい。

3 つの C を識別したら、これらについてコンピュータの設計者は何ができるだろう。結論としては、競合ミスを防ぐのが一番簡単だ。フルアソシアティブ方式を使えばすべての競合ミスを回避することができる。しかし、フルアソシアティブ方式は、ハードウェアが複雑であり、プロセッサクロック周波数を遅くするかもしれず（例題 B.9 を参照）、このことにより結果として全体の性能が低くなる可能性がある。

容量ミスについては、キャッシュを大きくする以外、とるべき対応はほとんどない。階層の上のレベルのメモリが、プログラムの要求に比べてずっと小さく、階層中の 2 つのレベルでデータを動かすのに時間の多くの割合を費やすことを、メモリ階層が**スラッシュ**（thrash）**状態**であると言う。**スラッシング**（thrashing）が起きると、多数の置き換えが必要となるため、コンピュータは、1 つ下のレベルのメモリの速度で動くのと同じになってしまう。場合によっては、ミスのオーバーヘッドによってこれよりも遅くなることすらある。

3 つの C を改善するもう 1 つのアプローチは、初期参照ミスの数を減らすためにブロックを大きくすることである。しかし、後述するように、大きなブロックは他のミスを増やす可能性がある。

3 つの C は、ミスの原因についての知識を与えてくれる。しかし、この単純なモデルには限界がある。それは、平均的な振る舞いについての知識を与えてくれても、個別のミスの原因を説明してはくれないことだ。例えば、キャッシュサイズを大きくすると、競合ミスと容量ミスは同時に変化する。同様に、ブロックサイズを変えることは、（初期化ミスを削減するのに加えて）時に容量ミスを削減することになる［Gupta *et al.*, 2013］。

3 つの C は置き換え方式を無視していることに注意しなければならない。置き換え方式は、モデル化することが難しい上、普通その影響が小さいからである。しかし、置き換え方式によっては、特定の状況下では実際に異常な振る舞いを生じる。このため大きなウェイ数なのにミス率が悪くなるなど、3 つの C のモデルとは整合しない結果となる。（3 つの C のモデルからメモリ上の配置ミスを排除するために、アドレストレースを使ってメモリ上での最適な配置付けを決めてしまったらどうか、という提案があったが、ここではこの助言には従わなかった。）

ミス率を減らすテクニックの多くは、ヒット時間やミスペナルティを増やしてしまう。ミス率を減らすのに 3 つの改良手法を用いる場合には、全体のシステムを高速化するという目的に向かって、これらの3つのバランスが取れていることが望ましい。まず最初の例では大局的なバランスの重要性を示す。

改良法1：　大きなブロックサイズの利用によるミス率の削減

ミス率を減らす一番単純な方法は、ブロックサイズを大きくすることである。図B.10は、ある一群のプログラムにおける、キャッシュの大きさ毎の、ミス率のブロックサイズに対するトレードオフを示している。ブロックサイズを大きくすれば、初期参照ミスも減らすことができる。この減少は、2つの局所性、すなわち、時間的局所性と空間的局所性から来ている。ブロックを大きくすることで空間的局所性を利用できる。

ブロックを大きくすると、ミスペナルティも同時に増加する。キャッシュ内に格納できるブロック数が減ることになるため、

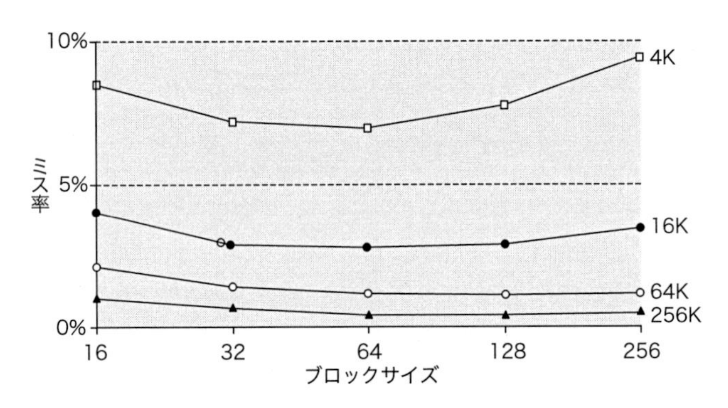

図B.10　5つの異なった大きさのキャッシュについてのブロックサイズに対するミス率

ミス率は、実際にキャッシュサイズに応じてブロックサイズがある程度大きくなると、大きくなってしまうことに注意。それぞれの線は異なったサイズを示している。表B.5は、これらの線を引くのに使ったデータを示す。不幸なことに、SPEC2000のトレースはブロックサイズまで入れると長くなりすぎるので、これらのデータはDECstatiton 5000上でのSPEC92のデータに基づいている［Gee *et al.*, 1993］。

キャッシュが小さければブロックを大きくすることで競合ミスや容量ミスさえも増加するかもしれない。当然だが、ミス率を「増やしてしまう」サイズまでブロックを大きくすることには意味がない。また、平均メモリアクセス時間を増やしてしまうならば、ミス率を減らすことに利益はない。ミスペナルティの増加がミス率の削減を上回ってしまう可能性がある。

例題B.8

図B.11は、図B.10の実際のミス率の数値を示している。メモリシステムが80クロックのオーバーヘッドの後に、16バイトを2クロックサイクル毎に転送することができると仮定する。図B.11においてそれぞれのキャッシュサイズの平均メモリアクセス時間を最小にするためのブロックサイズはどうなるか。

解答

平均メモリアクセス時間は、以下の式であった。

平均メモリアクセス時間
＝ヒット時間＋ミス率×ミスペナルティ

ヒット時間がブロックサイズにかかわらず1クロックサイクルと

	キャッシュサイズ			
ブロックサイズ	4K	16K	64K	256K
16	8.57%	3.94%	2.04%	1.09%
32	7.24%	2.87%	1.35%	0.70%
64	7.00%	2.64%	1.06%	0.51%
128	7.78%	2.77%	1.02%	0.49%
256	9.51%	3.29%	1.15%	0.49%

図B.11　図B.10の5つの異なった大きさのキャッシュにおけるブロックサイズに対するミス率

4KiBのキャッシュでは、256バイトのブロックは、32バイトのブロックより大きなミスになる。この例では、キャッシュが256バイトのブロックでミスを減らすためには、容量を256KiB持たなければならない。

すると、4KiBのキャッシュにおける16バイトのアクセス時間は、

平均メモリアクセス時間
＝1＋(8.57％×82)＝8.027クロックサイクル

一方、256KiBのキャッシュにおける256バイトのアクセス時間は、

平均メモリアクセス時間
＝1＋(0.49％×112) ＝1.549{ロックサイクル

図B.12はこの2つの極端なブロックサイズとキャッシュサイズの間にあたるサイズのアクセス時間を示す。太字の数字は、与えられたキャッシュサイズに対して最速のブロックサイズを示している。これは、4KiBで32バイト、それより大きいキャッシュでは64バイトとなる。実際、今日のプロセッサのキャッシュで一般的に使われているのは、これらのサイズである。

		キャッシュサイズ			
ブロックサイズ	ミスペナルティ	4K	16K	64K	256K
16	82	8.027	4.231	2.673	1.894
32	84	**7.082**	3.411	2.134	1.588
64	88	7.16	**3.323**	**1.933**	1.449
128	96	8.469	3.659	1.979	1.47
256	112	11.651	4.685	2.288	1.549

図B.12　図B.10の5つの異なった大きさのキャッシュにおけるブロックサイズに対する平均メモリアクセス時間

ブロックサイズが32と64バイトが優位を占めている。平均時間が一番小さい時間を太字で書いておく。

以上のテクニックのすべてについて、キャッシュの設計者は、ミス率とミスペナルティの両方を小さくしようとしている。ブロックサイズは、下のレベルのメモリのレイテンシとバンド幅の両方を考えて決める。レイテンシが大きく、バンド幅も大きければ、大きなブロックが有利である。これはキャッシュが1つのミスに対して、少しのミスペナルティの増加で、たくさんのバイトを取ってくることができるからである。逆に、レイテンシもバンド幅も小さければ、大きなブロックでも時間がほとんど節約できないので、ブロックサイズは小さい方が良い。小さいブロックがたくさんあれば、競合ミスの減少にもつながる。図B.6と表B.6は、ミス率を小さくする場合

と、平均メモリアクセス時間を小さくする場合で、ブロックサイズの選択がどのように違うかを示していることに注意してほしい。

さて、ここで大きなブロックサイズの初期参照ミスと容量ミスへの良い影響と悪い影響を調べた。次の2つの小節では大きな容量と大きなウェイ数について検討しよう。

改良法2：　大きなキャッシュの利用によるミス率の削減

表B.4と図B.5を見ると、容量ミスを減らすための明快な手段は、キャッシュの容量を増やすことであることが分かる。明らかな欠点は、ヒット時間が長くなるであろうこと、コストと消費電力が大きくなることである。この改良法は、特にオフチップのキャッシュでは一般的である。

改良法3：　ウェイ数を大きくすることによるミス率の削減

図B.8と図B.9は、ウェイ数を大きくするにつれてミス率がどのように改善されるかを示している。この2つの図から得ることのできる一般的な目安が2つある。まず、8-ウェイセットアソシアティブは、ミス率を減らすという点で、同じサイズのフルアソシアティブキャッシュと実質上は同じである。図B.8において、容量ミスは、フルアソシアティブキャッシュを用いて計算したものなので、これと8-ウェイセットアソシアティブキャッシュと比較すればその差が分かる。

次は**キャッシュの2：1の法則**と呼ばれるもので、サイズがNのダイレクトマップキャッシュは、サイズが$N/2$の2-ウェイセットアソシアティブキャッシュとミス率が同じになるというものである。これは、3つのCの表B.4中で128KiBよりサイズが小さいキャッシュで成立している。

ここで示す多くの例と同じく、平均メモリアクセス時間の1つの面を改善すると、別の一方が犠牲となる。ブロックサイズを大きくすることはミス率を減らすが、ミスペナルティを増やす。そして、ウェイ数を大きくすることは、ヒット時間を増やすというコストを払うことになる。このため、プロセッサのクロックサイクルを高速にするという圧力がある場合、単純なキャッシュが望ましいことになる。しかし、次の例が示すように、ミスペナルティが増加すると、ウェイ数が大きい方が有利となる。

例題B.9

ウェイ数が大きくなることにより、クロックサイクル時間が下のように増大すると仮定する。

$$\text{クロックサイクル時間}_{2\text{-ウェイ}} = 1.36 \times \text{クロックサイクル時間}_{1\text{-ウェイ}}$$
$$\text{クロックサイクル時間}_{4\text{-ウェイ}} = 1.44 \times \text{クロックサイクル時間}_{1\text{-ウェイ}}$$
$$\text{クロックサイクル時間}_{8\text{-ウェイ}} = 1.52 \times \text{クロックサイクル時間}_{1\text{-ウェイ}}$$

ヒット時間が1クロックサイクルであると仮定し、ダイレクトマップのミスペナルティがレベル2キャッシュ（次節を参照）に対して25クロックサイクルかかり、2次キャッシュはミスしないとする。また、このミスペナルティは、整数クロックサイクルに丸める必要はないとする。図B.8のミス率を用いると、下の3つの式が成立するのは、どのキャッシュのサイズに対してか。

$$\text{平均メモリアクセス時間}_{8\text{-ウェイ}} < \text{平均メモリアクセス時間}_{4\text{-ウェイ}}$$
$$\text{平均メモリアクセス時間}_{4\text{-ウェイ}} < \text{平均メモリアクセス時間}_{2\text{-ウェイ}}$$
$$\text{平均メモリアクセス時間}_{2\text{-ウェイ}} < \text{平均メモリアクセス時間}_{1\text{-ウェイ}}$$

解答

それぞれのウェイ数について、平均メモリアクセス時間は、

$$\text{平均メモリアクセス時間}_{8\text{-ウェイ}} = \text{ヒット時間}_{8\text{-ウェイ}} + \text{ミス率}_{8\text{-ウェイ}} \times \text{ミスペナルティ}_{8\text{-ウェイ}} = 1.52 + \text{ミス率}_{8\text{-ウェイ}} \times 25$$
$$\text{平均メモリアクセス時間}_{4\text{-ウェイ}} = 1.44 + \text{ミス率}_{4\text{-ウェイ}} \times 25$$
$$\text{平均メモリアクセス時間}_{2\text{-ウェイ}} = 1.36 + \text{ミス率}_{2\text{-ウェイ}} \times 25$$
$$\text{平均メモリアクセス時間}_{1\text{-ウェイ}} = 1.00 + \text{ミス率}_{1\text{-ウェイ}} \times 25$$

このミスペナルティは、それぞれの場合について同じで25クロックのままである。例えば、4KiBのダイレクトマップキャッシュは、

$$\text{平均メモリアクセス時間}_{1\text{-ウェイ}} = 1.00 + (0.098 \times 25) = 3.44$$

512KiBの場合、8-ウェイセットアソシアティブキャッシュは、

$$\text{平均メモリアクセス時間}_{8\text{-ウェイ}} = 1.52 + (0.006 \times 25) = 1.66$$

上の式と、図B.8のミス率から、それぞれのキャッシュとウェイ数における平均メモリアクセス時間を図B.13に示す。この表より、この例においては、8KiB以下のキャッシュは4-ウェイ以上が有利であることが分かる。16KiBから大きくなると、ウェイ数を大きくしたことで増やしてしまったヒット時間の影響がミスで減らした分の時間を上回るようになる。

	ウェイ数			
キャッシュサイズ（KiB）	1-ウェイ	2-ウェイ	4-ウェイ	8-ウェイ
4	3.44	3.25	3.22	**3.28**
8	2.69	2.58	2.55	**2.62**
16	2.23	**2.40**	**2.46**	**2.53**
32	2.06	**2.30**	**2.37**	**2.45**
64	1.92	**2.14**	**2.18**	**2.25**
128	1.52	**1.84**	**1.92**	**2.00**
256	1.32	**1.66**	**1.74**	**1.82**
512	1.2	**1.55**	**1.59**	**1.66**

図B.13　図B.8のミス率を例のパラメータとして用いた場合の平均メモリアクセス時間
太字は、左の数値より大きくなったところ、すなわち大きなウェイ数が平均メモリアクセス時間を引き伸ばした場合を示す。

この例の設定では、クロックサイクル時間が遅くなることを考えていなかったこと、そしてこのためダイレクトマップキャッシュの利点も理解しなければならないことに注意されたい。

改良法４：　マルチレベルキャッシュによるミスペナルティの削減

キャッシュの研究はどちらかというとキャッシュミスを減らすことに重点をおいてきた。しかし、キャッシュ性能の式から、ミスペナルティの改善はミス率の改善と同じくらい効果があるということが分かる。さらに、図2.2より、テクノロジの傾向としてプロセッサの速度改善はDRAMの高速化よりも速いことが分かる。このことから、ミスペナルティの相対的コストは時とともに増えることになる。

プロセッサとメモリの性能差はアーキテクトに次の問いを投げかける。

「キャッシュをプロセッサの速度に合わせて高速化すべきなのか、それともプロセッサとメインメモリの差の広がりを埋めるために、キャッシュを大きくすべきなのか。」

1つの答えは「両方をやること」だ。もともとのキャッシュとメモリとの間にもう1つのレベルのキャッシュを加えることが、この決断を簡単にしてくれる。最初のレベルのキャッシュは、高速なプロセッサのクロックサイクル時間に合わせるのに十分に高速になるように、そのサイズを小さくする。しかし、2次キャッシュは、メインメモリに対するアクセスの多くに対応し、実効的なミスペナルティを小さくするのに十分な程サイズを大きくする。

階層に新たなレベルを加えることは、ストレートな解決法ではあるが、性能解析を複雑にする。2次キャッシュに関する性能解析の定義は単純にすっきりとはいかない。2レベルキャッシュの**平均メモリアクセス時間**を定義することから始めよう。1次キャッシュと2次キャッシュにそれぞれL1とL2の添字を付けると、もともとの式は、

平均メモリアクセス時間
　$=$ ヒット時間$_{L1}$ $+$ ミス率$_{L1}$ $\times$ ミスペナルティ$_{L1}$

および、

ミスペナルティ$_{L1}$
　$=$ ヒット時間$_{L2}$ $+$ ミス率$_{L2}$ $\times$ ミスペナルティ$_{L2}$

このため、

平均メモリアクセス時間
　$=$ ヒット時間$_{L1}$ $+$ ミス率$_{L1}$ $\times$ (ヒット時間$_{L2}$
　　$+$ ミス率$_{L2}$ $\times$ ミスペナルティ$_{L2}$)

この式において、2次ミス率は1次キャッシュのミス率の残りから計算する。あいまいさをなくすため、2次キャッシュに関しては以下を適用する。

- **ローカルミス率**：あるキャッシュに対するミスの回数をそのキャッシュに対するメモリアクセスの数で割ったもの。お察しのとおり、1次キャッシュでは、ミス率$_{L1}$となり、2次キャッシュでは、ミス率$_{L2}$となる。
- **グローバルミス率**：そのキャッシュのミスの回数をプロセッサが発生する総メモリアクセスの回数で割ったもの。1次キャッシュのグローバルミス率は、ローカルミス率と同様にミス率$_{L1}$であるが、2次キャッシュではミス率$_{L1}$ $\times$ ミス率$_{L2}$となる。

このローカルミス率は、2次キャッシュでは大きくなるが、これは、1次キャッシュがメモリアクセスの上澄みを取ってしまうためである。グローバルミス率がより役に立つ理由がここにある。それは、プロセッサが発生したメモリアクセスのうち、どれだけの割合がメモリまで行くか、ということを示している。

ここに、命令当たりのミスの尺度が威力を発揮する余地がある。ローカルとグローバルのミス率の代わりに、命令当たりのメモリストールを拡張して2次レベルキャッシュの影響を加えれば良い。

命令当たりの平均メモリストール
　$=$ 命令当たりのミス数$_{L1}$ $\times$ ヒット時間$_{L2}$
　　$+$ 命令当たりのミス数$_{L2}$ $\times$ ミスペナルティ$_{L2}$

例題B.10

1,000回のメモリ参照に対して、1次キャッシュで40回ミスし、2次キャッシュで20回ミスする。各ミス率はどのようになるか。L2キャッシュのミスペナルティが200クロックサイクル、L2キャッシュのヒット時間が10クロックサイクル、L1キャッシュのヒット時間が1クロックサイクル、命令当たりに1.5メモリ参照があるとする。命令当たりの平均アクセス時間と平均ストールサイクルはどうなるか。書き込みの影響は無視せよ。

解答

1次キャッシュのミス率は(ローカル、グローバルともに)40/1000すなわち4%である。2次キャッシュはローカルミス率20/40すなわち50%である。2次キャッシュのグローバルミス率は20/1000すなわち2%である。したがって、

平均メモリアクセス時間
　$=$ ヒット時間$_{L1}$ $+$ ミス率$_{L1}$ $\times$ (ヒット時間$_{L2}$ $+$ ミス率L2 $\times$ ミスペナルティ$_{L2}$)
　$= 1 + 4\% \times (10 + 50\% \times 200) = 1 + 4\% \times 110$
　$= 5.4$ クロックサイクル

命令当たりのミスの多さを見るために、1,000回のメモリ参照を、命令当たりのメモリ参照の1.5で割ると、667命令となる。そこで、1,000命令当たりのミス数を1.5倍する必要がある。とすると、1000命令当たりで考えると、40×1.5すなわち60回のL1ミスとなり、20×1.5すなわち30回のL2ミスとなる。命令当たりの平均メモリストール数に関して、命令とデータに対して均一にミスが分散すると仮定すると、

命令当たりの平均メモリストール
　$=$ 命令当たりのミス数$_{L1}$ $\times$ ヒット時間$_{L2}$ $+$ 命令当たりのミス数$_{L2}$ $\times$ ミスペナルティL2
　$= (60 / 1000) \times 10 + (30 / 1000) \times 200$
　$= 0.060 \times 10 + 0.030 \times 200$
　$= 6.6$ クロックサイクル

平均メモリアクセス時間（AMAT）からL1ヒット時間を引き、命令当たりのメモリ参照の平均数に掛けると、命令当たりの平均メモリストールを得ることができる。

$(5.4 - 1.0) \times 1.5 = 4.4 \times 1.5 = 6.6$ クロックサイクル

この例が示すように、ミス率に対して命令当たりのミス数を用いて計算した方が、マルチレベルキャッシュについては混乱が少ないかもしれない。

これらの式は、ライトバックの1次キャッシュを想定し、読み出しと書き込みの両方を含んだものである。ライトスルーの1次キャッシュでは、当然、ミスだけでなくすべての書き込みが2次キャッシュに書き込まれ、ライトバッファが利用される。

図B.14と図B.15は、ミス率と相対実行時間が、2次キャッシュのサイズにつれてどのように変わるかを示す。これらの図から2つのことが分かる。1つ目は、2次キャッシュが1次キャッシュに比べて非常に大きな容量を持っている場合、グローバルキャッシュミス率が、2次キャッシュ単体のミス率と、よく似ていることだ。このため、1次キャッシュに適用した直感と知識が適用できる。2つ目は、ローカルミス率は、2次キャッシュについては良い物差しではないということ。ミス率は1次キャッシュのミス率の関数であるので、1次キャッシュを変えることで変化する。このため、2次キャッシュを評価する時は、グローバルミス率を使うべきである。

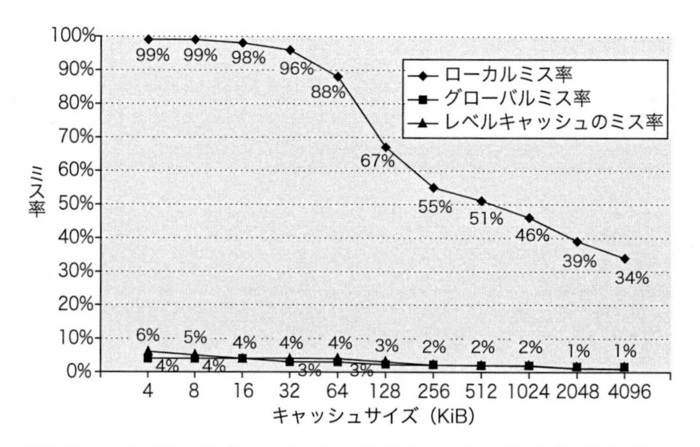

図B.14 マルチレベルキャッシュにおけるキャッシュサイズに対するミス率

命令、データ2つの1次キャッシュの合計である64KiBよりも2次キャッシュが小さいと、ミス率が高くなってしまい、あまり意味がない。256KiBより大きい単一キャッシュはグローバルミス率が10%以内になる。32KiBの1次レベルキャッシュを使った2次レベルキャッシュのローカルミス率とグローバルミス率、単一レベルキャッシュのミス率をともに示した。L2キャッシュ（統合）は、2-ウェイセットアソシアティブ、LRU置き換えを用いている。L1では命令とデータは分離しており、64KiBの2-ウェイセットアソシアティブでLRU置き換えである。ブロックサイズは、L1、L2ともに64バイトである。データは図B.4と同様に取得。

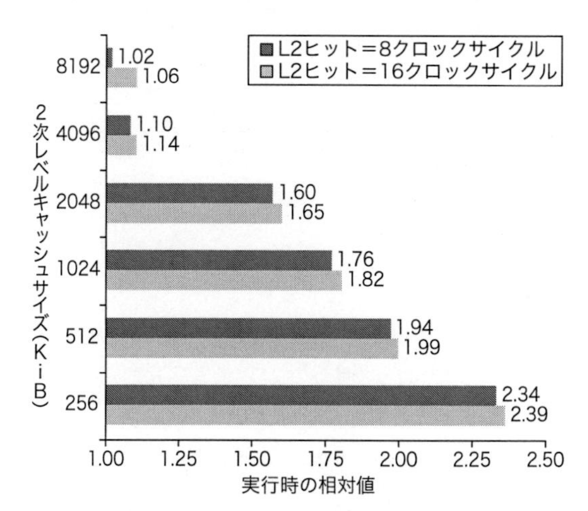

図B.15 2次レベルキャッシュサイズによる相対実行時間

グラフ中の2つの柱は、L2キャッシュがヒットした場合にクロックサイクル時間が異なる場合を示す。相対実行時間の基準としたのは、8129KiBの2次キャッシュでヒット時に1クロックサイクルのレイテンシを持つものである。データは図B.14と同じ方法で、Alpha21264のシミュレータで取得。

これらの定義を使って、2次キャッシュのパラメータを考えよう。まず、1次キャッシュはプロセッサのクロック周期に影響を与えるが、2次キャッシュの動作速度が影響するのは、1次キャッシュのミスペナルティにのみである。このため、2次キャッシュについては、1次キャッシュで用いると良くない選択も含め、数多くの選択肢を考慮できる。2次キャッシュの設計に対しては2つの大きな問題がある。「CPI中に平均メモリアクセス時間が占める割合を下げることができるか」および「コストはどれだけかかるのか」という問題である。

最初に決めることは、2次キャッシュのサイズである。1次キャッシュの中のすべてが2次キャッシュにも置かれると考えられるので、2次キャッシュは1次キャッシュに比べてずっと大きいはずである。2次キャッシュがちょっとだけ大きい程度ならば、ローカルミス率が高くなってしまう。しかしこの考え方では、昔のコンピュータのメインメモリのような巨大な2次キャッシュが誕生してしまう。

次に、2次キャッシュにおいて、セットアソシアティブキャッシュのウェイ数が単一キャッシュの場合よりも、重要になるのかどうかという疑問がある。

例題B.11

下のデータについて、ミスペナルティに対する2次キャッシュのウェイ数の影響はどうなるか。

- ダイレクトマップのヒット時間＝10クロックサイクル
- 2-ウェイセットアソシアティブにすると、ヒット時間が0.1クロックサイクル増加し、10.1クロックサイクルになる
- ダイレクトマップのローカルミス率＝25%
- 2-ウェイセットアソシアティブのローカルミス率＝20%
- ミスペナルティ＝200クロックサイクル

解答

ダイレクトマップの2次キャッシュに対して1次キャッシュのミスペナルティは、

ミスペナルティ $_{\text{1-ウェイ L1}}$
$= 10 + 25\% \times 200 = 60.0$ クロックサイクル

ウェイ数を増やしたことにより、ヒットコストが0.1クロックサイクル増加し、1次キャッシュミスペナルティは、

ミスペナルテ $_{\text{2-ウェイ L2}}$
$= 10.1 + 20\% \times 200 = 50.1$ クロックサイクル

実際は、2次キャッシュの多くは1次キャッシュとプロセッサに同期している。このため、2次キャッシュのヒット時間は、整数のクロックサイクル数で数える必要がある。運が良ければ、2次キャッシュのヒット時間は10サイクルとなり、ついていなければ、切り上げて11サイクルとなる。ダイレクトマップの2次キャッシュでは

どちらの数値でも改善になる。

ミスペナルティ$_{2\text{-ウェイ L2}}$
$= 10 + 20\% \times 200 = 50.0$クロックサイクル
ミスペナルティ$_{2\text{-ウェイ L2}}$
$= 11 + 20\% \times 200 = 51.0$クロックサイクル

ミスペナルティは2次キャッシュの**ミス率**を減らすことで削減することができる。

もう1つ考慮すべきことは、1次キャッシュのデータが2次キャッシュに存在するかどうかである。L1データは常にL2に存在するという**多重レベル包含性**（multilevel inclusion）は、メモリ階層では自然な方針である。多重レベル包含性は、I/Oとキャッシュ間（またはマルチプロセッサのキャッシュ間）の一貫性が、2次キャッシュを調べるだけで決められるという利点がある。

多重レベル包含性の欠点は、測定結果によると、小さな1次キャッシュには小さなブロックが、大きな2次キャッシュには大きなブロックが望ましいということから来ている。例えば、Pentium 4ではL1キャッシュには、64バイトのブロックを、L2キャッシュには128バイトブロックを使っている。多重レベル包含性を維持するには、2次キャッシュミスで余分な動作が必要になる。2次レベルのキャッシュは、ブロックが置き換えられる時に、そこに割り付けられている1次レベルのブロックのすべてを無効化する必要があり、1次ミス率を若干大きくしてしまう。この問題を避けるため、キャッシュ設計者の多くはキャッシュのすべてのレベルでブロックのサイズを同じにする。

しかし、設計者がL1キャッシュより少し大きい程度のL2キャッシュしか用意できなかったとしたらどうなるのだろうか。この容量の大きな部分がL1キャッシュとだぶっているコピーで占められてしまって良いのだろうか。このような場合、逆の方針、すなわち、L1キャッシュのデータが、決してL2キャッシュ上では見つからないとする方が有利である。これが、**多重レベル排他方式**（multilevel exclusion）である。この方式では、通常、L1キャッシュミスは、L2キャッシュとの間でリプレースを行うのではなく、L2キャッシュとL1キャッシュの間でブロックの交換を行う。この方針は、L2キャッシュにおける容量の無駄を防ぐ。例えば、AMD Opteronチップは多重レベル排他方式を64KiBのL1キャッシュと、1MiBのL2キャッシュとの間で用いている。

初心者は、1次と2次キャッシュを独立に設計するかもしれないが、1次キャッシュの設計は、対応する2次キャッシュによって楽になる。例えば、下のレベルがライトバックなら、連続書き込みの防波堤となり、多重レベル包含方式を使っていれば、ライトスルーの使用によるリスクを低減できる。

キャッシュ全体の設計の最重要なポイントは、ヒットの高速性とミス数の少なさをバランスさせることである。2次キャッシュは、1次キャッシュに比べ、ヒットする数は少なくなる。ということは、ミスが少なくなることが重要になる。この認識から、大きなキャッシュを使い、ウェイ数を多くする、大きなブロックを使うなど、ミス率を減らす技術を利用するのが良いことになる。

改良法5：　読み出しミスを書き込みよりも優先することによるミスペナルティの削減

書き込みが終わる前に、読み出しを処理してしまうのが、この改良法である。まず**ライトバッファ**の複雑さを知ることから始めよう。

ライトスルーキャッシュを改良する方法として一番重要なのは、適切なサイズのライトバッファを使うことである。しかし、ライトバッファには、更新された値が入っており、これは読み出しミスで要求される可能性があることから、メモリアクセスは複雑なものとなる。

例題B.12

以下のコードシーケンスを見てみよう。

```
sd x3, 512 (x0)    ; M[512] ¬x3    (cache index 0)
ld x1, 1024 (x0)   ; x1 ¬M[1024]   (cache index 0)
ld x2, 512 (x0)    ; x2 ¬M[512]    (cache index 0)
```

ダイレクトマップ、ライトスルーキャッシュで512と1024をキャッシュブロックの同じ場所にマップし、4ワードのライトバッファが、読み出しミスをチェックしない場合には、x2の値は、x3の値と常に同じになるだろうか。

解答

RAW（read after write）のデータハザードがメモリに生じる（第3章を参照）。危険性を理解するために、キャッシュアクセスを追ってみよう。x3のデータは、ストア命令の後に、ライトバッファに置かれる。次のロードは同じキャッシュインデックスを使うため、ミスが生じる。2つ目のロード命令は、512番地の値をレジスタx2に格納しようとし、やはりミスを起こす。ライトバッファがメモリの512番地に書き込み終わってなければ、512番地からの読み出しは、古くて間違ったキャッシュブロックの値をx2に入れてしまう。適切な配慮をしなければ、このようにx3はx2と同じ値にはならない。

このジレンマを解決する簡単な方法は、読み出しミスをライトバッファが空になるまで待たせることである。もう1つの方法は、読み出しミスが起きた時、ライトバッファの内容をチェックし、番地が一致するものがなく、メモリが利用可能な時には、読み出しミスの処理を行ってしまうことである。事実上すべてのデスクトップおよびサーバのプロセッサは、後者の方法を使って、読み出しに書き込みを上回る優先順位を与えている。

この改良法は、ライトバックキャッシュに対して用いると、プロセッサの書き込みコストを減らすことにも役に立つ。ある読み出しミスが、ダーティなメモリブロックに対して置き換えを発生すると仮定する。ダーティブロックをメモリに書き込んでから読み出しを行う代わりに、ダーティブロックをバッファに格納し、メモリを読み出し、それからメモリに格納する。この方法により、プロセッサが、待たなければならないかもしれない読み出しを早めに終えることができる。前の状況と同じく、読み出しミスが起きたら、プロセッサは、バッファが空になるまで待つか、バッファ中のワードのアドレスをチェックして衝突を調べる。

ここまで、キャッシュミスペナルティを減らすか、ミス率を減らす改良技術を調べてきた。次に、平均メモリアクセス時間を減らす、最後の構成要素であるヒット時間について検討する。ヒット時間はプロセッサのクロック周波数に影響を与えるために、プロセッサがキャッシュにアクセスするのに数クロックかかる場合も重要である。このため、ヒット時間を高速にすることは、どの局面でも役に立ち、その重要性は平均メモリアクセス時間のカバーする範囲を超えている。

改良法6：　キャッシュインデックス時のアドレス変換の回避によるヒット時間の削減

メモリアクセス時には、プロセッサからの仮想アドレスを物理アドレスに変換しなければならず、小さくて単純キャッシュでもこれに対応しなければならない。B.4節に示すように、プロセッサは、メインメモリをメモリ階層の1つのレベルとして扱うため、ディスク上に存在する仮想メモリのアドレスを、メインメモリにマップしなければならない。

一般的なケースを高速化する原則に従うと、ヒットはミスよりも共通の場合なのだから、キャッシュに対して仮想アドレスを使う方法が考えられる。このようなキャッシュを**仮想キャッシュ**と呼び、物理アドレスを用いる通常の**物理キャッシュ**と区別する。後述するように、2つの仕事、すなわちインデックスを使ってキャッシュを参照することと、アドレスを比較することをきちんと区別しておこう。キャッシュを参照するインデックスに使うのが仮想アドレスか物理アドレスか、タグの比較に使うのは仮想アドレスか物理アドレスか、これが問題になる。インデックスとタグの両方とも仮想アドレスを使えば、キャッシュヒット時のアドレス変換時間をなくすることができる。それではなぜ誰もが仮想アドレスキャッシュを使わないのだろう。

1つは保護のためである。ページレベルの保護については、仮想/物理アドレス変換時にチェックされ、問題が生じないことを確認しなければならない。これには解決法がある。ミス時に保護情報をTLBからコピーし、それを格納できるフィールドを付けて、仮想アドレスキャッシュのアクセス時にこれをチェックすればよい。

もう1つの理由は、プロセスが切り替わるたびに仮想アドレスは異なった物理アドレスを参照するため、キャッシュをフラッシュする必要がある点である。図B.16は、このフラッシュによるミス率への影響を示している。1つの解決法は、キャッシュアドレスタグの幅を増やして**プロセス識別タグ**（**PID**：process-identifier tag）を設けることである。OSがこれらのタグをプロセスに割り付ければ、キャッシュはPIDを再利用する時にだけフラッシュすれば良い。すなわち、PIDにより、キャッシュ上のデータがそのプログラムのためにあるかどうかを識別することができる。図B.16には、PIDを用いてキャッシュのフラッシュを防いだ場合のミス率の改善状況を示してある。

仮想キャッシュが一般的ではない3つ目の理由は、OSとユーザプログラムが同一の物理アドレスのために2つの異なった仮想アドレスを利用する可能性があるからである。このアドレスの重複は、**シノニム**（synonym）または**エイリアス**（alias）と呼ばれ、同一のデータの2つのコピーが1つの仮想キャッシュに格納される

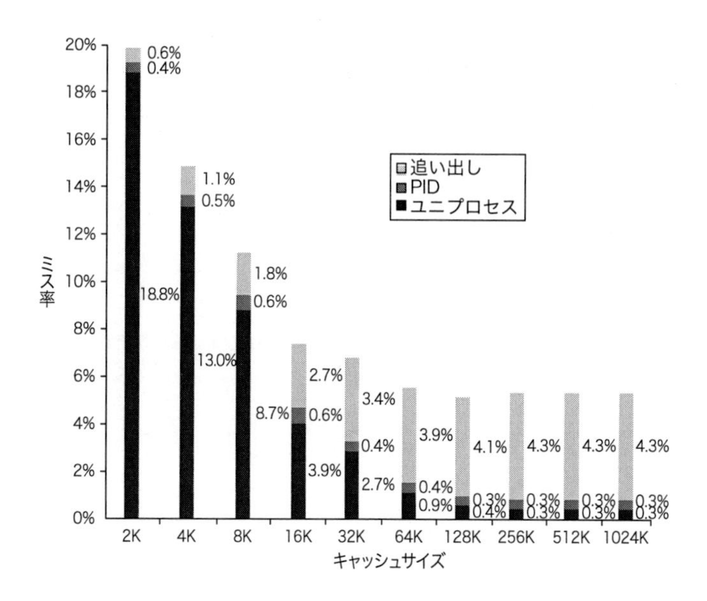

図B.16　仮想アドレスキャッシュのミス率のキャッシュサイズに対するミス率の改善状況

3つの方法でプログラムを動かして取ったデータである。プロセススイッチのないもの（ユニプロセス）、プロセス識別タグ（PID）を利用してプロセススイッチするもの（PID）、プロセススイッチはするがPIDを使わないもの（追い出し）。PIDは、ユニプロセスに比べて絶対ミス率で0.3%から0.6%増大するが、追い出しに比べれば0.6%から4.3%ほど節約することができる。Agarwalはこれらの統計をVAX上のUltrix OS上で、16バイトのブロックサイズのダイレクトマップキャッシュを想定して取得した［Agarwal, 1997］。ミス率は128Kから256Kで上がっていることに注意されたい。この振る舞いは直観には反するが、キャッシュの大きさを変えることで、メモリブロックのキャッシュへの割り当てが変わり、競合ミス率が変化する可能性があるため、起こり得ることである。

結果を生じる。もし片方が変更されたら、片方は間違った値となってしまう。このようなことは、物理キャッシュでは、最初にアドレスが物理キャッシュのブロックに変換されるため、起こり得ない。

シノニム問題に対するハードウェア的な解決法は、**非エイリアス機構**（antialiasing）である。この機構は、それぞれのキャッシュブロックが固有の物理アドレスを持つことを保証する。AMD Opteronは、64KiBの命令キャッシュを持っており、2-ウェイセットアソシアティブであり、ページサイズは4KiBである。ハードウェアは、セットインデックス中の仮想アドレスの3ビットに対応付けられたエイリアスを扱う必要がある。ハードウェアは、ミスした場合の8の可能性、すなわち、4つのセットのそれぞれに対する2つのブロックすべてをチェックする。そして、フェッチされるデータのどれとも物理アドレスが一致しないことを確かめることで、エイリアスを防ぐ。一致する物理アドレスが見つかった場合、それは無効化され、新しいデータがキャッシュにロードされて、物理アドレスがただ1つであることが保証される。

ソフトウェアによって、エイリアス時にアドレスビットの一部を無理やり共有させることで、この問題をもっと簡単にすることができる。例えばSUN MicrosystemsのUNIXの昔の版では、すべてのエイリアスは、そのアドレスの最後の18ビットを同一とした。この制約は**ページカラーリング**（page coloring）と呼ばれる。ページカラーリングは、仮想メモリに対するセットアソシアティブマッピングに過ぎないことに注意されたい。

4KiB（2^{12}）のページは、64（2^6）セットにマップされ、最後の18

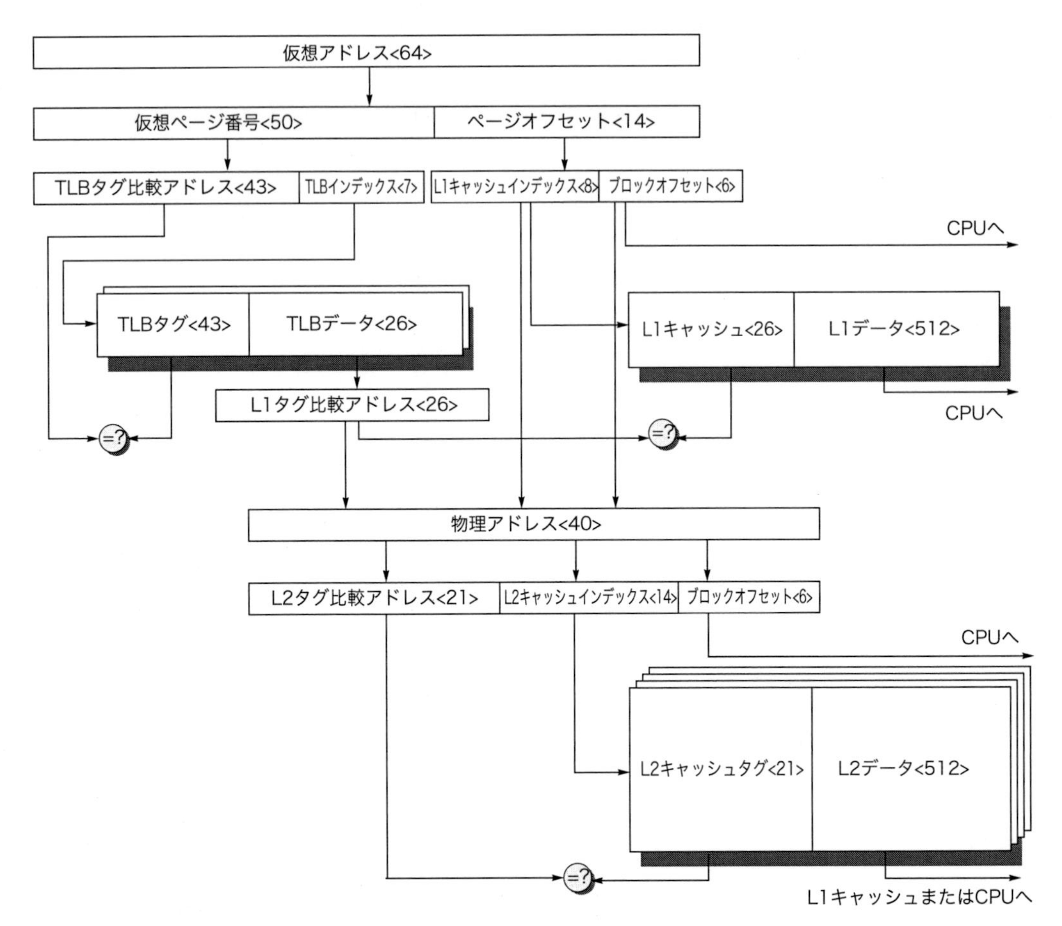

図B.17 想定しているメモリシステムの仮想アドレスからL2キャッシュまでの全体図

ページサイズは16KiB、TLBは2-ウェイセットアソシアティブ方式で256エントリを持つ。L1キャッシュはダイレクトマップで16KiB、L2キャッシュは4-ウェイセットアソシアティブで全体が4MiBである。両方とも64バイトのブロックを使っている。仮想アドレスは64ビットで物理アドレスは40ビットである。

ビット中で物理アドレスと仮想アドレスが等しいことを確認する。この制約により、256K (2^{18}) バイト以下のダイレクトマップキャッシュでは、物理アドレスは重複しない。キャッシュという点から見ると、ページカラーリングは、ソフトウェアが仮想と物理のページアドレスの最後の数ビットが一致することを保証してくれる点を利用して、効率的にページオフセットを増やすことができる。

仮想アドレスについての最後に検討しなければならないことは、I/Oである。I/Oは通常物理アドレスを用いるため、仮想キャッシュとやり取りするためには、仮想アドレスへマップする必要が生じる（キャッシュに対するI/Oの影響は付録Dでさらに論じる）。

仮想キャッシュと物理キャッシュに関するもう1つの方法は、ページオフセットの中で、仮想アドレスと物理アドレスが同じところを利用する方法である。キャッシュを読み出すと同時に、仮想アドレスの部分は変換され、タグ照合には物理アドレスが用いられる。

この方法により、キャッシュはすぐに読み出すことができる上、タグ比較は物理アドレスで行われる。この**仮想インデックス、物理タグ**方式の限界は、ダイレクトマップの場合は、キャッシュの大きさをページサイズよりも大きくすることができない点にある。例えば、図B.5のデータキャッシュでは、インデックスは9ビットでキャッシュブロックオフセットは6ビットだ。この方法を用いると、仮想ページサイズは、最低2^{9+6}バイトすなわち32KiBでなければならない。そうでなければインデックスの一部が仮想アドレスから物理アドレスに変換されなければならない。図B.17は、この手法を用いたキャッシュ、TLB、仮想メモリを示す。

ウェイ数を増やすことにより、アドレスの物理アドレスの部分をインデックスとして保ちながら、大きなキャッシュを使うことができる。インデックスのサイズが以下の式で表されることを思い出して欲しい。

$$2^{\text{インデックス}} = \frac{\text{キャッシュサイズ}}{\text{ブロックサイズ} \times \text{ウェイ数}}$$

例えば、ウェイ数を倍にすればインデックスのサイズを変えないで、キャッシュサイズを倍にすることができる。IBM3033キャッシュは極端な例で、8-ウェイに比べミス率の点ではほとんど変わらないことが研究結果によって分かっているのに、16-ウェイのセットアソシアティブキャッシュを使っていた。このウェイ数の多さにより、IBMアーキテクチャは4KiBのページを使うというハンディを背負いながら、64KiBのキャッシュを使えるようになった。

B.3.1 基本的なキャッシュ改良法のまとめ

この節の改良法は、平均メモリアクセスの式の各項（ミス率、ミスペナルティ、ヒット時間）を改善すると同時に、メモリ階層の複雑さに影響を与える。図B.18は、これらの改良法と、それが複雑さに対して与える影響をまとめている。「+」は、この手法が改善する方向であり、「–」は悪くする方向、空白は影響がない場合を示す。この表によると、式を作っている項を複数改善する方法はないことが分かる。

手法	ヒット時間	ミスペナルティ	ミス率	ハードウェアの複雑さ	備考
ブロックサイズの拡大		–	+	0	簡単、Pentium 4 L2キャッシュは128バイトを利用
キャッシュサイズの拡大	–		+	1	広く用いられる、特にL2キャッシュで広く用いられる
ウェイ数の増加	–		+	1	広く用いられる
マルチレベルキャッシュ		+		2	ハードウェアのコストがかかる、L1のブロックサイズがL2と異なる場合は難しくなる
読み出しを書き込みに優先させる		+		1	広く用いられる
キャッシュインデックス部分のアドレス変換を避ける	+			1	広く用いられる

図B.18 付録中に示すキャッシュの改良方法がキャッシュの性能と複雑性に与える影響

一般的にある方法は1つの要素だけを改善する。「+」はその要素を改善することを意味し、「–」は悪化させるもの、空白は影響を与えないことを示す。複雑さは、簡単な0から大変な3までを主観的にランク付けした。

B.4 仮想メモリ

コアとドラムの組み合わせでできているのだが、プログラマからは単一のメモリであるように見えるシステムが考案された。このために必要な階層間の転送は自動的に行われる。

[Killburn *et al.*, 1962]

コンピュータの稼働中は、どの瞬間をとっても、それぞれのアドレス空間を持ったプロセスが多数走っている（プロセスについては次節で説明する）。しかし、それぞれのプロセスに対してメモリ全体のアドレス空間を専用に割り当てるのは、特に、多くのプロセスが走っていて、そのアドレス空間の小さな部分しか用いない場合などは、高価すぎてもったいない。このため、多くのプロセス間で、全体として少ない量の物理メモリを共有する方法がなければならない。

そのための手段の1つが**仮想メモリ**である。これは物理メモリをブロックに分割し、それらを別々のプロセスに割り当てる。このやり方は、あるプロセスがそのプロセスに属するブロックにのみに利用を制限する**保護機構**が必要になる。仮想メモリ方式の多くでは、プログラムが始まる前に、すべてのコードとデータが物理メモリに存在しなくても良い。このことから、プログラムを始める時間を節約できる。

現在のコンピュータにとって仮想メモリの提供する保護機構は必須であるが、メモリを共有するために、仮想メモリが発明されたわけではない。プログラムが物理メモリに入れるには大きすぎた場合、メモリの容量に合わせるのはプログラマの仕事だった。プログラマはプログラムを小さな部分に分け、これらの部分が互いに他を使わないで済むようにする。そして、ユーザプログラムの実行時には、いつでも**オーバーレイ**(overrlay)を行うためのロード、アンロードを制御しなければならなかった。プログラマは、プログラムがコンピュータの持っているメインメモリの物理的なサイズを決して超えてアクセスしないように保証し、適切なオーバーレイが適切な時間にロードされることを保証しなければならない。もちろん、こんなことをやらなければならないとしたら、プログラマの生産性はがた落ちである。

仮想メモリは、プログラマからこの重荷を取り除くために発明された。それは、自動的にメインメモリと2次メモリの2つのレベルのメモリ階層を管理する。図B.19は、4つのページのプログラムにおける仮想メモリと物理メモリのマッピングを示す。

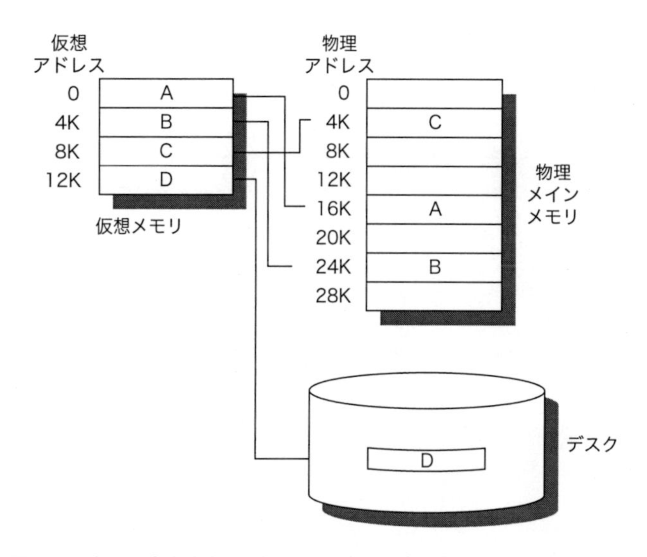

図B.19 左に示す連続する仮想アドレス上のプログラムの割り当て例

4つのページA、B、C、Dからなる。実際の配置では、3つは物理的なメインメモリの3ブロックを占め、1つはディスク上にある。

仮想メモリにより、保護されたメモリ空間を共有することができ、メモリ階層を自動的に管理できる。これに加え、実行するプログラムをロードすることも簡単になる。**再配置**（relocation）と呼ばれる機構により、同じプログラムが物理メモリのどの場所でも走ることができるようになる。図B.19において、物理メモリとディスクのマッピングを変えることによって、プログラムを物理メモリ、ディスクのどこに置くこともできる（仮想メモリの普及前は、プロセッサは、この目的のためにのみリロケーションレジスタを持っていた）。ハードウェアによる解決法の代わりに、ソフトウェアによる方法も考えられるが、これでは、ソフトウェアで、プログラムが走る時はいつでもすべてのアドレスを変換することになってしまう。

第1章から紹介してきたキャッシュについてのアイデアは、メモリ階層に対する一般的なものであり、用語の多くが違ってはいても、仮想メモリでも類似している。**ページ**または**セグメント**はブロックの代わりであり、**ページフォールト**または**アドレスフォールト**はミスのことである。仮想メモリを用いると、プロセッサは**仮想アドレス**を生成し、それは、ハードウェアとソフトウェアの協力によって**物理アドレス**に変換され、メインメモリがアクセスされる。

この過程は**メモリマッピング**または**アドレス変換**と呼ぶ。今日、仮想メモリによって制御されるメモリ階層は、DRAMと磁気ディスク間である。図B.20に仮想メモリにおけるメモリ階層のパラメータの値の典型的な幅を示す。

仕様	1次レベルキャッシュ	仮想メモリ
ブロック（ページ）サイズ	16〜128バイト	4096〜65,536バイト
ヒット時間	1〜3クロックサイクル数	100〜200クロックサイクル数
ミスペナルティ	8〜200クロックサイクル数	100万〜1000万クロックサイクル数
（アクセス時間）	（6〜160クロックサイクル数）	（80万〜800万クロックサイクル数）
（転送時間）	（2〜40クロックサイクル数）	（20万〜200万クロックサイクル数）
ミス率	0.1〜10%	0.00001〜0.001%
アドレスマッピング	25〜45ビットの物理アドレスから14〜20ビットのキャッシュアドレス	32〜64ビットの仮想アドレスから25〜45ビットの物理アドレス

図B.20 キャッシュと仮想メモリのパラメータの典型的な範囲
仮想メモリのパラメータは、10〜100万倍キャッシュのパラメータより大きい。通常1次キャッシュは最大1MiBのデータを持つが、物理メモリは256MiBから1TBになる。

図B.20に示す量的な相違以外にも、キャッシュと仮想メモリの間には以下のような違いがある。

- キャッシュミスに伴う置き換えは、基本的にはハードウェアで制御されるのに対して、仮想メモリにおける置き換えは、基本的にはOSが制御する。ミスペナルティが長いため、置き換えに関して適切な決定を行うことは、より重要になる。
- プロセッサアドレスの長さは仮想メモリのサイズを決定する。しかし、キャッシュサイズはプロセッサアドレス長とは無関係である。
- 2次メモリは、メモリ階層においてメインメモリに対する低いレベルのバックアップ記憶としての役割の他に、ファイルシステムとして使われる。実際、ファイルシステムは2次メモリのほとんどの領域を占めている。これは通常、アドレス空間内には存在しない。

仮想メモリに関連するテクニックは多数ある。仮想メモリシステムは2つのクラスに分類される。1つは**ページ**（page）と呼ばれる固定サイズのブロックを用い、もう1つは**セグメント**（segment）と呼ばれる可変サイズのブロックを用いる。ページは一般的には4096〜8192バイトに固定されているのに対し、セグメントサイズは可変である。プロセッサで提供される最大のセグメントは、2^{16}バイトから2^{32}バイトであり、最小のセグメントは1ワードである。図B.21は、2つのアプローチがコードとデータを分ける方法を示している。

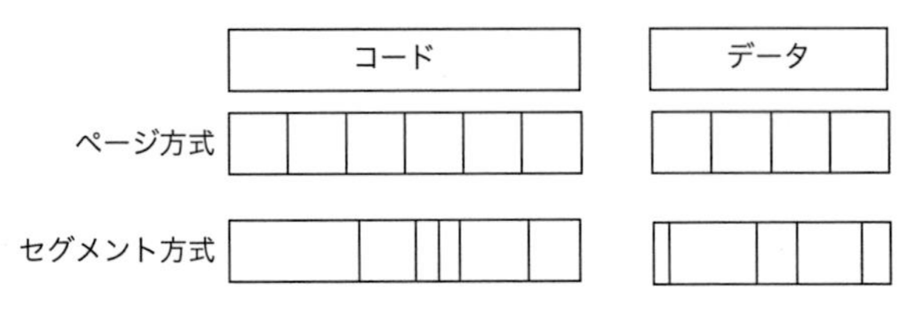

図B.21 ページ方式とセグメント方式により分割した例

仮想メモリの実現に当たり、ページ方式とセグメント方式のどちらを採用するかは、プロセッサの構成そのものに影響を与える。ページ化されたアドレッシングは、ページ数とページ内オフセットに分割された単一の固定サイズを持っており、キャッシュのアドレッシングと似ている。一方、セグメントアドレスは、単一アドレスでは働かない。可変サイズのセグメントの場合、セグメント数に1ワード、セグメント内のオフセットに1ワード、計2ワードを必要とする。また、コンパイラにとっても、セグメント化されないアドレス空間の方が単純である。

これらの2つのアプローチの利点と欠点は、OSの教科書で十分に良く説明されているので、図B.22にその論点だけをまとめる。

	ページ方式	セグメント方式
アドレス当たりのワード数	1	2（セグメントとオフセット）
プログラマから見えるか？	アプリケーションプラグラマからは見えない	アプリケーションプログラマから見える
1ブロックのリプレース	簡単（すべてのブロックが同じサイズ）	困難（連続でサイズがさまざまな利用されていないメインメモリ領域を見つける必要がある）
メモリ利用の非効率性	内部フラグメンテーション（ページ内に利用されていない部分ができる）	外部フラグメンテーション（メインメモリに利用されていない部分が生じる）
ディスクとの転送の効率性	高い（ページサイズをアクセス時間と転送時間のバランスを考えて決める）	場合による（小さいセグメントは2,3バイトしか転送しない可能性がある）

図B.22 ページ方式対セグメント方式
両方とも、ブロックの大きさとメインメモリにセグメントがうまく適合するかどうかにより、メモリを無駄にする可能性がある。制限なくポインタを使う言語はセグメントとアドレスの両方を渡す必要がある。折衷案であるページ化セグメントでは、両方の良いところを取ろうとする。セグメントはページによって構成され、ブロックへの置き換えは簡単な一方、論理的な構成要素としてはセグメントが扱われる。

置き換えの問題があることから（表の3行目）、現在のコンピュータのほとんどでは、純粋なセグメント方式は用いてない。ある種のコンピュータは2つを組み合わせた方法、すなわち**ページ化セグメント**を用いる。この中では、セグメントはページの整数の単位で行う。この方法はメモリが連続する必要がなく、また、セグメント全体がメインメモリ中になくても良いことから、置き換えが簡単になる。両者を組み合わせた手法の中で最近のものとしては、コンピュータに複数のページサイズを提供する方法がある。この場合、大きいサイズは最小ページサイズの2のべき乗である。例えば、IBM 405CR組み込みプロセッサは、1KiB、4（$2^2 \times 1$）KiB、16（$2^4 \times 1$）KiB、64（$2^6 \times 1$）KiB、256（$2^8 \times 1$）KiB、1024（$2^{10} \times 1$）KiB、4096（$2^{12} \times 1$）KiBを単一ページとして動くことを可能にしている。

B.4.1 メモリ階層に対する4つの問いへの再訪

では、メモリ階層への4つの質問に対し、仮想メモリについて答えてみよう。

Q1：キャッシュ上のどこにブロックを置けるか。

仮想メモリのミスペナルティは、磁気記憶デバイスを回転させてアクセスする部分が含まれており、このためきわめて大きくなる。低いミス率を狙うか、単純な配置法にするかを選ぶにあたって、OS設計者は、その途方もないペナルティを考えて、低いミス率を選択するのが普通である。このため、OSはブロックをメインメモリ上のどの位置にでも置けるようにする。図B.2の用語を使うと、この方法はフルアソシアティブということになる。

Q2：キャッシュ上に存在するブロックをどうやって見つけるか。

ページ方式でもセグメント方式でも、ページまたはセグメント番号で参照するデータ構造を使っている。このデータ構造では、ブロックの物理アドレスが保持される。セグメント方式では、セグメントの物理アドレスにオフセットを足して、最終的な物理アドレスを得る。ページングでは、オフセットは、単に物理ページアドレスに付ければ良い（図B.23参照）。

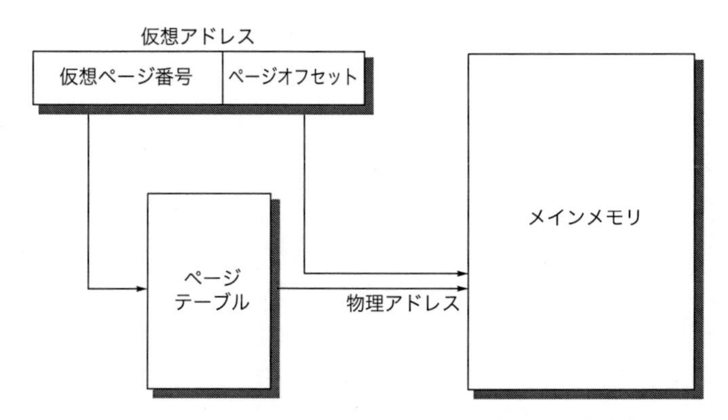

図B.23　仮想アドレスから物理アドレスへのページ表を使った変換

この物理ページアドレスを含むデータ構造は、通常**ページテーブル**（page table）の形を取る。仮想ページ番号で参照されるため、表の大きさは仮想アドレス空間中のページの数になる。32ビットの仮想アドレスに対して4KiBのページを持ち、**ページテーブルエントリ**（**PTE**：page table entry）毎に4バイトを持つ場合、ページテーブルの大きさは、$(2^{32}/2^{12}) \times 2^2$で4MiBとなる。

このデータ構造のサイズを減らすために、仮想アドレスにハッシュ関数を使っているコンピュータもある。ハッシュは、データ構造をメインメモリの**物理ページ**の数分の長さにすることができる。この数は仮想ページ数よりもずっと小さな数である。このような構造を**逆ページテーブル**（inverted page table）と呼ぶ。先の例では512MiBの物理メモリは、たった1MiB（8 × 512MiB/4KiB）の逆ページテーブルしか必要としない。ページテーブルの各エントリに対する余分の4バイトは、仮想アドレス格納用である。HP/Intel IA-64は、従来型のページテーブルと逆ページテーブルの両方を提供しており、OSのプログラマにどちらの機構を使うかの選択を委ねている。

アドレス変換時間を減らすためには、このアドレス変換専門のキャッシュを用いる。これを**トランスレーションルックアサイドバッファ**（**TLB**：translation lookaside buffer）または単に**変換バッファ**（**TB**：translation buffer）と呼ぶ。詳細は後に紹介する。

Q3：キャッシュミス時にどのブロックを置き換えるか。

以前述べたように、OSにおける最優先の設計指針は、ページフォールトを最小にすることである。この指針に従い、ほとんどすべてのOSは、最近使われていない（LRU）ブロックを置き換えようとする。これは、過去に基づいて将来を予測すると、一番使われそうもないからである。

OSがページのLRU度を見積もるのを手助けするため、多くのプロセッサは、**利用ビット**（use bit）または**参照ビット**（reference bit）を持っている。これはあるページがアクセスされるとセットされる（後に述べるように、仕事を減らすため、TLBのミスの際セットされる）。OSは定期的に利用ビットをクリアし、後でそれらを記録する。このため、特定の時間周期に対してどのページがアクセスされたかを決めることができる。このような追跡を行うことにより、OSは、最近参照されていないページを選び出すことができる。

Q4：書き込みに際してどのように動作するか。

メインメモリより低いレベルは、磁気ディスクを回転させる時間を含むため、アクセスには何百万クロックサイクルもかかる。このアクセス時間の大きな食い違いにより、メインメモリからディスクにプロセッサの書き込み毎にデータをライトスルーする仮想メモリOSを作る人はいない。このため、書き込み時動作は常にライトバックである。

メモリ階層の1つ下のレベルに対する不必要なアクセスのコストは非常に大きいため、仮想メモリシステムは通常ダーティビットを用いる。これにより、ブロックがディスクから読み出された後に変更された時だけ、ディスクに書き込まれるようにできる。

B.4.2　高速アドレス変換技術

ページテーブルは、非常に大きいため、メインメモリに格納されると、それ自体がページングの対象となる。ページングは、すべてのアクセスが、論理的には最低2倍の時間がかかることを意味する。最初のアクセスは物理アドレスを得るため、そして2回目のアクセスはデータを得るためである。第2章で述べたように、メモリアクセスの増加を避けるために局所性を用いる。アドレス変換を特定のキャッシュに収めることで、このメモリアクセスは、データを得るため2回アクセスをしなければならないことはめったになくなる。この特殊なアドレス変換キャッシュが**TLB**または**TB**である。

TLBのエントリはキャッシュのエントリ同様、タグ部は仮想アドレスの一部を保持する。データ部は物理ページフレーム番号、保護フィールド、有効ビットに加え、通常、利用ビット、ダーティビットを保持する。OSは、ページテーブルの物理ページフレーム番号または保護エントリを変更するためには、TLB中に古いエントリが存在しないことを確かめなければならない。これを行わないとシステムは正しく動作しなくなる。ダーティビットは、対応する**ページ**がダーティであることを示すのであって、TLBのアドレス変換やデータキャッシュの特定のブロックがダーティであることを示すのではないことに注意されたい。OSは、これらのビットについてページテーブル中の値を変更した場合、対応するTLBエントリを無効化することにより、リセットする。エントリがページテーブルから

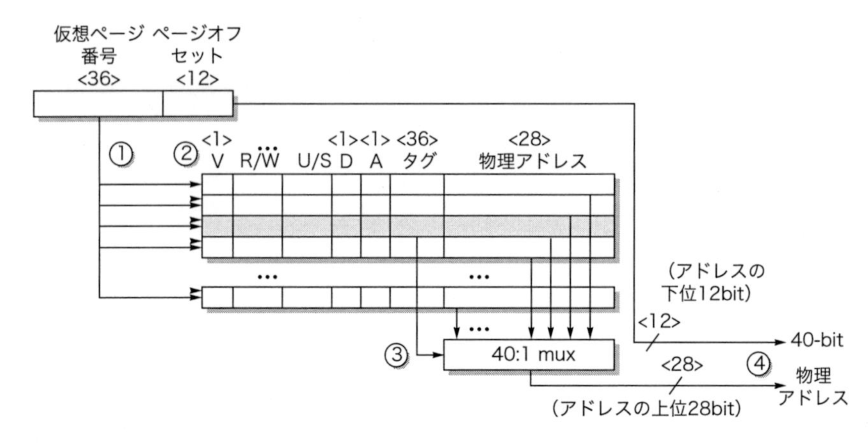

図B.24 Opteronで用いているデータTLBのアドレス変換中の動作

TLBヒット時の4つのステップを丸で囲んだ番号で示す。このTLBは40エントリを持つ。B.5節ではOpteronページテーブルのエントリにおけるさまざまな保護とアクセスフィールドについて説明している。

TLBに再ロードされる時、TLBはこのビットの正しいコピーを得ることができる。

図B.24はOpteronデータTLBの構成を示す。それぞれの変換ステップにはラベルを振ってある。このTLBはフルアソシアティブ方式を用いている。このため、変換はすべてのタグに仮想アドレスを送ることから始まる（①と②）。もちろん、照合ができるようにするには、タグが有効であるとマークしなければならない。同時に、TLBの保護情報に対して、メモリアクセスが違反しているかどうかがチェックされる（②）。

キャッシュの場合と同じ理由でTLBにおけるページオフセットの12ビット分を含む必要はない。マッチしたタグは、対応する物理アドレスを40：1のマルチプレクサを通して送る（③）。ページオフセットは、物理ページフレームにくっ付けて、全体の物理アドレスが形成される（④）。このアドレスサイズは40ビットである。

アドレス変換はプロセッサのクロック周波数決定におけるクリティカルパスになりがちである。このため、Opteronは仮想アドレスで参照し、物理アドレスでタグ付けされたL1キャッシュを使っている。

B.4.3 ページサイズの選択

アーキテクチャ上のパラメータのうち一番分かりやすいのは、ページサイズである。ページサイズの選択は、大きなページサイズの利点と、小さなページサイズの利点のバランスをいかに取るかである。以下は大きい方が有利に働く点である。

- ページテーブルの大きさは、ページサイズに反比例する。このためメモリ（メモリマップに使われる他の資源も）はページを大きくすれば節約できる。
- B.3節で述べたように、ページを大きくすれば、大きくてもヒット時間が高速なキャッシュが実現可能である。
- 大きなページを2次メモリとの間で、ネットワークを介してやり取りをする場合などは、小さなページよりも効率が良い。
- TLBエントリ数は制限されるため、大きなページサイズは、より大きなメモリを効率的にマップすることができ、このためTLBミスの回数が減る。

この最後の理由により、最近のマイクロプロセッサは複数のページサイズを持っている。プログラムによって、TLBミスは、キャッシュミスと同じく、CPIに対して明らかに大きな影響を及ぼす。

小さいページサイズを要求する動機の主なものは、記憶容量の節約である。ページサイズが小さいと、仮想メモリの連続した領域が、ページサイズの整数倍と等しくない場合に生じる無駄な記憶領域が少なくて済む。この利用されないメモリを**内部フラグメンテーション**（internal fragmentation）と呼ぶ。各プロセスが3つの主なセグメント（テキスト、ヒープ、スタック）を持っているとすると、プロセス毎の無駄になる領域の平均は、ページサイズの1.5倍ほどになる。この総量は、何百MiBのメモリを持ったコンピュータが4KiBから8KiBのページサイズを用いる場合は、無視できる。しかし、もちろんページサイズが非常に大きくなると（32KiB以上）、記憶領域は（メインメモリも2次メモリも）、I/Oバンド幅ともども、無駄になる可能性がある。最後に考慮すべきことは、プロセスのスタートアップ時間である。多くのプロセスは小さいため、大きなページサイズを使うとプロセスを起動する時間が長くなる。

B.4.4 仮想メモリとキャッシュのまとめ

仮想メモリの導入に伴って、TLB、1次キャッシュ、2次キャッシュのすべては、仮想および物理アドレス空間のマッピングを行うので、どのビットがどこに行くのか、混乱するかもしれない。図B.25は64ビットの仮想アドレスが41ビットの物理アドレスに変換される例を、2つのキャッシュレベルを伴うことを想定した場合について示す。L1キャッシュは仮想アドレスでインデックスされ、物理アドレスのタグを用いている。これは、キャッシュサイズとページサイズを両方ともに8KiBとしたからである。L2キャッシュは4MiBであり、ブロックサイズは両方とも64バイトとした。

最初に、64ビットの仮想アドレスは、仮想ページ番号とページオフセットに分離される。前者はTLBに送られ、物理アドレスに変換される。そして、後者の上位ビットはL1キャッシュに送られ、インデックスとしての役割を果たす。TLBがヒットした場合、物理ページ番号はL1キャッシュタグに送られ、比較される。結果が等しければ、L1キャッシュがヒットしたことになる。ここで、ブロックオフセットにより、ワードが選択されてプロセッサに送られる。

L1キャッシュがミスした場合、物理アドレスはL2キャッシュの

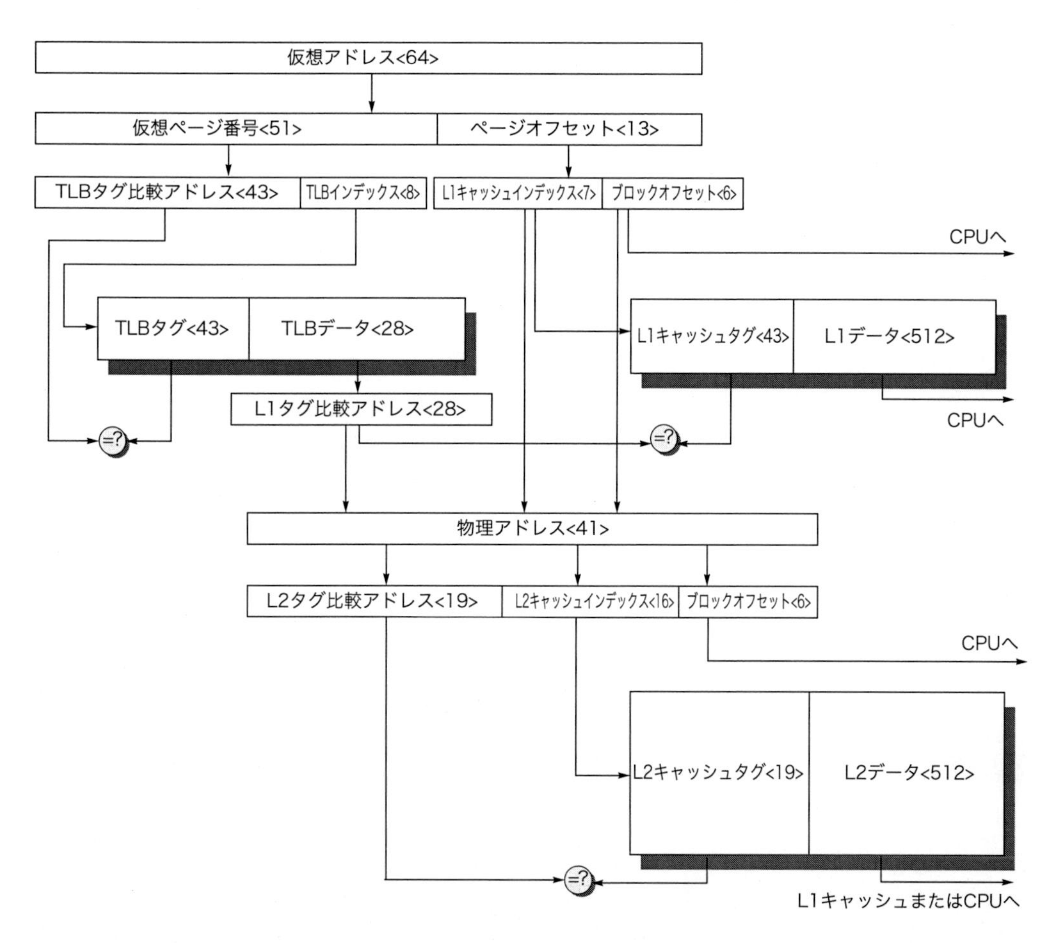

図B.25　ここで想定したメモリ階層における、仮想アドレスからL2キャッシュアクセスまでの全体図
ページサイズは8KiB、TLBは256エントリのダイレクトマップ方式。L1キャッシュはダイレクトマップ方式の8KiB、L2キャッシュはダイレクトマップ方式の4MiBで、両方とも64バイトブロックを使っている。仮想アドレスは64ビットで物理アドレスは41ビットである。この単純な図と実際のキャッシュとの主な違いは、実際のキャッシュが、この図を部分的にコピーしたものになっていることである。

チェックに用いられる。物理アドレスの中央部は、4MiBのL2キャッシュをインデックスするのに用いる。インデックス結果のL2キャッシュタグは、物理アドレスの上位部分と比較され、照合が行われる。等しければ、L2キャッシュがヒットし、ブロックオフセットによって対象ワードを選択して得られたデータはプロセッサに送られる。L2キャッシュミスにおいては、物理アドレスがブロックをメインメモリから取ってくるのに使われる。

これは単純な例であるが、実際のキャッシュとこの図との違いは、コピーがあるかどうかだけである。まず、図の方では1つしかL1キャッシュがない。2つのL1キャッシュを持つ場合は、図の上半分を複製すればよい。これにより、通常は2つTLBを持つことになることに注意してほしい。すなわち、1つのキャッシュとTLBは命令用でPCによってアドレスを与えられ、もう1つのキャッシュとTLBはデータ用で、実効アドレスによって検索される。

2つ目の簡単化はすべてのキャッシュとTLBがダイレクトマップ方式であることだ。*n*-ウェイセットアソアティブ方式を用いる場合、タグメモリ、比較器、データメモリを*n*倍にし、データメモリを*n*:1のマルチプレクサで接続してヒットしたものを取り出す。もちろん、全体のキャッシュサイズが同じであれば、キャッシュインデックスは、図B.7中の式に示すように$\log 2n$ビット分縮小する。

B.5 仮想メモリの保護とその例

マルチプログラミングでは、1つのコンピュータは複数の並行に動作するプログラムによって共有される。このマルチプログラミングの発明によって、プログラム間の保護と共有についての新たな要求が生まれた。これらの要求は、今日では仮想メモリと密接に結び付いているため、ここで仮想メモリの2つの例を通してこのトピックをおさらいすることにする。

マルチプログラミングから**プロセス**の概念が生じる。たとえるならば、プロセスはあるプログラムが生存する場所、すなわち、プログラムが走り、さらに走り続けるのに必要なすべての状態のことである。**タイムシェアリング**は、マルチプログラミングの1つの方式であり、対話的に使うユーザが同時にプロセッサとメモリを共有し、すべてのユーザが自分のコンピュータを持っているかのように見せかけることである。すなわち、いつの瞬間にも、それはあるプロセスから別のプロセスへ切り替わる必要がある。この切り替えを**プロセススイッチ**（process switch）あるいは**コンテキストスイッチ**（context switch）と呼ぶ。

プロセスは、それが最初から最後まで連続して走ろうが、定期的に割り込まれて他のプロセスに切り替わろうが、正しく動作しなければならない。正しいプロセスの挙動を維持する責任は、コンピュータとOSの設計者の両方にある。コンピュータ設計者は、プロセッサがプロセスの状態の一部を保存して、再現することを保証しなければならない。OS 設計者はプロセスが互いの計算を邪魔しないことを保証しなければならない。

あるプロセスの状態を他から保護する最も安全な方法は、ディスク上に現在の情報をコピーすることである。しかし、それではプロセススイッチは何秒もかかってしまい、タイムシェアリングの環境には長すぎる。

この問題は、OS が、違ったプロセスが同時にその状態をメモリ上に持つことができるように、メインメモリを分割することにより解決できる。この分割に伴い、OS 設計者が、あるプロセスが他を書き換えないように保護する機構を設けることになるが、これにはコンピュータ設計者の助けが必要になる。保護ができれば、コンピュータは、プロセス間でのコードとデータの共有が可能になるため、プロセス間で交信したり、同一情報のコピーの数を減らしてメモリを節約することができる。

B.5.1 プロセス保護

プロセスは、独自のページテーブルを持ち、それぞれが、メモリの別々のページを指すことにより、他から保護することができる。当然のことながら、ユーザプログラムが、そのページテーブルを変更したり、保護の抜け道を見つけたりできなくしておかなければならない。

保護は、コンピュータ設計者あるいは購買層の懸念に応じてエスカレートすることがある。**保護リング**は、プロセッサの保護機構に対して、2 つのレベル（ユーザとカーネル）を基本として、これに数多くの拡張されたメモリの保護機構を付け加えたものであるる。軍事機密の分類システムのように、**極秘**（top secret）、**秘密**（secret）、**親展**（confidential）、**分類不能**（unclassified）の同心円の保護レベルの**リング**（ring）があり、一番信頼できるものはすべてをアクセスすることを許し、次のレベルで信頼できるものは、一番内部のレベル以外のすべてをアクセスすることを許し、と順に設定していく。「民間人」のプログラムは、一番信頼が置けないものであり、それゆえアクセスの範囲が一番制限される。どのメモリの部分がコードを保持できるかという制限、実行プロテクションや、どのメモリの部分がレベル間の入り口を保持できるか、という制限もある。Intel 80x86 の保護構造は、リングを使っており、この節の後に紹介する。この保護リングが単純なユーザとカーネルモードのシステムに比べて、本当に改善になっているのかどうかは明らかでない。

設計者の心配が恐怖にエスカレートするにつれ、これらの単純な保護リングでは満足できなくなる。プログラムを奥まった部屋に閉じ込め、与えられる自由を制限するためには、新しい分類のシステムが必要となる。このシステムは軍事モデルの代わりに、鍵と錠にたとえられる。あるプログラムは、鍵を持っていない限りデータのアクセスを開錠することができない。これらの鍵あるいは**ケイパビリティ**（capability）を有効なものとするには、ハードウェアと OS が、あるプログラムから別のプログラムに、プログラマがそれを偽造することを防ぎつつ、明示的に鍵を渡すことを可能にしなければならない。このようなチェックを行う場合、鍵のチェックに要する時間を短く抑えるためには膨大なハードウェア支援が必要となる。

80x86 アーキテクチャは、長年にわたり、いろいろな選択肢を試して来た。以前のものに対して互換性を保つことは、このアーキテクチャ設計の基本指針の 1 つであるため、アーキテクチャの最新バージョンは、仮想メモリに関する経験のすべてを含んでいる。我々は、2 つのオプションを順に見ていく。最初は古いセグメント化されたアドレススペースであり、次は新しい平坦な 64 ビットアドレススペースである。

B.5.2 セグメント化仮想メモリの例：Intel Pentium の保護

> およそ人間の設計するものの中で、この２番目のシステムこそ一番危険なシステムである…。一般的な傾向として、２番目のシステムは過剰な設計となる。これは、最初の版では注意深く外しておいたあらゆるアイデアや装飾を使ってしまうからである。
>
> F・P・ブルックス、ジュニア.
> 『人月の神話』（1975）

もともと 8086 マシンは、仮想メモリや保護のために何の装備もしていなかったのだが、アドレッシングのためにセグメントを用いていた。セグメントはベースレジスタを持っていたが、境界レジスタを持っておらず、アクセスのチェックを行っていなかった。また、セグメントレジスタがロードされる前に、対応するセグメントは物理メモリ中に存在しなければならなかった。Intel 社が、仮想メモリと保護について専念し始めた痕跡は、アドレスを大きくするためのフィールドをいくつか付け足した 8086 マシンの後継機種に見られる。この保護機構は数多くの詳細をともなった手の込んだものであり、安全確保の抜け穴を回避することを狙って、注意深く設計されていた。これを IA-32 と呼ぶ。以下の数ページは Intel 社の安全装置のいくつかにハイライトを当てる。

最初の改良で、従来の 2 レベルの保護モデルを倍にして、IA-32 に保護のレベルを 4 つ持たせている。一番内側のレベル（0）は、従来型のカーネルモードに相当し、一番外側のレベル（3）は、最も特権の少ないモードである。IA-32 は、それぞれのレベルに対して独立のスタックを持たせることで、レベル間の保護に抜け穴ができるのを防いでいる。また、従来のページテーブルに似たデータ構造があり、セグメントに対する物理アドレスとともに、アドレス変換時に行う保護のチェック用のリストを持たせている。

Intel 社の設計者はそこで止めなかった。IA-32 は、アドレス空間を分割し、OS とユーザがともにスペース全体をアクセスできるようにしている。IA-32 のユーザは、OS ルーチンをこのスペースで呼び出し、完全な保護を保ったままで、パラメータを渡すことすらできる。この安全な呼び出しは、簡単なことではない。というのは、OS のスタックは、ユーザのスタックと完全に異なっているからだ。さらに IA-32 は、OS に対して、呼び出されてパラメータを渡したルーチンの保護レベルを維持できるようにしている。この保護の抜け穴は、ユーザプロセスが OS に対して、それ自身でアクセスできないものを、間接的にアクセスしてほしいと頼むことができないようにすることにより、防ぐことができる。（このような保護の抜け穴は「**トロイの木馬**（Trojan horses）」と呼ばれる）。

Intel 社の設計者は、共有と保護を支援する一方で、OS をできる限り信用しないという方針に従った。この保護付きの共有の例として、給料支給プログラムを考えよう。このプログラムは、給与伝票の発行と同時に、給料とボーナスの総計の年間記録を更新する。ここで、プログラムは給料の情報と年間記録を読み書きできるが、給料の情報は変更できないようにしたい。このような状況を支援する機構をこれから紹介する。この小節の残りで IA-32 の保護機構を概観し、なぜそのようにしたかを検証しよう。

境界チェックとメモリマッピングの付加

Intel 社プロセッサの改良の最初の一歩は、セグメント化アドレス方式にベースだけでなく、境界チェックを付け加えることであった。IA-32 のセグメントレジスタは、ベースアドレスではなく、**ディスクリプタテーブル**（discriptor table）と呼ばれ、仮想メモリ上のデータ構造に対するインデックスを保持する。ディスクリプタテーブルは、従来のページテーブルの役割を果たす。IA-32 において、ページテーブルのエントリに対応するのは、**セグメントディスクリプタ**（segment discriptor）である。これは、PTE と同じく以下のフィールドを保持する。

- **存在ビット**（Present bit）：PTE の有効ビットと同じで、これが有効な変換であることを示すのに使う。
- **ベースフィールド**（Base field）：ページフレームアドレスと同じで、セグメントの最初のバイトの物理アドレスを保持する。
- **アクセスビット**（Access bit）：アーキテクチャによっては参照ビット（reference bit）あるいは使用ビット（use bit）と呼ばれ、置き換えアルゴリズムが利用する。
- **属性フィールド**（Attributes field）：このセグメントに対して有効な操作の種類と保護レベルを示す。

さらに、ページシステムでは存在しない、**限界フィールド**（limit field）がある。これは、このセグメントの有効オフセットの上限を示す。図 B.26 に IA-32 のセグメントディスクリプタの例を示す。

IA-32 は、セグメント化アドレスに加えてオプションでページングシステムを持っている。32 ビットアドレスの上位は、セグメントディスクリプタを選択し、中央部はディスクリプタによって選択されたページテーブルのインデックスとなる。保護システムがページングに頼っていないことを以下に示す。

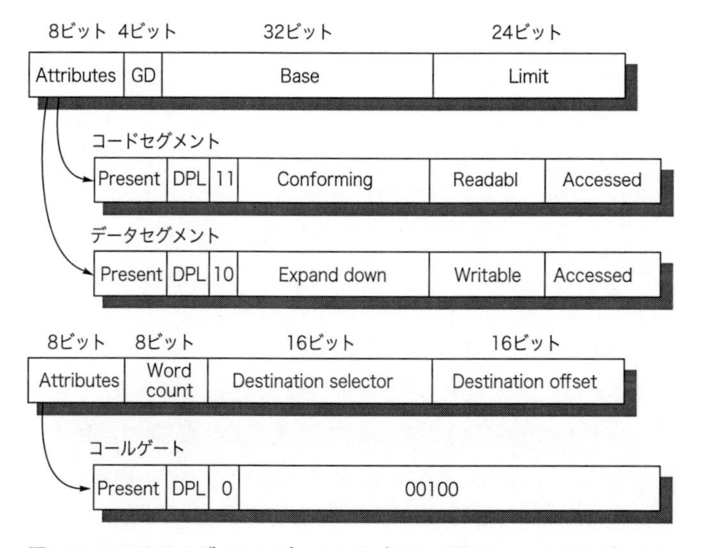

図B.26 IA-32 のセグメントディスクリプタは、属性フィールドのビットによって識別される

ベース（base）、限界（limit）、存在（present）、読み出し可（readable）、書き込み可（writable）は図に示すとおり。D は、命令のデフォルトアドレスサイズが 16 ビットになるか 32 ビットになるかを示す。G はセグメントの制限の単位を示す。0 はバイト単位、1 は 4KiB ページ単位である。G は、ページングが利用され、ページテーブルの大きさが設定される時に 1 にセットされる。DPL はディスクリプタ特権レベル（discriptor privilege level）を意味し、コードの特権レベルと照合され、アクセスが許されるかどうかを決める。コンフォーミング（作法）とは、そのコードが呼び出された方の特権レベルの方を使い、呼び出した側の特権レベルを引き継いで使わないことを示し、ライブラリルーチンに用いられる。下方拡張フィールド（expand-down filed）は、これを反転すると、ベースフィールドを上限アドレスに、制限フィールドを下限アドレスにして境界チェックを行う。これはご想像のとおり、アドレスが減る方向に成長するスタックセグメントのために使われる。ワード数（word count）は、現在のスタックから、新しいスタックにコールゲート上でコピーされるワード数を指定する。コールゲートのディスクリプタの他の 2 つのフィールドは、呼び出し先セレクタ（desitination selector）と呼び出し先オフセット（destination offset）で、呼び出しの先のディスクリプタを選び、オフセットを指定するためのものである。IA-32 の保護モデルには、この 3 つのセグメントディスクリプタの他にもたくさんある。

共有と保護機構の付加

保護付きの共有を実現するために、アドレス空間の半分はすべてのプロセスで共有されるものとし、残りの半分は、それぞれのプロセスで占有されるとした。これをそれぞれ**グローバルアドレス空間**と**ローカルアドレス空間**と呼び、それぞれ対応した名前のディスクリプタテーブルが割り当てられる。共有セグメントを指し示すディスクリプタは、グローバルディスクリプタテーブル中に置き、個別のセグメント用のディスクリプタはローカルディスクリプタテーブルに置かれる。

プログラムは、IA-32 セグメントレジスタに、表へのインデックスと、どちらの表を使いたいかを示す 1 ビットをロードする。この操作は、ディスクリプタ中の属性にしたがってチェックされる。そして、プロセッサ内のオフセットとディスクリプタのベースを足すことで物理アドレスを生成し、オフセットが限界フィールドよりも小さいことを確認する。各セグメントディスクリプタには、区切られた 2 ビットのフィールドがあり、このセグメントに対する正当なアクセスレベルを与える。セグメントディスクリプタよりも低い保護レベルのプログラムがそれを使おうとした時に、保護違反が発生する。

さて、先に示した給料を更新することを許さずに、年間記録を更新する給料支給プログラムの呼び出し方を説明しよう。このプログラムは、書き込み可能フィールドをクリアし、読み出しは可能だが書き込みはできないことを示すディスクリプタを持っている。次に、年間記録だけの書き込みを行う権限の与えられたプログラムを用意する。これは、ディスクリプタの書き込み可能フィールドをセットすることで行う（図 B.16）。給料支給プログラムは、この権限を与えられたコードを呼び出すが、この際、コンフォーミング（作法）フィールドをセットしたコードセグメントディスクリプタを使う。この設定は、呼び出し側の特権レベルを受け継ぐのではなく、呼び出されたプログラムが、それ自身の特権レベルを用いることを示す。したがって、給料支給プログラムは、給料情報を読み出し、権限を与えられたプログラムを呼び出して年間記録を更新できる。一方で、給料支給プログラムは給料情報の変更はできない。もしトロイの木馬をこのシステムにしかけるとすると、それが効果を発揮するには、年間記録を更新するのが唯一の仕事であるような権限付きコードの中だ。この方式の保護の根拠は、脆弱な部分の範囲を限定することが安全を強化することにつながる、ということにある。

ユーザからOSゲートへの安全な呼び出しとパラメータの保護レベルの継承機構の追加

ユーザに、OSへのジャンプを許したことは、大胆なステップである。それでは、ハードウェア設計者は、いかにしてOSあるいは他のコードを信用することなくシステムの安全度を上げられるだろう。IA-32のアプローチは、ユーザがOSのコードの一部に入ることのできる場所を制限し、適切なスタックにパラメータを置き、ユーザのパラメータが呼び出すコードの保護レベルを取得しないように確認することである。

他のコードへの入り口を制限するために、IA-32は、**コールゲート**という特殊なセグメントディスクリプタを設けている。このディスクリプタは、属性フィールド中の1ビットによって識別される。他のディスクリプタと違って、コールゲートは、メモリ上のオブジェクトへの完全な物理アドレスを持ち、プロセッサから送られるオフセットは無視される。先述したように、この目的は、ユーザが、保護されたコードや、より特権レベルの高いコードのセグメントにランダムにジャンプすることを回避することにある。プログラミングの例では、給料支給プログラムが、権限を与えられたコードを呼び出すことができるのは「適切な境界においてのみ」ということになる。この制限はコンフォーミング（作法）セグメントが意図通りに働くようにするために必要である。

呼び出し側と呼び出された側が、「相互不信」であり、お互い信用できない場合、何が起こるだろうか。この解決法は、図B.16のディスクリプタの一番下のワードにある語数（word count）フィールドを見れば分かる。呼び出し命令が、呼び出しゲートディスクリプタを起動する時、ディスクリプタは、そのセグメントのレベルに対応したスタック上のローカルスタックからディスクリプタ中に記載されたワード数をコピーする。これによって、ユーザは、最初にローカルスタック上にプッシュすることで、パラメータを受け渡せるようになる。ハードウェアは、これを適切なスタックへ安全に転送する。コールゲートからのリターンは、両方のスタックからパラメータを取り出して、適切なスタックに戻り値をコピーする。このモデルは、現在のレジスタを用いたパラメータ受け渡しでは、実際には使えない。

この方法は、OSがパラメータとして受け渡されたユーザアドレスを、ユーザのレベルではなく、OSの保護レベルで用いられる保護上の抜け穴の可能性を残している。IA-32はこの問題を、すべてのプロセッサのセグメントレジスタに専用の2ビットを設け、**要求保護レベル**（requested protection level）を表すことで解決している。OSのあるルーチンが起動された時、すべてのアドレスパラメータについて、この2ビットフィールドを、このルーチンを呼び出したユーザの保護レベルにセットする命令を実行する。これにより、アドレスパラメータがセグメントレジスタにロードされた際には、これらのビットは適切な値にセットされており、このこととで要求された保護レベルが設定されている。IA-32のハードウェアは、この要求保護レベルを用いて、馬鹿なことが起きないようにしている。要求されたよりも高い特権保護レベルを持っているセグメントは、これらの要求保護レベルを伴ったパラメータを受け取ったシステムルーチンからはアクセスすることはできなくなる。

B.5.3 ページ化仮想メモリの例：64ビットOpteronメモリ管理

AMD社の技術者は、以上のような手の込んだ保護モデルはほとんど利用しなかった。普及したモデルは、80386マシンによって導入された均一の32ビットアドレス空間であり、すべてのセグメントレジスタのベース値は0となる。このため、AMD社は64ビットモードにおいて、複数セグメントの利用を省いてしまった。セグメントベースはゼロであり、制限フィールドは無視する。ページサイズは4KiB、2MiB、および4MiBである。

AMD64アーキテクチャの64ビット仮想アドレスは52ビット物理アドレスにマップされる。ただし、実際は、ハードウェアを簡単にするために、より少ないビットで実装してしまうこともある。例えばOpteronは、48ビットの仮想アドレスと40ビットの物理アドレスを用いている。AMD64は仮想アドレスの上位16ビットを単に下位48ビットの符号拡張を使うことを要求している。これは**正準形式**（canonical form）と呼ばれている。

64ビットアドレス空間に対するページテーブルの大きさは警戒水準に達している。このため、AMD64はアドレス空間をマップするのに、そこそこのサイズに収まるように、多レベルの階層ページテーブルを使っている。レベルの数は仮想アドレス空間の大きさに依存している。図B.27はOpteronの48ビットの仮想アドレスに対する4レベルの変換を示している。

これらのページテーブルそれぞれに対するオフセットは9ビットのフィールド4つから作る。アドレス変換は、最初のオフセットをページマップレベル4のベースレジスタと加算するところから始まる。次にこのメモリから、次のレベルのページテーブルを読み込む。次のアドレスオフセットは、新しく取ってきたアドレスに対して順に加算し、メモリが再びアクセスされて3番目のページテーブルのベースが決まる。同じことがもう一度繰り返される。最後のアドレスフィールドは、最後のベースアドレスとの間で加算され、メモリはこの和を使ってアクセスされ、物理アドレスが取り出される。このアドレスを12ビットページオフセットにくっ付けて全体の物理アドレスを作る。Opteronアーキテクチャではページテーブルは4KiBの単一ページに入ってしまうことに注意。

Opteronはこれらのページテーブルのそれぞれに対して、64ビットのエントリを用いている。最初の12ビットは将来の利用のためにとっておいてあり、次の40ビットは物理ページフレーム番号を含み、最後の12ビットで保護と利用情報を与える。このフィールドは、ページテーブルレベル毎にやや異なるが、以下に基本的なものを示す。

- **存在**（Presense）：そのページがメモリ中に存在する。
- **読み/書き**（Read/write）：そのページが読み出し専用か、読み書き可能かを示す。
- **ユーザ/特権**（User/supervisor）：ユーザがこのページをアクセスできるか、これより上の3つの特権レベルに限られるかを示す。

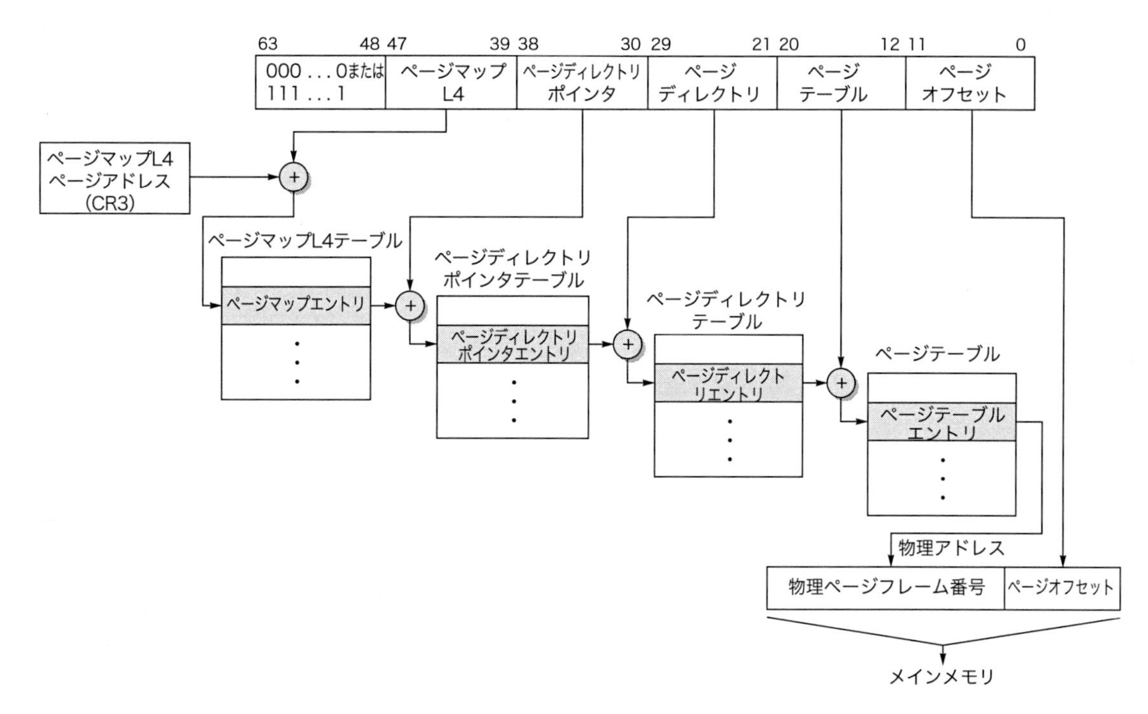

図B.27　Opteronの仮想アドレスの変換

Opteronの仮想アドレスは、4つのページテーブルのレベルを使って40ビットの物理アドレスを効率的にサポートしている。各ページテーブルは、512エントリを持ち、このため各レベルでフィールドは9ビット幅である。AMD64アーキテクチャのドキュメントでは、仮想アドレスが現在の48ビットから64ビットに伸び、物理アドレスは、40ビットから52ビットに伸びることができるとしている。

- **ダーティ**（Dirty）：このビットが最後にクリアされてから、このページが読み出しだけか、書き込まれたかを示す。
- **アクセス済み**（Accessed）：このビットが最後にクリアされてから、このページが変更されたかどうかを示す。
- **ページサイズ**（Page size）：最後のレベルが4KiBページなのか4MiBページなのかを示す。後者の場合にOpteronでは、4レベルではなく、3レベルを用いる。
- **実行不可**（No execute）：80386の保護方式には存在しないが、このビットはあるページをコードが実行しないようにするために付け加えられた。
- **ページレベルキャッシュ使用不可**（Page level cache disable）：ページがキャッシュされるかどうかを示す。
- **ページレベルライトスルー**（Page level write through）：ページがデータキャッシュに対してライトバックを行うようにするか、ライトスルーなのかを示す。

Opteronは1回のTLBミスで4つの階層レベルのテーブルを通るため、3つの保護制約を課すことが可能である。しかし、Opteronでは、最下層のページテーブルエントリのみに従い、他のレベルは有効ビットが立っていることだけを確認している。

エントリは8バイト長であり、各ページテーブルは512エントリを持つ。そしてOpteronは4KiBのページテーブルを持ち、ページテーブルは正確にページ1つ分である。4つのレベルのそれぞれのフィールドは、9ビット長であり、ページオフセットは12ビットである。この分配により$64-(4\times9+12)$、すなわち16ビットが残り、これが符号拡張されて正準（canonical）アドレスを生成する。

通常のアドレス変換を説明してしまったが、ユーザが許されないアドレス変換を行って損害を受けることがないようにするのはどうすれば良いだろう。ページテーブルそれ自体がユーザプログラムからは書き込まれないように保護されているため、ユーザはいかなる仮想アドレスを試してもよいが、OSはページテーブルエントリを制御することで、どの物理メモリがアクセスされるのかを制御する。プロセス間でメモリを共有することは、それぞれのアドレス空間におけるページテーブルエントリが、同じ物理メモリページを指し示すことで実現される。

Opteronは4つのTLBをアドレス変換時間を減らすために使っている。2つが命令アクセス用、2つがデータアクセス用である。マルチレベルキャッシュ同様に、OpteronはTLBミスを2つの大きなL2 TLBを持つことで減らしている。1つは命令用、もう1つはデータ用である。図B.27はデータTLBを示す。

項目	仕様
ブロックサイズ	1PTE（8バイト）
L1ヒット時間	1クロック
L2ヒット時間	7クロック
L1 TLBサイズ	命令、データTLBそれぞれ40PTE、それぞれ4KiBページを32と、2Mまたは4Mページを8つ持つ
L2 TLBサイズ	命令、データTLBそれぞれ4KiBページに対して512PTE
ブロック選択	LRU
書き込み時動作	（適用しない）
L1ブロックの配置	フルアソシアティブ
L2ブロックの配置	4-ウェイセットアソシアティブ

図B.28　OpteronのL1、L2における命令TLBとデータTLBのパラメータ

B.5.4 まとめ：32ビットIntel Pentiumと64ビットAMD Opteronの保護機構比較

Opteronのメモリ管理は、現在の多くの典型的デスクトップまたはサーバコンピュータで用いられている。これは、ページレベルアドレス変換と、OSの動作の正確性に頼って、複数のプロセスがコンピュータを安全に共有する機構を実現している。他に選択肢は存在したが、Intel社は、AMD社のリードにしたがって、AMD64アーキテクチャを取り込んだ。結果として、AMDとIntelの両社が80x86の64ビット拡張版を持っている。しかし、互換性のために、両方とも手の込んだセグメント化保護機構を持っている。

セグメント化保護モデルが、AMD64モデルに比べて作るのが大変なように見えるとしたら、それは全くそのとおりである。この手の込んだ保護機構を実際に使うカスタマはほとんどいないので、これを実装する努力をする技術者のフラストレーションはますます溜まることになる。さらにこの保護モデルは、単純なUNIXライクシステムのページ保護と適合しないため、このコンピュータに特化したOSを書く人のためにだけ存在することになる。しかし、そんなものはいまだに現れていない。

B.6 誤った考えと落とし穴

メモリ階層のおさらいにも「誤った考えと落とし穴」を付けておこう。

落とし穴：　アドレス空間が小さすぎる。

DECとカーネギーメロン大学が新しいPDP-11コンピュータファミリの設計のために手を結んで、ちょうど5年後、彼らの作品は致命的な欠陥を持っていることが明らかになった。これに対してIBMがPDP-11の6年前に発表したアーキテクチャは、少しの変更を加えながら、25年間も繁栄した。また、DECのVAXは、不必要な機能が批判されながらも、PDP-11が製品ラインから外れた後も何百万ユニットも売れた。なぜだろうか。

PDP-11の致命的な欠点は、IBM 360のアドレスサイズ（24から31ビット）、VAX（32ビット）に比べて小さなアドレスサイズ（16ビット）にあった。アドレスサイズの制約は、プログラムのサイズを制約する。これは、プログラムが必要とする、プログラムとデータのサイズの総計が、2のアドレスサイズ乗より少なくなければばならないからである。アドレスサイズを変えるのが非常に難しい理由は、これがアドレスを保持するすべてのものの最小幅を規定するからである。すなわち、PC、レジスタ、メモリワード、実効アドレス計算などがこれにあたる。アドレスを最初から拡張する計画がない場合、アドレスサイズの変更が成功する機会は大変少なく、多くの場合、そのファミリーの終わりとなる。BellとStreckerは以下のように言っている。

「コンピュータの設計で回復が難しいミスが1つある。メモリアドレスとメモリ管理に対して十分なアドレスビットを持たないことである。PDP-11は、ほとんどすべてのコンピュータで破られなかったこの伝統に従うことになった。」

成功したにもかかわらず、アドレスビットの不足で命脈の尽きたコンピュータのリストの一部は次のとおりである。PDP-8、PDP-10、PDP-11、Intel 8080、Intel 8086、Intel 80186、Intel 80286、Motorola 6800、AMI 6502、Zilog Z80、CRAY-1、CRAY X-MP。

由緒正しき80x86系は、2回拡張することで例外としての栄誉を保った。最初は1985年にIntel 80386で32ビット化し、最近はAMD Opteronで64ビット化した。

落とし穴：　メモリ階層の性能に関してOSの影響を無視する。

図B.29に3つの大きなワークロードにおけるOSが費やしたメモリストール時間を示す 。約25%のストール時間がOSのミスおよびアプリケーションプログラムがOSの干渉により起こしたミスによる。

落とし穴：　OSに頼って、後でページサイズを変えようとする。

Alphaの設計者は、出荷して時間が経ったから、その仮想アドレスのサイズ内でページサイズを大きくすることで、アーキテクチャを成長させる入念な計画を持っていた。そして、後のAlphaシリーズでページサイズを大きくする時が来た。しかしOS設計者は躊躇し、アドレス空間を8KiBのページを保つ形で仮想メモリシステムを改訂した。

	ミス		時間							
			アプリケーションによるミス時間的割合		OSによるミス時間的割合				OSミスとアプリケーション競合の時間的割合
実行プログラム	アプリケーションの割合	OSの割合	アプリケーション固有のミス	OSとアプリケーションの競合によるミス	OSの命令ミス	マイグレーションに伴うデータミス	ブロック操作中のデータミス	他のOSミス	
Pmake	47%	53%	14.1%	4.8%	10.9%	1.0%	6.2%	2.9%	25.8%
Multipgm	53%	47%	21.6%	3.4%	9.2%	4.2%	4.7%	3.4%	24.9%
Oracle	73%	27%	25.7%	10.2%	10.6%	2.6%	0.6%	2.8%	26.8%

図B.29　アプリケーションとOSでのミスと、ミスにより使われる時間

OSは、アプリケーションの実行時間を25%増加させる。それぞれのプロセッサは、64KiBの命令キャッシュと、2レベルのデータキャッシュ（1次は64KiB、2次は256KiB）を持つ。すべてのキャッシュはダイレクトマップ方式で、15バイトブロックである。33MHz R3000プロセッサを4つ用いたマルチプロセッサであるSilicon GraphicsのPOWER station 4D/340で、3つのアプリケーションワークロードをUNIX System Vで走らせて取得したデータである。3つのワークロードは以下のとおり。Pmake：56個のファイルをコンパイルする並列コンパイル。Multipgm：並列数値演算プログラムのMP3DがPmakeと5つのスクリーンで編集している仕事と並行で動くもの。Oracle：Oracleデータベースを使ってTP-1ベンチマークの限定されたバージョンを走らせるもの[Torrellas, Gupta and Hennessy, 1992]。

別のコンピュータの設計者は、TLBのミス率が大変高いのに着目し、大きなページサイズを複数扱えるようにTLBを拡張した。これにより、OSのプログラマがオブジェクトを一番大きなページにうまく割り付け、TLBのエントリが追い出されることを減らすことを期待した。しかし、10年における試行の後、多くのOSはその「スーパーページ」機能を、ディスプレイやその他のI/Oデバイスのマッピングやデータベースコード用の大きなページなど、厳選された場合にしか使わなくなった。

B.7 おわりに

高速なプロセッサに合わせたメモリシステムを作る困難さは、メインメモリの構成要素が、一番安いコンピュータでも同じ材料であることから軽んじられてきた。この状況下で助けてくれるのは局所性の原則である。この健全さは、現在のコンピュータのすべてのメモリ階層のレベル、ディスクからTLBまで、実証されている。

そうはいっても、相対的なメモリレイテンシの増大は、2016年には何百クロックサイクルにも達している。プログラマやコンパイラライタが、作成するプログラムをうまく実行したいと思ったら、キャッシュとTLBのパラメータに敏感でなければならない。

B.8 歴史展望と参考文献

付録L.3でキャッシュ、仮想メモリ、仮想マシンの歴史を検証している。この歴史的な記述はこの付録と第3章の両方をカバーしている。

B.9 演習問題

(Amr Zakyによる)

B.1 [10/10/10/15]〈B.1〉キャッシュメモリを利用するにあたってどの程度局所性の原則の重要性が効いているのかを調べようとしている。そこで、L1キャッシュと主記憶(データアクセスだけに集中する)を持つコンピュータについて実験を行う。それぞれの遅延(CPUクロックサイクル数)は以下の通りである。キャッシュヒット:1サイクル、キャッシュミス:110サイクル、キャッシュを使わない場合の主記憶アクセス:105サイクル

a [10]〈B.1〉全体のミス率が3%のプログラムを動かした時、メモリのアクセス時間は(CPUクロックサイクル数で)、どうなるか。

b [10]〈B.1〉次に、全く局所性がなくランダムなデータアドレスを生成する特製プログラムを走らせる。終了までの間、1GiB(全ては主記憶に収まる)の配列を1つ使う。この配列の要素をランダムにアクセスし続ける。(配列の要素のインデックスに一様乱数を使う)データキャッシュのサイズが64KiBならば、平均メモリアクセス時間はどうなるか。

c [10]〈B.1〉(b)で得た結果をキャッシュを使わない場合の主記憶のアクセス時間を考えた場合と比較すると、キャッシュメモリを利用するかどうかを決めるのに局所性の原則が果たす役割をどのように結論すれば良いか。

d [15]〈B.1〉キャッシュヒットは104サイクルの利得(1サイクル対105)があることがわかるが、ミスの時は5サイクル損をする(110:105サイクル)。一般的に考え、この2つの量をG(利得:gain)とL(損:loss)で表す。この2つの変数(GとL)を使って、キャッシュの利用が得でなくなるミス率を求めよ。

B.2 [15/1]〈B.1〉この演習では容量512バイト、64バイトブロックのキャッシュを考える。主記憶は2KiBであるとする。メモリを64バイトブロックの配列:M0、M1、…、M32と見なすことができる。図B.30はキャッシュがダイレクトマップであった場合に、違ったキャッシュブロックに配置されるメモリブロックを示している。

キャッシュブロック	セット	ウェイ	可能性のあるメモリブロック
0	0	0	M0、M8、M16、M24
1	1	0	M1、M9、M17、M25
2	2	0	M2、M10、M18、M26
3	3	0	….
4	4	0	….
5	5	0	….
6	6	0	….
7	7	0	M7、M15、M23、M31

図B.30 ダイレクトマップキャッシュに割り当てられるメモリブロック

a [15]〈B.1〉キャッシュがフルアソシアティブキャッシュである場合のテーブルの内容を示せ。

b [15]〈B.1〉キャッシュが4-ウェイセットアソシアティブキャッシュである場合のテーブルの内容を示せ。

B.3 [10/10/10/10/15/10/15/20]〈B.1〉キャッシュの構成は、キャッシュの電力消費を減らす目的によって影響を受ける。この目的でキャッシュは物理的にデータアレイ(データを入れておく)、タグアレイ(タグを入れておく)、リプレースアレイ(リプレースポリシーの必要な情報を入れておく)に分かれているとする。さらに、これらのアレイのすべては物理的にサブアレイ(ウェイに対して1つ)に分かれていて、個別にアクセスできるものとする。例えば、4-ウェイセットアソシアティブキャッシュでLRUポリシーを使うキャッシュは、4つのデータサブアレイ、4つのタグサブアレイ、4つのリプレースメントサブアレイを持っている。リプレースメントサブアレイは、LRUポリシーを使っている場合、アクセスに対して1回アクセスされ、FIFOポリシーを使う時はミスに対して1回アクセスされるとする。ランダムポリシーを使う時はアクセスする必要がない。あるキャッシュについて、それぞれのアレイに対するアクセスは図B.31の電力(重み)を必要とすると仮定する。

Array	Power consumption weight (per way accessed)
Data array	20 units
Tag Array	5 units
Miscellaneous array	1 unit
Memory access	200 units

図B.31 Power consumption costs of different operations.

a [10] 〈B.1〉 キャッシュの読み出しヒット。すべてのアレイは同時に読み出される。(訳注：この問題には肝心の何を答えるのかの指示がないのだが、電力を計算せよ、ということだろう。)

b [10] 〈B.1〉 キャッシュの読み出しミスについて (a) を繰り返せ。

c [10] 〈B.1〉 キャッシュアクセスが 2 サイクルに分離されている。最初のサイクルでは、すべてのタグサブアレイがアクセスされる。第 2 サイクルでは、タグが照合したサブアレイだけがアクセスされる。この条件で (a) を繰り返せ。

d [10] 〈B.1〉 (c) の条件でキャッシュミスについて計算せよ (第 2 サイクルでは、データアレイのアクセスはないとする)。

e [15] 〈B.1〉 アクセスされるウェイを予測する回路を想定して (c) を繰り返せ。予測されたタグアレイだけが第 1 サイクルでアクセスされる。ウェイがヒット (アドレスが予測されたウェイと照合する) すればキャッシュもヒットするだろう。ウェイがミスすると、第 2 サイクルですべてのタグアレイを検索する指示が出る。ウェイがヒットすると、1 つのデータサブアレイ (タグが照合したもの) が第 2 サイクルでアクセスされる。ここではウェイがヒットするとせよ。

f [10] 〈B.1〉 ウェイ予測器がミス (間違ったウェイを選んだ) すると想定して (e) を繰り返せ。失敗すると、ウェイ予測器は 1 つサイクルを付け加え、すべてのタグサブアレイをアクセスする。ウェイ予測ミスの後はキャッシュは読み出しヒットすると仮定せよ。

g [15] 〈B.1〉 キャッシュが読み出しミスをするとして、(f) を繰り返せ。

h [20] 〈B.1〉 (e)、(f)、(g) を使い、一般的なワークロードで以下の統計情報が得られたとする。ウェイ予測ミス：5%、キャッシュミス：3% (違ったリプレイスメントポリシーを想定)。メモリシステム (キャッシュ＋メモリ) の電力消費 (電力ユニットにおけるもの) を見積もれ。キャッシュは 4-ウェイセットアソシアティブとし、LRU、FIFO、ランダムリプレースポリシーを利用した場合の答えをそれぞれ示せ。

B.4 [10/10/15/15/15/20] 〈B.1〉 ある例について、ライトスルーとライトバックの書き込みバンド幅要求を比較する。ブロックサイズが 32 バイトの 64KiB キャッシュを想定する。キャッシュはミス時には、ライトアロケートする。ライトバックキャッシュでは、リプレイスの必要があるすべてのダーティブロックをライトバックする。キャッシュは低いレベルの階層と 64 ビット幅 (8 バイト幅) のバスで接続されていると仮定する。このバスの B バイトの書き込みアクセスの CPU サイクルは、$10 + 5\lceil B/8 - 1\rceil$となる。カギカッコは天井関数である。例えば、8 バイトの書き込みは、$10 + 5\lceil B/8 - 1\rceil = 10$ サイクルとなり、12 バイトの書き込みは 15 サイクルとなる。

下の C コード片について下の問いに答えよ。

```
... #define PORTION 1
...
base = 8*i;
for (unsigned int j = base; j < base+PORTION; j++)
//assume j is stored in a register
{
data[j] = j;
}
```

a [10] 〈B.1〉 ライトスルーキャッシュで、jループのすべての反復でメモリへの書き込みに何 CPU サイクル掛かるか。

b [10] 〈B.1〉 キャッシュがライトバックである場合、キャッシュブロックをライトバックするのに何 CPU サイクル掛かるか。

c [15] 〈B.1〉 PORTIONを 8 に変更し ((a) を繰り返せ。

d [15] 〈B.1〉 同一キャッシュブロックを (リプレースする前に) を更新する配列の最小値はいくつになるか。これはライトバックの有用性を示すものだろうか。

e [15] 〈B.1〉 キャッシュブロックのすべてのワードが書き込まれていて、ライトスルーがライトバックキャッシュよりも CPU サイクルが小さくなるシナリオを作れ (上のコードを使う必要はない)。

B.5 [10/10/10/10/] 〈B.2〉 インオーダ実行で 1.1GHz で動作し、メモリアクセスを除けば 1.35 の CPI で動作するプロセッサ周辺のシステムをつくっている。メモリにデータを読み書きする命令はロード(すべての命令の 20%)とストア(すべての命令の 10%)だけである。このコンピュータのメモリシステムは、分離した L1 キャッシュで構成され、ヒットすればペナルティはない。I キャッシュと D キャッシュは両方ともダイレクトマップで 32KiB である。I キャッシュは 2%のミス率で、32 バイトブロック、D キャッシュはライトスルーで 5%のミス率で 16 バイトのブロックである。D キャッシュはライトバッファを持っていて、全体の書き込みのうち 95%をストールせずに行うことができる。512KiB のライトバックの L2 統合キャッシュは 64 バイトのブロックで、アクセス時間は 15ns である。L1 キャッシュとは 266MHz で動く 128 ビットデータバスで接続されており、サイクル毎に 128 ビットワードを転送できる。すべての L2 キャッシュへのメモリ参照のうち 80%はメモリまで行かなくても良い。また、リプレースされるブロックの 50%はダーティである。128 ビット幅の主記憶は、アクセス時間が 60ns で、それに続くアクセスは 133MHz の 128 ビットバスの転送レートで行われる。

a [10] 〈B.2〉 命令アクセスの平均メモリアクセス時間はどうなるか。

b [10] 〈B.2〉 データ読み出しの平均メモリアクセス時間はどうなるか。

c [10] 〈B.2〉 データ書き込みの平均メモリアクセス時間はどうなるか。

d [10] 〈B.2〉 メモリアクセスを含む全体の CPI はどうなるか。

B.6 [10/15/15] 〈B.2〉 ミス率 (参照に対するミス数) を命令に対するミスに変換するには 2 つの要素が必要である。命令フェッチ当たりの参照数と、フェッチされる命令に対する実際にコミットされる命令の割合である。

a [10] 〈B.2〉 例題 B.1 直後の式は 3 つの因数からできている：ミス率、メモリアクセス数、命令数である。これらの因数は実際のイベントを表している。命令毎の書き込みミス数 (writing misses per instruction）と、ミス率（miss rate）× 命令毎のメモリアクセス数（memory accesses per instruction）との違いは何か。（訳注：writing misses per instruction だとすると、これはあまりにも愚問に思えるが、勝手に直すわけにもいかないのでこのままにしておく。）

b [15]〈B.2〉投機プロセッサはコミットされない命令もフェッチする。例題 B.1 直後の命令毎のミスの式は、実行パスにおける命令毎のミス、すなわちプログラムを実際に実行するための命令である例題 B.1 直後の式をミス率、命令フェッチ毎の参照数、コミットされる命令の割合を使って書き直せ。例題 B.1 直後に示す式よりもこちらの法が信頼がおけるのはなぜか。

c [15]〈B.2〉(b) の変換は、命令フェッチ毎の参照数の値が、個々の命令に対する参照数のどれにもに等しくならないという誤った結果をもたらすかもしれない。(b) を書き直してこの欠陥を修正せよ。

B.7 [20]〈B.1、B.3〉ライトスルー L1 キャッシュに、メインメモリではなく、ライトバック L2 キャッシュを装備したシステムでは、マージライトバッファは単純化される可能性がある。これがどのように可能かを説明せよ。ライトバッファが満杯になる（今、提案したもので）状況でこれが役に立つだろうか。

B.8 [5/5/5]〈B.3〉以下の計算を見ていく。

$d_i = a_i + b_i * c_i,\quad i:(0:511)$

配列 a、b、c、d のメモリ上の配置は下のようになる。（それぞれは 512 個の 4 バイト幅の整数の要素である）。上記の計算は 512 回反復する for ループを形成する。32K バイトの 4-ウェイセットアソシアティブキャッシュで 1 クロックサイクルのアクセス時間を仮定する。ミスペナルティはアクセス当たり 100CPU サイクルであり、書き戻しのコストも同じである。キャッシュは、ヒット時ライトバック、ミス時ライトアロケートとする（図 B.32）

メモリのバイトアドレス	中身
0〜2047	配列 a
2048〜4095	配列 b
4096〜6143	配列 c
6144〜8191	配列 d

図B.32 メモリ上の配列の配置

a [5]〈B3〉データキャッシュにロードが 3 回、ストアが 1 回ミスする場合に、1 反復当たり何クロックサイクル要するか。

b [5]〈B3〉キャッシュブロックのサイズが 16 バイトの時、平均的な 1 反復における平均サイクル数はどうなるか。
ヒント：空間的局所性。

c [5]〈B3〉キャッシュブロックのサイズが 64 バイトの時、平均的な 1 反復における平均サイクル数はどうなるか。

d キャッシュがダイレクトマップでサイズが 2048 バイトに縮小された場合、平均的な 1 反復における平均サイクル数はどうなるか。

B.9 [20]〈B.3〉キャッシュのウェイ数を増やす（他のパラメータは同じにして）ことは、統計的にはミス率を減らすことに繋がる。とはいえ、キャッシュのウェイ数を増やすことが、特定のワークロードでミス率を増やしてしまう異常なケースが存在する。
ダイレクトマップと 2-ウェイセットアソシアティブで同じサイズを想定せよ。セットアソシアティブキャッシュは LRU リプレースメントを使っている。簡単のためブロックサイズを 1 ワードとする。2-ウェイセットアソシアティブキャッシュの方が、ミスをたくさん発生するトレースを作れ。
ヒント：2-ウェイセットアソシアティブキャッシュの片方のセットにのみアクセスし、同じトレースがダイレクトマップキャッシュの 2 つのブロックを排他的にアクセスするトレースに集中せよ。

B.10 [10/10/15]〈B.3〉L1、L2 データキャッシュからなる 2 レベルメモリ階層を考える。両方のキャッシュがライトバックで、同じブロックサイズを使う。以下のイベントで生じる動作を示せ。

a [10]〈B.3〉キャッシュの階層が包含状態（インクルーシブ）である場合に L1 キャッシュがミスを生じた。

b [10]〈B.3〉キャッシュの階層が排他状態（エクスクルーシブ）である場合に L1 キャッシュがミスを生じた。

c [15]〈B.3〉(a)、(b) の両方のケースで追い出されたブロックは、クリーンになる可能性とダーティになる可能性。

B.11 [15/20]〈B.2、B.3〉キャッシュに入る命令をいくつか取り除くことで、競合ミスを減らすことができる。

a [15]〈B.3〉プログラムの一部を命令キャッシュに入れない方が良いプログラム階層の概略を示せ。
ヒント：あるコードブロックが他のブロックに比べ深いループネストに置かれているプログラムを想定せよ。

b [20]〈B.2、B.3〉命令キャッシュから一定のブロックを強制排除するソフトウェアあるいはハードウェア的な技法を提案せよ。

B.12 [5/15]〈B.3〉大きなキャッシュはミス率が小さい一方で、ヒット時間が大きくなる傾向にある。ダイレクトマップの 8KiB キャッシュが 0.22ns のヒット時間であり、ミス率が $m1$ であるとする。4-ウェイセットアソシアティブの 64KiB キャッシュが 0.52ns のヒット時間で、ミス率を $m2$ とする。

a [5]〈B.3〉ミスペナルティが 100ns とすると、全体のメモリアクセス時間を減らすために小さなキャッシュを使った方が有利なのはどの範囲か。

b [15]〈B,3〉(a)をミスペナルティが 10 サイクルと 1000 サイクルであるとして繰り返せ。小さなキャッシュを使うのが有利なのはどの範囲かに最終的な答えを与えよ。

B.13 [15]〈B.4〉あるプログラムが 4 エントリでフルアソシアティブなマイクロ TLB（図 B.33）で動いていたとする。
図 B.34、35 の仮想ページ番号のトレースがプログラムにより与えられたとする。それぞれのアクセスは、TLB ヒット / ミスを起こすか、ページテーブルをアクセスするか、ページヒットするかミスするかを示せ。アクセスされなければ X を入れよ。

VP#	PP#	Entry valid
5	30	1
7	1	0
10	10	1
15	25	1

図B.33 TLBの内容（演習問題B.13）

Virtual page index	Physical page #	Present
0	3	Y
1	7	N
2	6	N
3	5	Y
4	14	Y
5	30	Y
6	26	Y
7	11	Y
8	13	N
9	18	N
10	10	Y
11	56	Y
12	110	Y
13	33	Y
14	12	N
15	25	Y

図B.34 ページテーブルの内容

Virtual page accessed	TLB (hit or miss)	Page table (hit or fault)
1		
5		
9		
14		
10		
6		
15		
12		
7		
2		

図B.35 ページアクセスのトレース

B.14 [15/15/15/15]〈B.4〉メモリシステムの中にはTLBミスをソフトウェアで取り扱うものがある（例外処理として）が、ハードウェアで取り扱うものもある。

a [15]〈B.4〉TLBミスを取り扱う2つの方法の間のトレードオフは何か。

b [15]〈B.4〉TLBミスをソフトウェアで扱う方法はハードウェアで扱う方法よりも常に遅いだろうか。説明せよ。

c [15]〈B.4〉ハードウェアで扱うのは難しいが、ソフトウェアならば可能なページテーブルの構成はあるだろうか。ソフトウェアで扱うのは難しいが、ハードウェアならば容易なページテーブルの構成はあるだろうか。

d [15]〈B.4〉浮動小数点プログラムのTLBミス率が整数プログラムよりも一般的に高いのはなぜか。

B.15 [20/20]〈B.5〉Hewlett-Packard Precision Architecture（HP/PA）で使われているのと類似の保護手法を使えば、Intel Pentiumアーキテクチャよりも柔軟性の高い保護が可能である。この方法では各ページテーブルエントリはそのページのアクセス権に関する「保護ID（キー）」を持つ。それぞれの参照で、CPUはページエントリの保護IDと4つの保護IDレジスタに蓄えられたものを比較する。（これらのレジスタにアクセスするためにはCPUが特権モードになる必要がある）。保護IDと照合しないか、アクセスが許可されないもの（読み出し専用ページへの書き込みなど）である場合、例外が発生する。

a [20]〈B.5〉このモデルにより、OSが互いに書き換えることのできない小さな塊（マイクロカーネル）から構成されることが容易になるのはどうしてなのかを説明せよ。このようなOSが、どのコードもそのOSのコードで書き込むことができえる単一のOSに比べてどのような利点があるか。

b [20]〈B.5〉このシステムに単純な設計上の変更を加えることで、それぞれのテーブルエントリに2つの保護IDを付け、片方は読み出し、もう片方は書き込みあるいは実行アクセスに使う（書き込み可能、実行可能ビットがセットされていなければ使われない）ことができる。読み出しと書き込みの可能性に対して違った保護IDを使うことにはどのような利点があるのか。**ヒント**：これによりプロセス間でデータやコードを共有することが楽になるだろうか。

パイプライン処理：基本および中間的な概念

ちょうどパイプ３服分の問題だ。

アーサー・コナン・ドイル

『シャーロックホームズの冒険』

C.1 はじめに

本書の読者の多くは別のテキスト（我々の初級テキスト『コンピュータの構成と設計』など）や別の科目で、パイプライン処理の基本を履修しているだろう。第３章はこの内容の上に構築されているので、読者は先へ読み進む前にこの付録で、議論される概念に馴染みがあるかどうかを確認する方が良い。第３章を読む時に、ちょっとした確認のためにこの内容を開くことは役に立つだろう。

パイプライン処理の基本からこの付録を始めよう。内容はデータパスの意味、ハザードの説明、そしてパイプライン性能の測定である。本節では、基本的な５段の RISC パイプラインを説明する。これはこの付録の残りの部分の基礎となる。C.2 節ではハザードの問題について、なぜハザードが性能の問題を引き起こし、どうやってそれらを扱うことができるかを説明する。C.3 節では、単純な５段のパイプラインが実際にはどのように実装されるか、それに対する制御とハザードがどのように扱われるかに集中して議論する。

C.4 節では、パイプライン処理と、命令セットの設計に関わるさまざまな側面との関連を議論する。中には、例外とそれがパイプライン処理に及ぼす作用についての重要な話題を含める。正確な割り込みと不正確な割り込みの概念や例外処理後の再開について馴染みのない読者には、この節の内容が役に立つだろう。なぜなら、第３章で扱われるもっと進んだアプローチを理解する鍵となるからだ。

C.5 節では、処理時間を要する浮動小数点命令を扱うために５段のパイプラインをどのように拡張できるかを議論する。C.6 節では、今までの概念が入っている深いパイプラインを持つ RISC-V R4000/ R4400 の実例を示す。これは８段の整数パイプラインと、浮動小数点パイプラインの両方を持っている。MIPS R4000 は、単一命令発行の組み込みプロセッサで、ARM Cortex-A5 に類似している。ARM Cortex-A5 は 2010 年に開発され、いくつかのスマートフォンやタブレットで使われた。

C.7 節では、動的命令スケジューリングの考え方と、スコアボードを使って動的スケジューリンクを実現する方法を紹介する。本節では、「他の章との関連」の中でこれを紹介する。

本節は他の章との関連として紹介する。なぜなら動的スケジューリングに焦点を当てている第３章で中心となるコンセプトを導入するのに助けとなるからだ。C.7 節ではまた、第３章で扱われる複雑な Tomasulo アルゴリズムの、分かりやすい導入となっている。

Tomasulo アルゴリズムはスコアボーディングを紹介しなくても扱うことはできるし理解もできるが、スコアボーディングのアプローチの方が簡単で把握しやすい。

C.1.1 パイプライン処理とは何か

パイプライン処理は実装技術であり、それによって複数の命令のオーバーラップ実行が可能になる。つまり、1 命令を実行するために必要な動作間に存在する並列性を利用しているのである。今日、パイプライン処理は高速な CPU を作るために用いられる鍵となる実装技術であり、1 ドル以下のコストのプロセッサですらパイプライン化されている。

パイプラインは組み立て工場のラインのようなものである。自動車の組み立てラインではたくさんの工程があり、それぞれの工程は自動車の組み立てに何らかの貢献をしている。各工程は他工程と並列に異なる自動車に対して行われる。コンピュータのパイプラインでは、パイプラインの各工程は命令実行の一部を完了する。組み立てラインと同様に、さまざまなステップが異なる命令の異なる部分を並列に完了して行くのである。それらのステップの各々を**パイプステージ**や**パイプセグメント**と呼ぶ。ステージは次々に接続されパイプを形成する。命令はまるで組み立てラインの自動車のように、一方の端から入り、ステージを進み、他方の端から出て行くことになる。

自動車の組み立てラインでは、**スループット**は 1 時間当たりに完成される自動車の台数として定義され、完成した自動車が組み立てラインを出て行く頻度で決まる。同様に、命令パイプラインのスループットは、命令がパイプラインを出て行く頻度で決まる。パイプステージはつなぎ合わさっており、組み立てラインで必要とされるように、すべてのステージが同時に進行するように用意ができていなければならない。命令をパイプラインの 1 ステップ分進めるのに要する時間が**プロセッササイクル**である。全ステージが同時に進むので、プロセッササイクル長は最も遅いステージで必要な時間で決まる。ちょうど、自動車の組み立てラインで最も長い工程が、車が列を進む速度を決定するのと同様である。コンピュータでは大体いつも、プロセッササイクルは1クロックサイクルである（時には2クロックサイクルになる。もっと長いのは稀である）。

パイプライン設計者の目的は、各パイプラインステージの長さをバランスさせることである。ちょうど、組み立てラインの設計者が作業の各工程にかかる時間をバランスさせようと試みるのと同様である。ステージが完璧にバランスされると、パイプラインプロセッサ上での命令当たりの実行時間は（理想的な条件下では）次式に等しい。

$$\frac{\text{非パイプラインコンピュータでの命令当たり実行時間}}{\text{パイプラインステージ数}}$$

これらの条件下では、パイプライン処理によるスピードアップはパイプステージ数に等しい。ちょうど、n ステージの組み立てラインが理想的には n 倍速く自動車を製造できるのと同様だ。しかし、普通はステージは完璧にはバランスしない。さらに、パイプライン処理にはオーバーヘッドがつきものである。したがって、パイプラインプロセッサ上での命令当たりの実行時間は考え得る最小値にはならない。近づけることは可能だが。

パイプライン処理は、命令当たりの平均実行時間を削減する。プロセッサが始めは命令当たり複数のクロックサイクルを要するものであるとすると、パイプラインはCPI（命令当たりのクロックサイクル数）を削減するものと考えられる。

パイプライン処理は逐次実行される命令流中の命令間にある並列性を引き出す実装技術である。他の高速化技法（第4章を参照）とは異なり、パイプライン処理にはプログラマが意識しないで良いという重要な利点がある。

C.1.2　RISC命令セットの基礎

本書ではロード–ストアアーキテクチャのRISC-Vを基本的な概念を説明するのに使う。本書で紹介するほとんどすべてのアイデアは他のプロセッサにも適用可能だが、複雑な命令では実装はもっと複雑になるだろう。本節では、全体の記述において、第1章でその概念を見てきたRISC-Vのコアを用いる。とはいえ、その概念は非常に類似しており、ARMやMIPSのコアアーキテクチャを含むすべてのRISCに適用できるだろう。すべてのRISCアーキテクチャは、以下に示すいくつかの鍵となる特性によって特徴づけられる。

- すべての操作はレジスタ内のデータに対してのみ行われ、多くの場合はレジスタ全体の内容を変化させる（レジスタ当たり32ビットか64ビット）。
- メモリに影響する操作はロード操作とストア操作だけであり、それらはメモリからレジスタへ、あるいは、レジスタからメモリへデータを移動する。レジスタの一部（例えば、1バイト、16ビット、32ビット）へロード–ストアする操作が用意されていることが多い。
- 命令形式は少数で、すべての命令が同一長である場合が多い。RISC-Vでは、構造を簡単にするため、レジスタrs1、rs2、rdを、いつも同じ場所に指定する。

これらのシンプルな特性はパイプラインの実装を飛躍的に簡単にしている。これが、これらの命令セットがこの方法で設計された理由である。第1章は、RISC-V ISAについてすべてを記述している。読者は第1章を読んでいるという想定で進める。

C.1.3　RISC命令セットのシンプルな実装例

RISC命令セットがどのようにパイプライン実装され得るかを理解するために、パイプラインを「持たない」実装について理解する必要がある。本節では、各命令が高々5クロックサイクルを要するシンプルな実装を示す。この基本的な実装を拡張してパイプライン化する。その結果CPIがずっと小さくなる。この実装は、パイプライン処理なしでは低コストでも高性能でもなく、要するに、自然にパイプライン実装に辿り着くような設計となっている。命令セットアーキテクチャを実装するには、アーキテクチャの一部としては現れないが、一時的な値を保持するためのいくつかのレジスタを導入する必要がある。パイプライン処理をシンプルにするために、それらのレジスタを本節で導入する。本実装はRISCアーキテクチャの整数命令のサブセットだけを扱うパイプラインに集中する。それらは、ロードワード命令、ストアワード命令、分岐命令、そして整数ALU操作命令である。

このRISCサブセットの各命令は、高々5クロックサイクルで実装することができる。この5クロックサイクルは以下のとおりである。

1. **命令フェッチサイクル**（IF）：メモリにプログラムカウンタ（PC）を送り、メモリから現在の命令をフェッチする。PCに4を足して（各命令は4バイトであるから）、次に続くPCの値に更新する。
2. **命令デコード/レジスタフェッチサイクル**（ID）：命令をデコードし、レジスタファイルからソースレジスタ識別子に一致するレジスタを読み出す。分岐命令である可能性を考慮して、読み出されたレジスタ間で一致比較を行う。必要となる時のために、命令のオフセットフィールドを符号拡張する。インクリメントされたPCに符号拡張されたオフセットを足し合わせて、分岐先のアドレスを計算する。後ほど検討する突き進めた実装では、条件が成立した場合には分岐先アドレスをPCにセットして、このステージの終わりで分岐命令は完了する。デコードはレジスタ読み出しと同時に行われるので、このことが可能になる。なぜなら、RISCアーキテクチャでは、レジスタ識別子は命令中の決まった位置にあるからである。この方法は**固定フィールドデコーディング**として知られている。性能を改善も悪化もしないが、使用しないレジスタを読み出すことがあり得ることに注意せよ（使用されないレジスタを読むと無駄なエネルギーを消費する。したがって、電力にデリケートな設計ではこのような読み出しを避けるかもしれない）。ロードとALU即値命令用に、即値フィールドは常に同じ位置にある。このため、符号拡張は容易である（RISC-Vのより完全な実装のためには、2つの違った符号拡張した値を計算する必要がある。これは、即値フィールドが違った位置にあるからだ）。

3. **演算/実効アドレスサイクル（EX）**：前サイクルで用意されたオペランドに対して ALU 操作を行う。命令のタイプにしたがって、次の 3 つの機能から選んだ 1 つが実行される。
   - **メモリ参照命令**：ALU はベースレジスタとオフセットを加算し、実効アドレスを計算する。
   - **レジスタ–レジスタ間 ALU 命令**：ALU は、レジスタファイルから読み出された値に対して、ALU オペコードで指定される操作を実行する。
   - **レジスタ–即値間 ALU 命令**：ALU は、レジスタファイルから読み出された 1 つ目の値と符号拡張された即値に対して、ALU オペコードで指定される操作を実行する。
   - **条件分岐**：条件が真かどうかを決定する。

   ロード–ストアアーキテクチャでは、実効アドレス計算サイクルと演算サイクルを同一のサイクルに組み入れることができる。なぜなら、データアドレスの計算とデータへの操作が同時に必要な命令はないからである。
4. **メモリアクセス（MEM）**：ロード命令であれば、前サイクルで計算された実効アドレスでメモリから読み出しを行う。ストア命令であれば、レジスタファイルから読み出された 2 番目のレジスタデータを実効アドレスを用いて書き込む。
5. **ライトバックサイクル（WB）**：
   - レジスタ–レジスタ間 ALU 命令またはロード命令：メモリシステム（ロード命令）と ALU（ALU 命令）のどちらかからの結果をレジスタファイルに書き込む。

この実装では、分岐命令は 3 サイクルを、ストア命令は 4 サイクルを、残りのすべての命令は 5 サイクルを必要とする。分岐命令の頻度を 12% とし、ストア命令の頻度を 10% とすると、典型的な命令ミックスでは全体の CPI は 4.66 となる。しかし、最高性能を達成する意味でも、また、その性能を与える最少のハードウェア量という意味でも、この実装は最適ではない。この設計の改良は演習問題に残すことにして、ここではパイプライン処理に集中する。

C.1.4 RISCプロセッサの古典的な5段パイプライン

新しい命令を毎クロックサイクル始めるだけで、上記の命令実行をほとんど何も変えないでパイプライン化できる（なぜこの設計を選んだのかを考えよ）。前節の各クロックサイクルが**パイプステージ**（パイプラインにおけるサイクル）になる。その結果図 C.1 のような実行パターンになる。これはパイプラインを表示する典型的な方法である。各命令は完了までに 5 サイクルを要するが、各クロックサイクルでハードウェアは新しい命令を開始し、5 つの異なる命令の一部を実行している。

パイプライン処理がこれほどまでに単純であるとは信じ難いかもしれないが、その通りで、単純ではない。本節以降でパイプライン処理が引き起こす問題を扱うことによって、この RISC パイプラインを「現実」のものにしよう。

	クロック数								
命令数	**1**	**2**	**3**	**4**	**5**	**6**	**7**	**8**	**9**
命令 *i*	IF	ID	EX	MEM	WB				
命令 *i*+1		IF	ID	EX	MEM	WB			
命令 *i*+2			IF	ID	EX	MEM	WB		
命令 *i*+3				IF	ID	EX	MEM	WB	
命令 *i*+4					IF	ID	EX	MEM	WB

図C.1 単純なRISCパイプライン

クロックサイクル毎に、次の命令がフェッチされ 5 サイクルの実行が開始される。もし命令が毎サイクル始められると、性能はパイプライン化されていないプロセッサの最大 5 倍にいたる。パイプライン中のステージ名は、非パイプラインの実装で使用したものと同じである。IF＝命令フェッチ、ID＝命令デコード、EX＝実行、MEM＝メモリアクセス、WB＝ライトバック。

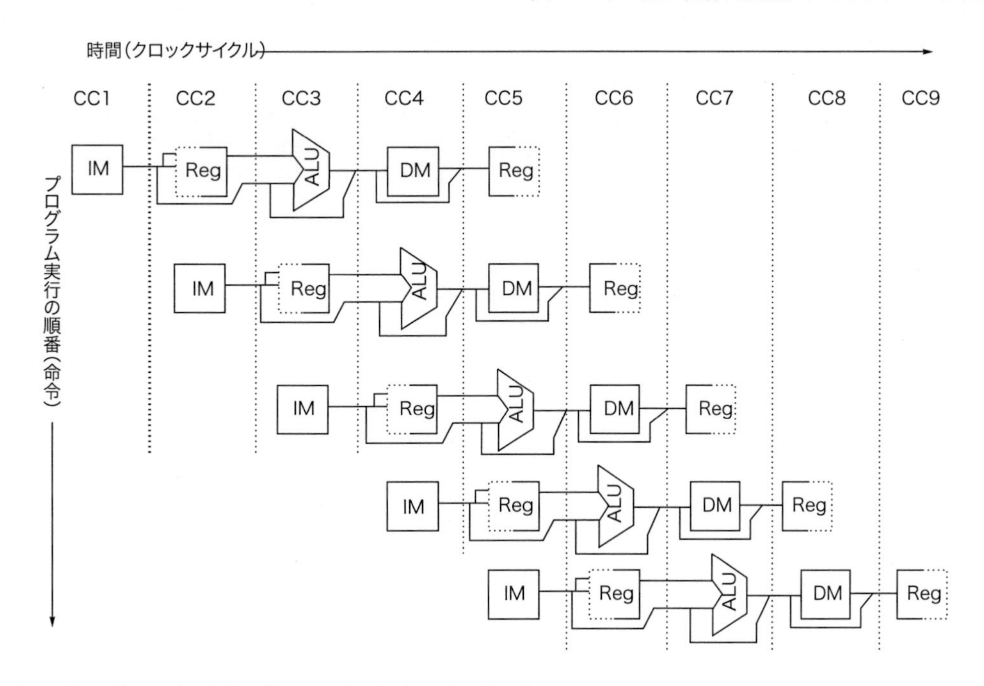

図C.2 時間でシフトする一連のデータパスとして考えることができるパイプライン

この図はデータパスの各部分間のオーバーラップを示している。クロックサイクル 5（CC5）は定常状態を表している。レジスタファイルは ID ステージでソースとして、WB ステージでデスティネーションとして使用されるので、2 回現れている。実線で、ステージの右の半分に使って読み出しを、左の半分に使って書き込みを、それぞれ表している。反対側は点線で示している。IM は命令メモリを、DM はデータメモリを、CC はクロックサイクルを表すために使用されている。

まず、プロセッサの各クロックサイクルに何が起こるかを決定しなければばならない。そして、同じクロックサイクルで同じデータパス資源で2つの異なる操作をしないようにしなければならない。例えば、1つのALUで実効アドレス計算と減算操作とを同時には実行できない。したがって、パイプラインでの命令のオーバーラップでそのような衝突を起こさないことを保証しなければならない。幸いなことにRISC命令セットは単純なので、演算資源が衝突するかどうかを調べることは比較的容易である。図C.2は、パイプライン形式で描かれたシンプルなRISCデータパスである。主要な機能ユニットは異なるサイクルで使用されている。それゆえ、複数の命令をオーバーラップ実行しても、ほとんど衝突は起こらない。以下の3つの観察によって、この事実が裏付けられる。

第一に、独立した命令メモリとデータメモリを使用している。それらは独立した命令キャッシュとデータキャッシュ（それらは第2章で議論する）として実装される事が多い。独立したキャッシュを用いて、メモリが1つだけでは生じるかもしれない命令フェッチとデータアクセスの間の衝突を取り除く。もしパイプラインプロセッサが非パイプラインプロセッサと同じクロックサイクルであれば、メモリシステムは5倍のバンド幅でなければならない、ということに注意せよ。このように要求が増えることは、高性能化に要するコストの一因となる。

第二に、レジスタファイルは2つのステージで使用される。IDステージでの読み出しとWBステージでの書き込みである。このように使用することは明白なので、レジスタファイルを二箇所に描いている。したがって、毎サイクル2つの読み出しと1つの書き込みを行う必要がある。同じレジスタに対して読み出しと書き込みを行うために（後ほど明らかになる別の理由のためにも）、クロックサイクルの前半でレジスタに書き込み、後半で読み出す。

第三に、図C.2はPCを扱っていない。毎クロック新しい命令を開始するためには、毎クロックPCを増やし、その値を格納しなければならない。この操作は、次の命令の準備としてIFステージで行われなければならない。さらに、IDステージで分岐先となり得る番地を計算するために加算器が必要である。分岐命令はIDステージまではPCを変更しないというさらなる問題が現れる。これは問題だが、ここでは触れず、後で扱うことにする。

パイプライン中の命令が同時にハードウェア資源を使わないことを保証することは重要だが、異なるパイプラインステージに存在する命令が互いに干渉しないことも保証しなければならない。この分離はパイプラインの隣り合うステージ間に**パイプラインレジスタ**を挿入することで実現される。その結果、クロックサイクルの終わりで、あるステージのすべての結果は、次のクロックサイクルで次のステージへの入力となるレジスタに格納される。図C.3これらのパイプラインレジスタを追加して、パイプラインを示す。

簡単のために多くの図ではそのようなレジスタを省略するが、それらはパイプラインを正しく動作させるためには必要であり、存在しなければばならない。もちろん、パイプラインを持たないマルチサイクル実行のデータパスであっても、類似のレジスタは必要である（なぜなら、クロックの境界ではレジスタ内の値のみが保持されるからだ）。パイプライン処理プロセッサでは、中間結果をあるステージから次のステージに運ぶという重要な役割もパイプラインレジ

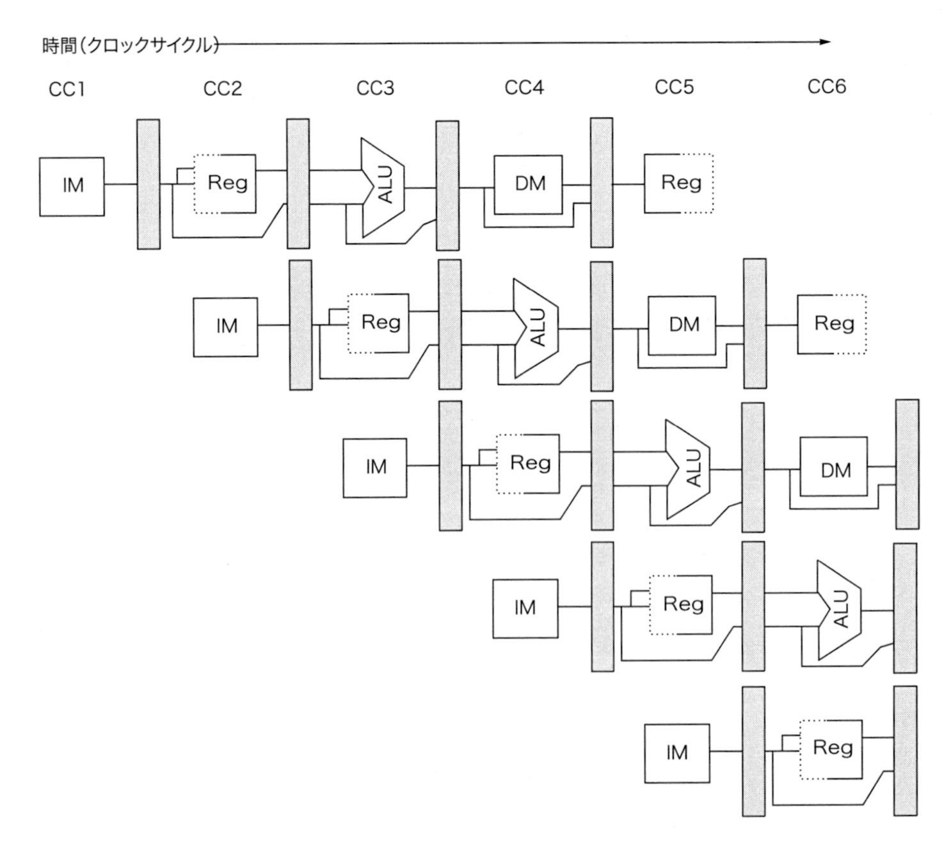

図C.3　隣り合うパイプラインステージ間のパイプラインレジスタを記したパイプライン

パイプライン中の隣接するステージで処理されている2つの命令間の干渉を、レジスタが防いでいることに注意せよ。ある命令のデータをあるステージから次へと受け渡すという重要な役割も、レジスタは担っている。レジスタのエッジトリガ型の特性（クロックのエッジで直ちに値が変わる）が重要である。そうでなければ、ある命令からのデータが他の命令の実行に干渉してしまうだろう。

スタが果たしている。この場合、データの供給元と、使われる所は直接、隣り合っていないかもしれない。例えば、ストア命令でストアされるレジスタの値はIDステージで読み出されるが、実際にはMEMステージまで使われない。MEMステージでデータメモリにまで到達するためには、2つのパイプラインレジスタを通過することになる。同様に、ALU命令の結果はEXステージで計算されるが、実際にはWBステージまでストアされず、そこに達するには2つのパイプラインレジスタを通過する。パイプラインレジスタに名前を付けると役に立つだろう。そこで、それらが繋ぐパイプラインステージの名前に基づいて付けることにしよう。すなわち、それぞれのレジスタをIF/ID、ID/EX、EX/MEM、MEM/WBと呼ぶ。

C.1.5 パイプラインの基本性能

パイプライン処理はプロセッサ命令のスループットを向上させる。スループットとは、一定時間に完了する命令数である。しかし、個々の命令の実行時間を短縮はしない。実際には、パイプライン制御のオーバーヘッドにより、各命令の実行時間は通常長くなってしまう。命令スループットが向上するということは、1つの命令が速くならなくても、プログラムが速く実行され、その全実行時間が小さくなることを意味している。

次節で見るように、各命令の実行時間が短縮されない事実により、パイプラインの現実的な深さには限界が生じる。パイプラインレイテンシから生じる制限に加えて、パイプステージ間のアンバランスやパイプライン処理のオーバーヘッドから、制限が生じる。パイプステージ間のアンバランスは性能を低下させる。なぜなら、クロック速度は最も遅いパイプラインステージに必要な時間よりも決して速くはならないからである。パイプライン処理のオーバーヘッドは、パイプラインレジスタの遅延とクロックスキューの組み合わせで生じる。パイプラインレジスタにより、そのセットアップ時間と伝播遅延からクロックサイクルが長くなってしまう。**セットアップ時間**とは、書き込みを行うクロック信号の前にレジスタへの入力が安定しなければならない時間である。**クロックスキュー**とは、あらゆる組み合わせの2つのレジスタにクロックが到達する時刻間の最大値であり、

クロックサイクルの最小幅に限界を生じる1つの要因となる。

いったんクロックサイクルがクロックスキューとラッチのオーバーヘッドの和と同じくらい小さくなると、それ以上のパイプライン段数の増加は役に立たない。なぜなら、そのサイクル中には意味のある処理を行う時間が残っていないからである。関心のある読者は、論文［Kunkel and Smith, 1986］を参照されたい。第3章で見るように、このオーバーヘッドがあったからこそ、Pentium 4はPentium IIIに対して期待されるほどの性能向上を達成できていない。

例題B.1

前節の非パイプラインプロセッサを考えよ。4GHzのクロック（あるいは0.5nsのクロック周期）を用い、ALU命令と分岐の実行に4サイクルを、メモリ操作命令に5サイクルを要すると仮定せよ。これらの操作の相対的な頻度はそれぞれ40%、20%、40%であると仮定せよ。クロックスキューとセットアップのために、プロセッサにはクロックに0.1nsのオーバーヘッドが加わると考えよ。レイテンシへの影響は無視して、パイプライン処理によりどの程度の命令実行速度の向上が得られるかを答えよ。

解答

非パイプラインプロセッサでの平均命令実行時間は、

平均命令実行時間
= クロックサイクル × 平均CPI
= 0.5ns × [(40% + 20%) × 4 + 40% × 5]
= 0.5ns × 4.4
= 2.2ns

パイプライン実装では、クロックスピードは最も遅いステージにオーバーヘッドを加えたものとならなければならない。それは0.5 + 0.1つまり0.6nsである。これが平均命令実行時間である。したがってパイプライン処理による高速化は、

$$\text{パイプライン処理による高速化} = \frac{\text{非パイプラインでの命令実行時間}}{\text{パイプライン処理での平均命令実行時間}} = \frac{4.4\text{ns}}{1.2\text{ns}} = 3.7\text{倍}$$

この0.1nsのオーバーヘッドにより、パイプライン処理の効果に対し本質的に上限が定められてしまう。もしそのオーバーヘッドがクロックサイクルを変えても影響を受けないのであれば、Amdahlの法則によりこのオーバーヘッドが高速化を制限することになることが分かる。

仮に、すべての命令がパイプライン中の他のあらゆる命令に依存していないとするならば、この単純なRISCパイプラインは整数演算命令に対して極めてうまく機能するだろう。現実には、パイプライン中の命令はお互いに依存している。これが次節のトピックである。

C.2 パイプライン処理の主要な障害：パイプラインハザード

ハザードと呼ばれる状況がある。ハザードは、所定のクロックサイクルの間、命令流における次命令の実行を妨げる。ハザードにより、パイプライン処理による理想的な高速化から性能が低下する。以下に3種類のハザードについて示す。

1. **構造ハザード**：考えられる限りのあらゆる命令の組み合わせをオーバーラップさせて実行できるようにはハードウェアが用意されていない時に、ハードウェア資源の衝突によって生じる。最近のプロセッサでは構造ハザードは、あまり頻繁に利用しない機能ユニット（浮動小数除算や他にも複雑で長い実行時間の命令）でまず生じる。性能に与える影響は大きいものではなく、プログラマやコンパイラはこれらの命令のスループットが低いことは分かっている。このように頻繁に起こらない場合に時間を掛けるよりも、もっと頻度の高い残り2つのハザードに集中することにしよう。

2. **データハザード**：先行する命令の結果に、ある命令が依存する場合に生じる。これは、パイプライン中で命令がオーバーラップされるために起こる。
3. **制御ハザード**：分岐命令や他のPCを変える命令がパイプライン処理されるために生じる。

パイプラインにおけるハザードにより、パイプラインを**ストール**させる必要が生じる。ハザードを避けようとすると、パイプライン中のある命令を先に進め、残りの命令を「遅らせる」必要がしばしば生じる。この付録で議論しているパイプラインでは、ある命令がストールすると、ストールした命令の「後に」発行された、すなわちパイプライン中で離れていない命令はすべてストールする。ストールした命令の前に発行された、すなわちパイプライン中で「先行している」命令は続行しなければならない。なぜなら、そうしないとハザードが解消されないからである。結果として、ストール中には新しい命令は全くフェッチされない。この節では、パイプラインストールがどのように処理されるかという例をいくつか見ていくことにしよう。心配しなくて良い。それほど複雑ではない。

C.2.1 ストール時のパイプライン性能

ストールを生じると、パイプライン性能は理想的な性能から悪化する。前節で用いた式から始めて、パイプライン処理による実際の高速化を求める簡単な式を見てみよう。

$$\text{パイプライン処理による高速化} = \frac{\text{非パイプラインでの命令実行時間}}{\text{パイプライン処理での平均命令実行時間}}$$

$$= \frac{\text{非パイプラインのCPI} \times \text{非パイプラインのクロックサイクル}}{\text{パイプラインのCPI} \times \text{パイプラインのクロックサイクル}}$$

$$= \frac{\text{非パイプラインのCPI}}{\text{パイプラインのCPI}} \times \frac{\text{非パイプラインのクロックサイクル}}{\text{パイプラインのクロックサイクル}}$$

パイプライン処理は、CPIあるいはクロックサイクル時間を小さくする処理と考えることができる。パイプラインを比較するためにCPIを使うことが伝統的なので、この仮定から始めよう。パイプラインプロセッサの理想的なCPIはほとんど常に1である。したがってパイプライン処理時のCPIを以下のように計算することができる。

$$\text{パイプライン処理のCPI}$$
$$= \text{理想的なCPI} + \text{1命令当たりのパイプラインストールクロックサイクル数}$$
$$= 1 + \text{1命令当たりのパイプラインストールクロックサイクル数}$$

もしパイプライン処理のオーバーヘッドに要するサイクル時間を無視し、ステージが完璧にバランスを取れていると仮定すると、2つのプロセッサのサイクル時間は同じであり、したがって次式となる。

$$\text{高速化} = \frac{\text{非パイプラインのCPI}}{1 + \text{1命令当たりのパイプラインストールクロックサイクル数}}$$

重要である単純なケースとして、全命令が同じサイクル数となる場合がある。それはパイプラインステージ数（**パイプラインの深さ**とも呼ばれる）とも同じである必要がある。この場合、非パイプラインのCPIはパイプラインの深さと同じであり、次式となる。

$$\text{高速化} = \frac{\text{パイプラインの深さ}}{1 + \text{1命令当たりのパイプラインストールクロックサイクル数}}$$

パイプラインストールがないとすると、パイプライン処理はパイプラインの深さだけ性能を改善するという直感的な結論が導かれる。

C.2.2 データハザード

パイプライン処理により、命令をオーバーラップ実行するために、命令間の相対的なタイミングが変わってしまうという大きな影響が現れる。オーバーラップすることで、データハザードと制御ハザードが生じる。パイプラインがオペランドへの読み出し/書き込みアクセスの順序を変え、非パイプラインプロセッサで逐次的に命令を実行する時に見られる順序と異なってしまう時に、データハザードは生じる。命令 i がプログラムの順に命令 j に先立って実行され、両者がレジスタ x を使うとする。3つの違ったタイプのハザードが i と j との間で生じる。

1. **RAW（Read after Write）ハザード**：最も一般的で、命令 i がレジスタ x に書き込む前に、命令 j が x を読んでしまった場合に生じる。このハザードを防がないと、命令 j は x の誤った値を読んでしまうことになる。
2. **WAR（Write after Read）ハザード**：このハザードは、レジスタ x を命令 j が書き込んだ後に命令 i が x から読み出しを行うことで生じる。この場合、命令 i は x の誤った値を読み込んでしまう。WARハザードは単純な5ステージの整数パイプラインでは生じないが、命令の順番を入れ替えるに生じる。C.65で示すパイプラインの動的スケジュールを議論する際に見ていくことにする。
3. **WAW（Write after Write）ハザード**：このハザードは命令 i が x に書き込む操作が、命令 j が x に書き込むのよりも後になることで生じる。これが起きるとレジスタ x には間違った値が残ることになる。WAWハザードも単純な5ステージの整数パイプラインでは生じないが、命令を入れ替えるか、命令の実行時間が違う時に起きる。これも後に見ていくことにする。

第3章では、データ依存性とハザードについてもっと詳しく紹介している。これからはRAWハザードに集中することにしよう。

以下の命令のパイプライン実行を考えよう。

```
add  x1,x2,x3
sub  x4,x1,x5
and  x6,x1,x7
or   x8,x1,x9
xor  x10,x1,x11
```

addに後続する全命令はadd命令の結果を使用する。図C.4に示すように、add命令はx1の値をWBパイプステージで書き込む。しかし、sub命令はその値をIDステージで読み出す。この問題が**データハザード**である。それを回避するための防止策を施さない限り、sub

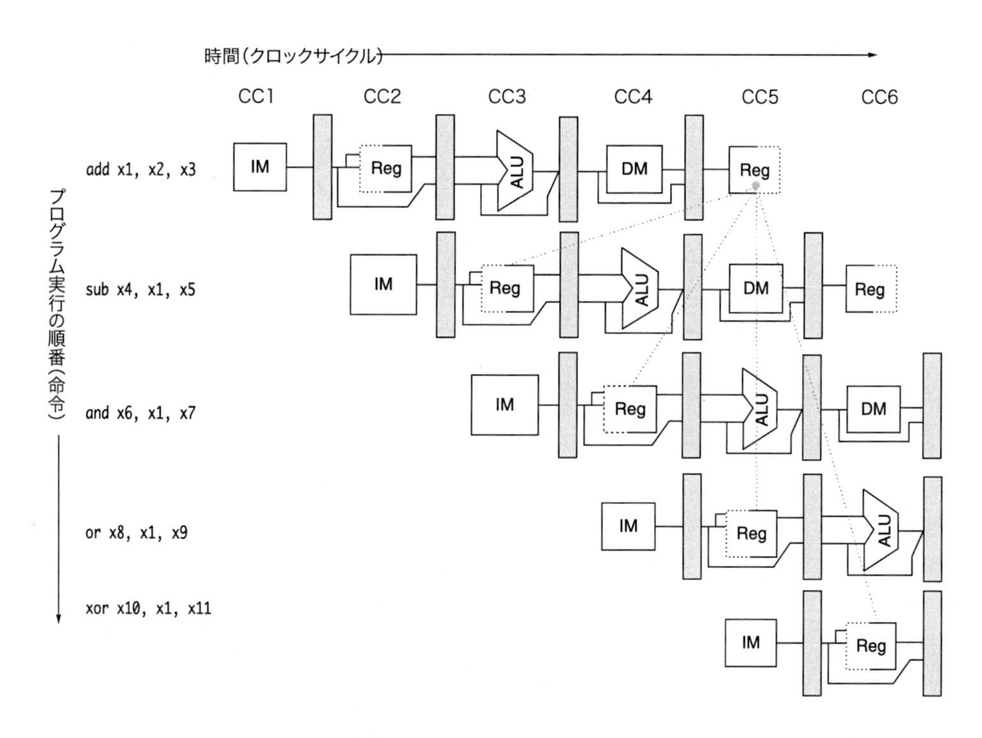

図C.4 add 命令の結果を次の 2 命令が使用する場合に生じるハザード。なぜなら、これらの命令がレジスタを読み出す前には、まだレジスタには書き込まれていないからである

命令は間違った値を読み出し、それを使おうとするだろう。実際、sub命令が用いる値は全く決まっていない。論理的に考えると、subはaddよりも前に命令で書き込まれたx1の値を使うことになるが、そうばかりとは限らない。add とsubの間に割り込みが生じるとaddの WB ステージは完了し、この時のx1の値はaddの結果になるだろう。このような予測不可能な振る舞いは明らかに受け入れることはできない。

and命令もこのハザードに影響される。図 C.4 から分かるように、x1の書き込みはクロックサイクル 5 の終わりまで完了しない。したがって、クロックサイクル 4 でレジスタを読み出すand命令は間違った値を受け取る。

xor命令は正しく動作する。なぜならレジスタ読み出しはクロックサイクル 6 に起こるからである。or命令もハザードを起こすことなく動作する。なぜなら、レジスタ読み出しをサイクルの後半で、書き込みを前半で実施しているからである。

次節では、subとand命令に関連するハザードにより生じるストールを取り除く技術を議論する。

フォワーディングによるデータハザードの削減

図 C.4 で困った問題は、**フォワーディング**と呼ばれる（**バイパス**、または**ショートサーキット**とも呼ばれる）簡単なハードウェアによる手法で解決可能である。フォワーディングにおける鍵となる洞察は、addが実際に結果を生成する以前にはsubはそれを本当には必要としない、ということだ。addが書き込んだパイプラインレジスタからsubが必要とする場所へ結果を移動できれば、ストールする必要は避けられる。この考えを元に、フォワーディングは以下のように動作する。

1. EX/MEM と MEM/WB の両方のパイプラインレジスタから ALU 演算の結果が常に ALU の入力側にフィードバックされる。
2. 先行する ALU 演算が現在の ALU 演算のソースに関連するレジスタに結果を書き込むことをフォワーディングのハードウェアが検出すると、制御回路は、レジスタから読み出された値ではなく、フォワーディングされた結果を ALU の入力として選択する。

フォワーディングがあっても、もしDSUBがストールすれば、addは完了しバイパスは働かない、ということに気を付けよう。この関係は、2 命令間に割り込みがあった場合にも当てはまる。

図 C.4 の例が表しているように、直前の命令からだけでなく 2 サイクル前の命令からも、結果をフォワーディングする必要があり得る。図 C.5 は、適切な位置にバイパスが配置され、レジスタの読み出しと書き込みのタイミングを強調している例である。このコードシーケンスはストールしないで実行することができる。

フォワーディングは、結果を必要とする機能ユニットへ直接それを渡すことを含めて一般化することができる。つまりあるユニットの結果を同じユニットの入力へ戻すだけでなく、あるユニットの出力となるパイプラインレジスタから他のユニットへの入力へ結果がフォワーディングするのである。例えば以下の例を取り上げよう。

```
DADD    x1,x2,x3
fld      x4,0(x1)
sd      x4,12(x1)
```

このシーケンスでストールを避けるには、ALU の出力値とメモリユニットの出力値をそれらのパイプラインレジスタから ALU とメモリユニットの入力へフォワーディングする必要がある。図 C.6 はこの例のフォワーディング経路を示している。

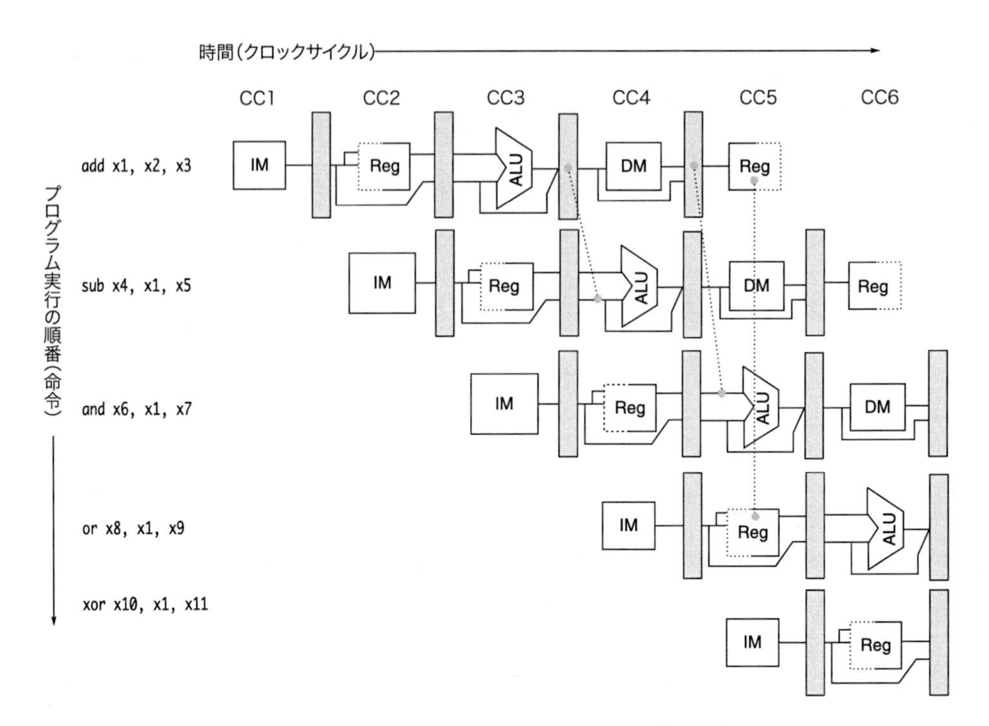

図C.5 addの結果に依存する複数の命令が、データハザードを避けるために使用するフォワーディング

subとand命令への入力は、パイプラインレジスタからALUの1つ目の入力へフォワードされる。orは結果をレジスタ内でフォワーディングして受け取る。レジスタを表す点線は、レジスタに対して後半で読み出しを前半で書き込みを行うことで、これは容易に達成できる。フォワードされた結果はALUのどちらの入力へも送られ得ることに注意せよ。実際、ALUの両入力が同じパイプラインレジスタあるいは異なるパイプラインレジスタのどちらからでもフォワードされた入力を使用できる。例えば、and命令がand x6,x1,x4であれば、これが起こる。

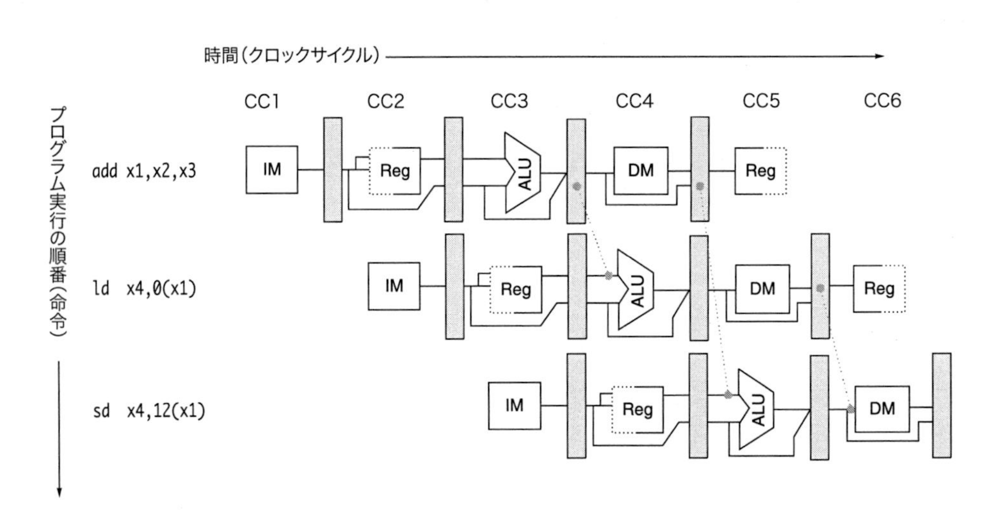

図C.6 MEMステージでストアに要求されるオペランドのフォワーディング

ロードの結果がメモリの出力からメモリの入力にフォワードされストアされる。加えて、ロードとストアの両方のアドレス計算のために、ALUの出力がALUの入力へフォワードされる（これは他のALU演算へのフォワーディングと違いはない）（上には示されていないが）ストアが直前のALU演算に依存すると、ストールを避けるために結果がフォワードされる必要がある。

ストールを必要とするデータハザード

残念ながら、すべてのデータハザードをバイパスで対処できるわけではない。以下の命令シーケンスを考えよう。

```
fld      x1,0(x2)
DSUB    x4,x1,x5
AND     x6,x1,x7
or      x8,x1,x9
```

この例のためにバイパスを持つパイプライン化されたデータパスを図C.7に示す。この場合は、連続するALU命令の状況とは異なる。fld命令はクロックサイクル4（MEMサイクル）の終わりになるまでデータを持っていない。一方、sub命令はそのクロックサイクルの頭でそのデータを必要とする。したがって、単純なハードウェアではロード命令の結果により生じるデータハザードを完全には取り除くことができない。図C.7が示しているように、そのようなフォワーディング経路は過去に向かって働かなければならないだろう。コンピュータ設計者には到底できない能力だ。ロード命令から2サイクル後に始まるand命令で使うために、パイプラインレジスタからALUに直ちに結果をフォワーディングすることはできる。同様にor命令でも問題はない。なぜなら、値をレジスタファ

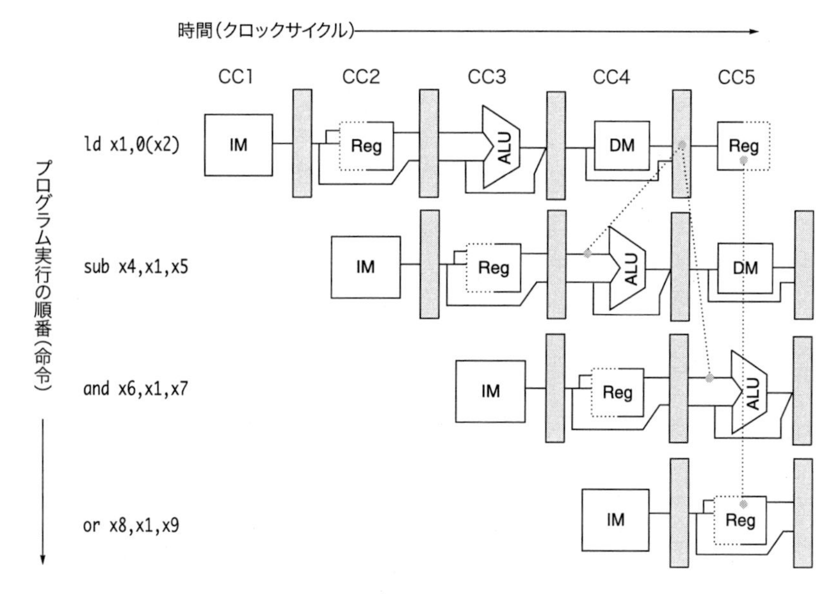

図C.7 ロード命令が結果を and と or 命令へバイパス可能であるが、sub へはできない場合。なぜなら、それは結果を「過去」へフォワーディングすることを意味するからだ

イルから受け取るのだから。sub命令には結果がフォワーディングされても届くのが遅い。その開始時に必要としているクロックサイクルの終了時に届く。

ロード命令には、フォワーディングだけでは取り除くことのできない時間遅れ、あるいはレイテンシがある。その代わりに、正しい実行を保持するために、**パイプラインインターロック**と呼ばれるハードウェアを追加する必要がある。一般的には、パイプラインインターロックはハザードを検出し、ハザードが解消されるまでパイプラインをストールさせる。この場合インターロック機構は、ソースとなる命令がデータを生成するまでの間、そのデータを必要とする命令の始まりからパイプラインをストールさせる。このパイプラインインターロックはストールあるいはバブルを生じる。それはちょうど構造ハザードの場合と同様である。ストールした命令のCPIはストール期間の長さ分だけ大きくなる（この場合は1クロックサイクル）。

図C.8は、パイプラインステージの名前を使って、ストールの前後のパイプラインの様子を示している。ストールによりDSUBから始まる命令は1サイクル遅く移動するので、AND命令へのフォワーディングはレジスタファイルを経ることになり、or命令にはフォワーディングは全く必要なくなる。バブルを挿入することで、このシーケンスの完了までのサイクル数は1大きくなる。クロックサイクル4ではどの命令も開始されない（またサイクル6では何も完了しない）。

ld x1,0(x2)	IF	ID	EX	MEM	WB			
sub x4,x1,x5		IF	ID	EX	MEM	WB		
and x6,x1,x7			IF	ID	EX	MEM	WB	
or x8,x1,x9				IF	ID	EX	MEM	WB
ld x1,0(x2)	IF	ID	EX	MEM	WB			
sub x4,x1,x5		IF	ID	stall	EX	MEM	WB	
and x6,x1,x7			IF	stall	ID	EX	MEM	WB
or x8,x1,x9				stall	IF	ID	EX	MEM	WB

図C.8 ストールが必要な理由が分かるパイプライン例（上半分）。ロードのMEMサイクルが、同時に起こるsub命令のEXサイクルで必要とされる値を生成している

下半分に書かれているように、この問題はストールを挿入して解決される。

C.2.3 分岐ハザード

制御ハザードは、データハザードよりも大きな性能悪化をRISC-Vパイプラインに及ぼす。分岐命令が実行されると、PCを「現在＋4」以外の値に変える可能性がある。分岐命令がPCを飛び先アドレスに変更する時、それは分岐が**成立する**と呼ばれることを思い出そう。フォールスルーの場合には**成立しない**、または**不成立**であると呼ばれる。もし命令iが成立分岐ならば、PCは、アドレス計算と条件比較が完了するまで、普通IDステージの終わりまで変更されない。

分岐命令をIDステージ（命令がデコードされる時）で検出すると分岐命令以降の命令をフェッチからやり直すのが分岐命令を扱う最も簡単な方法である、ということが図C.9に示されている。最初のIFサイクルは実質的にはストールである。なぜなら決してまともな処理はできないのだから。もし分岐が不成立であれば正しい命令がフェッチされているのだからIFステージを繰り返すことは不要である、ということに気づくかもしれない。この事実を活用する方法をいくつか、少し後で開発しよう。

分岐命令	IF	ID	EX	MEM	WB		
分岐先命令		IF	IF	ID	EX	MEM	WB
分岐先命令+1				IF	ID	EX	MEM
分岐先命令+2					IF	ID	EX

図C.9 5段パイプラインで1サイクルのストールを生じる分岐命令

分岐後の命令はフェッチされるが無視され、分岐先が分かった後でフェッチが再開される。不成立分岐であれば分岐に続く2回目のIFが冗長であることは、明らかである。これはすぐ後で扱う。

分岐命令の出現毎に1サイクルストールするのは、分岐命令の出現頻度によるが、10%から30%の性能低下を生じる。したがってこの損失に対処するいくつかの方法を検討しよう。

パイプライン処理での分岐命令によるペナルティの削減

分岐遅延によるパイプラインストールを扱う方法はたくさんあるが、本節ではコンパイル時に適用できる単純な方式を4つ議論する。これら4つの方式では、分岐命令に対する作用は静的である。それらの方式はプログラムの全実行中を通じて各分岐命令で固定である。ソフトウェアは、ハードウェアによる方式と分岐の振る舞いから得られる知識を利用して、分岐ペナルティの最小化を試みる。次に動的に分岐の挙動を予測するハードウェアに基づく手法を見ていく。第3章には動的分岐予測のもっと強力なハードウェア記述を示す。

分岐を扱う最も簡単な方式は、パイプラインを**止める**か**フラッシュ**するかである。つまり、分岐方向が分かるまで、分岐命令の後続命令をすべて止めるか消し去るかである。この解決法が魅力的なのは、第一にハードウェアとソフトウェアの両方ともが単純なことである。これは以前に図C.9のパイプラインで使用されている解決策である。この場合、分岐によるペナルティは固定で、それをソフトウェアにより削減することはできない。

より性能が高く、ほんのわずかだけ複雑な方式として、すべての分岐命令を成立しないとして扱い、分岐が実行されなかったかのように単純にハードウェアがその動作を継続できるようにするものがある。ここで、分岐結果が明確に分かるまでは、プロセッサの状態を変えないことに注意を払わなければならない。この方式が複雑になるのは、プロセッサ状態が命令によっていつ変化するのか、そしてそのような変更をどのように取り消せば良いのかを把握しなければならないことによる。

単純な5段のパイプラインでは、この**不成立予測方式**は、分岐命令がまるで普通の命令であるかのように命令フェッチを継続することで実装できる。パイプラインは普段と異なったことが起こっていないかのように見える。しかしもし分岐が成立すると、フェッチされた命令をnop命令に変え、飛び先アドレスからフェッチを再開しなければならない。図C.10に両方の状況を示す。

不成立分岐命令	IF	ID	EX	MEM	WB			
命令 $i+1$		IF	ID	EX	MEM	WB		
命令 $i+2$			IF	ID	EX	MEM	WB	
命令 $i+3$				IF	ID	EX	MEM	WB
命令 $i+4$					IF	ID	EX	MEM WB

成立分岐命令	IF	ID	EX	MEM	WB			
命令 $i+1$		IF	idle	idle	idle	idle		
分岐先			IF	ID	EX	MEM	WB	
分岐先+1				IF	ID	EX	MEM	WB
分岐先+2					IF	ID	EX	MEM WB

図C.10 不成立予測方式と、分岐が不成立時（上）と成立時（下）のパイプラインシーケンス

分岐が不成立だとIDステージで判定されると、フォールスルーをフェッチし実行を継続するだけだ。分岐がIDステージで成立すると、分岐先でフェッチを再開する。これにより、分岐に続く全命令が1クロックサイクルストールする。

代わりの方式には、すべての分岐を成立として扱う方法がある。分岐命令がデコードされ、飛び先アドレスが計算されると直ちに分岐が成立すると仮定し、飛び先から命令のフェッチと実行を開始する。これにより実際に分岐が成立した時に1サイクルの改良が可能になる。これは、ALUステージで条件が満足されているかを知る1サイクル前のIDの最後で、目的アドレスを知ることができるからだ。成立予測だろうが不成立予測だろうが、コンパイラはハードウェアが選択するパスと最も頻繁に合致するようにコード配置を変更することで性能を改善できる。

4つ目の手法で、初期のRISCプロセッサで頻繁に用いられた手法が**遅延分岐**（delayed branch）である。遅延分岐方式では、遅延が1である分岐の実行サイクルは、

分岐命令
次アドレスの命令 $_1$
飛び先アドレスの命令（分岐成立時）

となる。次アドレスの命令は**分岐遅延スロット**（branch delay slot）にあると言われる。この命令は分岐の成立・不成立に関係なく実行される。遅延分岐を持つ5段パイプラインの振る舞いを図C.11に示す。分岐遅延を2以上にすることは可能であるが、実際には遅延分岐を採用するほぼすべてのプロセッサは1命令のみとしている。ただ、パイプラインにおいて分岐のペナルティが大きくなるようであれば、別の方法が用いられる。

不成立分岐命令	IF	ID	EX	MEM	WB			
分岐遅延命令 ($i+1$)		IF	ID	EX	MEM	WB		
命令 $i+2$			IF	ID	EX	MEM	WB	
命令 $i+3$				IF	ID	EX	MEM	WB
命令 $i+4$					IF	ID	EX	MEM WB

成立分岐命令	IF	ID	EX	MEM	WB			
分岐遅延命令 ($i+1$)		IF	ID	EX	MEM	WB		
分岐先			IF	ID	EX	MEM	WB	
分岐先+1				IF	ID	EX	MEM	WB
分岐先+2					IF	ID	EX	MEM WB

図C.11 分岐が成立するかしないかに関係なく同じである遅延分岐の振る舞い

遅延スロットにある命令（RISC-Vでは遅延スロットは1つだけである）は実行される。分岐が不成立ならば、分岐遅延命令に続く命令を継続して実行する。分岐が成立するなら、分岐先から実行が継続される。分岐遅延スロット中の命令が分岐の場合は、その意味するところはあいまいなものとなる。つまり分岐が不成立なら、分岐遅延スロット中の分岐に何が起こるのだろうか。この混乱を避けるために、遅延分岐を採用するアーキテクチャでは、遅延スロットに分岐命令を置くことを禁止していることが多い。

遅延分岐は短く単純なパイプラインでハードウェアの予測が高価になりすぎる場合は有効だが、動的分岐予測を用いると実装が複雑になる。このため、RISC-Vは遅延分岐を使っていない。

分岐方式の性能

これらの方式のそれぞれの実効性能はどうだろうか。理想的なCPIを1とすると、分岐ペナルティを考慮する時の実効的なパイプライン性能向上率は、

$$\text{パイプライン性能向上率} = \frac{\text{パイプラインの深さ}}{1 + \text{分岐によるパイプラインストールクロックサイクル数}}$$

ここで、

$$\text{分岐によるパイプラインストールサイクル数} = \text{分岐の出現頻度} \times \text{分岐のペナルティ}$$

であるので、

$$\text{パイプライン性能向上率} = \frac{\text{パイプラインの深さ}}{1 + \text{分岐の出現頻度} \times \text{分岐のペナルティ}}$$

が得られる。分岐の頻度とペナルティには、無条件分岐命令と条件分岐命令の両方の影響が含まれる。しかし、後者の方が頻繁に出現するために支配的である。

例題C.2

MIPS R4000とそれ以降のRISCプロセッサのような深いパイプラインでは、分岐先アドレスが分かるまでに少なくとも3パイプラインステージが、そして、条件分岐に用いるレジスタの読み出しでストールが生じないとしても、分岐条件が判定されるまでにもう1サイクルが必要になる。3サイクルの遅延による分岐のペナルティは、3つの簡単な予測方式を採用する時に、図C.12のようになる。

図C.12 深いパイプラインの場合の3つの単純な予測法の分岐ペナルティ

分岐の方法	無条件分岐でのペナルティ	不成立時のペナルティ	成立時のペナルティ
パイプラインストール	2	3	3
成立予測	2	3	2
不成立予測	2	0	3

以下の出現頻度を仮定する時、このパイプラインで分岐により生じる実効的なCPIの増加はいくらになるかを求めよ。

無条件分岐	4%
条件分岐、不成立	6%
条件分岐、成立	10%

解答

無条件分岐、非成立の条件分岐、成立の条件分岐の相対的な出現頻度を、それぞれのペナルティに掛け合わせてCPIを求める。結果を図C.13に示す。方式間の違いは、遅延が長くなることによって非常に大きくなっている。もしベースのCPIが1でストールの要因が分岐だけだとすると、理想的なパイプラインはパイプラインストールを採用する方式よりも1.56倍速い。同じ仮定の下では、不成立予測方式はパイプラインストールを採用する方式よりも1.13倍良い性能である。

図C.13 3つの分岐予測法と深いパイプラインに対するCPIペナルティ

	分岐コストによるCPIの増加			
分岐の方法	無条件分岐	不成立条件分岐	成立条件分岐	全分岐
発生頻度	4%	6%	10%	20%
パイプラインストール	0.08	0.18	0.30	0.56
成立予測	0.08	0.18	0.20	0.46
不成立予測	0.08	0.00	0.30	0.38

C.2.4 予測による分岐コストの削減

パイプラインが深くなり分岐による潜在的なペナルティが大きくなると、遅延分岐などの手法は効率的でなくなる。そうではなくて、分岐結果を予測するという積極的な手段に転換する必要がある。そのような手法は2種類に分けられる：コンパイル時に得ることのできる情報に頼った低コストの静的手法と、プログラムの振る舞いに基づいて動的に分岐結果を予測する戦略とである。ここでは両方のアプローチを議論しよう。

C.2.5 静的分岐予測

コンパイル時の分岐予測を改善する鍵は、以前の実行時に収集された**プロファイル情報**を利用することだ。プロファイルを有効に機能させるための鍵は、分岐の振る舞いがしばしば一方に集中することを観測できることである。すなわち、分岐命令はしばしば成立または不成立のどちらかに大きく偏る。図C.14に、この手法を用いた時の分岐予測ミス率を示す。ミス率の計測とプロファイルの収集には同じ入力データを利用した。別の研究成果によれば、計測とプロファイルの収集に異なるデータの入力を利用しても、プロファイルに基づいた予測の精度には大きな変化がないことが報告されている。

どのような分岐予測手法においても、その有効性は予測精度と条

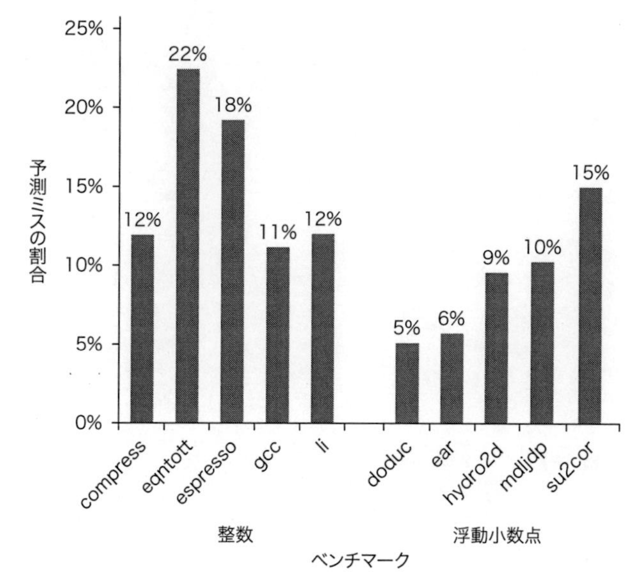

図C.14 SPEC92におけるプロファイルに基づいた予測のミス率の割合。ベンチマークによって大きく異なるが、一般に浮動小数点ベンチマークの予測精度が高く、平均ミス率が9%で標準偏差は4%である。一方、整数ベンチマークでは、平均ミス率が15%で標準偏差は5%となる

実際の性能は、予測精度と3%から24%まで変化する分岐頻度の両方に依存する。

件分岐の頻度の両方に依存する。条件分岐の頻度はSPECベンチマークにおいて3%から24%とさまざまである。整数ベンチマークの予測ミス率がより高く、それらのプログラムが一般に高い分岐頻度を持つことが、**静的分岐予測**の性能を制限する主な要因である。次節では、近年のほとんどのプロセッサが採用する動的分岐予測を検討する。

C.2.6 動的分岐予測と分岐予測バッファ

動的分岐予測の最も簡単な手法は、**分岐予測バッファ**（branch-prediction buffer）あるいは**分岐履歴テーブル**（branch history table）と呼ばれるものである。分岐予測バッファは、分岐命令アドレスの下位ビットをインデックスとして参照する小容量のメモリである。このメモリは、最近の当該分岐命令が成立あるいは不成立だったという1ビットの情報を記憶する。この手法は、最も簡単なバッファを用いる。すなわち、このバッファはタグを持たず、分岐による遅延が分岐先アドレスを計算する時間よりも大きい場合にその遅延を軽減する効果がある。

このようなバッファは、その予測が正しいか否かを知ることすらできない。なぜなら、命令アドレスの下位ビットが同じ別の分岐命令によって、予測が更新されているかもしれないからである。いずれにせよ、その予測が正しいと想定するためのヒントとなり、予測した方向で命令フェッチを開始する。もし予測が外れていたら、予測ビットを反転することで当該エントリを更新する。

このバッファは事実上はすべてのアクセスがヒットするキャッシュであり、後に述べるように、分岐予測バッファの精度は、利用するエントリと実行中の分岐命令がどれだけ一致するか、一致したとして予測がどれだけ正しいかに依存する。分岐予測バッファの性能を見る前に、少ない改良で大きな効果が得られる方式を検討しよう。

先の簡単な1ビットの予測法には性能上の問題がある。すなわち、たとえ分岐がほとんど成立するとしても、1回でも間違った予測をすれば予測ビットが反転して2回の予測ミスが生じる。

この弱点を改善するために、**2ビット予測法**がしばしば用いられる。2ビット予測法では、続けて予測が2回失敗しないと予測を変更しない。図C.15は、2ビット予測法における状態遷移図を示す。

分岐予測バッファには2つの実現方法がある。1つは、命令アドレスでアクセスする小容量の専用キャッシュの構成としてIFステージでアクセスする方法、もう1つは、命令キャッシュの各ブロックに数ビットを付加して命令と一緒にフェッチする方法である。命令がデコードされ、それが分岐命令であり成立と予測する場合、分岐先PCが判明すると直ちに分岐先の命令フェッチを開始する。そうでなければ、後続命令をそのままフェッチして実行を続ける。もし、予測が間違っていると判明したら、図C.15に示すように予測ビットを変更する。

実際のアプリケーションで、1つのエントリに2ビットを割り当てる分岐予測バッファがどの程度の予測精度を達成するだろうか。図C.16は、SPEC89ベンチマークにおける、4096エントリを備えた分岐予測バッファの予測精度を示す。予測精度は99%から82%、言い換えれば**予測ミス率**（misprediction rate）は1%から18%となる。4Kエントリのバッファは2017年時点の標準から考えると小さい。このバッファサイズを大きくすることでいくぶんかの予測精度を改善できる。

より多くの命令レベル並列性を抽出しようとすると、分岐予測の精度が重要になる。図C.16に示すように、高い分岐頻度を持つ整数演算プログラムの予測精度は、ループが支配的な科学技術プログラムよりも悪い。2つの方法でこの問題に取り組むことができる。1つはバッファサイズを増加させること、もう1つは予測方式を工夫してそれぞれの予測の精度を向上させることである。しかしながら、

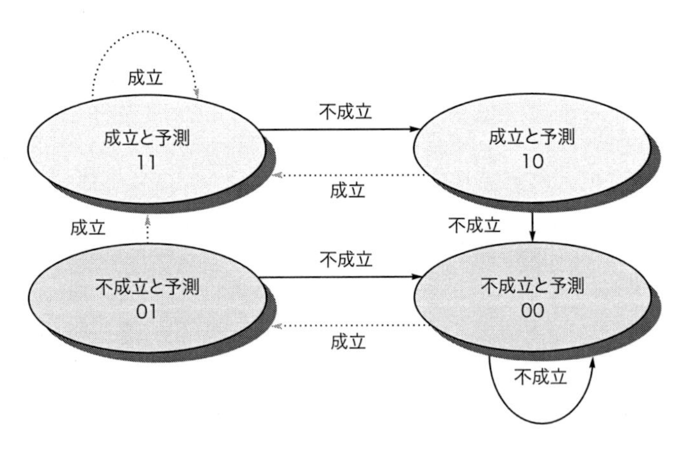

図C.15 2ビット予測法の状態遷移図

多くの分岐がそうであるように、成立か不成立のどちらかに大きく偏った振る舞いを示す。分岐予測に2ビットを使用することによって、1ビット予測よりも予測ミスが減少する。2ビットは状態遷移図における4つの状態を表現するために使用する。2ビット予測法は、予測バッファの各エントリに飽和型のnビットカウンタを持っている一般的な方式の1つの形である。nビットカウンタは、0から2^n-1の間の値をとる。カウンタがその最大値（2^n-1）の半分以上であれば、分岐を成立と予測する。そうでなければ分岐を不成立とする。nビットの予測に関する研究から、2ビットの予測が良い性能を示すことが分かっている。このため、ほとんどのシステムは、一般的なnビット予測ではなく2ビットの分岐予測を採用する。

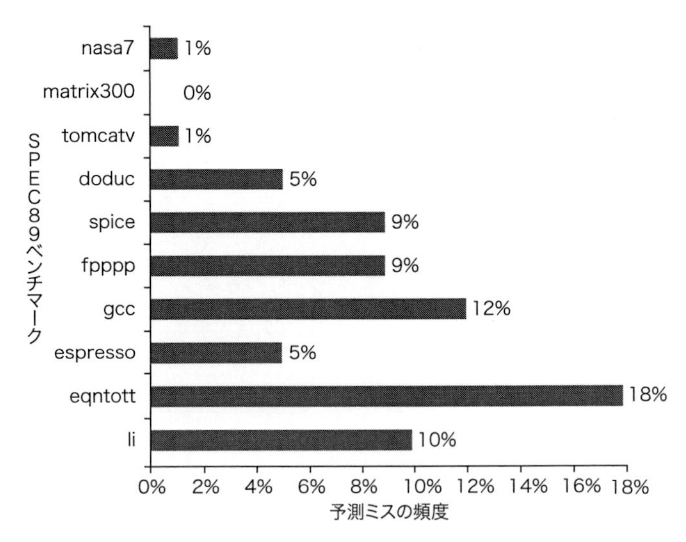

図C.16 SPEC89ベンチマークにおける4096エントリの2ビット予測法の予測ミス率

整数演算ベンチマーク（gcc、espresso、eqntott、li）の予測ミス率（平均で11%）は、浮動小数点演算ベンチマークの予測ミス率（平均で4%）に比べてかなり悪い。浮動小数点カーネル（nasa7、matrix300、tomcatv）を除いたとしても、整数ベンチマークよりもまだ浮動小数点ベンチマークが良い予測精度を示す。この節中の他のデータと同様に、これらのデータは、IBM Powerアーキテクチャ上で、最適化コードを使用した分岐予測の研究から得た。Pan、So、Ramehらの1992年の文献を参考のこと。これらのデータは古いバージョンのSPECベンチマークの一部を利用している。新しいベンチマークは大規模になっており、特に整数ベンチマークにおいて、やや悪い予測精度となる。

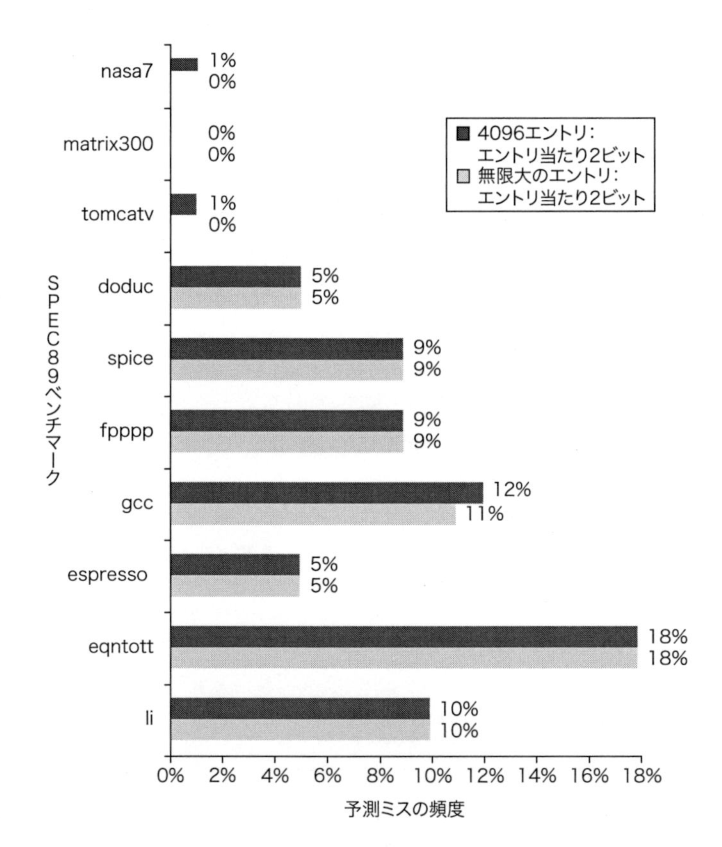

図C.17 SPEC89 ベンチマークにおける 4096 エントリと無限エントリの 2 ビット予測法の予測ミス率

これらのデータは古いバージョンの SPEC ベンチマークの一部を利用している。新しいベンチマークを利用した場合、バッファを 8K エントリ程度に大きくすれば、無限エントリの 2 ビット予測法と同様の結果が得られるだろう。

図 C.17 に示すように、少なくとも SPEC のようなベンチマークにおいて、4K エントリのバッファは無限エントリのバッファに非常に近い性能を示す。このように、図 C.17 のデータから、バッファサイズ（それに起因するヒット率の低下）が性能を制限する主な要因でないことが分かる。また、先に述べたように、予測器の構成を変更せずに、単純に 1 つの予測のためのビット数を増加させるだけではほとんど効果がない。したがって、いかに予測精度を向上させるかを検討する必要がある（第 3 章参照）。

C.3 パイプラインの実装法

基本的なパイプラインへ進む前に、非パイプライン版 RISC-V の簡単な実装法をおさらいする必要がある。

C.3.1 RISC-Vの簡単な実装例

本節では C.1 節のスタイルに従うことにする。まず簡単な非パイプラインの実装を示し、続いてパイプラインの実装を示す。しかし今回は、例として RISC-V アーキテクチャに特化したものにしている。

この節では、RISC-V の整数命令のサブセットを実行するパイプラインに焦点を当てる。サブセットは、ロード-ストア命令、ゼロ時分岐命令、そして整数 ALU 演算から構成される。この付録の後の方で、基本的な浮動小数点演算を扱う。RISC-V サブセットだけを議論してはいるが、基本的な考え方はあらゆる命令に対応できるように拡張可能である。例えば、ストアを加えるためには、即値フィールドのために追加の計算が必要となる。最初は分岐命令についてはやや控えめな実装を用いる。この節の最後で、さらに工夫を施した形で実装方法を示す。

どの RISC-V 命令も 5 クロックサイクル以内で動作するように実装することができる。5 サイクルクロックは以下のとおりである。

1. 命令フェッチサイクル（IF）：

```
IR ← Mem[PC];
NPC ← PC+4;
```

操作：PCを送出しメモリから命令レジスタ（IR）へ命令をフェッチする。次に続く命令を指し示すためにPCを 4 だけ増加させる。以降のクロックサイクルで必要な命令を保持するためにIRが使用される。同様にレジスタNPCが次に続くPCを保持するために使用される。

2. 命令デコード/レジスタフェッチサイクル（ID）：

```
A ← Regs[rs1];
B ← Regs[rs2];
Imm ← 符号拡張されたIRの即値フィールド;
```

操作：命令をデコードし、レジスタを読み出すためにレジスタファイルにアクセスする（rs1とrs2はレジスタ番号である）。汎用レジスタからの出力は、以降のクロックサイクルで使用するために、2 つの一時的なレジスタ（AとB）に読み出される。IRの下位 16 ビットは符号拡張され、次サイクルで使用するために一時レジスタImmに格納される。

デコードはレジスタ読み出しと同時に行われる。RISC-V 命令のフォーマットではこれらのフィールドは決まった位置にあるので、これが可能である。すべての RISC-V フォーマットで命令中の即値を表す位置も同じであるので、次サイクルで必要な場合に備えて即値の符号拡張もこのサイクルの間に計算される。ストア命令用には、別の符号拡張器が必要だ。これは即値フィールドが分かれているためだ。

3. 演算/実効アドレス計算サイクル（EX）：

前サイクルで準備されたオペランドに対して ALU で演算する。RISC-V 命令のタイプによって 4 つの処理から選ばれた 1 つが実施される。

- メモリ参照：

```
ALUOutput ← A+Imm;
```

操作：実効アドレスを得るために ALU はオペランドを加算し、結果をレジスタALUOutputに置く。

- レジスタ–レジスタ間 ALU 命令：

```
ALUOutput ← A func B;
```

操作：ALU は、レジスタAとBの値に対して、処理コード（a combination of the func3 and func7 fields）に指定されている操作を行う。結果は一時レジスタALUOutputに置かれる。

- レジスタ–即値間 ALU 命令：

```
ALUOutput ← A op Imm;
```

操作：ALUは、レジスタAとImmの値に対して、処理コードに指定されている操作を行う。結果はレジスタALUOutputに置かれる。

- 分岐：

```
ALUOutput ← NPC+ (Imm << 2) ;
Cond ← (A == 0)
```

操作：レジスタImm中の符号拡張された値はワードオフセットを作るために2ビット左にシフトされ、ALUは分岐先アドレスを計算するために、その値をNPCに足す。前サイクルですでに読み出されているレジスタAは、分岐が成立するかどうかを決定するためにチェックされる。分岐が成立するかどうか、レジスタBと比較することで判定する。等しければ分岐する場合だけを考えればよいからだ。

RISC-Vはロード-ストアアーキテクチャであるので、実効アドレスサイクルと実行サイクルは1つのクロックサイクルに組み合わせることができる。なぜなら、データアドレス計算、分岐先アドレス計算、データに対する操作の実行を同時に行う必要のある命令はないからである。上述の命令に含まれていない整数命令にさまざまな形式のジャンプ命令があるが、それらは分岐命令と同様である。

4. メモリアクセス/分岐完了サイクル（MEM）：
すべての命令に対してPCが更新される。

```
PC ← NPC;
```

- メモリ参照：

```
LMD ← Mem[ALUOutput]　または
Mem[ALUOutput] ← B;
```

操作：必要であればメモリにアクセスする。命令がロードであれば、メモリからデータが返され、LMD（ロードメモリデータ）レジスタに置かれる。ストアであれば、Bレジスタのデータがメモリに書き込まれる。いずれの場合も、ここで使用されるアドレスは前のサイクルで計算されレジスタALUOutputに格納されているものである。

- 分岐：

```
if (Cond) PC ← ALUOutput
```

操作：もし命令が分岐する場合には、PCはレジスタALUOutput内の分岐先アドレスと置き換えられる。

5. ライトバックサイクル（WB）：

- レジスタ-レジスタ間ALU命令：

```
Regs[rd] ← ALUOutput;
```

- レジスタ-即値間ALU命令：

```
Regs[rt] ← ALUOutput;
```

- ロード命令：

```
Regs[rt] ← LMD;
```

操作：結果がメモリから来るか（LMD内）、ALUから来るか（ALUOutput内）により、それをそれぞれを決まった場所のrdに書き込む。

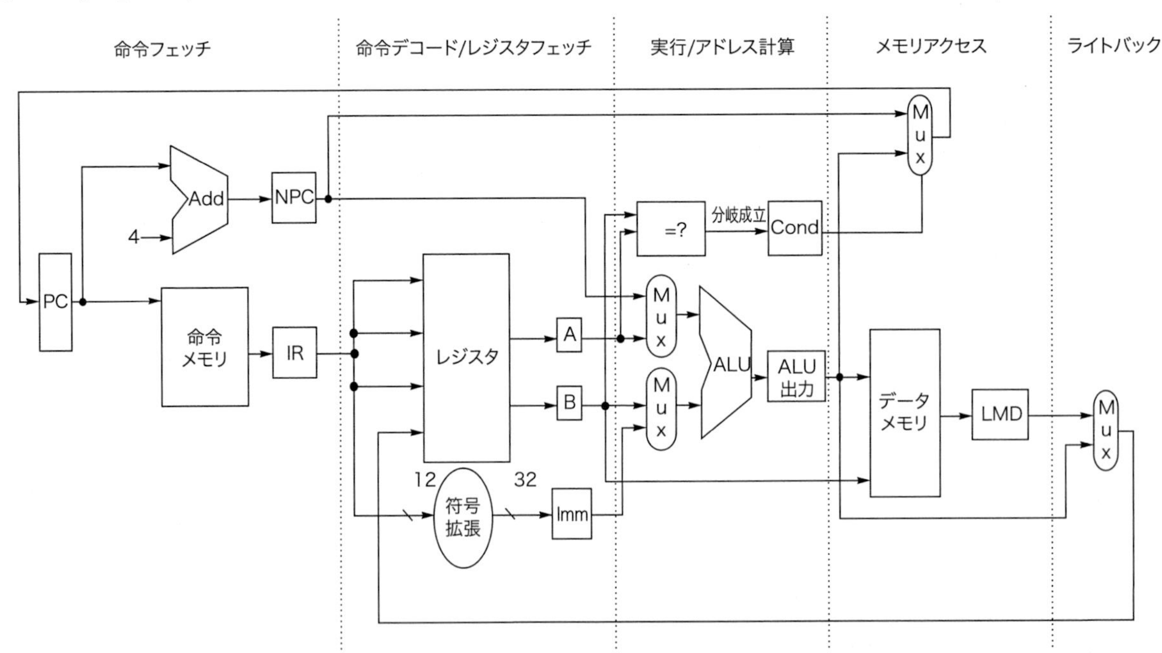

図C.18　RISC-Vデータパスの実装では各命令が4あるいは5クロックサイクルで実行可能である

命令フェッチで使用される一部のデータパスにPCが記されており、命令デコード/レジスタフェッチで使用される一部のデータパスにレジスタが記されているが、それらの機能ユニットの両方ともが命令に読み書きされる。これらの機能ユニットは読み出しに相当するサイクルに描かれているが、PCはメモリアクセスクロックサイクルで書き込まれるし、レジスタはライトバッククロックサイクルで書き込まれる。両方の場合とも、後方のパイプラインステージでの書き込みは、値をPCあるいはレジスタに戻すマルチプレクサの出力（メモリアクセスとライトバックにある）で示されている。この後ろ向きの流れを示す信号がパイプラインの多くの複雑さを生み出す。なぜならハザードの可能性を示しているからだ。

図 C.18 は、命令がデータパスをどのように流れて行くかを示している。各クロックサイクルの終わりで、そのクロックサイクルで計算され、後続のクロックサイクルで必要とされる（この同じ命令であろうが、次の命令であろうが）値はいずれも、記憶素子に書き込まれる。それはメモリかもしれないし、汎用レジスタ、PC、あるいは一時レジスタ（LMD、Imm、A、B、IR、NPC、ALUOutput、そしてCond）かもしれない。一時レジスタはある 1 つの命令に対して複数クロックの期間値を保持する。一方、他の記憶素子はプログラマに見える状態の一部であり、連続する命令間で値を保持する。

今日プロセッサはすべてパイプライン化されているが、初期のたいていのプロセッサがどのように実装されていたかをおおよそ知るためには、マルチサイクルの実装がリーズナブルである。上に示されている 5 サイクルの構造に従う制御回路を実装するために、単純な状態遷移機械が利用可能である。さらにもっと複雑なプロセッサについては、マイクロコードによる制御が使われることがある。いずれにせよ、この節に紹介しているのと同様に命令シーケンスが制御構造を決定する。

このマルチサイクルの実装には、取り除くことが可能なハードウェアの冗長性がある。例えば、2 つの ALU があるが、1 つは PC をインクリメントするために、1 つは実効アドレス計算と ALU 計算のために利用されている。それらは同一クロックサイクル内で必要とされることはないので、マルチプレクサを追加し、同じ ALU を共用すれば、それらを 1 つにまとめることができる。同様に、命令とデータを同じメモリに保持可能である。なぜならデータアクセスと命令アクセスは異なるクロックサイクルで生じるからである。

この単純な実装を最適化するのではなく、図 C.18 のままの設計で置いておこう。なぜなら、この方がパイプライン実装のベースとしてより適しているからだ。

本節で議論しているマルチサイクル設計の代わりに、あらゆる命令が長い 1 クロックサイクルを要するように CPU を設計することもできた。そのような場合では、一時レジスタを削ることができるだろう。なぜなら、1 命令中にクロックサイクルをまたぐ通信が全くないからである。あらゆる命令は長い 1 クロックサイクルで実行され、そのクロックサイクルの終わりで結果をデータメモリ、レジスタ、あるいは PC に書き込む。しかし、このクロックサイクルは、マルチサイクルプロセッサのクロックサイクルのおおよそ 5 倍に等しくなる。なぜなら、すべての命令が機能ユニットをすべて通過する必要があるからだ。2 つの理由で、設計者はこの単一サイクル実装を使ってはならない。

1 つ目の理由は、単一サイクル実装はほとんどの CPU にとって非常に非効率的になるからだ。これはほとんどの CPU がその仕事についてそれなりのばらつきがあり、このため違った命令で必要となるサイクル時間にもばらつきが生じるからだ。

もう 1 つは、単一サイクル実装では、マルチサイクル実装で共有可能な機能ユニットを複製して持つ必要があるからだ。しかしながら、この単一サイクルデータパスによって、CPI の改善という形ではなく、パイプライン処理がプロセッサのクロックサイクル時間をどのように改善できるかを説明できる。

C.3.2 RISC-Vの基本パイプライン

これまでと同様、クロックサイクル毎に新しい命令を開始するだけで、図 C.18 のデータパスをほとんど何も変えないでパイプライン化できる。全パイプステージが全クロックサイクルでアクティブなので、パイプステージ中のすべての操作は 1 クロックサイクルで完了しなければならないし、あらゆる操作の組み合わせが同時に発生可能でなければならない。さらに、データパスをパイプライン化すると、あるステージから次ステージに渡る値はレジスタに置かれ

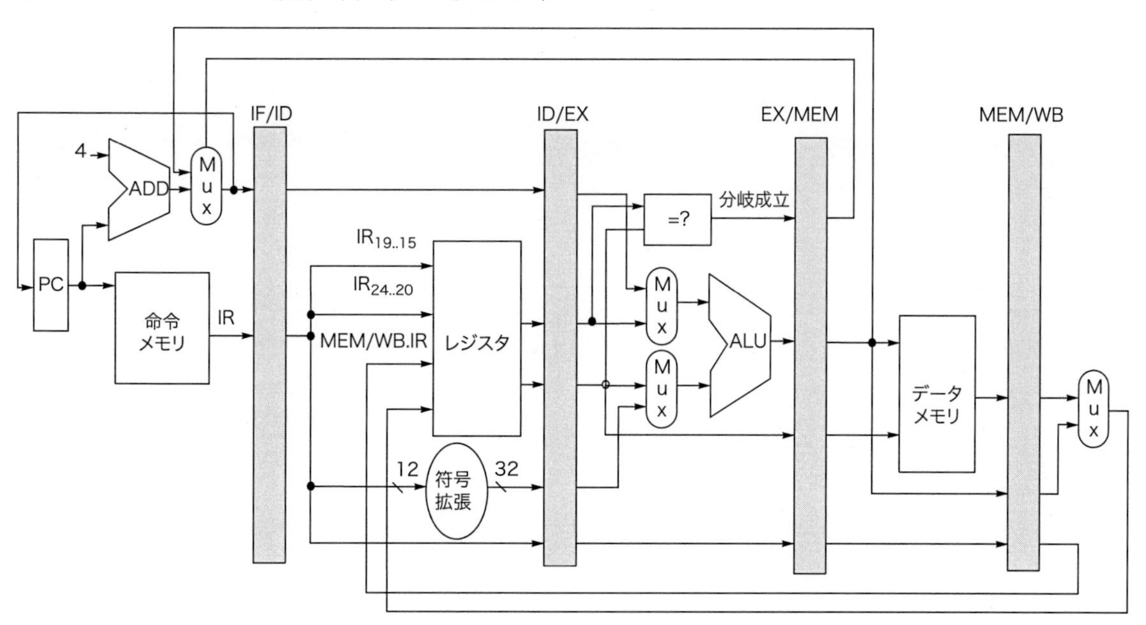

図C.19 隣り合うパイプステージの各ペアの間に 1 つずつレジスタを追加することで、パイプライン化されるデータパス

レジスタは、あるステージから次へと値と制御情報を運ぶ。PCをパイプラインレジスタとして考えることもできる。それはパイプラインの IF ステージの前にあり、その結果、各パイプステージにパイプラインレジスタを 1 つずつ置くことになる。PC はクロックサイクルの終わりに書き込まれるエッジトリガ型レジスタであることを思い出そう。そのためPCへの書き込みにはレーシングを生じない。PC へのセレクタは移動されているので、PCは確実に 1 ステージ（IF）で書き込まれる。もしそれを移動できないなら、分岐が起こる時に衝突を生じる。なぜなら、2 つの命令が異なる値を PC へ書き込もうと試みるからだ。ほとんどのデータパスは左から右へ流れる。それは時間的に古い方から新しい方向だ。右から左へ流れるパス（レジスタのライトバック情報と分岐時のPCの情報）は、パイプラインを複雑にする。

なければならない。図C.19には、**パイプラインレジスタ**あるいは**パイプラインラッチ**と呼ばれる、パイプラインステージ間にある受け渡しのためのレジスタを用いたRISC-Vのパイプラインを示している。それらのレジスタは、それらがつなぐステージ名でラベル付けされる。図C.19は、あるステージから別のステージへのパイプラインレジスタを通じて接続される様子が明らかになるように描かれている。

1命令クロックサイクル間で一時的に値を保持する必要のあるレジスタはすべて、これらのパイプラインレジスタに含められる。命令レジスタ（IR）中の該当するフィールドが、レジスタ番号を供給するために使用される時にラベル付けされる。命令レジスタはIF/IDレジスタの一部である。パイプラインレジスタは、あるパイプラインステージから次のステージへデータと制御信号を受け渡す。後続のパイプラインステージで必要となる値はすべてそのようなレジスタに配置されなければならず、必要とされなくなるまで、あるパイプラインレジスタから次へとコピーされなければならない。前の例で使った非パイプラインデータパスに備わっている一時レジスタだけを使おうとすると、その値の使用がすべて終わる以前に上書きされる可能性がある。例えば、ロード操作やALU操作の結果をレジスタへ書き込む際に使用されるレジスタオペランドのフィールドは、IF/IDレジスタではなくMEM/WBレジスタから供給される。なぜなら、ロードやALU操作が結果を書き込まなければならないのはその操作によって指定されるレジスタであり、今現在IFステージからIDステージに移動中の命令のレジスタフィールドではないからである。この書き込みレジスタフィールドは、WBステージで必要とされるまで、あるパイプラインレジスタから次へと単にコピーされるだけである。

あらゆる命令は、同時にはパイプライン中の唯一のステージでのみアクティブである。したがって、どの命令のために行われる動作も、一対のパイプラインレジスタ間でのみ起こる。これにより、どのパイプラインステージにおいても、命令タイプにしたがって何が起こらなければならないかを調べることで、パイプラインの動作を知ることもできる。図C.20はその様子を示している。あるステージから次へと移動するデータの流れを表すために、パイプラインレジスタのフィールドには名前が付けられる。最初の2つのステージはその時点の命令タイプには依存していないことに注意せよ。というのは、IDステージの終了時まではその命令はまだデコードされていないため、命令の種類には無関係でなければならない。IFステージの動作は、EX/MEMレジスタの命令が分岐命令であり、それが成立するかどうかに依存する。成立するならば、EX/MEMレジスタ中にある分岐命令の飛び先アドレスが、IFステージの終了時にPCへ書き込まれなければならない。不成立の場合には、インクリメントされたPCが書き込まれることになる（以前に述べたように、この分岐命令による影響で、パイプラインにおけるさまざまな複雑な問題が浮上してくる。これは後ろの数節で扱う）。レジスタソースオペランドが

ステージ	全命令		
IF	IF/ID.IR ← Mem[PC] IF/ID.NPC,PC ← (if ((EX/MEM.opcode == branch) & EX/MEM.cond){EX/MEM.ALUOutput} else {PC+4});		
ID	ID/EX.A ← Regs[IF/ID.IR[rs1]]; ID/EX.B ← Regs[IF/ID.IR[rs2]]; ID/EX.NPC ← IF/ID.NPC; ID/EX.IR IF/ID.IR; ID/EX.Imm ← sign-extend(IF/ID.IR[immediate field]);		
	ALU命令	**ロード命令**	**分岐命令**
EX	EX/MEM.IR ← ID/EX.IR; EX/MEM.ALUOutput ← ID/EX.A func ID/EX.B; または EX/MEM.ALUOutput ← ID/EX.A op ID/EX.Imm;	EX/MEM.IR to ID/EX.IR EX/MEM.ALUOutput ← ID/EX.A+ID/EX.Imm; EX/MEM.B ID/EX.B;	EX/MEM.ALUOutput ← ID/EX.NPC + (ID/EX.Imm<< 2); EX/MEM.cond ← (ID/EX.A == ID/EX.B);
MEM	MEM/WB.IR ← EX/MEM.IR; MEM/WB.ALUOutput ← EX/MEM.ALUOutput;	MEM/WB.IR ← EX/MEM.IR; MEM/WB.LMD ← Mem[EX/MEM.ALUOutput]; または Mem[EX/MEM.ALUOutput] ← EX/MEM.B;	
WB	Regs[MEM/WB.IR[rd]] ← MEM/WB.ALUOutput;	For load only: Regs[MEM/WB.IR[rd]] ← MEM/WB.LMD;	

図C.20 RISC-Vパイプラインの各パイプステージで起こるイベント

このパイプライン構成の各ステージの具体的な動作を追ってみよう。IFステージでは、命令フェッチと新しいPCの計算に加えて、インクリメントしたPCの値をPCとパイプラインレジスタ（NPC）に格納する。後者は、後に分岐先アドレスを計算する際に使用する。この構造は図C.19の構成と同じであり、図では、PCはIFステージにおいて2つのソースのうちのどちらかが用いられ更新される。IDステージでは、レジスタをフェッチし、IRレジスタの下位16ビット（即値フィールド）を符号拡張し、そのIRとNPCを渡す。EXステージでは、ALU演算もしくはアドレス計算を実行し、IRと（もしストア命令なら）Bレジスタを渡す。命令が成立分岐の場合には、condの値を1にセットする。MEMフェーズでは、メモリにアクセスし、必要ならPCに書き込みを行い、そして最後のパイプステージで必要な値を渡す。最後にWBステージでは、ALUの出力かロードされた値でレジスタファイルを更新する。命令がパイプラインを進むにつれてIRはどんどん必要なくなるが、簡単のために、全IRをそれぞれのステージから次へ渡している。

固定の場所にエンコードされていることは、ID ステージでレジスタのフェッチを可能にするために重要である。

この単純なパイプラインを制御するためには、図 C.19 のデータパス中にある 4 つのマルチプレクサの制御信号をどのように設定すべきかを決めるだけで良い。ALU ステージの 2 つのマルチプレクサは命令タイプによって設定される。それらはID/EXレジスタのIRフィールドで指示される。ALU 入力の上側のマルチプレクサは、命令が分岐か否かで設定される。下側のマルチプレクサは、命令がレジスタ–レジスタ間 ALU 操作かそれ以外の操作かで設定される。IF ステージのマルチプレクサは、インクリメントされたPCとEX/MEM.ALUOutputレジスタ（分岐先アドレス）の値のどちらをPCに書き込むかを選択する。このマルチプレクサはEX/MEM.condフィールドで制御される。4 つ目のマルチプレクサは、WB ステージの命令がロードかそれとも ALU 操作かによって制御される。これらの 4 つのマルチプレクサに加えて、図 C.19 に描かれていないマルチプレクサが 1 つ必要である。しかし、このマルチプレクサが存在することは、ALU 操作の WB ステージを見れば明らかだろう。書き込みレジスタフィールドは、命令タイプ（レジスタ–レジスタ間 ALU 命令か、それとも ALU 即値命令またはロード命令か）によって異なる 2 つの場所のうちのどちらか 1 つである。したがって、命令がレジスタに書き込むと仮定し、レジスタの書き込みフィールドを指定するために、MEM/WBレジスタ中のIRの正しい場所を選択するマルチプレクサが必要である。

C.3.3 RISC-Vパイプラインの制御信号の実装

命令を、パイプラインの命令デコードステージ（ID）から実行ステージ（EX）に移動させる操作は、**命令発行**と呼ばれる。このステップを経た命令は「**発行された**」と言われる。RISC-V の整数パイプラインでは、すべてのデータハザードはパイプラインの ID フェーズでチェックされる。データハザードがあると、命令は発行前にストールする。同様に、どんなフォワーディングが必要かを ID ステージで決定し、適切な制御信号を設定する。パイプラインの初めの方でインターロックを検出すると、ハードウェアの複雑度を軽減できる。なぜならハードウェアはプロセッサ状態を更新する命令を止めてはならないからである。さもないと全プロセッサがストールしてしまう。別の選択肢として、オペランドを必要とするクロックサイクル（このパイプラインでは EX ステージと MEM ステージ）の最初で、ハザードとフォワーディングを検出することもできる。これら 2 つのアプローチの違いを示すために、ロード命令から届くソースの **RAW**（read-after-write）**ハザード**のためのインターロック（**ロードインターロック**と呼ばれる）が、ID ステージでのチェックでどのように実装されるかを示そう。一方、ALU 入力へのフォワーディングパスの実装は EX ステージに行われる。取り扱わなければならないさまざまな状況の一覧を図 C.21 に示す。

ロードインターロックの実装から始めよう。ソースとなる命令がロードである RAW ハザードがあると、そのロードデータを必要とする命令が ID ステージにいる時には、ロード命令は EX ステージにいる。したがって、考えられるあらゆるハザードの状況を小さな表を使って書くことができ、その表から直接実装することができる。ロード命令の結果を使う命令が ID ステージにいる時にすべてのロードインターロックを検出する表を、図 C.22 に示す。

ハザードが検出されると、制御ユニットはパイプラインストールを挿入し、IF と ID ステージにいる命令が進むことを防がなければならない。すでに述べたように、すべての制御情報はパイプラインレジスタによって伝えられる（その命令をパイプラインに沿って伝えるだけで十分である。なぜならあらゆる制御信号はすべて命令から得られるからである）。したがって、ハザードを検出した時には、ID/EX パイプラインレジスタの制御信号部分をすべて 0 に変えるだけで良い。それは no-op になる（何もしない命令である。例えば add x0, x0, x0）。加えて、ストールした命令を保持するために、IF/IDレジスタの中身を単に元に戻す。もっと複雑なハザードが起こり得るパイプラインにおいても、同じ考えが適用できる。すなわち、パイプラインレジスタのいくつかの組を比較してハザードを検

状況	コードシーケンス例	動作

依存なし	ld x1,45(x2)
	add x5,x6,x7
	sub x8,x6,x7
	or x9,x6,x7
		直後の 3 つの命令にx1における依存がないのでハザードは生じない

ストールを要する依存	ld x1,45(x2)
	add x5,x1,x7
	sub x8,x6,x7
	or x9,x6,x7
		比較器がaddでx1の使用を発見し、addがEX ステージに進む前にadd（とsubとor）をストール

フォワーディングで解消可能な依存	ld x1,45(x2)
	add x5,x6,x7
	sub x8,x1,x7
	or x9,x6,x7
		比較器がaddでx1の使用を発見するが、subが EX ステージに進む時にロード結果をにフォワーディング ALU

順序どおりのアクセスのある依存	ld x1,45(x2)
	add x5,x6,x7
	sub x8,x6,x7
	or x9,x1,x7
		orは ID フェーズの後半でx1を読み出し、ロードされたデータは前半で書かれるため、特別な動作は必要ない

図C.21　近接する命令のソースとデスティネーションを比較することで、パイプラインハザード検出ハードウェアが見ていく状況

デスティネーションと、そのデスティネーションに書き込む命令に続く 2 命令のソースとの間でのみ比較が必要であるということを、この表は示している。ストール時には、いったん実行が再開されると、パイプライン中の依存関係は 3 番目のケースと見なすことができる（依存はフォワーディングによって解決される）。もちろん、x0を含むハザードは無視できる。なぜなら、そのレジスタは常に 0 であり、上記のテストはこれを行うように拡張可能である。

IF/ID のオペコードフィールド（ID/EX.IX0..5）	ID/EX のオペコードフィールド（IF/ID.IX0..5）	オペランドフィールドの一致
ロード命令	レジスタ–レジスタ ALU、ロード、ストア、ALU 即値、分岐命令	ID/EX.IR[rd] == IF/ID.IR[rs1]
ロード命令	レジスタ–レジスタ ALU または分岐命令	ID/EX.IR[rd] == IF/ID.IR[rs2]

図C.22　命令の IDステージでロードによるインターロックの必要性を検出するロジックが必要とする 2 つの比較。それぞれの可能性のあるソースに対して行う

IF/IDレジスタは ID ステージにある命令の状態を保持していることを思い出そう。その命令は、ロード命令の結果を使用する可能性がある。一方、ID/EXレジスタは EX ステージにある命令の状態を保持し、それはロード命令となる。

ソース命令を含むパイプラインレジスタ	ソース命令のオペコード	デスティネーション命令を含むパイプラインレジスタ	デスティネーションのオペコード	フォワーディングされる結果の宛先	比較内容（もし同じなら）フォワーディングを実施）
EX/MEM	レジスタ–レジスタALU、ALU即値命令	ID/EX	レジスタ–レジスタALU、ALU即値、ロード、ストア、分岐命令	ALU（上）の入力	EX/MEM.IR[rd] == ID/EX.IR[rs1]
EX/MEM	レジスタ–レジスタALU、ALU即値命令	ID/EX	レジスタ–レジスタALU命令	ALU（下）の入力	EX/MEM.IR[rd] == ID/EX.IR[rs2]
MEM/WB	レジスタ–レジスタALU、ALU即値、ロード命令	ID/EX	レジスタ–レジスタALU、ALU即値、ロード、ストア、分岐命令	ALU（上）の入力	MEM/WB.IR[rd] == ID/EX.IR[rs1]
MEM/WB	レジスタ–レジスタALU、ALU即値、ロード命令	ID/EX	レジスタ–レジスタALU命令	ALU（下）の入力	MEM/WB.IR[rd] == ID/EX.IR[rs2]

図C.23 比較内容と可能性のあるフォワーディング操作。（EX/MEM レジスタか MEM/WBレジスタにある）ALUの結果、あるいは、MEM/WBレジスタにあるロードの結果を、（EX ステージにある命令の）2 つのALU入力へデータフォワーディングすることが起こり得る

フォワーディング操作が起こるべきかどうかを決めるためには10個の独立した比較器が必要だ（上）と（下）のALU入力は、それぞれALUの最初と2番目のソースオペランドに相当する入力であり、図C.18と図C.24に明示されている。EXステージにいるデスティネーション命令のためのパイプラインラッチはID/EXレジスタであり、ソースの値はEX/MEMレジスタかMEM/WBレジスタのALUOutput部分から、あるいはMEM/WBレジスタのLMD部分から届くということを思い出そう。このロジックで扱われていない複雑さが1つある。同じレジスタに書き込む複数の命令を扱うことだ。例えば、add x1,x2,x3; addi x1,x1,2; sub x4,x3,x1のコードシーケンスを扱う時、ロジックはsub命令がadd命令の結果ではなくaddi命令の結果を使用することを保証しなければならない。EX/MEMからのフォワーディングが同じ入力にない時に限りMEM/WBレジスタからのフォワーディングが有効になることをテストするだけで、この場合を取り扱うように上に示したロジックを拡張できる。addi の結果がEX/MEMレジスタにあるので、MEM/WBレジスタにいるaddの結果ではなくて前者がフォワードされる。

出でき、間違った実行を防ぐためにno-opを挿入する。

考えなければならないケースが多くなるが、フォワーディングロジックの実装も同様に行える。フォワーディングロジックを実装するために主に把握すべきことは、パイプラインレジスタはフォワードすべきデータと読み出しおよび書き込みレジスタフィールドがともに保持されていることである。論理的には、ALUとメモリの出力から、ALU入力、データメモリ入力、0検出ユニットへのフォワーディングはすべて起こり得る。したがって、EX/MEMとMEM/WBレジスタ中のIRの書き込みレジスタ番号と、ID/EXとEX/MEMレジスタ中のIRの読み出しレジスタ番号とを比較することで、フォワーディングを実装できる。図C.23に、比較と可能性のあるフォワーディング操作を示す。フォワーディングされる結果の宛先は、現在EXステージにいる命令のALU入力である。

いつフォワーディングパスがイネーブルにならなければならないかを決定するために必要な比較器と組み合わせ回路に加えて、ALU入力にあるマルチプレクサの入力を増やし、結果をフォワードするために使用されるパイプラインレジスタからの接続を追加しなければならない。図C.24に、マルチプレクサと接続を追加したパイプライン化データパスの関係のある部分を示す。

RISC-Vでは、ハザード検出とフォワーディングのハードウェアはかなり単純である。このパイプラインが浮動小数点演算を扱うように拡張すると、もっと複雑になることが分かるだろう。その前に分岐を取り扱わなければならない。

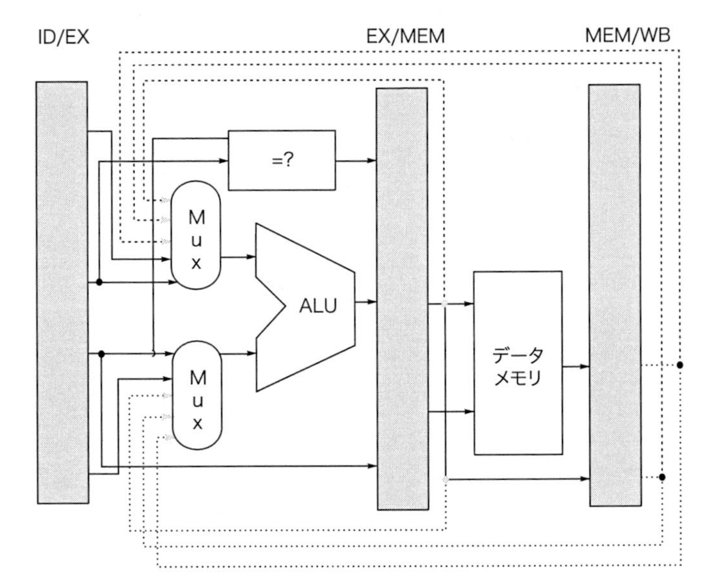

図C.24 結果をALUにフォワーディングするために各ALUのマルチプレクサに追加する3つの入力とそれら新しい入力に追加する必要のある3つのパス

それらのパスは、(1) EXステージの終わりにあるALU出力、(2) MEMステージの終わりにあるALU出力、(3)MEMステージの終わりにあるメモリ出力、に対応する。

C.3.4 パイプラインでの分岐の扱い

RISC-Vでは条件分岐は2つのレジスタの値を比較した結果により判定する。この操作はEXサイクルでALUを使って行うことを想定している。分岐の飛び先アドレスも計算しなければならない。分岐条件をテストして次のPCを決めることは分岐ペナルティがどうなるかを決めることでもある。2つの可能なPCを計算し、正しいPCを選ぶ作業をEXサイクルの終わりまでにやってしまいたい。これは、ID内で、別の加算器を使って飛び先番地を計算することで可能になる。命令はまだデコードされていないので、すべての命令が分岐であると考えて計算を行う。これは、飛び先と条件の判定を両方ともEXで行うのより速そうだが、若干エネルギーを消費する。

図C.25は、加算器をIDに置き、分岐条件をEXで判定するパイプライン化データパスで、パイプライン構造に若干の変更が行われている。このパイプラインは分岐に2サイクルのペナルティを要する。MIPSなどの初期のRISCプロセッサでは、分岐条件テストをID内で行うように制約することで、分岐遅延を1クロックサイクルに減らしていた。もちろん、これはALU命令でレジスタに書き込みを行い、それに従って条件分岐をする場合にデータハザードを生じることを意味する。これは分岐の条件をEXで評価すれば生じることはない。

パイプラインの深さが深くなり、分岐遅延が増大すると、動的分岐予測が必要になる。例えば、デコードとレジスタフェッチステージが分離しているプロセッサは、最低1クロックサイクル分岐遅延が長くなる。遅延分岐は、対処しなければ分岐ペナルティになってしまう。複雑な命令セットを実装する多くの古いプロセッサでは、分岐は4クロックサイクル以上遅延する。また深いパイプラインを持つ巨大プロセッサでは、分岐ペナルティが6か7になる。第3章で取り上げるIntel i7などの積極的な高性能スーパースカラは、分岐ペナルティが10〜15サイクルあるのだ！ 一般的にパイプラインが深くなるほど、分岐ペナルティのクロックサイクル数は増え、正確な予測の重要性が増していく。

C.4 何がパイプラインの実装を困難にするのか

さてハザードを検出し解消する方法を理解したのだから、これまで避けてきた複雑な話題を扱うことができるだろう。本節の前半では、予期されない方法で命令の実行順序が変わってしまう例外的な状況への問題を考察する。本節の後半では、異なる命令セットによって生じる問題について議論する。

C.4.1 例外への対処

例外的な状況はパイプライン化CPUでは取り扱いが困難である。なぜなら、命令がオーバーラップされて実行されているので、命令がCPUの状態を安全に変更できるかどうかを知ることが一層困難になるからである。パイプライン化CPUでは、命令は少しずつ実行され数サイクルかけて完了する。困ったことに、パイプライン中の他の命令が例外を発生し、CPUはパイプライン中の命令が完了する前にそれを破棄しなければならないことがあり得る。この問題と解決策を詳細に議論する前に、どのような状況が生じ、それらに対処するためにはどのようなアーキテクチャ的な要求事項があるのかを理解する必要がある。

例外の種類と要求事項

通常の命令実行順序が変わってしまう例外状況を表現するために用いられる用語は、CPUによって異なる。**割り込み**、**フォールト**、**例外**といった用語が使用され、それらは一貫しているわけでもない。これらの機構をすべてカバーするために、ここでは例外という用語を用いることにする。それは以下を含んでいる。

- I/Oデバイスからの要求
- ユーザプログラムからのOSサービスの呼び出し
- 命令実行のトレース生成

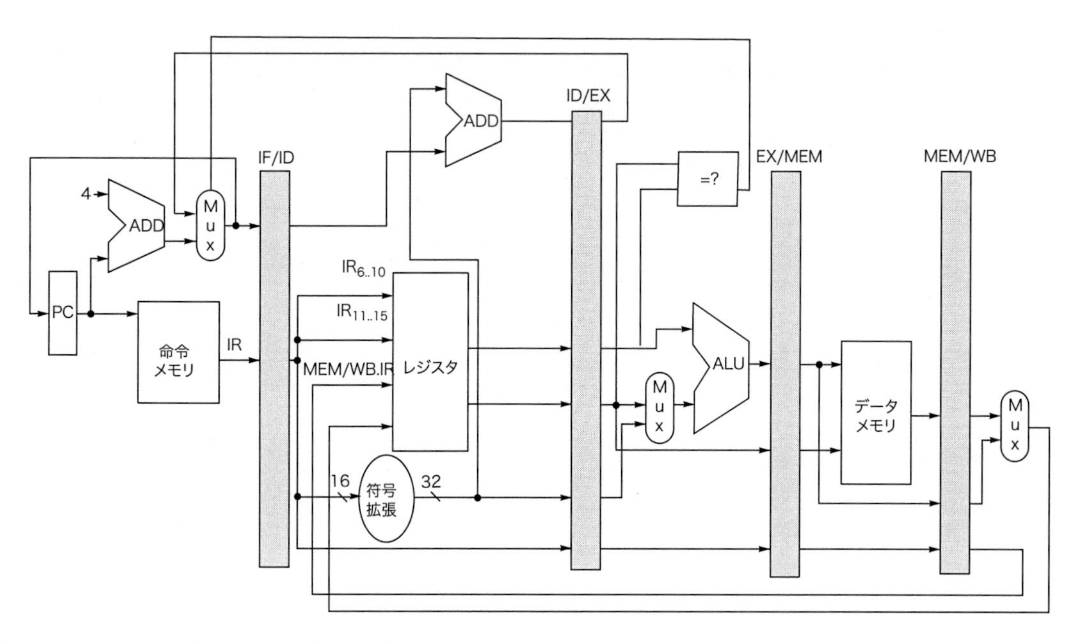

図C.25 条件分岐が成立するかどうか決める影響を小さくするため、分岐飛び先アドレスをIDにする。一方で、条件のテストと次のPCの最終的な決定はEXで行う

図C.19で示すように、PCは一種のパイプラインレジスタ（すなわちID/IFの一部）と考えられ、次の命令のアドレスは、それぞれのIFサイクルの終わりで書き込まれる。

- ブレークポイント（プログラマの要求による割り込み）
- 整数演算命令のオーバーフロー
- 浮動小数点（FP）演算例外
- ページフォールト（メインメモリ内にない）
- メモリアクセスミスアラインメント（アラインメントが必要な場合）
- メモリ保護違反
- 未定義あるいは未実装命令の使用
- ハードウェア異常故障
- 電源異常

ある特定の種類の例外を参照したい時には長い名前、すなわち、I/O割り込み、浮動小数点演算例外、ページフォールトなどを使うことにする。

これらすべてのイベントを網羅するために**例外**という用語を用いるが、個々のイベントにはそれぞれに重要な特徴があり、それがハードウェアでどのような対応が必要になるかを決定する。例外についての要求事項は、5つのほぼ独立な軸によって特徴付けることができる。

1. **同期的か非同期的か**：同じデータで同じメモリ配置でプログラムが実行される時はいつも同じ場所でそのイベントが生じるのなら、そのイベントは同期的と呼ばれる。ハードウェア異常故障例外では、CPUやメモリの外部のデバイスによって非同期的なイベントが起こる。非同期的なイベントは、たいてい、現在実行中の命令の完了後に対処される。これにより対処が容易になる。
2. **ユーザ要求か強制か**：ユーザタスクが直接イベントを要求する時には、ユーザ要求イベントとなる。ある意味、ユーザ要求例外は真の例外ではない。なぜなら、予測可能であるからだ。しかし、状態を保存し回復させるための機構がユーザ要求イベントに対しても同様に使用されることから、それらは例外として取り扱われる。この例外を起こす命令の唯一の機能は例外を発生することであるから、ユーザ要求例外は常に命令の完了後に対処される。**強制例外**はユーザプログラムの制御下にないハードウェアイベントによって生じる。強制例外は予測できないので実装がより困難である。
3. **マスク可能か不可能か**：ユーザがイベントをマスクしたり無効化できたりするなら、それはマスク可能である。このマスクは、単にハードウェアがその例外に反応するかどうかを制御するだけである。
4. **命令内か命令間か**：そのイベントが、どんなに短期であろうとも、命令の実行中に生じるために命令の完了を妨げるか、あるいは、それが命令間で認識されるかに、この分類は依存する。命令内で生じる例外はたいてい同期的である。なぜなら、その命令が例外を起こすからだ。命令間の例外よりも命令内で生じる例外の方が実装は困難である。なぜなら、その命令はいったん停止し、そして再開されなければならないからだ。命令内で生じる非同期的な例外は壊滅的な状況（ハードウェアの故障など）で起こり、プログラムを停止させるのが常である。
5. **再開可能か停止か**：もしプログラム実行が割り込み後に常に止まるのであれば、それは**停止イベント**である。もしプログラム実行が割り込み後に継続されるのなら、それは**再開可能イベント**である。実行を停止させる例外の方が実装が容易である。なぜなら、CPUは例外に対処した後に同じプログラムを再開する必要がないからである。

図C.26に先の例外例をこれらの5つのカテゴリにしたがって分類して示す。再開されなければならない命令内で生じる割り込みを実装することが困難な作業である。そのような例外を実装するためには、他のプログラムが、実行中のプログラムの状態を保存し、例外の原因を正し、プログラムの状態を回復して例外を生じた命令を再実行することが必要である。この処理は、実行中のプログラムには実際上分からないようにしなければならない。もしパイプラインがプロセッサに対してプログラムの実行に影響することなく、例外に

例外のタイプ	同期/非同期	ユーザ要求/強制	ユーザによるマスク可/不可	命令内/命令間	再開/停止
I/Oデバイスリクエスト	非同期	強制	マスク不可能	命令間	再開
OS呼び出し	同期	ユーザ要求	マスク不可能	命令間	再開
トレース命令実行	同期	ユーザ要求	マスク可能	命令間	再開
ブレークポイント	同期	ユーザ要求	マスク可能	命令間	再開
整数演算オーバーフロー	同期	強制	マスク可能	命令内	再開
浮動集数点演算オーバーフロー、アンダーフロー	同期	強制	マスク可能	命令内	再開
ページフォールト	同期	強制	マスク不可能	命令内	再開
メモリアクセスミス	同期	強制	マスク可能	命令内	再開
アラインメント メモリ保護違反	同期	強制	マスク不可能	命令内	再開
未定義命令実行	同期	強制	マスク不可能	命令内	停止
ハードウェア故障	非同期	強制	マスク不可能	命令内	停止
電源異常	非同期	強制	マスク不可能	命令内	停止

図C.26 さまざまな例外の種類に対してどのような操作が必要かを定義するための5つのカテゴリーを用いた分類

ソフトウェアはプログラムを停止させることの方が多いが、再開できるようにしなければならない例外には「再開」と記している。再開可能な命令で発生する同期した強制例外は実装が困難である。メモリ保護アクセス違反の時は常にプログラムが停止してもらいたいところではあるが、最新のOSはページを最初に使用しようとしたり、ページに最初に書き込んだりといったイベントを検出するためにメモリ保護を使用する。したがって、CPUはそのような例外から再開できなければならない。

対処し、その状態を保存し、そして再開できる能力を持っているなら、そのパイプラインなりプロセッサなりは**再開可能**であると呼ばれる。初期のスーパーコンピュータやマイクロプロセッサはこの特性に欠けていたが、今日のほぼすべてのプロセッサは備えている。少なくとも整数パイプラインには備えている。なぜなら、仮想メモリを実装するために必須だからである（第2章を参照）。

実行の中断と再開

非パイプラインでの実装と同様に、最も実装が困難な例外は次の2つの特性を持っている（1）命令内で起こり（つまり、EXやMEMパイプラインステージでの命令実行の途中）、（2）再開可能でなければならない。RISC-Vパイプラインでは、データフェッチが原因の仮想メモリのページフォールトは、その命令のMEMステージまでは起こり得ない。フォールトが検出されるまでに、他の数命令が実行中になるだろう。ページフォールトは再開可能でなければならず、OSなどの他のプロセスと干渉する。したがって、パイプラインは安全に止められなければならず、命令が正しい状態で再開できるように状態を保存しなければならない。再開はたいてい、再開される命令のPCを保存することで実装される。もし再開点の命令が分岐命令でないなら、順に次の命令のフェッチを継続し、それらの命令の実行を普通に開始する。再開点の命令が分岐であったなら分岐条件を再評価し、分岐先か次命令かのフェッチを始める。例外が生じると、パイプライン制御はパイプライン状態を安全に保存するために以下のステップを開始する。

1. 次の命令フェッチ時にトラップ命令をパイプラインに挿入する。
2. トラップが実行されるまで、フォールトした命令とパイプライン中でそれに後続している命令による書き込みをすべて取り止める。例外を生じた命令から始まるすべてのパイプライン中の命令に対して、パイプラインラッチにゼロを書き込むことで、これは実現できるが、その命令より前の命令には書き込まない。この操作により、例外に対処するまで未完了の命令により状態が変化してしまうことを防ぐ。
3. OSの例外ハンドラルーチンが制御を獲得した後で、そのルーチンはフォールトした命令のPCを直ちに保存する。この値は、後ほど例外から戻る時に使用される。

前節で述べたように遅延分岐を採用している時には、唯一のPCだけでプロセッサの状態を再構築することはできない。なぜなら、パイプライン中の命令は逐次的な順序でないかもしれないからである。したがって、分岐遅延＋1の長さだけの数のPCを保存しまた回復しなければならない。これは上述の3.で行われる。

例外に対処した後で、特殊命令がPCを読み込んで、命令列を再開することで、例外からプロセッサを元に戻す（RISC-Vの例外リターンを使って）。パイプラインが停止し、フォールトした命令の直前までの命令がすべて完了し、後続の命令が最初から再開できるならば、そのパイプラインは「正確な例外」を実装していると言われる。理想的には、フォールトした命令は状態を変えないことが望ましく、例外の中には正しく対処するにはフォールトした命令がどんな影響も及ぼさないことが必要となるものもある。浮動小数点演算例外のようなその他の例外では、例外処理前にフォールトした命令が演算結果を書き込むようなプロセッサも存在する。そのような場合には、書き込み先が読み出しオペランドのいずれかに一致する場合でも、読み出しオペランドを回復するよう準備されていることがハードウェアに要求される。浮動小数点演算処理は長いサイクルの間実行されるかもしれないので、他の命令がソースオペランドを上書きしている可能性が非常に高い（また次節で見るように、浮動小数点演算はしばしばアウトオブオーダ完了する）。この問題に対処するために、最近の高性能CPUの多くは処理に2つのモードを備えている。一方のモードは正確な例外を備えており、他方（高速モードあるいは性能指向モード）は備えていない。もちろん、正確な例外モードは遅い。なぜなら、浮動小数点演算命令をあまり多くオーバーラップできないようにしているためである。Alpha 21064、Power2、RISC-V R8000を含む高性能CPUの中には、正確な例外モードがしばしば非常に遅く（10倍以上）、コードのデバッグのみに役立つといったものもある。

多くのシステムでは正確な例外をサポートすることが必須事項である。しかし、それ以外のシステムにとっては、OSとのインターフェイスが簡略になるということで、単に「高くつく」だけであったりする。最低限、デマンドページングやIEEE演算トラップのハンドラを持つプロセッサであればいずれも、その例外を正確に実装しなければならない。ハードウェアで実装していても良いし、ソフトウェアのサポートを要しても良い。整数演算パイプラインでは正確な例外を実現するタスクは容易であり、仮想メモリを導入することがメモリ参照に対する正確な例外をサポートすることの動機付けになっている。現実には、これらの理由で設計者やアーキテクトは整数演算パイプラインに対しては常に正確な例外を提供している。本節で、RISC-Vの整数演算パイプラインに正確な例外を実装する方法を説明する。FPパイプラインで生じるもっと複雑な問題に対処する技術についてはC.5節で説明する。

RISC-Vでの例

図C.27に、RISC-Vのパイプラインステージと、どの「問題児の」例外が各ステージで生じるかを示す。

パイプラインステージ	起こり得る問題となる例外
IF	命令フェッチ時ページフォールト、メモリアクセスアラインメント、メモリ保護違反
ID	未定義/不法オペコード
EX	演算例外
MEM	データフェッチ時ページフォールト、メモリアクセスミスアラインメント、メモリ保護違反
WB	なし

図C.27 RISC-Vパイプラインで発生し得る例外
命令メモリあるいはデータメモリアクセスによって生じる例外が8つのケースの内の6つを占めている。

パイプライン中には実行中の命令が複数あるため、複数の例外が同一クロック中に生じることもある。例えば、次の命令シーケンスを考えよう。

ld	IF	ID	EX	MEM	WB	
add		IF	ID	EX	MEM	WB

この一組の命令は、同時にデータページフォールトと演算例外を生じ得る。なぜならaddがEXステージにいる間にldがMEMステージにいるからである。この場合は、データページフォールトだけを扱い、その後に実行を再開するという対処が可能である。2つ目の例外は再び起こるだろう（しかし、ソフトウェアが正しければ、1つ目は起こらない）。そして2番目の例外が起こった時、それは独立に対処される。

実際は、状況はこの単純な例ほど安直なものではない。例外はアウトオブオーダに起こり得る。すなわち、先行する命令が例外を生じる前に後続命令が例外を生じることもあり得る。上記のシーケンス、すなわちldにaddが続く例をもう一度考えよう。ldはMEMステージにいる時にデータページフォールトを起こし、addはIFステージにいる時に命令ページフォールトを起こすかもしれない。後続の命令によって起こるにしても明らかに命令ページフォールトが最初に起こる。

正確な例外を実装しようとしているのであるから、ld命令で生じる例外に最初に対処することがパイプラインには求められる。これがどのように動作するかを説明するために、ld命令の位置にある命令をiと呼び、add命令の位置にある命令を$i+1$と呼ぼう。例外が発生すると直ちにそれに対処するということはパイプラインではできない。なぜなら、そうすると非パイプライン時の実行順序とは異なって例外が発生することになるからである。そうではなく、ハードウェアは、ある命令で生じるすべての例外を、その命令に対応付けられる状態ベクタに送る。**例外状態ベクタ**は命令が進むに連れてパイプラインに沿って運ばれる。例外状態ベクタ中に例外を示す印が付けられると、データ書き込みを生じるあらゆる制御信号が止められる（レジスタ書き込みとメモリ書き込みの両方を含む）。ストア命令の例外はMEMステージで生じるので、例外を起こした時にストア命令が完了するのを防ぐ手立てをハードウェアは用意しなければならない。

命令がWBステージに入る時に（あるいは、まさにMEMステージを出ようとする時に）、例外状態ベクタがチェックされる。例外発生が記されていれば、それらは非パイプラインプロセッサで生じると思われる順序で対処される。最も早い命令の（そしてたいていは、その命令の最も早いステージの）例外が最初に対処される。これによって、すべての例外は命令$i+1$よりも先に命令iで見つけられることが保証される。もちろん、命令iのために早いステージで行われた操作が無効であることもあろう。しかし、レジスタファイルとメモリへの書き込みが取り消されているのだから、どの状態も変化し得ない。C.5節で見ることになるが、FP処理に対してこの正確なモデルを維持することはより困難である。

次節では、もっといろいろなことのできる実行時間の長い命令を備えたプロセッサのパイプラインにおいて例外を実装する際に生じる問題について説明する。

C.4.2 命令セットの複雑さ

RISC-Vの命令には2つ以上の結果を生じるものは存在しないし、ここで扱っているRISC-Vパイプラインは命令実行の最後でのみ結果を書き込む。ある命令が完了したことが保証されると、それは**コミット**したと呼ばれる。RISC-V整数パイプラインでは、すべての命令はMEMステージの終わりに（またはWBステージの最初）に到着した時にコミットされる。そして、そのステージ前で状態を更新する命令はない。したがって、正確な例外の実装はわりと素直に行える。プロセッサの中には、命令の実行の途中で、その命令や先行する命令が確実に完了する前に、状態を変えてしまうものも存在する。例えば、IA-32アーキテクチャのオートインクリメントアドレッシングモードは、命令実行の途中でレジスタの更新を生じる。そのような場合には、例外のために命令が破棄されるとプロセッサの状態は変わったままである。どの命令が例外を生じたのかが分かっていても、ハードウェアによるサポートを追加しないことには、その例外を正確には取り扱えない。なぜなら、その命令は半分完了してしまっているからである。このような不正確な例外から命令ストリームを再開することは困難である。別の選択肢として、命令コミット前に状態を更新することを避けることもできるだろう。しかしこの方法は難しいしコストも要する。なぜなら、状態更新には依存関係があり得るからである。例えば、同じレジスタを何度もオートインクリメントするVAX命令を考えれば分かるだろう。したがって、正確な例外モデルを維持するためには、そのような命令を持つほとんどのプロセッサは命令がコミットされる以前に行われた状態の変化を取り消すことができなければならない。例外が生じると、プロセッサはこの能力を使用して、プロセッサの状態を割り込まれた命令が始まる前の値にリセットする。次節で、さらに強力なRISC-Vの浮動小数点演算パイプラインが抱える同様の問題を見ていこう。またC.7節では、例外処理が極めて複雑になってしまう方式について紹介する。

これらの困難に関連する原因の1つは、実行中にメモリの状態を更新する命令から生じている。VAXやIBM 360のストリングコピー操作などである（付録Kを参照）。これらの命令の割り込みと再開を可能にするために、命令は汎用レジスタを作業用レジスタとして使用するように定義される。したがって、部分的に完了した命令の状態は常にレジスタにある。それは例外発生時に保存され、例外処理後に回復される。これにより命令の継続が可能になる。VAXでは状態に対して1ビットが追加されており、命令がメモリの状態を更新し始めたことを記憶している。これにより、パイプラインが再開されるとCPUはその命令を最初から実行するか途中から再開すべきかが分かる。IA-32のストリング命令もレジスタを作業用記憶として使用し、レジスタを保存し回復することでその命令の状態の保存と回復をする。

別の種類の困難さが、状態に半端なビットを付け加えることにより生じる。これにより、余分なパイプラインハザードを生じたり、保存と回復のためにさらにハードウェアが必要になる。条件コードはこの良い例だ。多くのプロセッサは、命令の一部として暗黙のうちに条件コードをセットする。このアプローチには利点がある。なぜなら、条件コードは条件の評価を分岐自体から切り分けるからである。しかし、条件コードを暗黙のうちにセットすると、条件コードをセットした命令と分岐命令の間のパイプライン遅延をスケジュールすることが困難になる。なぜなら、ほとんどの命令が条件コードをセットし、条件評価と分岐命令の間の遅延スロットでは使用できないからである。

さらに、条件コードを備えるプロセッサでは、いつ分岐状態を定めるかを決定しなければならない。このことは、その分岐の前に最後にどの時点で条件コードがセットされたかを把握しなければならないことを意味する。暗黙のうちに条件コードをセットするプロセッサのほとんどで、すべての先行命令が条件コードをセットし終えるまで分岐条件の評価を遅らせることで、この件に対応している。

もちろん、明示的に条件コードをセットするアーキテクチャでは、条件テストと分岐命令との間の遅延をスケジュールすることができる。しかしパイプライン制御は、いつ分岐条件が決定されたかを知るために、依然として最後に条件コードをセットした命令を追わなければならない。実質的には、条件コードは分岐命令とのRAWハザードに対してハザード検出を必要とするオペランドとして扱わなければならない。これはちょうどRISC-Vがレジスタに対して行わなければならないのと同じである。

パイプライン処理に関する最後の困難な領域は複数サイクル実行処理である。以下のようなVAX命令シーケンスのパイプライン実行を想像しよう。

```
mov        BX, AX          ; レジスタ間の移動
add        42(BX+SI),BX  ; メモリの内容と、そのメモリの番地を
                           ; 指すレジスタを足す
sub        BX,AX           ; レジスタを引く
rep movsb                  ; レジスタCXで長さが指定される文字列
                           ; を移動する
```

この命令はどれも特に長くはない（x86命令は15バイトになることもある）が、必要な実行サイクル数の点は大きく違っており、1から数百クロックサイクルにわたる。この命令はまた、データメモリアクセス数も0から数百まで要求が異なっている。データハザードは非常に複雑で、命令間でも命令内でも発生する（movsbは、コピー元とコピー先が重複していてもかまわないことになっている！）。すべての命令を同じクロックサイクル数で実行するという単純な解決策は受け入れることができない。なぜなら、途方もない数のハザードとバイパスを引き起こし、非常に長いパイプラインを作ってしまう。VAXを命令レベルでパイプライン化するのは困難であるが、VAXで使われたのと類似の賢い方法が発見された。彼らは**マイクロ命令**の実行をパイプライン化したのだ。「マイクロ命令」とは単純な命令で、シーケンスとして使用すればもっと複雑な命令を実装できる。マイクロ命令は単純なので（それらはRISC-Vに非常に似ている）、パイプライン制御は非常に容易になる。1995年以来、Intel社のIA-32マイクロプロセッサは、IA-32命令をマイクロオペレーションに変換しマイクロオペレーションをパイプライン化するという戦略を使用してきた。実際、このアプローチは、ARMアーキテクチャの複雑な命令のあるものに対して用いられた。

対照的に、ロード-ストア型プロセッサは、同程度の仕事量の単純な操作を行うので、もっと容易にパイプライン実行する。アーキテクトが命令セット設計とパイプライン処理との間の関係を理解すれば、もっと効率の良いパイプラインを設計できる。次節で、RISC-Vパイプラインが長いサイクル数を要する命令、特に浮動小数点演算操作をどのように扱うかを見よう。

長い年月にわたって、命令セットと実装が相互に影響を与えるといったことはあまりないと信じられていた。そして実装上の問題は命令セット設計における主要な関心事ではなかった。1980年代に、パイプライン処理の困難さと非効率さとはどちらも命令セットの複雑さによって増加することが明らかになった。1990年代には、すべての企業が強引な実装がもたらす複雑さを排除しようとして、単純な命令セットに移行して行った。

C.5　複数サイクル演算を扱うためのRISC-V整数パイプライン拡張

さて、どうやってRISC-Vパイプラインが浮動小数点演算命令を扱うように拡張できるかを検討したい。本節は基本的なアプローチと設計の選択肢に集中し、最後にRISC-V浮動小数点演算パイプラインの性能をいくらか測定しよう。

すべてのRISC-VのFP演算が1サイクルまたは2サイクルで完了することを要求するのは現実的ではない。そうすることは遅いクロックを受け入れることを意味するか、FPユニットに途方もない量のロジックを使用するか、あるいはその両方を意味している。その代わりに、FPパイプラインでは演算のレイテンシが長くなってもよしとしよう。FP命令に対して以下に示す2つの重要な変更を施した整数演算命令と同様なパイプラインがあると考えれば、このことは簡単に把握できるだろう。第一に、命令が完了するのに必要なだけEXサイクルを繰り返すようにする。繰り返しの回数は命令によって変える。第二に、複数のFP機能ユニットを持たせるようにする。発行されようとしている命令が必要とする機能ユニットに対する構造ハザードか、あるいはデータハザードを、その命令が引き起こすとストールが生じる。本節では、RISC-Vの実装には以下の4つの独立した機能ユニットがあると仮定しよう。

1. ロードとストア、整数ALU演算、分岐を処理するメインの整数ユニット
2. FPと整数の乗算器
3. FP加算、減算、型変換を処理するFP加算器
4. FPと整数の除算器

これらの機能ユニットの実行ステージがパイプライン化されていないと仮定すると、パイプラインの構造は図C.28のようなものとなる。EXステージがパイプライン化されていないので、機能ユニットを使用する他のどの命令も、前の命令がEXステージを離れるまで発行されない。さらに、もし命令がEXステージに進めないのなら、その命令の後ろのパイプラインステージはすべてストールする。

現実には、図C.28が示しているように、中間結果がEXステージをぐるぐる回っているということはたぶんない。そうではなくて、EXステージは1よりも大きなクロック遅延を持っているのだ。いくつかのステージと複数の実行中の演算をパイプライン化可能にするために、図C.28に示されているFPパイプラインの構造を一般

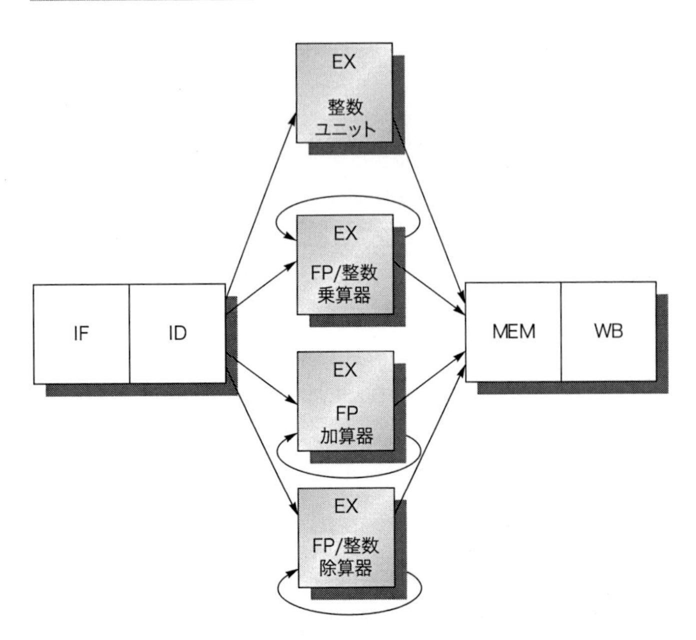

図C.28 パイプライン化されていない浮動小数点機能ユニットを3つ追加したRISC-Vパイプライン

各サイクルに1命令のみが発行されるので、全命令は標準的な整数演算のパイプラインを流れる。FP演算は、EXステージに到着するとループする。EXステージを終了すると、MEMステージとWBステージに進んで、実行を完了する。

化することができる。そのようなパイプラインを記述するためには、機能ユニットのレイテンシと**開始インターバル**あるいは**繰り返しインターバル**を定義する必要がある。レイテンシを以前に定義した同じ方法で定義する。結果を作る命令とその結果を使う命令の間のサイクル数である。開始あるいは繰り返しインターバルとは、あるタイプの2つの命令を発行する間に経過しなければならないサイクル数である。例えば、図C.29に示すレイテンシと開始インターバルを使用しよう。

このレイテンシの定義を用いると、整数ALU演算はレイテンシ

機能ユニット	レイテンシ	発行間隔
整数ALU	0	1
データメモリ（整数/FPロード）	1	1
FP加算器	3	1
FP乗算器（整数乗算にも使用）	6	1
FP除算器（整数除算にも使用）	24	25

図C.29 機能ユニットのレイテンシと発行間隔

0となる。なぜなら、結果は次クロックサイクルで利用可能だからである。ロードはその結果が開始後1サイクル遅れて利用可能となるため、レイテンシ1となる。ほとんどの演算はEXステージの始まりでオペランドを必要とするので、レイテンシはたいていEXステージより後ろの命令が結果を生成するまでのステージ数となる。例えば、ALU演算では0ステージ、ロードでは1ステージである。例外としてまずあがるのはストアであり、ストアされる値を1サイクル後に必要とする。したがって、ベースアドレスレジスタではなくストアされる値に対して、ストアへのレイテンシが1サイクル短くなる。パイプラインレイテンシは、本質的に実行パイプラインの深さよりも1だけ小さい。それはEXステージから結果を生成するステージまでのステージ数である。したがって、上のパイプライン例については、FP加算におけるステージ数は4であり、FP乗算におけるステージ数は7である。高いクロック速度を達成するためには、設計者は各パイプラインステージでロジックの段数を小さくする必要があるが、これによりさらに複雑な演算に必要なパイプラインステージ数が長くなってしまう。したがって、クロック速度を上げることに対する代償として、演算に長いレイテンシが生じてしまうのである。

図C.29のパイプライン構造例では、同時に最大4つのFP加算、7つのFP/整数乗算、そして1つのFP除算を可能としている。図C.30には、図図C.28を拡張することでこのパイプラインがどのよ

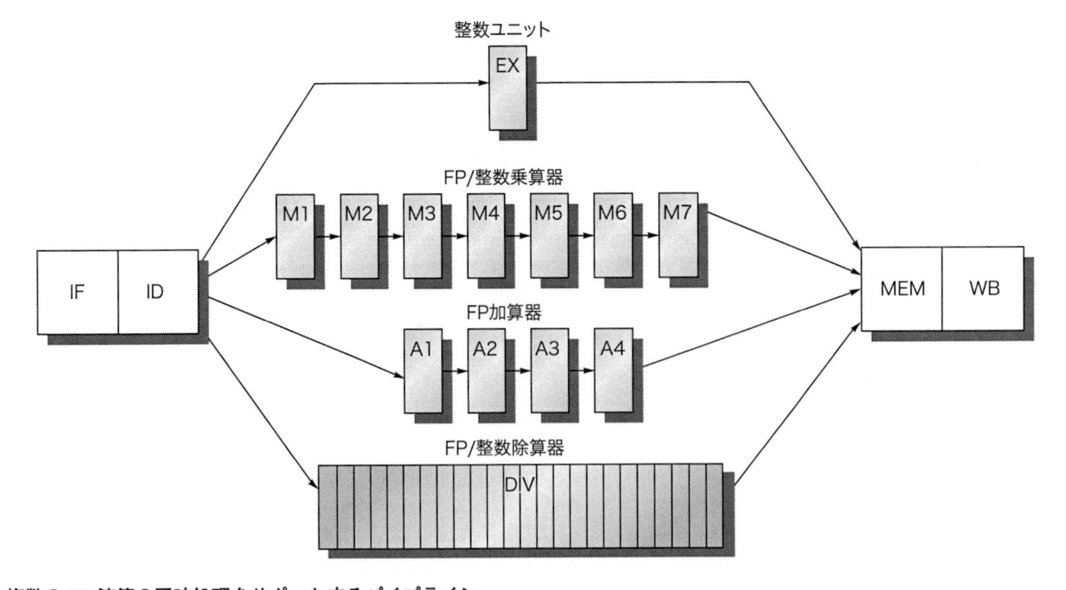

図C.30 複数のFP演算の同時処理をサポートするパイプライン

FP乗算器と加算器は完全にパイプライン化されており、それぞれ7ステージと4ステージの深さである。FP除算器はパイプライン化されておらず、完了までに24サイクルを要する。RAWハザードによるストールなしにFP命令の発行とその結果を使用するまでのレイテンシは、実行ステージで費やされるサイクル数で決まる。例えば、FP加算命令の後ろの4番目の命令はそのFP加算命令の結果を使用可能である。整数ALU命令では実行パイプラインの深さは常に1であるので、直後の命令が結果を使用可能である。

fmul.d	IF	ID	*M1*	M2	M3	M4	M5	M6	**M7**	MEM	WB
fadd.d		IF	ID	*A1*	A2	A3	**A4**	**MEM**	**WB**		
fadd.d			IF	ID	*EX*	**MEM**	**WB**				
fsd				IF	ID	*EX*	**MEM**	**WB**			

図C.31 一連の独立したFP演算のパイプラインタイミング

イタリックで書かれたステージはデータが必要な場所を示しており、太字で書かれたステージは結果が利用可能な場所を示している。FPロードとストアはメモリへは64ビットのパスを使っており、パイプラインタイミングは整数ロード-ストアと全く同様である。

うに書けるかが示されている。図C.30では、繰り返しインターバルは、パイプラインステージを追加することによって実装されている。それらはパイプラインレジスタを追加することで分離される。機能ユニットは独立なので、ステージを別々に名付けよう。除算ユニットといった複数のクロックサイクルを要するステージは、そのステージのレイテンシが分かるように、さらに細分割される。細分化されたものは完全なステージではないので、アクティブとなる演算は1つだけである。図C.31が独立なFP演算とFPロード–ストアの組を示しているように、パイプラインの構造はこの付録の前の方で使った馴染みのある図を使って示すことができる。当然なことだが、本節の後ろにあるように、FP演算の長いレイテンシによりRAWハザードやその結果のストールの頻度が増えることになる。

図C.30のパイプライン構造を構成するためには、パイプラインレジスタを追加したり（例えば、A1/A2、A2/A3、A3/A4といった形式で）、これらのレジスタの接続を変更する必要が生じる。ID/EXレジスタは、IDステージをEX、DIV、M1、そしてA1ステージに接続するように拡張されなければならない。後続ステージ中の1つに関連付けられるレジスタの一部を、ID/EX、ID/DIV、ID/M1、ID/A1で示して参照する。IDステージと他のすべてのステージの間のパイプラインレジスタは論理的には別々のレジスタとして考えられ、事実、別々のレジスタとして実装される。同時には、1つのパイプ中には命令は1つしか存在できないので、制御情報はステージの先頭にあるレジスタと関連付けることができる。

C.5.1 レイテンシの長いパイプラインにおけるハザードとフォワーディング

図C.30のパイプラインのようなパイプラインに対しては、ハザード検出やフォワーディングについては、以下のようなさまざまな見方ができる。

1. 除算ユニットは完全にはパイプライン化されていないので、構造ハザードが起こり得る。これらは検出されなければならず、また発行されつつある命令はストールする必要がある。
2. 命令の実行時間は異なるため、1サイクル内に必要なレジスタ書き込み回数は1回以上になってしまう。
3. もはや命令が実行順にWBステージに到達しなくなるので、**WAW**（write-after-write）**ハザード**の可能性がある。レジスタ読み出しは常にIDステージで行われるので、WAR（write-after-read）ハザードの可能性はないことに注意せよ。
4. 命令は発行順とは違う順序で完了できる。このため例外に問題を生じる。これについては次小節で扱う。
5. 演算のレイテンシが長いので、RAWハザードによるストールは一層頻繁になる。

長い演算レイテンシにより生じるストールの増加は、整数演算パイプラインと本質的に同じである。FPパイプラインで生じる新しい問題を説明し、その解決策を見る前に、RAWハザードの潜在的な影響について考えよう。図C.32には、典型的なFPコードシーケンスと、その結果のストールを示している。本節の終わりで、SPECサブセットに対するこのFPパイプラインの性能を調査する。

さて、前のリストの項目2.と3.に書かれている、書き込みにより生じる問題を眺めよう。FPレジスタファイルにはライトポートが1つしかないと仮定すると、FPロードとFP演算、あるいはFP演算が連続した場合に、レジスタライトポートにおいて衝突が生じる。図C.33に示されたパイプラインシーケンスを考えよう。クロックサイクル11で、3命令すべてがWBステージに到達し、レジスタファイルへの書き込みを要求する。レジスタファイルライトポートが1つでは、プロセッサは命令の完了を逐次的に行わざるを得ない。このレジスタライトポートは構造ハザードを生じていることになる。これを解決するためにライトポート数を増やすことができるだろうが、追加されたライトポートはめったに使用されないのでこの解決策には魅力がないだろう。なぜなら、必要となる定常的なライトポート数は1だからである。その代わりに、ライトポートへのアクセスを構造ハザードとして検出する方を選択する。

	クロックサイクル																
命令	**1**	**2**	**3**	**4**	**5**	**6**	**7**	**8**	**9**	**10**	**11**	**12**	**13**	**14**	**15**	**16**	**17**
fld f4,0(x2)	IF	ID	EX	MEM	WB												
fmul.d f0,f4,f6		IF	ID	Stall	M1	M2	M3	M4	M5	M6	M7	MEM	WB				
fadd.d f2,f0,f8			IF	Stall	ID	Stall	Stall	Stall	Stall	Stall	Stall	A1	A2	A3	A4	MEM	WB
fsd f2,0(x2)					IF	Stall	Stall	Stall	Stall	Stall	Stall	ID	EX	Stall	Stall	Stall	MEM

図C.32 RAWハザードにより生じるストールを示す典型的なFPコードシーケンス

浅い整数パイプラインとは対照的に、長いパイプラインは必然的にストールの頻度が高い。このシーケンス中の各命令は前の命令に依存しており、データが利用可能になると直ちに前進する。ここで、パイプラインは完全にバイパスおよびフォワーディングされていると仮定している。MEMステージがADD.Dと衝突しないように、S.Dは1サイクル余計にストールしなければならない。ハードウェアの追加で容易にこのケースに対処できる。

	クロックサイクル										
命令	1	2	3	4	5	6	7	8	9	10	11
fmul.d f0,f4,f6	IF	ID	M1	M2	M3	M4	M5	M6	M7	MEM	WB
...		IF	ID	EX	MEM	WB					
...			IF	ID	EX	MEM	WB				
fadd.d f2,f4,f6				IF	ID	A1	A2	A3	A4	MEM	WB
...					IF	ID	EX	MEM	WB		
...						IF	ID	EX	MEM	WB	
fld f2,0(x2)							IF	ID	EX	MEM	WB

図C.33 レジスタライトポートで衝突が生じるパイプラインシーケンス。クロックサイクル 11 に見られるように、3 命令が同時に FP レジスタにライトバックを実施しようとしている

これは最悪のケースではない。なぜなら、もっと早く開始された除算命令があれば、同じクロックで完了し得るからだ。fmul.d、fadd.d、fldのすべてがクロックサイクル 10 で MEM ステージにいるが、fldだけが実際にメモリを使用し、MEM ステージでは構造ハザードは存在しないということに注意せよ。

このインターロックの実装には 2 つの異なる方法がある。1 つは、ID ステージでライトポートの使用状況を追跡し、命令が発行される前にそれをストールさせる方法である。これはちょうど他の構造ハザードに対して行った方法と同じである。ライトポートの使用状況を追跡するには、すでに発行された命令がいつレジスタファイルを使用するかを示すシフトレジスタを用いて行われる。ID ステージにいる命令が、すでに発行されている命令と同時にレジスタファイルを使用する必要があるなら、ID ステージにいる命令は 1 サイクルの間ストールする。毎クロック、予約レジスタは 1 ビットシフトされる。この実装には 1 つの利点がある。それは、すべてのインターロック検出とストールの挿入が ID ステージで起こるという特性を維持している。コストとしてはシフトレジスタの追加と書き込み衝突検出のロジックとなる。本節ではこの方法を仮定する。

別の方法としては、MEM か WB ステージのいずれかに衝突している命令が入ろうとする時に、その命令をストールさせる方法がある。衝突する命令が MEM あるいは WB ステージに入ることを要求するまでそれらの命令のストールを待たせると、どの命令をストールさせるかを選ぶことができる。単純だが、時に準最適になるヒューリスティックは、最も長いレイテンシのユニットを優先させることである。なぜなら、それが他の命令を RAW ハザードのためにストールさせる可能性が最も高いからである。この方法の利点は、MEM あるいは WB ステージの入り口まで衝突を検出する必要がないことであり、なぜならそれらのステージでは検出が容易だからである。欠点は、そうすることでストールが 2 箇所で発生するためにパイプライン制御が複雑になってしまうことである。MEM ステージに入る前にストールすると、EX、A4、または M7 ステージを占有し、パイプライン中をストールでいっぱいにする可能性があることに注意しよう。同様に、WB ステージの前でのストールは MEM ステージを詰まらせる。

他の問題は WAW ハザードの可能性である。これらが存在することを見るために、図 C.27 の例を考えよう。もしfld命令が 1 サイクル早く発行され、書き込み先として F2 を持つと、fadd.dよりも 1 サイクル早くf2に書き込むので WAW ハザードを生じる。このハザードは、fadd.dの結果がいかなる命令にも使われないで上書きされる時に限り生じることに注意せよ。もしfadd.dとfldの間にf2が使用されると、パイプラインは RAW ハザードのためにストールしなければならず、fldはfadd.dが完了するまで発行されないだろう。このパイプラインでは、意味のない命令が実行される時に限り WAW ハザードが生じると主張することもできるが、それでもなお、それらを検出し、検出すればそのfldの結果がf2に現れることを確認しなければならない（C.8 節で見るように、そのようなシーケンスは妥当なコードでも時々発生する）。

この WAW ハザードに対処する 2 つの方法がある。1 つ目のアプローチは、fadd.dが MEM ステージに入るまでロード命令の発行を遅らせる方法である。2 つ目のアプローチは、ハザードを検出し制御を変更することでfadd.dの結果の書き込みを抑え、fadd.dが結果を書き込まないようにする方法である。その結果、fldは直ちに発行できる。このハザードは稀なので、どちらの方法もうまく働く。実装が簡単な方を選べばよい。どちらの場合も、fldが発行される ID ステージでハザードは検出される。その後fldをストールさせたりfadd.dを no-op に変えたりすることは容易である。fldがfadd.dよりも先に終了することを検出するのは困難だ。なぜなら、そのためにはパイプラインの長さとfadd.dの現在位置を知っておく必要があるからだ。幸運なことにこのコードシーケンス（間に読み出しのない 2 つの書き込み）が現れるのは非常に稀で、単純な解決策を選択できる。ID ステージの命令がすでに発行されている命令と同じレジスタに書き込みたい時には、それを EX ステージに発行するのを止める。C.7 節で、そのようなハザードを追加のハードウェアで解消する様子を示す。まず、FP パイプラインにハザード回避と、命令発行を実装するロジックをまとめよう。

ハザードの検出においては、FP 命令と整数命令の間のハザードと同様に、複数の FP 命令間のハザードも考慮しなければならない。FP ロード–ストア命令と FP 整数レジスタ間移動命令を除くと、FP レジスタと整数レジスタとは独立している。整数命令はすべて整数レジスタに対して操作し、FP 演算は FP レジスタのみに対して操作する。したがって、FP 整数命令間のハザード検出においては、FP ロード–ストア命令と FP レジスタ移動命令のみを考慮すれば良い。このようにパイプライン制御が簡単化されることは、整数と浮動小数点数に対してそれぞれ独立のレジスタファイルを持つことによるもう 1 つの利点である（第 1 の利点は、どちらを大きくすることなくレジスタの数を 2 倍にできることと、どちらにもポートを増やすことなくバンド幅を増やせることだ。追加のレジスタファイルが必要であることを除いた主な不利な点は、たまに現れる2つのレジスタファイル間の移動という小さなコストである)。パイプラインがIDステージですべてのハザードを検出すると仮定すると、命令が発行される前に以下の3つのチェックをしなければならない。

1. **構造ハザードのチェック**: 必要な機能ユニットがビジーでなくなるまで待ち(このパイプラインでは除算の時に限り必要)、書き込み時にレジスタのライトポートが利用可能であることを確認する。
2. **RAWデータハザードのチェック**:この命令が結果を必要とする時に利用可能でないパイプラインレジスタ中の待機デスティネーションレジスタとして、ソースレジスタがリストされなくなるまで待たなければならない。結果がいつ利用可能になるかを決定するソース命令と、その値がいつ必要になるかを決定するデスティネーション命令の両方に依存して、ここで多くのチェックがされなければならない。例えば、IDステージにいる命令がF2をソースレジスタとして持つFP命令である場合には、IDステージの命令が結果を必要とする時に完了しないFP加算命令に関連するID/A1、A1/A2、A2/A3のパイプラインレジスタには、F2はデスティネーションとしてリストされてはならない(ID/A1はA1ステージに送られるIDステージの出力レジスタの一部である)。除算の終わりの数サイクルをオーバーラップさせようとすると、除算は少々トリッキーになる。なぜなら、除算が終了直前にあるケースを特別に扱わなければならないからだ。現実には、設計者は単純な発行チェックの方を好んで、この最適化を無視するだろう。
3. **WAWデータハザードのチェック**:A1、…、A4、DIV、M1、…、M7ステージにいる命令のいずれかがこの命令と同じデスティネーションレジスタを持つかどうかを調べる。もし持っているなら、IDステージにいる命令の発行をストールする。

マルチサイクル実行されるFP演算ではハザード検出が複雑であるが、考え方はRISC-V整数パイプラインと同じである。フォワーディングロジックについても同様だ。EX/MEM、A4/MEM、M7/MEM、DIV/MEM、MEM/WBのいずれかのデスティネーションレジスタが浮動小数点命令のソースレジスタの1つであるかどうかをチェックすることで、フォワーディングは実装される。もしそうであれば、フォワードされたデータを選択するように適切な入力側マルチプレクサが動作する。演習問題では、フォワーディングロジックに加えて、RAWハザードとWAWハザードの検出ロジックがどのようになるか明らかにすることになる。

マルチサイクルのFP演算では例外機構に対しても問題を露呈することになるが、これを次に考えよう。

C.5.2 正確な例外の維持

これらの実行時間の長い命令によって引き起こされるもう1つの問題として、以下のコードシーケンスによって示されるものがある。

```
fdiv.d  f0,f2,f4
fadd.d  f10,f10,f8
fsub.d  f12,f12,f14
```

このコードシーケンスは依存関係が全くなく、分かりやすい。しかし、先に発行された命令が後に発行される命令の後で完了する可能性があるため、問題が発生する。この例では、`fadd.d`と`fsub.d`が`fdiv.d`よりも“先に”完了すると思われる。これは**アウトオブオーダ完了**と呼ばれ、長い実行時間を持つパイプラインでは一般的である(C.7節を参照)。ハザードを検出することによって命令間のいかなる依存関係も違反しないようにしているのだから、なぜアウトオブオーダ完了が問題なのだろうか。`fadd.d`は完了済みだが`fdiv.d`はまだ完了していない時点で、`fsub.d`が浮動小数点演算例外を起こしたと想像してみよう。結果は不正確な例外となるが、これはぜひとも避けたいものだ。整数パイプラインで行ったことと同様に浮動小数点パイプラインを進めれば、この問題は解決できるように思える。しかし、解決できない地点で例外が生じているかも知れない。例えば、加算の完了後に`fdiv.d`が浮動小数点演算例外を起こす場合、ハードウェアのレベルで正確な例外を実現することはできない。事実、`fadd.d`が自身のソースオペランドを破壊しているので、仮にソフトウェアの支援があったとしても`fdiv.d`以前の状態に回復することができない。

発行順とは異なる順序で命令が完了しようとするために、この問題が生じる。アウトオブオーダ完了を扱うには、4つのアプローチが考えられる。1つ目の方法は、この問題を無視し不正確な例外で我慢するものだ。1960年代から1970年代にかけてはこのアプローチが用いられた。ある種のスーパーコンピュータで過去15年間にわたり使用されている。そこでは、あるクラスの例外は禁じられていたり、あるいはパイプラインを止めることなくハードウェアで処理されていたりしている。今日開発されているプロセッサのほとんどでは、仮想メモリやIEEE標準の浮動小数点数規格の特徴のために、このアプローチの使用は困難である。それらの特徴は、ハードウェアとソフトウェアの組み合わせによる正確な例外を本質的に必要としている。すでに述べたように、最近のプロセッサは2つの実行モードを導入することでこの問題を解決している。高速ではあるが不正確なモードと低速ではあるが正確なモードである。低速ではあるが正確なモードは、モードスイッチあるいはFP例外を調べる命令を明示的に挿入することで、実現されている。どちらの場合でも、FPパイプラインで許されるオーバーラップと順序入れ替えは非常に制限され、実質的に同時には1つのFP命令しかアクティブにならない。この解決策は、DECのAlpha 21064と21164、IBMのPower1とPower2、そしてRISC-V R8000で採用されている。

2つ目の方法は、先に発行されたすべての演算が完了するまで、演算の結果をバッファするアプローチである。実際にこの方法を使っているCPUもいくつかあるが、演算間の実行時間の差が大きな時には非常にコストが大きい。さらに、実行時間の長い命令の完了を待っている間、キューにある結果を発行中の命令にバイパスできなければならない。これには、非常に多くの数の比較器と非常に大きなマルチプレクサが必要になる。

この基本的なアプローチには、2つのバリエーションがある。1つは**ヒストリーファイル**であり、CYBER 180/990で使用された。ヒストリーファイルはレジスタの元の値を保持する。例外が生じ、アウトオブオーダに完了した命令よりも前の状態にロールバックしなければならない時には、ヒストリーファイルからレジスタの元の値が回復される。似た方法が、VAXのようなプロセッサの持つ自動インクリメントや自動デクリメントのアドレッシングに対しても使用される。もう1つのアプローチであるSmithとPleszkunによって提案された**フューチャーファイル**は、レジスタの更新値を保持する［Smith and Pleszkun, 1988］。前の命令がすべて完了すると、フューチャーファイルからレジスタファイルが更新される。例外が生じると、その割り込みされた状態に対してはレジスタファイルは正確な値を持っている。第3章で、投機をサポートするのに必要なもう1つのアプローチを見ていく。この方法は先行する分岐の結果を知る前に命令を実行する方法である。

3つ目の方法は、例外自体にはいくぶん不正確になることを許し、十分な情報を保持することでトラップ処理ルーチンが例外に対して正確なシーケンスを作り得るようにするものだ。これには、パイプライン中に存在する命令とそれらのPCを把握している必要がある。そして例外処理後に、最後の命令より先に実行されたすべての命令をソフトウェアで完了させ、シーケンスを再開する。以下の最悪のケースのコードシーケンスを考えよう。

命令$_1$	例外を生じ得る実行時間の長い命令
命令$_2$、…、命令$_{n-1}$	一連の未完了の命令
命令$_n$	完了している命令

パイプライン中の全命令のPCと例外からの復帰先PCが与えられれば、ソフトウェアは命令$_1$と命令$_n$の状態を知ることができる。命令$_n$は完了しているので、命令$_{n+1}$から再開したい。例外処理後に、ソフトウェアは命令$_1$、…、命令$_{n-1}$をシミュレーションしなければならない。そして例外から戻り、命令$_{n+1}$から再開する。これらの命令をハンドラによって適切に実行するのに複雑である点が、この方式における困難さをかもし出している。単純なRISC-V風パイプラインに対しては、重要な単純化がある。もし命令$_2$、…、命令$_n$がすべて整数命令であったなら、命令$_n$が完了した時には命令$_2$、…、命令$_{n-1}$のすべても完了していると分かっている。したがって、FP演算だけが上記の扱いをされなければならない。この方式を扱いやすくするためには、オーバーラップ実行可能な浮動小数点命令の数を制限すれば良い。例えば、2命令をオーバーラップする時には、例外を生じた命令だけがソフトウェアによって完了される必要がある。この制限があると、もしFPパイプラインが深かったり、あるいは、非常に多くのFP機能ユニットがあったりすると、潜在的なスループットが下がるように思える。この方法はSPARCアーキテクチャで用いられ、浮動小数点演算と整数演算のオーバーラップを可能にしている。

最後の方法は、発行中の命令の前にある命令がいずれも例外を生じないで完了することが確実な時に限り命令発行を続けることを許可する、ハイブリッドな方式である。この方法は、例外が発生する時には、例外を発生する命令に後続する命令はどれも完了せず、先行する命令はすべて完了する、ということを保証する。これは、時には正確な例外を維持するためにCPUをストールする、ということを意味している。この方法がうまく働くためには、浮動小数点機能ユニットが、EXステージの早い段階で（RISC-Vパイプラインでは最初の3クロックサイクルで）例外の可能性があるかどうかを決定する必要がある。そうすれば、その先の命令が完了することを防ぐことができる。この方式は、RISC-VのR2000/3000とR4000、そしてIntel社のPentiumで採用されている。これについては、付録Jでもっと突っ込んで議論しよう。

C.5.3 RISC-V FPパイプラインの性能

図C.30にあるRISC-V FPパイプラインは、除算に対する構造ハザードによるストールと、RAWハザードによるストールを生じ得る（WAWハザードも生じ得るが、現実にはほとんど発生しない）。図C.34には、各浮動小数点演算のストールサイクル数を、命令のタイプ毎に示している（例えば、各FPベンチマークの最初の棒グラフは、FP加算、減算、変換命令に対するFPの結果を利用する場合でのストール数を示している）。期待通り、演算当たりのストールサイクルは、機能ユニットレイテンシの46%から59%にばらつくが、FP演算のレイテンシに従っている。

図C.35には、5つのSPECfpベンチマークについて、整数演算のストールとFP演算のストールの割合を示している。ここには、FP結果ストール、FP比較ストール、ロードとブランチの遅延、そして、FP演算での構造ハザードによる遅延といった4種類のストールが示されている。分岐遅延のストールは小さく、そこそこのレベルの分岐予測器でも1クロックサイクル以内であるので、これに含めない。命令ストールの全体の数は0.65から1.21に渡って変化する。

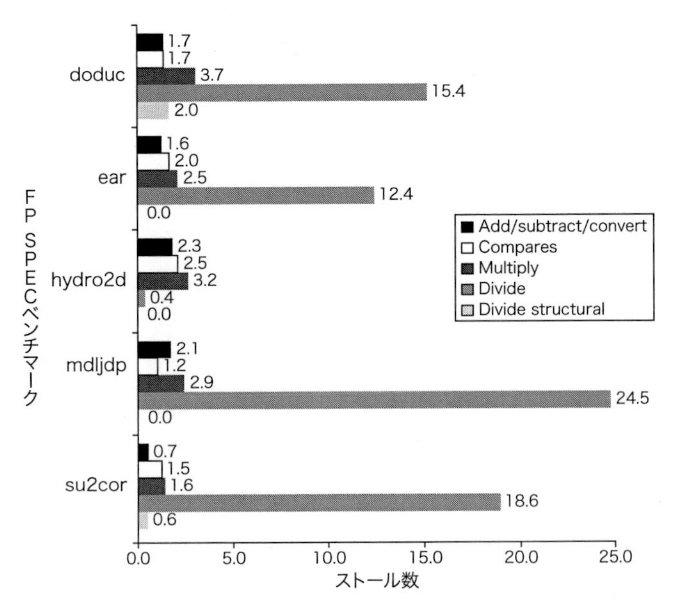

図C.34 SPEC89 FPベンチマークでの、主なFP演算それぞれに対するFP命令当たりのストール数

除算での構造ハザードを除いて、これらのデータは演算の頻度には依存せず、レイテンシと結果が使用できるまでのサイクル数のみに依存している。RAWハザードによるストール数は、FPユニットのレイテンシにほぼ倣っている。例えば、FP加算、減算、変換命令当たりの平均的なストール数は1.7サイクルであり、レイテンシ（3サイクル）の56%である。同様に、乗算と除算の平均的ストール数はそれぞれ2.8サイクルと14.2サイクルで、対応するレイテンシの46%と59%である。除算の頻度は小さいので、除算による構造ハザードは稀である。

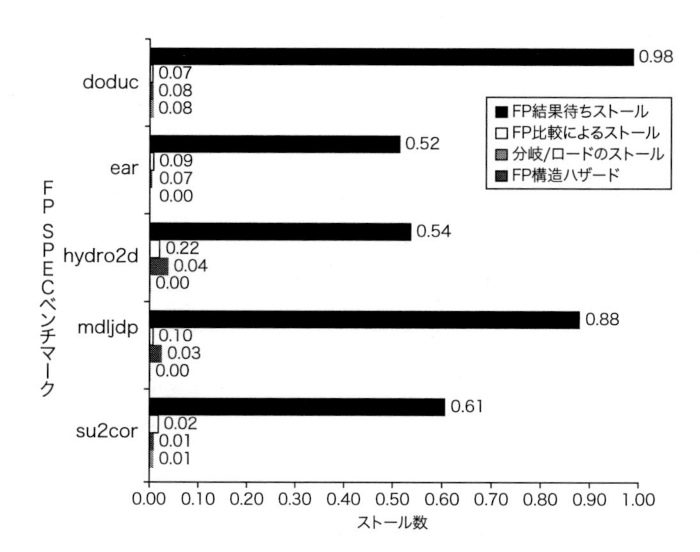

図C.35　RISC-V FP パイプラインで 5 つの SPEC89 FP ベンチマークで生じるストール

1 命令当たりの全ストール数は su2cor の 0.65 から doduc の 1.21 まで幅がある。平均は 0.87 である。FP 結果待ちのストールがすべての場合で支配的で、命令当たり平均で 0.71 ストール、あるいはストールサイクルの 82%である。比較は 1 命令当たり平均で 0.1 のストールを生じ、2 番目に大きな原因である。除算の構造ハザードは doduc のみで顕著である。分岐のストールは含まれていないが小さいだろう。

C.6 総合的な実例：MIPS R4000パイプライン

本節で、R4400 を含む MIPS R4000 プロセッサファミリーのパイプライン構造と性能を眺める。MIPS アーキテクチャと RISC-V はとても似ており、MIPS　ISA の遅延分岐を含めても数命令異なるだけである。R4000 は MIPS64 命令セットを実装しているが、整数と FP パイプラインの両方とも、5 段設計よりも深いパイプラインを採用している。5 段の整数パイプラインを 8 段にすることで、深いパイプラインは速いクロック速度を達成している。キャッシュアクセスは特に時間的に厳しいので、メモリアクセスに追加のパイプラインステージが充てられている。このようなタイプの深いパイプラインは**スーパーパイプライニング**と呼ばれる。

図 C.36 には、データパスを簡略化した 8 段のパイプラインを示している。図 C.37 には、パイプライン中に連続する命令をオーバーラップして示している。命令メモリとデータメモリが複数サイクルを占めているが、それらは完全にパイプライン化されていて、これにより新たな命令が毎クロック開始できることに注意せよ。事実、パイプラインはキャッシュヒットの検出が完了する前にデータを使用している。第 2 章でこれをどのように行うのかについてもっと詳細に議論している。

各ステージの機能は以下のとおりである。

- **IF**：命令フェッチの前半。ここで PC の選択を行い、命令キャッシュアクセスを開始する
- **IS**：命令フェッチの後半。命令キャッシュアクセスを完了する

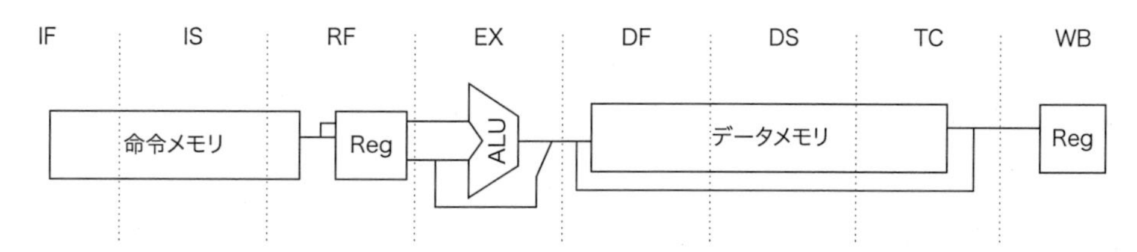

図C.36　R4000 の 8 ステージパイプライン構造。パイプライン化された命令キャッシュとデータキャッシュを使用している

パイプステージにはラベルが付けられ、それらの詳細な機能は本文中に書かれている。縦の点線はパイプラインラッチの位置を示すと同時に、ステージの境界を示している。命令は IS ステージの終わりで読み出されるが、タグ比較はレジスタがフェッチされる間に RF ステージで行われる。したがって、命令メモリが RF ステージまで動作しているように図示している。TC ステージはデータメモリアクセスに必要である。なぜなら、キャッシュアクセスがヒットしたかどうかが分かるまで、レジスタにデータを書き込むことはできないからである。

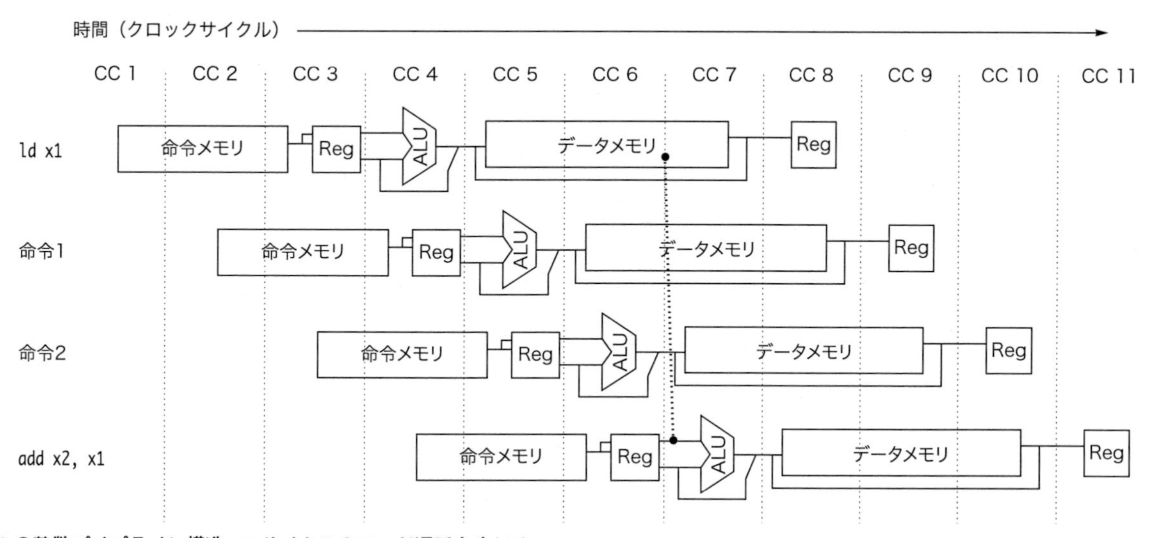

図C.37　R4000 の整数パイプライン構造。2 サイクルのロード遅延を生じる

データ値は DS ステージの終わりで利用可能になりバイパスされるので、2 サイクルの遅延で良い。TC ステージでのタグ比較によりミスが判明すると、パイプラインは正しいデータが使用可能になる 1 サイクル分、待たされる。

- **RF**：命令デコードとレジスタフェッチ、ハザードチェック、そして命令キャッシュのヒット検出
- **EX**：実行、実効アドレス計算、ALU演算、分岐アドレス計算と条件評価
- **DF**：データフェッチ、データキャッシュアクセスの前半
- **DS**：データフェッチの後半、データキャッシュアクセスの完了
- **TC**：タグのチェック、データキャッシュアクセスヒットの決定
- **WB**：ロード演算とレジスタ-レジスタ間演算の結果の格納

必要なフォワーディング回路の数が非常に増えるだけでなく、パイプラインの実行時間が長くなると、ロード遅延と分岐遅延がともに増加する。図C.37に示すように、データ値はDSステージの最後に利用可能になるため、ロード遅延には2サイクルを要する。図C.38は、ロードの直後にその結果を使用する時のパイプラインスケジューリングを簡略化して示している。この図は、ロード命令の結果を3ないし4サイクル後のデスティネーションへフォワーディングすることが必要であると示している。

図C.39によると、基本的な分岐遅延は3サイクルである。なぜなら、分岐条件はEXステージで計算されるからである。MIPSアーキテクチャでは遅延分岐は1サイクルとなっている。R4000は残りの2サイクルの分岐遅延に対して不成立予測方式を採用している。図C.40に見られるように、不成立分岐では単に1サイクルの遅延分岐である。一方成立分岐では、1サイクルの遅延スロットに2サイクルの空きサイクルが続く。命令セットにはbranch-likely命令が用意されている。すでに説明した通り、分岐遅延スロットを満たすのに役立つ。分岐成立時の分岐ストールによる2サイクルのペナルティと、ロード結果の利用から生じるデータハザードによるストールの両方が、パイプラインインターロックによって生じる。

ロード命令と分岐命令のためにストール回数が増えるだけでなく、パイプラインを深くするとALU演算のためのフォワーディングの数も増えてしまう。MIPSの5段パイプラインでは、2つのレジスタ-レジスタ間ALU命令の間のフォワーディングはALU/MEMあるいはMEM/WBレジスタから起こる。R4000のパイプラインでは、ALUバイパスへの入力にはEX/DF、DF/DS、DS/TC、TC/WBといった4種類のものが考えられる。

命令番号	クロック 1	2	3	4	5	6	7	8	9
`ld x1,...`	IF	IS	RF	EX	DF	DS	TC	WB	
`add x2,x1,...`		IF	IS	RF	Stall	Stall	EX	DF	DS
`sub x3,x1,...`			IF	IS	Stall	Stall	RF	EX	DF
`or x4,x1,...`				IF	Stall	Stall	IS	RF	EX

図C.38 ロード命令の結果のx1をすぐに利用するためストールが起きる

通常のフォワーディングパスは2サイクル後に使用可能になる。したがって、addとsubはストール後にフォワーディングによって値を得る。or命令はレジスタファイルから値を得る。ロード命令の後続2命令がロードに独立でストールしない場合があり得るので、ロードの3から4サイクル後の命令へのバイパスが起こり得る。

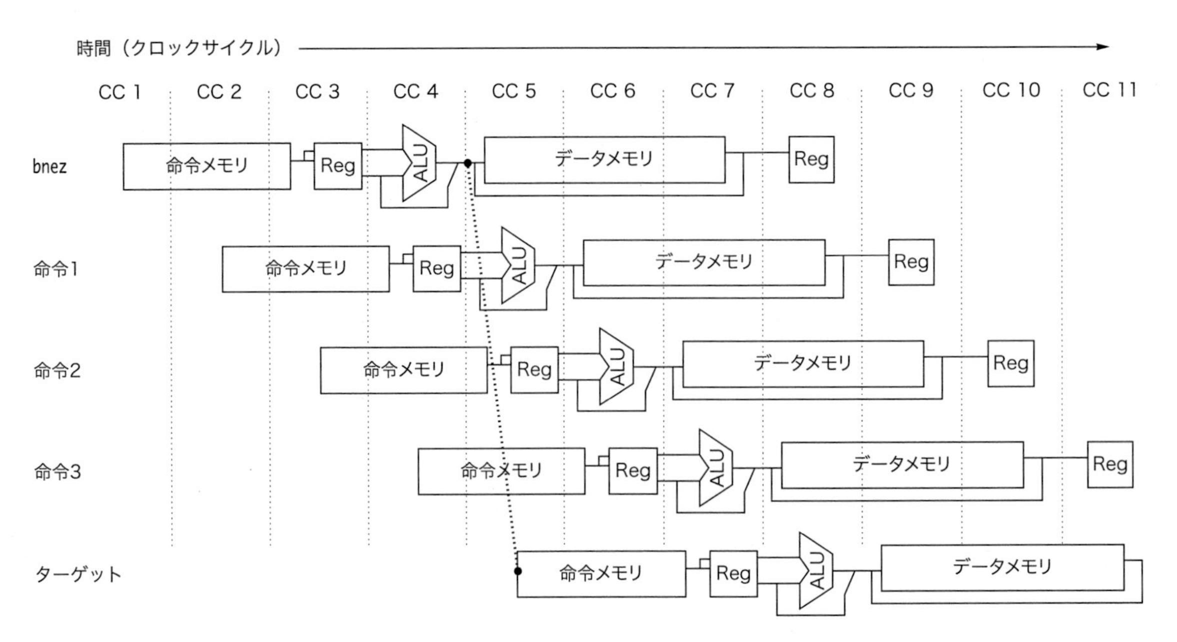

図C.39 3サイクルを要する基本的な分岐遅延。なぜなら、条件がEXステージで評価されるからである

命令番号	クロック 1	2	3	4	5	6	7	8	9
分岐命令	IF	IS	RF	EX	DF	DS	TC	WB	
遅延スロット		IF	IS	RF	EX	DF	DS	TC	WB
ストール			Stall	Stall	Stall	Stall	Stall	Stall	Stall
ストール				Stall	Stall	Stall	Stall	Stall	Stall
分岐目標					IF	IS	RF	EX	DF
分岐命令	IF	IS	RF	EX	DF	DS	TC	WB	
遅延スロット		IF	IS	RF	EX	DF	DS	TC	WB
分岐命令+2			IF	IS	RF	EX	DF	DS	TC
分岐命令+3				IF	IS	RF	EX	DF	DS

図C.40　基本的な分岐遅延のパイプラインスケジューリング。表の上位部分に示されている成立分岐命令には、1サイクルの遅延スロットと、それに続く2サイクルのストールとがある。一方、表の下位部分に示されている不成立分岐命令には、1サイクルの遅延スロットがあるだけである

その分岐命令は通常の遅延分岐命令でも良いしbranch-likely命令でも良い。後者は、不成立時に遅延スロット内の命令の影響をキャンセルする。

C.6.1　浮動小数点パイプライン

R4000の浮動小数点ユニットは3つの機能ユニットから成る。浮動小数点除算器、浮動小数点乗算器、そして浮動小数点加算器である。加算器は乗除算の最後のステップでも使用される。倍精度のFP演算には、2サイクル（negate命令の場合）から112サイクル（square root命令の場合）を要する。加えて、さまざまなユニットで異なる発行間隔となっている。図C.41にあるように、FP機能ユニットは8つの異なるステージを持つと考えられる。これらのステージはさまざまなFP演算を実行するために異なる順序で組み合わされる。これら各ステージにはコピーが1つずつあり、さまざまな命令が、あるステージを異なる順序で使用することができる。

ステージ	機能ユニット	説明
A	FP加算器	仮数加算ステージ
D	FP除算器	除算パイプラインステージ
E	FP乗算器	例外テストステージ
M	FP乗算器	乗算ステージ1
N	FP乗算器	乗算ステージ2
R	FP加算器	丸めステージ
S	FP加算器	オペランドシフトステージ
U		アンパックFP数

図C.41　R4000浮動小数点パイプラインで使用されている8ステージ

図C.42には、最も一般的な倍精度FP演算で使用されるレイテンシ、発行間隔およびパイプラインステージを示している。

図C.42の情報から、異なる独立したFP演算のシーケンスがストールしないで発行されるかどうかを決定できる。もし共有されているパイプラインステージで衝突が発生するようなタイミングのシーケンスならば、ストールが必要になる。図C.43〜図C.46には、2命令のシーケンスで一般的な可能性のある場合を4つ示している。乗算に加算が続く場合、加算に乗算が続く場合、除算に加算が続く場合、そして加算に除算が続く場合である。表には、2番目の命令が開始する位置をすべて、さらに各位置で2番目の命令が発行されるかストールするかを示している。もちろん、3命令が実行されることはあり得る。その場合にはストールの可能性はもっと高まり、表はもっと複雑になる。

FP命令	レイテンシ	発行間隔	パイプステージ
加算、減算	4	3	U、S+A、A+R、R+S
乗算	8	4	U、E+M、M、M、M、N、N+A、R
除算	36	35	U、A、R、D^{28}、D+A、D+R、D+A、D+R、A、R
平方根	112	111	U、E、$(A+R)_{108}$、A、R
符号反転	2	1	U、S
絶対値	2	1	U、S
FP比較	3	2	U、A、R

図C.42　最も一般的な倍精度FP演算で使用されるレイテンシ、発行間隔、パイプラインステージ。FP演算のレイテンシと発行間隔はどちらも、その命令が使用するFP演算器のステージに依存する

どのレイテンシの値も、デスティネーション命令がFP演算であると仮定している。デスティネーションがストア命令の場合には、レイテンシは1サイクル短くなる。パイプステージはどの演算でも使用される順番で記載されている。S+Aが意味するところは、SステージとAステージの両方が使用されるクロックサイクルだということである。D^{28}の意味するところは、その行の中でDステージが28回繰り返されるということである。

		クロックサイクル												
演算	**発行/ストール**	**0**	**1**	**2**	**3**	**4**	**5**	**6**	**7**	**8**	**9**	**10**	**11**	**12**
乗算	発行	U	E+M	M	M	M	N	**N+A**	**R**					
加算	発行		U	S+A	A+R	R+S								
	発行			U	S+A	A+R	R+S							
	発行				U	S+A	A+R	R+S						
	ストール					U	S+A	**A+R**	**R+S**					
	ストール						U	**S+A**	**A+R**	R+S				
	ストール							U	S+A	A+R	R+S			
	ストール								U	S+A	A+R	R+S		

図C.43 クロック0で発行されるFP乗算に、クロック1から7の間で発行されるFP加算が1つ続いている場合

2列目に、特定の型の命令がnサイクル後に発行される時にストールするかどうかが示されている。ここでnは、2番目の命令のUステージが始まるクロックサイクル数である。ストールを生じるステージを太字で強調している。この表は、乗算とクロック1から7の間に発行される1つの加算との間の相互作用だけを扱っている、ということに注意しよう。この場合、乗算の後4あるいは5サイクル後に発行されると加算はストールする。それ以外の場合では、ストールしないで発行される。サイクル4で発行されると加算は2サイクルストールすることに注意しよう。なぜなら次のクロックサイクルでも依然として乗算と衝突しているからである。しかし、もしサイクル5に発行されると1クロックだけストールする。なぜなら衝突が取り除かれているからである。

		クロックサイクル												
演算	**発行/ストール**	**0**	**1**	**2**	**3**	**4**	**5**	**6**	**7**	**8**	**9**	**10**	**11**	**12**
加算	発行	U	S+A	A+R	R+S									
乗算	発行		U	E+M	M	M	M	N	N+A	R				
	発行			U	M	M	M	M	N	N+A	R			

図C.44 長い命令が到着する前に短い命令が共有パイプラインステージを空にするため、加算の後に発行される乗算がストールせず常に進む場合

		クロックサイクル											
演算	**発行/ストール**	**25**	**26**	**27**	**28**	**29**	**30**	**31**	**32**	**33**	**34**	**35**	**36**
減算	Issued in cycle 0…	D	D	D	D	D	**D+A**	**D+R**	**D+A**	**D+R**	**A**	**R**	
加算	発行		U	S+A	A+R	R+S							
	発行			U	S+A	A+R	R+S						
	ストール				U	S+A	**A+R**	**R+S**					
	ストール					U	**S+A**	**A+R**	R+S				
	ストール						U	S+A	**A+R**	**R+S**			
	ストール							U	**S+A**	**A+R**	R+S		
	ストール								U	S+A	**A+R**	**R+S**	
	ストール									U	**S+A**	**A+R**	R+S
	発行										U	S+A	A+R
	発行											U	S+A
	発行												U

図C.45 FP除算が、その終了間際に開始される加算をストールさせる場合

除算はサイクル0に開始され、サイクル35に終了する。除算の終わりの10サイクルが記載されている。加算に必要となる丸めハードウェアを除算は頻繁に使用するので、サイクル28から33のいずれかで開始する加算はストールさせられる。サイクル28で開始する加算が、サイクル36までストールすることに注意しよう。もし加算が除算の直後に開始するなら衝突を生じない。なぜなら、ちょうど図C.35で乗算と加算について眺めたように、除算が共有のステージを必要とする前に加算が終了するからである。前の図と同様、この例は「まさしく」1つの加算だけがクロックサイクル26から35の間にUステージに到達することを仮定している。

		クロックサイクル												
演算	**発行/ストール**	**0**	**1**	**2**	**3**	**4**	**5**	**6**	**7**	**8**	**9**	**10**	**11**	**12**
加算	発行	U	S+A	**A+R**	**R+S**									
除算	ストール		U	**A**	**R**	D	D	D	D	D	D	D	D	D
	発行			U	A	R	D	D	D	D	D	D	D	D
	発行				U	A	R	D	D	D	D	D	D	D

図C.46 倍精度加算に倍精度除算が続く場合

もし除算が加算の1サイクル後に始まると除算はストールする。しかし、それ以降で衝突はない。

C.6.2 R4000パイプラインの性能

本節では、R4000パイプラインで実行する時にSPEC92ベンチマークで生じるストールを調査する。パイプラインストールあるいはロスには4つの主な原因がある。

1. **ストール**：ロード命令の1から2サイクル後にロードの結果を使用することから生じる遅延
2. **分岐ストール**：分岐成立時に、2サイクルのストールと、充填することができないかあるいはキャンセルされる分岐遅延スロット
3. **FP結果待ちストール**：FPオペランドのRAWハザードによるストール
4. **FP構造ストール**：FPパイプライン中の機能ユニットの衝突による、命令発行の制約に起因する遅延

図C.47には、10個のSPEC92ベンチマークについて、R4000パイプラインのパイプラインCPIの明細が示されている。図C.48では、同じデータを表にして示した。

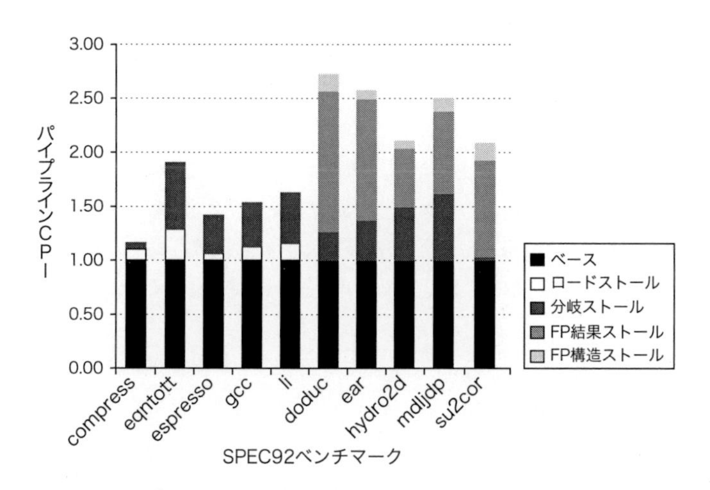

図C.47　理想的なキャッシュを仮定した時の、10個のSPEC92ベンチマークについてのパイプラインCPI

パイプラインCPIは1.2から2.8の間の値をとる。左側の5つのプログラムは整数プログラムで、分岐遅延が主なCPIの影響要因である。右側の5つのプログラムはFPで、FP演算結果待ちストールが主な影響要因である。図C.48にはこのグラフの元の値を記載している。

ベンチマーク	パイプラインCPI	ロードストール	分岐ストール	FP結果待ちストール	FP構造ストール
Compress	1.20	0.14	0.06	0.00	0.00
Eqntott	1.88	0.27	0.61	0.00	0.00
Espresso	1.42	0.07	0.35	0.00	0.00
Gcc	1.56	0.13	0.43	0.00	0.00
Li	1.64	0.18	0.46	0.00	0.00
整数系平均	1.54	0.16	0.38	0.00	0.00
Doduc	2.84	0.01	0.22	1.39	0.22
Mdljdp2	2.66	0.01	0.31	1.20	0.15
Ear	2.17	0.00	0.46	0.59	0.12
Hydro2d	2.53	0.00	0.62	0.75	0.17
Su2cor	2.18	0.02	0.07	0.84	0.26
FP系平均	2.48	0.01	0.33	0.95	0.18
全体平均	2.00	0.10	0.36	0.46	0.09

図C.48　全パイプラインCPIと、4つの主なストール要因の影響

主な要因はFP結果待ちによるストール（分岐とFP両方の入力に対して）と分岐によるストールである。ロードとFPの構造ハザードとによるストールはわずかである。

図C.47と図C.48のデータから、パイプラインを深くすることによってどのようなペナルティが生じるかが分かる。R4000のパイプラインは古典的な5段パイプラインよりも分岐遅延が長くなっている。分岐遅延が長くなると分岐に費やされるサイクル数が極めて増えることとなり、分岐の頻度が高い整数系プログラムで特に顕著となる。これがほとんどすべての引き続くプロセッサが中程度から深いパイプライン（現在8～16ステージが普通）で、動的分岐予測を使う理由である。

FPプログラムにおける影響で興味深いのはFP機能ユニットのレイテンシにより、構造ハザードよりも結果待ちのためのストールが多いことで、それは異なるFP命令の繰り返し間隔の制限や機能ユニットにおける衝突により生じる。したがって、パイプライン段数をさらに深くしたり機能ユニットを増やしたりするよりも、FP演算のレイテンシを削減することを第一の目標とすべきである。もちろん、レイテンシを削減すると構造ハザードを増すかもしれない。なぜなら、構造ハザードによるストールはデータハザードによるストールに隠れているからである。

C.7 他の章との関連

C.7.1 RISC命令セットとパイプラインの効率

パイプラインを構築するのに命令セットが単純であることが有利であると、すでに議論した。単純な命令セットには、効率良くパイプライン実行するコードを容易にスケジューリングできるといった、もう1つの利点がある。簡単な例を考えよう。これは、メモリ上の2つの値を加算し結果をメモリに書き戻さなければならない。手の込んだ命令セットには、これに1サイクルしか必要としないものもある。他の命令セットでは2ないし3サイクルを要する。典型的なRISCアーキテクチャでは4命令を要する（ロードを2つ、加算、そしてストア）。これらの命令は、ほとんどのパイプラインでは途中でストールしないでスケジューリングすることはできない。

RISC命令セットでは独立した演算が異なる命令で行われ、（すでに議論した技術や、第3章でもっと詳細に議論する強力な技術を使って）コンパイラによって、あるいは動的なハードウェアスケジューリング技術（それらについては、次に議論する。あるいは、第3章でもっと詳細に議論する）によって、それぞれスケジュールされる。実装の容易さに加えて、これらの効率の点での有利さは非常に大きく、そのため、複雑な命令セットを実装する最近のほとんどすべてのパイプライン実装は、複雑な命令を単純なRISC風演算に変換し、それらの演算をスケジュールしてパイプライン実行している。最近のすべてのIntelプロセッサは、このアプローチをとっており、ARMプロセッサでもより複雑な命令のいくつかに使っている。

C.7.2 動的スケジューリングパイプライン

すでにパイプライン中にある命令とフェッチされた命令との間の依存関係に、バイパスあるいはフォワーディングで隠すことのできないものが存在しなければ、単純なパイプラインは命令をフェッ

チし発行する。フォワーディングロジックは実質的なパイプラインレイテンシを削減し、依存関係のなかにはハザードに至らないものもある。もし避けることのできないハザードがあると、ハザード検出ハードウェアが（その結果を利用する命令で始まる）パイプラインをストールさせる。依存関係が解消されない限り、新しい命令はフェッチも発行もされない。これによる性能劣化の問題を解決するために、コンパイラはハザードを避けるように命令をスケジューリングするよう試みる。このアプローチは**コンパイラスケジューリング**あるいは**静的スケジューリング**と呼ばれる。

いくつかの初期のプロセッサは、動的スケジューリングと呼ばれるもう1つの方法を採用していた。これにより、ハードウェアは命令の実行順序を再配置し、ストールの頻度を下げる。本節ではCDC6600のスコアボーディングを説明することで、動的スケジューリングを簡単に紹介する。もっと複雑なTomasulo方式へ進む前にスコアボーディングの内容を読んだ方が楽なことが分かる読者もいるだろう。投機処理のアプローチはこれを拡張する。両方とも第3章で述べる。

これまでに本付録で議論した方法はすべてインオーダ命令発行を採用している。ある命令がパイプライン中でストールする場合には、後続のすべての命令が先に進むことができないということを意味している。インオーダ発行では、2命令間にハザードがあると、仮に後方に依存関係がなくストールしない命令が存在するとしても、パイプラインはストールする。

本書でこれまで構築してきたRISC-Vパイプラインでは、命令デコードステージ（ID）で構造ハザードとデータハザードの両方がチェックされた。命令が適切に実行され得る時には、IDステージから発行される。仮に先行命令がストールしているとしても、オペランドが利用可能になると直ちに、命令を実行し始めるようにするためには、命令発行の手順を構造ハザードのチェックとデータハザードの解消待ちの2つに分けなければならない。命令のデコードと発行はインオーダである。しかし、データオペランドが利用可能になると直ちに命令の実行を開始したい。つまり、パイプラインは**アウトオブオーダ実行**する。これは**アウトオブオーダ完了**も意味していると思われる。アウトオブオーダ実行を実装するためには、IDステージを2つのステージに分けなければならない。

1. **発行**：命令をデコードする。構造ハザードをチェックする。
2. **オペランド読み出し**：データハザードの解消を待つ。その後、オペランドを読み出す。

IFステージは発行ステージの前にあり、EXステージがオペランド読み出しステージに続く。これはRISC-Vパイプラインと同じである。RISC-Vの浮動小数点パイプラインでそうだったのと同様に、演算の種類によっては実行に複数サイクルを要するかもしれない。したがって、命令が実行開始される時刻とそれが完了する時刻とを区別する必要がある。それら2つの時刻の間に命令が実行される。これにより、複数の命令が同時に実行中の状態にあることが可能になる。パイプライン構造に対するこれらの変更に加えて、機能ユニット数を変えたり、演算に要するレイテンシを変えたり、また機能ユニットをパイプライン化するなどして、機能ユニットの設計も変更する。その結果、さらに高度なパイプライン技術を模索することになる。

スコアボードを用いる動的命令スケジューリング

動的スケジューリングを行うパイプラインでは、すべての命令がインオーダに発行ステージを通過する（インオーダ発行）。しかし、2番目のステージ（オペランド読み出しステージ）では、それらはストールしたり互いにフォワーディングし合ったりし得る。したがって、アウトオブオーダに実行が開始される。**スコアボーディング**は、十分な演算資源があり、かつデータ依存関係がない時に、命令をアウトオブオーダ実行可能にする方法である。それは、この機能を生み出した**CDC6600**のスコアボードに倣って名付けられている。

RISC-Vパイプラインでスコアボーディングをいかに利用できるかを追っていく前に、WARハザードを観察することが重要である。それはRISC-V浮動小数点パイプラインや整数パイプラインでは起こり得なかったが、命令がアウトオブオーダに実行されると生じる可能性がある。例えば、以下のコードシーケンスを考えよう。

```
fdiv.d   f0,f2,f4
fadd.d   f10,f0,f8
fsub.d   f8,f8,f14
```

fadd.dとfsub.dの間にはWARハザードの可能性がある。パイプラインがfadd.dより前にfsub.dを実行すると間違った結果を招いてしまう。同様にパイプラインはWAWハザードも避けなければならない（例えば、fsub.dのデスティネーションがf10であると生じる）。後で説明するが、これらのハザードはともに、逆依存にある後続の命令をストールすることで、スコアボードにより避けることができる。

スコアボードの目標は、できるだけ早く命令の実行を開始することで、（構造ハザードがない時には）クロック当たり1命令の実行速度を維持することである。したがって、次に実行すべき命令がストールすると、実行中やストール中の命令に依存していなければ、他の命令が発行され実行される。スコアボードは命令発行と命令実行のすべての責任を担っており、これにはハザード検出も含まれる。アウトオブオーダ実行の利点を享受するためには、複数の命令がEXステージに同時に存在することが必要である。複数の機能ユニットを用意したり、機能ユニットをパイプライン化したり、あるいはそれら両方ともを採用したりすることで、これは達成可能である。これら2つの能力（パイプライン化機能ユニットと複数の機能ユニット）はパイプライン制御の目的にとっては本質的に同じことなので、プロセッサが複数の機能ユニットを持っていると仮定しよう。

4つの浮動小数点ユニット、5つのメモリ参照ユニット、そして7つの整数機能ユニットを含む、16の独立した機能ユニットをCDC6600は持っていた。RISC-Vアーキテクチャのプロセッサにとっては、スコアボードは第1に浮動小数点ユニットにとって意味がある。なぜなら、他の機能ユニットのレイテンシは非常に小さいからだ。2つの乗算器、1つの加算器、1つの除算器、そして1つの整数ユニット（これはすべてのメモリ参照、分岐、整数演算で共有される）があると仮定しよう。この例はCDC6600よりも単純ではあるが、たくさんのこまごまとしたことや、説明のための長い例を必要としないでも、この方式を示すには十分である。RISC-Vと

CDC6600は両方ともロード–ストアアーキテクチャなので、それら2つのプロセッサにとってはその方式はほぼ同一である。図C.39に、どのようなプロセッサになるかを示す。

全命令がスコアボードを通過する。そこではデータ依存の記録が構築される。このステップは命令発行に相当し、RISC-Vパイプラインにおける IDステージの一部を置き換える。その後、スコアボードは命令がいつオペランドを読み出し実行を開始するかを決定する。直ちに命令を実行できないとスコアボードが判断すると、スコアボードはハードウェア中のあらゆる変化をモニタし、その命令が実行可能になる時を決定する。スコアボードはまた、いつ命令が結果をデスティネーションレジスタに格納するかについてもコントロールする。したがって、ハザード検出と解消はスコアボードで集中処理される。スコアボードの図は後ほど見ることができるが（図C.49)、パイプラインの発行と実行を司る部分でのステップを、まず最初に理解する必要がある。

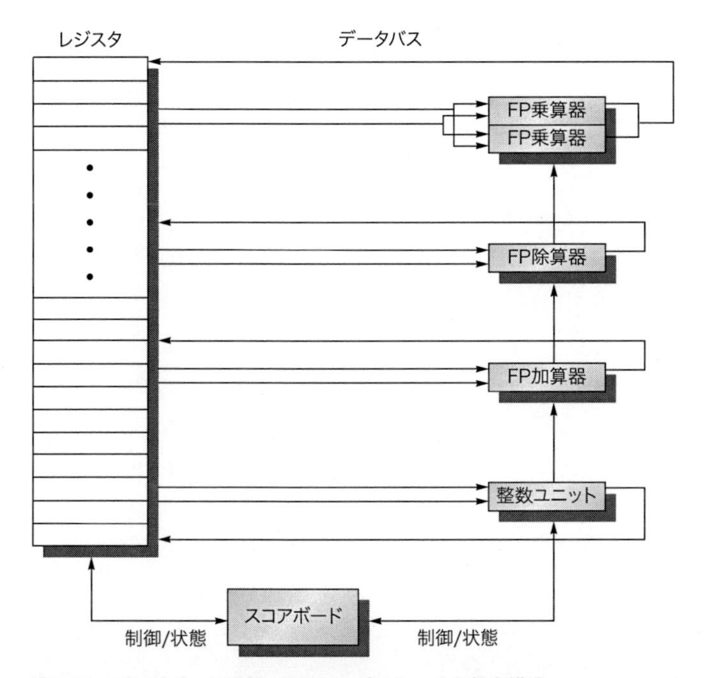

図C.49 スコアボードを持つRISC-Vプロセッサの基本構造

スコアボードの機能は命令実行を制御することである（縦方向の制御信号線)。すべてのデータは、バスを通じてレジスタファイルと機能ユニットの間に流れる（横方向の線。CDC6600では**トランク**と呼ばれる)。2つのFP乗算器、1つのFP除算器、1つのFP加算器、そして1つの整数ユニットがある。1組のバス（2入力-1出力）が一群の機能ユニットに対して用意される。スコアボードの詳細は第3章を参照。

すべての命令は実行に際して4つのステップを経る（FP演算を中心に話を進めているので、ここではメモリアクセスのステップを考慮しないようにしよう)。まずは型にはめずにステップを調べ、続いて、あるステップから次へといつ移動すべきかを決定するのに必要な情報を、スコアボードがどのように保持するかをじっくりと調べていこう。標準的なRISC-VパイプラインのID、EX、WBステップに取って代わる4つのステップは以下のとおりである。

1. **命令発行**：その命令に必要な機能ユニットが空いていて、かつ他の実行中の命令が同じデスティネーションレジスタを持たない時、スコアボードはその命令を機能ユニットに発行し、内部のデータ構造を更新する。このステップはRISC-VパイプラインでのIDステップの一部に取って代わる。他の実行中の命令が結果を同じデスティネーションレジスタに書かないことを確かめることで、WAWハザードが存在する可能性がないことを保証する。構造ハザードかWAWハザードが存在する時には、命令発行はストールし、これらのハザードが解消されるまで他の命令は発行されない。発行ステージがストールすると、命令フェッチと発行の間にあるバッファがいっぱいになる。もしバッファが1エントリのみであったら、命令フェッチは直ちにストールする。バッファが複数の命令を保持できるキューであれば、キューがいっぱいになった時に命令フェッチがストールする。
2. **オペランド読み出し**：スコアボードはソースオペランドが利用可能であるかどうかをモニタする。先行する発行済みの実行中命令がそのソースオペランドに書かないならば、それは利用可能である。ソースオペランドが利用可能になると、スコアボードは機能ユニットにレジスタからオペランドを読み出して実行を開始するよう指令を出す。このステップでスコアボードはRAWハザードを動的に解消し、命令はアウトオブオーダに実行に移る。発行ステップとこのステップとで、単純なRISC-VパイプラインでのIDステップの機能を完全に実現している。
3. **実行**：機能ユニットはオペランドを受け取って実行を開始する。結果が用意できると、機能ユニットはスコアボードに実行を完了したことを告げる。このステップはRISC-VパイプラインでのEXステップに取って代わり、RISC-V FPパイプラインではマルチサイクルを要す。
4. **結果格納**：スコアボードは機能ユニットが実行を完了したことを知ると、WARハザードをチェックし、必要なら命令の完了をストールする。

上記の例のようなコードシーケンス（どちらも`f8`を使用する`fadd.d`と`fsub.d`を持つ）がある時に、WARハザードが存在する。

```
fdiv.d   f0,f2,f4
fadd.d   f10,f0,f8
fsub.d   f8,f8,f14
```

`fadd.d`はソースオペランド`f8`を持つが、それは`fsub.d`のデスティネーションレジスタと同じである。しかし、`fadd.d`は実際は先行する命令に依存している。スコアボードは`fadd.d`がソースオペランドを読み出すまで結果格納ステージで`fsub.d`をストールさせる。一般には、以下の時には命令は結果を書き込むことを許されない。

- 完了しつつある命令よりも前（すなわち発行順）のオペランドをまだ読み出していない命令が存在し、かつ
- そのオペランドの1つが完了中の命令の結果と同じレジスタである時。

このWARハザードが存在しないか、あるいはそれが解消されるかすると、スコアボードは機能ユニットに対して結果をデスティネーションレジスタに書き込むよう告げる。このステップは単純なRISC-VパイプラインでのWBステップを置き換える。

一見すると、スコアボードがRAWハザードとWARハザードを

分けなければならないといった面倒な事態が生じるように見える。

両方のオペランドがレジスタファイルで利用可能になった時に限り命令のオペランドが読み出されるので、スコアボードはフォワーディングを利用しない。その代わりに、両方のオペランドが利用可能になった時にレジスタを単に読み込むだけである。これは最初に思ったほどの大きなペナルティとはならない。以前の単純なパイプラインとは異なり、場合によっては数サイクルも離れているかもしれない。静的に決められ、書き込みスロットを待つ代わりに、命令は実行を完了すると（WARハザードがなければ）できるだけ早く結果をレジスタに書き込む。そのため、パイプラインレイテンシを減らすが、フォワーディングによる利益も減少する。結果として、格納ステージとオペランド読み出しステージをオーバーラップできないため、生じるのはレイテンシとして依然として1サイクルが付加されることになる。このオーバーヘッドを取り除くためには、バッファを追加する必要がある。

独自のデータ構造に基づいてスコアボードが機能ユニットと通信することで、あるステップから次へと命令を進行させる制御を行う。しかし、ちょっとした複雑さを伴う。レジスタファイルへのソースオペランドバスと結果バスの数は限られており、構造ハザードを生じる。ステップ2と4に進むことを許された機能ユニットの数が利用可能なバスの数を超えないことを、スコアボードは保証しなければならない。このことについてはこれ以上詳しく踏み込まず、ここではCDC6600は16の機能ユニットを4つのグループにし、各グループに**データトランク**と呼ばれる一組のバスを提供することでこの問題を解決したと指摘するに留める。1クロックの間には、グループ内の1つのユニットだけがオペランドを読み出したり結果を格納したりできる。

C.8　誤った考えと落とし穴

落とし穴：　想定外の実行シーケンスは思いがけないハザードを引き起こす。

一見すると、WAWハザードはコードシーケンス中で決して起こらないように思える。なぜなら、途中に読み出しを入れないで2つの書き込みを生成することなど、コンパイラは決して行わないからだ。しかし、シーケンスが想定外だとWAWハザードが生じる。例えば、長く走る浮動小数点除算がトラップ例外を発生したとする。トラップルーチンが除算が最初に書こうとした同じレジスタに書き込むと、その書き込みが除算が終わるよりも早いと、WAWハザードを生じるかもしれない。ハードウェアあるいはソフトウェアはこの可能性を除外しなければならない。

落とし穴：　パイプラインを拡張することは設計における他の側面に影響する可能性があり、結局全体の価格性能比を悪化させる。

この事象の最も良い例はVAXの2つの実装である8600と8700に見られる。8600が最初に出荷された時、それは80nsのサイクルタイムだった。後に8650と呼ばれた再設計版が55nsのクロックで登場した。8700はマイクロ命令レベルで動作するかなり単純なパイプラインを持ち、小さなCPUで45nsという速いクロックサイクルで動作した。結果として、8650はCPIで約20%の効率化を得ることになったが、8700は約20%速いクロック速度で動作するに至った。つまり8700はより少ないハードウェアで同じ性能を達成した。

落とし穴：　最適化されていないコードに基づいて、動的スケジューリングや静的スケジューリングを評価する。

最適化されていないコード（最適化により削除の可能性がある冗長なロードやストア、そして他の演算を含んでいる）は、「十分に」最適化されたコードよりもスケジューリングが容易である。これは、（遅延分岐も含む）制御遅延とRAWハザードにより生じる遅延の両方に当てはまる。C.1節のパイプラインとほとんど同じものを持つR3000上でgccを走らせると、最適化されないままスケジューリングされたコードと最適化スケジューリングされたものとの間で、無駄なクロックサイクルの頻度は18%増加する。もちろん最適化されたプログラムは命令数が少ないので、ずっと速い。コンパイル時のスケジューラと実行時の動的スケジューリングとを公平に評価するためには、最適化されたコードを使わなければならない。なぜなら、現実のシステムでは、スケジューリングに加えて他の最適化により高性能を引き出すからである。

C.9　おわりに

1980年代初期には、パイプライン処理はスーパーコンピュータや数百万ドルするメインフレームのための専用の技術であった。1980年代の半ばまでに最初のパイプライン化マイクロプロセッサが登場し、マイクロプロセッサは性能の点でミニコンを追い越し、やがてメインフレームと肩を並べ、そして凌駕するに至り、コンピューティングの世界を変貌させる役割を果たしたのである。1990年代初期までにハイエンドの組み込みプロセッサがパイプライン処理を採用し、第3章で議論した動的スケジューリングと複数命令発行の洗練されたアプローチを用いる方向へ向かった。この付録の内容は、このテキストが1990年に最初に出版された時には大学院生向けには適切な進んだ内容であったが、今や大学生向けの基本的な教材となり、2ドル以下のプロセッサにおいても採用されている技術内容である。

C.10　歴史展望と参考文献

付録M.5で（オンラインで参照可能）、パイプライン処理と命令レベル並列性の発展についての議論を行っている。この付録と第3章の内容の両方をカバーしている。このトピックについてもっと詳しく知りたい人のために、膨大な参考文献を提供している。

C.11 演習問題

（Diana Franklin によりアップデート）

c.1 ［15/15/15/15/25/10/15］〈C.2〉以下のコードを使用する。

```
Loop: ld   x1,0(x2)   ; load x1 from address 0+x2
      addi x1,x1,1    ; x1=x1+1
      sd   x1,0,(x2)  ; store x1 at address 0+x2
      addi x2,x2,4    ; x2=x2+4
      sub  x4,x3,x2   ; x4=x3-x2
      bnez x4,Loop    ; branch to Loop if x4!= 0
```

x3の初期値はx2+396 であると仮定せよ。

a［15］〈C.2〉データハザードはコード内のデータ依存が原因で生じる。依存がハザードを起こすかどうかは、実装（例えば、パイプラインのステージ数）に依存する。上のコード内に存在するデータ依存をすべて列挙せよ。レジスタ番号、依存元の命令、依存先の命令を書き留めなさい。例：ldからaddiにレジスタx1を介するデータ依存が存在する。

b［15］〈C.2〉上の命令シーケンスを 5 ステージの RISC パイプラインで実行する時のタイミング図を示せ。このパイプラインにはフォワーディングのハードウェアは存在しないが、同じクロックサイクルでレジスタに読み書きする際には図 C.5 のようにレジスタを介してフォワーディングできると仮定する。図 C.6 の形式のパイプラインのタイミング図を採用せよ。分岐はパイプラインをフラッシュすると仮定せよ。いかなるメモリ参照でも 1 サイクルを要するとすると、このループを実行するには何サイクルを要するかを答えよ。

c［15］〈C.2〉上の命令シーケンスを、フォワーディングのハードウェアを持つ 5 ステージの RISC パイプラインで実行する時のタイミング図を示せ。図 C.5 の形式のパイプラインのタイミング図を採用せよ。分岐は「成立しない」と予測されると仮定せよ。もしいかなるメモリ参照でも 1 サイクルを要するとすると、このループを実行するには何サイクルを要するかを答えよ。

d［15］〈C.2〉上の命令シーケンスを、フォワーディングのハードウェアを持つ 5 ステージの RISC パイプラインで実行する時のタイミング図を示せ。図 C.5 の形式のパイプラインのタイミング図を採用せよ。分岐は「成立する」と予測されると仮定せよ。いかなるメモリ参照でも 1 サイクルを要するとすると、このループを実行するには何サイクルを要するかを答えよ。

e［25］〈C.2〉高性能プロセッサは非常に深いパイプライン（15 ステージ以上の場合も）を採用している。5 ステージのパイプラインの各ステージを 2 つに分けて作られた 10 ステージのパイプラインを想像しよう。次の 1 点だけ気に留めておく必要がある。データフォワーディングについては、ペアとなるステージの終わりから、データを必要としている 2 つのステージの先頭へ、データがフォワーディングされる。例えば、2 番目の実行ステージの終わりから 1 番目の実行ステージの先頭にデータがフォワーディングされる。つまり、1 サイクルの遅延を生じる。上の命令シーケンスを、フォワーディングのハードウェアを持つ 10 ステージの RISC パイプラインで実行する時のタイミング図を示せ。図 C.5 の形式のパイプラインのタイミング図を採用せよ。分岐は「成立する」と予測されると仮定せよ。いかなるメモリ参照でも 1 サイクルを要するとすると、このループを実行するには何サイクルを要するかを答えよ。

f［10］〈C.2〉ステージの最大遅延が 0.8ns であり、パイプラインレジスタの遅延が 0.1ns であるパイプラインを仮定する。この 5 ステージパイプラインのクロックサイクルタイムを答えよ。もしこのパイプラインのすべてのステージを半分に分けるとすると、この 10 ステージパイプラインのサイクルタイムがいくらになるかを答えよ。

g［15］〈C.2〉d. と e.の回答を使って、5 ステージパイプラインと 10 ステージパイプラインで上のループの実行する時の、命令当たりのサイクル数（CPI）を答えよ。1 番目の命令のライトバックステージからループの終わりまでを数えなければならないことに注意せよ。1 番目の命令のスタートアップを数えないこと。f.で計算したクロックサイクル時間を使って、各パイプランでの平均命令実行時間を計算せよ。

c.2［15/15］〈C.2〉分岐の頻度（全命令に対するパーセンテージ）が以下のとおりであるとする。

条件分岐	15%
ジャンプとコール	1%
成立する条件分岐	60%が成立

a［15］〈C.2〉4 ステージのパイプラインを考える。ただし、ジャンプは第 2 ステージの終わりで、条件分岐は第 3 ステージの終わりで、分岐結果が分かる。第 1 ステージだけが分岐であるかどうかに関係なく常に実行されると仮定し、分岐ハザード以外のハザードを無視する。もし分岐ハザードがなければどの程度速くなるかを答えよ。

b［15］〈C.2〉次に、15 ステージのパイプラインを持つ高性能プロセッサを仮定する。ただし、無条件分岐は第 2 ステージの終わりで、条件分岐は第 3 ステージの終わりで、分岐結果が分かる。第 1 ステージだけが分岐であるかどうかに関係なく常に実行されると仮定し、分岐ハザード以外のハザードを無視する。もし分岐ハザードが無ければどの程度速くなるかを答えよ。

c.3［5/15/10/10］〈C.2〉単一サイクルで実装されたコンピュータから始めよう。機能に配慮してステージが分割されると、全ステージが同一の時間を必要とするわけではない。元のプロセッサは 7ns のクロックサイクル時間であった。ステージの分割後に測定すると、IF は 1ns、ID は 1.5ns、EX は 1ns、MEM は 2ns、WB は 1.5ns であった。パイプラインレジスタの遅延は 0.1ns である。

a［5］〈C.2〉5 ステージパイプラインプロセッサのクロックサイクル時間を答えよ。

b［15］〈C.2〉4 命令おきに常にストールすると、このプロセッサの CPI を答えよ。

c［10］〈C.2〉単一サイクルプロセッサに対してこのパイプライン化プロセッサがどの程度高速化されるのかを答えよ。

d［10］〈C.2〉無限のステージ数のパイプラインプロセッサである

とすると、単一サイクルプロセッサに対してどの程度高速化されるのかを答えよ。

c.4 [15]〈C.1、C.2〉クラシックな5ステージRISCパイプラインを簡素なハードウェアで実装すると、EXステージでは分岐命令のための比較だけを行い、分岐命令がWBステージに到達するクロックサイクルまで分岐先PCをIFステージ送らない。分岐命令の解決をIDステージで行うと制御ハザードによるストールは減り、ある面で性能改善するが、別の状況では性能が悪化する。たとえデータフォワーディング回路を持っていても、分岐をIDステージで計算するとデータハザードが生じてしまうようなコードの断片を示せ。

c.5 [12/13/20/20/15/15]〈C.2、C.3〉以下の問題では、レジスタ–メモリアーキテクチャのパイプライン化を検討する。このアーキテクチャは以下の2つの命令フォーマットを持つ。レジスタ–レジスタフォーマットとレジスタ–メモリフォーマットである。アドレシングモードは1つ（オフセット＋ベースレジスタ）だけである。以下のフォーマットのALU演算がある。

```
ALUop Rdest,Rsrc1,Rsrc2
```

あるいは、

```
ALUop Rdest,Rsrc1,MEM
```

ここで`ALUop`は以下のいずれかである。加算、減算、論理積、論理和、ロード（Rsrc1は無視される）、ストアである。`Rsrc`と`Rdest`はレジスタである。`MEM`はベースレジスタとオフセットとのペアである。このプロセッサはパイプライン動作し、毎サイクルに次の命令が開始されると仮定せよ。VAX8700マイクロパイプラインで採用されたものに似ているこのパイプラインは、次の図のように動作する［Clark, 1987］。

IF	RF	ALU1	MEM	ALU2	WB				
	IF	RF	ALU1	MEM	ALU2	WB			
		IF	RF	ALU1	MEM	ALU2	WB		
			IF	RF	ALU1	MEM	ALU2	WB	
				IF	RF	ALU1	MEM	ALU2	WB
					IF	RF	ALU1	MEM	ALU2 WB

1つ目のALUステージは、メモリ参照と分岐のための実行アドレス計算で使用される。2つ目のALUサイクルは演算と分岐比較のために使用される。レジスタ読み書きが同じサイクルで行われる時にはデータはフォワーディングされると仮定せよ。

a [12]〈C.2〉加算器だけでなくインクリメンタも含めて、必要な加算器の数を答えよ。その回答が正しいことを示すために、命令列がパイプライン実行される時のステージの様子を示せ。加算器数が最大になる場合のみを示せば十分である。

b [13]〈C.2〉必要となるレジスタのリードポート数、ライトポート数、メモリのリードポート数、ライトポート数を答えよ命令列がパイプライン実行される時のステージの様子を示して、その答えが正しいということを示せ。その時、命令とその命令で必要とされるリードポート数、ライトポート数を示すこと。

c [20]〈C.3〉それぞれのALUに必要なデータフォワーディング経路を答えよ。ALU1とALU2のステージには別々のALUがあると仮定せよ。ALUの間でストールを取り除くあるいは削減するために必要なすべてのフォワーディング経路を追加せよ。表C.6の表の形式で、フォワーディングが行われている2命令の間の関係を示せ。後ろの2行は無視して良い。命令が間にある場合のフォワーディングを考慮することに注意せよ。例えば、

```
add        x1, ...
Any instruction
add   ..., x1,  ...
```

d [20]〈C.3〉依存元ユニットと依存先ユニットのどちらもALUでない時、ストールを取り除くあるいは削減するために必要なデータフォワーディング経路を示せ。図C.23の形式を用い、後ろの2行は無視して良い。メモリ参照へのあるいはメモリ参照からのフォワーディングを忘れないようにせよ。

e [15]〈C.3〉まだ残っているハザードを示せ。そこでは、依存元あるいは依存先ユニットの少なくとも一方がALUではない。表C.5のテーブルの形式を使用せよ。ただし、最後の行をハザードの長さに置き換えよ。

f [15]〈C.2〉例を用いてすべての制御ハザードを示せ。ストールの長さを述べなさい。各例にラベル付けし、図C.11の形式を用いよ。

c.6 [12/13/13/15/15]〈C.1、C.2、C.3〉クラシックな5ステージRISCパイプラインにレジスタ–メモリALU演算のサポートを追加しよう。複雑度の増大を埋め合わせるために、メモリアドレシングはレジスタ間接に限定しよう（つまり、どのアドレスも単にレジスタに保持されている値で、レジスタ値にオフセットやディスプレースメントを加えない）。例えば、レジスタ–メモリ命令の`add x4,x5,(x1)`の意味は、レジスタ`x5`の中身と、レジスタ`x1`をアドレスとするメモリの場所の中身とを足し、レジスタ`x4`に置くということを意味している。レジスタ–レジスタALU演算は変えよ。以下の項目を整数RISCパイプラインに適用する。

a [12]〈C.1〉レジスタ間接アドレシングで実装されるレジスタ–メモリ演算をサポートするRISCパイプラインについて、従来の5ステージを並べ替えよ。

b [13]〈C.2、C.3〉並べ替えられたパイプラインに必要なフォワーディング経路を示せ。転送元と転送先、そして転送される情報について述べよ。

c [13]〈C.2、C.3〉並べ替えられたRISCパイプラインについて、上のアドレシングモードで生じる新しいデータハザードを答えよ。

d [15]〈C.3〉レジスタ–メモリALU演算を持つRISCパイプラインが、ある与えられたプログラムについて、元のRISCパイプラインとは異なる命令数となる場合をすべて列挙せよ。各々の場合を説明するために、元のパイプラインを並び替えられたパイプラインについて命令シーケンスを示せ。

e [15]〈C.3〉あらゆる命令が各ステージに1クロックサイクルを

要すると仮定せよ。レジスタ–メモリ型RISCが元のRISCパイプラインとは異なるCPIとなり得る場合をすべて列挙せよ。

c.7 [10/10]〈C.3〉この問題で、パイプラインを深くすることが性能に与える影響について2つの観点から検討しよう。高速なクロックとデータおよび制御ハザードによるストールの増大だ。元のプロセッサは1nsのクロックサイクルで動作する5ステージのパイプラインであると仮定しよう。2つ目のプロセッサは、0.6nsのクロックサイクルで動作する12ステージのパイプラインである。5ステージのパイプラインは5サイクル毎にデータハザードで1サイクル分ストールする。一方12ステージのパイプラインは8命令毎に3サイクル分ストールする。さらに、分岐命令は全命令の20%を占め、どちらのプロセッサでも分岐予測ミス率は5%である。

a [10]〈C.3〉データハザードだけを考慮すると、5ステージのパイプラインと比較して12ステージのパイプラインはどの程度高速化するのかを答えよ。

b [10]〈C.3〉分岐予測ミスのペナルティを、元のプロセッサについては2サイクルで、2つ目のプロセッサについては3サイクルとする。分岐予測ミスによるストールを考慮する時、それぞれのプロセッサのCPIを答えよ。

c.8 [15]〈C.5〉図C.21のRISC-V FPパイプラインでWAWハザードを検出するために、図C.30の形式で表を作成せよ。FP除算は無視して構わない。

c.9 [20/22/22]〈C.4、C.6〉この問題では、RISC-Vパイプラインの静的スケジューリング版と動的スケジューリング版で標準的なベクタループがどのように実行されるのかを見ていこう。このループはいわゆるDAXPYループで（付録Gで突っ込んで議論する）、ガウス消去法の中心的操作である。このループはベクタ長100でY = a*X+Yのベクタ演算を実装している。このループのRISC-V向けコードは以下のとおりである。

```
foo: fld     f2,0(x1)     ; load X(i)
     fmul.d  f4,f2,f0     ; multiply a*X(i)
     fld     f6,0(f2)     ; load Y(i)
     fadd.d  f6,f4,f6     ; add a*X(i)+Y(i)
     fsd     0(x2),f6     ; store Y(i)
     addi    x1,x1,8      ; increment X index
     addi    x2,x2,8      ; increment Y index
     SGTIU   x3,x1,done   ; test if done
     beq     x3,foo       ; loop if not done
```

小問（a）から（c）では、（ロードを含む）整数演算は発行と完了を1サイクルで行い、結果は完全にバイパスされていると仮定せよ。分岐による遅延は無視して良い。FP演算のレイテンシ（だけ）は図C.29を用いよ。ただし、FPユニットは完全にバイパスされている。以下のスコアボードでは、他の機能ユニットの結果を待っている命令は、結果が書き込まれると同時に読み出すことが可能であると仮定せよ。また、WBステージで命令が完了すると、同じ機能ユニットで待っている命令は、先の命令がWBステージで完了する同じサイクルで発行可能であると仮定せよ。

a [20]〈C.5〉この問題では、C.5節のRISC-Vパイプラインを図C.29のパイプラインレイテンシで使え。ただし、FPユニットは完全にバイパス化されており、最少の繰り返し間隔は1である。図C.32のようなタイミング表を描き、各命令の実行タイミングを示せ。ループの各繰り返しには何クロックサイクルを必要とするかを答えよ。ただし、最初の命令がWBステージに入った時点から最後の命令がWBステージに入った時点までを数えること。

b [20]〈C.8〉**静的な命令並び換え**を行って、このループのストールを最小化せよ。必要ならばレジスタのリネームを行うこと。すべての仮定は（a）と同じものを使うこと。図C.32と同様のタイミング図を描き、それぞれの命令の実行のタイミングを示せ。それぞれのループは何クロックサイクルを要するか。最初の命令がWBステージに入ってから最後の命令がWBステージに入るまでのクロック数で示せ。

c [20]〈C.8〉先に示した元々のコードを、動的スケジューリングの1つであるスコアボーディングを用いるとどのように命令が実行されるか。図C.32と同様のタイミング図を描き、命令がステージIF、IS(発行)、RO（オペランド読み出し）、EX（実行）、WB（結果書き込み）を通るタイミングを示せ。それぞれのループは何クロックサイクルを要するか。最初の命令がWBステージに入ってから最後の命令がWBステージに入るまでのクロック数で示せ。

c.10 [25]〈C.8〉スコアボードがRAWハザードとWARハザードを区別できることは重要だ。なぜならWARハザードがあると、オペランドを読み出そうとしている命令が実行を開始するまで、書き込みを行おうとしている命令を待たせなければならないからだ。一方RAWハザードがあると、書き込もうとしている命令が完了するまで読み出そうとしている命令を遅らせる必要がある——これはちょうど逆である。例えば以下のシーケンスを考えよう。

```
fmul.d    f0,f6,f4
fsub.d    f8,f0,f2
fadd.d    f2,f10,f2
```

`fsub.d`は`fmul.d`に依存しており（RAWハザード）、`fmul.d`は`fsub.d`より先に完了しなければならない。RAWハザードとWARハザードを区別できないために`fmul.d`が`fsub.d`を待ってストールすると、プロセッサはデッドロックに陥る。このシーケンスには`fadd.d`と`fsub.d`の間にWARハザードを持っており、`fsub.d`が実行を開始するまで`fadd.d`は完了できない。`fmul.d`と`fsub.d`の間のRAWハザードと、`fsub.d`と`fadd.d`との間のWARハザードを区別する点に難しさがある。この3命令からなるシナリオの重要性を理解するために、命令発行/オペランド読み出し/実行/結果格納を通して各命令ステージの動きを描いてみよ。実行以外のスコアボードのステージには1サイクルを要すると仮定せよ。`fmul.d`は実行に3クロックサイクル、`fsub.d`と`fadd.d`は実行に1サイクルを要すると仮定せよ。最後に、プロセッサは乗算器を2つと加算器を2つ持つと仮定せよ。以下の通りに動きを示せ。

1. 命令、発行、オペランド読み出し、実行、結果格納、コミットの列の項目が書かれている表を作成せよ。一列目には、命令をプログラム順に並べよ（命令間を広くとること。大きな表のセルの方が分析結果をより良く見せる）。`fmul.d`命令の行の発行の列に1を書き、`fmul.d`がクロックサイクル1で発行ステージを完了したことを示すことから始めよ。スコアボードが最初に命令をストールさせる時点まで、テーブル中のステージの行を埋めよ。

2. ストールしている命令には表の適切な欄に“クロックサイクルXで待ち”と書いて、そのサイクルでストールさせることでスコアボードがRAWハザードとWARハザードの解決を図っていることを示せ。ここで、Xは現在のクロックサイクル時刻を表すものとする。コメント欄には、どのタイプのハザードなのか、どの命令が待ちを生じているのかを書け。

3. 「待ち状態」のテーブルエントリに“クロックサイクルYで修了”を追加し、全命令が完了するまで表の残りを埋めよ。ストールしていた命令に対して、コメント欄になぜ待ち状態が終わったのか、いつ終わったのか、どのようにデッドロックが避けられたのかを説明せよ。

   ヒント：どうすればWAWハザードを避けられるか、実行中の命令シーケンスにとってはこのことが何を意味するのか、を考えてみよ）。3命令の完了順序をプログラム中の順序と比較せよ。

c.11 ［10/10/10］〈C.5〉この問題では、レイテンシの異なる複数の機能ユニットを使用する際に生じる問題を説明するために、小さなコードを作ってみよう。それぞれの問題に対して、図C.27のようなタイミング表を書き、問題を明確に示せ。

a ［10］〈C.5〉図C.27とは異なるコードを使って、MEMとWBを1つのステージとして持つハードウェアでの構造ハザードを説明せよ。

b ［10］〈C.5〉ストールを必要とするWAWハザードを説明せよ。

参考文献

Abadi, M., Barham, P., Chen, J., Chen, Z., Davis, A., Dean, J., Devin, M., Ghemawat, S., Irving, G., Isard, M., Kudlur, M., 2016. TensorFlow: A System for Large-Scale Machine Learning. In: OSDI (November), vol. 16, pp. 265–283.

Adolf, R., Rama, S., Reagen, B., Wei, G.Y., Brooks, D., 2016. Fathom: reference workloads for modern deep learning methods. In: IEEE International Symposium on Workload Characterization (IISWC).

Adve, S.V., Gharachorloo, K., 1996. Shared memory consistency models: a tutorial. IEEE Comput. 29 (12), 66–76.

Adve, S.V., Hill, M.D., 1990. Weak ordering: a new definition. In: Proceedings of 17th Annual International Symposium on Computer Architecture (ISCA), May 28–31, 1990, Seattle, Washington, pp. 2–14.

Agarwal, A., 1987. Analysis of Cache Performance for Operating Systems and Multipro- gramming (Ph.D. thesis). Tech. Rep. No. CSL-TR-87-332. Stanford University, Palo Alto, CA.

Agarwal, A., 1991. Limits on interconnection network performance. IEEE Trans. Parallel Distrib. Syst. 2 (4), 398–412.

Agarwal, A., Pudar, S.D., 1993. Column-associative caches: a technique for reducing the miss rate of direct-mapped caches. In: 20th Annual International Symposium on Com- puter Architecture (ISCA), May 16–19, 1993, San Diego, California. Also appears in Computer Architecture News 21:2 (May), 179–190, 1993.

Agarwal, A., Hennessy, J.L., Simoni, R., Horowitz, M.A., 1988. An evaluation of directory schemes for cache coherence. In: Proceedings of 15th International Symposium on Computer Architecture (June), pp. 280–289.

Agarwal, A., Kubiatowicz, J., Kranz, D., Lim, B.-H., Yeung, D., D'Souza, G., Parkin, M., 1993. Sparcle: an evolutionary processor design for large-scale multiprocessors. IEEE Micro 13, 48–61.

Agarwal, A., Bianchini, R., Chaiken, D., Johnson, K., Kranz, D., 1995. The MIT Alewife machine: architecture and performance. In: International Symposium on Computer Architecture (Denver, CO), June, 2–13.

Agerwala, T., Cocke, J., 1987. High Performance Reduced Instruction Set Processors. IBM Tech. Rep. RC12434, IBM, Armonk, NY.

Akeley, K., Jermoluk, T., 1988. High-performance polygon rendering. In: Proceedings of 15th Annual Conference on Computer Graphics and Interactive Techniques (SIGGRAPH 1988), August 1–5, 1988, Atlanta, GA, pp. 239–246.

Alexander, W.G., Wortman, D.B., 1975. Static and dynamic characteristics of XPL programs. IEEE Comput. 8 (11), 41–46.

Alles, A., 1995. ATM Internetworking. White Paper (May). Cisco Systems, Inc., San Jose, CA. www.cisco.com/warp/public/614/12.html.

Alliant, 1987. Alliant FX/Series: Product Summary. Alliant Computer Systems Corp, Acton, MA.

Almasi, G.S., Gottlieb, A., 1989. Highly Parallel Computing. Benjamin/Cummings, Redwood City, CA.

Alverson, G., Alverson, R., Callahan, D., Koblenz, B., Porterfield, A., Smith, B., 1992. Exploiting heterogeneous parallelism on a multithreaded multiprocessor. In: Proceedings of ACM/IEEE Conference on Supercomputing, November 16–20, 1992, Minneapolis, MN, pp. 188–197.

Amdahl, G.M., 1967. Validity of the single processor approach to achieving large scale computing capabilities. In: Proceedings of AFIPS Spring Joint Computer Conference, April 18–20, 1967, Atlantic City, NJ, pp. 483–485.

Amdahl, G.M., Blaauw, G.A., Brooks Jr., F.P., 1964. Architecture of the IBM System 360. IBM J. Res. Dev. 8 (2), 87–101.

Amodei, D., Ananthanarayanan, S., Anubhai, R., Bai, J., Battenberg, E., Case, C., Casper, J., Catanzaro, B., Cheng, Q., Chen, G., Chen, J., 2016. Deep speech 2: End- to-end speech recognition in english and mandarin. In: International Conference on Machine Learning (June), pp. 173–182.

Amza, C., Cox, A.L., Dwarkadas, S., Keleher, P., Lu, H., Rajamony, R., Yu, W., Zwaenepoel, W., 1996. Treadmarks: shared memory computing on networks of work- stations. IEEE Comput. 29 (2), 18–28.

Anderson, M.H., 1990. Strength (and safety) in numbers (RAID, disk storage technology). Byte 15 (13), 337–339.

Anderson, D., 2003. You don't know jack about disks. Queue 1 (4), 20–30.

Anderson, D.W., Sparacio, F.J., Tomasulo, R.M., 1967. The IBM 360 Model 91: processor philosophy and instruction handling. IBM J. Res. Dev. 11 (1), 8–24.

Anderson, T.E., Culler, D.E., Patterson, D., 1995. A case for NOW (networks of worksta- tions). IEEE Micro 15 (1), 54–64.

Anderson, D., Dykes, J., Riedel, E., 2003. SCSI vs. ATA—more than an interface. In: Proceedings of 2nd USENIX Conference on File and Storage Technology (FAST'03), March 31–April 2.

Ang, B., Chiou, D., Rosenband, D., Ehrlich, M., Rudolph, L., Arvind, A., 1998. StarT- Voyager: a flexible platform for exploring scalable SMP issues. In: Proceedings of ACM/IEEE Conference on Supercomputing, November 7–13, 1998, Orlando, FL.

Anjan, K.V., Pinkston, T.M., 1995. An efficient, fully-adaptive deadlock recovery scheme: Disha. In: Proceedings of 22nd Annual International Symposium on Computer Archi- tecture (ISCA), June 22–24, 1995, Santa Margherita, Italy.

Anon. et al., 1985. A Measure of Transaction Processing Power.

Tandem Tech. Rep. TR85.2. Also appears in Datamation 31:7 (April), 112–118, 1985.

Apache Hadoop, 2011. http://hadoop.apache.org.

Archibald, J., Baer, J.-L., 1986. Cache coherence protocols: evaluation using a multiproces- sor simulation model. ACM Trans. Comput. Syst. 4 (4), 273–298.

Armbrust, M., Fox, A., Griffith, R., Joseph, A.D., Katz, R., Konwinski, A., Lee, G., Patter- son, D., Rabkin, A., Stoica, I., Zaharia, M., 2009. Above the Clouds: A Berkeley View of Cloud Computing, Tech. Rep. UCB/EECS-2009-28, University of California, Berke- ley. http://www.eecs.berkeley.edu/Pubs/TechRpts/2009/EECS-2009-28.html.

Armbrust, M., Fox, A., Griffith, R., Joseph, A.D., Katz, R., Konwinski, A., Lee, G., Patterson, D., Rabkin, A., Stoica, I., Zaharia, M., 2010. A view of cloud computing. Commun. ACM. 53 (4), 50–58.

Arpaci, R.H., Culler, D.E., Krishnamurthy, A., Steinberg, S.G., Yelick, K., 1995. Empirical evaluation of the CRAY-T3D: a compiler perspective. In: 22nd Annual International Symposium on Computer Architecture (ISCA), June 22–24, 1995, Santa Margherita, Italy.

Asanovic, K., 1998. Vector Microprocessors (Ph.D. thesis). Computer Science Division, University of California, Berkeley.

Asanovi,c, K., 2002. Programmable neurocomputing. In: Arbib, M.A. (Ed.), The Handbook of Brain Theory and Neural Networks, second ed. MIT Press, Cambridge, MA. ISBN: 0-262-01197-2. https://people.eecs.berkeley.edu/~krste/papers/neurocomputing.pdf.

Associated Press, 2005. Gap Inc. shuts down two Internet stores for major overhaul. USA- TODAY.com, August 8, 2005.

Atanasoff, J.V., 1940. Computing Machine for the Solution of Large Systems of Linear Equations. Internal Report. Iowa State University, Ames.

Atkins, M., 1991. Performance and the i860 microprocessor. IEEE Micro 11 (5), 24–27. 72–78.

Austin, T.M., Sohi, G., 1992. Dynamic dependency analysis of ordinary programs. In: Proceedings of 19th Annual International Symposium on Computer Architecture (ISCA), May 19–21, 1992, Gold Coast, Australia, pp. 342–351.

Azizi, O., Mahesri, A., Lee, B.C., Patel, S.J., Horowitz, M., 2010. Energy-performance tradeoffs in processor architecture and circuit design: a marginal cost analysis. In: Proceedings of the International Symposium on Computer Architecture, pp. 26–36.

Babbay, F., Mendelson, A., 1998. Using value prediction to increase the power of specu- lative execution hardware. ACM Trans. Comput. Syst. 16 (3), 234–270.

Bachrach, J., Vo, H., Richards, B., Lee, Y., Waterman, A., Avižienis, R., Wawrzynek, J., Asanovi,c, K., 2012. Chisel: constructing hardware in a Scala embedded language. In: Proceedings of the 49th Annual Design Automation Conference, pp. 1216–1225.

Baer, J.-L., Wang, W.-H., 1988. On the inclusion property for multi-level cache hierarchies. In: Proceedings of 15th Annual International Symposium on Computer Architecture, May 30–June 2, 1988, Honolulu, Hawaii, pp. 73–80.

Bailey, D.H., Barszcz, E., Barton, J.T., Browning, D.S., Carter, R.L., Dagum, L., Fatoohi, R.A., Frederickson, P.O., Lasinski, T.A., Schreiber, R.S., Simon, H.D., Venkatakrishnan, V., Weeratunga, S.K., 1991. The NAS parallel benchmarks. Int. J. Supercomput. Appl. 5, 63–73.

Bakoglu, H.B., Grohoski, G.F., Thatcher, L.E., Kaeli, J.A., Moore, C.R., Tattle, D.P., Male, W.E., Hardell, W.R., Hicks, D.A., Nguyen Phu, M., Montoye, R.K., Glover, W.T., Dhawan, S., 1989. IBM second-generation RISC processor organization. In: Proceedings of IEEE International Conference on Computer Design, September 30–October 4, 1989, Rye, NY, pp. 138–142.

Balakrishnan, H., Padmanabhan, V.N., Seshan, S., Katz, R.H., 1997. A comparison of mechanisms for improving TCP performance over wireless links. IEEE/ACM Trans. Netw. 5 (6), 756–769.

Ball, T., Larus, J., 1993. Branch prediction for free. In: Proceedings of ACM SIGPLAN'93 Conference on Programming Language Design and Implementation (PLDI), June 23–25, 1993, Albuquerque, NM, pp. 30 0–313.

Banerjee, U., 1979. Speedup of Ordinary Programs (Ph.D. thesis). Department of Computer Science, University of Illinois at Urbana-Champaign.

Barham, P., Dragovic, B., Fraser, K., Hand, S., Harris, T., Ho, A., Neugebauer, R., 2003. Xen and the art of virtualization. In: Proceedings of the 19th ACM Symposium on Oper- ating Systems Principles, October 19–22, 2003, Bolton Landing, NY.

Barnes, G.H., Brown, R.M., Kato, M., Kuck, D.J., Slotnick, D.L., Stokes, R., 1968. The ILLIAC IV computer. IEEE Trans. Comput. 100 (8), 746–757.

Barroso, L.A., 2010. Warehouse scale computing [keynote address]. In: Proceedings of ACM SIGMOD, June 8–10, 2010, Indianapolis, IN.

Barroso, L.A., H€olzle, U., 2007. The case for energy-proportional computing. IEEE Comput. 40 (12), 33–37.

Barroso, L.A., H€olzle, U., 2009. The Datacenter as a Computer: An Introduction to the Design of Warehouse-Scale Machines. Morgan & Claypool, San Rafael, CA.

Barroso, L.A., Gharachorloo, K., Bugnion, E., 1998. Memory system characterization of commercial workloads. In: Proceedings of 25th Annual International Symposium on Computer Architecture (ISCA), July 3–14, 1998, Barcelona, Spain, pp. 3–14.

Barroso, L.A., Clidaras, J., H€olzle, U., 2013. The datacenter as a computer: An introduction to the design of warehouse-scale machines. Synth. Lect. Comput. Architect. 8 (3), 1–154. Barroso, L.A., Marty, M., Patterson, D., Ranganathan, P., 2017. Attack of the killer micro-seconds. Commun. ACM 56(2).

Barton, R.S., 1961. A new approach to the functional design of a computer. In: Proceedings of Western Joint Computer Conference, May 9–11, 1961, Los Angeles, CA, pp. 393–396. Bashe, C.J., Buchholz, W., Hawkins, G.V., Ingram, J.L., Rochester, N., 1981. The architecture of IBM's early computers. IBM J. Res. Dev. 25 (5), 363–375.

Bashe, C.J., Johnson, L.R., Palmer, J.H., Pugh, E.W., 1986. IBM's Early Computers. MIT Press, Cambridge, MA.

Baskett, F., Keller, T.W., 1977. An evaluation of the Cray-1 processor. In: Kuck, D.J., Lawrie, D.H., Sameh, A.H. (Eds.), High Speed Computer and Algorithm Organization. Academic Press, San Diego, pp. 71–84.

Baskett, F., Jermoluk, T., Solomon, D., 1988. The 4D-MP graphics superworkstation: Computing + graphics = 40 MIPS + 40 MFLOPS and 10,000 lighted polygons per second. In: Proceedings of IEEE COMPCON, February 29–March 4, 1988, San Francisco, pp. 468–471.

BBN Laboratories, 1986. Butterfly Parallel Processor Overview,

Tech. Rep. 6148. BBN Laboratories, Cambridge, MA.

Bell, C.G., 1984. The mini and micro industries. IEEE Comput. 17 (10), 14–30. Bell, C.G., 1985. Multis: a new class of multiprocessor computers. Science 228 (6), 462–467. Bell, C.G., 1989. The future of high performance computers in science and engineering. Commun. ACM 32 (9), 1091–1101.

Bell, G., Gray, J., 2001. Crays, Clusters and Centers, Tech. Rep. MSR-TR-2001-76. Micro- soft Research, Redmond, WA.

Bell, C.G., Gray, J., 2002. What's next in high performance computing? CACM 45 (2), 91–95.

Bell, C.G., Newell, A., 1971. Computer Structures: Readings and Examples. McGraw-Hill, New York.

Bell, C.G., Strecker, W.D., 1976. Computer structures: what have we learned from the PDP- 11? In: Third Annual International Symposium on Computer Architecture (ISCA), Jan- uary 19–21, 1976, Tampa, FL, pp. 1–14.

Bell, C.G., Strecker, W.D., 1998. Computer structures: what have we learned from the PDP- 11? In: 25 Years of the International Symposia on Computer Architecture (Selected Papers), ACM, New York, pp. 138–151.

Bell, C.G., Cady, R., McFarland, H., DeLagi, B., O'Laughlin, J., Noonan, R., Wulf, W., 1970. A new architecture for mini-computers: The DEC PDP-11. In: Proceedings of AFIPS Spring Joint Computer Conference, May 5–May 7, 1970, Atlantic City, NJ, pp. 657–675.

Bell, C.G., Mudge, J.C., McNamara, J.E., 1978. A DEC View of Computer Engineering. Digital Press, Bedford, MA.

Benes, V.E., 1962. Rearrangeable three stage connecting networks. Bell Syst. Tech. J. 41, 1481–1492.

Bertozzi, D., Jalabert, A., Murali, S., Tamhankar, R., Stergiou, S., Benini, L., De Micheli, G., 2005. NoC synthesis flow for customized domain specific multiprocessor systems-on-chip. IEEE Trans. Parallel Distrib. Syst. 16 (2), 113–130.

Bhandarkar, D.P., 1995. Alpha Architecture and Implementations. Digital Press, Newton, MA.

Bhandarkar, D.P., Clark, D.W., 1991. Performance from architecture: comparing a RISC and a CISC with similar hardware organizations. In: Proceedings of Fourth International Conference on Architectural Support for Programming Languages and Operating Systems (ASPLOS), April 8–11, 1991, Palo Alto, CA, pp. 310–319.

Bhandarkar, D.P., Ding, J., 1997. Performance characterization of the Pentium Pro proces- sor. In: Proceedings of Third International Symposium on High-Performance Computer Architecture, February 1–February 5, 1997, San Antonio, TX, pp. 288–297.

Bhattacharya, S., Lane, N.D., 2016. Sparsification and separation of deep learning layers for constrained resource inference on wearables. In: Proceedings of the 14th ACM Confer- ence on Embedded Network Sensor Systems CD-ROM, pp. 176–189.

Bhuyan, L.N., Agrawal, D.P., 1984. Generalized hypercube and hyperbus structures for a computer network. IEEE Trans. Comput. 32 (4), 322–333.

Bienia, C., Kumar, S., Jaswinder, P.S., Li, K., 2008. The Parsec Benchmark Suite: Charac- terization and Architectural Implications, Tech. Rep. TR-811-08. Princeton University, Princeton, NJ.

Bier, J., 1997. The evolution of DSP processors. In: Presentation at University of California, Berkeley, November 14.

Bird, S., Phansalkar, A., John, L.K., Mericas, A., Indukuru, R., 2007. Characterization of performance of SPEC CPU benchmarks on Intel's Core Microarchitecture based processor. In: Proceedings of 2007 SPEC Benchmark Workshop, January 21, 2007, Austin, TX.

Birman, M., Samuels, A., Chu, G., Chuk, T., Hu, L., McLeod, J., Barnes, J., 1990. Devel- oping the WRL3170/3171 SPARC floating-point coprocessors. IEEE Micro 10 (1), 55–64.

Blackburn, M., Garner, R., Hoffman, C., Khan, A.M., McKinley, K.S., Bentzur, R., Diwan, A., Feinberg, D., Frampton, D., Guyer, S.Z., Hirzel, M., Hosking, A., Jump, M., Lee, H., Moss, J.E.B., Phansalkar, A., Stefanovic, D., VanDrunen, T., von Dincklage, D., Wiedermann, B., 2006. The DaCapo benchmarks: Java benchmark- ing development and analysis. In: ACM SIGPLAN Conference on Object-Oriented Programming, Systems, Languages, and Applications (OOPSLA), October 22–26, 2006, pp. 169–190.

Blaum, M., Brady, J., Bruck, J., Menon, J., 1994. EVENODD: an optimal scheme for tol- erating double disk failures in RAID architectures. In: Proceedings of 21st Annual Inter- national Symposium on Computer Architecture (ISCA), April 18–21, 1994, Chicago, IL, pp. 245–254.

Blaum, M., Brady, J., Bruck, J., Menon, J., 1995. EVENODD: an optimal scheme for tolerating double disk failures in RAID architectures. IEEE Trans. Comput. 44 (2), 192–202.

Blaum, M., Bruck, J., Vardy, A., 1996. MDS array codes with independent parity symbols. IEEE Trans. Inf. Theory 42, 529–542.

Blaum, M., Brady, J., Bruck, J., Menon, J., Vardy, A., 2001. The EVENODD code and its generalization. In: Jin, H., Cortes, T., Buyya, R. (Eds.), High Performance Mass Storage and Parallel I/O: Technologies and Applications. Wiley-IEEE, New York, pp. 187–208. Bloch, E., 1959. The engineering design of the Stretch computer. In: 1959 Proceedings of the Eastern Joint Computer Conference, December 1–3, 1959, Boston, MA, pp. 48–59.

Boddie, J.R., 2000. History of DSPs, www.lucent.com/micro/dsp/dsphist.html.

Boggs, D., Baktha, A., Hawkins, J., Marr, D.T., Miller, J.A., Roussel, P., et al., 2004. The Microarchitecture of the Intel Pentium 4 processor on 90 nm technology. Intel Technol. J. 8 (1), 7–23.

Bolt, K.M., 2005. Amazon sees sales rise, profit fall. Seattle Post-Intelligencer. http:// seattlepi.nwsource.com/business/245943_techearns26.html.

Bordawekar, R., Bondhugula, U., Rao, R., 2010. Believe it or not!: multi-core CPUs can match GPU performance for a FLOP-intensive application! In: 19th International Conference on Parallel Architecture and Compilation Techniques (PACT 2010). Vienna, Austria, September 11–15, 2010, pp. 537–538.

Borg, A., Kessler, R.E., Wall, D.W., 1990. Generation and analysis of very long address traces. In: 19th Annual International Symposium on Computer Architecture (ISCA), May 19–21, 1992, Gold Coast, Australia, pp. 270–279.

Bouknight, W.J., Deneberg, S.A., McIntyre, D.E., Randall, J.M., Sameh, A.H., Slotnick, D.L., 1972. The Illiac IV system. Proc. IEEE 60 (4), 369–379. Also appears in Siewiorek, D.P., Bell, C.G., Newell, A. 1982. Computer Structures: Principles and Examples. McGraw-Hill, New York, pp. 306–316.

Brady, J.T., 1986. A theory of productivity in the creative process. IEEE Comput. Graph. Appl. 6 (5), 25–34.

Brain, M., 2000. Inside a Digital Cell Phone. www.howstuffworks.com/-inside-cellphone. htm.

Brandt, M., Brooks, J., Cahir, M., Hewitt, T., Lopez-Pineda, E., Sandness, D., 2000. The Benchmarker's Guide for Cray SV1 Systems. Cray Inc., Seattle, WA.

Brent, R.P., Kung, H.T., 1982. A regular layout for parallel adders. IEEE Trans. Comput. C-31, 260–264.

Brewer, E.A., Kuszmaul, B.C., 1994. How to get good performance from the CM-5 data network. In: Proceedings of Eighth International Parallel Processing Symposium, April 26–27, 1994, Cancun, Mexico.

Brin, S., Page, L., 1998. The anatomy of a large-scale hypertextual Web search engine. In: Proceedings of 7th International World Wide Web Conference, April 14–18, 1998, Brisbane, Queensland, Australia, pp. 107–117.

Brown, A., Patterson, D.A., 2000. Towards maintainability, availability, and growth bench- marks: a case study of software RAID systems. In: Proceedings of 2000 USENIX Annual Technical Conference, June 18–23, 2000, San Diego, CA.

Brunhaver, J.S., 2015. Design and optimization of a stencil engine (Ph.D. dissertation). Stanford University.

Bucher, I.Y., 1983. The computational speed of supercomputers. In: Proceedings of Inter- national Conference on Measuring and Modeling of Computer Systems (SIGMETRICS 1983), August 29–31, 1983, Minneapolis, MN, pp. 151–165.

Bucher, I.V., Hayes, A.H., 1980. I/O performance measurement on Cray-1 and CDC 7000 computers. In: Proceedings of Computer Performance Evaluation Users Group, 16th Meeting, NBS 500-65, pp. 245–254.

Bucholtz, W., 1962. Planning a Computer System: Project Stretch. McGraw-Hill, New York.

Burgess, N., Williams, T., 1995. Choices of operand truncation in the SRT division algo- rithm. IEEE Trans. Comput. 44 (7), 933–938.

Burkhardt III, H., Frank, S., Knobe, B., Rothnie, J., 1992. Overview of the KSR1 Computer System, Tech. Rep. KSR-TR-9202001. Kendall Square Research, Boston, MA.

Burks, A.W., Goldstine, H.H., von Neumann, J., 1946. Preliminary discussion of the logical design of an electronic computing instrument. Report to the U.S. Army Ordnance Department, p. 1; also appears in Papers of John von Neumann, Aspray, W., Burks, A. (Eds.), MIT Press, Cambridge, MA, and Tomash Publishers, Los Angeles, CA, 1987, pp. 97–146.

Calder, B., Grunwald, D., Jones, M., Lindsay, D., Martin, J., Mozer, M., Zorn, B., 1997. Evidence-based static branch prediction using machine learning. ACM Trans. Program. Lang. Syst. 19 (1), 188–222.

Calder, B., Reinman, G., Tullsen, D.M., 1999. Selective value prediction. In: Proceedings of 26th Annual International Symposium on Computer Architecture (ISCA), May 2–4, 1999, Atlanta, GA.

Callahan, D., Dongarra, J., Levine, D., 1988. Vectorizing compilers: a test suite and results. In: Proceedings of ACM/IEEE Conference on Supercomputing, November 12–17, 1988, Orland, FL, pp. 98–105.

Canis, A., Choi, J., Aldham, M., Zhang, V., Kammoona, A., Czajkowski, T., Brown, S.D., Anderson, J.H., 2013. LegUp: an open-source high-level synthesis tool for FPGA-based processor/accelerator systems. ACM Trans. Embed. Comput. Syst. 13(2).

Canny, J., et al., 2015. Machine learning at the limit. In: IEEE International Conference on Big Data.

Cantin, J.F., Hill, M.D., 2001. Cache performance for selected SPEC CPU2000 bench- marks. www.jfred.org/cache-data.html.

Cantin, J.F., Hill, M.D., 2003. Cache performance for SPEC CPU2000 benchmarks, version 3.0. www.cs.wisc.edu/multifacet/misc/spec2000cache-data/index.html.

Carles, S., 2005. Amazon reports record Xmas season, top game picks. Gamasutra, December 27. http://www.gamasutra.com/php-bin/news_index.php?story=7630.

Carter, J., Rajamani, K., 2010. Designing energy-efficient servers and data centers. IEEE Comput. 43 (7), 76–78.

Case, R.P., Padegs, A., 1978. The architecture of the IBM System/370. Commun. ACM 21 (1), 73–96. Also appears in Siewiorek, D.P., Bell, C.G., Newell, A., 1982. Computer Structures: Principles and Examples. McGraw-Hill, New York, pp. 830–855.

Caulfield, A.M., Chung, E.S., Putnam, A., Haselman, H.A.J.F.M., Humphrey, S.H.M., Daniel, P.K.J.Y.K., Ovtcharov, L.T.M.K., Lanka, M.P.L.W.S., Burger, D.C.D., 2016. A cloud-scale acceleration architecture. In: MICRO Conference.

Censier, L., Feautrier, P., 1978. A new solution to coherence problems in multicache systems. IEEE Trans. Comput. C-27 (12), 1112–1118.

Chandra, R., Devine, S., Verghese, B., Gupta, A., Rosenblum, M., 1994. Scheduling and page migration for multiprocessor compute servers. In: Sixth International Conference on Architectural Support for Programming Languages and Operating Systems (ASPLOS), October 4–7, 1994, San Jose, CA, pp. 12–24.

Chang, P.P., Mahlke, S.A., Chen, W.Y., Warter, N.J., Hwu, W.W., 1991. IMPACT: an architectural framework for multiple-instruction-issue processors. In: 18th Annual International Symposium on Computer Architecture (ISCA), May 27–30, 1991, Toronto, Canada, pp. 266–275.

Chang, F., Dean, J., Ghemawat, S., Hsieh, W.C., Wallach, D.A., Burrows, M., Chandra, T., Fikes, A., Gruber, R.E., 2006. Bigtable: a distributed storage system for structured data. In: Proceedings of 7th USENIX Symposium on Operating Systems Design and Imple- mentation (OSDI'06), November 6–8, 2006, Seattle, WA.

Chang, J., Meza, J., Ranganathan, P., Bash, C., Shah, A., 2010. Green server design: beyond operational energy to sustainability. In: Proceedings of Workshop on Power Aware Com- puting and Systems (HotPower'10), October 3, 2010, Vancouver, British Columbia.

Charlesworth, A.E., 1981. An approach to scientific array processing: the architectural design of the AP-120B/FPS-164 family. Computer 9, 18–27.

Charlesworth, A., 1998. Starfire: extending the SMP envelope. IEEE Micro 18 (1), 39–49. Chen, T.C., 1980. Overlap and parallel processing. In: Stone, H. (Ed.), Introduction to

Computer Architecture. Science Research Associates, Chicago, pp. 427–486.

Chen, S., 1983. Large-scale and high-speed multiprocessor system for scientific applica- tions. In: Proceedings of NATO Advanced Research Workshop on High-Speed Com- puting, June 20–22, 1983, J€ulich, West Germany. Also appears in Hwang, K. (Ed.), 1984. Superprocessors: design and applications, IEEE (August), 602–609.

Chen, P.M., Lee, E.K., 1995. Striping in a RAID level 5 disk array. In: Proceedings of ACM SIGMETRICS Conference on Measurement and Modeling of Computer Systems, May 15–19, 1995, Ottawa, Canada, pp. 136–145.

Chen, P.M., Gibson, G.A., Katz, R.H., Patterson, D.A., 1990. An evaluation of redundant arrays of inexpensive disks using an Amdahl 5890. In: Proceedings of ACM SIG- METRICS Conference on Measurement and Modeling of Computer Systems, May 22–25, 1990, Boulder, CO.

Chen, P.M., Lee, E.K., Gibson, G.A., Katz, R.H., Patterson, D.A., 1994. RAID: high- performance, reliable secondary storage. ACM Comput. Surv. 26 (2), 145–188.

Chow, F.C., 1983. A Portable Machine-Independent Global Optimizer—Design and Measurements (Ph.D. thesis). Stanford University, Palo Alto, CA.

Chrysos, G.Z., Emer, J.S., 1998. Memory dependence prediction using store sets. In: Proceedings of 25th Annual International Symposium on Computer Architecture (ISCA), July 3–14, 1998, Barcelona, Spain, pp. 142–153.

Clark, W.A., 1957. The Lincoln TX-2 computer development. In: Proceedings of Western Joint Computer Conference, February 26–28, 1957, Los Angeles, pp. 143–145.

Clark, D.W., 1983. Cache performance of the VAX-11/780. ACM Trans. Comput. Syst. 1 (1), 24–37.

Clark, D.W., 1987. Pipelining and performance in the VAX 8800 processor. In: Proceedings of Second International Conference on Architectural Support for Programming Languages and Operating Systems (ASPLOS), October 5–8, 1987, Palo Alto, CA, pp. 173–177.

Clark, J., 2014. Five Numbers That Illustrate the Mind-Bending Size of Amazon's Cloud. Bloomberg. https://www.bloomberg.com/news/2014-11-14/5-numbersthat-illustrate- the-mind-bending-size-of-amazon-s-cloud.html.

Clark, J., October 26, 2015. Google Turning Its Lucrative Web Search Over to AI Machines. Bloomberg Technology, www.bloomberg.com.

Clark, D.W., Emer, J.S., 1985. Performance of the VAX-11/780 translation buffer: simula- tion and measurement. ACM Trans. Comput. Syst. 3 (1), 31–62.

Clark, D., Levy, H., 1982. Measurement and analysis of instruction set use in the VAX-11/ 780. In: Proceedings of Ninth Annual International Symposium on Computer Architec- ture (ISCA), April 26–29, 1982, Austin, TX, pp. 9–17.

Clark, D., Strecker, W.D., 1980. Comments on 'the case for the reduced instruction set com- puter'. Comput. Architect. News 8 (6), 34–38.

Clark, B., Deshane, T., Dow, E., Evanchik, S., Finlayson, M., Herne, J., Neefe Matthews, J., 2004. Xen and the art of repeated research. In: Proceedings of USENIX Annual Tech- nical Conference, June 27–July 2, 2004, pp. 135–144.

Clidaras, J., Johnson, C., Felderman, B., 2010. Private communication.

Climate Savers Computing Initiative, 2007. Efficiency Specs. http://www.climatesavers computing.org/.

Clos, C., 1953. A study of non-blocking switching networks. Bell Syst. Tech. J. 32 (2), 406–424.

Cloud, Bloomberg, n.d. https://www.bloomberg.com/news/2014-11-14/5-numbersthat- illustrate-the-mind-bending-size-of-amazon-s-cloud.html.

Cody, W.J., Coonen, J.T., Gay, D.M., Hanson, K., Hough, D., Kahan, W., Karpinski, R., Palmer, J., Ris, F.N., Stevenson, D., 1984. A proposed radix- and word-length indepen- dent standard for floating-point arithmetic. IEEE Micro 4 (4), 86–100.

Colwell, R.P., Steck, R., 1995. A 0.6 □m BiCMOS processor with dynamic execution. In: Proceedings of IEEE International Symposium on Solid State Circuits (ISSCC), February 15–17, 1995, San Francisco, pp. 176–177.

Colwell, R.P., Nix, R.P., O'Donnel, J.J., Papworth, D.B., Rodman, P.K., 1987. A VLIW architecture for a trace scheduling compiler. In: Proceedings of Second International

Conference on Architectural Support for Programming Languages and Operating Systems (ASPLOS), October 5–8, 1987, Palo Alto, CA, pp. 180–192.

Comer, D., 1993. Internetworking with TCP/IP, second ed. Prentice Hall, Englewood Cliffs, NJ.

Compaq Computer Corporation, 1999. Compiler Writer's Guide for the Alpha 21264, Order Number EC-RJ66A-TE, June, www1.support.compaq.com/alpha-tools/-documentation/current/21264_EV67/ec-rj66a-te_comp_writ_gde_for_alpha21264.pdf.

Conti, C., Gibson, D.H., Pitkowsky, S.H., 1968. Structural aspects of the System/360 Model 85. Part I. General organization. IBM Syst. J. 7 (1), 2–14.

Coonen, J., 1984. Contributions to a Proposed Standard for Binary Floating-Point Arithmetic (Ph.D. thesis). University of California, Berkeley.

Corbett, P., English, B., Goel, A., Grcanac, T., Kleiman, S., Leong, J., Sankar, S., 2004. Row-diagonal parity for double disk failure correction. In: Proceedings of 3rd USENIX Conference on File and Storage Technology (FAST'04), March 31–April 2, 2004, San Francisco.

Crawford, J., Gelsinger, P., 1988. Programming the 80386. Sybex Books, Alameda, CA. Culler, D.E., Singh, J.P., Gupta, A., 1999. Parallel Computer Architecture: A Hardware/Software Approach. Morgan Kaufmann, San Francisco.

Curnow, H.J., Wichmann, B.A., 1976. A synthetic benchmark. Comput. J. 19 (1), 43–49. Cvetanovic, Z., Kessler, R.E., 2000. Performance analysis of the Alpha 21264-based Compaq ES40 system. In: Proceedings of 27th Annual International Symposium on Computer Architecture (ISCA), June 10–14, 2000, Vancouver, Canada, pp. 192–202.

Dally, W.J., 1990. Performance analysis of k-ary n-cube interconnection networks. IEEE Trans. Comput. 39 (6), 775–785.

Dally, W.J., 1992. Virtual channel flow control. IEEE Trans. Parallel Distrib. Syst. 3 (2), 194–205.

Dally, W.J., 1999. Interconnect limited VLSI architecture. In: Proceedings of the Interna- tional Interconnect Technology Conference, May 24–26, 1999, San Francisco.

Dally, W.J., 2002. Computer architecture is all about interconnect. In: Proceedings of the 8th International Symposium High Performance Computer Architecture.

Dally, W.J., 2016. High Performance Hardware for Machine Learning. Cadence Embedded Neural Network Summit, February 9, 2016. http://ip.cadence.com/uploads/presentations/1000AM_Dally_Cadence_ENN.pdf.

Dally, W.J., Seitz, C.I., 1986. The torus routing chip. Distrib. Comput. 1 (4), 187–196. Dally, W.J., Towles, B., 2001. Route packets, not wires: on-chip interconnection networks. In: Proceedings of 38th Design Automation Conference, June 18–22, 2001, Las Vegas. Dally, W.J., Towles, B., 2003. Principles and Practices of Interconnection Networks. Morgan Kaufmann, San Francisco.

Darley, H.M., et al., 1989. Floating Point/Integer Processor with Divide and Square Root Functions, U.S. Patent 4,878,190, October 31.

Davidson, E.S., 1971. The design and control of pipelined function generators. In: Proceedings of IEEE Conference on Systems, Networks, and Computers, January 19–21, 1971, Oaxtepec, Mexico, pp. 19–21.

Davidson, E.S., Thomas, A.T., Shar, L.E., Patel, J.H., 1975. Effective control for pipelined processors. In: Proceedings of IEEE COMPCON, February 25–27, 1975, San Francisco, pp. 181–184.

Davie, B.S., Peterson, L.L., Clark, D., 1999. Computer Networks: A Systems Approach, second ed. Morgan Kaufmann, San Francisco.

Dean, J., 2009. Designs, lessons and advice from building large distributed systems [key- note address]. In: Proceedings of 3rd ACM SIGOPS International Workshop on Large-Scale Distributed Systems and Middleware, Co-located with the 22nd ACM Symposium on Operating Systems Principles, October 11–14, 2009, Big Sky, Mont.

Dean, J., Barroso, L.A., 2013. The tail at scale. Commun. ACM 56 (2), 74–80.

Dean, J., Ghemawat, S., 2004. MapReduce: simplified data processing on large clusters. In: Proceedings of Operating Systems Design and Implementation (OSDI), December 6–8, 2004, San Francisco, CA, pp. 137–150.

Dean, J., Ghemawat, S., 2008. MapReduce: simplified data processing on large clusters. Commun. ACM 51 (1), 107–113.

DeCandia, G., Hastorun, D., Jampani, M., Kakulapati, G., Lakshman, A., Pilchin, A., Sivasubramanian, S., Vosshall, P., Vogels, W., 2007. Dynamo: Amazon's highly avail- able key-value store. In: Proceedings of 21st ACM Symposium on Operating Systems Principles, October 14–17, 2007, Stevenson, WA.

Dehnert, J.C., Hsu, P.Y.-T., Bratt, J.P., 1989. Overlapped loop support on the Cydra 5. In: Proceedings of Third International Conference on Architectural Support for Programming Languages and Operating Systems (ASPLOS), April 3–6, 1989, Boston, MA, pp. 26–39.

Demmel, J.W., Li, X., 1994. Faster numerical algorithms via exception handling. IEEE Trans. Comput. 43 (8), 983–992.

Denehy, T.E., Bent, J., Popovici, F.I., Arpaci-Dusseau, A.C., Arpaci-Dusseau, R.H., 2004. Deconstructing storage arrays. In: Proceedings of 11th International Conference on Architectural Support for Programming Languages and Operating Systems (ASPLOS), October 7–13, 2004, Boston, MA, pp. 59–71.

Desurvire, E., 1992. Lightwave communications: the fifth generation. Sci. Am. (Int. Ed.) 266 (1), 96–103.

Diep, T.A., Nelson, C., Shen, J.P., 1995. Performance evaluation of the PowerPC 620 microarchitecture. In: Proceedings of 22nd Annual International Symposium on Computer Architecture (ISCA), June 22–24, 1995, Santa Margherita, Italy.

Digital Semiconductor, 1996. Alpha Architecture Handbook, Version 3. Digital Press, Maynard, MA.

Ditzel, D.R., McLellan, H.R., 1987. Branch folding in the CRISP microprocessor: reducing the branch delay to zero. In: Proceedings of 14th Annual International Symposium on Computer Architecture (ISCA), June 2–5, 1987, Pittsburgh, PA, pp. 2–7.

Ditzel, D.R., Patterson, D.A., 1980. Retrospective on high-level language computer archi- tecture. In: Proceedings of Seventh Annual International Symposium on Computer Architecture (ISCA), May 6–8, 1980, La Baule, France, pp. 97–104.

Doherty, W.J., Kelisky, R.P., 1979. Managing VM/CMS systems for user effectiveness. IBM Syst. J. 18 (1), 143–166.

Doherty, W.J., Thadhani, A.J., 1982. The economic value of rapid response time. IBM Report. Dongarra, J.J., 1986. A survey of high performance processors. In: Proceedings of IEEE COMPCON, March 3–6, 1986, San Francisco, pp. 8–11.

Dongarra, J.J., Luszczek, P., Petitet, A., 2003. The LINPACK benchmark: past, present and future. Concurr. Comput. Pract. Exp. 15 (9), 803–820.

Dongarra, J., Sterling, T., Simon, H., Strohmaier, E., 2005. High-performance computing: clus- ters, constellations, MPPs, and future directions. Comput. Sci. Eng. 7 (2), 51–59.

Douceur, J.R., Bolosky, W.J., 1999. A large scale study of file-system contents. In: Proceedings of ACM SIGMETRICS Conference on Measurement and Modeling of Computer Systems, May 1–9, 1999, Atlanta, GA, pp. 59–69.

Douglas, J., 2005. Intel 8xx series and Paxville Xeon-MP microprocessors. In: Paper Presented at Hot Chips 17, August 14–16, 2005, Stanford University, Palo Alto, CA.

Duato, J., 1993. A new theory of deadlock-free adaptive routing in wormhole networks. IEEE Trans. Parallel Distrib. Syst. 4 (12), 1320–1331.

Duato, J., Pinkston, T.M., 2001. A general theory for deadlock-free adaptive routing using a mixed set of resources. IEEE Trans. Parallel Distrib. Syst. 12 (12), 1219–1235.

Duato, J., Yalamanchili, S., Ni, L., 2003. Interconnection Networks: An Engineering Approach, 2nd printing Morgan Kaufmann, San Francisco.

Duato, J., Johnson, I., Flich, J., Naven, F., Garcia, P., Nachiondo, T., 2005a. A new scalable and cost-effective congestion management strategy for lossless multistage interconnec- tion networks. In: Proceedings of 11th International Symposium on High-Performance Computer Architecture, February 12–16, 2005, San Francisco.

Duato, J., Lysne, O., Pang, R., Pinkston, T.M., 2005b. Part I: a theory for deadlock-free dynamic reconfiguration of interconnection networks. IEEE Trans. Parallel Distrib. Syst. 16 (5), 412–427.

Dubois, M., Scheurich, C., Briggs, F., 1988. Synchronization, coherence, and event order- ing. IEEE Comput. 21 (2), 9–21.

Dunigan, W., Vetter, K., White, K., Worley, P., 2005. Performance evaluation of the Cray X1 distributed shared memory architecture. IEEE Micro, 30–40.

Eden, A., Mudge, T., 1998. The YAGS branch prediction scheme. In: Proceedings of the 31st Annual ACM/IEEE International Symposium on Microarchitecture, November 30–December 2, 1998, Dallas, TX, pp. 69–80.

Edmondson, J.H., Rubinfield, P.I., Preston, R., Rajagopalan, V., 1995. Superscalar instruc- tion execution in the 21164 Alpha microprocessor. IEEE Micro 15 (2), 33–43.

Eggers, S., 1989. Simulation Analysis of Data Sharing in Shared Memory Multiprocessors (Ph.D. thesis). University of California, Berkeley.

Elder, J., Gottlieb, A., Kruskal, C.K., McAuliffe, K.P., Randolph, L., Snir, M., Teller, P., Wilson, J., 1985. Issues related to MIMD shared-memory computers: the NYU ultra- computer approach. In: Proceedings of 12th Annual International Symposium on Com- puter Architecture (ISCA), June 17–19, 1985, Boston, MA, pp. 126–135.

Ellis, J.R., 1986. Bulldog: A Compiler for VLIW Architectures. MIT Press, Cambridge, MA. Emer, J.S., Clark, D.W., 1984. A characterization of processor performance in the VAX-11/ 780. In: Proceedings of 11th Annual International Symposium on

Computer Architecture (ISCA), June 5–7, 1984, Ann Arbor, MI, pp. 301–310.

Enriquez, P., 2001. What happened to my dial tone? A study of FCC service disruption reports. In: Poster, Richard Tapia Symposium on the Celebration of Diversity in Computing, October 18–20, Houston, TX.

Erlichson, A., Nuckolls, N., Chesson, G., Hennessy, J.L., 1996. SoftFLASH: analyzing the performance of clustered distributed virtual shared memory. In: Proceedings of Seventh International Conference on Architectural Support for Programming Languages and Operating Systems (ASPLOS), October 1–5, 1996, Cambridge, MA, pp. 210–220.

Esmaeilzadeh, H., Cao, T., Xi, Y., Blackburn, S.M., McKinley, K.S., 2011. Looking back on the language and hardware revolution: measured power, performance, and scaling. In: Proceedings of 16th International Conference on Architectural Support for Program- ming Languages and Operating Systems (ASPLOS), March 5–11, 2011, Newport Beach, CA.

Esmaeilzadeh, H., Blem, E., St Amant, R., Sankaralingam, K., Burger, D., 2012. Power lim- itations and dark silicon challenge the future of multicore. ACM Trans. Comput. Syst. 30 (3), 115–138.

Evers, M., Patel, S.J., Chappell, R.S., Patt, Y.N., 1998. An analysis of correlation and predictability: what makes two-level branch predictors work. In: Proceedings of 25th Annual International Symposium on Computer Architecture (ISCA), July 3–14, 1998, Barcelona, Spain, pp. 52–61. Fabry, R.S., 1974. Capability based addressing. Commun. ACM 17 (7), 403–412.

Falsafi, B., Wood, D.A., 1997. Reactive NUMA: a design for unifying S-COMA and CC- NUMA. In: Proceedings of 24th Annual International Symposium on Computer Archi- tecture (ISCA), June 2–4, 1997, Denver, CO, pp. 229–240.

Fan, X., Weber, W., Barroso, L.A., 2007. Power provisioning for a warehouse-sized com- puter. In: Proceedings of 34th Annual International Symposium on Computer Architec- ture (ISCA), June 9–13, 2007, San Diego, CA.

Farkas, K.I., Jouppi, N.P., 1994. Complexity/performance trade-offs with non-blocking loads. In: Proceedings of 21st Annual International Symposium on Computer Architec- ture (ISCA), April 18–21, 1994, Chicago.

Farkas, K.I., Jouppi, N.P., Chow, P., 1995. How useful are non-blocking loads, stream buffers and speculative execution in multiple issue processors? In: Proceedings of First IEEE Symposium on High-Performance Computer Architecture, January 22–25, 1995, Raleigh, NC, pp. 78–89.

Farkas, K.I., Chow, P., Jouppi, N.P., Vranesic, Z., 1997. Memory-system design consider- ations for dynamically-scheduled processors. In: Proceedings of 24th Annual Interna- tional Symposium on Computer Architecture (ISCA), June 2–4, 1997, Denver, CO, pp. 133–143.

Fazio, D., 1987. It's really much more fun building a supercomputer than it is simply invent- ing one. In: Proceedings of IEEE COMPCON, February 23–27, 1987, San Francisco, pp. 102–105.

Fikes, A., 2010. Storage architecture and challenges. In: Google Faculty Summit.

Fisher, J.A., 1981. Trace scheduling: a technique for global microcode compaction. IEEE Trans. Comput. 30 (7), 478–490.

Fisher, J.A., 1983. Very long instruction word architectures and ELI-512. In: 10th Annual International Symposium on Computer Architecture (ISCA), June 5–7, 1982, Stock- holm, Sweden, pp. 140–150.

Fisher, J.A., Freudenberger, S.M., 1992. Predicting conditional branches from previous runs of a program. In: Proceedings of Fifth International Conference on Architectural Sup- port for Programming Languages and Operating Systems (ASPLOS), October 12–15, 1992, Boston, MA, pp. 85–95.

Fisher, J.A., Rau, B.R., 1993. J. Supercomput., January (special issue).

Fisher, J.A., Ellis, J.R., Ruttenberg, J.C., Nicolau, A., 1984. Parallel processing: a smart compiler and a dumb processor. In: Proceedings of SIGPLAN Conference on Compiler Construction, June 17–22, 1984, Montreal, Canada, pp. 11–16.

Flemming, P.J., Wallace, J.J., 1986. How not to lie with statistics: the correct way to sum- marize benchmarks results. Commun. ACM 29 (3), 218–221.

Flynn, M.J., 1966. Very high-speed computing systems. Proc. IEEE 54 (12), 1901–1909. Forgie, J.W., 1957. The Lincoln TX-2 input-output system. In: Proceedings of Western Joint Computer Conference (February), Institute of Radio Engineers, Los Angeles, pp. 156–160.

Foster, C.C., Riseman, E.M., 1972. Percolation of code to enhance parallel dispatching and execution. IEEE Trans. Comput. C-21 (12), 1411–1415.

Frank, S.J., 1984. Tightly coupled multiprocessor systems speed memory access time. Elec- tronics 57 (1), 164–169.

Freescale as part of i.MX31 Applications Processor, 2006. http://cache.freescale.com/files/32bit/doc/white_paper/IMX31MULTIWP.pdf.

Freiman, C.V., 1961. Statistical analysis of certain binary division algorithms. Proc. IRE 49 (1), 91–103.

Friesenborg, S.E., Wicks, R.J., 1985. DASD Expectations: The 3380, 3380-23, and MVS/XA, Tech. Bulletin GG22-9363-02. IBM Washington Systems Center, Gaithers- burg, MD.

Fuller, S.H., Burr, W.E., 1977. Measurement and evaluation of alternative computer archi- tectures. Computer 10 (10), 24–35.

Furber, S.B., 1996. ARM System Architecture. Addison-Wesley, Harlow, England. www.cs.man.ac.uk/amulet/publications/books/ARMsysArch.

Gagliardi, U.O., 1973. Report of workshop 4—software-related advances in computer hard- ware. In: Proceedings of Symposium on the High Cost of Software, September 17–19, 1973, Monterey, CA, pp. 99–120.

Gajski, D., Kuck, D., Lawrie, D., Sameh, A., 1983. CEDAR—a large scale multiprocessor. In: Proceedings of International Conference on Parallel Processing (ICPP), August, Columbus, Ohio, pp. 524–529.

Galal, S., Shacham, O., Brunhaver II, J.S., Pu, J., Vassiliev, A., Horowitz, M., 2013. FPU generator for design space exploration. In: 21st IEEE Symposium on Computer Arith- metic (ARITH).

Gallagher, D.M., Chen, W.Y., Mahlke, S.A., Gyllenhaal, J.C., Hwu, W.W., 1994. Dynamic memory disambiguation using the memory conflict buffer. In: Proceedings of Sixth International Conference on Architectural Support for Programming Languages and Operating Systems (ASPLOS), October 4–7, Santa Jose, CA, pp. 183–193.

Galles, M., 1996. Scalable pipelined interconnect for distributed endpoint routing: the SGI SPIDER chip. In: Proceedings of IEEE HOT Interconnects'96, August 15–17, 1996, Stanford University, Palo Alto, CA.

Game, M., Booker, A., 1999. CodePack code compression for PowerPC processors. Micro- News. 5 (1).

www.chips.ibm.com/micronews/vol5_no1/codepack.html.

Gao, Q.S., 1993. The Chinese remainder theorem and the prime memory system. In: 20th Annual International Symposium on Computer Architecture (ISCA), May 16–19, 1993, San Diego, CA (Computer Architecture News 21:2 (May), pp. 337–340.

Gap, 2005. Gap Inc. Reports Third Quarter Earnings. http://gapinc.com/public/documents/PR_Q405EarningsFeb2306.pdf.

Gap, 2006. Gap Inc. Reports Fourth Quarter and Full Year Earnings. http://-gapinc.com/public/documents/Q32005PressRelease_Final22.pdf.

Garner, R., Agarwal, A., Briggs, F., Brown, E., Hough, D., Joy, B., Kleiman, S., Muchnick, S., Namjoo, M., Patterson, D., Pendleton, J., Tuck, R., 1988. Scalable pro- cessor architecture (SPARC). In: Proceedings of IEEE COMPCON, February 29–March 4, 1988, San Francisco, pp. 278–283.

Gebis, J., Patterson, D., 2007. Embracing and extending 20th-century instruction set archi- tectures. IEEE Comput. 40 (4), 68–75.

Gee, J.D., Hill, M.D., Pnevmatikatos, D.N., Smith, A.J., 1993. Cache performance of the SPEC92 benchmark suite. IEEE Micro 13 (4), 17–27.

Gehringer, E.F., Siewiorek, D.P., Segall, Z., 1987. Parallel Processing: The Cm* Experi- ence. Digital Press, Bedford, MA.

Gharachorloo, K., Lenoski, D., Laudon, J., Gibbons, P., Gupta, A., Hennessy, J.L., 1990. Memory consistency and event ordering in scalable shared-memory multiprocessors. In: Proceedings of 17th Annual International Symposium on Computer Architecture (ISCA), May 28–31, 1990, Seattle, WA, pp. 15–26.

Gharachorloo, K., Gupta, A., Hennessy, J.L., 1992. Hiding memory latency using dynamic scheduling in shared-memory multiprocessors. In: Proceedings of 19th Annual Interna- tional Symposium on Computer Architecture (ISCA), May 19–21, 1992, Gold Coast, Australia.

Ghemawat, S., Gobioff, H., Leung, S.-T., 2003. The Google file system. In: Proceedings of 19th ACM Symposium on Operating Systems Principles, October 19–22, 2003, Bolton Landing, NY.

Gibson, D.H., 1967. Considerations in block-oriented systems design. AFIPS Conf. Proc. 30, 75–80.

Gibson, J.C., 1970. The Gibson mix, Rep. TR. 00.2043. IBM Systems Development Divi- sion, Poughkeepsie, NY (research done in 1959).

Gibson, G.A., 1992. In: Redundant Disk Arrays: Reliable, Parallel Secondary Storage. ACM Distinguished Dissertation Series, MIT Press, Cambridge, MA.

Gibson, J., Kunz, R., Ofelt, D., Horowitz, M., Hennessy, J., Heinrich, M., 2000. FLASH vs. (simulated) FLASH: Closing the simulation loop. In: Proceedings of Ninth International Conference on Architectural Support for Programming Languages and Operating Systems (ASPLOS), November 12–15, Cambridge, MA, pp. 49–58.

Glass, C.J., Ni, L.M., 1992. The Turn Model for adaptive routing. In: 19th Annual Interna- tional Symposium on Computer Architecture (ISCA), May 19–21, 1992, Gold Coast, Australia.

Goldberg, I.B., 1967. 27 bits are not enough for 8-digit accuracy. Commun. ACM 10 (2), 105–106.

Goldberg, D., 1991. What every computer scientist should know about floating-point arith- metic. Comput. Surv. 23 (1), 5–48.

Goldstein, S., 1987. Storage Performance—An Eight Year Outlook, Tech. Rep. TR 03.308-1. Santa Teresa Laboratory, IBM Santa Teresa Laboratory, San Jose, CA.

Goldstine, H.H., 1972. The Computer: From Pascal to von Neumann. Princeton University Press, Princeton, NJ.

González, A., Day, M., 2016. Amazon, Microsoft invest billions as computing shifts to cloud. The Seattle Times. http://www.seattletimes.com/business/technology/amazon-microsoft-invest-billions-as-computing-shifts-to-cloud/.

González, J., González, A., 1998. Limits of instruction level parallelism with data specula- tion. In: Proceedings of Vector and Parallel Processing (VECPAR) Conference, June 21–23, 1998, Porto, Portugal, pp. 585–598.

Goodman, J.R., 1983. Using cache memory to reduce processor memory traffic. In: Proceedings of 10th Annual International Symposium on Computer Architecture (ISCA), June 5–7, 1982, Stockholm, Sweden, pp. 124–131.

Goralski, W., 1997. SONET: A Guide to Synchronous Optical Network. McGraw-Hill, New York.

Gosling, J.B., 1980. Design of Arithmetic Units for Digital Computers. Springer-Verlag, New York.

Gray, J., 1990. A census of Tandem system availability between 1985 and 1990. IEEE Trans. Reliab. 39 (4), 409–418.

Gray, J. (Ed.), 1993. The Benchmark Handbook for Database and Transaction Processing Systems, second ed. Morgan Kaufmann, San Francisco.

Gray, J., 2006. Sort benchmark home page. http://sortbenchmark.org/.

Gray, J., Reuter, A., 1993. Transaction Processing: Concepts and Techniques. Morgan Kaufmann, San Francisco.

Gray, J., Siewiorek, D.P., 1991. High-availability computer systems. Computer 24 (9), 39–48.

Gray, J., van Ingen, C., 2005. Empirical Measurements of Disk Failure Rates and Error Rates, MSR-TR-2005-166. Microsoft Research, Redmond, WA.

Greenberg, A., Jain, N., Kandula, S., Kim, C., Lahiri, P., Maltz, D., Patel, P., Sengupta, S., 2009. VL2: a scalable and flexible data center network. In: Proceedings of ACM SIG- COMM, August 17–21, 2009, Barcelona, Spain.

Grice, C., Kanellos, M., 2000. Cell phone industry at crossroads: go high or low? CNET News.technews.netscape.com/news/0-1004-201-2518386-0.html?tag=st.ne.1002.tgif.sf.

Groe, J.B., Larson, L.E., 2000. CDMA Mobile Radio Design. Artech House, Boston.

Gunther, K.D., 1981. Prevention of deadlocks in packet-switched data transport systems. IEEE Trans. Commun. 29 (4), 512–524.

Hagersten, E., Koster, M., 1998. WildFire: a scalable path for SMPs. In: Proceedings of Fifth International Symposium on High-Performance Computer Architecture, January 9–12, 1999, Orlando, FL.

Hagersten, E., Landin, A., Haridi, S., 1992. DDM—a cache-only memory architecture. IEEE Comput. 25 (9), 44–54.

Hamacher, V.C., Vranesic, Z.G., Zaky, S.G., 1984. Computer Organization, second ed. McGraw-Hill, New York.

Hameed, R., Qadeer, W., Wachs, M., Azizi, O., Solomatnikov, A., Lee, B.C., Richardson, S., Kozyrakis, C., Horowitz, M., 2010. Understanding sources of ineffi- ciency in general-purpose chips. ACM SIGARCH Comput. Architect. News 38 (3), 37–47.

Hamilton, J., 2009. Data center networks are in my way. In: Paper Presented at the Stanford Clean Slate CTO Summit, October 23, 2009. http://mvdirona.com/jrh/-TalksAndPapers/JamesHamilton_CleanSlateCTO2009.pdf.

Hamilton, J., 2010. Cloud computing economies of scale. In: Paper

Presented at the AWS Workshop on Genomics and Cloud Computing, June 8, 2010, Seattle, WA. http://mvdirona.com/jrh/TalksAndPapers/JamesHamilton_GenomicsCloud20100608.pdf.

Hamilton, J., 2014. AWS Innovation at Scale, AWS Re-invent conference. https://www.youtube.com/watch?v=JIQETrFC_SQ.

Hamilton, J., 2015. The Return to the Cloud. http://perspectives.mvdirona.com/2015/05/ the-return-to-the-cloud//.

Hamilton, J., 2017. How Many Data Centers Needed World-Wide. http://perspectives. mvdirona.com/2017/04/how-many-data-centers-needed-worldwide/.

Hammerstrom, D., 1990. A VLSI architecture for high-performance, low-cost, on-chip learning. In: IJCNN International Joint Conference on Neural Networks.

Handy, J., 1993. The Cache Memory Book. Academic Press, Boston.

Hauck, E.A., Dent, B.A., 1968. Burroughs' B6500/B7500 stack mechanism. In: Proceedings of AFIPS Spring Joint Computer Conference, April 30–May 2, 1968, Atlantic City, NJ, pp. 245–251.

He, K., Zhang, X., Ren, S., Sun, J., 2016. Identity mappings in deep residual networks. Also in arXiv preprint arXiv:1603.05027.

Heald, R., Aingaran, K., Amir, C., Ang, M., Boland, M., Das, A., Dixit, P., Gouldsberry, G., Hart, J., Horel, T., Hsu, W.-J., Kaku, J., Kim, C., Kim, S., Klass, F., Kwan, H., Lo, R., McIntyre, H., Mehta, A., Murata, D., Nguyen, S., Pai, Y.-P., Patel, S., Shin, K., Tam, K., Vishwanthaiah, S., Wu, J., Yee, G., You, H., 2000. Implementation of third-generation SPARC V9 64-b microprocessor. In: ISSCC Digest of Technical Papers, pp. 412–413.

Heinrich, J., 1993. MIPS R4000 User's Manual. Prentice Hall, Englewood Cliffs, NJ. Henly, M., McNutt, B., 1989. DASD I/O Characteristics: A Comparison of MVS to VM, Tech. Rep. TR 02.1550 (May). IBM General Products Division, San Jose, CA. Hennessy, J., 1984. VLSI processor architecture. IEEE Trans. Comput. C-33 (11), 1221–1246. Hennessy, J., 1985. VLSI RISC processors. VLSI Syst. Des. 6 (10), 22–32.

Hennessy, J., Jouppi, N., Baskett, F., Gill, J., 1981. MIPS: a VLSI processor architecture. In: CMU Conference on VLSI Systems and Computations. Computer Science Press, Rockville, MD.

Hewlett-Packard, 1994. PA-RISC 2.0 Architecture Reference Manual, third ed. Hewlett- Packard, Palo Alto, CA.

Hewlett-Packard, 1998. HP's '5NINES:5MINUTES' Vision Extends Leadership and Redefines High Availability in Mission-Critical Environments. www.future. enterprisecomputing.hp.com/ia64/news/5nines_vision_pr.html.

Hill, M.D., 1987. Aspects of Cache Memory and Instruction Buffer Performance (Ph.D. thesis). Tech. Rep. UCB/CSD 87/381. Computer Science Division, University of California, Berkeley.

Hill, M.D., 1988. A case for direct mapped caches. Computer 21 (12), 25–40.

Hill, M.D., 1998. Multiprocessors should support simple memory consistency models. IEEE Comput. 31 (8), 28–34.

Hillis, W.D., 1985. The Connection Multiprocessor. MIT Press, Cambridge, MA.

Hillis, W.D., Steele, G.L., 1986. Data parallel algorithms. Commun. ACM 29 (12), 1170–1183.

Hinton, G., Sager, D., Upton, M., Boggs, D., Carmean, D., Kyker, A., Roussel, P., 2001. The microarchitecture of the Pentium 4 processor. Intel Technol. J.

Hintz, R.G., Tate, D.P., 1972. Control data STAR-100 processor design. In: Proceedings of IEEE COMPCON, September 12–14, 1972, San Francisco, pp. 1–4.

Hirata, H., Kimura, K., Nagamine, S., Mochizuki, Y., Nishimura, A., Nakase, Y., Nishizawa, T., 1992. An elementary processor architecture with simultaneous instruction issuing from multiple threads. In: Proceedings of 19th Annual International Symposium on Computer Architecture (ISCA), May 19–21, 1992, Gold Coast, Australia, pp. 136–145.

Hitachi, 1997. SuperH RISC Engine SH7700 Series Programming Manual. Hitachi, Santa Clara, CA. www.halsp.hitachi.com/tech_prod/.

Ho, R., Mai, K.W., Horowitz, M.A., 2001. The future of wires. In: Proc. of the IEEE, 89. 4, pp. 490–504.

Hoagland, A.S., 1963. Digital Magnetic Recording. Wiley, New York.

Hockney, R.W., Jesshope, C.R., 1988. Parallel Computers 2: Architectures, Programming and Algorithms. Adam Hilger, Ltd., Bristol, England.

Holland, J.H., 1959. A universal computer capable of executing an arbitrary number of subprograms simultaneously. Proc. East Joint Comput. Conf. 16, 108–113.

Holt, R.C., 1972. Some deadlock properties of computer systems. ACM Comput. Surv. 4 (3), 179–196.

H€olzle, U., 2010. Brawny cores still beat wimpy cores, most of the time. IEEE Micro 30, 4 (July/August).

Hopkins, M., 2000. A critical look at IA-64: massive resources, massive ILP, but can it deliver? Microprocessor Rep. February.

Hord, R.M., 1982. The Illiac-IV, The First Supercomputer. Computer Science Press, Rockville, MD.

Horel, T., Lauterbach, G., 1999. UltraSPARC-III: designing third-generation 64-bit perfor- mance. IEEE Micro 19 (3), 73–85.

Hospodor, A.D., Hoagland, A.S., et al., 1993. The changing nature of disk controllers. Proc. IEEE 81 (4), 586–594.

Hristea, C., Lenoski, D., Keen, J., 1997. Measuring memory hierarchy performance of cache-coherent multiprocessors using micro benchmarks. In: Proceedings of ACM/ IEEE Conference on Supercomputing, November 16–21, 1997, San Jose, CA.

Hsu, P., 1994. Designing the TFP microprocessor. IEEE Micro 18(2). Huang, M., Wu, D., Yu, C.H., Fang, Z., Interlandi, M., Condie, T., Cong, J., 2016. Programming and runtime support to blaze FPGA accelerator deployment at datacenter scale. In: Proceedings of the Seventh ACM Symposium on Cloud Computing. ACM, pp. 456–469.

Huck, J., et al., 2000. Introducing the IA-64 Architecture. IEEE Micro 20 (5), 12–23.

Hughes, C.J., Kaul, P., Adve, S.V., Jain, R., Park, C., Srinivasan, J., 2001. Variability in the execution of multimedia applications and implications for architecture. In: Proceedings of 28th Annual International Symposium on Computer Architecture (ISCA), June 30–July 4, 2001, Goteborg, Sweden, pp. 254–265.

Hwang, K., 1979. Computer Arithmetic: Principles, Architecture, and Design. Wiley, New York.

Hwang, K., 1993. Advanced Computer Architecture and Parallel Programming. McGraw-Hill, New York.

Hwu, W.-M., Patt, Y., 1986. HPSm, a high performance restricted data flow architecture having minimum functionality. In: Proceedings of 13th Annual International Sympo- sium on

Computer Architecture (ISCA), June 2–5, 1986, Tokyo, pp. 297–307.

Hwu, W.W., Mahlke, S.A., Chen, W.Y., Chang, P.P., Warter, N.J., Bringmann, R.A., Ouellette, R.O., Hank, R.E., Kiyohara, T., Haab, G.E., Holm, J.G., Lavery, D.M., 1993. The superblock: an effective technique for VLIW and superscalar compilation. J. Supercomput. 7 (1), 229–248.

Iandola, F., 2016. Exploring the Design Space of Deep Convolutional Neural Networks at Large Scale (Ph.D. dissertation). UC Berkeley. IBM, 1982. The Economic Value of Rapid Response Time, GE20-0752-0. IBM, White Plains, NY, pp. 11–82.

IBM, 1990. The IBM RISC System/6000 processor. IBM J. Res. Dev. 34(1). IBM, 1994. The PowerPC Architecture. Morgan Kaufmann, San Francisco. IBM, 2005. Blue Gene. IBM J. Res. Dev. 49 (2/3) (Special issue).

IEEE, 1985. IEEE standard for binary floating-point arithmetic. SIGPLAN Notices 22 (2), 9–25.

IEEE, 2005. Intel virtualization technology, computer. IEEE Comput. Soc. 38 (5), 48–56.

IEEE 754-2008 Working Group, 2006. DRAFT Standard for Floating-Point Arithmetic 754-2008, https://doi.org/10.1109/IEEESTD.2008.4610935.

Ienne, P., Cornu, T., Kuhn, G., 1996. Special-purpose digital hardware for neural networks: an architectural survey. J. VLSI Signal Process. Syst. Signal Image Video Technol. 13(1). Imprimis Product Specification, 97209 Sabre Disk Drive IPI-2 Interface 1.2 GB, Document No. 64402302, Imprimis, Dallas, TX.

InfiniBand Trade Association, 2001. InfiniBand Architecture Specifications Release 1.0.a. www.infinibandta.org.

Inoue, K., Ishihara, T., Murakami, K., 1999. Way-predicting set-associative cache for high performance and low energy consumption. In: Proc. 1999 International Symposium on Low Power Electronics and Design, ACM, pp. 273–275.

Intel, 2001. Using MMX Instructions to Convert RGB to YUV Color Conversion. cedar. intel.com/cgi-bin/ids.dll/content/content.jsp?cntKey=Legacy::irtm_AP548_9996&cntType=IDS_EDITORIAL.

Internet Retailer, 2005. The Gap launches a new site—after two weeks of downtime. Inter- net Retailer. http://www.internetretailer.com/2005/09/28/the-gap-launches-a-new-site- after-two-weeks-of-downtime.

Jain, R., 1991. The Art of Computer Systems Performance Analysis: Techniques for Experimental Design, Measurement, Simulation, and Modeling. Wiley, New York.

Jantsch, A., Tenhunen, H. (Eds.), 2003. Networks on Chips. Kluwer Academic Publishers, The Netherlands.

Jimenez, D.A., Lin, C., 2001. Dynamic branch prediction with perceptrons. In: Proceedings of the 7th International Symposium on High-Performance Computer Architecture (HPCA '01). IEEE, Washington, DC, pp. 197–206.

Jimenez, D.A., Lin, C., 2002. Neural methods for dynamic branch prediction. ACM Trans. Comput. Syst. 20 (4), 369–397.

Johnson, M., 1990. Superscalar Microprocessor Design. Prentice Hall, Englewood Cliffs, NJ.

Jordan, H.F., 1983. Performance measurements on HEP—a pipelined MIMD computer. In: Proceedings of 10th Annual International Symposium on Computer Architecture (ISCA), June 5–7, 1982, Stockholm, Sweden, pp. 207–212.

Jordan, K.E., 1987. Performance comparison of large-scale scientific processors: scalar main- frames, mainframes with vector facilities, and supercomputers. Computer 20 (3), 10–23. Jouppi, N.P., 1990. Improving direct-mapped cache performance by the addition of a small fully-associative cache and prefetch buffers. In: Proceedings of 17th Annual International Symposium on Computer Architecture (ISCA), May 28–31, 1990, Seattle, WA, pp. 364–373.

Jouppi, N.P., 1998. Retrospective: Improvingdirect-mappedcacheperformancebythe addition of a small fully-associative cache and prefetch buffers. In: 25 Years of the International Symposia on Computer Architecture (Selected Papers). ACM, New York, pp. 71–73.

Jouppi, N., 2016. Google supercharges machine learning tasks with TPU custom chip. https://cloudplatform.googleblog.com.

Jouppi, N.P., Wall, D.W., 1989. Available instruction-level parallelism for super-scalar and superpipelined processors. In: Proceedings of Third International Conference on Architectural Support for Programming Languages and Operating Systems (ASPLOS), April 3–6, 1989, Boston, pp. 272–282.

Jouppi, N.P., Wilton, S.J.E., 1994. Trade-offs in two-level on-chip caching. In: Proceedings of 21st Annual International Symposium on Computer Architecture (ISCA), April 18– 21, 1994, Chicago, pp. 34–45.

Jouppi, N., Young, C., Patil, N., Patterson, D., Agrawal, G., et al., 2017. Datacenter perfor- mance analysis of a matrix processing unit. In: 44th International Symposium on Computer Architecture.

Kaeli, D.R., Emma, P.G., 1991. Branch history table prediction of moving target branches due to subroutine returns. In: Proceedings of 18th Annual International Symposium on Computer Architecture (ISCA), May 27–30, 1991, Toronto, Canada, pp. 34–42.

Kahan, W., 1968. 7094-II system support for numerical analysis, SHARE Secretarial Distribution SSD-159. Department of Computer Science, University of Toronto.

Kahan, J., 1990. On the advantage of the 8087's stack, unpublished course notes. Computer Science Division, University of California, Berkeley.

Kahaner, D.K., 1988. Benchmarks for 'real' programs. SIAM News. November.

Kahn, R.E., 1972. Resource-sharing computer communication networks. Proc. IEEE 60 (11), 1397–1407.

Kane, G., 1986. MIPS R2000 RISC Architecture. Prentice Hall, Englewood Cliffs, NJ.

Kane, G., 1996. PA-RISC 2.0 Architecture. Prentice Hall, Upper Saddle River, NJ.

Kane, G., Heinrich, J., 1992. MIPS RISC Architecture. Prentice Hall, Englewood Cliffs, NJ.

Kanev, S., Darago, J.P., Hazelwood, K., Ranganathan, P., Moseley, T., Wei, G.Y., Brooks, D., 2015. Profiling a warehouse-scale computer. In: ACM/IEEE 42nd Annual International Symposium on Computer Architecture (ISCA).

Karpathy, A., et al., 2014. Large-scale video classification with convolutional neural networks. CVPR.

Katz, R.H., Patterson, D.A., Gibson, G.A., 1989. Disk system architectures for high perfor- mance computing. Proc. IEEE 77 (12), 1842–1858.

Keckler, S.W., Dally, W.J., 1992. Processor coupling: integrating compile time and runtime scheduling for parallelism. In: Proceedings of 19th Annual International Symposium on Computer Architecture (ISCA), May 19–21, 1992, Gold Coast, Australia, pp. 202–213.

Keller, R.M., 1975. Look-ahead processors. ACM Comput. Surv. 7 (4), 177–195.

Keltcher, C.N., McGrath, K.J., Ahmed, A., Conway, P., 2003. The AMD Opteron processor for multiprocessor servers. IEEE Micro 23 (2), 66–76.

Kembel, R., 2000. Fibre channel: a comprehensive introduction. Internet Week. April.

Kermani, P., Kleinrock, L., 1979. Virtual cut-through: a new computer communication switching technique. Comput. Netw. 3, 267–286.

Kessler, R., 1999. The Alpha 21264 microprocessor. IEEE Micro 19 (2), 24–36. Kilburn, T., Edwards, D.B.G., Lanigan, M.J., Sumner, F.H., 1962. One-level storage system. IRE Trans. Electron. Comput. EC-11, 223–235. Also appears in Siewiorek, D.P., Bell, C.G., Newell, A. 1982. Computer Structures: Principles and Examples. McGraw- Hill, New York. pp. 135–148.

Killian, E., 1991. MIPS R4000 technical overview–64 bits/100 MHz or bust. In: Hot Chips III Symposium Record, August 26–27, 1991, Stanford University, Palo Alto, CA. pp. 1.6–1.19.

Kim, M.Y., 1986. Synchronized disk interleaving. IEEE Trans. Comput. 35 (11), 978–988.

Kim, K., 2005. Technology for sub-50nm DRAM and NAND flash manufacturing. In: Elec- tron Devices Meeting Technical Digest (December), pp. 323–326.

Kissell, K.D., 1997. MIPS16: High-density for the embedded market In: Proceedings of Real Time Systems'97, June 15, 1997, Las Vegas, Nev. www.sgi.com/MIPS/arch/MIPS16/MIPS16.whitepaper.pdf.

Kitagawa, K., Tagaya, S., Hagihara, Y., Kanoh, Y., 2003. A hardware overview of SX-6 and SX-7 supercomputer. NEC Res. Dev. J. 44 (1), 2–7.

Knuth, D., 1981. second ed. The Art of Computer Programming, vol. II. Addison-Wesley, Reading, MA.

Kogge, P.M., 1981. The Architecture of Pipelined Computers. McGraw-Hill, New York. Kohn, L., Fu, S.-W., 1989. A 1,000,000 transistor microprocessor. In: Proceedings of IEEE International Symposium on Solid State Circuits (ISSCC), February 15–17, 1989, New York, pp. 54–55.

Kohn, L., Margulis, N., 1989. Introducing the Intel i860 64-Bit Microprocessor. IEEE Micro 9 (4), 15–30.

Kontothanassis, L., Hunt, G., Stets, R., Hardavellas, N., Cierniak, M., Parthasarathy, S., Meira, W., Dwarkadas, S., Scott, M., 1997. VM-based shared memory on low-latency, remote-memory-access networks. In: Proceedings of 24th Annual International Symposium on Computer Architecture (ISCA), June 2–4, 1997, Denver, CO.

Koren, I., 1989. Computer Arithmetic Algorithms. Prentice Hall, Englewood Cliffs, NJ. Kozyrakis, C., 2000. Vector IRAM: a media-oriented vector processor with embedded DRAM. In: Paper Presented at Hot Chips 12, August 13–15, 2000, Palo Alto, CA, pp. 13–15.

Kozyrakis, C., Patterson, D., 2002. Vector vs. superscalar and VLIW architectures for embedded multimedia benchmarks. In: Proceedings of 35th Annual International Symposium on Microarchitecture (MICRO-35), November 18–22, 2002, Istanbul, Turkey.

Krizhevsky, A., Sutskever, I., Hinton, G., 2012. Imagenet classification with deep convolu- tional neural networks. Adv. Neural Inf. Process. Syst.

Kroft, D., 1981. Lockup-free instruction fetch/prefetch cache organization. In: Proceedings of Eighth Annual International Symposium on Computer Architecture (ISCA), May 12–14, 1981, Minneapolis, MN, pp. 81–87.

Kroft, D., 1998. Retrospective: lockup-free instruction fetch/prefetch cache organization. In: 25 Years of the International Symposia on Computer Architecture (Selected Papers), ACM, New York, pp. 20–21.

Kuck, D., Budnik, P.P., Chen, S.-C., Lawrie, D.H., Towle, R.A., Strebendt, R.E., Davis Jr., E.W., Han, J., Kraska, P.W., Muraoka, Y., 1974. Measurements of parallelism in ordinary FORTRAN programs. Computer 7 (1), 37–46.

Kuhn, D.R., 1997. Sources of failure in the public switched telephone network. IEEE Comput. 30 (4), 31–36.

Kumar, A., 1997. The HP PA-8000 RISC CPU. IEEE Micro 17 (2), 27–32.

Kung, H.T., Leiserson, C.E., 1980. Algorithms for VLSI processor arrays. Introduction to VLSI systems.

Kunimatsu, A., Ide, N., Sato, T., Endo, Y., Murakami, H., Kamei, T., Hirano, M.,

Ishihara, F., Tago, H., Oka, M., Ohba, A., Yutaka, T., Okada, T., Suzuoki, M., 2000. Vector unit architecture for emotion synthesis. IEEE Micro 20 (2), 40–47.

Kunkel, S.R., Smith, J.E., 1986. Optimal pipelining in supercomputers. In: Proceedings of 13th Annual International Symposium on Computer Architecture (ISCA), June 2–5, 1986, Tokyo, pp. 404–414.

Kurose, J.F., Ross, K.W., 2001. Computer Networking: A Top-Down Approach Featuring the Internet Addison-Wesley, Boston.

Kuskin, J., Ofelt, D., Heinrich, M., Heinlein, J., Simoni, R., Gharachorloo, K., Chapin, J., Nakahira, D., Baxter, J., Horowitz, M., Gupta, A., Rosenblum, M., Hennessy, J.L., 1994. The Stanford FLASH multiprocessor. In: Proceedings of 21st Annual International Symposium on Computer Architecture (ISCA), April 18–21, 1994, Chicago. Lam, M., 1988. Software pipelining: an effective scheduling technique for VLIW proces- sors. In: SIGPLAN Conference on Programming Language Design and Implementation, June 22–24, 1988, Atlanta, GA, pp. 318–328.

Lam, M.S., Wilson, R.P., 1992. Limits of control flow on parallelism. In: Proceedings of 19th Annual International Symposium on Computer Architecture (ISCA), May 19–21, 1992, Gold Coast, Australia, pp. 46–57.

Lam, M.S., Rothberg, E.E., Wolf, M.E., 1991. The cache performance and optimizations of blocked algorithms. In: Proceedings of Fourth International Conference on Architectural Support for Programming Languages and Operating Systems (ASPLOS), April 8–11, 1991, Santa Clara, CA. (SIGPLAN Notices 26:4 (April), 63–74).

Lambright, D., 2000. Experiences in measuring the reliability of a cache-based storage system. In: Proceedings of First Workshop on Industrial Experiences with Systems Software (WIESS 2000), Co-Located with the 4th Symposium on Operating Systems Design and Implementation (OSDI), October 22, 2000, San Diego, CA.

Lamport, L., 1979. How to make a multiprocessor computer that correctly executes multi- process programs. IEEE Trans. Comput. C-28 (9), 241–248.

Landstrom, B., 2014. The Cost of Downtime. http://www.interxion.com/blogs/2014/07/the- cost-of-downtime/.

Lang, W., Patel, J.M., Shankar, S., 2010. Wimpy node clusters: what about non-wimpy workloads? In: Proceedings of Sixth

International Workshop on Data Management on New Hardware (DaMoN), June 7, Indianapolis, IN.

Laprie, J.-C., 1985. Dependable computing and fault tolerance: concepts and terminology. In: Proceedings of 15th Annual International Symposium on Fault-Tolerant Computing, June 19–21, 1985, Ann Arbor, Mich, pp. 2–11.

Larabel, M., 2016. Google Looks To Open Up StreamExecutor To Make GPGPU Program- ming Easier. Phoronix, March 10. https://www.phoronix.com/.

Larson, E.R., 1973. Findings of fact, conclusions of law, and order for judgment, File No. 4-67, Civ. 138, Honeywell v. Sperry-Rand and Illinois Scientific Develop- ment, U.S. District Court for the State of Minnesota, Fourth Division (October 19). Laudon, J., Lenoski, D., 1997. The SGI Origin: a ccNUMA highly scalable server. In: Proceedings of 24th Annual International Symposium on Computer Architecture (ISCA), June 2–4, 1997, Denver, CO, pp. 241–251.

Laudon, J., Gupta, A., Horowitz, M., 1994. Interleaving: a multithreading technique target- ing multiprocessors and workstations. In: Proceedings of Sixth International Confer- ence on Architectural Support for Programming Languages and Operating Systems (ASPLOS), October 4–7, San Jose, CA, pp. 308–318.

Lauterbach, G., Horel, T., 1999. UltraSPARC-III: designing third generation 64-bit perfor- mance. IEEE Micro 19, 3 (May/June).

Lazowska, E.D., Zahorjan, J., Graham, G.S., Sevcik, K.C., 1984. Quantitative System Performance: Computer System Analysis Using Queueing Network Models. Prentice Hall, Englewood Cliffs, NJ (Although out of print, it is available online at www.cs. washington.edu/homes/lazowska/qsp/).

Lebeck, A.R., Wood, D.A., 1994. Cache profiling and the SPEC benchmarks: a case study. Computer 27 (10), 15–26.

Lee, R., 1989. Precision architecture. Computer 22 (1), 78–91.

Lee, W.V., et al., 2010. Debunking the 100X GPU vs. CPU myth: an evaluation of throughput computing on CPU and GPU. In: Proceedings of 37th Annual Interna- tional Symposium on Computer Architecture (ISCA), June 19–23, 2010, Saint- Malo, France.

Lee, Y., Waterman, A., Cook, H., Zimmer, B., Keller, B., Puggelli, A., Kwak, J., Jevtic, R., Bailey, S., Blagojevic, M., Chiu, P.-F., Avizienis, R., Richards, B., Bachrach, J., Patterson, D., Alon, E., Nikolic, B., Asanovic, K., 2016. An agile approach to building RISC-V microprocessors. IEEE Micro 36 (2), 8–20.

Leighton, F.T., 1992. Introduction to Parallel Algorithms and Architectures: Arrays, Trees, Hypercubes. Morgan Kaufmann, San Francisco.

Leiner, A.L., 1954. System specifications for the DYSEAC. J. ACM 1 (2), 57–81. Leiner, A.L., Alexander, S.N., 1954. System organization of the DYSEAC. IRE Trans. Electron. Comput. 3 (1), 1–10.

Leiserson, C.E., 1985. Fat trees: universal networks for hardware-efficient supercomputing. IEEE Trans. Comput. C-34 (10), 892–901.

Lenoski, D., Laudon, J., Gharachorloo, K., Gupta, A., Hennessy, J.L., 1990. The Stanford DASH multiprocessor. In: Proceedings of 17th Annual International Symposium on Computer Architecture (ISCA), May 28–31, 1990, Seattle, WA, pp. 148–159.

Lenoski, D., Laudon, J., Gharachorloo, K., Weber, W.-D., Gupta, A., Hennessy, J.L., Horowitz, M.A., Lam, M., 1992. The Stanford DASH multiprocessor. IEEE Comput. 25 (3), 63–79.

Levy, H., Eckhouse, R., 1989. Computer Programming and Architecture: The VAX. Digital Press, Boston.

Lewis-Kraus, G., 2016. The Great A.I. Awakening. New York Times Magazine..

Li, K., 1988. IVY: a shared virtual memory system for parallel computing. In: Proceedings of 1988 International Conference on Parallel Processing. Pennsylvania State University Press, University Park, PA.

Li, S., Chen, K., Brockman, J.B., Jouppi, N., 2011. Performance Impacts of Non-blocking Caches in Out-of-order Processors. HP Labs Tech Report HPL-2011-65 (full text avail- able at http://Library.hp.com/techpubs/2011/Hpl-2011-65.html).

Lim, K., Ranganathan, P., Chang, J., Patel, C., Mudge, T., Reinhardt, S., 2008. Understand- ing and designing new system architectures for emerging warehouse-computing environments. In: Proceedings of 35th Annual International Symposium on Computer Architecture (ISCA), June 21–25, 2008, Beijing, China.

Lincoln, N.R., 1982. Technology and design trade offs in the creation of a modern super- computer. IEEE Trans. Comput. C-31 (5), 363–376.

Lindholm, T., Yellin, F., 1999. The Java Virtual Machine Specification, 2nd ed. Addi- son-Wesley, Reading, MA (Also available online at java.sun.com/docs/books/ vmspec/).

Lipasti, M.H., Shen, J.P., 1996. Exceeding the dataflow limit via value prediction. In: Proceedings of 29th International Symposium on Microarchitecture, December 2–4, 1996, Paris, France.

Lipasti, M.H., Wilkerson, C.B., Shen, J.P., 1996. Value locality and load value prediction. In: Proceedings of Seventh Conference on Architectural Support for Programming Lan- guages and Operating Systems (ASPLOS), October 1–5, 1996, Cambridge, MA, pp. 138–147.

Liptay, J.S., 1968. Structural aspects of the System/360 Model 85, Part II: The cache. IBM Syst. J. 7 (1), 15–21.

Lo, J., Eggers, S., Emer, J., Levy, H., Stamm, R., Tullsen, D., 1997. Converting thread-level parallelism into instruction-level parallelism via simultaneous multithreading. ACM Trans. Comput. Syst. 15 (2), 322–354.

Lo, J., Barroso, L., Eggers, S., Gharachorloo, K., Levy, H., Parekh, S., 1998. An analysis of database workload performance on simultaneous multithreaded processors. In: Proceedings of 25th Annual International Symposium on Computer Architecture (ISCA), July 3–14, 1998, Barcelona, Spain, pp. 39–50.

Lo, D., Cheng, L., Govindaraju, R., Barroso, L.A., Kozyrakis, C., 2014. Towards energy proportionality for large-scale latency-critical workloads. In: ACM/IEEE 41st Annual International Symposium on Computer Architecture (ISCA).

Loh, G.H., Hill, M.D., 2011. Efficiently enabling conventional block sizes for very large die-stacked DRAM caches. In: Proc. 44th Annual IEEE/ACM International Symposium on Microarchitecture, ACM, pp. 454–464.

Lovett, T., Thakkar, S., 1988. The symmetry multiprocessor system. In: Proceedings of 1988 International Conference of Parallel Processing, University Park, PA, pp. 303–310.

Lubeck, O., Moore, J., Mendez, R., 1985. A benchmark comparison of three supercom- puters: Fujitsu VP-200, Hitachi S810/20, and Cray X-MP/2. Computer 18 (12), 10–24.

Luk, C.-K., Mowry, T.C., 1999. Automatic compiler-inserted prefetching for pointer-based applications. IEEE Trans. Comput. 48 (2), 134–141.

Lunde, A., 1977. Empirical evaluation of some features of instruction set processor archi- tecture. Commun. ACM 20 (3), 143–152.

Luszczek, P., Dongarra, J.J., Koester, D., Rabenseifner, R., Lucas, B., Kepner, J., McCalpin, J., Bailey, D., Takahashi, D., 2005. Introduction to the HPC challenge benchmark suite. Lawrence Berkeley National Laboratory, Paper LBNL-57493 (April 25), repositories. cdlib.org/lbnl/LBNL-57493.

Maberly, N.C., 1966. Mastering Speed Reading. New American Library, New York.

Magenheimer, D.J., Peters, L., Pettis, K.W., Zuras, D., 1988. Integer multiplication and division on the HP precision architecture. IEEE Trans. Comput. 37 (8), 980–990.

Mahlke, S.A., Chen, W.Y., Hwu, W.-M., Rau, B.R., Schlansker, M.S., 1992. Sentinel scheduling for VLIW and superscalar processors. In: Proceedings of Fifth International Conference on Architectural Support for Programming Languages and Operating Systems (ASPLOS), October 12–15, 1992, Boston, pp. 238–247.

Mahlke, S.A., Hank, R.E., McCormick, J.E., August, D.I., Hwu, W.W., 1995. A comparison of full and partial predicated execution support for ILP processors. In: Proceedings of 22nd Annual International Symposium on Computer Architecture (ISCA), June 22–24, 1995, Santa Margherita, Italy, pp. 138–149.

Major, J.B., 1989. Are queuing models within the grasp of the unwashed? In: Proceedings of International Conference on Management and Performance Evaluation of Computer Systems, December 11–15, 1989, Reno, Nev, pp. 831–839.

Markstein, P.W., 1990. Computation of elementary functions on the IBM RISC System/ 6000 processor. IBM J. Res. Dev. 34 (1), 111–119.

Mathis, H.M., Mercias, A.E., McCalpin, J.D., Eickemeyer, R.J., Kunkel, S.R., 2005. Char- acterization of the multithreading (SMT) efficiency in Power5. IBM J. Res. Dev. 49 (4/5), 555–564.

McCalpin, J., 2005. STREAM: Sustainable Memory Bandwidth in High Performance Computers. www.cs.virginia.edu/stream/.

McCalpin, J., Bailey, D., Takahashi, D., 2005. Introduction to the HPC Challenge Bench- mark Suite, Paper LBNL-57493. Lawrence Berkeley National Laboratory, University of California, Berkeley, repositories.cdlib.org/lbnl/LBNL-57493.

McCormick, J., Knies, A., 2002. A brief analysis of the SPEC CPU2000 benchmarks on the Intel Itanium 2 processor. In: Paper Presented at Hot Chips 14, August 18–20, 2002, Stanford University, Palo Alto, CA.

McFarling, S., 1989. Program optimization for instruction caches. In: Proceedings of Third International Conference on Architectural Support for Programming Languages and Operating Systems (ASPLOS), April 3–6, 1989, Boston, pp. 183–191.

McFarling, S., 1993. Combining Branch Predictors, WRL Technical Note TN-36, Digital Western Research Laboratory, Palo Alto, CA.

McFarling, S., Hennessy, J., 1986. Reducing the cost of branches. In: Proceedings of 13th Annual International Symposium on Computer Architecture (ISCA), June 2–5, 1986, Tokyo, pp. 396–403.

McGhan, H., O'Connor, M., 1998. PicoJava: a direct execution engine for Java bytecode. Computer 31 (10), 22–30.

McKeeman, W.M., 1967. Language directed computer design. In: Proceedings of AFIPS Fall Joint Computer Conference, November 14–16, 1967, Washington, DC, pp. 413–417.

McMahon, F.M., 1986. The Livermore FORTRAN Kernels: A Computer Test of Numerical Performance Range, Tech. Rep. UCRL-55745. Lawrence Livermore National Laboratory, University of California, Livermore.

McNairy, C., Soltis, D., 2003. Itanium 2 processor micro-architecture. IEEE Micro 23 (2), 44–55.

Mead, C., Conway, L., 1980. Introduction to VLSI Systems. Addison-Wesley, Reading, MA.

Mellor-Crummey, J.M., Scott, M.L., 1991. Algorithms for scalable synchronization on shared-memory multiprocessors. ACM Trans. Comput. Syst. 9 (1), 21–65.

Menabrea, L.F., 1842. Sketch of the analytical engine invented by Charles Babbage. Bibliothèque Universelle de Genève. 82.

Menon, A., Renato Santos, J., Turner, Y., Janakiraman, G., Zwaenepoel, W., 2005. Diag- nosing performance overheads in the xen virtual machine environment. In: Proceedings of First ACM/USENIX International Conference on Virtual Execution Environments, June 11–12, 2005, Chicago, pp. 13–23.

Merlin, P.M., Schweitzer, P.J., 1980. Deadlock avoidance in store-and-forward networks. Part I. Store-and-forward deadlock. IEEE Trans. Commun. 28 (3), 345–354.

Metcalfe, R.M., 1993. Computer/network interface design: lessons from Arpanet and Ether- net IEEE J. Sel. Area. Commun. 11 (2), 173–180.

Metcalfe, R.M., Boggs, D.R., 1976. Ethernet: distributed packet switching for local computer networks. Commun. ACM 19 (7), 395–404.

Metropolis, N., Howlett, J., Rota, G.C. (Eds.), 1980. A History of Computing in the Twentieth Century. Academic Press, New York.

Meyer, R.A., Seawright, L.H., 1970. A virtual machine time sharing system. IBM Syst. J. 9 (3), 199–218.

Meyers, G.J., 1978. The evaluation of expressions in a storage-to-storage architecture. Comput. Architect. News 7 (3), 20–23.

Meyers, G.J., 1982. Advances in Computer Architecture, second ed. Wiley, New York.

Micron, 2004. Calculating Memory System Power for DDR2. http://download.micron.com/ pdf/pubs/designline/dl1Q04.pdf.

Micron, 2006. The Micron System-Power Calculator. http://www.micron.com/-systemcalc. MIPS, 1997. MIPS16 Application Specific Extension Product Description. www.sgi.com/

MIPS/arch/MIPS16/mips16.pdf.

Miranker, G.S., Rubenstein, J., Sanguinetti, J., 1988. Squeezing a Cray-class supercomputer into a single-user package. In: Proceedings of IEEE COMPCON, February 29–March 4, 1988, San Francisco, pp. 452–456.

Mitchell, D., 1989. The transputer: the time is now. Comput. Des. (RISC suppl.) 40–41. Mitsubishi, 1996. Mitsubishi 32-Bit Single Chip Microcomputer M32R Family Software

Manual. Mitsubishi, Cypress, CA.

Miura, K., Uchida, K., 1983. FACOM vector processing system: VP100/200. In: Proceedings of NATO Advanced Research Workshop on High-Speed Computing, June 20–22, 1983, J€ulich, West Germany. Also appears in Hwang, K. (Ed.), 1984. Superprocessors: Design and Applications. IEEE (August), pp. 59–73.

Miya, E.N., 1985. Multiprocessor/distributed processing

bibliography. Comput. Architect. News 13 (1), 27–29.

Money, M.S.N., 2005. Amazon Shares Tumble after Rally Fizzles. http: / / moneycentral. msn..com / content / CNBCTV / Articles / Dispatches / P133695.asp.

Montoye, R.K., Hokenek, E., Runyon, S.L., 1990. Design of the IBM RISC System / 6000 floating-point execution. IBM J. Res. Dev. 34 (1), 59–70.

Moore, G.E., 1965. Cramming more components onto integrated circuits. Electronics 38 (8), 114–117.

Moore, B., Padegs, A., Smith, R., Bucholz, W., 1987. Concepts of the System / 370 vector architecture. In: 14th Annual International Symposium on Computer Architecture (ISCA), June 2–5, 1987, Pittsburgh, PA, pp. 282–292.

Morgan, T., 2014. A rare peek into the massive scale of AWS. Enterprise Tech. https: / / www. enterprisetech.com / 2014 / 11 / 14 / rare-peek-massive-scale-aws / .

Morgan, T., 2016. How long can AWS keep climbing its steep growth curve? https: / / www. nextplatform.com / 2016 / 02 / 01 / how-long-can-aws-keep-climbingits-steep-growth-curve / . Morse, S., Ravenal, B., Mazor, S., Pohlman, W., 1980. Intel microprocessors—8080 to 8086. Computer 13, 10.

Moshovos, A., Sohi, G.S., 1997. Streamlining inter-operation memory communication via data dependence prediction. In: Proceedings of 30th Annual International Symposium on Microarchitecture, December 1–3, Research Triangle Park, NC, pp. 235–245.

Moshovos, A., Breach, S., Vijaykumar, T.N., Sohi, G.S., 1997. Dynamic speculation and synchronization of data dependences. In: 24th Annual International Symposium on Computer Architecture (ISCA), June 2–4, 1997, Denver, CO.

Moussouris, J., Crudele, L., Freitas, D., Hansen, C., Hudson, E., Przybylski, S., Riordan, T., Rowen, C., 1986. A CMOS RISC processor with integrated system functions. In: Proceedings of IEEE COMPCON, March 3–6, 1986, San Francisco, p. 191.

Mowry, T.C., Lam, S., Gupta, A., 1992. Design and evaluation of a compiler algorithm for prefetching. In: Proceedings of Fifth International Conference on Architectural Support for Programming Languages and Operating Systems (ASPLOS), October 12–15, 1992, Boston (SIGPLAN Notices 27:9 (September), pp. 62–73.

Muchnick, S.S., 1988. Optimizing compilers for SPARC. Sun Technol. 1 (3), 64–77. Mueller, M., Alves, L.C., Fischer, W., Fair, M.L., Modi, I., 1999. RAS strategy for IBM S / 390 G5 and G6. IBM J. Res. Dev. 43 (5-6), 875–888.

Mukherjee, S.S., Weaver, C., Emer, J.S., Reinhardt, S.K., Austin, T.M., 2003. Measuring architectural vulnerability factors. IEEE Micro 23 (6), 70–75.

Murphy, B., Gent, T., 1995. Measuring system and software reliability using an automated data collection process. Qual. Reliab. Eng. Int. 11 (5), 341–353.

Myer, T.H., Sutherland, I.E., 1968. On the design of display processors. Commun. ACM 11 (6), 410–414.

Narayanan, D., Thereska, E., Donnelly, A., Elnikety, S., Rowstron, A., 2009. Migrating server storage to SSDs: analysis of trade-offs. In: Proceedings of 4th ACM European Conference on Computer Systems, April 1–3, 2009, Nuremberg, Germany.

National Research Council, 1997. The Evolution of Untethered Communications. Computer Science and Telecommunications Board, National Academy Press, Washington, DC.

National Storage Industry Consortium, 1998. Tape Roadmap. www.nsic.org. Nelson, V.P., 1990. Fault-tolerant computing: fundamental concepts. Computer 23 (7), 19–25. Ngai, T.-F., Irwin, M.J., 1985. Regular, area-time efficient carry-lookahead adders. In: Proceedings of Seventh IEEE Symposium on Computer Arithmetic, June 4–6, 1985, University of Illinois, Urbana, pp. 9–15.

Nicolau, A., Fisher, J.A., 1984. Measuring the parallelism available for very long instruction word architectures. IEEE Trans. Comput. C33 (11), 968–976.

Nielsen, M., 2016. Neural Networks and Deep Learning. http: / / neuralnetwork sanddeeplearning.com / .

Nikhil, R.S., Papadopoulos, G.M., Arvind, 1992. *T: a multithreaded massively parallel architecture. In: Proceedings of 19th Annual International Symposium on Computer Architecture (ISCA), May 19–21, 1992, Gold Coast, Australia, pp. 156–167.

Noordergraaf, L., van der Pas, R., 1999. Performance experiences on Sun's WildFire prototype. In: Proceedings of ACM / IEEE Conference on Supercomputing, November 13–19, 1999, Portland, Ore.

Nvidia, 2016. Tesla GPU Accelerators For Servers. http: / / www.nvidia.com / object / tesla- servers.html.

Nyberg, C.R., Barclay, T., Cvetanovic, Z., Gray, J., Lomet, D., 1994. AlphaSort: a RISC machine sort. In: Proceedings of ACM SIGMOD, May 24–27, 1994, Minneapolis, Minn. Oka, M., Suzuoki, M., 1999. Designing and programming the emotion engine. IEEE Micro 19 (6), 20–28.

Okada, S., Okada, S., Matsuda, Y., Yamada, T., Kobayashi, A., 1999. System on a chip for digital still camera. IEEE Trans. Consum. Electron. 45 (3), 584–590.

Oliker, L., Canning, A., Carter, J., Shalf, J., Ethier, S., 2004. Scientific computations on modern parallel vector systems. In: Proceedings of ACM / IEEE Conference on Supercomputing, November 6–12, 2004, Pittsburgh, Penn, p. 10.

Olofsson, A., 2011. Debunking the myth of the $100M ASIC. EE Times. http: / / www.eetimes.com / author.asp?section_id= 36&doc_id=1266014.

Ovtcharov, K., Ruwase, O., Kim, J.Y., Fowers, J., Strauss, K., Chung, E.S., 2015a. Accel- erating deep convolutional neural networks using specialized hardware. Microsoft Research Whitepaper. https: / / www.microsoft.com / en-us / research / publication / accelerating-deep- convolutional-neural-networks-using-specialized-hardware / .

Ovtcharov, K., Ruwase, O., Kim, J.Y., Fowers, J., Strauss, K., Chung, E.S., 2015b. Toward accelerating deep learning at scale using specialized hardware in the datacenter. In: 2015 IEEE Hot Chips 27 Symposium.

Pabst, T., 2000. Performance Showdown at 133 MHz FSB—The Best Platform for Coppermine. www6.tomshardware.com / mainboard / 00q1 / 000302 / .

Padua, D., Wolfe, M., 1986. Advanced compiler optimizations for supercomputers. Commun. ACM 29 (12), 1184–1201.

Palacharla, S., Kessler, R.E., 1994. Evaluating stream buffers as a secondary cache replace- ment. In: Proceedings of 21st Annual International Symposium on Computer Architec- ture (ISCA), April 18–21, 1994, Chicago, pp. 24–33.

Palmer, J., Morse, S., 1984. The 8087 Primer. John Wiley & Sons, New York, p. 93.

Pan, S.-T., So, K., Rameh, J.T., 1992. Improving the accuracy of dynamic branch prediction using branch correlation. In: Proceedings of Fifth International Conference on Architec- tural

Support for Programming Languages and Operating Systems (ASPLOS), October 12–15, 1992, Boston, pp. 76–84.

Partridge, C., 1994. Gigabit Networking. Addison-Wesley, Reading, MA.

Patterson, D., 1985. Reduced instruction set computers. Commun. ACM 28 (1), 8–21.

Patterson, D., 2004. Latency lags bandwidth. Commun. ACM 47 (10), 71–75. Patterson, D.A., Ditzel, D.R., 1980. The case for the reduced instruction set computer. ACM SIGARCH Comput. Architect. News 8 (6), 25–33.

Patterson, D.A., Hennessy, J.L., 2004. Computer Organization and Design: The Hardware/ Software Interface, third ed. Morgan Kaufmann, San Francisco. [邦訳：成田光彰訳「コンピュータの構成と設計（第5版）」、日経 BP]

Patterson, D., Nikolic, B., 7/25/2015, Agile Design for Hardware, Parts I, II, and III. EE Times, http://www.eetimes.com/author.asp?doc_id=1327239.

Patterson, D.A., Garrison, P., Hill, M., Lioupis, D., Nyberg, C., Sippel, T., Van Dyke, K., 1983. Architecture of a VLSI instruction cache for a RISC. In: 10th Annual International Conference on Computer Architecture Conf. Proc., June 13–16, 1983, Stockholm, Sweden, pp. 108–116.

Patterson, D.A., Gibson, G.A., Katz, R.H., 1987. A Case for Redundant Arrays of Inexpen- sive Disks (RAID), Tech. Rep. UCB/CSD 87/391, University of California, Berkeley. Also appeared in Proc. ACM SIGMOD, June 1–3, 1988, Chicago, pp. 109–116.

Pavan, P., Bez, R., Olivo, P., Zanoni, E., 1997. Flash memory cells—an overview. Proc. IEEE 85 (8), 1248–1271.

Peh, L.S., Dally, W.J., 2001. A delay model and speculative architecture for pipe-lined routers. In: Proceedings of 7th International Symposium on High-Performance Com- puter Architecture, January 22–24, 2001, Monterrey, Mexico.

Peng, V., Samudrala, S., Gavrielov, M., 1987. On the implementation of shifters, multi- pliers, and dividers in VLSI floating point units. In: Proceedings of 8th IEEE Sympo- sium on Computer Arithmetic, May 19–21, 1987, Como, Italy, pp. 95–102.

Pfister, G.F., 1998. In Search of Clusters, second ed. Prentice Hall, Upper Saddle River, NJ. Pfister, G.F., Brantley, W.C., George, D.A., Harvey, S.L., Kleinfekder, W.J., McAuliffe, K.P., Melton, E.A., Norton, V.A., Weiss, J., 1985. The IBM research parallel processor prototype (RP3): introduction and architecture. In: Proceedings of 12th Annual International Symposium on Computer Architecture (ISCA), June 17–19, 1985, Boston, MA, pp. 764–771.

Pinheiro, E., Weber, W.D., Barroso, L.A., 2007. Failure trends in a large disk drive popu- lation. In: Proceedings of 5th USENIX Conference on File and Storage Technologies (FAST '07), February 13–16, 2007, San Jose, CA.

Pinkston, T.M., 2004. Deadlock characterization and resolution in interconnection net- works. In: Zhu, M.C., Fanti, M.P. (Eds.), Deadlock Resolution in Computer-Integrated Systems. CRC Press, Boca Raton, FL, pp. 445–492.

Pinkston, T.M., Shin, J., 2005. Trends toward on-chip networked microsystems. Int. J. High Perform. Comput. Netw. 3 (1), 3–18.

Pinkston, T.M., Warnakulasuriya, S., 1997. On deadlocks in interconnection networks. In: 24th Annual International Symposium on Computer Architecture (ISCA), June 2–4, 1997, Denver, CO.

Pinkston, T.M., Benner, A., Krause, M., Robinson, I., Sterling, T., 2003. InfiniBand: the 'de facto' future standard for system and local area networks or just a scalable replacement for PCI buses?". Cluster Comput. 6 (2), 95–104 (Special issue on communication archi- tecture for clusters).

Postiff, M.A., Greene, D.A., Tyson, G.S., Mudge, T.N., 1999. The limits of instruction level parallelism in SPEC95 applications. Comput. Architect. News 27 (1), 31–40.

Prabhakar, R., Koeplinger, D., Brown, K.J., Lee, H., De Sa, C., Kozyrakis, C., Olukotun, K., 2016. Generating configurable hardware from parallel patterns. In: Proceedings of the Twenty-First International Conference on Architectural Support for Programming Lan- guages and Operating Systems. ACM, pp. 651–665.

Prakash, T.K., Peng, L., 2008. Performance characterization of spec cpu2006 benchmarks on intel core 2 duo processor. ISAST Trans. Comput. Softw. Eng. 2 (1), 36–41.

Przybylski, S.A., 1990. Cache Design: A Performance-Directed Approach. Morgan Kauf- mann, San Francisco.

Przybylski, S.A., Horowitz, M., Hennessy, J.L., 1988. Performance trade-offs in cache design. In: 15th Annual International Symposium on Computer Architecture, May 30–June 2, 1988, Honolulu, Hawaii, pp. 290–298.

Puente, V., Beivide, R., Gregorio, J.A., Prellezo, J.M., Duato, J., Izu, C., 1999. Adaptive bubble router: a design to improve performance in torus networks. In: Proceedings of the 28th International Conference on Parallel Processing, September 21–24, 1999, Aizu-Wakamatsu, Fukushima, Japan.

Putnam, A., Caulfield, A.M., Chung, E.S., Chiou, D., Constantinides, K., Demme, J., Esmaeilzadeh, H., Fowers, J., Gopal, G.P., Gray, J., Haselman, M., Hauck, S., Heil, S., Hormati, A., Kim, J.-Y., Lanka, S., Larus, J., Peterson, E., Pope, S., Smith, A., Thong, J., Xiao, P.Y., Burger, D., 2014. A reconfigurable fabric for accelerating large- scale datacenter services. In: 41st International Symposium on Computer Architecture.

Putnam, A., Caulfield, A.M., Chung, E.S., Chiou, D., Constantinides, K., Demme, J., Esmaeilzadeh, H., Fowers, J., Gopal, G.P., Gray, J., Haselman, M., Hauck, S., Heil, S., Hormati, A., Kim, J.-Y., Lanka, S., Larus, J., Peterson, E., Pope, S., Smith, A., Thong, J., Xiao, P.Y., Burger, D., 2015. A reconfigurable fabric for accel- erating large-scale datacenter services. IEEE Micro. 35(3).

Putnam, A., Caulfield, A.M., Chung, E.S., Chiou, D., Constantinides, K., Demme, J., Esmaeilzadeh, H., Fowers, J., Gopal, G.P., Gray, J., Haselman, M., Hauck, S., Heil, S., Hormati, A., Kim, J.-Y., Lanka, S., Larus, J., Peterson, E., Pope, S., Smith, A., Thong, J., Xiao, P.Y., Burger, D., 2016. A reconfigurable fabric for accelerating large-scale datacenter services. Commun. ACM. 59 (11), 114–122.

Qadeer, W., Hameed, R., Shacham, O., Venkatesan, P., Kozyrakis, C., Horowitz, M.A., 2015. Convolution engine: balancing efficiency & flexibility in specialized computing. Commun. ACM 58(4).

Qureshi, M.K., Loh, G.H., 2012. Fundamental latency trade-off in architecting dram caches: Outperforming impractical sram-tags with a simple and practical design. In: Proc. 2012 45th Annual IEEE/ACM International Symposium on Microarchitecture, IEEE Com- puter Society, pp. 235–246.

Radin, G., 1982. The 801 minicomputer. In: Proceedings of Symposium Architectural Support for Programming Languages and Operating Systems (ASPLOS), March 1–3, 1982, Palo Alto, CA, pp. 39–47.

Ragan-Kelley, J., Barnes, C., Adams, A., Paris, S., Durand, F., Amarasinghe, S., 2013. Halide: a language and compiler for optimizing parallelism, locality, and recomputation in image processing pipelines. ACM SIGPLAN Not. 48 (6), 519–530.

Ramacher, U., Beichter, J., Raab, W., Anlauf, J., Bruels, N., Hachmann, A., Wesseling, M., 1991. Design of a 1st generation neurocomputer. VLSI Design of Neural Networks. Springer, USA.

Ramamoorthy, C.V., Li, H.F., 1977. Pipeline architecture. ACM Comput. Surv. 9 (1), 61–102.

Ranganathan, P., Leech, P., Irwin, D., Chase, J., 2006. Ensemble-level power management for dense blade servers. In: Proceedings of 33rd Annual International Symposium on Computer Architecture (ISCA), June 17–21, 2006, Boston, MA, pp. 66–77.

Rau, B.R., 1994. Iterative modulo scheduling: an algorithm for software pipelining loops. In: Proceedings of 27th Annual International Symposium on Microarchitecture, November 30–December 2, 1994, San Jose, CA, pp. 63–74.

Rau, B.R., Fisher, J.A., 1993. Instruction-level parallelism. J. Supercomput. 235, Springer Science & Business Media.

Rau, B.R., Glaeser, C.D., Picard, R.L., 1982. Efficient code generation for horizontal architectures: compiler techniques and architectural support. In: Proceedings of Ninth Annual International Symposium on Computer Architecture (ISCA), April 26–29, 1982, Austin, TX, pp. 131–139.

Rau, B.R., Yen, D.W.L., Yen, W., Towle, R.A., 1989. The Cydra 5 departmental supercomputer: design philosophies, decisions, and trade-offs. IEEE Comput. 22 (1), 12–34.

Reddi, V.J., Lee, B.C., Chilimbi, T., Vaid, K., 2010. Web search using mobile cores: quantifying and mitigating the price of efficiency. In: Proceedings of 37th Annual Inter- national Symposium on Computer Architecture (ISCA), June 19–23, 2010, Saint-Malo, France.

Redmond, K.C., Smith, T.M., 1980. Project Whirlwind—The History of a Pioneer Computer. Digital Press, Boston.

Reinhardt, S.K., Larus, J.R., Wood, D.A., 1994. Tempest and typhoon: user-level shared memory. In: 21st Annual International Symposium on Computer Architecture (ISCA), April 18–21, 1994, Chicago, pp. 325–336.

Reinman, G., Jouppi, N.P., 1999. Extensions to CACTI. research.compaq.com / wrl / people / jouppi / CACTI.html.

Rettberg, R.D., Crowther, W.R., Carvey, P.P., Towlinson, R.S., 1990. The Monarch parallel processor hardware design. IEEE Comput. 23 (4), 18–30.

Riemens, A., Vissers, K.A., Schutten, R.J., Sijstermans, F.W., Hekstra, G.J., La Hei, G.D., 1999. Trimedia CPU64 application domain and benchmark suite. In: Proceedings of IEEE International Conference on Computer Design: VLSI in Computers and Proces- sors (ICCD'99), October 10–13, 1999, Austin, TX, pp. 580–585.

Riseman, E.M., Foster, C.C., 1972. Percolation of code to enhance parallel dispatching and execution. IEEE Trans. Comput. C-21 (12), 1411–1415.

Robin, J., Irvine, C., 2000. Analysis of the Intel Pentium's ability to support a secure virtual machine monitor. In: Proceedings of USENIX Security Symposium, August 14–17, 2000, Denver, CO.

Robinson, B., Blount, L., 1986. The VM / HPO 3880-23 Performance Results, IBM Tech. Bulletin GG66-0247-00. IBM Washington Systems Center, Gaithersburg, MD. Ropers, A., Lollman, H.W., Wellhausen, J., 1999. DSPstone: Texas Instruments TMS320C54x, Tech. Rep. IB 315 1999 / 9-ISS-Version 0.9. Aachen University of Tech- nology, Aachen, Germany (www.ert.rwth-aachen.de / Projekte / Tools / coal / dspstone_ c54x / index.html).

Rosenblum, M., Herrod, S.A., Witchel, E., Gupta, A., 1995. Complete computer simulation: the SimOS approach. IEEE Parallel Distrib. Technol. 4 (3), 34–43.

Rowen, C., Johnson, M., Ries, P., 1988. The MIPS R3010 floating-point coprocessor. IEEE Micro 8 (3), 53–62.

Russakovsky, O., Deng, J., Su, H., Krause, J., Satheesh, S., Ma, S., Huang, Z., Karpathy, A., Khosla, A., Bernstein, M., Berg, A.C., 2015. Imagenet large scale visual recognition challenge. Int. J. Comput. Vis. 115(3).

Russell, R.M., 1978. The Cray-1 processor system. Commun. ACM 21 (1), 63–72. Rymarczyk, J., 1982. Coding guidelines for pipelined processors. In: Proceeding of Symposium Architectural Support for Programming Languages and Operating Systems (ASPLOS), March 1–3, 1982, Palo Alto, CA, pp. 12–19.

Saavedra-Barrera, R.H., 1992. CPU Performance Evaluation and Execution Time Predic- tion Using Narrow Spectrum Benchmarking (Ph.D. dissertation). University of Califor- nia, Berkeley.

Salem, K., Garcia-Molina, H., 1986. Disk striping. In: Proceedings of 2nd International IEEE Conference on Data Engineering, February 5–7, 1986, Washington, DC, pp. 249–259.

Saltzer, J.H., Reed, D.P., Clark, D.D., 1984. End-to-end arguments in system design. ACM Trans. Comput. Syst. 2 (4), 277–288.

Samples, A.D., Hilfinger, P.N., 1988. Code Reorganization for Instruction Caches, Tech. Rep. UCB / CSD 88 / 447, University of California, Berkeley.

Santoro, M.R., Bewick, G., Horowitz, M.A., 1989. Rounding algorithms for IEEE multi- pliers. In: Proceedings of Ninth IEEE Symposium on Computer Arithmetic, September 6–8, Santa Monica, CA, pp. 176–183.

Satran, J., Smith, D., Meth, K., Sapuntzakis, C., Wakeley, M., Von Stamwitz, P., Haagens, R., Zeidner, E., Dalle Ore, L., Klein, Y., 2001. "iSCSI," IPS Working Group of IETF, Internet draft. www.ietf.org / internet-drafts / draft-ietf-ips-iscsi-07.txt.

Saulsbury, A., Wilkinson, T., Carter, J., Landin, A., 1995. An argument for simple COMA. In: Proceedings of First IEEE Symposium on High-Performance Computer Architec- tures, January 22–25, 1995, Raleigh, NC, pp. 276–285.

Schneck, P.B., 1987. Superprocessor Architecture. Kluwer Academic Publishers, Norwell, MA.

Schroeder, B., Gibson, G.A., 2007. Understanding failures in petascale computers. J. Phys. Conf. Ser. 78 (1), 188–198.

Schroeder, B., Pinheiro, E., Weber, W.-D., 2009. DRAM errors in the wild: a large-scale field study. In: Proceedings of Eleventh International Joint Conference on Measure- ment and Modeling of Computer Systems (SIGMETRICS), June 15–19, 2009, Seat- tle, WA.

Schurman, E., Brutlag, J., 2009. The user and business impact of server delays. In: Proceedings of Velocity: Web Performance and Operations Conference, June 22– 24, 2009, San Jose, CA.

Schwartz, J.T., 1980. Ultracomputers. ACM Trans. Program. Lang. Syst. 4 (2), 484–521. Scott, N.R., 1985. Computer Number Systems and Arithmetic. Prentice Hall, Englewood Cliffs, NJ.

Scott, S.L., 1996. Synchronization and communication in the T3E multiprocessor. In: Seventh International Conference on Architectural Support for Programming Languages and

Operating Systems (ASPLOS), October 1–5, 1996, Cambridge, MA.

Scott, S.L., Goodman, J., 1994. The impact of pipelined channels on k-ary n-cube networks. IEEE Trans. Parallel Distrib. Syst. 5 (1), 1–16.

Scott, S.L., Thorson, G.M., 1996. The Cray T3E network: adaptive routing in a high per- formance 3D torus. In: Proceedings of IEEE HOT Interconnects '96, August 15–17, 1996, Stanford University, Palo Alto, CA, pp. 14–156.

Scranton, R.A., Thompson, D.A., Hunter, D.W., 1983. The Access Time Myth. Tech. Rep. RC 10197 (45223). IBM, Yorktown Heights, NY. Seagate, 2000. Seagate Cheetah 73 Family: ST173404LW/LWV/LC/LCV Product Manual, vol. 1. Seagate, Scotts Valley, CA. www.seagate.com/support/disc/manuals/scsi/29478b.pdf.

Seitz, C.L., 1985. The Cosmic Cube (concurrent computing). Commun. ACM 28 (1), 22–33. Senior, J.M., 1993. Optical Fiber Communications: Principles and Practice, second ed. Prentice Hall, Hertfordshire, UK.

Sergio Guadarrama, 2015. BVLC googlenet https://github.com/BVLC/caffe/tree/ master/models/bvlc_googlenet

Seznec, A., Michaud, P., 2006. A case for (partially) TAgged GEometric history length branch prediction. J. Instruction Level Parallel. 8, 1–23.

Shao, Y.S., Brooks, D., 2015. Research infrastructures for hardware accelerators. Synth. Lect. Comput. Architect. 10 (4), 1–99.

Sharangpani, H., Arora, K., 2000. Itanium processor microarchitecture. IEEE Micro 20 (5), 24–43.

Shurkin, J., 1984. Engines of the Mind: A History of the Computer. W.W. Norton, New York.

Shustek, L.J., 1978. Analysis and Performance of Computer Instruction Sets (Ph.D. disser- tation). Stanford University, Palo Alto, CA.

Silicon Graphics, 1996. MIPS V Instruction Set http://www.sgi.com/MIPS/arch/ISA5/ #MIPSV_indx.

Silver, D., Huang, A., Maddison, C.J., Guez, A., Sifre, L., Van Den Driessche, G., Schrittwieser, J., Antonoglou, I., Panneershelvam, V., Lanctot, M., Dieleman, S., 2016. Mastering the game of Go with deep neural networks and tree search. Nature 529(7587).

Singh, J.P., Hennessy, J.L., Gupta, A., 1993. Scaling parallel programs for multiprocessors: methodology and examples. In: Computer, 2. 7, pp. 22–33.

Singh, A., Ong, J., Agarwal, A., Anderson, G., Armistead, A., Bannon, R., Boving, S., Desai, G., Felderman, B., Germano, P., Kanagala, A., Provost, J., Simmons, J., Eiichi Tanda, E., Wanderer, J., H€olzle, U., Stuart, S., Vahdat, A., 2015. Jupiter rising: a decade of CLOS topologies and centralized control in Google's datacenter network. ACM SIG- COMM Comput. Commun. Rev. 45 (4), 183–197.

Sinharoy, B., Koala, R.N., Tendler, J.M., Eickemeyer, R.J., Joyner, J.B., 2005. POWER5 system microarchitecture. IBM J. Res. Dev. 49 (4–5), 505–521.

Sites, R., 1979. Instruction Ordering for the CRAY-1 Computer, Tech. Rep. 78-CS-023. Dept. of Computer Science, University of California, San Diego.

Sites, R.L. (Ed.), 1992. Alpha Architecture Reference Manual. Digital Press, Burlington, MA.

Sites, R.L., Witek, R. (Eds.), 1995. Alpha Architecture Reference Manual, second ed. Dig- ital Press, Newton, MA.

Skadron, K., Clark, D.W., 1997. Design issues and tradeoffs for write buffers. In: Proceedings of Third International Symposium on High-Performance Computer Architecture, February 1–5, 1997, San Antonio, TX, pp. 144–155.

Skadron, K., Ahuja, P.S., Martonosi, M., Clark, D.W., 1999. Branch prediction, instruction- window size, and cache size: performance tradeoffs and simulation techniques. IEEE Trans. Comput. 48(11).

Slater, R., 1987. Portraits in Silicon. MIT Press, Cambridge, MA.

Slotnick, D.L., Borck, W.C., McReynolds, R.C., 1962. The Solomon computer. In: Proceedings of AFIPS Fall Joint Computer Conference, December 4–6, 1962, Philadelphia, PA, pp. 97–107.

Smith, B.J., 1978. A pipelined, shared resource MIMD computer. In: Proceedings of Inter- national Conference on Parallel Processing (ICPP), August, Bellaire, MI, pp. 6–8.

Smith, B.J., 1981a. Architecture and applications of the HEP multiprocessor system. Real Time Signal Process. IV 298, 241–248.

Smith, J.E., 1981b. A study of branch prediction strategies. In: Proceedings of Eighth Annual International Symposium on Computer Architecture (ISCA), May 12–14, 1981, Minneapolis, MN, pp. 135–148.

Smith, A.J., 1982a. Cache memories. Comput. Surv., 14, 3, pp. 473–530.

Smith, J.E., 1982b. Decoupled access/execute computer architectures. In: Proceedings of the 11th International Symposium on Computer Architecture.

Smith, J.E., 1984. Decoupled access/execute computer architectures. ACM Trans. Comput. Syst. 2 (4), 289–308.

Smith, J.E., 1988. Characterizing computer performance with a single number. Commun. ACM 31 (10), 1202–1206.

Smith, J.E., 1989. Dynamic instruction scheduling and the Astronautics ZS-1. Computer 22 (7), 21–35.

Smith, J.E., Goodman, J.R., 1983. A study of instruction cache organizations and replace- ment policies. In: Proceedings of 10th Annual International Symposium on Computer Architecture (ISCA), June 5–7, 1982, Stockholm, Sweden, pp. 132–137.

Smith, A., Lee, J., 1984. Branch prediction strategies and branch-target buffer design. Com- puter 17 (1), 6–22.

Smith, J.E., Pleszkun, A.R., 1988. Implementing precise interrupts in pipelined processors. IEEE Trans. Comput. 37 (5), 562–573. (This paper is based on an earlier paper that appeared in Proceedings of the 12th Annual International Symposium on Computer Architecture (ISCA), June 17–19, 1985, Boston, MA.

Smith, J.E., Dermer, G.E., Vanderwarn, B.D., Klinger, S.D., Rozewski, C.M., Fowler, D.L., Scidmore, K.R., Laudon, J.P., 1987. The ZS-1 central processor. In: Proceedings of Second International Conference on Architectural Support for Programming Languages and Operating Systems (ASPLOS), October 5–8, 1987, Palo Alto, CA, pp. 199–204.

Smith, M.D., Johnson, M., Horowitz, M.A., 1989. Limits on multiple instruction issue. In: Proceedings of Third International Conference on Architectural Support for Programming Languages and Operating Systems (ASPLOS), April 3–6, 1989, Boston, pp. 290–302.

Smith, M.D., Horowitz, M., Lam, M.S., 1992. Efficient superscalar performance through boosting. In: Proceedings of Fifth International Conference on Architectural Support for Programming Languages and Operating Systems (ASPLOS),

October 12–15, 1992, Boston, pp. 248–259.

Smotherman, M., 1989. A sequencing-based taxonomy of I/O systems and review of historical machines. Comput. Architect. News 17 (5), 5–15. Reprinted in Computer Architecture Readings, Hill, M.D., Jouppi, N.P., Sohi, G.S. (Eds.), 1999. Morgan Kaufmann, San Francisco, pp. 451–461.

Sodani, A., Sohi, G., 1997. Dynamic instruction reuse. In: Proceedings of 24th Annual Inter- national Symposium on Computer Architecture (ISCA), June 2–4, 1997, Denver, CO.

Sohi, G.S., 1990. Instruction issue logic for high-performance, interruptible, multiple functional unit, pipelined computers. IEEE Trans. Comput. 39 (3), 349–359.

Sohi, G.S., Vajapeyam, S., 1989. Tradeoffs in instruction format design for horizontal archi- tectures. In: Proceedings of Third International Conference on Architectural Support for Programming Languages and Operating Systems (ASPLOS), April 3–6, 1989, Boston, pp. 15–25.

Sony/Toshiba, 1999. 'Emotion Engine' in PS2 ("IPU is basically an MPEG2 decoder…"). http://www.cpu-collection.de/?l0=co&l1=Sony&l2=Emotion+Engine http://arstechnica.com/gadgets/2000/02/ee/3/.

Soundararajan, V., Heinrich, M., Verghese, B., Gharachorloo, K., Gupta, A., Hennessy, J.L., 1998. Flexible use of memory for replication/migration in cache- coherent DSM multiprocessors. In: Proceedings of 25th Annual International Sympo- sium on Computer Architecture (ISCA), July 3–14, 1998, Barcelona, Spain, pp. 342–355.

SPEC, 1989. SPEC Benchmark Suite Release 1.0 (October 2). SPEC, 1994. SPEC Newsletter (June).

Sporer, M., Moss, F.H., Mathais, C.J., 1988. An introduction to the architecture of the Stellar Graphics supercomputer. In: Proceedings of IEEE COMPCON, February 29–March 4, 1988, San Francisco, p. 464.

Spurgeon, C., 2001. Charles Spurgeon's Ethernet Web Site. www.host.ots.utexas.edu/ ethernet/ethernet-home.html.

Steinberg, D., 2015. Full-Chip Simulations, Keys to Success. In: Proceedings of the Synopsys Users Group (SNUG) Silicon Valley 2015.

Stenstr€om, P., Joe, T., Gupta, A., 1992. Comparative performance evaluation of cache- coherent NUMA and COMA architectures. In: Proceedings of 19th Annual Interna- tional Symposium on Computer Architecture (ISCA), May 19–21, 1992, Gold Coast, Australia, pp. 80–91.

Sterling, T., 2001. Beowulf PC Cluster Computing with Windows and Beowulf PC Cluster Computing with Linux. MIT Press, Cambridge, MA.

Stern, N., 1980. Who invented the first electronic digital computer? Ann. Hist. Comput. 2 (4), 375–376.

Stevens, W.R., 1994–1996. TCP/IP Illustrated (three volumes). Addison-Wesley, Reading, MA.

Stokes, J., 2000. Sound and Vision: A Technical Overview of the Emotion Engine. arstechnica.com/reviews/1q00/playstation2/ee-1.html.

Stone, H., 1991. High Performance Computers. Addison-Wesley, New York.

Strauss, W., 1998. DSP Strategies 2002. www.usadata.com/ market_research/spr_05/ spr_r127-005.htm.

Strecker, W.D., 1976. Cache memories for the PDP-11? In: Proceedings of Third Annual International Symposium on Computer Architecture (ISCA), January 19–21, 1976, Tampa, FL, pp. 155–158.

Strecker, W.D., 1978. VAX-11/780: a virtual address extension of the PDP-11 family. In: Proceedings of AFIPS National Computer Conference, June 5–8, 1978, Anaheim, CA. vol. 47, pp. 967–980.

Sugumar, R.A., Abraham, S.G., 1993. Efficient simulation of caches under optimal replace- ment with applications to miss characterization. In: Proceedings of ACM SIG- METRICS Conference on Measurement and Modeling of Computer Systems, May 17–21, 1993, Santa Clara, CA, pp. 24–35.

Sun Microsystems, 1989. The SPARC Architectural Manual, Version 8, Part No. 8001399-09. Sun Microsystems, Santa Clara, CA.

Sussenguth, E., 1999. IBM's ACS-1 machine. IEEE Comput. 22, 11.

Swan, R.J., Bechtolsheim, A., Lai, K.W., Ousterhout, J.K., 1977a. The implementation of the Cm* multi-microprocessor. In: Proceedings of AFIPS National Computing Confer- ence, June 13–16, 1977, Dallas, TX, pp. 645–654.

Swan, R.J., Fuller, S.H., Siewiorek, D.P., 1977b. Cm*—a modular, multi-microprocessor. In: Proceedings of AFIPS National Computing Conference, June 13–16, 1977, Dallas, TX, pp. 637–644.

Swartzlander, E. (Ed.), 1990. Computer Arithmetic. IEEE Computer Society Press, Los Alamitos, CA.

Szegedy, C., Liu, W., Jia, Y., Sermanet, P., Reed, S., Anguelov, D., Erhan, D., Vanhoucke, V., Rabinovich, A., 2015. Going deeper with convolutions. In: Proceedings of the IEEE Conference on Computer Vision and Pattern Recognition.

Takagi, N., Yasuura, H., Yajima, S., 1985. High-speed VLSI multiplication algorithm with a redundant binary addition tree. IEEE Trans. Comput. C-34 (9), 789–796.

Talagala, N., 2000. Characterizing Large Storage Systems: Error Behavior and Performance Benchmarks (Ph.D. dissertation). Computer Science Division, University of California, Berkeley.

Talagala, N., Patterson, D., 1999. An Analysis of Error Behavior in a Large Storage System, Tech. Report UCB//CSD-99-1042. Computer Science Division, University of Califor- nia, Berkeley.

Talagala, N., Arpaci-Dusseau, R., Patterson, D., 2000a. Micro-Benchmark Based Extraction of Local and Global Disk Characteristics, CSD-99-1063. Computer Science Division, University of California, Berkeley.

Talagala, N., Asami, S., Patterson, D., Futernick, R., Hart, D., 2000b. The art of massive storage: a case study of a Web image archive. Computer 33 (11), 22–28.

Tamir, Y., Frazier, G., 1992. Dynamically-allocated multi-queue buffers for VLSI commu- nication switches. IEEE Trans. Comput. 41 (6), 725–734.

Tanenbaum, A.S., 1978. Implications of structured programming for machine architecture. Commun. ACM 21 (3), 237–246.

Tanenbaum, A.S., 1988. Computer Networks, second ed. Prentice Hall, Englewood Cliffs, NJ. Tang, C.K., 1976. Cache design in the tightly coupled multiprocessor system. In: Proceedings of AFIPS National Computer Conference, June 7–10, 1976, New York, pp. 749–753.

Tanqueray, D., 2002. The Cray X1 and supercomputer road map. In: Proceedings of 13th Daresbury Machine Evaluation Workshop, December 11–12, 2002, Daresbury Labora- tories, Daresbury, Cheshire, UK.

Tarjan, D., Thoziyoor, S., Jouppi, N., 2005. HPL Technical Report on CACTI 4.0. www.hpl.hp.com/techeports/2006/HPL=2006+86.html.

Taylor, G.S., 1981. Compatible hardware for division and square root. In: Proceedings of 5th IEEE Symposium on Computer Arithmetic, May 18–19, 1981, University of Mich- igan, Ann Arbor, MI, pp. 127–134.

Taylor, G.S., 1985. Radix 16 SRT dividers with overlapped quotient selection stages. In: Proceedings of Seventh IEEE Symposium on Computer Arithmetic, June 4–6, 1985, University of Illinois, Urbana, IL, pp. 64–71.

Taylor, G., Hilfinger, P., Larus, J., Patterson, D., Zorn, B., 1986. Evaluation of the SPUR LISP architecture. In: Proceedings of 13th Annual International Symposium on Com- puter Architecture (ISCA), June 2–5, 1986, Tokyo.

Taylor, M.B., Lee, W., Amarasinghe, S.P., Agarwal, A., 2005. Scalar operand networks. IEEE Trans. Parallel Distrib. Syst. 16 (2), 145–162.

Tendler, J.M., Dodson, J.S., Fields Jr., J.S., Le, H., Sinharoy, B., 2002. Power4 system microarchitecture. IBM J. Res. Dev. 46 (1), 5–26.

TensorFlow Tutorials, 2016. https://www.tensorflow.org/versions/r0.12/tutorials/index.html.

Texas Instruments, 2000. History of Innovation: 1980s. www.ti.com/corp/docs/company/ history/1980s.shtml.

Tezzaron Semiconductor, 2004. Soft Errors in Electronic Memory, White Paper. Tezzaron Semiconductor, Naperville, IL http://www.tezzaron.com/about/papers/soft_errors_1_1_secure.pdf.

Thacker, C.P., McCreight, E.M., Lampson, B.W., Sproull, R.F., Boggs, D.R., 1982. Alto: a personal computer. In: Siewiorek, D.P., Bell, C.G., Newell, A. (Eds.), Computer Struc- tures: Principles and Examples. McGraw-Hill, New York, pp. 549–572.

Thadhani, A.J., 1981. Interactive user productivity. IBM Syst. J. 20 (4), 407–423.

Thekkath, R., Singh, A.P., Singh, J.P., John, S., Hennessy, J.L., 1997. An evaluation of a commercial CC-NUMA architecture—the CONVEX Exemplar SPP1200. In: Proceedings of 11th International Parallel Processing Symposium (IPPS), April 1–7, 1997, Geneva, Switzerland.

Thorlin, J.F., 1967. Code generation for PIE (parallel instruction execution) computers. In: Proceedings of Spring Joint Computer Conference, April 18–20, 1967, Atlantic City, NJ, p. 27.

Thornton, J.E., 1964. Parallel operation in the Control Data 6600. In: Proceedings of AFIPSFall Joint Computer Conference, Part II, October 27–29, 1964, San Francisco. 26, pp. 33–40. Thornton, J.E., 1970. Design of a Computer, the Control Data 6600. Scott Foresman, Glenview, IL.

Tjaden, G.S., Flynn, M.J., 1970. Detection and parallel execution of independent instruc- tions. IEEE Trans. Comput. C-19 (10), 889–895.

Tomasulo, R.M., 1967. An efficient algorithm for exploiting multiple arithmetic units. IBM J. Res. Dev. 11 (1), 25–33.

Torrellas, J., Gupta, A., Hennessy, J., 1992. Characterizing the caching and synchroniza- tion performance of a multiprocessor operating system. In: Proceedings of Fifth Inter- national Conference on Architectural Support for Programming Languages and Operating Systems (ASPLOS), October 12–15, 1992, Boston (SIGPLAN Notices 27:9 (September), pp. 162–174.

Touma, W.R., 1993. The Dynamics of the Computer Industry: Modeling the Supply of Workstations and Their Components. Kluwer Academic, Boston.

Tuck, N., Tullsen, D., 2003. Initial observations of the simultaneous multithreading Pentium 4 processor. In: Proceedings of 12th International Conference on Parallel Architectures and Compilation Techniques (PACT'03), September 27–October 1, 2003, New Orleans, LA, pp. 26–34.

Tullsen, D.M., Eggers, S.J., Levy, H.M., 1995. Simultaneous multithreading: Maximizing on-chip parallelism. In: Proceedings of 22nd Annual International Symposium on Computer Architecture (ISCA), June 22–24, 1995, Santa Margherita, Italy, pp. 392–403.

Tullsen, D.M., Eggers, S.J., Emer, J.S., Levy, H.M., Lo, J.L., Stamm, R.L., 1996. Exploiting choice: instruction fetch and issue on an implementable simultaneous multithreading processor. In: Proceedings of 23rd Annual International Symposium on Computer Architecture (ISCA), May 22–24, 1996, Philadelphia, PA, pp. 191–202.

Tung, L., 2016. Google Translate: 'This landmark update is our biggest single leap in 10 years', ZDNet http://www.zdnetcom/article/google-translate-this-landmark- update-is-our-biggest-single-leap-in-10years/.

Ungar, D., Blau, R., Foley, P., Samples, D., Patterson, D., 1984. Architecture of SOAR: Smalltalk on a RISC. In: Proceedings of 11th Annual International Symposium on Computer Architecture (ISCA), June 5–7, 1984, Ann Arbor, MI, pp. 188–197.

Unger, S.H., 1958. A computer oriented towards spatial problems. Proc. Inst. Radio Eng. 46 (10), 1744–1750.

Vahdat, A., Al-Fares, M., Farrington, N., Niranjan Mysore, R., Porter, G., Radhakrishnan, S., 2010. Scale-out networking in the data center. IEEE Micro 30 (4), 29–41.

Vaidya, A.S., Sivasubramaniam, A., Das, C.R., 1997. Performance benefits of virtual chan- nels and adaptive routing: an application-driven study. In: Proceedings of ACM/IEEE Conference on Supercomputing, November 16–21, 1997, San Jose, CA.

Vajapeyam, S., 1991. Instruction-Level Characterization of the Cray Y-MP Processor (Ph.D. thesis). Computer Sciences Department, University of Wisconsin-Madison.

van Eijndhoven, J.T.J., Sijstermans, F.W., Vissers, K.A., Pol, E.J.D., Tromp, M.I.A., Struik, P., Bloks, R.H.J., van der Wolf, P., Pimentel, A.D., Vranken, H.P.E., 1999. Trimedia CPU64 architecture. In: Proceedings of IEEE International Conference on Computer Design: VLSI in Computers and Processors (ICCD'99), October 10–13, 1999, Austin, TX, pp. 586–592.

Van Vleck, T., 2005. The IBM 360/67 and CP/CMS. http://www.multicians.org/thvv/ 360-67.html.

Vanhoucke, V., Senior, A., Mao, M.Z., 2011. Improving the speed of neural networks on CPUs. https://static.googleusercontent.com/media/research.google.com/en//pubs/ archive/37631.pdf.

von Eicken, T., Culler, D.E., Goldstein, S.C., Schauser, K.E., 1992. Active messages: a mechanism for integrated communication and computation. In: Proceedings of 19th Annual International Symposium on Computer Architecture (ISCA), May 19–21, 1992, Gold Coast, Australia.

Waingold, E., Taylor, M., Srikrishna, D., Sarkar, V., Lee, W., Lee, V., Kim, J., Frank, M., Finch, P., Barua, R., Babb, J., Amarasinghe, S., Agarwal, A., 1997. Baring it all to soft- ware: raw machines. IEEE Comput. 30, 86–93.

Wakerly, J., 1989. Microcomputer Architecture and Programming. Wiley, New York. Wall, D.W., 1991. Limits of instruction-level parallelism. In: Proceedings of Fourth International Conference on Architectural Support for Programming Languages and Operating Systems (ASPLOS), April 8–11, 1991, Palo Alto, CA, pp. 248–259.

Wall, D.W., 1993. Limits of Instruction-Level Parallelism, Research Rep. 93/6, Western Research Laboratory. Digital Equipment Corp., Palo Alto, CA.

Walrand, J., 1991. Communication Networks: A First Course. Aksen Associates/Irwin, Homewood, IL.

Wang, W.-H., Baer, J.-L., Levy, H.M., 1989. Organization and performance of a two- level virtual-real cache hierarchy. In: Proceedings of 16th Annual International Symposium on Computer Architecture (ISCA), May 28–June 1, 1989, Jerusalem, pp. 140–148.

Watanabe, T., 1987. Architecture and performance of the NEC supercomputer SX system. Parallel Comput. 5, 247–255.

Waters, F. (Ed.), 1986. IBM RT Personal Computer Technology, SA 23-1057. IBM, Austin, TX.

Watson, W.J., 1972. The TI ASC—a highly modular and flexible super processor architec- ture. In: Proceedings of AFIPS Fall Joint Computer Conference, December 5–7, 1972, Anaheim, CA, pp. 221–228.

Weaver, D.L., Germond, T., 1994. The SPARC Architectural Manual, Version 9. Prentice Hall, Englewood Cliffs, NJ.

Weicker, R.P., 1984. Dhrystone: a synthetic systems programming benchmark. Commun. ACM 27 (10), 1013–1030.

Weiss, S., Smith, J.E., 1984. Instruction issue logic for pipelined supercomputers. In: Proceedings of 11th Annual International Symposium on Computer Architecture (ISCA), June 5–7, 1984, Ann Arbor, MI, pp. 110–118.

Weiss, S., Smith, J.E., 1987. A study of scalar compilation techniques for pipelined super- computers. In: Proceedings of Second International Conference on Architectural Support for Programming Languages and Operating Systems (ASPLOS), October 5–8, 1987, Palo Alto, CA, pp. 105–109.

Weiss, S., Smith, J.E., 1994. Power and PowerPC. Morgan Kaufmann, San Francisco.

Wendel, D., Kalla, R., Friedrich, J., Kahle, J., Leenstra, J., Lichtenau, C., Sinharoy, B., Starke, W., Zyuban, V., 2010. The Power7 processor SoC. In: Proceedings of International Conference on IC Design and Technology, June 2–4, 2010, Grenoble, France, pp. 71–73.

Weste, N., Eshraghian, K., 1993. Principles of CMOS VLSI Design: A Systems Perspective, 2nd ed. Addison-Wesley, Reading, MA.

Wiecek, C., 1982. A case study of the VAX 11 instruction set usage for compiler execution. In: Proceedings of Symposium on Architectural Support for Programming Languages and Operating Systems (ASPLOS), March 1–3, 1982, Palo Alto, CA, pp. 177–184.

Wilkes, M., 1965. Slave memories and dynamic storage allocation. IEEE Trans. Electron. Comput. EC-14 (2), 270–271.

Wilkes, M.V., 1982. Hardware support for memory protection: capability implementa- tions. In: Proceedings of Symposium on Architectural Support for Programming Languages and Operating Systems (ASPLOS), March 1–3, 1982, Palo Alto, CA, pp. 107–116.

Wilkes, M.V., 1985. Memoirs of a Computer Pioneer. MIT Press, Cambridge, MA. Wilkes, M.V., 1995. Computing Perspectives. Morgan Kaufmann, San Francisco. Wilkes, M.V., Wheeler, D.J., Gill, S., 1951. The Preparation of Programs for an Electronic Digital Computer. Addison-Wesley, Cambridge, MA.

Williams, T.E., Horowitz, M., Alverson, R.L., Yang, T.S., 1987. A self-timed chip for divi- sion. In: Losleben, P. (Ed.), 1987 Stanford Conference on Advanced Research in VLSI. MIT Press, Cambridge, MA.

Williams, S., Waterman, A., Patterson, D., 2009. Roofline: an insightful visual performance model for multicore architectures. Commun. ACM 52 (4), 65–76.

Wilson Jr., A.W., 1987. Hierarchical cache/bus architecture for shared-memory multipro- cessors. In: Proceedings of 14th Annual International Symposium on Computer Architecture (ISCA), June 2–5, 1987, Pittsburgh, PA, pp. 244–252.

Wilson, R.P., Lam, M.S., 1995. Efficient context-sensitive pointer analysis for C programs. In: Proceedings of ACM SIGPLAN'95 Conference on Programming Language Design and Implementation, June 18–21, 1995, La Jolla, CA, pp. 1–12.

Wolfe, A., Shen, J.P., 1991. A variable instruction stream extension to the VLIW architec- ture. In: Proceedings of Fourth International Conference on Architectural Support for Programming Languages and Operating Systems (ASPLOS), April 8–11, 1991, Palo Alto, CA, pp. 2–14.

Wood, D.A., Hill, M.D., 1995. Cost-effective parallel computing. IEEE Comput. 28 (2), 69–72.

Wu, Y., Schuster, M., Chen, Z., Le, Q., Norouzi, M., Macherey, W., Krikun, M., Cao, Y., Gao, Q., Macherey, K., Klingner, J., Shah, A., Johnson, M., Liu, X., Kaiser, Ł., Gouws, S., Kato, Y., Kudo, T., Kazawa, H., Stevens, K., Kurian, G., Patil, N.,

Wang, W., Young, C., Smith, J., Riesa, J., Rudnick, A., Vinyals, O., Corrado, G., Hughes, M., Dean, J., 2016. Google's Neural Machine Translation System: Bridging the Gap between Human and Machine Translation. http://arxiv.org/abs/1609.08144.

Wulf, W., 1981. Compilers and computer architecture. Computer 14 (7), 41–47. Wulf, W., Bell, C.G., 1972. C.mmp—a multi-mini-processor. In: Proceedings of AFIPS Fall Joint Computer Conference, December 5–7, 1972, Anaheim, CA, pp. 765–777.

Wulf, W., Harbison, S.P., 1978. Reflections in a pool of processors—an experience report on C.mmp/Hydra. In: Proceedings of AFIPS National Computing Conference, June 5–8, 1978, Anaheim, CA, pp. 939–951.

Wulf, W.A., McKee, S.A., 1995. Hitting the memory wall: implications of the obvious. ACM SIGARCH Comput. Architect. News 23 (1), 20–24.

Wulf, W.A., Levin, R., Harbison, S.P., 1981. Hydra/C.mmp: An Experimental Computer System. McGraw-Hill, New York.

Yamamoto, W., Serrano, M.J., Talcott, A.R., Wood, R.C., Nemirosky, M., 1994. Perfor- mance estimation of multistreamed, superscalar processors. In: Proceedings of 27th Annual Hawaii International Conference on System Sciences, January 4–7, 1994, Maui, pp. 195–204.

Yang, Y., Mason, G., 1991. Nonblocking broadcast switching networks. IEEE Trans. Comput. 40 (9), 1005–1015.

Yeager, K., 1996. The MIPS R10000 superscalar microprocessor. IEEE Micro 16 (2), 28–40. Yeh, T., Patt, Y.N., 1993a. Alternative implementations of two-level adaptive branch prediction. In: Proceedings of 19th Annual International Symposium on Computer Architecture (ISCA), May 19–21, 1992, Gold Coast, Australia, pp. 124–134.

Yeh, T., Patt, Y.N., 1993b. A comparison of dynamic branch predictors that use two levels of branch history. In: Proceedings of 20th Annual International Symposium on Com- puter Architecture (ISCA), May 16–19, 1993, San Diego, CA, pp. 257–266.

索　引

さ 行

た 行

な 行

は 行

ま 行

や 行

ら 行

わ 行

その他の付録

コンピュータアーキテクチャの公式

1. CPU 時間 = 命令数 × CPI（命令当たりのクロック数）× クロック周期
2. X は Y より n 倍速い：n = 実行時間$_Y$/実行時間$_X$ = 性能$_X$/性能$_Y$
3. Amdahl の法則：

$$スピードアップ_{全体} = \frac{実行時間_{元}}{実行時間_{新}} = \frac{1}{(1 - 割合_{高速化モード}) + \dfrac{割合_{高速化モード}}{スピードアップ_{高速化モード}}}$$

4. エネルギー$_{動的}$ ∝ 1/2 × 容量負荷 × 電圧^2
5. 電力$_{動的}$ ∝ 1/2 × 容量負荷 × 電圧^2 × スイッチ周波数
6. 電力$_{静的}$ ∝ 電流$_{静的}$ × 電圧
7. 可用性 = 平均故障間隔（MTTF）/（MTTF + 平均修復時間（MTTR））
8. ダイの歩留まり = ウェーハの歩留まり × 1/(1 + 単位面積当たりの欠損数 × ダイ面積)^N
   ウェーハ歩留まりは、ウェーハがテストする必要もないほど破損してはいない確率、N はプロセスの複雑さの係数、すなわち製造の難しさの尺度であり、2011 年においては 11.5 から 15.5 である。
9. 相加平均（AM）、加重平均（WAM）、相乗平均（GM）：

$$AM = \frac{1}{n}\sum_{i=1}^{n} 時間_i \qquad WAM = \sum_{i=1}^{n} 加重_i \times 時間_i \qquad GM = \sqrt[n]{\prod_{i=1}^{n} 時間_i}$$

   時間 i は、全部で n 個のワークロード中 i 番目のプログラムの実行時間、加重 i はワークロード中 i 番目のプログラムの加重。
10. 平均メモリアクセス時間 = ヒット時間 + ミス率 × ミスペナルティ
11. 命令当たりのミス数 = ミス率 × 命令当たりのメモリアクセス
12. キャッシュのインデックスサイズ：$2^{インデックス}$ = キャッシュサイズ/（ブロックサイズ × セットアソシエイティブ数）
13. ウェアハウススケールコンピュータの電力利用効率（PUE）=(ファシリティの総電力) /(IT 機器の電力)

経験則

1. **Amdahl/Case の法則**：バランスの取れたコンピュータシステムは、CPU 性能の MIPS 当たり 1MiB のメインメモリ容量と 1 メガビット毎秒の I/O バンド幅を必要とする。
2. **90/10 局所性の法則**：プログラムはコード中の 10%の命令が、実行される命令の 90%を占める。
3. **バンド幅の法則**：バンド幅は、レイテンシイの改善の少なくとも 2 乗で成長する。
4. **2:1 キャッシュの法則**：サイズ N のダイレクトマップキャッシュのミス率は、サイズ $N/2$ の 2 ウェイセットアソシアティブキャッシュのミス率とほぼ等しい。
5. **ディペンダビリティの法則**：1 つのコンポーネントが故障が全体の故障につながるような設計をしてはならない。
6. **ワット年の法則**：2011 年、北米のウェアハウススケールコンピュータ電力設備と冷却設備の、償却費を含めた 1 ワット当たりの全費用はおよそ 2 ドルである。

本書で使われているCPUの用語とNVIDIAおよびOpenCL用語との対比

タイプ	本書で使用している名称	CUDA/NVIDIAの公式用語	本書の定義とOpenCLの用語	CUDA/NVIDIAの公式の定義
プログラム抽象	ベクタ化ループ	グリッド	GPUで実行されるベクタ化ループは、1以上の「スレッドブロック」(またはベクタ化ループの本体)を構成し、並列に実行可能である。OpenCLではこれをインデックス範囲(Index range)と呼ぶ。	グリッドは平行、逐次的、あるいはそれらの混成で実行可能なスレッドブロック。
	ベクタ化ループの本体	スレッドブロック	ベクタ化ループは「ストリーミングマルチプロセッサ」(マルチスレッドSIMDプロセッサ)で実行され、1以上の「ワープ」(あるいはSIMD命令のスレッド)を構成する。これらのワープ(SIMDスレッド)は、共有メモリ(ローカルメモリ)を経由して交信する。OpenCLはスレッドブロックのことを「ワークグループ」と呼ぶ。	スレッドブロックはCUDAスレッドの配列で、互いに並列に実行され、共有メモリやバリア同期で協調したり通信できる。スレッドブロックには、そのグリッド内のスレッドブロックIDが付されている。
	SIMDレーン演算の列	CUDAスレッド	スレッドプロセッサ(SIMDレーン)の1つが実行する1要素に対応するようにワープ(SIMD命令スレッド)縦割りにして考えたもの。結果は、マスクに従ってストアされる。OpenCLでは1つのCUDAスレッドを「ワークアイテム」と呼ぶ。	CUDAスレッドは逐次プログラムを実行し、同じスレッドブロックで実行している他のCUDAスレッドと協調することができる軽量スレッドである。CUDAスレッドにはそのスレッドブロック内のスレッドIDが付されている。
マシンオブジェクト	SIMD命令のスレッド	ワープ	通常の意味でのスレッドだが、ストリーミングマルチプロセッサ(マルチスレッドSIMDプロセッサ)で実行されるSIMD命令だけを含む。結果は要素単位のマスクに従ってストアされる。	ワープは並列CUDAスレッド(例えば32)一式であり、マルチスレッドSIMT/SIMDプロセッサと同じ命令を実行する。
	SIMD命令	PTX命令	スレッドプロセッサ(SIMDレーン)にまたがって実行される単一のSIMD命令。	PTX命令はCUDAスレッドで実行される命令を決める。
処理ハードウェア	マルチスレッドSIMDプロセッサ	ストリーミングマルチプロセッサ	「ワープ」(SIMD命令スレッド)を、他のSIMDプロセッサとは独立に実行するマルチスレッドSIMDプロセッサ。OpenCLはこれを「計算ユニット(Compute Unit)と呼ぶ。とはいえ、CUDAプログラマは複数のSIMDレーンのベクタではなく、単一のレーンに対してプログラマを書く。	ストリーミングマルチプロセッサ(SM)はマルチスレッドのSIMT/SIMDプロセッサで、CUDAスレッドのワープを実行する。SIMTプログラムは、複数のSIMDレーンのベクタではなく、1つのCUDAスレッドの実行を規定する。
	スレッドブロックスケジューラ	ギガスレッドエンジン	複数の「スレッドブロック」(あるいはベクタ化ループの本体)をストリーミングマルチプロセッサ(マルチスレッドSIMDプロセッサ)へ割り当てる。	資源が利用可能になった時に、グリッドのスレッドブロックをスケジュールし、ストリーミングマルチプロセッサに分配する。
	SIMDスレッドスケジューラ	ワープスケジューラ	「ワープ」(SIMDスレッド命令)を可能なった時に、実行するハードウェアモジュール。ワープ(SIMDスレッド)実行を追跡するスコアボードを持つ。	ストリーミングマルチプロセッサ内のワープスケジューラは、次の命令の実行準備ができると、ワープの実行をスケジュールする。
	SIMDレーン	スレッドプロセッサ	ある「ワープ」(SIMDスレッド命令)内の1つの計算要素に割り当てられた命令を実行するハードウェアSIMDレーン。結果はマスクに従ってストアされる。	スレッドプロセッサはストリーミングマルチプロセッサのデータパスとレジスタファイルの部分で、ワープの1以上のレーンの演算を実行する。
メモリハードウェア	GPUメモリ	グローバルメモリ	GPUのすべてのストリーミングマルチプロセッサ(マルチスレッドSIMDプロセッサ)がアクセス可能なDRAMメモリ。OpenCLもこれを、グローバルメモリと呼ぶ。	グローバルメモリは任意のグリッドの任意のスレッドブロック内のすべてのCUDAスレッドからアクセス可能で、DRAMの一部として実装され、キャッシュの対象となり得る。
	プライベートメモリ	ローカルメモリ	それぞれの「スレッドプロセッサ」(SIMDレーン)にプライベートな一部のDRAMメモリ。OpenCLはこれをプライベートメモリと呼ぶ。	1つのCUDAスレッドに固有の「スレッドローカル」なメモリで、DRAMのキャッシュされる部分として実装されている。
	ローカルメモリ	共有メモリ	ある「ストリーミングマルチプロセッサ」(マルチスレッドSIMDプロセッサ)からアクセスできるローカルなSRAM。他のストリームマルチプロセッサからはアクセスできない。OpenCLではこれを「ローカルメモリ」と呼ぶ。	スレッドブロックを構成するCUDAスレッド間で共有される高速なSRAMで、そのスレッドブロックに固有である。スレッドブロックのCUDAスレッドの間の通信のために、バリア同期点として使われる。
	SIMDレーンレジスタ	レジスタ	CUDAスレッドに固有のレジスタで、スレッドプロセッサの各々について、いくつかのワープのあるレーンに対するマルチスレッドレジスタファイルとして実装されている。	CUDAスレッドに固有のレジスタで、スレッドプロセッサの各々について、いくつかのワープファイルとして実装されている。

RV64G命令サブセット

ニーモニック	機能
データ転送	**GPR、FPRとの間のデータの転送**
lb、lbu、lh、lhu、lw、lwu	ロードバイト、ハーフワード、ワード、GPRの下の桁の対応する部分への転送で符号拡張を伴うものと伴わないもの
ld、sd	ダブルワードをGPRにロードまたはGPRからストア
sb、sh、sw	ストアバイト、ハーフワード、ワード　対応するGPRの下位からのメモリへの書き込み
fld、flw、fsd、fsw	ダブルワードあるいはワードのFPRからのロードまたはストア
ALU演算	**レジスタ-レジスタおよびレジスタ-即値の演算**
add、 addi、addw、addiw	加算、即値と加算、ワード加算、即値とワード加算。ワード加算は下位３２ビットのみ対象
and、andi、or、ori、xor、xori	論理積、即値と論理積、論理和、即値と論理和、排他的論理和、即値と排他的論理和
auipc	符号拡張した20ビットの即値を12ビット左にシフトしてPCに加算し、結果をレジスタに格納する
lui	ワードの上位部分に即値をロード
mul、mulw、mulh、mulhsu、mulhu	乗算、ワード乗算、ハーフワード乗算、上位ハーフワード乗算、符号付、符号無、ワード乗算は下位32ビットのみ対象
div、diw、divu	除算、ワード除算、符号無除算
rem、remw、remu、remuw	剰余演算、ワード剰余演算、符号無剰余演算
sll、slli、srl、srli、sra、srai	論理左/右シフト、算術右シフト、即値あるいはGPRにシフトビット数を示す
sllw、sllwi、srlw、srlwi、sraw、sraiw	ワードシフトは、GPRの下位32ビットのみ対象
slt、slti、sltiu、sltu	大小比較、第1オペランドが第2オペランドよりも小さい場合に1、そうでなければ0を目的値レジスタにセット。即値形式、符号付、符号無
sub、subi、subw、subwi	減算、即値と減算、ワード減算は下位31ビットのみ対象
制御命令	**分岐、ジャンプ、手続き呼び出し**
beq、bge、bgeu、blt、bltu、bne	2つのレジスタを比較し、条件が真ならばPC＋オフセットに分岐
jal、jalr	ジャンプ、レジスタの内容にジャンプ、次の命令のアドレスが指定されたレジスタに保存され、無条件にジャンプする。戻り番地を指定しないただのジャンプは、目的地レジスタをx0にする
浮動小数演算	**FPRに対する浮動小数演算**
fadd.*、fsub.*、fmul.*、fdiv.*、fsrt.*	FP加算、減算、乗算、除算、平方根演算、単精度（.s）と倍精度（.d）
fmadd.*、fmsub.*、fmnadd.*、fmnsub.*	積和乗算、積差乗算、反転積和乗算、反転積差乗算、単精度（.s）と倍精度（.d）
fsgnj.*、sgnjn.*、fsgnjx.*	符号のコピー、符号の反転、第1オペランドの符号とXORする。単精度（.s）と倍精度（.d）
fmin.*、fmax.*	2つの値の最小と最大。単精度（.s）と倍精度（.d）
feq.*、flt.*、 fle.*	浮動小数比較。単精度（.s）と倍精度（.d）
fclass.*	浮動小数の型分類。単精度（.s）と倍精度（.d）
fmv.*.x、fmv.x.*	GPRとの移動。単精度（.s）と倍精度（.d）
fcvt.d.s、fcvt.s.d	単精度を倍精度に変換、倍精度を単精度に変換
fcvt.*.w、fcvt.*.wu、fcvt.*.i、fct.*.lu"	符号付、符号無ワード、ダブルワードを単精度、倍精度に変換
fcvt.w.*、fcvt.wu.*、fcvt.i.*、fcvt.lu.*	符号付、符号無ワード、ダブルワードへの変換

訳者あとがき

2014年3月の『コンピュータアーキテクチャ 定量的アプローチ 第5版』の発刊から3年9か月後、2017年12月に、本書の原著である *Computer Architecture: A Quantitative Approach,* Sixth Edition が世に出た。これまでMIPSアーキテクチャをベースにしていたものから、方針を大転換し、ほとんどの章において**RISC-V**をベースプロセッサにして書き換わり、さらに「Domain-Specific Architectures（領域特化アーキテクチャ）」という新たな章が加わった。そしてなんと、その翌年、原著者の2人ヘネシーとパターソンが、コンピュータ科学における最高峰「チューリング賞、2017年度」を受賞してしまったのだ。さらにはヘネシーはAlphabet社（Googleの親会社）の会長、パターソンはGoogleのDistinguished Engineerにも就いていた。これは心してかからねばならぬということで、第5版の翻訳メンバーの中から、3人で翻訳チームを組み、この第6版の翻訳に取り組むこととなった。この3人は以下の部分について分担して翻訳作業に当たった。

- 天野英晴：第1章、第2章、第3章、付録B、付録C
- 鈴木　貢：第4章、第7章
- 中條拓伯：第5章、第6章、付録A

チームを3人に絞ったのは、そのメンバーで御茶ノ水にあるコーヒーショップでざっと原著を眺めて、章・節構成などを前版と比較した結果、前述のRISC-Vへの転換と第7章のみの追加ということで、差分を取ればそれほど大した作業とはならないだろうと高を括ってしまった。しかしながら、その考えは甘かったことを後に痛感することとなった。

実は、第5版の翻訳を終え、編集の段階で手が加わり、校正作業の時に、その編集操作（敢えてこう言わしていただく）において、元の翻訳とは微妙に異なる技術的に誤った記述が散見された。したがって、第5版の最終稿の中で、原著と変更のない部分をそのまま転用することは危険であり、技術的・学術的に誤りがないかをチェックしながら進めなければならなかった。さらに加えて、原著においてもデータを新たなものに刷新したこともあったからか、致命的な誤りが信じられないくらい多数見られたのだ。つまり、この翻訳作業は英語から日本語に変換するという作業とともに、疑心暗鬼になりながら、常に疑いの目を光らせて進めていくという作業に終始し、これは極めて精神的に堪える作業となったのである。

現在コンピュータ設計に従事する技術者、この分野を将来背負っていく若い世代に、早く本書を届けたいと思いつつ、学内や学会などにおいて、責任のかかる任務を遂行しつつ、翻訳・校正に取り組む時間を確保するのが困難であったため、翻訳完了が予定より大幅に遅れてしまった。お叱りは覚悟しているが、上記の状況であったことをご理解いただきたい。

第5版と同様、技術的な点について原著の誤りを修正しつつ、翻訳ミスをできる限り排除する方向で翻訳、推敲、校正を重ね、ようやく完成に至ったが、まだ細かな誤りはあるかと思う。しかしながら、旬のうちに世に出すべく発刊を急ぐこととした。

本書を手に取る技術者、大学生、大学院生、研究者は、この分野に深い造詣を有している方々だと思われ、些細な誤りについては前後の脈略から判断できる方々であると信じている。

原著は、2人のチューリング賞受賞者のみによるものではなく、世界中のコンピュータアーキテクチャ研究者、設計者らとともに、最新の大規模高性能計算機を設計・実装・活用しているIT系大企業からの情報をもとにまとめられたものであり、研究論文、技術報告書にも引用されることも少なくないと思われる。したがって、間違った記述には慎重になる必要があり、本書での学術的・技術的な誤りについては、誤植とともに、読者となる方々と今後も情報を共有していくべく、以下の翻訳版情報サイトを準備していただいた。

`http://www.am.ics.keio.ac.jp/wp/caqa6th`

本書に関する誤植情報、最新情報、時に議論などを掲載していく予定なので、ご覧いただくとともに、情報を提供いただけると幸いである。また、このサイト等を通じて、積極的に情報を発信することで、世の中の誤解を正すことができればと願っている。

前版の「訳者あとがき」にも述べられていたが、本書は2人の著者の名前から日本では「ヘネパタ」と呼ばれ親しまれてきた。そのヘネパタの初期の頃は、「コンピュータをやさしく解説してくれる名著である」とか、「原文は分かりやすいので、直接当たった方が良い」と囁かれていた。さらに、「第3版以降は、コンピュータのカタログに堕してしまっている」といった誤解が世の中にはびこっていた。これらは、この第6版においもて、やはり全く当てはまらない。ヘネパタは他の工学系の専門書と同様、高度で難解な専門書であり、読んですらすら理解できるような代物ではないことは第6版でも同じである。

ヘネパタが名著である所以は、この版においても、膨大で徹底的な定量的評価をまとめた情報量によるとともに、アーキテクチャに関連する分野・技術に関して、その核となる技術とともに、それを支える周辺技術についても、しっかりと網羅されている点にある。また、本書の最初にある謝辞に記載されている査読者、委員会にある名前をご覧いただきたい。ACM、IEEE などの難関な国際会議で招待講演、基調講演を担うような著名な方々の名前にお気づきいただけると思う。それとともに、旧版を含めての査読者の数は驚愕に値する。それでもなお、原著には見過ごされている誤りが多数残されていた。

本書の翻訳を批評したいのであれば、最低限原著と照らし合わせた上で行っていただきたく、世のサイトの匿名の口コミを読んだだけでそれを鵜呑みすることは避けていただきたい。

本書において理解しがたい部分があれば、翻訳のせいであると即断する前に、ぜひ上記の翻訳版情報サイトを訪れていただきたい。そして貴重なご意見をいただき、正誤表に記載するような貢献をいただければ、ご了解のうえ、翻訳版情報サイトとともに、本書の電子版に修正を反映させ、協力者の名前を記載させていただく予定である。

我々は本書の真価を世に問うべく、これからも世の中の誤解を正す使命をもとに時間の許す限り情報を発信し、電子版を進化させていき、恐らくこの第6版が最後となるであろう「ヘネパタ」を、誤りの無い、完璧なものになるよう進化させ、完成版を残したい。

中條拓伯

謝　辞

本書の完成にあたり、第5版における翻訳部分を流用させていただいた前版以前の翻訳メンバーであった福岡大学佐藤寿倫教授、東京工業大学吉瀬謙二准教授に感謝いたします。また、以下のようにさまざまな方々から助けをいただいた（敬称略）。

天野英晴：

各章を精査していただいた慶應義塾大学理工学部の以下の学生諸君に心から感謝します。

河野隆太、弘中和衛、高野茂幸、小島拓也 、飯塚健介、池添赳治、丹羽直也、戸村遼平、伊藤光平、大和田彩夏、四釜快弥、清水智貴、寺岡朋弘。

中條拓伯：

本書校正に貢献いただいた以下の方々に感謝いたします。

山形大学大学院理工学研究科多田十兵衛助教、同大学工学部東良輔。

東京農工大学工学部中條研究室：識名朝彬、西川 凛、山下遼太、中野道彦、新村研人。

•訳者紹介

中條拓伯（なかじょう ひろのり）
1987年、神戸大学工学研究科電子工学専攻修了、博士（工学）
1989年より神戸大学工学部システム工学科に勤務
1998年よりIllinois大学Center for Supercomputing Research and Development（CSRD）にて、Visiting Research Assistant Professor
1999年、東京農工大学工学部に赴任
現在、東京農工大学大学院共生科学技術研究院准教授
プロセッサアーキテクチャ、FPGAを用いた高性能計算機システムの研究に従事。

天野英晴（あまの ひではる）
1986年、慶應義塾大学工学研究科電気工学専攻修了、工学博士
1985年より慶應義塾大学工学部に勤務
1889年より1990年までStanford大学CSLのVisiting Assistant Professor
現在、慶應義塾大学理工学部情報工学科教授
並列計算機アーキテクチャ、リコンフィギャラブルシステムの研究に従事。

鈴木　貢（すずき みつぐ）
1995年、電気通信大学電気通信学研究科情報工学専攻博士後期課程単位取得満期退学、博士（工学）
1995年より電気通信大学電気通信学部に勤務、島根大学総合理工学部准教授を経て、現在、国立感染症研究所室長
特殊命令セット向けコンパイラ最適化と、オープンソース活用向け工学教育に興味を持つ。

•カバー：原著カバー（Christian J. Bilbowデザイン）をElsevier社より許可を得て、再利用させていただきました。

ヘネシー■パターソン
コンピュータアーキテクチャ
定量的アプローチ［第6版］

2019年9月25日　　初版第1刷発行

著　者　ジョン・L・ヘネシー、デイビッド・A・パターソン
訳　者　中條拓伯、天野英晴、鈴木　貢
発行人　富澤　昇
発行元　株式会社エスアイビー・アクセス（http://www.sibaccess.co.jp）
〒183-0015 東京都府中市清水が丘3-7-15
TEL: 042-334-6780/FAX: 042-352-7191/e-メール: sib-tom@hh.iij4u.or.jp
発売元　株式会社星雲社（共同出版社・流通責任出版社）
〒112-0005 東京都文京区水道1-3-30
TEL: 03-3868-3275／FAX: 03-3868-6588
印刷製本　デジタル・オンデマンド出版センター

This edition of *Computer Architecture: A Quantitative Approach*, **6e** by **John L. Hennessy, David A. Patterson** (978-0128119051) is published by arrangement with Elsevier Inc.

ISBN 978-4-434-26400-9　　Printed in Japan